ESTÁTICA
MECÂNICA PARA ENGENHARIA

14ª edição

ESTÁTICA
MECÂNICA PARA ENGENHARIA

14ª edição

R. C. Hibbeler

Conversão para o SI
Kai Beng Yap

Tradução
Daniel Vieira

Revisão técnica
Paulo Roberto Zampieri
Professor Assistente na Faculdade de Engenharia Mecânica da Unicamp. Engenheiro Mecânico e Mestre (MSc) em Engenharia Mecânica pela Unicamp.

Pearson

©2018 by Pearson Education do Brasil Ltda.
Copyright©2017 by R. C. Hibbeler.

Todos os direitos reservados. Nenhuma parte desta publicação poderá ser reproduzida ou transmitida de qualquer modo ou por qualquer outro meio, eletrônico ou mecânico, incluindo fotocópia, gravação ou qualquer outro tipo de sistema de armazenamento e transmissão de informação, sem prévia autorização, por escrito, da Pearson Education do Brasil.

Gerente de produtos	Alexandre Mattioli
Supervisora de produção editorial	Silvana Afonso
Coordenador de produção editorial	Jean Xavier
Editora de texto	Sabrina Levensteinas
Editoras assistentes	Karina Ono e Mariana Rodrigues
Preparação	Renata Siqueira Campos
Revisão	Fernanda Umile
Capa	Natália Gaio, sobre o projeto original (imagem de capa: Hxdyl/Shutterstock)
Projeto gráfico e diagramação	Casa de Ideias

Dados Internacionais de Catalogação na Publicação (CIP)
(Câmara Brasileira do Livro, SP, Brasil)

Hibbeler, Russell Charles
  Estática: mecânica para engenharia / R. C. Hibbeler; tradução Daniel Vieira. -- 14. ed. -- São Paulo: Pearson Education do Brasil, 2017.

  Título original: Statics: engineering mechanics.
  ISBN 978-85-430-1624-5

  1. Engenharia mecânica 2. Estática 3. Mecânica aplicada I. Vieira, Daniel. II. Título.

17-04061   CDD-620.103

Índice para catálogo sistemático:
1. Estática: Mecânica para engenharia: Tecnologia 620.103

Printed in Brazil by Reproset RPPA 224012

Direitos exclusivos cedidos à
Pearson Education do Brasil Ltda.,
uma empresa do grupo Pearson Education
Avenida Santa Marina, 1193
CEP 05036-001 - São Paulo - SP - Brasil
Fone: 11 2178-8609 e 11 2178-8653
pearsonuniversidades@pearson.com

Distribuição
Grupo A Educação
www.grupoa.com.br
Fone: 0800 703 3444

Ao estudante

Com a esperança de que este trabalho estimule o interesse em mecânica para engenharia e sirva de guia para o entendimento deste assunto.

Sumário

Prefácio XI

Capítulo 1 Princípios gerais 1
1.1   Mecânica 1
1.2   Conceitos fundamentais 2
1.3   O Sistema Internacional de Unidades 5
1.4   Cálculos numéricos 7
1.5   Procedimentos gerais para análise 8

Capítulo 2 Vetores força 13
2.1   Escalares e vetores 13
2.2   Operações vetoriais 14
2.3   Adição vetorial de forças 15
2.4   Adição de um sistema de forças coplanares 26
2.5   Vetores cartesianos 36
2.6   Adição de vetores cartesianos 39
2.7   Vetores posição 47
2.8   Vetor força orientado ao longo de uma reta 49
2.9   Produto escalar 58

Capítulo 3 Equilíbrio de uma partícula 73
3.1   Condição de equilíbrio de uma partícula 73
3.2   O diagrama de corpo livre 73
3.3   Sistemas de forças coplanares 77
3.4   Sistemas de forças tridimensionais 90

Capítulo 4 Resultantes de um sistema de forças 103
4.1   Momento de uma força — formulação escalar 103
4.2   Produto vetorial 106
4.3   Momento de uma força — formulação vetorial 109
4.4   O princípio dos momentos 113
4.5   Momento de uma força em relação a um eixo especificado 125
4.6   Momento de um binário 134
4.7   Simplificação de um sistema de forças e binários 145
4.8   Simplificações adicionais de um sistema de forças e binários 154
4.9   Redução de um carregamento distribuído simples 166

Capítulo 5 Equilíbrio de um corpo rígido 181
5.1   Condições de equilíbrio do corpo rígido 181
5.2   Diagramas de corpo livre 182
5.3   Equações de equilíbrio 191
5.4   Membros de duas e de três forças 200
5.5   Diagramas de corpo livre 212
5.6   Equações de equilíbrio 217
5.7   Restrições e determinância estática 217

Capítulo 6 Análise estrutural 239
6.1 Treliças simples 239
6.2 O método dos nós 241
6.3 Membros de força zero 247
6.4 Método das seções 254
6.5 Treliças espaciais 263
6.6 Estruturas e máquinas 267

Capítulo 7 Forças internas 301
7.1 Cargas internas desenvolvidas em membros estruturais 301
7.2 Equações e diagramas de força cortante e de momento fletor 315
7.3 Relações entre carga distribuída, força cortante e momento fletor 324
7.4 Cabos 333

Capítulo 8 Atrito 349
8.1 Características do atrito seco 349
8.2 Problemas envolvendo atrito seco 353
8.3 Calços 372
8.4 Forças de atrito em parafusos 374
8.5 Forças de atrito em correias planas 380
8.6 Forças de atrito em mancais de escora, apoios axiais e discos 387
8.7 Forças de atrito em mancais radiais de deslizamento 389
8.8 Resistência ao rolamento 391

Capítulo 9 Centro de gravidade e centroide 403
9.1 Centro de gravidade, centro de massa e centroide de um corpo 403
9.2 Corpos compostos 422
9.3 Teoremas de Pappus e Guldinus 434
9.4 Resultante de um carregamento distribuído geral 441
9.5 Pressão de fluidos 442

Capítulo 10 Momentos de inércia 457
10.1 Definição de momentos de inércia para áreas 457
10.2 Teorema dos eixos paralelos para uma área 458
10.3 Raio de giração de uma área 459
10.4 Momentos de inércia para áreas compostas 466
10.5 Produto de inércia de uma área 472
10.6 Momentos de inércia de uma área em relação a eixos inclinados 475
10.7 Círculo de Mohr para momentos de inércia 479
10.8 Momento de inércia de massa 485

Capítulo 11 Trabalho virtual 501
11.1 Definição de trabalho 501
11.2 Princípio do trabalho virtual 503
11.3 Princípio do trabalho virtual para um sistema
     de corpos rígidos conectados 504
11.4 Forças conservativas 515
11.5 Energia potencial 516
11.6 Critério da energia potencial para o equilíbrio 517
11.7 Estabilidade da configuração de equilíbrio 518

Apêndices 533
A   Revisão e expressões matemáticas 533
B   Equações fundamentais da estática 537
Soluções parciais e respostas dos problemas fundamentais 541
Problemas preliminares – Soluções de estática 557
Soluções de problemas de revisão 567
Respostas de problemas selecionados 577
Índice remissivo 591

Prefácio

Este livro foi desenvolvido com o intuito de proporcionar aos estudantes uma apresentação didática e completa da teoria e das aplicações da mecânica para engenharia. Para alcançar esse objetivo, este trabalho levou em conta os comentários e sugestões de centenas de revisores da área educacional, bem como os de muitos dos alunos do autor.

Novidades desta edição

Problemas preliminares

Este novo recurso pode ser encontrado por todo o texto, e aparece imediatamente antes dos *Problemas fundamentais*. A intenção aqui é testar o conhecimento conceitual da teoria pelo estudante. Normalmente as soluções exigem pouco ou nenhum cálculo e, dessa forma, esses problemas fornecem um conhecimento básico dos conceitos antes de serem aplicados numericamente. Todas as soluções são dadas ao final do livro.

Seções expandidas de pontos importantes

Foram incluídos resumos para reforçar o material de leitura e destacar definições e conceitos importantes das seções.

Reescrita do material do texto

Esta edição incluiu mais esclarecimentos dos conceitos, e as definições importantes agora aparecem em negrito por todo o texto, para realçar sua importância.

Problemas de revisão no final dos capítulos

Todos os problemas de revisão agora têm soluções no final do livro, para que os alunos possam verificar seu trabalho enquanto estudam para as avaliações e revisar suas habilidades ao finalizar o capítulo.

Novas fotografias

A relevância de conhecer bem o assunto é refletida pelas aplicações do mundo real, representadas nas mais de 30 fotos, novas ou atualizadas, espalhadas por todo o livro. Essas fotos geralmente são usadas para explicar como os princípios relevantes se aplicam a situações do mundo real e como os materiais se comportam sob esforços.

Novos problemas

Houve um acréscimo de 30% de problemas inéditos nesta edição, envolvendo aplicações para muitos campos distintos da engenharia.

Recursos característicos

Além dos novos recursos aqui mencionados, outros recursos excepcionais, que definem o conteúdo do texto, incluem os seguintes.

Organização e método

Cada capítulo é organizado em seções bem definidas, que contêm uma explicação de tópicos específicos, exemplos ilustrativos de problemas e um conjunto de problemas para casa. Os tópicos dentro de cada seção são colocados em subgrupos, definidos por títulos, com a finalidade de apresentar um método estruturado para introduzir cada nova definição ou conceito e tornar o livro conveniente para futura referência e revisão.

Conteúdo dos capítulos

Cada capítulo começa com um exemplo demonstrando uma aplicação de grande alcance do material abordado. Uma lista de marcadores com o conteúdo do capítulo é incluída para dar uma visão geral do tema que será desenvolvido.

Ênfase nos diagramas de corpo livre

O desenho de um diagrama de corpo livre é particularmente importante na resolução de problemas e, por esse motivo, essa etapa é fortemente enfatizada no decorrer do livro. Em particular, seções especiais e exemplos são dedicados a mostrar como desenhar diagramas de corpo livre. Para desenvolver essa prática, também são incluídos problemas específicos para casa.

Procedimentos para análise

Um procedimento geral para analisar qualquer problema mecânico é apresentado no final do primeiro capítulo. Depois, esse procedimento é adequado para relacionar-se com os tipos específicos de problemas abordados no decorrer do livro. Esse recurso exclusivo oferece ao estudante um método lógico e ordenado a ser seguido quando estiver aplicando a teoria. Os exemplos de problemas são resolvidos usando esse método esboçado, a fim de esclarecer sua aplicação numérica. Observe, porém, que quando os princípios relevantes tiverem sido dominados e houver confiança e discernimento suficientes, o estudante poderá desenvolver seus próprios procedimentos para resolver problemas.

Pontos importantes

Este recurso oferece uma revisão ou resumo dos conceitos mais importantes em uma seção e destaca os pontos mais significativos, que deverão ser observados na aplicação da teoria para a resolução de problemas.

Problemas fundamentais

Esses conjuntos de problemas são seletivamente colocados logo após a maioria dos exemplos de problemas. Eles oferecem aos alunos aplicações simples dos conceitos e, portanto, a oportunidade de desenvolver suas habilidades de solução de problemas, antes de tentarem resolver qualquer um dos problemas-padrão que se seguem. Além disso, eles podem ser usados na preparação para avaliações.

Conhecimento conceitual

Com o uso de fotografias localizadas ao longo do livro, a teoria é aplicada de uma forma simplificada a fim de serem ilustrados alguns de seus aspectos conceituais mais importantes, instilando o significado físico de muitos dos termos usados nas equações. Essas aplicações simplificadas aumentam o interesse no assunto e preparam melhor o aluno para compreender os exemplos e resolver problemas.

Problemas pós-aula

Além dos *Problemas fundamentais e conceituais*, mencionados anteriormente, outros tipos de problemas contidos no livro incluem os seguintes:

- **Problemas de diagrama de corpo livre.** Algumas seções do livro contêm problemas introdutórios que somente exigem o desenho do diagrama de corpo livre para problemas específicos dentro de um conjunto de problemas. Essas tarefas farão o aluno sentir a importância de dominar essa habilidade como um requisito para uma solução completa de qualquer problema de equilíbrio.
- **Problemas de análise geral e de projeto.** A maioria dos problemas no livro representa situações reais, encontradas na prática da engenharia. Alguns desses problemas vêm de produtos reais usados na indústria. Espera-se que esse realismo estimule o interesse do aluno pela mecânica para engenharia e ofereça um meio para desenvolver a habilidade de reduzir qualquer problema a partir de sua descrição física para um modelo ou representação simbólica à qual os princípios da mecânica possam ser aplicados.

Tentou-se organizar os problemas em ordem crescente de dificuldade, exceto para os problemas de revisão de fim de capítulo, que são apresentados em ordem aleatória.

Nesta edição, os diversos problemas pós-aula foram colocados em duas categorias diferentes. Problemas que são simplesmente indicados por um número têm uma resposta e, em alguns casos, um resultado numérico adicional, dados no final do livro. Um asterisco (*) antes do número, a cada quatro problemas, indica a ausência de sua resposta.

Precisão

Assim como nas edições anteriores, a precisão do texto e das soluções dos problemas foi completamente verificada por quatro outras pessoas além do autor: Scott Hendricks, Virginia Polytechnic Institute and State University; Karim Nohra, University of South Florida; Kurt Norlin, Bittner Development Group; e finalmente Kai Beng, um engenheiro atuante que, além da revisão da precisão, deu sugestões para o desenvolvimento de problemas.

Conteúdo

O livro está dividido em 11 capítulos, nos quais os princípios são inicialmente aplicados a situações simples, e depois mais complicadas. Em um sentido geral, cada princípio é aplicado inicialmente a uma partícula, depois a um corpo rígido sujeito a um sistema de forças coplanares, e finalmente aos sistemas de forças tridimensionais atuando sobre um corpo rígido.

O Capítulo 1 começa com uma introdução à mecânica e uma discussão sobre unidades de medida. As propriedades vetoriais de um sistema de forças concorrentes são apresentadas no Capítulo 2. Essa teoria é, então, aplicada ao equilíbrio de uma partícula no Capítulo 3. O Capítulo 4 contém uma discussão geral dos sistemas de forças concentradas e distribuídas e dos métodos usados para simplificá-los. Os princípios de equilíbrio de um corpo rígido são desenvolvidos no Capítulo 5 e depois aplicados a problemas específicos, envolvendo o equilíbrio de treliças, estruturas e máquinas no Capítulo 6, e à análise de forças internas em vigas e cabos no Capítulo 7. Aplicações a problemas envolvendo forças de atrito são discutidas no Capítulo 8, e tópicos relacionados ao centro de gravidade e centroide são tratados no Capítulo 9. Se houver tempo, seções envolvendo tópicos mais avançados, indicados por asteriscos (*), poderão ser abordadas. A maior parte desses tópicos está incluída no Capítulo 10 (momentos de inércia de área e de massa) e no Capítulo 11 (trabalho virtual e energia potencial). Observe que este material também oferece uma referência conveniente para os princípios básicos, quando forem discutidos em disciplinas mais avançadas. Finalmente, o Apêndice A oferece uma revisão e uma lista de fórmulas matemáticas necessárias para a resolução dos problemas no livro.

Cobertura alternativa

A critério do professor, parte do material pode ser apresentada em uma sequência diferente, sem perda de continuidade. Por exemplo, é possível introduzir o conceito de uma força e todos os métodos necessários de análise vetorial abordando primeiramente o Capítulo 2 e a Seção 4.2 (produto vetorial). Em seguida, após abordar o restante do Capítulo 4 (sistemas de forças e de momentos), os métodos de equilíbrio dos capítulos 3 e 5 poderão ser discutidos.

Agradecimentos

Esforcei-me para escrever este livro de modo a convir tanto ao estudante quanto ao professor. Ao longo dos anos, muitas pessoas ajudaram no seu desenvolvimento e serei sempre grato por seus valiosos comentários e sugestões. Especificamente, gostaria de agradecer às pessoas que contribuíram com seus comentários relativos à preparação da décima quarta edição deste trabalho e, em particular, a O. Barton, Jr., da U.S. Naval Academy, K. Cook-Chennault, da Rutgers, State University of New Jersey, Robert Viesca, da Tufts University, Ismail Orabi, da University of New Haven, Paul Ziehl, da University of South Carolina, Yabin Laio, da Arizona State University, Niki Schulz, da University of Portland, Michael Reynolds, da University of Arkansas, Candace Sulzbach, da Colorado School of Mines, Thomas Miller, da Oregon State University, e Ahmad Itani, da University of Nevada.

Sinto que algumas outras pessoas merecem um reconhecimento especial. Gostaria de mencionar os comentários enviados a mim por J. Dix, H. Kuhlman, S. Larwood, D. Pollock, H. Wenzel. Um colaborador e amigo de longa data, Kai Beng Yap, foi de grande ajuda na preparação e verificação das soluções de problemas. Com relação a isso, uma nota de agradecimento especial também vai para Kurt Norlin, do Bittner Development Group. Durante o processo de produção, sou grato pela ajuda de Martha McMaster, minha revisora de provas, e Rose Kernan, minha editora de produção. Agradeço também à minha esposa, Conny, que me ajudou na preparação do manuscrito para publicação.

Por fim, gostaria de agradecer muitíssimo a todos os meus alunos e aos colegas da profissão que têm usado seu tempo livre para me enviar e-mails com sugestões e comentários. Como essa lista é longa demais para mencionar, espero que aqueles que ajudaram dessa forma aceitem este reconhecimento anônimo.

Eu apreciaria muito um contato seu se, em algum momento, você tiver quaisquer comentários, sugestões ou problemas relacionados a quaisquer questões relacionadas a esta edição.

Russell Charles Hibbeler
hibbeler@bellsouth.net

Edição global

Os editores gostariam de agradecer às seguintes pessoas por sua contribuição para a edição global:

Colaborador

Kai Beng Yap

Kai atualmente é engenheiro profissional registrado e trabalha na Malásia. Possui bacharelado e mestrado em Engenharia Civil pela University of Louisiana, Lafayette, Louisiana; também realizou outro trabalho de graduação no Virginia Polytechnic Institute em Blacksberg, Virgínia. Sua experiência profissional inclui ensino na University of Louisiana e consultoria de engenharia relacionada à análise e projeto estruturais e infraestrutura associada.

Revisores

Akbar Afaghi Khatibi, School Engineering, *RMIT University*

Imad Abou-Hayt, Centro de Bacharelato em Estudos de Engenharia, *Technical University of Denmark*

Turgut Akyürek, Engenharia Mecânica, *Çankaya University*

Kris Henrioulle, Tecnologia de Engenharia Mecânica, *KU Leuven Campus, Diepenbeek*

Material de apoio do livro

No site www.grupoa.com.br professores e alunos podem acessar os seguintes materiais adicionais:

- Apresentações em PowerPoint;
- Manual de Soluções (em inglês).

> *Esse material é de uso exclusivo para professores e está protegido por senha. Para ter acesso a ele, os professores que adotam o livro devem entrar em contato através do e-mail divulgacao@grupoa.com.br.*

CAPÍTULO 1

Princípios gerais

Grandes guindastes como este precisam levantar cargas extremamente grandes. Seu projeto é baseado nos princípios básicos da estática e da dinâmica, que formam o assunto da mecânica para engenharia.

(© Andrew Peacock/Lonely Planet Images/Getty Images)

1.1 Mecânica

A **mecânica** é um ramo das ciências físicas que trata do estado de repouso ou movimento de corpos sujeitos à ação das forças. Em geral, esse assunto é subdividido em três áreas: *mecânica dos corpos rígidos, mecânica dos corpos deformáveis* e *mecânica dos fluidos*. Neste livro, estudaremos a mecânica dos corpos rígidos, uma vez que esse é um requisito básico para o estudo das duas outras áreas. Além disso, a mecânica dos corpos rígidos é essencial para o projeto e a análise de muitos tipos de membros estruturais, componentes mecânicos ou dispositivos elétricos encontrados na engenharia.

A mecânica dos corpos rígidos divide-se em duas áreas: estática e dinâmica. A **estática** trata do equilíbrio dos corpos, ou seja, aqueles que estão em repouso ou em movimento com velocidade constante; enquanto a **dinâmica** preocupa-se com o movimento acelerado dos corpos. Podemos considerar a estática um caso especial da dinâmica em que a aceleração é zero; entretanto, a estática merece um tratamento distinto na aprendizagem da engenharia, uma vez que muitos objetos são projetados com a intenção de permanecerem em equilíbrio.

Objetivos

- Proporcionar uma introdução às quantidades básicas e idealizações da mecânica.
- Apresentar o enunciado das leis de Newton do movimento e da gravitação.
- Revisar os princípios para a aplicação do Sistema Internacional de Unidades.
- Examinar os procedimentos-padrão de execução dos cálculos numéricos.
- Apresentar uma orientação geral para a resolução de problemas.

Desenvolvimento histórico

Os princípios da estática desenvolveram-se na história há muito tempo, porque podiam ser formulados simplesmente a partir das medições de geometria e força. Por exemplo, os escritos de Arquimedes (287-212 a.C.) tratam do princípio da alavanca. Os estudos sobre polia, plano inclinado e chave fixa também aparecem registrados em escritos antigos, da época em que as necessidades da engenharia limitavam-se principalmente à construção civil.

Visto que os princípios da dinâmica dependem da medição precisa do tempo, esse assunto se desenvolveu bem mais tarde. Galileu Galilei (1564-1642) foi um dos primeiros grandes colaboradores desse campo. Seu trabalho consistiu em experimentos usando pêndulos e corpos em queda livre. Porém, as contribuições mais significativas na dinâmica foram feitas por Isaac Newton (1642-1727), que é conhecido por sua formulação das três leis fundamentais do movimento e da lei universal da atração gravitacional. Logo após essas leis terem sido postuladas, importantes técnicas para sua aplicação foram desenvolvidas por outros cientistas e engenheiros, alguns dos quais serão mencionados no decorrer do texto.

1.2 Conceitos fundamentais

Antes de começarmos nosso estudo da mecânica para engenharia, é importante entender o significado de alguns conceitos e princípios fundamentais.

Quantidades básicas

As quatro quantidades a seguir são usadas em toda a mecânica.

Comprimento

O *comprimento* é usado para localizar a posição de um ponto no espaço e, portanto, descrever as dimensões de um sistema físico. Uma vez definida a unidade padrão do comprimento, pode-se definir distâncias e propriedades geométricas de um corpo como múltiplos dessa unidade.

Tempo

O *tempo* é concebido como uma sucessão de eventos. Embora os princípios da estática sejam independentes do tempo, essa quantidade desempenha um papel importante no estudo da dinâmica.

Massa

A *massa* é uma medida da quantidade de matéria que é usada para comparar a ação de um corpo com a de outro. Essa propriedade manifesta-se como uma atração gravitacional entre dois corpos e fornece uma medida da resistência da matéria à mudança de velocidade.

Força

Em geral, a *força* é considerada como um "empurrão" ou um "puxão" exercido por um corpo sobre outro. Essa interação pode ocorrer quando existe contato direto entre dois corpos, tal como quando uma pessoa empurra uma parede, ou pode ocorrer a distância, quando os corpos estão fisicamente separados. Exemplos deste último tipo incluem as forças da gravidade, elétrica e magnética. Em qualquer caso, uma força é completamente caracterizada por sua intensidade, direção e ponto de aplicação.

Idealizações

Os modelos ou idealizações são usados na mecânica para simplificar a aplicação da teoria. Vamos definir a seguir três idealizações importantes.

Partícula

Uma **partícula** possui massa, mas suas dimensões podem ser desprezadas. Por exemplo, o diâmetro nominal da Terra é insignificante quando comparado com o diâmetro médio de sua órbita e, portanto, ela pode ser modelada como uma partícula no estudo de seu movimento orbital. Quando um corpo é idealizado como uma partícula, os princípios da mecânica reduzem-se a uma forma muito simplificada, uma vez que a geometria do corpo *não estará envolvida* na análise do problema.

Três forças atuam sobre o anel. Como todas essas forças se interceptam em um ponto, então, para qualquer análise de força, podemos considerar que o anel é representado como uma partícula.

Corpo rígido

Um **corpo rígido** pode ser considerado a combinação de um grande número de partículas que permanecem a uma distância fixa umas das outras, tanto antes como depois da aplicação de uma carga. Esse modelo é importante porque a forma do corpo não muda quando uma carga é aplicada e, portanto, não temos de considerar o tipo de material do qual o corpo é composto. Na maioria dos casos, as deformações reais que ocorrem em estruturas, máquinas, mecanismos e similares são relativamente pequenas, e a hipótese de corpo rígido é adequada para a análise.

Força concentrada

Uma **força concentrada** representa o efeito de uma carga que supostamente age em um ponto do corpo. Podemos representar uma carga por uma força concentrada, desde que a área sobre a qual ela é aplicada seja muito pequena em comparação com as dimensões globais do corpo. Um exemplo seria a força de contato entre uma roda e o solo.

O aço, um material comum na engenharia, não se deforma muito sob uma carga. Portanto, podemos considerar esta roda de trem como um corpo rígido sob a ação da força concentrada do trilho.

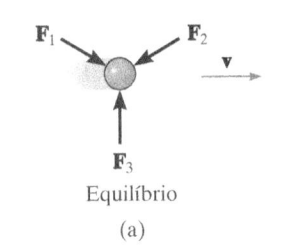

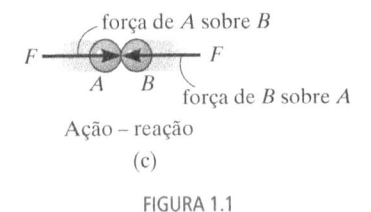

As três leis do movimento de Newton

A mecânica para engenharia é formulada com base nas três leis do movimento de Newton, cuja validade é baseada na observação experimental. Essas leis se aplicam ao movimento de uma partícula quando medido a partir de um sistema de referência *não acelerado*. Elas podem ser postuladas resumidamente como a seguir.

Primeira lei

Uma partícula originalmente em repouso ou movendo-se em linha reta, com velocidade constante, tende a permanecer nesse estado, desde que *não* seja submetida a uma força em desequilíbrio (Figura 1.1a).

Segunda lei

Uma partícula sob a ação de uma *força em desequilíbrio* **F** sofre uma aceleração **a** que possui a mesma direção da força e intensidade diretamente proporcional à força (Figura 1.1b).* Se **F** é aplicada a uma partícula de massa m, essa lei pode ser expressa matematicamente como:

$$\mathbf{F} = m\mathbf{a} \quad (1.1)$$

Terceira lei

As forças mútuas de ação e reação entre duas partículas são iguais, opostas e colineares (Figura 1.1c).

Lei de Newton da atração gravitacional

Logo depois de formular suas três leis do movimento, Newton postulou a lei que governa a atração gravitacional entre quaisquer duas partículas. Expressa matematicamente,

$$F = G\frac{m_1 m_2}{r^2} \quad (1.2)$$

onde:

F = força da gravidade entre as duas partículas

G = constante universal da gravitação; de acordo com evidência experimental, $G = 66{,}73(10^{-12})$ m³/(kg · s²)

m_1, m_2 = massa de cada uma das duas partículas

r = distância entre as duas partículas

Peso

Segundo a Equação 1.2, quaisquer duas partículas ou corpos possuem uma força de atração mútua (gravitacional) agindo entre eles. Entretanto, no caso de uma partícula localizada sobre ou próximo à superfície da Terra,

---

* Em outras palavras, a força em desequilíbrio que atua sobre a partícula é proporcional à razão entre a variação do momento linear da partícula e um determinado intervalo de tempo transcorrido.

a única força da gravidade com intensidade considerável é aquela entre a Terra e a partícula. Consequentemente, essa força, denominada **peso**, será a única força da gravidade considerada em nosso estudo da mecânica.

Pela Equação 1.2, podemos desenvolver uma expressão aproximada para encontrar o peso W de uma partícula com massa $m_1 = m$. Se considerarmos a Terra uma esfera sem rotação de densidade constante e tendo uma massa $m_2 = M_e$ e se r é a distância entre o centro da Terra e a partícula, temos:

$$W = G\frac{mM_e}{r^2}$$

Adotando $g = GM_e/r^2$, resulta:

$$\boxed{W = mg} \qquad (1.3)$$

O peso da astronauta é diminuído, pois ela está bastante afastada do campo gravitacional da Terra. (© NikoNomad/Shutterstock)

Por comparação com $\mathbf{F} = m\mathbf{a}$, podemos ver que g é a aceleração decorrente da gravidade. Como ela depende de r, então o peso de um corpo *não* é uma quantidade absoluta. Em vez disso, sua intensidade é determinada onde a medição foi feita. Para a maioria dos cálculos de engenharia, no entanto, g é determinada ao nível do mar e na latitude de 45°, que é considerada o "local padrão".

1.3 O Sistema Internacional de Unidades

As quatro quantidades básicas — comprimento, tempo, massa e força — não são todas independentes umas das outras; na verdade, elas estão *relacionadas* pela segunda lei do movimento de Newton, $\mathbf{F} = m\mathbf{a}$. Por essa razão, as *unidades* usadas para medir essas quantidades não podem ser *todas* selecionadas arbitrariamente. A igualdade $\mathbf{F} = m\mathbf{a}$ é mantida apenas se três das quatro unidades, chamadas **unidades básicas**, estiverem *definidas* e a quarta unidade for, então, *derivada* da equação.

O Sistema Internacional de Unidades, abreviado como SI, do francês *Système International d'Unités*, é uma versão moderna do sistema métrico, que obteve aceitação mundial. Como mostra a Tabela 1.1, o sistema SI define o comprimento em metros (m), o tempo em segundos (s) e a massa em quilogramas (kg). A unidade de força, chamada **newton** (N), é *derivada* de $\mathbf{F} = m\mathbf{a}$. Portanto, 1 newton é igual à força necessária para fornecer a 1 quilograma de massa uma aceleração de 1 m/s² (N = kg · m/s²).

Para determinar-se o peso em newtons de um corpo situado no "local padrão", deve-se utilizar a Equação 1.3. As medições nesse local fornecem $g = 9,80665$ m/s²; entretanto, o valor $g = 9,81$ m/s² será empregado para cálculos. Logo,

$$W = mg \qquad (g = 9{,}81 \text{ m/s}^2) \qquad (1.4)$$

Portanto, um corpo de 1 kg de massa pesa 9,81 N, um corpo de 2 kg de massa pesa 19,62 N e assim por diante (Figura 1.2).

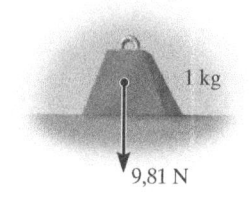

FIGURA 1.2

TABELA 1.1 Sistema Internacional de Unidades.

Quantidade	Comprimento	Tempo	Massa	Força
Unidades do SI	metro	segundo	quilograma	newton*
	m	s	kg	N $\left(\dfrac{kg \cdot m}{s^2}\right)$

* Unidade derivada.

Prefixos

Quando uma quantidade numérica é muito grande ou muito pequena, as unidades do SI usadas para definir seu tamanho podem ser modificadas usando um prefixo. Alguns dos prefixos usados são mostrados na Tabela 1.2. Cada um representa um múltiplo ou submúltiplo de uma unidade que, se aplicado sucessivamente, move o ponto decimal de uma quantidade numérica a cada três casas decimais.* Por exemplo, 4.000.000 N = 4.000 kN (quilonewtons) = 4 MN (meganewtons), ou 0,005 m = 5 mm (milímetros). Observe que o sistema SI não inclui o múltiplo deca (10) ou o submúltiplo centi (0,01), que fazem parte do sistema métrico. Exceto para algumas medidas de volume e área, o uso desses prefixos deve ser evitado na ciência e na engenharia.

TABELA 1.2 Prefixos.

	Forma exponencial	Prefixo	Símbolo SI
Múltiplos			
1.000.000.000	10^9	giga	G
1.000.000	10^6	mega	M
1.000	10^3	quilo	k
Submúltiplos			
0,001	10^{-3}	mili	m
0,000001	10^{-6}	micro	μ
0,000000001	10^{-9}	nano	n

* O quilograma é a única unidade básica definida com um prefixo.

Regras para uso

A seguir, são citadas algumas das regras importantes que descrevem o uso apropriado dos vários símbolos do SI:

- Quantidades definidas por diversas unidades que são múltiplas umas das outras são separadas por um *ponto* para evitar confusão com a notação do prefixo, como indicado por N = kg · m/s^2 = kg · m · s^{-2}. Também é o caso de m · s (metro-segundo) e ms (milissegundo).

- A exponenciação de uma unidade tendo um prefixo refere-se a ambos: a unidade *e* seu prefixo. Por exemplo, $\mu N^2 = (\mu N)^2 = \mu N \cdot \mu N$. Da mesma forma, mm^2 representa $(mm)^2 = mm \cdot mm$.

- Com exceção da unidade básica quilograma, em geral evite o uso de prefixo no denominador das unidades compostas. Por exemplo, não escreva N/mm, mas kN/m; da mesma forma, m/mg deve ser escrito como Mm/kg.

- Ao realizar cálculos, represente os números em termos de suas *unidades básicas ou derivadas* convertendo todos os prefixos para potências de 10. O resultado final deve então ser expresso usando-se um *prefixo único*. Da mesma forma, após o cálculo, é melhor manter os valores numéricos entre 0,1 e 1000; caso contrário, um prefixo adequado deve ser escolhido. Por exemplo,

$$(50 \text{ kN})(60 \text{ nm}) = [50(10^3) \text{ N}][60(10^{-9}) \text{ m}]$$
$$= 3000(10^{-6}) \text{ N} \cdot \text{m} = 3(10^{-3}) \text{ N} \cdot \text{m} = 3 \text{ mN} \cdot \text{m}$$

1.4 Cálculos numéricos

O processamento numérico na prática da engenharia é quase sempre realizado usando calculadoras de mão e computadores. Entretanto, é importante que as respostas de qualquer problema sejam apresentadas com precisão justificável e com algarismos significativos apropriados. Nesta seção, discutiremos esses tópicos juntamente com outros aspectos importantes envolvidos em todos os cálculos de engenharia.

Homogeneidade dimensional

Os termos de qualquer equação usada para descrever um processo físico devem ser **dimensionalmente homogêneos**; isto é, cada termo deve ser expresso nas mesmas unidades. Neste caso, todos os termos de uma equação podem ser combinados se os valores numéricos forem substituídos nas variáveis. Considere, por exemplo, a equação $s = vt + \frac{1}{2}at^2$, onde, em unidades SI, *s* é a posição em metros (m), *t* é o tempo em segundos (s), *v* é a velocidade em m/s e *a* é a aceleração em m/s². Independentemente de como essa equação seja calculada, ela mantém sua homogeneidade dimensional. Na forma descrita, cada um dos três termos é expresso em metros [m, (m/s̸)s̸, (m/s̸²)s̸²] ou, resolvendo para *a*, $a = 2s/t^2 - 2v/t$, os termos são expressos em unidades de m/s² [m/s², m/s², (m/s)/s].

Tenha em mente que os problemas na mecânica sempre envolvem a solução de equações dimensionalmente homogêneas e, portanto, esse fato pode ser usado como uma verificação parcial para manipulações algébricas de uma equação.

Computadores frequentemente são usados em engenharia para projeto e análise avançados. (© Blaize Pascall/Alamy)

Algarismos significativos

A quantidade de algarismos significativos contidos em qualquer número determina a sua precisão. Por exemplo, o número 4981 contém quatro algarismos significativos. Entretanto, se houver zeros no final de um número inteiro, pode não ficar claro quantos algarismos significativos o número representa. Por exemplo, 23400 pode ter três (234), quatro (2340) ou cinco (23400) algarismos significativos. Para evitar essas ambiguidades, usaremos a *notação de engenharia* para expressar um resultado. Isso exige que os números sejam arredondados para a quantidade adequada de algarismos significativos e, em seguida, expressos em múltiplos de (10^3), como (10^3), (10^6) ou (10^{-9}). Por exemplo, se 23400 tiver cinco algarismos significativos, ele é escrito como 23,400(10^3), mas se tiver apenas três algarismos significativos, ele é escrito como 23,4(10^3).

Se houver zeros no início de um número menor que um, eles não serão significativos. Por exemplo, 0,00821 possui três algarismos significativos. Usando a notação de engenharia, esse número é expresso como 8,21(10^{-3}). Da mesma forma, 0,000582 pode ser expresso como 0,582(10^{-3}) ou 582(10^{-6}).

Arredondamento de números

É necessário arredondar um número para que a precisão do resultado seja a mesma dos dados do problema. Como regra, qualquer número terminado com um dígito superior a cinco é arredondado para cima; isso não deve ser feito se o número termina com um dígito inferior a cinco. As regras do arredondamento de números são mais bem ilustradas por meio de exemplos. Suponha que o número 3,5587 precise ser arredondado para *três* algarismos significativos. Como o quarto algarismo (8) é *maior do que* 5, o número é arredondado para 3,56. Da mesma forma, 0,5896 torna-se 0,590 e 9,3866 torna-se 9,39. Se arredondarmos 1,341 para três algarismos significativos, como o quarto algarismo (1) é *menor do que* 5, então teremos 1,34. Semelhantemente, 0,3762 torna-se 0,376 e 9,871 torna-se 9,87. Existe um caso especial para qualquer número que termine com o dígito 5. Como regra, se o algarismo precedendo o 5 for um *número par*, ele *não* é arredondado para cima. Se o algarismo precedendo o 5 for um *número ímpar*, então ele é arredondado para cima. Por exemplo, 75,25 arredondado para três algarismos significativos torna-se 75,2; 0,1275 torna-se 0,128 e 0,2555 torna-se 0,256.

Cálculos

Quando uma sequência de cálculos é realizada, é melhor armazenar os resultados intermediários na calculadora. Em outras palavras, não arredonde os cálculos até expressar o resultado final. Esse procedimento mantém a precisão por toda a série de etapas até a solução final. Neste texto, normalmente arredondamos as respostas para três algarismos significativos, já que a maioria dos dados na mecânica para engenharia, como geometria e cargas, pode ser medida de maneira confiável nesse nível de precisão.

1.5 Procedimentos gerais para análise

Assistir a uma aula, ler este livro e estudar os problemas de exemplo auxilia, mas **a maneira mais eficaz de aprender os princípios da mecânica para engenharia é *resolver problemas***. Para obter sucesso nessa empreitada, é importante sempre apresentar o trabalho de maneira *lógica* e *ordenada*, como sugerido na seguinte sequência de passos:

- Leia o problema cuidadosamente e tente correlacionar a situação física real com a teoria estudada.
- Tabule os dados do problema e *desenhe em uma grande escala* os diagramas necessários.
- Aplique os princípios relevantes, geralmente em forma matemática. Ao escrever quaisquer equações, certifique-se de que sejam dimensionalmente homogêneas.
- Resolva as equações necessárias e expresse o resultado com não mais do que três algarismos significativos.
- Estude a resposta com julgamento técnico e bom senso para determinar se ela parece ou não razoável.

Ao resolver problemas, faça o trabalho o mais organizadamente possível. Ser organizado estimulará o pensamento claro e ordenado e vice-versa.

Pontos importantes

- Estática é o estudo dos corpos que estão em repouso ou se movendo com velocidade constante.
- Uma partícula possui massa, mas suas dimensões podem ser desprezadas; um corpo rígido não se deforma sob a ação de uma carga.
- Uma força é considerada como um "empurrão" ou "puxão" de um corpo sobre outro.
- Supõe-se que forças concentradas atuam em um único ponto sobre um corpo.
- As três leis do movimento de Newton devem ser memorizadas.
- Massa é a medida de uma quantidade de matéria que não muda de um local para outro. Peso se refere à atração da gravidade da Terra sobre um corpo ou quantidade de massa. Sua intensidade depende da elevação em que a massa está localizada.
- No SI, a unidade de força, o newton, é uma unidade derivada. O metro, o segundo e o quilograma são unidades básicas.
- Os prefixos G, M, k, m, μ e n são usados para representar quantidades numéricas grandes e pequenas. Seu tamanho exponencial deve ser conhecido, bem como as regras para usar as unidades do SI.
- Realize cálculos numéricos com vários algarismos significativos e, depois, expresse a resposta com três algarismos significativos.
- Manipulações algébricas de uma equação podem ser verificadas em parte conferindo se a equação permanece dimensionalmente homogênea.
- Conheça as regras de arredondamento de números.

EXEMPLO 1.1

Converta 100 km/h em m/s e 24 m/s em km/h.

SOLUÇÃO

Como 1 km = 1000 m e 1 h = 3600 s, os fatores de conversão são organizados na seguinte ordem, de modo que possa ser aplicado um cancelamento das unidades:

$$100 \text{ km/h} = \frac{100 \text{ km}}{\text{h}}\left(\frac{1000 \text{ m}}{\text{km}}\right)\left(\frac{1 \text{ h}}{3600 \text{ s}}\right)$$

$$= \frac{100(10^3) \text{ m}}{3600 \text{ s}} = 27{,}8 \text{ m/s} \qquad \textit{Resposta}$$

$$24 \text{ m/s} = \left(\frac{24 \text{ m}}{\text{s}}\right)\left(\frac{1 \text{ km}}{1000 \text{ m}}\right)\left(\frac{3600 \text{ s}}{1 \text{ h}}\right)$$

$$= \frac{86{,}4\,(10^3) \text{ km}}{1000 \text{ h}} = 86{,}4 \text{ km/h} \qquad \textit{Resposta}$$

NOTA: lembre-se de arredondar a resposta para três algarismos significativos.

EXEMPLO 1.2

Converta a densidade do aço, 7,85 g/cm³, para kg/m³.

SOLUÇÃO

Usando 1 kg = 1000 g e 1 m = 100 cm, arrume o fator de conversão de modo que g e cm³ possam ser cancelados.

$$7{,}85 \text{ g/cm}^3 = \left(\frac{7{,}85 \text{ g}}{\text{cm}^3}\right)\left(\frac{1 \text{ kg}}{1000 \text{ g}}\right)\left(\frac{100 \text{ cm}}{1 \text{ m}}\right)^3$$

$$= \left(\frac{7{,}85 \text{ g}}{\text{cm}^3}\right)\left(\frac{1 \text{ kg}}{1000 \text{ g}}\right)\left(\frac{100^3 \text{ cm}^3}{1 \text{ m}^3}\right)$$

$$= 7{,}85(10^3) \text{ kg/m}^3 \qquad \textit{Resposta}$$

EXEMPLO 1.3

Calcule numericamente cada uma das seguintes expressões e escreva cada resposta em unidades SI usando um prefixo apropriado: (a) (50 mN)(6 GN), (b) (400 mm)(0,6 MN)², (c) 45 MN³/900 Gg.

SOLUÇÃO

Primeiro, converta cada número em unidades básicas, efetue as operações indicadas e depois escolha um prefixo apropriado.

Parte (a)

$$(50 \text{ mN})(6 \text{ GN}) = \left[50(10^{-3}) \text{ N}\right]\left[6(10^9) \text{ N}\right]$$

$$= 300(10^6) \text{ N}^2$$

$$= 300(10^6) \text{ N}^2 \left(\frac{1 \text{ kN}}{10^3 \text{ N}}\right)\left(\frac{1 \text{ kN}}{10^3 \text{ N}}\right)$$

$$= 300 \text{ kN}^2 \qquad \textit{Resposta}$$

NOTA: observe com atenção a conversão $kN^2 = (kN)^2 = 10^6 \, N^2$.

Parte (b)

$$(400 \text{ mm})(0{,}6 \text{ MN})^2 = [400(10^{-3}) \text{ m}][0{,}6(10^6) \text{ N}]^2$$
$$= [400(10^{-3}) \text{ m}][0{,}36(10^{12}) \text{ N}^2]$$
$$= 144(10^9) \text{ m} \cdot \text{N}^2$$
$$= 144 \text{ Gm} \cdot \text{N}^2 \qquad \textit{Resposta}$$

Podemos escrever também:

$$144(10^9) \text{ m} \cdot \text{N}^2 = 144(10^9) \text{ m} \cdot \text{N}^2 \left(\frac{1 \text{ MN}}{10^6 \text{ N}}\right)\left(\frac{1 \text{ MN}}{10^6 \text{ N}}\right)$$
$$= 0{,}144 \text{ m} \cdot \text{MN}^2 \qquad \textit{Resposta}$$

Parte (c)

$$\frac{45 \text{ MN}^3}{900 \text{ Gg}} = \frac{45(10^6 \text{ N})^3}{900(10^6) \text{ kg}}$$
$$= 50(10^9) \text{ N}^3/\text{kg}$$
$$= 50(10^9) \text{ N}^3 \left(\frac{1 \text{ kN}}{10^3 \text{ N}}\right)^3 \frac{1}{\text{kg}}$$
$$= 50 \text{ kN}^3/\text{kg} \qquad \textit{Resposta}$$

Problemas

As respostas para todos os problemas, exceto aqueles com asterisco, estão no final do livro.

1.1. Expresse cada quantidade seguinte com um prefixo apropriado: (a) $(430 \text{ kg})^2$, (b) $(0{,}002 \text{ mg})^2$ e (c) $(230 \text{ m})^3$.

1.2. Represente cada uma das seguintes combinações de unidades na forma do SI correta: (a) Mg/ms, (b) N/mm e (c) mN/(kg $\cdot$ μs).

1.3. Qual é o peso em newtons de um objeto que tenha a massa de: (a) 8 kg, (b) 0,04 kg e (c) 760 Mg?

*1.4. Represente cada uma das seguintes combinações de unidades na forma do SI correta: (a) kN/μs, (b) Mg/mN e (c) MN/(kg $\cdot$ ms).

1.5. Represente cada uma das seguintes quantidades na forma do SI correta usando um prefixo apropriado: (a) 0,000431 kg, (b) 35,3(10^3) N e (c) 0,00532 km.

1.6. Represente cada uma das seguintes combinações de unidades na forma do SI correta usando um prefixo apropriado: (a) m/ms, (b) μkm, (c) ks/mg e (d) km $\cdot$ μN.

1.7. Represente cada uma das seguintes quantidades como um número entre 0,1 e 1000 usando um prefixo apropriado: (a) 45320 kN, (b) 568(10^5) mm e (c) 0,00563 mg.

*1.8. Represente cada uma das seguintes combinações de unidades na forma do SI correta: GN $\cdot$ μm, (b) kg/μm, (c) N/ks^2 e (d) kN/μs.

1.9. Represente cada uma das seguintes combinações de unidades na forma do SI correta usando um prefixo apropriado: (a) Mg/mm, (b) mN/μs, (c) μm $\cdot$ Mg.

1.10. Represente cada uma das seguintes quantidades com unidades do SI usando um prefixo apropriado: (a) 8653 ms, (b) 8368 N, (c) 0,893 kg.

1.11. Usando as unidades básicas do SI, mostre que a Equação 1.2 é uma equação dimensionalmente homogênea da qual resulta F em newtons. Determine com três algarismos significativos a força gravitacional agindo entre duas esferas que estão se tocando. A massa de cada esfera é 200 kg e o raio é 300 mm.

***1.12.** Arredonde os seguintes números para três algarismos significativos: (a) 58342 m, (b) 68,534 s, (c) 2553 N e (d) 7555 kg.

1.13. Um foguete possui uma massa de $3,529(10^6)$ kg na Terra. Especifique (a) sua massa em unidades do SI e (b) seu peso em unidades do SI. Se o foguete estiver na Lua, onde a aceleração pela gravidade é $g_m = 1,61$ m/s², determine com três algarismos significativos (c) seu peso e (d) sua massa em unidades do SI.

1.14. Resolva cada uma das seguintes expressões com três algarismos significativos e expresse cada resposta em unidades do SI usando um prefixo apropriado: (a) (354 mg)(45 km)/(0,0356 kN), (b) (0,00453 Mg)(201 ms) e (c) 435 MN/23,2 mm.

1.15. Resolva cada uma das seguintes expressões com três algarismos significativos e expresse cada resposta em unidades do SI usando um prefixo apropriado: (a) $(212 \text{ mN})^2$, (b) $(52800 \text{ ms})^2$ e (c) $[548(10^6)]^{1/2}$ ms.

*1.16. Resolva cada uma das seguintes expressões com três algarismos significativos e expresse cada resultado em unidades do SI usando um prefixo apropriado: (a) (684 μm)/(43 ms), (b) (28 ms)(0,0458 Mm)/(348 mg), (c) (2,68 mm)(426 Mg).

1.17. Uma coluna de concreto tem diâmetro de 350 mm e comprimento de 2 m. Se a densidade (massa/volume) do concreto é 2,45 Mg/m³, determine o peso da coluna.

1.18. Determine a massa de um objeto que tem um peso de (a) 20 mN, (b) 150 kN e (c) 60 MN. Expresse o resultado com três algarismos significativos.

1.19. Se um homem pesa 690 newtons na Terra, especifique (a) sua massa em quilogramas. Se o homem está na Lua, onde a aceleração da gravidade é $g_m = 1,61$ m/s², determine (b) seu peso em newtons e (c) sua massa em quilogramas.

*1.20. Expresse cada quantidade seguinte com três algarismos significativos e em unidades do SI usando um prefixo apropriado: (a) $(200 \text{ kN})^2$, (b) $(0,005 \text{ mm})^2$ e (c) $(400 \text{ m})^3$.

1.21. Duas partículas têm uma massa de 8 kg e 12 kg, respectivamente. Se elas estão separadas por 800 mm, determine a força da gravidade que atua entre elas. Compare esse resultado com o peso de cada partícula.

CAPÍTULO 2

Vetores força

Esta torre de transmissão de energia é estabilizada por cabos que exercem forças sobre ela em seus pontos de conexão. Neste capítulo, mostraremos como expressar essas forças como vetores cartesianos, para depois determinar seu vetor resultante.

(© Vasiliy Koval/Fotolia)

2.1 Escalares e vetores

Muitas quantidades físicas na mecânica para engenharia são medidas usando escalares ou vetores.

Escalar

Um *escalar* é qualquer quantidade física positiva ou negativa que pode ser completamente especificada por sua *intensidade*. Exemplos de quantidades escalares incluem comprimento, massa e tempo.

Vetor

Um *vetor* é qualquer quantidade física que requer uma *intensidade* e uma *direção* para sua completa descrição. Exemplos de vetores encontrados na estática são força, posição e momento. Um vetor é representado graficamente por uma seta. O comprimento da seta representa a *intensidade* do vetor, e o ângulo θ entre o vetor e um eixo fixo determina a *direção de sua linha de ação*. A ponta da seta indica o *sentido da direção* do vetor (Figura 2.1).

Em material impresso, as quantidades vetoriais são representadas por letras em negrito, como **A**, e sua intensidade aparece em itálico, como *A*. Para manuscritos, em geral é conveniente indicar uma quantidade vetorial simplesmente desenhando uma seta acima dela, como $\vec{A}$.

Objetivos

- Mostrar como adicionar forças e decompô-las em componentes usando a lei do paralelogramo.
- Expressar força e posição na forma de um vetor cartesiano e explicar como determinar a intensidade e a direção do vetor.
- Introduzir o produto escalar a fim de usá-lo para determinar o ângulo entre dois vetores ou a projeção de um vetor sobre outro.

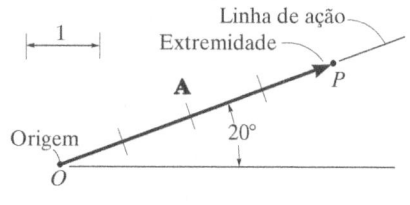

FIGURA 2.1

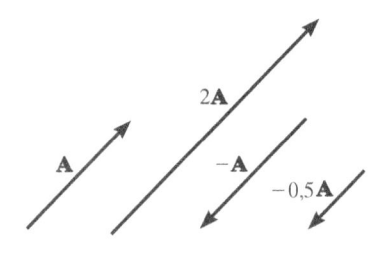

2.2 Operações vetoriais

Multiplicação e divisão de um vetor por um escalar

Se um vetor é multiplicado por um escalar positivo, sua intensidade é aumentada por essa quantidade. Quando multiplicado por um escalar negativo, ele também mudará o sentido direcional do vetor. Exemplos gráficos são mostrados na Figura 2.2.

Multiplicação e divisão por escalares

FIGURA 2.2

Adição de vetores

Ao somar dois vetores, é importante considerar suas intensidades e suas direções. Para fazer isso, temos de usar a *lei do paralelogramo da adição*. Para ilustrar, os dois **vetores componentes** **A** e **B** na Figura 2.3a são somados para formar um **vetor resultante** **R** = **A** + **B** usando o seguinte procedimento:

- Primeiro, una as origens dos vetores componentes em um ponto de modo que se tornem concorrentes (Figura 2.3b).
- A partir da extremidade de **B**, desenhe uma linha paralela a **A**. Desenhe outra linha a partir da extremidade de **A** que seja paralela a **B**. Essas duas linhas se cruzam no ponto P, formando assim os lados adjacentes de um paralelogramo.
- A diagonal desse paralelogramo que se estende até P forma **R**, que então representa o vetor resultante **R** = **A** + **B** (Figura 2.3c).

Também podemos somar **B** a **A** (Figura 2.4a) usando a *regra do triângulo*, que é um caso especial da lei do paralelogramo, em que o vetor **B** é somado ao vetor **A** segundo o procedimento "extremidade para origem", ou seja, conectando a extremidade de **A** com a origem de **B** (Figura 2.4b). O **R** resultante se estende da origem de **A** à extremidade de **B**. De modo semelhante, **R** também pode ser obtido somando **A** e **B** (Figura 2.4c). Por comparação, vemos que a adição de vetores é comutativa; em outras palavras, os vetores podem ser somados em qualquer ordem, ou seja, **R** = **A** + **B** = **B** + **A**.

No caso especial em que os dois vetores **A** e **B** são *colineares*, ou seja, ambos possuem a mesma linha de ação, a lei do paralelogramo reduz-se a uma *adição algébrica* ou *escalar* $R = A + B$, como mostra a Figura 2.5.

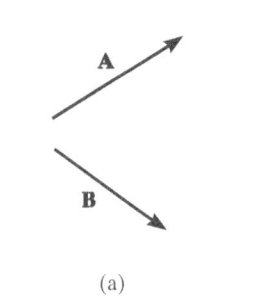

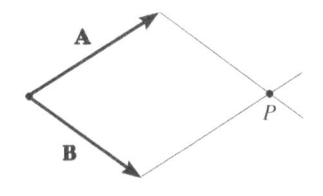

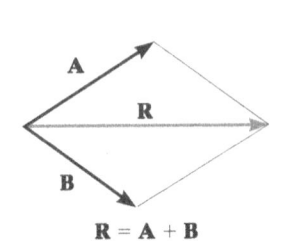

(a)

(b)

R = **A** + **B**
Lei do paralelogramo
(c)

FIGURA 2.3

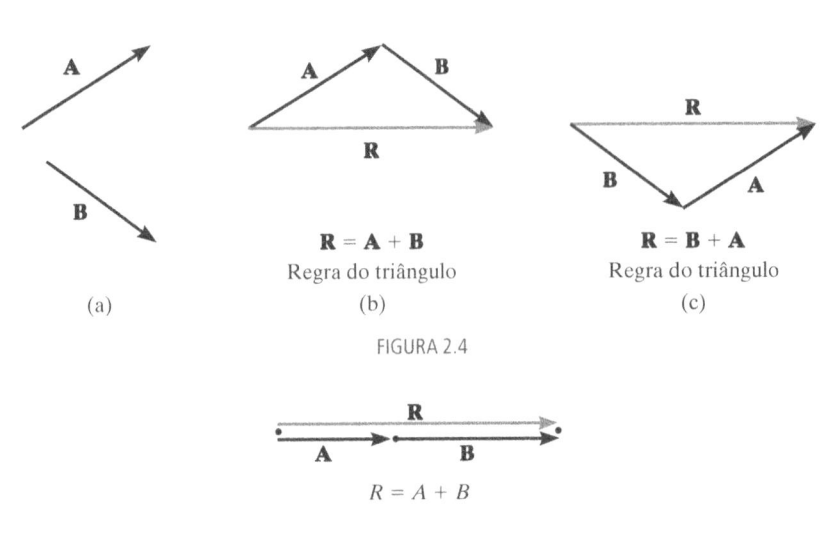

(a)

R = **A** + **B**
Regra do triângulo
(b)

R = **B** + **A**
Regra do triângulo
(c)

FIGURA 2.4

$R = A + B$

Adição de vetores colineares

FIGURA 2.5

Subtração de vetores

A resultante da *diferença* entre dois vetores **A** e **B** do mesmo tipo pode ser expressa como:

$$\mathbf{R}' = \mathbf{A} - \mathbf{B} = \mathbf{A} + (-\mathbf{B})$$

Essa soma de vetores é mostrada graficamente na Figura 2.6. Portanto, a subtração é definida como um caso especial da adição, de modo que as regras da adição vetorial também se aplicam à subtração de vetores.

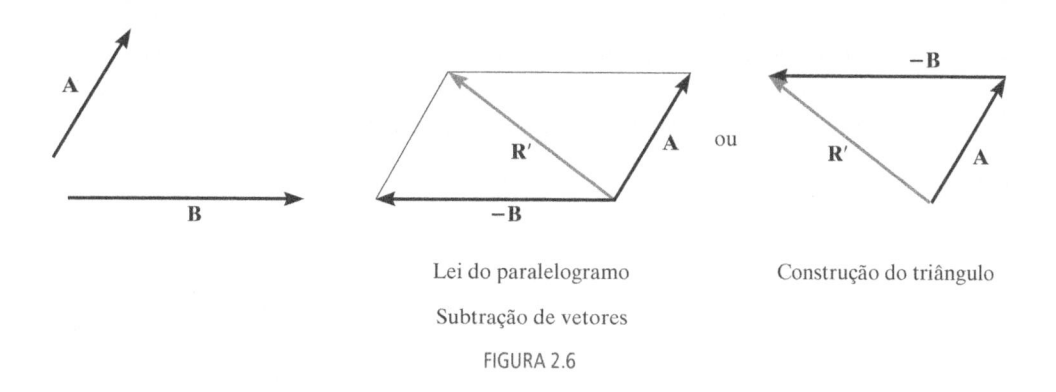

Lei do paralelogramo

Construção do triângulo

Subtração de vetores

FIGURA 2.6

2.3 Adição vetorial de forças

Segundo experimentos, uma força é uma quantidade vetorial, pois possui intensidade, direção e sentido especificados, e sua soma é feita de acordo com a lei do paralelogramo. Dois problemas comuns em estática envolvem determinar a força resultante, conhecendo-se suas componentes, ou decompor uma força conhecida em duas componentes. Descreveremos agora como cada um desses problemas é resolvido usando a lei do paralelogramo.

Determinando uma força resultante

As duas forças componentes, $\mathbf{F}_1$ e $\mathbf{F}_2$, agindo sobre o pino da Figura 2.7a podem ser somadas para formar a força resultante $\mathbf{F}_R = \mathbf{F}_1 + \mathbf{F}_2$, como mostra a Figura 2.7b. A partir dessa construção, ou usando a regra do triângulo (Figura 2.7c), podemos aplicar a lei dos cossenos ou a lei dos senos para o triângulo, a fim de obter a intensidade da força resultante e sua direção.

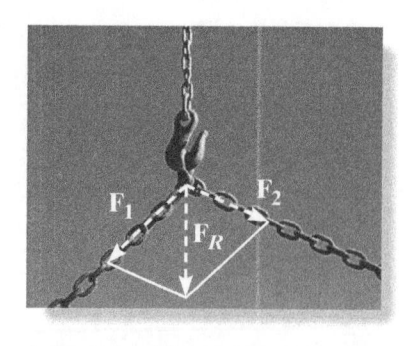

A lei do paralelogramo é usada para determinar a resultante das duas forças agindo sobre o gancho.

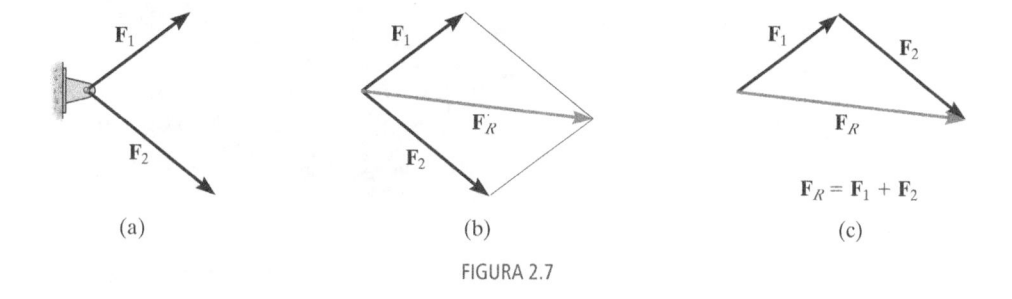

$$\mathbf{F}_R = \mathbf{F}_1 + \mathbf{F}_2$$

(a) (b) (c)

FIGURA 2.7

Usando a lei do paralelogramo, a força **F** pode ser decomposta nas componentes que agem ao longo dos cabos de suspensão u e v.

Determinando as componentes de uma força

Algumas vezes é necessário decompor uma força em duas *componentes* para estudar seu efeito de "empurrão" ou "puxão" em duas direções específicas. Por exemplo, na Figura 2.8a, **F** deve ser decomposta em duas componentes ao longo dos dois membros, definidos pelos eixos u e v. Para determinar a intensidade de cada componente, primeiramente constrói-se um paralelogramo, desenhando-se linhas iniciadas na extremidade de **F**, sendo uma linha paralela a u e a outra paralela a v. Essas linhas então se interceptam com os eixos v e u, formando um paralelogramo. As componentes da força $\mathbf{F}_u$ e $\mathbf{F}_v$ são, então, estabelecidas simplesmente unindo a origem de **F** com os pontos de interseção nos eixos u e v (Figura 2.8b). Esse paralelogramo pode então ser reduzido a um triângulo, que representa a regra do triângulo (Figura 2.8c). A partir disso, a lei dos senos pode ser aplicada para determinar as intensidades desconhecidas das componentes.

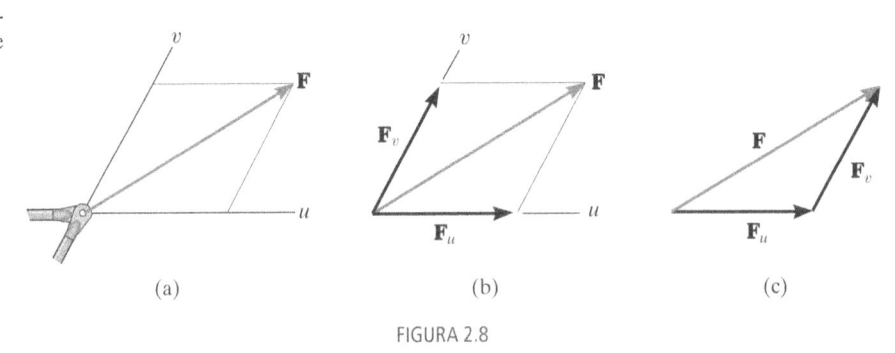

FIGURA 2.8

Adição de várias forças

Se mais de duas forças precisam ser somadas, aplicações sucessivas da lei do paralelogramo podem ser realizadas para obter a força resultante. Por exemplo, se três forças $\mathbf{F}_1$, $\mathbf{F}_2$ e $\mathbf{F}_3$ atuam em um ponto O (Figura 2.9), a resultante de quaisquer duas das forças (digamos, $\mathbf{F}_1 + \mathbf{F}_2$) é encontrada, e depois essa resultante é somada à terceira força, produzindo a resultante das três forças, ou seja, $\mathbf{F}_R = (\mathbf{F}_1 + \mathbf{F}_2) + \mathbf{F}_3$. O uso da lei do paralelogramo para adicionar mais de duas forças, como mostrado, normalmente requer cálculos extensos de geometria e trigonometria para determinar os valores numéricos da intensidade e direção da resultante. Em vez disso, problemas desse tipo podem ser facilmente resolvidos usando o "método das componentes retangulares", que será explicado na Seção 2.4.

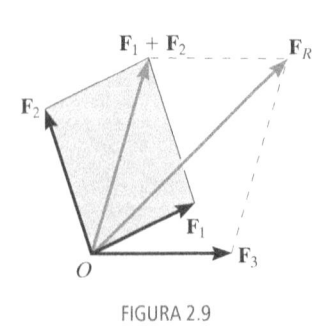

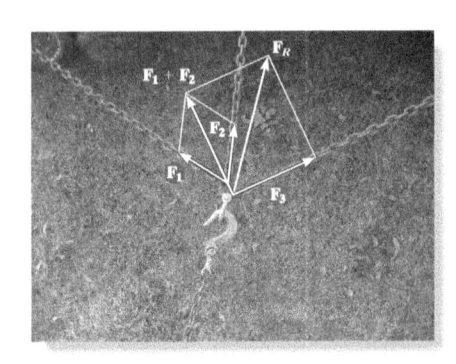

FIGURA 2.9

A força resultante $\mathbf{F}_R$ sobre o gancho requer a adição de $\mathbf{F}_1 + \mathbf{F}_2$. Depois a resultante é somada a $\mathbf{F}_3$.

Pontos importantes

- Escalar é um número positivo ou negativo.
- Vetor é uma quantidade que possui intensidade, direção e sentido.
- A multiplicação ou divisão de um vetor por um escalar muda a intensidade do vetor. O sentido dele mudará se o escalar for negativo.
- Como um caso especial, se os vetores forem colineares, a resultante será formada pela adição algébrica ou escalar.

Procedimento para análise

Problemas que envolvem a soma de duas forças podem ser resolvidos da seguinte maneira:

Lei do paralelogramo

- Duas forças "componentes" F_1 e F_2 na Figura 2.10a somam-se conforme a lei do paralelogramo, gerando uma força *resultante* F_R, que forma a diagonal do paralelogramo.
- Se uma força F precisar ser decomposta em *componentes* ao longo de dois eixos u e v (Figura 2.10b), então, iniciando na extremidade da força F, construa linhas paralelas aos eixos, formando, assim, o paralelogramo. Os lados do paralelogramo representam as componentes, F_u e F_v.
- Rotule todas as intensidades das forças conhecidas e desconhecidas e os ângulos no esquema, e identifique as duas incógnitas como a intensidade e a direção de F_R, ou de outra forma as intensidades de suas componentes.

Trigonometria

- Redesenhe metade do paralelogramo para ilustrar a adição triangular "extremidade para origem" das componentes.
- Por esse triângulo, a intensidade da força resultante é determinada pela lei dos cossenos, e sua direção, pela lei dos senos. As intensidades das duas componentes de força são determinadas pela lei dos senos. As fórmulas são mostradas na Figura 2.10c.

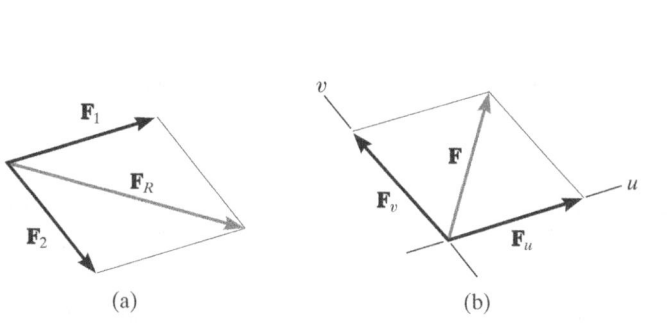

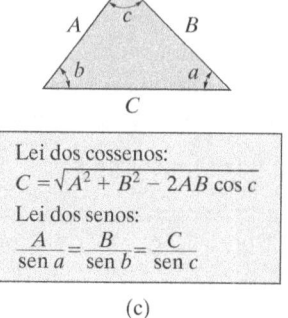

Lei dos cossenos:
$$C = \sqrt{A^2 + B^2 - 2AB \cos c}$$
Lei dos senos:
$$\frac{A}{\operatorname{sen} a} = \frac{B}{\operatorname{sen} b} = \frac{C}{\operatorname{sen} c}$$

(a)   (b)   (c)

FIGURA 2.10

Exemplo 2.1

O gancho na Figura 2.11a está sujeito a duas forças, $\mathbf{F}_1$ e $\mathbf{F}_2$. Determine a intensidade e a direção da força resultante.

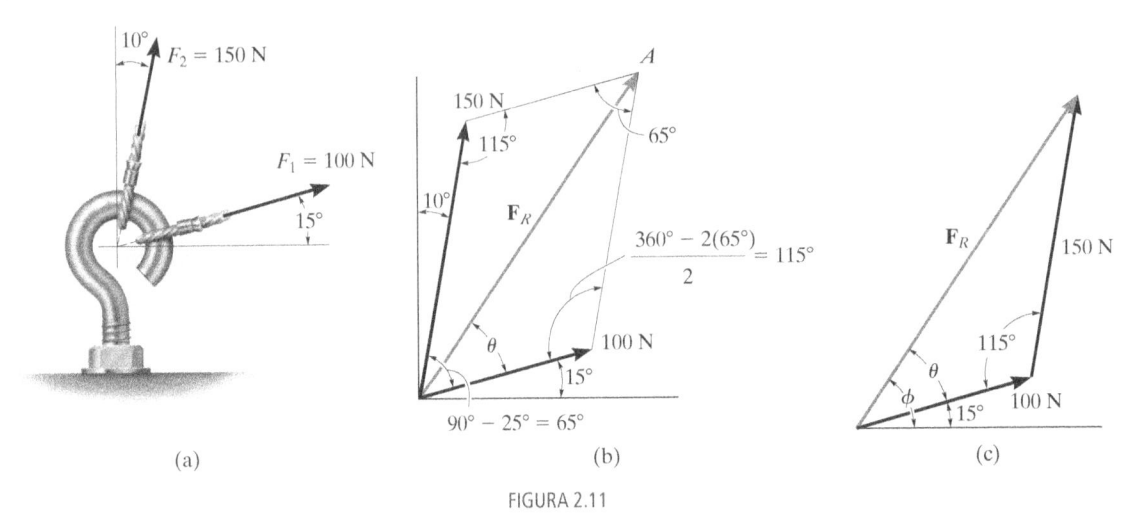

FIGURA 2.11

SOLUÇÃO

Lei do paralelogramo

O paralelogramo é formado por uma linha a partir da extremidade de $\mathbf{F}_1$ que seja paralela a $\mathbf{F}_2$ e outra linha a partir da extremidade de $\mathbf{F}_2$ que seja paralela a $\mathbf{F}_1$. A força resultante $\mathbf{F}_R$ estende-se para onde essas linhas se interceptam no ponto A (Figura 2.11b). As duas incógnitas são a intensidade de $\mathbf{F}_R$ e o ângulo θ (teta).

Trigonometria

A partir do paralelogramo, o triângulo vetorial é construído (Figura 2.11c). Usando a lei dos cossenos,

$$F_R = \sqrt{(100 \text{ N})^2 + (150 \text{ N})^2 - 2(100 \text{ N})(150 \text{ N}) \cos 115°}$$
$$= \sqrt{10000 + 22500 - 30000(-0{,}4226)} = 212{,}6 \text{ N}$$
$$= 213 \text{ N} \qquad \qquad Resposta$$

Aplicando a lei dos senos para determinar θ,

$$\frac{150 \text{ N}}{\text{sen}\,\theta} = \frac{212{,}6 \text{ N}}{\text{sen } 115°} \qquad \text{sen}\,\theta = \frac{150 \text{ N}}{212{,}6 \text{ N}} (\text{sen } 115°)$$
$$\theta = 39{,}8°$$

Logo, a direção ϕ (fi) de $\mathbf{F}_R$, medida a partir da horizontal, é:

$$\phi = 39{,}8° + 15{,}0° = 54{,}8° \qquad \qquad Resposta$$

NOTA: os resultados parecem razoáveis, visto que a Figura 2.11b mostra que $\mathbf{F}_R$ possui intensidade maior que suas componentes e uma direção que está entre elas.

Exemplo 2.2

Decomponha a força horizontal de 600 N da Figura 2.12a nas componentes que atuam ao longo dos eixos u e v e determine as intensidades dessas componentes.

SOLUÇÃO

O paralelogramo é construído estendendo-se uma linha da *extremidade* da força de 600 N paralela ao eixo v até que ela intercepte o eixo u no ponto B (Figura 2.12b). A seta de A para B representa $\mathbf{F}_u$. Da mesma forma, a linha estendida da extremidade da força de 600 N paralelamente ao eixo u intercepta o eixo v no ponto C, que resulta em $\mathbf{F}_v$.

A adição de vetores usando a regra do triângulo é mostrada na Figura 2.12c. As duas incógnitas são as intensidades de $\mathbf{F}_u$ e $\mathbf{F}_v$. Aplicando a lei dos senos,

$$\frac{F_u}{\operatorname{sen} 120°} = \frac{600 \text{ N}}{\operatorname{sen} 30°}$$

$$F_u = 1039 \text{ N} \qquad \qquad \textit{Resposta}$$

$$\frac{F_v}{\operatorname{sen} 30°} = \frac{600 \text{ N}}{\operatorname{sen} 30°}$$

$$F_v = 600 \text{ N} \qquad \qquad \textit{Resposta}$$

NOTA: o resultado para F_u mostra que algumas vezes uma componente pode ter uma intensidade maior que a resultante.

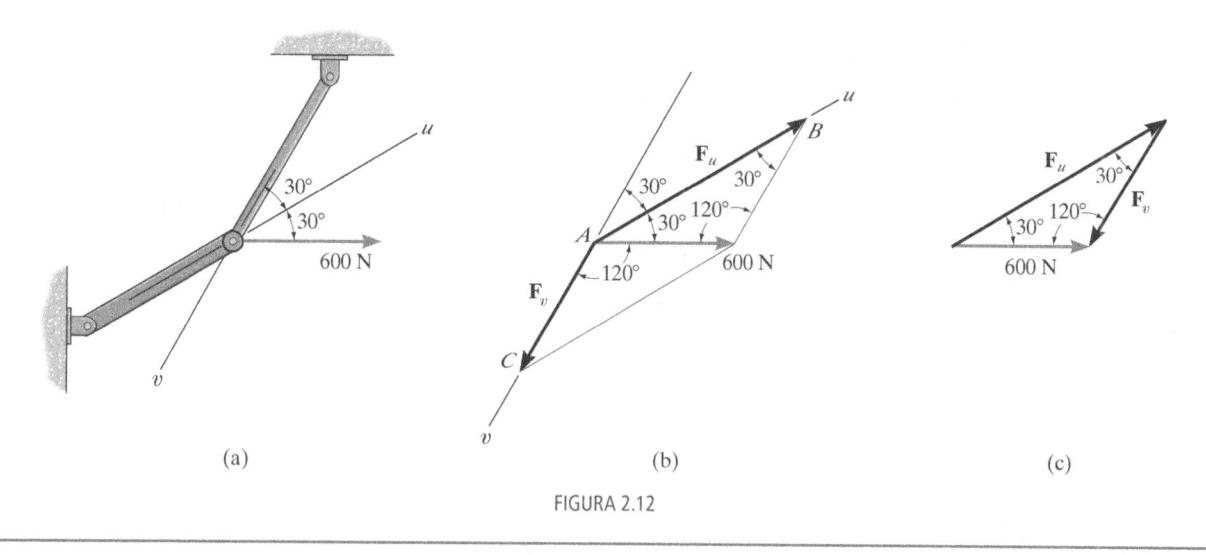

FIGURA 2.12

Exemplo 2.3

Determine a intensidade da força componente $\mathbf{F}$ na Figura 2.13a e a intensidade da força resultante $\mathbf{F}_R$ se $\mathbf{F}_R$ estiver direcionada ao longo do eixo y positivo.

SOLUÇÃO

A lei do paralelogramo da adição é mostrada na Figura 2.13b e a regra do triângulo, na Figura 2.13c. As intensidades de $\mathbf{F}_R$ e $\mathbf{F}$ são as duas incógnitas. Elas podem ser determinadas aplicando-se a lei dos senos.

$$\frac{F}{\operatorname{sen} 60°} = \frac{200 \text{ N}}{\operatorname{sen} 45°}$$

$$F = 245 \text{ N} \qquad \qquad \textit{Resposta}$$

$$\frac{F_R}{\text{sen } 75°} = \frac{200 \text{ N}}{\text{sen } 45°}$$

$$F_R = 273 \text{ N} \qquad \textit{Resposta}$$

(a)

(b)

(c)

FIGURA 2.13

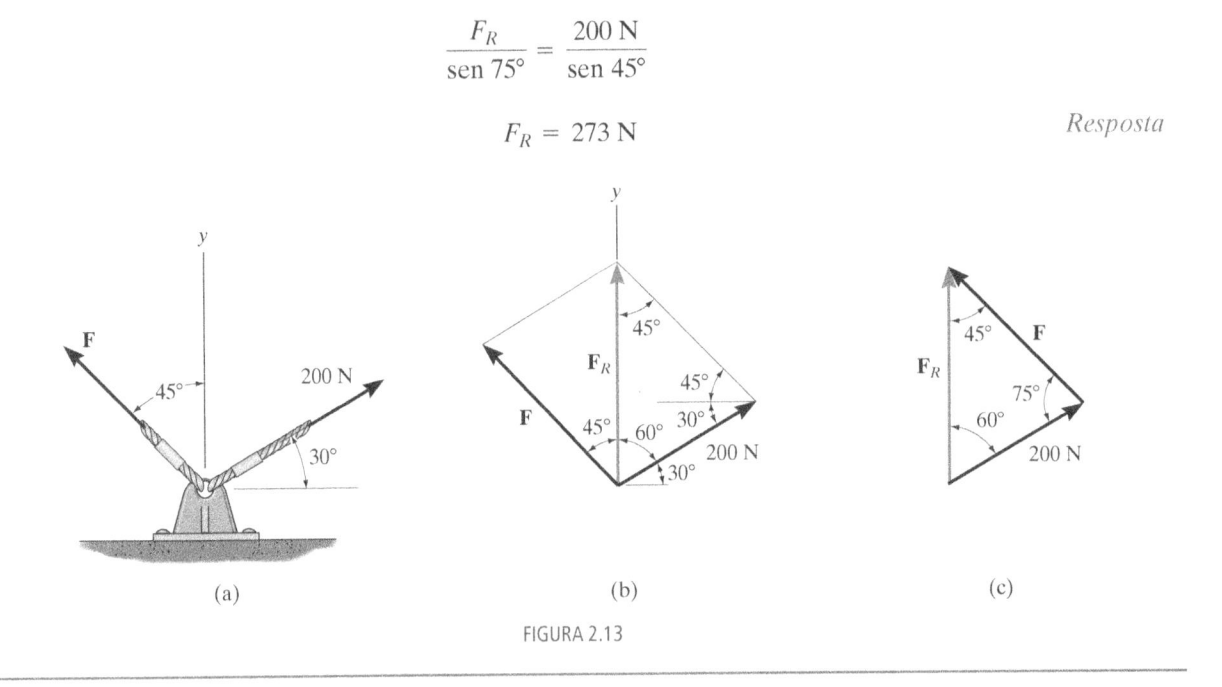

Exemplo 2.4

É necessário que a força resultante que age sobre a argola na Figura 2.14*a* seja direcionada ao longo do eixo *x* positivo e que **F**$_2$ tenha uma intensidade *mínima*. Determine essa intensidade, o ângulo θ e a força resultante correspondente.

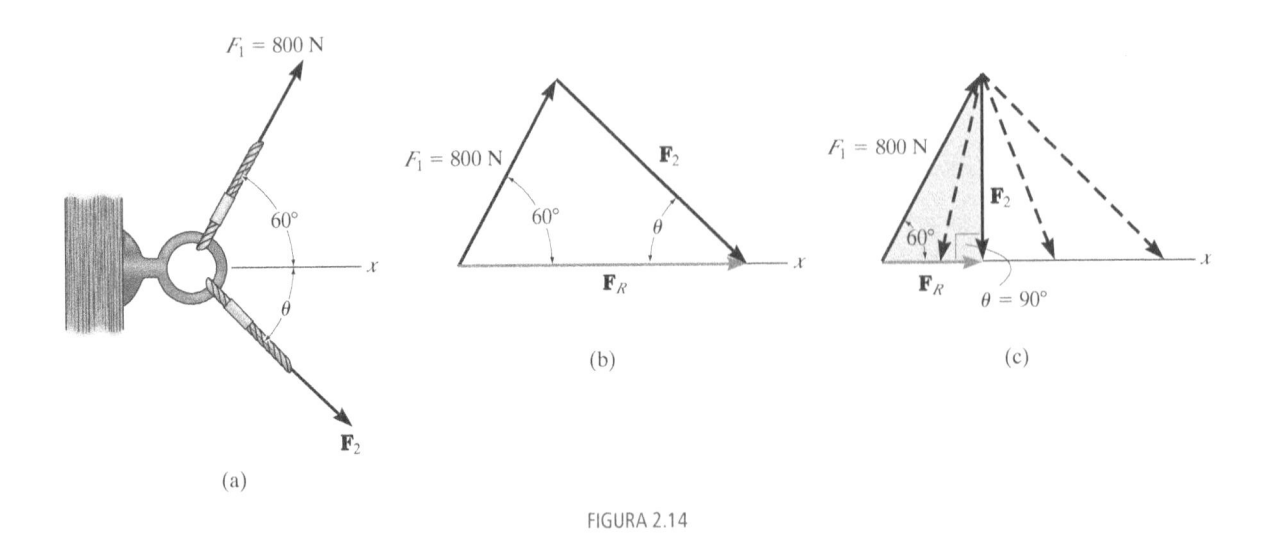

(a)

(b)

(c)

FIGURA 2.14

SOLUÇÃO

A regra do triângulo para **F**$_R$ = **F**$_1$ + **F**$_2$ é mostrada na Figura 2.14*b*. Como as intensidades (comprimentos) de **F**$_R$ e **F**$_2$ não são especificadas, então **F**$_2$ pode ser qualquer vetor que tenha sua extremidade tocando a linha de ação de **F**$_R$ (Figura 2.14*c*). Entretanto, como mostra a figura, a intensidade de **F**$_2$ é uma distância *mínima*, ou a mais curta, quando sua linha de ação é *perpendicular* à linha de ação de **F**$_R$, ou seja, quando

$$\theta = 90° \qquad \textit{Resposta}$$

Como a adição vetorial forma agora um triângulo retângulo, as duas intensidades desconhecidas podem ser obtidas pela trigonometria.

$$F_R = (800\ \text{N})\cos 60° = 400\ \text{N} \qquad Resposta$$
$$F_2 = (800\ \text{N})\text{sen}\ 60° = 693\ \text{N} \qquad Resposta$$

É altamente recomendável que você refaça as soluções desses exemplos, ocultando-as e depois tentando desenhar a lei do paralelogramo, pensando sobre como as leis do seno e do cosseno são usadas para determinar as incógnitas. Depois, antes de resolver qualquer um dos problemas, tente resolver os Problemas preliminares e alguns dos Problemas fundamentais apresentados nas próximas páginas. As soluções e as respostas deles são dadas no final do livro. Fazer isso no decorrer do livro o ajudará bastante no desenvolvimento de suas habilidades para a solução de problemas.

Problemas preliminares

Soluções parciais e respostas para todos os Problemas preliminares são fornecidas no final do livro.

P2.1. Em cada caso, construa a lei do paralelogramo para mostrar que $\mathbf{F}_R = \mathbf{F}_1 + \mathbf{F}_2$. Depois, estabeleça a regra do triângulo, em que $\mathbf{F}_R = \mathbf{F}_1 + \mathbf{F}_2$. Rotule todos os lados conhecidos e desconhecidos e seus ângulos internos.

P2.2. Em cada caso, mostre como decompor a força **F** em componentes que atuam ao longo dos eixos u e v usando a lei do paralelogramo. Depois, estabeleça a regra do triângulo para mostrar que $\mathbf{F}_R = \mathbf{F}_u + \mathbf{F}_v$. Rotule todos os lados conhecidos e desconhecidos e seus ângulos internos.

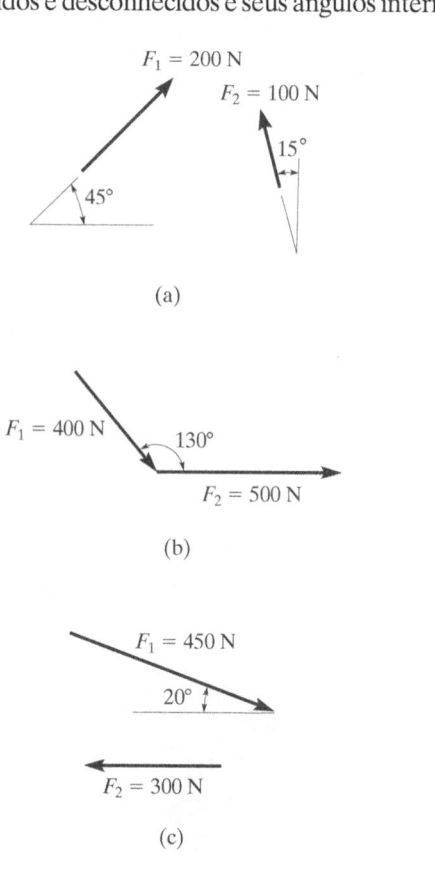

PROBLEMA P2.1

PROBLEMA P2.2

Problemas fundamentais

Soluções parciais e respostas para todos os Problemas fundamentais são fornecidas no final do livro.

F2.1. Determine a intensidade da força resultante que atua sobre a argola e sua direção, medida no sentido horário a partir do eixo x.

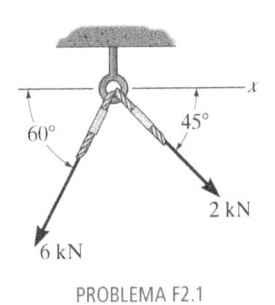

PROBLEMA F2.1

F2.2. Duas forças atuam sobre o gancho. Determine a intensidade da força resultante.

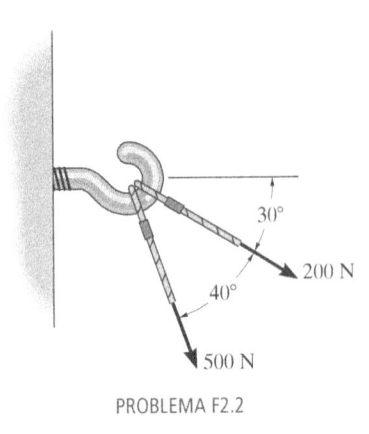

PROBLEMA F2.2

F2.3. Determine a intensidade da força resultante e sua direção, medida no sentido anti-horário a partir do eixo x positivo.

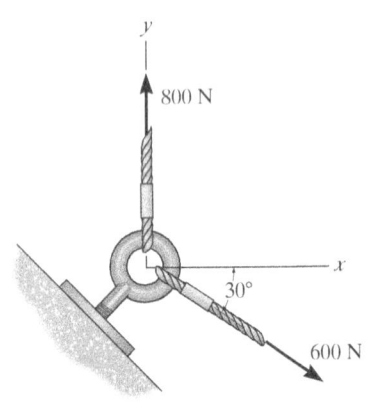

PROBLEMA F2.3

F2.4. Decomponha a força de 30 N nas componentes ao longo dos eixos u e v, e determine a intensidade de cada uma dessas componentes.

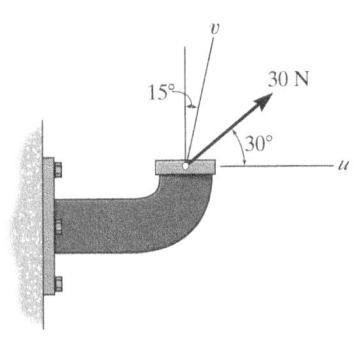

PROBLEMA F2.4

F2.5. A força $F = 450$ N atua sobre a estrutura. Decomponha essa força nas componentes que atuam ao longo dos membros AB e AC, e determine a intensidade de cada componente.

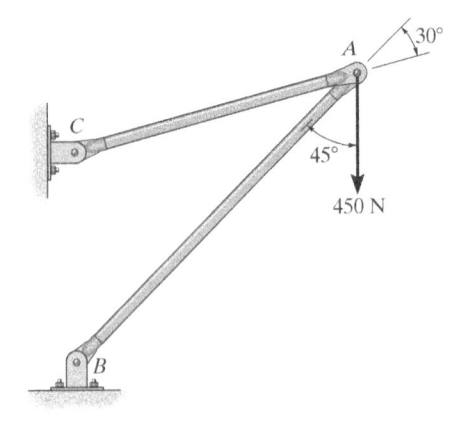

PROBLEMA F2.5

F2.6. Se a força **F** precisa ter uma componente ao longo do eixo u com $F_u = 6$ kN, determine a intensidade de **F** e de sua componente $\mathbf{F}_v$ ao longo do eixo v.

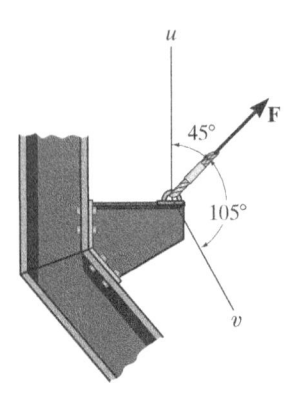

PROBLEMA F2.6

Problemas

2.1. Determine a intensidade da força resultante $F_R = F_1 + F_2$ e sua direção, medida no sentido horário a partir do eixo u positivo.

2.2. Decomponha F_1 em componentes ao longo dos eixos u e v, e determine suas intensidades.

2.3. Decomponha F_2 em componentes ao longo dos eixos u e v, e determine suas intensidades.

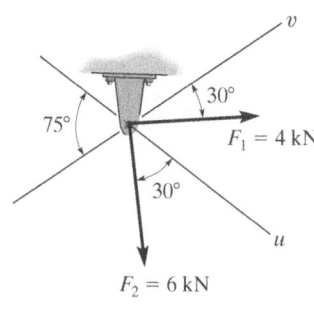

PROBLEMAS 2.1 a 2.3

*__2.4.__ Se $\theta = 60°$ e $F = 450$ N, determine a intensidade da força resultante e sua direção, medida no sentido anti-horário a partir do eixo x positivo.

2.5. Se a intensidade da força resultante deve ser 500 N direcionada ao longo do eixo y positivo, determine a intensidade da força **F** e sua direção θ.

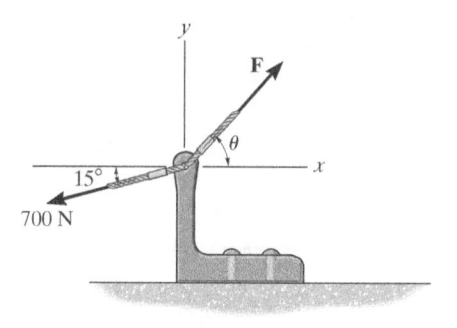

PROBLEMAS 2.4 e 2.5

2.6. Se $F_B = 2$ kN e a força resultante atua ao longo do eixo u positivo, determine a intensidade da força resultante e o ângulo θ.

2.7. Se a força resultante precisa atuar ao longo do eixo u positivo e ter uma intensidade de 5 kN, determine a intensidade necessária de F_B e sua direção θ.

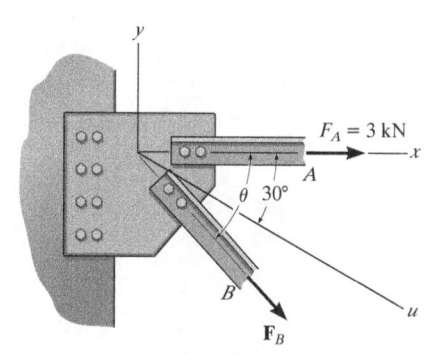

PROBLEMAS 2.6 e 2.7

*__2.8.__ Determine a intensidade da força resultante $F_R = F_1 + F_2$ e sua direção, medida no sentido horário a partir do eixo x positivo.

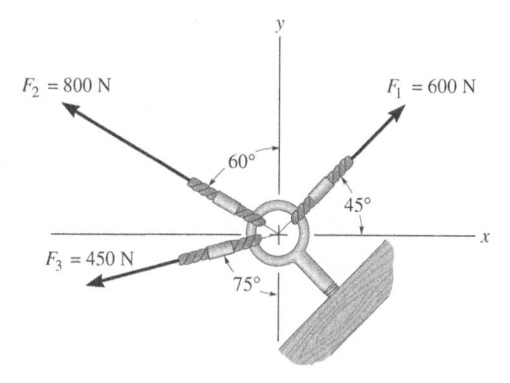

PROBLEMA 2.8

2.9. Decomponha F_1 nas componentes que atuam ao longo dos eixos u e v e determine suas intensidades.

2.10. Decomponha F_2 nas componentes que atuam ao longo dos eixos u e v e determine suas intensidades.

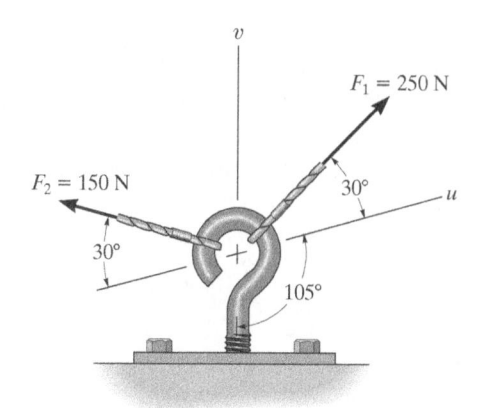

PROBLEMAS 2.9 e 2.10

2.11. Um dispositivo é usado para a substituição cirúrgica da articulação do joelho. Se a força que atua ao longo da perna é 360 N, determine suas componentes ao longo dos eixos x e y'.

*2.12. Um dispositivo é usado para a substituição cirúrgica da articulação do joelho. Se a força que atua ao longo da perna é 360 N, determine suas componentes ao longo dos eixos x' e y.

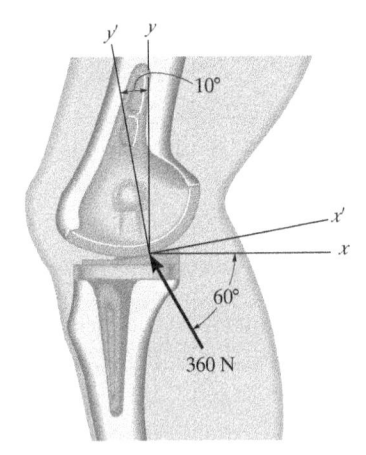

PROBLEMAS 2.11 e 2.12

2.13. Se a tração no cabo é 400 N, determine a intensidade e a direção da força resultante que atua sobre a polia. Esse ângulo determina o ângulo θ mostrado na figura.

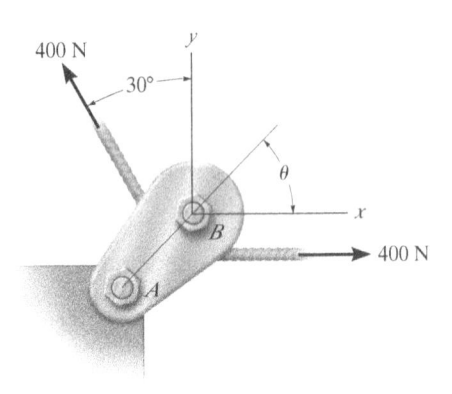

PROBLEMA 2.13

2.14. A caminhonete precisa ser rebocada usando duas cordas. Determine as intensidades das forças $\mathbf{F}_A$ e $\mathbf{F}_B$ que atuam em cada corda para produzir uma força resultante de 950 N, orientada ao longo do eixo x positivo. Considere $\theta = 50°$.

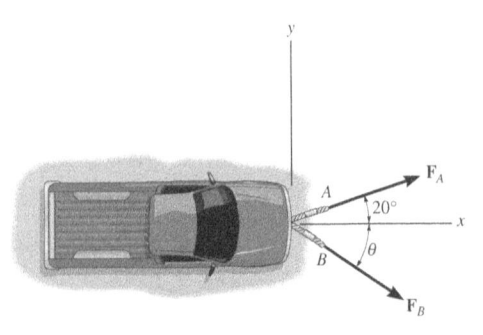

PROBLEMA 2.14

2.15. A chapa está submetida a duas forças em A e B, como mostrado na figura. Se $\theta = 60°$, determine a intensidade da resultante das duas forças e sua direção medida no sentido horário a partir da horizontal.

*2.16. Determine o ângulo θ para conectar o membro A à chapa de modo que a força resultante de $\mathbf{F}_A$ e $\mathbf{F}_B$ seja direcionada horizontalmente para a direita. Além disso, informe qual é a intensidade da força resultante.

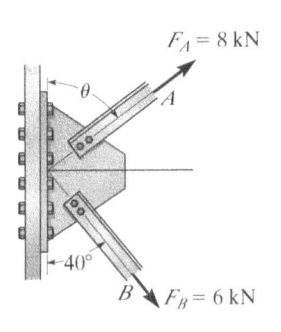

PROBLEMAS 2.15 e 2.16

2.17. Duas forças atuam sobre o parafuso de argola. Se $F_1 = 400$ N e $F_2 = 600$ N, determine o ângulo θ ($0° \leq \theta \leq 180°$) entre elas, de modo que a força resultante tenha uma intensidade $F_R = 800$ N.

2.18. Duas forças, $\mathbf{F}_1$ e $\mathbf{F}_2$, atuam sobre o gancho. Se suas linhas de ação formam um ângulo θ e a intensidade de cada força é $F_1 = F_2 = F$, determine a intensidade da força resultante $\mathbf{F}_R$ e o ângulo entre $\mathbf{F}_R$ e $\mathbf{F}_1$.

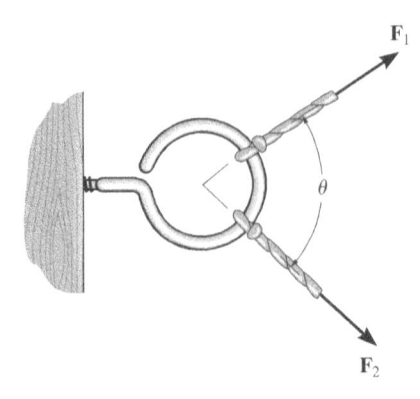

PROBLEMAS 2.17 e 2.18

2.19. Determine a intensidade e a direção da força resultante $\mathbf{F}_R$ medida em sentido anti-horário a partir do eixo x positivo. Resolva o problema encontrando primeiro a resultante $\mathbf{F}' = \mathbf{F}_1 + \mathbf{F}_2$ e depois formando $\mathbf{F}_R = \mathbf{F}' + \mathbf{F}_3$.

*2.20. Determine a intensidade e a direção da força resultante $\mathbf{F}_R$ medida em sentido anti-horário a partir do eixo x positivo. Resolva o problema encontrando primeiro a resultante $\mathbf{F}' = \mathbf{F}_2 + \mathbf{F}_3$ e depois formando $\mathbf{F}_R = \mathbf{F}' + \mathbf{F}_1$.

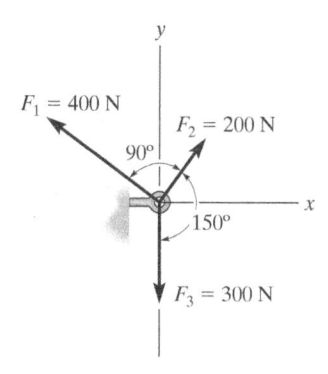

PROBLEMAS 2.19 e 2.20

PROBLEMAS 2.23 e 2.24

2.21. Uma tora deve ser rebocada por dois tratores A e B. Determine as intensidades das duas forças de reboque, $\mathbf{F}_A$ e $\mathbf{F}_B$, levando-se em conta que a força resultante tenha uma intensidade $F_R = 10$ kN e seja orientada ao longo do eixo x. Considere $\theta = 15°$.

2.22. Se a resultante $\mathbf{F}_R$ das duas forças que atuam sobre a tora deve estar orientada ao longo do eixo x positivo e ter uma intensidade de 10 kN, determine o ângulo θ do cabo acoplado a B para que a intensidade da força $\mathbf{F}_B$ nesse cabo seja mínima. Qual é a intensidade da força em cada cabo nessa situação?

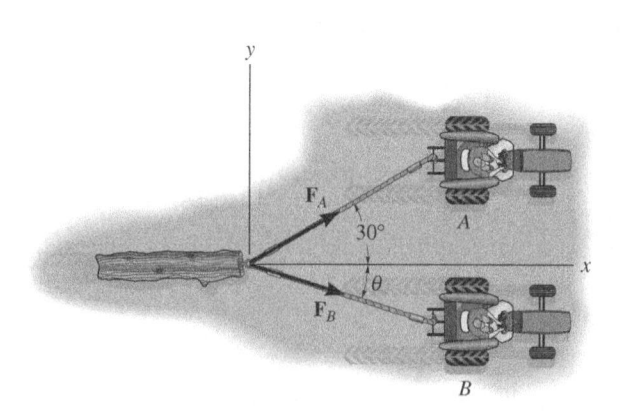

2.25. Se a força resultante dos dois rebocadores é 3 kN, direcionada ao longo do eixo x positivo, determine a intensidade da força exigida $\mathbf{F}_B$ e sua direção θ.

2.26. Se $F_B = 3$ kN e $\theta = 45°$, determine a intensidade da força resultante dos dois rebocadores e sua direção medida em sentido horário a partir do eixo x positivo.

2.27. Se a força resultante dos dois rebocadores tiver de ser direcionada para o eixo x positivo, e $\mathbf{F}_B$ tiver a mínima intensidade, determine as intensidades de $\mathbf{F}_R$ e $\mathbf{F}_B$ e o ângulo θ.

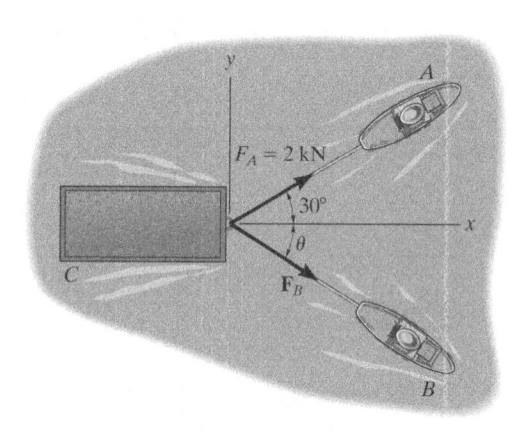

PROBLEMAS 2.25 a 2.27

*2.28. Determine a intensidade da força $\mathbf{F}$ de modo que a força resultante $\mathbf{F}_R$ das três forças seja a menor possível. Qual é a intensidade mínima de $\mathbf{F}_R$?

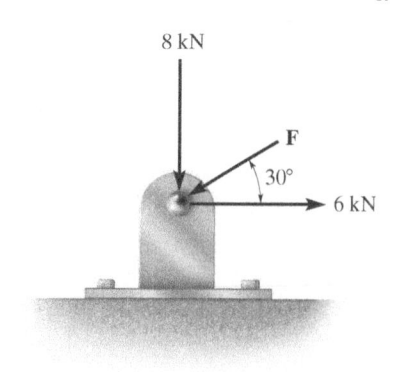

PROBLEMAS 2.21 e 2.22

2.23. Determine a intensidade e a direção da resultante $\mathbf{F}_R = \mathbf{F}_1 + \mathbf{F}_2 + \mathbf{F}_3$ das três forças encontrando primeiro a resultante $\mathbf{F}' = \mathbf{F}_1 + \mathbf{F}_2$ e depois formando $\mathbf{F}_R = \mathbf{F}' + \mathbf{F}_3$.

*2.24. Determine a intensidade e a direção da resultante $\mathbf{F}_R = \mathbf{F}_1 + \mathbf{F}_2 + \mathbf{F}_3$ das três forças encontrando primeiro a resultante $\mathbf{F}' = \mathbf{F}_2 + \mathbf{F}_3$ e depois formando $\mathbf{F}_R = \mathbf{F}' + \mathbf{F}_1$.

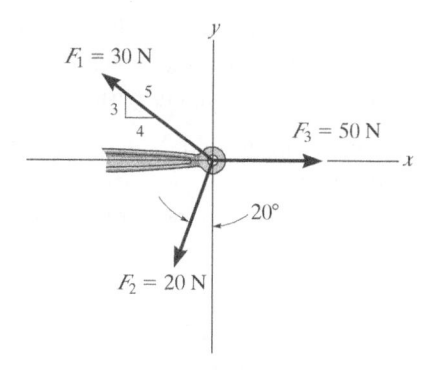

PROBLEMA 2.28

2.29. Determine a intensidade e a direção θ de **F**$_A$ de modo que a força resultante seja direcionada ao longo do eixo *x* positivo e tenha uma intensidade de 1250 N.

2.30. Determine a intensidade e a direção, esta medida em sentido anti-horário a partir do eixo *x* positivo, da força resultante atuando sobre o anel em *O*, se $F_A = 750$ N e θ = 45°.

2.31. Duas forças atuam sobre o parafuso em argola. Se $F = 600$ N, determine a intensidade da força resultante e o ângulo θ se a força resultante for direcionada verticalmente para cima.

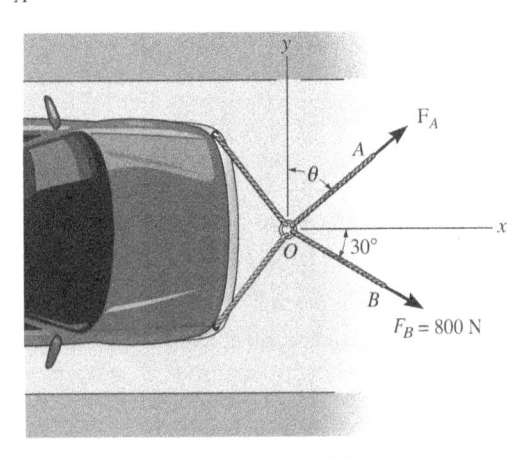

PROBLEMAS 2.29 e 2.30

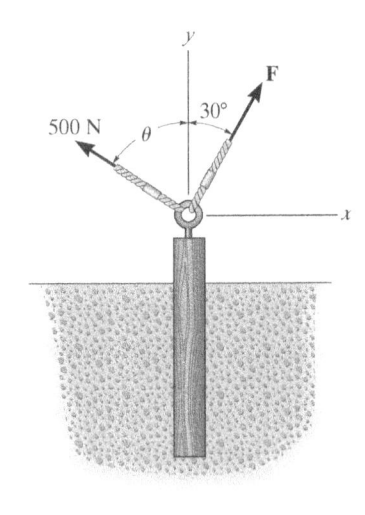

PROBLEMA 2.31

2.4 Adição de um sistema de forças coplanares

Quando uma força é decomposta em duas componentes ao longo dos eixos *x* e *y*, as componentes são, então, chamadas de ***componentes retangulares***. Para um trabalho analítico, podemos representar essas componentes de duas maneiras, usando a notação escalar ou a notação vetorial cartesiana.

Notação escalar

As componentes retangulares da força **F** mostradas na Figura 2.15*a* são determinadas usando a lei do paralelogramo, de modo que **F** = **F**$_x$ + **F**$_y$. Como essas componentes formam um triângulo retângulo, suas intensidades podem ser determinadas por:

$$F_x = F \cos \theta \quad \text{e} \quad F_y = F \,\text{sen}\, \theta$$

No entanto, em vez de usar o ângulo θ, a direção de **F** também pode ser definida por um pequeno triângulo "de inclinação", como mostra a Figura 2.15*b*. Como esse triângulo e o triângulo maior sombreado são semelhantes, o comprimento proporcional dos lados fornece:

$$\frac{F_x}{F} = \frac{a}{c}$$

ou

$$F_x = F \left(\frac{a}{c} \right)$$

e

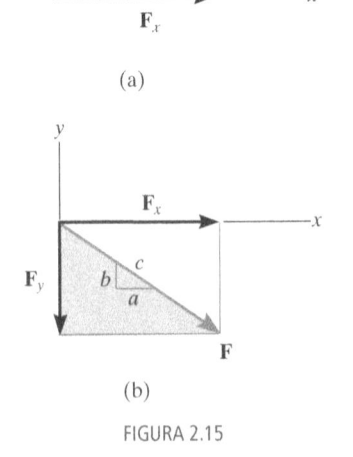

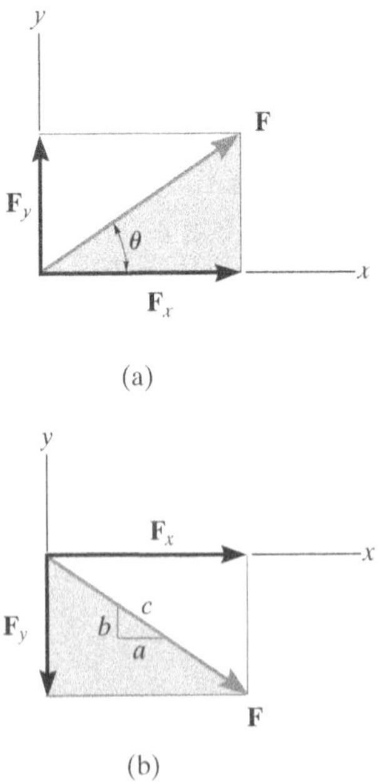

FIGURA 2.15

$$\frac{F_y}{F} = \frac{b}{c}$$

ou

$$F_y = -F\left(\frac{b}{c}\right)$$

Aqui, a componente *y* é um *escalar negativo*, já que **F**$_y$ está orientada ao longo do eixo *y* negativo.

É importante lembrar que a notação escalar positiva e negativa deve ser usada apenas para fins de cálculos, não para representações gráficas em figuras. Neste livro, a *ponta (extremidade) de uma seta do vetor* em qualquer figura representa *graficamente* o sentido do vetor; sinais algébricos não são usados para esse propósito. Portanto, os vetores nas figuras 2.15*a* e 2.15*b* são representados em negrito (vetor).* Sempre que forem escritos símbolos em itálico próximo às setas dos vetores nas figuras, eles indicam a *intensidade* do vetor, que é *sempre* uma quantidade *positiva*.

Notação vetorial cartesiana

Também é possível representar as componentes *x* e *y* de uma força em termos de vetores cartesianos unitários **i** e **j**. Eles são chamados de vetores unitários porque possuem uma intensidade adimensional de 1 e, portanto, podem ser usados para designar as *direções* dos eixos *x* e *y*, respectivamente (Figura 2.16).**

Como a *intensidade* de cada componente de **F** é *sempre uma quantidade positiva*, representada pelos escalares (positivos) F_x e F_y, então podemos expressar **F** como um ***vetor cartesiano***,

$$\mathbf{F} = F_x\mathbf{i} + F_y\mathbf{j}$$

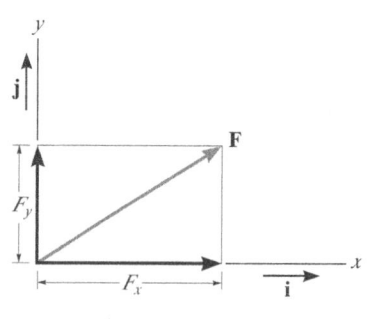

FIGURA 2.16

Resultantes de forças coplanares

Qualquer um dos dois métodos descritos pode ser usado para determinar a resultante de várias ***forças coplanares***, ou seja, forças que se encontram no mesmo plano. Para tanto, cada força é decomposta em suas componentes *x* e *y*; depois, as respectivas componentes são somadas usando-se *álgebra escalar*, uma vez que são colineares. A força resultante é então composta adicionando-se as componentes por meio da lei do paralelogramo. Por exemplo, considere as três forças concorrentes na Figura 2.17*a*, que têm as componentes *x* e *y*, como mostra a Figura 2.17*b*. Usando a notação vetorial cartesiana, cada força é representada como um vetor cartesiano, ou seja,

---

* Sinais negativos são usados em figuras com notação em negrito apenas quando mostram pares de vetores iguais, mas opostos, como na Figura 2.2.
** Em trabalhos manuscritos, os vetores unitários normalmente são indicados por acento circunflexo, por exemplo, $\hat{\imath}$ e $\hat{\jmath}$. Além disso, observe que F_x e F_y na Figura 2.16 representam as *intensidades* das componentes, que são *sempre escalares positivos*. As direções são definidas por **i** e **j**. Se, em vez disso, usássemos a notação escalar, então F_x e F_y poderiam ser escalares positivos ou negativos, pois considerariam tanto a intensidade quanto a direção das componentes.

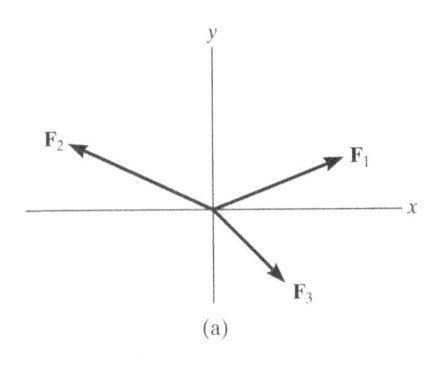

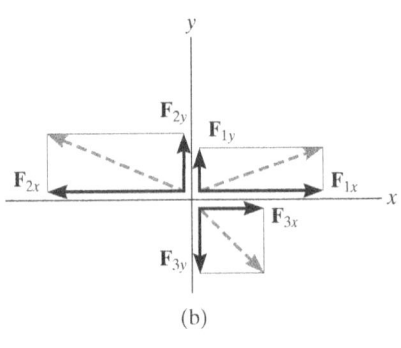

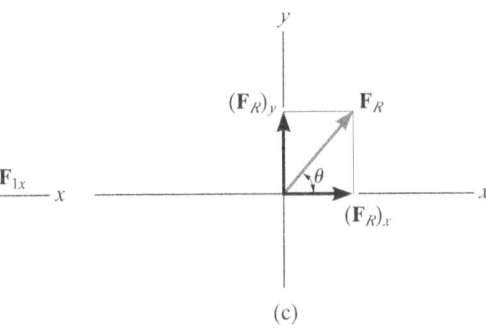

FIGURA 2.17

$$\mathbf{F}_1 = F_{1x}\mathbf{i} + F_{1y}\mathbf{j}$$
$$\mathbf{F}_2 = -F_{2x}\mathbf{i} + F_{2y}\mathbf{j}$$
$$\mathbf{F}_3 = F_{3x}\mathbf{i} - F_{3y}\mathbf{j}$$

O vetor resultante é, portanto,

$$\begin{aligned}\mathbf{F}_R &= \mathbf{F}_1 + \mathbf{F}_2 + \mathbf{F}_3 \\ &= F_{1x}\mathbf{i} + F_{1y}\mathbf{j} - F_{2x}\mathbf{i} + F_{2y}\mathbf{j} + F_{3x}\mathbf{i} - F_{3y}\mathbf{j} \\ &= (F_{1x} - F_{2x} + F_{3x})\mathbf{i} + (F_{1y} + F_{2y} - F_{3y})\mathbf{j} \\ &= (F_{Rx})\mathbf{i} + (F_{Ry})\mathbf{j}\end{aligned}$$

Se for usada *notação escalar*, temos, então, indicando as direções positivas das componentes ao longo dos eixos x e y com setas simbólicas,

$$\xrightarrow{+} \quad (F_R)_x = F_{1x} - F_{2x} + F_{3x}$$
$$+\uparrow \quad (F_R)_y = F_{1y} + F_{2y} - F_{3y}$$

Esses são os *mesmos* resultados das componentes $\mathbf{i}$ e $\mathbf{j}$ de $\mathbf{F}_R$ determinados anteriormente.

As componentes da força resultante de qualquer número de forças coplanares podem ser representadas simbolicamente pela soma algébrica das componentes x e y de todas as forças, ou seja,

$$\boxed{\begin{aligned}(F_R)_x &= \Sigma F_x \\ (F_R)_y &= \Sigma F_y\end{aligned}} \tag{2.1}$$

Uma vez que essas componentes são determinadas, elas podem ser esquematizadas ao longo dos eixos x e y com seus sentidos de direção apropriados, e a força resultante pode ser determinada pela adição vetorial, como mostra a Figura 2.17c. Pelo esquema, a intensidade de $\mathbf{F}_R$ é, então, determinada pelo teorema de Pitágoras, ou seja,

$$F_R = \sqrt{(F_R)_x^2 + (F_R)_y^2}$$

Além disso, o ângulo θ, que especifica a direção da força resultante, é determinado por meio da trigonometria:

$$\theta = \mathrm{tg}^{-1}\left|\frac{(F_R)_y}{(F_R)_x}\right|$$

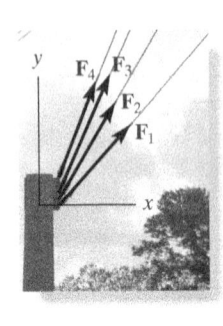

A força resultante das quatro forças dos cabos que atuam sobre o poste pode ser determinada somando-se algebricamente as componentes x e y da força de cada cabo. Essa força resultante $\mathbf{F}_R$ produz o *mesmo efeito de puxão* no poste que todos os quatro cabos.

Os conceitos anteriores são ilustrados numericamente nos exemplos a seguir.

Pontos importantes

- A resultante de várias forças coplanares pode ser facilmente determinada se for estabelecido um sistema de coordenadas *x, y* e as forças forem decompostas ao longo dos eixos.
- A direção de cada força é especificada pelo ângulo que sua linha de ação forma com um dos eixos, ou por um triângulo da inclinação.
- A orientação dos eixos *x* e *y* é arbitrária, e sua direção positiva pode ser especificada pelos vetores cartesianos unitários **i** e **j**.
- As componentes *x* e *y* da *força resultante* são simplesmente a soma algébrica das componentes de todas as forças coplanares.
- A intensidade da força resultante é determinada pelo teorema de Pitágoras e, quando as componentes são esquematizadas nos eixos *x* e *y* (Figura 2.17c), a direção θ é determinada por meio da trigonometria.

Exemplo 2.5

Determine as componentes *x* e *y* de $\mathbf{F}_1$ e $\mathbf{F}_2$ que atuam sobre a lança mostrada na Figura 2.18a. Expresse cada força como um vetor cartesiano.

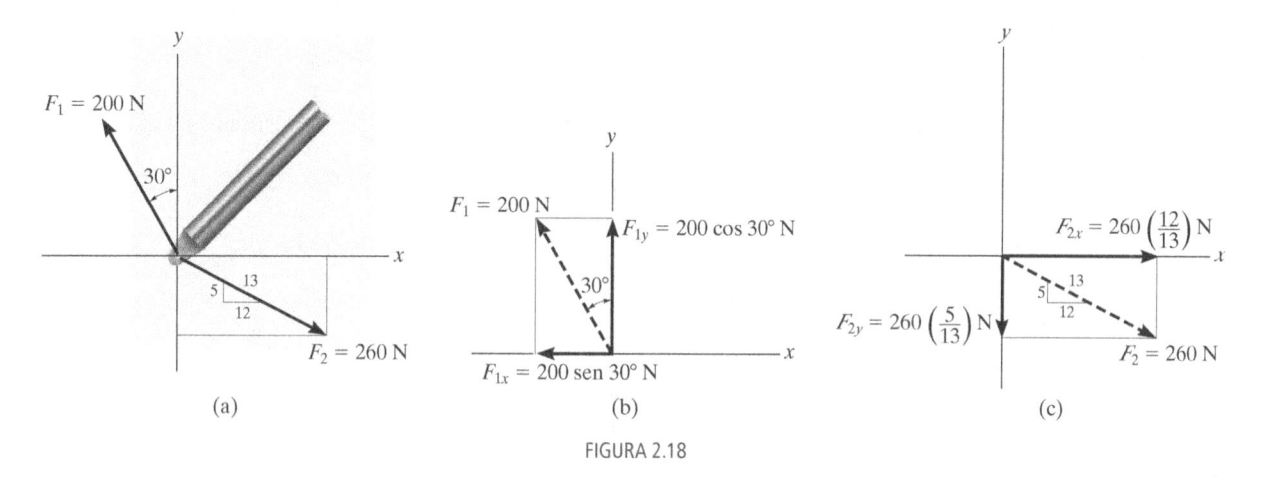

FIGURA 2.18

SOLUÇÃO

Notação escalar

Pela lei do paralelogramo, $\mathbf{F}_1$ é decomposta nas componentes *x* e *y* (Figura 2.18b). Como $\mathbf{F}_{1x}$ atua na direção −*x* e $\mathbf{F}_{1y}$, na direção +*y*, temos:

$$F_{1x} = -200 \text{ sen } 30° \text{ N} = -100 \text{ N} = 100 \text{ N} \leftarrow \qquad \textit{Resposta}$$

$$F_{1y} = 200 \cos 30° \text{ N} = 173 \text{ N} = 173 \text{ N} \uparrow \qquad \textit{Resposta}$$

A força $\mathbf{F}_2$ é decomposta em suas componentes *x* e *y*, como mostra a Figura 2.18c. Neste caso, a *inclinação* da linha de ação da força é indicada. A partir desse "triângulo da inclinação", podemos obter o ângulo θ, ou seja, $\theta = \text{tg}^{-1}\left(\frac{5}{12}\right)$, e determinar as intensidades das componentes da mesma maneira que fizemos para $\mathbf{F}_1$. O método mais fácil, entretanto, consiste em usar partes proporcionais de triângulos semelhantes, ou seja,

$$\frac{F_{2x}}{260 \text{ N}} = \frac{12}{13} \qquad F_{2x} = 260 \text{ N}\left(\frac{12}{13}\right) = 240 \text{ N}$$

Da mesma forma,

$$F_{2y} = 260 \text{ N}\left(\frac{5}{13}\right) = 100 \text{ N}$$

Observe que a intensidade da *componente horizontal*, F_{2x}, foi obtida multiplicando a intensidade da força pela relação entre o *lado horizontal* do triângulo da inclinação dividido pela hipotenusa, enquanto a intensidade da *componente vertical*, F_{2y}, foi obtida multiplicando a intensidade da força pela relação entre o *lado vertical* dividido pela hipotenusa. Então, usando a notação escalar para representar essas componentes, temos

$$F_{2x} = 240 \text{ N} = 240 \text{ N} \rightarrow \qquad \textit{Resposta}$$
$$F_{2y} = -100 \text{ N} = 100 \text{ N} \downarrow \qquad \textit{Resposta}$$

Notação vetorial cartesiana

Tendo determinado as intensidades e direções das componentes de cada força, podemos expressar cada uma delas como um vetor cartesiano.

$$\mathbf{F}_1 = \{-100\mathbf{i} + 173\mathbf{j}\} \text{ N} \qquad \textit{Resposta}$$
$$\mathbf{F}_2 = \{240\mathbf{i} - 100\mathbf{j}\} \text{ N} \qquad \textit{Resposta}$$

Exemplo 2.6

O olhal na Figura 2.19a está submetido a duas forças, $\mathbf{F}_1$ e $\mathbf{F}_2$. Determine a intensidade e a direção da força resultante.

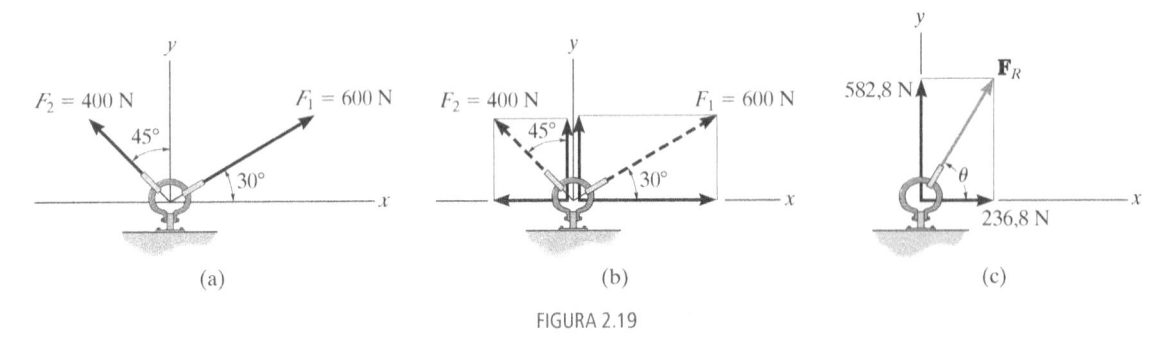

FIGURA 2.19

SOLUÇÃO I

Notação escalar

Primeiro, decompomos cada força em suas componentes *x* e *y* (Figura 2.19b). Depois, somamos essas componentes algebricamente.

$$\xrightarrow{+} (F_R)_x = \Sigma F_x; \qquad (F_R)_x = 600 \cos 30° \text{ N} - 400 \text{ sen } 45° \text{ N}$$
$$= 236{,}8 \text{ N} \rightarrow$$

$$+\uparrow (F_R)_y = \Sigma F_y; \qquad (F_R)_y = 600 \text{ sen } 30° \text{ N} + 400 \cos 45° \text{ N}$$
$$= 582{,}8 \text{ N} \uparrow$$

A força resultante, mostrada na Figura 2.19c, possui uma *intensidade*:

$$F_R = \sqrt{(236{,}8 \text{ N})^2 + (582{,}8 \text{ N})^2}$$
$$= 629 \text{ N} \qquad \textit{Resposta}$$

Da adição vetorial,

$$\theta = \text{tg}^{-1}\left(\frac{582,8 \text{ N}}{236,8 \text{ N}}\right) = 67,9°$$ *Resposta*

SOLUÇÃO II
Notação vetorial cartesiana

Da Figura 2.19b, cada força é expressa inicialmente como um vetor cartesiano:

$$\mathbf{F}_1 = \{600 \cos 30° \mathbf{i} + 600 \text{ sen } 30° \mathbf{j}\} \text{ N}$$
$$\mathbf{F}_2 = \{-400 \text{ sen } 45° \mathbf{i} + 400 \cos 45° \mathbf{j}\} \text{ N}$$

Assim,

$$\mathbf{F}_R = \mathbf{F}_1 + \mathbf{F}_2 = (600 \cos 30° \text{ N} - 400 \text{ sen } 45° \text{ N})\mathbf{i}$$
$$+ (600 \text{ sen } 30° \text{ N} + 400 \cos 45° \text{ N})\mathbf{j}$$
$$= \{236,8\mathbf{i} + 582,8\mathbf{j}\} \text{ N}$$

A intensidade e a direção de $\mathbf{F}_R$ são determinadas da mesma maneira mostrada anteriormente.

NOTA: comparando-se os dois métodos de solução, pode-se verificar que o uso da notação escalar é mais eficiente, visto que as componentes são determinadas *diretamente*, sem ser necessário expressar primeiro cada força como um vetor cartesiano antes de adicionar as componentes. Vamos mostrar, mais adiante, que a análise vetorial cartesiana é bastante vantajosa para resolver problemas tridimensionais.

Exemplo 2.7

A ponta de uma lança O na Figura 2.20a está submetida a três forças coplanares e concorrentes. Determine a intensidade e a direção da força resultante.

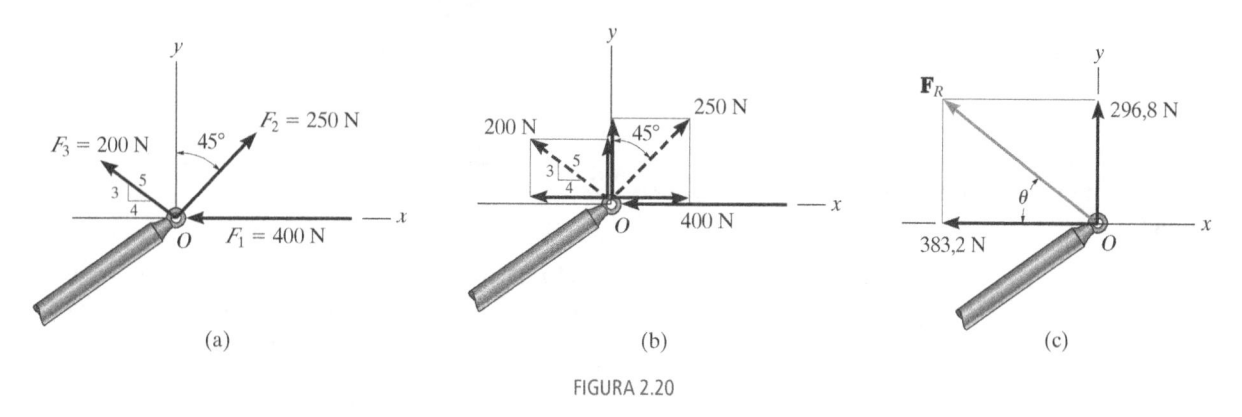

FIGURA 2.20

SOLUÇÃO

Cada força é decomposta em suas componentes x e y (Figura 2.20b). Somando as componentes x, temos:

$$\xrightarrow{+} (F_R)_x = \Sigma F_x; \quad (F_R)_x = -400 \text{ N} + 250 \text{ sen } 45° \text{ N} - 200\left(\tfrac{4}{5}\right) \text{ N}$$
$$= -383,2 \text{ N} = 383,2 \text{ N} \leftarrow$$

O sinal negativo indica que F_{Rx} atua para a esquerda, ou seja, na direção x negativa, como observamos pela pequena seta. Obviamente, isso ocorre porque F_1 e F_3 na Figura 2.20b contribuem com um puxão maior para a esquerda que F_2, que puxa para a direita. Somando as componentes de y, temos:

$$+\uparrow (F_R)_y = \Sigma F_y; \qquad (F_R)_y = 250 \cos 45° \text{ N} + 200\left(\tfrac{3}{5}\right) \text{ N}$$
$$= 296{,}8 \text{ N}\uparrow$$

A força resultante, mostrada na Figura 2.20c, possui a seguinte *intensidade*:

$$F_R = \sqrt{(-383{,}2 \text{ N})^2 + (296{,}8 \text{ N})^2}$$
$$= 485 \text{ N} \qquad \textit{Resposta}$$

Da adição de vetores na Figura 2.20c, o ângulo de direção θ é:

$$\theta = \text{tg}^{-1}\left(\frac{296{,}8}{383{,}2}\right) = 37{,}8° \qquad \textit{Resposta}$$

NOTA: a aplicação deste método é mais conveniente quando comparada às duas aplicações da lei do paralelogramo, primeiro para somar $\mathbf{F}_1$ e $\mathbf{F}_2$, depois para somar $\mathbf{F}_3$ a essa resultante.

Problemas fundamentais

F2.7. Decomponha cada força que atua sobre o poste em suas componentes x e y.

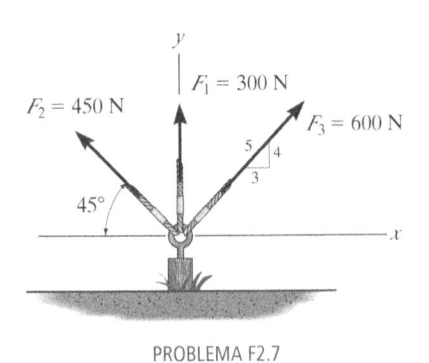

PROBLEMA F2.7

F2.8. Determine a intensidade e a direção da força resultante.

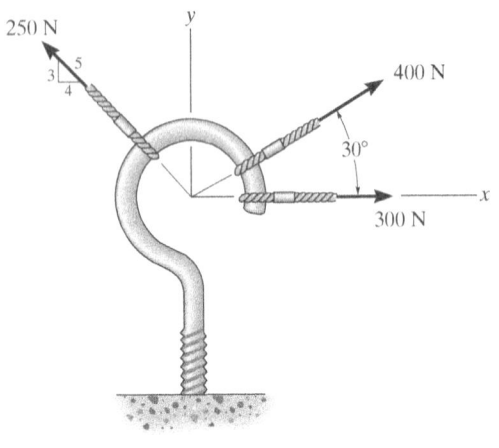

PROBLEMA F2.8

F2.9. Determine a intensidade da força resultante que atua sobre a cantoneira e sua direção θ, medida no sentido anti-horário a partir do eixo x.

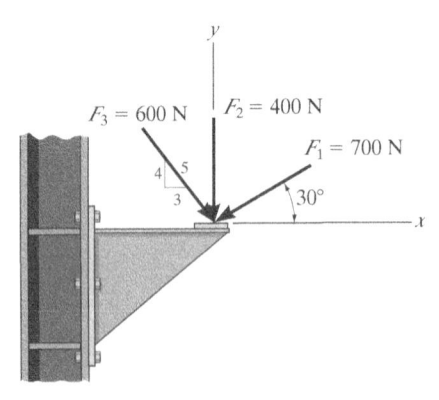

PROBLEMA F2.9

F2.10. Se a força resultante que atua sobre o suporte for 750 N direcionada ao longo do eixo x positivo, determine a intensidade de $\mathbf{F}$ e sua direção θ.

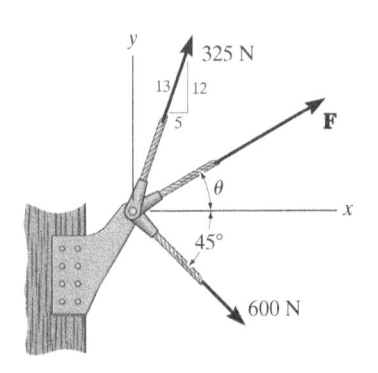

PROBLEMA F2.10

F2.11. Se a intensidade da força resultante que atua sobre o suporte for 80 N direcionada ao longo do eixo u, determine a intensidade de **F** e sua direção θ.

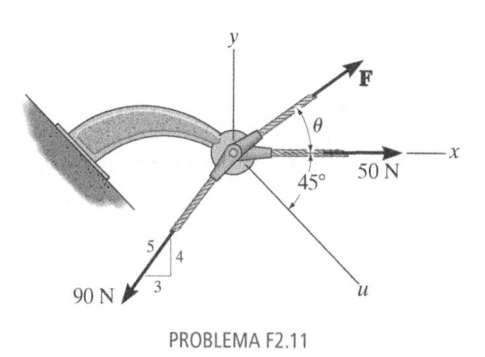

PROBLEMA F2.11

F2.12. Determine a intensidade da força resultante e sua direção θ, medida no sentido anti-horário a partir do eixo x positivo.

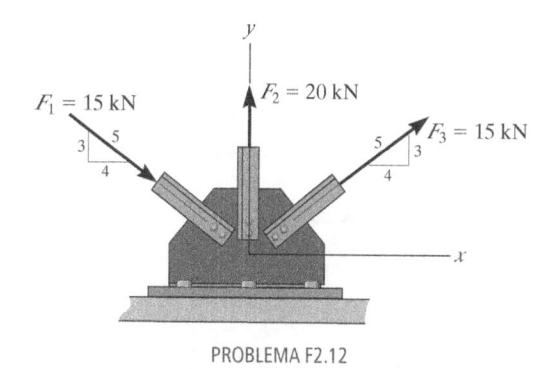

PROBLEMA F2.12

Problemas

***2.32.** Decomponha cada força que atua sobre a *chapa de fixação* em suas componentes x e y, expressando cada força como um vetor cartesiano.

2.33. Determine a intensidade da força resultante que atua sobre a chapa e sua direção, medida no sentido anti-horário a partir do eixo x positivo.

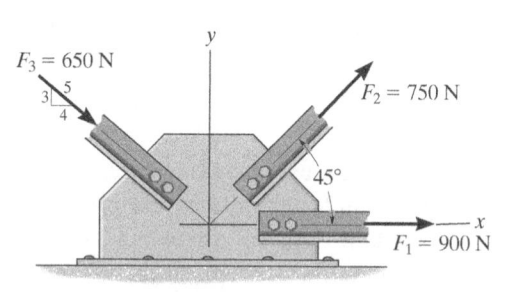

PROBLEMAS 2.32 e 2.33

2.34. Decomponha $\mathbf{F}_1$ e $\mathbf{F}_2$ em suas componentes x e y.

2.35. Determine a intensidade da força resultante e sua direção, medida no sentido anti-horário a partir do eixo x positivo.

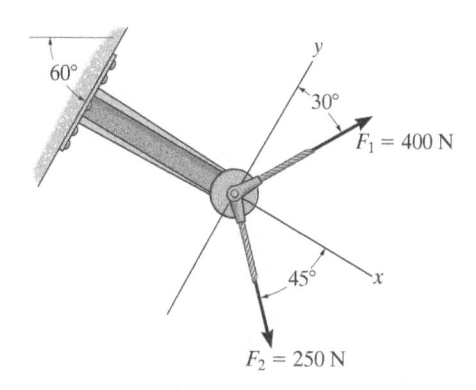

PROBLEMAS 2.34 e 2.35

*2.36. Determine a intensidade da força resultante e sua direção, medida no sentido anti-horário a partir do eixo x positivo.

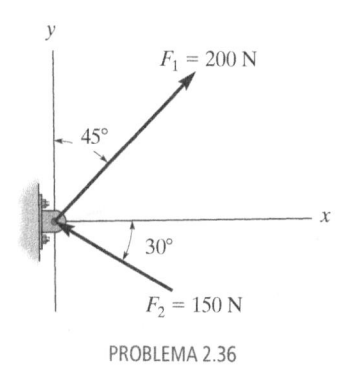

PROBLEMA 2.36

2.37. Determine a intensidade da força resultante e sua direção, medida no sentido horário a partir do eixo x positivo.

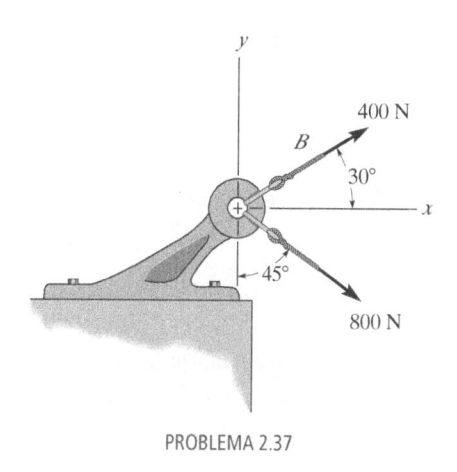

PROBLEMA 2.37

2.38. Determine a intensidade da força resultante e sua direção, medida no sentido horário a partir do eixo *x* positivo.

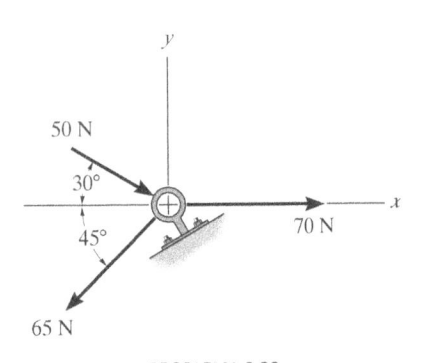

PROBLEMA 2.38

2.39. Expresse F_1, F_2 e F_3 como vetores cartesianos.

*__2.40.__ Determine a intensidade da força resultante e sua direção, medida no sentido anti-horário a partir do eixo *x* positivo.

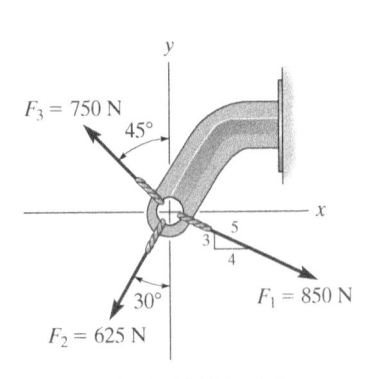

PROBLEMAS 2.39 e 2.40

2.41. Determine a intensidade e a direção θ da força resultante F_R. Expresse o resultado em termos das intensidades das componentes F_1 e F_2 e do ângulo ϕ.

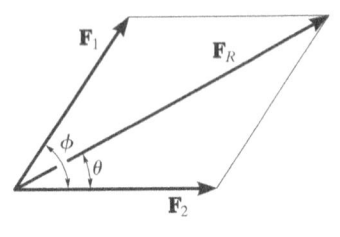

PROBLEMA 2.41

2.42. Determine a intensidade da força resultante que atua sobre a argola e sua direção, medida no sentido anti-horário a partir do eixo *x* positivo.

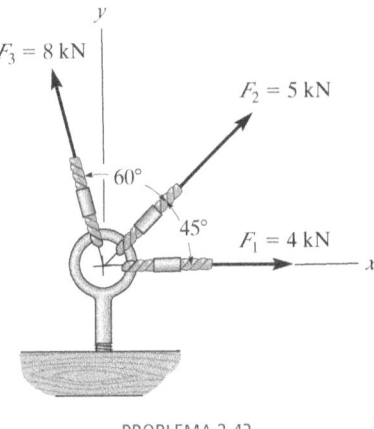

PROBLEMA 2.42

2.43. Determine as componentes *x* e *y* de F_1 e F_2.

*__2.44.__ Determine a intensidade da força resultante e sua direção, medida no sentido anti-horário a partir do eixo *x* positivo.

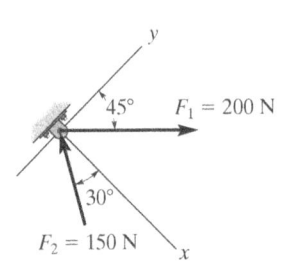

PROBLEMAS 2.43 e 2.44

2.45. Expresse cada uma das três forças que atuam sobre o suporte na forma vetorial cartesiana e determine a intensidade da força resultante e sua direção, medida no sentido horário a partir do eixo *x* positivo.

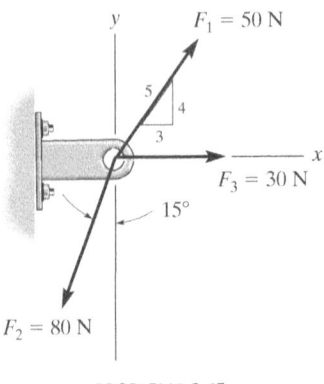

PROBLEMA 2.45

2.46. Determine as componentes *x* e *y* de cada força que atua sobre a *chapa de fixação* de uma treliça de ponte. Mostre que a força resultante é zero.

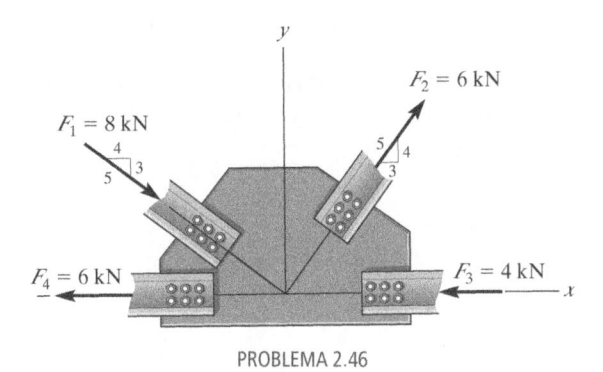

Capítulo 2 – Vetores força 35

PROBLEMA 2.46

2.47. Expresse $\mathbf{F}_1$, $\mathbf{F}_2$ e $\mathbf{F}_3$ como vetores cartesianos.

***2.48.** Determine a intensidade da força resultante e sua direção, medida no sentido anti-horário a partir do eixo x positivo.

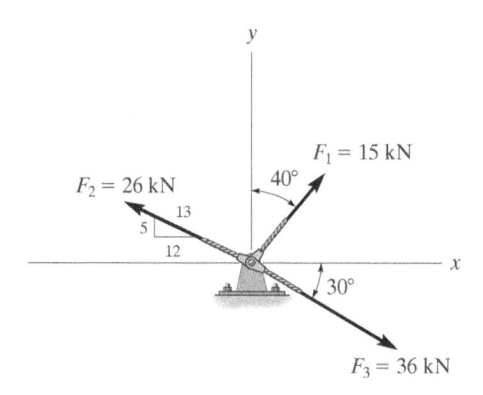

PROBLEMAS 2.47 e 2.48

2.49. Se $F_1 = 300$ N e $\theta = 10°$, determine a intensidade da força resultante que atua sobre o suporte e sua direção, medida no sentido anti-horário a partir do eixo positivo x'.

2.50. Três forças atuam sobre o suporte. Determine a intensidade e a direção θ de $\mathbf{F}_1$, de modo que a força resultante seja direcionada ao longo do eixo x' positivo e tenha uma intensidade de 800 N.

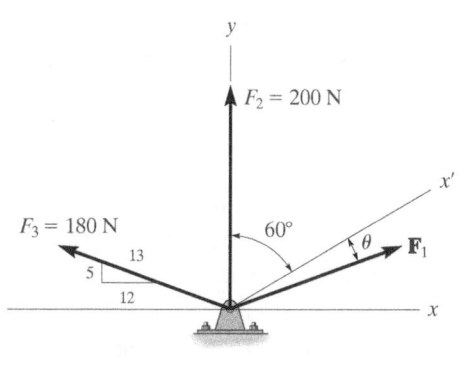

PROBLEMAS 2.49 e 2.50

2.51. Determine a intensidade e a orientação θ de $\mathbf{F}_B$, de modo que a força resultante seja direcionada ao longo do eixo y positivo e tenha uma intensidade de 1500 N.

***2.52.** Determine a intensidade e a orientação, medida no sentido anti-horário a partir do eixo y positivo, da força resultante que atua no suporte, se $F_B = 600$ N e $\theta = 20°$.

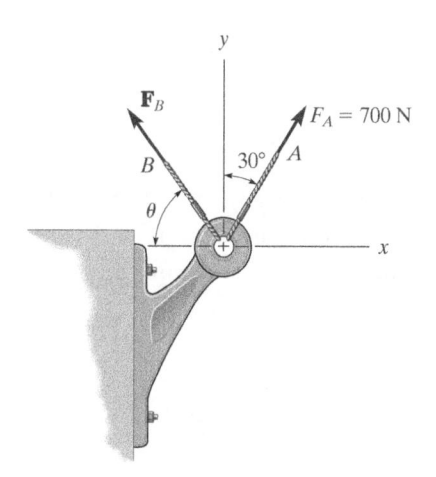

PROBLEMAS 2.51 e 2.52

2.53. Três forças atuam sobre o suporte. Determine a intensidade e a direção θ de $\mathbf{F}$ de modo que a força resultante esteja direcionada ao longo do eixo x' positivo e tenha uma intensidade de 8 kN.

2.54. Se $F = 5$ kN e $\theta = 30°$, determine a intensidade da força resultante e sua direção, medida no sentido anti-horário a partir do eixo x positivo.

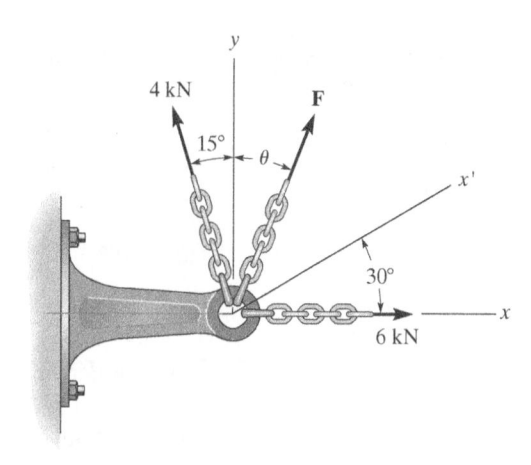

PROBLEMAS 2.53 e 2.54

2.55. Se a intensidade da força resultante que atua sobre o suporte precisa ser 450 N direcionada ao longo do eixo u positivo, determine a intensidade de $\mathbf{F}_1$ e sua direção ϕ.

***2.56.** Se a força resultante que atua sobre o suporte precisa ser mínima, determine as intensidades de $\mathbf{F}_1$ e da força resultante. Considere $\phi = 30°$.

2.58. Expresse $\mathbf{F}_1$ e $\mathbf{F}_2$ como vetores cartesianos.

2.59. Determine a intensidade da força resultante e sua direção, medida em sentido anti-horário a partir do eixo positivo x.

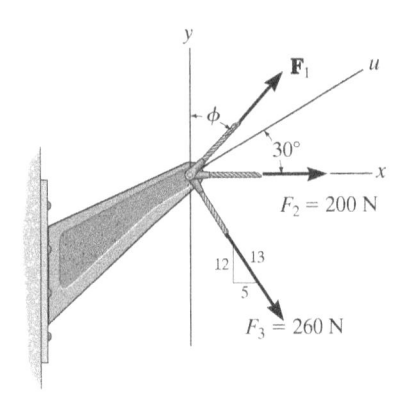

PROBLEMAS 2.55 e 2.56

2.57. Determine a intensidade da força **F** de forma que a resultante das três forças seja a menor possível. Qual é a intensidade da resultante?

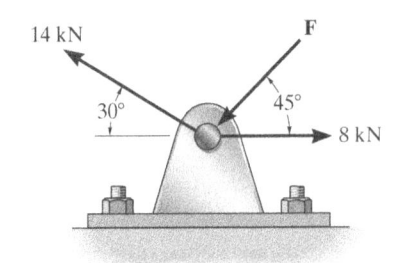

PROBLEMAS 2.58 e 2.59

PROBLEMA 2.57

2.5 Vetores cartesianos

As operações da álgebra vetorial, quando aplicadas para resolver problemas em *três dimensões*, são enormemente simplificadas se os vetores forem representados inicialmente na forma de vetores cartesianos. Nesta seção, vamos apresentar um método geral para fazer isso; na seção seguinte, usaremos esse método para determinar a força resultante de um sistema de forças concorrentes.

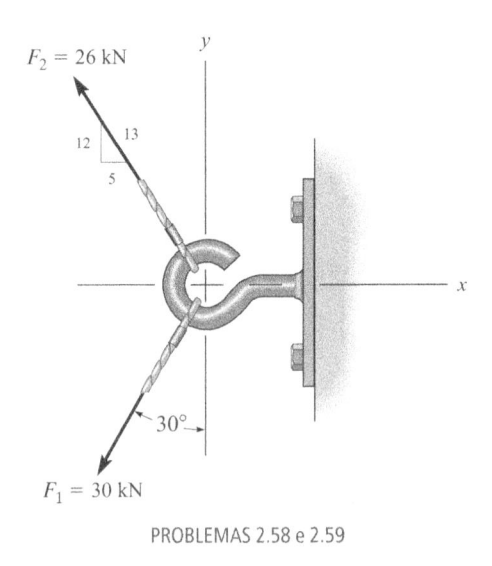

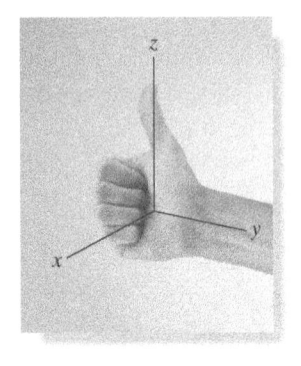

FIGURA 2.21

Sistema de coordenadas destro

Usaremos um sistema de coordenadas destro para desenvolver a teoria da álgebra vetorial a seguir. Dizemos que um sistema de coordenadas retangular é ***destro*** desde que o polegar da mão direita aponte na direção positiva do eixo z, quando os dedos da mão direita estão curvados em torno desse eixo e direcionados do eixo x positivo para o eixo y positivo (Figura 2.21).

Componentes retangulares de um vetor

Um vetor **A** pode ter uma, duas ou três componentes retangulares ao longo dos eixos coordenados x, y, z, dependendo de como o vetor está orientado em relação aos eixos. Em geral, quando **A** está direcionado dentro de um octante do sistema x, y, z (Figura 2.22), com duas aplicações sucessivas da lei do paralelogramo pode-se decompô-lo em componentes, como

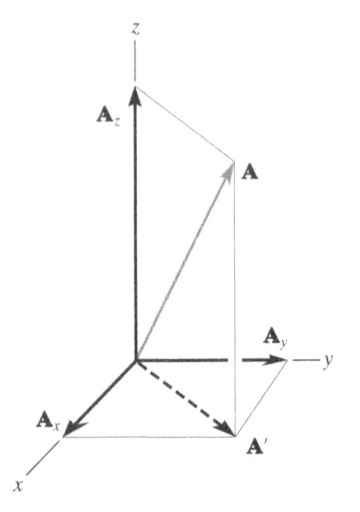

FIGURA 2.22

$\mathbf{A} = \mathbf{A}' + \mathbf{A}_z$ e depois $\mathbf{A}' = \mathbf{A}_x + \mathbf{A}_y$. Combinando essas equações, para eliminar $\mathbf{A}'$, $\mathbf{A}$ é representado pela soma vetorial de suas *três* componentes retangulares,

$$\mathbf{A} = \mathbf{A}_x + \mathbf{A}_y + \mathbf{A}_z \tag{2.2}$$

Vetores cartesianos unitários

Em três dimensões, os vetores cartesianos unitários **i**, **j**, **k** são usados para designar as direções dos eixos x, y, z, respectivamente. Como vimos na Seção 2.4, o *sentido* (ou a ponta de seta) desses vetores será descrito analiticamente por um sinal positivo ou negativo, dependendo se indicam o sentido positivo ou negativo dos eixos x, y ou z. Os vetores cartesianos unitários são mostrados na Figura 2.23.

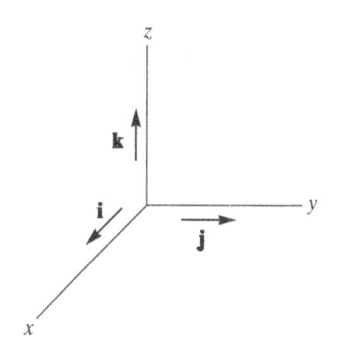

FIGURA 2.23

Representação de um vetor cartesiano

Como as três componentes de **A** na Equação 2.2 atuam nas direções positivas de **i**, **j** e **k** (Figura 2.24), pode-se escrever **A** na forma de um vetor cartesiano como:

$$\mathbf{A} = A_x \mathbf{i} + A_y \mathbf{j} + A_z \mathbf{k} \tag{2.3}$$

Há uma vantagem em escrever vetores desta maneira. Separando-se a *intensidade* e a *direção* de cada *vetor componente*, simplificam-se as operações da álgebra vetorial, particularmente em três dimensões.

Intensidade de um vetor cartesiano

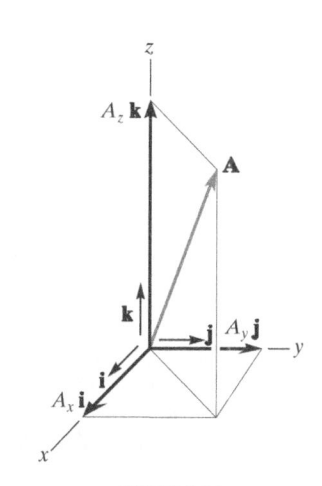

FIGURA 2.24

É sempre possível obter a intensidade de **A**, desde que ele seja expresso sob a forma de um vetor cartesiano. Como mostra a Figura 2.25, do triângulo retângulo cinza-claro, $A = \sqrt{A'^2 + A_z^2}$, e do triângulo retângulo cinza-escuro, $A' = \sqrt{A_x^2 + A_y^2}$. Combinando-se essas equações para eliminar A', temos:

$$A = \sqrt{A_x^2 + A_y^2 + A_z^2} \tag{2.4}$$

*Logo, a intensidade de **A** é igual à raiz quadrada positiva da soma dos quadrados de suas componentes.*

Ângulos diretores coordenados

A *direção* de **A** é definida pelos **ângulos diretores coordenados** α (alfa), β (beta) e γ (gama), medidos entre a *origem* de **A** e os eixos x, y, z *positivos*, desde que estejam localizados na origem de **A** (Figura 2.26). Note que, independentemente da direção de **A**, cada um desses ângulos estará entre 0° e 180°.

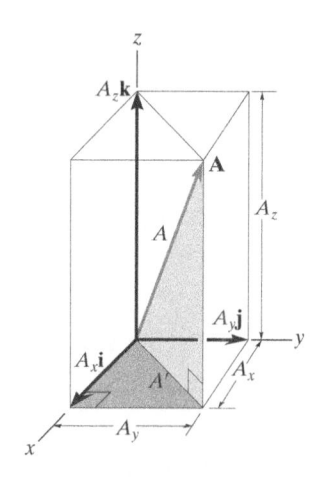

FIGURA 2.25

Para determinarmos α, β e γ, vamos considerar as projeções de **A** sobre os eixos x, y, z (Figura 2.27). Partindo-se dos triângulos retângulos sombreados mostrados na figura, temos:

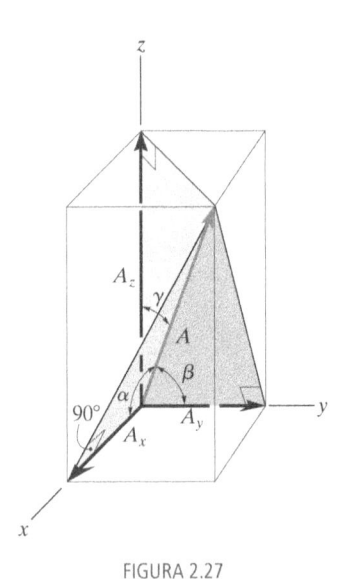

$$\cos\alpha = \frac{A_x}{A} \quad \cos\beta = \frac{A_y}{A} \quad \cos\gamma = \frac{A_z}{A} \quad (2.5)$$

Esses números são conhecidos como os **cossenos diretores** de **A**. Uma vez obtidos, os ângulos diretores coordenados α, β e γ são determinados pelo inverso dos cossenos.

Um modo fácil de obter os cossenos diretores é criar um vetor unitário $\mathbf{u}_A$ na direção de A (Figura 2.26). Se **A** for expresso sob a forma de um vetor cartesiano, $\mathbf{A} = A_x\mathbf{i} + A_y\mathbf{j} + A_z\mathbf{k}$, então $\mathbf{u}_A$ terá uma intensidade de um e será adimensional, desde que **A** seja dividido pela sua intensidade, ou seja,

$$\mathbf{u}_A = \frac{\mathbf{A}}{A} = \frac{A_x}{A}\mathbf{i} + \frac{A_y}{A}\mathbf{j} + \frac{A_z}{A}\mathbf{k} \quad (2.6)$$

onde $A = \sqrt{A_x^2 + A_y^2 + A_z^2}$. Comparando-se com a Equação 2.5, vemos que *as componentes* $\mathbf{i}$, $\mathbf{j}$, $\mathbf{k}$ *de* $\mathbf{u}_A$ *representam os cossenos diretores de* **A**, ou seja,

$$\mathbf{u}_A = \cos\alpha\,\mathbf{i} + \cos\beta\,\mathbf{j} + \cos\gamma\,\mathbf{k} \quad (2.7)$$

FIGURA 2.26

Como a intensidade de um vetor é igual à raiz quadrada positiva da soma dos quadrados das intensidades de suas componentes e $\mathbf{u}_A$ possui uma intensidade de um, então pode-se estabelecer a seguinte importante relação entre os cossenos diretores:

$$\cos^2\alpha + \cos^2\beta + \cos^2\gamma = 1 \quad (2.8)$$

Podemos ver que se apenas *dois* dos ângulos coordenados forem conhecidos, o terceiro pode ser encontrado usando essa equação.

Finalmente, se a intensidade e os ângulos diretores coordenados de **A** são dados, **A** pode ser expresso sob a forma de vetor cartesiano como:

$$\begin{aligned}\mathbf{A} &= A\mathbf{u}_A \\ &= A\cos\alpha\,\mathbf{i} + A\cos\beta\,\mathbf{j} + A\cos\gamma\,\mathbf{k} \\ &= A_x\mathbf{i} + A_y\mathbf{j} + A_z\mathbf{k}\end{aligned} \quad (2.9)$$

FIGURA 2.27

Ângulos transverso e azimutal

Algumas vezes, a direção de **A** pode ser especificada usando dois ângulos, a saber, um **ângulo transverso** θ e um **ângulo azimutal** ϕ (fi), como mostra a Figura 2.28. As componentes de **A** podem, então, ser determinadas aplicando trigonometria, inicialmente ao triângulo retângulo cinza-claro, o que resulta:

$$A_z = A\cos\phi$$

e

$$A' = A\,\mathrm{sen}\,\phi$$

Agora, aplicando trigonometria ao triângulo cinza-escuro,

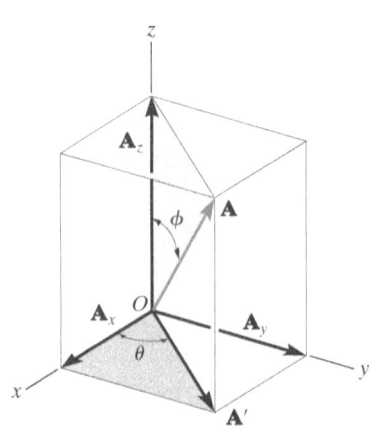

$$A_x = A'\cos\theta = A\,\mathrm{sen}\,\phi\cos\theta$$

$$A_y = A'\,\mathrm{sen}\,\theta = A\,\mathrm{sen}\,\phi\,\mathrm{sen}\,\theta$$

FIGURA 2.28

Logo, **A** escrito na forma de um vetor cartesiano se torna:

$$\mathbf{A} = A \operatorname{sen} \phi \cos \theta \, \mathbf{i} + A \operatorname{sen} \phi \operatorname{sen} \theta \, \mathbf{j} + A \cos \phi \, \mathbf{k}$$

Você não precisa memorizar essa equação; em vez disso, é importante entender como as componentes foram determinadas usando a trigonometria.

2.6 Adição de vetores cartesianos

A adição (ou subtração) de dois ou mais vetores é bastante simplificada se os vetores forem expressos em função de suas componentes cartesianas. Por exemplo, se $\mathbf{A} = A_x\mathbf{i} + A_y\mathbf{j} + A_z\mathbf{k}$ e $\mathbf{B} = B_x\mathbf{i} + B_y\mathbf{j} + B_z\mathbf{k}$ (Figura 2.29), então o vetor resultante $\mathbf{R}$ tem componentes que representam as somas escalares das componentes $\mathbf{i}, \mathbf{j}, \mathbf{k}$ de $\mathbf{A}$ e $\mathbf{B}$, ou seja,

$$\mathbf{R} = \mathbf{A} + \mathbf{B} = (A_x + B_x)\mathbf{i} + (A_y + B_y)\mathbf{j} + (A_z + B_z)\mathbf{k}$$

Se esse conceito for generalizado e aplicado em um sistema de várias forças concorrentes, então a força resultante será o vetor soma de todas as forças do sistema e poderá ser escrita como:

$$\boxed{\mathbf{F}_R = \Sigma \mathbf{F} = \Sigma F_x \mathbf{i} + \Sigma F_y \mathbf{j} + \Sigma F_z \mathbf{k}} \quad (2.10)$$

Nesse caso, $\Sigma F_x, \Sigma F_y$ e ΣF_z representam as somas algébricas dos respectivos vetores componentes x, y, z ou $\mathbf{i}, \mathbf{j}, \mathbf{k}$ de cada força do sistema.

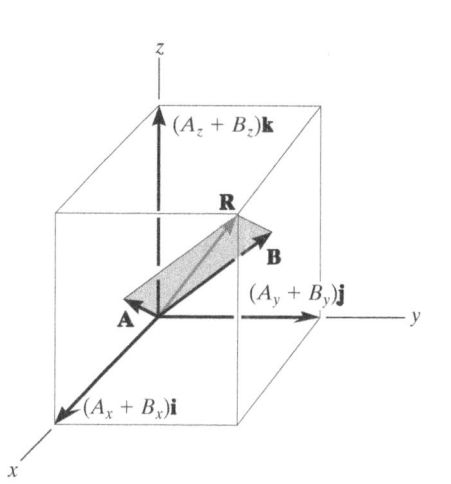

FIGURA 2.29

A análise do vetor cartesiano provê um método conveniente para encontrar tanto a força resultante quanto suas componentes nas três dimensões.

Pontos importantes

- Um vetor cartesiano $\mathbf{A}$ tem suas componentes $\mathbf{i}, \mathbf{j}, \mathbf{k}$ ao longo dos eixos x, y, z. Se $\mathbf{A}$ for conhecido, sua intensidade é definida por $A = \sqrt{A_x^2 + A_y^2 + A_z^2}$.

- A direção de um vetor cartesiano pode ser definida pelos três ângulos α, β, γ, medidos a partir dos eixos x, y, z *positivos* até a *origem* do vetor. Para determinar esses ângulos, formule um vetor unitário na direção de $\mathbf{A}$, ou seja, $\mathbf{u}_A = \mathbf{A}/A$, e determine os cossenos inversos de suas componentes. Apenas dois desses ângulos são independentes um do outro; o terceiro ângulo é calculado pela relação $\cos^2 \alpha + \cos^2 \beta + \cos^2 \gamma = 1$.

- A direção de um vetor cartesiano também pode ser especificada usando o ângulo transverso θ e o ângulo azimutal ϕ.

Exemplo 2.8

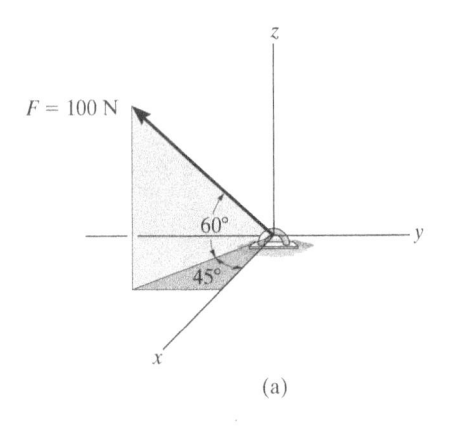

Expresse a força **F**, mostrada na Figura 2.30a, como um vetor cartesiano.

SOLUÇÃO

Os ângulos de 60° e 45° que definem a direção de **F** *não* são ângulos diretores coordenados. São necessárias duas aplicações sucessivas da lei do paralelogramo para decompor **F** em suas componentes x, y, z. Primeiro, $\mathbf{F} = \mathbf{F}' + \mathbf{F}_z$, e então $\mathbf{F}' = \mathbf{F}_x + \mathbf{F}_y$ (Figura 2.30b). Pela trigonometria, as intensidades das componentes são:

$$F_z = 100 \text{ sen } 60° \text{ N} = 86,6 \text{ N}$$

$$F' = 100 \cos 60° \text{ N} = 50 \text{ N}$$

$$F_x = F' \cos 45° = 50 \cos 45° \text{ N} = 35,4 \text{ N}$$

$$F_y = F' \text{ sen } 45° = 50 \text{ sen } 45° \text{ N} = 35,4 \text{ N}$$

Observando que $\mathbf{F}_y$ tem uma direção definida por $-\mathbf{j}$, temos:

$$\mathbf{F} = \{35,4\mathbf{i} - 35,4\mathbf{j} + 86,6\mathbf{k}\} \text{ N} \qquad \textit{Resposta}$$

Para mostrar que a intensidade desse vetor é realmente 100 N, aplique a Equação 2.4,

$$F = \sqrt{F_x^2 + F_y^2 + F_z^2}$$
$$= \sqrt{(35,4)^2 + (35,4)^2 + (86,6)^2} = 100 \text{ N}$$

Se for necessário, os ângulos diretores coordenados de **F** podem ser determinados a partir das componentes do vetor unitário que atua na direção de **F**. Logo,

$$\mathbf{u} = \frac{\mathbf{F}}{F} = \frac{F_x}{F}\mathbf{i} + \frac{F_y}{F}\mathbf{j} + \frac{F_z}{F}\mathbf{k}$$

$$= \frac{35,4}{100}\mathbf{i} - \frac{35,4}{100}\mathbf{j} + \frac{86,6}{100}\mathbf{k}$$

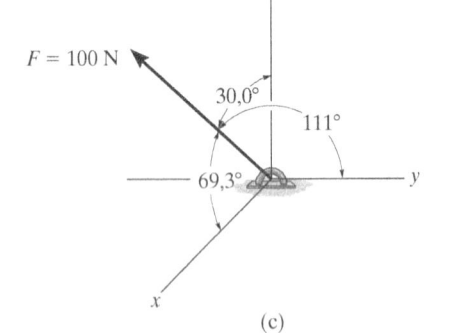

$$= 0,354\mathbf{i} - 0,354\mathbf{j} + 0,866\mathbf{k}$$

de modo que

$$\alpha = \cos^{-1}(0,354) = 69,3°$$

$$\beta = \cos^{-1}(-0,354) = 111°$$

$$\gamma = \cos^{-1}(0,866) = 30,0°$$

Esses resultados aparecem na Figura 2.30c.

FIGURA 2.30

Exemplo 2.9

Duas forças atuam sobre o gancho mostrado na Figura 2.31a. Especifique a intensidade de F_2 e seus ângulos diretores coordenados, de modo que a força resultante F_R atue ao longo do eixo y positivo e tenha intensidade de 800 N.

SOLUÇÃO

Para resolver este problema, a força resultante F_R e suas duas componentes, F_1 e F_2, serão expressas na forma de um vetor cartesiano. Depois, como mostra a Figura 2.31b, é necessário que $F_R = F_1 + F_2$.

Aplicando a Equação 2.9,

$$F_1 = F_1 \cos\alpha_1 \mathbf{i} + F_1 \cos\beta_1 \mathbf{j} + F_1 \cos\gamma_1 \mathbf{k}$$
$$= 300 \cos 45° \mathbf{i} + 300 \cos 60° \mathbf{j} + 300 \cos 120° \mathbf{k}$$
$$= \{212{,}1\mathbf{i} + 150\mathbf{j} - 150\mathbf{k}\} \text{ N}$$
$$F_2 = F_{2x}\mathbf{i} + F_{2y}\mathbf{j} + F_{2z}\mathbf{k}$$

Como F_R tem intensidade de 800 N e atua na direção de $+\mathbf{j}$,

$$F_R = (800 \text{ N})(+\mathbf{j}) = \{800\mathbf{j}\} \text{ N}$$

Pede-se:

$$F_R = F_1 + F_2$$

$$800\mathbf{j} = 212{,}1\mathbf{i} + 150\mathbf{j} - 150\mathbf{k} + F_{2x}\mathbf{i} + F_{2y}\mathbf{j} + F_{2z}\mathbf{k}$$

$$800\mathbf{j} = (212{,}1 + F_{2x})\mathbf{i} + (150 + F_{2y})\mathbf{j} + (-150 + F_{2z})\mathbf{k}$$

Para satisfazer essa equação, as componentes **i, j, k** de F_R devem ser iguais às componentes **i, j, k** correspondentes de $(F_1 + F_2)$. Então,

$$0 = 212{,}1 + F_{2x} \qquad F_{2x} = -212{,}1 \text{ N}$$
$$800 = 150 + F_{2y} \qquad F_{2y} = 650 \text{ N}$$
$$0 = -150 + F_{2z} \qquad F_{2z} = 150 \text{ N}$$

A intensidade de F_2, portanto, é:

$$F_2 = \sqrt{(-212{,}1 \text{ N})^2 + (650 \text{ N})^2 + (150 \text{ N})^2}$$
$$= 700 \text{ N} \qquad \qquad \textit{Resposta}$$

Podemos usar a Equação 2.9 para determinar α_2, β_2 e γ_2.

$$\cos\alpha_2 = \frac{-212{,}1}{700}; \qquad \alpha_2 = 108° \qquad \textit{Resposta}$$
$$\cos\beta_2 = \frac{650}{700}; \qquad \beta_2 = 21{,}8° \qquad \textit{Resposta}$$
$$\cos\gamma_2 = \frac{150}{700}; \qquad \gamma_2 = 77{,}6° \qquad \textit{Resposta}$$

Esses resultados são mostrados na Figura 2.31b.

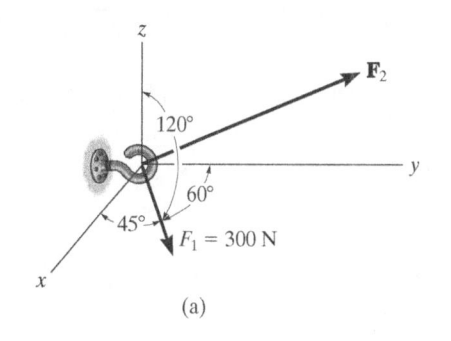

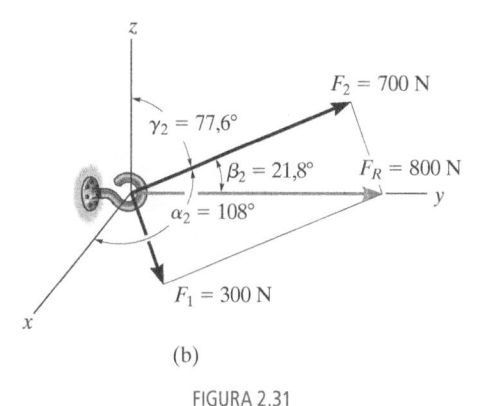

FIGURA 2.31

Problemas preliminares

P2.3. Desenhe as seguintes forças nos eixos de coordenadas x, y, z. Mostre α, β, γ.

a) $\mathbf{F} = \{50\mathbf{i} + 60\mathbf{j} - 10\mathbf{k}\}$ kN

b) $\mathbf{F} = \{-40\mathbf{i} - 80\mathbf{j} + 60\mathbf{k}\}$ kN

P2.4. Em cada caso, estabeleça $\mathbf{F}$ como um vetor cartesiano e determine a intensidade de $\mathbf{F}$ e o cosseno diretor de β.

(a)

(b)

PROBLEMA P2.4

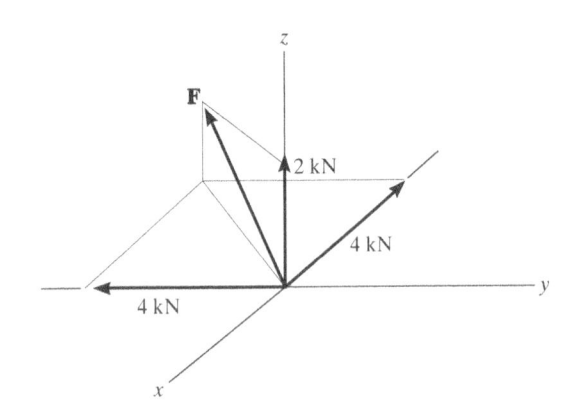

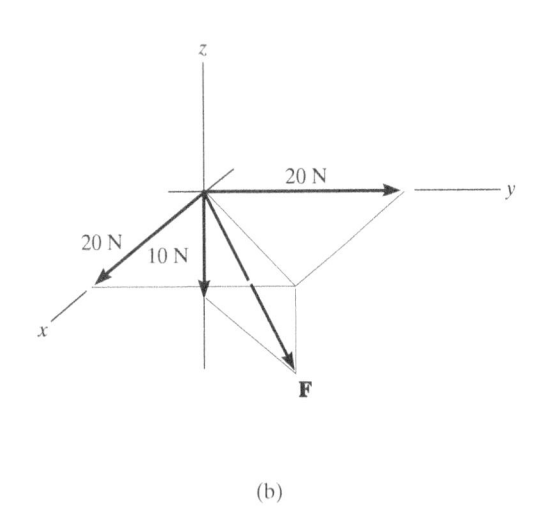

P2.5. Mostre como decompor cada força em suas componentes x, y, z. Mostre o cálculo usado para determinar a intensidade de cada componente.

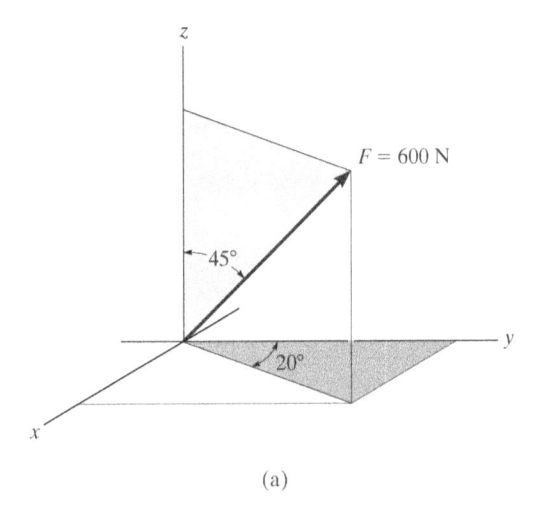

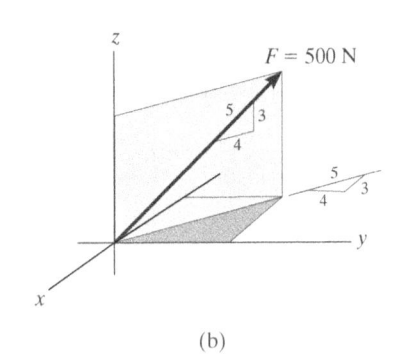

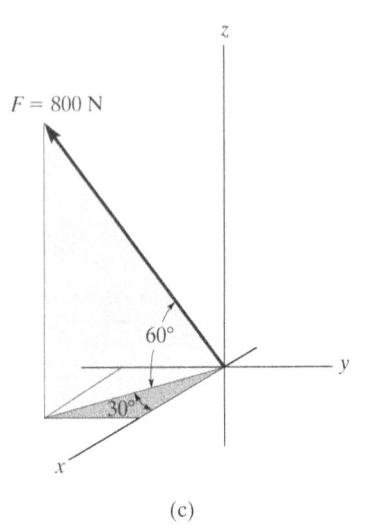

(a)

(b)

(c)

PROBLEMA P2.5

Problemas fundamentais

F2.13. Determine os ângulos diretores coordenados da força.

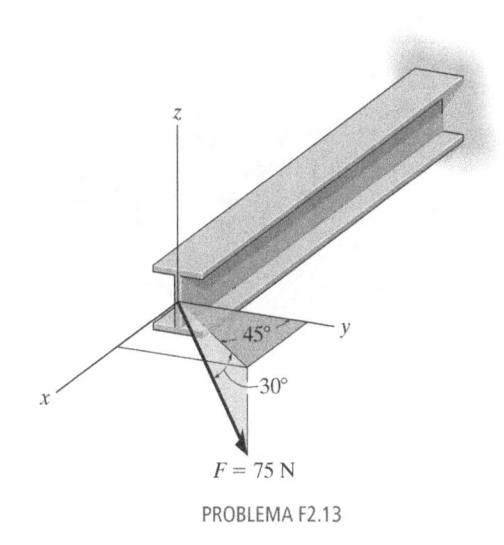

PROBLEMA F2.13

F2.14. Expresse a força como um vetor cartesiano.

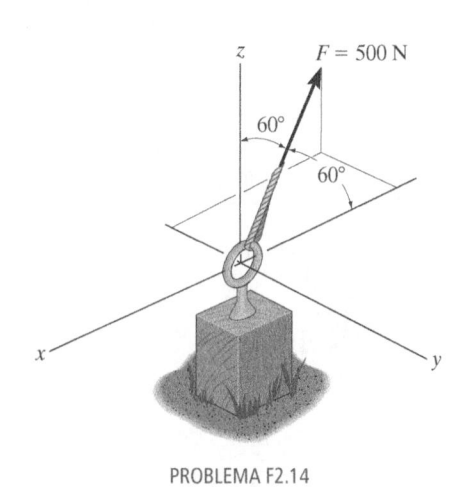

PROBLEMA F2.14

F2.15. Expresse a força como um vetor cartesiano.

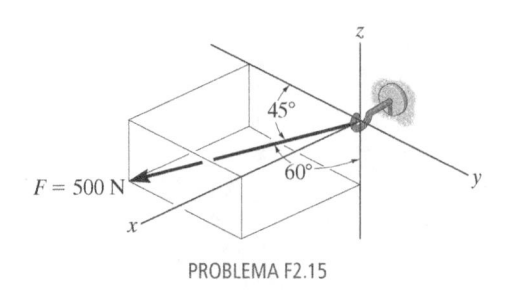

PROBLEMA F2.15

F2.16. Expresse a força como um vetor cartesiano.

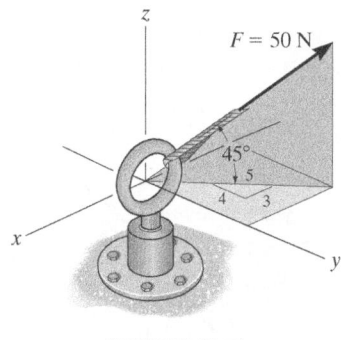

PROBLEMA F2.16

F2.17. Expresse a força como um vetor cartesiano.

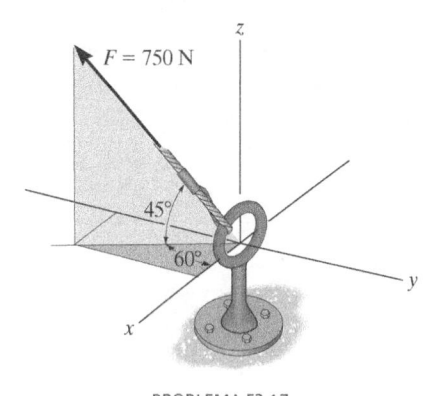

PROBLEMA F2.17

F2.18. Determine a força resultante que atua sobre o gancho.

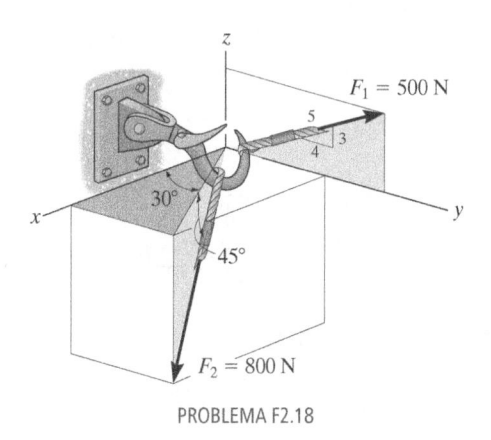

PROBLEMA F2.18

Problemas

*2.60. Determine o ângulo coordenado γ para F_2 e depois expresse cada força que atua sobre o suporte como um vetor cartesiano.

2.61. Determine a intensidade e os ângulos diretores coordenados da força resultante que atua sobre o suporte.

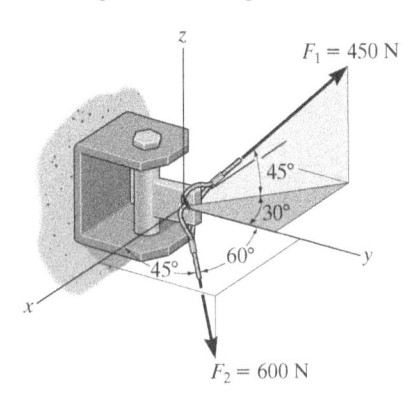

PROBLEMAS 2.60 e 2.61

2.62. Determine a intensidade e os ângulos diretores coordenados da força F que atua sobre o suporte. A componente de F no plano x–y é 7 kN.

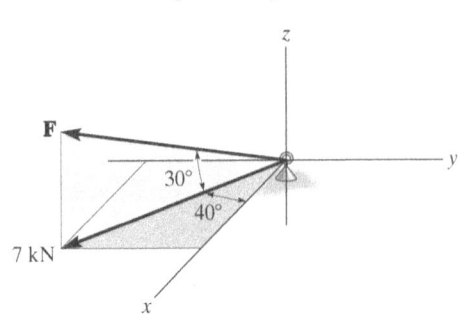

PROBLEMA 2.62

2.63. O parafuso está submetido à força F, que tem componentes atuando ao longo dos eixos x, y, z, como mostra a figura. Se a intensidade de F é 80 N, $\alpha = 60°$ e $\gamma = 45°$, determine as intensidades de suas componentes.

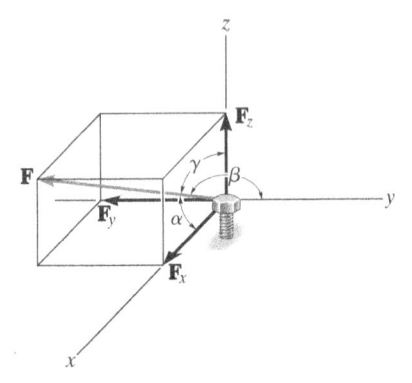

PROBLEMA 2.63

*2.64. O tarugo montado no torno está sujeito a uma força de 60 N. Determine o ângulo diretor coordenado β e expresse a força como um vetor cartesiano.

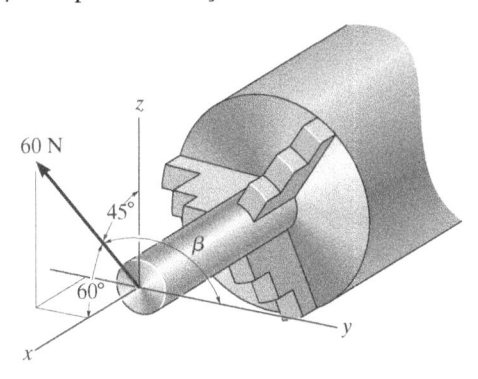

PROBLEMA 2.64

2.65. Especifique a intensidade de F_3 e as direções α_3, β_3, γ_3 de F_3, de modo que a força resultante das três forças seja $F_R = \{9j\}$ kN.

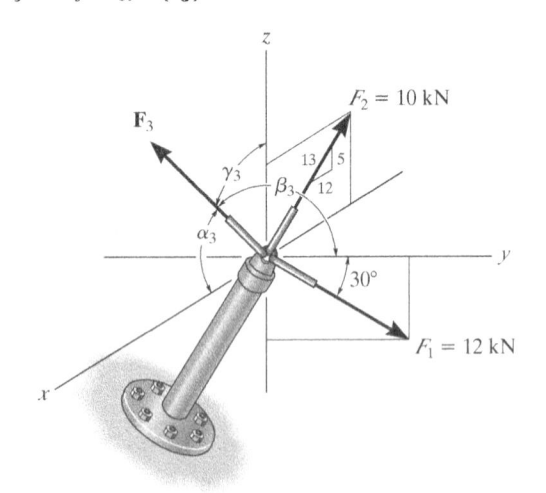

PROBLEMA 2.65

2.66. Determine a intensidade e os ângulos diretores coordenados da força resultante, e desenhe esse vetor no sistema de coordenadas.

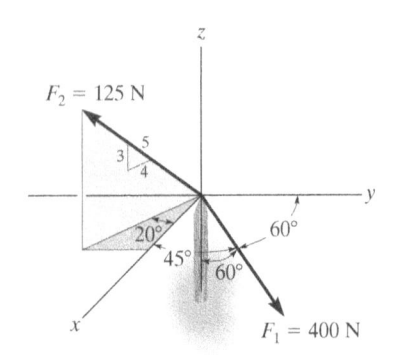

PROBLEMA 2.66

2.67. Determine a intensidade e os ângulos diretores coordenados da força resultante, e desenhe esse vetor no sistema de coordenadas.

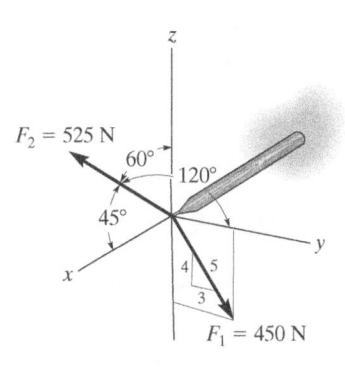

PROBLEMA 2.67

***2.68.** Determine a intensidade e os ângulos diretores coordenados de F_3, de modo que a resultante das três forças atue ao longo do eixo y positivo e tenha uma intensidade de 600 N.

2.69. Determine a intensidade e os ângulos diretores coordenados de F_3, de modo que a resultante das três forças seja zero.

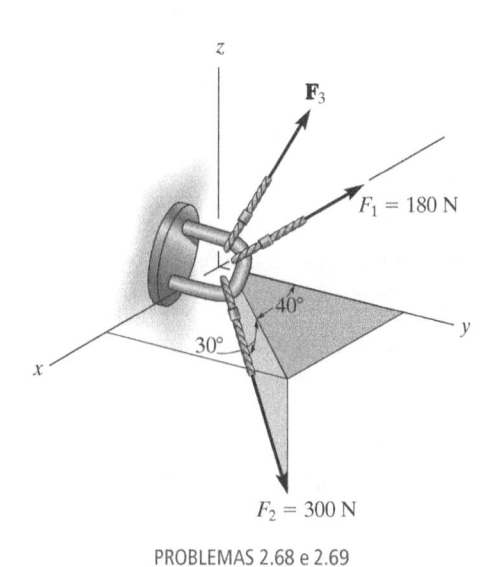

PROBLEMAS 2.68 e 2.69

2.70. O olhal está sujeito às duas forças indicadas. Expresse cada força em forma de vetor cartesiano e depois determine a força resultante. Determine a intensidade e os ângulos diretores coordenados da força resultante.

2.71. Determine os ângulos diretores coordenados de F_1.

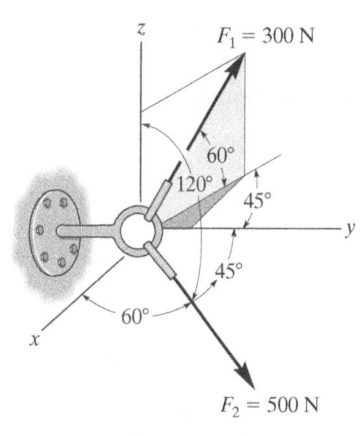

PROBLEMAS 2.70 e 2.71

***2.72.** Determine a intensidade e os ângulos diretores coordenados da força resultante, e desenhe esse vetor no sistema de coordenadas.

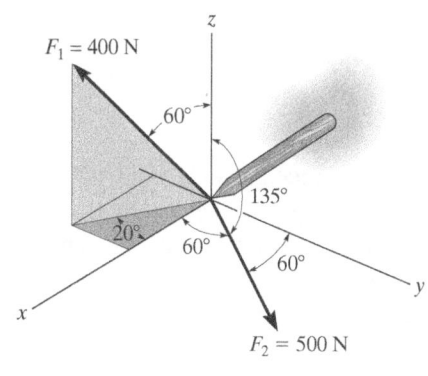

PROBLEMA 2.72

2.73. Determine os ângulos diretores coordenados da força F_1.

2.74. Determine a intensidade e os ângulos diretores coordenados da força resultante que atua sobre o olhal.

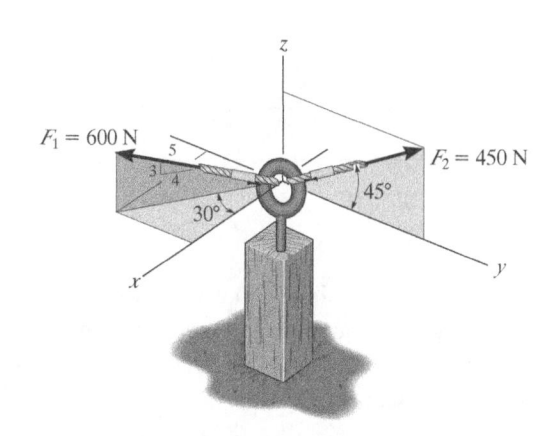

PROBLEMAS 2.73 e 2.74

2.75. Expresse cada força na forma de vetor cartesiano.

46 ESTÁTICA

***2.76.** Determine a intensidade e os ângulos diretores coordenados da força resultante e desenhe esse vetor no sistema de coordenadas.

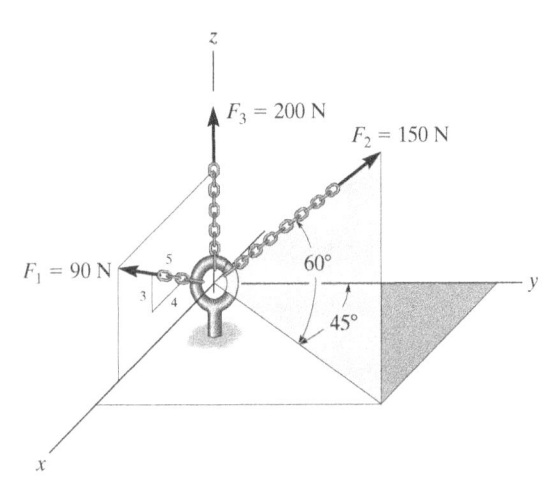

PROBLEMAS 2.75 e 2.76

2.77. Os cabos conectados ao olhal estão sujeitos às três forças mostradas na figura. Expresse cada força na forma de vetor cartesiano e determine a intensidade e os ângulos diretores coordenados da força resultante.

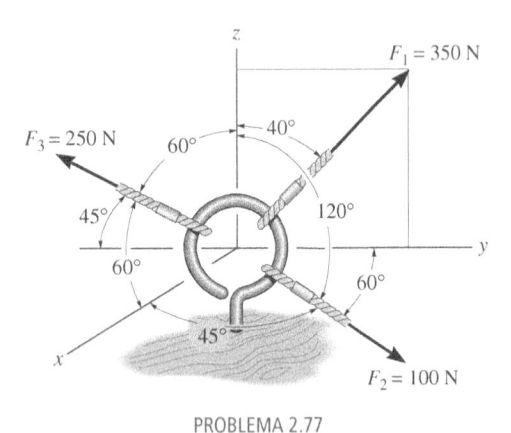

PROBLEMA 2.77

2.78. O mastro está submetido às três forças mostradas. Determine os ângulos diretores coordenados α_1, β_1, γ_1 de $\mathbf{F}_1$, de modo que a força resultante que atua no mastro seja $\mathbf{F}_R = \{350\mathbf{i}\}$ N.

2.79. O mastro está submetido às três forças mostradas. Determine os ângulos diretores coordenados α_1, β_1, γ_1 de $\mathbf{F}_1$, de modo que a força resultante que atua no mastro seja zero.

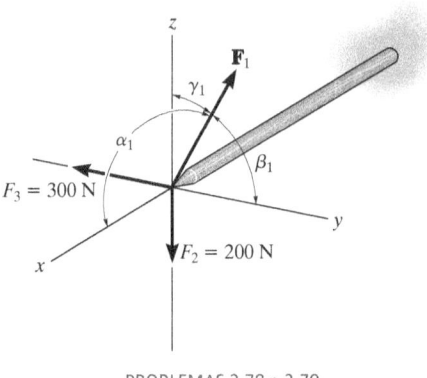

PROBLEMAS 2.78 e 2.79

***2.80.** Expresse cada força na forma de vetor cartesiano.

2.81. Determine a intensidade e os ângulos diretores coordenados da força resultante que atua sobre o gancho.

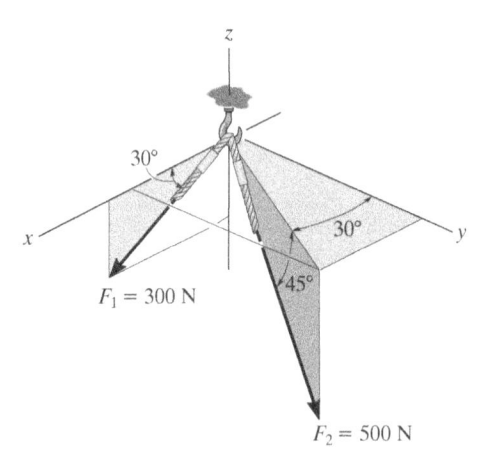

PROBLEMAS 2.80 e 2.81

2.82. Três forças atuam sobre o olhal. Se a força resultante $\mathbf{F}_R$ tiver intensidade e direção como mostrado na figura, determine a intensidade e os ângulos diretores coordenados da força $\mathbf{F}_3$.

2.83. Determine os ângulos diretores coordenados de $\mathbf{F}_1$ e $\mathbf{F}_R$.

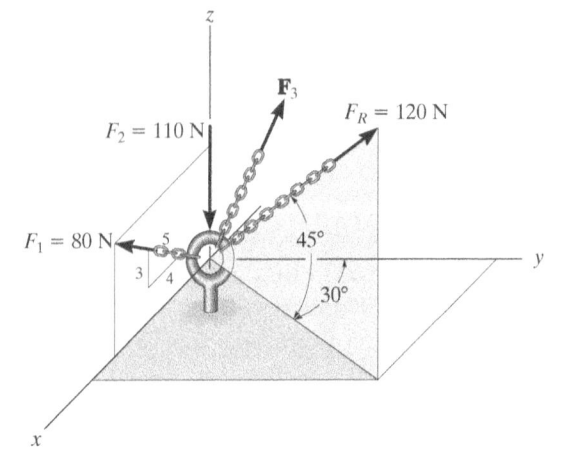

PROBLEMAS 2.82 e 2.83

*2.84. O poste está submetido à força **F**, que tem componentes atuando ao longo dos eixos x, y, z, como mostra a figura. Se a intensidade de **F** é 3 kN, $\beta = 30°$ e $\gamma = 75°$, determine as intensidades de suas três componentes.

2.85. O poste está submetido à força **F**, que tem componentes $F_x = 1,5$ kN e $F_z = 1,25$ kN. Se $b = 75°$, determine as intensidades de **F** e **F**$_y$.

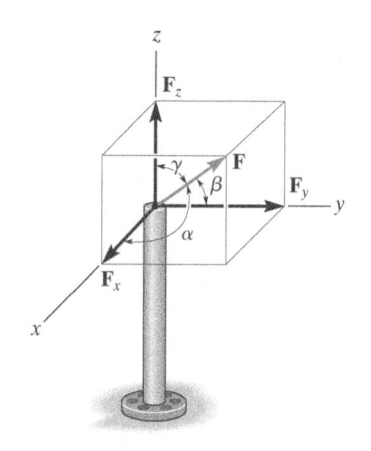

PROBLEMAS 2.84 e 2.85

2.7 Vetores posição

Nesta seção será introduzido o conceito de vetor posição. Veremos que esse vetor é importante na formulação do vetor força cartesiano direcionado entre dois pontos no espaço.

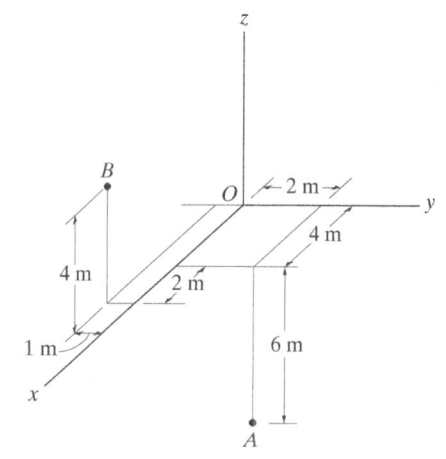

Coordenadas x, y, z

Ao longo do livro, será empregado o sistema de coordenadas *destro* para referenciar a localização de pontos no espaço. Também usaremos a convenção adotada em muitos livros técnicos que exige que o eixo positivo z esteja direcionado *para cima* (direção do zênite), de modo que este seja o sentido usado para medir a altura de um objeto ou a altitude de um ponto. Assim, os eixos x e y ficam no plano horizontal (Figura 2.32). Os pontos no espaço estão localizados em relação à origem das coordenadas, O, por meio de medidas sucessivas ao longo dos eixos x, y, z. Por exemplo, as coordenadas do ponto A são obtidas a partir de O e medindo-se $x_A = +4$ m ao longo do eixo x, depois $y_A = +2$ m ao longo do eixo y e, finalmente, $z_A = -6$ m ao longo do eixo z, de modo que A (4 m, 2 m, -6 m). De modo semelhante, medidas ao longo dos eixos x, y, z de O para B resultam nas coordenadas de B, ou seja, $B(6$ m, -1 m, 4 m$)$.

FIGURA 2.32

Vetor posição

Um ***vetor posição* r** é definido como um vetor fixo que posiciona um ponto no espaço em relação a outro. Por exemplo, se **r** estende-se da origem das coordenadas, O, para o ponto $P(x, y, z)$ (Figura 2.33a), então **r** pode ser expresso na forma de um vetor cartesiano como:

$$\mathbf{r} = x\mathbf{i} + y\mathbf{j} + z\mathbf{k}$$

Observe como a adição vetorial "extremidade para origem" das três componentes produz o vetor **r** (Figura 2.33b). Partindo da origem O, "desloca-se" por uma distância x na direção de $+\mathbf{i}$, depois y na direção de $+\mathbf{j}$ e, finalmente, z na direção de $+\mathbf{k}$ para atingir o ponto $P(x, y, z)$.

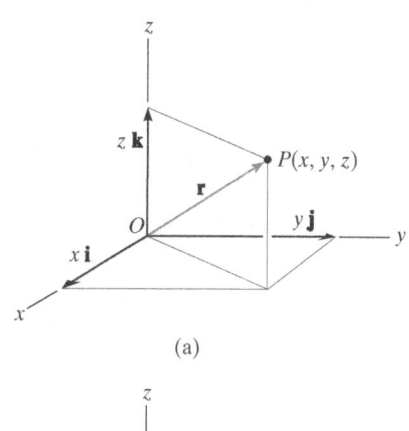

(a)

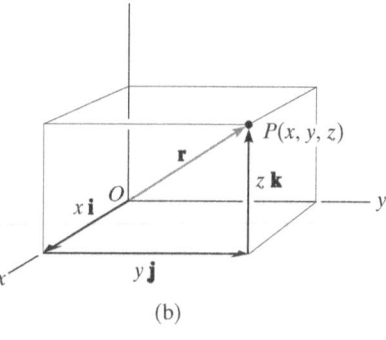

(b)

FIGURA 2.33

No caso mais geral, o vetor posição pode ser direcionado de um ponto A para um ponto B no espaço (Figura 2.34a). Esse vetor também é designado pelo símbolo **r**. Por questão de convenção, vamos nos referir *algumas vezes* a esse vetor com *dois subscritos* para indicar o ponto de origem e o ponto para o qual está direcionado. Assim, **r** também pode ser designado como $\mathbf{r}_{AB}$. Além disso, observe que $\mathbf{r}_A$ e $\mathbf{r}_B$ na Figura 2.34a são escritos com apenas um índice, visto que se estendem a partir da origem das coordenadas.

De acordo com a Figura 2.34a, pela adição vetorial "extremidade para origem", usando a regra do triângulo, é necessário que:

$$\mathbf{r}_A + \mathbf{r} = \mathbf{r}_B$$

Resolvendo-se para **r** e expressando-se $\mathbf{r}_A$ e $\mathbf{r}_B$ na forma vetorial cartesiana, tem-se:

$$\mathbf{r} = \mathbf{r}_B - \mathbf{r}_A = (x_B\mathbf{i} + y_B\mathbf{j} + z_B\mathbf{k}) - (x_A\mathbf{i} + y_A\mathbf{j} + z_A\mathbf{k})$$

ou

$$\mathbf{r} = (x_B - x_A)\mathbf{i} + (y_B - y_A)\mathbf{j} + (z_B - z_A)\mathbf{k} \qquad (2.11)$$

Portanto, as componentes **i**, **j**, **k** *do vetor posição* **r** *são formadas tomando-se as coordenadas da origem do vetor A* (x_A, y_A, z_A), *e subtraindo-as das correspondentes coordenadas da extremidade B* (x_B, y_B, z_B). Também podemos formar essas componentes *diretamente* (Figura 2.34b) começando em A e movendo por uma distância de $(x_B - x_A)$ ao longo do eixo x positivo (+**i**), depois $(y_B - y_A)$ ao longo do eixo y positivo (+**j**) e, finalmente, $(z_B - z_A)$ ao longo do eixo z positivo (+**k**) para chegar a B.

Se um sistema de coordenadas x, y, z é estabelecido, então as coordenadas dos pontos A e B podem ser determinadas. A partir daí, o vetor posição **r** que atua ao longo do cabo pode ser formulado. Sua intensidade representa a distância de A até B e seu vetor unitário, **u** = **r**/r, fornece a direção definida por α, β, γ.

FIGURA 2.34

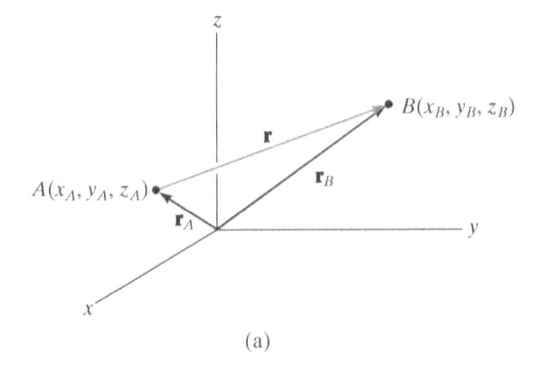

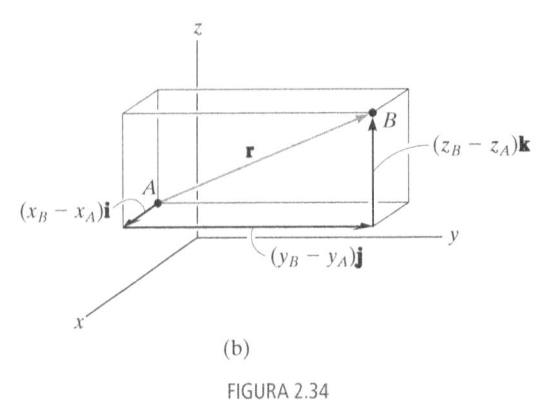

Exemplo 2.10

Uma tira de borracha está presa em dois pontos A e B, como mostra a Figura 2.35a. Determine seu comprimento e sua direção, medidos de A para B.

SOLUÇÃO

Inicialmente, é construído um vetor posição de A para B (Figura 2.35b). De acordo com a Equação 2.11, as coordenadas da origem A (1 m, 0, −3 m) são subtraídas das coordenadas da extremidade B (−2 m, 2 m, 3 m), o que resulta:

$$\mathbf{r} = [-2\text{ m} - 1\text{ m}]\mathbf{i} + [2\text{ m} - 0]\mathbf{j} + [3\text{ m} - (-3\text{ m})]\mathbf{k}$$
$$= \{-3\mathbf{i} + 2\mathbf{j} + 6\mathbf{k}\}\text{ m}$$

Essas componentes de $\mathbf{r}$ também podem ser determinadas *diretamente* observando-se que elas representam a direção e a distância que deve ser percorrida ao longo de cada eixo a fim de mover-se de A para B, ou seja, ao longo do eixo x $\{-3\mathbf{i}\}$ m, ao longo do eixo y $\{2\mathbf{j}\}$ m e, finalmente, ao longo do eixo z $\{6\mathbf{k}\}$ m.

Logo, o comprimento da tira de borracha é:

$$r = \sqrt{(-3\text{ m})^2 + (2\text{ m})^2 + (6\text{ m})^2} = 7\text{ m} \qquad \textit{Resposta}$$

Formulando um vetor unitário na direção de $\mathbf{r}$, temos:

$$\mathbf{u} = \frac{\mathbf{r}}{r} = -\frac{3}{7}\mathbf{i} + \frac{2}{7}\mathbf{j} + \frac{6}{7}\mathbf{k}$$

As componentes desse vetor unitário dão os ângulos diretores coordenados:

$$\alpha = \cos^{-1}\left(-\frac{3}{7}\right) = 115° \qquad \textit{Resposta}$$

$$\beta = \cos^{-1}\left(\frac{2}{7}\right) = 73{,}4° \qquad \textit{Resposta}$$

$$\gamma = \cos^{-1}\left(\frac{6}{7}\right) = 31{,}0° \qquad \textit{Resposta}$$

NOTA: esses ângulos são medidos a partir dos *eixos positivos* de um sistema de coordenadas localizado na origem de $\mathbf{r}$, como mostra a Figura 2.35c.

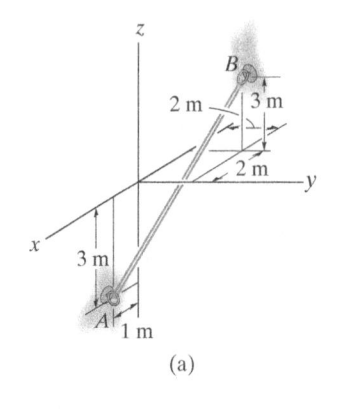

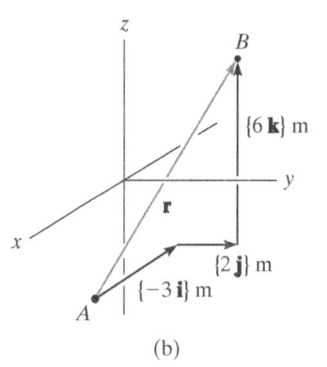

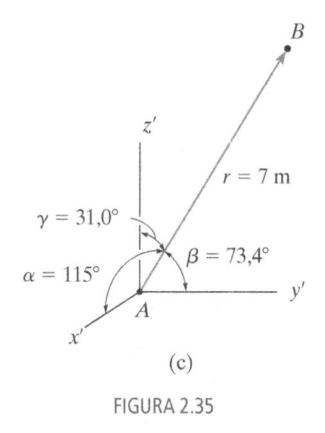

FIGURA 2.35

2.8 Vetor força orientado ao longo de uma reta

Muitas vezes, em problemas de estática tridimensionais, a direção de uma força é definida por dois pontos pelos quais passa sua linha de ação. Essa situação é mostrada na Figura 2.36, na qual a força $\mathbf{F}$ é direcionada ao longo da corda AB. Pode-se construir $\mathbf{F}$ como um vetor cartesiano constatando-se que ele tem a *mesma direção* e *sentido* que o vetor posição $\mathbf{r}$ direcionado do ponto A ao ponto B da corda. Essa direção em comum é especificada pelo ***vetor unitário*** $\mathbf{u} = \mathbf{r}/r$. Então,

$$\mathbf{F} = F\mathbf{u} = F\left(\frac{\mathbf{r}}{r}\right) = F\left(\frac{(x_B - x_A)\mathbf{i} + (y_B - y_A)\mathbf{j} + (z_B - z_A)\mathbf{k}}{\sqrt{(x_B - x_A)^2 + (y_B - y_A)^2 + (z_B - z_A)^2}}\right)$$

Apesar de termos representado **F** simbolicamente na Figura 2.36, note que ele tem *unidades de força*, diferentemente de **r**, que tem unidades de comprimento.

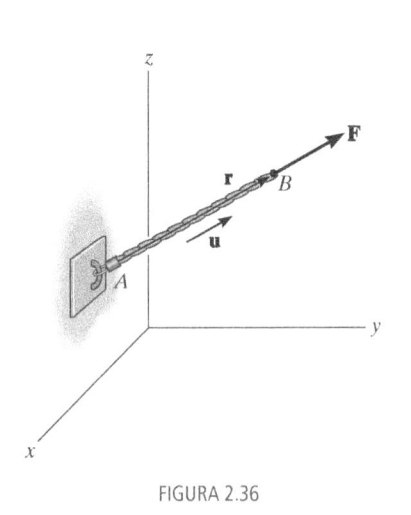

FIGURA 2.36

A força **F** atuando ao longo da corda pode ser representada como um vetor cartesiano, estabelecendo-se eixos x, y, z e construindo-se, inicialmente, um vetor posição **r** ao longo do comprimento da corda. Depois, pode-se determinar o vetor unitário correspondente $\mathbf{u} = \mathbf{r}/r$, que define a direção da corda e da força. Finalmente, a intensidade da força é combinada com sua direção, $\mathbf{F} = F\mathbf{u}$.

Pontos importantes

- Um vetor posição localiza um ponto no espaço em relação a outro ponto.
- A maneira mais fácil de definir as componentes de um vetor posição é determinar a distância e a direção que devem ser percorridas ao longo das direções x, y, z, indo da origem para a extremidade do vetor.
- Uma força **F** que atua na direção de um vetor posição **r** pode ser representada na forma cartesiana se o vetor unitário **u** do vetor posição for determinado e multiplicado pela intensidade da força, ou seja, $\mathbf{F} = F\mathbf{u} = F(\mathbf{r}/r)$

Exemplo 2.11

O homem mostrado na Figura 2.37a puxa a corda com uma força de 350 N. Represente essa força, que atua sobre o suporte A, como um vetor cartesiano e determine sua direção.

SOLUÇÃO

A força **F** é mostrada na Figura 2.37b. A *direção* desse vetor, **u**, é determinada pelo vetor posição **r**, que se estende de A a B. Em vez de usar as coordenadas das extremidades da corda, **r** pode ser obtido *diretamente* pela Figura 2.37a, notando-se que, partindo de A, deve-se deslocar $\{-12\mathbf{k}\}$ m, depois $\{-4\mathbf{j}\}$ m e, finalmente, $\{6\mathbf{i}\}$ m para chegar a B. Portanto,

$$\mathbf{r} = \{6\mathbf{i} - 4\mathbf{j} - 12\mathbf{k}\} \text{ m}$$

A intensidade de **r**, que representa o *comprimento* da corda AB, é:

$$r = \sqrt{(6\,\text{m})^2 + (-4\,\text{m})^2 + (-12\,\text{m})^2} = 14\,\text{m}$$

Definindo-se o vetor unitário que determina a direção e o sentido de **r** e **F**, temos:

$$\mathbf{u} = \frac{\mathbf{r}}{r} = \frac{6}{14}\mathbf{i} - \frac{4}{14}\mathbf{j} - \frac{12}{14}\mathbf{k} = \frac{3}{7}\mathbf{i} - \frac{2}{7}\mathbf{j} - \frac{6}{7}\mathbf{k}$$

Como **F** tem *intensidade* de 350 N e *direção* especificada por **u**, então,

$$\mathbf{F} = F\mathbf{u} = (350\,\text{N})\left(\frac{3}{7}\mathbf{i} - \frac{2}{7}\mathbf{j} - \frac{6}{7}\mathbf{k}\right)$$

$$= \{150\mathbf{i} - 100\mathbf{j} - 300\mathbf{k}\}\,\text{N} \qquad \textit{Resposta}$$

Os ângulos diretores coordenados são medidos entre **r** (ou **F**) e os *eixos positivos* de um sistema de coordenadas com origem em A (Figura 2.37b). A partir das componentes do vetor unitário:

$$\alpha = \cos^{-1}\left(\frac{3}{7}\right) = 64{,}6° \qquad \textit{Resposta}$$

$$\beta = \cos^{-1}\left(\frac{-2}{7}\right) = 107° \qquad \textit{Resposta}$$

$$\gamma = \cos^{-1}\left(\frac{-6}{7}\right) = 149° \qquad \textit{Resposta}$$

NOTA: os resultados fazem sentido quando comparados com os ângulos identificados na Figura 2.37b.

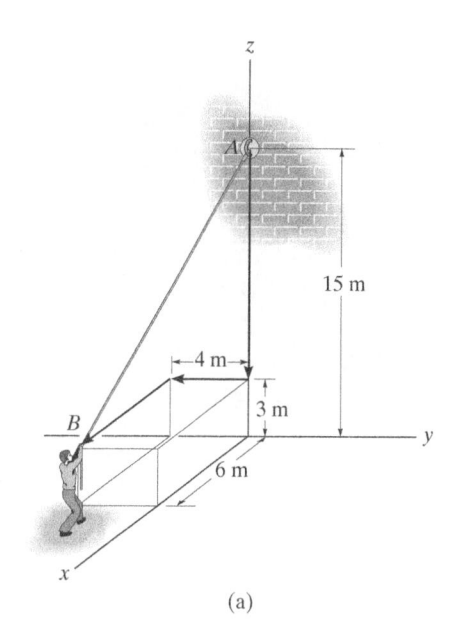

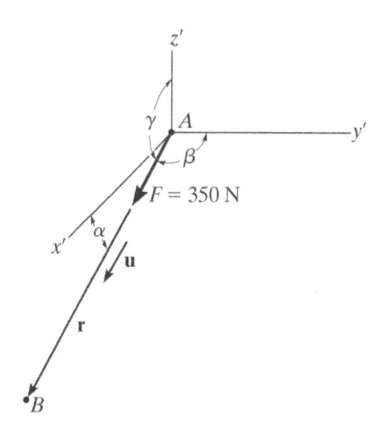

FIGURA 2.37

Exemplo 2.12

Uma cobertura é suportada por cabos, como mostra a foto. Se os cabos exercem as forças $F_{AB} = 100$ N e $F_{AC} = 120$ N no gancho da parede em A, como mostra a Figura 2.38a, determine a força resultante que atua em A. Expresse o resultado como um vetor cartesiano.

SOLUÇÃO

A força resultante $\mathbf{F}_R$ é mostrada graficamente na Figura 2.38b. Pode-se expressar essa força como um vetor cartesiano definindo antes $\mathbf{F}_{AB}$ e $\mathbf{F}_{AC}$ como vetores cartesianos e depois adicionando suas componentes. As direções de $\mathbf{F}_{AB}$ e $\mathbf{F}_{AC}$ são especificadas definindo-se os vetores unitários $\mathbf{u}_{AB}$ e $\mathbf{u}_{AC}$ ao longo dos cabos. Esses vetores unitários são obtidos dos vetores posição associados $\mathbf{r}_{AB}$ e $\mathbf{r}_{AC}$. Com referência à Figura 2.38a, para ir de A a B, é necessário deslocar $\{-4\mathbf{k}\}$ m e depois $\{4\mathbf{i}\}$ m. Portanto,

$\mathbf{r}_{AB} = \{4\mathbf{i} - 4\mathbf{k}\}$ m

$r_{AB} = \sqrt{(4\text{ m})^2 + (-4\text{ m})^2} = 5{,}66$ m

$\mathbf{F}_{AB} = F_{AB}\left(\dfrac{\mathbf{r}_{AB}}{r_{AB}}\right) = (100\text{ N})\left(\dfrac{4}{5{,}66}\mathbf{i} - \dfrac{4}{5{,}66}\mathbf{k}\right)$

$\mathbf{F}_{AB} = \{70{,}7\mathbf{i} - 70{,}7\mathbf{k}\}$ N

Para ir de A a C, desloca-se $\{-4\mathbf{k}\}$ m, depois $\{2\mathbf{j}\}$ m e, finalmente, $\{4\mathbf{i}\}$. Temos:

$\mathbf{r}_{AC} = \{4\mathbf{i} + 2\mathbf{j} - 4\mathbf{k}\}$ m

$r_{AC} = \sqrt{(4\text{ m})^2 + (2\text{ m})^2 + (-4\text{ m})^2} = 6$ m

$\mathbf{F}_{AC} = F_{AC}\left(\dfrac{\mathbf{r}_{AC}}{r_{AC}}\right) = (120\text{ N})\left(\dfrac{4}{6}\mathbf{i} + \dfrac{2}{6}\mathbf{j} - \dfrac{4}{6}\mathbf{k}\right)$

$= \{80\mathbf{i} + 40\mathbf{j} - 80\mathbf{k}\}$ N

A força resultante é, portanto:

$\mathbf{F}_R = \mathbf{F}_{AB} + \mathbf{F}_{AC} = \{70{,}7\mathbf{i} - 70{,}7\mathbf{k}\}$ N $+ \{80\mathbf{i} + 40\mathbf{j} - 80\mathbf{k}\}$ N

$= \{151\mathbf{i} + 40\mathbf{j} - 151\mathbf{k}\}$ N *Resposta*

FIGURA 2.38

Exemplo 2.13

A força na Figura 2.39a atua sobre o gancho. Expresse-a como um vetor cartesiano.

SOLUÇÃO

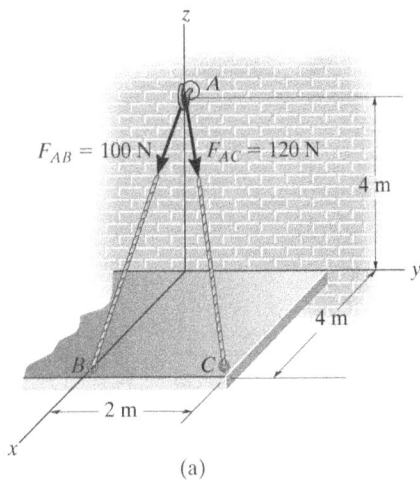

Como mostra a Figura 2.39b, as coordenadas dos pontos A e B são:

$A\,(2\text{ m}, 0, 2\text{ m})$

e

$B\left[-\left(\dfrac{4}{5}\right)5\,\text{sen}\,30°\text{ m},\,\left(\dfrac{4}{5}\right)5\cos 30°\text{ m},\,\left(\dfrac{3}{5}\right)5\text{ m}\right]$

ou

$B\,(-2\text{ m}, 3{,}464\text{ m}, 3\text{ m})$

Portanto, para ir de A a B, é necessário um deslocamento de $\{-4\mathbf{i}\}$ m, depois $\{3{,}464\mathbf{j}\}$ m e, finalmente, $\{1\mathbf{k}\}$ m. Logo,

$$\mathbf{u}_B = \left(\frac{\mathbf{r}_B}{r_B}\right) = \frac{\{-4\mathbf{i} + 3{,}464\mathbf{j} + 1\mathbf{k}\}\text{ m}}{\sqrt{(-4\text{ m})^2 + (3{,}464\text{ m})^2 + (1\text{ m})^2}}$$

$$= -0{,}7428\mathbf{i} + 0{,}6433\mathbf{j} + 0{,}1857\mathbf{k}$$

A força $\mathbf{F}_B$, expressa como um vetor cartesiano, torna-se:

$$\mathbf{F}_B = F_B\mathbf{u}_B = (750\text{ N})(-0{,}74281\mathbf{i} + 0{,}6433\mathbf{j} + 0{,}1857\mathbf{k})$$

$$= \{-557\mathbf{i} + 482\mathbf{j} + 139\mathbf{k}\}\text{ N} \qquad \textit{Resposta}$$

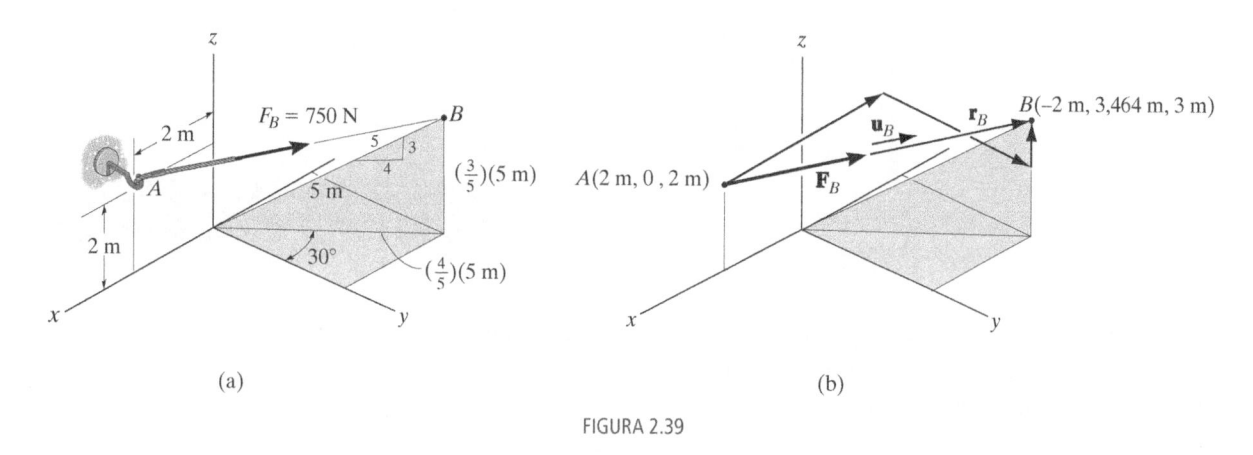

FIGURA 2.39

Problemas preliminares

P2.6. Em cada um dos casos, estabeleça um vetor posição do ponto A para o ponto B.

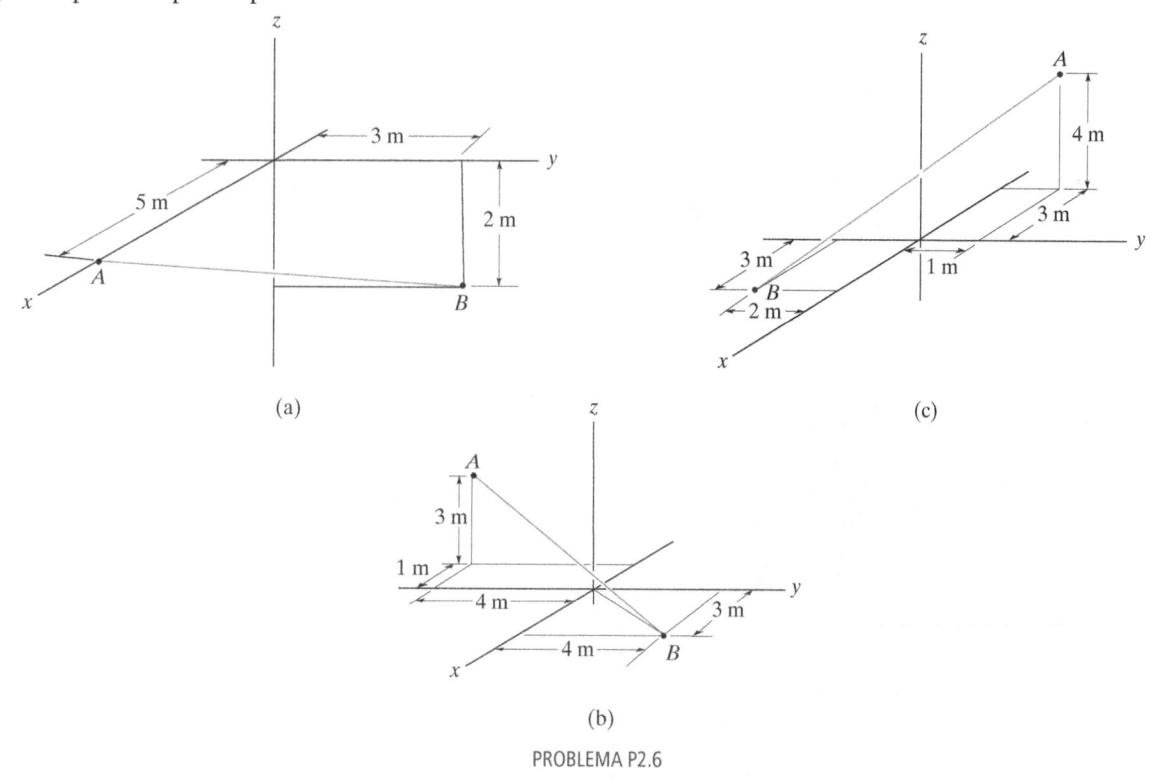

PROBLEMA P2.6

P2.7. Em cada um dos casos, expresse **F** como um vetor cartesiano.

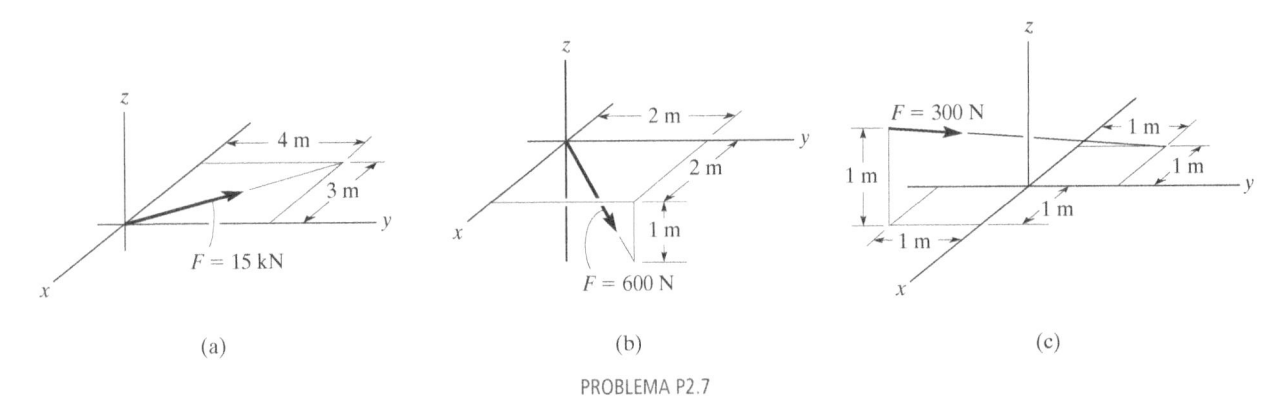

(a) F = 15 kN

(b) F = 600 N

(c) F = 300 N

PROBLEMA P2.7

Problemas fundamentais

F2.19. Expresse o vetor posição $\mathbf{r}_{AB}$ na forma de um vetor cartesiano; depois, determine sua intensidade e seus ângulos diretores coordenados.

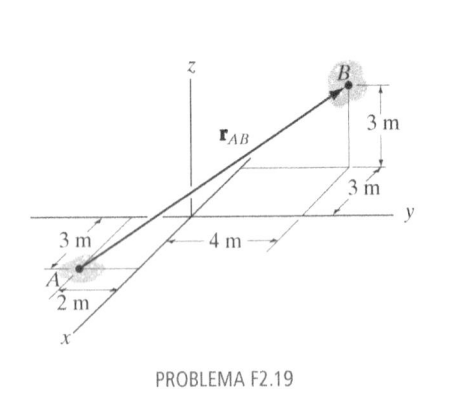

PROBLEMA F2.19

F2.20. Determine o comprimento da barra e o vetor posição direcionado de A a B. Qual é o ângulo θ?

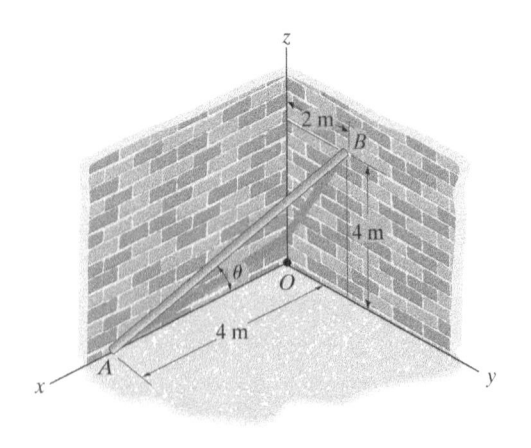

PROBLEMA F2.20

F2.21. Expresse a força como um vetor cartesiano.

F = 630 N

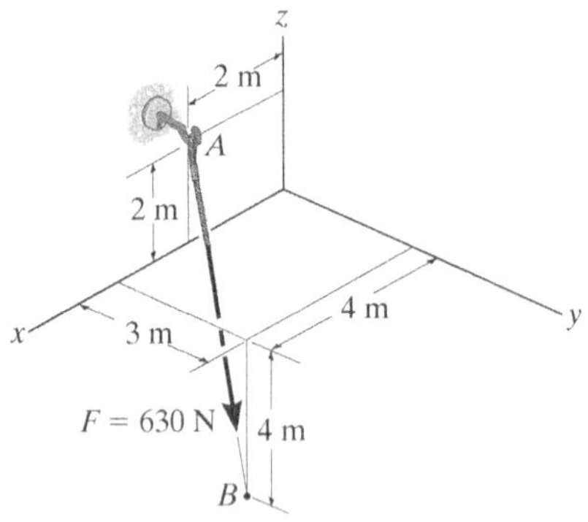

PROBLEMA F2.21

F2.22. Expresse a força como um vetor cartesiano.

F = 900 N

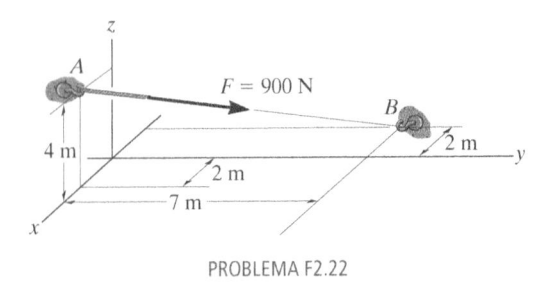

PROBLEMA F2.22

F2.23. Determine a intensidade da força resultante em A.

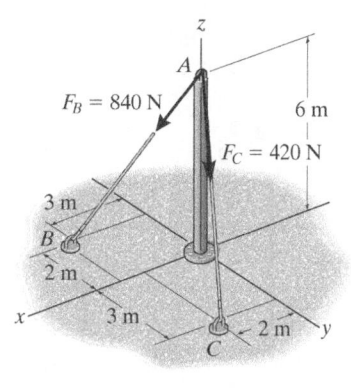

F2.24. Determine a força resultante em A.

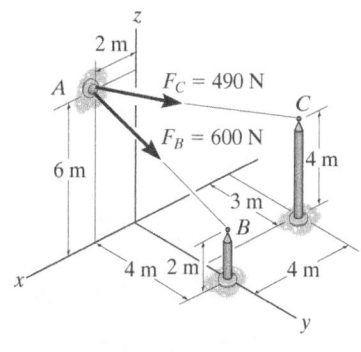

PROBLEMA F2.23

PROBLEMA F2.24

Problemas

2.86. Determine os comprimentos dos fios AD, BD e CD. O anel em D está a meio caminho entre A e B.

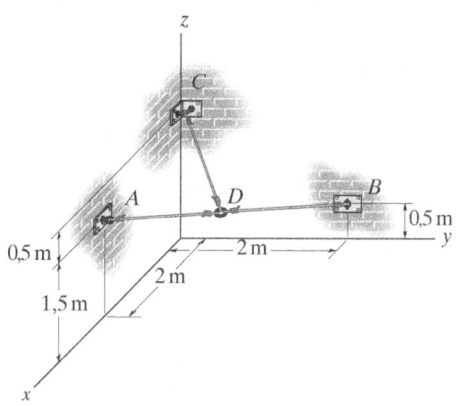

*2.88. Se $\mathbf{F} = \{350\mathbf{i} - 250\mathbf{j} - 450\mathbf{k}\}$ N e o cabo AB tem 9 m de extensão, determine as coordenadas x, y, z do ponto A.

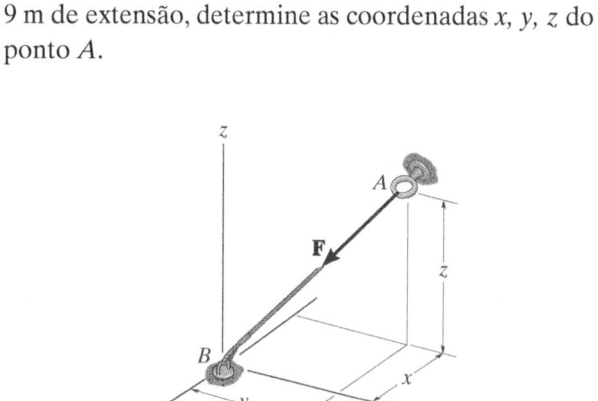

PROBLEMA 2.86

PROBLEMA 2.88

2.87. Determine o comprimento AB da biela formulando primeiro um vetor posição cartesiano de A a B e depois determinando sua intensidade.

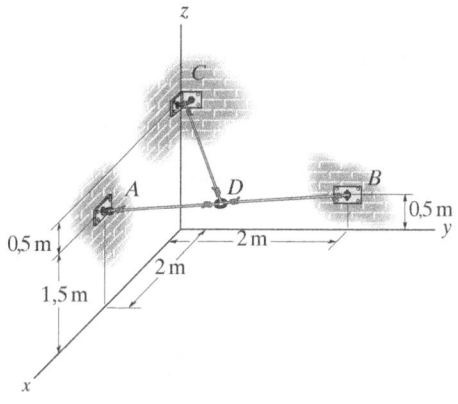

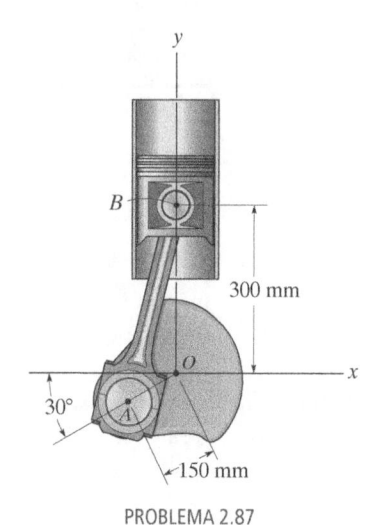

2.89. Determine a intensidade e os ângulos diretores coordenados da força resultante em A.

PROBLEMA 2.87

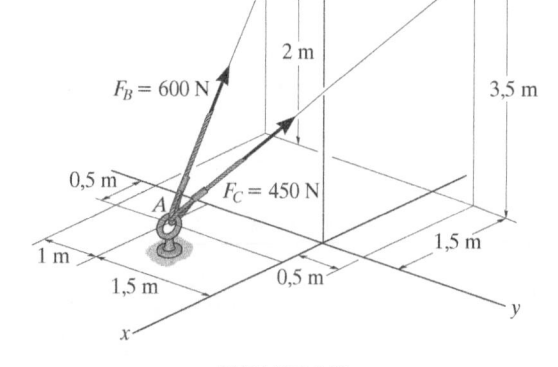

PROBLEMA 2.89

2.90. Uma porta é mantida aberta por duas correntes. Se as trações em AB e em CD são $\mathbf{F}_A = 300$ N e $\mathbf{F}_C = 250$ N, respectivamente, expresse cada uma dessas forças na forma de um vetor cartesiano.

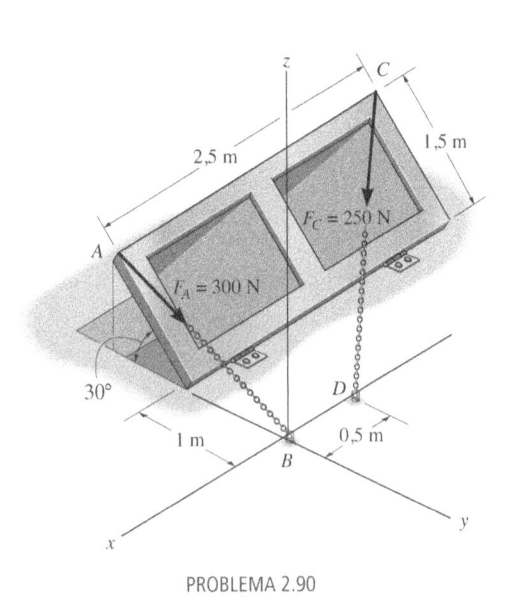

PROBLEMA 2.90

2.91. Se $F_B = 560$ N e $F_C = 700$ N, determine a intensidade e os ângulos diretores coordenados da força resultante no mastro.

***2.92.** Se $F_B = 700$ N e $F_C = 560$ N, determine a intensidade e os ângulos diretores coordenados da força resultante no mastro.

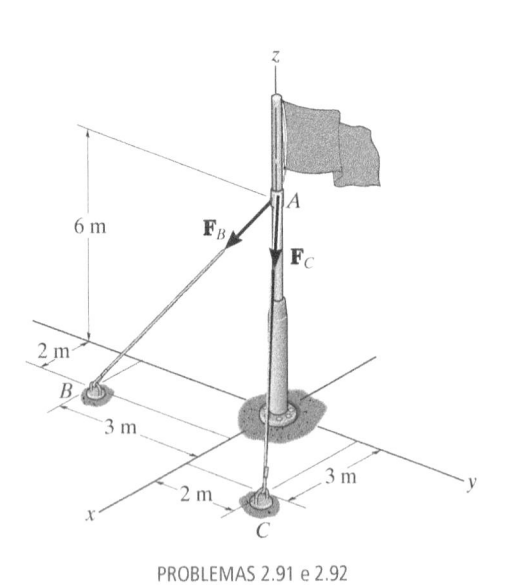

PROBLEMAS 2.91 e 2.92

2.93. Expresse cada uma das forças na forma de um vetor cartesiano e determine a intensidade e os ângulos diretores coordenados da força resultante.

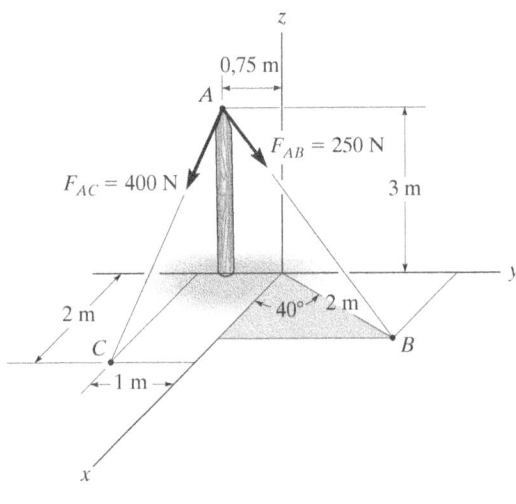

PROBLEMA 2.93

2.94. O cabo com 8 m de extensão está fixado ao solo em A. Se $x = 4$ m e $y = 2$ m, determine a coordenada z até o ponto mais alto da fixação ao longo da coluna.

2.95. O cabo com 8 m de extensão está fixado ao solo em A. Se $z = 5$ m, determine o local $+x$, $+y$ do ponto A. Escolha um valor de modo que $x = y$.

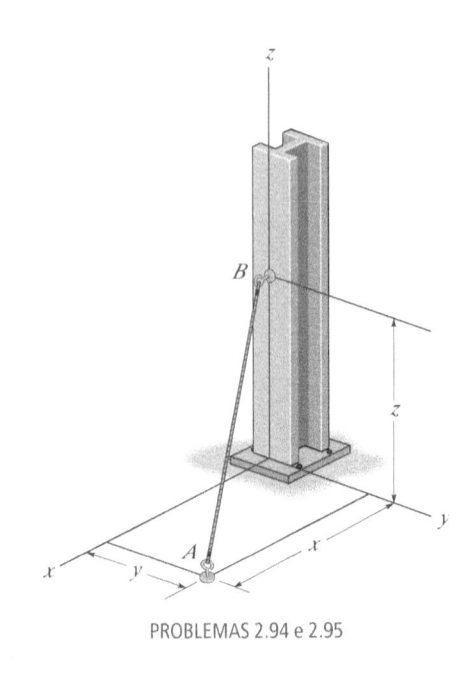

***2.96.** Determine a intensidade e os ângulos diretores coordenados da força resultante no ponto A do poste.

PROBLEMAS 2.94 e 2.95

Capítulo 2 – Vetores força 57

PROBLEMA 2.96

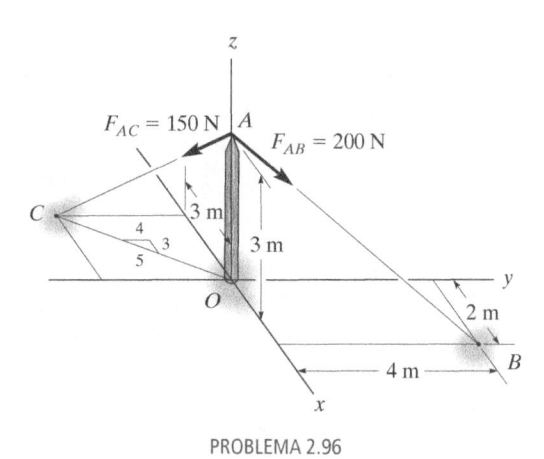

2.97. A placa cilíndrica está submetida às três forças dos cabos que são concorrentes no ponto D. Expresse cada força que os cabos exercem na placa como um vetor cartesiano e determine a intensidade e os ângulos diretores coordenados da força resultante.

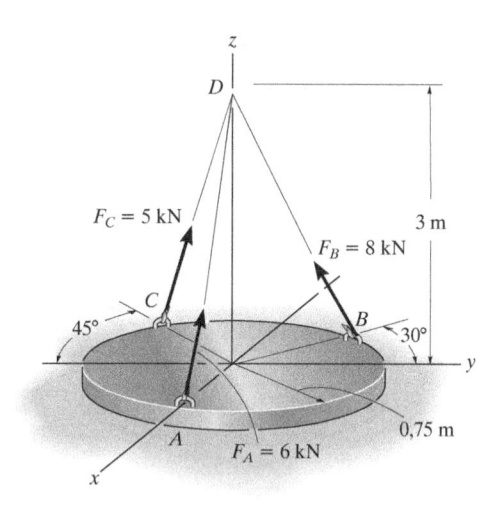

PROBLEMA 2.97

2.98. A corda exerce uma força $\mathbf{F} = \{12\mathbf{i} + 9\mathbf{j} - 8\mathbf{k}\}$ kN sobre o gancho. Se a corda tem 4 m de extensão, determine o local x,y do ponto de conexão B e a altura z do chão até o gancho.

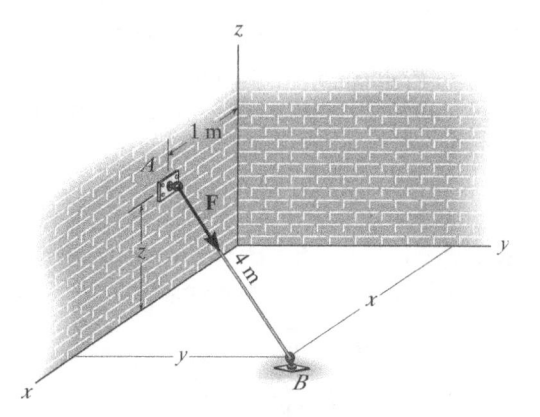

PROBLEMA 2.98

2.99. Os três cabos de suporte exercem as forças mostradas sobre a placa. Represente cada força como um vetor cartesiano.

*2.100. Determine a intensidade e os ângulos diretores coordenados da força resultante das duas forças que atuam sobre a placa no ponto A.

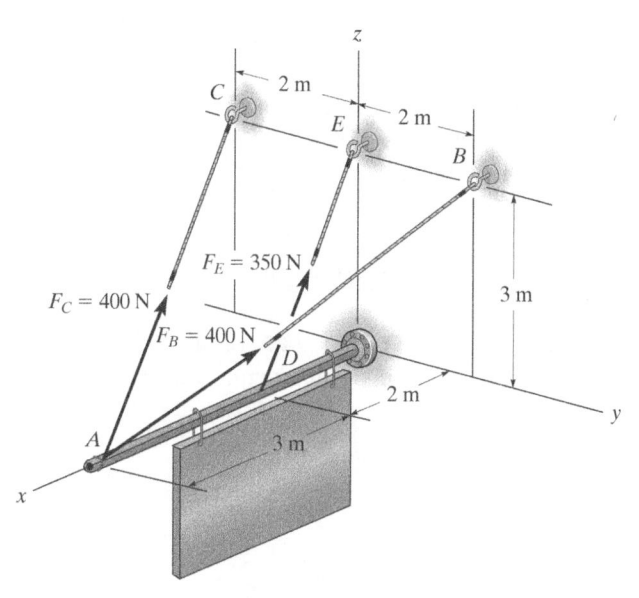

PROBLEMAS 2.99 e 2.100

2.101. A torre é mantida no lugar pelos três cabos. Se as forças em cada cabo atuando sobre a torre estão indicadas, determine a intensidade e os ângulos diretores coordenados α, β, γ da força resultante. Considere $x = 20$ m, $y = 15$ m.

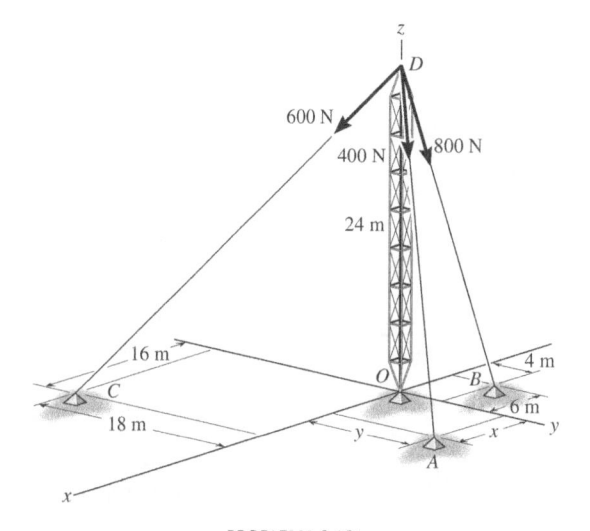

PROBLEMA 2.101

2.102. Os cabos de estabilização são usados para suportar o poste telefônico. Represente a força em cada cabo na forma de um vetor cartesiano. Despreze o diâmetro do poste.

58 ESTÁTICA

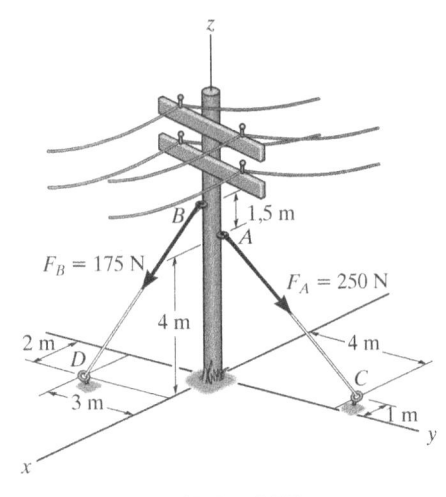

PROBLEMA 2.102

***2.104.** Dois cabos são usados para segurar a lança do gancho na posição e sustentar a carga de 1500 N. Se a força resultante é direcionada ao longo da lança de A para O, determine as intensidades da força resultante e das forças $\mathbf{F}_B$ e $\mathbf{F}_C$. Considere $x = 3$ m e $z = 2$ m.

2.105. Dois cabos são usados para segurar a lança do gancho na posição e sustentar a carga de 1500 N. Se a força resultante é direcionada ao longo da lança de A para O, determine os valores de x e z para as coordenadas do ponto C e a intensidade da força resultante. Considere $\mathbf{F}_B = 1610$ N e $\mathbf{F}_C = 2400$ N.

2.103. Determine a intensidade e os ângulos diretores coordenados da força resultante que atua no ponto A.

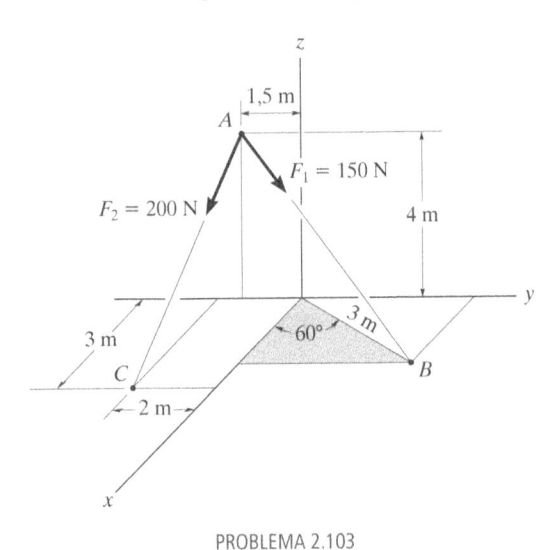

PROBLEMA 2.103

PROBLEMAS 2.104 e 2.105

2.9 Produto escalar

Ocasionalmente, na estática, é preciso calcular o ângulo entre duas linhas, ou determinar as duas componentes de uma força que sejam, respectivamente, paralela e perpendicular a uma linha. Em duas dimensões, esses problemas são resolvidos facilmente pela trigonometria, uma vez que a geometria é fácil de ser visualizada. Em três dimensões, entretanto, isso é frequentemente mais difícil e torna-se necessário empregar métodos vetoriais para a solução. O produto escalar define um método particular para "multiplicar" dois vetores e pode ser usado para a resolução dos problemas mencionados anteriormente.

O *produto escalar* dos vetores **A** e **B**, escrito **A** · **B** e lido "**A** escalar **B**", é definido como o produto das intensidades de **A** e **B** e do cosseno do ângulo θ compreendido entre suas origens (Figura 2.40). Expresso na forma de equação,

$$\boxed{\mathbf{A} \cdot \mathbf{B} = AB \cos \theta} \qquad (2.12)$$

FIGURA 2.40

onde $0° \leq \theta \leq 180°$. O produto escalar é assim chamado porque o resultado é um *escalar* e não um vetor.

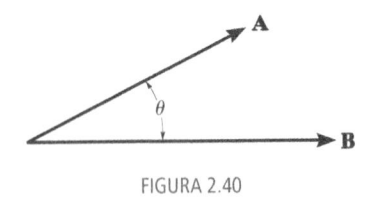

Leis de operações

1. Lei comutativa: $\mathbf{A} \cdot \mathbf{B} = \mathbf{B} \cdot \mathbf{A}$
2. Multiplicação por escalar: $a(\mathbf{A} \cdot \mathbf{B}) = (a\mathbf{A}) \cdot \mathbf{B} = \mathbf{A} \cdot (a\mathbf{B})$
3. Lei distributiva: $\mathbf{A} \cdot (\mathbf{B} + \mathbf{D}) = (\mathbf{A} \cdot \mathbf{B}) + (\mathbf{A} \cdot \mathbf{D})$

A primeira e a segunda leis são fáceis de serem provadas usando-se a Equação 2.12. No caso da lei distributiva, a prova será feita por você, como um exercício (veja o Problema 2.112).

Formulação do vetor cartesiano

A Equação 2.12 deve ser usada para determinar o produto escalar de quaisquer dois vetores unitários cartesianos. Por exemplo, $\mathbf{i} \cdot \mathbf{i} = (1)(1) \cos 0° = 1$ e $\mathbf{i} \cdot \mathbf{j} = (1)(1) \cos 90° = 0$. Se quisermos determinar o produto escalar de dois vetores $\mathbf{A}$ e $\mathbf{B}$, expressos na forma de um vetor cartesiano, teremos:

$$\begin{aligned}\mathbf{A} \cdot \mathbf{B} &= (A_x\mathbf{i} + A_y\mathbf{j} + A_z\mathbf{k}) \cdot (B_x\mathbf{i} + B_y\mathbf{j} + B_z\mathbf{k}) \\ &= A_xB_x(\mathbf{i} \cdot \mathbf{i}) + A_xB_y(\mathbf{i} \cdot \mathbf{j}) + A_xB_z(\mathbf{i} \cdot \mathbf{k}) \\ &+ A_yB_x(\mathbf{j} \cdot \mathbf{i}) + A_yB_y(\mathbf{j} \cdot \mathbf{j}) + A_yB_z(\mathbf{j} \cdot \mathbf{k}) \\ &+ A_zB_x(\mathbf{k} \cdot \mathbf{i}) + A_zB_y(\mathbf{k} \cdot \mathbf{j}) + A_zB_z(\mathbf{k} \cdot \mathbf{k})\end{aligned}$$

Efetuando as operações do produto escalar, obtemos o resultado final:

$$\boxed{\mathbf{A} \cdot \mathbf{B} = A_xB_x + A_yB_y + A_zB_z} \qquad (2.13)$$

Portanto, para calcular o produto escalar de dois vetores cartesianos, multiplicam-se suas componentes x, y, z correspondentes e somam-se esses produtos algebricamente. Observe que o resultado será um *escalar* negativo ou positivo, ou então zero.

Aplicações

O produto escalar tem duas aplicações importantes na mecânica.

- *O ângulo formado entre dois vetores ou linhas que se interceptam.* O ângulo θ entre as origens dos vetores $\mathbf{A}$ e $\mathbf{B}$ na Figura 2.40 pode ser determinado pela Equação 2.12 e escrito como:

$$\theta = \cos^{-1}\left(\frac{\mathbf{A} \cdot \mathbf{B}}{AB}\right) \quad 0° \leq \theta \leq 180°$$

Nesse caso, $\mathbf{A} \cdot \mathbf{B}$ é calculado pela Equação 2.13. Em especial, observe que, se $\mathbf{A} \cdot \mathbf{B} = 0$, $\theta = \cos^{-1} 0 = 90°$, de modo que $\mathbf{A}$ será *perpendicular* a $\mathbf{B}$.

- *As componentes de um vetor paralelas e perpendiculares a uma linha.* A componente escalar do vetor $\mathbf{A}$ paralela a ou colinear com a linha aa na Figura 2.40 é definida por A_a, onde $A_a = A \cos \theta$. Essa componente, algumas vezes, é referida como a **projeção** de $\mathbf{A}$ sobre a linha, visto que se forma um *ângulo reto* na construção. Se a *direção* da linha é especificada pelo vetor unitário $\mathbf{u}_a$, então, como $u_a = 1$, podemos determinar a intensidade de A_a diretamente do produto escalar (Equação 2.12); ou seja,

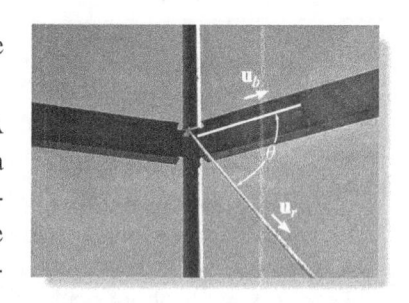

$$A_a = A \cos \theta = \mathbf{A} \cdot \mathbf{u}_a$$

O ângulo θ entre a corda e a viga pode ser determinado formulando-se vetores unitários ao longo da viga e da corda para depois usar o produto escalar $\mathbf{u}_b \cdot \mathbf{u}_r = (1)(1) \cos \theta$.

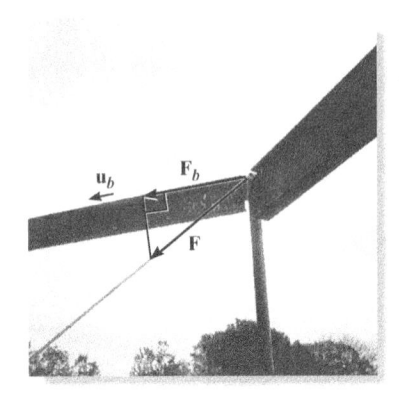

60 ESTÁTICA

Portanto, a projeção escalar de **A** *ao longo de uma linha é determinada pelo produto escalar de* **A** *e o vetor unitário* **u**$_a$, *que define a direção da linha.* Observe que, se esse resultado for positivo, então **A**$_a$ possui o mesmo sentido de direção de **u**$_a$, ao passo que, se A_a for um escalar negativo, então **A**$_a$ tem o sentido de direção oposto ao de **u**$_a$.

A componente **A**$_a$ representada como um *vetor* é, portanto,

$$\mathbf{A}_a = A_a \mathbf{u}_a$$

A componente de **A** que é *perpendicular* à linha *aa* também pode ser obtida (Figura 2.41). Como $\mathbf{A} = \mathbf{A}_a + \mathbf{A}_\perp$, então $\mathbf{A}_\perp = \mathbf{A} - \mathbf{A}_a$. Há duas maneiras de obter $A_\perp$. Uma delas é determinar θ a partir do produto escalar, $\theta = \cos^{-1}(\mathbf{A} \cdot \mathbf{u}_A / A)$, então $A_\perp = A \operatorname{sen} \theta$. Alternativamente, se A_a for conhecida, então, pelo teorema de Pitágoras, também podemos escrever $A_\perp = \sqrt{A^2 - A_a^2}$.

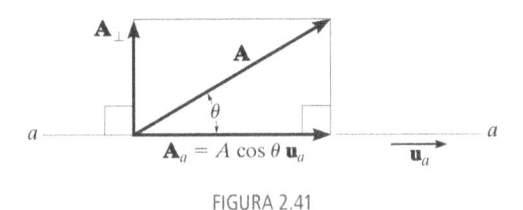

A projeção ao longo da viga da força **F** atuante no cabo pode ser determinada calculando-se, inicialmente, o vetor unitário **u**$_b$ que define essa direção. Em seguida, aplica-se o produto escalar F$_b$ = **F** · **u**$_b$.

FIGURA 2.41

Pontos importantes

- O produto escalar é usado para determinar o ângulo entre dois vetores ou a projeção de um vetor em uma direção especificada.
- Se os vetores **A** e **B** são expressos na forma de vetores cartesianos, o produto escalar será determinado multiplicando-se as respectivas componentes escalares *x*, *y*, *z* e adicionando-se algebricamente os resultados, ou seja, $\mathbf{A} \cdot \mathbf{B} = A_x B_x + A_y B_y + A_z B_z$.
- Da definição do produto escalar, o ângulo formado entre as origens dos vetores **A** e **B** é $\theta = \cos^{-1}(\mathbf{A} \cdot \mathbf{B}/AB)$.
- A intensidade da projeção do vetor **A** ao longo de uma linha *aa*, cuja direção é especificada por **u**$_a$, é determinada pelo produto escalar $A_a = \mathbf{A} \cdot \mathbf{u}_a$.

Exemplo 2.14

Determine as intensidades da projeção da força **F**, na Figura 2.42, sobre os eixos *u* e *v*.

SOLUÇÃO

Projeções da força

A representação gráfica das *projeções* é mostrada na Figura 2.42. A partir desta figura, as intensidades das projeções de **F** sobre os eixos *u* e *v* podem ser obtidas pela trigonometria:

$$(F_u)_{\text{proj}} = (100 \text{ N}) \cos 45° = 70,7 \text{ N} \qquad \textit{Resposta}$$

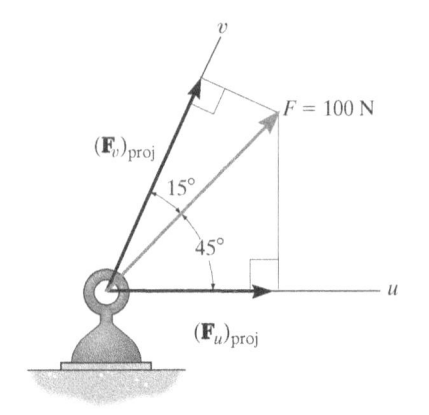

FIGURA 2.42

$$(F_v)_{\text{proj}} = (100 \text{ N}) \cos 15° = 96,6 \text{ N} \qquad \textit{Resposta}$$

NOTA: essas projeções não são iguais às intensidades das componentes da força **F** ao longo dos eixos u e v encontradas pela lei do paralelogramo. Elas somente serão iguais se os eixos u e v forem *perpendiculares* entre si.

Exemplo 2.15

A estrutura mostrada na Figura 2.43a está submetida a uma força horizontal **F** = {300**j**} N. Determine as intensidades das componentes dessa força paralela e perpendicular ao membro AB.

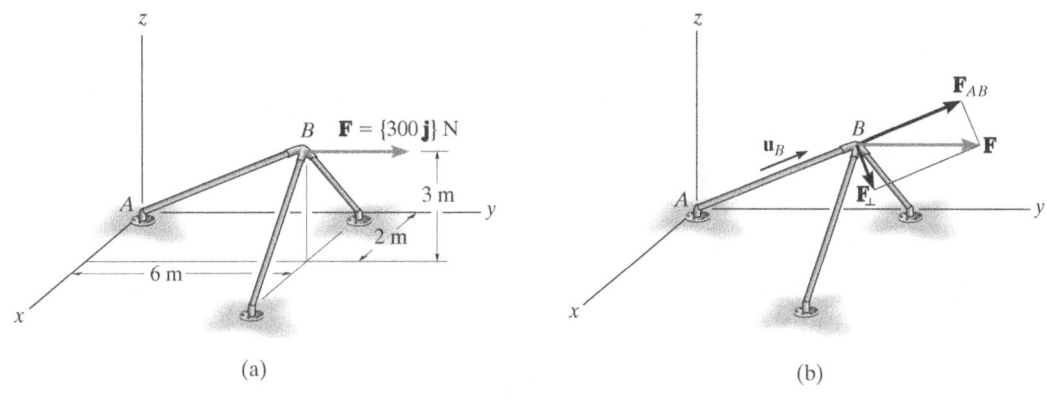

FIGURA 2.43

SOLUÇÃO

A intensidade da componente de **F** ao longo de AB é igual ao produto escalar entre **F** e o vetor unitário $\mathbf{u}_B$, que define a direção de AB (Figura 2.43b). Como

$$\mathbf{u}_B = \frac{\mathbf{r}_B}{r_B} = \frac{2\mathbf{i} + 6\mathbf{j} + 3\mathbf{k}}{\sqrt{(2)^2 + (6)^2 + (3)^2}} = 0,286\mathbf{i} + 0,857\mathbf{j} + 0,429\mathbf{k}$$

então,

$$\begin{aligned} F_{AB} = F \cos \theta &= \mathbf{F} \cdot \mathbf{u}_B = (300\mathbf{j}) \cdot (0,286\mathbf{i} + 0,857\mathbf{j} + 0,429\mathbf{k}) \\ &= (0)(0,286) + (300)(0,857) + (0)(0,429) \\ &= 257,1 \text{ N} \qquad \textit{Resposta} \end{aligned}$$

Visto que o resultado é um escalar positivo, $\mathbf{F}_{AB}$ tem o mesmo sentido de direção de $\mathbf{u}_B$ (Figura 2.43b). Expressando $\mathbf{F}_{AB}$ na forma de um vetor cartesiano, temos:

$$\begin{aligned} \mathbf{F}_{AB} = F_{AB}\mathbf{u}_B &= (257,1 \text{ N})(0,286\mathbf{i} + 0,857\mathbf{j} + 0,429\mathbf{k}) \\ &= \{73,5\mathbf{i} + 220\mathbf{j} + 110\mathbf{k}\} \text{ N} \qquad \textit{Resposta} \end{aligned}$$

A componente perpendicular (Figura 2.43b), portanto, é:

$$\begin{aligned} \mathbf{F}_\perp = \mathbf{F} - \mathbf{F}_{AB} &= 300\mathbf{j} - (73,5\mathbf{i} + 220\mathbf{j} + 110\mathbf{k}) \\ &= \{-73,5\mathbf{i} + 79,6\mathbf{j} - 110\mathbf{k}\} \text{ N} \end{aligned}$$

Sua intensidade pode ser determinada por meio desse vetor ou usando o teorema de Pitágoras (Figura 2.43b):

$$\begin{aligned} F_\perp = \sqrt{F^2 - F_{AB}^2} &= \sqrt{(300 \text{ N})^2 - (257,1 \text{ N})^2} \\ &= 155 \text{ N} \qquad \textit{Resposta} \end{aligned}$$

Exemplo 2.16

O tubo da Figura 2.44a está sujeito à força de $F = 80$ N. Determine o ângulo θ entre **F** e o segmento BA do tubo e a projeção de **F** ao longo desse segmento.

SOLUÇÃO

Ângulo θ

Primeiramente, estabeleceremos os vetores posição de B para A e de B para C (Figura 2.44b). Em seguida, calcularemos o ângulo θ entre as origens desses dois vetores.

$$\mathbf{r}_{BA} = \{-2\mathbf{i} - 2\mathbf{j} + 1\mathbf{k}\} \text{ m}, \quad r_{BA} = 3 \text{ m}$$
$$\mathbf{r}_{BC} = \{-3\mathbf{j} + 1\mathbf{k}\} \text{ m}, \quad r_{BC} = \sqrt{10} \text{ m}$$

Logo,

$$\cos\theta = \frac{\mathbf{r}_{BA} \cdot \mathbf{r}_{BC}}{r_{BA} r_{BC}} = \frac{(-2)(0) + (-2)(-3) + (1)(1)}{3\sqrt{10}} = 0{,}7379$$

$$\theta = 42{,}5° \qquad \qquad \textit{Resposta}$$

Componentes de F

A componente de **F** ao longo de BA é mostrada na Figura 2.44c. Devemos, inicialmente, definir o vetor unitário ao longo de BA e a força **F** como vetores cartesianos.

$$\mathbf{u}_{BA} = \frac{\mathbf{r}_{BA}}{r_{BA}} = \frac{(-2\mathbf{i} - 2\mathbf{j} + 1\mathbf{k})}{3} = -\frac{2}{3}\mathbf{i} - \frac{2}{3}\mathbf{j} + \frac{1}{3}\mathbf{k}$$

$$\mathbf{F} = 80 \text{ N}\left(\frac{\mathbf{r}_{BC}}{r_{BC}}\right) = 80\left(\frac{-3\mathbf{j} + 1\mathbf{k}}{\sqrt{10}}\right) = -75{,}89\mathbf{j} + 25{,}30\mathbf{k}$$

Portanto,

$$F_{BA} = \mathbf{F} \cdot \mathbf{u}_{BA} = (-75{,}89\mathbf{j} + 25{,}30\mathbf{k}) \cdot \left(-\frac{2}{3}\mathbf{i} - \frac{2}{3}\mathbf{j} + \frac{1}{3}\mathbf{k}\right)$$

$$= 0\left(-\frac{2}{3}\right) + (-75{,}89)\left(-\frac{2}{3}\right) + (25{,}30)\left(\frac{1}{3}\right)$$

$$= 59{,}0 \text{ N} \qquad \qquad \textit{Resposta}$$

NOTA: como θ foi calculado, então também $F_{BA} = F\cos\theta = 80 \text{ N} \cos 42{,}5° = 59{,}0$ N.

FIGURA 2.44

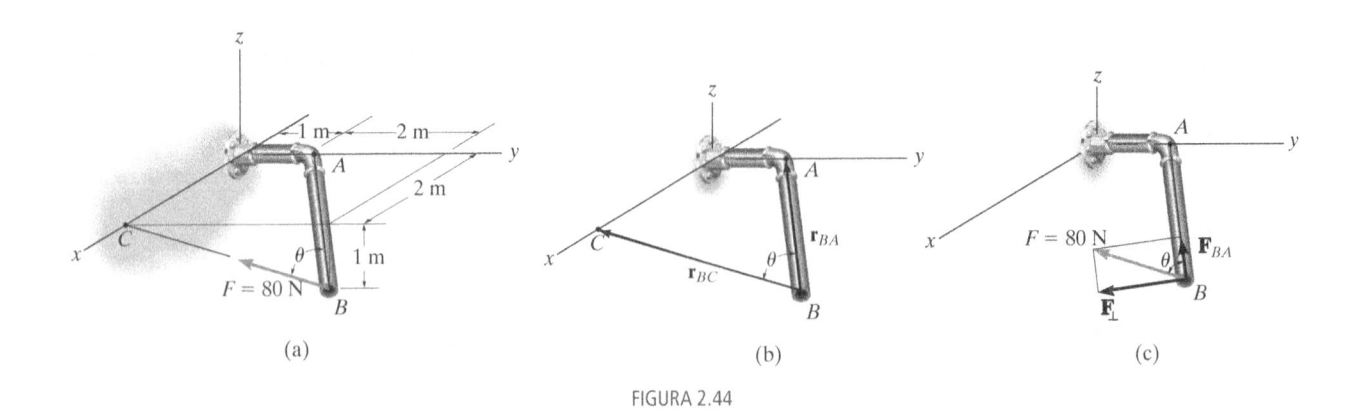

Problemas preliminares

P2.8. Em cada caso, determine o produto escalar para encontrar o ângulo θ. Não calcule o resultado.

P2.9. Em cada caso, determine o produto escalar para encontrar a intensidade da projeção da força **F** ao longo dos eixos *a-a*. Não calcule o resultado.

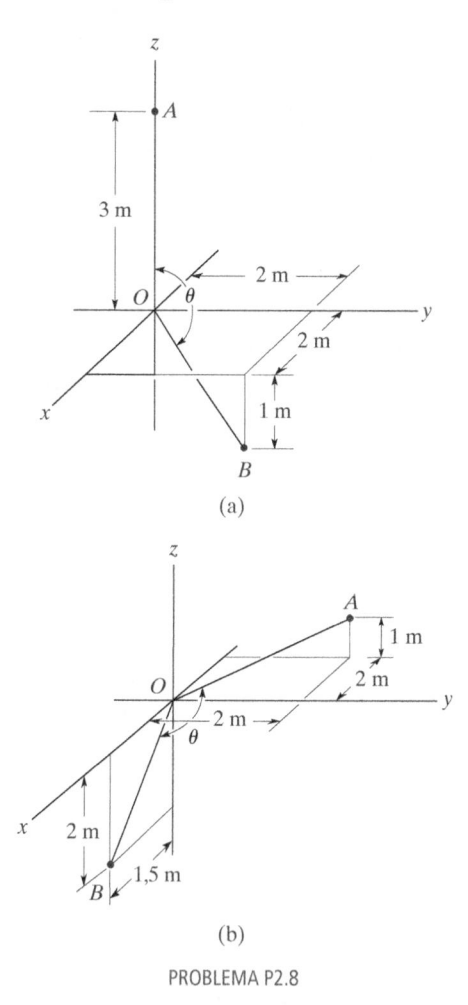

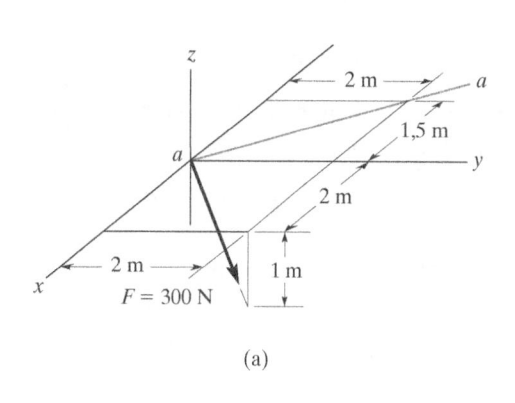

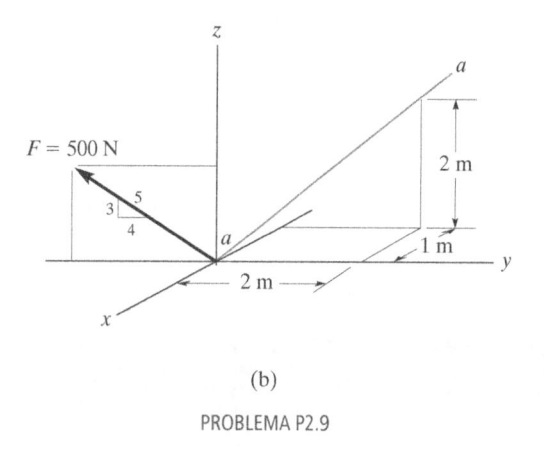

(a)

(a)

(b)

(b)

PROBLEMA P2.8

PROBLEMA P2.9

Problemas fundamentais

F2.25. Determine o ângulo θ entre a força e a linha AO.

F2.26. Determine o ângulo θ entre a força e a linha AB.

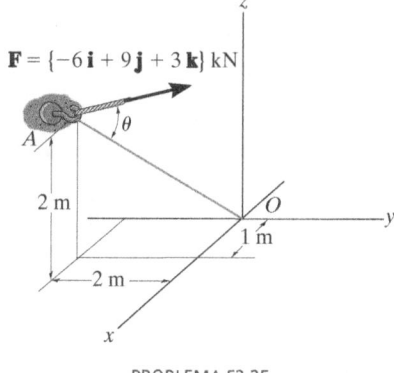

PROBLEMA F2.25

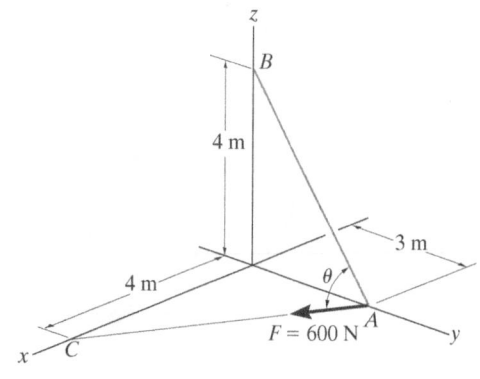

PROBLEMA F2.26

F2.27. Determine o ângulo θ entre a força e a linha OA.

F2.28. Determine a componente da projeção da força ao longo da linha OA.

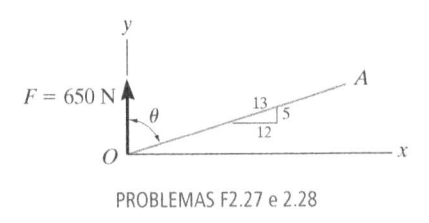

PROBLEMAS F2.27 e 2.28

F2.29. Encontre a intensidade da componente da força projetada ao longo do tubo AO.

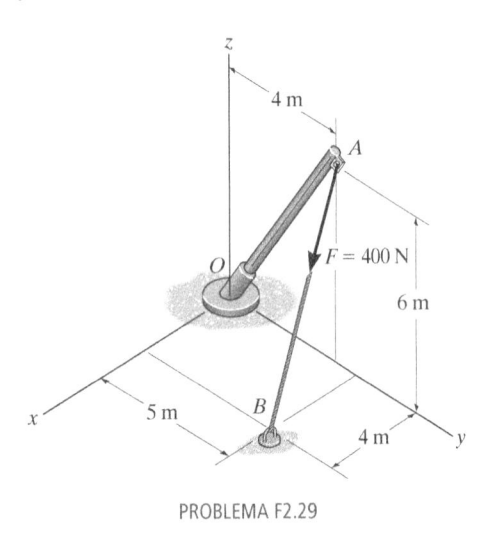

PROBLEMA F2.29

F2.30. Determine as componentes da força que atuam paralela e perpendicularmente ao eixo do poste.

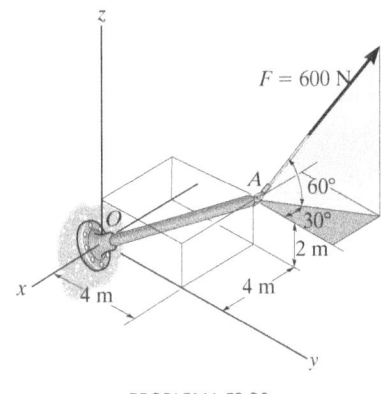

PROBLEMA F2.30

F2.31. Determine as intensidades das componentes da força $F = 56$ N atuando ao longo da linha AO e perpendicularmente a ela.

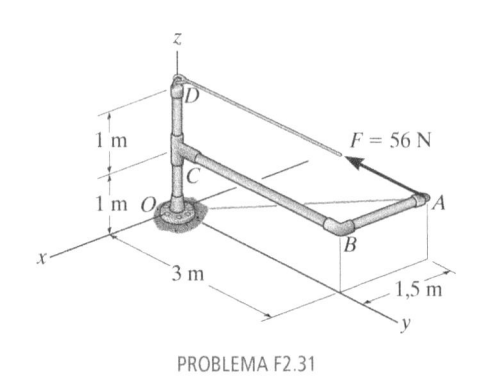

PROBLEMA F2.31

Problemas

2.106. Dados os três vetores **A**, **B** e **D**, mostre que $\mathbf{A} \cdot (\mathbf{B} + \mathbf{D}) = (\mathbf{A} \cdot \mathbf{B}) + (\mathbf{A} \cdot \mathbf{D})$.

2.107. Determine o ângulo θ ($0° \leq \theta \leq 90°$) para a estrutura AB, de modo que a força horizontal de 400 N tenha uma componente de 500 N direcionada de A para C. Qual é a componente da força que atua ao longo do membro AB? Considere $\phi = 40°$.

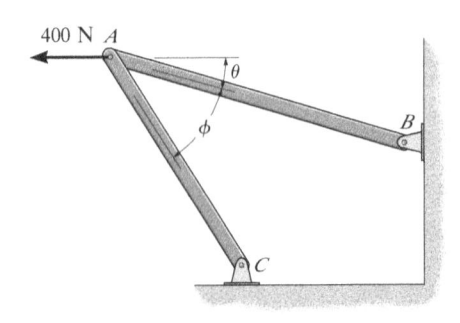

PROBLEMA 2.107

*****2.108.** Determine a projeção da força **F** ao longo do poste.

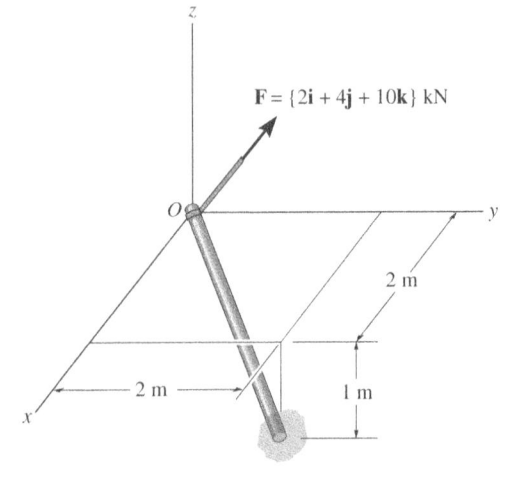

PROBLEMA 2.108

2.109. Determine o ângulo θ entre os lados da chapa triangular.

2.110. Determine o comprimento do lado BC da chapa triangular. Resolva o problema calculando a intensidade de $\mathbf{r}_{BC}$. Depois, verifique o resultado calculando primeiramente θ, r_{AB} e r_{AC} e, em seguida, usando a lei dos cossenos.

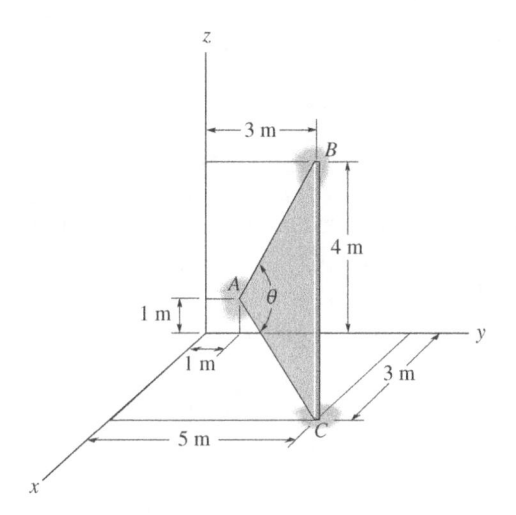

PROBLEMAS 2.109 e 2.110

2.111. Determine a intensidade da componente projetada de $\mathbf{r}_1$ ao longo de $\mathbf{r}_2$ e a projeção de $\mathbf{r}_2$ ao longo de $\mathbf{r}_1$.

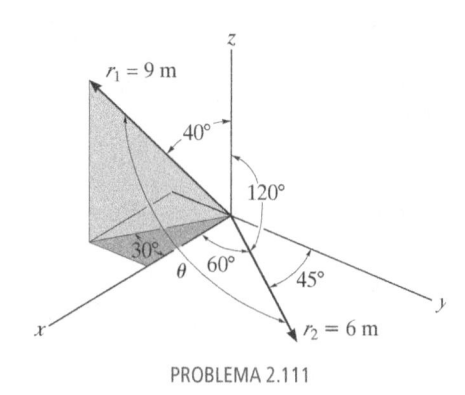

PROBLEMA 2.111

*2.112.** Determine o ângulo θ entre as duas cordas.

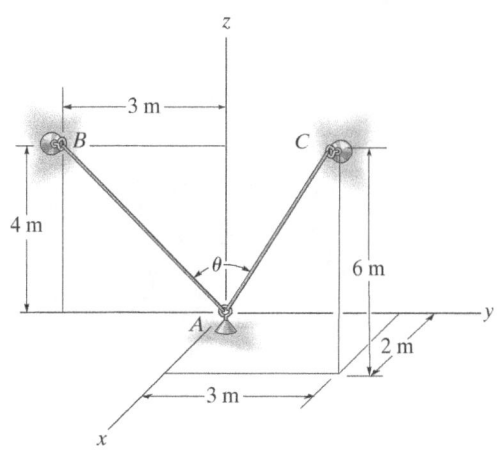

PROBLEMA 2.112

2.113. Determine as intensidades das componentes de $F = 600$ N que atuam ao longo e perpendicularmente ao segmento DE do encanamento.

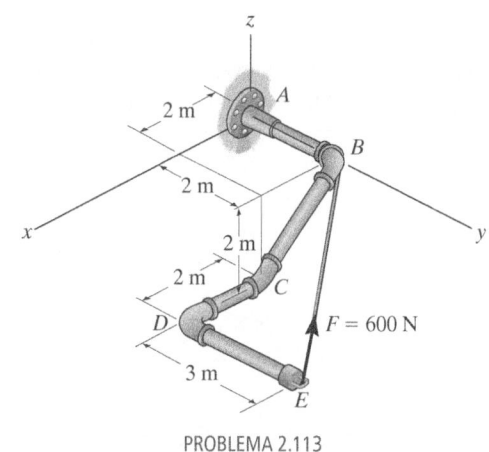

PROBLEMA 2.113

2.114. Determine o ângulo θ entre os dois cabos.

2.115. Determine a intensidade da projeção da força $\mathbf{F}_1$ ao longo do cabo AC.

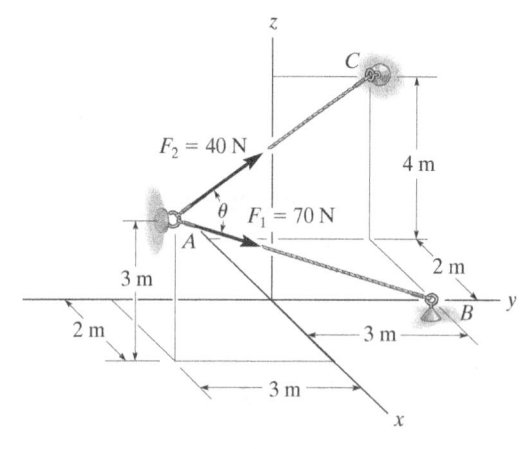

PROBLEMAS 2.114 e 2.115

*2.116.** Uma força de $F = 80$ N é aplicada no cabo da chave. Determine o ângulo θ entre a origem da força e o cabo da chave AB.

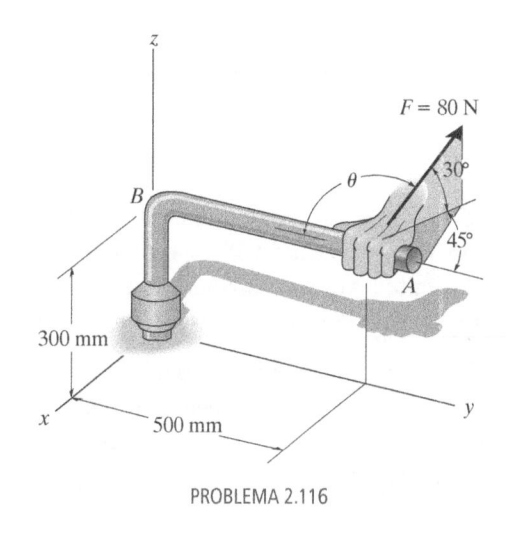

PROBLEMA 2.116

2.117. Determine o ângulo θ entre os cabos AB e AC.

2.118. Determine a intensidade da componente projetada da força **F** = {400**i** − 200**j** + 500**k**} N que atua ao longo do cabo BA.

2.119. Determine a intensidade da componente projetada da força **F** = {400**i** − 200**j** + 500**k**} N que atua ao longo do cabo CA.

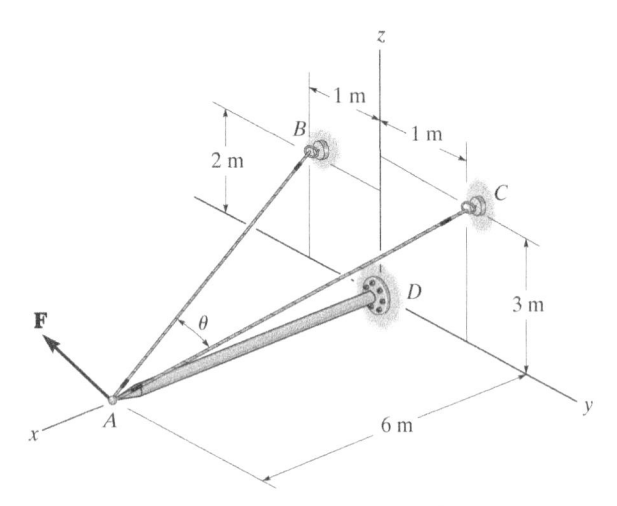

PROBLEMAS 2.117, 2.118 e 2.119

***2.120.** Determine a intensidade da componente projetada da força F_{AB} que atua ao longo do eixo z.

2.121. Determine a intensidade da componente projetada da força F_{AC} que atua ao longo do eixo z.

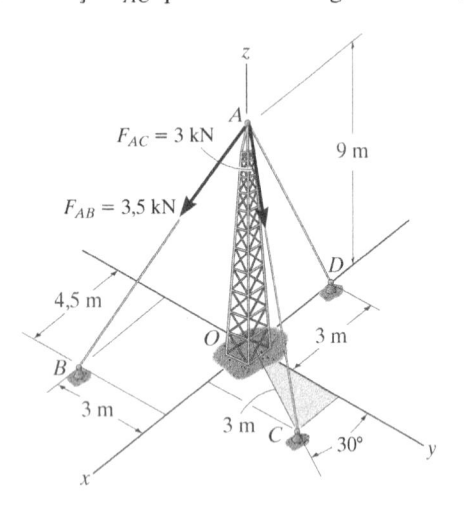

PROBLEMAS 2.120 e 2.121

2.122. Determine as componentes de **F** que atuam ao longo do elemento AC e perpendicularmente a ele. O ponto B está localizado na metade de seu comprimento.

2.123. Determine as componentes de **F** que atuam ao longo do elemento AC e perpendicularmente a ele. O ponto B está localizado a 3 m ao longo dele, partindo-se da extremidade C.

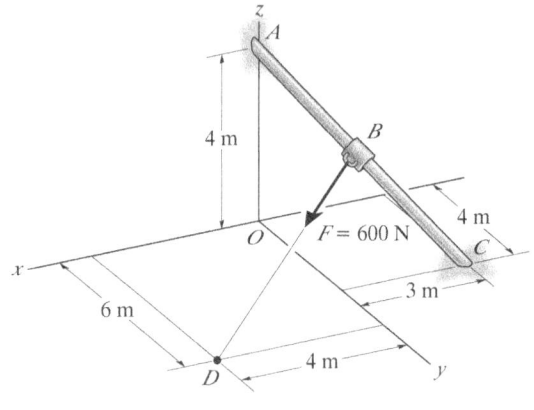

PROBLEMAS 2.122 e 2.123

***2.124.** Determine as intensidades das componentes projetadas da força **F** = {60**i** + 12**j** − 40**k**} N ao longo dos cabos AB e AC.

2.125. Determine o ângulo θ entre os cabos AB e AC.

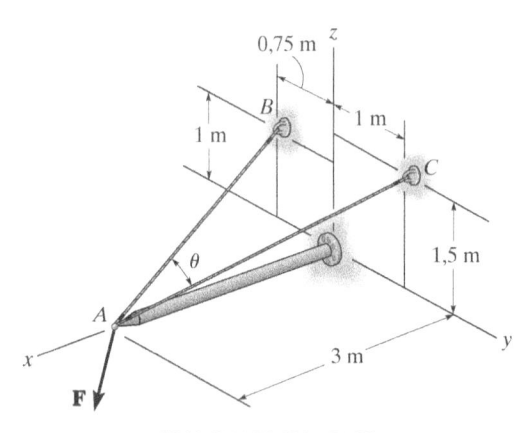

PROBLEMAS 2.124 e 2.125

2.126. Determine os ângulos θ e φ formados entre o eixo OA do mastro da bandeira e os cabos AB e AC, respectivamente.

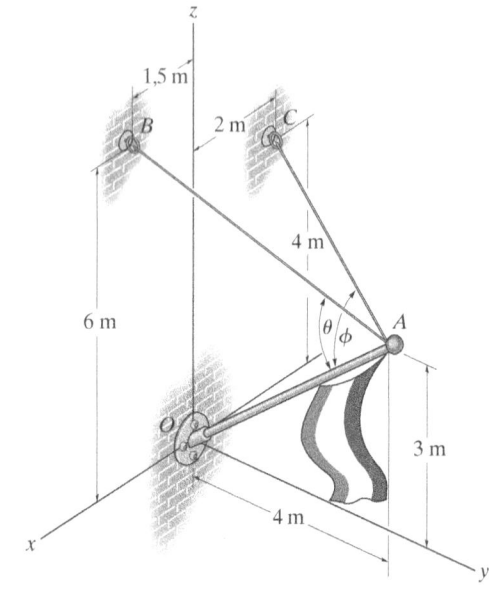

PROBLEMA 2.126

2.127. Determine o ângulo θ entre *BA* e *BC*.

*2.128. Determine a intensidade da componente projetada da força de 3 kN que atua ao longo do eixo *BC* do tubo.

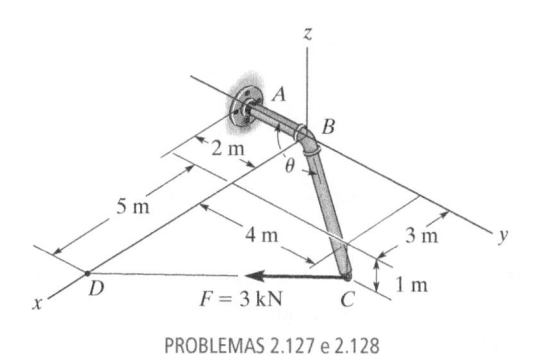

PROBLEMAS 2.127 e 2.128

2.129. Determine os ângulos θ e φ entre o eixo *OA* do poste e cada cabo, *AB* e *AC*.

2.130. Os dois cabos exercem as forças sobre o poste mostradas na figura. Determine a intensidade da componente projetada de cada força que atua ao longo do eixo *OA* do poste.

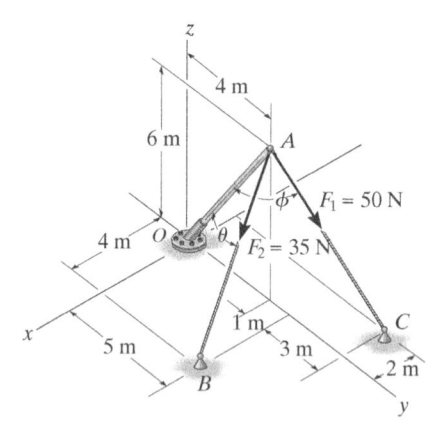

PROBLEMAS 2.129 e 2.130

2.131. Determine a intensidade da projeção da força $F = 600$ N ao longo do eixo *u*.

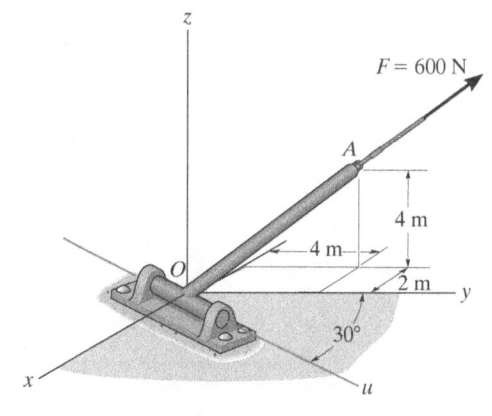

PROBLEMA 2.131

*2.132. Determine a componente projetada da força de 80 N que atua ao longo do eixo *AB* do tubo.

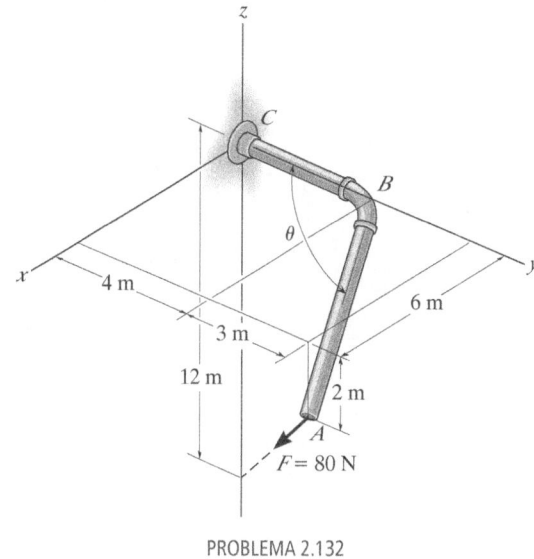

PROBLEMA 2.132

2.133. Cada cabo exerce uma força de 400 N sobre o poste. Determine a intensidade da componente projetada de $\mathbf{F}_1$ ao longo da linha de ação de $\mathbf{F}_2$.

2.134. Determine o ângulo θ entre os dois cabos presos ao poste.

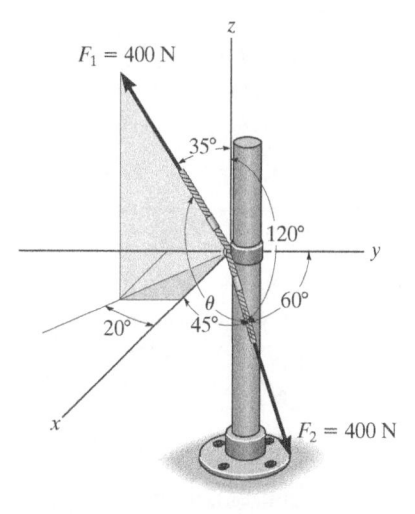

PROBLEMAS 2.133 e 2.134

68 ESTÁTICA

2.135. Se a força $F = 100$ N se encontra no plano $DBEC$, que é paralelo ao plano x-z e forma um ângulo de 10° com a linha estendida DB, conforme mostra a figura, determine o ângulo que **F** forma com a diagonal AB do caixote.

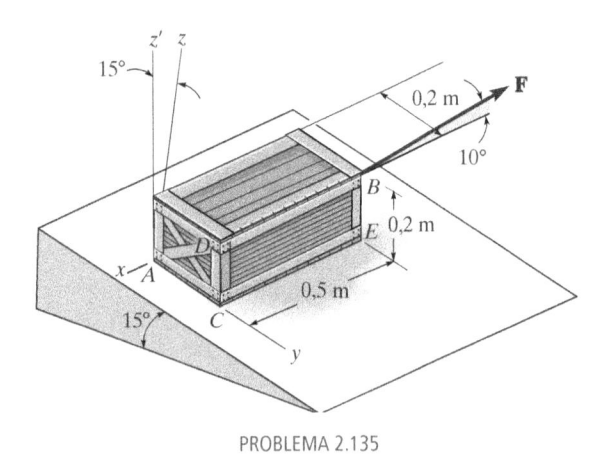

PROBLEMA 2.135

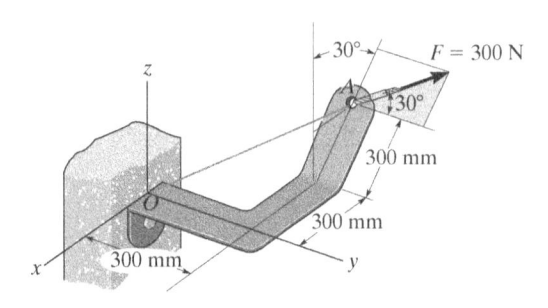

PROBLEMAS 2.136 e 2.137

2.136. Determine as intensidades das componentes projetadas da força $F = 300$ N que atuam ao longo dos eixos x e y.

2.137. Determine a intensidade da componente projetada da força $F = 300$ N que atua ao longo da linha OA.

2.138. O cabo OA é usado para suportar o elemento OB. Determine o ângulo θ que ele forma com a viga OC.

2.139. O cabo OA é usado para suportar o elemento OB. Determine o ângulo ϕ que ele forma com a viga OD.

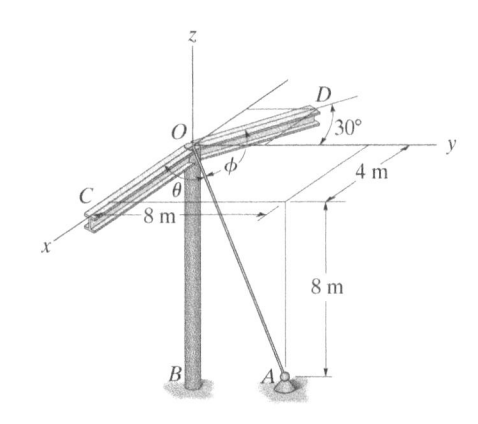

PROBLEMAS 2.138 e 2.139

Revisão do capítulo

Um escalar é um número positivo ou negativo; massa e temperatura são alguns exemplos.

Um vetor possui uma intensidade e uma direção, em que a ponta da seta (extremidade) representa o sentido do vetor.

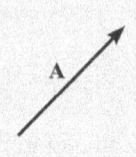

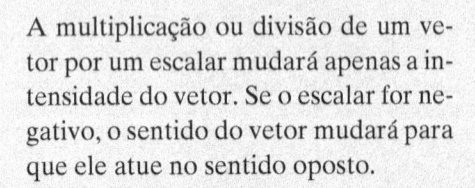

A multiplicação ou divisão de um vetor por um escalar mudará apenas a intensidade do vetor. Se o escalar for negativo, o sentido do vetor mudará para que ele atue no sentido oposto.

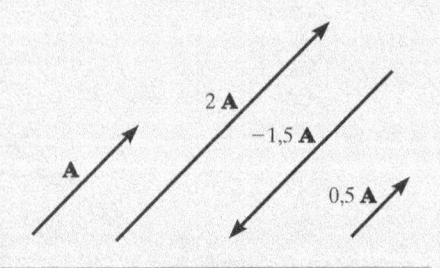

Se os vetores forem colineares, a resultante é simplesmente a adição algébrica ou escalar.

$$R = A + B$$

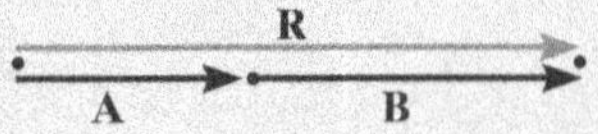

Lei do paralelogramo

Dois vetores são adicionados de acordo com a lei do paralelogramo. As *componentes* formam os lados do paralelogramo e a *resultante* é a diagonal.

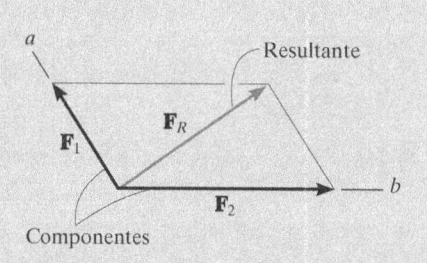

Para encontrar as componentes de uma força ao longo de dois eixos quaisquer, estenda linhas da extremidade da força, paralelas aos eixos, para formar as componentes.

Para obter as componentes da resultante, mostre como as forças se somam indo da "origem à extremidade" usando a regra do triângulo e, em seguida, use a lei dos cossenos e dos senos para calcular seus valores.

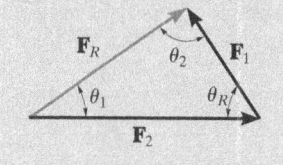

$$F_R = \sqrt{F_1^2 + F_2^2 - 2F_1F_2 \cos\theta_R}$$

$$\frac{F_1}{\operatorname{sen}\theta_1} = \frac{F_2}{\operatorname{sen}\theta_2} = \frac{F_R}{\operatorname{sen}\theta_R}$$

Componentes retangulares: duas dimensões

Os vetores $\mathbf{F}_x$ e $\mathbf{F}_y$ são componentes retangulares de $\mathbf{F}$.

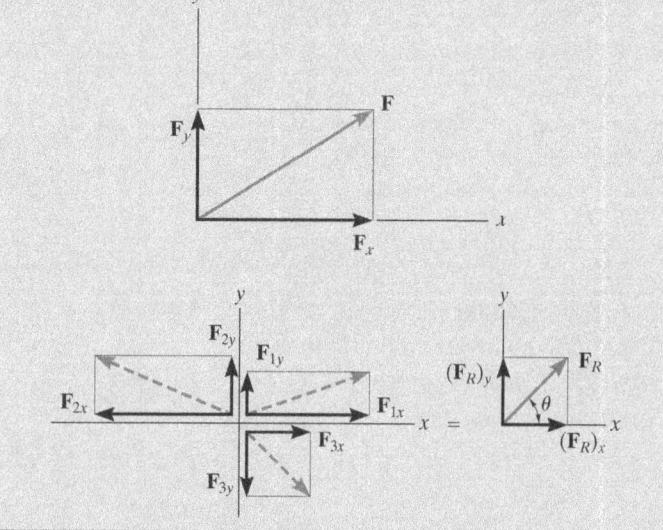

A força resultante é determinada pela soma algébrica de suas componentes.

$$(F_R)_x = \Sigma F_x$$
$$(F_R)_y = \Sigma F_y$$
$$F_R = \sqrt{(F_R)_x^2 + (F_R)_y^2}$$
$$\theta = \operatorname{tg}^{-1} \left| \frac{(F_R)_y}{(F_R)_x} \right|$$

Vetores cartesianos

O vetor unitário **u** tem comprimento 1, sem unidades, e aponta na direção do vetor **F**.

$$\mathbf{u} = \frac{\mathbf{F}}{F}$$

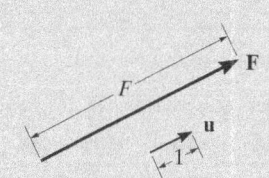

Uma força pode ser decomposta em suas componentes cartesianas ao longo dos eixos x, y, z, de modo que $\mathbf{F} = F_x\mathbf{i} + F_y\mathbf{j} + F_z\mathbf{k}$.

A intensidade de **F** é determinada pela raiz quadrada positiva da soma dos quadrados de suas componentes.

$$F = \sqrt{F_x^2 + F_y^2 + F_z^2}$$

Os ângulos diretores coordenados α, β, γ são determinados formulando-se um vetor unitário na direção de **F**. As componentes x, y, z de **u** representam $\cos\alpha$, $\cos\beta$, $\cos\gamma$.

$$\mathbf{u} = \frac{\mathbf{F}}{F} = \frac{F_x}{F}\mathbf{i} + \frac{F_y}{F}\mathbf{j} + \frac{F_z}{F}\mathbf{k}$$

$$\mathbf{u} = \cos\alpha\,\mathbf{i} + \cos\beta\,\mathbf{j} + \cos\gamma\,\mathbf{k}$$

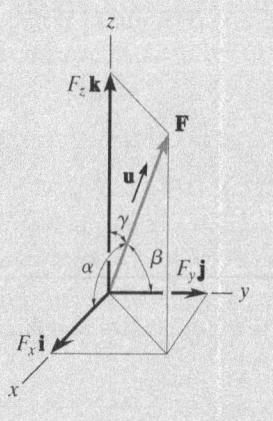

Os ângulos diretores coordenados estão relacionados, de modo que apenas dois dos três ângulos são independentes um do outro.

$$\cos^2 \alpha + \cos^2 \beta + \cos^2 \gamma = 1$$

Para determinar a resultante de um sistema de forças concorrentes, expresse cada força como um vetor cartesiano e adicione as componentes **i**, **j**, **k** de todas as forças no sistema.

$$\mathbf{F}_R = \Sigma \mathbf{F} = \Sigma F_x \mathbf{i} + \Sigma F_y \mathbf{j} + \Sigma F_z \mathbf{k}$$

Vetores posição e força

Um vetor posição localiza um ponto no espaço em relação a outro. A maneira mais fácil de formular as componentes de um vetor posição é determinar a distância a ser percorrida ao longo dos eixos x, y e z, bem como a direção do percurso, para deslocar-se da origem até a extremidade do vetor.

$$\mathbf{r} = (x_B - x_A)\mathbf{i}$$
$$+ (y_B - y_A)\mathbf{j}$$
$$+ (z_B - z_A)\mathbf{k}$$

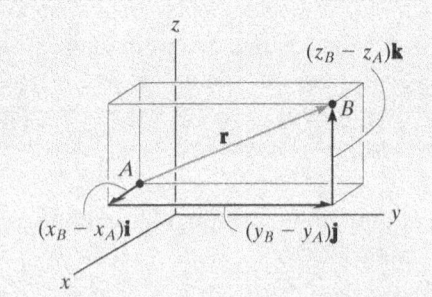

Se a linha de ação de uma força passa pelos pontos A e B, então a força atua na mesma direção do vetor posição **r**, que é definido pelo vetor unitário **u**. A força pode, então, ser expressa como um vetor cartesiano.

$$\mathbf{F} = F\mathbf{u} = F\left(\frac{\mathbf{r}}{r}\right)$$

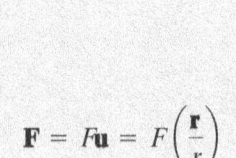

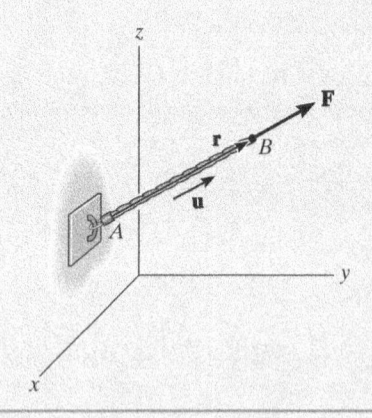

Produto escalar

O produto escalar entre dois vetores **A** e **B** produz um escalar. Se **A** e **B** são expressos na forma de vetor cartesiano, então o produto escalar é a soma dos produtos de suas componentes x, y e z.

$$\mathbf{A} \cdot \mathbf{B} = AB \cos \theta$$
$$= A_x B_x + A_y B_y + A_z B_z$$

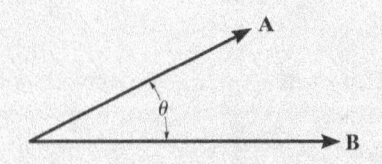

O produto escalar pode ser usado para calcular o ângulo entre **A** e **B**.

$$\theta = \cos^{-1}\left(\frac{\mathbf{A} \cdot \mathbf{B}}{AB}\right)$$

O produto escalar também é usado para determinar a componente de um vetor **A** projetada sobre um eixo aa, definido por seu vetor unitário $\mathbf{u}_a$.

$$\mathbf{A}_a = A \cos \theta \, \mathbf{u}_a = (\mathbf{A} \cdot \mathbf{u}_a)\mathbf{u}_a$$

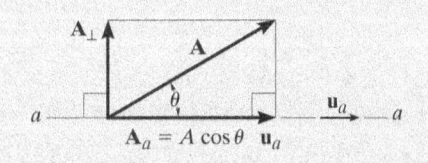

Problemas de revisão

Soluções parciais e respostas para todos os Problemas de revisão são dadas no final do livro.

R2.1. Determine a intensidade da força resultante F_R e sua direção, medida em sentido horário a partir do eixo u positivo.

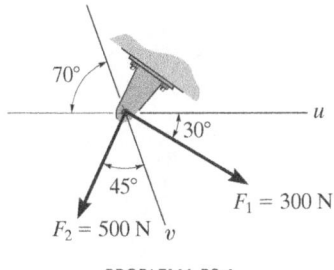

PROBLEMA R2.1

R2.2. Decomponha **F** em componentes ao longo dos eixos u e v e determine as intensidades dessas componentes.

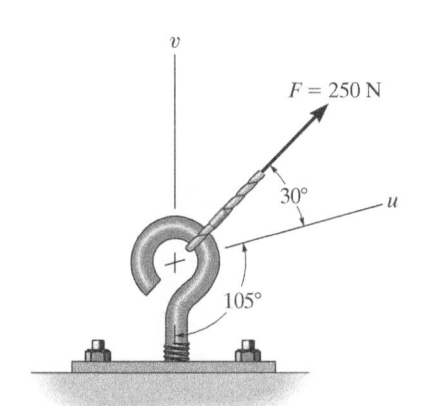

PROBLEMA R2.2

R2.3. Determine a intensidade da força resultante que atua sobre a *chapa de fixação* de uma treliça de ponte.

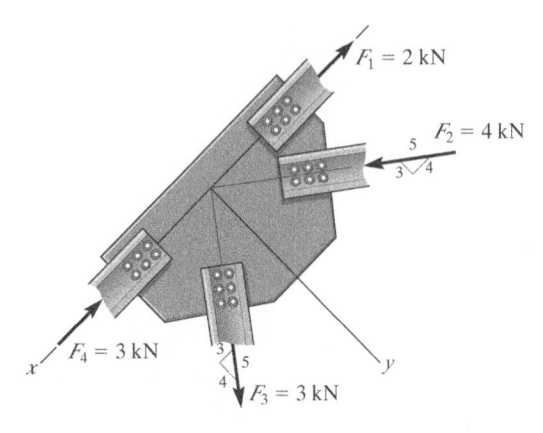

PROBLEMA R2.3

R2.4. O cabo exerce uma força de 250 N sobre a lança do guindaste, como mostra a figura. Expresse **F** como um vetor cartesiano.

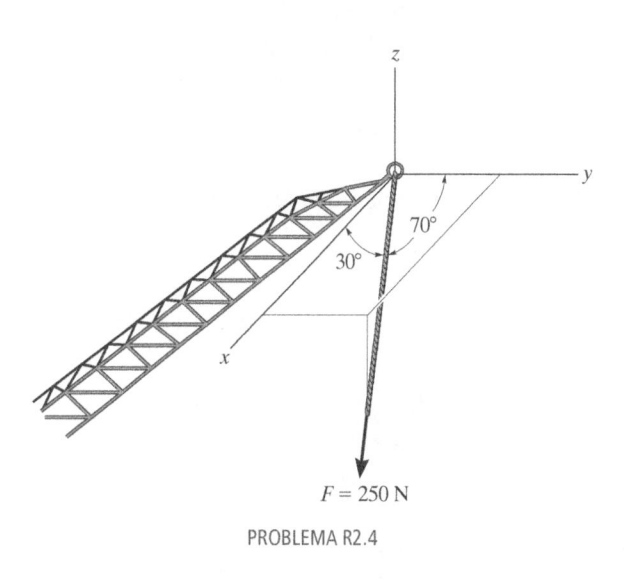

PROBLEMA R2.4

R2.5. O cabo preso ao trator em B exerce uma força de 2 kN sobre a estrutura. Expresse essa força como um vetor cartesiano.

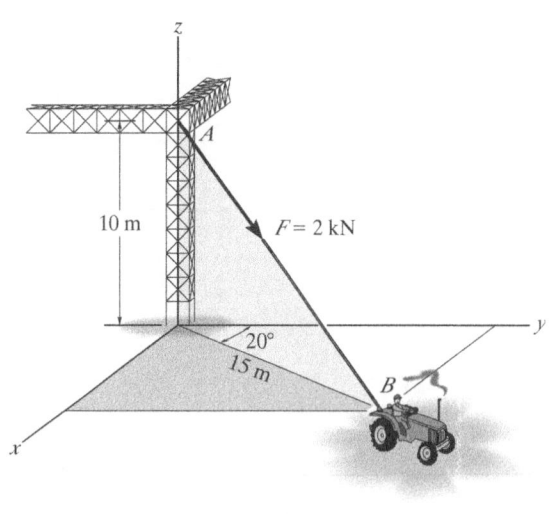

PROBLEMA R2.5

R2.6. Expresse $\mathbf{F}_1$ e $\mathbf{F}_2$ como vetores cartesianos.

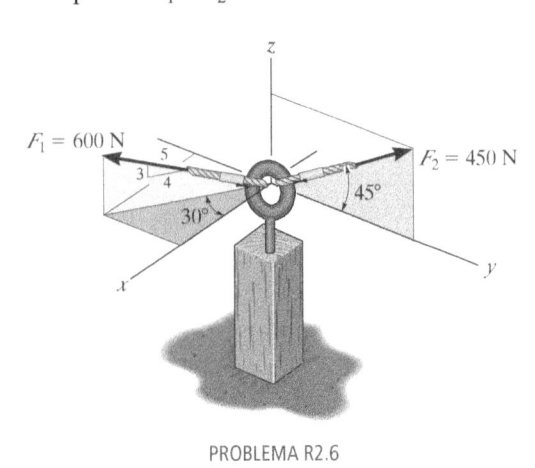

PROBLEMA R2.6

R2.7. Determine o ângulo θ entre as faces do suporte metálico.

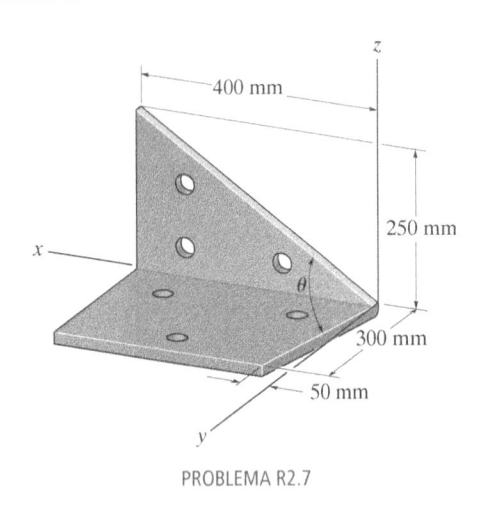

PROBLEMA R2.7

R2.8. Determine a projeção da força $\mathbf{F}$ ao longo do poste.

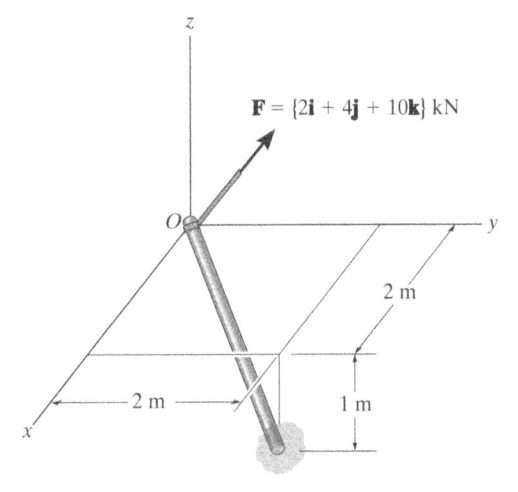

PROBLEMA R2.8

CAPÍTULO 3

Equilíbrio de uma partícula

Quando esta carga é levantada com velocidade constante, ou é simplesmente mantida em suspensão, ela está em um estado de equilíbrio. Neste capítulo, estudaremos o equilíbrio para uma partícula e mostraremos como essas ideias podem ser usadas para calcular as forças nos cabos usados para manter cargas suspensas.

3.1 Condição de equilíbrio de uma partícula

Objetivos
- Introduzir o conceito do diagrama de corpo livre (DCL) para uma partícula.
- Mostrar como resolver problemas de equilíbrio de uma partícula usando as equações de equilíbrio.

Dizemos que uma partícula está em *equilíbrio* quando continua em repouso se, originalmente, se achava em repouso, ou quando tem velocidade constante se, originalmente, estava em movimento. Muitas vezes, no entanto, o termo "equilíbrio" ou, mais especificamente, "equilíbrio estático", é usado para descrever um objeto em repouso. Para manter o equilíbrio, é *necessário* satisfazer a primeira lei do movimento de Newton, segundo a qual a *força resultante* que atua sobre uma partícula deve ser igual a *zero*. Essa condição é expressa pela *equação de equilíbrio*,

$$\Sigma \mathbf{F} = \mathbf{0} \qquad (3.1)$$

onde $\Sigma \mathbf{F}$ é a *soma vetorial de todas as forças* que atuam sobre a partícula.

A Equação 3.1 não é apenas uma condição necessária do equilíbrio; é também uma condição *suficiente*. Isso decorre da segunda lei do movimento de Newton, a qual pode ser escrita como $\Sigma \mathbf{F} = m\mathbf{a}$. Como o sistema de forças satisfaz a Equação 3.1, então $m\mathbf{a} = \mathbf{0}$ e, portanto, a aceleração da partícula $\mathbf{a} = \mathbf{0}$. Consequentemente, a partícula move-se com velocidade constante ou permanece em repouso.

3.2 O diagrama de corpo livre

Para aplicar a equação de equilíbrio, devemos considerar *todas* as forças conhecidas e desconhecidas ($\Sigma \mathbf{F}$) que atuam *sobre* a partícula. A melhor maneira de fazer isso é pensar na partícula de forma isolada e "livre" de seu entorno. Um esboço mostrando a partícula com *todas* as forças que atuam sobre ela é chamado **diagrama de corpo livre** (DCL) da partícula.

Antes de apresentarmos o procedimento formal para traçar o diagrama de corpo livre, vamos considerar três tipos de conexão encontrados frequentemente nos problemas de equilíbrio de uma partícula.

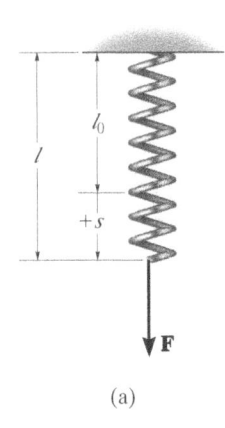

Molas

Se uma ***mola*** (ou fio) ***linearmente elástica***, de comprimento não deformado l_o, é usada para sustentar uma partícula, o comprimento da mola varia em proporção direta à força **F** que atua sobre ela (Figura 3.1a). Uma característica que define a "elasticidade" de uma mola é a ***constante da mola*** ou ***rigidez k***.

A intensidade da força exercida sobre uma mola linearmente elástica de rigidez k, quando deformada (alongada ou comprimida) de uma distância $s = l - l_o$, medida a partir de sua posição *sem carga*, é:

$$\boxed{F = ks} \tag{3.2}$$

Se s for positivo, causando um alongamento, então **F** "puxa" a mola; ao passo que, se s for negativo, causando um encurtamento, então **F** a "empurra". Por exemplo, se a mola mostrada na Figura 3.1a não esticada tem comprimento de 0,8 m e rigidez $k = 500$ N/m e é esticada para um comprimento de 1 m, de modo que $s = l - l_o = 1$ m $- 0,8$ m $= 0,2$ m, então é necessária uma força $F = ks = (500$ N/m$)(0,2$ m$) = 100$ N.

Cabos e polias

A menos que se indique o contrário, ao longo deste livro, exceto na Seção 7.4, será considerado que todos os cabos (ou fios) têm peso desprezível e não podem esticar. Além disso, um cabo pode suportar *apenas* uma força de tração ou "puxão", que atua sempre na direção do cabo. No Capítulo 5, veremos que a força de tração sobre um cabo contínuo que passa por uma polia sem atrito deve ter uma intensidade *constante* para manter o cabo em equilíbrio. Portanto, para qualquer ângulo θ mostrado na Figura 3.1b, o cabo está submetido a uma tração constante T ao longo de todo o seu comprimento.

Contato liso

Se um objeto se apoia sobre uma *superfície lisa*, então a superfície exerce uma força sobre o objeto que é normal no ponto de contato. Um exemplo disso aparece na Figura 3.2a. Além dessa força normal **N**, o cilindro também é submetido ao seu peso **W** e à força **T** da corda. Como essas três forças são concorrentes no centro do cilindro (Figura 3.2b), podemos aplicar a equação do equilíbrio a essa "partícula", que é o mesmo que aplicá-la ao cilindro.

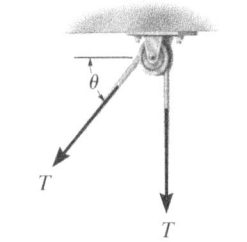

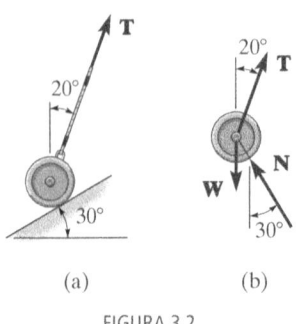

Cabo submetido a uma tração

(b)

FIGURA 3.1

FIGURA 3.2

Procedimento para traçar um diagrama de corpo livre

Como devemos considerar *todas as forças que atuam sobre a partícula* quando aplicamos as equações de equilíbrio, deve-se enfatizar a importância de se traçar um diagrama de corpo livre como primeira etapa na abordagem de um problema. Para construir um diagrama de corpo livre, é necessário realizar os três passos indicados a seguir.

Desenhe o contorno da partícula a ser estudada

Imagine a partícula *isoladamente* ou "recortada" de seu entorno. Para isso, *remova* todos os suportes e desenhe o contorno de sua forma.

Mostre todas as forças

Indique nesse esboço *todas* as forças que atuam *sobre a partícula*. Essas forças podem ser *ativas*, as quais tendem a pôr a partícula em movimento, ou *reativas*, que são o resultado das restrições ou apoios que tendem a impedir o movimento. Para levar em conta todas estas forças, pode ser útil traçar uma linha que contorne a partícula na figura original, observando cuidadosamente à medida que cada força que age sobre ela é cruzada pela linha.

Identifique cada força

As forças *conhecidas* devem ser marcadas com suas respectivas intensidades e direções. As letras são usadas para representar as intensidades e direções das forças desconhecidas.

A caçamba é mantida em equilíbrio pelo cabo e, instintivamente, sabemos que a força no cabo deve ser igual ao peso da caçamba. Desenhando o diagrama de corpo livre da caçamba, podemos compreender por que isso ocorre. Esse diagrama mostra que há apenas duas forças *atuando sobre a caçamba*, ou seja, seu peso **W** e a força **T** do cabo. Para o equilíbrio, a resultante dessas forças deve ser igual a zero e, assim, $T = W$.

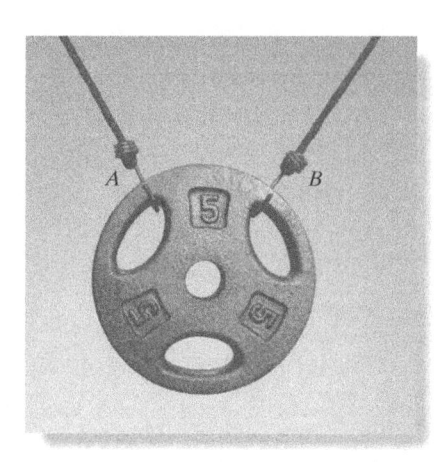

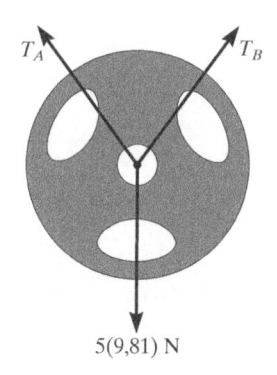

A peça de 5 kg está suspensa por dois cabos A e B. Para determinar a força em cada cabo, devemos considerar o diagrama de corpo livre da peça. Conforme observado, as três forças atuando sobre ela formam um sistema de forças concorrentes no centro.

$5(9,81)$ N

Exemplo 3.1

A esfera na Figura 3.3*a* tem massa de 6 kg e está apoiada como mostrado. Desenhe o diagrama de corpo livre da esfera, da corda *CE* e do nó em *C*.

SOLUÇÃO

Esfera

Quando os suportes são *removidos*, verifica-se que existem quatro forças atuando sobre a esfera, ou seja, seu peso (6 kg) (9,81 m/s^2) = 58,9 N, a força da corda *CE* e as duas forças normais causadas pelos planos lisos inclinados. O diagrama de corpo livre é mostrado na Figura 3.3*b*.

Corda CE

Quando a corda *CE* é isolada de seu entorno, seu diagrama de corpo livre mostra apenas duas forças atuando sobre ela, ou seja, a força da esfera e a força do nó (Figura 3.3*c*). Observe que $\mathbf{F}_{CE}$ mostrada nessa figura é igual, mas oposta à mostrada na Figura 3.3*b*, uma consequência da terceira lei da ação e reação de Newton. Além disso, $\mathbf{F}_{CE}$ e $\mathbf{F}_{EC}$ puxam a corda e a mantêm sob tração a fim de mantê-la esticada. Para o equilíbrio, $F_{CE} = F_{EC}$.

Nó

O nó em *C* está sujeito a três forças (Figura 3.3*d*). Elas são causadas pelas cordas *CBA* e *CE* e pela mola *CD*. Como solicitado, o diagrama de corpo livre mostra todas as forças identificadas por suas intensidades e direções. É importante observar que o peso da esfera não atua diretamente sobre o nó. Em vez disso, é a corda *CE* que submete o nó a essa força.

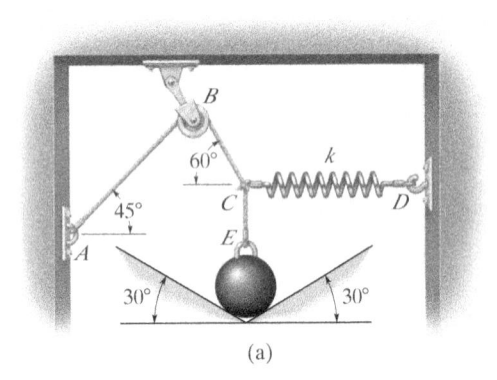

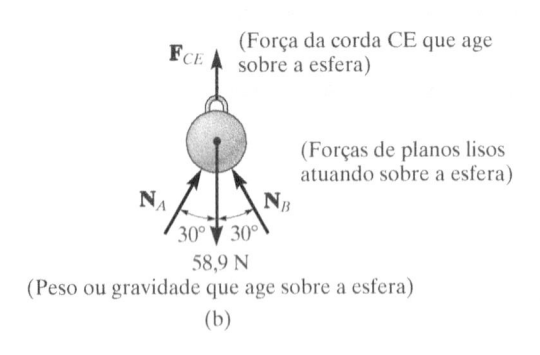

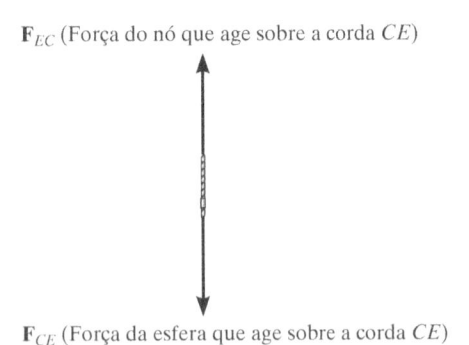

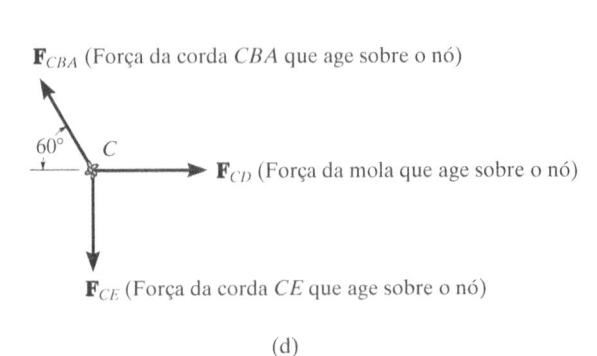

FIGURA 3.3

3.3 Sistemas de forças coplanares

Se uma partícula estiver submetida a um sistema de forças coplanares localizadas no plano x–y, como mostra a Figura 3.4, então cada força poderá ser decomposta em suas componentes **i** e **j**. Para haver equilíbrio, essas forças precisam ser somadas para produzir uma força resultante zero, ou seja,

$$\Sigma \mathbf{F} = \mathbf{0}$$
$$\Sigma F_x \mathbf{i} + \Sigma F_y \mathbf{j} = \mathbf{0}$$

Para que essa equação vetorial seja satisfeita, as componentes x e y da força resultante devem ser iguais a zero. Portanto,

$$\boxed{\begin{array}{l} \Sigma F_x = 0 \\ \Sigma F_y = 0 \end{array}} \qquad (3.3)$$

Essas duas equações podem ser resolvidas, no máximo, para duas incógnitas, geralmente representadas como ângulos e intensidades das forças mostradas no diagrama de corpo livre da partícula.

Quando aplicamos cada uma das duas equações de equilíbrio, precisamos levar em conta o sentido da direção de qualquer componente usando um *sinal algébrico* que corresponda à direção da seta da componente ao longo dos eixos x ou y. É importante notar que, se a força tiver *intensidade desconhecida*, o sentido da seta da força no diagrama de corpo livre poderá ser *assumido*. Caso a *solução* resulte em um *escalar negativo*, isso indicará que o sentido da força atua no sentido oposto ao assumido.

Por exemplo, considere o diagrama de corpo livre da partícula submetida às duas forças mostradas na Figura 3.5. Nesse caso, *supõe-se* que a *força incógnita* **F** atua para a direita (sentido positivo de x) a fim de manter o equilíbrio. Aplicando-se a equação do equilíbrio ao longo do eixo x, temos:

$$\xrightarrow{+} \Sigma F_x = 0; \qquad +F + 10\,\text{N} = 0$$

Os dois termos são "positivos", uma vez que ambas as forças atuam no sentido positivo de x. Quando essa equação é resolvida, $F = -10$ N. Nesse caso, o *sinal negativo* indica que **F** deve atuar para a esquerda a fim de manter a partícula em equilíbrio (Figura 3.5). Observe que, se o eixo $+x$ na Figura 3.5 fosse direcionado para a esquerda, ambos os termos da equação seriam negativos, mas, novamente, após a resolução, $F = -10$ N, indicando que **F** deveria ser direcionado para a esquerda.

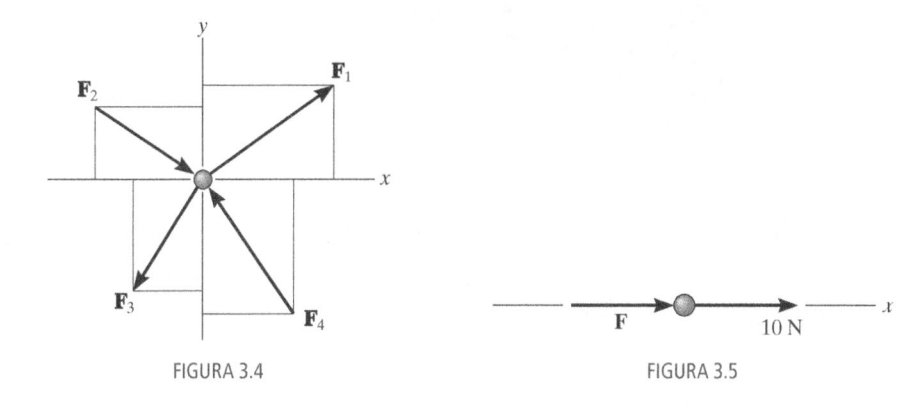

FIGURA 3.4

FIGURA 3.5

Pontos importantes

- O primeiro passo na solução de qualquer problema de equilíbrio é desenhar o diagrama de corpo livre da partícula. Isso requer *remover todos os suportes* e isolar ou liberar a partícula de seu entorno, para depois mostrar todas as forças que atuam sobre ela.
- Equilíbrio significa que a partícula está em repouso ou movendo-se em velocidade constante. Em duas dimensões, as condições necessárias e suficientes para o equilíbrio exigem $\Sigma F_x = 0$ e $\Sigma F_y = 0$.

Procedimento para análise

Os problemas de equilíbrio de forças coplanares para uma partícula podem ser resolvidos usando-se o procedimento indicado a seguir.

Diagrama de corpo livre

- Estabeleça os eixos x, y com qualquer orientação adequada.
- Identifique todas as intensidades e direções das forças conhecidas e desconhecidas no diagrama.
- O sentido de uma força que tenha intensidade desconhecida pode ser assumido.

Equações de equilíbrio

- Aplique as equações de equilíbrio $\Sigma F_x = 0$ e $\Sigma F_y = 0$. Por conveniência, setas podem ser escritas ao longo de cada equação para definir os sentidos positivos.
- As componentes serão positivas se apontarem para o sentido positivo de um eixo, e negativas, caso contrário.
- Se existirem mais de duas incógnitas e o problema envolver uma mola, deve-se aplicar $F = ks$ para relacionar a força da mola à sua deformação s.
- Como a intensidade de uma força é sempre uma quantidade positiva, se a solução para uma força produzir um resultado negativo, isso indica que seu sentido é oposto ao mostrado no diagrama de corpo livre.

As correntes exercem três forças sobre o anel em A, como mostra seu diagrama de corpo livre. O anel não se moverá, ou se moverá com velocidade constante, desde que a soma dessas forças ao longo dos eixos x e y seja zero. Se uma das três forças for conhecida, as intensidades das outras duas poderão ser obtidas a partir das duas equações de equilíbrio.

Exemplo 3.2

Determine as trações nos cabos BA e BC necessárias para sustentar o cilindro de 60 kg na Figura 3.6a.

SOLUÇÃO

Diagrama de corpo livre

Em razão do equilíbrio, o peso do cilindro faz com que a tração no cabo BD seja $T_{BD} = 60(9,81)$ N, como mostra a Figura 3.6b. As forças nos cabos BA e BC podem ser determinadas examinando-se o equilíbrio do anel B. Seu diagrama de corpo livre é mostrado na Figura 3.6c. As intensidades de $\mathbf{T}_A$ e $\mathbf{T}_C$ são desconhecidas, mas suas direções são conhecidas.

Equações de equilíbrio

Aplicando-se as equações de equilíbrio ao longo dos eixos x e y, temos:

$$\xrightarrow{+} \Sigma F_x = 0; \qquad T_C \cos 45° - \left(\tfrac{4}{5}\right) T_A = 0 \qquad (1)$$

$$+\uparrow \Sigma F_y = 0; \quad T_C \operatorname{sen} 45° + \left(\tfrac{3}{5}\right) T_A - 60(9,81)\,\text{N} = 0 \qquad (2)$$

A Equação 1 pode ser escrita como $T_A = 0{,}8839\, T_C$. Substituir T_A na Equação 2 resulta:

$$T_C \operatorname{sen} 45° + \left(\tfrac{3}{5}\right)(0{,}8839\, T_C) - 60(9,81)\,\text{N} = 0$$

de modo que:

$$T_C = 475{,}66\,\text{N} = 476\,\text{N} \qquad \textit{Resposta}$$

Substituindo esse resultado na Equação 1 ou na Equação 2, obtemos:

$$T_A = 420\,\text{N} \qquad \textit{Resposta}$$

NOTA: é claro que a precisão desses resultados depende da precisão dos dados, isto é, medições de geometria e de cargas. Para muitos trabalhos de engenharia envolvendo problemas como esse, os dados medidos com três algarismos significativos seriam suficientes.

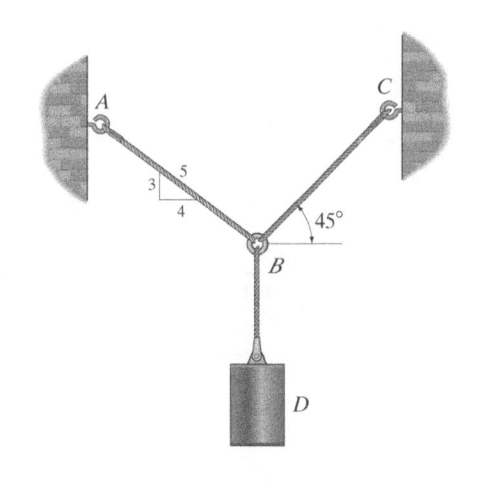

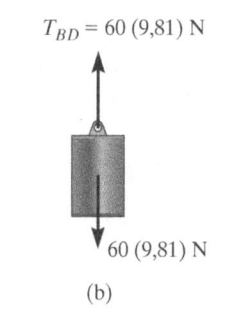

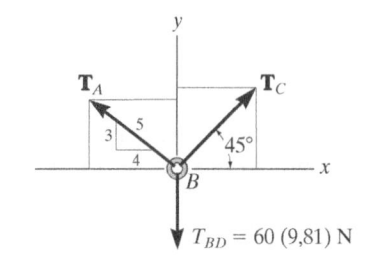

FIGURA 3.6

Exemplo 3.3

A caixa de 200 kg da Figura 3.7a é suspensa usando as cordas AB e AC. Cada corda pode suportar uma força máxima de 10 kN antes de se romper. Se AB sempre permanece horizontal, determine o menor ângulo θ para o qual a caixa pode ser suspensa antes que uma das cordas seja rompida.

SOLUÇÃO

Diagrama de corpo livre

Estudaremos o equilíbrio do anel A. Existem três forças atuando nele (Figura 3.7b). A intensidade de $\mathbf{F}_D$ é igual ao peso da caixa, ou seja, $F_D = 200(9,81)\,\text{N} = 1962\,\text{N} < 10\,\text{kN}$.

Equações de equilíbrio

Aplicando as equações de equilíbrio ao longo dos eixos x e y,

$$\xrightarrow{+} \Sigma F_x = 0; \qquad -F_C \cos\theta + F_B = 0; \quad F_C = \frac{F_B}{\cos\theta} \qquad (1)$$

$$+\uparrow \Sigma F_y = 0; \qquad F_C \operatorname{sen}\theta - 1962 \text{ N} = 0 \qquad (2)$$

Da Equação 1, F_C é sempre maior do que F_B, uma vez que $\cos\theta \le 1$. Portanto, a corda AC atingirá a força de tração máxima de 10 kN *antes* da corda AB. Introduzindo-se $F_C = 10$ kN na Equação 2, obtemos:

$$[10(10^3)\text{N}]\operatorname{sen}\theta - 1962 \text{ N} = 0$$

$$\theta = \operatorname{sen}^{-1}(0{,}1962) = 11{,}31° = 11{,}3° \qquad \textit{Resposta}$$

A força desenvolvida na corda AB pode ser obtida substituindo os valores para θ e F_C na Equação 1.

$$10(10^3) \text{ N} = \frac{F_B}{\cos 11{,}31°}$$

$$F_B = 9{,}81 \text{ kN}$$

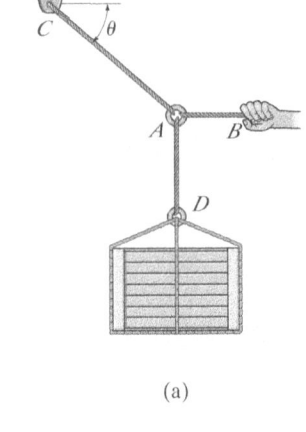

(a)

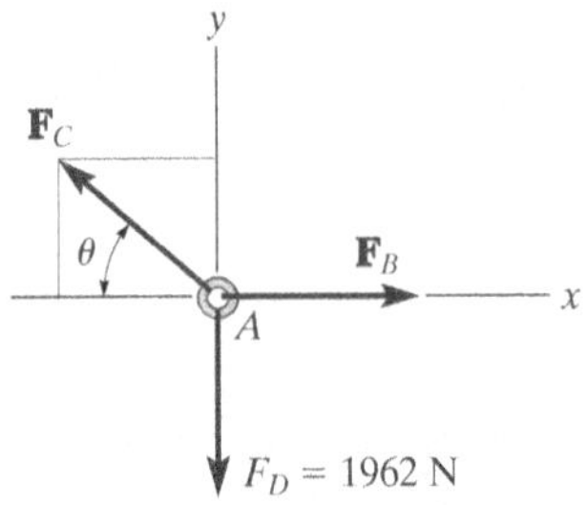

(b)

FIGURA 3.7

Exemplo 3.4

Determine o comprimento da corda AC na Figura 3.8a, de modo que a luminária de 8 kg seja mantida suspensa na posição mostrada. O comprimento *não deformado* da mola AB é $l'_{AB} = 0{,}4$ m e a mola tem uma rigidez $k_{AB} = 300$ N/m.

SOLUÇÃO

Se a força na mola AB for conhecida, o alongamento da mola será determinado usando $F = ks$. A partir da geometria do problema, é possível calcular o comprimento de AC.

Diagrama de corpo livre

A luminária tem peso $W = 8(9{,}81) = 78{,}5$ N e, portanto, o diagrama de corpo livre do anel em A é mostrado na Figura 3.8b.

Equações de equilíbrio

Usando os eixos x, y,

$$\xrightarrow{+} \Sigma F_x = 0; \qquad T_{AB} - T_{AC} \cos 30° = 0$$
$$+\uparrow \Sigma F_y = 0; \qquad T_{AC} \operatorname{sen} 30° - 78{,}5 \text{ N} = 0$$

Resolvendo, obtemos:

$$T_{AC} = 157{,}0 \text{ N}$$
$$T_{AB} = 135{,}9 \text{ N}$$

O alongamento da mola AB é, portanto,

$$T_{AB} = k_{AB}s_{AB}; \quad 135,9 \text{ N} = 300 \text{ N/m}(s_{AB})$$
$$s_{AB} = 0,453 \text{ m}$$

Logo, o comprimento alongado é:

$$l_{AB} = l'_{AB} + s_{AB}$$
$$l_{AB} = 0,4 \text{ m} + 0,453 \text{ m} = 0,853 \text{ m}$$

A distância horizontal de C a B (Figura 3.8a) requer:

$$2 \text{ m} = l_{AC}\cos 30° + 0,853 \text{ m}$$
$$l_{AC} = 1,32 \text{ m} \qquad \qquad \textit{Resposta}$$

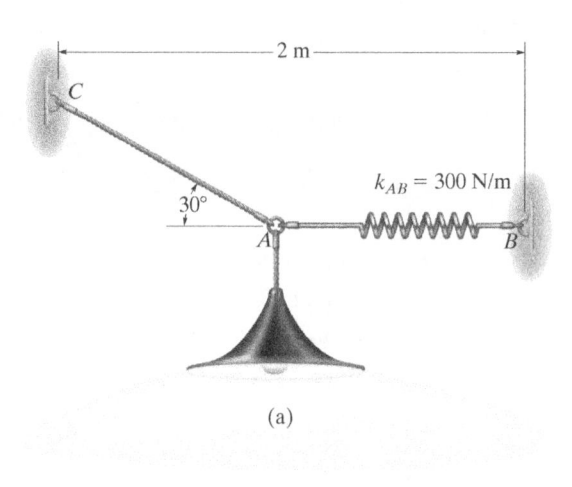

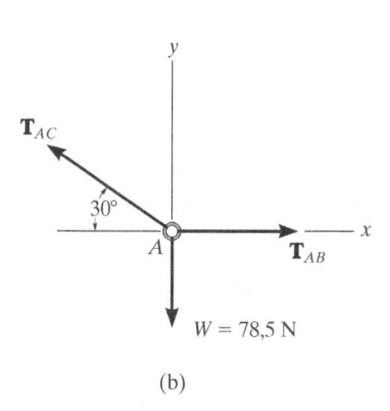

FIGURA 3.8

Problemas preliminares

P3.1. Em cada caso, desenhe um diagrama de corpo livre do anel em A e identifique cada força.

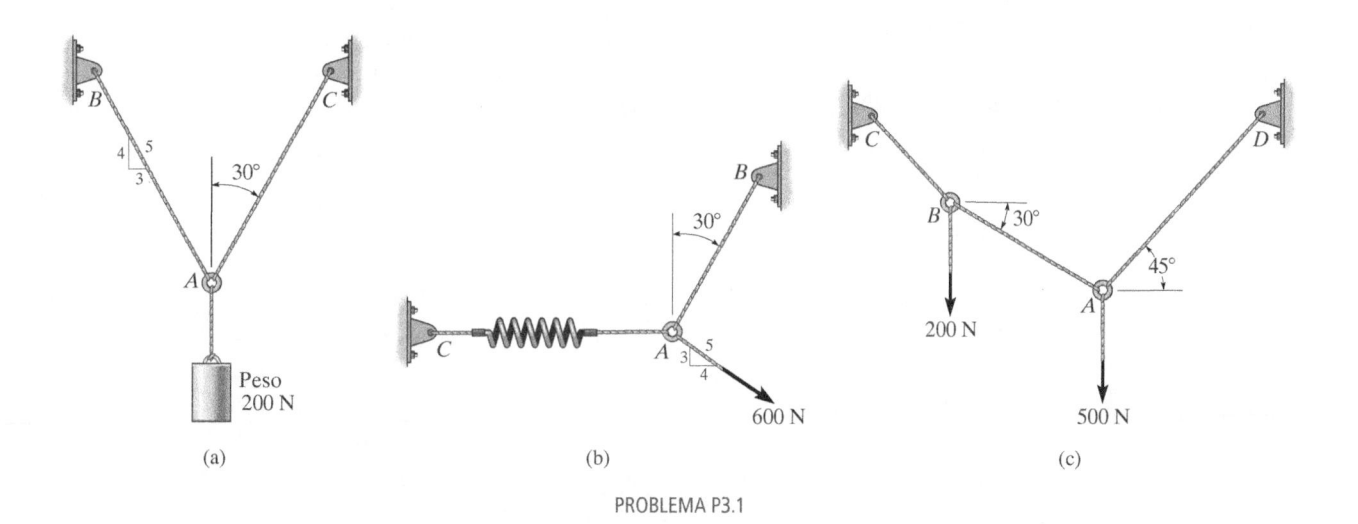

PROBLEMA P3.1

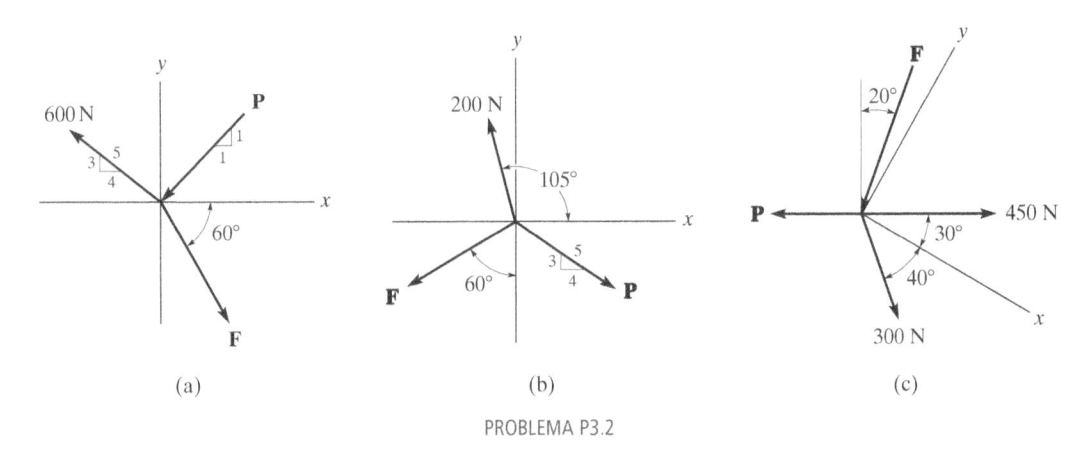

P3.2. Escreva as duas equações de equilíbrio, $\Sigma F_x = 0$ e $\Sigma F_y = 0$. Não resolva.

(a) (b) (c)

PROBLEMA P3.2

Problemas fundamentais

Todas as soluções dos problemas precisam incluir um diagrama de corpo livre (DCL).

F3.1. A caixa tem um peso de 550 N. Determine a força em cada cabo de sustentação.

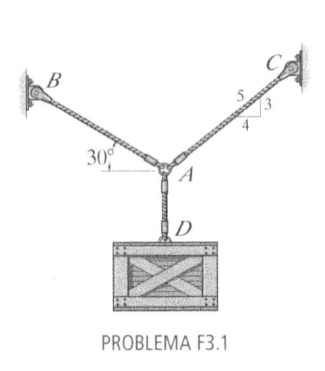

PROBLEMA F3.1

F3.2. A viga tem um peso de 3,5 kN. Determine o cabo mais curto ABC que pode ser usado para levantá-la se a força máxima que o cabo pode suportar é 7,5 kN.

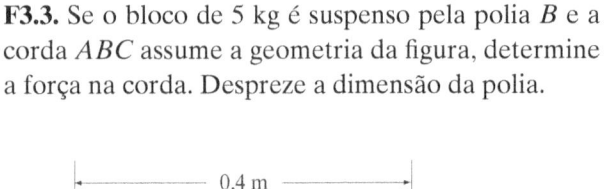

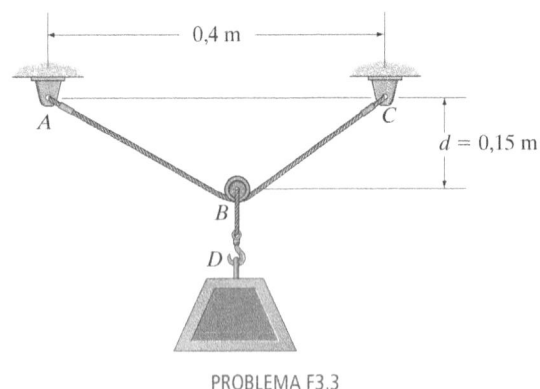

PROBLEMA F3.2

F3.3. Se o bloco de 5 kg é suspenso pela polia B e a corda ABC assume a geometria da figura, determine a força na corda. Despreze a dimensão da polia.

PROBLEMA F3.3

F3.4. O bloco possui uma massa de 5 kg e repousa sobre o plano liso. Determine o comprimento não deformado da mola.

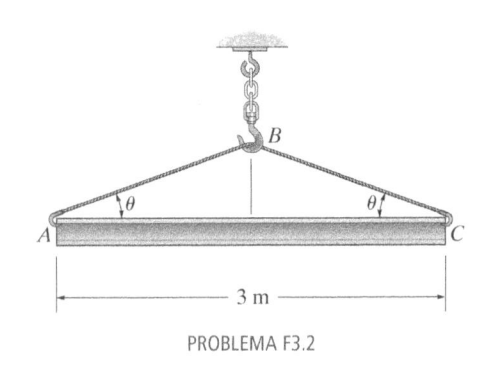

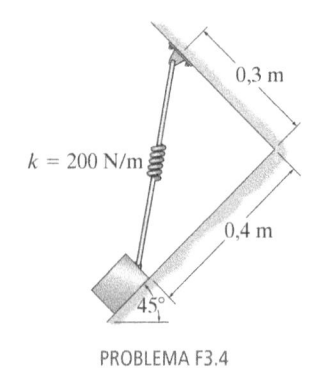

PROBLEMA F3.4

F3.5. Se a massa do cilindro C é 40 kg, determine a massa do cilindro A, de modo que mantenha a montagem na posição mostrada.

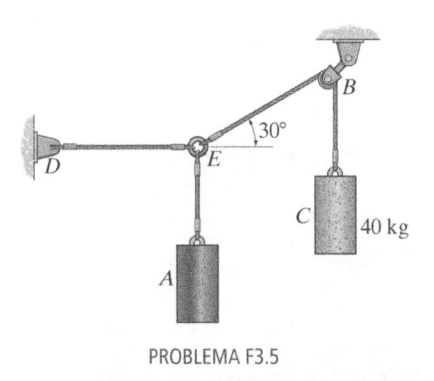

F3.6. Determine as trações nos cabos AB, BC e CD, necessárias para suportar os semáforos de 10 kg e 15 kg em B e C, respectivamente. Além disso, determine o ângulo θ.

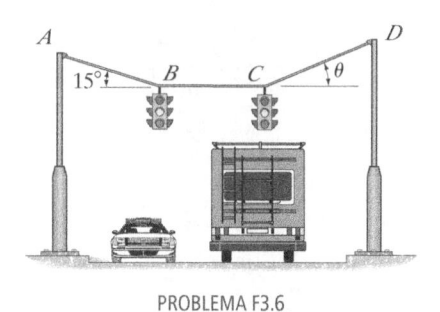

PROBLEMA F3.5

PROBLEMA F3.6

Problemas

Todas as soluções dos problemas precisam incluir um DCL.

3.1. Determine a intensidade e a direção θ de **F** de modo que a partícula esteja em equilíbrio.

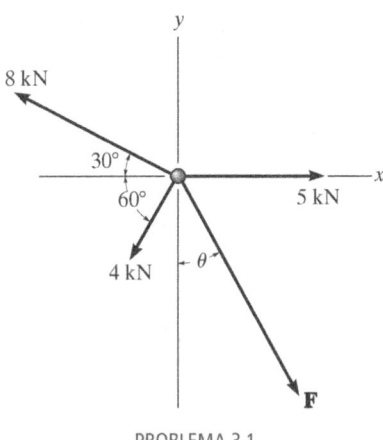

PROBLEMA 3.1

3.2. Os membros de uma treliça estão conectados a um pino no ponto O. Determine as intensidades de F_1 e F_2 para o equilíbrio. Considere θ = 60°.

3.3. Os membros de uma treliça estão conectados a um pino no ponto O. Determine a intensidade de F_1 e seu ângulo θ para o equilíbrio. Adote F_2 = 6 kN.

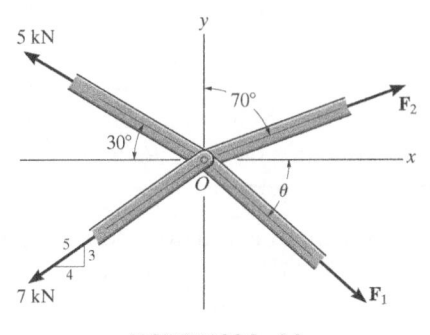

PROBLEMAS 3.2 e 3.3

***3.4.** Os membros de uma treliça estão conectados a uma chapa de fixação. Se as forças são concorrentes no ponto O, determine as intensidades de **F** e **T** para o equilíbrio. Considere θ = 90°.

3.5. A chapa de fixação está submetida às forças de três membros. Determine a força de tração no membro C e seu ângulo θ para o equilíbrio. As forças são concorrentes no ponto O. Considere F = 8 kN.

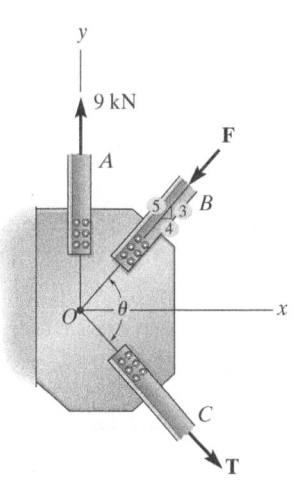

PROBLEMAS 3.4 e 3.5

3.6. O mancal de rolamento consiste em esferas confinadas simetricamente dentro da capa. O inferior está submetido a uma força de 125 N em seu contato A, em razão da carga sobre o eixo. Determine as reações normais N_B e N_C sobre o rolamento em seus pontos de contato B e C para o equilíbrio.

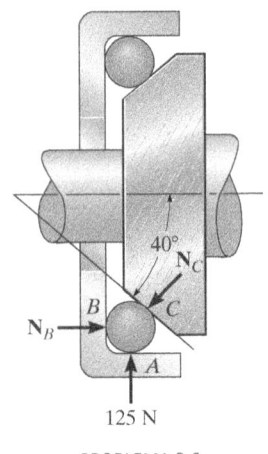

3.10. O pendente de reboque AB está submetido à força de 50 kN exercida por um rebocador. Determine a força em cada um dos cabos de amarração, BC e BD, se o navio está se movendo para a frente em velocidade constante.

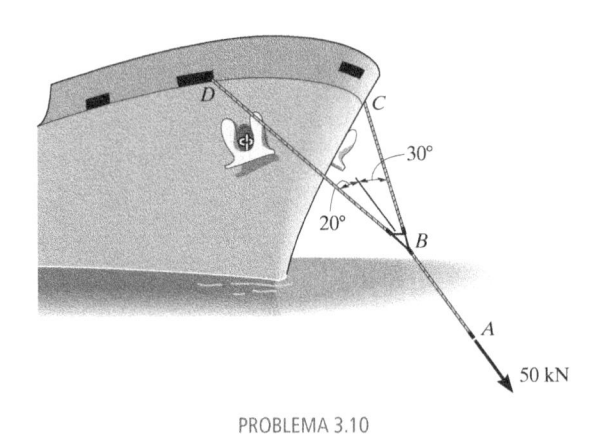

PROBLEMA 3.6

3.7. Determine as trações desenvolvidas nos cabos CA e CB necessárias para o equilíbrio do cilindro de 10 kg. Considere $\theta = 40°$.

*3.8. Se o cabo CB está submetido a uma tração que é o dobro da do cabo CA, determine o ângulo θ para o equilíbrio do cilindro de 10 kg. Além disso, quais são as trações nos cabos CA e CB?

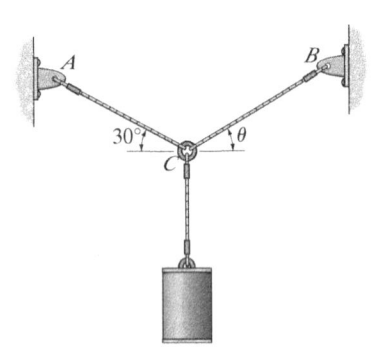

PROBLEMA 3.10

3.11. Duas esferas, A e B, têm massas iguais e estão eletrostaticamente carregadas, de modo que a força repulsiva que atua entre elas tem uma intensidade de 20 mN e está direcionada ao longo da linha AB. Determine o ângulo θ, a tração nas cordas AC e BC e a massa m de cada esfera.

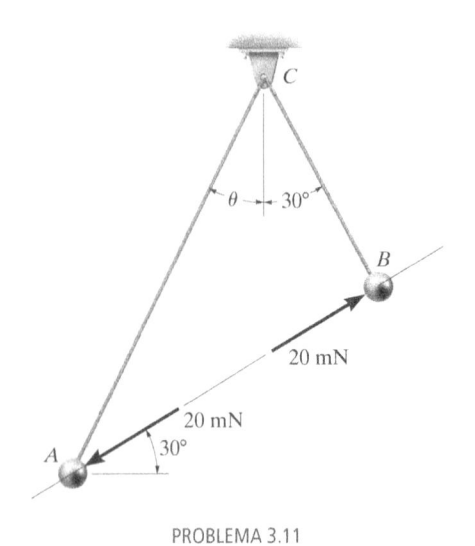

PROBLEMAS 3.7 e 3.8

3.9. Determine a força em cada cabo e a força **F** necessária para manter a luminária de 4 kg na posição mostrada. *Dica:* primeiro analise o equilíbrio em B; depois, usando o resultado para a força em BC, analise o equilíbrio em C.

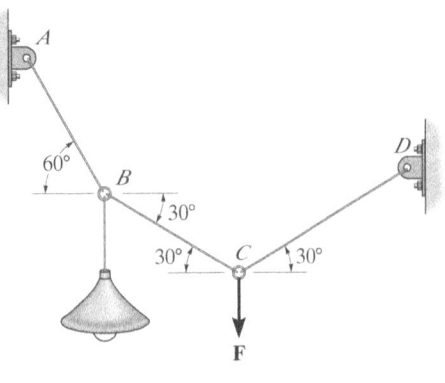

PROBLEMA 3.11

*3.12. Determine o alongamento em cada mola para o equilíbrio do bloco de 2 kg. As molas são mostradas na posição de equilíbrio.

3.13. O comprimento não deformado da mola AB é 3 m. Se o bloco D é mantido na posição de equilíbrio mostrada, determine a sua massa.

PROBLEMA 3.9

PROBLEMAS 3.12 e 3.13

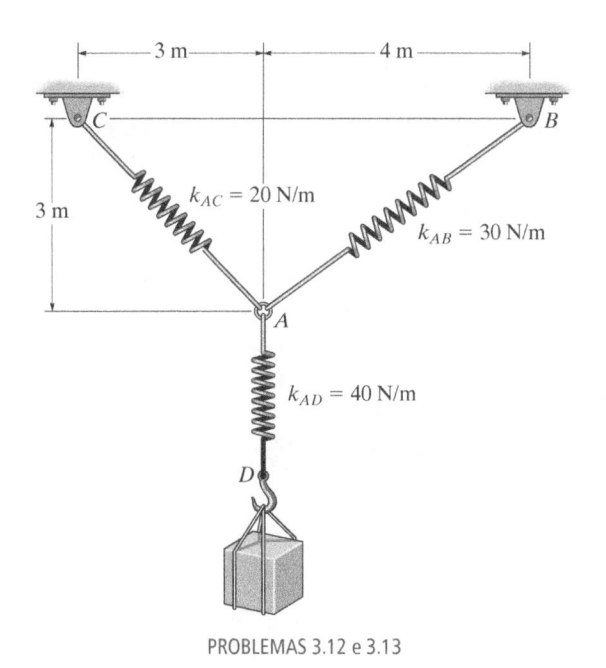

3.14. Determine a massa de cada um dos dois cilindros se eles causam um deslocamento $s = 0{,}5$ m quando suspensos pelos anéis em A e B. Observe que $s = 0$ quando os cilindros são removidos.

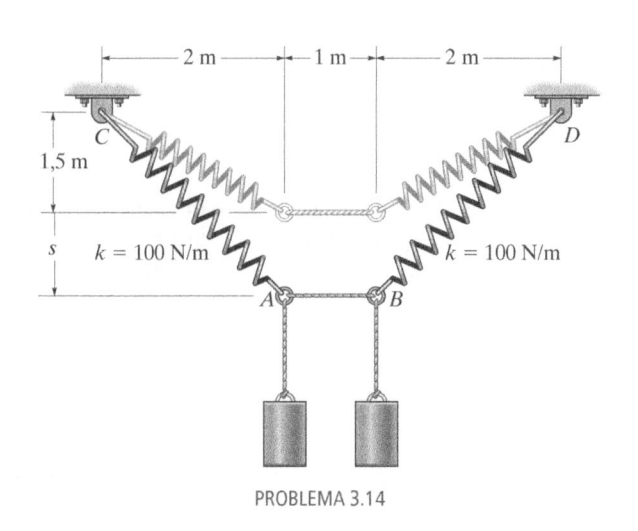

PROBLEMA 3.14

3.15. Determine a intensidade e a direção θ da força de equilíbrio F_{AB} exercida ao longo da barra AB pelo aparato de tração mostrado. A massa suspensa é de 10 kg. Despreze a dimensão da polia em A.

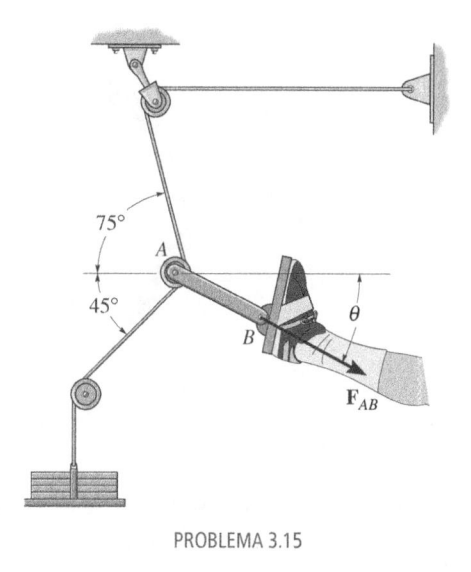

PROBLEMA 3.15

***3.16.** O suporte é usado para içar um recipiente contendo uma massa de 500 kg. Determine a força em cada um dos cabos AB e AC em função de θ. Se a tração máxima permitida em cada cabo é 5 kN, determine o menor comprimento dos cabos AB e AC que pode ser usado para içar a massa. O centro de gravidade do recipiente está localizado em G.

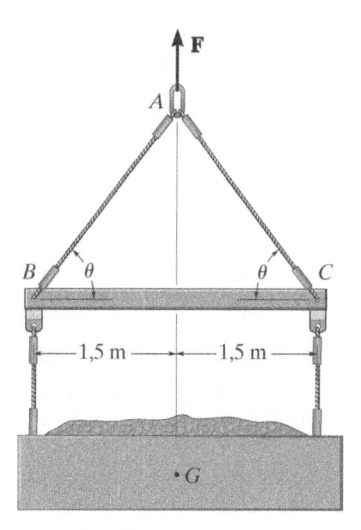

PROBLEMA 3.16

3.17. As molas BA e BC possuem uma rigidez de 500 N/m cada e um comprimento não esticado de 3 m. Determine a força horizontal F aplicada à corda que está presa ao pequeno anel B, de modo que o deslocamento de AB a partir da parede seja $d = 1{,}5$ m.

3.18. As molas BA e BC possuem uma rigidez de 500 N/m cada e um comprimento não esticado de 3 m. Determine o deslocamento d da corda a partir da parede quando uma força $F = 175$ N é aplicada à corda.

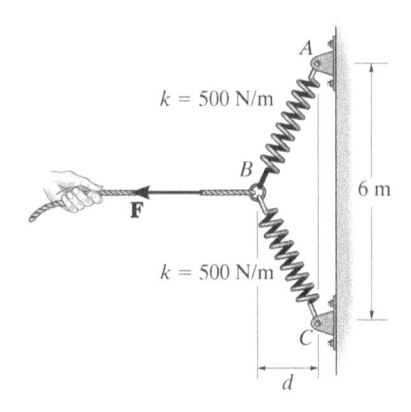

86 ESTÁTICA

3.23. Determine a rigidez k_T da mola singular, de modo que a força **F** a estique pela mesma distância s que a força **F** estica as duas molas conjuntas. Expresse k_T em termos da rigidez k_1 e k_2 das duas molas.

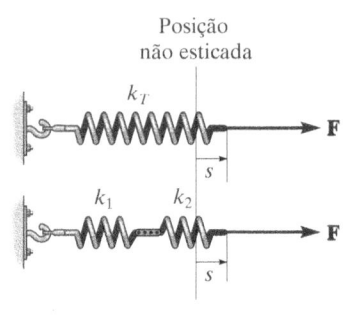

PROBLEMAS 3.17 e 3.18

PROBLEMA 3.23

3.19. Determine a tração desenvolvida em cada fio usado para suportar o lustre de 50 kg.

*__3.20.__ Se a tração desenvolvida em cada um dos quatro fios não puder exceder 600 N, determine a massa máxima do lustre que pode ser suportada.

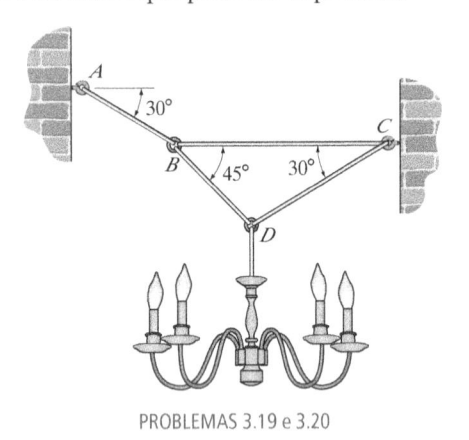

*__3.24.__ Uma esfera de 4 kg é apoiada em uma superfície parabólica lisa. Determine a força normal que ela exerce sobre a superfície e a massa m_B do bloco B necessária para mantê-la na posição de equilíbrio mostrada na figura.

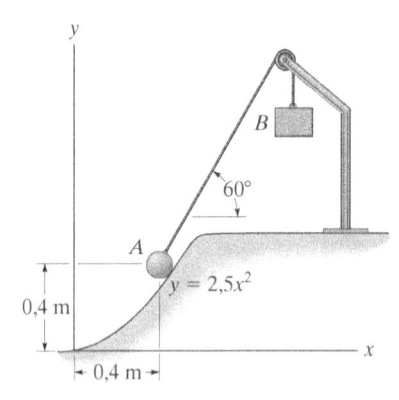

PROBLEMAS 3.19 e 3.20

3.21. Se a mola DB possui um comprimento não esticado de 2 m, determine a rigidez da mola para manter o caixote de 40 kg na posição mostrada.

3.22. Determine o comprimento não esticado de DB para manter o caixote de 40 kg na posição mostrada. Considere $k = 180$ N/m.

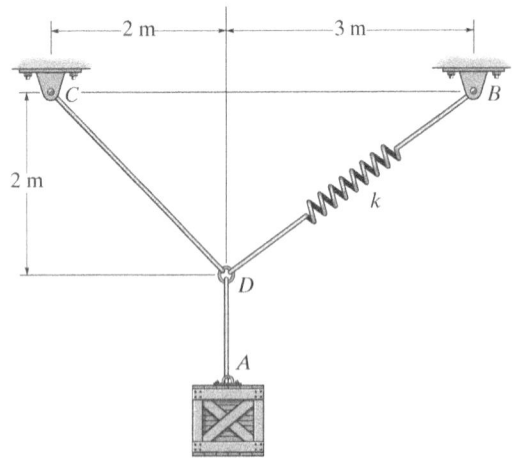

PROBLEMA 3.24

3.25. O cabo ABC tem um comprimento de 5 m. Determine a posição x e a tração desenvolvida em ABC exigida para o equilíbrio do saco com 100 kg. Desconsidere o tamanho da polia em B.

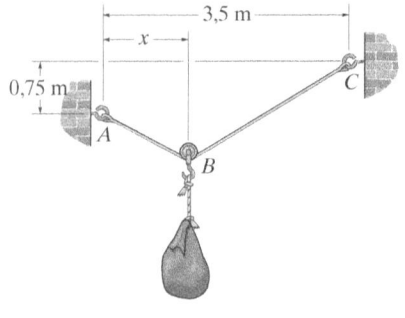

PROBLEMA 3.25

3.26. O dispositivo mostrado é usado para alinhar a estrutura de automóveis acidentados. Determine a

PROBLEMAS 3.21 e 3.22

tração de cada segmento da corrente, ou seja, AB e BC, se a força que o cilindro hidráulico DB exerce no ponto B é 3,50 kN, conforme mostrado

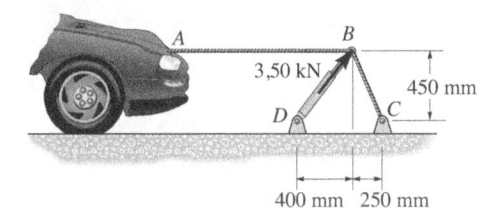

PROBLEMA 3.26

3.27. Determine a força em cada corda para o equilíbrio da caixa de 200 kg. A corda BC permanece na horizontal em razão do rolete em C, e AB tem um comprimento de 1,5 m. Considere $y = 0,75$ m.

*3.28. Se a corda AB de 1,5 m pode suportar uma força máxima de 3500 N, determine a força na corda BC e a distância y, de modo que a caixa de 200 kg possa ser suportada.

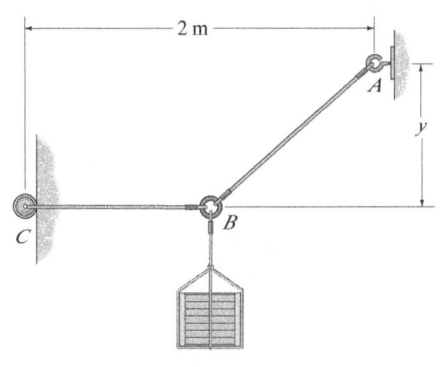

PROBLEMAS 3.27 e 3.28

3.29. Os blocos D e E possuem uma massa de 4 kg e 6 kg, respectivamente. Se $x = 2$ m, determine a força F e a distância s para que haja equilíbrio.

3.30. Os blocos D e E possuem uma massa de 4 kg e 6 kg, respectivamente. Se $F = 80$ N, determine as distâncias s e x para que haja equilíbrio.

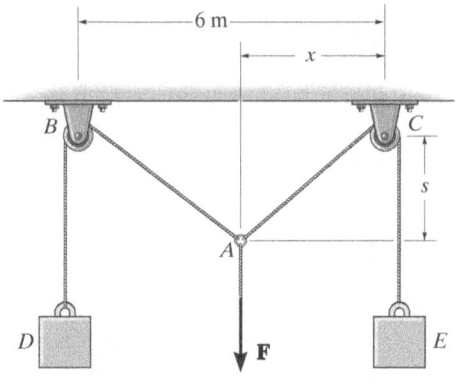

PROBLEMAS 3.29 e 3.30

3.31. Determine a tração desenvolvida em cada um dos fios usados para o equilíbrio da luminária de 20 kg.

*3.32. Determine a massa máxima da luminária que o sistema de fios poderá suportar de modo que nenhum fio isoladamente desenvolva uma tração que exceda 400 N.

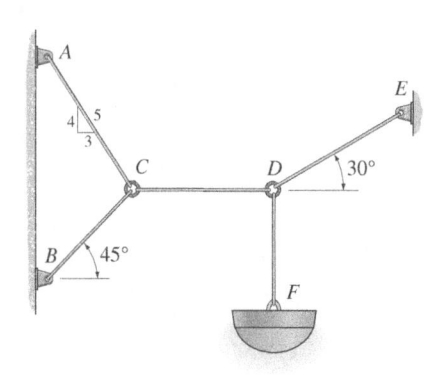

PROBLEMAS 3.31 e 3.32

3.33. Uma balança é construída usando a massa de 10 kg, o prato P de 2 kg e a montagem da polia e da corda. A corda BCA tem 2 m de comprimento. Se $s = 0,75$ m, determine a massa D no prato. Despreze a dimensão da polia.

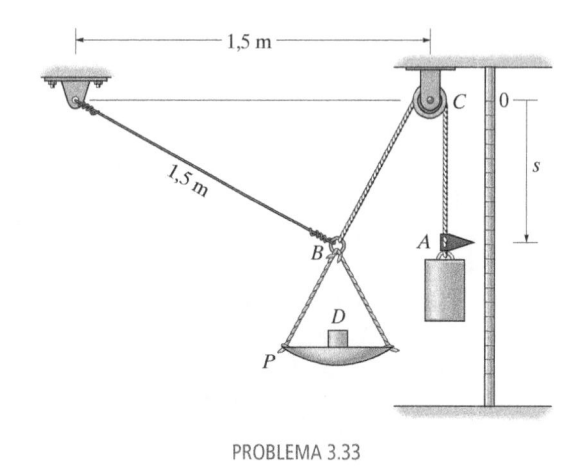

PROBLEMA 3.33

3.34. O tubo de 30 kg é suportado em A por um sistema de cinco cordas. Determine a força em cada corda para que haja equilíbrio.

3.35. Cada corda pode admitir uma tração máxima de 500 N. Determine a maior massa do tubo que pode ser suportada.

88 ESTÁTICA

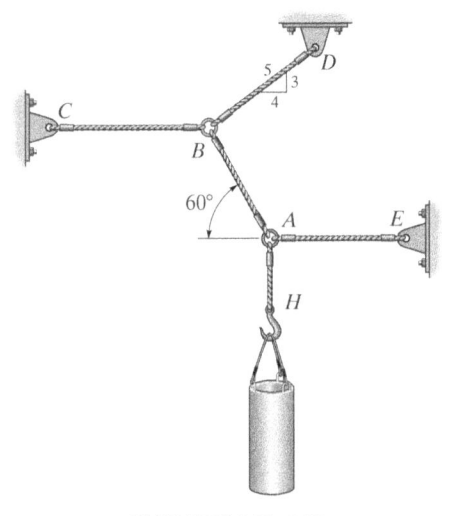

PROBLEMAS 3.34 e 3.35

*3.36. Determine as distâncias x e y para que haja equilíbrio se $F_1 = 800$ N e $F_2 = 1000$ N.

3.37. Determine a intensidade F_1 e a distância y se $x = 1,5$ m e $F_2 = 1000$ N.

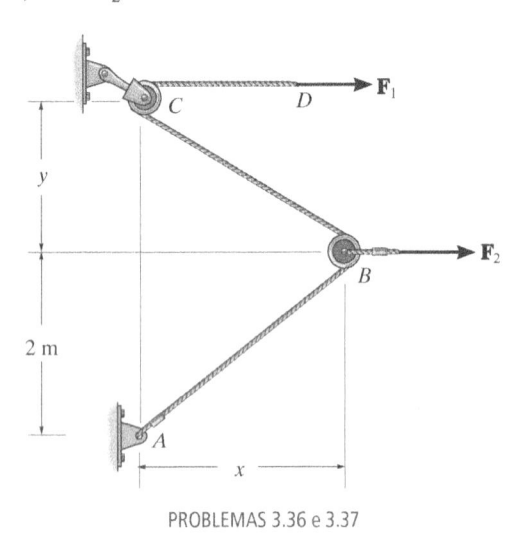

PROBLEMAS 3.36 e 3.37

3.38. Determine as forças nos cabos AB e AC necessárias para suportar o semáforo de 12 kg.

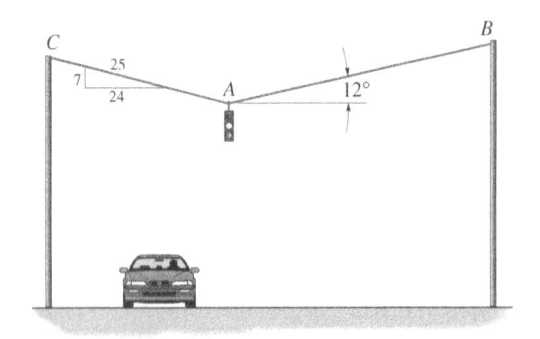

PROBLEMA 3.38

3.39. O balde e seu conteúdo têm uma massa de 60 kg. Se a corda BAC possui 15 m de comprimento, determine a distância y até a polia para o equilíbrio. Despreze a dimensão da polia em A.

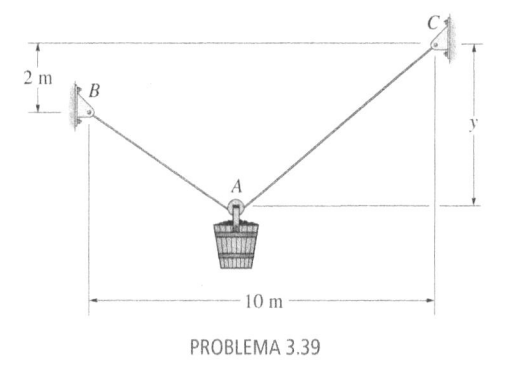

PROBLEMA 3.39

*3.40. Determine as forças nos cabos AC e AB necessárias para manter a bola de 20 kg D em equilíbrio. Considere $F = 300$ N e $d = 1$ m.

3.41. A bola D tem massa de 20 kg. Se uma força $F = 100$ N for aplicada horizontalmente ao anel em A, determine a dimensão d, de modo que a força no cabo AC seja zero.

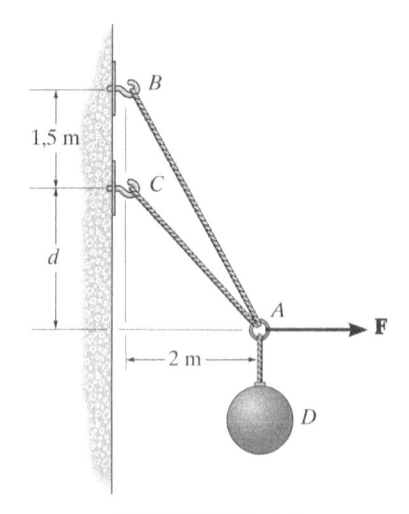

PROBLEMAS 3.40 e 3.41

3.42. A carga tem uma massa de 15 kg e é elevada pelo sistema de polias mostrado na figura. Determine a força F na corda em função do ângulo θ. Desenhe a função da intensidade F contra o ângulo θ para $0 \leq \theta \leq 90°$.

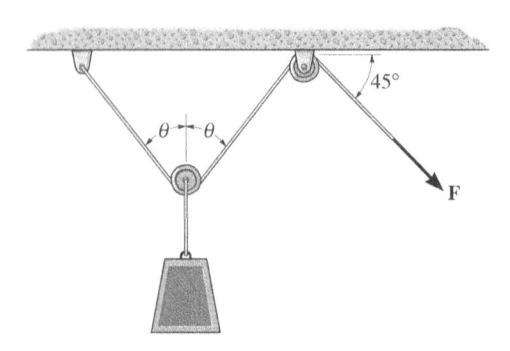

PROBLEMA 3.42

Problemas conceituais

C3.1. O painel de parede de concreto é içado para a posição usando dois cabos AB e AC de mesmo comprimento. Defina dimensões apropriadas e faça uma análise de equilíbrio para mostrar que, quanto mais longos forem os cabos, menor a força em cada um deles.

C3.3. O dispositivo DB é usado para esticar a corrente ABC a fim de manter a porta fechada no contêiner. Se o ângulo entre AB e o segmento horizontal BC é 30°, determine o ângulo entre DB e BC para que haja equilíbrio.

PROBLEMA C3.1

PROBLEMA C3.3

C3.2. Os cabos de içamento BA e BC possuem um comprimento de 6 m cada. Se a tração máxima que pode ser suportada por cada cabo é 4 kN, determine a distância máxima AC entre eles, a fim de erguer a treliça uniforme de 6 kN com velocidade constante.

C3.4. A corrente AB tem 1 m de comprimento e a corrente AC tem 1,2 m de comprimento. Se a distância BC é 1,5 m, e AB pode suportar uma força máxima de 2 kN, enquanto AC pode suportar uma força máxima de 0,8 kN, determine a maior força vertical F que pode ser aplicada à conexão em A.

PROBLEMA C3.2

PROBLEMA C3.4

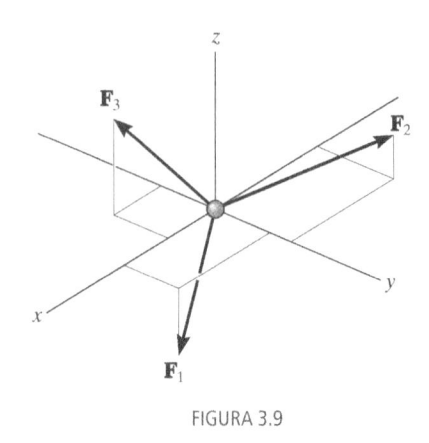

3.4 Sistemas de forças tridimensionais

Na Seção 3.1, afirmamos que a condição necessária e suficiente para o equilíbrio de uma partícula é:

$$\Sigma \mathbf{F} = \mathbf{0} \tag{3.4}$$

No caso de um sistema de forças tridimensional, como na Figura 3.9, podemos decompor as forças em suas respectivas componentes **i**, **j**, **k**, de modo que $\Sigma F_x \mathbf{i} + \Sigma F_y \mathbf{j} + \Sigma F_z \mathbf{k} = \mathbf{0}$. Para satisfazer essa equação, é necessário que:

$$\begin{aligned} \Sigma F_x &= 0 \\ \Sigma F_y &= 0 \\ \Sigma F_z &= 0 \end{aligned} \tag{3.5}$$

FIGURA 3.9

Essas três equações estabelecem que a *soma algébrica* das componentes de todas as forças que atuam sobre a partícula ao longo de cada um dos eixos coordenados precisa ser zero. Usando-as, podemos resolver para, no máximo, três incógnitas, geralmente representadas como ângulos de direção coordenados ou intensidades das forças no diagrama de corpo livre da partícula.

Procedimento para análise

Problemas de equilíbrio de forças tridimensionais para uma partícula podem ser resolvidos usando-se o procedimento a seguir.

Diagrama de corpo livre

- Defina os eixos x, y, z em alguma orientação adequada.
- Identifique todas as intensidades e direções das forças conhecidas e desconhecidas no diagrama.
- O sentido de uma força com intensidade desconhecida pode ser assumido.

Equações de equilíbrio

- Use as equações escalares de equilíbrio, $\Sigma F_x = 0$, $\Sigma F_y = 0$, $\Sigma F_z = 0$, nos casos em que seja fácil decompor cada força em suas componentes x, y, z.
- Se a geometria tridimensional parecer difícil, expresse inicialmente cada força no diagrama de corpo livre como um vetor cartesiano, substitua estes vetores em $\Sigma \mathbf{F} = \mathbf{0}$ e, em seguida, iguale a zero as componentes **i**, **j**, **k**.
- Se a solução para uma força produzir um resultado negativo, isso indica que o sentido da força é oposto ao mostrado no diagrama de corpo livre.

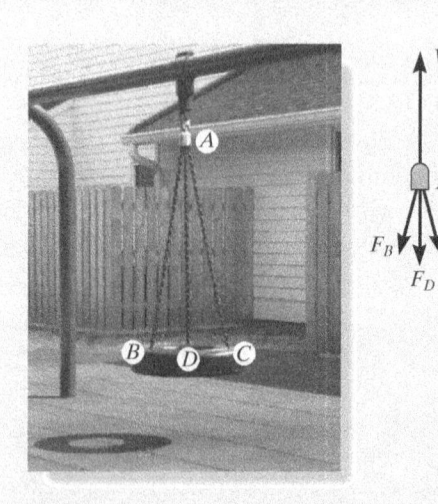

A junção em A está submetida à força do suporte, bem como às forças de cada uma das três correntes. Se o pneu e sua carga tiverem peso W, então a força do suporte será **W** e as três equações escalares de equilíbrio poderão ser aplicadas ao diagrama de corpo livre da junção para determinar as forças das correntes, $\mathbf{F}_B$, $\mathbf{F}_C$ e $\mathbf{F}_D$.

Exemplo 3.5

Uma carga de 450 N está suspensa pelo gancho mostrado na Figura 3.10a. Se a carga é suportada por dois cabos e uma mola com rigidez $k = 8$ kN/m, determine a força nos cabos e o alongamento da mola para a condição de equilíbrio. O cabo AD está no plano x–y e o cabo AC, no plano x–z.

SOLUÇÃO

O alongamento da mola pode ser determinado depois que a força sobre a mola for determinada.

Diagrama de corpo livre

A conexão em A foi escolhida para a análise de equilíbrio, visto que as forças dos cabos são concorrentes nesse ponto. O diagrama de corpo livre é mostrado na Figura 3.10b.

Equações de equilíbrio

Por inspeção, cada força pode ser facilmente decomposta em suas componentes x, y, z e, portanto, as três equações de equilíbrio escalares podem ser usadas. Considerando as componentes direcionadas ao longo de cada eixo positivo como "positivas", temos:

$$\Sigma F_x = 0; \qquad F_D \operatorname{sen} 30° - \left(\tfrac{4}{5}\right) F_C = 0 \qquad (1)$$

$$\Sigma F_y = 0; \qquad -F_D \cos 30° + F_B = 0 \qquad (2)$$

$$\Sigma F_z = 0; \qquad \left(\tfrac{3}{5}\right) F_C - 450 \text{ N} = 0 \qquad (3)$$

Resolvendo a Equação 3 para F_C, a Equação 1 para F_D e, finalmente, a Equação 2 para F_B, temos:

$$F_C = 750 \text{ N} = 0{,}75 \text{ kN} \qquad \textit{Resposta}$$

$$F_D = 1200 \text{ N} = 1{,}2 \text{ kN} \qquad \textit{Resposta}$$

$$F_B = 1039{,}2 \text{ N} = 1{,}04 \text{ kN} \qquad \textit{Resposta}$$

Portanto, o alongamento da mola é:

$$F_B = k s_{AB}$$

$$1{,}0392 \text{ kN} = (8 \text{ kN/m})(s_{AB})$$

$$s_{AB} = 0{,}130 \text{ m} \qquad \textit{Resposta}$$

NOTA: como os resultados para todas as forças dos cabos são positivos, cada cabo está sob tração; isto é, eles puxam o ponto A como esperado (Figura 3.10b).

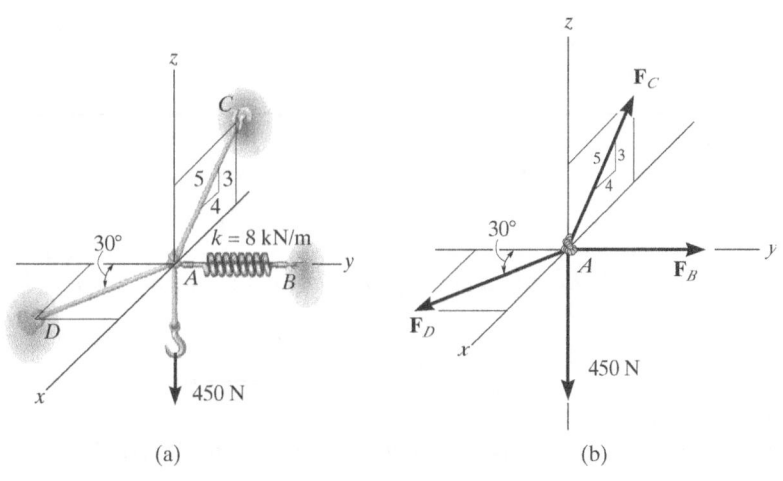

(a)   (b)

FIGURA 3.10

Exemplo 3.6

A luminária de 10 kg mostrada na Figura 3.11*a* é suspensa por três cordas de mesmo comprimento. Determine sua menor distância vertical *s* a partir do teto, para que a força desenvolvida em qualquer corda não exceda 50 N.

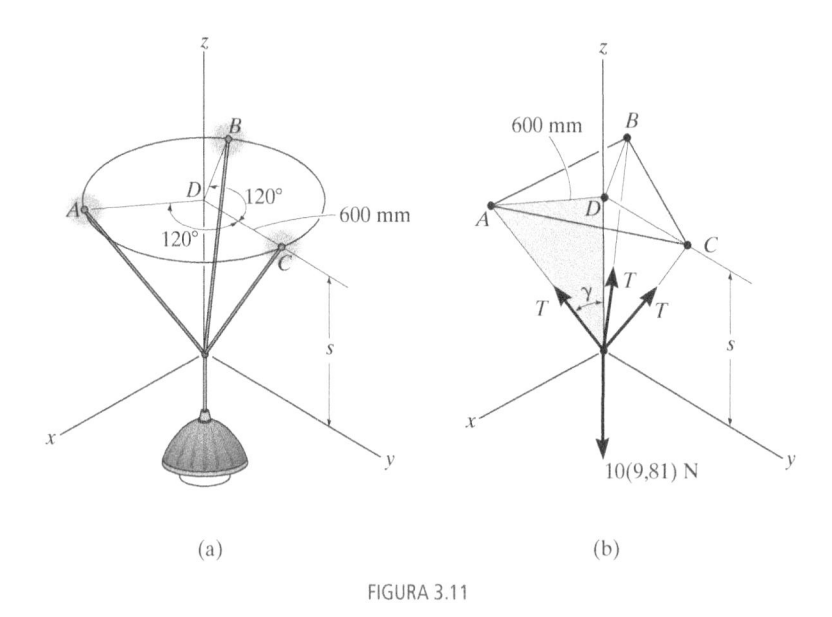

FIGURA 3.11

SOLUÇÃO

Diagrama de corpo livre

Em virtude da simetria (Figura 3.11*b*), a distância $DA = DB = DC = 600$ mm. Logo, como $\Sigma F_x = 0$ e $\Sigma F_y = 0$, a tração *T* em cada corda será a mesma. Da mesma forma, o ângulo entre cada corda e o eixo *z* é γ.

Equação de equilíbrio

Aplicando a equação de equilíbrio ao longo do eixo *z*, com $T = 50$ N, temos:

$$\Sigma F_z = 0; \qquad 3[(50 \text{ N})\cos\gamma] - 10(9,81)\text{ N} = 0$$

$$\gamma = \cos^{-1}\frac{98,1}{150} = 49,16°$$

Do triângulo sombreado cinza, mostrado na Figura 3.11*b*,

$$\text{tg } 49,16° = \frac{600 \text{ mm}}{s}$$

$$s = 519 \text{ mm} \qquad \qquad \textit{Resposta}$$

Exemplo 3.7

Determine a força desenvolvida em cada cabo usado para suportar a caixa de 400 N mostrada na Figura 3.12*a*.

SOLUÇÃO

Diagrama de corpo livre

Como mostra a Figura 3.12*b*, o diagrama de corpo livre do ponto *A* é considerado para "expor" as três forças desconhecidas nos cabos.

Capítulo 3 – Equilíbrio de uma partícula   93

Equação de equilíbrio

Primeiro, vamos expressar cada força na forma vetorial cartesiana. Como as coordenadas dos pontos B e C são B (–1,5 m, – 2 m, 4 m) e C (–1,5 m, 2 m, 4 m), temos:

$$\mathbf{F}_B = F_B \left[\frac{-1{,}5\mathbf{i} - 2\mathbf{j} + 4\mathbf{k}}{\sqrt{(-1{,}5)^2 + (-2)^2 + (4)^2}} \right]$$

$$= -0{,}3180 F_B \mathbf{i} - 0{,}4240 F_B \mathbf{j} + 0{,}8480 F_B \mathbf{k}$$

$$\mathbf{F}_C = F_C \left[\frac{-1{,}5\mathbf{i} + 2\mathbf{j} + 4\mathbf{k}}{\sqrt{(-1{,}5)^2 + (2)^2 + (4)^2}} \right]$$

$$= -0{,}3180 F_C \mathbf{i} + 0{,}4240 F_C \mathbf{j} + 0{,}8480 F_C \mathbf{k}$$

$$\mathbf{F}_D = F_D \mathbf{i}$$

$$\mathbf{W} = \{-400\mathbf{k}\} \text{ N}$$

O equilíbrio requer:

$\Sigma \mathbf{F} = \mathbf{0}$; $\quad \mathbf{F}_B + \mathbf{F}_C + \mathbf{F}_D + \mathbf{W} = \mathbf{0}$

$-0{,}3180 F_B \mathbf{i} - 0{,}4240 F_B \mathbf{j} + 0{,}8480 F_B \mathbf{k}$
$-0{,}3180 F_C \mathbf{i} + 0{,}4240 F_C \mathbf{j} + 0{,}8480 F_C \mathbf{k} + F_D \mathbf{i} - 400\mathbf{k} = \mathbf{0}$

Igualando a zero as respectivas componentes **i**, **j**, **k**, temos:

$\Sigma F_x = 0$; $\quad -0{,}3180 F_B - 0{,}3180 F_C + F_D = 0$ (1)

$\Sigma F_y = 0$; $\quad -0{,}4240 F_B + 0{,}4240 F_C = 0$ (2)

$\Sigma F_z = 0$; $\quad 0{,}8480 F_B + 0{,}8480 F_C - 400 = 0$ (3)

A Equação 2 estabelece que $F_B = F_C$. Logo, resolvendo a Equação 3 para F_B e F_C e substituindo o resultado na Equação 1 para obter F_D, temos:

$F_B = F_C = 235{,}85$ N $= 236$ N   *Resposta*

$F_D = 150{,}00$ N $= 150$ N   *Resposta*

FIGURA 3.12

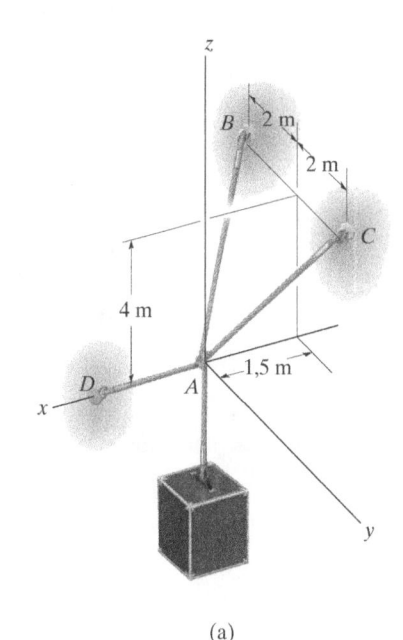

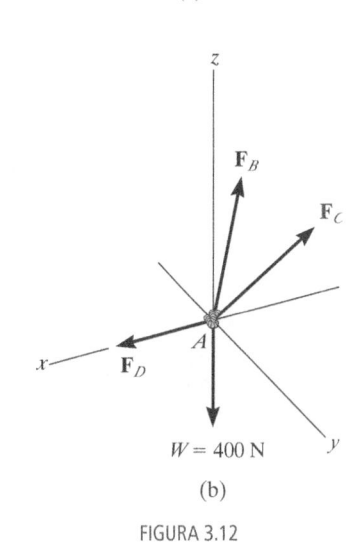

Exemplo 3.8

Determine a tração em cada corda usada para suportar a caixa de 100 kg mostrada na Figura 3.13a.

SOLUÇÃO
Diagrama de corpo livre

A força em cada uma das cordas pode ser determinada observando-se o equilíbrio do ponto A. O diagrama de corpo livre é mostrado na Figura 3.13b. O peso da caixa é $W = 100(9{,}81) = 981$ N.

Equação de equilíbrio

Cada força no diagrama de corpo livre é expressa, primeiramente, na forma de um vetor cartesiano. Usando a Equação 2.9 para $\mathbf{F}_C$ e observando o ponto D (–1 m, 2 m, 2 m) para $\mathbf{F}_D$, temos:

$$\mathbf{F}_B = F_B\mathbf{i}$$

$$\mathbf{F}_C = F_C\cos 120°\mathbf{i} + F_C\cos 135°\mathbf{j} + F_C\cos 60°\mathbf{k}$$

$$= -0{,}5F_C\mathbf{i} - 0{,}707F_C\mathbf{j} + 0{,}5F_C\mathbf{k}$$

$$\mathbf{F}_D = F_D\left[\frac{-1\mathbf{i} + 2\mathbf{j} + 2\mathbf{k}}{\sqrt{(-1)^2 + (2)^2 + (2)^2}}\right]$$

$$= -0{,}333F_D\mathbf{i} + 0{,}667F_D\mathbf{j} + 0{,}667F_D\mathbf{k}$$

$$\mathbf{W} = \{-981\mathbf{k}\}\text{ N}$$

O equilíbrio requer que:

$$\Sigma \mathbf{F} = \mathbf{0}; \qquad \mathbf{F}_B + \mathbf{F}_C + \mathbf{F}_D + \mathbf{W} = \mathbf{0}$$

$$F_B\mathbf{i} - 0{,}5F_C\mathbf{i} - 0{,}707F_C\mathbf{j} + 0{,}5F_C\mathbf{k}$$

$$-0{,}333F_D\mathbf{i} + 0{,}667F_D\mathbf{j} + 0{,}667F_D\mathbf{k} - 981\mathbf{k} = \mathbf{0}$$

Igualando a zero as respectivas componentes **i**, **j** e **k**, temos:

$$\Sigma F_x = 0; \qquad F_B - 0{,}5F_C - 0{,}333F_D = 0 \qquad (1)$$

$$\Sigma F_y = 0; \qquad -0{,}707F_C + 0{,}667F_D = 0 \qquad (2)$$

$$\Sigma F_z = 0; \qquad 0{,}5F_C + 0{,}667F_D - 981 = 0 \qquad (3)$$

Resolvendo a Equação 2 para F_D em função de F_C e fazendo a substituição na Equação 3, obtemos F_C. F_D é determinado pela Equação 2. Finalmente, substituindo os resultados na Equação 1, obtém-se F_B. Então:

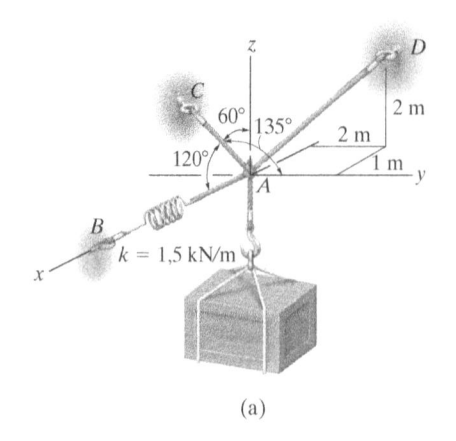

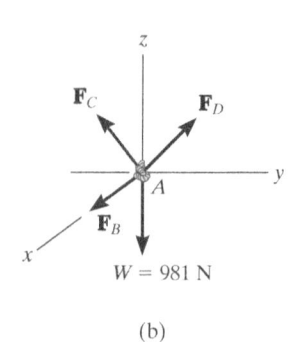

$$F_C = 813\text{ N} \qquad \textit{Resposta}$$
$$F_D = 862\text{ N} \qquad \textit{Resposta}$$
$$F_B = 694\text{ N} \qquad \textit{Resposta}$$

FIGURA 3.13

Problemas fundamentais

Todas as soluções dos problemas precisam incluir um DCL.

F3.7. Determine as intensidades das forças F_1, F_2, F_3, de modo que a partícula seja mantida em equilíbrio.

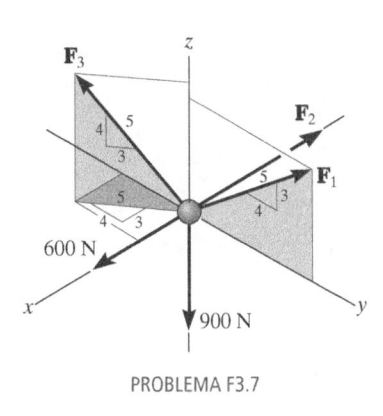

PROBLEMA F3.7

F3.8. Determine a tração desenvolvida nos cabos AB, AC e AD.

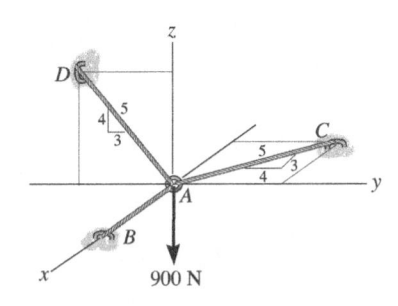

PROBLEMA F3.8

F3.9. Determine a tração desenvolvida nos cabos AB, AC e AD.

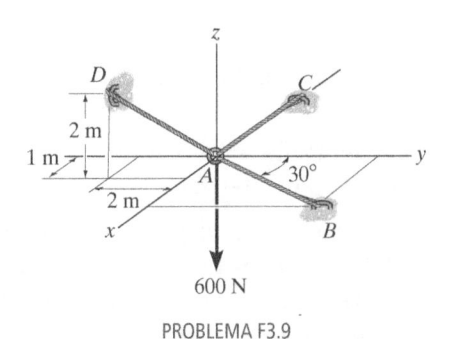

PROBLEMA F3.9

F3.10. Determine a tração desenvolvida nos cabos AB, AC e AD.

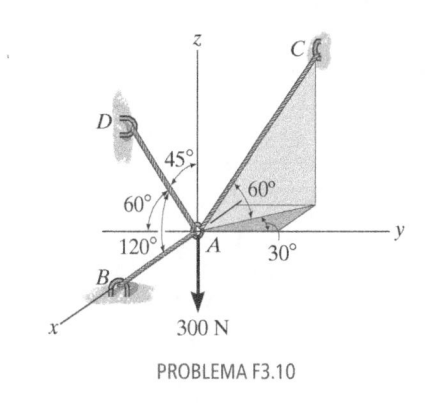

PROBLEMA F3.10

F3.11. A caixa de 150 N é sustentada pelos cabos AB, AC e AD. Determine a tração nesses cabos.

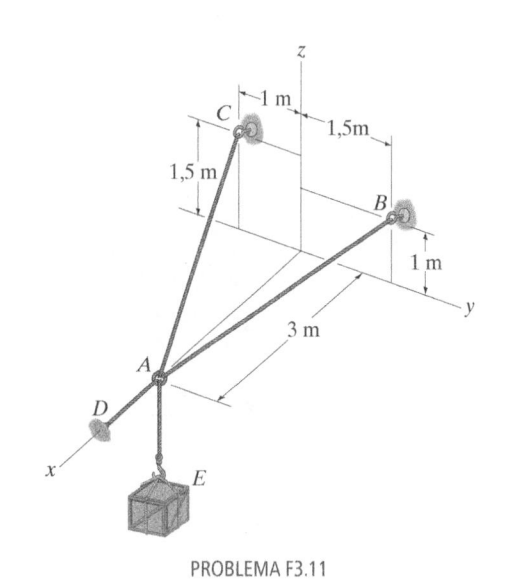

PROBLEMA F3.11

Problemas

Todas as soluções dos problemas precisam incluir um DCL.

3.43. Três cabos são usados para sustentar um vaso de 40 kg. Determine a força desenvolvida em cada cabo para o equilíbrio.

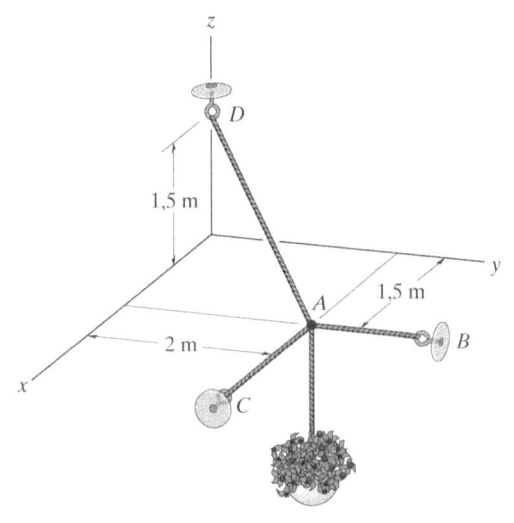

PROBLEMA 3.43

***3.44.** Determine as intensidades de F_1, F_2 e F_3 para o equilíbrio da partícula.

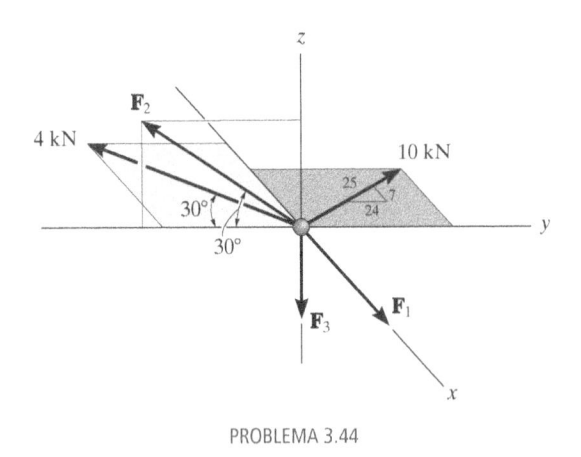

PROBLEMA 3.44

3.45. Determine a tração nos cabos a fim de suportar a caixa de 100 kg na posição de equilíbrio mostrada.

3.46. Determine a massa máxima da caixa para que a tração desenvolvida em qualquer cabo não ultrapasse 3 kN.

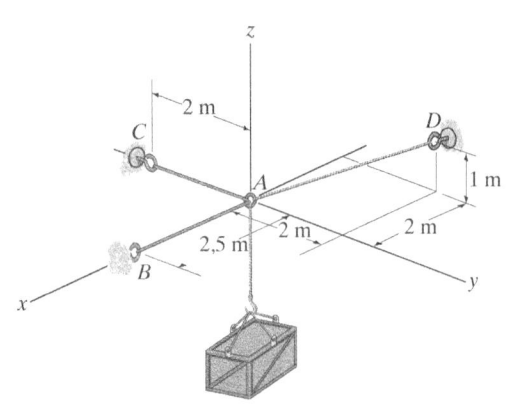

PROBLEMAS 3.45 e 3.46

3.47. Determine a força em cada cabo necessária para suportar o vaso de 20 kg.

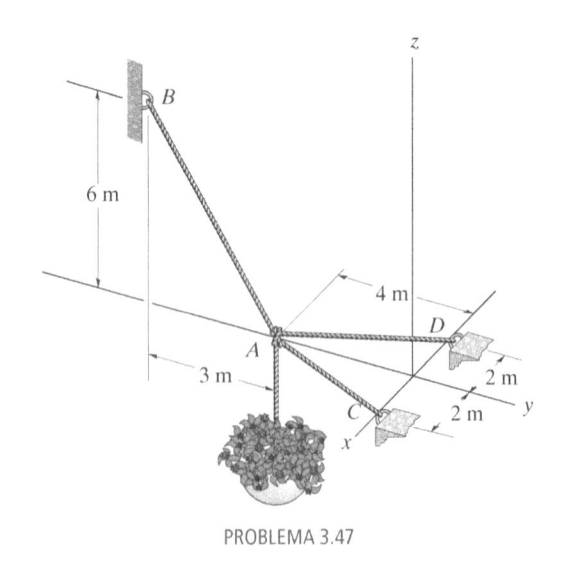

PROBLEMA 3.47

***3.48.** A luminária tem massa de 15 kg e é suportada por um poste AO e cabos AB e AC. Se a força no poste atua ao longo de seu eixo, determine as forças em AO, AB e AC para que haja equilíbrio.

3.49. Os cabos AB e AC podem suportar uma tração máxima de 500 N, e o poste pode suportar uma compressão máxima de 300 N. Determine o peso máximo da luminária que pode ser mantida suspensa na posição mostrada na figura. A força no poste atua ao longo de seu eixo.

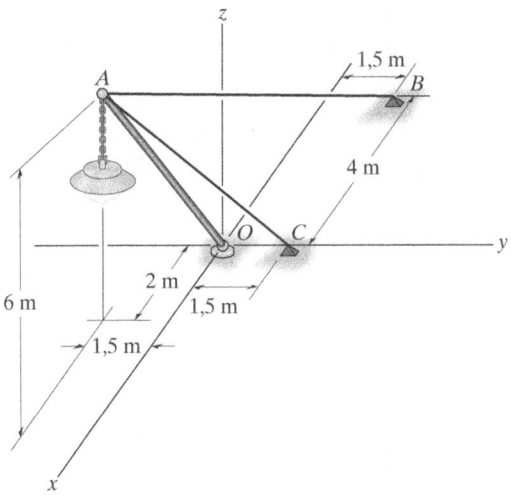

PROBLEMAS 3.48 e 3.49

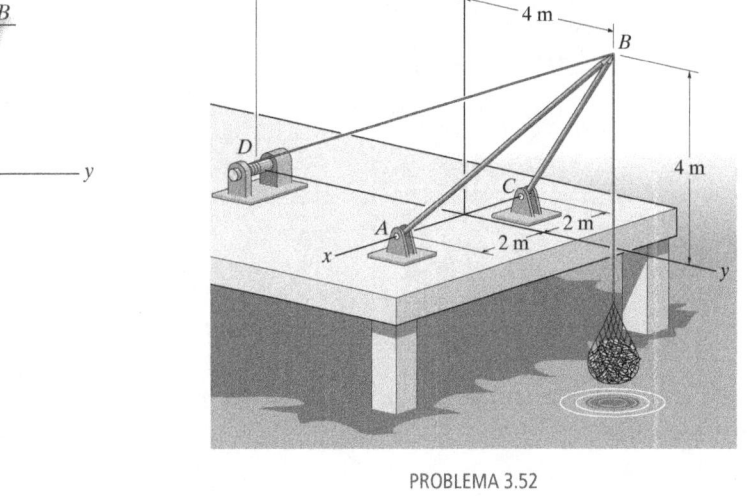

PROBLEMA 3.52

3.50. Se o balão está sujeito a uma força de suspensão de $F = 800$ N, determine a tração desenvolvida nas cordas AB, AC, AD.

3.51. Se cada uma das cordas se romper quanto estiver sujeita a uma tração de 450 N, determine a força de suspensão máxima **F** que atua no balão na iminência de que qualquer uma das cordas seja rompida.

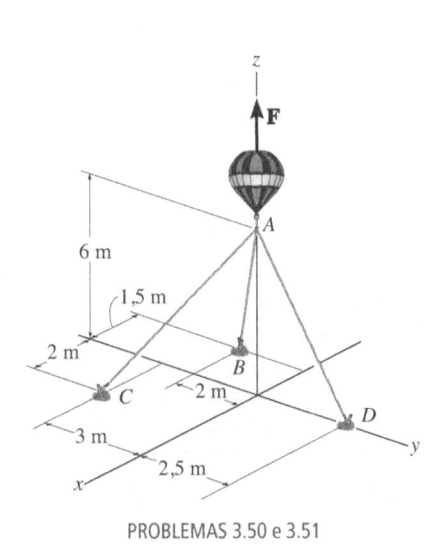

3.53. Determine o alongamento, em cada uma das duas molas, exigido para manter a caixa de 20 kg na posição de equilíbrio mostrada. Cada mola tem comprimento não esticado de 2 m e rigidez $k = 300$ N/m.

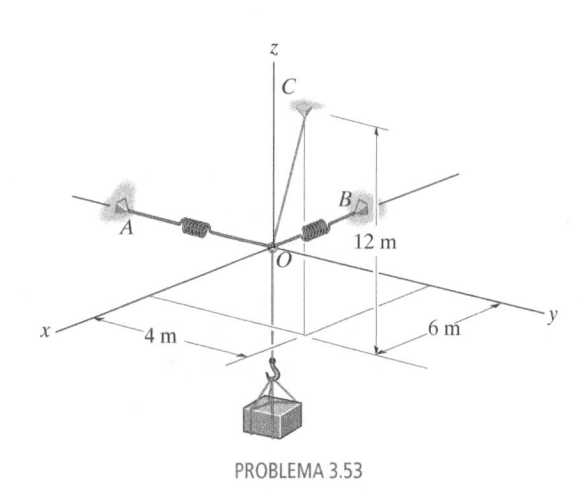

PROBLEMAS 3.50 e 3.51

PROBLEMA 3.53

*3.52. O guindaste é usado para içar a rede de peixes com 200 kg para a plataforma. Determine a força compressiva ao longo de cada uma das hastes AB e CB e a tração no cabo de guincho DB. Suponha que a força em cada haste atue ao longo de seu eixo.

3.54. O aro pode ser ajustado verticalmente entre três cabos de mesmo comprimento, a partir dos quais o lustre de 100 kg é mantido suspenso. Se o aro permanece no plano horizontal e $z = 600$ mm, determine a tração em cada cabo.

3.55. O aro pode ser ajustado verticalmente entre três cabos de mesmo comprimento a partir dos quais o lustre de 100 kg é mantido suspenso. Se o aro permanece no plano horizontal e a tração em cada cabo não pode exceder 1 kN, determine a menor distância possível de z necessária para o equilíbrio.

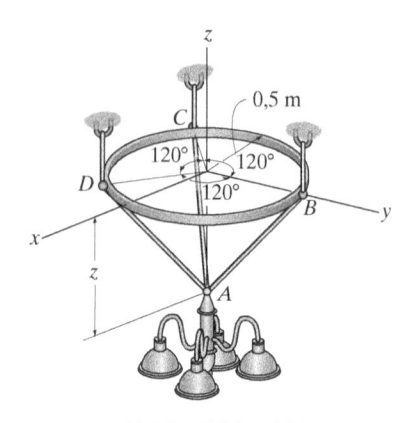

PROBLEMAS 3.54 e 3.55

***3.56.** Determine a tração em cada um dos cabos para que haja equilíbrio.

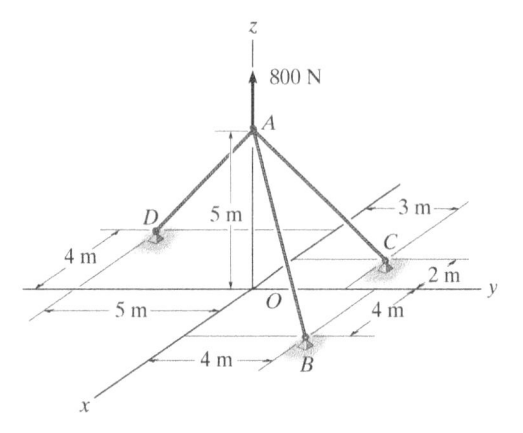

PROBLEMA 3.56

3.57. O vaso de 25 kg é sustentado em A por três cabos. Determine a força que atua em cada cabo para o equilíbrio.

3.58. Se cada cabo pode suportar uma tração máxima de 50 N antes de se romper, determine o maior peso do vaso que os cabos podem sustentar.

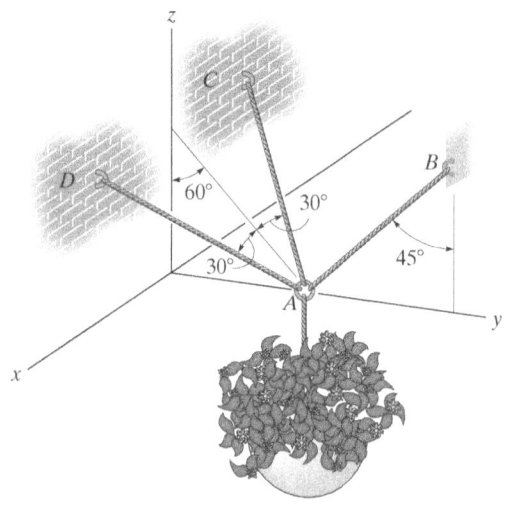

PROBLEMAS 3.57 e 3.58

3.59. Se a massa do vaso é 50 kg, determine a tração desenvolvida em cada fio para o equilíbrio. Considere $x = 1,5$ m e $z = 2$ m.

***3.60.** Se a massa do vaso é 50 kg, determine a tração desenvolvida em cada fio para o equilíbrio. Considere $x = 2$ m e $z = 1,5$ m.

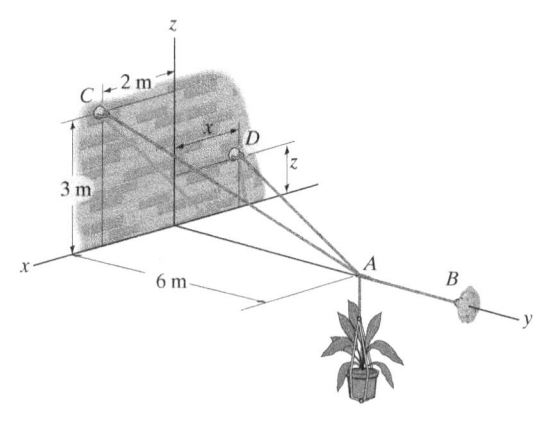

PROBLEMAS 3.59 e 3.60

3.61. Determine a tração desenvolvida nos três cabos necessária para suportar o semáforo, que tem uma massa de 15 kg. Considere $h = 4$ m.

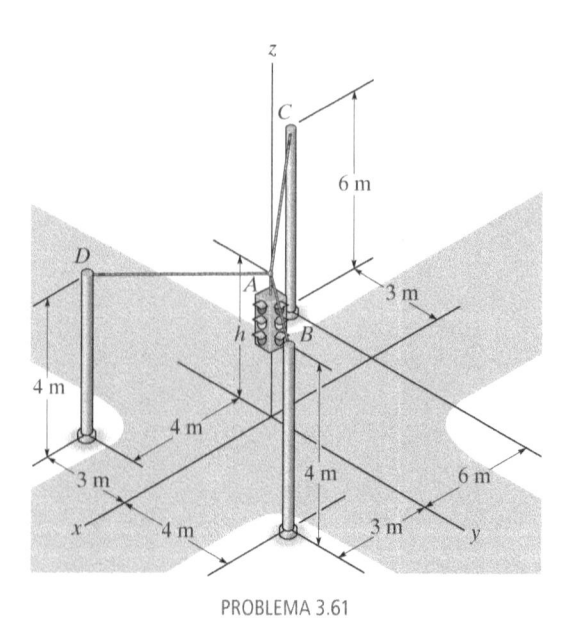

PROBLEMA 3.61

3.62. Determine a tração desenvolvida nos três cabos exigida para sustentar o semáforo, que tem uma massa de 20 kg. Considere $h = 3,5$ m.

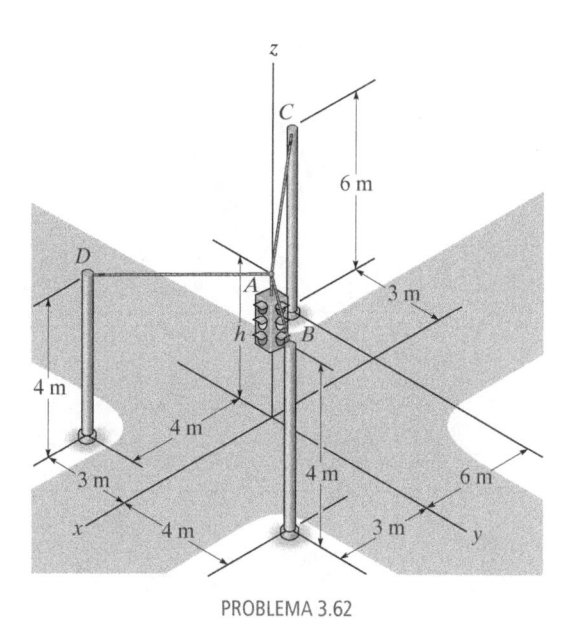

Capítulo 3 – Equilíbrio de uma partícula 99

3.65. Determine a força em cada cabo necessária para que sustentem a plataforma de 17,5 kN (≈ 1750 kg). Considere $d = 1,2$ m.

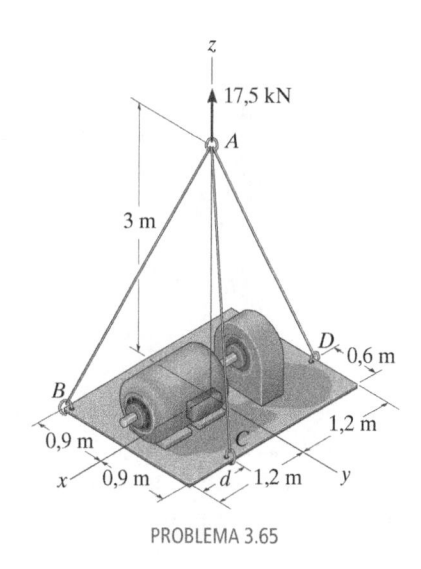

PROBLEMA 3.62

3.63. O caixote tem uma massa de 130 kg. Determine a tração desenvolvida em cada cabo para que haja equilíbrio.

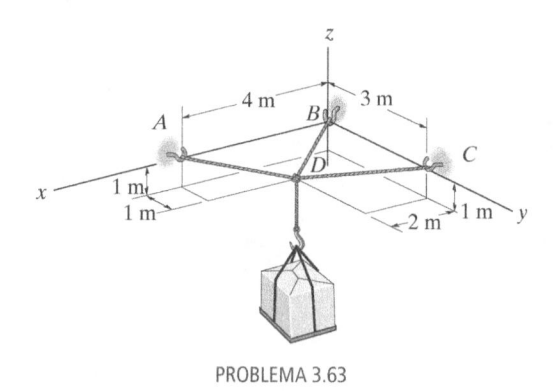

PROBLEMA 3.65

3.66. As extremidades dos três cabos estão presas a um anel em A e à borda da placa uniforme. Determine a maior massa que a placa pode ter se cada cabo pode suportar uma tração máxima de 15 kN.

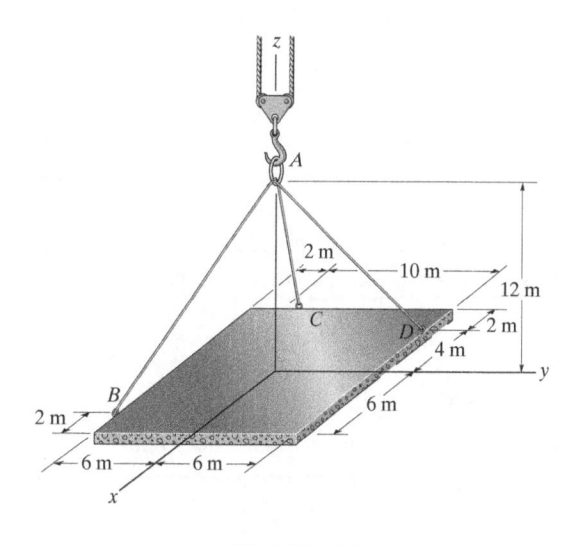

PROBLEMA 3.63

***3.64.** Se a força máxima em cada barra não puder ser superior a 1500 N, determine a maior massa que pode ser mantida no caixote.

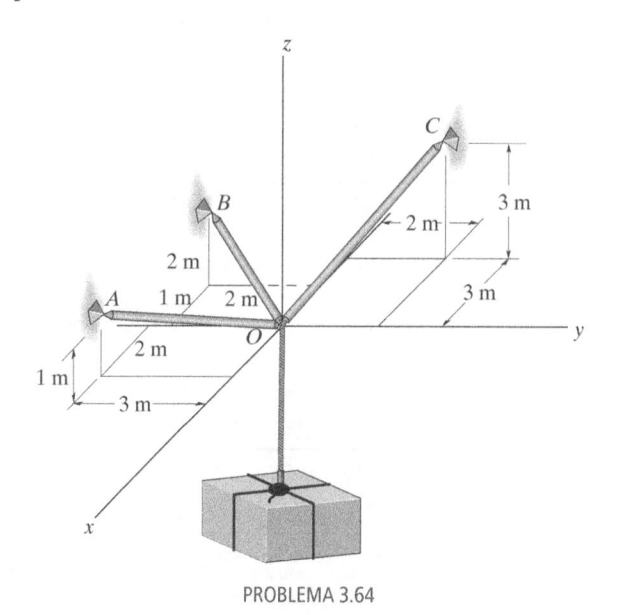

PROBLEMA 3.66

3.67. Um pequeno pino P é apoiado sobre uma mola que está contida dentro do tubo liso. Quando a mola é comprimida, de modo que $s = 0,15$ m, ela exerce uma força para cima de 60 N sobre o pino. Determine o ponto de conexão $A(x, y, 0)$ da corda PA, de modo que a tração nas cordas PB e PC seja igual a 30 N e 50 N, respectivamente.

PROBLEMA 3.64

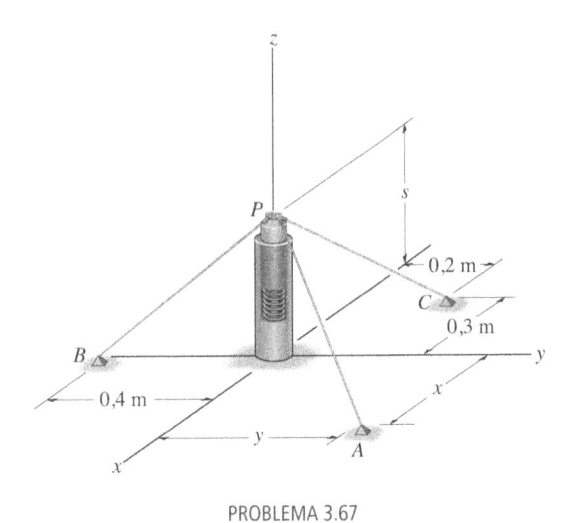

PROBLEMA 3.67

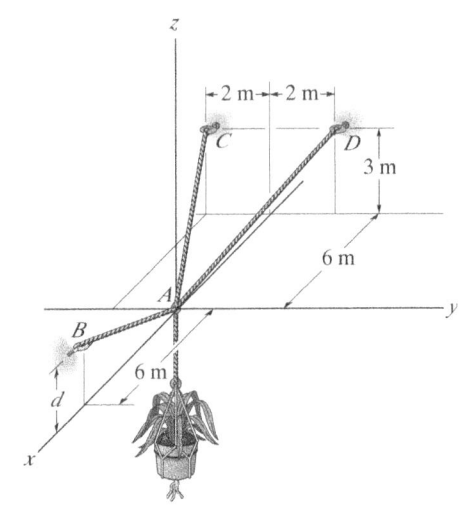

PROBLEMA 3.68

*3.68. Determine a altura d do cabo AB, de modo que a força nos cabos AD e AC seja a metade da força no cabo AB. Qual é a força em cada cabo para este caso? O vaso tem uma massa de 50 kg.

Revisão do capítulo

Equilíbrio da partícula

Quando uma partícula está em repouso ou se move com velocidade constante, encontra-se em equilíbrio. Essa situação requer que a resultante de todas as forças que atuam sobre a partícula seja igual a zero.

$$F_R = \Sigma F = 0$$

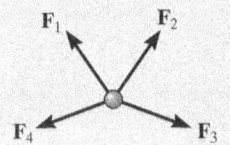

Para que todas as forças que atuam em uma partícula sejam levadas em conta, é necessário traçar um diagrama de corpo livre. Esse diagrama é um esboço da forma da partícula que mostra todas as forças envolvidas, com suas intensidades e direções, sejam essas duas propriedades conhecidas ou desconhecidas.

Duas dimensões

Se o problema envolver uma mola linearmente elástica, então o alongamento ou a compressão s da mola pode ser relacionada à força aplicada a ela.

$$F = ks$$

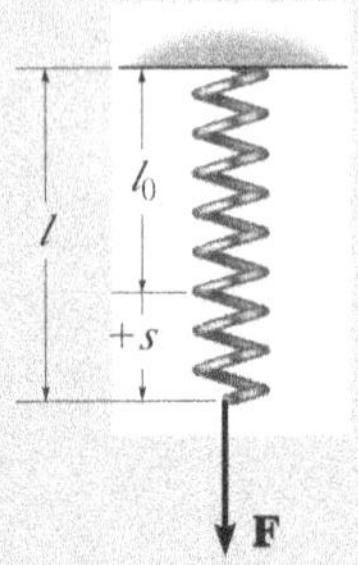

A força de tração desenvolvida em um *cabo contínuo* que passa por uma polia sem atrito deve ter intensidade *constante* em todo o cabo para mantê-lo em equilíbrio.

As duas equações escalares de equilíbrio de forças podem ser aplicadas tomando-se como referência um sistema de coordenadas x, y a ser especificado.

$$\Sigma F_x = 0$$
$$\Sigma F_y = 0$$

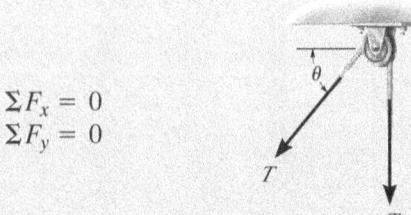

Capítulo 3 – Equilíbrio de uma partícula

Três dimensões

Se a geometria tridimensional é difícil de visualizar, a equação de equilíbrio deverá ser aplicada usando-se a análise vetorial cartesiana, o que requer primeiramente expressar cada força no diagrama de corpo livre como um vetor cartesiano. Quando as forças são somadas e igualadas a zero, então suas componentes **i**, **j** e **k** também são zero.

$$\Sigma \mathbf{F} = 0$$

$$\Sigma F_x = 0$$
$$\Sigma F_y = 0$$
$$\Sigma F_z = 0$$

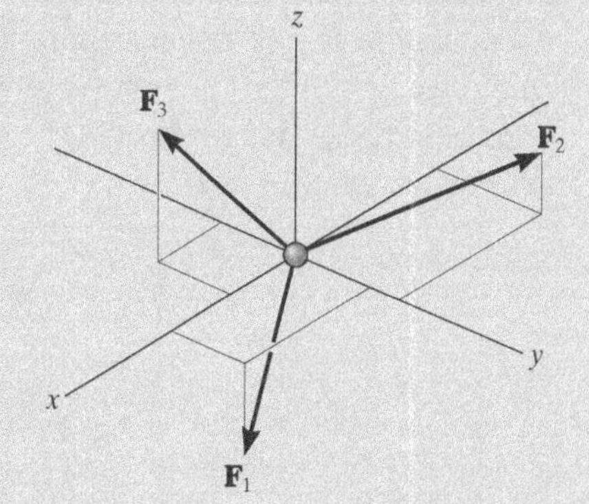

Problemas de revisão

Todas as soluções dos problemas precisam incluir um DCL.

R3.1. O tubo é mantido no lugar pela morsa. Se o parafuso exerce uma força de 300 N sobre o tubo na direção indicada, determine as intensidades F_A e F_B das forças que os contatos lisos em A e B exercem sobre o tubo.

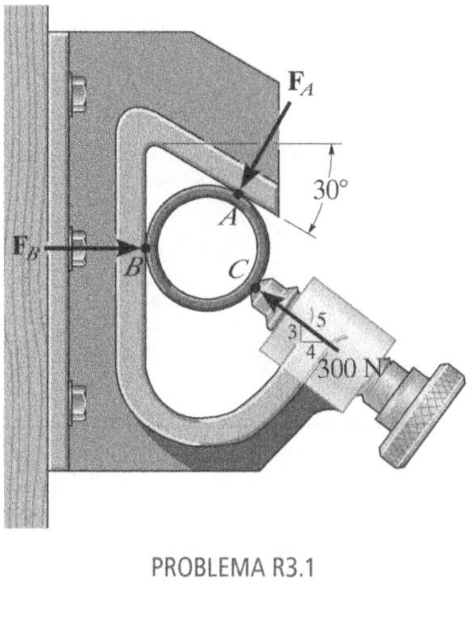

PROBLEMA R3.1

R3.2. Determine o máximo de massa do motor que pode ser suportada sem exceder uma tração de 2 kN na corrente AB e 2,2 kN na corrente AC.

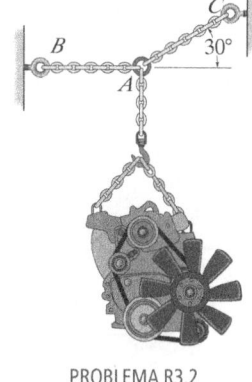

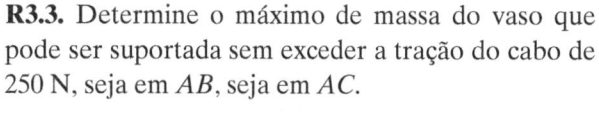

PROBLEMA R3.2

R3.3. Determine o máximo de massa do vaso que pode ser suportada sem exceder a tração do cabo de 250 N, seja em AB, seja em AC.

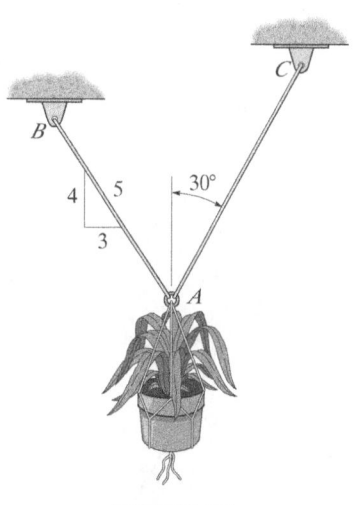

PROBLEMA R3.3

R3.4. Quando y é zero, uma força de 300 N atua em cada mola. Determine a intensidade das forças verticais aplicadas **F** e **−F** exigidas para puxar o ponto A para longe do ponto B por uma distância de $y = 0{,}6$ m. As extremidades das cordas CAD e CBD são conectadas aos anéis em C e D.

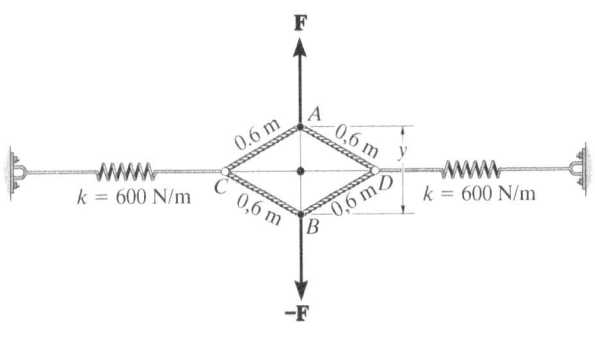

PROBLEMA R3.4

R3.5. A junta de uma treliça espacial está submetida às quatro forças indicadas ao longo das barras. A barra OA está no plano x–y e a OB se localiza no plano y–z. Determine as intensidades das forças que atuam em cada barra para que o equilíbrio da junta seja mantido.

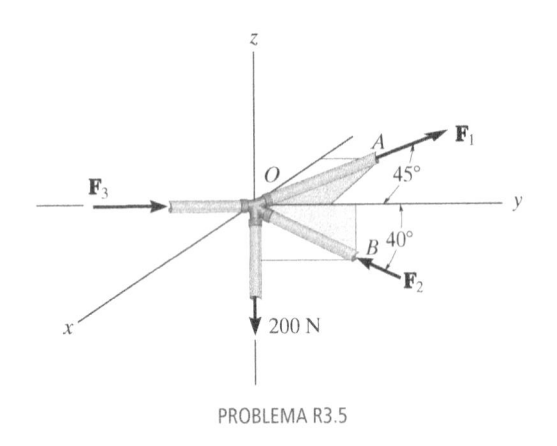

PROBLEMA R3.5

R3.6. Determine as intensidades de $\mathbf{F}_1$, $\mathbf{F}_2$ e $\mathbf{F}_3$ para o equilíbrio da partícula.

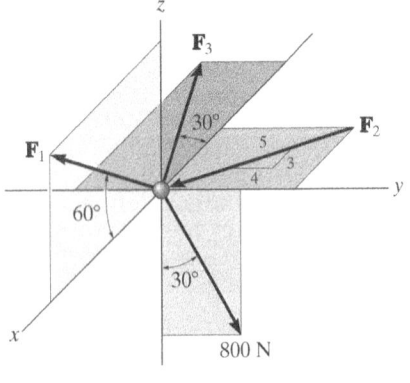

PROBLEMA R3.6

R3.7. Determine as forças em cada cabo necessárias para suportar uma carga com 250 kg de massa.

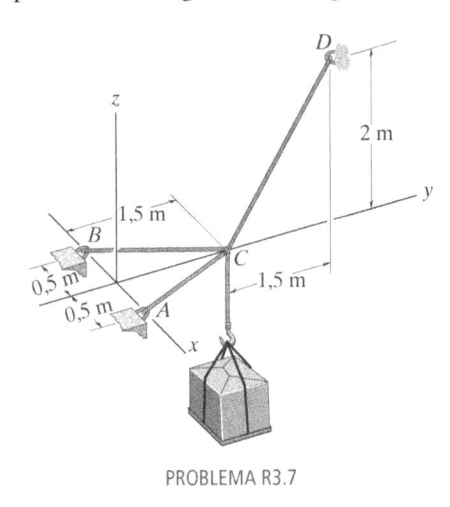

PROBLEMA R3.7

R3.8. Se o cabo AB está submetido a uma tração de 700 N, determine a tração nos cabos AC e AD e a intensidade da força vertical **F**.

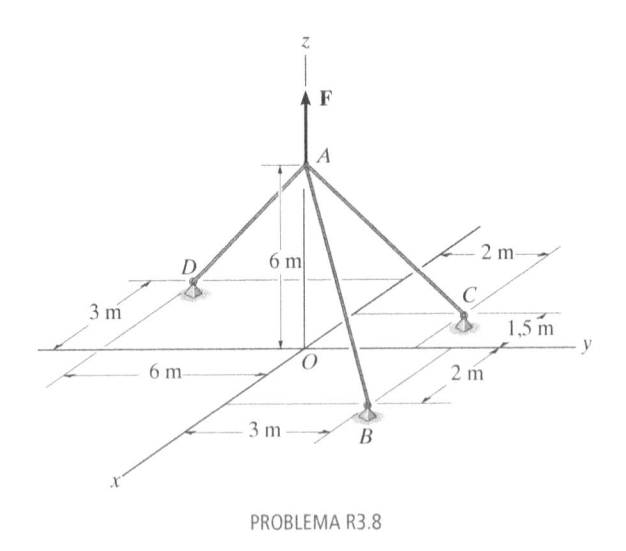

PROBLEMA R3.8

CAPÍTULO 4

Resultantes de um sistema de forças

A força aplicada a esta chave produzirá rotação ou uma tendência de rotação. Esse efeito é chamado de momento, e neste capítulo estudaremos como determinar o momento de um sistema de forças e calcular suas resultantes.

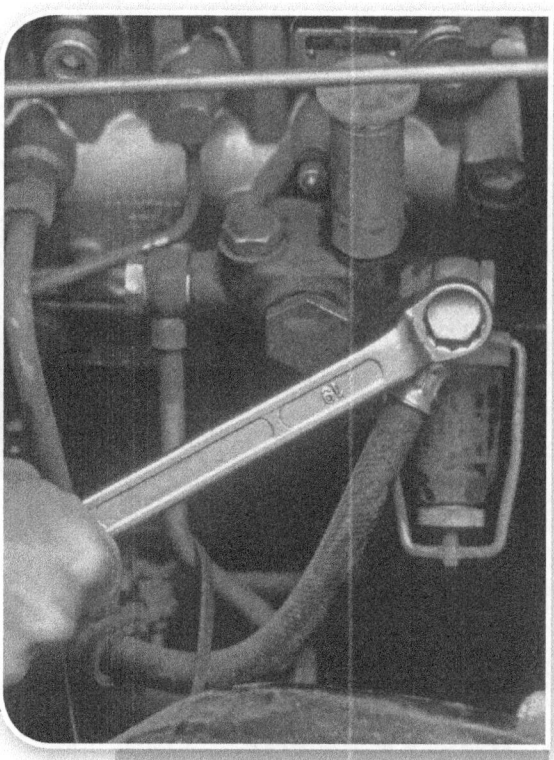

4.1 Momento de uma força — formulação escalar

Quando uma força é aplicada a um corpo, ela produzirá uma tendência de rotação do corpo em torno de um ponto que não está na linha de ação da força. Essa tendência de rotação algumas vezes é chamada de *torque*, mas normalmente é denominada momento de uma força, ou simplesmente *momento*. Por exemplo, considere uma chave usada para desatarrachar o parafuso na Figura 4.1a. Se uma força é aplicada no cabo da chave, ela tenderá a girar o parafuso em torno do ponto O (ou do eixo z). A intensidade do momento é diretamente proporcional à intensidade de **F** e à distância perpendicular ou *braço do momento d*. Quanto maior a força ou quanto mais longo o braço do momento, maior será o momento ou o efeito de rotação. Note que, se a força **F** for aplicada em um ângulo $\theta \neq 90°$ (Figura 4.1b), então será mais difícil girar o parafuso, uma vez que o braço do momento $d' = d \operatorname{sen} \theta$ será menor do que d. Se **F** for aplicado ao longo da chave (Figura 4.1c), seu braço do momento será zero, uma vez que a linha de ação de **F** interceptará o ponto O (o eixo z). Como resultado, o momento de **F** em relação a O também será zero e nenhuma rotação poderá ocorrer.

Podemos generalizar a discussão anterior e considerar a força **F** e o ponto O, que estão situados no plano sombreado, como mostra a Figura 4.2a. O momento **M**$_O$ em relação ao ponto O, ou ainda em relação a um eixo que passa por O e perpendicularmente ao plano, é uma *quantidade vetorial*, uma vez que ele tem intensidade e direção específicas.

Intensidade

A intensidade de **M**$_O$ é

$$M_O = Fd \tag{4.1}$$

Objetivos

- Discutir o conceito do momento de uma força e mostrar como calculá-lo em duas e três dimensões.
- Fornecer um método para a determinação do momento de uma força em relação a um eixo específico.
- Definir o momento de um binário.
- Mostrar como determinar o efeito resultante de um sistema de forças não concorrentes.
- Indicar como reduzir um carregamento distribuído simples a uma força resultante atuando em um local especificado.

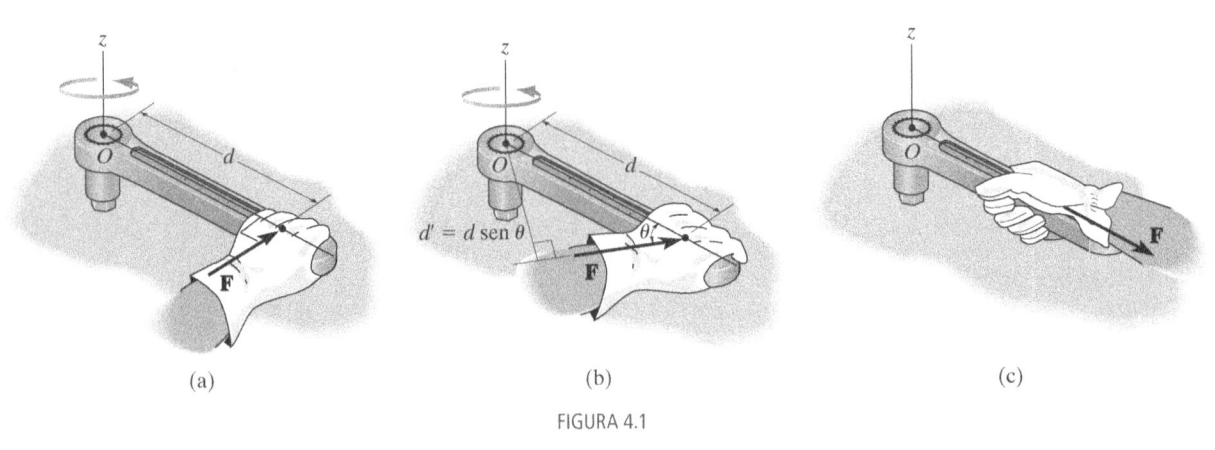

(a)   (b)   (c)

FIGURA 4.1

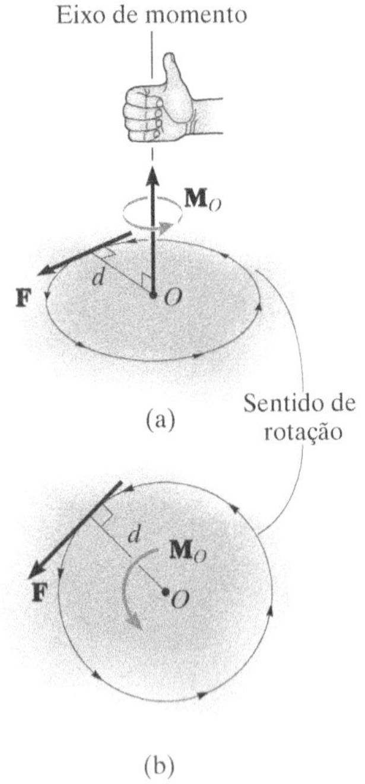

onde *d* é o **braço do momento** ou a *distância perpendicular* do eixo no ponto *O* até a linha de ação da força. As unidades da intensidade do momento consistem da força vezes a distância, por exemplo, N · m.

Direção

A direção de $\mathbf{M}_O$ é definida pelo seu **eixo do momento**, que é perpendicular ao plano que contém a força **F** e seu braço do momento *d*. A regra da mão direita é usada para estabelecer o sentido da direção de $\mathbf{M}_O$. De acordo com essa regra, a curva natural dos dedos da mão direita, quando eles são dobrados em direção à palma, representa a rotação, ou quando esta não é possível, a tendência de rotação causada pelo momento. Quando essa ação é realizada, o polegar da mão direita dará o sentido direcional de $\mathbf{M}_O$ (Figura 4.2a). Note que o vetor do momento é representado tridimensionalmente por uma seta acompanhada por outra curvada ao seu redor. Em duas dimensões, esse vetor é representado apenas pela seta curvada, como mostra a Figura 4.2b. Como, neste caso, o momento tenderá a produzir uma rotação no sentido anti-horário, o vetor do momento está direcionado para fora da página.

FIGURA 4.2

Momento resultante

Para problemas bidimensionais, em que todas as forças estão no plano *x–y* (Figura 4.3), o momento resultante $(\mathbf{M}_R)_O$ em relação ao ponto *O* (o eixo *z*) pode ser determinado pela *adição algébrica* dos momentos causados no sistema por todas as forças. Por convenção, geralmente consideraremos que os *momentos positivos* têm *sentido anti-horário*, uma vez que são direcionados ao longo do eixo positivo *z* (para fora da página). *Momentos no sentido horário serão negativos*. Desse modo, o sentido direcional de cada momento pode ser representado por um sinal de *mais* ou de *menos*. Usando essa convenção de sinais, com uma curvatura simbólica para definir a direção positiva, o momento resultante na Figura 4.3 é:

$$\zeta + (M_R)_O = \Sigma Fd; \qquad (M_R)_O = F_1 d_1 - F_2 d_2 + F_3 d_3$$

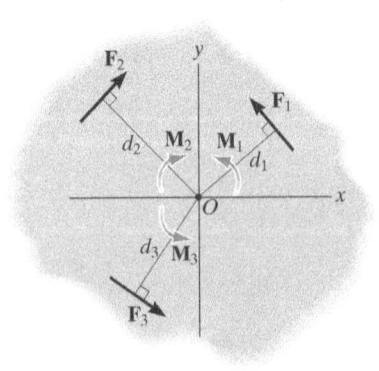

Se o resultado numérico dessa soma for um escalar positivo, $(\mathbf{M}_R)_O$ será um momento no sentido anti-horário (para fora da página); e se o resultado for negativo, $(\mathbf{M}_R)_O$ será um momento no sentido horário (para dentro da página).

FIGURA 4.3

Exemplo 4.1

Determine o momento da força em relação ao ponto O para cada caso ilustrado na Figura 4.4.

SOLUÇÃO (ANÁLISE ESCALAR)

A linha de ação de cada força é prolongada por uma linha tracejada para estabelecer o braço do momento d. As figuras mostram também a tendência de rotação do membro causada pela força. Além disso, a órbita da força em torno de O é representada por uma seta curvada. Assim,

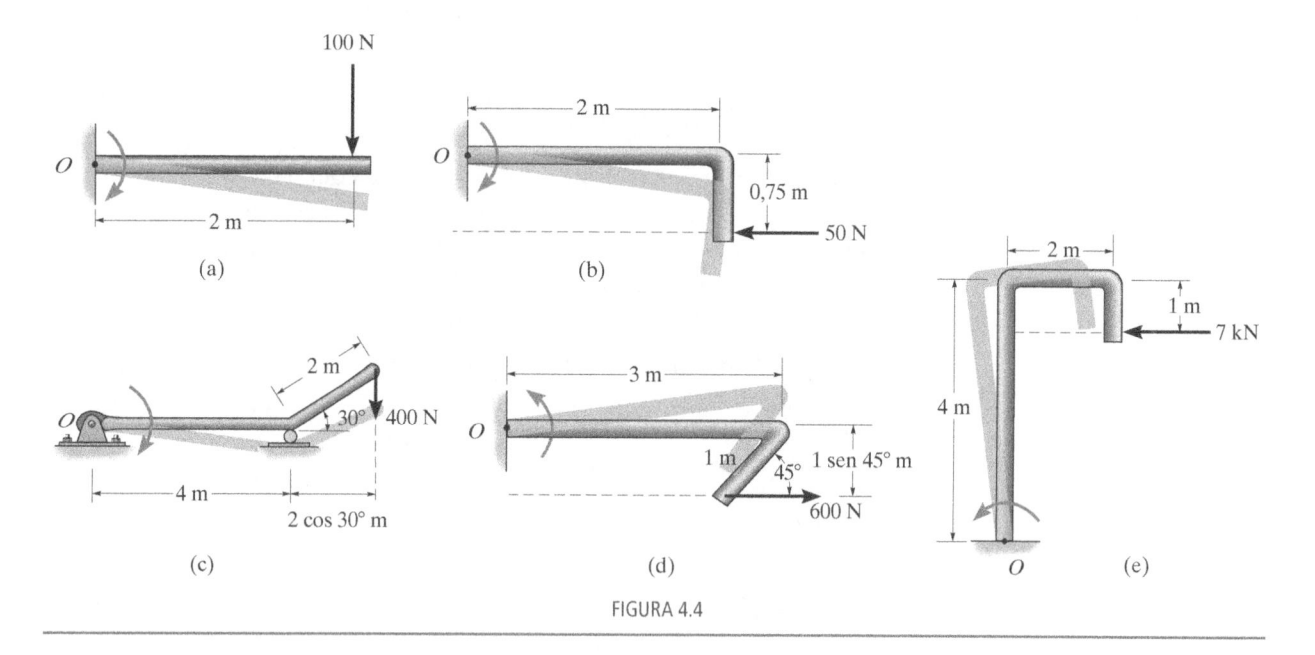

Fig. 4.4a $\quad M_O = (100 \text{ N})(2 \text{ m}) = 200 \text{ N} \cdot \text{m}$ ↻ *Resposta*

Fig. 4.4b $\quad M_O = (50 \text{ N})(0{,}75 \text{ m}) = 37{,}5 \text{ N} \cdot \text{m}$ ↻ *Resposta*

Fig. 4.4c $\quad M_O = (400 \text{ N})(4 \text{ m} + 2 \cos 30° \text{ m}) = 2292{,}82 \text{ N} \cdot \text{m} = 2{,}29 \text{ kN} \cdot \text{m}$ ↻ *Resposta*

Fig. 4.4d $\quad M_O = (600 \text{ N})(1 \text{ sen } 45° \text{ m}) = 424 \text{ N} \cdot \text{m}$ ↺ *Resposta*

Fig. 4.4e $\quad M_O = (7 \text{ kN})(4 \text{ m} - 1 \text{ m}) = 21{,}0 \text{ kN} \cdot \text{m}$ ↺ *Resposta*

FIGURA 4.4

Exemplo 4.2

Determine o momento resultante das quatro forças que atuam na barra mostrada na Figura 4.5 em relação ao ponto O.

SOLUÇÃO

Assumindo que momentos positivos atuam na direção $+\mathbf{k}$, ou seja, no sentido anti-horário, temos:

↺+ $(M_R)_O = \Sigma Fd$;

$(M_R)_O = -50 \text{ N}(2 \text{ m}) + 60 \text{ N}(0) + 20 \text{ N}(3 \text{ sen } 30° \text{ m})$

$\quad\quad\quad -40 \text{ N}(4 \text{ m} + 3 \cos 30° \text{ m})$

$(M_R)_O = -334 \text{ N} \cdot \text{m} = 334 \text{ N} \cdot \text{m}$ ↻ *Resposta*

FIGURA 4.5

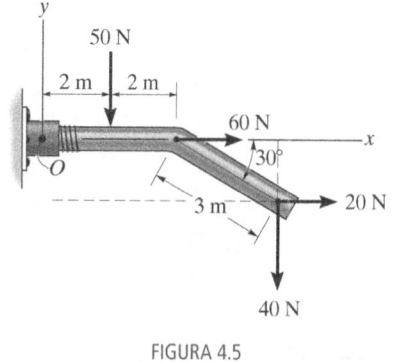

Para esse cálculo, note que as distâncias dos braços dos momentos para as forças de 20 N e 40 N foram estabelecidas pelo prolongamento das linhas de ação (tracejadas) de cada uma dessas forças.

Como ilustrado nos exemplos, o momento de uma força nem sempre provoca rotação. Por exemplo, a força **F** tende a girar a viga no sentido horário em torno de seu suporte em A, com um momento $M_A = Fd_A$. A rotação realmente ocorreria se o suporte em B fosse removido.

A capacidade de remover o prego exigirá que o momento de $\mathbf{F}_H$ em relação ao ponto O seja maior que o momento da força $\mathbf{F}_N$ em relação ao O que é necessário para arrancar o prego.

4.2 Produto vetorial

O momento de uma força será formulado com o uso de vetores cartesianos na próxima seção. Antes disso, porém, é necessário ampliar nosso conhecimento de álgebra vetorial introduzindo o método do produto vetorial ou produto cruzado de multiplicação de vetores, usado inicialmente por Willard Gibbs em palestras dadas no final do século XIX.

O *produto vetorial* de dois vetores **A** e **B** produz o vetor **C**, que é escrito como:

$$\mathbf{C} = \mathbf{A} \times \mathbf{B} \qquad (4.2)$$

e lido como "**C** é igual a **A** vetorial **B**".

Intensidade

A *intensidade* de **C** é definida como o produto entre as intensidades de **A**, de **B** e do seno do ângulo θ entre suas origens ($0° \leq \theta \leq 180°$). Logo, $C = AB \operatorname{sen} \theta$.

Direção

O vetor **C** possui uma *direção* perpendicular ao plano que contém **A** e **B**, de modo que **C** é determinado pela regra da mão direita; ou seja, dobrando os dedos da mão direita a partir do vetor **A** até o vetor **B**, o polegar aponta na direção de **C**, como mostra a Figura 4.6.

Conhecendo-se a direção e a intensidade de **C**, podemos escrever:

$$\mathbf{C} = \mathbf{A} \times \mathbf{B} = (AB \operatorname{sen} \theta)\mathbf{u}_C \qquad (4.3)$$

onde o escalar $AB \operatorname{sen} \theta$ define a *intensidade* de **C** e o vetor unitário $\mathbf{u}_C$ define sua *direção*. Os termos da Equação 4.3 são mostrados graficamente na Figura 4.6.

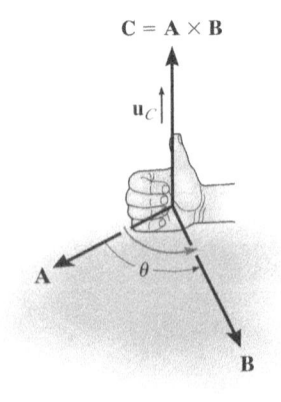

FIGURA 4.6

Propriedades de operação

- A propriedade comutativa *não* é válida; ou seja, $\mathbf{A} \times \mathbf{B} \neq \mathbf{B} \times \mathbf{A}$. Em vez disso,

$$\mathbf{A} \times \mathbf{B} = -\mathbf{B} \times \mathbf{A}$$

- Esse resultado é mostrado na Figura 4.7 utilizando a regra da mão direita. O produto vetorial $\mathbf{B} \times \mathbf{A}$ resulta em um vetor que tem a mesma intensidade, mas atua na direção oposta a $\mathbf{C}$; isto é, $\mathbf{B} \times \mathbf{A} = -\mathbf{C}$.

- Se o produto vetorial for multiplicado por um escalar a, ele obedece à propriedade associativa;

$$a(\mathbf{A} \times \mathbf{B}) = (a\mathbf{A}) \times \mathbf{B} = \mathbf{A} \times (a\mathbf{B}) = (\mathbf{A} \times \mathbf{B})a$$

Essa propriedade é facilmente mostrada, uma vez que a intensidade do vetor resultante ($|a| AB \operatorname{sen} \theta$) e sua direção são as mesmas em cada caso.

- O produto vetorial também obedece à propriedade distributiva da adição,

$$\mathbf{A} \times (\mathbf{B} + \mathbf{D}) = (\mathbf{A} \times \mathbf{B}) + (\mathbf{A} \times \mathbf{D})$$

- A prova dessa identidade é deixada como um exercício (veja o Problema 4.1). É importante notar que a *ordem correta* dos produtos vetoriais deve ser mantida, uma vez que eles não são comutativos.

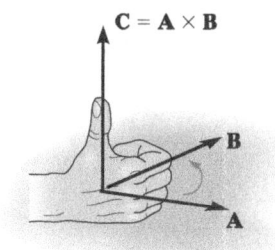

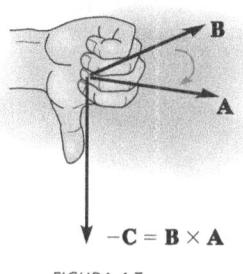

FIGURA 4.7

Formulação do vetor cartesiano

A Equação 4.3 pode ser utilizada para obter o produto vetorial de qualquer par de vetores unitários cartesianos. Por exemplo, para encontrar $\mathbf{i} \times \mathbf{j}$, a intensidade do vetor resultante é $(i)(j)(\operatorname{sen} 90°) = (1)(1)(1) = 1$, e sua direção é determinada usando a regra da mão direita. Como mostra a Figura 4.8, o vetor resultante aponta na direção $+\mathbf{k}$. Portanto, $\mathbf{i} \times \mathbf{j} = (1)\mathbf{k}$. De maneira similar,

$$\begin{array}{ccc}
\mathbf{i} \times \mathbf{j} = \mathbf{k} & \mathbf{i} \times \mathbf{k} = -\mathbf{j} & \mathbf{i} \times \mathbf{i} = \mathbf{0} \\
\mathbf{j} \times \mathbf{k} = \mathbf{i} & \mathbf{j} \times \mathbf{i} = -\mathbf{k} & \mathbf{j} \times \mathbf{j} = \mathbf{0} \\
\mathbf{k} \times \mathbf{i} = \mathbf{j} & \mathbf{k} \times \mathbf{j} = -\mathbf{i} & \mathbf{k} \times \mathbf{k} = \mathbf{0}
\end{array}$$

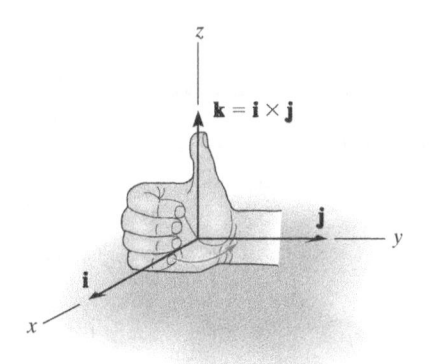

FIGURA 4.8

FIGURA 4.9

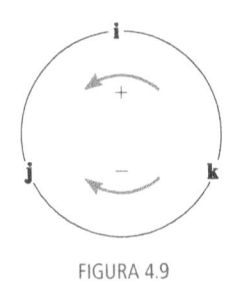

Esses resultados *não* devem ser memorizados; deve-se compreender com clareza como cada um deles é obtido com o uso da regra da mão direita e com a definição do produto vetorial. Um esquema simples, apresentado na Figura 4.9, é útil para a obtenção dos mesmos resultados quando for necessário. Se o círculo é construído de acordo com a figura, então o produto vetorial de dois vetores unitários no sentido *anti-horário* do círculo produz o terceiro vetor unitário *positivo*; por exemplo, $\mathbf{k} \times \mathbf{i} = \mathbf{j}$. Fazendo o produto vetorial no sentido *horário*, um vetor unitário *negativo* é obtido; por exemplo, $\mathbf{i} \times \mathbf{k} = -\mathbf{j}$.

Considere, agora, o produto vetorial de dois vetores quaisquer **A** e **B**, expressos na forma de vetores cartesianos. Temos:

$$\mathbf{A} \times \mathbf{B} = (A_x\mathbf{i} + A_y\mathbf{j} + A_z\mathbf{k}) \times (B_x\mathbf{i} + B_y\mathbf{j} + B_z\mathbf{k})$$
$$= A_xB_x(\mathbf{i} \times \mathbf{i}) + A_xB_y(\mathbf{i} \times \mathbf{j}) + A_xB_z(\mathbf{i} \times \mathbf{k})$$
$$+ A_yB_x(\mathbf{j} \times \mathbf{i}) + A_yB_y(\mathbf{j} \times \mathbf{j}) + A_yB_z(\mathbf{j} \times \mathbf{k})$$
$$+ A_zB_x(\mathbf{k} \times \mathbf{i}) + A_zB_y(\mathbf{k} \times \mathbf{j}) + A_zB_z(\mathbf{k} \times \mathbf{k})$$

Efetuando as operações de produto vetorial e combinando os termos resultantes,

$$\mathbf{A} \times \mathbf{B} = (A_yB_z - A_zB_y)\mathbf{i} - (A_xB_z - A_zB_x)\mathbf{j} + (A_xB_y - A_yB_x)\mathbf{k} \quad (4.4)$$

Essa equação também pode ser escrita na forma mais compacta de um determinante como:

$$\mathbf{A} \times \mathbf{B} = \begin{vmatrix} \mathbf{i} & \mathbf{j} & \mathbf{k} \\ A_x & A_y & A_z \\ B_x & B_y & B_z \end{vmatrix} \quad (4.5)$$

Portanto, para obter o produto vetorial de quaisquer vetores cartesianos **A** e **B**, é necessário expandir um determinante cuja primeira linha de elementos consiste nos vetores unitários **i**, **j** e **k**; e a segunda e terceira linhas são as componentes *x*, *y*, *z* dos dois vetores **A** e **B**, respectivamente.*

---

* Um determinante com três linhas e três colunas pode ser expandido usando-se três menores. Cada um deles deve ser multiplicado por um dos três elementos da primeira linha. Há quatro elementos em cada determinante menor, por exemplo,

$$\begin{vmatrix} A_{11} & A_{12} \\ A_{21} & A_{22} \end{vmatrix}$$

Por *definição*, essa notação do determinante representa os termos $(A_{11}A_{22} - A_{12}A_{21})$. Trata-se, simplesmente, do produto dos dois elementos da diagonal principal $(A_{11}A_{22})$ *menos* o produto dos dois elementos da diagonal secundária $(A_{12}A_{21})$. Para um determinante 3×3, como o da Equação 4.5, os três determinantes menores podem ser construídos de acordo com o seguinte esquema:

Para o elemento **i**: $\begin{vmatrix} \mathbf{i} & \mathbf{j} & \mathbf{k} \\ A_x & A_y & A_z \\ B_x & B_y & B_z \end{vmatrix} = \mathbf{i}(A_yB_z - A_zB_y)$

Para o elemento **j**: $\begin{vmatrix} \mathbf{i} & \mathbf{j} & \mathbf{k} \\ A_x & A_y & A_z \\ B_x & B_y & B_z \end{vmatrix} = -\mathbf{j}(A_xB_z - A_zB_x)$ — Lembre-se do sinal negativo

Para o elemento **k**: $\begin{vmatrix} \mathbf{i} & \mathbf{j} & \mathbf{k} \\ A_x & A_y & A_z \\ B_x & B_y & B_z \end{vmatrix} = \mathbf{k}(A_xB_y - A_yB_x)$

Adicionando os resultados e observando que o elemento **j** *deve incluir o sinal negativo*, chega-se à forma expandida de $\mathbf{A} \times \mathbf{B}$ dada pela Equação 4.4.

4.3 Momento de uma força — formulação vetorial

O momento de uma força **F** em relação a um ponto O ou, mais exatamente, em relação ao eixo do momento que passa por O e é perpendicular ao plano contendo O e **F** (Figura 4.10a) pode ser expresso na forma de um produto vetorial, nominalmente,

$$\mathbf{M}_O = \mathbf{r} \times \mathbf{F} \tag{4.6}$$

Nesse caso, **r** representa um vetor posição dirigido *de O* até *algum ponto* sobre a linha de ação de **F**. Vamos mostrar agora que, de fato, o momento $\mathbf{M}_O$, quando obtido por esse produto vetorial, possui intensidade e direção próprias.

Intensidade

A intensidade do produto vetorial é definida pela Equação 4.3 como $M_O = rF \operatorname{sen} \theta$. O ângulo θ é medido entre as *origens* de **r** e **F**. Para definir esse ângulo, **r** deve ser tratado como um vetor deslizante, de modo que θ possa ser representado corretamente (Figura 4.10b). Uma vez que o braço de momento $d = r \operatorname{sen} \theta$, então:

$$M_O = rF \operatorname{sen} \theta = F(r \operatorname{sen} \theta) = Fd$$

de acordo com a Equação 4.1.

Direção

A direção e o sentido de $\mathbf{M}_O$ na Equação 4.6 são determinados pela regra da mão direita aplicada ao produto vetorial. Assim, deslizando **r** ao longo da linha tracejada e curvando os dedos da mão direita de **r** para **F** ("**r** vetorial **F**"), o polegar fica direcionado para cima ou perpendicular ao plano que contém **r** e **F**, estando, assim, na *mesma direção* de $\mathbf{M}_O$, o momento da força em relação ao ponto O da Figura 4.10b. Note que tanto a "curva" dos dedos como a seta curva em torno do vetor de momento indicam o sentido da rotação causada pela força. Como o produto vetorial não obedece à propriedade comutativa, a ordem de $\mathbf{r} \times \mathbf{F}$ deve ser mantida para produzir o sentido correto da direção para $\mathbf{M}_O$.

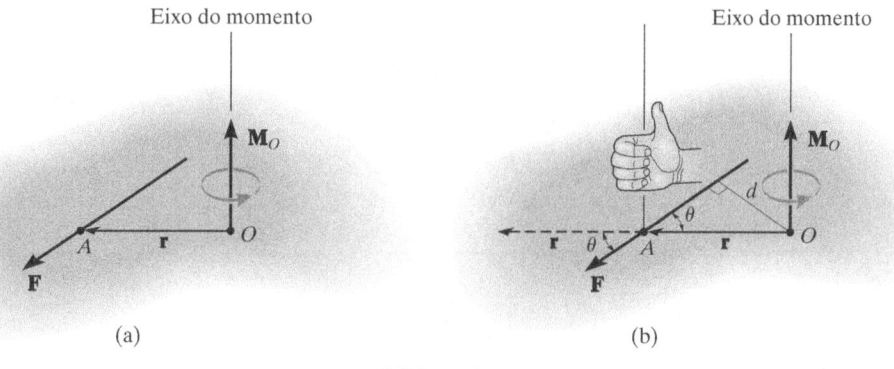

FIGURA 4.10

Princípio da transmissibilidade

A operação do produto vetorial é frequentemente usada em três dimensões, já que a distância perpendicular ou o braço do momento do ponto O à linha de ação da força não é necessário. Em outras palavras, podemos usar qualquer vetor posição **r** medido do ponto O a qualquer ponto sobre a linha de ação da força **F** (Figura 4.11). Assim,

$$\mathbf{M}_O = \mathbf{r}_1 \times \mathbf{F} = \mathbf{r}_2 \times \mathbf{F} = \mathbf{r}_3 \times \mathbf{F}$$

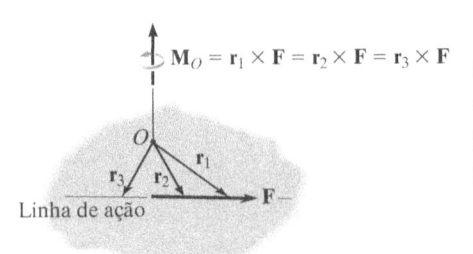

FIGURA 4.11

Como **F** pode ser aplicado em qualquer ponto ao longo de sua linha de ação e ainda criar esse *mesmo momento* em relação ao ponto O, então **F** pode ser considerado um *vetor deslizante*. Essa propriedade é chamada *princípio da transmissibilidade* de uma força.

Formulação do vetor cartesiano

Se estabelecermos os eixos coordenados x, y, z, então o vetor posição **r** e a força **F** podem ser expressos como vetores cartesianos (Figura 4.12a). Aplicando a Equação 4.5, temos:

$$\mathbf{M}_O = \mathbf{r} \times \mathbf{F} = \begin{vmatrix} \mathbf{i} & \mathbf{j} & \mathbf{k} \\ r_x & r_y & r_z \\ F_x & F_y & F_z \end{vmatrix} \quad (4.7)$$

onde:

r_x, r_y, r_z representam as componentes x, y, z do vetor posição definido do ponto O até *qualquer ponto* sobre a linha de ação da força

F_x, F_y, F_z representam as componentes x, y, z do vetor força

Se o determinante for expandido, então, como a Equação 4.4, temos:

$$\mathbf{M}_O = (r_y F_z - r_z F_y)\mathbf{i} - (r_x F_z - r_z F_x)\mathbf{j} + (r_x F_y - r_y F_x)\mathbf{k} \quad (4.8)$$

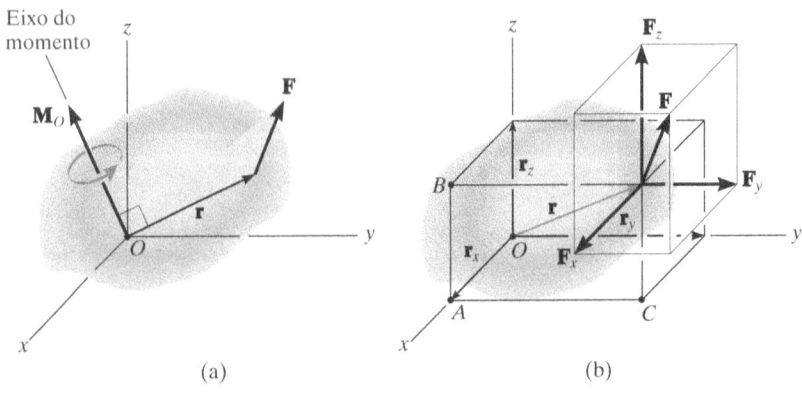

FIGURA 4.12

O significado físico dessas três componentes do momento torna-se evidente ao analisar a Figura 4.12b. Por exemplo, a componente **i** de **M**$_O$ pode ser determinada a partir dos momentos de **F**$_x$, **F**$_y$ e **F**$_z$ em relação ao eixo x. A componente **F**$_x$ *não* gera nenhum momento nem tendência para causar rotação em relação ao eixo x, uma vez que essa força é *paralela* ao eixo x. A linha de ação de **F**$_y$ passa pelo ponto B e, portanto, a intensidade do momento de **F**$_y$ em relação ao ponto A no eixo x é r_zF_y. Pela regra da mão direita, essa componente age na direção *negativa* de **i**. Da mesma forma, **F**$_z$ passa pelo ponto C e, assim, contribui com uma componente do momento de r_yF_z**i** em relação ao eixo x. Portanto, $(M_O)_x = (r_yF_z - r_zF_y)$, como mostra a Equação 4.8. Como um exercício, determine as componentes **j** e **k** de **M**$_O$ dessa maneira e mostre que realmente a forma expandida do determinante (Equação 4.8) representa o momento de **F** em relação ao ponto O. Quando **M**$_O$ for determinado, observe que ele sempre será *perpendicular* ao plano em cinza contendo os vetores **r** e **F** (Figura 4.12a).

Momento resultante de um sistema de forças

Se um corpo é submetido à ação de um sistema de forças (Figura 4.13), o momento resultante das forças em relação ao ponto O pode ser determinado pela adição vetorial do momento de cada força. Essa resultante pode ser escrita simbolicamente como:

$$(\mathbf{M}_R)_O = \Sigma(\mathbf{r} \times \mathbf{F}) \quad (4.9)$$

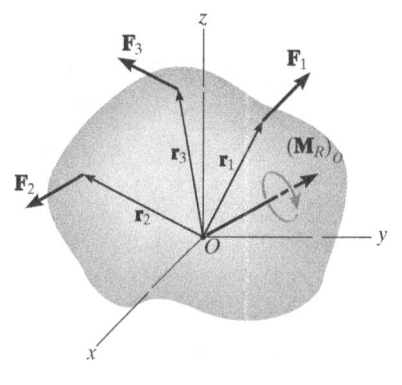

FIGURA 4.13

Exemplo 4.3

Determine o momento produzido pela força **F** na Figura 4.14a em relação ao ponto O. Expresse o resultado como um vetor cartesiano.

SOLUÇÃO

Como mostra a Figura 4.14b, tanto **r**$_A$ quanto **r**$_B$ podem ser usados para determinar o momento em relação ao ponto O. Esses vetores posição são:

$$\mathbf{r}_A = \{12\mathbf{k}\} \text{ m} \quad \text{e} \quad \mathbf{r}_B = \{4\mathbf{i} + 12\mathbf{j}\} \text{ m}$$

A força **F** expressa como um vetor cartesiano é:

$$\mathbf{F} = F\mathbf{u}_{AB} = 2 \text{ kN}\left[\frac{\{4\mathbf{i} + 12\mathbf{j} - 12\mathbf{k}\} \text{ m}}{\sqrt{(4 \text{ m})^2 + (12 \text{ m})^2 + (-12 \text{ m})^2}}\right]$$

$$= \{0{,}4588\mathbf{i} + 1{,}376\mathbf{j} - 1{,}376\mathbf{k}\} \text{ kN}$$

(a)

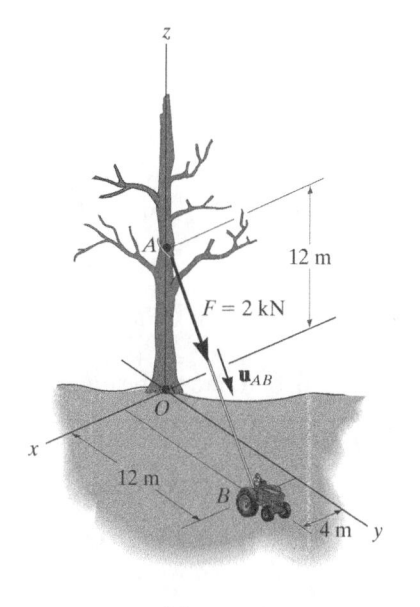

FIGURA 4.14

Assim,

$$\mathbf{M}_O = \mathbf{r}_A \times \mathbf{F} = \begin{vmatrix} \mathbf{i} & \mathbf{j} & \mathbf{k} \\ 0 & 0 & 12 \\ 0,4588 & 1,376 & -1,376 \end{vmatrix}$$

$$= [0(-1,376) - 12(1,376)]\mathbf{i} - [0(-1,376) - 12(0,4588)]\mathbf{j} + [0(1,376) - 0(0,4588)]\mathbf{k}$$

$$= \{-16,5\mathbf{i} + 5,51\mathbf{j}\} \text{ kN} \cdot \text{m} \qquad \textit{Resposta}$$

ou

$$\mathbf{M}_O = \mathbf{r}_B \times \mathbf{F} = \begin{vmatrix} \mathbf{i} & \mathbf{j} & \mathbf{k} \\ 4 & 12 & 0 \\ 0,4588 & 1,376 & -1,376 \end{vmatrix}$$

$$= [12(-1,376) - 0(1,376)]\mathbf{i} - [4(-1,376) - 0(0,4588)]\mathbf{j} + [4(1,376) - 12(0,4588)]\mathbf{k}$$

$$= \{-16,5\mathbf{i} + 5,51\mathbf{j}\} \text{ kN} \cdot \text{m} \qquad \textit{Resposta}$$

NOTA: como mostra a Figura 4.14b, $\mathbf{M}_O$ age perpendicularmente ao plano que contém $\mathbf{F}$, $\mathbf{r}_A$ e $\mathbf{r}_B$. Veja a dificuldade que surgiria para obter o braço do momento d se esse problema tivesse sido resolvido usando $M_O = Fd$.

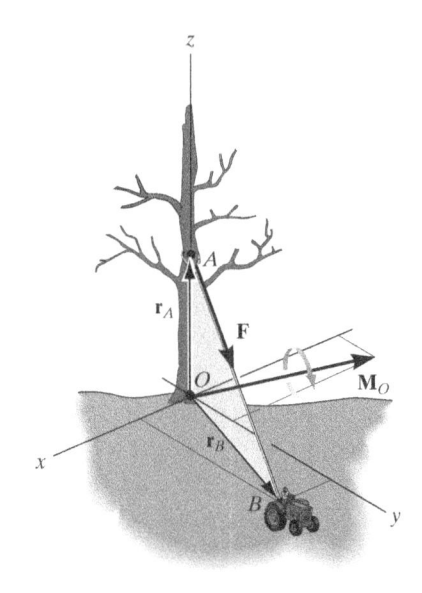

FIGURA 4.14 (cont.)

Exemplo 4.4

Duas forças agem sobre o elemento estrutural mostrado na Figura 4.15a. Determine o momento resultante que elas criam em relação à flange em O. Expresse o resultado como um vetor cartesiano.

SOLUÇÃO

Os vetores posição estão direcionados do ponto O até cada força, como mostra a Figura 4.15b. Esses vetores são:

$$\mathbf{r}_A = \{5\mathbf{j}\} \text{ m}$$
$$\mathbf{r}_B = \{4\mathbf{i} + 5\mathbf{j} - 2\mathbf{k}\} \text{ m}$$

Logo, o momento resultante em relação a O é:

$$(\mathbf{M}_R)_O = \Sigma(\mathbf{r} \times \mathbf{F})$$

$$= \mathbf{r}_A \times \mathbf{F}_1 + \mathbf{r}_B \times \mathbf{F}_2$$

$$= \begin{vmatrix} \mathbf{i} & \mathbf{j} & \mathbf{k} \\ 0 & 5 & 0 \\ -6 & 4 & 2 \end{vmatrix} + \begin{vmatrix} \mathbf{i} & \mathbf{j} & \mathbf{k} \\ 4 & 5 & -2 \\ 8 & 4 & -3 \end{vmatrix}$$

$$= [5(2) - 0(4)]\mathbf{i} - [0]\mathbf{j} + [0(4) - (5)(-6)]\mathbf{k}$$
$$+ [5(-3) - (-2)(4)]\mathbf{i} - [4(-3) - (-2)(8)]\mathbf{j} + [4(4) - 5(8)]\mathbf{k}$$

$$= \{3\mathbf{i} - 4\mathbf{j} + 6\mathbf{k}\} \text{ kN} \cdot \text{m} \qquad \textit{Resposta}$$

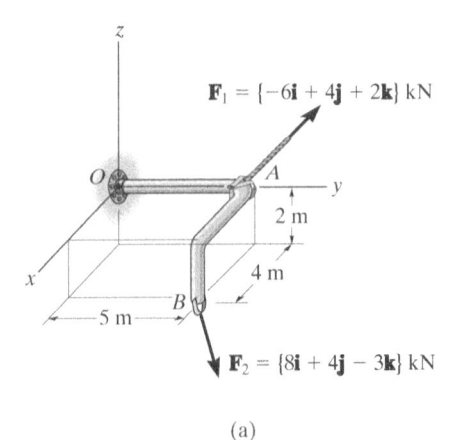

FIGURA 4.15

NOTA: esse resultado é mostrado na Figura 4.15c. Os ângulos diretores coordenados foram determinados a partir do vetor unitário de $(\mathbf{M}_R)_O$. Repare que as duas forças tendem a fazer com que o elemento gire em torno do eixo do momento conforme mostra a seta curva indicada no vetor momento.

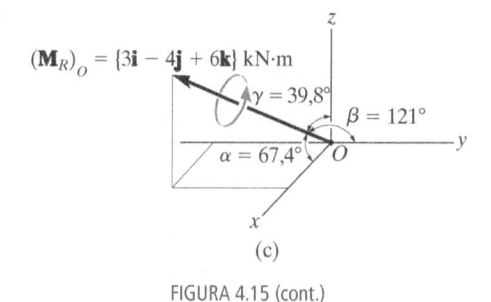

$(\mathbf{M}_R)_O = \{3\mathbf{i} - 4\mathbf{j} + 6\mathbf{k}\}$ kN·m

$\gamma = 39{,}8°$
$\beta = 121°$
$\alpha = 67{,}4°$

(c)

FIGURA 4.15 (cont.)

4.4 O princípio dos momentos

Um conceito bastante usado na mecânica é o *princípio dos momentos*, que algumas vezes é referido como o **teorema de Varignon**, já que foi originalmente desenvolvido pelo matemático francês Pierre Varignon (1654--1722). Ele estabelece que *o momento de uma força em relação a um ponto é igual à soma dos momentos das componentes da força em relação ao mesmo ponto*. Esse teorema pode ser facilmente provado usando o produto vetorial, uma vez que o produto vetorial obedece à *propriedade distributiva*. Por exemplo, considere os momentos da força **F** e de duas de suas componentes em relação ao ponto O (Figura 4.16). Como $\mathbf{F} = \mathbf{F}_1 + \mathbf{F}_2$, temos:

$$\mathbf{M}_O = \mathbf{r} \times \mathbf{F} = \mathbf{r} \times (\mathbf{F}_1 + \mathbf{F}_2) = \mathbf{r} \times \mathbf{F}_1 + \mathbf{r} \times \mathbf{F}_2$$

Para problemas bidimensionais (Figura 4.17), podemos usar o princípio dos momentos decompondo a força em suas componentes retangulares e, depois, determinar o momento usando uma análise escalar. Logo,

$$M_O = F_x y - F_y x$$

Esse método normalmente é mais fácil do que determinar o mesmo momento usando $M_O = Fd$.

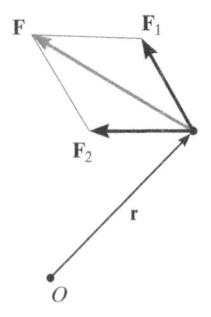

FIGURA 4.16

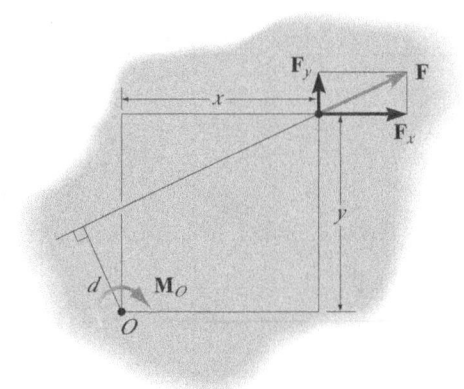

FIGURA 4.17

O momento da força aplicada em relação ao ponto O é $M_O = Fd$. Porém, é mais fácil determinar esse momento usando $M_O = F_x(0) + F_y r = F_y r$.

Pontos importantes

- O momento de uma força cria a tendência de um corpo girar em torno de um eixo passando por um ponto específico O.
- Usando a regra da mão direita, o sentido da rotação é indicado pela curva dos dedos, e o polegar é direcionado ao longo do eixo do momento, ou linha de ação do momento.
- A intensidade do momento é determinada através de $M_O = Fd$, onde d é chamado o braço do momento, que representa a distância perpendicular ou mais curta do ponto O à linha de ação da força.
- Em três dimensões, o produto vetorial é usado para determinar o momento, ou seja, $\mathbf{M}_O = \mathbf{r} \times \mathbf{F}$. Lembre-se de que $\mathbf{r}$ está direcionado *do* ponto O *para qualquer ponto* sobre a linha de ação de $\mathbf{F}$.

Exemplo 4.5

Determine o momento da força na Figura 4.18a em relação ao ponto O.

SOLUÇÃO I

O braço do momento d na Figura 4.18a pode ser determinado por meio da trigonometria.

$$d = (3 \text{ m}) \text{ sen } 75° = 2{,}898 \text{ m}$$

Logo,

$$M_O = Fd = (5 \text{ kN})(2{,}898 \text{ m}) = 14{,}5 \text{ kN} \cdot \text{m} \quad \textit{Resposta}$$

Como a força tende a girar ou orbitar no sentido horário em torno do ponto O, o momento está direcionado para dentro da página.

SOLUÇÃO II

As componentes x e y da força são indicadas na Figura 4.18b. Considerando os momentos no sentido anti-horário como positivos e aplicando o princípio dos momentos, temos:

$$\zeta+ M_O = -F_x d_y - F_y d_x$$
$$= -(5 \cos 45° \text{ kN})(3 \text{ sen } 30° \text{ m}) - (5 \text{ sen } 45° \text{ kN})(3 \cos 30° \text{ m})$$
$$= -14{,}5 \text{ kN} \cdot \text{m} = 14{,}5 \text{ kN} \cdot \text{m} \quad \textit{Resposta}$$

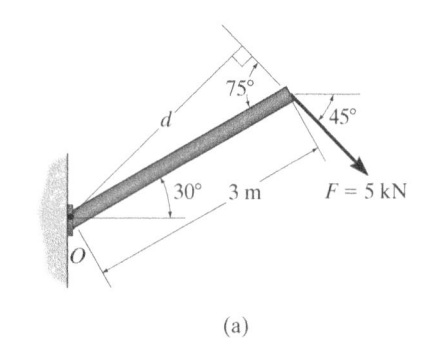

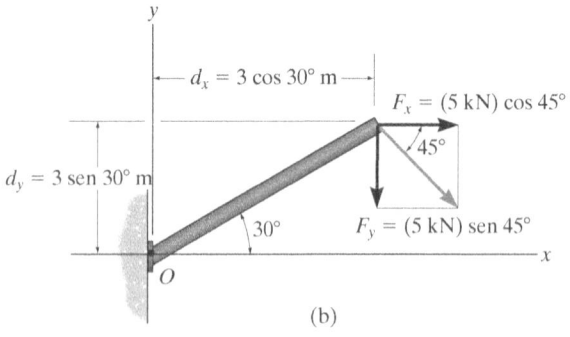

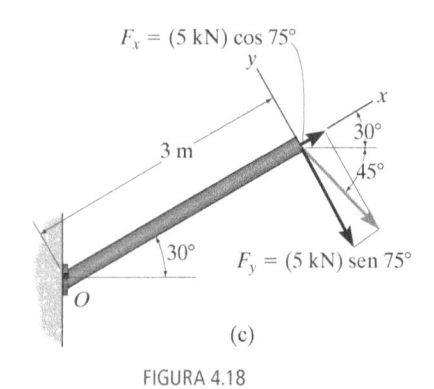

SOLUÇÃO III

Os eixos x e y podem ser definidos paralela e perpendicularmente ao eixo da viga, como mostra a Figura 4.18c. Aqui, $\mathbf{F}_x$ não produz momento algum em relação ao ponto O, já que sua linha de ação passa por esse ponto. Portanto,

$$\zeta+ M_O = -F_y d_x$$
$$= -(5 \text{ sen } 75° \text{ kN})(3 \text{ m})$$
$$= -14{,}5 \text{ kN} \cdot \text{m} = 14{,}5 \text{ kN} \cdot \text{m} \quad \textit{Resposta}$$

FIGURA 4.18

Exemplo 4.6

A força **F** age na extremidade da cantoneira mostrada na Figura 4.19a. Determine o momento da força em relação ao ponto O.

SOLUÇÃO I (ANÁLISE ESCALAR)

A força é decomposta em suas componentes x e y, como mostra a Figura 4.19b; então,

$$\zeta+ M_O = 400 \operatorname{sen} 30° \text{ N}(0,2 \text{ m}) - 400 \cos 30° \text{ N}(0,4 \text{ m})$$
$$= -98,6 \text{ N} \cdot \text{m} = 98,6 \text{ N} \cdot \text{m} \downarrow$$

ou

$$\mathbf{M}_O = \{-98,6\mathbf{k}\} \text{ N} \cdot \text{m} \qquad \textit{Resposta}$$

SOLUÇÃO II (ANÁLISE VETORIAL)

Empregando uma abordagem do vetor cartesiano, os vetores de força e de posição mostrados na Figura 4.19c são:

$$\mathbf{r} = \{0,4\mathbf{i} - 0,2\mathbf{j}\} \text{ m}$$
$$\mathbf{F} = \{400 \operatorname{sen} 30° \mathbf{i} - 400 \cos 30° \mathbf{j}\} \text{ N}$$
$$= \{200,0\mathbf{i} - 346,4\mathbf{j}\} \text{ N}$$

Portanto, o momento é:

$$\mathbf{M}_O = \mathbf{r} \times \mathbf{F} = \begin{vmatrix} \mathbf{i} & \mathbf{j} & \mathbf{k} \\ 0,4 & -0,2 & 0 \\ 200,0 & -346,4 & 0 \end{vmatrix}$$
$$= 0\mathbf{i} - 0\mathbf{j} + [0,4(-346,4) - (-0,2)(200,0)]\mathbf{k}$$
$$= \{-98,6\mathbf{k}\} \text{ N} \cdot \text{m} \qquad \textit{Resposta}$$

NOTA: observe que a análise escalar (Solução I) fornece um *método mais conveniente* para análise que a Solução II, já que a direção e o braço do momento para cada força componente são fáceis de estabelecer. Assim, esse método geralmente é recomendado para resolver problemas apresentados em duas dimensões, enquanto uma análise de vetor cartesiano é recomendada apenas para resolver problemas tridimensionais.

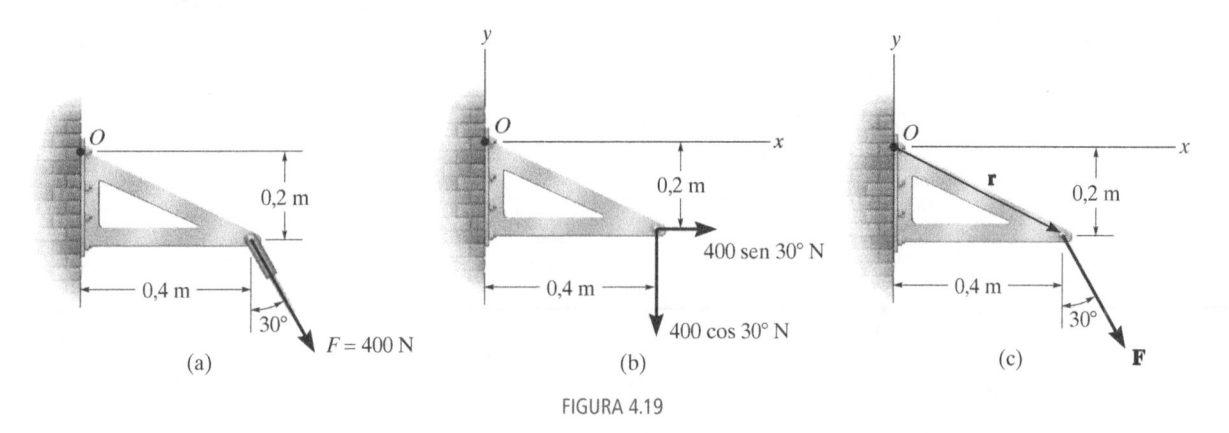

FIGURA 4.19

Problemas preliminares

P4.1. Em cada caso, determine o momento da força em relação ao ponto O.

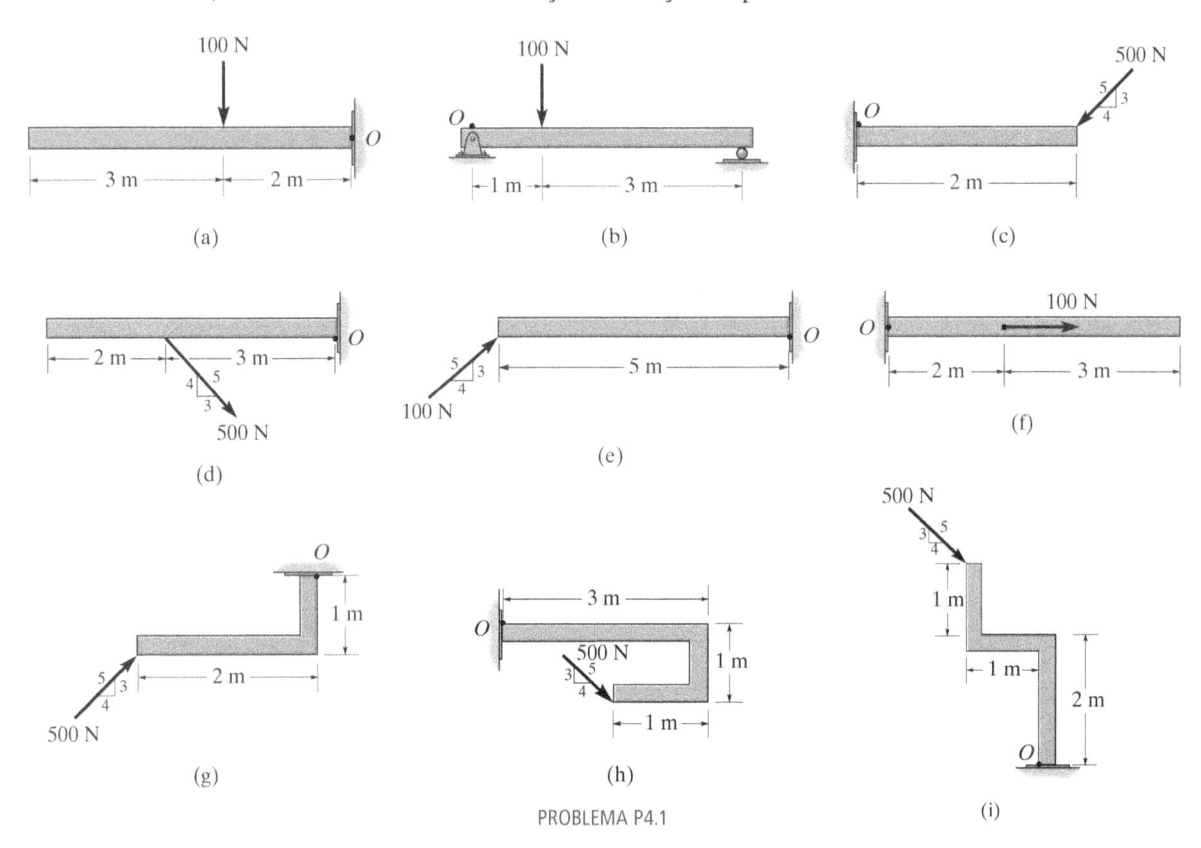

PROBLEMA P4.1

P4.2. Em cada caso, estabeleça o determinante para achar o momento da força em relação ao ponto P.

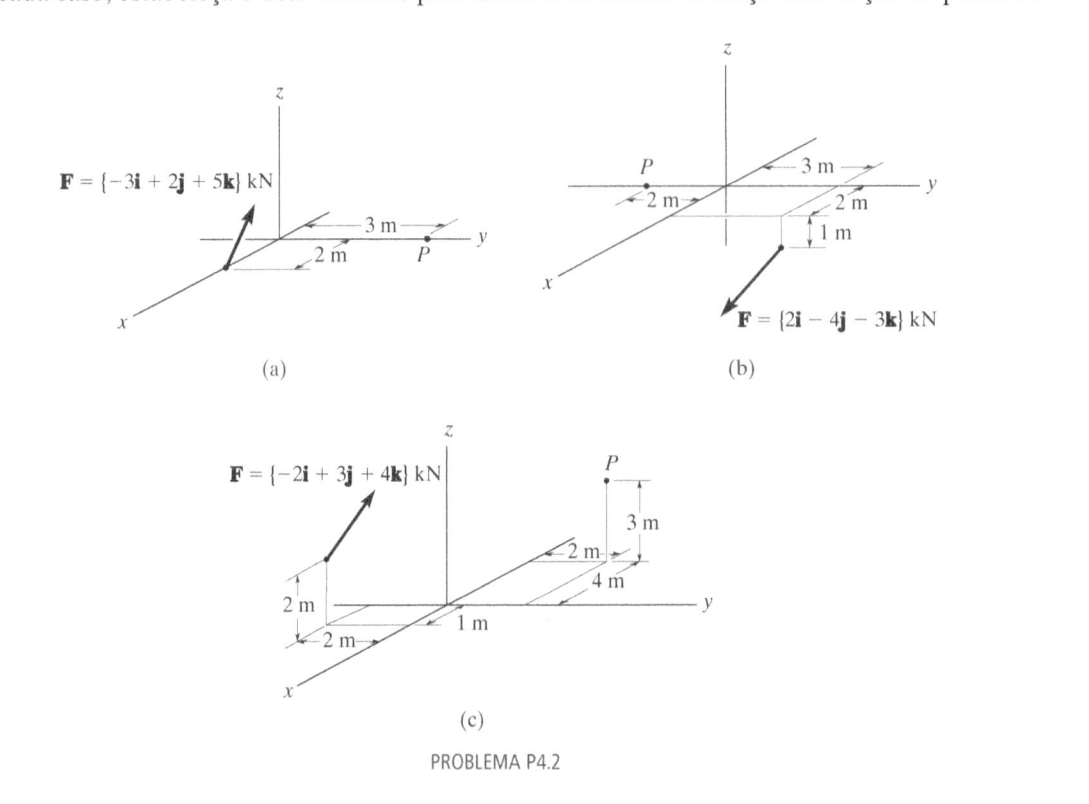

(a) $\mathbf{F} = \{-3\mathbf{i} + 2\mathbf{j} + 5\mathbf{k}\}$ kN

(b) $\mathbf{F} = \{2\mathbf{i} - 4\mathbf{j} - 3\mathbf{k}\}$ kN

(c) $\mathbf{F} = \{-2\mathbf{i} + 3\mathbf{j} + 4\mathbf{k}\}$ kN

PROBLEMA P4.2

Problemas fundamentais

F4.1. Determine o momento da força em relação ao ponto O.

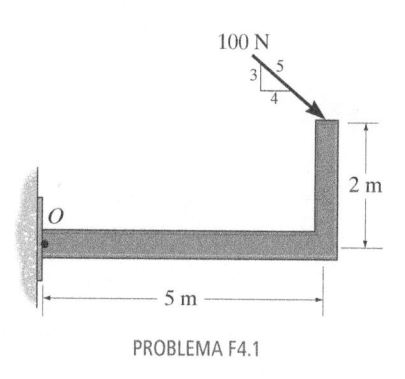

PROBLEMA F4.1

F4.2. Determine o momento da força em relação ao ponto O.

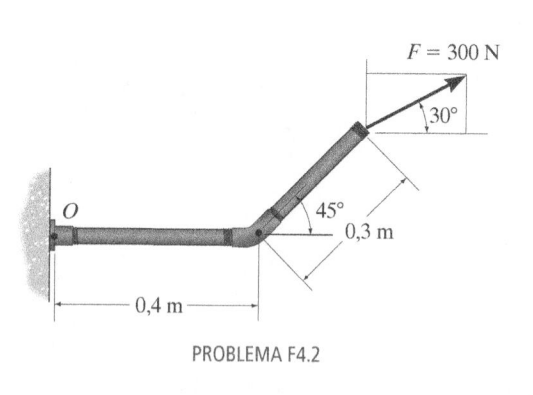

PROBLEMA F4.2

F4.3. Determine o momento da força em relação ao ponto O.

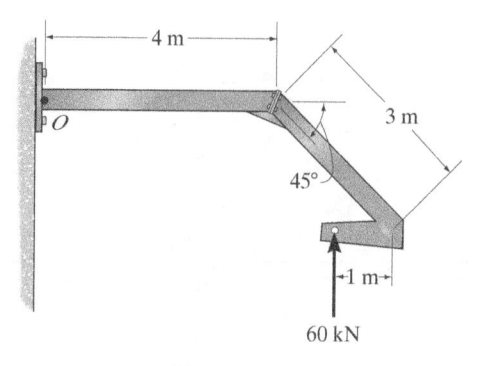

PROBLEMA F4.3

F4.4. Determine o momento da força em relação ao ponto O. Despreze a espessura do membro.

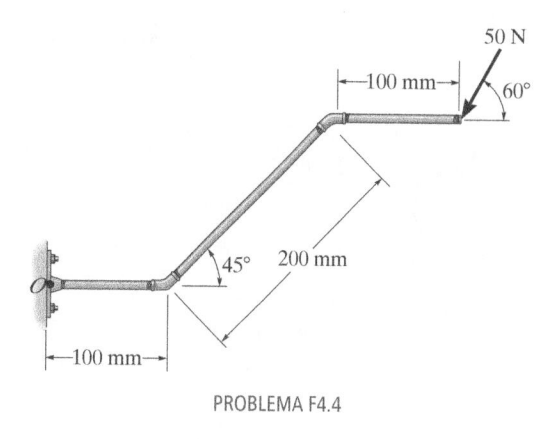

PROBLEMA F4.4

F4.5. Determine o momento da força em relação ao ponto O.

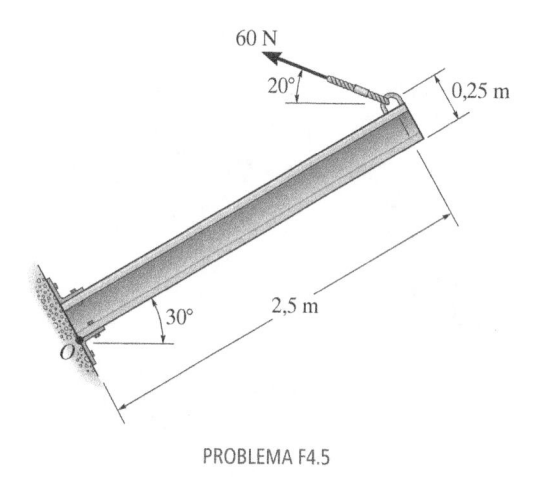

PROBLEMA F4.5

F4.6. Determine o momento da força em relação ao ponto O.

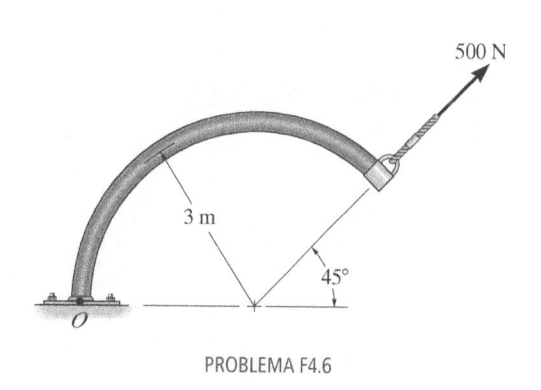

PROBLEMA F4.6

F4.7. Determine o momento resultante produzido pelas forças em relação ao ponto O.

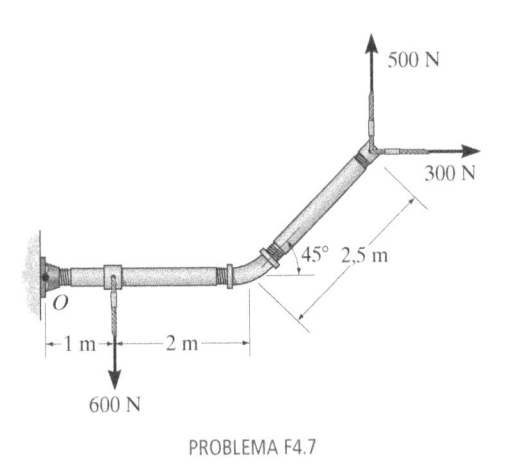

PROBLEMA F4.7

F4.8. Determine o momento resultante produzido pelas forças em relação ao ponto O.

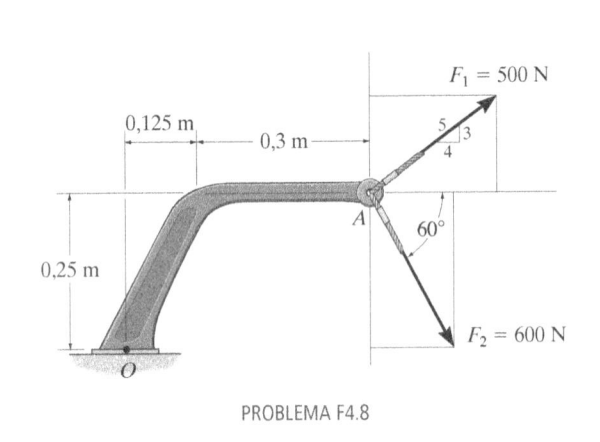

PROBLEMA F4.8

F4.9. Determine o momento resultante produzido pelas forças em relação ao ponto O.

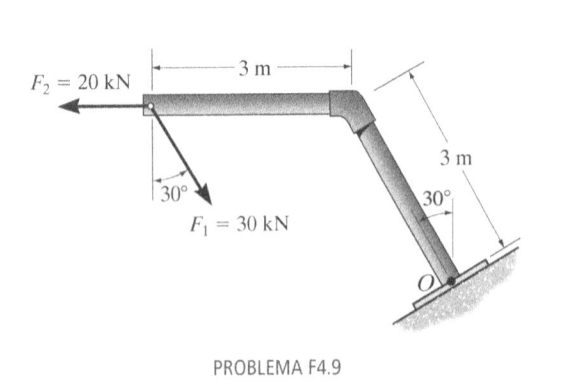

PROBLEMA F4.9

F4.10. Determine o momento da força **F** em relação ao ponto O. Expresse o resultado como um vetor cartesiano.

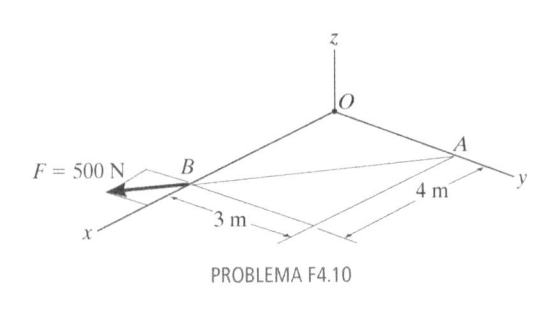

PROBLEMA F4.10

F4.11. Determine o momento da força **F** em relação ao ponto O. Expresse o resultado como um vetor cartesiano.

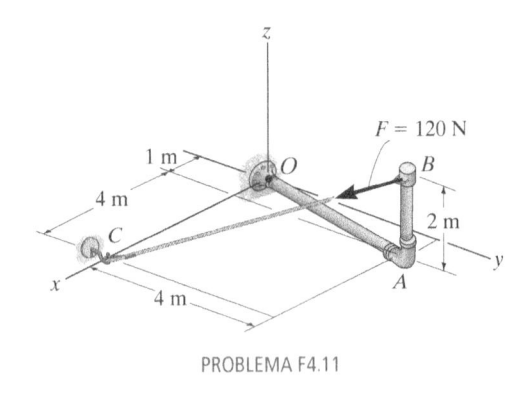

PROBLEMA F4.11

F4.12. Se $\mathbf{F}_1 = \{100\mathbf{i} - 120\mathbf{j} + 75\mathbf{k}\}$ N e $\mathbf{F}_2 = \{-200\mathbf{i} + 250\mathbf{j} + 100\mathbf{k}\}$ N, determine o momento resultante produzido por essas forças em relação ao ponto O. Expresse o resultado como um vetor cartesiano.

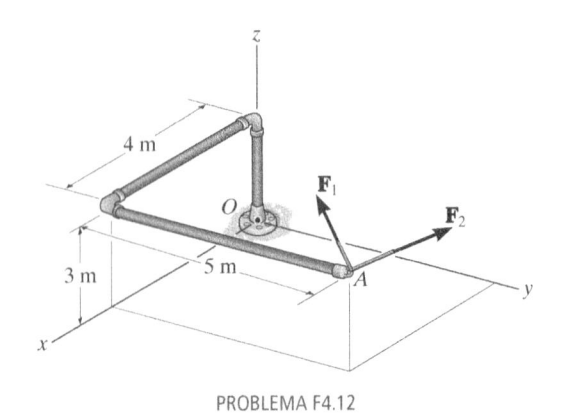

PROBLEMA F4.12

Problemas

4.1. Se **A**, **B** e **D** são vetores, prove a propriedade distributiva para o produto vetorial, ou seja, $\mathbf{A} \times (\mathbf{B} + \mathbf{D}) = (\mathbf{A} \times \mathbf{B}) + (\mathbf{A} \times \mathbf{D})$.

4.2. Prove a identidade do produto triplo escalar $\mathbf{A} \cdot (\mathbf{B} \times \mathbf{C}) = (\mathbf{A} \times \mathbf{B}) \cdot \mathbf{C}$.

4.3. Dados os três vetores não nulos **A**, **B** e **C**, mostre que, se $\mathbf{A} \cdot (\mathbf{B} \times \mathbf{C}) = 0$, os três vetores *necessitam* estar no mesmo plano.

*4.4. Determine a intensidade e o sentido direcional da força em A em relação ao ponto O.

4.5. Determine a intensidade e o sentido direcional do momento da força em A em relação ao ponto P.

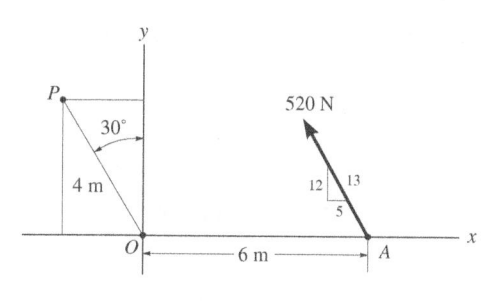

PROBLEMAS 4.4 e 4.5

4.6. A grua pode ser ajustada para qualquer ângulo $0° \leq \theta \leq 90°$ e qualquer extensão $0 \leq x \leq 5$ m. Para uma massa suspensa de 120 kg, determine o momento desenvolvido em A em função de x e θ. Que valores de x e θ desenvolvem o momento máximo possível em A? Calcule esse momento. Desconsidere o tamanho da polia em B.

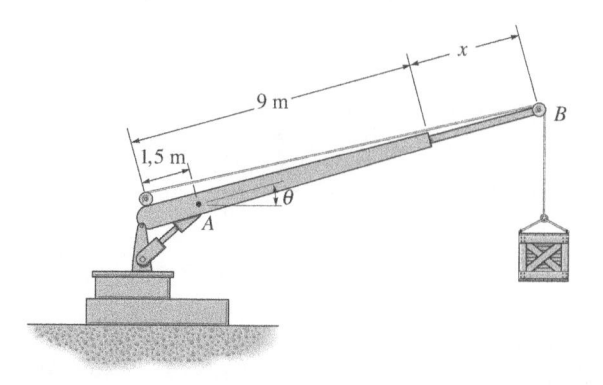

PROBLEMA 4.6

4.7. O cabo de reboque exerce uma força $P = 6$ kN na extremidade da lança do guindaste de 8 m de comprimento. Se $\theta = 30°$, determine o posicionamento x do gancho em B para que essa força crie um momento máximo em relação ao ponto O. Qual é esse momento?

*4.8. O cabo de reboque exerce uma força $P = 6$ kN na extremidade da lança do guindaste de 8 m de comprimento. Se $x = 10$ m, determine a posição θ da lança para que essa força crie um momento máximo em relação ao ponto O. Qual é esse momento?

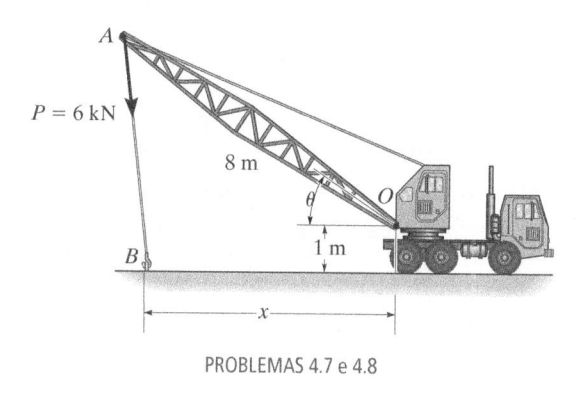

PROBLEMAS 4.7 e 4.8

4.9. A força horizontal de 20 N atua sobre o cabo da chave de soquete. Qual é o momento dessa força em relação ao ponto B? Especifique os ângulos diretores coordenados α, β, γ do eixo do momento.

4.10. A força horizontal de 20 N atua sobre o cabo da chave de soquete. Determine o momento dessa força em relação ao ponto O. Especifique os ângulos diretores coordenados α, β, γ do eixo do momento.

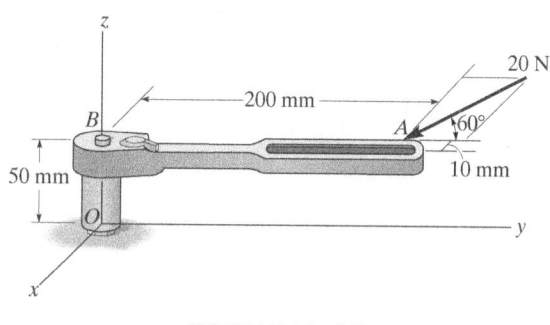

PROBLEMAS 4.9 e 4.10

4.11. Determine o momento produzido por cada força em relação ao ponto A.

*4.12. Determine o momento produzido por cada força em relação ao ponto B.

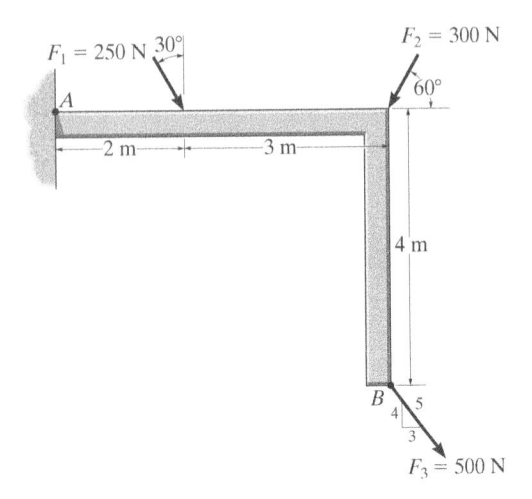

*4.16. A cancela de travessia da linha férrea consiste em um braço de 100 kg com um centro de massa em G_a e o contrapeso de 250 kg com um centro de massa em G_W. Determine a intensidade e o sentido direcional do momento resultante produzido pelos pesos em relação ao ponto B.

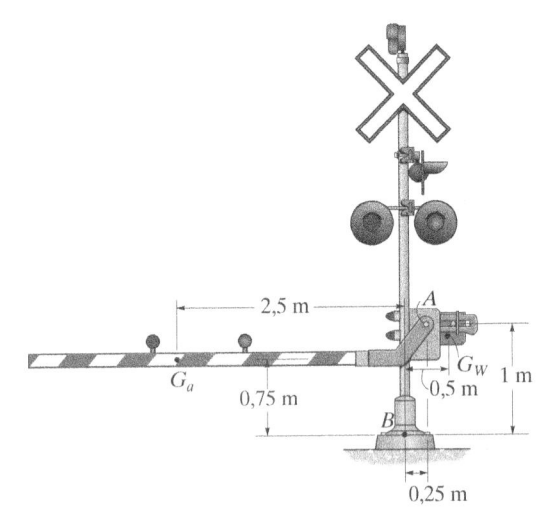

PROBLEMAS 4.11 e 4.12

4.13. O elemento BC conectado à chave inglesa é usado para aumentar o seu braço de alavanca, conforme mostra a figura. Se um momento em sentido horário $M_A = 120$ N · m é necessário para apertar o parafuso em A e a força $F = 200$ N, determine a extensão exigida d a fim de desenvolver esse momento.

4.14. O elemento BC conectado à chave inglesa é usado para aumentar o braço de alavanca da chave, conforme mostra a figura. Se um momento em sentido horário $M_A = 120$ N · m é necessário para apertar o parafuso em A e a extensão $d = 300$ mm, determine a força exigida **F** a fim de desenvolver esse momento.

PROBLEMAS 4.15 e 4.16

4.17. O torquímetro ABC é usado para medir o momento ou torque aplicado a um parafuso quando ele está localizado em A e uma força é aplicada à alça em C. O mecânico lê o torque na escala em B. Se uma extensão AO com comprimento d for usada na chave, determine a leitura na escala necessária se o torque desejado no parafuso em O tiver de ser M.

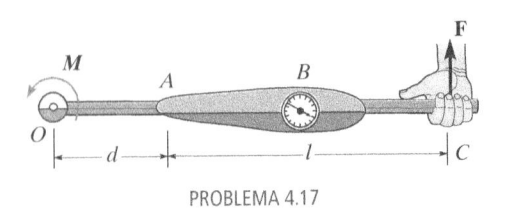

PROBLEMA 4.17

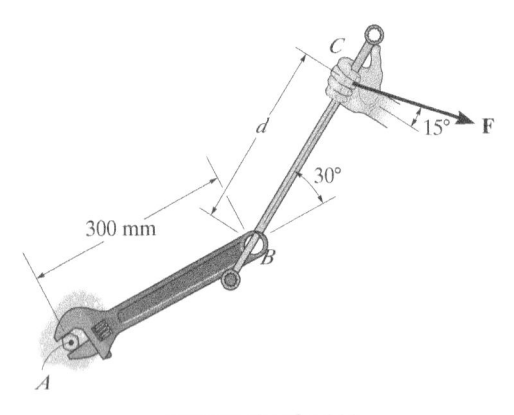

PROBLEMAS 4.13 e 4.14

4.15. A cancela de travessia da linha férrea consiste em um braço de 100 kg com um centro de massa em G_a e o contrapeso de 250 kg com um centro de massa em G_W. Determine a intensidade e o sentido direcional do momento resultante produzido pelos pesos em relação ao ponto A.

4.18. A força de 70 N age na extremidade do tubo em B. Determine (a) o momento dessa força em relação ao ponto A e (b) a intensidade e a direção de uma força horizontal, aplicada em C, que produz o mesmo momento. Considere $\theta = 60°$.

4.19. A força de 70 N age na extremidade do tubo em B. Determine os ângulos θ ($0° \leq \theta \leq 180°$) da força que produzirão os momentos máximo e mínimo em relação ao ponto A. Quais são as intensidades desses momentos?

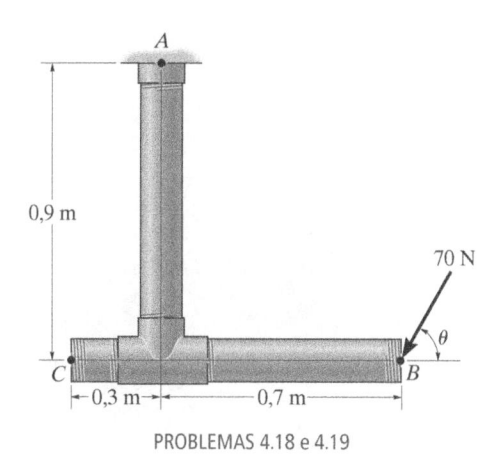

PROBLEMAS 4.18 e 4.19

***4.20.** Determine o momento da força **F** em relação ao ponto O. Expresse o resultado como um vetor cartesiano.

4.21. Determine o momento da força **F** em relação ao ponto P. Expresse o resultado como um vetor cartesiano.

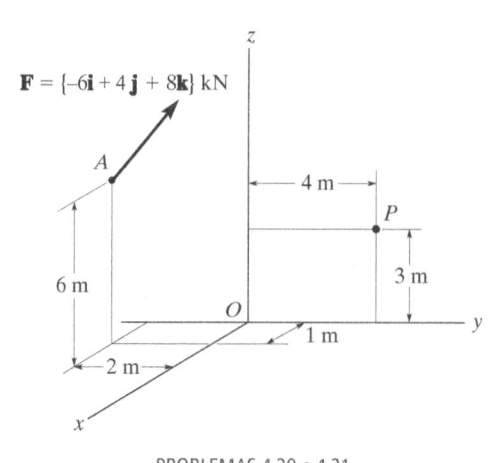

PROBLEMAS 4.20 e 4.21

4.22. Determine a intensidade da força **F** que deverá ser aplicada na extremidade da alavanca, de modo que essa força crie um momento em sentido horário de 15 N · m em relação ao ponto O quando $\theta = 30°$.

4.23. Se a força $F = 100$ N, determine o ângulo θ ($0 \le \theta \le 90°$), de modo que a força desenvolva um momento em sentido horário em relação ao ponto O de 20 N · m.

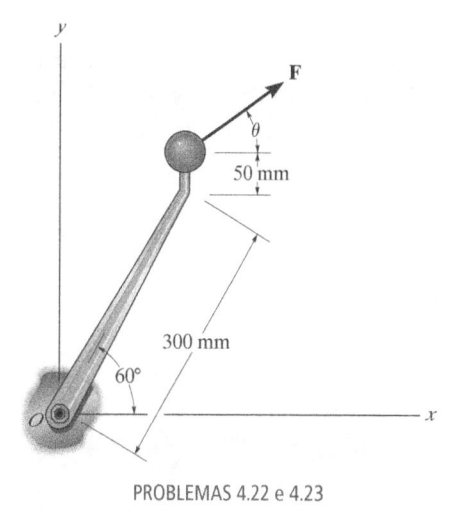

PROBLEMAS 4.22 e 4.23

*4.24. A força do tendão de Aquiles $F_t = 650$ N é mobilizada quando o homem tenta ficar na ponta dos pés. Quando isso é feito, cada um de seus pés fica sujeito a uma força reativa $N_f = 400$ N. Determine o momento resultante de F_t e N_f em relação à articulação do tornozelo A.

4.25. A força do tendão de Aquiles F_t é mobilizada quando o homem tenta ficar na ponta dos pés. Quando isso é feito, cada um de seus pés fica sujeito a uma força reativa $N_f = 400$ N. Se o momento resultante produzido pelas forças F_t e N_f em relação à articulação do tornozelo A precisa ser igual a zero, determine a intensidade de F_t.

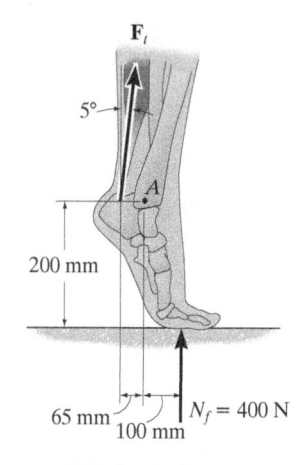

PROBLEMAS 4.24 e 4.25

4.26. Os relógios antigos eram construídos usando uma *polia B* em forma de cone para impulsionar as engrenagens e os ponteiros do relógio. A finalidade dessa polia é aumentar a alavanca desenvolvida pela mola principal A enquanto ela se desenrola e, desse modo, perde parte de sua tração. A mola principal pode desenvolver um torque (momento) $T_s = k\theta$, onde $k = 0,015$ N · m/rad é a rigidez torsional e θ é o ângulo de giro da mola em radianos. Se o torque T_f desenvolvido pela polia tiver de permanecer constante enquanto a mola principal se desenrola, e $x = 10$ mm quando $\theta = 4$ rad, determine o raio exigido da polia quando $\theta = 3$ rad.

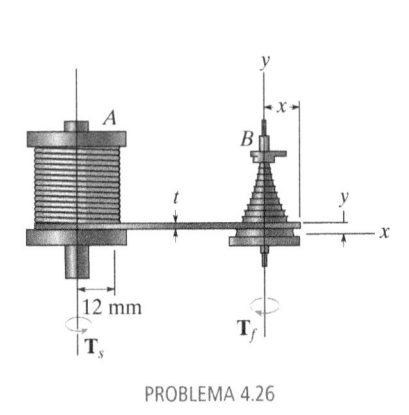

PROBLEMA 4.26

4.27. A grua torre é usada para içar a carga de 2 Mg para cima em velocidade constante. A lança BD de 1,5 Mg, a lança BC de 0,5 Mg e o contrapeso C de 6 Mg possuem centros de massa em G_1, G_2 e G_3, respectivamente. Determine o momento resultante produzido pela carga e os pesos das lanças da grua torre em relação ao ponto A e em relação ao ponto B.

*__4.28.__ A grua torre é usada para içar a carga de 2 Mg para cima em velocidade constante. A lança BD de 1,5 Mg e a lança BC de 0,5 Mg possuem centros de massa em G_1, G_2, respectivamente. Determine a massa exigida do contrapeso C para que o momento resultante, produzido pela carga e pelo peso das lanças da grua torre em relação ao ponto A, seja zero. O centro de massa para o contrapeso está localizado em G_3.

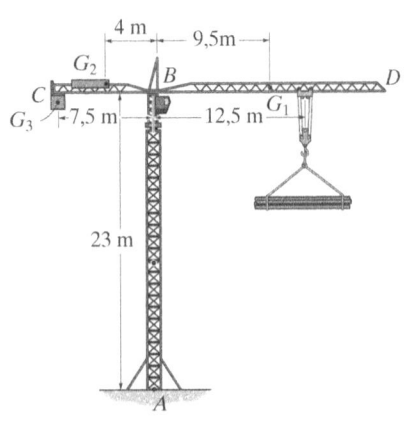

PROBLEMAS 4.27 e 4.28

4.29. A força $\mathbf{F} = \{600\mathbf{i} + 300\mathbf{j} - 600\mathbf{k}\}$ N atua na extremidade da viga. Determine o momento dessa força em relação ao ponto A.

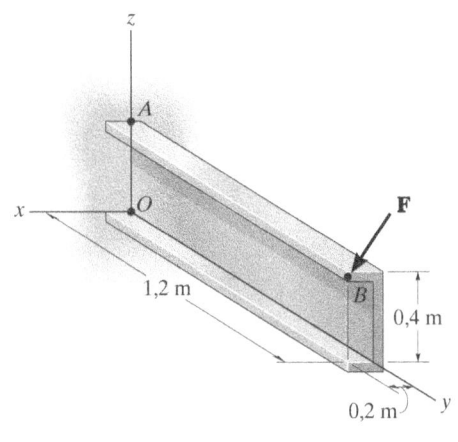

PROBLEMA 4.29

4.30. Determine o momento da força $\mathbf{F}$ em relação ao ponto P. Expresse o resultado como um vetor cartesiano.

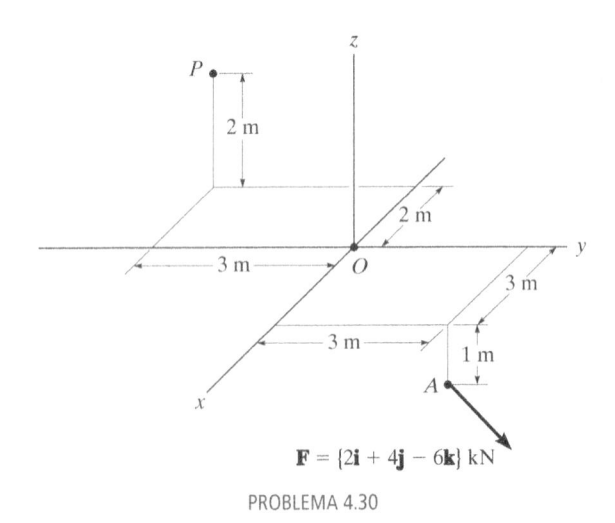

$\mathbf{F} = \{2\mathbf{i} + 4\mathbf{j} - 6\mathbf{k}\}$ kN

PROBLEMA 4.30

4.31. O elemento curvo encontra-se no plano x-y e possui um raio de 3 m. Se uma força $F = 80$ N atua em sua extremidade, como mostra a figura, determine o momento dessa força em relação ao ponto O.

*__4.32.__ O elemento curvo encontra-se no plano x-y e possui um raio de 3 m. Se uma força $F = 80$ N atua em sua extremidade, como mostra a figura, determine o momento dessa força em relação ao ponto B.

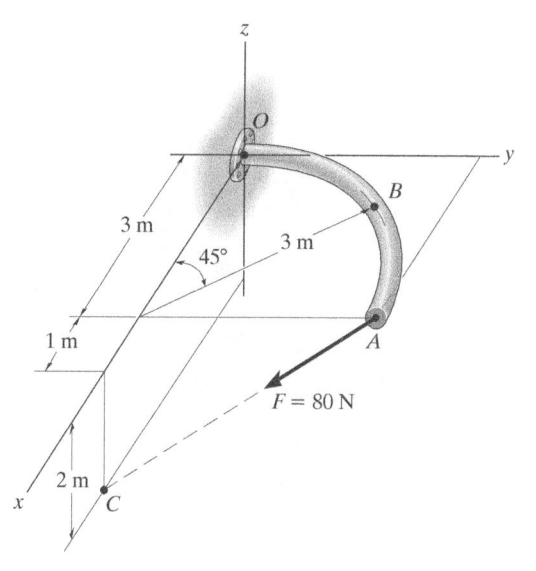

PROBLEMAS 4.31 e 4.32

4.33. Uma força horizontal de 20 N é aplicada perpendicularmente ao cabo da chave de soquete. Determine a intensidade e os ângulos diretores coordenados do momento, criados por essa força em relação ao ponto O.

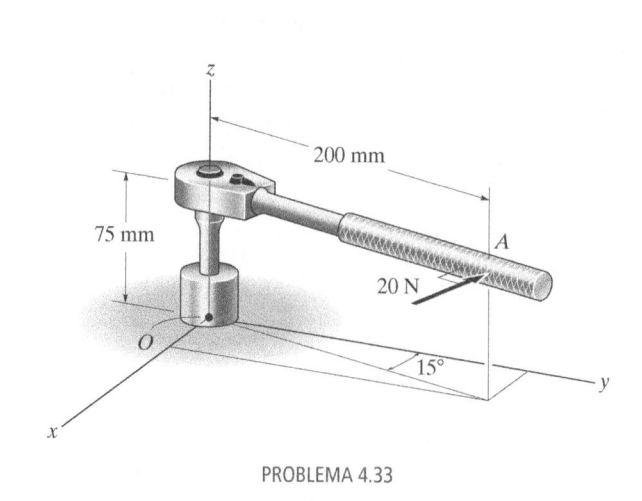

PROBLEMA 4.33

4.34. Determine os ângulos diretores coordenados α, β, γ da força $\mathbf{F}$, de modo que o momento de $\mathbf{F}$ em relação a O seja zero.

4.35. Determine o momento da força $\mathbf{F}$ em relação ao ponto O. A força tem uma intensidade de 800 N e ângulos diretores coordenados de $\alpha = 60°$, $\beta = 120°$, $\gamma = 45°$. Expresse o resultado como um vetor cartesiano.

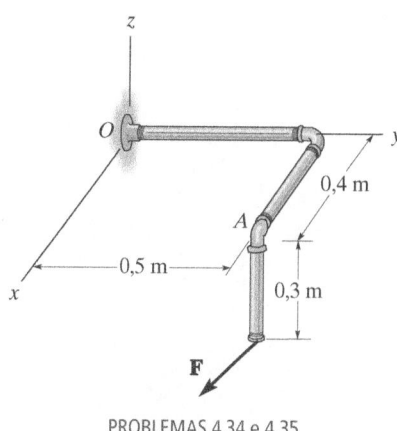

PROBLEMAS 4.34 e 4.35

*4.36. Determine o momento produzido pela força $\mathbf{F}_B$ em relação ao ponto O. Expresse o resultado como um vetor cartesiano.

4.37. Determine o momento produzido pela força $\mathbf{F}_C$ em relação ao ponto O. Expresse o resultado como um vetor cartesiano.

4.38. Determine o momento resultante produzido pelas forças $\mathbf{F}_B$ e $\mathbf{F}_C$ em relação ao ponto O. Expresse o resultado como um vetor cartesiano.

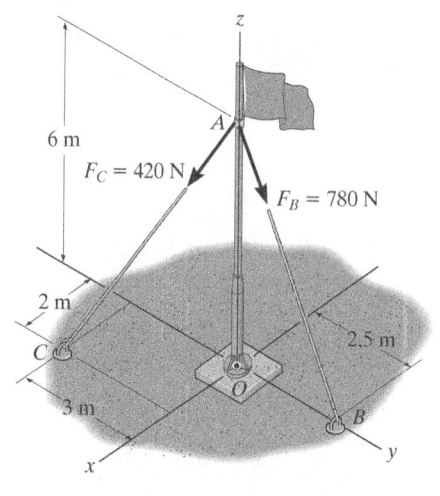

PROBLEMAS 4.36, 4.37 e 4.38

4.39. O encanamento está sujeito à força de

$$\mathbf{F} = \{600\mathbf{i} + 800\mathbf{j} - 500\mathbf{k}\} \text{ N}.$$

Determine o momento dessa força em relação ao ponto A.

*4.40. O encanamento está sujeito à força de

$$\mathbf{F} = \{600\mathbf{i} + 800\mathbf{j} - 500\mathbf{k}\} \text{ N}.$$

Determine o momento dessa força em relação ao ponto B.

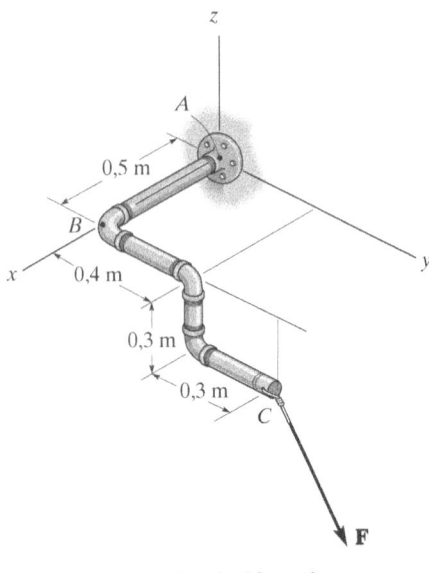

PROBLEMAS 4.39 e 4.40

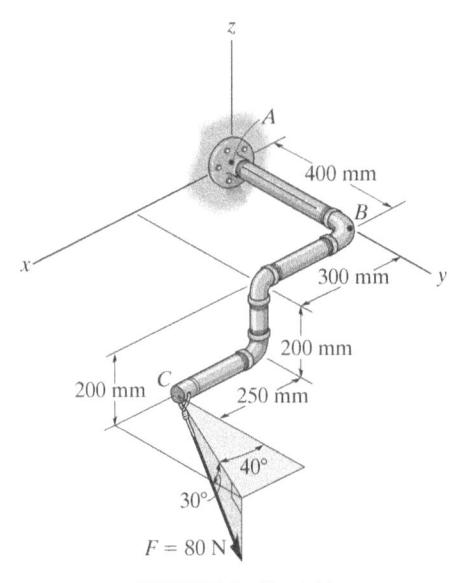

PROBLEMAS 4.43 e 4.44

4.41. Determine o momento da força $F = 600$ N em relação ao ponto A.

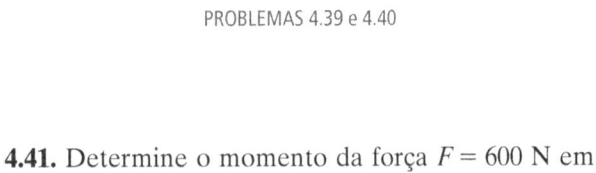

4.42. Determine a menor força F que deve ser aplicada ao longo da corda a fim de fazer com que o elemento curvo AB, que tem um raio de 4 m, quebre no suporte A. Isso requer que um momento $M = 1500$ N · m seja desenvolvido em A.

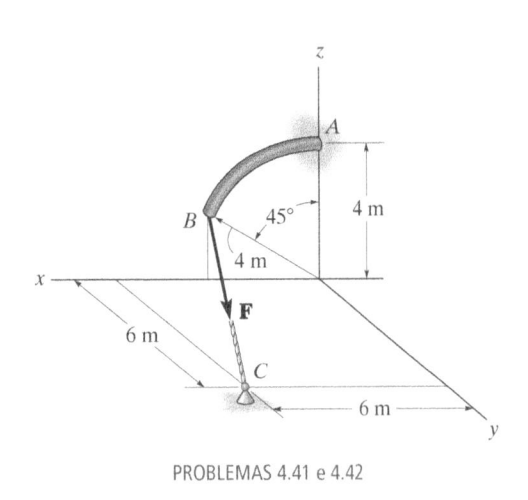

4.45. Uma força $\mathbf{F} = \{6\mathbf{i} - 2\mathbf{j} + 1\mathbf{k}\}$ kN produz um momento $\mathbf{M}_O = \{4\mathbf{i} + 5\mathbf{j} - 14\mathbf{k}\}$ kN · m em relação à origem das coordenadas, o ponto O. Se a força age em um ponto tendo uma coordenada x de $x = 1$ m, determine as coordenadas y e z. *Nota:* a figura mostra $\mathbf{F}$ e $\mathbf{M}_O$ em uma posição arbitrária.

4.46. A força $\mathbf{F} = \{6\mathbf{i} + 8\mathbf{j} + 10\mathbf{k}\}$ N cria um momento em relação ao ponto O de $\mathbf{M}_O = \{-14\mathbf{i} + 8\mathbf{j} + 2\mathbf{k}\}$ N · m. Se a força passa por um ponto tendo uma coordenada x de 1 m, determine as coordenadas y e z do ponto. Além disso, observando que $M_O = Fd$, determine a distância d do ponto O à linha de ação de $\mathbf{F}$. *Nota:* a figura mostra $\mathbf{F}$ e $\mathbf{M}_O$ em uma posição arbitrária.

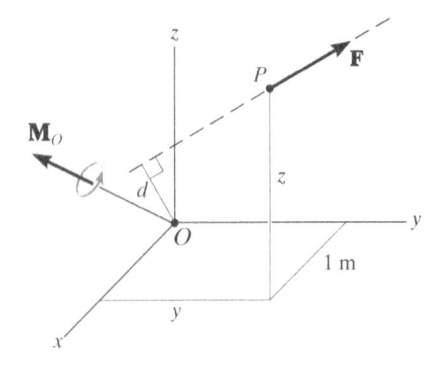

PROBLEMAS 4.41 e 4.42

PROBLEMAS 4.45 e 4.46

4.43. O encanamento está submetido à força de 80 N. Determine o momento dessa força em relação ao ponto A.

*4.44. O encanamento está submetido à força de 80 N. Determine o momento dessa força em relação ao ponto B.

4.47. Uma força $\mathbf{F}$ com intensidade $F = 100$ N age ao longo da diagonal do paralelepípedo. Determine o momento de $\mathbf{F}$ em relação ao ponto A, usando $\mathbf{M}_A = \mathbf{r}_B \times \mathbf{F}$ e $\mathbf{M}_A = \mathbf{r}_C \times \mathbf{F}$.

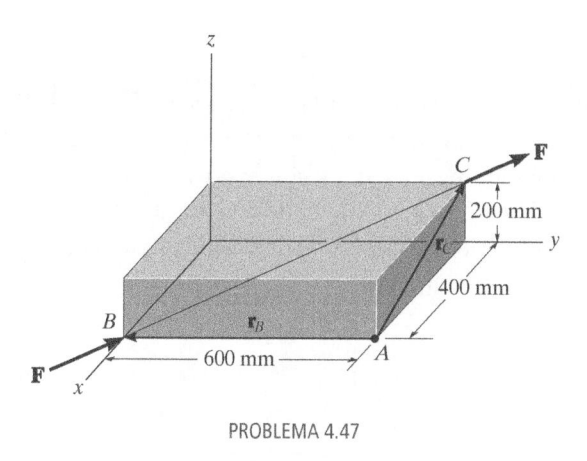

PROBLEMA 4.47

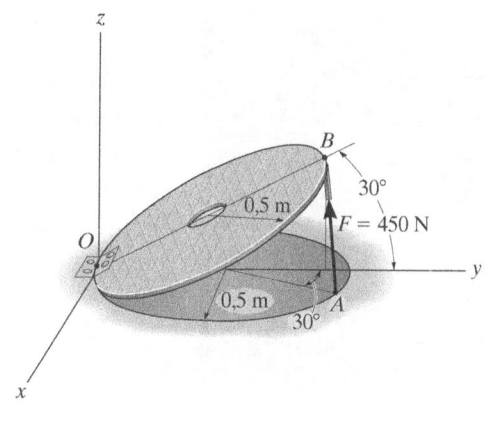

*4.48. A força **F** age perpendicularmente ao plano inclinado. Determine o momento produzido por **F** em relação ao ponto A. Expresse o resultado como um vetor cartesiano.

4.49. A força **F** age perpendicularmente ao plano inclinado. Determine o momento produzido por **F** em relação ao ponto B. Expresse o resultado como um vetor cartesiano.

PROBLEMA 4.50

4.51. Usando uma chave para abrir rosca, a força de 75 N pode atuar no plano vertical em diversos ângulos θ. Determine a intensidade do momento que ela produz em relação ao ponto A, faça um gráfico do resultado de M (ordenada) versus θ (abscissa) para $0° \leq \theta \leq 180°$, e especifique os ângulos que geram os momentos máximo e mínimo.

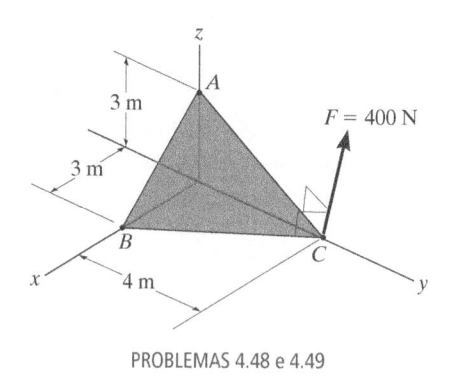

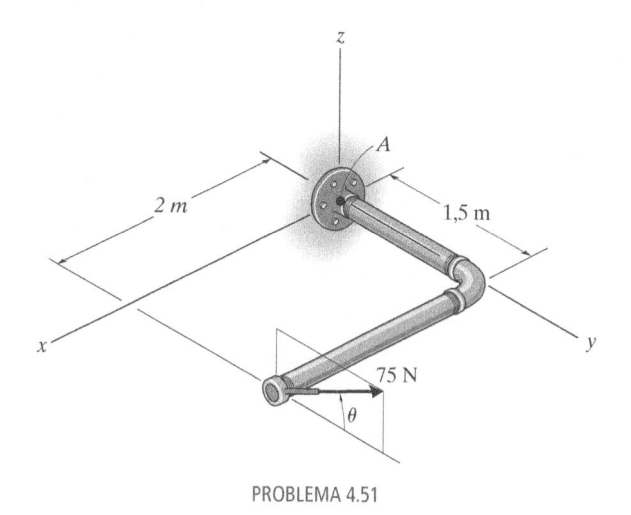

PROBLEMAS 4.48 e 4.49

4.50. A escora AB do tampão com 1 m de diâmetro exerce uma força de 450 N no ponto B. Determine o momento dessa força em relação ao ponto O.

PROBLEMA 4.51

4.5 Momento de uma força em relação a um eixo especificado

Algumas vezes, o momento produzido por uma força em relação a um *eixo especificado* precisa ser determinado. Por exemplo, suponha que a porca em O no pneu do carro na Figura 4.20a precise ser solta. A força aplicada na chave criará uma tendência para a chave e a porca girarem em torno do *eixo do momento* que passa por O; no entanto, a porca só pode girar em torno do eixo y. Portanto, para determinar o efeito de rotação, apenas a componente y do momento é necessária, e o momento total produzido não é importante. Para determinar essa componente, podemos usar uma análise escalar ou vetorial.

Análise escalar

Para usar uma análise escalar no caso da porca da roda na Figura 4.20a, o braço do momento, que é a distância perpendicular entre a linha de ação da força e o eixo y, é $d_y = d \cos \theta$. Assim, a intensidade do momento de **F** em relação ao eixo y é $M_y = F d_y = F(d \cos \theta)$. Segundo a regra da mão direita, $\mathbf{M}_y$ está direcionado ao longo do eixo positivo y, como mostra a figura. Em geral, para qualquer eixo a, o momento é:

$$M_a = F d_a \qquad (4.10)$$

Análise vetorial

Para determinar o momento da força **F** na Figura 4.20b em relação ao eixo y usando uma análise vetorial, primeiro precisamos determinar o momento da força em relação a *qualquer ponto O* sobre o eixo y aplicando a Equação 4.7, $\mathbf{M}_O = \mathbf{r} \times \mathbf{F}$. A componente $\mathbf{M}_y$ ao longo do eixo y é a *projeção* de $\mathbf{M}_O$ sobre o eixo y. Ela pode ser determinada usando-se o *produto escalar* discutido no Capítulo 2, tal que $M_y = \mathbf{j} \cdot \mathbf{M}_O = \mathbf{j} \cdot (\mathbf{r} \times \mathbf{F})$, onde **j** é o vetor unitário para o eixo y.

Podemos generalizar essa técnica fazendo $\mathbf{u}_a$ ser o vetor unitário que especifica a direção do eixo a mostrado na Figura 4.21. Assim, o momento de **F** em relação ao ponto O no eixo é $\mathbf{M}_O = \mathbf{r} \times \mathbf{F}$, e a projeção desse momento no eixo a é $M_a = \mathbf{u}_a \cdot (\mathbf{r} \times \mathbf{F})$. Essa combinação é chamada de *produto triplo escalar*. Se os vetores forem escritos na forma cartesiana, temos:

$$M_a = [u_{a_x}\mathbf{i} + u_{a_y}\mathbf{j} + u_{a_z}\mathbf{k}] \cdot \begin{vmatrix} \mathbf{i} & \mathbf{j} & \mathbf{k} \\ r_x & r_y & r_z \\ F_x & F_y & F_z \end{vmatrix}$$

$$= u_{a_x}(r_y F_z - r_z F_y) - u_{a_y}(r_x F_z - r_z F_x) + u_{a_z}(r_x F_y - r_y F_x)$$

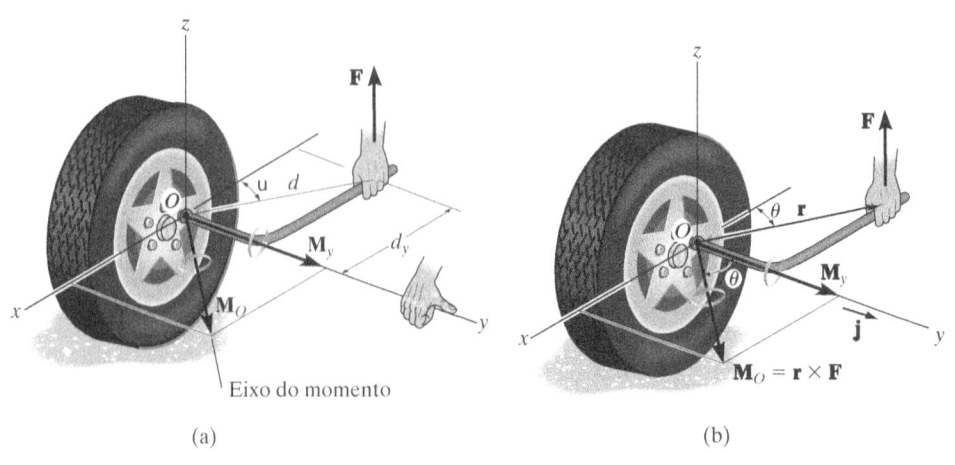

(a)   (b)

FIGURA 4.20

Esse resultado também pode ser escrito na forma de um determinante, tornando-o mais fácil de memorizar.*

$$M_a = \mathbf{u}_a \cdot (\mathbf{r} \times \mathbf{F}) = \begin{vmatrix} u_{a_x} & u_{a_y} & u_{a_z} \\ r_x & r_y & r_z \\ F_x & F_y & F_z \end{vmatrix} \quad (4.11)$$

onde:

$u_{a_x}, u_{a_y}, u_{a_z}$ representam as componentes x, y, z do vetor unitário definindo a direção do eixo a

r_x, r_y, r_z representam as componentes x, y, z do vetor posição definido a partir de *qualquer ponto O* sobre o eixo a até *qualquer ponto A* sobre a linha de ação da força

F_x, F_y, F_z representam as componentes x, y, z do vetor força.

Quando M_a é calculado a partir da Equação 4.11, ele produzirá um escalar positivo ou negativo. O sinal desse escalar indica o sentido da direção de $\mathbf{M}_a$ ao longo do eixo a. Se ele for positivo, então $\mathbf{M}_a$ terá o mesmo sentido de $\mathbf{u}_a$, ao passo que, se for negativo, $\mathbf{M}_a$ agirá opostamente a $\mathbf{u}_a$. Uma vez estabelecido o eixo a, aponte o polegar da sua mão direita na direção de $\mathbf{M}_a$ e a curvatura dos seus dedos indicará o sentido do giro em torno do eixo (Figura 4.21).

Uma vez que M_a é determinado, podemos expressar $\mathbf{M}_a$ como um vetor cartesiano, a saber,

$$\mathbf{M}_a = M_a \mathbf{u}_a \quad (4.12)$$

Os exemplos a seguir ilustram aplicações numéricas dos conceitos anteriores.

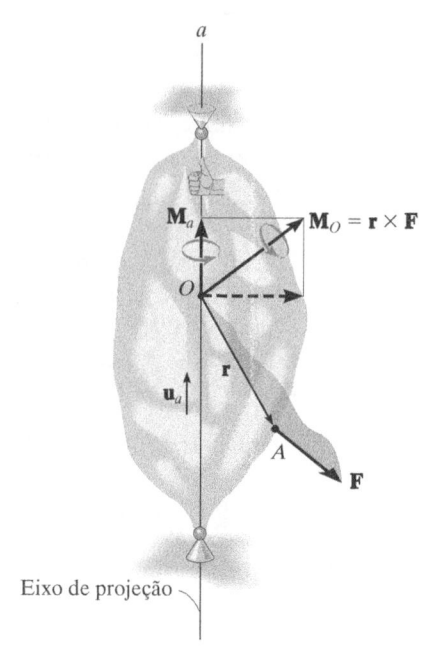

FIGURA 4.21

Pontos importantes

- O momento de uma força em relação a um eixo especificado pode ser determinado desde que a distância perpendicular d_a a partir da linha de ação da força até o eixo possa ser determinada. $M_a = Fd_a$.
- Se usarmos análise vetorial, $M_a = \mathbf{u}_a \cdot (\mathbf{r} \times \mathbf{F})$, onde $\mathbf{u}_a$ define a direção do eixo e $\mathbf{r}$ é estendido a partir de *qualquer ponto* sobre o eixo até *qualquer ponto* sobre a linha de ação da força.
- Se M_a é calculado como um escalar negativo, então o sentido da direção de $\mathbf{M}_a$ é oposto a $\mathbf{u}_a$
- O momento $\mathbf{M}_a$, expresso como um vetor cartesiano, é determinado a partir de $\mathbf{M}_a = M_a \mathbf{u}_a$.

---

* Despenda um tempo para expandir esse determinante e mostrar que ele produzirá o resultado anterior.

Exemplo 4.7

Determine o momento resultante das três forças na Figura 4.22 em relação ao eixo x, ao eixo y e ao eixo z.

SOLUÇÃO

Uma força que é *paralela* a um eixo coordenado ou possui uma linha de ação que passa pelo eixo *não* produz qualquer momento ou tendência para girar em torno desse eixo. Portanto, definindo o sentido positivo do momento de uma força conforme a regra da mão direita, como mostrado na figura, temos:

$M_x = (60\text{ N})(0,6\text{ m}) + (50\text{ N})(0,6\text{ m}) + 0 = 66\text{ N}\cdot\text{m}$ *Resposta*

$M_y = 0 - (50\text{ N})(0,9\text{ m}) - (40\text{ N})(0,6\text{ m}) = -69\text{ N}\cdot\text{m}$ *Resposta*

$M_z = 0 + 0 - (40\text{ N})(0,6\text{ m}) = -24\text{ N}\cdot\text{m}$ *Resposta*

Os sinais negativos indicam que $\mathbf{M}_y$ e $\mathbf{M}_z$ agem nas direções $-y$ e $-z$, respectivamente.

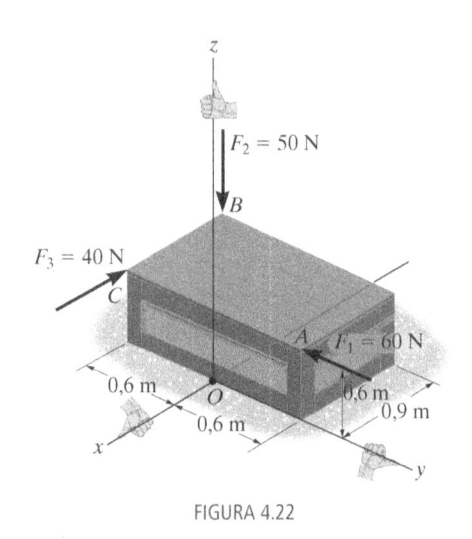

FIGURA 4.22

Exemplo 4.8

Determine o momento $\mathbf{M}_{AB}$ produzido pela força $\mathbf{F}$ na Figura 4.23a, que tende a girar o tubo em relação ao eixo AB.

SOLUÇÃO

Uma análise vetorial usando $M_{AB} = \mathbf{u}_B \cdot (\mathbf{r} \times \mathbf{F})$ será considerada para a solução em vez de tentarmos encontrar o braço do momento ou a distância perpendicular da linha de ação de $\mathbf{F}$ ao eixo AB. Cada um dos termos na equação agora será identificado.

O vetor unitário $\mathbf{u}_B$ define a direção do eixo AB do tubo (Figura 4.23b), onde:

$$\mathbf{u}_B = \frac{\mathbf{r}_B}{r_B} = \frac{\{0,4\mathbf{i} + 0,2\mathbf{j}\}\text{ m}}{\sqrt{(0,4\text{ m})^2 + (0,2\text{ m})^2}} = 0,8944\mathbf{i} + 0,4472\mathbf{j}$$

O vetor $\mathbf{r}$ é direcionado de *qualquer ponto* sobre o eixo AB a *qualquer ponto* sobre a linha de ação da força. Por exemplo, os vetores posição $\mathbf{r}_C$ e $\mathbf{r}_D$ são adequados (Figura 4.23b). (Embora não mostrado, $\mathbf{r}_{BC}$ ou $\mathbf{r}_{BD}$ também podem ser usados.) Para simplificar, escolhemos $\mathbf{r}_D$, onde:

$$\mathbf{r}_D = \{0,6\mathbf{i}\}\text{ m}$$

A força é:

$$\mathbf{F} = \{-300\mathbf{k}\}\text{ N}$$

Substituindo esses vetores no determinante e expandindo, temos:

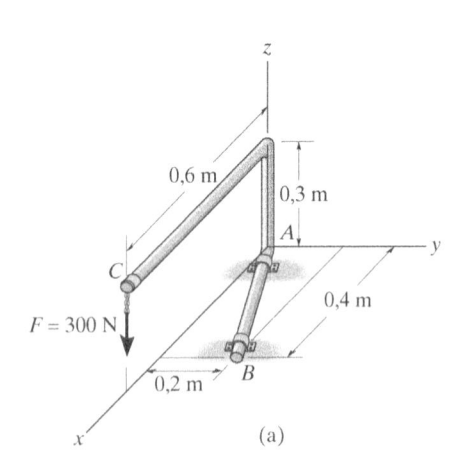

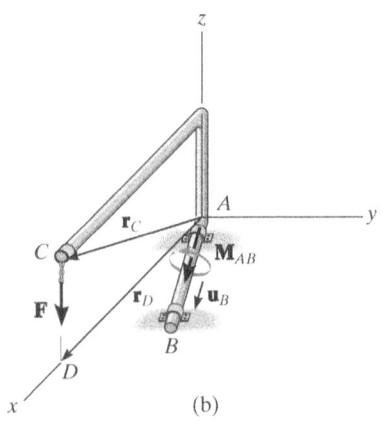

FIGURA 4.23

$$M_{AB} = \mathbf{u}_B \cdot (\mathbf{r}_D \times \mathbf{F}) = \begin{vmatrix} 0{,}8944 & 0{,}4472 & 0 \\ 0{,}6 & 0 & 0 \\ 0 & 0 & -300 \end{vmatrix}$$

$$= 0{,}8944[0(-300) - 0(0)] - 0{,}4472[0{,}6(-300) - 0(0)] + 0[0{,}6(0) - 0(0)]$$

$$= 80{,}50 \text{ N} \cdot \text{m}$$

Esse resultado positivo indica que o sentido de $\mathbf{M}_{AB}$ é o mesmo do de $\mathbf{u}_B$.

Expressando $\mathbf{M}_{AB}$ na Figura 4.23b como vetor cartesiano, temos:

$$\mathbf{M}_{AB} = M_{AB}\mathbf{u}_B = (80{,}50 \text{ N} \cdot \text{m})(0{,}8944\mathbf{i} + 0{,}4472\mathbf{j})$$
$$= \{72{,}0\mathbf{i} + 36{,}0\mathbf{j}\} \text{ N} \cdot \text{m} \qquad\qquad\qquad Resposta$$

NOTA: se o eixo AB fosse definido usando um vetor unitário direcionado de B para A, então, na formulação anterior, $-\mathbf{u}_B$ precisaria ser usado. Isso resultaria em $M_{AB} = -80{,}50$ N · m. Consequentemente, $\mathbf{M}_{AB} = M_{AB}(-\mathbf{u}_B)$, e o mesmo resultado seria obtido.

Exemplo 4.9

Determine a intensidade do momento da força **F** em relação ao segmento OA do encanamento na Figura 4.24a.

SOLUÇÃO

O momento de **F** em relação a OA é determinado por $M_{OA} = \mathbf{u}_{OA} \cdot (\mathbf{r} \times \mathbf{F})$, onde **r** é o vetor posição estendendo-se de qualquer ponto sobre o eixo OA a qualquer ponto sobre a linha de ação de **F**. Como indicado na Figura 4.24b, qualquer um dentre $\mathbf{r}_{OD}$, $\mathbf{r}_{OC}$, $\mathbf{r}_{AD}$ ou $\mathbf{r}_{AC}$ pode ser usado; entretanto, $\mathbf{r}_{OD}$ será considerado porque simplificará o cálculo.

O vetor unitário $\mathbf{u}_{OA}$, que especifica a direção do eixo OA, é:

$$\mathbf{u}_{OA} = \frac{\mathbf{r}_{OA}}{r_{OA}} = \frac{\{0{,}3\mathbf{i} + 0{,}4\mathbf{j}\} \text{ m}}{\sqrt{(0{,}3 \text{ m})^2 + (0{,}4 \text{ m})^2}} = 0{,}6\mathbf{i} + 0{,}8\mathbf{j}$$

e o vetor posição $\mathbf{r}_{OD}$ é:

$$\mathbf{r}_{OD} = \{0{,}5\mathbf{i} + 0{,}5\mathbf{k}\} \text{ m}$$

A força **F** expressa como vetor cartesiano é:

$$\mathbf{F} = F\left(\frac{\mathbf{r}_{CD}}{r_{CD}}\right)$$

$$= (300 \text{ N}) \left[\frac{\{0{,}4\mathbf{i} - 0{,}4\mathbf{j} + 0{,}2\mathbf{k}\} \text{ m}}{\sqrt{(0{,}4 \text{ m})^2 + (-0{,}4 \text{ m})^2 + (0{,}2 \text{ m})^2}}\right]$$

$$= \{200\mathbf{i} - 200\mathbf{j} + 100\mathbf{k}\} \text{ N}$$

Logo,

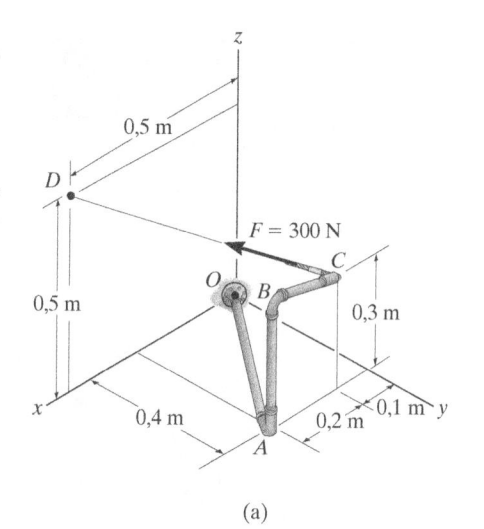

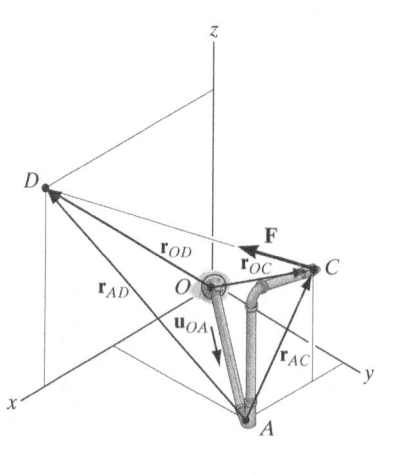

FIGURA 4.24

$$M_{OA} = \mathbf{u}_{OA} \cdot (\mathbf{r}_{OD} \times \mathbf{F})$$

$$= \begin{vmatrix} 0,6 & 0,8 & 0 \\ 0,5 & 0 & 0,5 \\ 200 & -200 & 100 \end{vmatrix}$$

$$= 0,6[0(100) - (0,5)(-200)] - 0,8[0,5(100) - (0,5)(200)] + 0$$

$$= 100 \text{ N} \cdot \text{m} \hspace{4cm} \textit{Resposta}$$

Problemas preliminares

P4.3. Em cada caso, determine o momento resultante das forças que atuam em relação aos eixos x, y e z.

P4.4. Em cada caso, estabeleça o determinante necessário para encontrar o momento da força em relação aos eixos a–a.

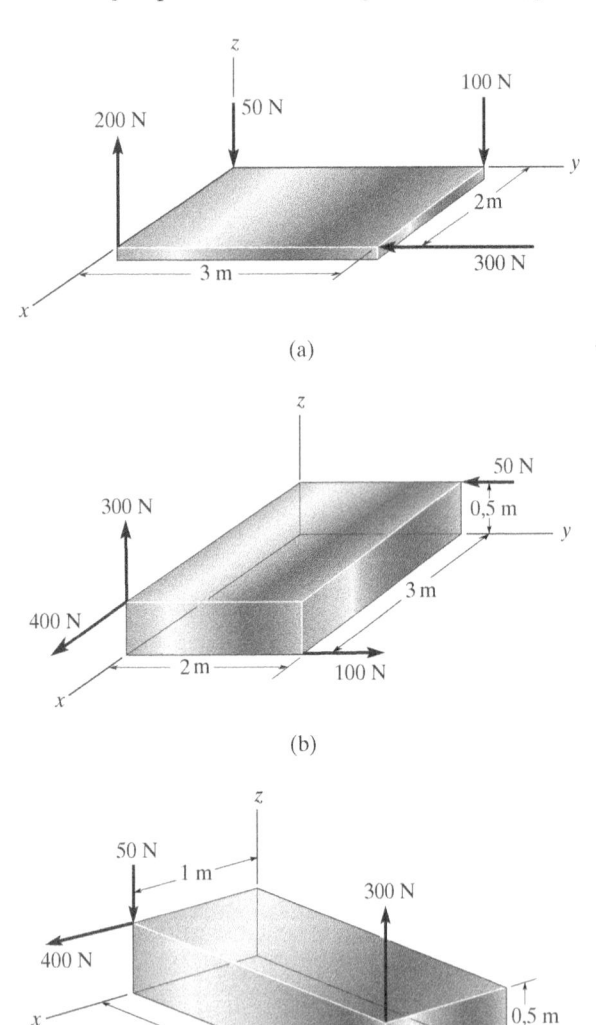

PROBLEMA P4.3

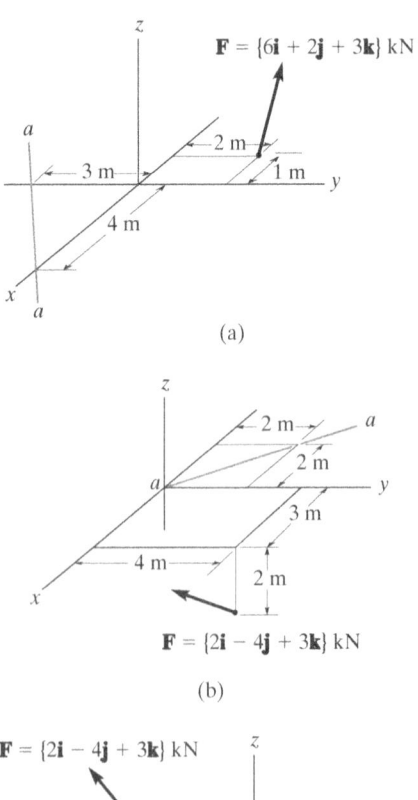

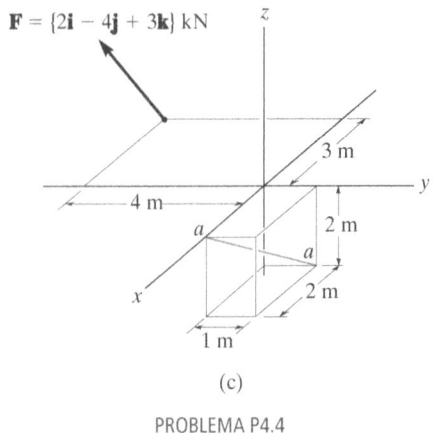

PROBLEMA P4.4

Problemas fundamentais

F4.13. Determine a intensidade do momento da força $\mathbf{F} = \{300\mathbf{i} - 200\mathbf{j} + 150\mathbf{k}\}$ N em relação ao eixo x.

F4.14. Determine a intensidade do momento da força $\mathbf{F} = \{300\mathbf{i} - 200\mathbf{j} + 150\mathbf{k}\}$ N em relação ao eixo OA.

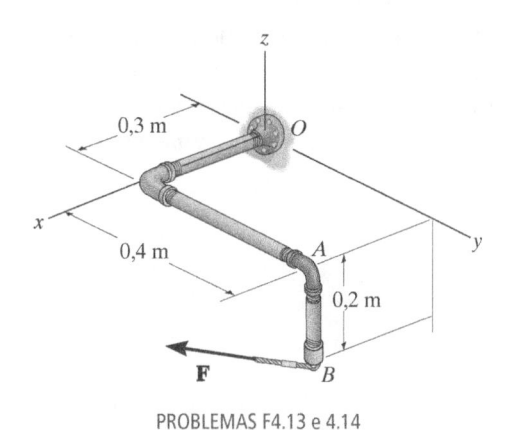

PROBLEMAS F4.13 e 4.14

F4.15. Determine a intensidade do momento da força de 200 N em relação ao eixo x. Resolva o problema usando uma análise escalar e uma vetorial.

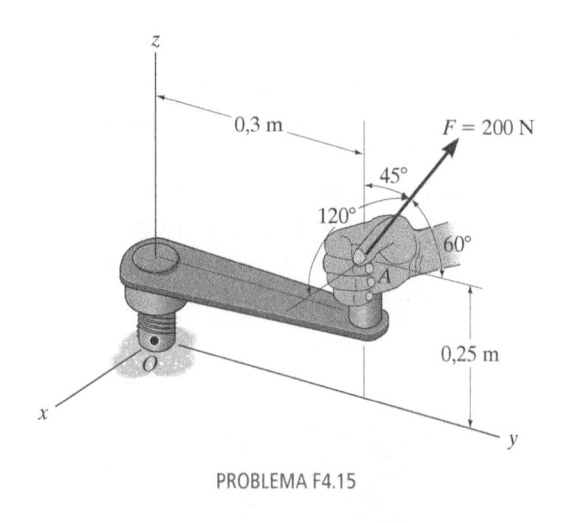

PROBLEMA F4.15

F4.16. Determine a intensidade do momento da força em relação ao eixo y.

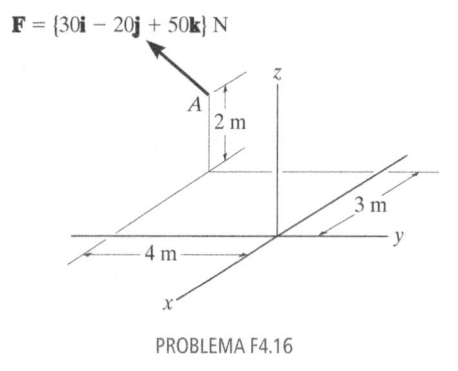

PROBLEMA F4.16

F4.17. Determine o momento da força $\mathbf{F} = \{50\mathbf{i} - 40\mathbf{j} + 20\mathbf{k}\}$ kN em relação ao eixo AB. Expresse o resultado como um vetor cartesiano.

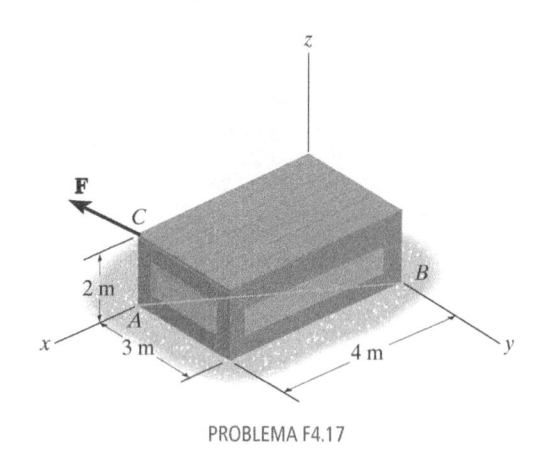

PROBLEMA F4.17

F4.18. Determine o momento da força $\mathbf{F}$ em relação aos eixos x, y e z. Resolva o problema usando uma análise escalar e uma vetorial.

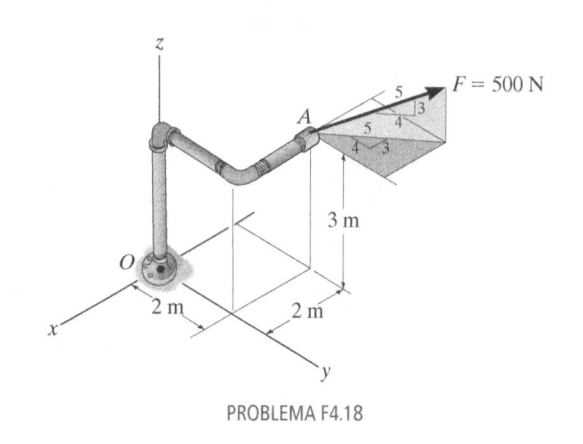

PROBLEMA F4.18

Problemas

***4.52.** Determine a intensidade do momento da força **F** = {50**i** − 20**j** − 80**k**} N em relação à linha de base AB do tripé.

4.53. Determine a intensidade do momento da força **F** = {50**i** − 20**j** − 80**k**} N em relação à linha de base BC do tripé.

4.54. Determine a intensidade do momento da força **F** = {50**i** − 20**j** − 80**k**} N em relação à linha de base CA do tripé.

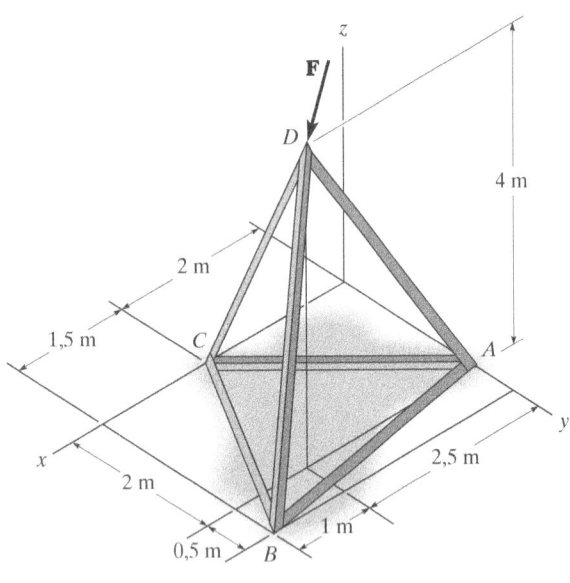

PROBLEMAS 4.52, 4.53 e 4.54

4.55. Determine o momento da força **F** em relação ao eixo que se estende entre A e C. Expresse o resultado como um vetor cartesiano.

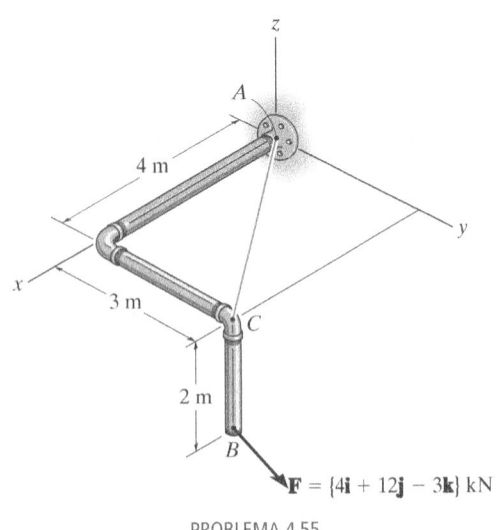

F = {4**i** + 12**j** − 3**k**} kN

PROBLEMA 4.55

*4.56. Uma força vertical F = 60 N é aplicada no cabo da chave de grifo. Determine o momento que essa força exerce ao longo do eixo AB (eixo x) do encanamento. Tanto a chave quanto o encanamento ABC estão situados no plano x–y. *Sugestão*: use uma análise escalar.

4.57. Determine a intensidade da força vertical **F** agindo sobre o cabo da chave de grifo de modo que essa força produza uma componente do momento ao longo do eixo AB (eixo x) do encanamento de $\mathbf{M}_x$ = {−5**i**} N · m. Tanto a chave quanto o encanamento ABC estão situados no plano x–y. *Sugestão*: use uma análise escalar.

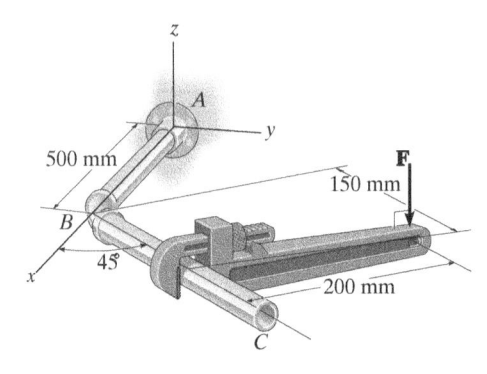

PROBLEMAS 4.56 e 4.57

4.58. A placa é usada para manter a extremidade de uma chave de roda em cruz na posição mostrada quando o homem aplica uma força de F = 100 N. Determine a intensidade do momento produzido por essa força em relação ao eixo x. A força **F** se encontra em um plano vertical.

4.59. A placa é usada para manter a extremidade de uma chave de roda em cruz na posição mostrada. Se um torque de 30 N · m em relação ao eixo x é exigido para apertar a porca, determine a intensidade exigida da força **F** que o pé do homem precisa aplicar na ponta da chave para que ela gire. A força **F** se encontra em um plano vertical.

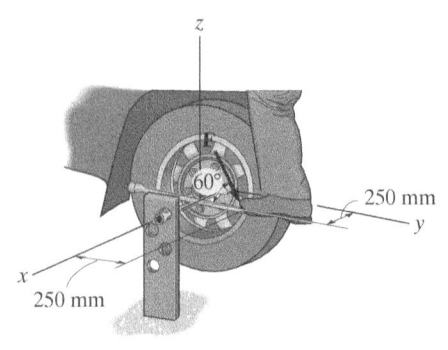

PROBLEMAS 4.58 e 4.59

*4.60. A porca na roda do automóvel deverá ser removida usando a chave e aplicando a força vertical de $F = 30$ N em A. Determine se essa força é adequada, sabendo que é necessário um torque inicial de 14 N · m em relação ao eixo x para girar a porca. Se a força de 30 N puder ser aplicada em A em qualquer outra direção, será possível girar a porca?

4.61. Resolva o Problema 4.60 se o tubo de alongamento AB for encaixado no braço da chave e a força de 30 N puder ser aplicada em qualquer ponto e em qualquer direção nesse conjunto.

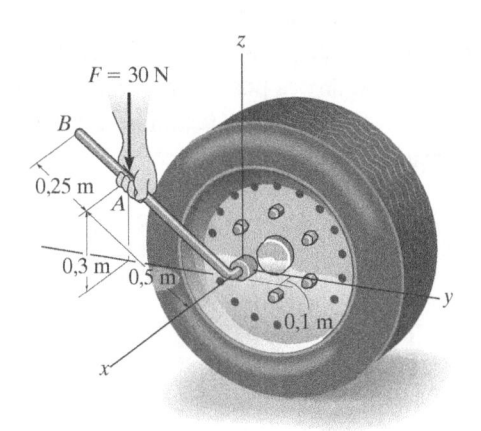

PROBLEMAS 4.60 e 4.61

4.62. Se $F = 450$ N, determine a intensidade do momento produzido por essa força sobre o eixo x.

4.63. O atrito na luva A pode fornecer um momento de resistência máximo de 125 N · m em relação ao eixo x. Determine a maior intensidade da força **F** que pode ser aplicada no braço de modo que ele não gire.

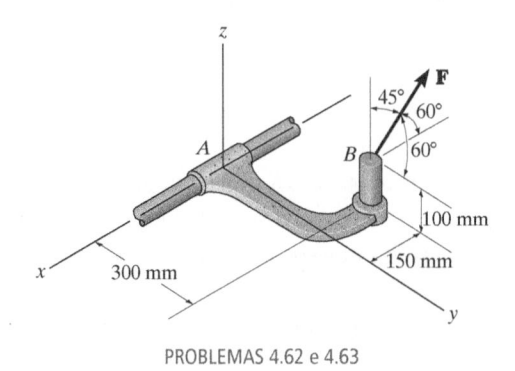

PROBLEMAS 4.62 e 4.63

*4.64. A chave A é usada para segurar o tubo em uma posição estacionária enquanto a chave B é usada para apertar a conexão em joelho. Se $F_B = 150$ N, determine a intensidade do momento produzido por essa força em relação ao eixo y. Além disso, qual é a intensidade da força $\mathbf{F}_A$ a fim de contrapor esse momento?

4.65. A chave A é usada para segurar o tubo em uma posição estacionária enquanto a chave B é usada para apertar a conexão em joelho. Determine a intensidade da força F_B a fim de desenvolver um momento de 50 N · m em relação ao eixo y. Além disso, qual é a intensidade exigida da força $\mathbf{F}_A$ a fim de contrapor esse momento?

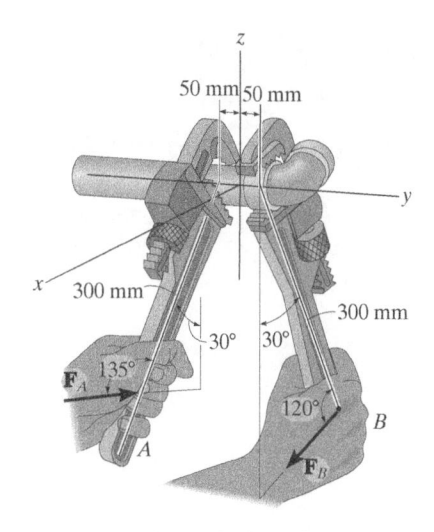

PROBLEMAS 4.64 e 4.65

4.66. A força $F = 30$ N atua sobre o suporte conforme mostrado na figura. Determine o momento da força em relação ao eixo a–a do encanamento se $\alpha = 60°$, $\beta = 60°$ e $\gamma = 45°$. Além disso, determine os ângulos diretores coordenados de F a fim de produzir o momento máximo em relação ao eixo a–a. Qual é esse momento?

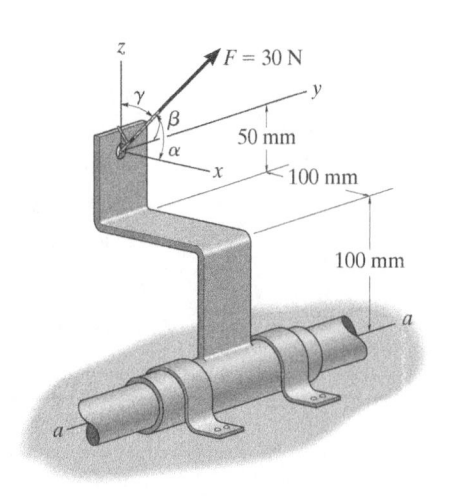

PROBLEMA 4.66

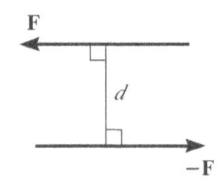

FIGURA 4.25

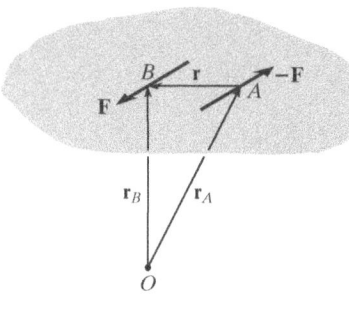

FIGURA 4.26

4.6 Momento de um binário

Um ***binário*** é definido como duas forças paralelas que têm a mesma intensidade, mas direções opostas, e são separadas por uma distância perpendicular d (Figura 4.25). Como a força resultante é zero, o único efeito de um binário é produzir uma rotação real ou, se nenhum movimento for possível, há uma tendência de rotação em uma direção específica. Por exemplo, imagine que você está dirigindo um carro com as duas mãos no volante e está fazendo uma curva. Uma mão vai empurrar o volante para cima enquanto a outra o empurra para baixo, o que faz o volante girar.

O momento produzido por um binário é chamado ***momento de um binário***. Podemos determinar seu valor encontrando a soma dos momentos das duas forças que compõem o binário em relação a *qualquer* ponto arbitrário. Por exemplo, na Figura 4.26, os vetores posição $\mathbf{r}_A$ e $\mathbf{r}_B$ estão direcionados do ponto O para os pontos A e B situados nas linhas de ação de $-\mathbf{F}$ e $\mathbf{F}$. Portanto, o momento do binário em relação a O é

$$\mathbf{M} = \mathbf{r}_B \times \mathbf{F} + \mathbf{r}_A \times -\mathbf{F} = (\mathbf{r}_B - \mathbf{r}_A) \times \mathbf{F}$$

Entretanto, $\mathbf{r}_B = \mathbf{r}_A + \mathbf{r}$ ou $\mathbf{r} = \mathbf{r}_B - \mathbf{r}_A$, tal que

$$\mathbf{M} = \mathbf{r} \times \mathbf{F} \qquad (4.13)$$

Isso indica que o momento de um binário é um ***vetor livre***, ou seja, ele pode agir em *qualquer ponto*, já que $\mathbf{M}$ depende *apenas* do vetor posição $\mathbf{r}$ direcionado *entre* as forças e *não* dos vetores posição $\mathbf{r}_A$ e $\mathbf{r}_B$, direcionados do ponto arbitrário O até as forças. Esse conceito é diferente do momento de uma força, que requer um ponto (ou eixo) definido em relação ao qual os momentos são determinados.

Formulação escalar

O momento de um binário, $\mathbf{M}$ (Figura 4.27), é definido como tendo uma *intensidade* de:

$$\boxed{M = Fd} \qquad (4.14)$$

onde F é a intensidade de uma das forças e d é a distância perpendicular ou braço do momento entre as forças. A *direção* e o sentido do momento de um binário são determinados pela regra da mão direita, em que o polegar indica essa direção quando os dedos estão curvados no sentido da rotação causada pelas forças do binário. Em todos os casos, $\mathbf{M}$ agirá perpendicularmente ao plano que contém essas forças.

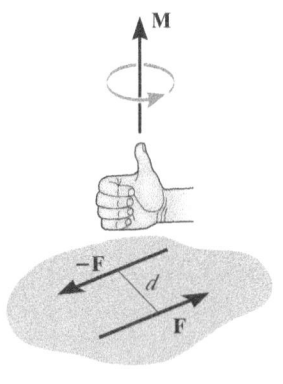

FIGURA 4.27

Formulação vetorial

O momento de um binário também pode ser expresso pelo produto vetorial usando a Equação 4.13, ou seja,

$$\boxed{\mathbf{M} = \mathbf{r} \times \mathbf{F}} \qquad (4.15)$$

A aplicação dessa equação é facilmente lembrada quando se pensa em tomar os momentos das duas forças em relação a um ponto situado na linha de ação de uma das forças. Por exemplo, se momentos são tomados em relação ao ponto A na Figura 4.26, o momento de $-\mathbf{F}$ é *zero* em relação a esse ponto, e o momento de $\mathbf{F}$ é definido pela Equação 4.15. Assim, na formulação, $\mathbf{r}$ é multiplicado vetorialmente pela força $\mathbf{F}$ para a qual está direcionado.

Binários equivalentes

Se dois binários produzem um momento com a *mesma intensidade e direção*, então eles são *equivalentes*. Por exemplo, os dois binários mostrados na Figura 4.28 são *equivalentes*, porque cada momento de binário possui uma intensidade de $M = 30$ N $(0,4$ m$) = 40$ N $(0,3$ m$) = 12$ N · m, e cada um é direcionado para o plano da página. Observe que, no segundo caso, forças maiores são necessárias para criar o mesmo efeito de rotação, pois as mãos estão posicionadas mais próximas uma da outra. Além disso, se a roda estivesse conectada ao eixo em um ponto que não o seu centro, a roda ainda giraria quando cada binário fosse aplicado, já que o binário de 12 N · m é um vetor livre.

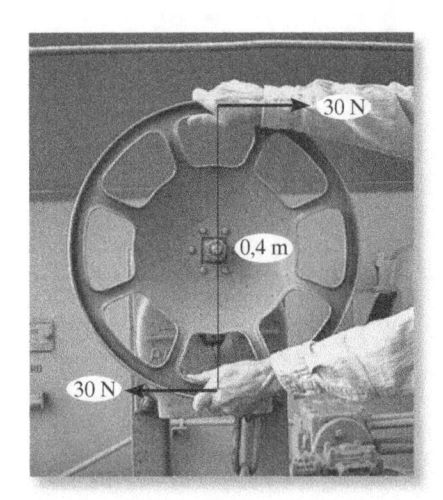

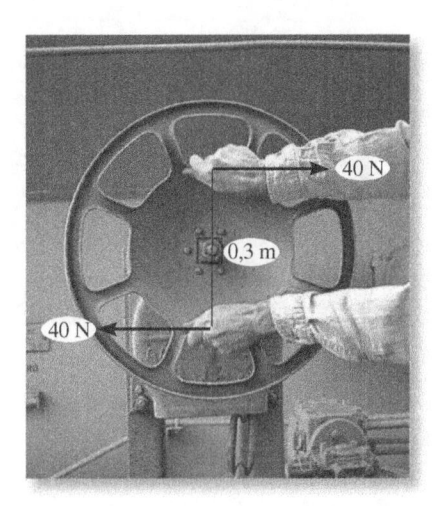

FIGURA 4.28

Momento de binário resultante

Como os momentos de binário são vetores, sua resultante pode ser determinada pela adição vetorial. Por exemplo, considere os momentos de binário $\mathbf{M}_1$ e $\mathbf{M}_2$ agindo sobre o tubo na Figura 4.29a. Como cada momento de binário é um vetor livre, podemos unir suas origens em qualquer ponto arbitrário e encontrar o momento de binário resultante, $\mathbf{M}_R = \mathbf{M}_1 + \mathbf{M}_2$, como mostra a Figura 4.29b.

Se mais de dois momentos de binário agem sobre o corpo, podemos generalizar esse conceito e escrever a resultante vetorial como:

$$\mathbf{M}_R = \Sigma(\mathbf{r} \times \mathbf{F}) \qquad (4.16)$$

Esses conceitos são ilustrados numericamente nos exemplos a seguir. Em geral, problemas projetados em duas dimensões devem ser resolvidos usando uma análise escalar, já que os braços dos momentos e as componentes das forças são fáceis de determinar.

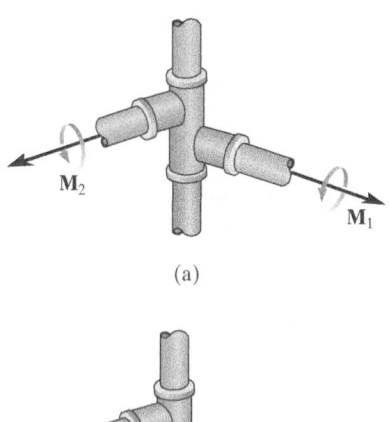

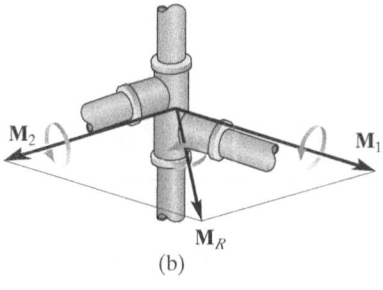

FIGURA 4.29

Pontos importantes

- Um momento de binário é produzido por duas forças não colineares que são iguais em intensidade, mas com direções opostas. Seu efeito é produzir rotação pura, ou tendência de rotação em uma direção específica.
- Um momento de binário é um vetor livre e, consequentemente, causa o mesmo efeito rotacional em um corpo, independentemente de onde o momento de binário é aplicado ao corpo.
- O momento das duas forças de binário pode ser determinado em relação a *qualquer ponto*. Por conveniência, esse ponto normalmente é escolhido na linha de ação de uma das forças, a fim de eliminar o momento dessa força em relação ao ponto.
- Em três dimensões, o momento de binário geralmente é determinado usando a formulação vetorial, $\mathbf{M} = \mathbf{r} \times \mathbf{F}$, onde $\mathbf{r}$ é direcionado a partir de *qualquer ponto* sobre a linha de ação de uma das forças até *qualquer ponto* sobre a linha de ação da outra força $\mathbf{F}$.
- Um momento de binário resultante é simplesmente a soma vetorial de todos os momentos de binário do sistema.

Os volantes nos automóveis estão menores do que nos veículos mais antigos, porque a direção assistida não exige que o motorista aplique um grande momento de binário no aro do volante.

Exemplo 4.10

Determine o momento de binário resultante dos três binários agindo sobre a chapa na Figura 4.30.

SOLUÇÃO

Como mostra a figura, as distâncias perpendiculares entre cada binário das três forças são $d_1 = 1{,}2$ m, $d_2 = 0{,}9$ m e $d_3 = 1{,}5$ m. Considerando momentos de binário anti-horários como positivos, temos:

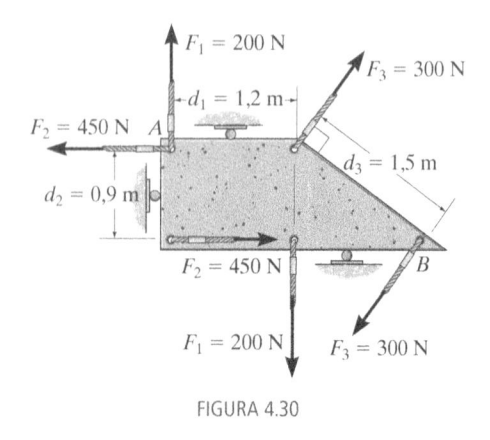

$$\circlearrowleft{+}\ M_R = \Sigma M;\quad M_R = -F_1 d_1 + F_2 d_2 - F_3 d_3$$

$$= -(200\ \text{N})(1{,}2\ \text{m}) + (450\ \text{N})(0{,}9\ \text{m}) - (300\ \text{N})(1{,}5\ \text{m})$$

$$= -285\ \text{N} \cdot \text{m} = 285\ \text{N} \cdot \text{m} \circlearrowright \qquad \textit{Resposta}$$

FIGURA 4.30

O sinal negativo indica que $\mathbf{M}_R$ tem um sentido rotacional em sentido horário.

Exemplo 4.11

Determine a intensidade e a direção do momento de binário agindo sobre a engrenagem na Figura 4.31a.

SOLUÇÃO

A solução mais fácil requer a decomposição de cada força em suas componentes, como mostra a Figura 4.31b. O momento de binário pode ser determinado somando-se os momentos dessas componentes de força em relação a qualquer ponto, por exemplo, o centro O da engrenagem ou o ponto A. Se considerarmos momentos anti-horários como positivos, temos:

$$\zeta+ M = \Sigma M_O; \quad M = (600 \cos 30° \text{ N})(0{,}2 \text{ m}) - (600 \text{ sen } 30° \text{ N})(0{,}2 \text{ m})$$
$$= 43{,}9 \text{ N} \cdot \text{m} \;\zeta \qquad \qquad \textit{Resposta}$$

ou

$$\zeta+ M = \Sigma M_A; \quad M = (600 \cos 30° \text{ N})(0{,}2 \text{ m}) - (600 \text{ sen } 30° \text{ N})(0{,}2 \text{ m})$$
$$= 43{,}9 \text{ N} \cdot \text{m} \;\zeta \qquad \qquad \textit{Resposta}$$

Esse resultado positivo indica que **M** tem um sentido rotacional anti-horário, estando, portanto, direcionado para fora, perpendicularmente à página.

NOTA: o mesmo resultado também pode ser obtido usando $M = Fd$, onde d é a distância perpendicular entre as linhas de ação das forças do binário (Figura 4.31c). Entretanto, o cálculo para d é mais complexo. Observe que o momento de binário é um vetor livre e pode agir em qualquer ponto na engrenagem e produzir o mesmo efeito de rotação em relação ao ponto O.

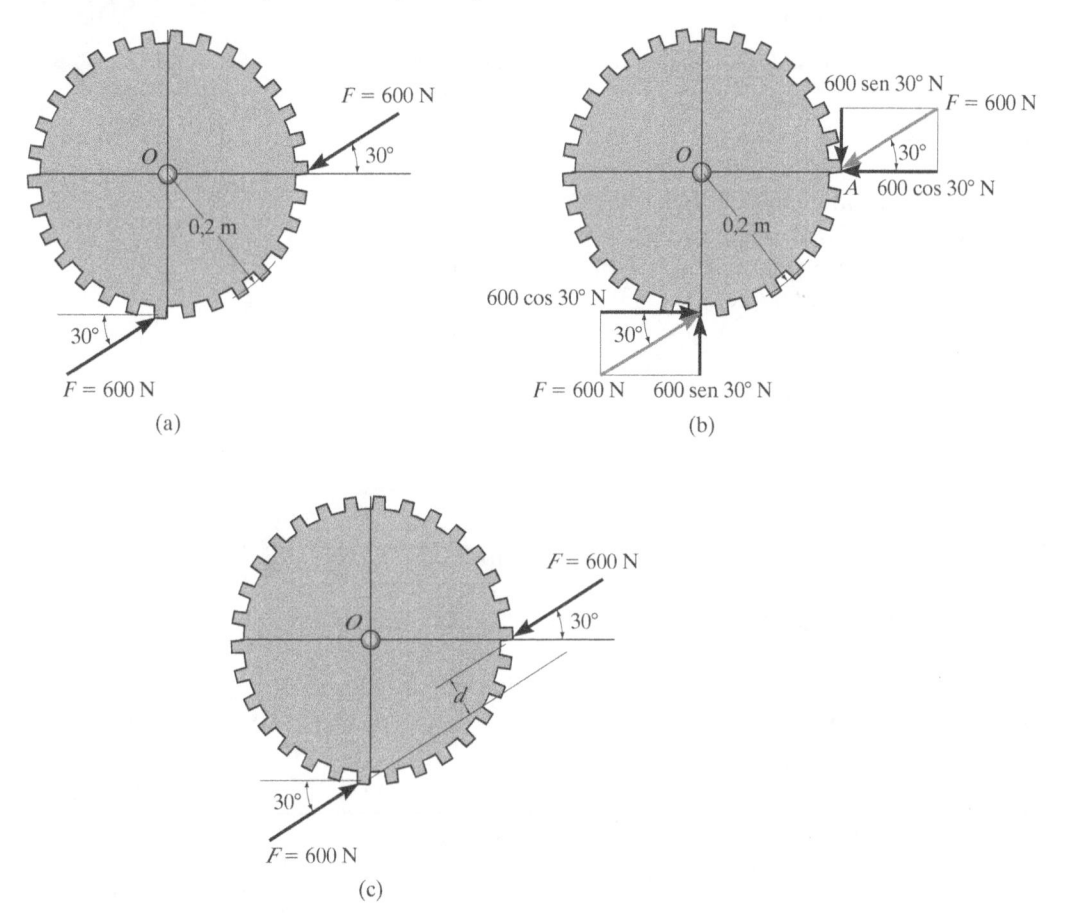

FIGURA 4.31

Exemplo 4.12

Determine o momento de binário agindo sobre o tubo mostrado na Figura 4.32a. O segmento AB está direcionado 30° abaixo do plano x–y.

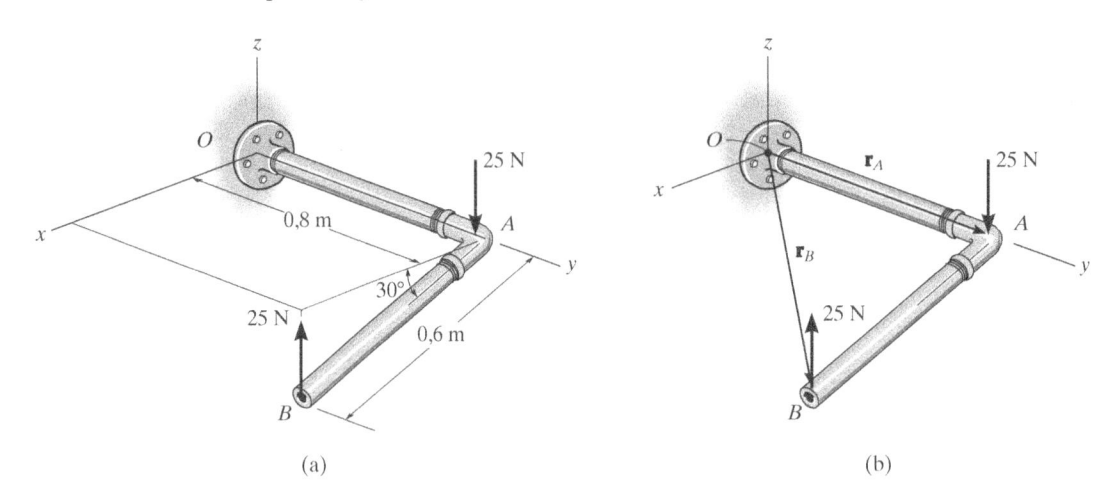

SOLUÇÃO I (ANÁLISE VETORIAL)

O momento das duas forças do binário pode ser determinado em relação a *qualquer ponto*. Se o ponto O é considerado (Figura 4.32b), temos:

$\mathbf{M} = \mathbf{r}_A \times (-25\mathbf{k}) + \mathbf{r}_B \times (25\mathbf{k})$
$= (0{,}8\mathbf{j}) \times (-25\mathbf{k}) + (0{,}6 \cos 30°\mathbf{i} + 0{,}8\mathbf{j} - 0{,}6 \operatorname{sen} 30°\mathbf{k}) \times (25\mathbf{k})$
$= -20\mathbf{i} - 13{,}0\mathbf{j} + 20\mathbf{i}$
$= \{-13{,}0\mathbf{j}\} \text{ N} \cdot \text{m}$ *Resposta*

É *mais fácil* tomar momentos das forças do binário em relação a um ponto situado sobre a linha de ação de uma das forças, por exemplo, o ponto A (Figura 4.32c). Nesse caso, o momento da força em A é zero, tal que:

$\mathbf{M} = \mathbf{r}_{AB} \times (25\mathbf{k})$
$= (0{,}6 \cos 30°\mathbf{i} - 0{,}6 \operatorname{sen} 30°\mathbf{k}) \times (25\mathbf{k})$
$= \{-13{,}0\mathbf{j}\} \text{ N} \cdot \text{m}$ *Resposta*

SOLUÇÃO II (ANÁLISE ESCALAR)

Embora este problema seja mostrado em três dimensões, a geometria é simples o bastante para usar a equação escalar $M = Fd$. A distância perpendicular entre as linhas de ação das forças do binário é $d = 0{,}6 \cos 30° = 0{,}5196$ m (Figura 4.32d). Portanto, calcular os momentos das forças em relação ao ponto A ou ao ponto B resulta:

$$M = Fd = 25 \text{ N} (0{,}5196 \text{ m}) = 13{,}0 \text{ N} \cdot \text{m}$$

Aplicando a regra da mão direita, $\mathbf{M}$ age na direção $-\mathbf{j}$. Logo,

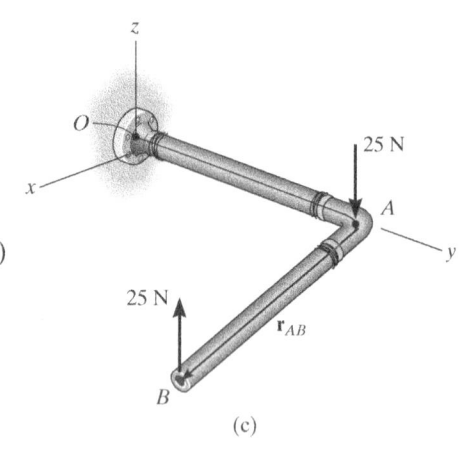

$$\mathbf{M} = \{-13{,}0\mathbf{j}\} \text{ N} \cdot \text{m} \quad \textit{Resposta}$$

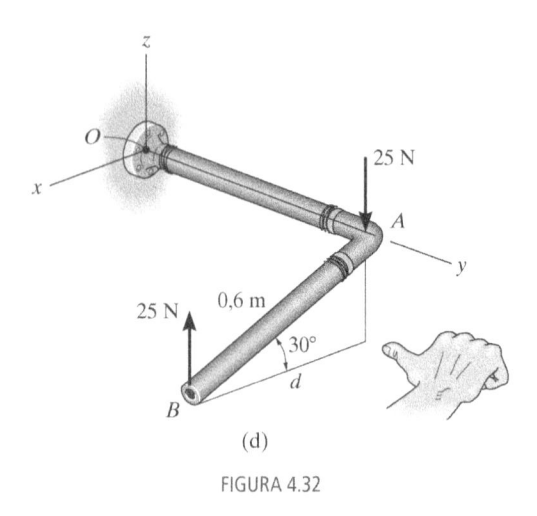

FIGURA 4.32

Exemplo 4.13

Substitua os dois binários agindo sobre a coluna de tubos na Figura 4.33a por um momento de binário resultante.

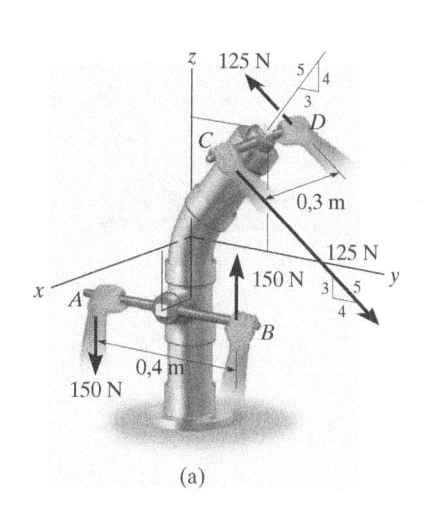

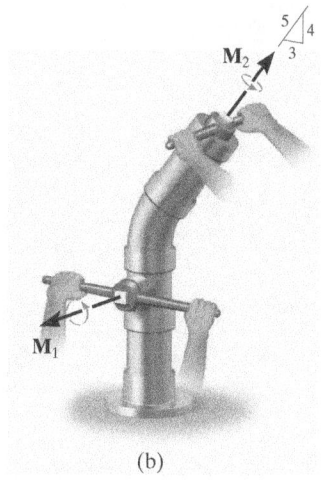

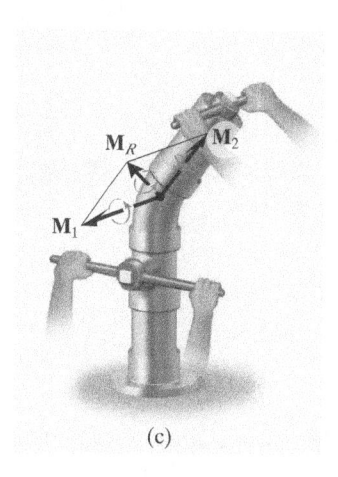

FIGURA 4.33

SOLUÇÃO (ANÁLISE VETORIAL)

O momento de binário $\mathbf{M}_1$, desenvolvido pelas forças A e B, pode ser facilmente determinado a partir de uma formulação escalar.

$$M_1 = Fd = 150 \text{ N}(0,4 \text{ m}) = 60 \text{ N} \cdot \text{m}$$

Pela regra da mão direita, $\mathbf{M}_1$ age na direção $+\mathbf{i}$ (Figura 4.33b). Portanto,

$$\mathbf{M}_1 = \{60\mathbf{i}\} \text{ N} \cdot \text{m}$$

A análise vetorial será usada para determinar $\mathbf{M}_2$, gerado pelas forças em C e D. Se os momentos forem calculados em relação ao ponto D (Figura 4.33a), $\mathbf{M}_2 = \mathbf{r}_{DC} \times \mathbf{F}_C$, então:

$$\mathbf{M}_2 = \mathbf{r}_{DC} \times \mathbf{F}_C = (0,3\mathbf{i}) \times \left[125\left(\tfrac{4}{5}\right)\mathbf{j} - 125\left(\tfrac{3}{5}\right)\mathbf{k}\right]$$

$$= (0,3\mathbf{i}) \times [100\mathbf{j} - 75\mathbf{k}] = 30(\mathbf{i} \times \mathbf{j}) - 22,5(\mathbf{i} \times \mathbf{k})$$

$$= \{22,5\mathbf{j} + 30\mathbf{k}\} \text{ N} \cdot \text{m}$$

Como $\mathbf{M}_1$ e $\mathbf{M}_2$ são vetores livres, eles podem ser movidos para algum ponto arbitrário e somados vetorialmente (Figura 4.33c). O momento de binário resultante torna-se:

$$\mathbf{M}_R = \mathbf{M}_1 + \mathbf{M}_2 = \{60\mathbf{i} + 22,5\mathbf{j} + 30\mathbf{k}\} \text{ N} \cdot \text{m} \qquad \textit{Resposta}$$

Problemas fundamentais

F4.19. Determine o momento de binário resultante que age sobre a viga.

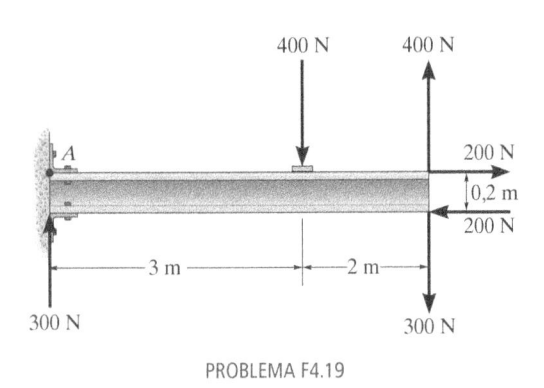

PROBLEMA F4.19

F4.20. Determine o momento de binário resultante que age sobre a chapa triangular.

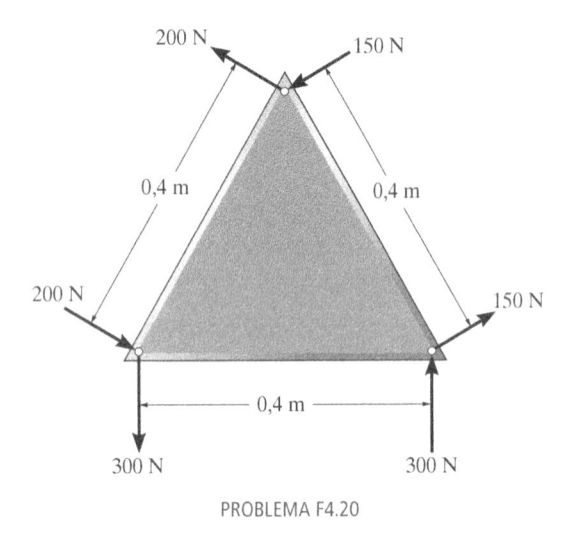

PROBLEMA F4.20

F4.21. Determine a intensidade de **F** de modo que o momento de binário resultante que age sobre a viga seja 1,5 kN · m no sentido horário.

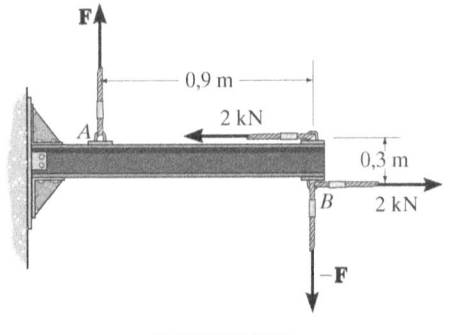

PROBLEMA F4.21

F4.22. Determine o momento de binário que age sobre a viga.

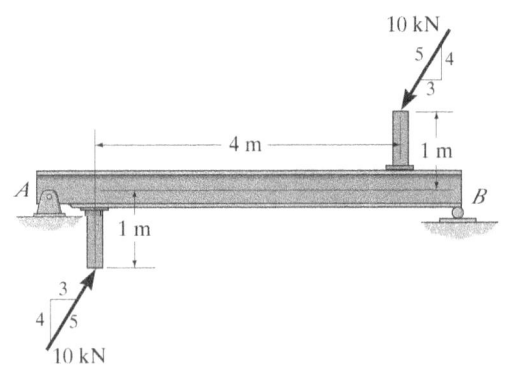

PROBLEMA F4.22

F4.23. Determine o momento de binário resultante que age sobre o encanamento.

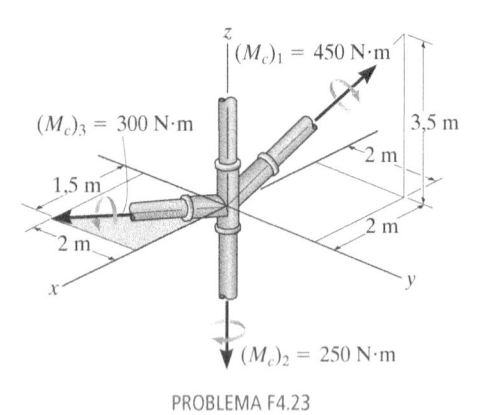

PROBLEMA F4.23

F4.24. Determine o momento de binário que age sobre o encanamento e expresse o resultado como um vetor cartesiano.

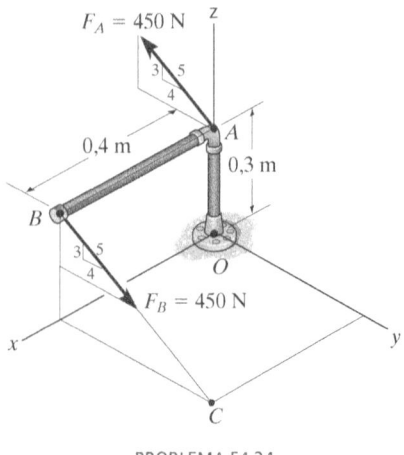

PROBLEMA F4.24

Problemas

4.67. Um binário no sentido horário $M = 5$ N · m é resistido pelo eixo do motor elétrico. Determine a intensidade das forças reativas $-\mathbf{R}$ e $\mathbf{R}$ que agem nos suportes A e B, de modo que a resultante dos dois binários seja zero.

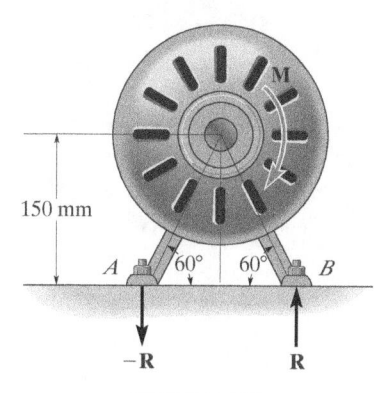

PROBLEMA 4.67

4.70. Os binários atuam sobre uma viga engastada em A. Se $F = 6$ kN, determine o momento de binário resultante.

4.71. Determine a intensidade de força $\mathbf{F}$ exigida, se o momento de binário resultante sobre a viga tiver de ser zero.

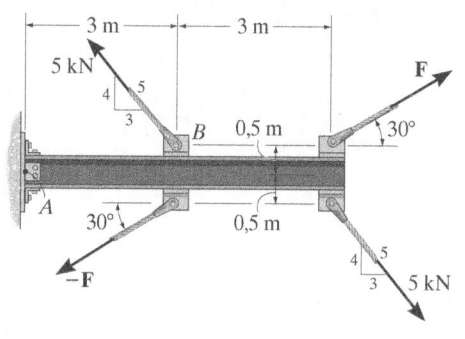

PROBLEMAS 4.70 e 4.71

*__4.68.__ Um momento de 4 N · m é aplicado ao cabo da chave de fenda. Decomponha esse momento de binário em um par de forças de binário $\mathbf{F}$ exercidas sobre o cabo e $\mathbf{P}$ exercidas sobre a ponta da chave.

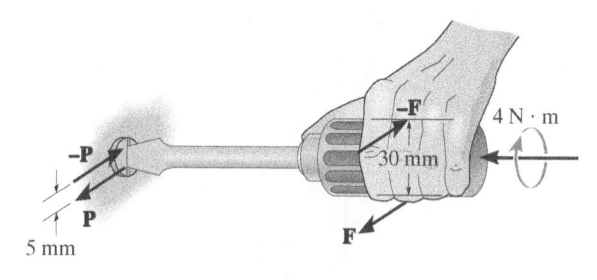

PROBLEMA 4.68

*__4.72.__ Se $\theta = 30°$, determine a intensidade da força $\mathbf{F}$ de modo que o momento de binário resultante seja 100 N · m, em sentido horário. O disco tem um raio de 300 mm.

4.73. Se $F = 200$ N, determine o ângulo exigido θ, de modo que o momento de binário resultante seja zero. O disco tem um raio de 300 mm.

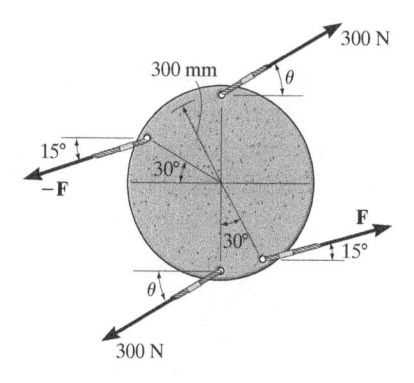

PROBLEMAS 4.72 e 4.73

4.69. Se o binário resultante dos três binários atuando sobre o bloco triangular tiver de ser zero, determine a intensidade das forças $\mathbf{F}$ e $\mathbf{P}$.

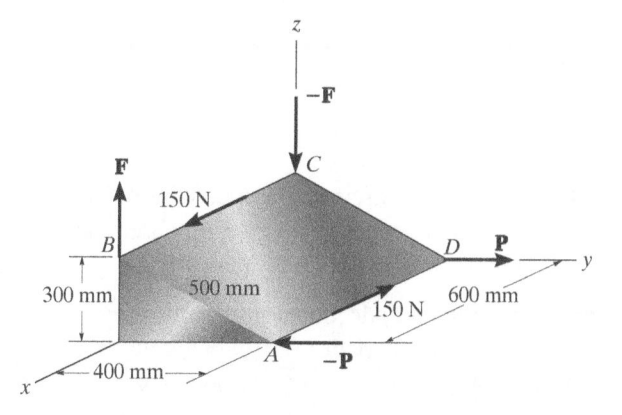

PROBLEMA 4.69

4.74. A corda passando por dois pequenos pinos A e B do quadro está sujeita a uma tração de 100 N. Determine a tração P necessária que age sobre a corda que passa pelos pinos C e D, de modo que o momento de binário resultante produzido pelos dois binários seja 15 N · m agindo no sentido horário. Considere $\theta = 15°$.

4.75. A corda passando por dois pequenos pinos A e B do quadro está sujeita a uma tração de 100 N.

142 ESTÁTICA

Determine a tração P mínima e a orientação θ da corda passando pelos pinos C e D, de modo que o momento de binário resultante produzido pelas duas cordas seja 20 N · m, no sentido horário.

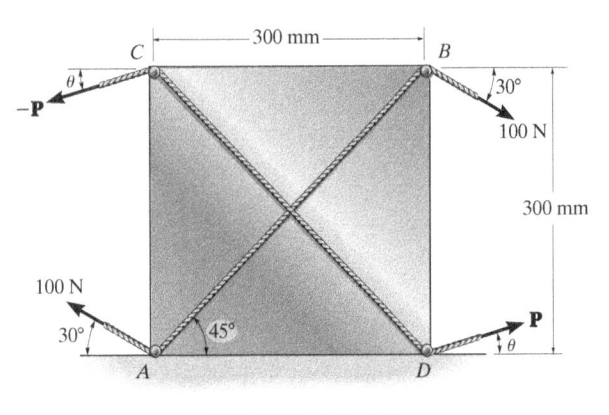

PROBLEMAS 4.74 e 4.75

*4.76. Aplica-se um momento de 4 N · m ao cabo da chave de fenda. Decomponha esse momento de binário em um par de forças de binário **F** exercidas sobre o cabo e **P** exercidas sobre a ponta da chave.

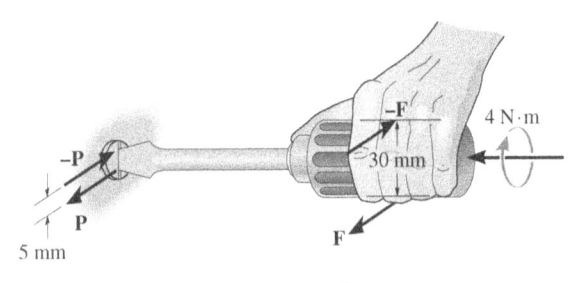

PROBLEMA 4.76

4.77. As extremidades da placa triangular estão sujeitas a três binários. Determine a intensidade da força **F** de modo que o momento de binário resultante seja 400 N · m em sentido horário.

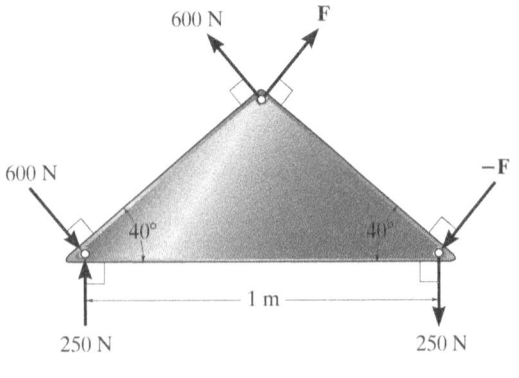

PROBLEMA 4.77

4.78. O homem tenta abrir a válvula aplicando as forças de binário de $F = 75$ N ao volante. Determine o momento de binário produzido.

4.79. Se a válvula puder ser aberta com um momento de binário de 25 N · m, determine a intensidade exigida de cada força de binário que deve ser aplicada ao volante.

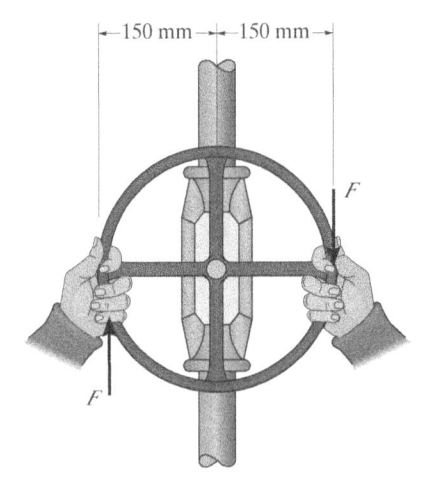

PROBLEMAS 4.78 e 4.79

*4.80. Determine a intensidade de **F** de modo que o momento de binário resultante seja 12 kN · m, em sentido anti-horário. Em que ponto sobre a viga o momento de binário resultante atua?

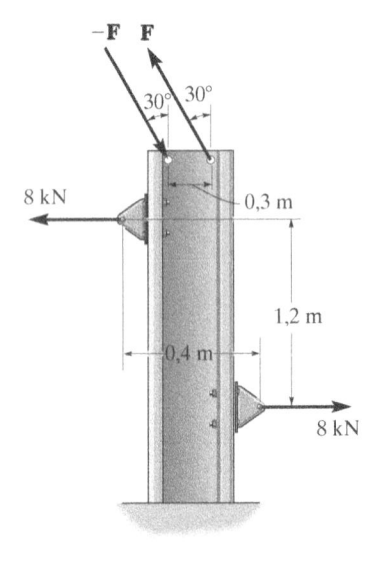

PROBLEMA 4.80

4.81. Se $F = 80$ N, determine a intensidade e os ângulos diretores coordenados do momento de binário. O encanamento se encontra no plano x–y.

4.82. Se a intensidade do momento de binário que atua sobre o encanamento é 50 N · m, determine a intensidade das forças de binário aplicadas a cada chave. O encanamento se encontra no plano x–y.

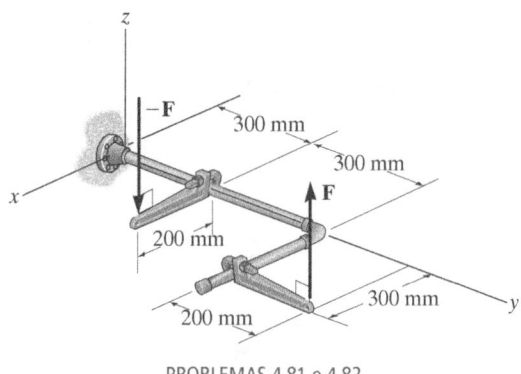

4.87. Se $F = 80$ N, determine a intensidade e os ângulos diretores coordenados do momento de binário. O encanamento se encontra no plano x–y.

*4.88. Se a intensidade do momento de binário que age sobre o encanamento é 50 N · m, determine a intensidade das forças de binário aplicadas a cada chave. O encanamento se encontra no plano x–y.

PROBLEMAS 4.81 e 4.82

4.83. Determine o momento de binário resultante dos dois binários que agem sobre o encanamento. A distância de A a B é $d = 400$ mm. Expresse o resultado como um vetor cartesiano.

*4.84. Determine a distância d entre A e B, de modo que o momento de binário resultante tenha uma intensidade de $M_R = 20$ N · m.

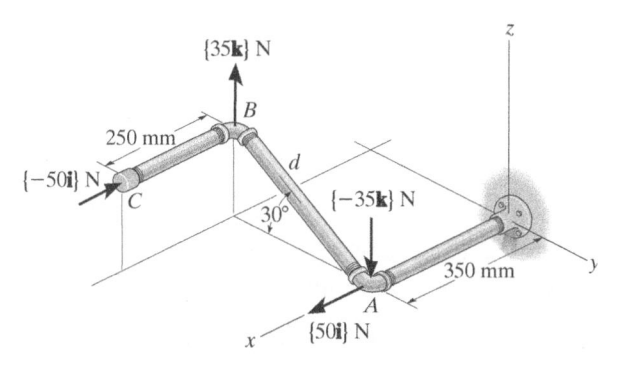

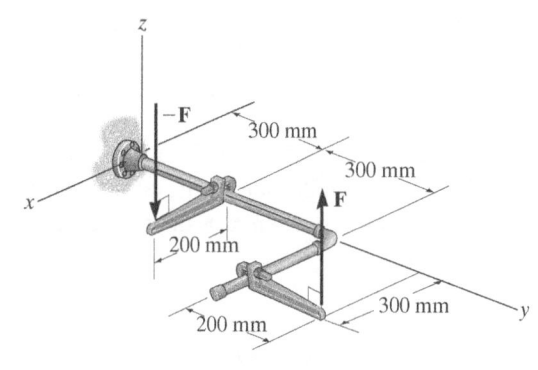

PROBLEMAS 4.87 e 4.88

4.89. As engrenagens estão sujeitas aos momentos de binário mostrados. Determine a intensidade do momento de binário resultante e especifique seus ângulos diretores coordenados.

PROBLEMAS 4.83 e 4.84

4.85. Expresse o momento do binário que age sobre o tubo na forma de vetor cartesiano. Qual é a intensidade do momento de binário? Considere $F = 125$ N.

4.86. Se o momento de binário que age sobre o tubo tem uma intensidade de 300 N · m, determine a intensidade F das forças aplicadas às chaves.

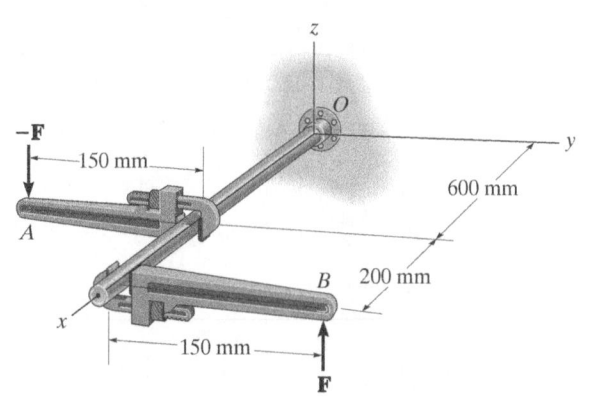

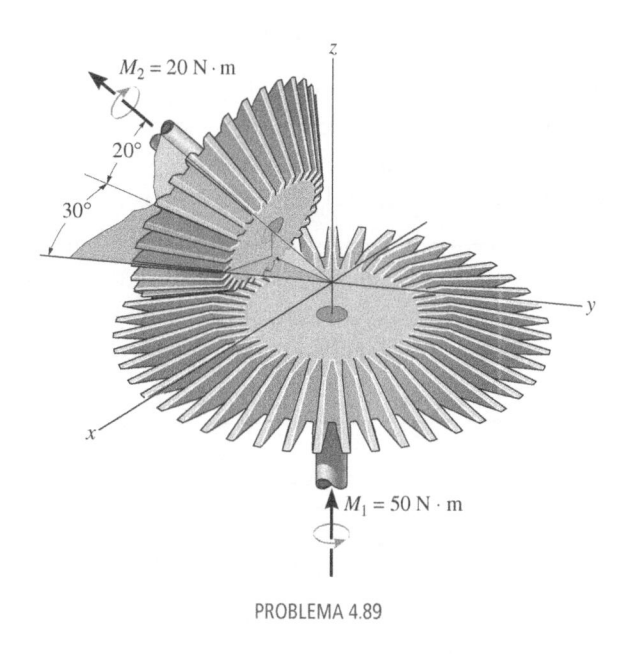

PROBLEMA 4.89

4.90. Determine a intensidade necessária dos momentos de binário $\mathbf{M}_2$ e $\mathbf{M}_3$, de modo que o momento de binário resultante seja zero.

PROBLEMAS 4.85 e 4.86

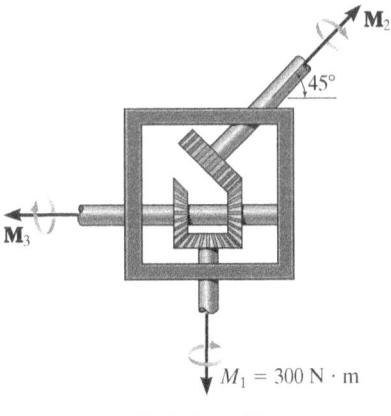

4.94. Expresse o momento de binário que age sobre o elemento na forma de vetor cartesiano. Qual é a intensidade do momento de binário?

PROBLEMA 4.90

4.91. Um binário atua sobre cada um dos manípulos da válvula minidual. Determine a intensidade e os ângulos diretores coordenados do momento de binário resultante.

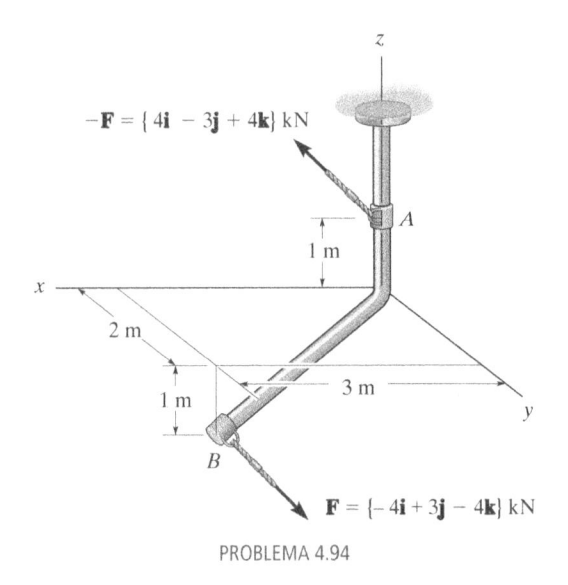

PROBLEMA 4.94

4.95. Se $F_1 = 100$ N, $F_2 = 120$ N e $F_3 = 80$ N, determine a intensidade e os ângulos diretores coordenados do momento de binário resultante.

*4.96. Determine a intensidade necessária de F_1, F_2 e F_3, de modo que o momento de binário resultante seja $(M_C)_R = [50i - 45j - 20k]$ N · m.

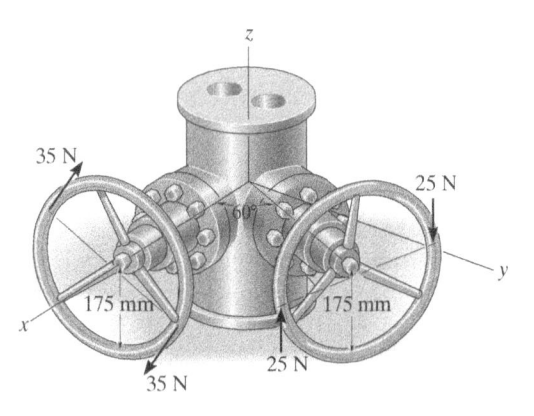

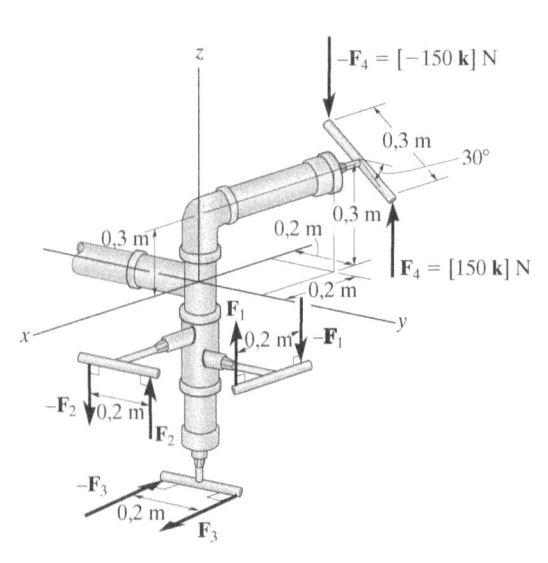

PROBLEMA 4.91

*4.92. Expresse o momento do binário agindo sobre a estrutura na forma de um vetor cartesiano. As forças são aplicadas perpendicularmente à estrutura. Qual é a intensidade do momento de binário? Considere $F = 50$ N.

4.93. Para virar a estrutura, um momento de binário é aplicado conforme ilustra a figura. Se a componente desse momento de binário ao longo do eixo x é $M_x = \{-20i\}$ N · m, determine a intensidade F das forças do binário.

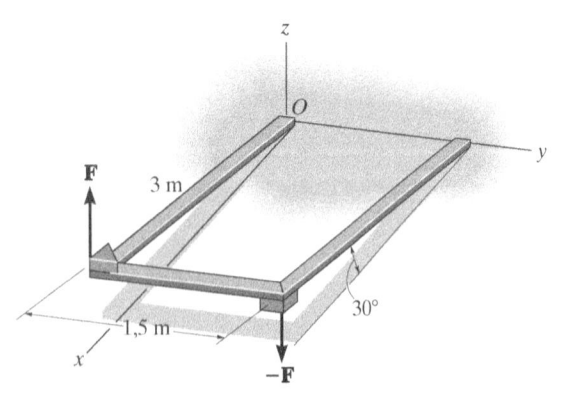

PROBLEMAS 4.92 e 4.93

PROBLEMAS 4.95 e 4.96

4.7 Simplificação de um sistema de forças e binários

Algumas vezes, é conveniente reduzir um sistema de forças e momentos de binário agindo sobre um corpo para uma forma mais simples substituindo-o por um *sistema equivalente*, que consiste em uma força resultante única agindo em um ponto específico e um momento de binário resultante. Um sistema é equivalente se os *efeitos externos* que ele produz sobre um corpo são iguais aos causados pelo sistema de forças e momentos de binário original. Nesse contexto, os efeitos externos de um sistema referem-se ao *movimento de rotação e translação* do corpo se ele estiver livre para se mover, ou se refere às *forças reativas* nos apoios se o corpo é mantido fixo.

Por exemplo, considere alguém segurando o bastão na Figura 4.34*a*, que está sujeito à força **F** no ponto *A*. Se aplicarmos um par de forças **F** e −**F** iguais e opostas no ponto *B*, o qual está *sobre a linha de ação* de **F** (Figura 4.34*b*), observamos que −**F** em *B* e **F** em *A* se cancelarão, deixando apenas **F** em *B* (Figura 4.34*c*). A força **F** agora foi movida de *A* para *B* sem modificar seus *efeitos externos* sobre o bastão; ou seja, a reação na empunhadura permanece a mesma. Isso demonstra o *princípio da transmissibilidade*, que afirma que uma força agindo sobre um corpo (bastão) é um *vetor deslizante*, já que pode ser aplicado em qualquer ponto ao longo de sua linha de ação.

Também podemos usar o procedimento anterior para mover uma força para um ponto que *não* esteja na linha de ação da força. Se **F** for aplicado perpendicularmente ao bastão, como na Figura 4.35*a*, então podemos conectar um par de forças **F** e −**F** iguais e opostas no ponto *B* (Figura 4.35*b*). A força **F** agora é aplicada em *B*, e as outras duas forças, **F** em *A* e −**F** em *B*, formam um binário que produz o momento de binário $M = Fd$ (Figura 4.35*c*). Portanto, a força **F** pode ser movida de *A* para *B*, desde que um momento de binário **M** seja incluído para manter um sistema equivalente. Esse momento de binário é determinado considerando-se o momento de **F** em relação a *B*. Como **M** é, na verdade, um *vetor livre*, ele pode agir em qualquer ponto no bastão. Em ambos os casos, os sistemas são equivalentes, o que faz com que uma força **F** para baixo e um momento de binário no sentido horário $M = Fd$ sejam sentidos na empunhadura.

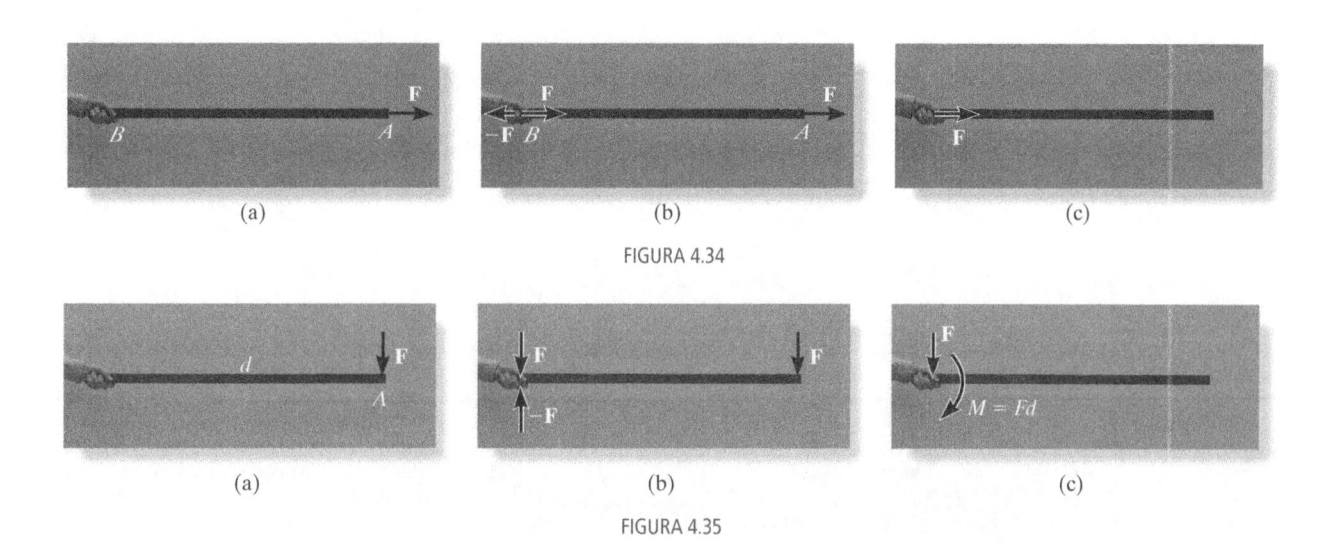

(a)   (b)   (c)

FIGURA 4.34

(a)   (b)   (c)

FIGURA 4.35

Sistema de forças e momentos de binário

Usando o método anterior, um sistema de várias forças e momentos de binário agindo sobre um corpo pode ser reduzido a uma única força resultante equivalente agindo no ponto O e um momento de binário resultante. Por exemplo, na Figura 4.36a, O não está na linha de ação de $\mathbf{F}_1$ e, portanto, essa força pode ser movida para o ponto O, desde que um momento de binário $(\mathbf{M}_O)_1 = \mathbf{r}_1 \times \mathbf{F}_1$ seja incluído no corpo. Da mesma forma, o momento de binário $(\mathbf{M}_O)_2 = \mathbf{r}_2 \times \mathbf{F}_2$ deve ser acrescentado ao corpo quando movemos $\mathbf{F}_2$ para o ponto O. Finalmente, como o momento de binário $\mathbf{M}$ é um vetor livre, ele pode simplesmente ser movido para o ponto O. Fazendo isso, obtemos o sistema equivalente mostrado na Figura 4.36b, que produz os mesmos efeitos externos (reações de apoio) sobre o corpo que os efeitos do sistema de forças e binário mostrado na Figura 4.36a. Se somarmos as forças e os momentos de binário, obteremos a força resultante $\mathbf{F}_R = \mathbf{F}_1 + \mathbf{F}_2$ e o momento de binário resultante $(\mathbf{M}_R)_O = \mathbf{M} + (\mathbf{M}_O)_1 + (\mathbf{M}_O)_2$ (Figura 4.36c).

Observe que $\mathbf{F}_R$ é independente do local do ponto O, pois é simplesmente um somatório das forças. Entretanto, $(\mathbf{M}_R)_O$ depende desse local, porque os momentos $\mathbf{M}_1$ e $\mathbf{M}_2$ são determinados usando os vetores posição $\mathbf{r}_1$ e $\mathbf{r}_2$, que se estendem de O até cada força. Além disso, note que $(\mathbf{M}_R)_O$ é um vetor livre e pode agir em *qualquer ponto* no corpo, embora o ponto O geralmente seja escolhido como seu ponto de aplicação.

Podemos generalizar o método anterior de reduzir um sistema de forças e binários a uma força resultante $\mathbf{F}_R$ equivalente agindo no ponto O e um momento de binário resultante $(\mathbf{M}_R)_O$ usando as duas equações a seguir.

$$\begin{aligned} \mathbf{F}_R &= \Sigma \mathbf{F} \\ (\mathbf{M}_R)_O &= \Sigma \mathbf{M}_O + \Sigma \mathbf{M} \end{aligned} \qquad (4.17)$$

A primeira equação estabelece que a força resultante do sistema seja equivalente à soma de todas as forças; e a segunda estabelece que o momento de binário resultante do sistema seja equivalente à soma de todos os momentos de binário $\Sigma \mathbf{M}$ mais os momentos de todas as forças $\Sigma \mathbf{M}_O$ em relação ao ponto O. Se o sistema de forças situa-se no plano x–y e quaisquer momentos de binário são perpendiculares a esse plano, então as equações anteriores se reduzem às três equações escalares a seguir.

$$\begin{aligned} (F_R)_x &= \Sigma F_x \\ (F_R)_y &= \Sigma F_y \\ (M_R)_O &= \Sigma M_O + \Sigma M \end{aligned} \qquad (4.18)$$

Aqui, a força resultante é determinada pela soma vetorial de suas duas componentes $(F_R)_x$ e $(F_R)_y$.

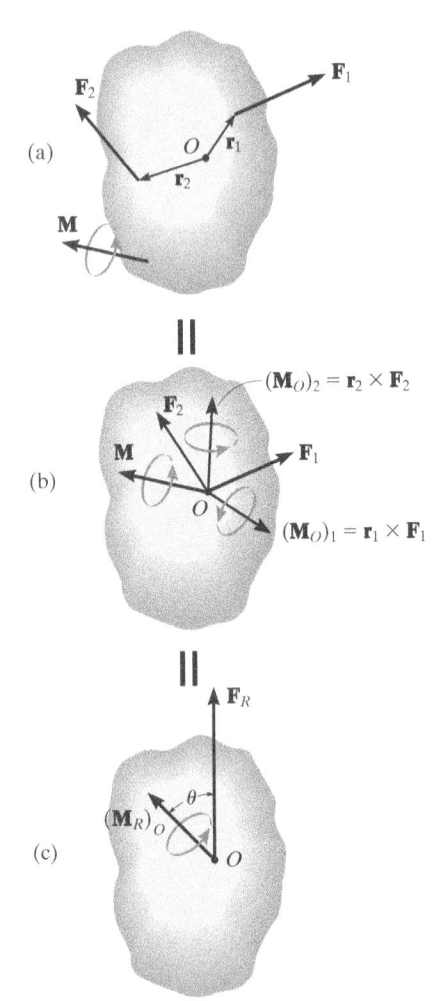

FIGURA 4.36

Os pesos desses semáforos podem ser substituídos pela sua força resultante equivalente $W_R = W_1 + W_2$ e um momento de binário $(M_R)_O = W_1 d_1 + W_2 d_2$ no apoio O. Nos dois casos, o apoio precisa oferecer a mesma resistência à rotação e translação a fim de manter o membro na posição horizontal.

Pontos importantes

- A força é um vetor deslizante, pois criará os mesmos efeitos externos sobre um corpo quando é aplicada em qualquer ponto P ao longo de sua linha de ação. Isso é chamado princípio da transmissibilidade.
- Um momento de binário é um vetor livre, pois criará os mesmos efeitos externos sobre um corpo quando for aplicado em qualquer ponto P sobre o corpo.
- Quando uma força é movida para outro ponto P que esteja em sua linha de ação, ela criará os mesmos efeitos externos sobre o corpo se um momento de binário também for aplicado ao corpo. O momento de binário é determinado tomando-se o momento da força em relação ao ponto P.

Procedimento para análise

Os seguintes pontos devem ser mantidos em mente ao simplificar um sistema de forças e momentos de binário para um sistema de força e de binário resultantes equivalente.

- Estabeleça os eixos coordenados com a origem localizada no ponto O e os eixos tendo uma orientação selecionada.

Somatório das forças

- Se o sistema de forças for *coplanar*, decomponha cada força em suas componentes x e y. Se uma componente estiver direcionada ao longo do eixo positivo x ou y, ela representa um escalar positivo; ao passo que, se estiver direcionada ao longo do eixo negativo x ou y, ela é um escalar negativo.
- Em três dimensões, represente cada força como um vetor cartesiano antes de somar as forças.

Somatório dos momentos

- Ao determinar os momentos de um sistema de forças *coplanares* em relação ao ponto O, normalmente é vantajoso usar o princípio dos momentos, ou seja, determinar os momentos das componentes de cada força, em vez do momento da própria força.
- Em três dimensões, use o produto vetorial para determinar o momento de cada força em relação ao ponto O. Aqui, os vetores posição se estendem de O até qualquer ponto sobre a linha de ação de cada força.

Exemplo 4.14

Substitua o sistema de forças e binários mostrado na Figura 4.37a por um sistema de força e momento de binário resultantes equivalente agindo no ponto O.

SOLUÇÃO

Somatório das forças

As forças 3 kN e 5 kN são decompostas em suas componentes x e y, como mostra a Figura 4.37b. Temos:

$\xrightarrow{+} (F_R)_x = \Sigma F_x;$ $(F_R)_x = (3 \text{ kN}) \cos 30° + \left(\frac{3}{5}\right)(5 \text{ kN}) = 5{,}598 \text{ kN} \rightarrow$

$+\uparrow (F_R)_y = \Sigma F_y;$ $(F_R)_y = (3 \text{ kN}) \text{sen } 30° - \left(\frac{4}{5}\right)(5 \text{ kN}) - 4 \text{ kN} = -6{,}50 \text{ kN} = 6{,}50 \text{ kN} \downarrow$

Usando o teorema de Pitágoras (Figura 4.37c), a intensidade de $\mathbf{F}_R$ é

$$F_R = \sqrt{(F_R)_x^2 + (F_R)_y^2} = \sqrt{(5{,}598 \text{ kN})^2 + (6{,}50 \text{ kN})^2} = 8{,}58 \text{ kN} \qquad \textit{Resposta}$$

Sua direção θ é

$$\theta = \text{tg}^{-1}\left(\frac{(F_R)_y}{(F_R)_x}\right) = \text{tg}^{-1}\left(\frac{6{,}50 \text{ kN}}{5{,}598 \text{ kN}}\right) = 49{,}3° \qquad \textit{Resposta}$$

Somatório dos momentos

Os momentos de 3 kN e 5 kN em relação ao ponto O serão determinados usando suas componentes x e y. Referindo-se à Figura 4.37b, temos

$\zeta + (M_R)_O = \Sigma M_O;$

$(M_R)_O = (3 \text{ kN}) \text{ sen } 30°(0{,}2 \text{ m}) - (3 \text{ kN}) \cos 30°(0{,}1 \text{ m}) + \left(\frac{3}{5}\right)(5 \text{ kN})(0{,}1 \text{ m}) - \left(\frac{4}{5}\right)(5 \text{ kN})(0{,}5 \text{ m}) - (4 \text{ kN})(0{,}2 \text{ m})$

$= -2{,}46 \text{ kN} \cdot \text{m} = 2{,}46 \text{ kN} \cdot \text{m} \downarrow \qquad \textit{Resposta}$

Esse momento no sentido horário é mostrado na Figura 4.37c.

NOTA: perceba que a força e o momento de binário resultantes na Figura 4.37c produzirão os mesmos efeitos externos ou reações no suporte que aqueles produzidos pelo sistema de forças (Figura 4.37a).

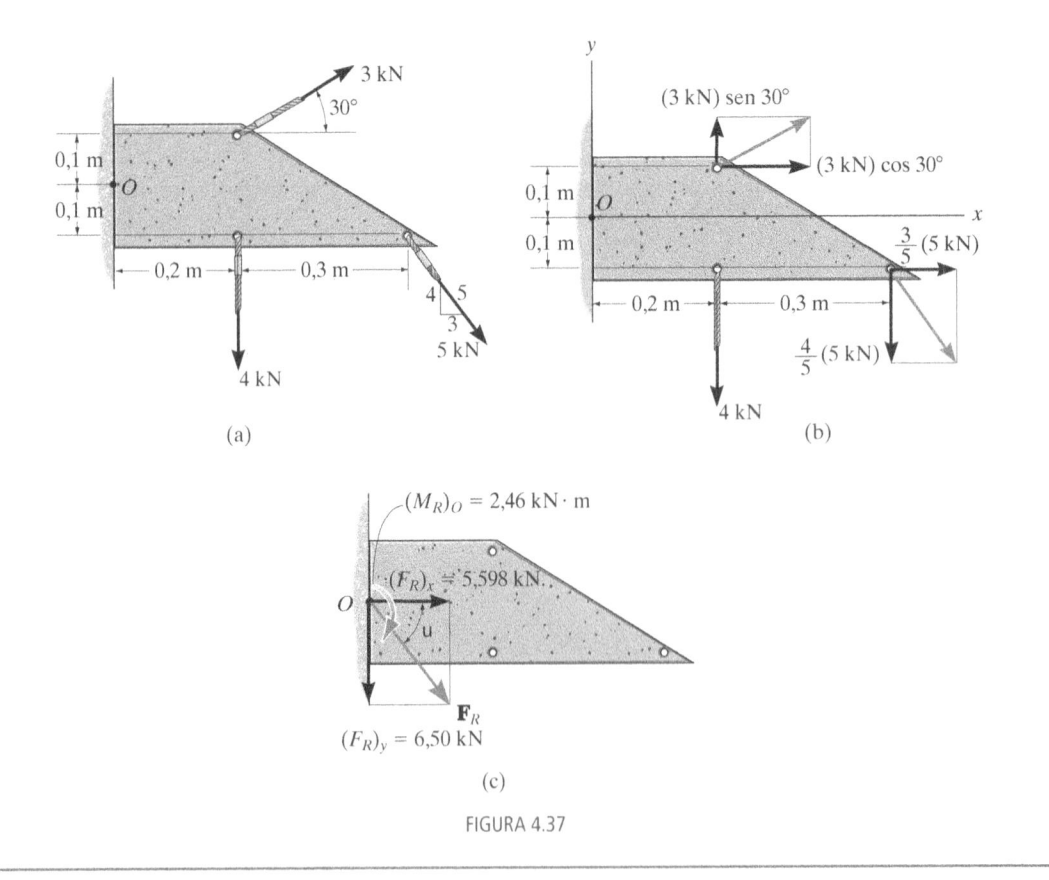

FIGURA 4.37

Exemplo 4.15

Substitua o sistema de forças e binários que age sobre o membro na Figura 4.38a por um sistema de força e momento de binário resultante equivalentes agindo no ponto O.

SOLUÇÃO

Somatório das forças

Como as forças do binário de 200 N são iguais e opostas, elas produzem uma força resultante nula e, portanto, não é necessário considerá-las no somatório das forças. A força de 500 N é decomposta em suas componentes x e y; logo,

$$\xrightarrow{+} (F_R)_x = \Sigma F_x; \quad (F_R)_x = \left(\tfrac{3}{5}\right)(500 \text{ N}) = 300 \text{ N} \rightarrow$$

$$+\uparrow (F_R)_y = \Sigma F_y; \quad (F_R)_y = (500 \text{ N})\left(\tfrac{4}{5}\right) - 750 \text{ N} = -350 \text{ N} = 350 \text{ N} \downarrow$$

Da Figura 4.15b, a intensidade de $\mathbf{F}_R$ é

$$F_R = \sqrt{(F_R)_x^2 + (F_R)_y^2}$$

$$= \sqrt{(300 \text{ N})^2 + (350 \text{ N})^2} = 461 \text{ N} \qquad \textit{Resposta}$$

E o ângulo θ é

$$\theta = \operatorname{tg}^{-1}\left(\frac{(F_R)_y}{(F_R)_x}\right) = \operatorname{tg}^{-1}\left(\frac{350 \text{ N}}{300 \text{ N}}\right) = 49{,}4° \qquad \textit{Resposta}$$

Somatório dos momentos

Como o momento de binário é um vetor livre, ele pode agir em qualquer ponto no membro. Referindo-se à Figura 4.38a, temos:

$$\zeta + (M_R)_O = \Sigma M_O + \Sigma M$$

$$(M_R)_O = (500 \text{ N})\left(\tfrac{4}{5}\right)(2{,}5 \text{ m}) - (500 \text{ N})\left(\tfrac{3}{5}\right)(1 \text{ m})$$

$$- (750 \text{ N})(1{,}25 \text{ m}) + 200 \text{ N} \cdot \text{m}$$

$$= -37{,}5 \text{ N} \cdot \text{m} = 37{,}5 \text{ N} \cdot \text{m} \downarrow \qquad \textit{Resposta}$$

Esse momento no sentido horário é mostrado na Figura 4.38b.

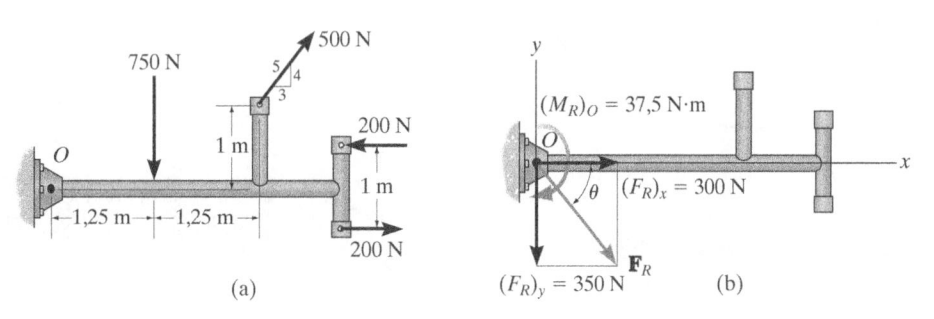

FIGURA 4.38

Exemplo 4.16

O membro estrutural está sujeito a um momento de binário $\mathbf{M}$ e às forças $\mathbf{F}_1$ e $\mathbf{F}_2$ na Figura 4.39a. Substitua esse sistema por um sistema de força e momento de binário resultantes equivalente agindo em sua base, o ponto O.

SOLUÇÃO (ANÁLISE VETORIAL)

Os aspectos tridimensionais do problema podem ser simplificados usando uma análise vetorial cartesiana. Expressando as forças e o momento de binário como vetores cartesianos, temos:

$\mathbf{F}_1 = \{-800\mathbf{k}\}$ N

$\mathbf{F}_2 = (300 \text{ N})\mathbf{u}_{CB}$

$= (300 \text{ N})\left(\dfrac{\mathbf{r}_{CB}}{r_{CB}}\right)$

$= 300 \text{ N}\left[\dfrac{\{-0{,}15\mathbf{i} + 0{,}1\mathbf{j}\} \text{ m}}{\sqrt{(-0{,}15 \text{ m})^2 + (0{,}1 \text{ m})^2}}\right] = \{-249{,}6\mathbf{i} + 166{,}4\mathbf{j}\}$ N

$\mathbf{M} = -500\left(\dfrac{4}{5}\right)\mathbf{j} + 500\left(\dfrac{3}{5}\right)\mathbf{k} = \{-400\mathbf{j} + 300\mathbf{k}\}$ N·m

Somatório das forças

$\mathbf{F}_R = \Sigma \mathbf{F};\qquad \mathbf{F}_R = \mathbf{F}_1 + \mathbf{F}_2 = -800\mathbf{k} - 249{,}6\mathbf{i} + 166{,}4\mathbf{j}$

$= \{-250\mathbf{i} + 166\mathbf{j} - 800\mathbf{k}\}$ N   *Resposta*

Somatório dos momentos

$(\mathbf{M}_R)_O = \Sigma \mathbf{M} + \Sigma \mathbf{M}_O$

$(\mathbf{M}_R)_O = \mathbf{M} + \mathbf{r}_C \times \mathbf{F}_1 + \mathbf{r}_B \times \mathbf{F}_2$

$(\mathbf{M}_R)_O = (-400\mathbf{j} + 300\mathbf{k}) + (1\mathbf{k}) \times (-800\mathbf{k}) + \begin{vmatrix} \mathbf{i} & \mathbf{j} & \mathbf{k} \\ -0{,}15 & 0{,}1 & 1 \\ -249{,}6 & 166{,}4 & 0 \end{vmatrix}$

$= (-400\mathbf{j} + 300\mathbf{k}) + (0) + (-166{,}4\mathbf{i} - 249{,}6\mathbf{j})$

$= \{-166\mathbf{i} - 650\mathbf{j} + 300\mathbf{k}\}$ N·m   *Resposta*

Os resultados são mostrados na Figura 4.39b.

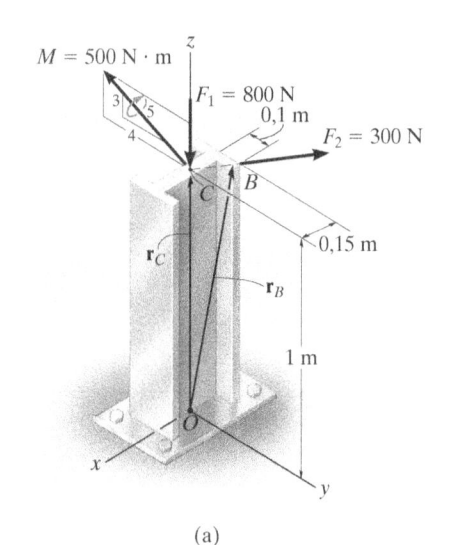

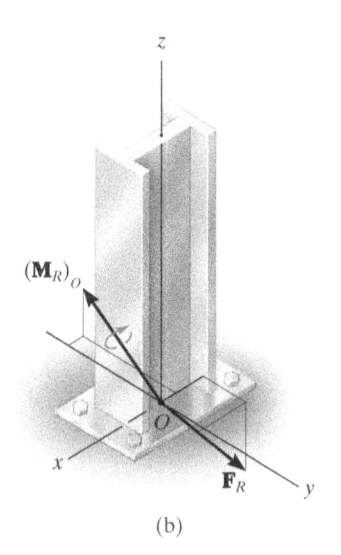

FIGURA 4.39

Problema preliminar

P4.5. Em cada caso, determine as componentes x e y da força resultante e o momento de binário resultante no ponto O.

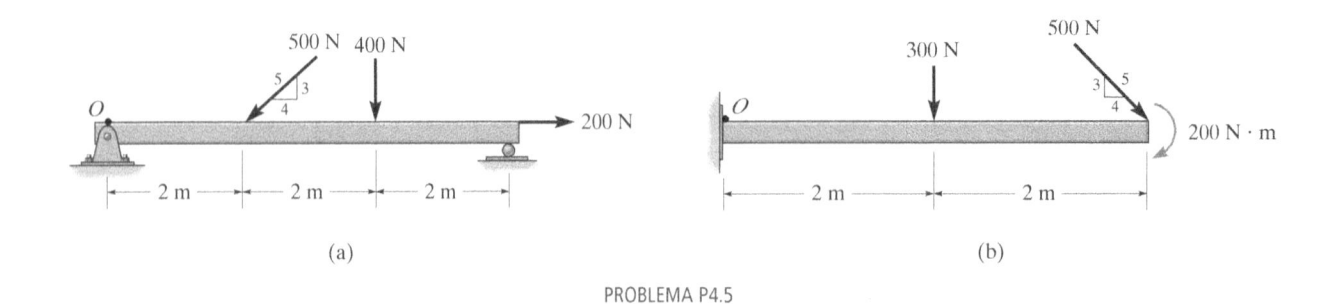

PROBLEMA P4.5

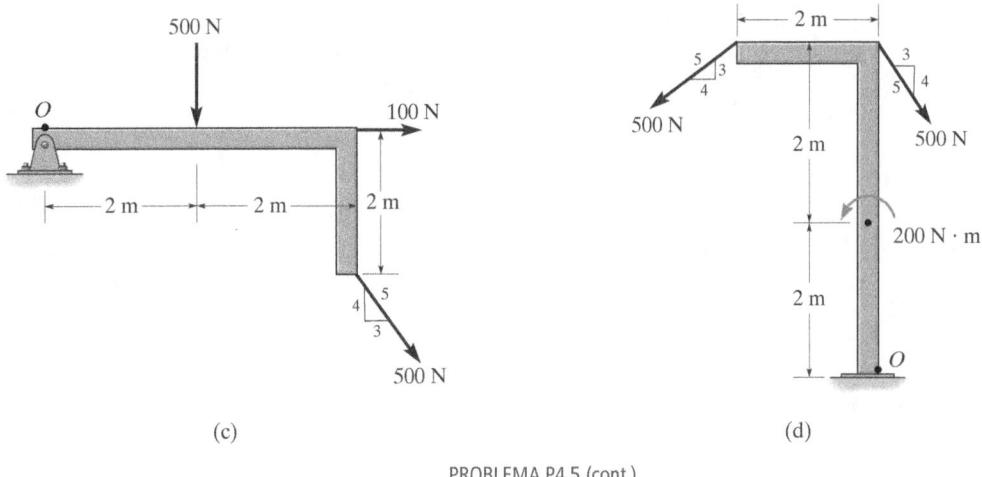

Capítulo 4 – Resultantes de um sistema de forças 151

(c)

(d)

PROBLEMA P4.5 (cont.)

Problemas fundamentais

F4.25. Substitua o carregamento do sistema por uma força e momento de binário resultantes equivalente agindo no ponto A.

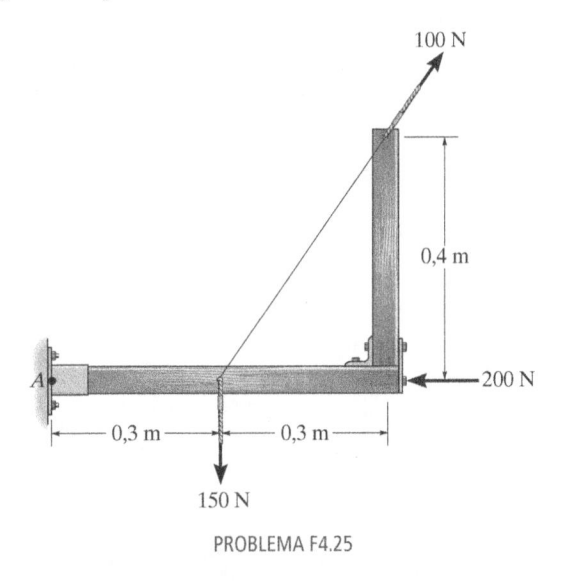

PROBLEMA F4.25

F4.26. Substitua o sistema de carregamento por uma força e momento de binário resultantes equivalente agindo no ponto A.

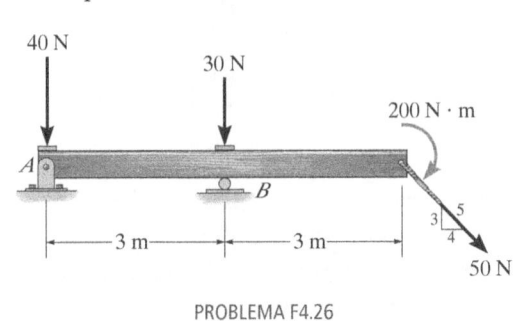

PROBLEMA F4.26

F4.27. Substitua o sistema de carregamento por uma força e momento de binário resultantes equivalente agindo no ponto A.

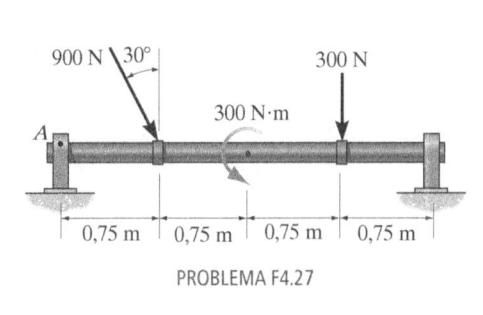

PROBLEMA F4.27

F4.28. Substitua o sistema de carregamento por uma força e momento de binário resultantes equivalente agindo no ponto A.

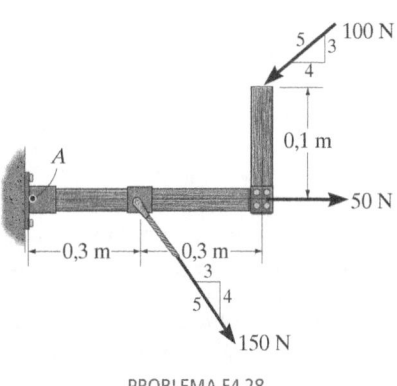

PROBLEMA F4.28

F4.29. Substitua o sistema de carregamento por uma força e momento de binário resultantes equivalente agindo no ponto O.

F4.30. Substitua o sistema de carregamento por uma força e momento de binário resultantes equivalente agindo no ponto O.

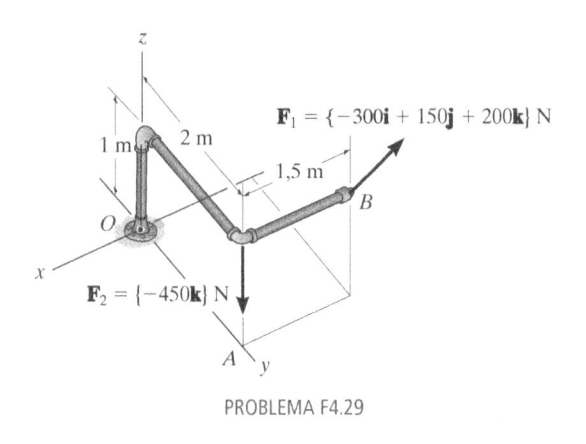

PROBLEMA F4.29

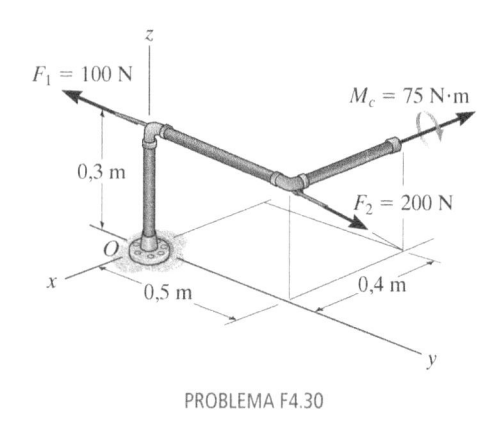

PROBLEMA F4.30

Problemas

4.97. Substitua o sistema de forças por uma força e um momento de binário resultantes equivalente no ponto O.

4.98. Substitua o sistema de forças por uma força e um momento de binário resultantes equivalente no ponto P.

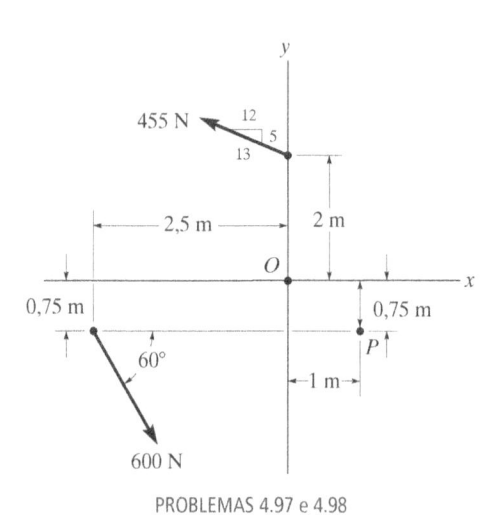

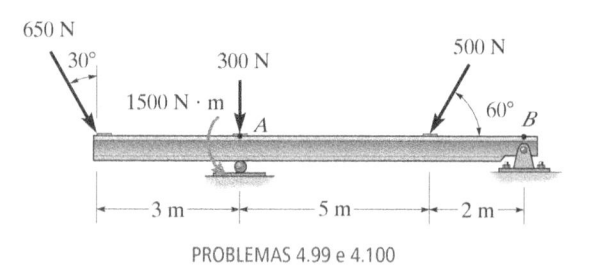

PROBLEMAS 4.99 e 4.100

4.101. Substitua o sistema de forças que age sobre a estrutura por uma força e momento de binário resultantes equivalente no ponto A.

PROBLEMAS 4.97 e 4.98

4.99. Substitua o sistema de carregamento atuando sobre a viga por uma força e um momento de binário resultantes equivalente no ponto A.

*4.100. Substitua o sistema de carregamento atuando sobre a viga por uma força e um momento de binário resultantes equivalente no ponto B.

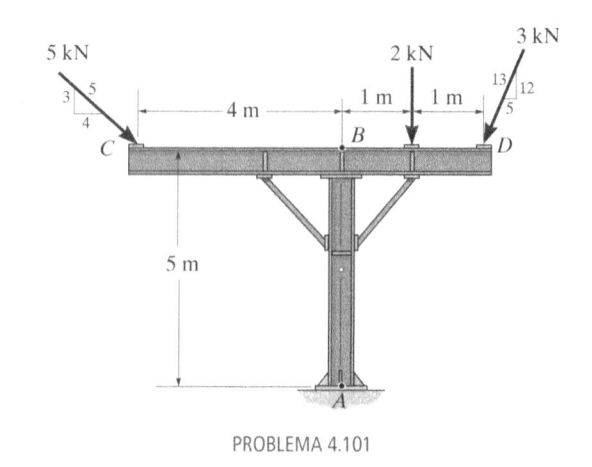

PROBLEMA 4.101

4.102. Substitua o sistema de forças que age sobre a estrutura por uma força e um momento de binário resultantes equivalente agindo no ponto A.

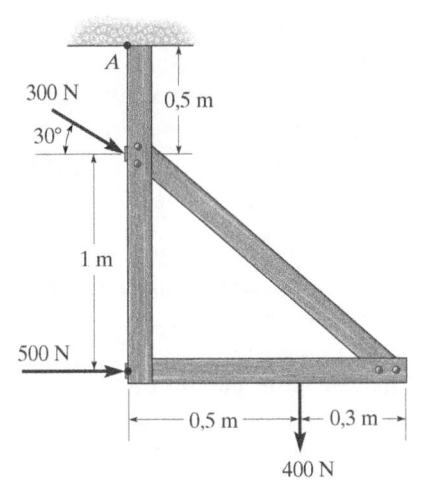

Capítulo 4 – Resultantes de um sistema de forças   153

PROBLEMA 4.102

PROBLEMA 4.106

4.103. Substitua o sistema de forças que age sobre a viga por uma força e um momento de binário resultantes equivalente no ponto A.

*4.104. Substitua o sistema de forças que age sobre a viga por uma força e um momento de binário resultantes equivalente no ponto B.

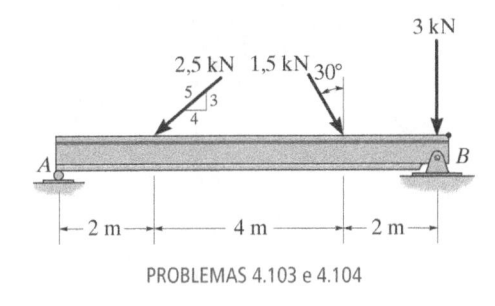

4.107. A figura mostra um modelo biomecânico da região lombar do tronco humano. As forças que agem nos quatro grupos de músculos consistem em $F_R = 35$ N para o reto, $F_O = 45$ N para o oblíquo, $F_L = 23$ N para músculo grande dorsal e $F_E = 32$ N para o eretor da espinha. Esses carregamentos são simétricos em relação ao plano y–z. Substitua esse sistema de forças paralelas por uma força e um momento de binário equivalentes agindo na espinha, no ponto O. Expresse os resultados na forma de vetor cartesiano.

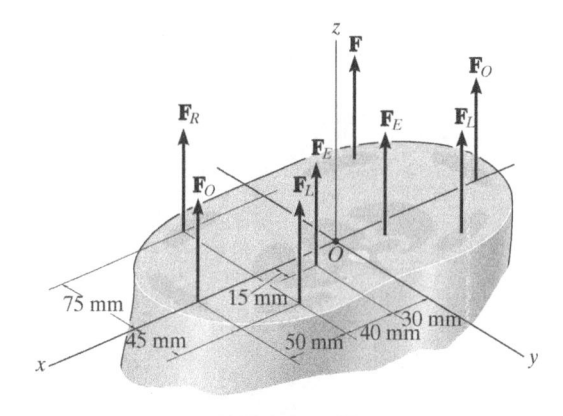

PROBLEMAS 4.103 e 4.104

4.105. Substitua o sistema de carregamento que atua sobre a viga por uma força e um momento de binário resultantes equivalente no ponto O.

PROBLEMA 4.107

*4.108. Substitua o sistema de forças por uma força e um momento de binário resultantes equivalente no ponto O. Considere $F_3 = \{-200\mathbf{i} + 500\mathbf{j} - 300\mathbf{k}\}$ N.

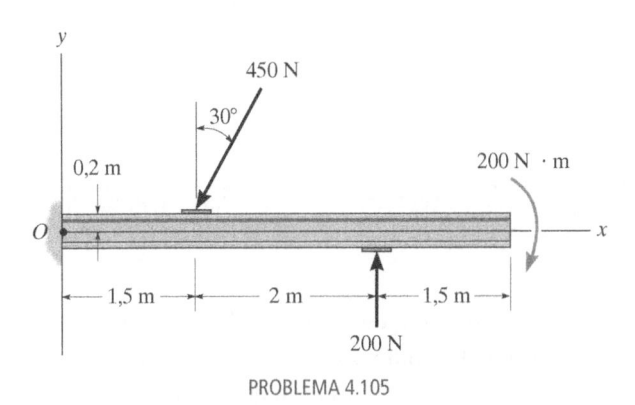

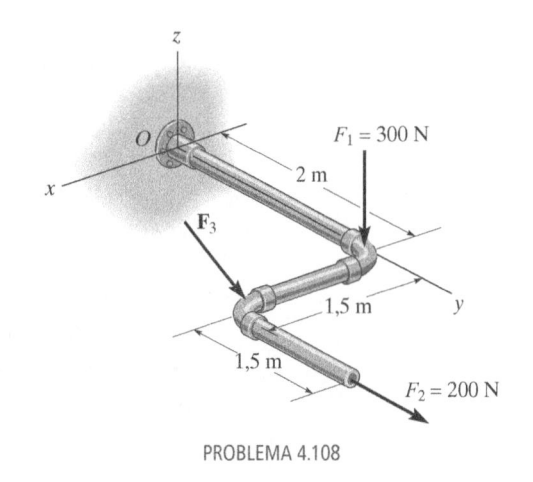

PROBLEMA 4.105

4.106. As forças $F_1 = \{-4\mathbf{i} + 2\mathbf{j} - 3\mathbf{k}\}$ kN e $F_2 = \{3\mathbf{i} - 4\mathbf{j} - 2\mathbf{k}\}$ kN agem sobre a extremidade da viga. Substitua essas forças por uma força e um momento de binário equivalentes agindo no ponto O.

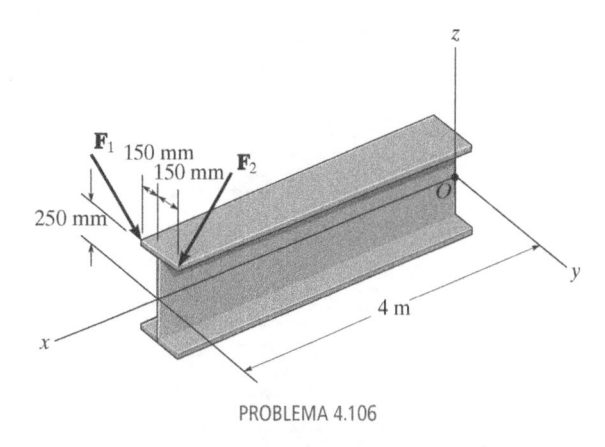

PROBLEMA 4.108

4.109. Substitua o carregamento por uma força e um momento de binário resultantes equivalente no ponto O.

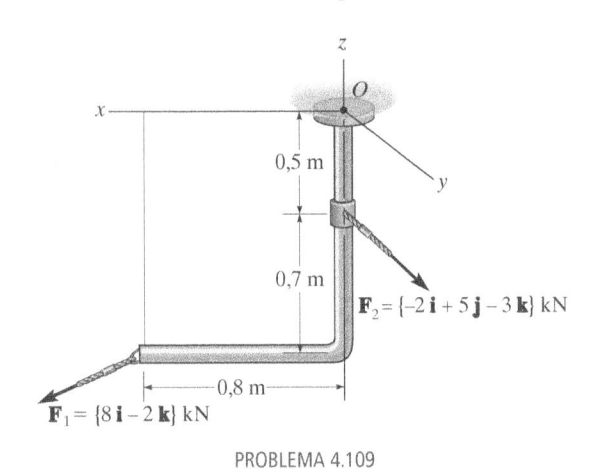

$F_2 = \{-2i + 5j - 3k\}$ kN

$F_1 = \{8i - 2k\}$ kN

PROBLEMA 4.109

4.110. Substitua a força de $F = 80$ N que age sobre o encanamento por uma força e um momento de binário equivalentes no ponto A.

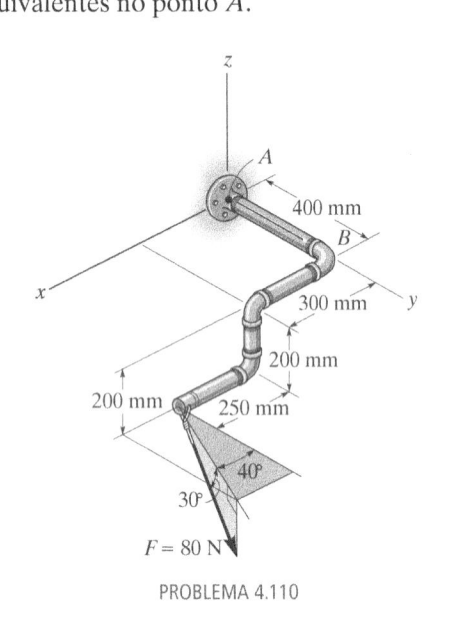

PROBLEMA 4.110

4.111. A correia passando pela polia está sujeita às forças F_1 e F_2, cada uma tendo uma intensidade de 40 N. F_1 atua na direção $-k$. Substitua essas forças por uma força e um momento de binário equivalentes no ponto A. Expresse o resultado em forma de vetor cartesiano. Defina $\theta = 0°$, de modo que F_2 atue na direção $-j$.

*4.112.** A correia passando pela polia está sujeita a duas forças F_1 e F_2, cada uma tendo uma intensidade de 40 N. F_1 atua na direção $-k$. Substitua essas forças por uma força e momento de binário equivalentes no ponto A. Expresse o resultado em forma de vetor cartesiano. Considere $\theta = 45°$.

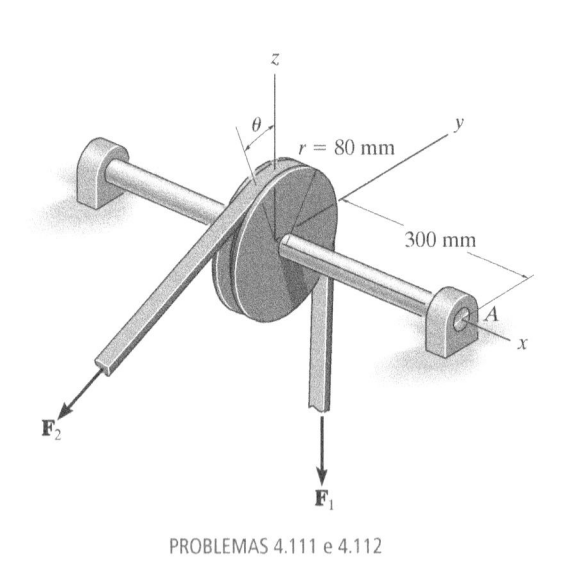

PROBLEMAS 4.111 e 4.112

4.8 Simplificações adicionais de um sistema de forças e binários

Na seção anterior, desenvolvemos uma forma de reduzir um sistema de forças e de momentos de binário sobre um corpo rígido a um sistema equivalente composto de uma força resultante F_R agindo em um ponto O específico e um momento de binário resultante $(M_R)_O$. O sistema de forças pode ser reduzido ainda mais para uma única força resultante equivalente, desde que as linhas de ação de F_R e $(M_R)_O$ sejam *perpendiculares* entre si. Em virtude dessa condição, apenas sistemas de forças concorrentes, coplanares e paralelas podem ser adicionalmente simplificados.

Sistema de forças concorrentes

Como um ***sistema de forças concorrentes*** é aquele em que as linhas de ação de todas as forças se interceptam em um ponto comum O (Figura 4.40a), então o sistema de forças não produz momento algum em relação a esse ponto. Como consequência, o sistema equivalente pode ser representado por uma única força resultante $\mathbf{F}_R = \Sigma \mathbf{F}$ agindo em O (Figura 4.40b).

Sistema de forças coplanares

No caso de um ***sistema de forças coplanares***, as linhas de ação de todas as forças situam-se no mesmo plano (Figura 4.41a) e, portanto, a força resultante $\mathbf{F}_R = \Sigma \mathbf{F}$ desse sistema também situa-se nesse plano. Além disso, o momento de cada uma das forças em relação a qualquer ponto O está direcionado perpendicularmente a esse plano. Portanto, o momento resultante $(\mathbf{M}_R)_O$ e a força resultante $\mathbf{F}_R$ serão *mutuamente perpendiculares* (Figura 4.41b). O momento resultante pode ser substituído afastando-se a força resultante $\mathbf{F}_R$ do ponto O de uma distância perpendicular d, a qual configura um braço de momento tal que $\mathbf{F}_R$ produza o *mesmo momento* $(\mathbf{M}_R)_O$ em relação ao ponto O (Figura 4.41c). Essa distância d pode ser determinada pela equação escalar $(M_R)_O = F_R d = \Sigma M_O$ ou $d = (M_R)_O / F_R$.

Sistema de forças paralelas

O ***sistema de forças paralelas***, mostrado na Figura 4.42a, consiste em forças que são todas paralelas ao eixo z. Logo, a força resultante $\mathbf{F}_R = \Sigma \mathbf{F}$ no ponto O também precisa ser paralela a esse eixo (Figura 4.42b). O momento produzido por cada força encontra-se no plano da chapa e, portanto, o momento de binário resultante, $(\mathbf{M}_R)_O$, também estará nesse plano, ao longo do eixo do momento a, já que $\mathbf{F}_R$ e $(\mathbf{M}_R)_O$ são mutuamente perpendiculares. Consequentemente, o sistema de forças pode ser adicionalmente simplificado para uma única força resultante equivalente $\mathbf{F}_R$ que age no ponto P localizado sobre o eixo perpendicular b (Figura 4.42c). A distância d ao longo desse eixo a partir do ponto O requer que $(M_R)_O = F_R d = \Sigma M_O$ ou $d = \Sigma M_O / F_R$.

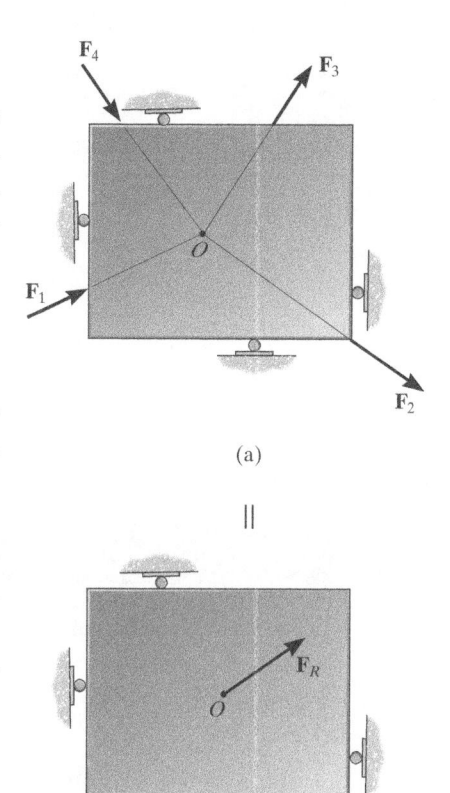

FIGURA 4.40

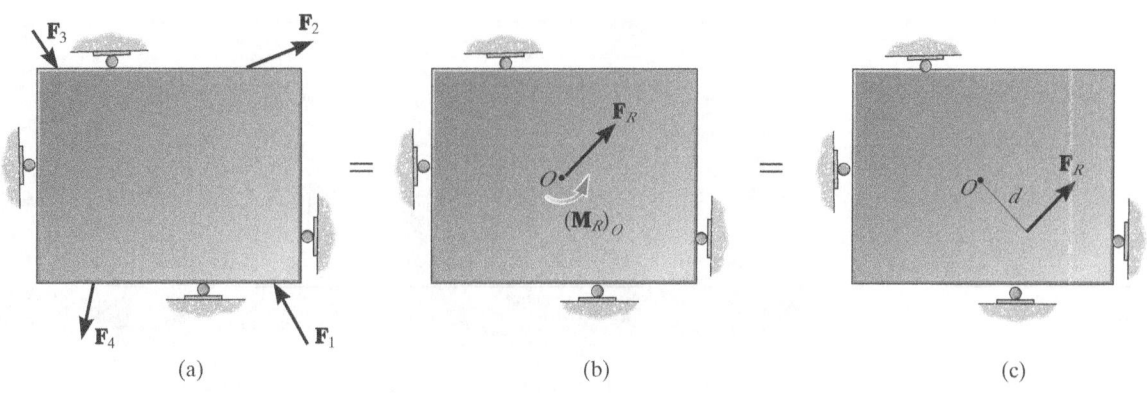

FIGURA 4.41

156 ESTÁTICA

(a) (b) (c)

FIGURA 4.42

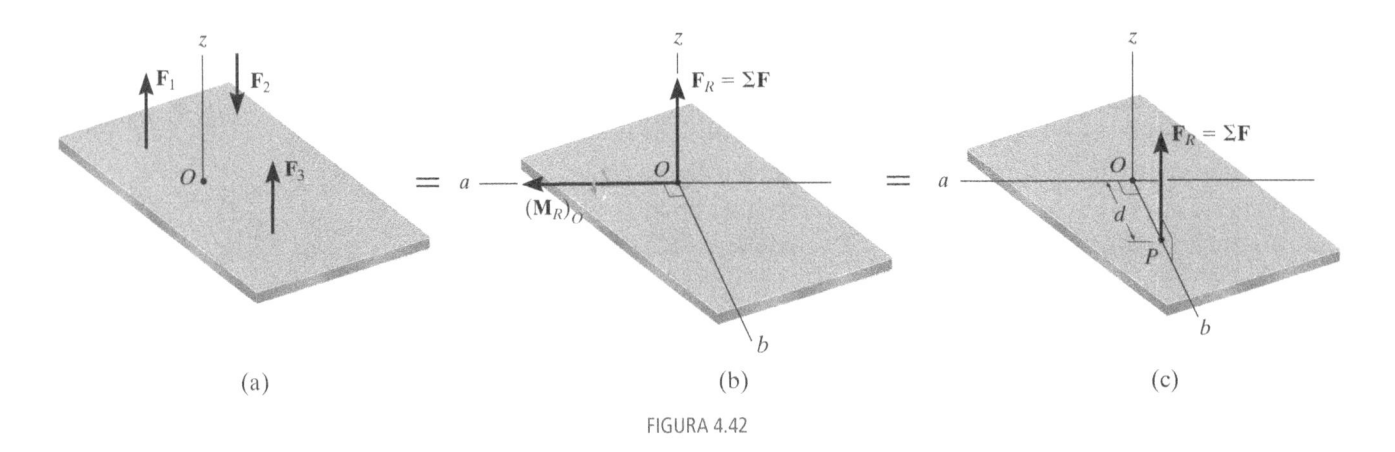

Procedimento para análise

A técnica usada para reduzir um sistema de forças coplanares ou paralelas para uma única força resultante segue um procedimento semelhante ao descrito na seção anterior.

- Estabeleça os eixos x, y, z e posicione a força resultante $\mathbf{F}_R$ a uma distância arbitrária da origem das coordenadas.

Somatório das forças

- A força resultante é igual à soma de todas as forças no sistema.
- Para um sistema de forças coplanares, decomponha cada força em suas componentes x e y. Componentes positivas são direcionadas ao longo dos eixos x e y positivos, e componentes negativas são direcionadas ao longo dos eixos x e y negativos.

As quatro forças dos cabos são todas concorrentes no ponto O do pilar da ponte. Consequentemente, elas não produzem qualquer momento resultante nesse ponto, apenas uma força resultante $\mathbf{F}_R$. Observe que os projetistas posicionaram os cabos de modo que $\mathbf{F}_R$ esteja direcionado *ao longo* do pilar da ponte diretamente para o apoio, de modo a evitar qualquer flexão no pilar.

Somatório dos momentos

- O momento da força resultante em relação ao ponto O é igual à soma de todos os momentos de binário no sistema mais os momentos de todas as forças no sistema em relação a O.
- Essa condição de momento é usada para encontrar a posição da força resultante em relação ao ponto O.

Aqui, os pesos dos semáforos são substituídos pela sua força resultante $W_R = W_1 + W_2$, que age a uma distância $d = (W_1 d_1 + W_2 d_2)/W_R$ em relação a O. Os dois sistemas são equivalentes.

Redução a um torsor

Normalmente, um sistema de forças e momentos de binário tridimensional terá uma força resultante $\mathbf{F}_R$ equivalente no ponto O e um momento de binário resultante $(\mathbf{M}_R)_O$ que *não são perpendiculares* entre si, como mostra a Figura 4.43a. Embora um sistema de forças como esse não possa ser adicionalmente reduzido para uma única força resultante equivalente, o momento de binário resultante $(\mathbf{M}_R)_O$ pode ser decomposto em uma componente paralela e em outra perpendicular à linha de ação de $\mathbf{F}_R$ (Figura 4.43a). Se isso parece difícil de ser feito em três dimensões, use o produto escalar para obter $\mathbf{M}_\parallel = (\mathbf{M}_R) \cdot \mathbf{u}_{F_R}$ e depois $\mathbf{M}_\perp = \mathbf{M}_R - \mathbf{M}_\parallel$. A componente perpendicular $\mathbf{M}_\perp$ pode ser substituída se movermos $\mathbf{F}_R$ para o ponto P, a uma distância d do ponto O ao longo do eixo b (Figura 4.43b). Como vemos, esse eixo é perpendicular ao eixo a e à linha de ação de $\mathbf{F}_R$. A posição de P pode ser determinada por $d = M_\perp/F_R$. Finalmente, como $\mathbf{M}_\parallel$ é um vetor livre, ele pode ser movido para o ponto P (Figura 4.43c). Essa combinação de uma força resultante $\mathbf{F}_R$ e um momento de binário colinear $\mathbf{M}_\parallel$ tenderá a transladar e girar o corpo em relação ao seu eixo e é chamada de *torsor* ou *parafuso*. Um torsor é o sistema mais simples que pode representar qualquer sistema de forças e momentos de binário em geral agindo em um corpo.

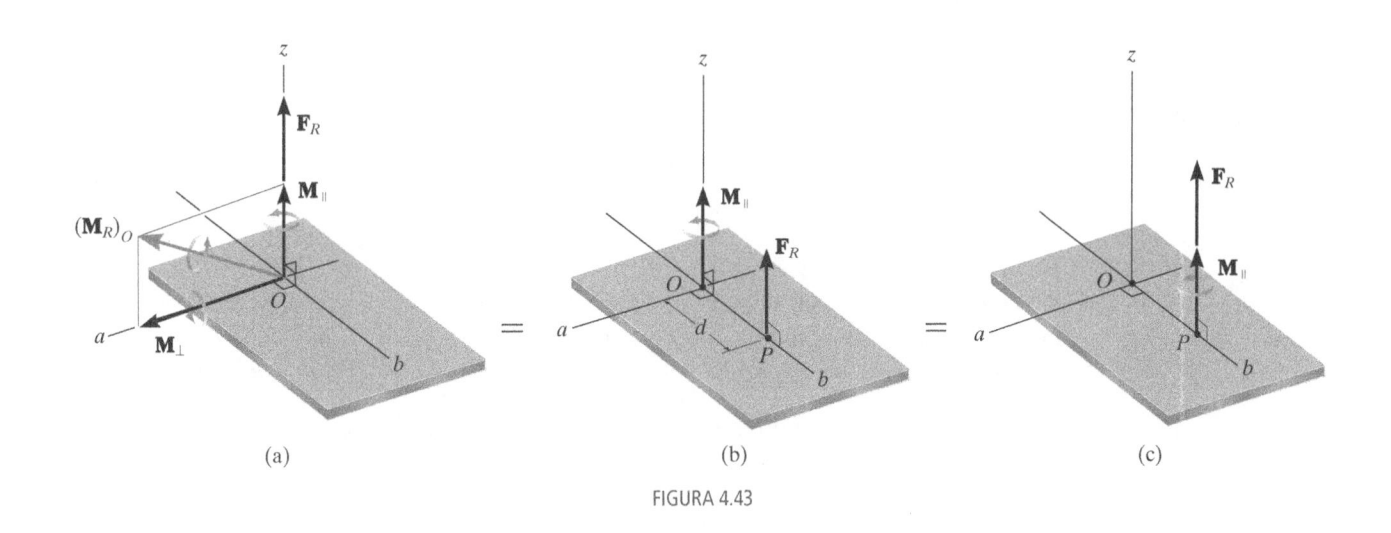

FIGURA 4.43

Ponto importante

- Um sistema de forças concorrentes, coplanares ou paralelas sempre pode ser reduzido a uma única força resultante que age em um ponto específico P. Para qualquer outro tipo de sistema de forças, a redução mais simples é um torsor, que consiste na força resultante e momento de binário colinear agindo em um ponto específico P.

Exemplo 4.17

Substitua o sistema de forças e momentos de binário que agem sobre a viga na Figura 4.44a por uma força resultante equivalente, e encontre onde sua linha de ação intercepta a viga, medido a partir do ponto O.

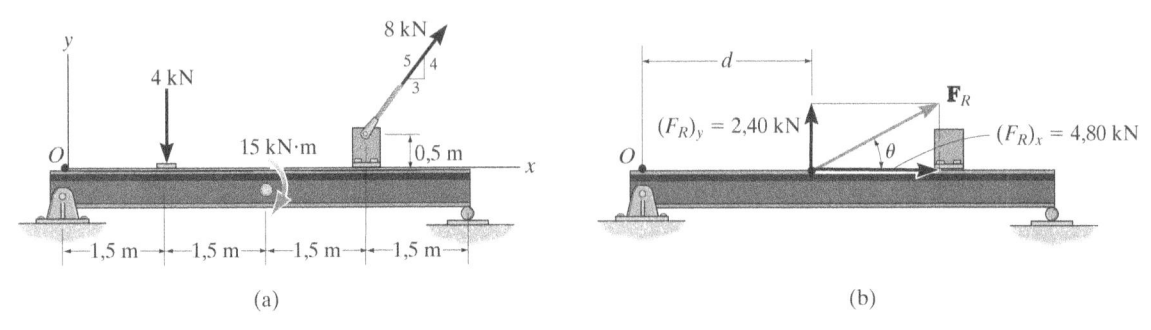

FIGURA 4.44

SOLUÇÃO

Somatório das forças

Somando as componentes da força, temos:

$$\xrightarrow{+} (F_R)_x = \Sigma F_x; \quad (F_R)_x = 8 \text{ kN}\left(\tfrac{3}{5}\right) = 4,80 \text{ kN} \rightarrow$$

$$+\uparrow (F_R)_y = \Sigma F_y; \quad (F_R)_y = -4 \text{ kN} + 8 \text{ kN}\left(\tfrac{4}{5}\right) = 2,40 \text{ kN}\uparrow$$

Da Figura 4.44b, a intensidade de $\mathbf{F}_R$ é:

$$F_R = \sqrt{(4,80 \text{ kN})^2 + (2,40 \text{ kN})^2} = 5,37 \text{ kN} \qquad \textit{Resposta}$$

O ângulo θ é:

$$\theta = \text{tg}^{-1}\left(\frac{2,40 \text{ kN}}{4,80 \text{ kN}}\right) = 26,6° \qquad \textit{Resposta}$$

Somatório dos momentos

Devemos igualar o momento de $\mathbf{F}_R$ em relação ao ponto O na Figura 4.44b à soma dos momentos do sistema de forças e momentos de binário em relação ao ponto O na Figura 4.44a. Como a linha de ação de $(\mathbf{F}_R)_x$ age no ponto O, *apenas $(\mathbf{F}_R)_y$ produz um momento* em relação a esse ponto. Portanto,

$$\zeta + (M_R)_O = \Sigma M_O; \quad 2,40 \text{ kN}(d) = -(4 \text{ kN})(1,5 \text{ m}) - 15 \text{ kN} \cdot \text{m}$$

$$- \left[8 \text{ kN}\left(\tfrac{3}{5}\right)\right](0,5 \text{ m}) + \left[8 \text{ kN}\left(\tfrac{4}{5}\right)\right](4,5 \text{ m})$$

$$d = 2,25 \text{ m} \qquad \textit{Resposta}$$

Exemplo 4.18

O guincho mostrado na Figura 4.45a está sujeito a três forças coplanares. Substitua esse carregamento por uma força resultante equivalente e especifique onde a sua linha de ação intercepta a coluna AB e a lança BC.

SOLUÇÃO

Somatório das forças

Decompondo a força de 5 kN nas componentes x e y e somando as componentes das forças, temos:

Capítulo 4 – Resultantes de um sistema de forças 159

$\xrightarrow{+} (F_R)_x = \Sigma F_x;$ $(F_R)_x = -(5\text{ kN})\left(\frac{3}{5}\right) - 6\text{ kN} = -9\text{ kN} = 9\text{ kN} \leftarrow$

$+\uparrow (F_R)_y = \Sigma F_y;$ $(F_R)_y = -(5\text{ kN})\left(\frac{4}{5}\right) - 2\text{ kN} = -6\text{ kN} = 6\text{ kN} \downarrow$

Como mostra a adição de vetores na Figura 4.45b,

$$F_R = \sqrt{(9\text{ kN})^2 + (6\text{ kN})^2} = 10,8\text{ kN} \qquad \textit{Resposta}$$

$$\theta = \text{tg}^{-1}\left(\frac{6\text{ kN}}{9\text{ kN}}\right) = 33,7° \qquad \textit{Resposta}$$

Somatório dos momentos

Os momentos serão somados em relação ao ponto A. Assumindo que a linha de ação de $\mathbf{F}_R$ intercepta AB a uma distância y de A (Figura 4.45b), temos:

$\zeta + (M_R)_A = \Sigma M_A;$ $(9\text{ kN})(y) + (6\text{ kN})(0)$

$= (6\text{ kN})(2\text{ m}) - (2\text{ kN})(1\text{ m}) - (5\text{ kN})\left(\frac{4}{5}\right)(3\text{ m}) + (5\text{ kN})\left(\frac{3}{5}\right)(4\text{ m})$

$$y = 1,11\text{ m} \qquad \textit{Resposta}$$

Pelo princípio da transmissibilidade, $\mathbf{F}_R$ pode ser posicionada a uma distância x onde intercepta BC (Figura 4.45b). Nesse caso, temos:

$\zeta + (M_R)_A = \Sigma M_A;$ $(9\text{ kN})(4\text{ m}) - (6\text{ kN})(x)$

$= (6\text{ kN})(2\text{ m}) - (2\text{ kN})(1\text{ m}) - (5\text{ kN})\left(\frac{4}{5}\right)(3\text{ m}) + (5\text{ kN})\left(\frac{3}{5}\right)(4\text{ m})$

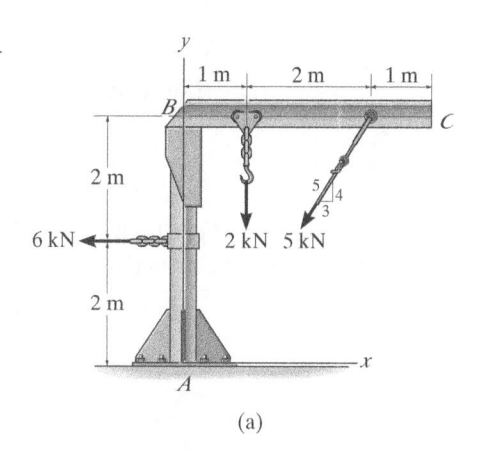

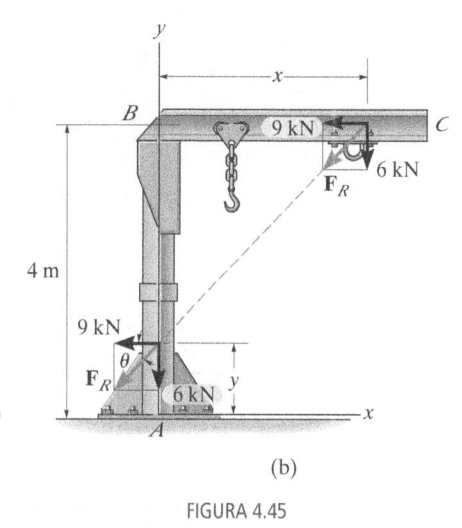

$$x = 4,33\text{ m} \qquad \textit{Resposta}$$

FIGURA 4.45

Exemplo 4.19

A placa na Figura 4.46a está sujeita a quatro forças paralelas. Determine a intensidade e a direção de uma força resultante equivalente ao sistema de forças dado e situe seu ponto de aplicação na placa.

SOLUÇÃO (ANÁLISE ESCALAR)

Somatório das forças

Da Figura 4.46a, a força resultante é:

$+\uparrow F_R = \Sigma F;$ $F_R = -600\text{ N} + 100\text{ N} - 400\text{ N} - 500\text{ N}$
$= -1400\text{ N} = 1400\text{ N} \downarrow \qquad \textit{Resposta}$

Somatório dos momentos

Queremos que o momento da força resultante em relação ao eixo x (Figura 4.46b) seja igual à soma dos momentos de todas as forças do sistema em relação ao eixo x (Figura 4.46a). Os braços dos momentos são determinados pelas coordenadas y, já que essas coordenadas representam as *distâncias perpendiculares* do eixo x às linhas de ação das forças. Usando a regra da mão direita, temos:

$(M_R)_x = \Sigma M_x;$

$-(1400\text{ N})y = 600\text{ N}(0) + 100\text{ N}(5\text{ m}) - 400\text{ N}(10\text{ m}) + 500\text{ N}(0)$

$-1400y = -3500 \qquad y = 2,50\text{ m} \qquad \textit{Resposta}$

De maneira semelhante, uma equação de momento pode ser escrita em relação ao eixo y usando braços do momento definidos pelas coordenadas x de cada força.

$$(M_R)_y = \Sigma M_y;$$
$$(1400 \text{ N})x = 600 \text{ N}(8 \text{ m}) - 100 \text{ N}(6 \text{ m}) + 400 \text{ N}(0) + 500 \text{ N}(0)$$
$$1400x = 4200$$
$$x = 3 \text{ m} \hspace{2cm} \textit{Resposta}$$

NOTA: uma força $F_R = 1400$ N situada no ponto $P(3,00 \text{ m}, 2,50 \text{ m})$ sobre a placa (Figura 4.46b) é, portanto, equivalente ao sistema de forças paralelas que agem sobre a placa na Figura 4.46a.

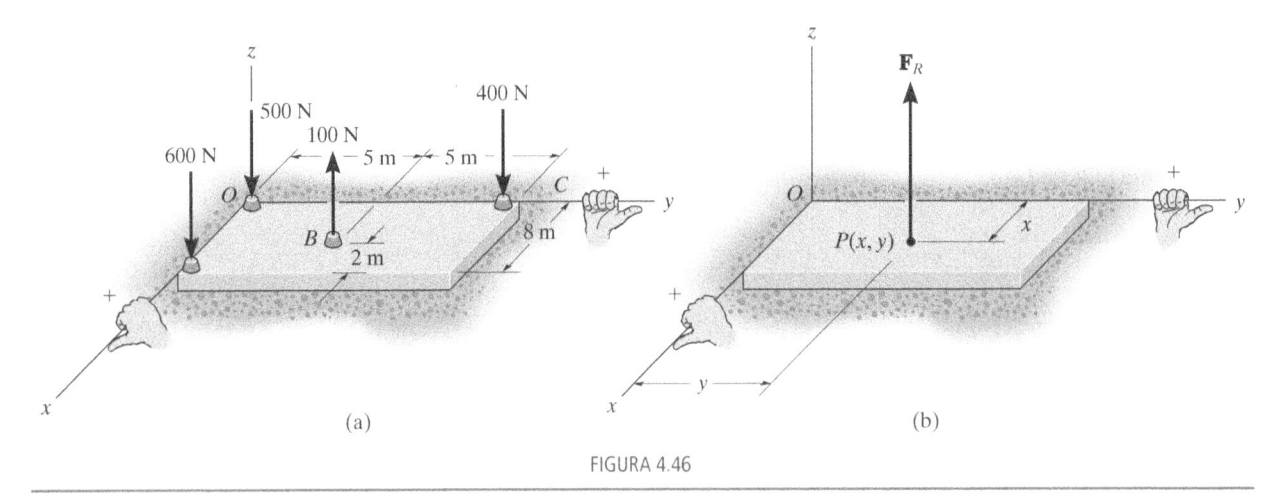

FIGURA 4.46

Exemplo 4.20

Substitua o sistema de forças na Figura 4.47a por uma força resultante equivalente e especifique seu ponto de aplicação no pedestal.

SOLUÇÃO

Somatório das forças

Aqui, demonstraremos uma análise vetorial. Somando as forças,

$$\mathbf{F}_R = \Sigma \mathbf{F}; \mathbf{F}_R = \mathbf{F}_A + \mathbf{F}_B + \mathbf{F}_C$$
$$= \{-30\mathbf{k}\} \text{ kN} + \{-50\mathbf{k}\} \text{ kN} + \{10\mathbf{k}\} \text{ kN}$$
$$= \{-70\mathbf{k}\} \text{ kN} \hspace{2cm} \textit{Resposta}$$

Posição

Os momentos serão somados em relação ao ponto O. Supõe-se que a força resultante $\mathbf{F}_R$ atue através do ponto $P(x, y, 0)$ (Figura 4.47b). Logo,

$$(\mathbf{M}_R)_O = \Sigma \mathbf{M}_O;$$
$$\mathbf{r}_P \times \mathbf{F}_R = (\mathbf{r}_A \times \mathbf{F}_A) + (\mathbf{r}_B \times \mathbf{F}_B) + (\mathbf{r}_C \times \mathbf{F}_C)$$
$$(x\mathbf{i} + y\mathbf{j}) \times (-70\mathbf{k}) = [(0,4\mathbf{i}) \times (-30\mathbf{k})]$$
$$+ [(-0,4\mathbf{i} + 0,2\mathbf{j}) \times (-50\mathbf{k})] + [(-0,4\mathbf{j}) \times (10\mathbf{k})]$$
$$-70x(\mathbf{i} \times \mathbf{k}) - 70y(\mathbf{j} \times \mathbf{k}) = -12(\mathbf{i} \times \mathbf{k}) + 20(\mathbf{i} \times \mathbf{k})$$
$$- 10(\mathbf{j} \times \mathbf{k}) - 4(\mathbf{j} \times \mathbf{k})$$
$$70x\mathbf{j} - 70y\mathbf{i} = 12\mathbf{j} - 20\mathbf{j} - 10\mathbf{i} - 4\mathbf{i}$$

Igualando as componentes **i** e **j**,

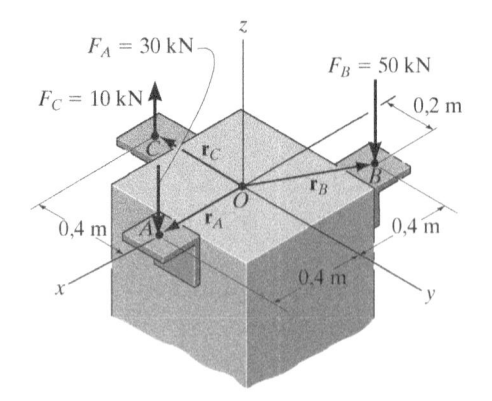

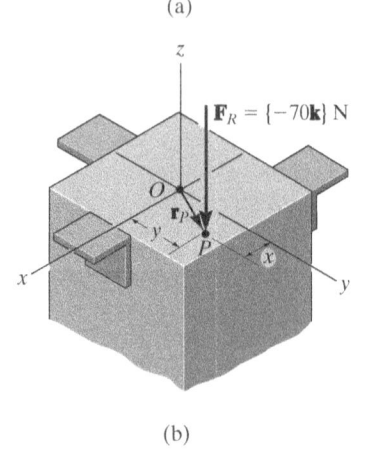

FIGURA 4.47

Capítulo 4 – Resultantes de um sistema de forças 161

$$-70y = -14 \tag{1}$$
$$y = 0{,}2 \text{ m} \quad \textit{Resposta}$$

$$70x = -8 \tag{2}$$
$$x = -0{,}114 \text{ m} \quad \textit{Resposta}$$

O sinal negativo indica que a coordenada x do ponto P é negativa.

NOTA: também é possível obter diretamente as equações 1 e 2 somando-se os momentos em relação aos eixos x e y. Usando a regra da mão direita, temos:

$$(M_R)_x = \Sigma M_x; \quad -70y = -10 \text{ kN}(0{,}4 \text{ m}) - 50 \text{ kN}(0{,}2 \text{ m})$$
$$(M_R)_y = \Sigma M_y; \quad 70x = 30 \text{ kN}(0{,}4 \text{ m}) - 50 \text{ kN}(0{,}4 \text{ m})$$

Problemas preliminares

P4.6. Em cada caso, determine as componentes x e y da força resultante e especifique a distância onde essa força age a partir do ponto O.

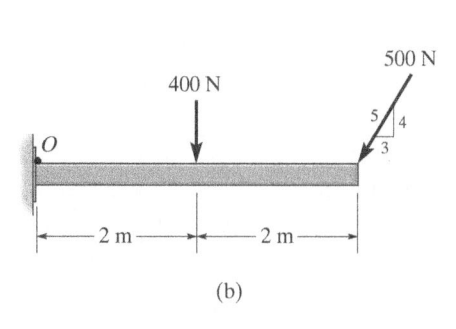

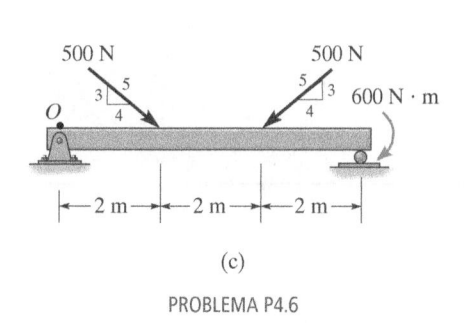

P4.7. Em cada caso, determine a força resultante e especifique suas coordenadas x e y onde ela age no plano x–y.

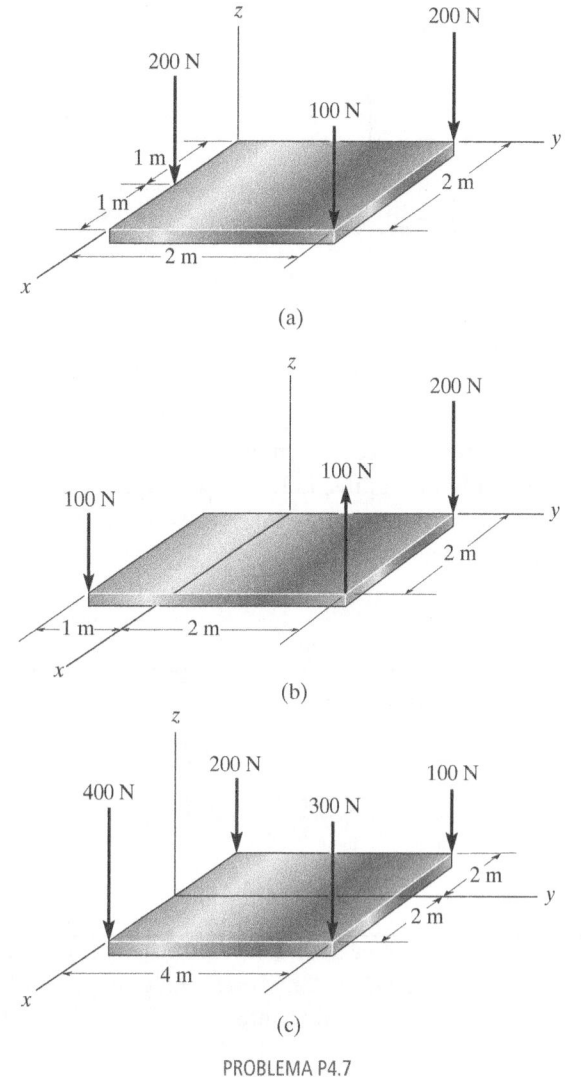

PROBLEMA P4.6

PROBLEMA P4.7

Problemas fundamentais

F4.31. Substitua o carregamento do sistema por uma força resultante equivalente e especifique onde a linha de ação da resultante intercepta a viga medida a partir de O.

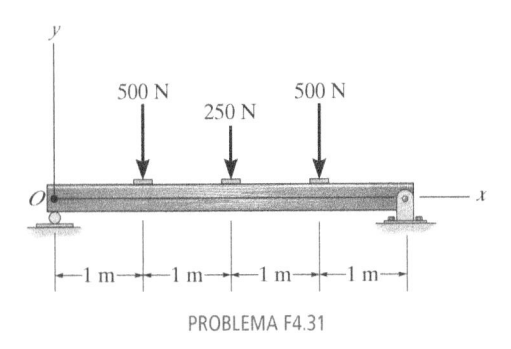

PROBLEMA F4.31

F4.32. Substitua o carregamento do sistema por uma força resultante equivalente e especifique onde a linha de ação da resultante intercepta o membro medida a partir de A.

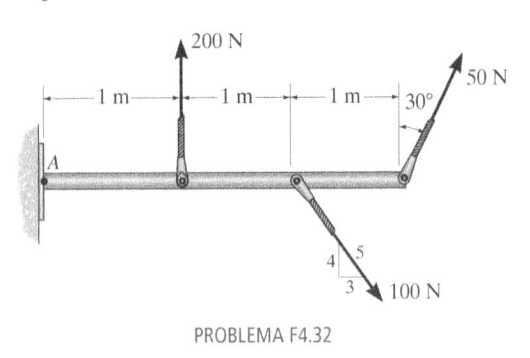

PROBLEMA F4.32

F4.33. Substitua o carregamento do sistema por uma força resultante equivalente e especifique onde a linha de ação da resultante intercepta o membro medida a partir de A.

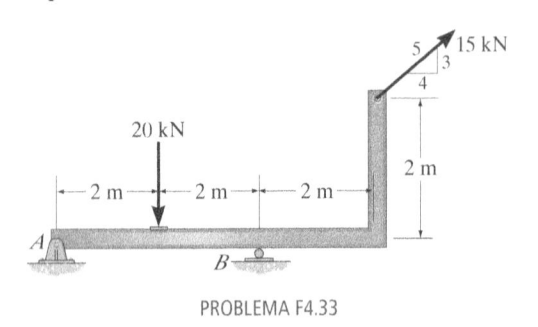

PROBLEMA F4.33

F4.34. Substitua o carregamento do sistema por uma força resultante equivalente e especifique onde a linha de ação da resultante intercepta o membro AB medida a partir de A.

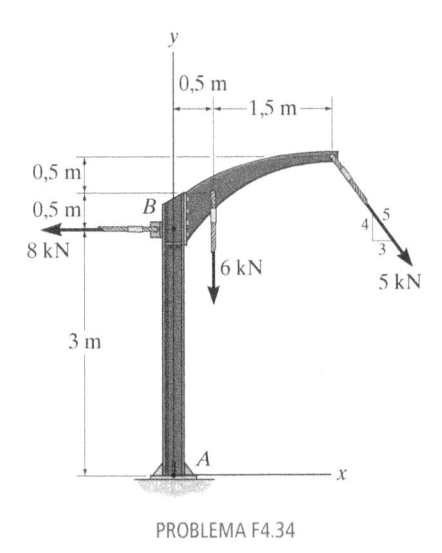

PROBLEMA F4.34

F4.35. Substitua o carregamento mostrado por uma única força resultante equivalente e especifique as coordenadas x e y de sua linha de ação.

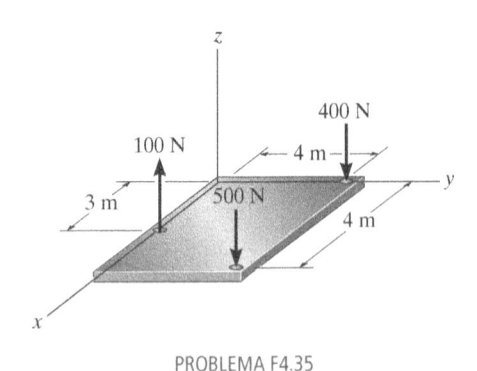

PROBLEMA F4.35

F4.36. Substitua o carregamento mostrado por uma única força resultante equivalente e especifique as coordenadas x e y de sua linha de ação.

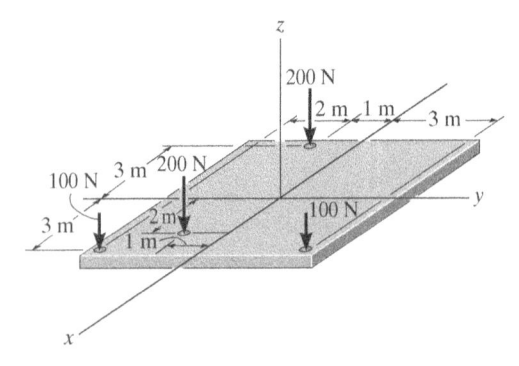

PROBLEMA F4.36

Problemas

4.113. Substitua o carregamento que age sobre a viga por uma única força resultante. Especifique onde a força age, medida a partir da extremidade *A*.

4.114. Substitua o carregamento que age sobre a viga por uma única força resultante. Especifique onde a força age, medida a partir da extremidade *B*.

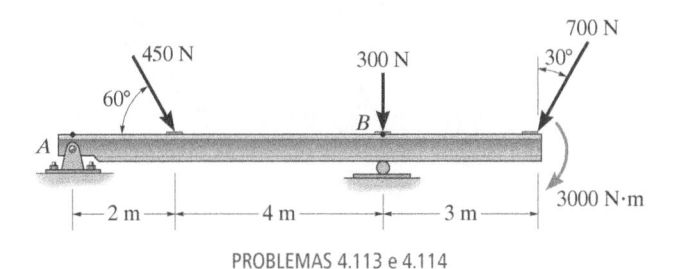

PROBLEMAS 4.113 e 4.114

4.115. Determine a intensidade e a direção θ da força **F** e sua posição *d* na viga de modo que o sistema de carregamento seja equivalente a uma força resultante de 12 kN agindo verticalmente para baixo no ponto *A* e um momento de binário em sentido horário de 50 kN · m.

*****4.116.** Determine a intensidade e a direção θ da força **F** e sua posição *d* na viga de modo que o sistema de carregamento seja equivalente a uma força resultante de 10 kN agindo verticalmente para baixo no ponto *A* e um momento de binário em sentido horário de 45 kN · m.

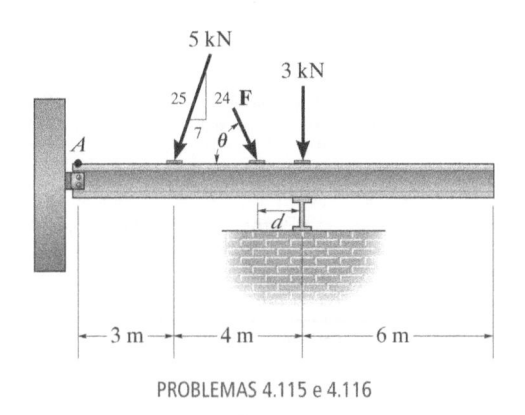

PROBLEMAS 4.115 e 4.116

4.117. Substitua o sistema de forças que age sobre o poste por uma força resultante equivalente e especifique onde sua linha de ação intercepta o poste *AB* medindo a partir do ponto *A*.

4.118. Substitua o sistema de forças que age sobre o poste por uma força resultante equivalente e especifique onde sua linha de ação intercepta o poste *AB* medindo a partir do ponto *B*.

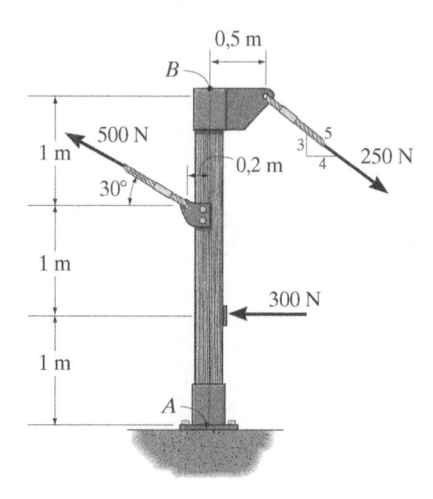

PROBLEMAS 4.117 e 4.118

4.119. Substitua o carregamento por uma única força resultante. Especifique onde sua linha de ação intercepta uma linha vertical ao longo do membro *AB*, medindo a partir de *A*.

*****4.120.** Substitua o carregamento por uma única força resultante. Especifique onde sua linha de ação intercepta uma linha horizontal ao longo do membro *CB*, medindo a partir da extremidade *C*.

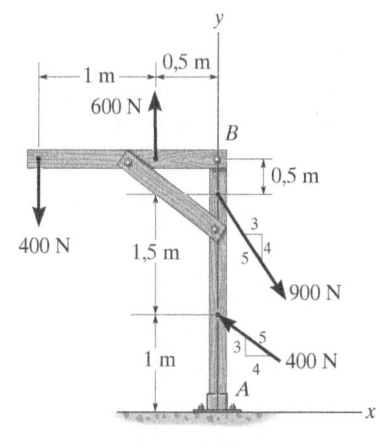

PROBLEMAS 4.119 e 4.120

4.121. Substitua o carregamento que atua sobre a viga por uma única força resultante. Especifique onde a força age, medindo a partir da extremidade *A*.

4.122. Substitua o carregamento que atua sobre a viga por uma única força resultante. Especifique onde a força age, medindo a partir da extremidade *B*.

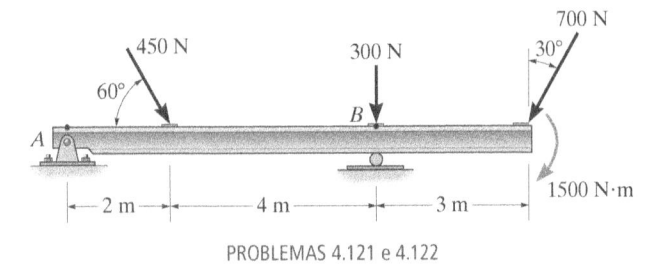

164 ESTÁTICA

PROBLEMAS 4.121 e 4.122

4.123. Substitua o carregamento sobre a estrutura por uma única força resultante. Especifique onde sua linha de ação intercepta uma linha vertical ao longo do membro AB, medindo a partir de A.

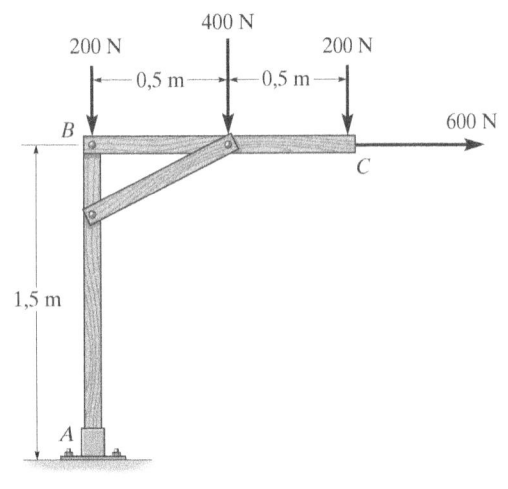

4.125. Substitua o carregamento sobre a estrutura por uma única força resultante. Especifique onde sua linha de ação intercepta o membro AB, medindo a partir de A.

4.126. Substitua o carregamento sobre a estrutura por uma única força resultante. Especifique onde sua linha de ação intercepta o membro CD, medindo a partir da extremidade C.

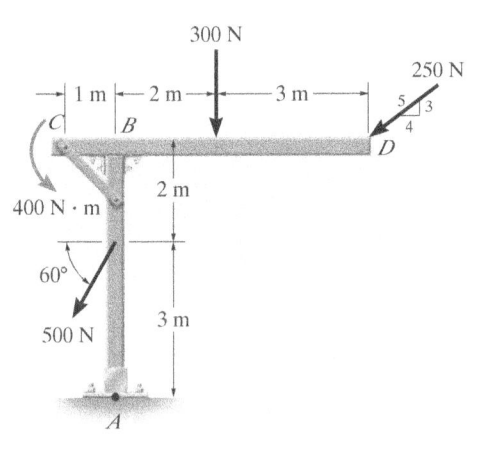

PROBLEMAS 4.125 e 4.126

PROBLEMA 4.123

4.127. Substitua os dois torsores e a força, atuando sobre o encanamento, por uma força e um momento de binário equivalentes no ponto O.

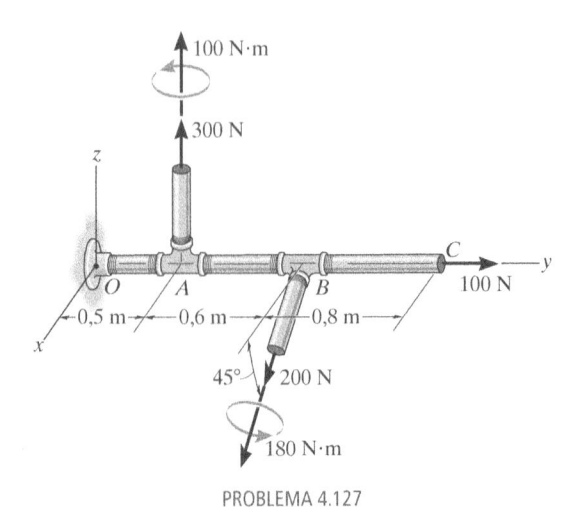

*__4.124.__ Substitua o sistema de forças paralelas que age sobre a chapa por uma força resultante equivalente e especifique sua posição no plano x–z.

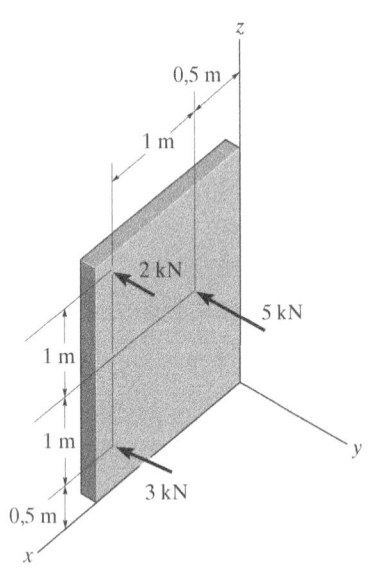

PROBLEMA 4.127

*__4.128.__ Substitua o sistema de forças por um torsor e especifique as intensidades da força e do momento de binário do torsor e o ponto onde o torsor intercepta o plano x–z.

PROBLEMA 4.124

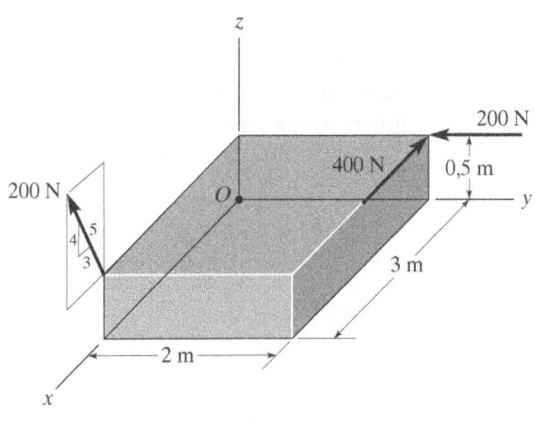

Capítulo 4 – Resultantes de um sistema de forças   165

***4.132.** Se $F_A = 40$ kN e $F_B = 35$ kN, determine a intensidade da força resultante e especifique a posição de seu ponto de aplicação (x, y) sobre a placa.

4.133. Se a força resultante deve agir no centro da placa, determine a intensidade das cargas das colunas $\mathbf{F}_A$ e $\mathbf{F}_B$ e a intensidade da força resultante.

PROBLEMA 4.128

4.129. O duto suporta as quatro forças paralelas. Determine as intensidades das forças $\mathbf{F}_C$ e $\mathbf{F}_D$ que agem em C e D, de modo que a força resultante equivalente do sistema de forças atue no ponto médio O do duto.

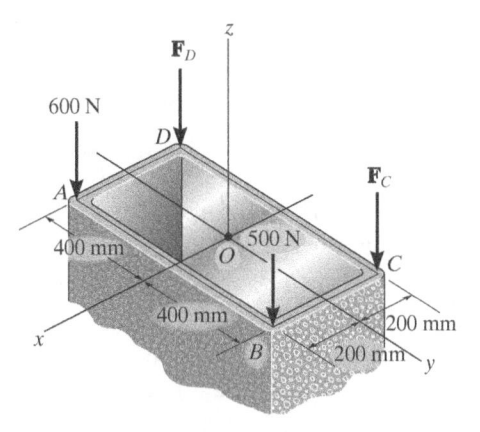

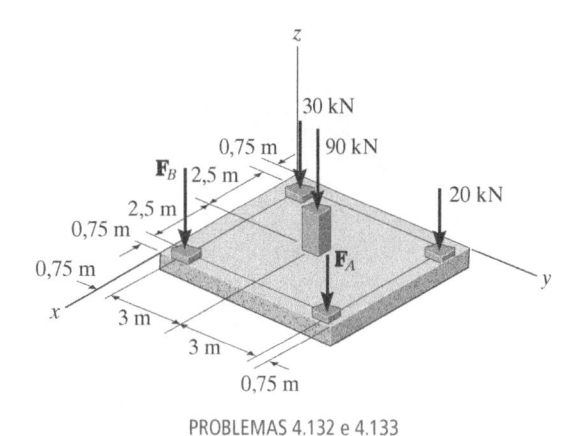

PROBLEMAS 4.132 e 4.133

4.134. A laje da construção está sujeita a quatro cargas paralelas das colunas. Determine a força resultante equivalente e especifique sua posição (x, y) sobre a laje. Considere $F_1 = 8$ kN e $F_2 = 9$ kN.

4.135. A laje da construção está sujeita às cargas de quatro colunas paralelas. Determine $\mathbf{F}_1$ e $\mathbf{F}_1$ se a força resultante atua através do ponto (12 m, 10 m).

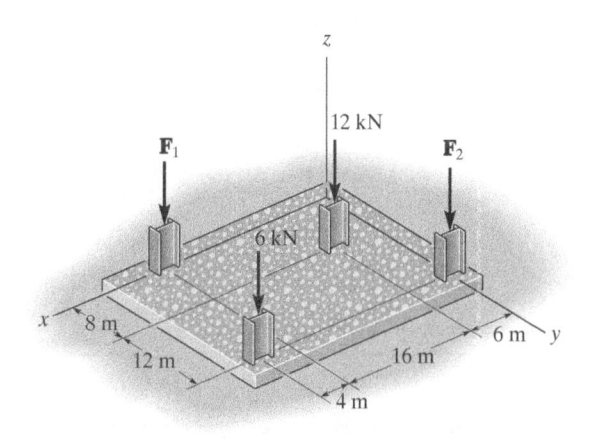

PROBLEMA 4.129

4.130. Se $F_A = 7$ kN e $F_B = 5$ kN, represente o sistema de forças que age sobre as mísulas por uma força resultante e especifique sua posição no plano x–y.

4.131. Determine as intensidades de $\mathbf{F}_A$ e $\mathbf{F}_B$ de modo que a força resultante passe pelo ponto O da coluna.

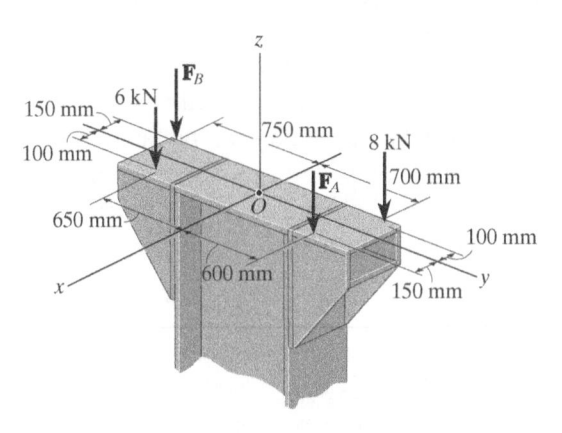

PROBLEMAS 4.130 e 4.131

PROBLEMAS 4.134 e 4.135

*4.136. Substitua as cinco forças atuando na chapa por um torsor. Especifique as intensidades da força e do momento de binário para o torsor e o ponto $P(x, z)$, onde o torsor intercepta o plano x–z.

4.137. Substitua as três forças que agem na chapa por um torsor. Especifique as intensidades da força e do momento de binário para o torsor e o ponto $P(x, y)$, onde o torsor intercepta a chapa.

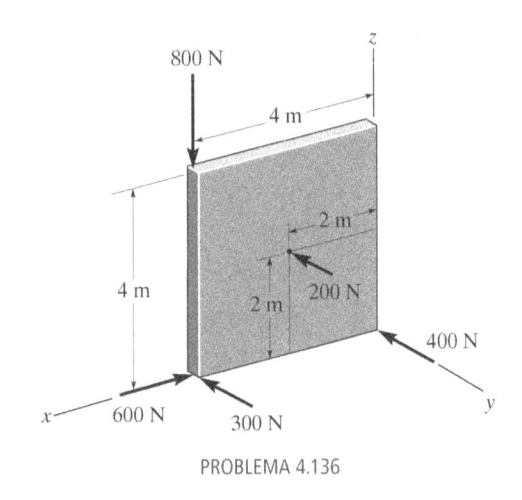

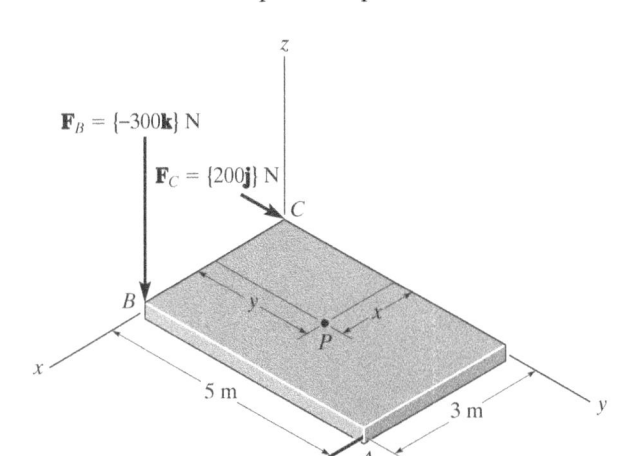

PROBLEMA 4.136

PROBLEMA 4.137

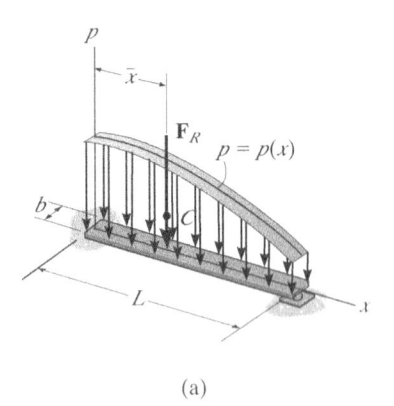

4.9 Redução de um carregamento distribuído simples

Algumas vezes, um corpo pode estar sujeito a um carregamento que está distribuído sobre sua superfície. Por exemplo, a pressão do vento sobre a superfície de um cartaz de propaganda (*outdoor*), a pressão da água dentro de um tanque ou o peso da areia sobre o piso de uma caixa de armazenamento são **cargas distribuídas**. A pressão exercida em cada ponto da superfície indica a intensidade da carga. Ela é medida usando pascals Pa (ou N/m²) em unidades do SI.

Carregamento ao longo de um único eixo

O tipo mais comum de carga distribuída encontrado na prática de engenharia pode ser representado ao longo de um único eixo.* Por exemplo, considere a viga (ou placa) na Figura 4.48a, que possui uma largura constante e está sujeita a um carregamento de pressão que varia apenas ao longo do eixo x. Esse carregamento pode ser descrito pela função $p = p(x)$ N/m². Ele contém somente uma variável x e, por isso, também podemos representá-lo como um *carregamento distribuído coplanar*. Para isso, multiplicamos a função de carregamento pela largura b da viga, tal que $w(x) = p(x)\, b$ N/m (Figura 4.48b). Usando os métodos da Seção 4.8, podemos substituir esse sistema de forças paralelas coplanares por uma única força resultante equivalente $\mathbf{F}_R$, que age em uma posição específica sobre a viga (Figura 4.48c).

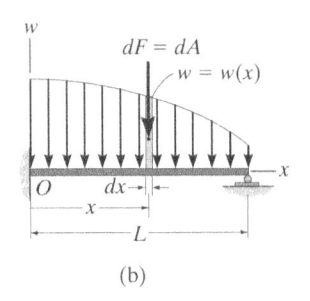

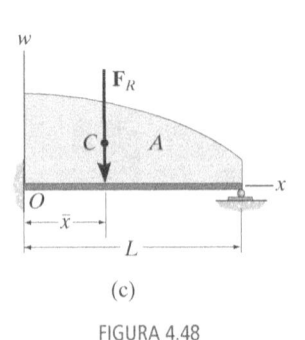

FIGURA 4.48

---

* O caso mais geral de um carregamento superficial atuando sobre um corpo é considerado na Seção 9.5.

Intensidade da força resultante

Da Equação 4.17 ($F_R = \Sigma F$), a intensidade de $\mathbf{F}_R$ é equivalente à soma de todas as forças do sistema. Nesse caso, precisamos usar integração porque existe um número infinito de forças paralelas $d\mathbf{F}$ agindo sobre a viga (Figura 4.48b). Como $d\mathbf{F}$ está agindo sobre um elemento de comprimento dx e $w(x)$ é uma força por unidade de comprimento, então, $dF = w(x)\,dx = dA$. Em outras palavras, a intensidade de $d\mathbf{F}$ é determinada pela *área* diferencial em cinza dA abaixo da curva de carregamento. Para o comprimento inteiro L,

$$+\downarrow F_R = \Sigma F; \qquad \boxed{F_R = \int_L w(x)\,dx = \int_A dA = A} \qquad (4.19)$$

Portanto, a intensidade da força resultante é igual à área A sob o diagrama de carregamento (Figura 4.48c).

Posição da força resultante

Aplicando a Equação 4.17 ($M_{R_O} = \Sigma M_O$), a posição $\bar{x}$ da linha de ação de $\mathbf{F}_R$ pode ser determinada igualando-se os momentos da força resultante e da distribuição das forças paralelas em relação ao ponto O (o eixo y). Como $d\mathbf{F}$ produz um momento de $x\,dF = xw(x)\,dx$ em relação a O (Figura 4.48b), então, para o comprimento inteiro (Figura 4.48c),

$$\zeta + (M_R)_O = \Sigma M_O; \qquad -\bar{x}F_R = -\int_L xw(x)\,dx$$

Resolvendo para $\bar{x}$, usando a Equação 4.19, temos:

$$\boxed{\bar{x} = \frac{\int_L xw(x)\,dx}{\int_L w(x)\,dx} = \frac{\int_A x\,dA}{\int_A dA}} \qquad (4.20)$$

Essa coordenada $\bar{x}$ localiza o centro geométrico ou **centroide** da *área* sob o carregamento distribuído. *Em outras palavras, a força resultante tem uma linha de ação que passa pelo centroide C (centro geométrico) da área sob o diagrama de carregamento* (Figura 4.48c). O Capítulo 9 oferece um tratamento detalhado das técnicas de integração para determinar a posição do centroide de áreas. Contudo, em muitos casos, o diagrama do carregamento distribuído está na forma de um retângulo, triângulo ou alguma outra forma geométrica simples. A posição do centroide para essas formas comuns não precisa ser determinada pela equação anterior, mas pode ser obtida diretamente da tabela fornecida nas páginas finais deste livro.

Uma vez que $\bar{x}$ é determinado, $\mathbf{F}_R$, por simetria, passa pelo ponto ($\bar{x}$, 0) na superfície da viga (Figura 4.48a). Portanto, neste caso, a força resultante possui uma intensidade igual ao volume sob a curva de carregamento $p = p(x)$ e uma linha de ação que passa pelo centroide (centro geométrico) desse volume.

Pontos importantes

- Carregamentos distribuídos coplanares são definidos usando-se uma função do carregamento $w = w(x)$, que indica a intensidade do carregamento ao longo da extensão de um membro. Essa intensidade é medida em N/m.
- Os efeitos externos causados por um carregamento distribuído coplanar atuando sobre um corpo podem ser representados por uma única força resultante.
- Essa força resultante é equivalente à *área* sob o diagrama do carregamento e tem uma linha de ação que passa pelo *centroide* ou centro geométrico dessa área.

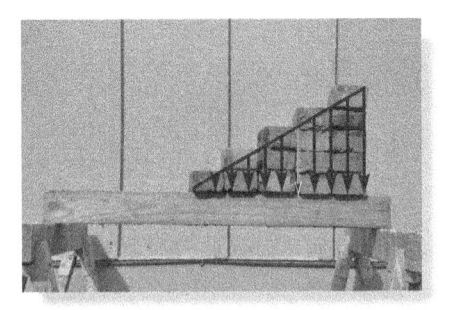

A pilha de tijolos cria um carregamento triangular distribuído sobre a viga de madeira.

Exemplo 4.21

Determine a intensidade e a posição da força resultante equivalente que age sobre o eixo na Figura 4.49a.

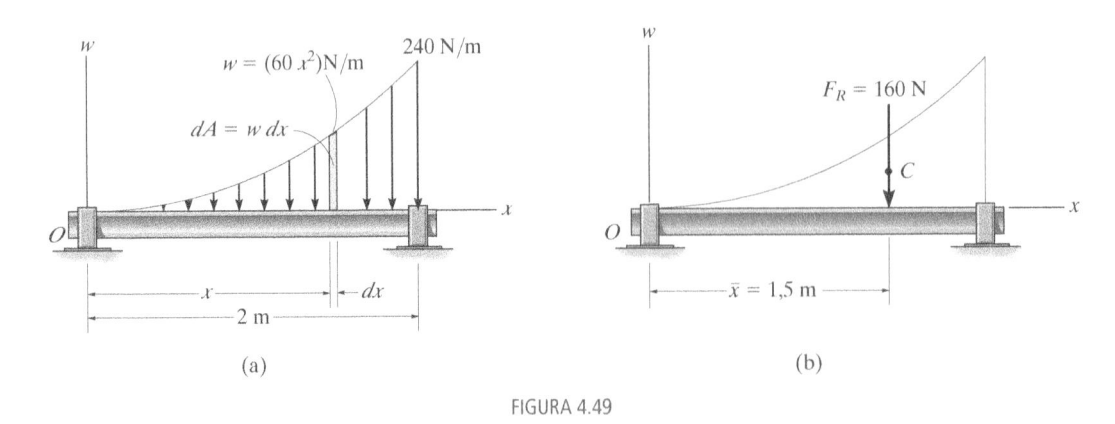

FIGURA 4.49

SOLUÇÃO

Como $w = w(x)$ é fornecido, este problema será revolvido por integração.

O elemento diferencial possui uma área $dA = w\,dx = 60x^2 dx$. Aplicando-se a Equação 4.19,

$$+\downarrow F_R = \Sigma F;$$

$$F_R = \int_A dA = \int_0^{2\,m} 60x^2\,dx = 60\left(\frac{x^3}{3}\right)\Bigg|_0^{2\,m} = 60\left(\frac{2^3}{3} - \frac{0^3}{3}\right)$$

$$= 160\,N \qquad\qquad\qquad\qquad Resposta$$

A posição $\bar{x}$ de $\mathbf{F}_R$, medida a partir do ponto O (Figura 4.49b), é determinada pela Equação 4.20.

$$\bar{x} = \frac{\int_A x\, dA}{\int_A dA} = \frac{\int_0^{2\,m} x(60x^2)\, dx}{160\,N} = \frac{60\left(\frac{x^4}{4}\right)\Big|_0^{2\,m}}{160\,N} = \frac{60\left(\frac{2^4}{4} - \frac{0^4}{4}\right)}{160\,N}$$

$$= 1,5\,m \qquad \textit{Resposta}$$

NOTA: esses resultados podem ser verificados usando-se a tabela nas páginas finais deste livro, que mostra que, para uma área sob uma curva parabólica de comprimento a, altura b e forma mostrada na Figura 4.49a, temos a fórmula:

$$A = \frac{ab}{3} = \frac{2\,m(240\,N/m)}{3} = 160\,N \quad \text{e} \quad \bar{x} = \frac{3}{4}a = \frac{3}{4}(2\,m) = 1,5\,m$$

Exemplo 4.22

Um carregamento distribuído de $p = (800x)$ Pa atua sobre a superfície superior da viga mostrada na Figura 4.50a. Determine a intensidade e a posição da força resultante equivalente.

SOLUÇÃO

Como a intensidade do carregamento é uniforme ao longo da largura da viga (o eixo y), o carregamento pode ser visto em duas dimensões, como mostra a Figura 4.50b. Aqui:

$$w = (800x\,N/m^2)(0,2\,m)$$
$$= (160x)\,N/m$$

Em $x = 9$ m, observe que $w = 1440$ N/m. Embora possamos novamente aplicar as equações 4.19 e 4.20 como no exemplo anterior, é mais simples usar a tabela que se encontra nas páginas finais do livro.

A intensidade da força resultante é equivalente à área do triângulo.

$$F_R = \tfrac{1}{2}(9\,m)(1440\,N/m) = 6480\,N = 6,48\,kN \qquad \textit{Resposta}$$

A linha de ação de $\mathbf{F}_R$ passa pelo *centroide C* desse triângulo. Logo,

$$\bar{x} = 9\,m - \tfrac{1}{3}(9\,m) = 6\,m \qquad \textit{Resposta}$$

Os resultados são mostrados na Figura 4.50c.

NOTA: também podemos ver a resultante $\mathbf{F}_R$ como *atuante* através do *centroide* do *volume* do diagrama do carregamento $p = p(x)$ na Figura 4.50a. Consequentemente, $\mathbf{F}_R$ intercepta o plano x-y no ponto (6 m, 0). Além disso, a intensidade de $\mathbf{F}_R$ é igual ao volume sob o diagrama do carregamento; ou seja,

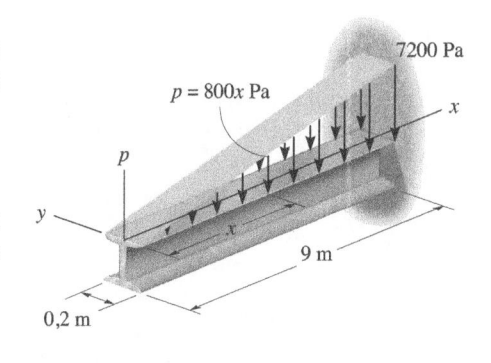

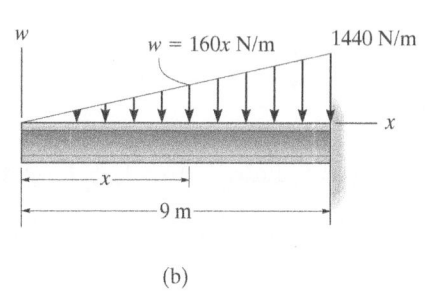

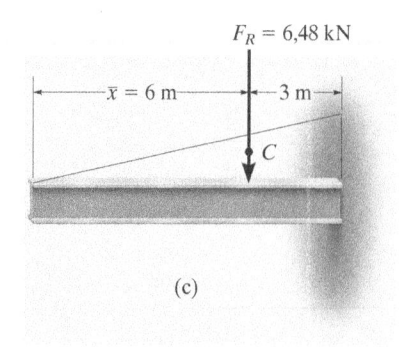

$$F_R = V = \tfrac{1}{2}(7200\,N/m^2)(9\,m)(0,2\,m) = 6,48\,kN \qquad \textit{Resposta}$$

FIGURA 4.50

Exemplo 4.23

O material granular exerce um carregamento distribuído sobre a viga como mostra a Figura 4.51a. Determine a intensidade e a posição da resultante equivalente dessa carga.

SOLUÇÃO

A área do diagrama do carregamento é um *trapézio* e, portanto, a solução pode ser obtida diretamente pelas fórmulas de área e centroide para um trapézio listadas nas páginas finais deste livro. Como essas fórmulas não são lembradas facilmente, em vez delas vamos resolver esse problema usando áreas "compostas". Aqui, dividiremos o carregamento trapezoidal em um carregamento retangular e triangular, como mostra a Figura 4.51b. A intensidade da força representada por cada um desses carregamentos é igual à sua *área* associada,

$$F_1 = \tfrac{1}{2}(3 \text{ m})(750 \text{ N/m}) = 1125 \text{ N}$$

$$F_2 = (3 \text{ m})(750 \text{ N/m}) = 2250 \text{ N}$$

As linhas de ação dessas forças paralelas agem através dos respectivos *centroides* de suas áreas associadas e, portanto, interceptam a viga em:

$$\bar{x}_1 = \tfrac{1}{3}(3 \text{ m}) = 1 \text{ m}$$

$$\bar{x}_2 = \tfrac{1}{2}(3 \text{ m}) = 1,5 \text{ m}$$

As duas forças paralelas F_1 e F_2 podem ser reduzidas a uma única resultante F_R. A intensidade de F_R é:

$$+\downarrow F_R = \Sigma F; \quad F_R = 1125 + 2250 = 3,375(10^3) \text{ N}$$

$$= 3,375 \text{ kN} \quad\quad Resposta$$

Podemos determinar a posição de F_R com referência ao ponto A (figuras 4.51b e 4.51c). Requer-se que:

$$\zeta + (M_R)_A = \Sigma M_A; \quad \bar{x}(3375) = 1(1125) + 1,5(2250)$$

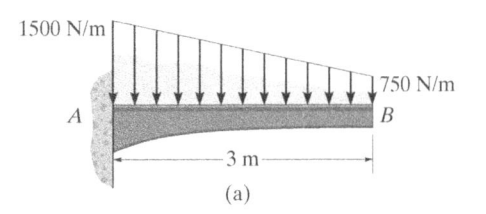

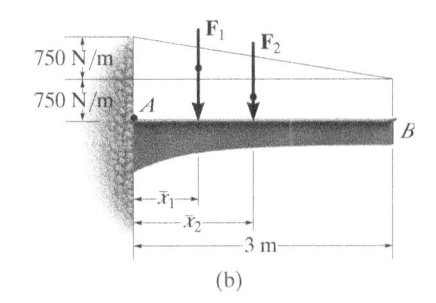

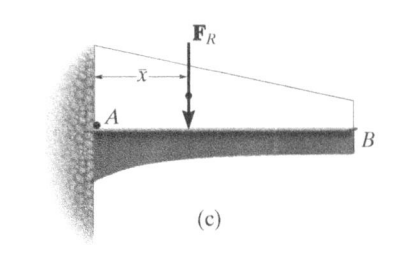

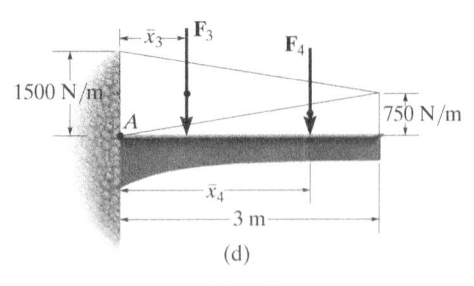

$$\bar{x} = 1,333 \text{ m} \quad\quad Resposta$$

FIGURA 4.51

NOTA: a área trapezoidal na Figura 4.51a também pode ser dividida em duas áreas triangulares, como mostra a Figura 4.51d. Nesse caso,

$$F_3 = \tfrac{1}{2}(3 \text{ m})(1500 \text{ N/m}) = 2250 \text{ N}$$

$$F_4 = \tfrac{1}{2}(3 \text{ m})(750 \text{ N/m}) = 1125 \text{ N}$$

e

$$\bar{x}_3 = \tfrac{1}{3}(3 \text{ m}) = 1 \text{ m}$$

$$\bar{x}_4 = \tfrac{2}{3}(3 \text{ m}) = 2 \text{ m}$$

Usando esses resultados, mostre novamente que $F_R = 3,375$ kN e $\bar{x} = 1,333$ m.

Problemas fundamentais

F4.37. Determine a força resultante e especifique onde ela atua na viga, medindo a partir do ponto A.

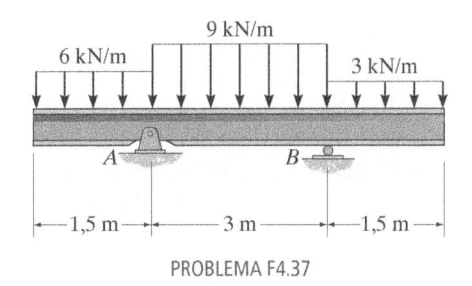

PROBLEMA F4.37

F4.38. Determine a força resultante e especifique onde ela atua na viga, medindo a partir do ponto A.

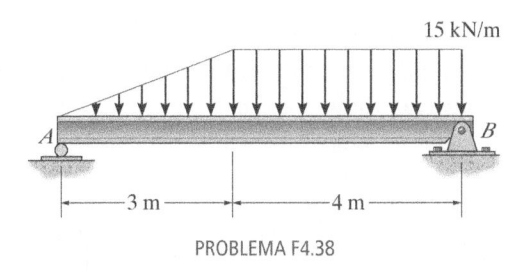

PROBLEMA F4.38

F4.39. Determine a força resultante e especifique onde ela atua na viga, medindo a partir do ponto A.

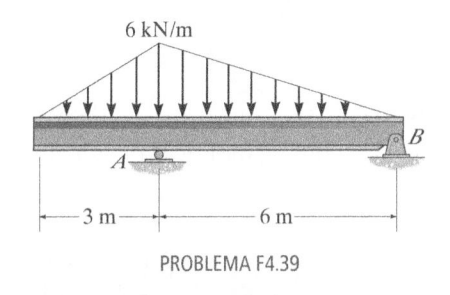

PROBLEMA F4.39

F4.40. Determine a força resultante e especifique onde ela atua na viga, medindo a partir do ponto A.

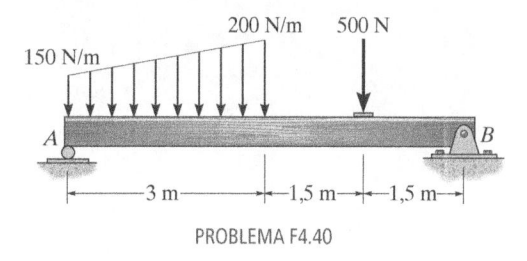

PROBLEMA F4.40

F4.41. Determine a força resultante e especifique onde ela atua na viga, medindo a partir do ponto A.

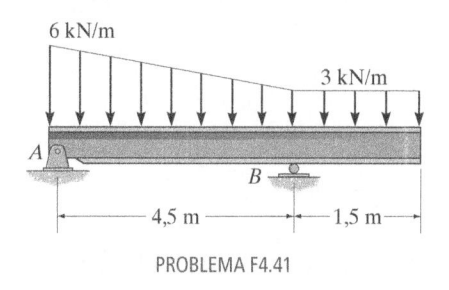

PROBLEMA F4.41

F4.42. Determine a força resultante e especifique onde ela atua na viga, medindo a partir do ponto A.

$w = 2,5x^3$

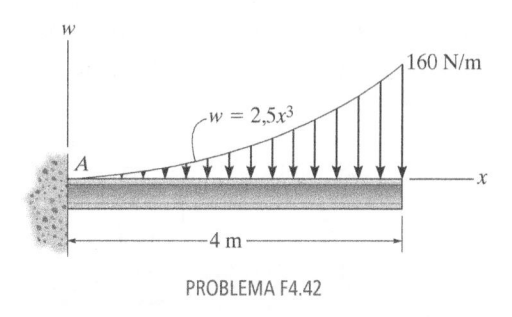

PROBLEMA F4.42

Problemas

4.138. Substitua o carregamento por uma força resultante e um momento de binário equivalentes atuando no ponto O.

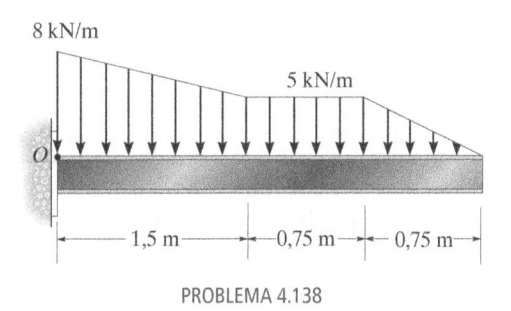

PROBLEMA 4.138

4.139. Substitua este carregamento por uma força resultante equivalente e especifique sua posição, medida a partir do ponto O.

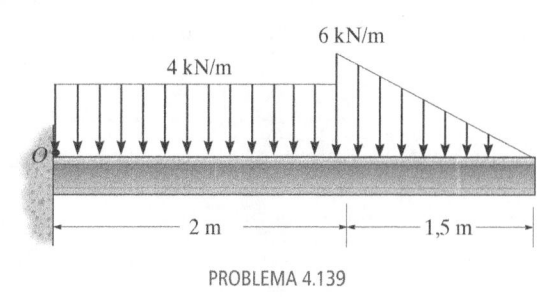

PROBLEMA 4.139

172 ESTÁTICA

***4.140.** O carregamento sobre a prateleira da estante está distribuído como mostra a figura. Determine a posição da resultante equivalente, medida a partir do ponto O.

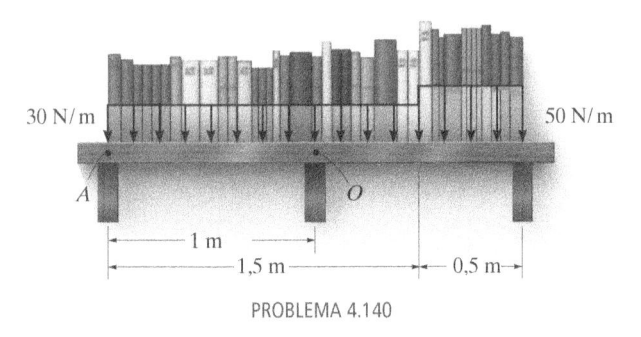

PROBLEMA 4.140

4.141. Substitua o carregamento por uma força resultante equivalente e especifique sua posição na viga, medida a partir de A.

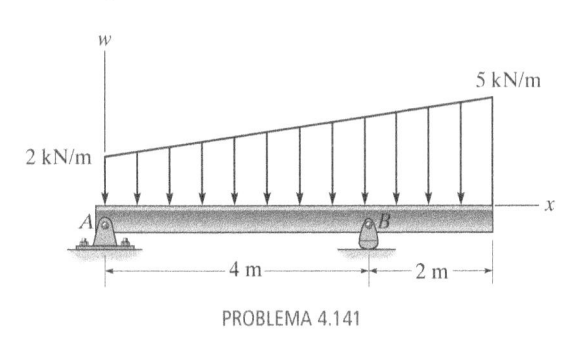

PROBLEMA 4.141

4.142. Substitua o carregamento distribuído por uma força resultante equivalente e especifique sua posição na viga, medida a partir do ponto O.

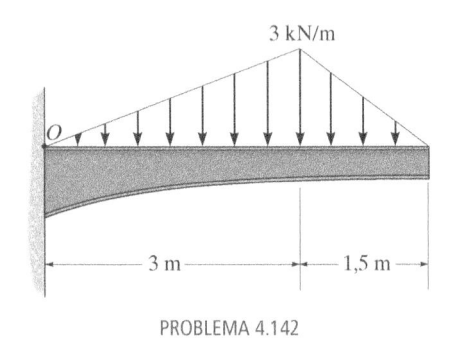

PROBLEMA 4.142

4.143. O suporte de alvenaria cria a distribuição de carga que age sobre a ponta da viga. Simplifique essa carga para uma única força resultante e especifique sua posição, medida a partir do ponto O.

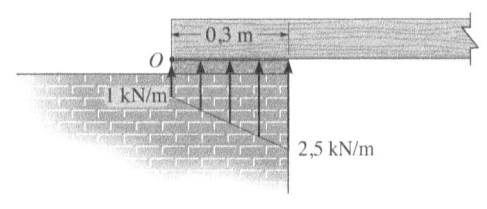

PROBLEMA 4.143

***4.144.** Determine a extensão b da carga triangular e sua posição a sobre a viga de modo que a força resultante equivalente seja zero e o momento de binário resultante seja 8 kN · m no sentido horário.

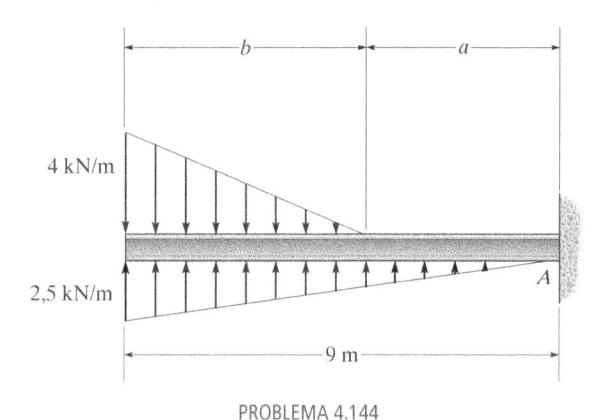

PROBLEMA 4.144

4.145. Substitua o carregamento distribuído por uma força resultante e um momento de binário equivalentes atuando no ponto A.

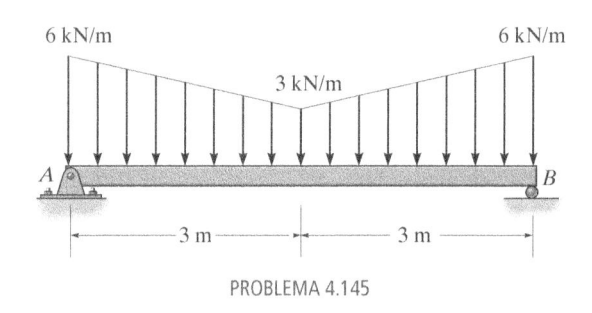

PROBLEMA 4.145

4.146. Substitua o carregamento por uma força resultante e um momento de binário equivalentes no ponto A.

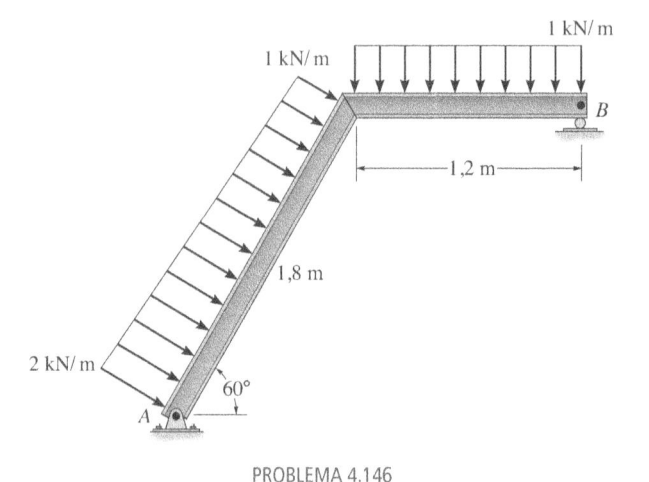

PROBLEMA 4.146

4.147. Substitua o carregamento distribuído por uma força resultante equivalente e especifique sua posição na viga, medida a partir do pino em A.

PROBLEMA 4.147

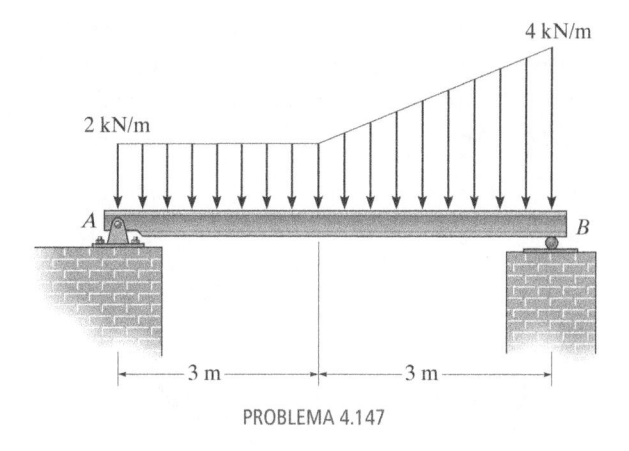

*4.148. Determine o comprimento b da carga triangular e sua posição a sobre a viga, de modo que a força resultante equivalente seja zero e o momento de binário resultante seja 8 kN · m em sentido horário.

PROBLEMA 4.148

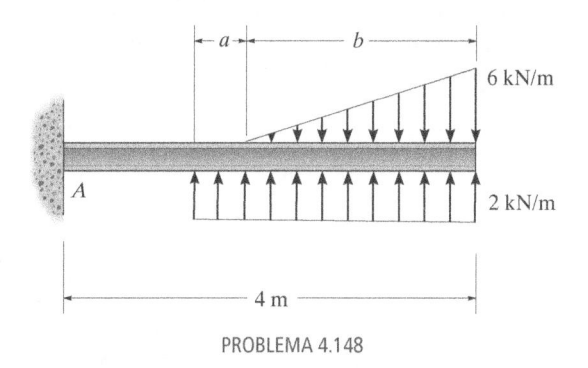

4.149. Substitua o carregamento distribuído por uma força resultante equivalente e especifique onde sua linha de ação intercepta uma linha horizontal ao longo do membro AB, medindo a partir de A.

4.150. Substitua o carregamento distribuído por uma força resultante equivalente e especifique onde sua linha de ação intercepta uma linha vertical ao longo do membro BC, medindo a partir de C.

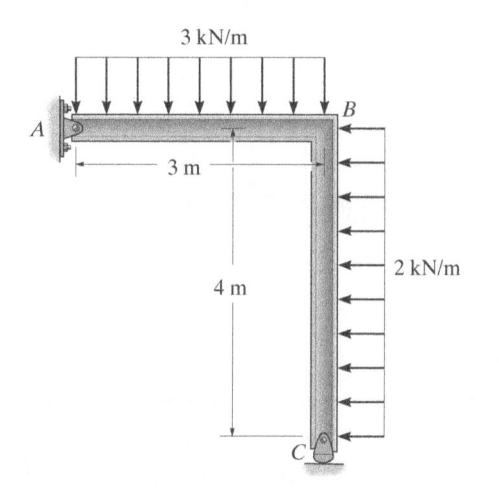

PROBLEMAS 4.149 e 4.150

4.151. Se o solo exerce uma distribuição trapezoidal de carga sobre o fundo do alicerce, determine as intensidades w_1 e w_2 dessa distribuição, necessárias para suportar as cargas das colunas.

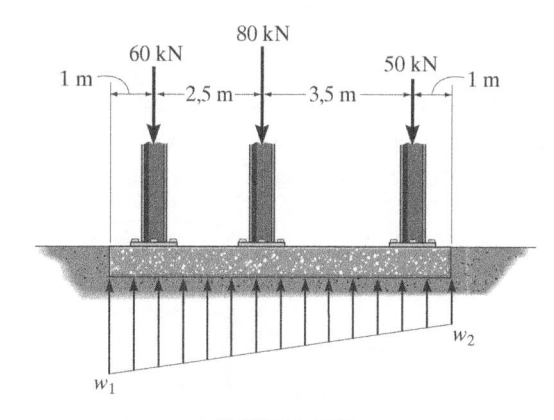

PROBLEMA 4.151

*4.152. Uma forma é usada para moldar um muro de concreto com largura de 5 m. Determine a força resultante equivalente que o concreto molhado exerce sobre a forma AB se a distribuição de pressão do concreto puder ser aproximada com a equação mostrada. Especifique a posição da força resultante, medida a partir do ponto B.

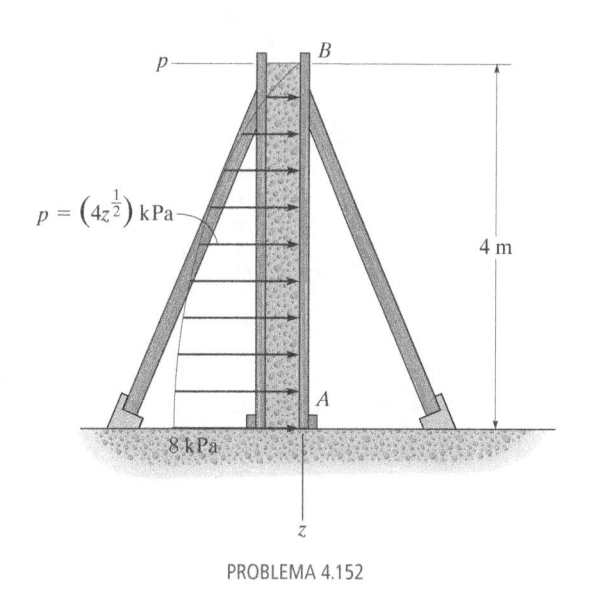

PROBLEMA 4.152

4.153. Substitua o carregamento por uma força resultante e um momento de binário equivalentes no ponto A.

4.154. Substitua o carregamento por uma única força resultante e especifique sua posição na viga, medida a partir do ponto A.

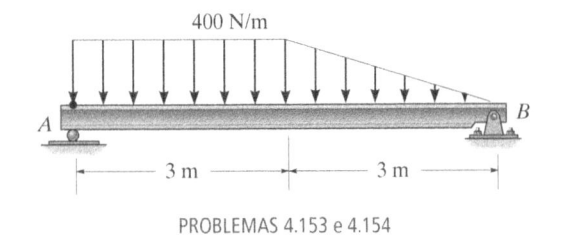

174 ESTÁTICA

400 N/m

A — 3 m — 3 m — B

PROBLEMAS 4.153 e 4.154

4.155. Substitua o carregamento por uma força e um momento de binário equivalentes que agem no ponto O.

500 kN·m
6 kN/m
15 kN
O — 7,5 m — 4,5 m —

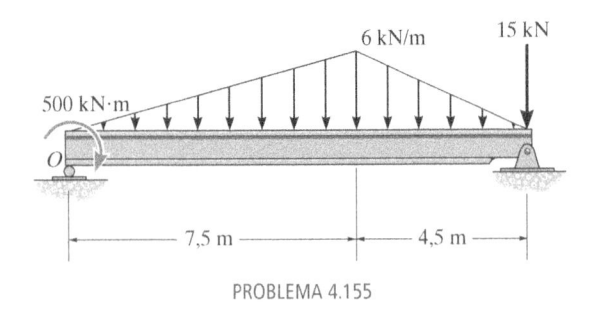

PROBLEMA 4.155

*4.156. Substitua o carregamento por uma única força resultante e especifique a posição da força, medida a partir do ponto O.

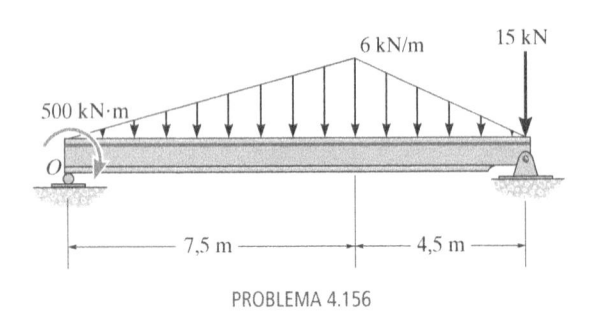

500 kN·m
6 kN/m
15 kN
O — 7,5 m — 4,5 m —

PROBLEMA 4.156

4.157. Determine a força resultante e o momento de binário equivalentes no ponto O.

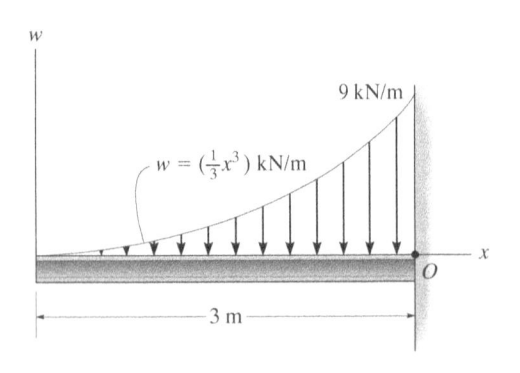

9 kN/m
$w = (\frac{1}{3}x^3)$ kN/m
— 3 m — O

PROBLEMA 4.157

4.158. Determine a força resultante equivalente do carregamento distribuído e sua posição, medida a partir do ponto A. Avalie as integrais usando a regra de Simpson.

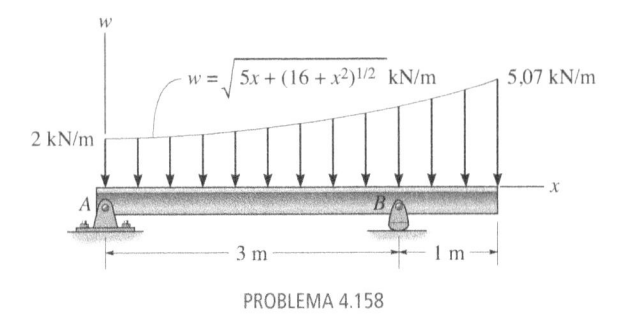

2 kN/m
$w = \sqrt{5x + (16 + x^2)^{1/2}}$ kN/m
5,07 kN/m
A — 3 m — B — 1 m —

PROBLEMA 4.158

4.159. Substitua o carregamento por uma força resultante e um momento de binário equivalentes que agem no ponto O.

$w = w_0 \cos(\frac{\pi}{2L}x)$
O — L —

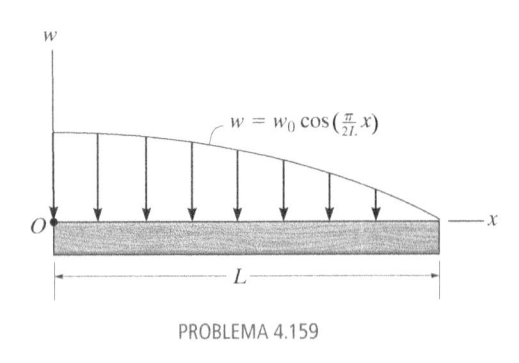

PROBLEMA 4.159

*4.160. Substitua o carregamento distribuído por uma força resultante equivalente e especifique sua posição na viga, medida a partir do ponto A.

10 kN/m
$w = \frac{1}{6}(-x^2 - 4x + 60)$ kN/m
A — 6 m — B

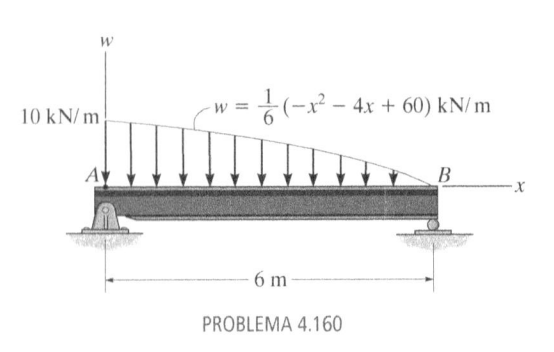

PROBLEMA 4.160

4.161. Substitua o carregamento distribuído por uma força resultante equivalente e especifique sua posição na viga, medida a partir do ponto A.

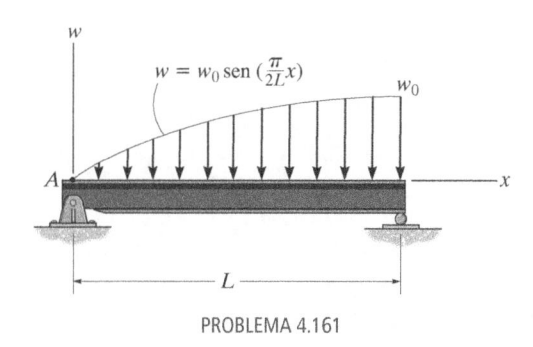

PROBLEMA 4.161

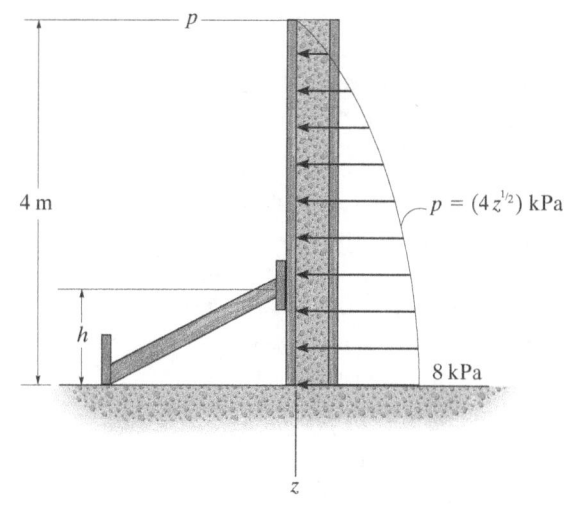

$w = w_0 \operatorname{sen}\left(\dfrac{\pi}{2L}x\right)$

4.162. O concreto molhado exerce uma distribuição de pressão ao longo das paredes da forma. Determine a força resultante dessa distribuição e especifique a altura h onde o suporte deve ser colocado de modo que se situe na linha de ação da força resultante. O muro possui largura de 5 m.

$p = (4z^{1/2})$ kPa

PROBLEMA 4.162

Revisão do capítulo

Momento de uma força — definição escalar

Uma força produz um efeito de rotação ou momento em relação a um ponto O que não se situa sobre sua linha de ação. Na forma escalar, a *intensidade* do momento é o produto da força pelo braço de momento ou distância perpendicular do ponto O à linha de ação da força.

$$M_O = Fd$$

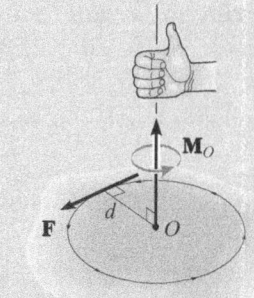

A *direção* do momento é definida usando a regra da mão direita. $\mathbf{M}_O$ sempre age ao longo de um eixo perpendicular ao plano contendo $\mathbf{F}$ e d, e passa pelo ponto O.

Em vez de encontrar d, normalmente é mais fácil decompor a força em suas componentes x e y, determinar o momento de cada componente em relação ao ponto e, depois, somar os resultados. Esse é o chamado princípio dos momentos.

$$M_O = Fd = F_x y - F_y x$$

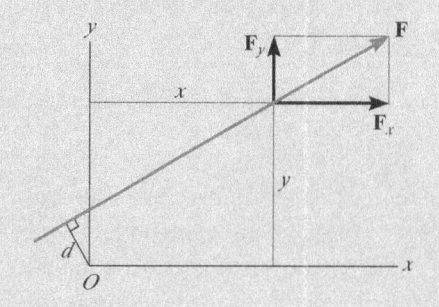

Momento de uma força — definição vetorial

Como a geometria tridimensional normalmente é mais difícil de visualizar, o produto vetorial deve ser usado para determinar o momento. Aqui, $\mathbf{M}_O = \mathbf{r} \times \mathbf{F}$, onde $\mathbf{r}$ é um vetor posição que se estende do ponto O a qualquer ponto A, B ou C sobre a linha de ação de $\mathbf{F}$.

$$\mathbf{M}_O = \mathbf{r}_A \times \mathbf{F} = \mathbf{r}_B \times \mathbf{F} = \mathbf{r}_C \times \mathbf{F}$$

Se o vetor posição $\mathbf{r}$ e a força $\mathbf{F}$ são expressos como vetores cartesianos, então o produto vetorial resulta da expansão de um determinante.

$$\mathbf{M}_O = \mathbf{r} \times \mathbf{F} = \begin{vmatrix} \mathbf{i} & \mathbf{j} & \mathbf{k} \\ r_x & r_y & r_z \\ F_x & F_y & F_z \end{vmatrix}$$

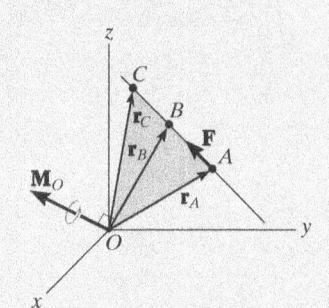

Momento em relação a um eixo

Se o momento de uma força $\mathbf{F}$ precisa ser determinado em relação a um eixo arbitrário a, então, para uma solução escalar, deve-se usar o braço do momento, ou a distância mais curta d_a a partir da linha de ação da força até o eixo. Essa distância é perpendicular tanto ao eixo quanto à linha de ação da força.

$$M_a = F d_a$$

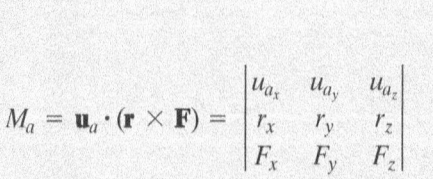

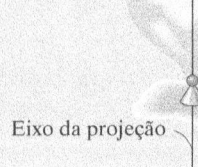

Observe que, quando a linha de ação de $\mathbf{F}$ intercepta o eixo, o momento de $\mathbf{F}$ em relação ao eixo é zero. Além disso, quando a linha de ação de $\mathbf{F}$ é paralela ao eixo, o momento de $\mathbf{F}$ em relação ao eixo igualmente é zero.

Em três dimensões, o produto triplo escalar deve ser usado. Aqui, $\mathbf{u}_a$ é o vetor unitário que especifica a direção do eixo, e $\mathbf{r}$ é um vetor posição direcionado de qualquer ponto sobre o eixo a qualquer ponto sobre a linha de ação da força. Se M_a é calculado como um escalar negativo, o sentido da direção de $\mathbf{M}_a$ é oposto a $\mathbf{u}_a$.

$$M_a = \mathbf{u}_a \cdot (\mathbf{r} \times \mathbf{F}) = \begin{vmatrix} u_{a_x} & u_{a_y} & u_{a_z} \\ r_x & r_y & r_z \\ F_x & F_y & F_z \end{vmatrix}$$

Eixo da projeção

Momento de binário

Um binário consiste em duas forças iguais e opostas que atuam a uma distância perpendicular d. Os binários tendem a produzir uma rotação sem translação.

A intensidade do momento de binário é $M = Fd$ e sua direção é estabelecida usando a regra da mão direita.

$$M = Fd$$

Se o produto vetorial é usado para determinar o momento de um binário, então $\mathbf{r}$ se estende de algum ponto sobre a linha de ação de uma das forças a algum ponto sobre a linha de ação da outra força $\mathbf{F}$ usada no produto vetorial.

$$\mathbf{M} = \mathbf{r} \times \mathbf{F}$$

Simplificação de um sistema de forças e binários

Qualquer sistema de forças e binários pode ser reduzido a uma única força resultante e momento de binário resultante agindo em um ponto. A força resultante é a soma de todas as forças do sistema, $\mathbf{F}_R = \Sigma \mathbf{F}$, e o momento de binário resultante é igual à soma de todos os momentos das forças em relação ao ponto e de todos os momentos de binário. $\mathbf{M}_{R_O} = \Sigma \mathbf{M}_O + \Sigma \mathbf{M}$.

É possível simplificar ainda mais para uma única força resultante, desde que o sistema de forças seja concorrente, coplanar ou paralelo. Para encontrar a posição da força resultante a partir de um ponto, é necessário igualar o momento da força resultante em relação ao ponto ao momento das forças e dos binários no sistema em relação ao mesmo ponto.

Se a força e o momento de binário resultantes em um ponto não forem perpendiculares entre si, então esse sistema pode ser reduzido a um torsor, que consiste na força resultante e em um momento de binário colinear.

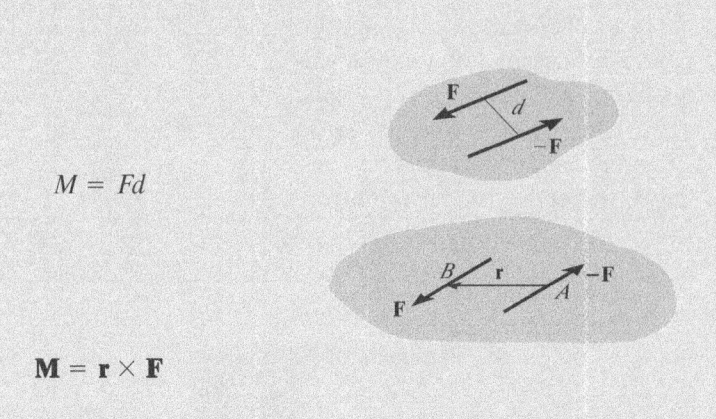

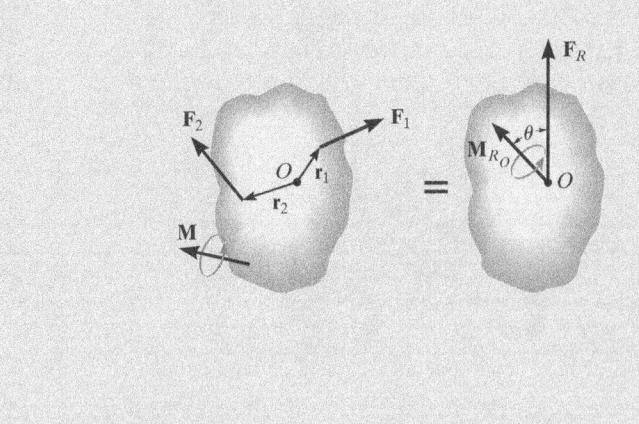

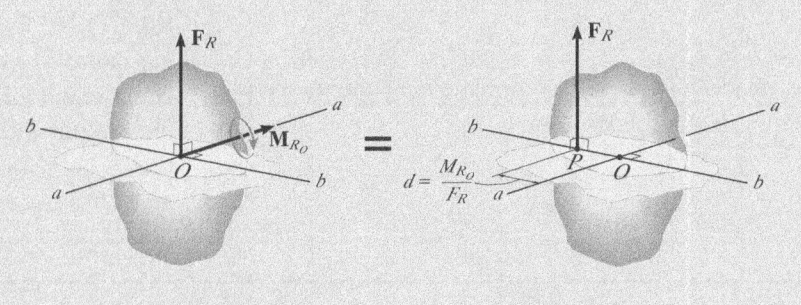

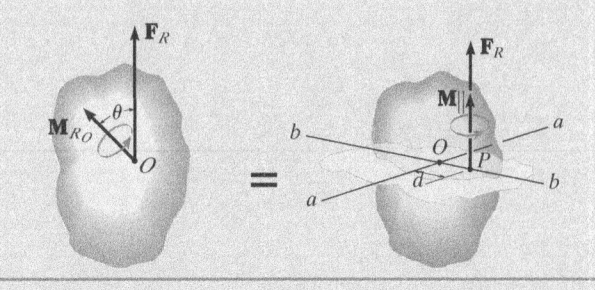

Carregamento distribuído coplanar

Um carregamento distribuído simples pode ser representado por sua força resultante, que é equivalente à *área* sob a curva do carregamento. Essa resultante possui uma linha de ação que passa pelo *centroide* ou centro geométrico da área ou volume sob o diagrama do carregamento.

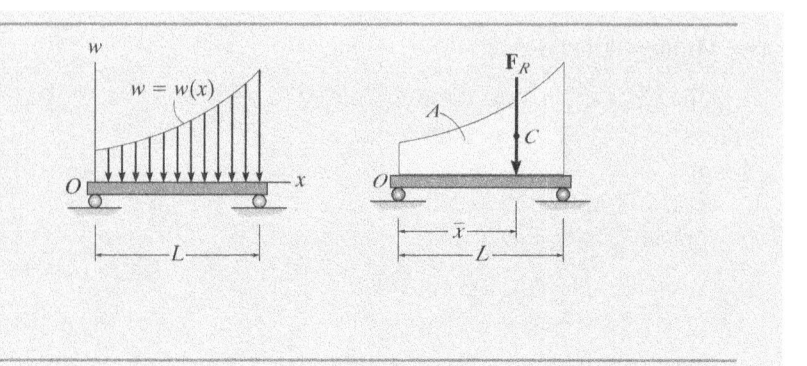

Problemas de revisão

R4.1. A lança do elevador tem um comprimento de 9 m, uma massa de 400 kg e centro de massa em G. Se o momento máximo que pode ser desenvolvido por um motor em A é $M = 30$ kN · m, determine a carga máxima W, tendo um centro de massa em G', que pode ser elevado.

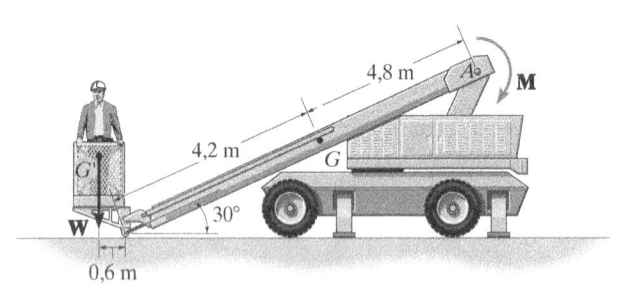

PROBLEMA R4.1

R4.2. Substitua a força **F**, com intensidade de $F = 500$ N e agindo no ponto A, por força e momento de binário equivalentes no ponto C.

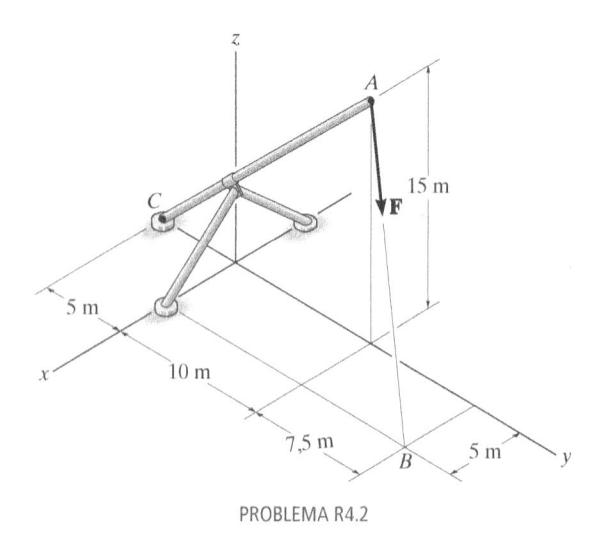

PROBLEMA R4.2

R4.3. O capô de um automóvel é apoiado pela haste AB, que exerce uma força $F = 120$ N sobre o capô. Determine o momento dessa força em relação ao eixo articulado y.

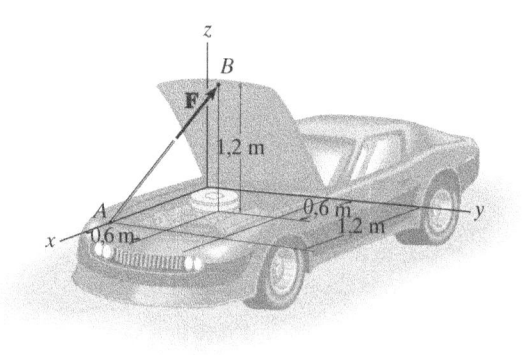

PROBLEMA R4.3

R4.4. O atrito sobre a superfície do concreto cria um momento de binário $M_O = 100$ N · m nas lâminas do equipamento. Determine a intensidade das forças de binário de modo que o momento de binário resultante no equipamento seja zero. As forças se encontram no plano horizontal e atuam perpendicularmente à manopla do equipamento.

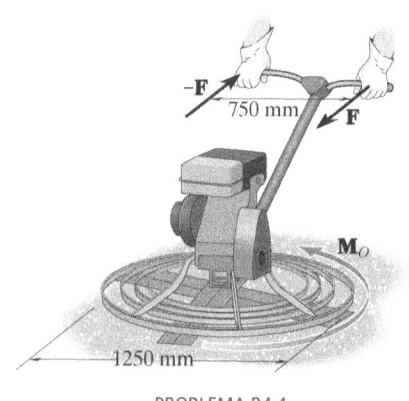

PROBLEMA R4.4

R4.5. Substitua o sistema de forças e binário por força e momento de binário equivalentes no ponto P.

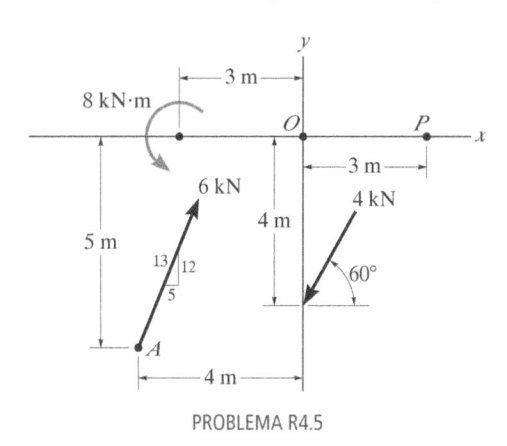

PROBLEMA R4.5

R4.6. Substitua o sistema de forças atuando na estrutura por uma força resultante e especifique onde sua linha de ação intercepta o membro AB, medindo a partir do ponto A.

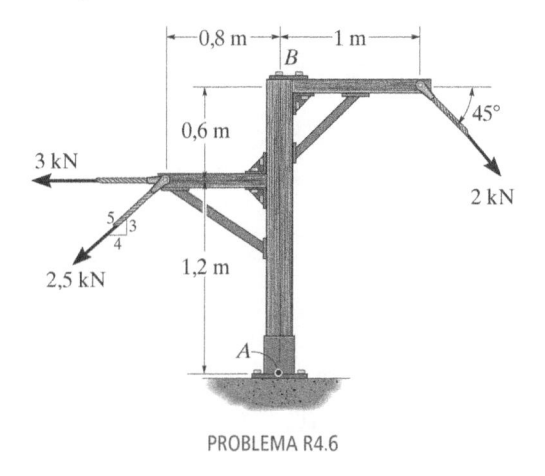

PROBLEMA R4.6

R4.7. A laje de um prédio está sujeita a quatro carregamentos de coluna paralelos. Determine a força resultante equivalente e especifique sua posição (x, y) na laje. Considere $F_1 = 30$ kN, $F_2 = 40$ kN.

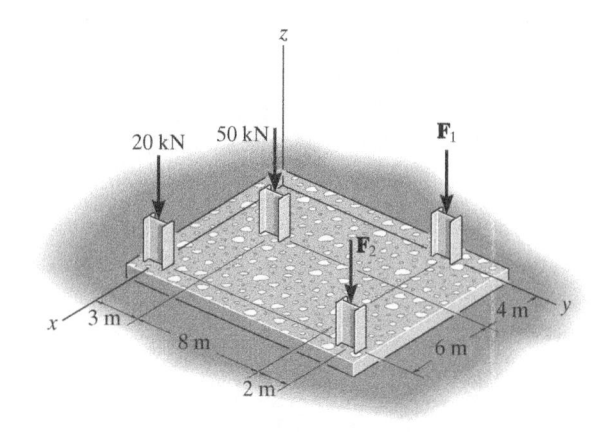

PROBLEMA R4.7

R4.8. Substitua o carregamento distribuído por uma força resultante equivalente e especifique sua posição na viga, medida a partir do pino em C.

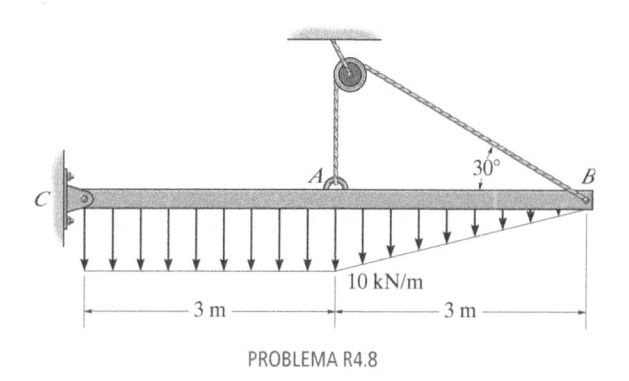

PROBLEMA R4.8

CAPÍTULO 5

Equilíbrio de um corpo rígido

É importante poder determinar as forças nos cabos usados para dar suporte a essa lança, a fim de garantir que eles não se rompam. Neste capítulo, estudaremos como aplicar métodos de equilíbrio para determinar as forças que atuam sobre os suportes de um corpo rígido como este.

(© YuryZap/Shutterstock)

5.1 Condições de equilíbrio do corpo rígido

Nesta seção, desenvolveremos as condições necessárias e suficientes para o equilíbrio do corpo rígido na Figura 5.1*a*. Como mostra a figura, esse corpo está sujeito a um sistema externo de forças e momentos de binário que é o resultado dos efeitos das forças gravitacionais, elétricas, magnéticas, ou das de contato causadas pelos corpos adjacentes. As forças internas causadas pelas interações entre partículas dentro do corpo não são mostradas na figura, porque essas forças ocorrem em pares colineares iguais, mas opostas e, portanto, cancelam-se, uma consequência da terceira lei de Newton.

Usando os métodos do capítulo anterior, o sistema de forças e momentos de binário que atuam sobre um corpo pode ser reduzido a uma força resultante e um momento de binário resultante equivalentes em qualquer ponto O arbitrário dentro ou fora do corpo (Figura 5.1*b*). Se essas resultantes de força e de momento de binário são iguais a zero, então dizemos que o corpo está em *equilíbrio*. Matematicamente, o equilíbrio de um corpo é expresso como:

Objetivos

- Desenvolver as equações de equilíbrio para um corpo rígido.
- Introduzir o conceito do diagrama de corpo livre para um corpo rígido.
- Mostrar como resolver problemas de equilíbrio de corpo rígido usando as equações de equilíbrio.

(a)

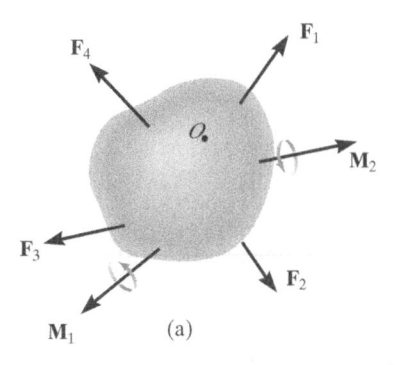

FIGURA 5.1

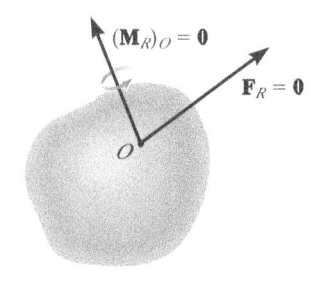

$$\mathbf{F}_R = \Sigma \mathbf{F} = \mathbf{0}$$
$$(\mathbf{M}_R)_O = \Sigma \mathbf{M}_O = \mathbf{0} \tag{5.1}$$

A primeira dessas equações afirma que a soma das forças que agem sobre o corpo é igual a *zero*. A segunda equação diz que a soma dos momentos de todas as forças no sistema em relação ao ponto O, somada a todos os momentos de binário, é igual a *zero*. Essas duas equações não são apenas necessárias para o equilíbrio, elas também são suficientes. Para mostrar isso, considere a soma dos momentos em relação a algum outro ponto, como o ponto A na Figura 5.1c. Precisamos de:

$$\Sigma \mathbf{M}_A = \mathbf{r} \times \mathbf{F}_R + (\mathbf{M}_R)_O = \mathbf{0}$$

Como $\mathbf{r} \neq \mathbf{0}$, essa equação é satisfeita apenas se as equações 5.1 forem satisfeitas, ou seja, se $\mathbf{F}_R = \mathbf{0}$ e $(\mathbf{M}_R)_O = \mathbf{0}$.

Ao aplicarmos as equações de equilíbrio, vamos supor que o corpo permanece rígido. Na verdade, entretanto, todos os corpos se deformam quando sujeitos a cargas. Embora esse seja o caso, muitos dos materiais usados em engenharia, como o aço e o concreto, são muito rígidos e, portanto, sua deformação normalmente é muito pequena. Consequentemente, quando aplicamos as equações de equilíbrio, em geral podemos supor, sem introduzir qualquer erro significativo, que o corpo permanecerá *rígido* e *não se deformará* sob a carga aplicada. Desse modo, a direção das forças aplicadas e seus braços de momento com relação a uma referência fixa permanecem invariáveis antes e depois de o corpo ser carregado.

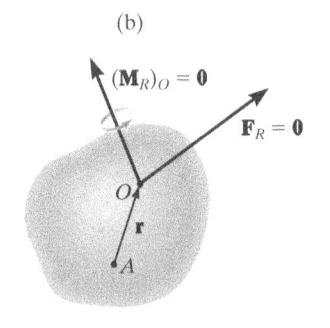

FIGURA 5.1 (cont.)

EQUILÍBRIO EM DUAS DIMENSÕES

Na primeira parte do capítulo, consideraremos o caso em que o sistema de forças que age sobre um corpo rígido se situa em (ou pode ser projetado para) um *único* plano e, além disso, quaisquer momentos de binário atuando sobre o corpo são direcionados perpendicularmente a esse plano. Esse tipo de sistema de forças e binários é frequentemente denominado sistema de forças bidimensional ou *coplanar*. Por exemplo, o aeroplano na Figura 5.2 possui um plano de simetria vertical passando através de seu eixo longitudinal e, portanto, as cargas atuando sobre o aeroplano são simétricas em relação a esse plano. Assim, cada um dos dois pneus de asa suportará a mesma carga $\mathbf{T}$, que é representada na visão lateral (bidimensional) do plano como $2\mathbf{T}$.

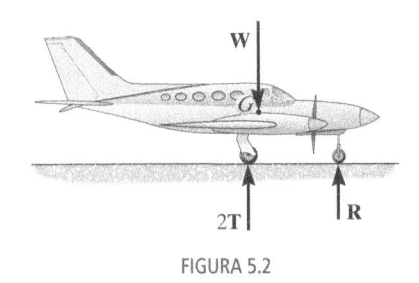

FIGURA 5.2

5.2 Diagramas de corpo livre

A aplicação bem-sucedida das equações de equilíbrio requer uma especificação completa de *todas* as forças externas conhecidas e desconhecidas que atuam *sobre* o corpo. A melhor maneira de considerar essas forças é desenhar um **diagrama de corpo livre**. Esse diagrama é um esboço da forma do corpo, que o representa *isolado* ou "livre" de seu ambiente, ou seja, um "corpo livre". Nesse esboço é necessário mostrar *todas* as forças e momentos de binário que o ambiente exerce *sobre o corpo*, de modo que esses efeitos possam ser considerados quando as equações de equilíbrio são aplicadas. *Um entendimento completo de como desenhar um diagrama de corpo livre é de primordial importância para a resolução de problemas em mecânica.*

Reações de apoios

Antes de apresentar um procedimento formal de como desenhar um diagrama de corpo livre, vamos analisar os vários tipos de reações que ocorrem em apoios e pontos de contato entre corpos sujeitos a sistemas de forças coplanares. Como regra,

- um apoio impede a translação de um corpo em determinado sentido ao longo de uma direção exercendo uma força sobre esse corpo no sentido oposto da mesma direção.
- um apoio impede a rotação de um corpo em determinado sentido exercendo um momento de binário sobre esse corpo no sentido oposto, mantendo a mesma direção.

Por exemplo, vamos considerar três maneiras nas quais um membro horizontal, como uma viga, é apoiado em sua extremidade. Um método consiste em um *rolete* ou cilindro (Figura 5.3a). Como esse apoio apenas impede que a viga *translade* na direção vertical, o rolete só exercerá uma *força* sobre a viga nessa direção (Figura 5.3b).

A viga pode ser apoiada de forma mais restritiva por um *pino* (Figura 5.3c). O pino passa por um furo na viga e dois suportes que estão fixados no solo. Aqui, o pino pode impedir a *translação* da viga em *qualquer direção* ϕ (Figura 5.3d) e, portanto, deve exercer uma *força* **F** sobre a viga nessa direção. Para fins de análise, geralmente é mais fácil representar essa força resultante **F** por suas duas componentes retangulares $\mathbf{F}_x$ e $\mathbf{F}_y$ (Figura 5.3e). Se F_x e F_y são conhecidas, então F e ϕ podem ser calculadas.

A maneira mais restritiva de apoiar a viga seria usar um *engastamento*, como mostra a Figura 5.3f. Esse engastamento impedirá *tanto a translação quanto a rotação* da viga. Para fazer isso, uma *força e um momento de binário* devem ser desenvolvidos sobre a viga em seu ponto de conexão (Figura 5.3g). Como no caso do pino, a força geralmente é representada pelas suas componentes retangulares $\mathbf{F}_x$ e $\mathbf{F}_y$.

A Tabela 5.1 relaciona outros tipos comuns de apoio para corpos sujeitos a sistemas de forças coplanares. (Em todos os casos, supõe-se que o ângulo θ seja conhecido.) Estude cuidadosamente cada um dos símbolos usados para representar esses apoios e os tipos de reações que exercem sobre seus membros em contato.

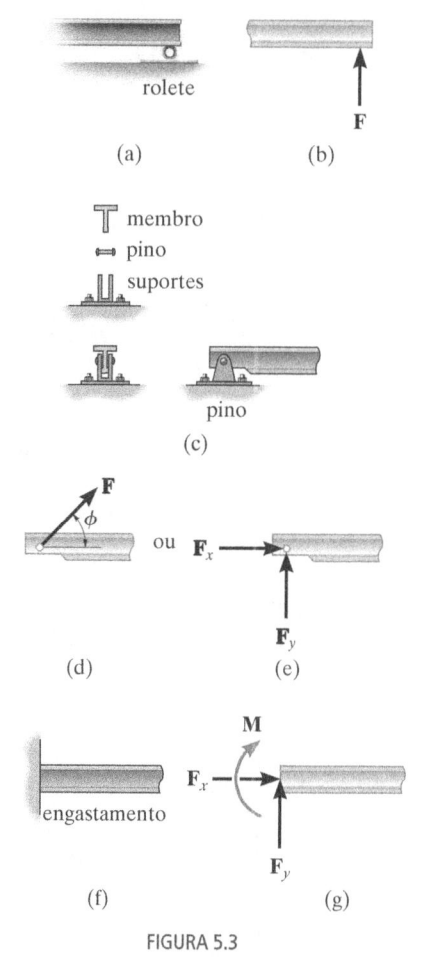

FIGURA 5.3

TABELA 5.1 Apoios para corpos rígidos sujeitos a sistemas de forças bidimensionais.

Tipos de conexões	Reações	Número de incógnitas
(1) cabo		Uma incógnita. A reação é uma força de tração que atua para fora do membro na direção do cabo.
(2) barra (sem peso)	ou	Uma incógnita. A reação é uma força que atua ao longo do eixo da barra.

(continua)

(continuação)

TABELA 5.1 Apoios para corpos rígidos sujeitos a sistemas de forças bidimensionais.

Tipos de conexões	Reações	Número de incógnitas
(3) rolete		Uma incógnita. A reação é uma força que atua perpendicularmente à superfície no ponto de contato.
(4) apoio oscilante		Uma incógnita. A reação é uma força que atua perpendicularmente à superfície no ponto de contato.
(5) superfície de contato lisa		Uma incógnita. A reação é uma força que atua perpendicularmente à superfície no ponto de contato.
(6) rolete confinado em ranhura lisa		Uma incógnita. A reação é uma força que atua perpendicularmente à ranhura.
(7) membro conectado com pino à luva deslizante sobre haste lisa		Uma incógnita. A reação é uma força que atua perpendicularmente à haste.
(8) pino liso ou dobradiça		Duas incógnitas. As reações são as duas componentes da força resultante, ou a intensidade e a direção ϕ da resultante. Note que ϕ e θ não são necessariamente iguais [normalmente não, a menos que o membro articulado no pino seja uma barra, como em (2)].
(9) membro rigidamente conectado à luva deslizante sobre haste lisa		Duas incógnitas. As reações são o momento de binário e a força que age perpendicularmente à haste.

(continua)

Capítulo 5 – Equilíbrio de um corpo rígido   185

(continuação)

TABELA 5.1 Apoios para corpos rígidos sujeitos a sistemas de forças bidimensionais.

Tipos de conexões	Reações	Número de incógnitas
(10) engastamento	F_y, F_x, M ou F, f, M	Três incógnitas. As reações são o momento de binário e as duas componentes da força resultante, ou o momento de binário e a intensidade e direção ϕ da resultante.

Exemplos típicos de apoios reais são mostrados na sequência de fotos a seguir. Os números se referem aos tipos de conexão da Tabela 5.1.

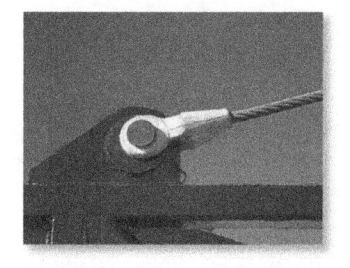

O cabo exerce uma força sobre o apoio, na direção do cabo. (1)

O apoio oscilante para esta viga-mestra de ponte permite um movimento horizontal de modo que a ponte esteja livre para se expandir e contrair de acordo com as variações de temperatura. (4)

Esta viga-mestra de concreto está apoiada sobre a saliência que deve agir como uma superfície de contato lisa. (5)

Pino de apoio típico para uma viga. (8)

As vigas do piso desta construção são soldadas e, portanto, formam engastamentos. (10)

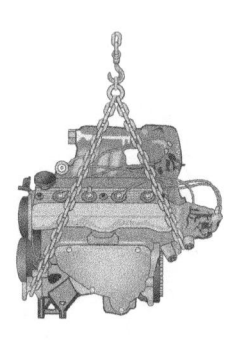

Forças internas

Como vimos na Seção 5.1, as forças internas que atuam entre partículas adjacentes em um corpo sempre ocorrem em pares colineares de modo que tenham a mesma intensidade e ajam em sentidos opostos (terceira lei de Newton). Como essas forças se cancelam mutuamente, elas não criarão um *efeito externo* sobre o corpo. É por essa razão que as forças internas não devem ser incluídas no diagrama de corpo livre se o corpo inteiro precisar ser considerado. Por exemplo, o motor mostrado na Figura 5.4a tem um diagrama de corpo livre mostrado na Figura 5.4b. As forças internas entre todas as peças conectadas, como parafusos e porcas, se cancelarão, pois formam pares colineares iguais e opostos. Apenas as forças externas T_1 e T_2, exercidas pelas correntes e pelo peso do motor W, são mostradas no diagrama de corpo livre.

(a)

(b)

FIGURA 5.4

Peso e centro de gravidade

Quando um corpo está dentro de um campo gravitacional, cada uma de suas partículas possui um peso próprio. A Seção 4.8 mostrou que esse sistema de forças pode ser reduzido a uma única força resultante que age em um ponto específico. Essa força resultante é chamada de *peso* **W** do corpo, e a posição de seu ponto de aplicação, de ***centro de gravidade***. Os métodos utilizados para sua determinação serão desenvolvidos no Capítulo 9.

Nos exemplos e problemas a seguir, se o peso do corpo é importante para a análise, essa força será citada no enunciado do problema. Além disso, quando o corpo é *uniforme* ou feito do mesmo material, o centro de gravidade estará localizado no *centro geométrico* ou *centroide* do corpo; no entanto, se o corpo é constituído de uma distribuição não uniforme de material, ou possui uma forma incomum, a localização de seu centro de gravidade G será dada.

Modelos idealizados

Quando um engenheiro realiza uma análise de forças de qualquer objeto, ele considera um modelo analítico ou idealizado correspondente, que fornece resultados que se aproximam o máximo possível da situação real. Para isso, escolhas cuidadosas precisam ser feitas, de modo que a seleção dos tipos de apoios, o comportamento do material e as dimensões do objeto possam ser justificados. Desse modo, pode sentir-se seguro de que qualquer projeto ou análise produzirá resultados que sejam confiáveis. Nos casos mais complexos, esse processo pode exigir o desenvolvimento de vários modelos diferentes do objeto a ser analisado. Em qualquer caso, esse processo de seleção requer habilidade e experiência.

Os dois casos a seguir ilustram o que é necessário para desenvolver um modelo adequado. Na Figura 5.5*a*, a viga de aço deve ser utilizada para apoiar as três vigas do telhado de um edifício. Para uma análise de forças, é razoável supor que o material (aço) é rígido, já que apenas pequenas deformações ocorrerão quando a viga é carregada. A conexão aparafusada em A permitirá qualquer rotação leve que ocorra aqui quando a carga for aplicada e, assim, um *pino* pode ser considerado para esse apoio. Em B, um *rolete* pode ser considerado, já que esse suporte não oferece qualquer resistência ao movimento horizontal. Normas de edificação são usadas para especificar a carga A de um telhado, de modo que as cargas de viga **F** possam ser calculadas. Essas forças serão maiores que qualquer carga real na viga, uma vez que elas consideram casos extremos de carga e efeitos dinâmicos ou de vibrações. Finalmente, o peso da viga geralmente é desprezado quando é pequeno, comparado com a carga que ela suporta. O modelo idealizado da viga, portanto, é mostrado com dimensões características a, b, c e d na Figura 5.5*b*.

Como um segundo caso, considere a lança do elevador na Figura 5.6*a*. Por observação, ele está apoiado em um pino em A e pelo cilindro hidráulico BC, que pode ser equiparado a uma barra. O material pode ser considerado rígido e, conhecendo-se sua densidade, o peso da lança e a posição de seu centro de gravidade G são determinados. Quando uma carga de projeto **P** é especificada, o modelo idealizado mostrado na Figura 5.6*b* pode ser utilizado para uma análise de forças. As dimensões características (não mostradas) são usadas para especificar a localização das cargas e dos apoios.

Modelos idealizados de objetos específicos serão dados em alguns dos exemplos ao longo deste capítulo. Cabe ressaltar, porém, que cada caso representa a redução de uma situação prática, utilizando hipóteses simplificadoras, como as ilustradas aqui.

(a)

(b)

FIGURA 5.5

(a)

(b)

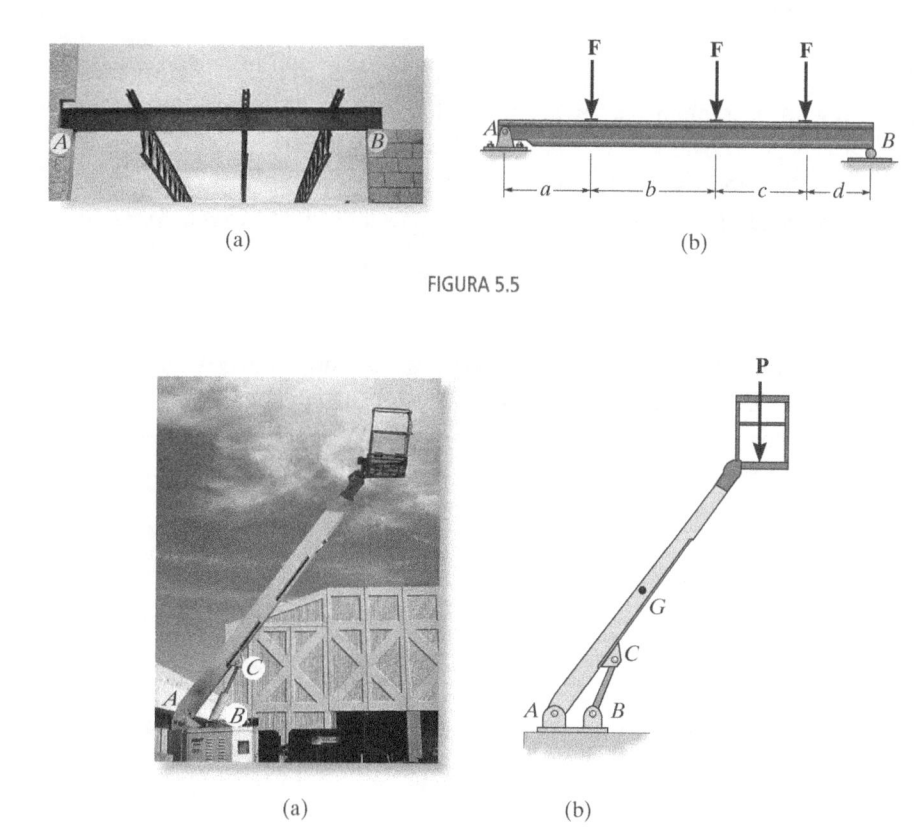

FIGURA 5.6

Pontos importantes

- Nenhum problema de equilíbrio deve ser resolvido sem *antes ser desenhado o diagrama de corpo livre*, a fim de considerar todas as forças e momentos de binário que atuam sobre o corpo.
- Se um apoio *impede a translação* de um corpo em determinada direção, então o apoio, quando removido, exerce uma *força* sobre o corpo nessa direção.
- Se a *rotação é impedida*, então o apoio, quando removido, exerce um *momento de binário* sobre o corpo.
- Estude a Tabela 5.1.
- As forças internas *nunca são mostradas* no diagrama de corpo livre, já que elas ocorrem em pares colineares iguais, mas com sentidos opostos e, portanto, se cancelam.
- O peso de um corpo é uma força externa e seu efeito é representado por uma única força resultante que atua sobre o centro de gravidade G do corpo.
- *Momentos de binário* podem ser colocados em qualquer lugar no diagrama de corpo livre, visto que são *vetores livres*. As *forças* podem agir em qualquer ponto ao longo de suas linhas de ação, já que são *vetores deslizantes*.

Procedimento para análise

Para construir um diagrama de corpo livre de um corpo rígido ou de qualquer grupo de corpos considerados como um sistema único, as etapas a seguir devem ser realizadas:

Desenhe a forma esboçada

Imagine que o corpo esteja *isolado* ou "livre" de suas restrições e conexões e desenhe (esboce) sua forma. Não se esqueça de *remover todos os apoios* do corpo.

Mostre todas as forças e momentos de binário

Identifique todas as forças e momentos de binário *externos* conhecidos e desconhecidos que *atuam sobre o corpo*. Em geral, as forças encontradas se devem a (1) cargas aplicadas, (2) reações ocorrendo nos apoios ou em pontos de contato com outros corpos (veja a Tabela 5.1) e (3) ao peso do corpo. Para considerar todos esses efeitos, pode ser útil rastrear os contornos, observando cuidadosamente cada força ou momento de binário que age sobre eles.

Identifique cada carga e forneça dimensões

As forças e momentos de binário conhecidos devem ser indicados com suas intensidades e direções corretas. Letras são usadas para representar as intensidades e ângulos de direção das forças e dos momentos de binário desconhecidos. Estabeleça um sistema de coordenadas x, y de modo que essas incógnitas, A_x, A_y etc., possam ser identificadas. Finalmente, indique as dimensões do corpo necessárias para calcular os momentos das forças.

Exemplo 5.1

Desenhe um diagrama de corpo livre da viga uniforme mostrada na Figura 5.7a. A viga possui uma massa de 100 kg.

SOLUÇÃO

O diagrama de corpo livre da viga é mostrado na Figura 5.7b. Como o suporte em A é um engastamento, a parede exerce três reações *sobre a viga*, representadas como $\mathbf{A}_x$, $\mathbf{A}_y$ e $\mathbf{M}_A$. As intensidades dessas reações são *desconhecidas* e seus sentidos foram *assumidos*. O peso da viga, $W = 100(9,81)$ N $= 981$ N, atua através do centro de gravidade da viga G, que está a 3 m de A, já que a viga é uniforme.

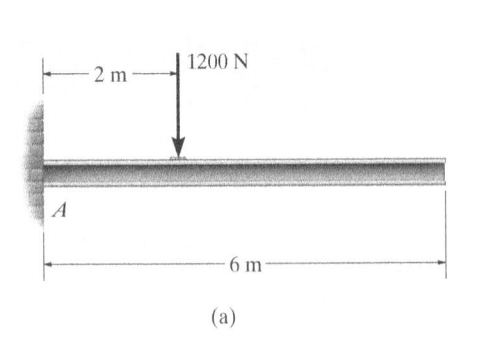

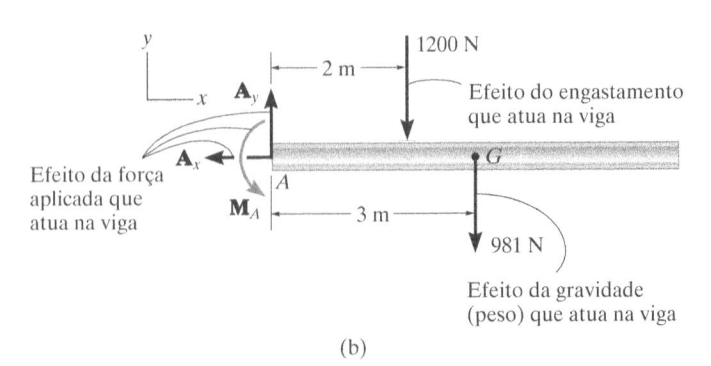

FIGURA 5.7

Exemplo 5.2

Desenhe um diagrama de corpo livre do pedal mostrado na Figura 5.8a. O operador aplica uma força vertical no pedal de modo que a mola é estendida em 50 mm e a força na conexão em B é 100 N.

SOLUÇÃO

Por observação da foto, o pedal é parafusado frouxamente à estrutura em A e, portanto, esse parafuso atua como um pino. (Veja (8) na Tabela 5.1.) Embora não apareça aqui, a barra em B está conectada a pinos em suas extremidades e, portanto, age como (2) na Tabela 5.1. Após fazer as medições apropriadas, o modelo idealizado do pedal é mostrado na Figura 5.8b. A partir dele, o diagrama de corpo livre é mostrado na Figura 5.8c. O pino em A exerce componentes de força $\mathbf{A}_x$ e $\mathbf{A}_y$ sobre o pedal. A barra conectada em B exerce uma força de 100 N, atuando na sua direção. Além disso, a mola também exerce uma força horizontal no pedal. Sendo sua rigidez $k = 3(10^3)$ N/m, então, como o alongamento $s = (50 \text{ mm})\left(\frac{1 \text{ m}}{1000 \text{ mm}}\right) = 0,05$ m, usando a Equação 3.2, $F_s = ks = [3(10^3) \text{ N/m}](0,05 \text{ m}) = 150$ N. Finalmente, o sapato do operador aplica uma força vertical **F** sobre o pedal. Suas dimensões também são mostradas no diagrama de corpo livre, já que essa informação será útil quando calcularmos os momentos das forças. Como sempre, os sentidos das forças desconhecidas em A foram assumidos. Os sentidos corretos se tornarão claros após resolvermos as equações de equilíbrio.

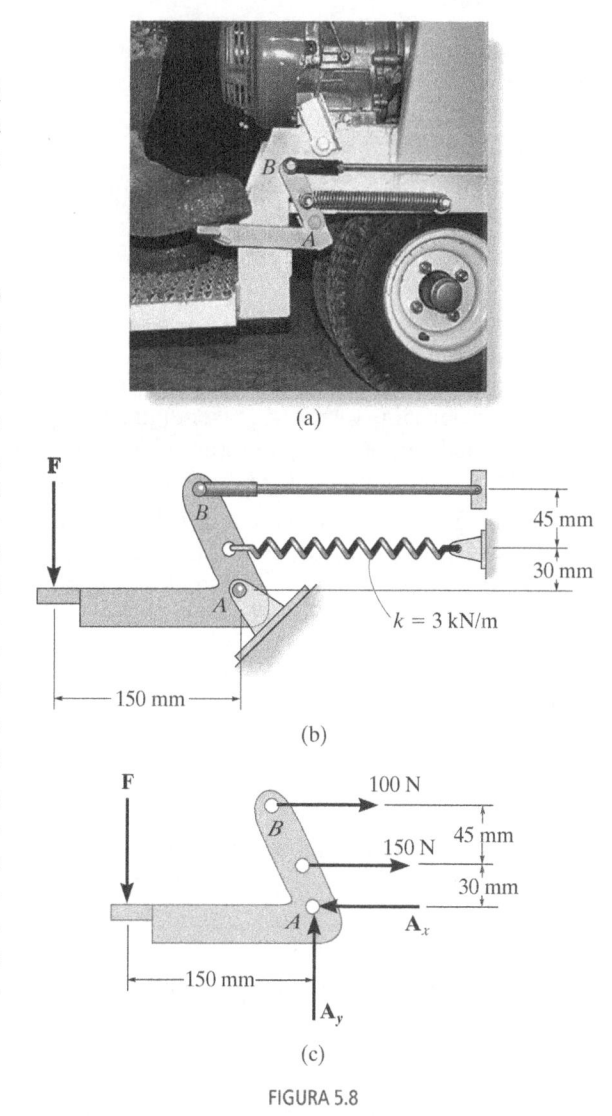

FIGURA 5.8

Exemplo 5.3

Dois tubos lisos, cada um com massa de 300 kg, são suportados pelos garfos do trator na Figura 5.9a. Desenhe os diagramas de corpo livre para cada tubo e para os dois tubos juntos.

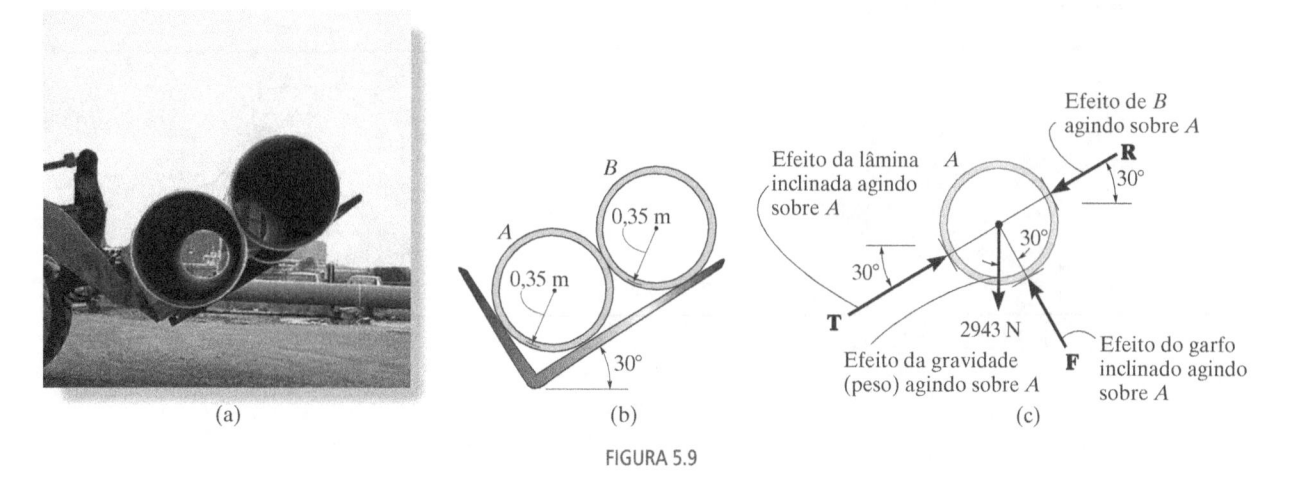

FIGURA 5.9

SOLUÇÃO

O modelo idealizado a partir do qual precisamos desenhar os diagramas de corpo livre é mostrado na Figura 5.9b. Aqui, os tubos são identificados, as dimensões foram acrescentadas e a situação física é reduzida a sua forma mais simples.

Removendo as superfícies de contato, o diagrama de corpo livre para o tubo A é mostrado na Figura 5.9c. Seu peso é $W = 300(9,81)$ N $= 2943$ N. Considerando que todas as superfícies de contato são *lisas*, as forças reativas **T**, **F**, **R** agem em uma direção *normal* à tangente em suas superfícies de contato.

O diagrama de corpo livre do tubo B isolado é mostrado na Figura 5.9d. Você pode identificar cada uma das três forças atuando *nesse tubo*? Em particular, note que **R**, representando a força de A sobre B (Figura 5.9d), é igual e oposta a **R** representando a força de B sobre A (Figura 5.9c). Isso é uma consequência da terceira lei do movimento de Newton.

O diagrama de corpo livre dos dois tubos combinados (o "sistema") é mostrado na Figura 5.9e. Aqui a força de contato **R**, que age entre A e B, é considerada uma força *interna* e, portanto, não é mostrada no diagrama de corpo livre. Ou seja, ela representa um par de forças colineares iguais, mas opostas, o que faz com que uma cancele a outra.

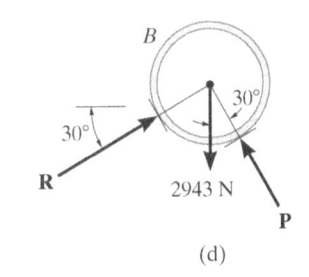

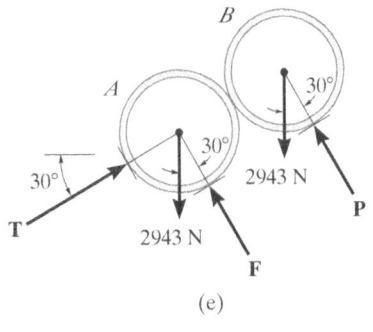

FIGURA 5.9 (cont.)

Exemplo 5.4

Desenhe o diagrama de corpo livre da plataforma descarregada que está suspensa para fora da torre de petróleo mostrada na Figura 5.10a. A plataforma possui massa de 200 kg.

SOLUÇÃO

O modelo idealizado da plataforma será considerado em duas dimensões porque, por observação, a carga e as dimensões são todas simétricas em relação a um plano vertical passando por seu centro (Figura 5.10b). A conexão em A é considerada um pino e o cabo sustenta a plataforma em B. A direção do cabo e as dimensões características da plataforma são dadas, e o centro de gravidade G foi determinado. Partindo-se desse modelo desenhamos o diagrama de corpo livre mostrado na Figura 5.10c. O peso da plataforma é $200(9,81) = 1962$ N. Os suportes foram *removidos*, e as componentes de força $\mathbf{A}_x$ e $\mathbf{A}_y$, bem como a força do cabo **T**, representam as reações que *ambos* os pinos e *ambos* os cabos exercem sobre a plataforma (Figura 5.10a). Consequentemente, metade de suas intensidades é desenvolvida em cada lado da plataforma.

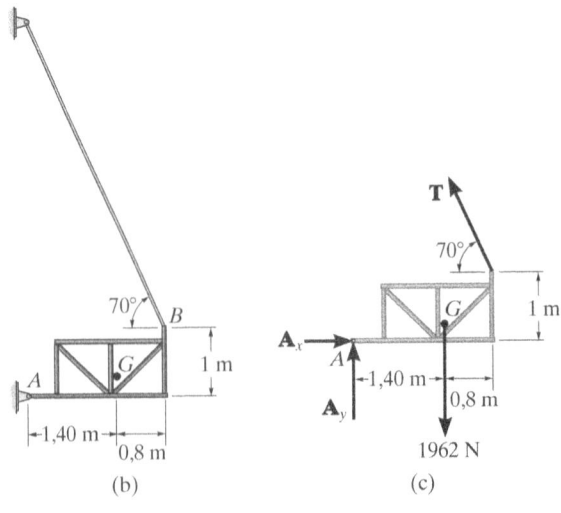

FIGURA 5.10

Problemas

5.1. Desenhe o diagrama de corpo livre para os problemas a seguir.
a) A treliça no Problema 5.10.
b) A viga no Problema 5.11.
c) A viga no Problema 5.12.
d) A viga no Problema 5.14.

5.2. Desenhe o diagrama de corpo livre para os problemas a seguir.
a) A viga no Problema 5.15.
b) A tábua no Problema 5.16.
c) A haste no Problema 5.17.
d) O bastão de vidro no Problema 5.18.

5.3. Desenhe o diagrama de corpo livre para os problemas a seguir.
a) O elemento no Problema 5.19.
b) A porteira no Problema 5.20.
c) A alavanca ABC no Problema 5.21.
d) A viga no Problema 5.22.

*5.4. Desenhe o diagrama de corpo livre para os problemas a seguir.
a) O elemento em "L" no Problema 5.25.
b) O guindaste e a lança no Problema 5.26.
c) O elemento no Problema 5.27.
d) A haste no Problema 5.28.

5.5. Desenhe o diagrama de corpo livre para os problemas a seguir.
a) A viga no Problema 5.32.
b) O guindaste no Problema 5.33.

c) A lança AB no Problema 5.35.
d) O tubo liso no Problema 5.36.

5.6. Desenhe o diagrama de corpo livre para os problemas a seguir.
a) A lança no Problema 5.37.
b) O anteparo no Problema 5.39.
c) O elemento horizontal no Problema 5.41.
d) O membro ABC no Problema 5.42.

5.7. Desenhe o diagrama de corpo livre para os problemas a seguir.
a) A haste no Problema 5.44.
b) O carrinho de mão e a carga quando levantados no Problema 5.45.
c) A viga no Problema 5.47.
d) O dispositivo no Problema 5.51.

*5.8. Desenhe o diagrama de corpo livre para os problemas a seguir.
a) A viga no Problema 5.52.
b) O menino e o trampolim no Problema 5.53.
c) O conjunto da plataforma no Problema 5.54.
d) A haste no Problema 5.56.

5.9. Desenhe o diagrama de corpo livre para os problemas a seguir.
a) A haste no Problema 5.57.
b) A haste no Problema 5.59.
c) A haste no Problema 5.60.

5.3 Equações de equilíbrio

Na Seção 5.1, desenvolvemos as duas equações necessárias e suficientes para o equilíbrio de um corpo rígido, a saber, $\Sigma \mathbf{F} = \mathbf{0}$ e $\Sigma \mathbf{M}_O = \mathbf{0}$. Quando o corpo está sujeito a um sistema de forças, todas situadas no plano x–y, então as forças podem ser decompostas em suas componentes x e y. Consequentemente, as condições para o equilíbrio em duas dimensões são:

$$\begin{aligned} \Sigma F_x &= 0 \\ \Sigma F_y &= 0 \\ \Sigma M_O &= 0 \end{aligned} \quad (5.2)$$

Aqui, ΣF_x e ΣF_y representam, respectivamente, as somas algébricas das componentes x e y de todas as forças agindo sobre o corpo, e ΣM_O representa a soma algébrica dos momentos de binário e os momentos de todas as componentes de força em relação ao eixo z, que é perpendicular ao plano x–y e passa pelo ponto arbitrário O.

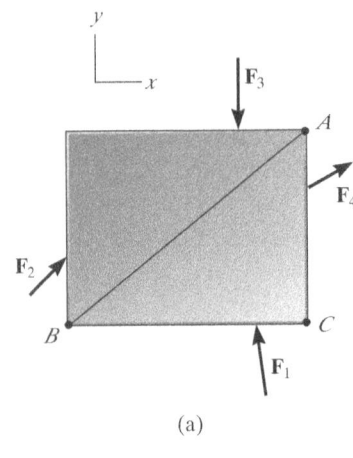

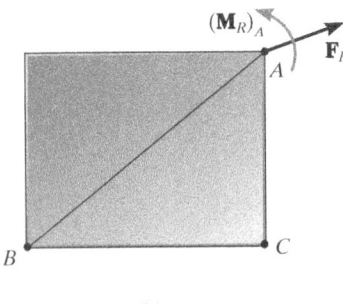

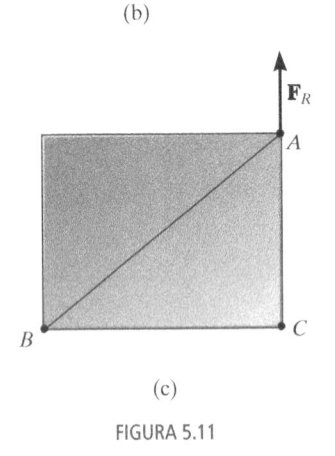

Conjuntos alternativos de equações de equilíbrio

Embora as equações 5.2 sejam mais *frequentemente* usadas para resolver problemas de equilíbrio coplanares, dois conjuntos *alternativos* de três equações de equilíbrio independentes também podem ser usados. Um desses conjuntos é

$$\Sigma F_x = 0$$
$$\Sigma M_A = 0 \quad\quad (5.3)$$
$$\Sigma M_B = 0$$

Ao usar essas equações, é necessário que uma linha passando pelos pontos A e B *não seja paralela* ao eixo y. Para provar que as equações 5.3 oferecem as *condições* para o equilíbrio, considere o diagrama de corpo livre da placa mostrada na Figura 5.11a. Usando os métodos da Seção 4.7, todas as forças no diagrama de corpo livre podem ser substituídas por uma força resultante equivalente $\mathbf{F}_R = \Sigma \mathbf{F}$, atuando no ponto A, e um momento de binário resultante $(\mathbf{M}_R)_A = \Sigma \mathbf{M}_A$ (Figura 5.11b). Se $\Sigma M_A = 0$ for satisfeita, é necessário que $(\mathbf{M}_R)_A = \mathbf{0}$. Além disso, para que $\mathbf{F}_R$ satisfaça $\Sigma F_x = 0$, ela não pode ter *qualquer componente* ao longo do eixo x e, portanto, $\mathbf{F}_R$ precisa ser paralela ao eixo y (Figura 5.11c). Finalmente, se for necessário que $\Sigma M_B = 0$, onde B não se encontra na linha de ação de $\mathbf{F}_R$, então $\mathbf{F}_R = \mathbf{0}$. Como as equações 5.3 mostram que essas duas resultantes são iguais a zero, sem dúvida o corpo na Figura 5.11a só pode estar em equilíbrio.

Um segundo conjunto alternativo de equações de equilíbrio é:

$$\Sigma M_A = 0$$
$$\Sigma M_B = 0 \quad\quad (5.4)$$
$$\Sigma M_C = 0$$

Aqui é necessário que os pontos A, B e C não estejam na mesma linha. Para provar que essas equações, quando satisfeitas, garantem o equilíbrio, considere novamente o diagrama de corpo livre na Figura 5.11b. Se $\Sigma M_A = 0$ precisa ser satisfeita, então $(\mathbf{M}_R)_A = \mathbf{0}$. $\Sigma M_C = 0$ é satisfeita se a linha de ação de $\mathbf{F}_R$ passar pelo ponto C, como mostrado na Figura 5.11c. Finalmente, se precisamos de $\Sigma M_B = 0$, é necessário que $\mathbf{F}_R = \mathbf{0}$ e, portanto, a placa na Figura 5.11a precisa estar em equilíbrio.

FIGURA 5.11

Procedimento para análise

Os problemas de equilíbrio de forças coplanares para um corpo rígido podem ser resolvidos usando o procedimento indicado a seguir.

Diagrama de corpo livre

- Estabeleça os eixos coordenados x, y em qualquer orientação apropriada.
- Remova todos os apoios e desenhe uma forma esquemática do corpo.
- Mostre todas as forças e momentos de binário que atuam sobre o corpo.
- Rotule todas as cargas e especifique suas direções em relação ao eixo x ou y. O sentido de uma força ou momento de binário de intensidade *desconhecida*, mas com uma linha de ação conhecida, pode ser *assumido*.
- Indique as dimensões do corpo necessárias para calcular os momentos das forças.

Capítulo 5 – Equilíbrio de um corpo rígido   **193**

Equações de equilíbrio

- Aplique a equação de equilíbrio de momento, $\Sigma M_O = 0$, em relação a um ponto (O) localizado na interseção das linhas de ação das duas forças desconhecidas. Assim, os momentos dessas incógnitas são iguais a zero em relação a O, e uma *solução direta* para a terceira incógnita pode ser determinada.
- Ao aplicar as equações de equilíbrio de forças, $\Sigma F_x = 0$ e $\Sigma F_y = 0$, oriente os eixos x e y ao longo das linhas que fornecerão a decomposição mais simples das forças em suas componentes x e y.
- Se a solução das equações de equilíbrio produzir um escalar negativo para uma intensidade de força ou de momento de binário, isso indica que seu sentido é oposto ao que foi assumido no diagrama de corpo livre.

Exemplo 5.5

Determine as componentes horizontal e vertical da reação sobre a viga, causada pelo pino em B e o apoio oscilante em A, como mostra a Figura 5.12a. Despreze o peso da viga.

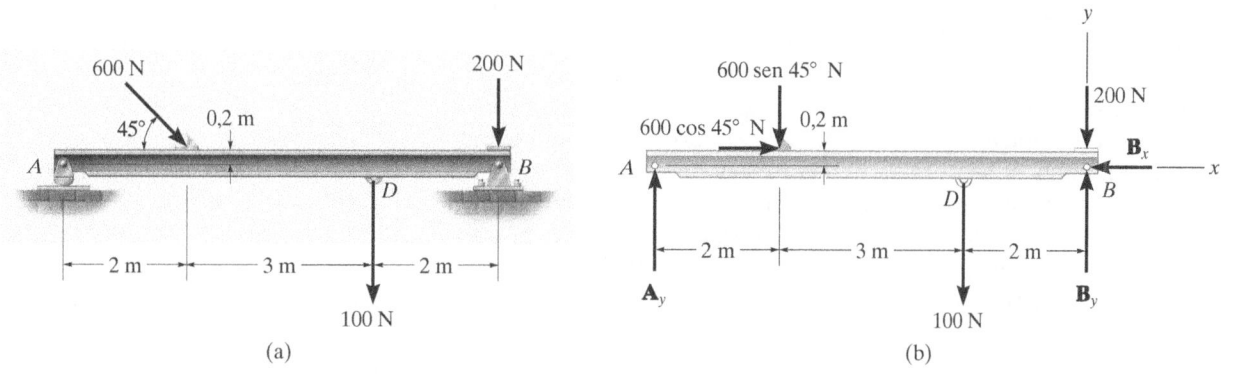

FIGURA 5.12

SOLUÇÃO

Diagrama de corpo livre

Os apoios são *removidos* e o diagrama de corpo livre da viga aparece na Figura 5.12b. (Veja o Exemplo 5.1.) Para simplificar, a força de 600 N é representada por suas componentes x e y, como mostra a Figura 5.12b.

Equações de equilíbrio

Somando as forças na direção x, temos:

$$\xrightarrow{+} \Sigma F_x = 0; \quad 600 \cos 45° \text{ N} - B_x = 0$$

$$B_x = 424 \text{ N} \qquad \textit{Resposta}$$

Uma solução direta para A_y pode ser obtida aplicando-se a equação de momento $\Sigma M_B = 0$ em relação ao ponto B.

$$\zeta + \Sigma M_B = 0; \quad 100 \text{ N}(2 \text{ m}) + (600 \text{ sen } 45° \text{ N})(5 \text{ m})$$

$$- (600 \cos 45° \text{ N})(0{,}2 \text{ m}) - A_y(7 \text{ m}) = 0$$

$$A_y = 319 \text{ N} \qquad \textit{Resposta}$$

Somar as forças na direção y, usando esse resultado, produz:

$+\uparrow \Sigma F_y = 0;$ $319\text{ N} - 600\text{ sen}45°\text{ N} - 100\text{ N} - 200\text{ N} + B_y = 0$

$B_y = 405\text{ N}$ *Resposta*

NOTA: lembre-se de que as forças dos apoios na Figura 5.12b são o resultado dos pinos que *atuam sobre a viga*. As forças opostas atuam sobre os pinos. Por exemplo, a Figura 5.12c mostra o equilíbrio do pino em A e do apoio oscilante.

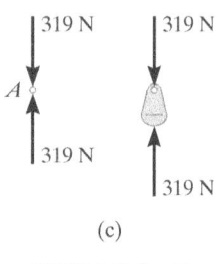

FIGURA 5.12 (cont.)

Exemplo 5.6

A corda mostrada na Figura 5.13a suporta uma força de 500 N e contorna a polia sem atrito. Determine a tração na corda em C e as componentes vertical e horizontal da reação no pino A.

SOLUÇÃO

Diagramas de corpo livre

Os diagramas de corpo livre da corda e da polia são mostrados na Figura 5.13b. Note que o princípio da ação, que é igual, mas oposta à reação, precisa ser cuidadosamente observado quando desenhar cada um desses diagramas: a corda exerce uma distribuição de carga desconhecida p sobre a polia na superfície de contato, enquanto a polia exerce um efeito igual, mas oposto sobre a corda. Para a solução, no entanto, é mais simples *combinar* os diagramas de corpo livre da polia e dessa parte da corda, de modo que a carga distribuída se torne *interna* a esse "sistema" e, portanto, seja eliminada da análise (Figura 5.13c).

Equações de equilíbrio

Somando os momentos em relação ao ponto A para eliminar $\mathbf{A}_x$ e $\mathbf{A}_y$ (Figura 5.13c), temos:

$\zeta + \Sigma M_A = 0;$ $500\text{ N }(0{,}15\text{ m}) - T(0{,}15\text{ m}) = 0$

$T = 500\text{ N}$ *Resposta*

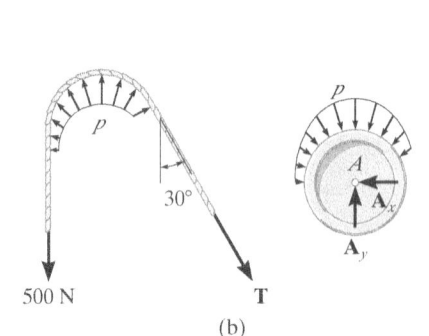

Usando este resultado,

$\xrightarrow{+} \Sigma F_x = 0;$ $-A_x + 500\text{ sen }30°\text{ N} = 0$

$A_x = 250\text{ N}$ *Resposta*

$+\uparrow \Sigma F_y = 0;$ $A_y - 500\text{ N} - 500\cos 30°\text{ N} = 0$

$A_y = 933\text{ N}$ *Resposta*

NOTA: pela equação do momento, observe que a tração permanece *constante* conforme a corda passa pela polia. (Isso, sem dúvida, é verdade para *qualquer ângulo* θ em que a corda seja direcionada e para *qualquer raio r* da polia.)

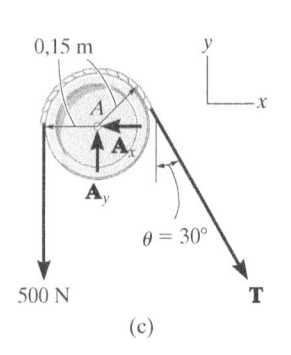

FIGURA 5.13

Exemplo 5.7

O membro mostrado na Figura 5.14a está conectado por um pino em A e apoia-se em um suporte liso em B. Determine as componentes horizontal e vertical da reação do pino A.

SOLUÇÃO
Diagrama de corpo livre

Como mostra a Figura 5.14b, os apoios são removidos e a reação $\mathbf{N}_B$ é perpendicular ao membro em B. Além disso, as componentes horizontal e vertical da reação são representadas em A. A resultante da carga distribuída é $\frac{1}{2}(1,5 \text{ m})(80 \text{ N/m}) = 60$ N. Ela age através do centroide do triângulo, 1 m a partir de A, conforme mostra a figura.

Equações de equilíbrio

Somando os momentos em relação a A, obtemos uma solução direta para N_B,

$$\zeta + \Sigma M_A = 0; \quad -90 \text{ N} \cdot \text{m} - 60 \text{ N}(1 \text{ m}) + N_B(0{,}75 \text{ m}) = 0$$
$$N_B = 200 \text{ N}$$

Usando esse resultado,

$$\xrightarrow{+} \Sigma F_x = 0; \qquad A_x - 200 \text{ sen } 30° \text{ N} = 0$$
$$A_x = 100 \text{ N} \qquad \textit{Resposta}$$

$$+\uparrow \Sigma F_y = 0; \qquad A_y - 200 \cos 30° \text{ N} - 60 \text{ N} = 0$$
$$A_y = 233 \text{ N} \qquad \textit{Resposta}$$

FIGURA 5.14

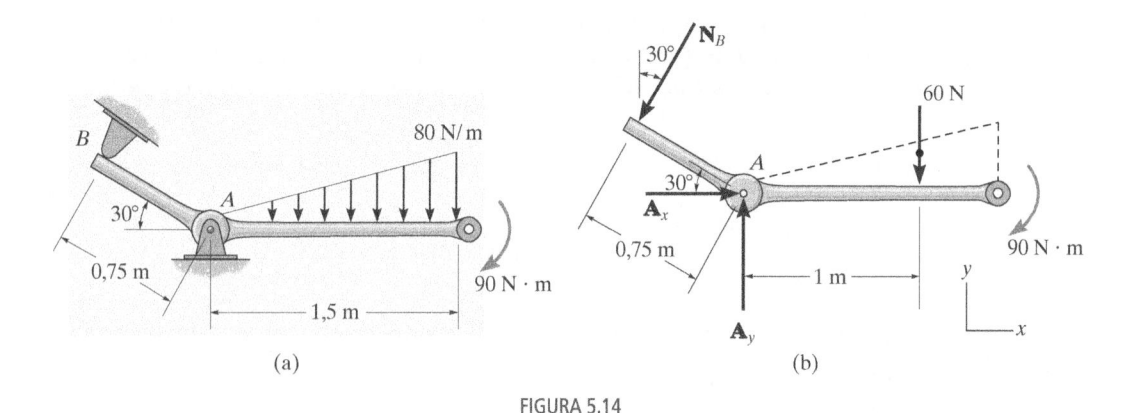

Exemplo 5.8

A chave na Figura 5.15a é usada para apertar o parafuso em A. Se a chave não gira quando a carga é aplicada ao cabo, determine o torque ou momento aplicado ao parafuso e a força da chave sobre o parafuso.

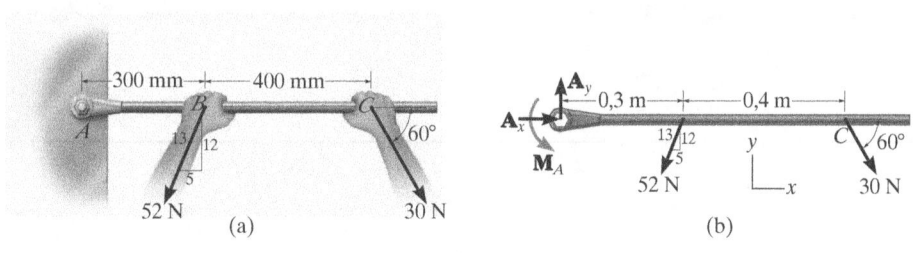

FIGURA 5.15

SOLUÇÃO

Diagrama de corpo livre

O diagrama de corpo livre para a chave é mostrado na Figura 5.15b. Uma vez que o parafuso age como um engastamento, ele exerce componentes de força $\mathbf{A}_x$ e $\mathbf{A}_y$ e um momento $\mathbf{M}_A$ sobre a chave em A.

Equações de equilíbrio

$$\xrightarrow{+} \Sigma F_x = 0; \qquad A_x - 52\left(\tfrac{5}{13}\right) \text{N} + 30\cos 60° \text{ N} = 0$$

$$A_x = 5{,}00 \text{ N} \qquad\qquad \textit{Resposta}$$

$$+\uparrow \Sigma F_y = 0; \qquad A_y - 52\left(\tfrac{12}{13}\right) \text{N} - 30 \operatorname{sen} 60° \text{ N} = 0$$

$$A_y = 74{,}0 \text{ N} \qquad\qquad \textit{Resposta}$$

$$\zeta+ \Sigma M_A = 0; \quad M_A - \left[52\left(\tfrac{12}{13}\right)\text{N}\right](0{,}3 \text{ m}) - (30 \operatorname{sen} 60° \text{ N})(0{,}7 \text{ m}) = 0$$

$$M_A = 32{,}6 \text{ N} \cdot \text{m} \qquad\qquad \textit{Resposta}$$

Observe que $\mathbf{M}_A$ precisa ser *incluído* nessa soma de momentos. Esse momento de binário é um vetor livre e representa a resistência à torção do parafuso sobre a chave. Pela terceira lei de Newton, a chave exerce um momento ou torque igual, mas oposto, sobre o parafuso. Além disso, a força resultante sobre a chave é:

$$F_A = \sqrt{(5{,}00)^2 + (74{,}0)^2} = 74{,}1 \text{ N} \qquad\qquad \textit{Resposta}$$

NOTA: embora apenas *três* equações de equilíbrio independentes possam ser escritas para um corpo rígido, é uma boa prática *verificar* os cálculos usando uma quarta equação de equilíbrio. Por exemplo, os cálculos anteriores podem ser parcialmente verificados somando os momentos em relação ao ponto C:

$$\zeta+ \Sigma M_C = 0; \quad \left[52\left(\tfrac{12}{13}\right)\text{N}\right](0{,}4 \text{ m}) + 32{,}6 \text{ N} \cdot \text{m} - 74{,}0 \text{ N}(0{,}7 \text{ m}) = 0$$

$$19{,}2 \text{ N} \cdot \text{m} + 32{,}6 \text{ N} \cdot \text{m} - 51{,}8 \text{ N} \cdot \text{m} = 0$$

Exemplo 5.9

Determine as componentes horizontal e vertical da reação do pino A sobre o membro e a reação normal no rolete B na Figura 5.16a.

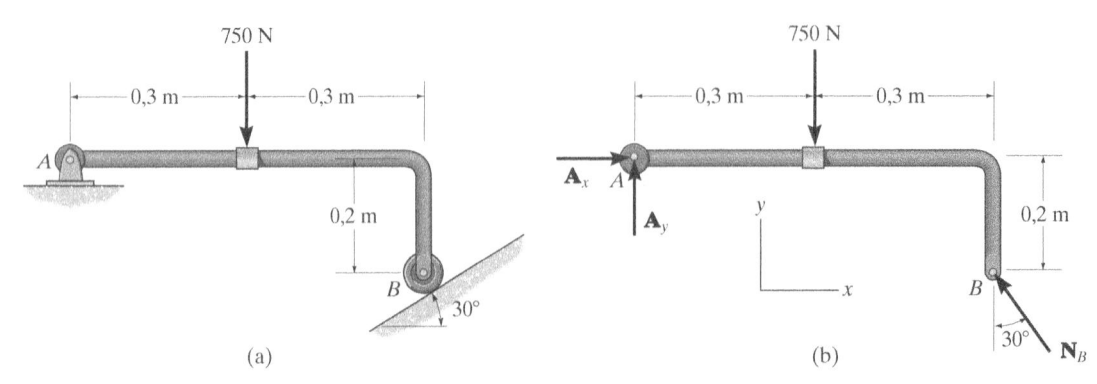

FIGURA 5.16

SOLUÇÃO

Diagrama de corpo livre

O diagrama de corpo livre é mostrado na Figura 5.16b. O pino em A exerce duas componentes de reação sobre o membro, $\mathbf{A}_x$ e $\mathbf{A}_y$.

Equações de equilíbrio

A reação N_B pode ser obtida *diretamente* somando os momentos em relação ao ponto A, já que $\mathbf{A}_x$ e $\mathbf{A}_y$ não produzem momento algum em relação a A.

$\zeta + \Sigma M_A = 0;$

$[N_B \cos 30°](0,6 \text{ m}) - [N_B \text{ sen } 30°](0,2 \text{ m}) - 750 \text{ N}(0,3 \text{ m}) = 0$

$N_B = 536,2 \text{ N} = 536 \text{ N}$ *Resposta*

Usando esse resultado,

$\xrightarrow{+} \Sigma F_x = 0; \quad A_x - (536,2 \text{ N}) \text{ sen } 30° = 0$

$A_x = 268 \text{ N}$ *Resposta*

$+\uparrow \Sigma F_y = 0; \quad A_y + (536,2 \text{ N}) \cos 30° - 750 \text{ N} = 0$

$A_y = 286 \text{ N}$ *Resposta*

Os detalhes do equilíbrio do pino em A podem ser vistos na Figura 5.16c.

FIGURA 5.16 (cont.)

Exemplo 5.10

O bastão liso uniforme mostrado na Figura 5.17a está sujeito a uma força e a um momento de binário. Se o bastão é apoiado em A por uma parede lisa e em B e C, tanto em cima quanto embaixo, por roletes, determine as reações nesses suportes. Ignore o peso do bastão.

SOLUÇÃO

Diagrama de corpo livre

Removendo os apoios, como mostra a Figura 5.17b, todas as reações dos apoios agem normalmente sobre as superfícies de contato, já que essas superfícies são lisas. As reações em B e C são mostradas atuando no sentido positivo de y'. Isso significa que assumiu-se que apenas os roletes localizados embaixo do bastão são usados como apoio.

Equações de equilíbrio

Usando o sistema de coordenadas x, y na Figura 5.17b, temos:

$\xrightarrow{+} \Sigma F_x = 0; \quad C_{y'} \text{ sen } 30° + B_{y'} \text{ sen } 30° - A_x = 0 \quad (1)$

$+\uparrow \Sigma F_y = 0; \quad -300 \text{ N} + C_{y'} \cos 30° + B_{y'} \cos 30° = 0 \quad (2)$

$\zeta + \Sigma M_A = 0; \quad -B_{y'}(2 \text{ m}) + 4000 \text{ N} \cdot \text{m} - C_{y'}(6 \text{ m})$

$+ (300 \cos 30° \text{ N})(8 \text{ m}) = 0 \quad (3)$

Ao escrever a equação de momento, você deve observar que a linha de ação da componente da força 300 sen 30° N passa pelo ponto A e, portanto, essa força não é incluída na equação de momento.

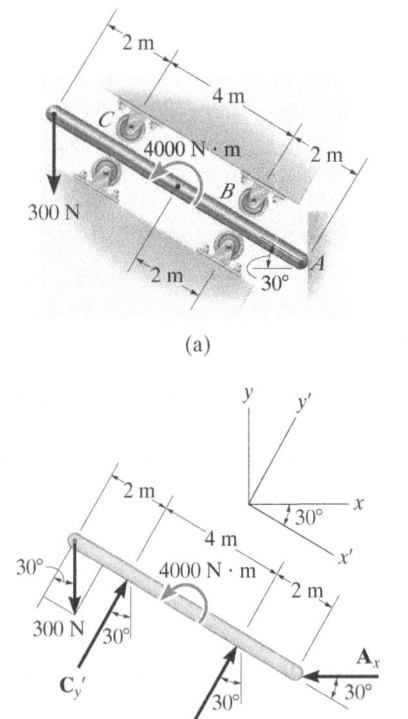

FIGURA 5.17

Resolvendo as equações 2 e 3 simultaneamente, obtemos:

$$B_{y'} = -1000{,}0 \text{ N} = -1 \text{ kN} \qquad \textit{Resposta}$$
$$C_{y'} = 1346{,}4 \text{ N} = 1{,}35 \text{ kN} \qquad \textit{Resposta}$$

Como $B_{y'}$ é um escalar negativo, o sentido de $\mathbf{B}_{y'}$ é oposto ao mostrado no diagrama de corpo livre da Figura 5.17b. Portanto, o rolete superior em B serve como apoio em vez do inferior. Mantendo o sinal negativo para $B_{y'}$ (por quê?) e substituindo os resultados na Equação 1, obtemos:

$$1346{,}4 \text{ sen } 30° \text{ N} + (-1000{,}0 \text{ sen } 30° \text{ N}) - A_x = 0$$
$$A_x = 173 \text{ N} \qquad \textit{Resposta}$$

Exemplo 5.11

A rampa uniforme do caminhão mostrada na Figura 5.18a possui peso de 2000 N e está conectada por pinos à carroceria do caminhão em cada lado e mantida na posição mostrada pelos dois cabos laterais. Determine a tração nos cabos.

SOLUÇÃO

O modelo idealizado da rampa, que indica todas as dimensões e apoios necessários, é mostrado na Figura 5.18b. Aqui, o centro de gravidade está localizado no ponto médio, já que a rampa é considerada uniforme.

Diagrama de corpo livre

Trabalhando a partir do modelo idealizado, o diagrama de corpo livre da rampa é mostrado na Figura 5.18c.

Equações de equilíbrio

A soma dos momentos em relação ao ponto A produzirá uma solução direta para a tração dos cabos. Usando o princípio dos momentos, existem várias maneiras de determinar o momento de $\mathbf{T}$ em relação a A. Se usarmos as componentes x e y, com $\mathbf{T}$ aplicado em B, temos:

$$\zeta + \Sigma M_A = 0; \quad -T\cos 20°(2{,}1 \text{ sen } 30° \text{ m}) + T \text{ sen } 20°(2{,}1 \cos 30° \text{ m})$$
$$+ 2000 \text{ N } (1{,}5 \cos 30° \text{ m}) = 0$$
$$T = 7124{,}6 \text{ N}$$

Também podemos determinar o momento de $\mathbf{T}$ em relação a A decompondo-o em componentes ao longo e perpendicular à rampa em B. Então, o momento da componente ao longo da rampa será igual a zero em relação a A, tal que:

$$\zeta + \Sigma M_A = 0; \quad -T \text{ sen } 10°(2{,}1 \text{ m}) + 2000 \text{ N } (1{,}5 \cos 30° \text{ m}) = 0$$
$$T = 7124{,}6 \text{ N}$$

Como existem dois cabos sustentando a rampa,

$$T' = \frac{T}{2} = 3562{,}3 \text{ N} = 3{,}56 \text{ kN} \qquad \textit{Resposta}$$

NOTA: como um exercício, mostre que $A_x = 6695$ N e $A_y = 4437$ N.

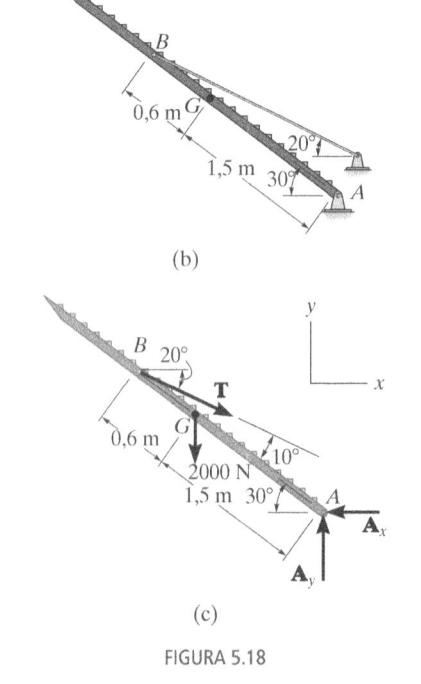

FIGURA 5.18

Exemplo 5.12

Determine as reações dos apoios sobre o membro na Figura 5.19a. A luva em A é fixa no membro e pode deslizar verticalmente ao longo do eixo vertical.

SOLUÇÃO

Diagrama de corpo livre

Removendo os apoios, o diagrama de corpo livre do membro é mostrado na Figura 5.19b. A luva exerce uma força horizontal $\mathbf{A}_x$ e um momento $\mathbf{M}_A$ sobre o membro. A reação $\mathbf{N}_B$ do rolete sobre o membro é vertical.

Equações de equilíbrio

As forças A_x e N_B podem ser determinadas diretamente pelas equações de equilíbrio de forças.

$$\xrightarrow{+} \Sigma F_x = 0; \qquad A_x = 0 \qquad \qquad Resposta$$

$$+\uparrow \Sigma F_y = 0; \qquad N_B - 900 \text{ N} = 0$$

$$\qquad \qquad \qquad N_B = 900 \text{ N} \qquad \qquad Resposta$$

O momento M_A pode ser determinado pela soma dos momentos em relação ao ponto A ou ao ponto B.

$$\zeta + \Sigma M_A = 0;$$

$$M_A - 900 \text{ N}(1{,}5 \text{ m}) - 500 \text{ N} \cdot \text{m} + 900 \text{ N}\,[3 \text{ m} + (1 \text{ m})\cos 45°] = 0$$

$$M_A = -1486 \text{ N} \cdot \text{m} = 1{,}49 \text{ kN} \cdot \text{m} \,\rotatebox{-45}{\curvearrowright} \qquad Resposta$$

ou

$$\zeta + \Sigma M_B = 0; \quad M_A + 900 \text{ N}\,[1{,}5 \text{ m} + (1 \text{ m})\cos 45°] - 500 \text{ N} \cdot \text{m} = 0$$

$$M_A = -1486 \text{ N} \cdot \text{m} = 1{,}49 \text{ kN} \cdot \text{m} \,\rotatebox{-45}{\curvearrowright} \qquad Resposta$$

O sinal negativo indica que $\mathbf{M}_A$ possui o sentido de rotação oposto ao que é mostrado no diagrama de corpo livre.

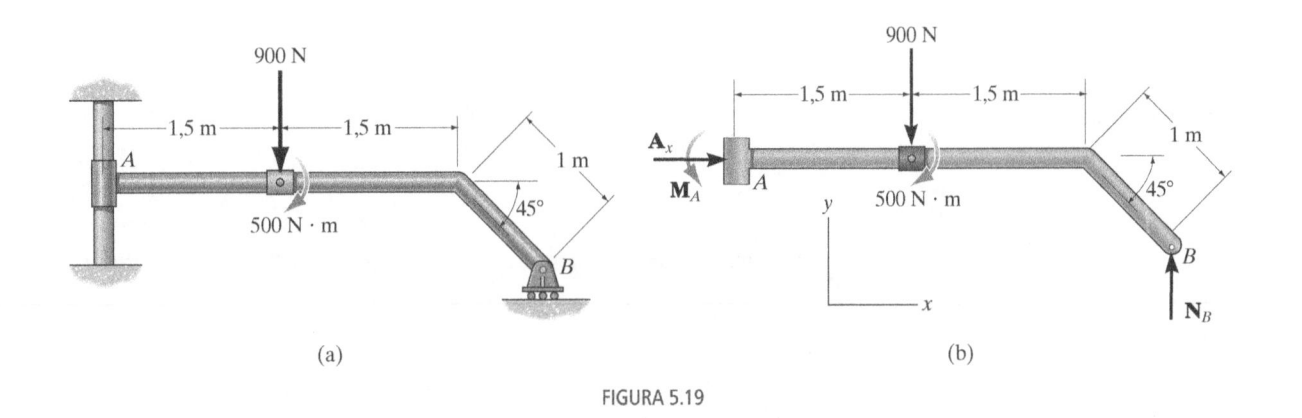

FIGURA 5.19

5.4 Membros de duas e de três forças

As soluções para alguns problemas de equilíbrio podem ser simplificadas pelo reconhecimento dos membros que estão sujeitos a apenas duas ou três forças.

Membros de duas forças

Como o nome sugere, um ***membro de duas forças*** possui forças aplicadas em apenas dois pontos no membro. Um exemplo de membro de duas forças é mostrado na Figura 5.20a. Para satisfazer o equilíbrio de forças, $\mathbf{F}_A$ e $\mathbf{F}_B$ precisam ser iguais em intensidade ($F_A = F_B = F$), mas de sentidos opostos ($\Sigma \mathbf{F} = \mathbf{0}$) (Figura 5.20b). Além disso, o equilíbrio de momentos exige que $\mathbf{F}_A$ e $\mathbf{F}_B$ compartilhem a mesma linha de ação, o que só pode ocorrer se eles estiverem direcionados ao longo da linha unindo os pontos A e B ($\Sigma \mathbf{M}_A = \mathbf{0}$ ou $\Sigma \mathbf{M}_B = \mathbf{0}$) (Figura 5.20c). Portanto, para que qualquer membro de duas forças esteja em equilíbrio, as duas forças agindo sobre o membro *precisam ter a mesma intensidade, agir em sentidos opostos e ter a mesma linha de ação, direcionada ao longo da linha que une os dois pontos onde essas forças atuam.*

Membros de três forças

Se um membro está sujeito a apenas *três forças*, ele é chamado de ***membro de três forças***. O equilíbrio de momentos pode ser satisfeito apenas se as três forças formarem um sistema de forças *concorrentes* ou *paralelas*. Para ilustrar, considere o membro sujeito às três forças $\mathbf{F}_1$, $\mathbf{F}_2$ e $\mathbf{F}_3$ mostradas na Figura 5.21a. Se as linhas de ação de $\mathbf{F}_1$ e $\mathbf{F}_2$ se interceptam no ponto O, então a linha de ação de $\mathbf{F}_3$ *também* precisa passar pelo ponto O para que as forças satisfaçam $\Sigma \mathbf{M}_O = \mathbf{0}$. Como um caso especial, se todas as três forças forem paralelas (Figura 5.21b), o local do ponto de interseção O se aproximará do infinito.

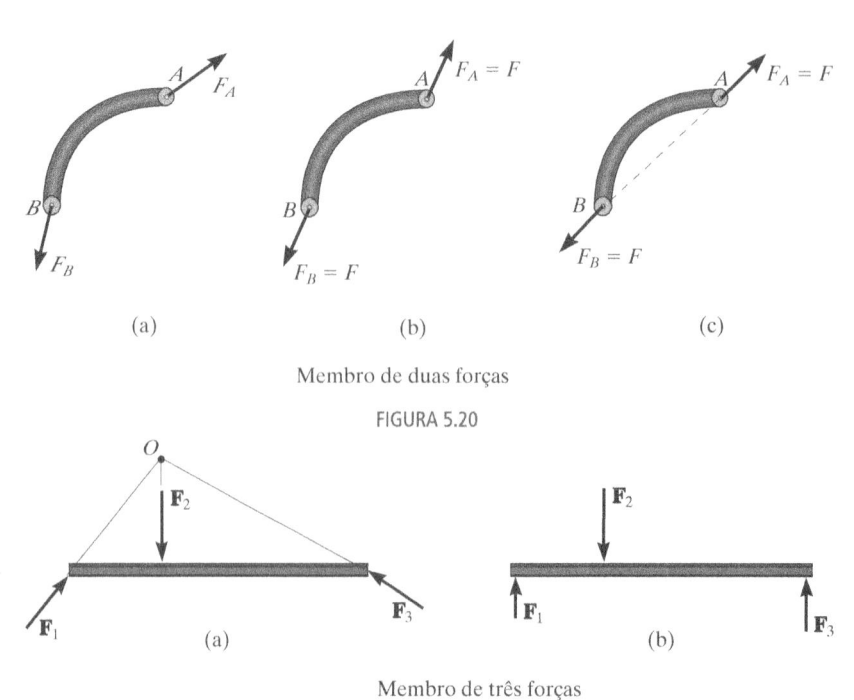

O cilindro hidráulico AB é um exemplo típico de um membro de duas forças, já que está conectado por pinos em suas extremidades e, se seu peso for desprezado, apenas as forças dos pinos atuam sobre este membro.

O elemento de conexão usado neste freio de vagão ferroviário é um membro de três forças. Como as forças $\mathbf{F}_B$ na barra de fixação em B e $\mathbf{F}_C$ da vinculação em C são paralelas, então, para o equilíbrio, a força resultante $\mathbf{F}_A$ no pino A também precisa ser paralela a essas duas forças.

A lança e a caçamba nesse elevador constituem-se em um membro de três forças, desde que seu peso seja desprezado. Aqui, as linhas de ação do peso do trabalhador, $\mathbf{W}$, e da força do membro de duas forças (cilindro hidráulico) em B, $\mathbf{F}_B$, se interceptam em O. Para o equilíbrio dos momentos, a força resultante no pino A, $\mathbf{F}_A$, também precisa estar direcionada para O.

Membro de duas forças

FIGURA 5.20

Membro de três forças

FIGURA 5.21

Exemplo 5.13

A alavanca ABC é sustentada por um pino em A e conectada a um elemento curto BD, como mostra a Figura 5.22a. Se o peso dos membros é desprezado, determine a força do pino sobre a alavanca em A.

SOLUÇÃO

Diagramas de corpo livre

Como mostra a Figura 5.22b, o elemento curto BD é um *membro de duas forças* e, portanto, as *forças resultantes* nos pinos D e B precisam ser iguais, opostas e colineares. Embora a intensidade das forças seja desconhecida, a linha de ação é conhecida, já que ela passa por B e D.

A alavanca ABC é um *membro de três forças* e, assim, para satisfazer o equilíbrio dos momentos, as três forças não paralelas que agem sobre ela precisam ser concorrentes em O (Figura 5.22c). Em especial, observe que a força $\mathbf{F}$ sobre a alavanca em B é igual, mas oposta à força $\mathbf{F}$ que age em B no elemento curto. Por quê? A distância CO precisa ser de 0,5 m, já que as linhas de ação de $\mathbf{F}$ e da força de 400 N são conhecidas.

Equações de equilíbrio

Requerendo-se que o sistema de forças seja concorrente em O, uma vez que $\Sigma M_O = 0$, o ângulo θ que define a linha de ação de $\mathbf{F}_A$ pode ser determinado por trigonometria,

$$\theta = \text{tg}^{-1}\left(\frac{0,7}{0,4}\right) = 60,3°$$

Usando os eixos x, y e aplicando as equações de equilíbrio de forças,

$\xrightarrow{+} \Sigma F_x = 0; \quad F_A \cos 60,3° - F \cos 45° + 400 \text{ N} = 0$

$+\uparrow \Sigma F_y = 0; \quad F_A \text{ sen } 60,3° - F \text{ sen } 45° = 0$

Resolvendo, obtemos:

$$F_A = 1,07 \text{ kN} \qquad \textit{Resposta}$$

$$F = 1,32 \text{ kN}$$

NOTA: também podemos resolver esse problema representando a força em A por suas duas componentes $\mathbf{A}_x$ e $\mathbf{A}_y$ e aplicando $\Sigma M_A = 0$, $\Sigma F_x = 0$, $\Sigma F_y = 0$ à alavanca. Uma vez obtidas A_x e A_y, podemos então obter F_A e θ.

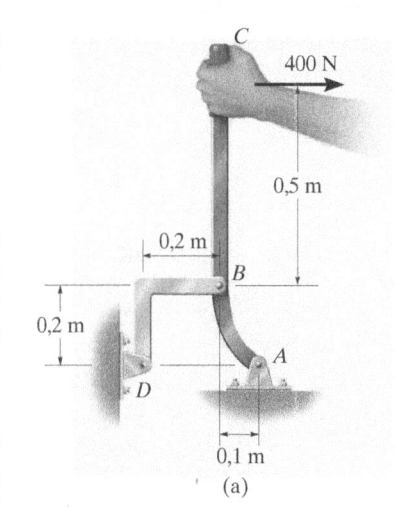

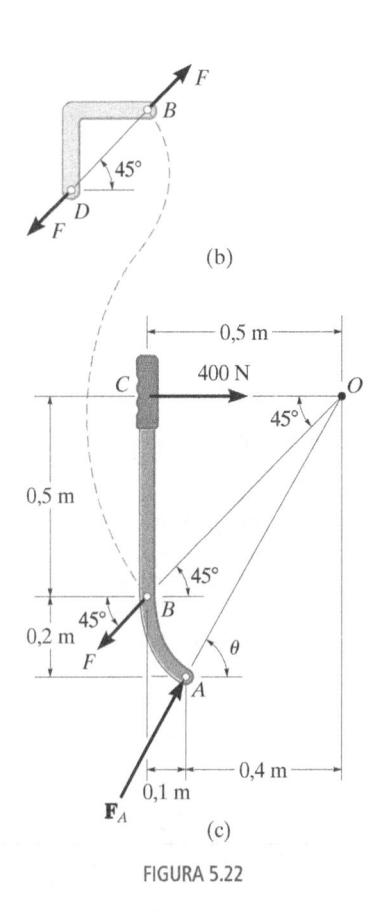

FIGURA 5.22

Problema preliminar

P5.1. Desenhe o diagrama de corpo livre de cada objeto.

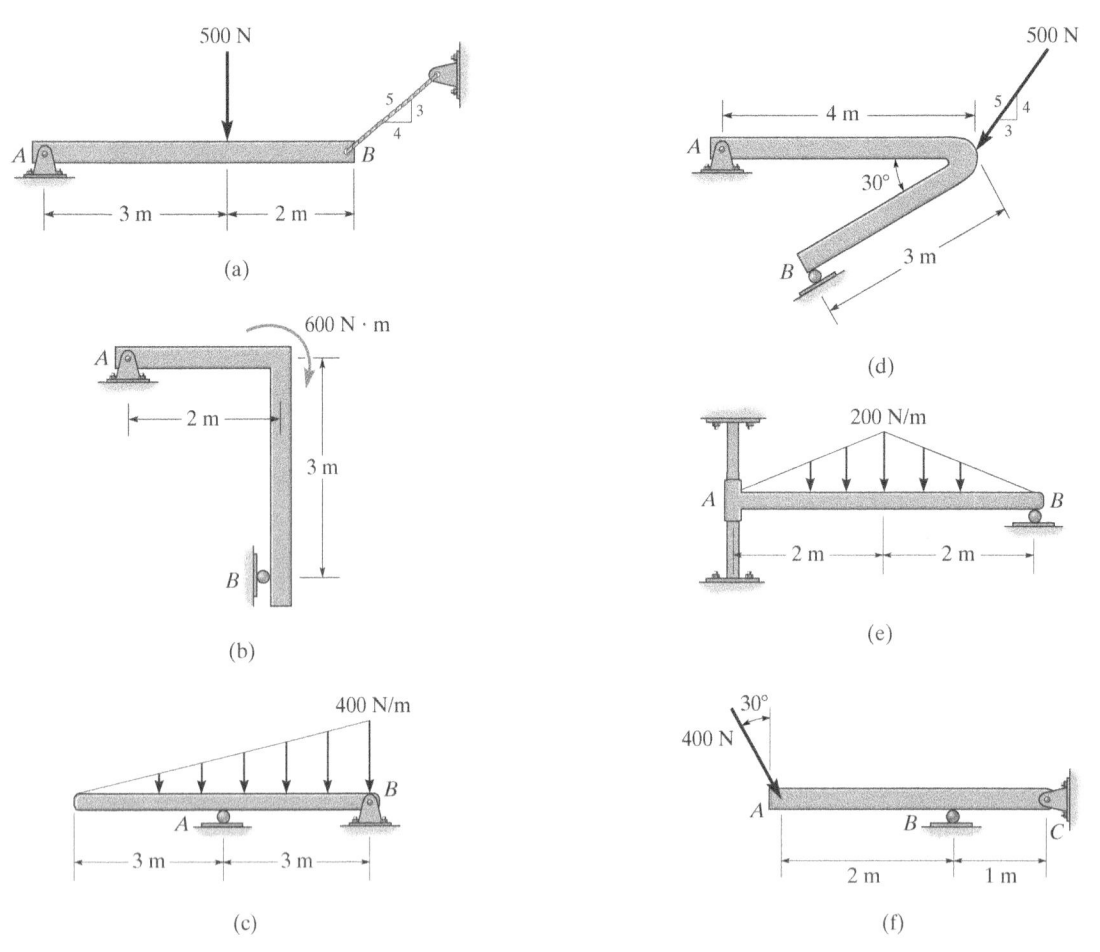

(a)

(b)

(c)

(d)

(e)

(f)

PROBLEMA P5.1

Problemas fundamentais

Todas as soluções dos problemas precisam incluir um diagrama de corpo livre.

F5.1. Determine as componentes horizontal e vertical da reação nos apoios. Despreze a espessura da viga.

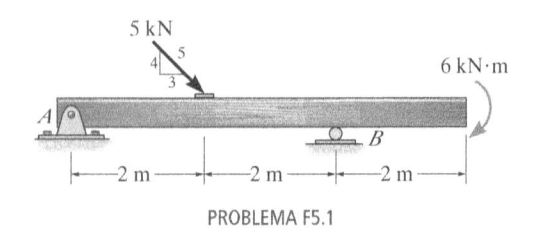

PROBLEMA F5.1

F5.2. Determine as componentes horizontal e vertical da reação no pino A e a reação na viga em C.

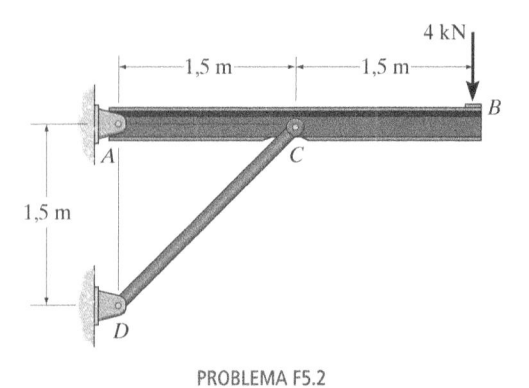

PROBLEMA F5.2

Capítulo 5 – Equilíbrio de um corpo rígido 203

F5.3. A treliça é suportada por um pino em A e um rolete em B. Determine as reações dos apoios.

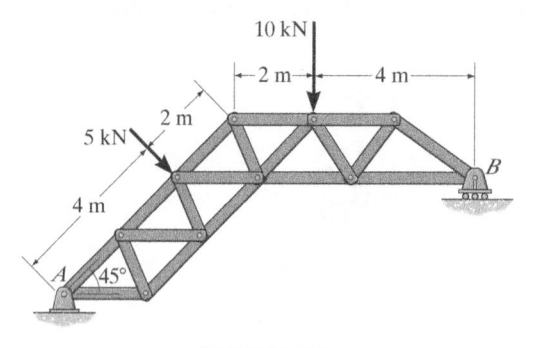

PROBLEMA F5.3

F5.4. Determine as componentes da reação no engastamento A. Despreze a espessura da viga.

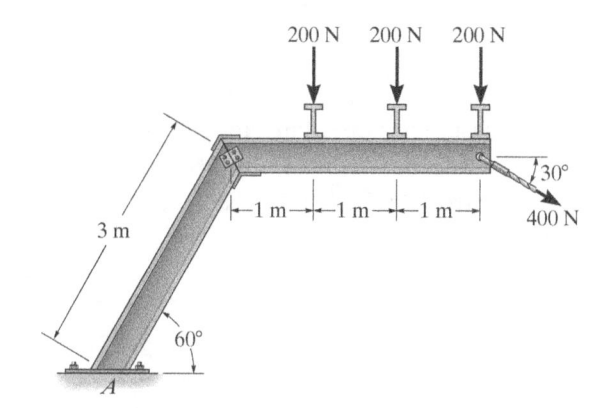

PROBLEMA F5.4

F5.5. A haste de 25 kg possui centro de massa em G. Se ela é sustentada por uma cavilha lisa em C, um rolete em A e a corda AB, determine as reações nesses apoios.

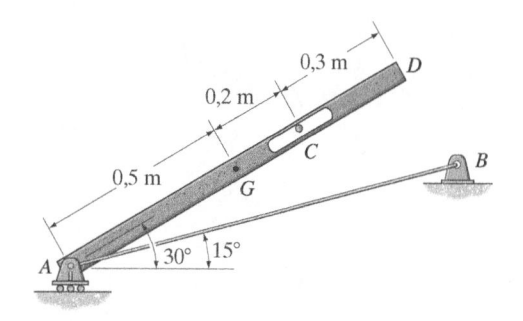

PROBLEMA F5.5

F5.6. Determine as reações nos pontos de contato lisos A, B e C na alavanca.

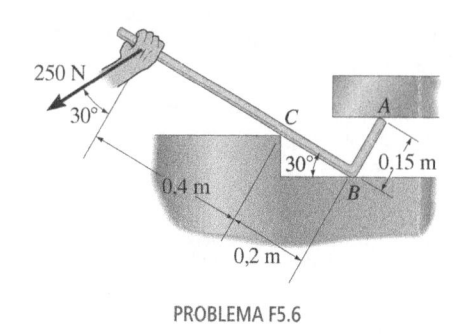

PROBLEMA F5.6

Problemas

Todas as soluções dos problemas precisam incluir um diagrama de corpo livre.

5.10. Determine as reações nos apoios.

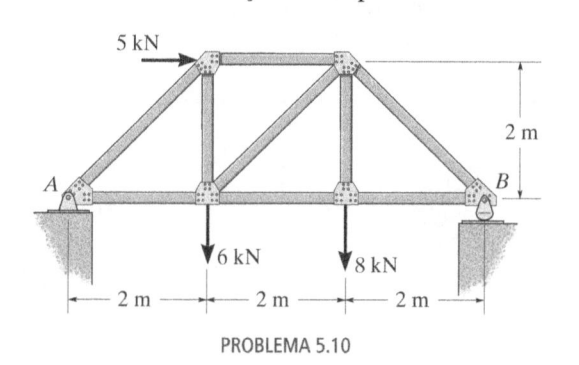

PROBLEMA 5.10

5.11. Determine as componentes horizontal e vertical da reação no pino A e a reação do apoio oscilante B na viga.

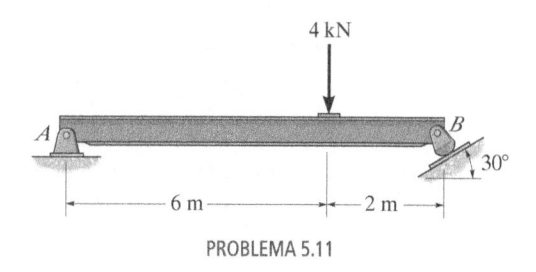

PROBLEMA 5.11

*5.12. Determine as reações nos apoios.

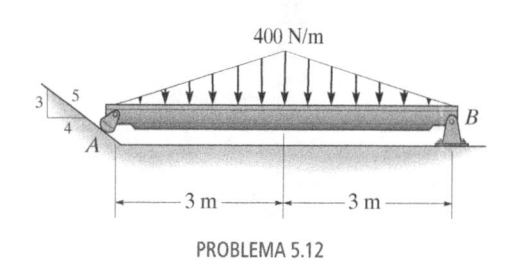

PROBLEMA 5.12

5.13. Determine as componentes da reação do engastamento em A na viga em balanço.

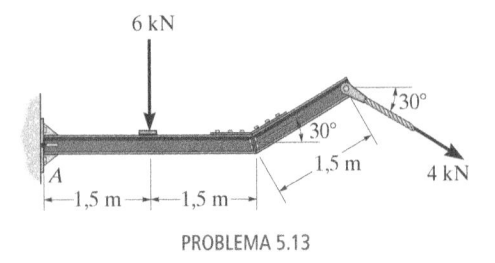

PROBLEMA 5.13

5.14. Determine as reações nos apoios.

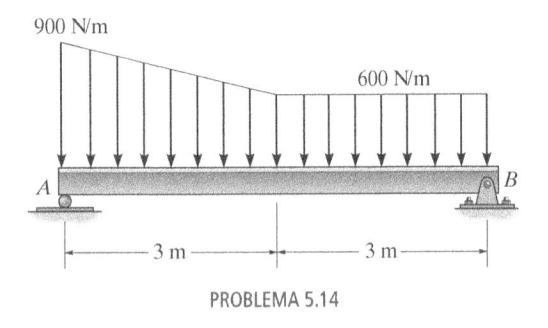

PROBLEMA 5.14

5.15. Determine as reações nos apoios.

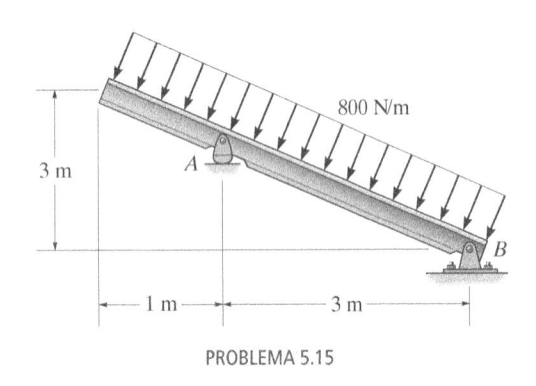

PROBLEMA 5.15

***5.16.** O homem tem um peso W e se encontra no centro da tábua. Se os planos em A e B são lisos, determine a tração na corda em termos de W e θ.

PROBLEMA 5.16

5.17. A haste uniforme AB possui massa de 40 kg. Determine a força no cabo quando a haste está na posição mostrada. Há uma luva lisa em A.

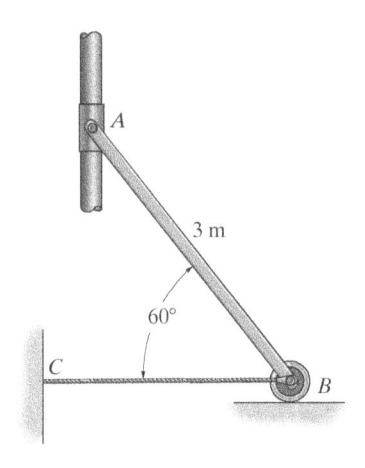

PROBLEMA 5.17

5.18. Um bastão de vidro uniforme, com comprimento L, é colocado na vasilha hemisférica lisa com raio r. Determine o ângulo de inclinação θ para que haja equilíbrio.

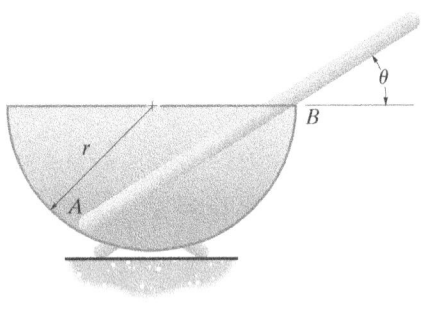

PROBLEMA 5.18

5.19. Determine as componentes das reações nos apoios A e B no elemento.

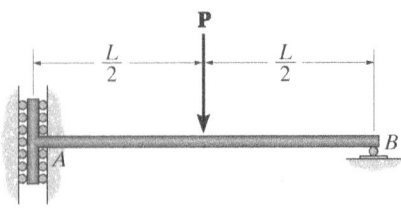

PROBLEMA 5.19

***5.20.** A porteira de 75 kg tem um centro de massa localizado em G. Se A apoia apenas uma força horizontal e B pode ser considerado como um pino, determine as componentes das reações nesses apoios.

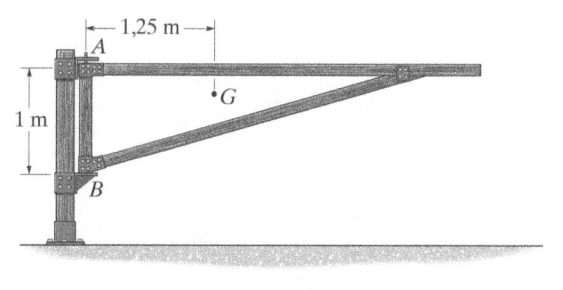

PROBLEMA 5.20

5.21. Uma mulher faz exercícios na máquina de remada. Se ela exerce uma força de $F = 200$ N na alavanca ABC, determine as componentes horizontal e vertical de reação no pino C e a força desenvolvida sobre a alavanca ao longo do cilindro hidráulico BC.

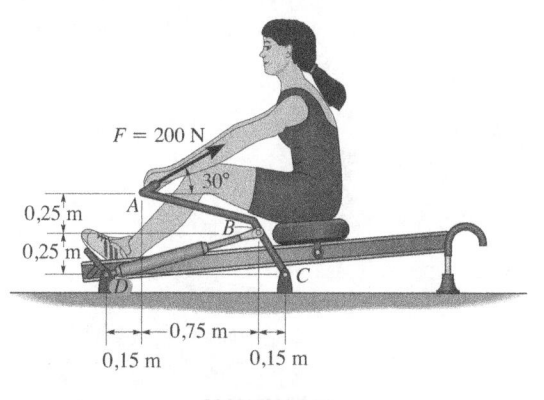

PROBLEMA 5.21

5.22. Se a intensidade da carga distribuída que atua sobre a viga é $w = 3$ kN/m, determine as reações no rolete A e no pino B.

5.23. Se o rolete em A e o pino em B podem suportar uma carga de até 4 kN e 8 kN, respectivamente, determine a intensidade máxima da carga distribuída w, medida em kN/m, de modo que não haja ruptura dos suportes.

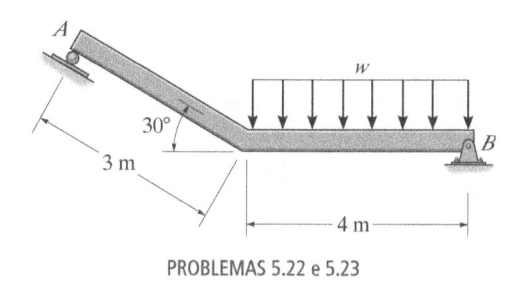

PROBLEMAS 5.22 e 5.23

*5.24. O relé regula a tensão e a corrente. Determine a força na mola CD, que tem uma rigidez de $k = 120$ N/m, de modo que ela permita que a armadura faça contato em A na figura (a) com uma força vertical de 0,4 N. Além disso, determine a força na mola quando a bobina for energizada e atrair a armadura para E, na figura (b), interrompendo assim o contato em A.

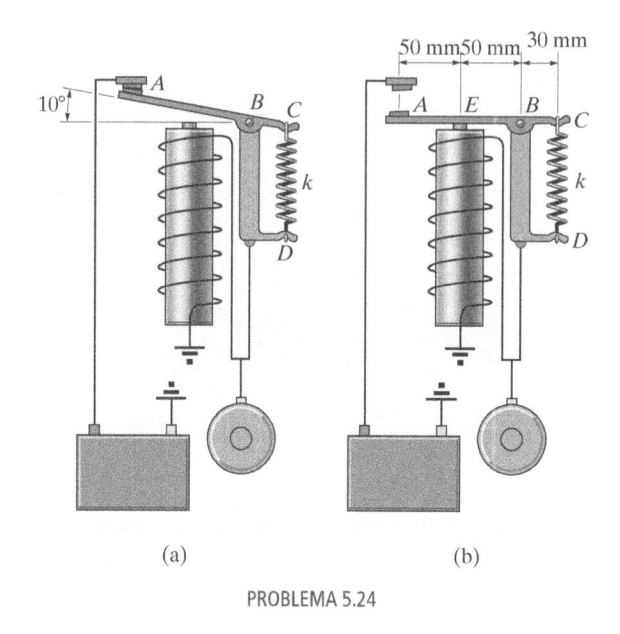

PROBLEMA 5.24

5.25. Determine as reações no elemento em "L" que é apoiado por uma superfície lisa em B e por uma luva em A, que está fixa ao elemento e livre para deslizar pela alça inclinada presa à parede.

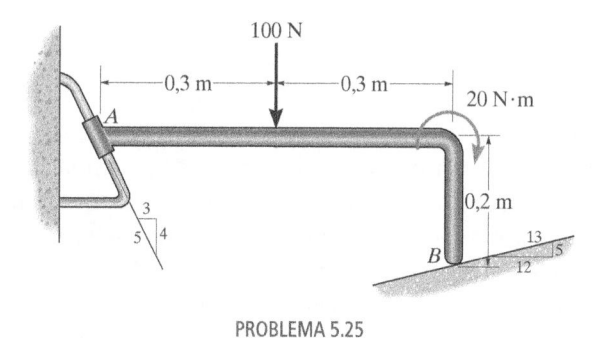

PROBLEMA 5.25

5.26. O caminhão é simetricamente apoiado no solo por duas extensões laterais em A e duas em B, descarregando sua suspensão e dando estabilidade contra o tombamento. Se o guindaste e o caminhão possuem massa de 18 Mg e centro de massa em G_1, e a lança possui massa de 1,8 Mg e centro de massa em G_2, determine as reações verticais em cada um dos quatro apoios no solo em função do ângulo de lança θ quando a lança estiver suportando uma carga com massa de 1,2 Mg. Represente em gráfico os resultados medidos de $\theta = 0°$ até o ângulo crítico onde começa a ocorrer uma inclinação do veículo.

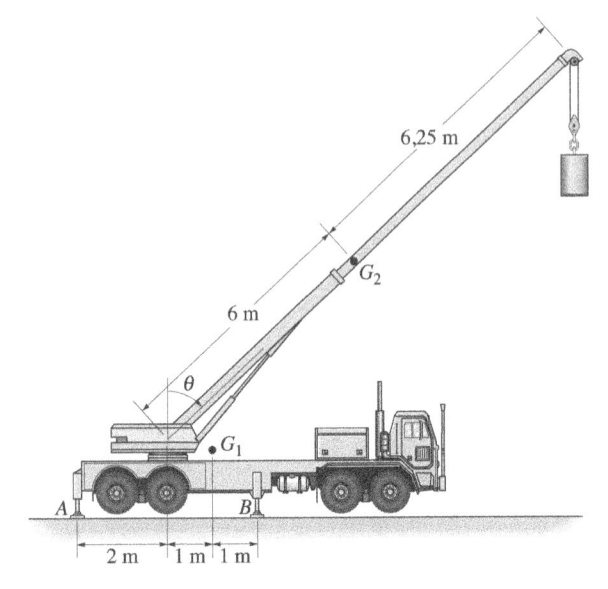

PROBLEMA 5.26

5.27. Determine as reações que atuam sobre o elemento uniforme liso, que tem massa de 20 kg.

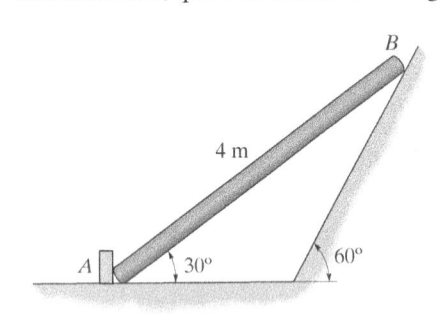

PROBLEMA 5.27

*5.28. Uma *mola de torção* linear deforma-se de modo que um momento de binário M nela aplicado esteja relacionado a sua rotação θ em radianos pela equação $M = (20\,\theta)$ N · m. Se essa mola estiver presa à extremidade de uma haste uniforme de 10 kg conectada por um pino, determine o ângulo θ para que haja equilíbrio. A mola não está deformada quando $\theta = 0°$.

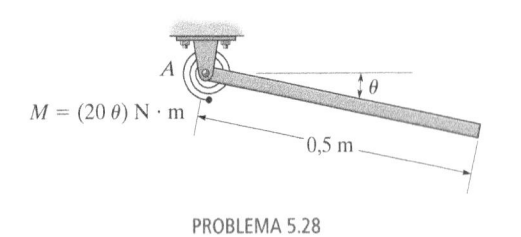

PROBLEMA 5.28

5.29. Determine a força P necessária para puxar o rolete de 50 kg sobre o degrau liso. Considere $\theta = 30°$.

5.30. Determine a intensidade e a direção θ da força mínima P necessária para puxar o rolete de 50 kg sobre o degrau liso.

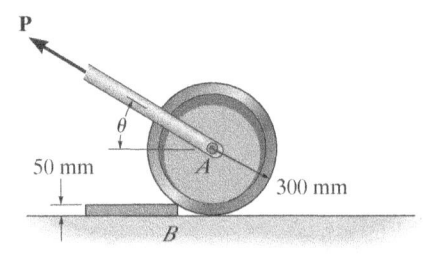

PROBLEMAS 5.29 e 5.30

5.31. A operação da bomba de combustível de um automóvel depende da ação basculante do balancim ABC, que tem um pino em B e sofre a ação de molas em A e D. Quando o came liso C está na posição mostrada, determine as componentes horizontal e vertical da força no pino e a força ao longo da mola DF para que haja equilíbrio. A força vertical que atua sobre o balancim em A é $F_A = 60$ N, e em C é $F_C = 125$ N.

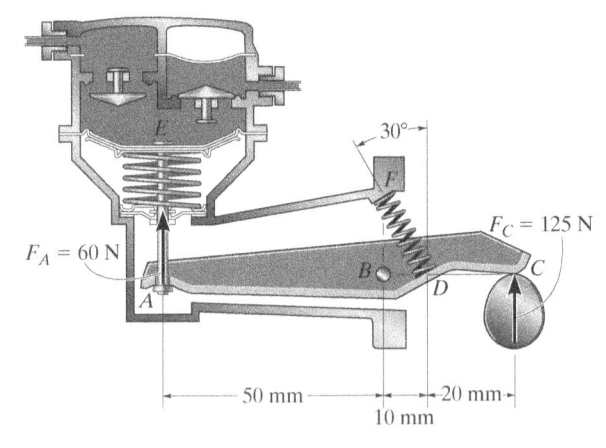

PROBLEMA 5.31

*5.32. A viga de peso desprezível é apoiada horizontalmente por duas molas. Se a viga está horizontal e as molas estão não esticadas quando a carga é removida, determine o ângulo de inclinação da viga quando a carga é aplicada.

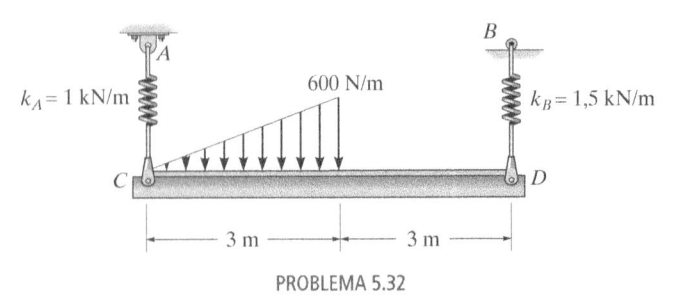

PROBLEMA 5.32

5.33. As dimensões de um guindaste, que é fabricado pela Basick Co., são dadas na figura. Se o guindaste tem massa de 800 kg e centro de massa em G, e a força máxima prevista para sua extremidade é $F = 15$ kN, determine as reações em seus mancais. O mancal em A é radial e apoia somente uma força horizontal, enquanto o mancal em B é axial, apoiando componentes horizontal e vertical.

5.34. As dimensões de um guindaste, que é fabricado pela Basick Co., são dadas na figura. O guindaste tem massa de 800 kg e centro de massa em G. O mancal em A é radial e apoia somente uma força horizontal, enquanto o mancal em B é axial, apoiando componentes horizontal e vertical. Determine a carga máxima F que pode ser suspensa a partir de sua extremidade se os mancais selecionados em A e B puderem suportar uma carga resultante máxima de 24 kN e 34 kN, respectivamente.

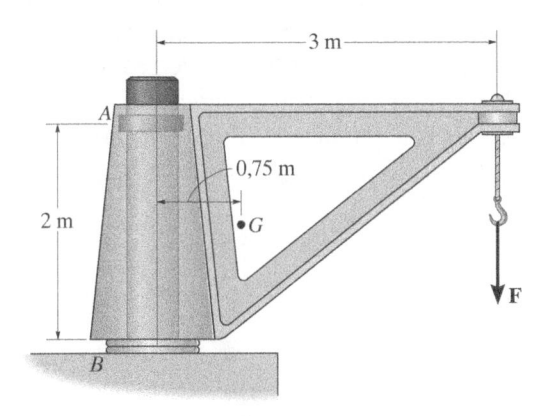

PROBLEMAS 5.33 e 5.34

5.35. A parte superior do guindaste consiste na lança AB, que é apoiada pelo pino em A, o cabo de sustentação BC e o cabo CD, cada cabo sendo preso separadamente ao mastro em C. Se a carga de 5 kN for apoiada pelo cabo de levantamento, que passa pela polia em B, determine a intensidade da força resultante que o pino exerce sobre a lança em A para que haja equilíbrio, a tração no cabo de sustentação BC e a tração T no cabo de levantamento. Desconsidere o peso da lança. A polia em B tem um raio de 0,1 m.

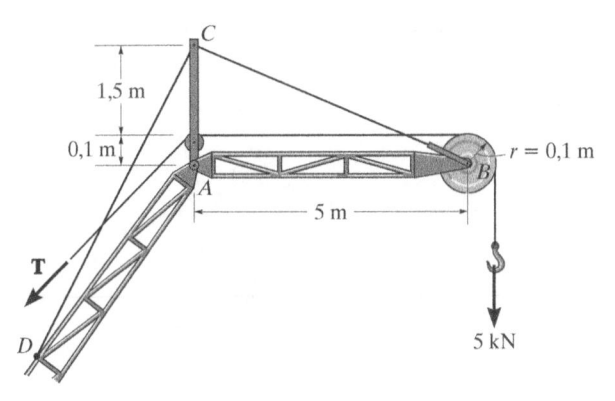

PROBLEMA 5.35

*****5.36.** O tubo liso é encostado na abertura, nos pontos de contato A, B e C. Determine as reações nesses pontos, necessárias para suportar a força de 300 N. Para o cálculo, desconsidere a espessura do tubo.

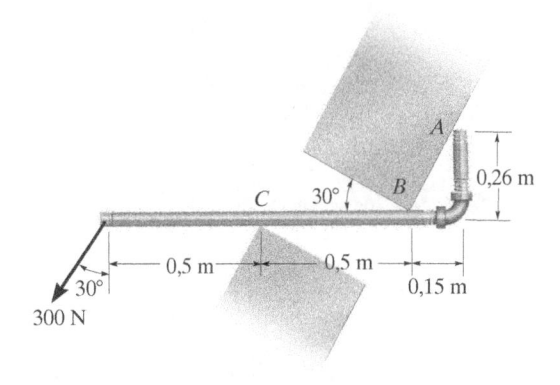

PROBLEMA 5.36

5.37. A lança apoia duas cargas verticais. Desconsidere o tamanho dos colares em D e B e a espessura da lança, e calcule as componentes horizontal e vertical da força no pino A e a força no cabo CB. Considere $F_1 = 800$ N e $F_2 = 350$ N.

5.38. A lança deverá apoiar duas cargas verticais, $\mathbf{F}_1$ e $\mathbf{F}_2$. Se o cabo CB pode sustentar uma carga máxima de 1500 N antes de se romper, determine as cargas críticas se $F_1 = 2F_2$. Além disso, qual é a intensidade da reação máxima no pino A?

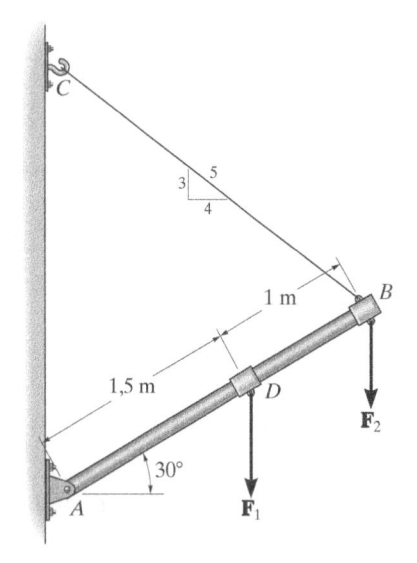

PROBLEMAS 5.37 e 5.38

5.39. O anteparo AD está sujeito às pressões da água e do aterramento de contenção. Supondo que AD esteja conectado ao solo em A por um pino, determine as reações horizontal e vertical nesse ponto e também a tração exigida na âncora BC necessária para o equilíbrio. O anteparo tem massa de 800 kg.

PROBLEMA 5.39

*5.40. Um elemento horizontal de peso desprezível é apoiado por duas molas, cada uma com rigidez $k = 100$ N/m. Se as molas estiverem inicialmente não esticadas e a força for vertical, conforme mostrado, determine o ângulo θ que o elemento forma com a horizontal, quando a força de 30 N é aplicada.

5.41. Determine a rigidez k de cada mola de modo que a força de 30 N faça com que o elemento sem peso se incline de $\theta = 15°$ quando a força é aplicada. Originalmente, o elemento está horizontal e as molas não estão esticadas.

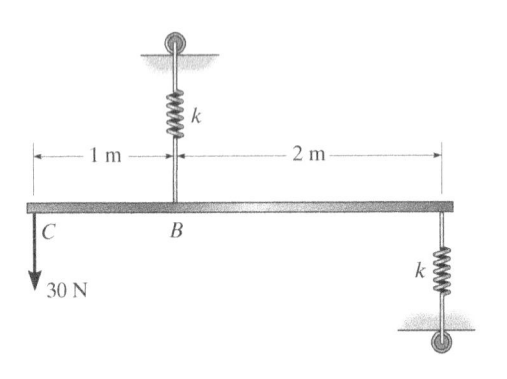

PROBLEMAS 5.40 e 5.41

5.42. O atuador pneumático em D é usado para aplicar uma força de $F = 200$ N sobre o membro em B. Determine as componentes horizontal e vertical da reação no pino A e a força do eixo liso em C sobre o membro.

5.43. O atuador pneumático em D é usado para aplicar uma força **F** sobre o membro em B. A reação normal do eixo liso em C sobre o membro é de 300 N. Determine a intensidade de **F** e as componentes horizontal e vertical da reação no pino A.

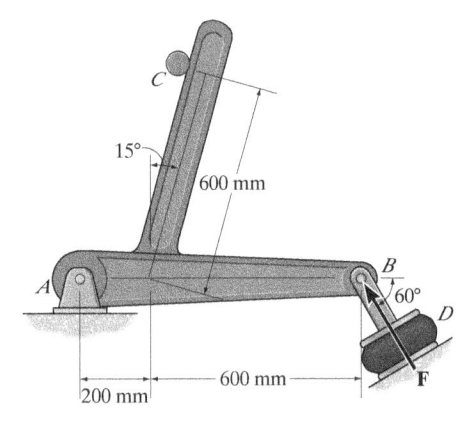

PROBLEMAS 5.42 e 5.43

*5.44. A haste uniforme de 10 kg tem um pino na extremidade A. Se ela também estiver sujeita a um momento de binário de 50 N · m, determine o menor ângulo θ para o equilíbrio. A mola não está esticada quando $\theta = 0$, e tem uma rigidez de $k = 60$ N/m.

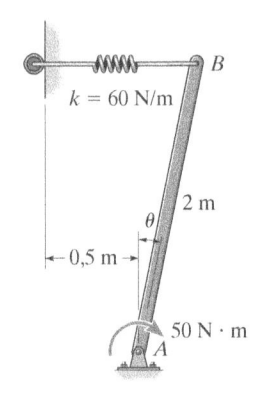

PROBLEMA 5.44

5.45. O homem usa o carrinho de mão para subir com o material pelo degrau. Se o carrinho e seu conteúdo possuem massa de 50 kg com centro de gravidade em G, determine a reação normal nas duas rodas e a intensidade e direção da força mínima exigida no punho B necessárias para levantar a carga.

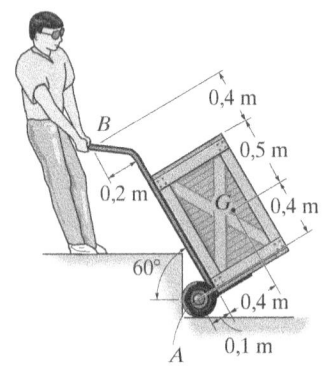

PROBLEMA 5.45

5.46. Três livros uniformes, cada um com peso W e comprimento a, são empilhados como na figura. Determine a distância máxima d que o livro do topo pode estender-se em relação ao da base, de modo que a pilha não tombe.

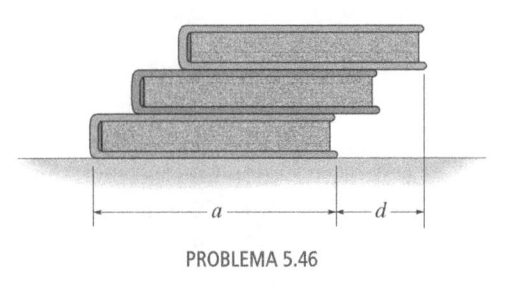

PROBLEMA 5.46

5.47. Determine as reações no pino A e a tração no cabo BC. Considere $F = 40$ kN. Desconsidere a espessura da viga.

*__5.48.__ Se a corda BC se romper quando a tração tornar-se 50 kN, determine a maior carga vertical F que pode ser aplicada à viga em B. Qual é a intensidade da reação em A para esse carregamento? Desconsidere a espessura da viga.

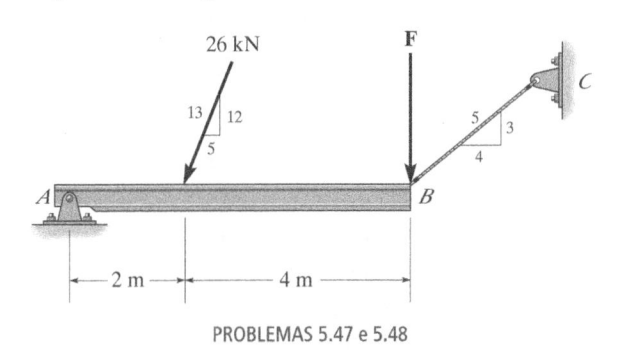

PROBLEMAS 5.47 e 5.48

5.49. Uma tira de metal rígida, com peso desprezível, é usada como parte da chave eletromagnética. Se a rigidez das molas em A e B for $k = 5$ N/m e a tira estiver originalmente horizontal quando as molas estiverem não esticadas, determine a menor força F necessária para fechar a lacuna do contato em C.

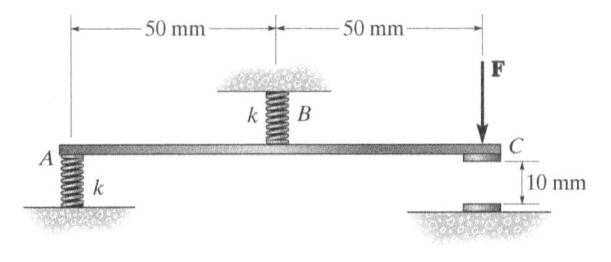

PROBLEMA 5.49

5.50. Uma tira de metal rígida, com peso desprezível, é usada como parte da chave eletromagnética. Determine a rigidez máxima k das molas em A e B de modo que o contato em C seja fechado quando a força vertical desenvolvida lá seja $F = 0,5$ N. Originalmente, a tira está na posição horizontal, conforme mostra a figura.

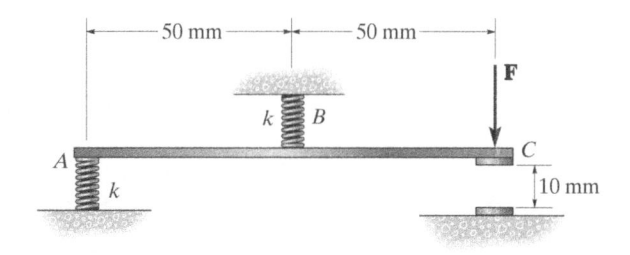

PROBLEMA 5.50

5.51. O dispositivo é usado para manter uma porta de elevador aberta. Se a mola possui uma rigidez $k = 40$ N/m e é comprimida em 0,2 m, determine as componentes horizontal e vertical da reação no pino A e a força resultante no mancal de rolamento em B.

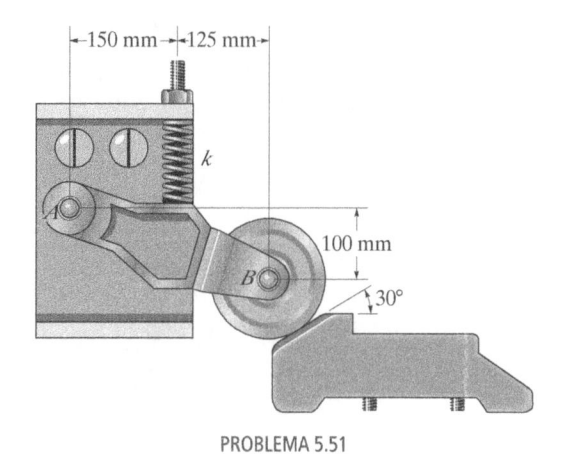

PROBLEMA 5.51

*__5.52.__ A viga uniforme tem peso W e comprimento l, e é apoiada por um pino em A e um cabo BC. Determine as componentes horizontal e vertical da reação em A e a tração no cabo necessárias para manter a viga na posição indicada.

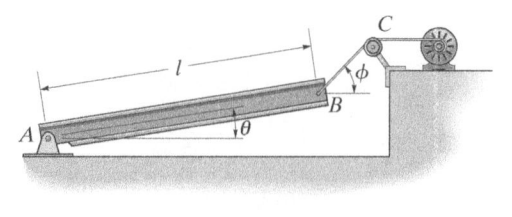

PROBLEMA 5.52

5.53. Um menino fica em pé na ponta de um trampolim, que é sustentado por duas molas A e B, cada uma com rigidez $k = 15$ kN/m. Na posição mostrada, o trampolim é horizontal. Se o menino possui massa de 40 kg, determine o ângulo de inclinação descrito pelo trampolim com a horizontal após ele pular. Despreze o peso do trampolim e considere-o rígido.

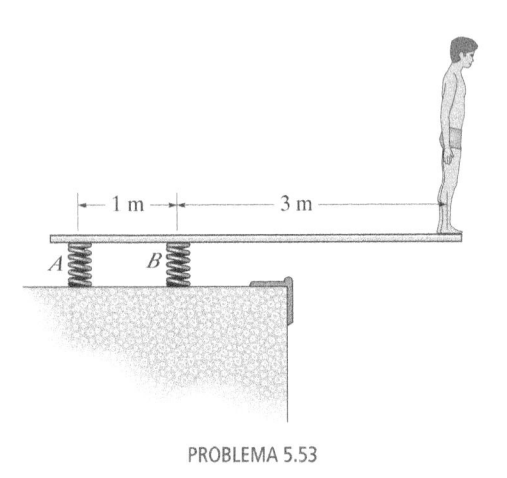

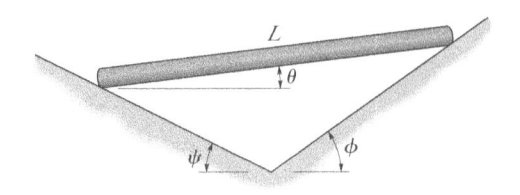

PROBLEMA 5.55

*5.56. A haste uniforme tem comprimento l e peso W. Ela é apoiada em uma extremidade A por uma parede lisa e na outra extremidade por uma corda com comprimento s, presa à parede conforme mostra a figura. Determine a extensão h para que haja equilíbrio.

PROBLEMA 5.53

5.54. O conjunto da plataforma tem peso de 1000 N ($\approx$ 100 kg) e centro de gravidade em G_1. Se ele tiver de suportar uma carga máxima de 1600 N posicionada no ponto G_2, determine o menor contrapeso W que deve ser colocado em B a fim de evitar que a plataforma tombe.

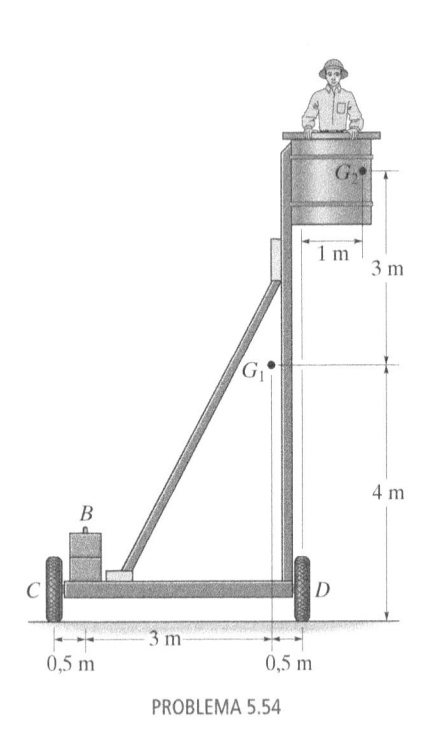

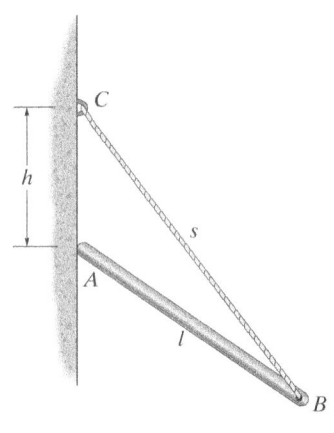

PROBLEMA 5.56

5.57. A haste uniforme de 30 N tem comprimento $l = 1$ m. Se $s = 1,5$ m, determine a distância h de posicionamento da extremidade A ao longo da parede lisa para que haja equilíbrio.

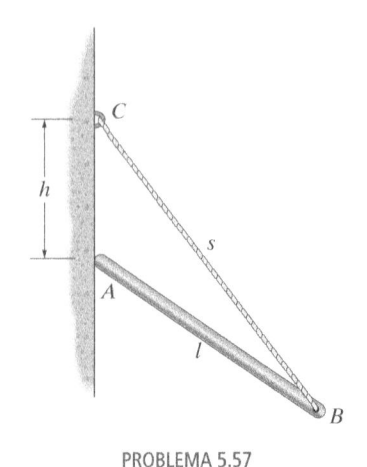

PROBLEMA 5.54

PROBLEMA 5.57

5.55. O bastão uniforme de comprimento L e peso W é apoiado nos planos lisos. Determine sua posição θ para que haja equilíbrio. Desconsidere a espessura do bastão.

5.58. Se $d = 1$ m e $\theta = 30°$, determine a reação normal nos suportes lisos e a distância exigida a para a posição do rolete se $P = 600$ N. Desconsidere o peso da haste.

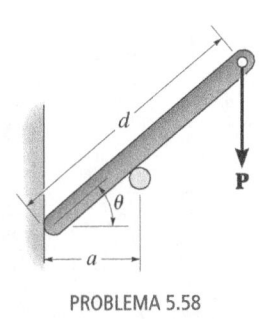

5.59. Determine a distância d para a posição da carga **P** para que haja equilíbrio da haste lisa na posição θ, como mostra a figura. Desconsidere o peso da haste.

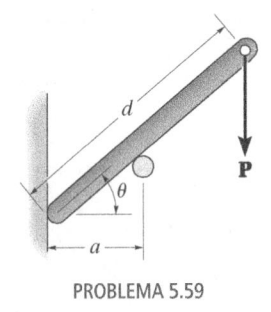

PROBLEMA 5.58

PROBLEMA 5.59

*5.60. A haste suporta um cilindro com massa de 50 kg e tem um pino em sua extremidade A. Se ela estiver sujeita a um momento de binário de 600 N · m, determine o ângulo θ para que haja equilíbrio. A mola tem um comprimento, quando não estendida, de 1 m, e uma rigidez $k = 600$ N/m.

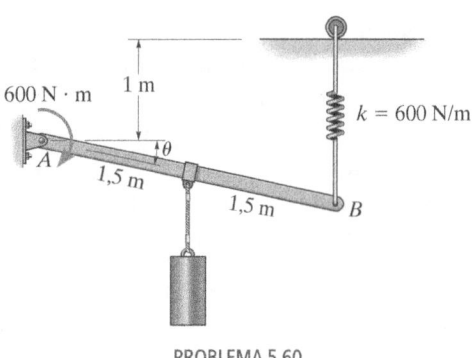

PROBLEMA 5.60

5.61. A viga está sujeita às duas cargas concentradas. Supondo que o alicerce exerça uma distribuição de carga linearmente variável em sua base, determine as intensidades de carga w_1 e w_2 para que haja equilíbrio em termos dos parâmetros mostrados.

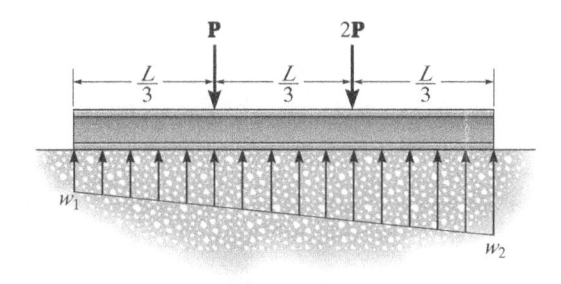

PROBLEMA 5.61

Problemas conceituais

C5.1. O tirante é usado para sustentar esta marquise na entrada de um edifício. Se ele está conectado por um pino à parede do prédio em A e ao centro da marquise em B, determine se a força no tirante aumentará, diminuirá ou permanecerá inalterável se (a) o suporte em A for movido para uma posição mais baixa D e (b) o suporte em B for movido para a posição mais externa C. Explique sua resposta com uma análise de equilíbrio, usando dimensões e cargas. Suponha que a marquise seja sustentada por um pino ao longo da parede do prédio.

PROBLEMA C5.1

C5.2. O homem tenta puxar o quadriciclo pela rampa para a carroceria do reboque. Pela posição mostrada, é mais eficaz manter a corda presa em *A* ou seria melhor prendê-la ao eixo das rodas dianteiras em *B*? Desenhe um diagrama de corpo livre e faça uma análise de equilíbrio para explicar sua resposta. Use valores numéricos apropriados para realizar seus cálculos.

PROBLEMA C5.2

C5.3. Como a maioria das aeronaves, este avião a jato se apoia em três rodas. Por que não usar uma roda adicional na traseira para melhor sustentação? (Você pode pensar em alguma outra razão para não incluir essa roda?) Como se houvesse uma quarta roda, traseira, desenhe um diagrama de corpo livre do avião a partir de uma visão lateral (2D) e mostre por que não se poderia determinar todas as reações das rodas usando as equações de equilíbrio.

PROBLEMA C5.3

C5.4. Qual é o melhor lugar para arrumar a maioria das toras no carrinho a fim de minimizar a quantidade de força sobre a coluna da pessoa que transporta a carga? Faça uma análise de equilíbrio para explicar sua resposta.

PROBLEMA C5.4

EQUILÍBRIO EM TRÊS DIMENSÕES

5.5 Diagramas de corpo livre

O primeiro passo para resolver problemas de equilíbrio tridimensionais, assim como em duas dimensões, é desenhar um diagrama de corpo livre. Antes de fazermos isso, no entanto, é necessário discutir os tipos de reações que podem ocorrer nos apoios.

Reações de apoios

As forças e os momentos de binário reativos que atuam em vários tipos de apoios e conexões quando os membros são vistos em três dimensões estão relacionados na Tabela 5.2. É importante reconhecer os símbolos usados para representar cada um desses apoios e entender claramente como as forças e os momentos de binário são desenvolvidos. Como no caso bidimensional:

- uma força é desenvolvida por um apoio que limite a translação de seu membro conectado.
- um momento de binário é desenvolvido quando a rotação do membro conectado é impedida.

Por exemplo, na Tabela 5.2, no item (4), a junta esférica impede qualquer translação do membro da conexão; portanto, uma força precisa atuar sobre o membro no ponto de conexão. Essa força possui três componentes de intensidades desconhecidas, F_x, F_y, F_z. Uma vez que essas componentes são conhecidas, podemos obter a intensidade da força, $F = \sqrt{F_x^2 + F_y^2 + F_z^2}$, e definir a orientação da força por meio de seus ângulos diretores coordenados α, β, γ (equações 2.5).* Como o membro conectado pode girar livremente em relação a *qualquer* eixo, nenhum momento de binário é exercido por uma junta esférica.

Devemos observar que os apoios de mancal *simples* nos itens (5) e (7), o pino *simples* (8) e a dobradiça *simples* (9) são ilustradas exercendo componentes de força e de momento de binário. Se, no entanto, esses apoios forem usados em conjunto com *outros* mancais, pinos ou dobradiças para manter um corpo rígido em equilíbrio e os apoios forem *corretamente alinhados* quando conectados ao corpo, então as *reações de força* nesses apoios, e *apenas* elas, são adequadas para sustentar o corpo. Em outras palavras, os momentos de binário se tornam redundantes e não são mostrados no diagrama de corpo livre. A razão para isso deve tornar-se clara após estudarmos os exemplos a seguir.

TABELA 5.2 Suportes para corpos rígidos sujeitos a sistemas de força tridimensionais.

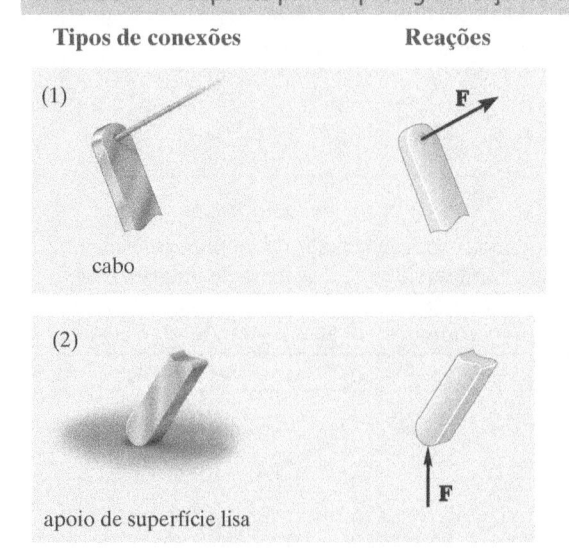

Tipos de conexões	Reações	Número de incógnitas
(1) cabo	**F**	Uma incógnita. A reação é uma força que age para fora do membro na direção conhecida do cabo.
(2) apoio de superfície lisa	**F**	Uma incógnita. A reação é uma força que age perpendicularmente à superfície no ponto de contato.

(continua)

---

* As três incógnitas também podem ser representadas como uma intensidade de força desconhecida F e dois ângulos diretores coordenados desconhecidos. O terceiro ângulo diretor é obtido usando a identidade $\cos^2 \alpha + \cos^2 \beta + \cos^2 \gamma = 1$ (Equação 2.8).

(continuação)

TABELA 5.2 Suportes para corpos rígidos sujeitos a sistemas de força tridimensionais.

Tipos de conexões	Reações	Número de incógnitas
(3) 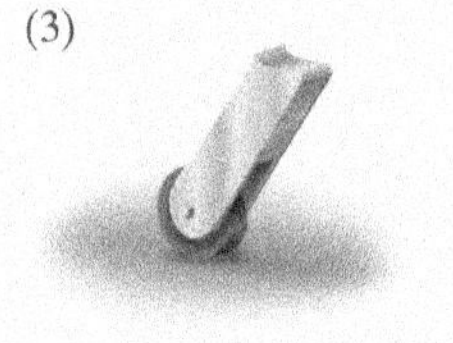 rolete	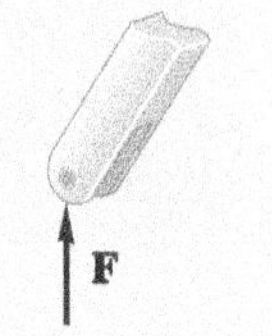 F	Uma incógnita. A reação é uma força que age perpendicularmente à superfície no ponto de contato.
(4) junta esférica	F_x, F_y, F_z	Três incógnitas. As reações são três componentes de força retangulares.
(5) mancal radial singular	M_x, M_z, F_x, F_z	Quatro incógnitas. As reações são duas componentes de força e duas componentes de momento de binário que agem perpendicularmente ao eixo. *Nota:* os momentos de binário *normalmente não são aplicados* se o corpo for sustentado em algum outro local. Veja os exemplos.
(6) mancal radial singular com eixo retangular	M_x, M_y, M_z, F_x, F_z	Cinco incógnitas. As reações são duas componentes de força e três componentes de momento de binário. *Nota:* os momentos de binário *normalmente não são aplicados* se o corpo for sustentado em algum outro local. Veja os exemplos.
(7) mancal axial singular	M_x, M_z, F_x, F_y, F_z	Cinco incógnitas. As reações são três componentes de força e duas componentes de momento de binário. *Nota:* os momentos de binário *normalmente não são aplicados* se o corpo for sustentado em algum outro local. Veja os exemplos.
(8) pino liso singular	M_y, M_z, F_x, F_y, F_z	Cinco incógnitas. As reações são três componentes de força e duas componentes de momento de binário. *Nota:* os momentos de binário *normalmente não são aplicados* se o corpo for sustentado em algum outro local. Veja os exemplos.

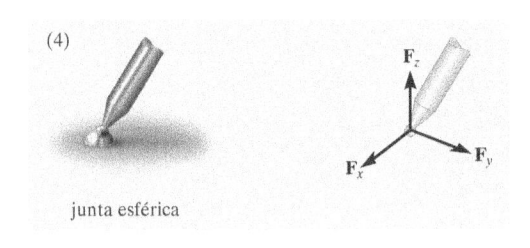

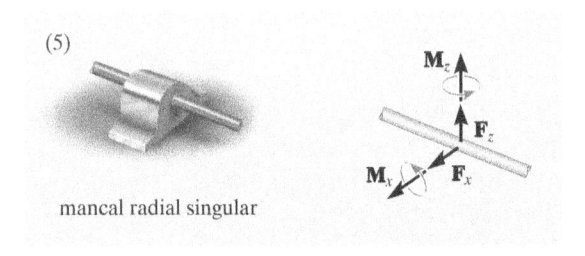

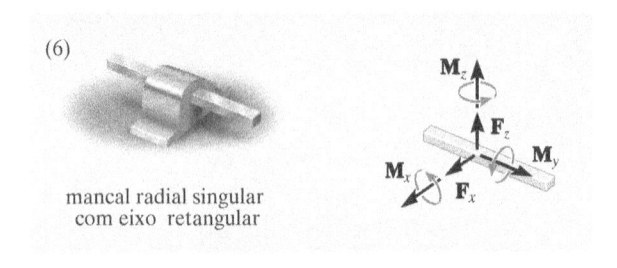

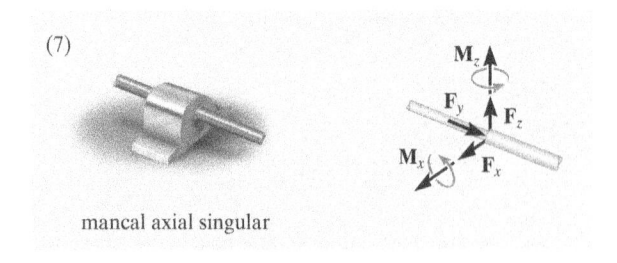

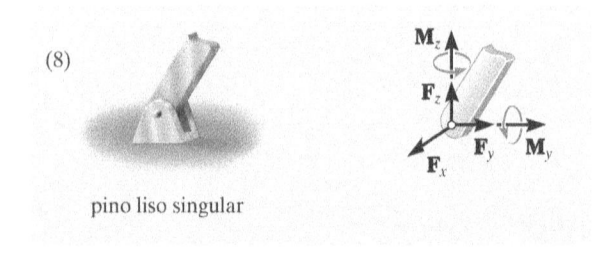

(continua)

(continuação)

TABELA 5.2 Suportes para corpos rígidos sujeitos a sistemas de força tridimensionais.

Tipos de conexões	Reações	Número de incógnitas
(9)  dobradiça singular	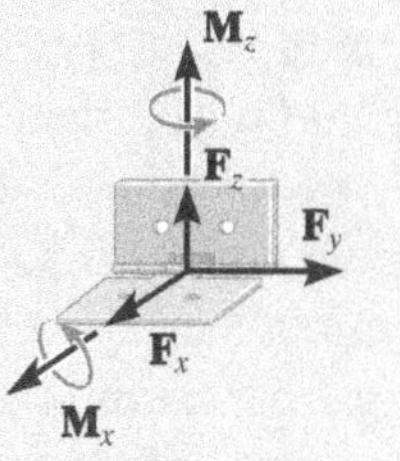 M_z, F_z, F_y, F_x, M_x	Cinco incógnitas. As reações são três componentes de força e duas componentes de momento de binário. *Nota:* os momentos de binário *normalmente não são aplicados* se o corpo for sustentado em algum outro local. Veja os exemplos.
(10) engastamento	M_z, F_z, F_x, F_y, M_x, M_y	Seis incógnitas. As reações são três componentes de força e três componentes de momento de binário.

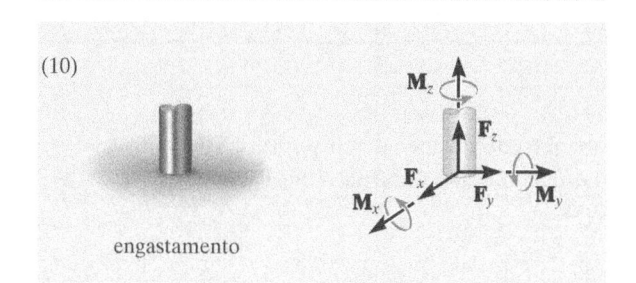

Exemplos típicos de apoios reais referenciados na Tabela 5.2 aparecem na sequência de fotos a seguir.

Esta junta esférica fornece uma conexão para acomodar uma niveladora de solo em sua estrutura. (4)

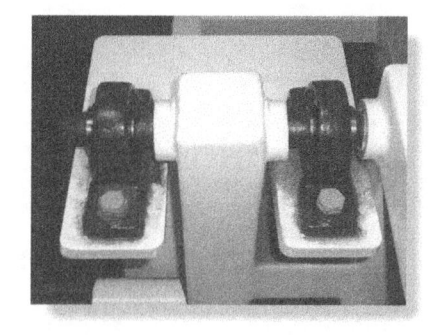

Os mancais radiais apoiam as extremidades do eixo. (5)

Este mancal axial é usado para apoiar o eixo motriz em uma máquina. (7)

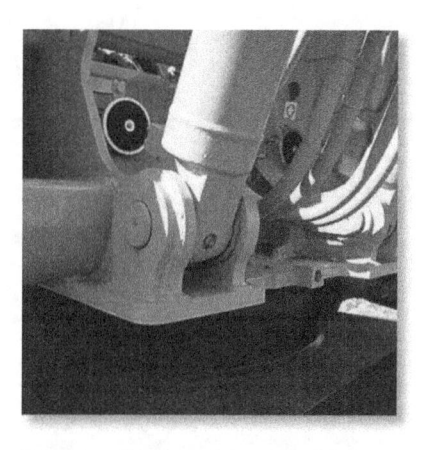

Este pino liso é usado para apoiar a extremidade do elemento sob compressão usado em um trator. (8)

Diagramas de corpo livre

O procedimento geral para estabelecer o diagrama de corpo livre de um corpo rígido foi descrito na Seção 5.2. Basicamente, ele requer primeiro "isolar" o corpo desenhando um esboço de sua forma. Isso é seguido de uma cuidadosa *rotulação* de *todas* as forças e todos os momentos de binário com relação a um sistema de coordenadas x, y, z estabelecido. Em geral, é recomendável que as componentes de reação desconhecidas que atuam no diagrama de corpo livre sejam mostradas no *sentido positivo*. Dessa forma, se quaisquer valores negativos forem obtidos, eles indicarão que as componentes atuam nas direções coordenadas negativas.

Exemplo 5.14

Considere os dois elementos e a placa, juntamente com seus diagramas de corpo livre associados, mostrados na Figura 5.23. Os eixos x, y, z são estabelecidos no diagrama e as componentes de reação desconhecidas são indicadas no *sentido positivo*. O peso é desprezado.

SOLUÇÃO

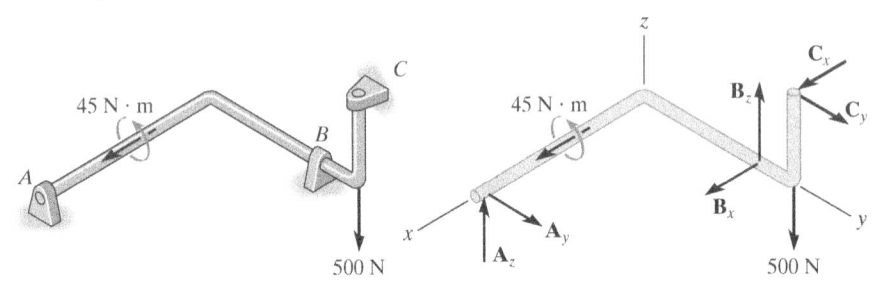

As reações de força desenvolvidas pelos mancais são *suficientes* para o equilíbrio porque impedem que o elemento gire em relação a cada um dos eixos coordenados. Nenhum momento de binário é exercido pelos mancais.

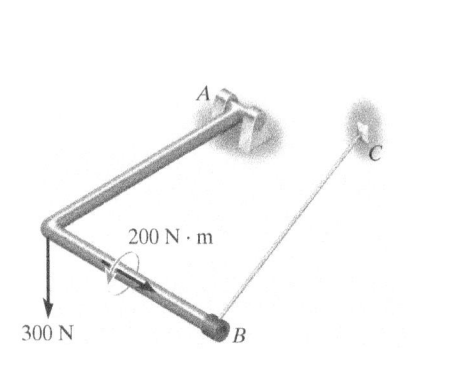

Mancais radiais corretamente alinhados em A, B, C.

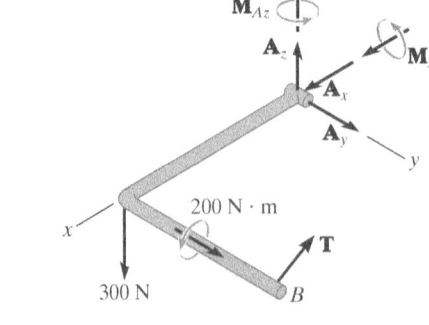

As componentes de momento são desenvolvidas pelo pino sobre o elemento para impedir a rotação em torno dos eixos x e z.

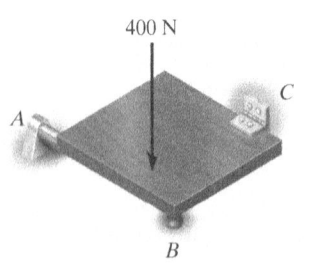

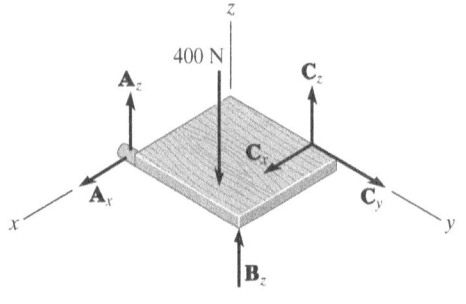

Pino em A e cabo BC.

Apenas reações de força são desenvolvidas sobre a placa pelo mancal e pela dobradiça a fim de impedir a rotação em relação a cada eixo de coordenada. Nenhum momento é desenvolvido na dobradiça ou no mancal.

Mancal radial em A e dobradiça em C corretamente alinhados. Esfera (atuando como rolete) em B.

FIGURA 5.23

5.6 Equações de equilíbrio

Como vimos na Seção 5.1, as condições de equilíbrio de um corpo rígido sujeito a um sistema de forças tridimensional exigem que as *resultantes* de força e de momento de binário que atuam sobre o corpo sejam iguais a *zero*.

Equações de equilíbrio vetoriais

As duas condições para o equilíbrio de um corpo rígido podem ser expressas matematicamente na forma vetorial como

$$\Sigma \mathbf{F} = \mathbf{0}$$
$$\Sigma \mathbf{M}_O = \mathbf{0}$$
(5.5)

onde $\Sigma \mathbf{F}$ é a soma vetorial de todas as forças externas que agem sobre o corpo e $\Sigma \mathbf{M}_O$ é a soma dos momentos de binário e dos momentos de todas as forças em relação a qualquer ponto O localizado dentro ou fora do corpo.

Equações de equilíbrio escalares

Se todas as forças e momentos de binário externos forem expressos na forma de vetor cartesiano e substituídos nas equações 5.5, temos:

$$\Sigma \mathbf{F} = \Sigma F_x \mathbf{i} + \Sigma F_y \mathbf{j} + \Sigma F_z \mathbf{k} = \mathbf{0}$$
$$\Sigma \mathbf{M}_O = \Sigma M_x \mathbf{i} + \Sigma M_y \mathbf{j} + \Sigma M_z \mathbf{k} = \mathbf{0}$$

Como as componentes **i**, **j** e **k** são independentes, as equações anteriores são satisfeitas desde que

$$\Sigma F_x = 0$$
$$\Sigma F_y = 0$$
$$\Sigma F_z = 0$$
(5.6a)

e

$$\Sigma M_x = 0$$
$$\Sigma M_y = 0$$
$$\Sigma M_z = 0$$
(5.6b)

Essas *seis equações de equilíbrio escalares* podem ser usadas para resolver no máximo seis incógnitas mostradas no diagrama de corpo livre. As equações 5.6a exigem que a soma das componentes de força externas que atuam nas direções x, y e z seja igual a zero, e as equações 5.6b exigem que a soma das componentes de momento em relação aos eixos x, y e z seja igual a zero.

5.7 Restrições e determinância estática

Para garantir o equilíbrio de um corpo rígido, não só é necessário satisfazer as equações de equilíbrio, mas também o corpo precisa estar adequadamente fixo ou restrito por seus apoios. Alguns corpos podem ter mais apoios do que o necessário para o equilíbrio, enquanto outros podem tê-los em número insuficiente ou arranjados de maneira a permitir que o corpo se mova. Cada um desses casos será discutido agora.

Restrições redundantes

Quando um corpo possui apoios redundantes, ou seja, mais apoios do que o necessário para mantê-lo em equilíbrio, ele se torna *estaticamente indeterminado*, o que significa que haverá mais cargas desconhecidas sobre o corpo do que equações de equilíbrio disponíveis para sua solução. Por exemplo, a viga na Figura 5.24a e o encanamento na Figura 5.24b, mostrados com seus diagramas de corpo livre, são ambos estaticamente indeterminados em razão das reações de apoio adicionais (ou redundantes). Para a viga, existem cinco incógnitas, M_A, A_x, A_y, B_y e C_y, para as quais apenas três equações de equilíbrio podem ser escritas ($\Sigma F_x = 0$, $\Sigma F_y = 0$ e $\Sigma M_O = 0$, equações 5.2). O encanamento possui oito incógnitas, para as quais apenas seis equações de equilíbrio podem ser escritas (equações 5.6).

As equações adicionais necessárias para resolver problemas estaticamente indeterminados do tipo mostrado na Figura 5.24 normalmente são obtidas a partir das condições de deformação nos pontos de apoio. Essas equações envolvem as propriedades físicas do corpo, as quais são estudadas nas áreas que lidam com a mecânica da deformação, como a "mecânica dos materiais".*

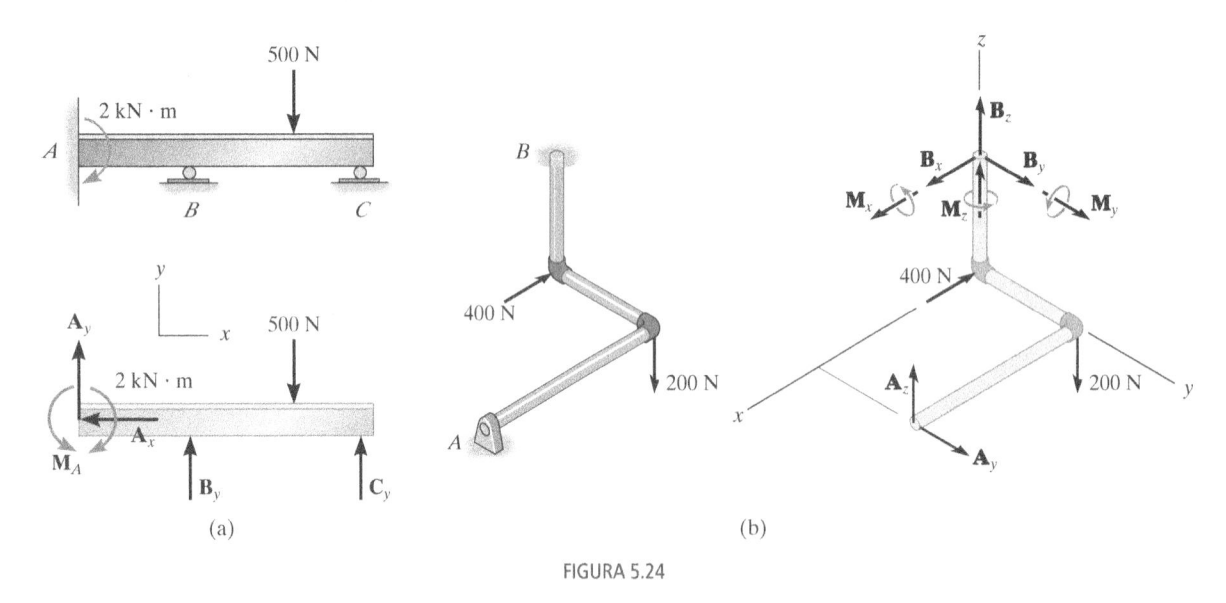

FIGURA 5.24

Restrições impróprias

Ter o mesmo número de forças reativas desconhecidas que equações de equilíbrio disponíveis nem sempre garante que um corpo será estável quando sujeito a determinada carga. Por exemplo, o apoio com pino em A e o apoio de rolete em B para a viga na Figura 5.25a são colocados de tal forma que as linhas de ação das forças reativas sejam *concorrentes* no ponto A. Como consequência, a carga aplicada **P** fará com que a viga gire ligeiramente em relação a A e, portanto, a viga está incorretamente restrita, $\Sigma M_A \neq 0$.

---

* Veja Hibbeler, R. C., *Mechanics of materials*, 8ª ed., Prentice Hall: Pearson Education.

(a)

(b)

FIGURA 5.25

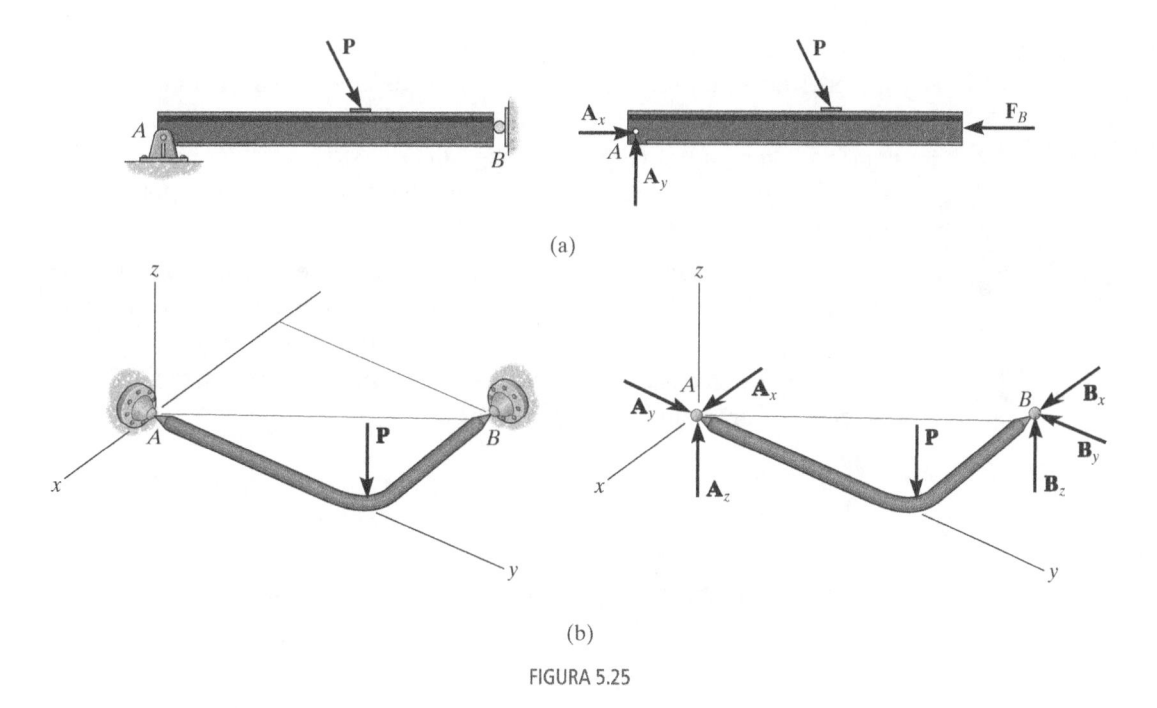

Em três dimensões, um corpo estará incorretamente restrito se as linhas de ação de todas as forças reativas interceptarem um eixo comum. Por exemplo, todas as forças reativas nos apoios de junta esférica em A e B na Figura 5.25b interceptam o eixo que passa por A e B. Como todos os momentos dessas forças em relação a A e a B são zero, então a carga **P** girará o membro em relação ao eixo AB, $\Sigma M_{AB} \neq 0$.

Outra maneira em que a restrição imprópria leva à instabilidade ocorre quando as *forças reativas* são todas *paralelas*. Exemplos bi e tridimensionais disso são mostrados na Figura 5.26. Nos dois casos, a soma das forças ao longo do eixo x não será igual a zero.

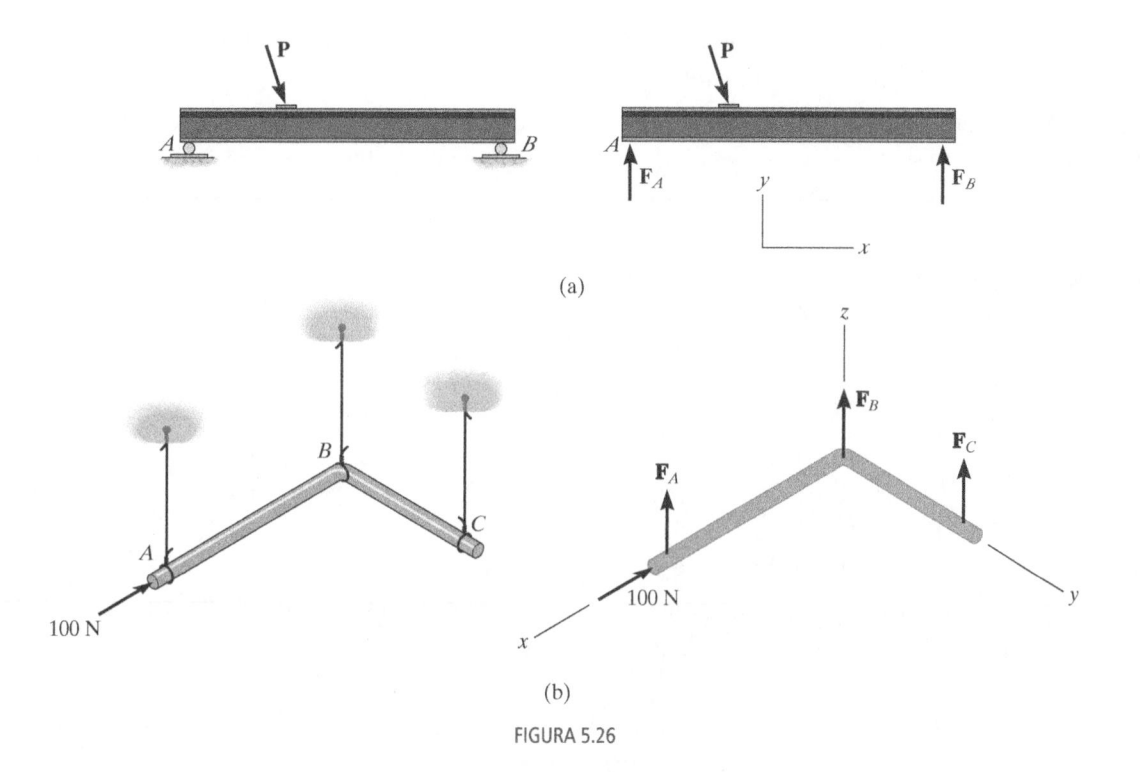

(a)

(b)

FIGURA 5.26

Em alguns casos, um corpo pode ter *menos* forças reativas do que equações de equilíbrio que precisem ser satisfeitas. O corpo, então, torna-se apenas *parcialmente restrito*. Por exemplo, considere o membro AB na Figura 5.27a com seu respectivo diagrama de corpo livre na Figura 5.27b. Aqui, $\Sigma F_y = 0$ não será satisfeita para as condições de carga e, portanto, o equilíbrio não será mantido.

Resumindo esses conceitos, um corpo é considerado **impropriamente restrito** se todas as forças reativas se interceptarem em um ponto comum ou passarem por um eixo comum, ou se todas as forças reativas forem paralelas. Na prática da engenharia, essas situações sempre devem ser evitadas, já que elas causarão uma condição instável.

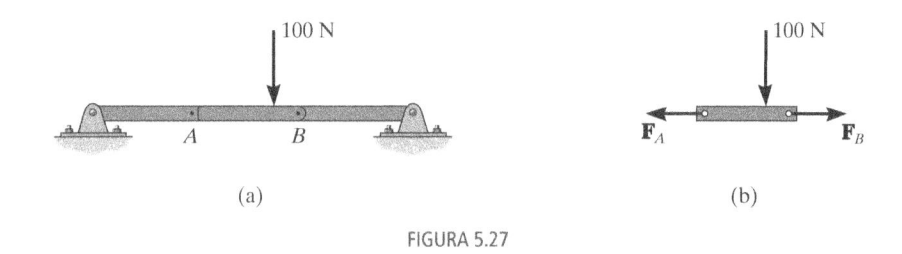

Estabilidade sempre é uma preocupação importante ao operar um guindaste, não apenas quando uma carga é içada, mas também quando ele é movimentado.

FIGURA 5.27

Pontos importantes

- Sempre desenhe o diagrama de corpo livre primeiramente quando resolver qualquer problema de equilíbrio.
- Se um apoio *impede a translação* de um corpo em uma direção específica, então o apoio exerce uma *força* sobre o corpo nessa direção.
- Se um apoio *impede a rotação em relação a um eixo*, então o apoio exerce um *momento de binário* sobre o corpo em relação a esse eixo.
- Se um corpo está sujeito a mais reações desconhecidas do que equações de equilíbrio disponíveis, então o problema é *estaticamente indeterminado.*
- Um corpo estável exige que as linhas de ação das forças reativas não interceptem um eixo comum e não sejam paralelas entre si.

Procedimento para análise

Os problemas de equilíbrio tridimensionais para um corpo rígido podem ser resolvidos por meio do procedimento indicado a seguir.

Diagrama de corpo livre

- Desenhe um esboço da forma do corpo.
- Mostre todas as forças e momentos de binário que atuam sobre o corpo.
- Estabeleça a origem dos eixos x, y, z em um ponto conveniente e oriente os eixos de modo que sejam paralelos ao máximo possível de forças e momentos externos.

- Rotule todas as cargas e especifique suas direções. Em geral, mostre todas as componentes *desconhecidas* com um *sentido positivo* ao longo dos eixos x, y, z.
- Indique as dimensões do corpo necessárias para calcular os momentos das forças.

Equações de equilíbrio

- Se as componentes de força e de momento x, y, z parecem fáceis de determinar, aplique as seis equações de equilíbrio escalares; caso contrário, use as equações vetoriais.
- Não é necessário que o conjunto de eixos escolhido para a soma de forças coincida com o conjunto de eixos escolhido para a soma de momentos. Na verdade, pode-se escolher um eixo em qualquer direção arbitrária para somar forças e momentos.
- Para a soma de momentos, escolha a direção de um eixo de modo que ele intercepte as linhas de ação do maior número possível de forças desconhecidas. Perceba que os momentos de forças passando por pontos nesse eixo e os momentos das forças paralelas ao eixo serão zero.
- Se a solução das equações de equilíbrio produz um escalar negativo para uma intensidade de força ou de momento de binário, isso indica que o sentido é oposto ao considerado no diagrama de corpo livre.

Exemplo 5.15

A chapa homogênea mostrada na Figura 5.28a possui massa de 100 kg e está sujeita a uma força e a um momento de binário ao longo de suas bordas. Se ela é sustentada no plano horizontal por uma esfera em A, uma junta esférica em B e uma corda em C, determine as componentes de reação nesses suportes.

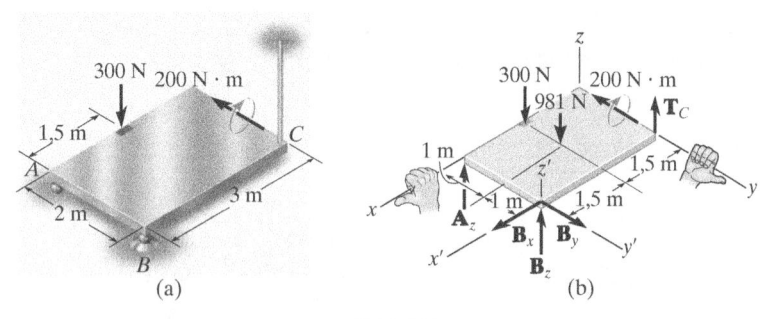

FIGURA 5.28

SOLUÇÃO (ANÁLISE ESCALAR)

Diagrama de corpo livre

Existem cinco reações desconhecidas atuando sobre a chapa, como mostra a Figura 5.28b. Considera-se que cada uma dessas reações age em uma direção coordenada positiva.

Equações de equilíbrio

Como a geometria tridimensional é bastante simples, uma *análise escalar* fornece uma *solução direta* para este problema. Uma soma de forças ao longo de cada eixo produz:

$\Sigma F_x = 0;$ $B_x = 0$ *Resposta*

$\Sigma F_y = 0;$ $B_y = 0$ *Resposta*

$\Sigma F_z = 0;$ $A_z + B_z + T_C - 300\text{ N} - 981\text{ N} = 0$ (1)

Lembre-se de que o momento de uma força em relação a um eixo é igual ao produto da intensidade da força pela distância perpendicular (braço do momento) da linha de ação da força até o eixo. Além disso, as forças paralelas a um eixo ou que passam por ele não criam momento algum em relação ao eixo. Portanto, somando os momentos em relação aos eixos positivos x e y, temos:

$$\Sigma M_x = 0; \quad T_C(2 \text{ m}) - 981 \text{ N}(1 \text{ m}) + B_z(2 \text{ m}) = 0 \tag{2}$$

$$\Sigma M_y = 0; \quad 300 \text{ N}(1,5 \text{ m}) + 981 \text{ N}(1,5 \text{ m}) - B_z(3 \text{ m}) - A_z(3 \text{ m})$$
$$- 200 \text{ N} \cdot \text{m} = 0 \tag{3}$$

As componentes da força em B podem ser eliminadas se os momentos forem somados em relação aos eixos x' e y'. Obtemos:

$$\Sigma M_{x'} = 0; \quad 981 \text{ N}(1 \text{ m}) + 300 \text{ N}(2 \text{ m}) - A_z(2 \text{ m}) = 0 \tag{4}$$

$$\Sigma M_{y'} = 0; \quad -300 \text{ N}(1,5 \text{ m}) - 981 \text{ N}(1,5 \text{ m}) - 200 \text{ N} \cdot \text{m}$$
$$+ T_C(3 \text{ m}) = 0 \tag{5}$$

Resolvendo as equações 1 a 3 ou as mais convenientes equações 1, 4 e 5, obtemos:

$$A_z = 790 \text{ N} \quad B_z = -217 \text{ N} \quad T_C = 707 \text{ N} \qquad \textit{Resposta}$$

O sinal negativo indica que $\mathbf{B}_z$ atua para baixo.

NOTA: a solução deste problema não exige uma soma dos momentos em relação ao eixo z. A chapa está parcialmente restrita, já que os apoios não podem impedi-la de girar em torno do eixo z se uma força for aplicada a ela no plano x–y.

Exemplo 5.16

Determine as componentes das reações que a junta esférica em A, o mancal radial liso em B e o apoio de rolete em C exercem sobre a montagem de elementos na Figura 5.29a.

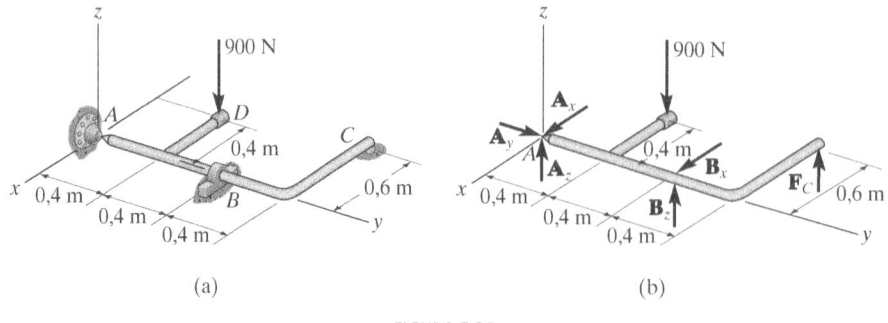

FIGURA 5.29

SOLUÇÃO (ANÁLISE ESCALAR)

Diagrama de corpo livre

Como mostra o diagrama de corpo livre na Figura 5.29b, as forças reativas dos apoios impedirão que a montagem gire em relação a cada eixo de coordenada e, portanto, o mancal radial em B exerce apenas forças reativas sobre o membro. Nenhum momento de binário é necessário.

Equações de equilíbrio

Como todas as forças são horizontais ou verticais, é conveniente usar uma análise escalar. Uma solução direta para A_y pode ser obtida somando as forças ao longo do eixo y.

$$\Sigma F_y = 0; \quad A_y = 0 \qquad \textit{Resposta}$$

A força F_C pode ser determinada diretamente somando os momentos em relação ao eixo y.

Capítulo 5 – Equilíbrio de um corpo rígido   **223**

$$\Sigma M_y = 0; \qquad F_C(0,6 \text{ m}) - 900 \text{ N}(0,4 \text{ m}) = 0$$
$$F_C = 600 \text{ N} \qquad \textit{Resposta}$$

Usando esse resultado, B_z pode ser determinado somando os momentos em relação ao eixo x.

$$\Sigma M_x = 0; \qquad B_z(0,8 \text{ m}) + 600 \text{ N}(1,2 \text{ m}) - 900 \text{ N}(0,4 \text{ m}) = 0$$
$$B_z = -450 \text{ N} \qquad \textit{Resposta}$$

O sinal negativo indica que **B**$_z$ age para baixo. A força B_x pode ser encontrada somando os momentos em relação ao eixo z.

$$\Sigma M_z = 0; \qquad -B_x(0,8 \text{ m}) = 0 \quad B_x = 0 \qquad \textit{Resposta}$$

Logo,

$$\Sigma F_x = 0; \qquad A_x + 0 = 0 \quad A_x = 0 \qquad \textit{Resposta}$$

Finalmente, usando os resultados de B_z e F_C,

$$\Sigma F_z = 0; \qquad A_z + (-450 \text{ N}) + 600 \text{ N} - 900 \text{ N} = 0$$
$$A_z = 750 \text{ N} \qquad \textit{Resposta}$$

Exemplo 5.17

A haste é usada para sustentar o vaso de 40 kg na Figura 5.30a. Determine a tração desenvolvida nos cabos AB e AC.

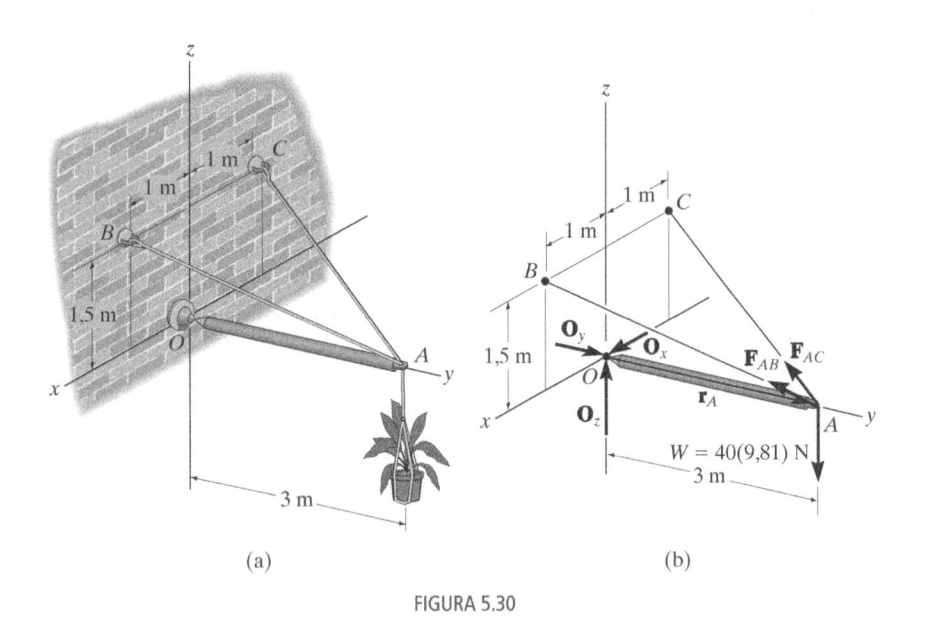

FIGURA 5.30

SOLUÇÃO
Diagrama de corpo livre

O diagrama de corpo livre da haste é mostrado na Figura 5.30b.

Equações de equilíbrio

Usaremos uma análise vetorial.

$$\mathbf{F}_{AB} = F_{AB}\left(\frac{\mathbf{r}_{AB}}{r_{AB}}\right) = F_{AB}\left(\frac{\{1\mathbf{i} - 3\mathbf{j} + 1{,}5\mathbf{k}\}\ \text{m}}{\sqrt{(1\ \text{m})^2 + (-3\ \text{m})^2 + (1{,}5\ \text{m})^2}}\right)$$

$$= \tfrac{2}{7}F_{AB}\mathbf{i} - \tfrac{6}{7}F_{AB}\mathbf{j} + \tfrac{3}{7}F_{AB}\mathbf{k}$$

$$\mathbf{F}_{AC} = F_{AC}\left(\frac{\mathbf{r}_{AC}}{r_{AC}}\right) = F_{AC}\left(\frac{\{-1\mathbf{i} - 3\mathbf{j} + 1{,}5\mathbf{k}\}\ \text{m}}{\sqrt{(-1\ \text{m})^2 + (-3\ \text{m})^2 + (1{,}5\ \text{m})^2}}\right)$$

$$= -\tfrac{2}{7}F_{AC}\mathbf{i} - \tfrac{6}{7}F_{AC}\mathbf{j} + \tfrac{3}{7}F_{AC}\mathbf{k}$$

Podemos eliminar a reação da força em O escrevendo a equação de equilíbrio dos momentos em relação ao ponto O.

$$\Sigma \mathbf{M}_O = \mathbf{0}; \qquad \mathbf{r}_A \times (\mathbf{F}_{AB} + \mathbf{F}_{AC} + \mathbf{W}) = \mathbf{0}$$

$$(3\mathbf{j}) \times \left[\left(\tfrac{2}{7}F_{AB}\mathbf{i} - \tfrac{6}{7}F_{AB}\mathbf{j} + \tfrac{3}{7}F_{AB}\mathbf{k}\right) + \left(-\tfrac{2}{7}F_{AC}\mathbf{i} - \tfrac{6}{7}F_{AC}\mathbf{j} + \tfrac{3}{7}F_{AC}\mathbf{k}\right) + [-40(9{,}81)\mathbf{k}]\right] = \mathbf{0}$$

$$\left(\tfrac{9}{7}F_{AB} + \tfrac{9}{7}F_{AC} - 1177{,}2\right)\mathbf{i} + \left(-\tfrac{6}{7}F_{AB} + \tfrac{6}{7}F_{AC}\right)\mathbf{k} = \mathbf{0}$$

$$\Sigma M_x = 0; \qquad \tfrac{9}{7}F_{AB} + \tfrac{9}{7}F_{AC} - 1177{,}2 = 0 \tag{1}$$

$$\Sigma M_y = 0; \qquad 0 = 0$$

$$\Sigma M_z = 0; \qquad -\tfrac{6}{7}F_{AB} + \tfrac{6}{7}F_{AC} = 0 \tag{2}$$

Resolvendo as equações 1 e 2 simultaneamente,

$$F_{AB} = F_{AC} = 457{,}8\ \text{N} = 458\ \text{N} \qquad \textit{Resposta}$$

Exemplo 5.18

A haste AB mostrada na Figura 5.31a está sujeita à força de 200 N. Determine as reações na junta esférica A e a tração nos cabos BD e BE. O anel em C é fixado à haste.

SOLUÇÃO (ANÁLISE VETORIAL)

Diagrama de corpo livre

Veja a Figura 5.31b.

Equações de equilíbrio

Representando cada força no diagrama de corpo livre na forma de um vetor cartesiano, temos:

$$\mathbf{F}_A = A_x\mathbf{i} + A_y\mathbf{j} + A_z\mathbf{k}$$
$$\mathbf{T}_E = T_E\mathbf{i}$$
$$\mathbf{T}_D = T_D\mathbf{j}$$
$$\mathbf{F} = \{-200\mathbf{k}\}\ \text{N}$$

Aplicando a equação de equilíbrio de forças,

$$\Sigma \mathbf{F} = \mathbf{0}; \qquad \mathbf{F}_A + \mathbf{T}_E + \mathbf{T}_D + \mathbf{F} = \mathbf{0}$$

$$(A_x + T_E)\mathbf{i} + (A_y + T_D)\mathbf{j} + (A_z - 200)\mathbf{k} = \mathbf{0}$$

$$\Sigma F_x = 0; \qquad A_x + T_E = 0 \qquad (1)$$
$$\Sigma F_y = 0; \qquad A_y + T_D = 0 \qquad (2)$$
$$\Sigma F_z = 0; \qquad A_z - 200 = 0 \qquad (3)$$

A soma dos momentos em relação ao ponto A resulta em:

$$\Sigma \mathbf{M}_A = \mathbf{0}; \qquad \mathbf{r}_C \times \mathbf{F} + \mathbf{r}_B \times (\mathbf{T}_E + \mathbf{T}_D) = \mathbf{0}$$

Como $\mathbf{r}_C = \frac{1}{2}\mathbf{r}_B$, então:

$$(0{,}5\mathbf{i} + 1\mathbf{j} - 1\mathbf{k}) \times (-200\mathbf{k}) + (1\mathbf{i} + 2\mathbf{j} - 2\mathbf{k}) \times (T_E\mathbf{i} + T_D\mathbf{j}) = \mathbf{0}$$

Expandindo e reorganizando os termos, temos:

$$(2T_D - 200)\mathbf{i} + (-2T_E + 100)\mathbf{j} + (T_D - 2T_E)\mathbf{k} = \mathbf{0}$$

$$\Sigma M_x = 0; \qquad 2T_D - 200 = 0 \qquad (4)$$
$$\Sigma M_y = 0; \qquad -2T_E + 100 = 0 \qquad (5)$$
$$\Sigma M_z = 0; \qquad T_D - 2T_E = 0 \qquad (6)$$

Resolvendo as equações 1 a 5, obtemos:

$$T_D = 100 \text{ N} \qquad \textit{Resposta}$$
$$T_E = 50 \text{ N} \qquad \textit{Resposta}$$
$$A_x = -50 \text{ N} \qquad \textit{Resposta}$$
$$A_y = -100 \text{ N} \qquad \textit{Resposta}$$
$$A_z = 200 \text{ N} \qquad \textit{Resposta}$$

NOTA: o sinal negativo indica que $\mathbf{A}_x$ e $\mathbf{A}_y$ possuem um sentido oposto ao mostrado no diagrama de corpo livre (Figura 5.31b). Além disso, observe que as equações de 1 a 6 podem ser estabelecidas *diretamente* usando uma análise escalar.

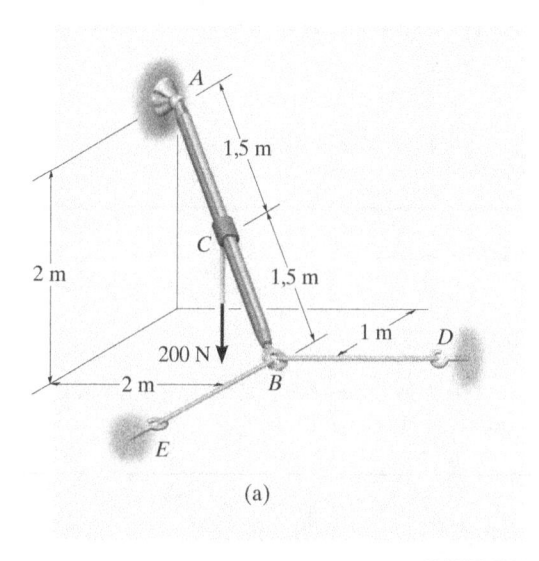

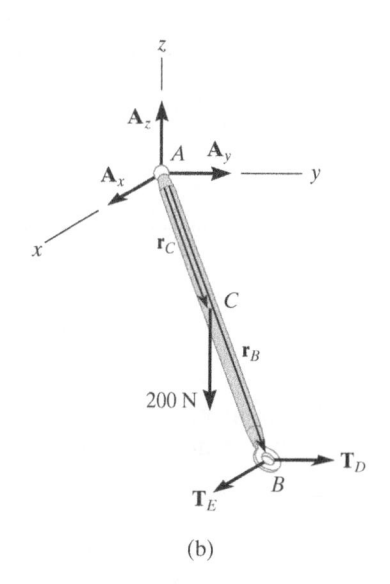

FIGURA 5.31

Exemplo 5.19

O elemento em "L" na Figura 5.32a é sustentado em A por um mancal radial, em D por uma junta esférica e em B pelo cabo BC. Usando apenas *uma equação de equilíbrio*, obtenha uma solução direta para a tração no cabo BC. O mancal em A é capaz de exercer componentes de força apenas nas direções z e y, já que ele está corretamente alinhado no elemento. Em outras palavras, nenhum momento de binário é necessário nesse apoio.

SOLUÇÃO (ANÁLISE VETORIAL)

Diagrama de corpo livre

Como mostra a Figura 5.32b, existem seis incógnitas.

Equações de equilíbrio

A tração do cabo $\mathbf{T}_B$ pode ser obtida *diretamente* somando os momentos em relação a um eixo que passa pelos pontos D e A. Por quê? A direção desse eixo é definida pelo vetor unitário **u**, onde:

$$\mathbf{u} = \frac{\mathbf{r}_{DA}}{r_{DA}} = -\frac{1}{\sqrt{2}}\mathbf{i} - \frac{1}{\sqrt{2}}\mathbf{j}$$

$$= -0{,}7071\mathbf{i} - 0{,}7071\mathbf{j}$$

Logo, a soma dos momentos em relação a esse eixo é zero, desde que:

$$\Sigma M_{DA} = \mathbf{u} \cdot \Sigma(\mathbf{r} \times \mathbf{F}) = 0$$

Aqui, **r** representa um vetor posição traçado de *qualquer ponto* no eixo DA a qualquer ponto na linha de ação da força **F** (veja a Equação 4.11). Com referência à Figura 5.32b, podemos, portanto, escrever:

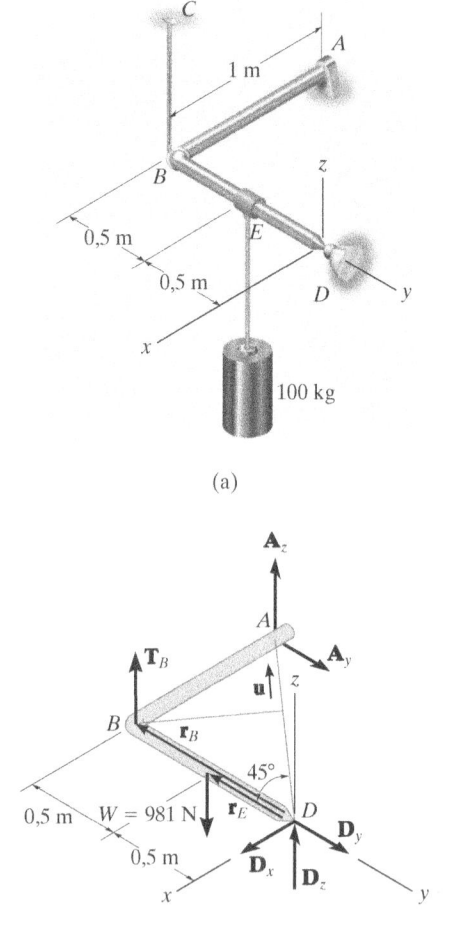

$$\mathbf{u} \cdot (\mathbf{r}_B \times \mathbf{T}_B + \mathbf{r}_E \times \mathbf{W}) = \mathbf{0}$$

$$(-0{,}7071\mathbf{i} - 0{,}7071\mathbf{j}) \cdot \big[(-1\mathbf{j}) \times (T_B\mathbf{k})$$

$$+ (-0{,}5\mathbf{j}) \times (-981\mathbf{k})\big] = \mathbf{0}$$

$$(-0{,}7071\mathbf{i} - 0{,}7071\mathbf{j}) \cdot [(-T_B + 490{,}5)\mathbf{i}] = \mathbf{0}$$

$$-0{,}7071(-T_B + 490{,}5) + 0 + 0 = 0$$

$$T_B = 490{,}5 \text{ N} \hspace{4cm} Resposta$$

NOTA: como os braços de momento do eixo a $\mathbf{T}_B$ e a **W** são fáceis de obter, também podemos determinar esse resultado usando uma análise escalar. Como mostra a Figura 5.32b,

$$\Sigma M_{DA} = 0; \quad T_B(1 \text{ m sen } 45°) - 981 \text{ N}(0{,}5 \text{ m sen } 45°) = 0$$

$$T_B = 490{,}5 \text{ N} \hspace{4cm} Resposta$$

FIGURA 5.32

Problemas preliminares

P5.2. Desenhe o diagrama de corpo livre de cada objeto.

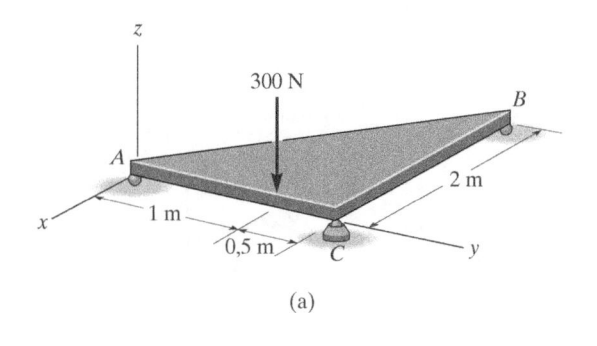

P5.3. Em cada caso, escreva as equações do momento em relação aos eixos x, y e z.

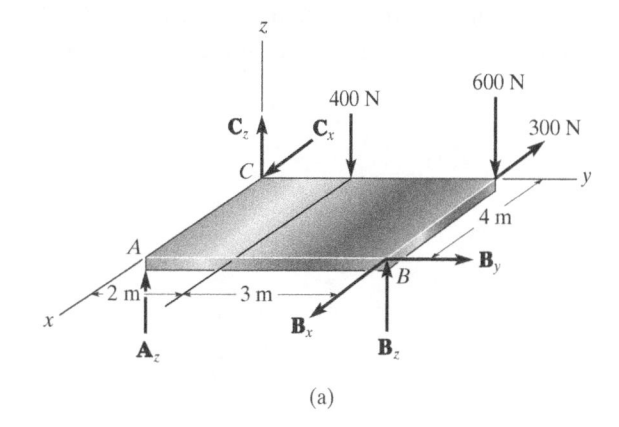

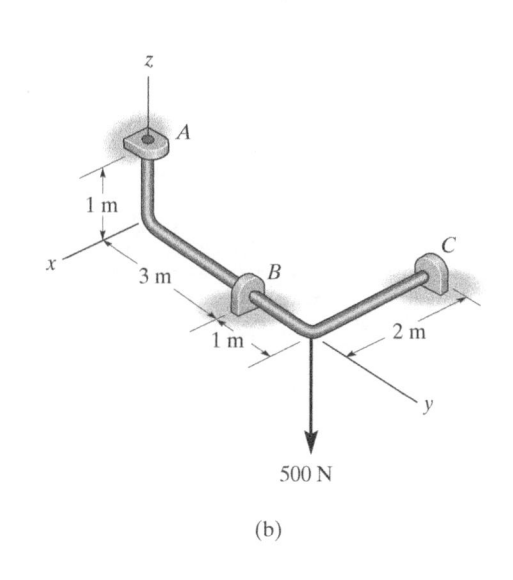

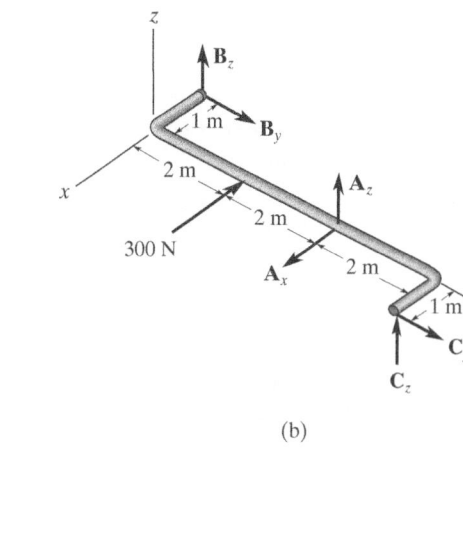

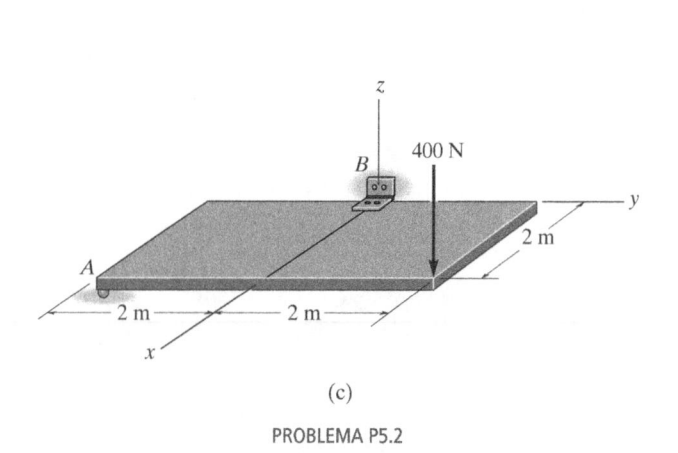

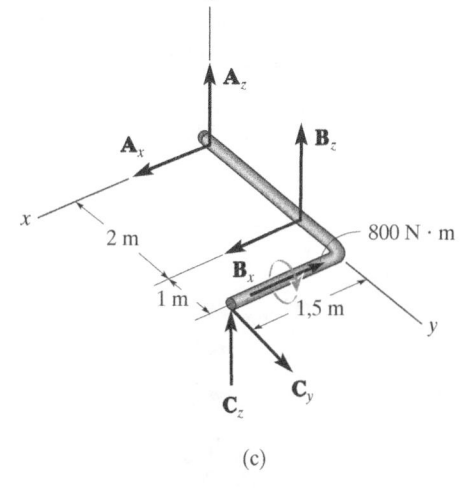

PROBLEMA P5.2

PROBLEMA P5.3

Problemas fundamentais

Todas as soluções dos problemas precisam incluir um diagrama de corpo livre.

F5.7. A chapa uniforme tem um peso de 50 kN. Determine a tração em cada um dos cabos que a sustentam.

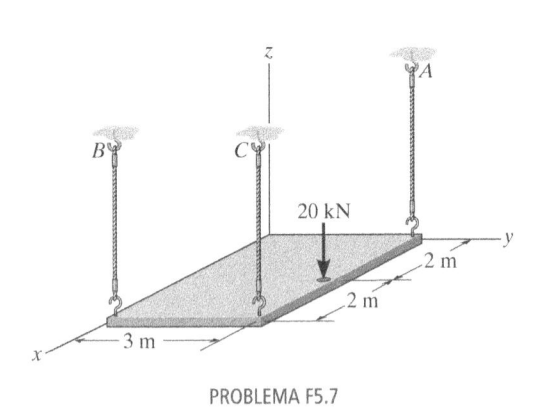

PROBLEMA F5.7

F5.8. Determine as reações no apoio de esfera A e na junta esférica D e a tração no cabo BC.

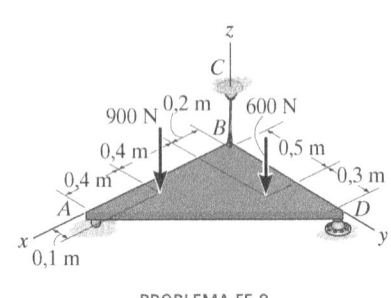

PROBLEMA F5.8

F5.9. O elemento é sustentado por mancais radiais lisos em A, B e C e está sujeito às duas forças indicadas. Determine as reações nesses apoios.

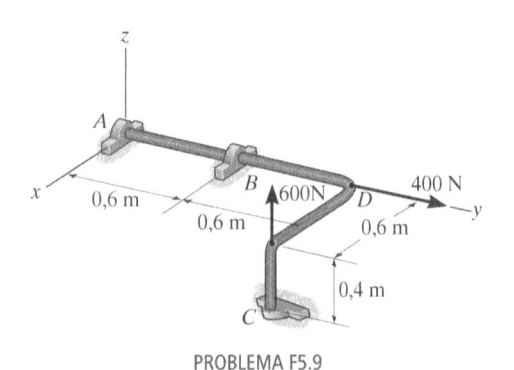

PROBLEMA F5.9

F5.10. Determine as reações de apoio nos mancais radiais lisos A, B e C da tubulação.

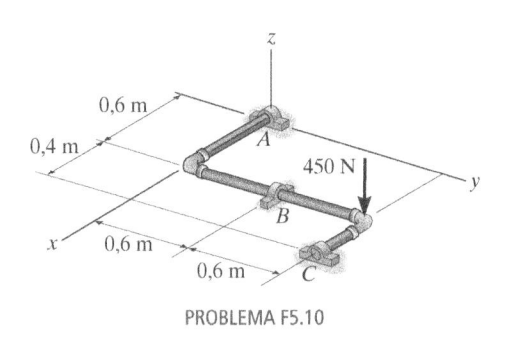

PROBLEMA F5.10

F5.11. Determine a força desenvolvida no elo curto BD, a tração nas cordas CE e CF e as reações da junta esférica A sobre o bloco.

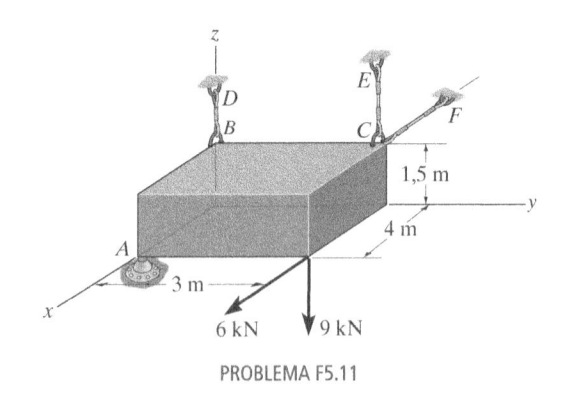

PROBLEMA F5.11

F5.12. Determine as componentes da reação que o mancal axial A e o cabo BC exercem sobre o elemento.

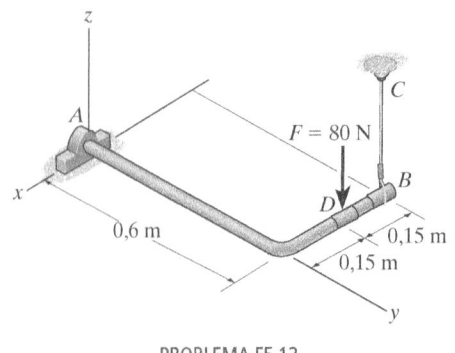

PROBLEMA F5.12

Problemas

Todas as soluções dos problemas precisam incluir um diagrama de corpo livre.

5.62. A laje de concreto uniforme tem massa de 2400 kg. Determine a tração em cada um dos três cabos de apoio paralelos quando a laje é mantida no plano horizontal, conforme mostrado na figura.

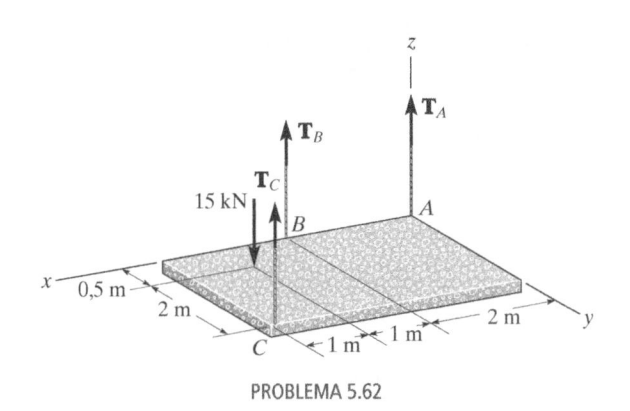

PROBLEMA 5.62

5.63. A haste uniforme lisa AB é apoiada por uma junta esférica em A, a parede em B e o cabo BC. Determine as componentes da reação em A, a tensão no cabo e a reação normal em B se a barra possui massa de 20 kg.

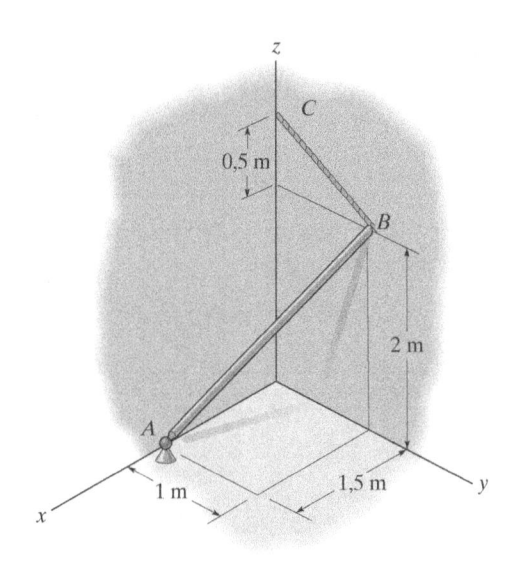

PROBLEMA 5.63

*5.64. Determine a tração em cada cabo e as componentes da reação em D necessárias para apoiar a carga.

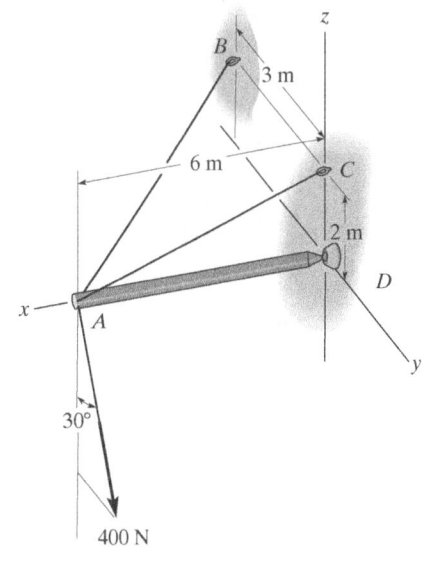

PROBLEMA 5.64

5.65. O carrinho sustenta o engradado uniforme com massa de 85 kg. Determine as reações verticais sobre os três rodízios em A, B e C. O rodízio em B não aparece na figura. Despreze a massa do carrinho.

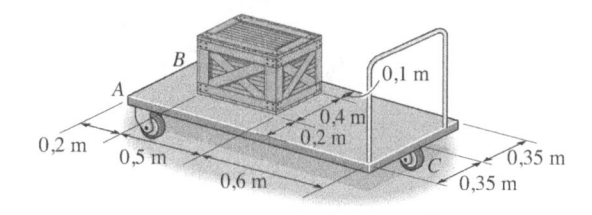

PROBLEMA 5.65

5.66. A asa do avião a jato está sujeita a um empuxo de $T = 8$ kN a partir de seu motor e a força de sustentação resultante $L = 45$ kN. Se a massa da asa é 2,1 Mg e o centro de massa está em G, determine as componentes x, y e z da reação onde a asa está fixada na fuselagem em A.

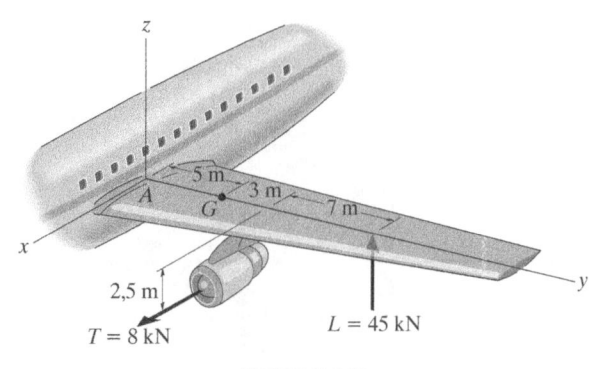

PROBLEMA 5.66

5.67. Determine as componentes da reação atuando no engastamento A. As forças de 400 N, 500 N e 600 N são paralelas aos eixos x, y e z, respectivamente.

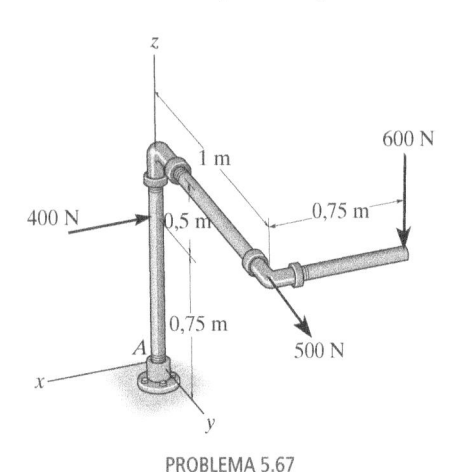

PROBLEMA 5.67

***5.68.** Em virtude de uma distribuição desigual do combustível nos tanques da asa, os centros de gravidade da fuselagem A e das asas B e C são localizados como mostra a figura. Se essas componentes possuem pesos $W_A = 225$ kN, $W_B = 40$ kN e $W_C = 30$ kN, determine as reações normais das rodas D, E e F sobre o solo.

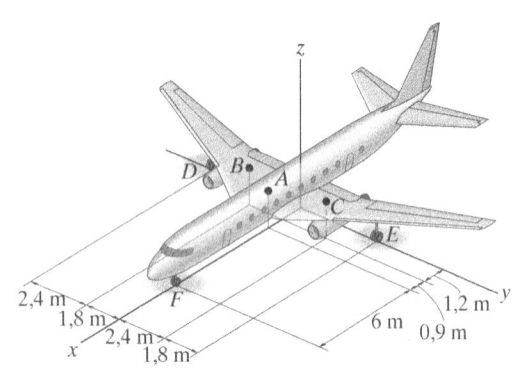

PROBLEMA 5.68

5.69. A carga uniforme tem massa de 600 kg e é levantada usando uma viga uniforme de 30 kg BAC e quatro cordas, como mostra a figura. Determine a tração em cada corda e a força que precisa ser aplicada em A.

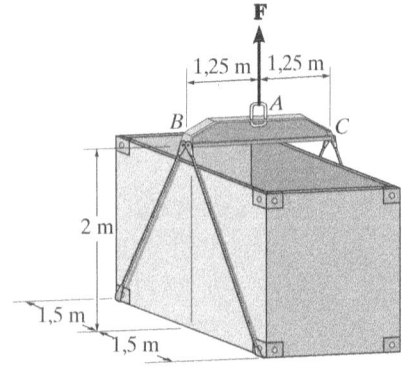

PROBLEMA 5.69

5.70. O membro é sustentado por um eixo retangular que se encaixa livremente no furo retangular liso da luva conectada em A e por um rolete em B. Determine as componentes de reação desses apoios quando o membro está sujeito ao carregamento mostrado.

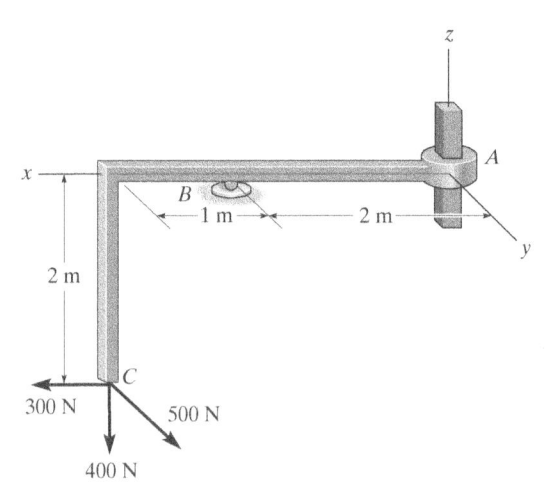

PROBLEMA 5.70

5.71. O membro AB é sustentado por um cabo BC e em A por um eixo *retangular* liso encaixado frouxamente no furo retangular da luva fixada ao membro, como na figura. Determine as componentes da reação em A e a tração no cabo necessárias para manter o membro em equilíbrio.

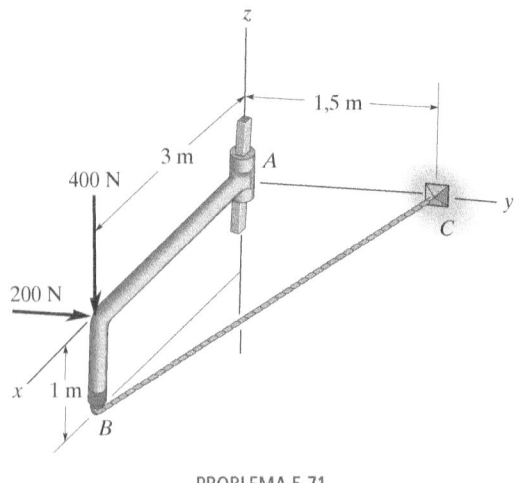

PROBLEMA 5.71

*** 5.72.** Determine as componentes de reação atuando na junta esférica em A e a tração em cada cabo necessárias para o equilíbrio da haste.

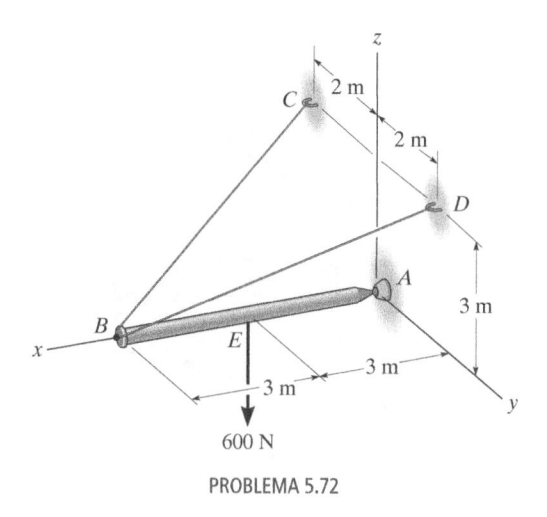

PROBLEMA 5.72

5.73. O guindaste usado em navios é apoiado por uma junta esférica em D e dois cabos, BA e BC. Os cabos estão presos a uma luva lisa em B, permitindo a rotação do guindaste em relação ao eixo z. Se o guindaste suporta um engradado com massa de 200 kg, determine a tração nos cabos e as componentes x, y, z da reação em D.

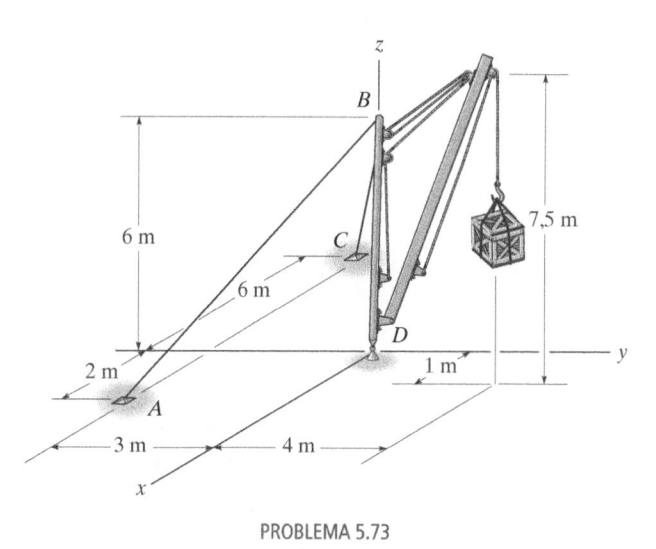

PROBLEMA 5.73

5.74. O membro está fixado em A, B e C por mancais radiais lisos. Determine as componentes das reações nesses mancais se o membro estiver submetido à força $F = 800$ N. Os mancais estão no alinhamento apropriado e exercem apenas reações de força sobre o membro.

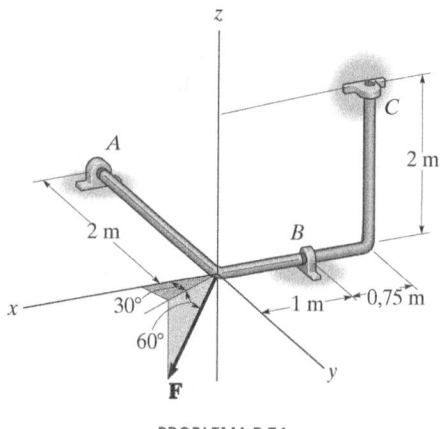

PROBLEMA 5.74

5.75. Determine as componentes de reação na junta esférica A e a tração nos cabos de suporte DB e DC.

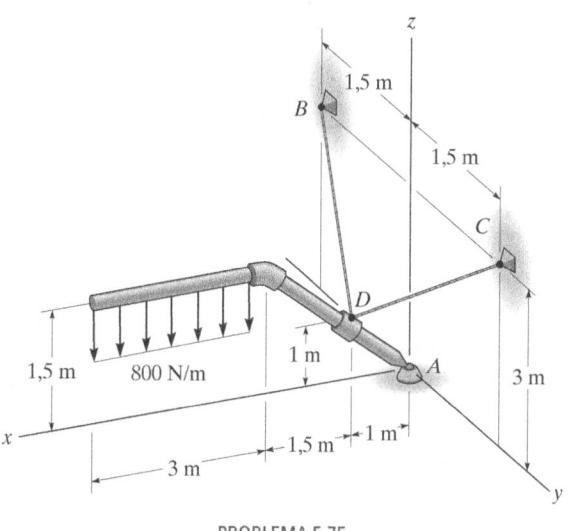

PROBLEMA 5.75

*****5.76.** O elemento é apoiado em A, B e C por mancais radiais lisos. Determine a intensidade de **F** que fará com que a componente x positiva da reação no mancal C seja $C_x = 50$ N. Os mancais estão em alinhamento apropriado e exercem apenas reações de força sobre o elemento.

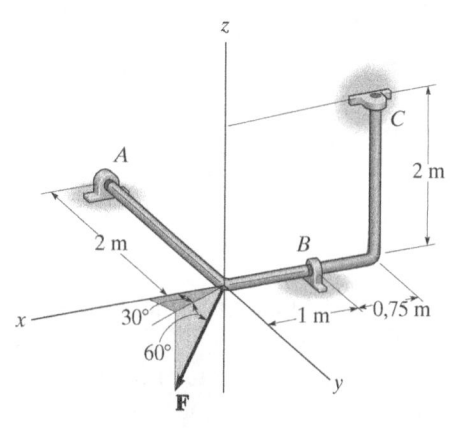

PROBLEMA 5.76

5.77. O membro é sustentado por um pino em A e um cabo BC. Se o cilindro tem massa de 40 kg, determine as componentes das reações nesses pontos de apoio.

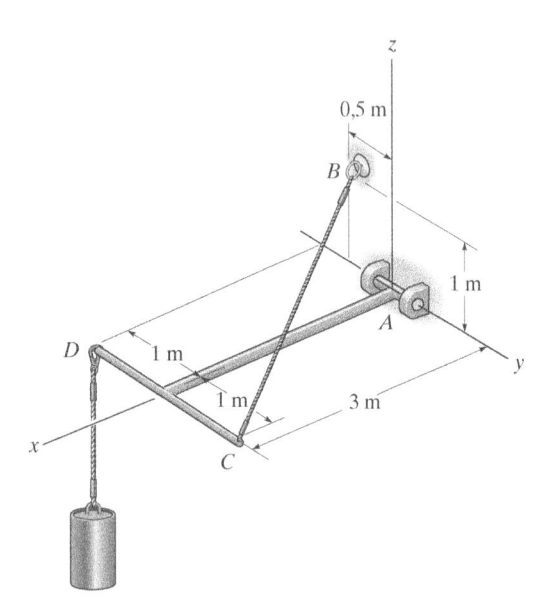

PROBLEMA 5.77

5.78. A plataforma tem massa de 3 Mg e centro de massa localizado em G. Se ela for elevada com velocidade constante usando três cabos, determine a força em cada um desses cabos.

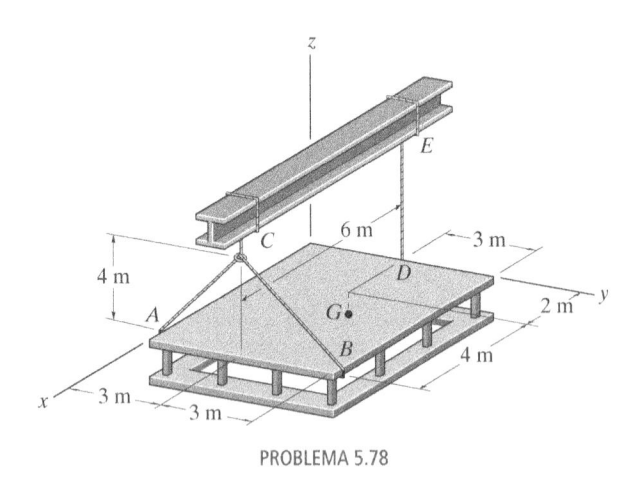

PROBLEMA 5.78

5.79. A plataforma tem massa de 2 Mg e centro de massa localizado em G. Se ela for elevada usando os três cabos, determine a força em cada um dos cabos. Resolva para cada força usando uma única equação de equilíbrio dos momentos.

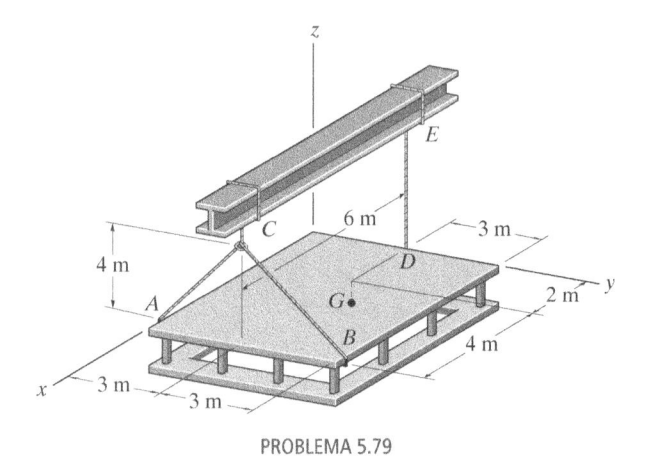

PROBLEMA 5.79

***5.80.** A lança é sustentada por uma junta esférica em A e um fio tirante em B. Se as cargas de 5 kN se situam em um plano paralelo ao plano x–y, determine as componentes x, y, z da reação em A e a tração no cabo em B.

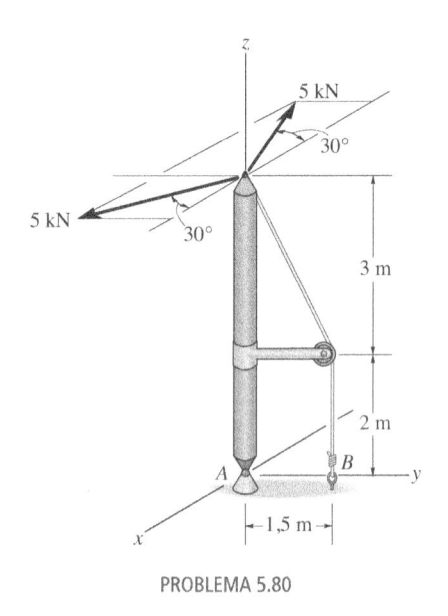

PROBLEMA 5.80

5.81. O eixo é sustentado por três mancais radiais lisos em A, B e C. Determine as componentes das reações nesses mancais.

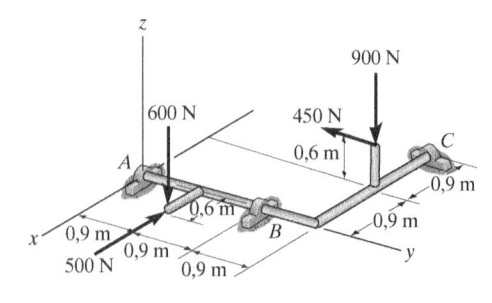

PROBLEMA 5.81

5.82. As duas polias estão fixadas ao eixo e, quando ele gira com velocidade angular constante, a potência da polia A é transmitida para a polia B. Determine a tração horizontal **T** na correia da polia B e as componentes x, y, z da reação no mancal radial C e no mancal axial D se θ = 45°. Os mancais estão no alinhamento apropriado e exercem apenas reações de força sobre o eixo.

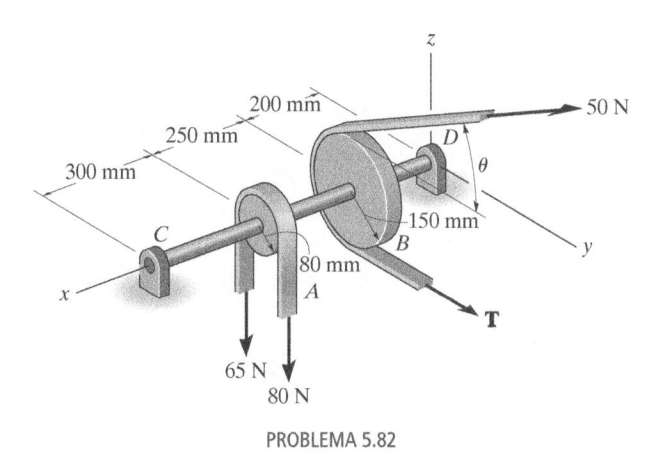

∗5.84. As duas polias estão fixadas ao eixo e, quando ele gira com velocidade angular constante, a potência da polia A é transmitida para a polia B. Determine a tração horizontal **T** na correia da polia B e as componentes x, y, z da reação no mancal radial C e no mancal axial D se θ = 0°. Os mancais estão no alinhamento apropriado e exercem apenas reações de força sobre o eixo.

PROBLEMA 5.82

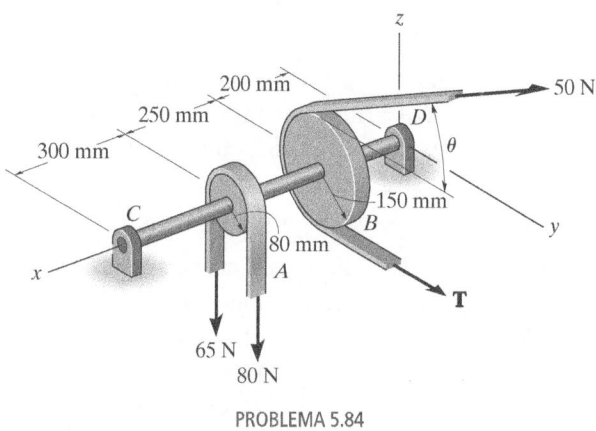

PROBLEMA 5.84

5.83. Determine a tração nos cabos BD e CD e as componentes x, y, z da reação na junta esférica em A.

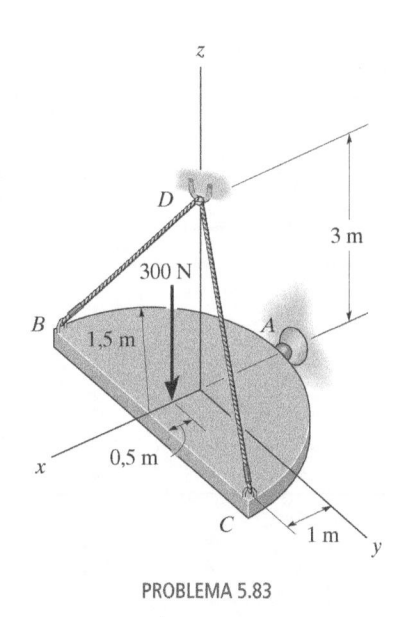

5.85. O letreiro tem massa de 100 kg com centro de massa em G. Determine as componentes x, y, z da reação na junta esférica A e a tração nos fios BC e BD.

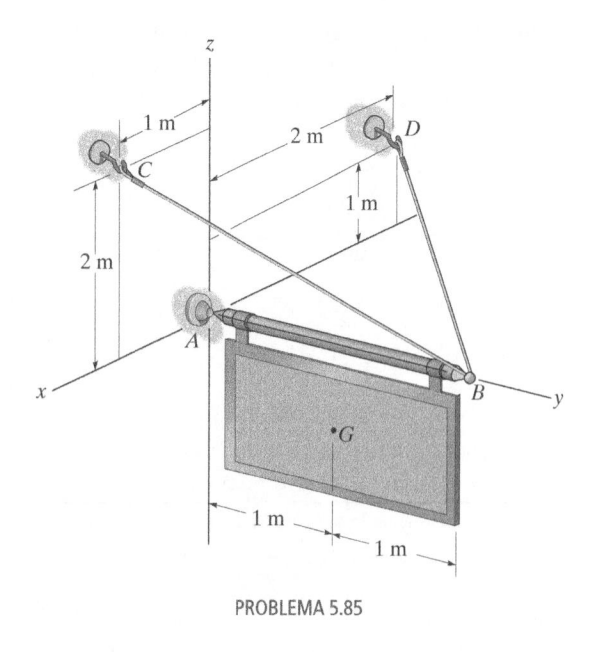

PROBLEMA 5.83

PROBLEMA 5.85

Revisão do capítulo

Equilíbrio

Um corpo em equilíbrio está em repouso ou pode transladar com velocidade constante.

$$\Sigma F = 0$$
$$\Sigma M = 0$$

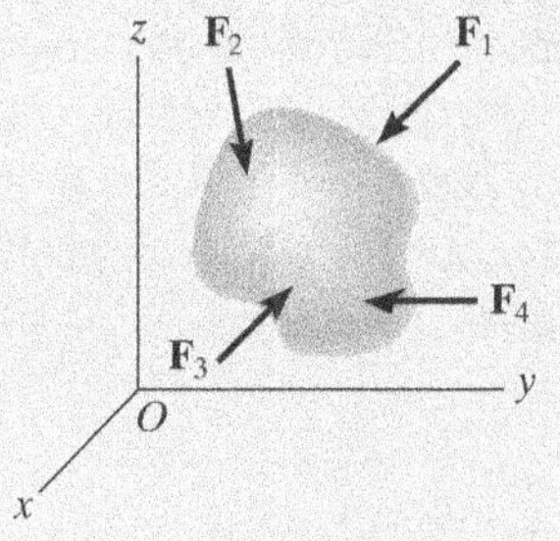

Duas dimensões

Antes de analisar o equilíbrio de um corpo, primeiro é necessário desenhar um diagrama de corpo livre. Esse diagrama é um esboço da forma do corpo, que mostra todas as forças e momentos de binário que atuam sobre ele.

Os momentos de binário podem estar situados em qualquer lugar em um diagrama de corpo livre, visto que são vetores livres. As forças podem agir em qualquer ponto ao longo de sua linha de ação, já que elas são vetores deslizantes.

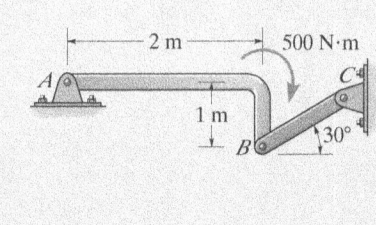

Os ângulos usados para decompor forças e as dimensões usadas para tomar momentos das forças também devem ser mostrados no diagrama de corpo livre.

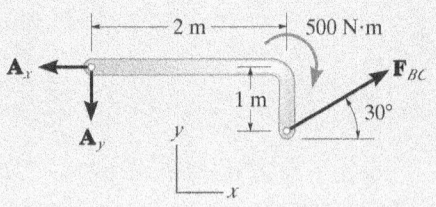

Alguns tipos comuns de apoios e suas reações são mostrados em duas dimensões a seguir.

Lembre-se de que um apoio exercerá uma força sobre o corpo em uma direção específica se ele impedir a translação do corpo nessa direção, e exercerá um momento de binário sobre o corpo se ele impedir a rotação.

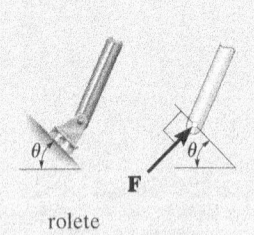

rolete

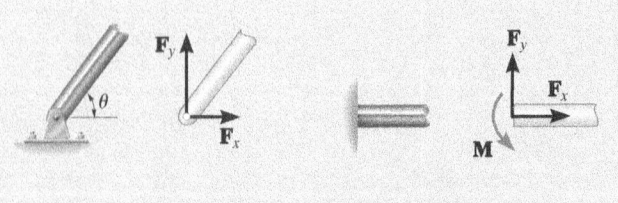

pino ou dobradiça lisos

engastamento

As três equações de equilíbrio escalares podem ser aplicadas ao resolver problemas em duas dimensões, já que a geometria é fácil de visualizar.

$$\Sigma F_x = 0$$
$$\Sigma F_y = 0$$
$$\Sigma M_O = 0$$

Para a solução mais direta, procure somar forças ao longo de um eixo que eliminará o máximo possível de forças desconhecidas. Some momentos em relação a um ponto A que passe pela linha de ação do máximo de forças desconhecidas possível.

$\Sigma F_x = 0;$

$A_x - P_2 = 0 \quad A_x = P_2$

$\Sigma M_A = 0;$

$P_2 d_2 + B_y d_B - P_1 d_1 = 0$

$B_y = \dfrac{P_1 d_1 - P_2 d_2}{d_B}$

Três dimensões

Alguns tipos comuns de apoios e suas reações são mostrados aqui em três dimensões.

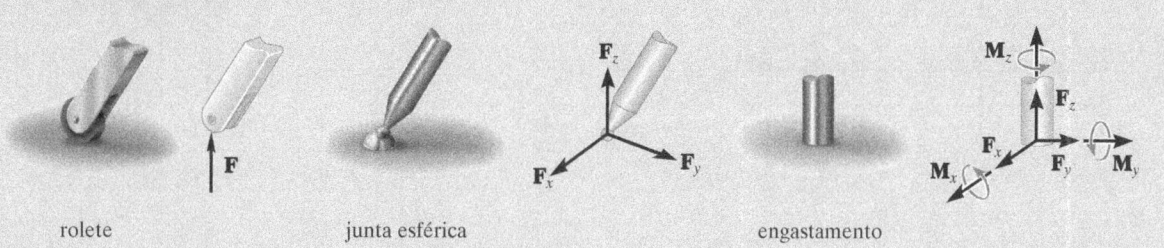

rolete   junta esférica   engastamento

Em três dimensões, normalmente é vantajoso usar uma análise vetorial cartesiana ao se aplicar as equações de equilíbrio. Para fazer isso, primeiro expresse como um vetor cartesiano cada força e momento de binário conhecido e desconhecido mostrados no diagrama de corpo livre. Depois, faça a soma das forças igual a zero. Tome os momentos em relação ao ponto O situado na linha de ação do máximo possível de componentes de força desconhecidas. A partir do ponto O, direcione vetores posição para cada força e, depois, use o produto vetorial para determinar o momento de cada força.

$\Sigma \mathbf{F} = \mathbf{0}$

$\Sigma \mathbf{M}_O = \mathbf{0}$

$\Sigma F_x = 0 \qquad \Sigma M_x = 0$
$\Sigma F_y = 0 \qquad \Sigma M_y = 0$
$\Sigma F_z = 0 \qquad \Sigma M_z = 0$

As seis equações de equilíbrio escalares são estabelecidas definindo-se as respectivas componentes **i**, **j** e **k** dessas somas de força e momento iguais a zero.

Determinância e estabilidade

Se um corpo é sustentado por um número mínimo de restrições para garantir o equilíbrio, então ele é estaticamente determinado. Se ele possui mais restrições do que o necessário, então ele é estaticamente indeterminado.

Para restringir corretamente o corpo, nem todas as reações devem ser paralelas entre si ou concorrentes.

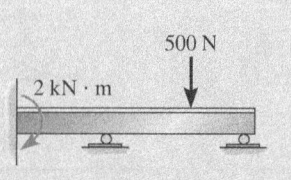

Estaticamente indeterminado, cinco reações e três equações de equilíbrio.

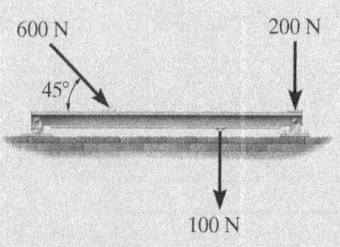

Restrição apropriada, estaticamente determinado.

Problemas de revisão

Todas as soluções dos problemas precisam incluir um diagrama de corpo livre.

R5.1. Se o rolete em B pode sustentar uma carga máxima de 3 kN, determine a maior intensidade de cada uma das três forças **F** que podem ser sustentadas pela estrutura.

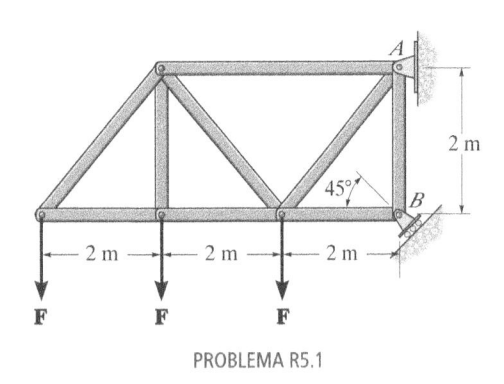

PROBLEMA R5.1

R5.2. Determine as reações nos suportes A e B para que a viga fique em equilíbrio.

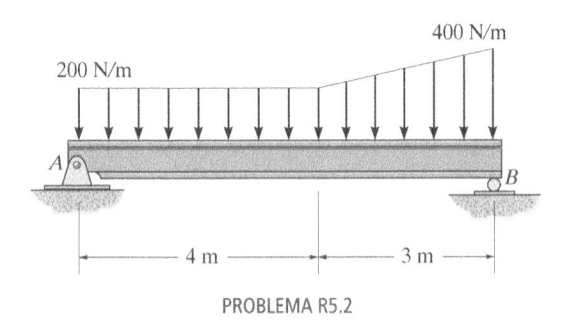

PROBLEMA R5.2

R5.3. Determine a reação normal no rolete A e as componentes horizontal e vertical no pino B para equilíbrio do membro.

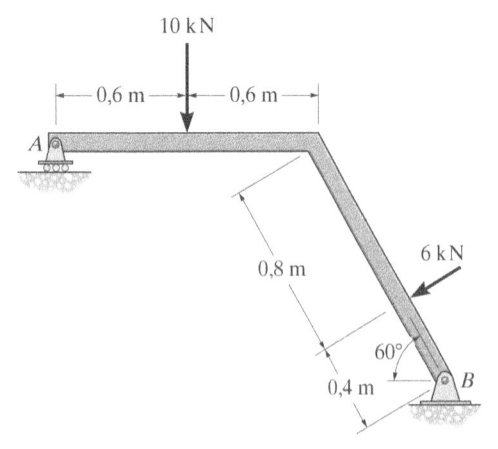

PROBLEMA R5.3

R5.4. Determine as componentes horizontal e vertical da reação no pino A, e a reação no rolete em B sobre a alavanca.

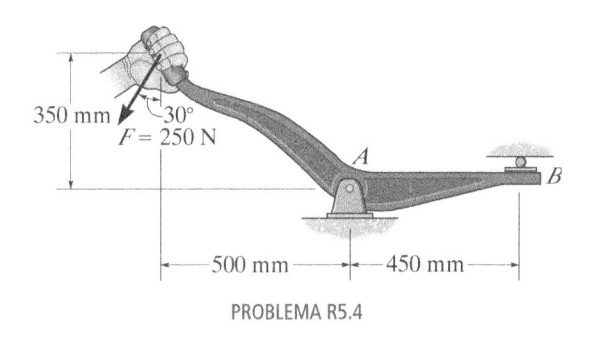

PROBLEMA R5.4

R5.5. Determine as componentes x, y, z da reação na fixação na parede A. A força de 150 N é paralela ao eixo z e a força de 200 N é paralela ao eixo y.

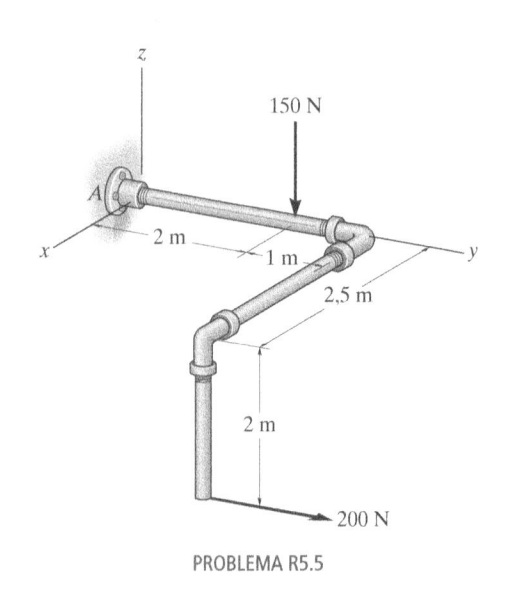

PROBLEMA R5.5

R5.6. Uma força vertical de 400 N atua sobre o eixo de manivela. Determine a força de equilíbrio horizontal **P** que precisa ser aplicada ao cabo e as componentes x, y, z das forças no mancal radial liso A e no mancal axial B. Os mancais estão corretamente alinhados e exercem apenas reações de força sobre o eixo.

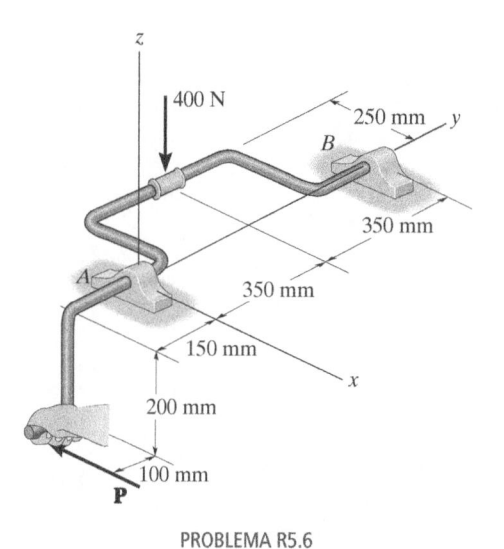

R5.8. Determine as componentes *x* e *z* da reação no mancal radial *A* e a tração nas cordas *BC* e *BD* necessárias para o equilíbrio do elemento.

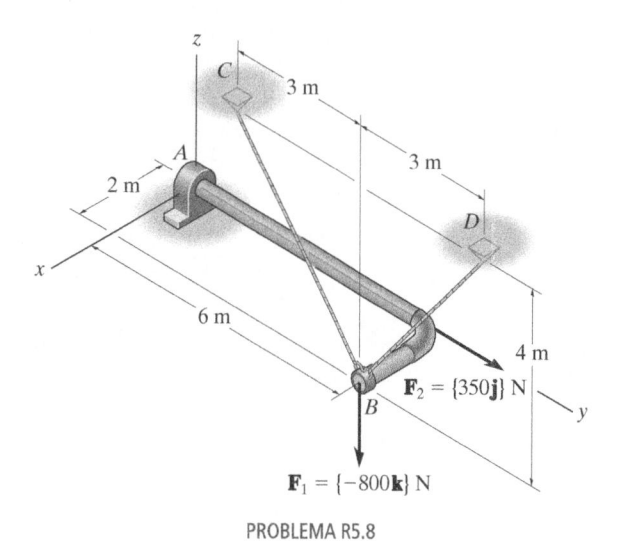

PROBLEMA R5.6

PROBLEMA R5.8

R5.7. Determine as componentes *x*, *y*, *z* das reações nos suportes de esfera *B* e *C* e na junta esférica *A* (não mostrada) para a placa uniformemente carregada.

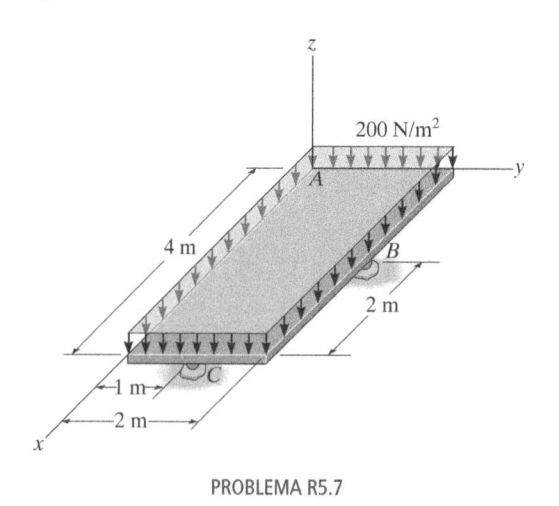

PROBLEMA R5.7

CAPÍTULO 6

Análise estrutural

Para projetar as muitas partes deste conjunto de lanças, é preciso conhecer as forças que elas deverão suportar. Neste capítulo, mostraremos como analisar essas estruturas usando as equações de equilíbrio.

(© Tim Scrivener/Alamy)

Objetivos

- Mostrar como determinar as forças nos membros de uma treliça usando o método dos nós e o método das seções.
- Analisar as forças que atuam nos membros de estruturas e máquinas compostas de membros conectados por pinos.

6.1 Treliças simples

Treliça é uma estrutura de membros esbeltos e conectados entre si em suas extremidades. Os membros normalmente usados em construções consistem em barras de madeira ou de metal. Em especial, as treliças *planas* situam-se em um único plano e geralmente são usadas para sustentar telhados e pontes. A treliça mostrada na Figura 6.1*a* é um exemplo típico de treliça de telhado. Nesta figura, a carga do telhado é transmitida para a treliça nos *nós* através de uma série de *terças*. Como essa carga atua no mesmo plano da treliça (Figura 6.1*b*), as análises das forças desenvolvidas nos membros da treliça serão bidimensionais.

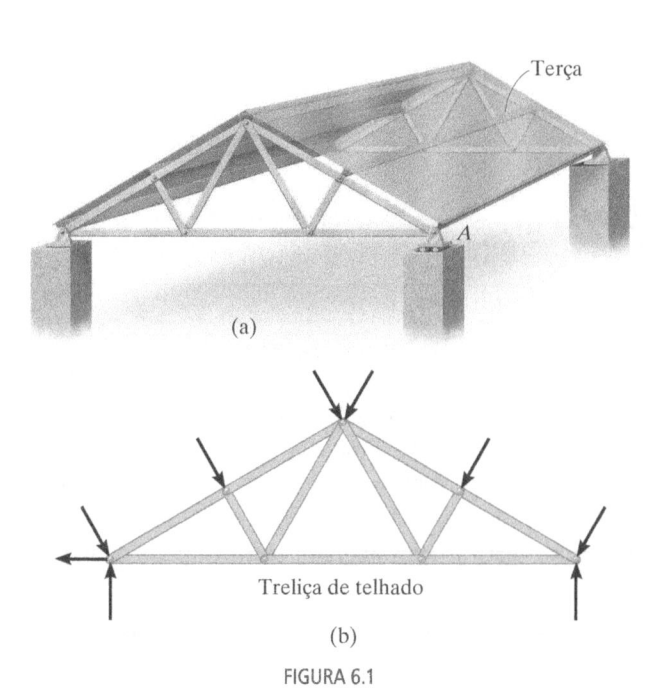

Terça

(a)

Treliça de telhado

(b)

FIGURA 6.1

No caso de uma ponte, como a mostrada na Figura 6.2a, o peso no leito é transmitido primeiro para as *longarinas*, depois para as *vigas de piso* e, finalmente, para os *nós* das duas treliças de suporte laterais. Assim como no telhado, o carregamento da treliça de ponte também é coplanar (Figura 6.2b).

Quando as treliças de ponte ou de telhado estendem-se por grandes distâncias, um apoio oscilante ou de rolete normalmente é usado para apoiar uma extremidade, por exemplo, o nó A nas figuras 6.1a e 6.2a. Esse tipo de suporte permite liberdade para expansão ou contração dos membros decorrentes de variações de temperatura ou aplicação de cargas.

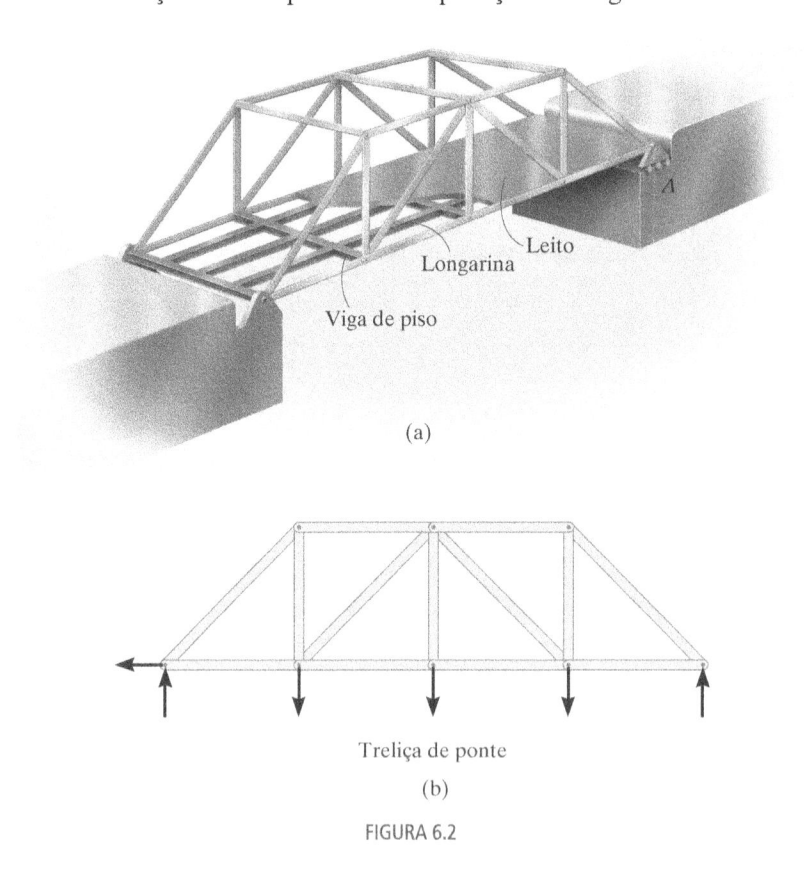

(a)

Treliça de ponte
(b)

FIGURA 6.2

Hipóteses de projeto

Para projetar os membros e as conexões de uma treliça, é necessário primeiro determinar a *força* desenvolvida em cada membro quando a treliça está sujeita a um determinado carregamento. Para isso, faremos duas hipóteses importantes:

- ***Todas as cargas são aplicadas nos nós***. Em muitas situações, como para treliças de ponte e de telhado, essa hipótese é verdadeira. Frequentemente, o peso dos membros é desprezado, porque a força suportada por esses membros normalmente é muito maior do que seu peso. Entretanto, se for preciso incluir o peso na análise, geralmente é satisfatório aplicá-lo como uma força vertical, com metade de sua intensidade sobre cada extremidade do membro.

- ***Os membros são conectados entre si por pinos lisos***. As conexões normalmente são formadas parafusando ou soldando as extremidades dos membros a uma placa comum, chamada *placa de junção (ou de reforço)*, como mostra a Figura 6.3*a*, ou simplesmente passando um grande parafuso ou pino através de cada um dos membros (Figura 6.3*b*). Podemos assumir que essas conexões atuam como pinos, já que as linhas de centro dos membros articulados são *concorrentes*, como na Figura 6.3.

Em razão dessas duas hipóteses, *cada membro da treliça agirá como um membro de duas forças* e, portanto, a força atuando em cada extremidade do membro será direcionada ao longo do seu eixo. Se a força tende a *alongar* o membro, ela é uma *força de tração* (T) (Figura 6.4*a*); se ela tende a *encurtar* o membro, é uma *força de compressão* (C) (Figura 6.4*b*). No projeto real de uma treliça, é importante especificar se a natureza da força é de tração ou de compressão. Frequentemente, os membros em compressão precisam ser *mais espessos* do que os membros em tração, em virtude da flambagem que pode ocorrer quando um membro está em compressão.

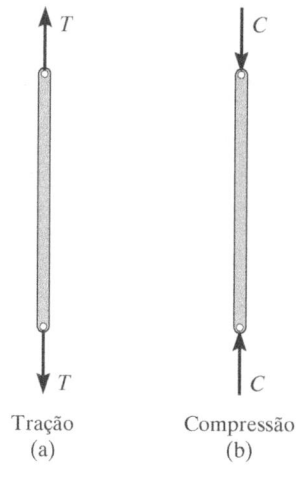

FIGURA 6.4

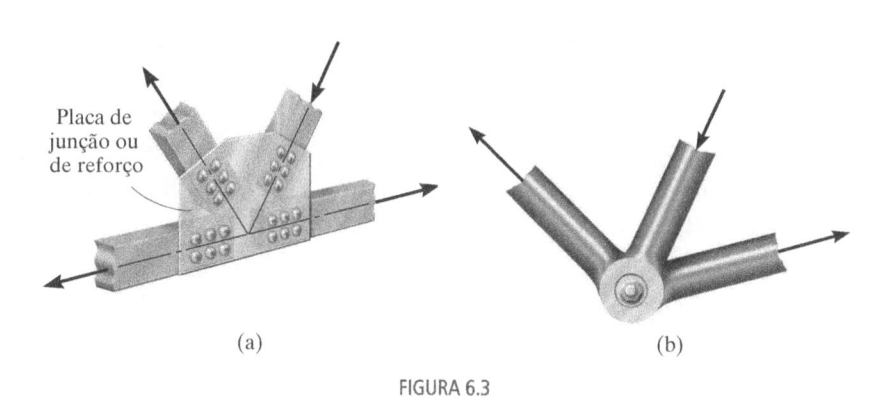

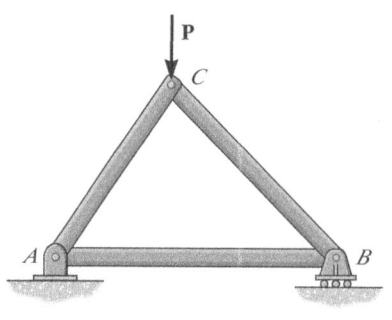

FIGURA 6.3

FIGURA 6.5

Treliça simples

Se os três membros são conectados por pinos em suas extremidades, eles formam uma *treliça triangular* que será *rígida* (Figura 6.5). Unir dois ou mais membros e conectá-los a um novo nó *D* forma uma treliça maior (Figura 6.6). Esse procedimento pode ser repetido tantas vezes quanto desejado para formar uma treliça ainda maior. Se uma treliça pode ser construída expandindo a treliça básica triangular dessa forma, ela é chamada de *treliça simples*.

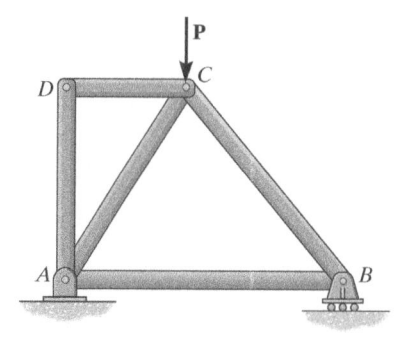

FIGURA 6.6

6.2 O método dos nós

Para a análise ou projeto de uma treliça, é necessário determinar a força em cada um de seus membros. Uma maneira de fazer isso é pelo *método dos nós*. Esse método baseia-se no fato de que, se a treliça inteira está em equilíbrio, cada um de seus nós também está em equilíbrio. Portanto, se o diagrama de corpo livre de cada nó é desenhado, as equações de equilíbrio de forças podem ser usadas para obter as forças dos membros agindo sobre cada nó. Como os membros de uma *treliça plana* são membros retos de duas forças situados em um único plano, cada nó está sujeito a um sistema de forças que é *coplanar e concorrente*. Como resultado, apenas $\Sigma F_x = 0$ e $\Sigma F_y = 0$ precisam ser satisfeitas para o equilíbrio.

O uso de placas metálicas de junção na construção destas treliças Warren é claramente evidente.

Por exemplo, considere o pino no nó B da treliça na Figura 6.7a. Três forças atuam sobre o pino, a saber, a força de 500 N e as forças exercidas pelos membros BA e BC. O diagrama de corpo livre do pino é mostrado na Figura 6.7b. Aqui, $\mathbf{F}_{BA}$ está "puxando" o pino, o que significa que o membro BA está em *tração*, enquanto $\mathbf{F}_{BC}$ está "empurrando" o pino e, portanto, o membro BC está em *compressão*. Esses efeitos são claramente demonstrados isolando-se o nó com pequenos segmentos dos membros conectados ao pino (Figura 6.7c). O empurrão ou puxão nesses pequenos segmentos indica o efeito do membro em compressão ou tração.

Ao usar o método dos nós, sempre comece em um nó que tenha pelo menos uma força conhecida e, no máximo, duas forças incógnitas, como na Figura 6.7b. Desse modo, a aplicação de $\Sigma F_x = 0$ e $\Sigma F_y = 0$ produz duas equações algébricas que podem ser resolvidas para as duas incógnitas. Ao aplicar essas equações, o sentido correto de uma força do membro incógnito pode ser determinado usando um de dois métodos possíveis.

- O sentido *correto* da direção de uma força do membro incógnito pode, em muitos casos, ser determinado "por observação". Por exemplo, $\mathbf{F}_{BC}$ na Figura 6.7b deve empurrar o pino (compressão), já que sua componente horizontal, F_{BC} sen 45°, precisa equilibrar a força de 500 N ($\Sigma F_x = 0$). Da mesma forma, $\mathbf{F}_{BA}$ é uma força de tração, já que equilibra a componente vertical, F_{BC} cos 45° ($\Sigma F_y = 0$). Em casos mais complexos, o sentido de uma força do membro incógnito pode ser *assumido*; então, após aplicar as equações de equilíbrio, o sentido assumido pode ser verificado pelos resultados numéricos. Um resultado *positivo* indica que o sentido está *correto*, ao passo que uma resposta *negativa* indica que o sentido mostrado no diagrama de corpo livre precisa ser *invertido*.

- *Sempre considere* que as *forças do membro incógnito* que atuam no diagrama de corpo livre do nó estão sob *tração*; ou seja, as forças "puxam" o pino. Dessa maneira, a solução numérica das equações de equilíbrio produzirá *escalares positivos para os membros sob tração e escalares negativos para os membros sob compressão*. Uma vez que uma força de membro incógnita é encontrada, use sua intensidade e sentido *corretos* (T ou C) nos diagramas de corpo livre dos nós subsequentes.

As forças nos membros dessa treliça simples de telhado podem ser determinadas usando-se o método dos nós.

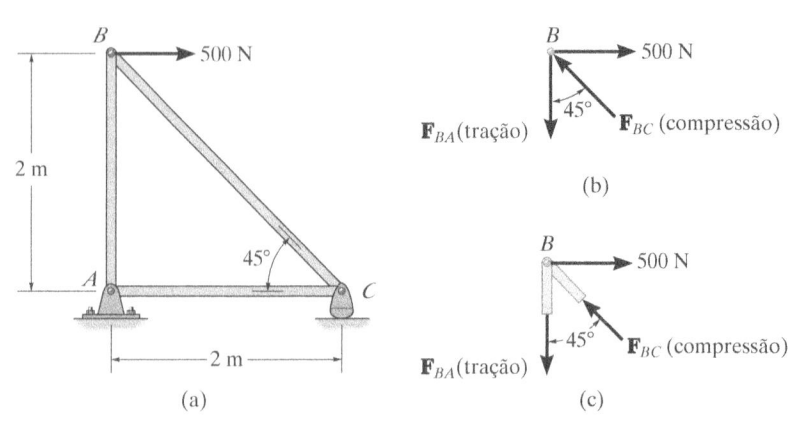

FIGURA 6.7

Pontos importantes

- Treliças simples são compostas de elementos triangulares. Os membros são considerados como conectados por pinos em suas extremidades e cargas são aplicadas nos nós.
- Se uma treliça está em equilíbrio, cada um de seus nós está em equilíbrio. As forças internas nos membros tornam-se forças externas quando o diagrama de corpo livre de cada nó da treliça é desenhado. Uma força puxando um nó é causada pela tração em seu membro, e uma força empurrando um nó é causada pela compressão.

Procedimento para análise

O procedimento indicado a seguir fornece um meio de análise de uma treliça usando o método dos nós.
- Desenhe o diagrama de corpo livre de um nó tendo pelo menos uma força conhecida e no máximo duas forças incógnitas. (Se esse nó estiver em um dos apoios, então pode ser necessário calcular primeiramente as reações externas no apoio.)
- Use um dos dois métodos descritos anteriormente para estabelecer o sentido de uma força incógnita.
- Oriente os eixos x e y de modo que as forças no diagrama de corpo livre possam ser facilmente decompostas em suas componentes x e y e, depois, aplique as duas equações de equilíbrio de forças $\Sigma F_x = 0$ e $\Sigma F_y = 0$. Resolva para as duas forças de membro incógnitas e verifique seu sentido correto.
- Usando os resultados calculados, continue a analisar cada um dos outros nós. Lembre-se de que um membro sob *compressão* "empurra" o nó e um membro sob *tração* "puxa" o nó. Além disso, certifique-se de escolher um nó que tenha pelo menos uma força conhecida e no máximo duas forças incógnitas.

Exemplo 6.1

Determine a força em cada membro da treliça mostrada na Figura 6.8a e indique se os membros estão sob tração ou compressão.

SOLUÇÃO

Como não devemos ter mais do que duas forças incógnitas no nó e não menos do que uma força conhecida atuando ali, começaremos nossa análise com o nó B.

Nó B

O diagrama de corpo livre do nó em B é mostrado na Figura 6.8b. Aplicando as equações de equilíbrio, temos:

$\xrightarrow{+} \Sigma F_x = 0;$ $500 \text{ N} - F_{BC} \text{ sen } 45° = 0$ $F_{BC} = 707{,}1 \text{ N (C)}$ *Resposta*
$+\uparrow \Sigma F_y = 0;$ $F_{BC} \cos 45° - F_{BA} = 0$ $F_{BA} = 500 \text{ N (T)}$ *Resposta*

Como a força no membro BC foi calculada, podemos proceder à análise do nó C para determinar a força no membro CA e a reação no apoio oscilante.

Nó C

Pelo diagrama de corpo livre do nó C (Figura 6.8c), temos:

$\xrightarrow{+} \Sigma F_x = 0;$ $-F_{CA} + 707{,}1 \cos 45° \text{ N} = 0$ $F_{CA} = 500 \text{ N (T)}$ *Resposta*
$+\uparrow \Sigma F_y = 0;$ $C_y - 707{,}1 \text{ sen } 45° \text{ N} = 0$ $C_y = 500 \text{ N}$ *Resposta*

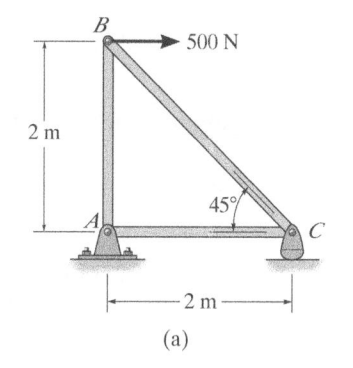

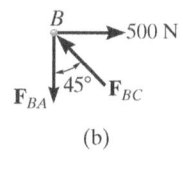

FIGURA 6.8

244 ESTÁTICA

Nó A

Embora não seja necessário, podemos determinar as componentes das reações de apoio no nó A usando os resultados de F_{CA} e F_{BA}. Por meio do diagrama de corpo livre (Figura 6.8d), temos:

$$\xrightarrow{+} \Sigma F_x = 0; \quad 500 \text{ N} - A_x = 0 \quad A_x = 500 \text{ N}$$
$$+\uparrow \Sigma F_y = 0; \quad 500 \text{ N} - A_y = 0 \quad A_y = 500 \text{ N}$$

NOTA: os resultados da análise são resumidos na Figura 6.8e. Observe que o diagrama de corpo livre de cada nó (ou pino) mostra os efeitos de todos os membros conectados e forças externas aplicadas ao nó, enquanto o diagrama de corpo livre de cada membro mostra apenas os efeitos dos nós sobre o membro.

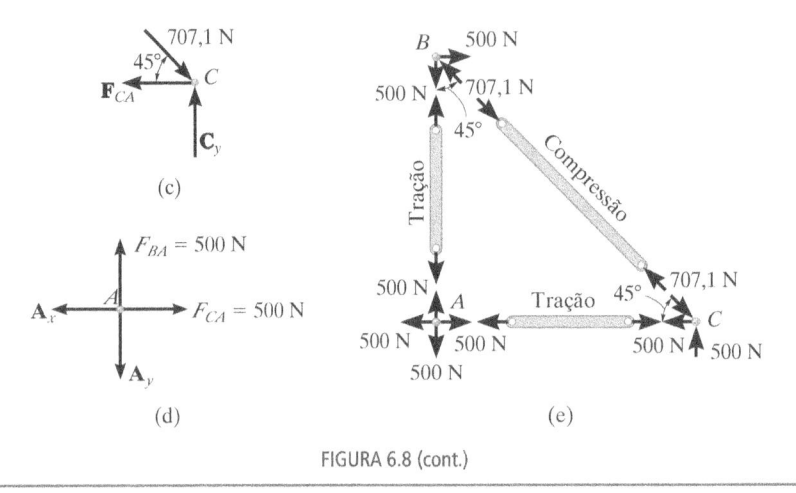

FIGURA 6.8 (cont.)

Exemplo 6.2

Determine as forças que atuam em todos os membros da treliça mostrada na Figura 6.9a.

SOLUÇÃO

Por observação, existem mais de duas incógnitas em cada nó. Por conseguinte, as reações de apoio na treliça primeiro precisam ser determinadas. Mostre que elas foram calculadas corretamente no diagrama de corpo livre da Figura 6.9b. Agora, podemos iniciar a análise no nó C. Por quê?

Nó C

Pelo diagrama de corpo livre (Figura 6.9c),

$$\xrightarrow{+} \Sigma F_x = 0; \quad -F_{CD} \cos 30° + F_{CB} \sin 45° = 0$$
$$+\uparrow \Sigma F_y = 0; \quad 1{,}5 \text{ kN} + F_{CD} \sin 30° - F_{CB} \cos 45° = 0$$

Essas duas equações precisam ser resolvidas *simultaneamente* para cada uma das duas incógnitas. Porém, observe que uma *solução direta* para uma dessas forças incógnitas pode ser obtida aplicando-se um somatório de forças ao longo de um eixo *perpendicular* à direção da outra força incógnita. Por exemplo, somando as forças ao longo do eixo y', que é perpendicular à direção de $\mathbf{F}_{CD}$ (Figura 6.9d), obtemos uma *solução direta* para F_{CB}.

$$+\nearrow \Sigma F_{y'} = 0; \quad 1{,}5 \cos 30° \text{ kN} - F_{CB} \sin 15° = 0$$
$$F_{CB} = 5{,}019 \text{ kN} = 5{,}02 \text{ kN (C)} \quad \textit{Resposta}$$

Logo,

$$+\searrow \Sigma F_{x'} = 0;$$
$$-F_{CD} + 5{,}019 \cos 15° - 1{,}5 \sin 30° = 0; \quad F_{CD} = 4{,}10 \text{ kN (T)} \quad \textit{Resposta}$$

Nó D

Agora, podemos prosseguir para analisar o nó D. O diagrama de corpo livre aparece na Figura 6.9e.

$$\xrightarrow{+} \Sigma F_x = 0; \qquad -F_{DA}\cos 30° + 4{,}10 \cos 30° \text{ kN} = 0$$
$$F_{DA} = 4{,}10 \text{ kN} \quad (T) \qquad\qquad Resposta$$

$$+\uparrow \Sigma F_y = 0; \qquad F_{DB} - 2(4{,}10 \text{ sen } 30° \text{ kN}) = 0$$
$$F_{DB} = 4{,}10 \text{ kN} \quad (T) \qquad\qquad Resposta$$

NOTA: a força no último membro, BA, pode ser obtida a partir do nó B ou do nó A. Como um exercício, desenhe o diagrama de corpo livre do nó B, some as forças na direção horizontal e mostre que $F_{BA} = 0{,}776$ kN (C).

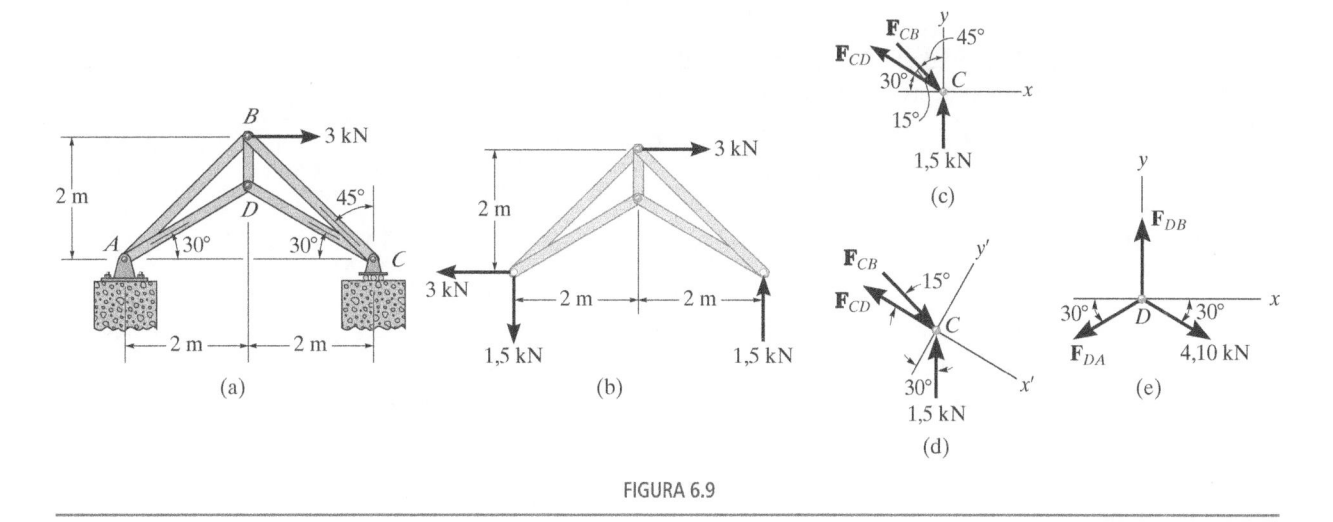

FIGURA 6.9

Exemplo 6.3

Determine a força em cada membro da treliça mostrada na Figura 6.10a. Indique se os membros estão sob tração ou compressão.

SOLUÇÃO

Reações de apoios

Nenhum nó pode ser analisado até que as reações dos apoios sejam determinadas, já que cada nó sofre a ação de mais de três forças desconhecidas atuando sobre ele. Um diagrama de corpo livre de toda a treliça é fornecido na Figura 6.10b. Aplicando as equações de equilíbrio, temos:

$$\xrightarrow{+} \Sigma F_x = 0; \qquad 600 \text{ N} - C_x = 0 \qquad C_x = 600 \text{ N}$$
$$\curvearrowleft + \Sigma M_C = 0; \qquad -A_y(6 \text{ m}) + 400 \text{ N}(3 \text{ m}) + 600 \text{ N}(4 \text{ m}) = 0$$
$$A_y = 600 \text{ N}$$
$$+\uparrow \Sigma F_y = 0; \qquad 600 \text{ N} - 400 \text{ N} - C_y = 0 \qquad C_y = 200 \text{ N}$$

A análise agora pode começar no nó A ou no C. A escolha é arbitrária, pois existe uma força de membro conhecida e duas incógnitas atuando no pino em cada um desses nós.

Nó A

(Figura 6.10c) Como mostra o diagrama de corpo livre, $\mathbf{F}_{AB}$ é considerada de compressão e $\mathbf{F}_{AD}$, de tração. Aplicando as equações de equilíbrio, temos:

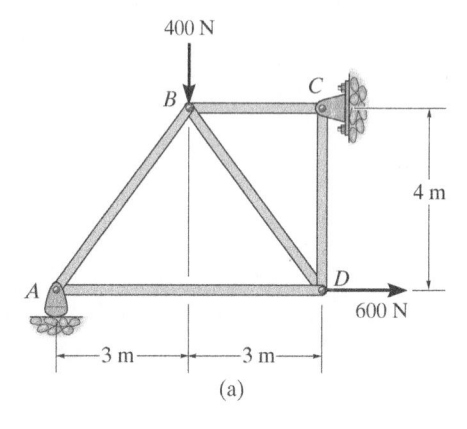

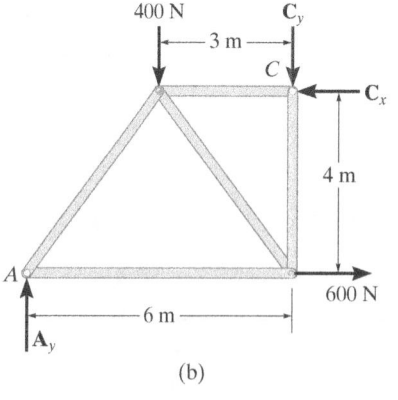

FIGURA 6.10

246 ESTÁTICA

$$+\uparrow \Sigma F_y = 0; \qquad 600\text{ N} - \tfrac{4}{5}F_{AB} = 0 \qquad F_{AB} = 750\text{ N} \quad (C) \qquad \textit{Resposta}$$
$$\xrightarrow{+} \Sigma F_x = 0; \qquad F_{AD} - \tfrac{3}{5}(750\text{ N}) = 0 \qquad F_{AD} = 450\text{ N} \quad (T) \qquad \textit{Resposta}$$

Nó D

(Figura 6.10d) Usando o resultado para F_{AD} e somando as forças na direção horizontal, temos:

$$\xrightarrow{+} \Sigma F_x = 0; \qquad -450\text{ N} + \tfrac{3}{5}F_{DB} + 600\text{ N} = 0 \qquad F_{DB} = -250\text{ N} \qquad \textit{Resposta}$$

O sinal negativo indica que $\mathbf{F}_{DB}$ atua no *sentido oposto* ao mostrado na Figura 6.10d.* Logo,

$$F_{DB} = 250\text{ N} \ (T) \qquad \textit{Resposta}$$

Para determinar $\mathbf{F}_{DC}$, podemos corrigir o sentido de $\mathbf{F}_{DB}$ no diagrama de corpo livre e, depois, aplicar $\Sigma F_y = 0$, ou aplicar essa equação e manter o sinal negativo para F_{DB}, ou seja,

$$+\uparrow \Sigma F_y = 0; \qquad -F_{DC} - \tfrac{4}{5}(-250\text{ N}) = 0 \qquad F_{DC} = 200\text{ N} \quad (C) \qquad \textit{Resposta}$$

Nó C

(Figura 6.10e)

$$\xrightarrow{+} \Sigma F_x = 0; \qquad F_{CB} - 600\text{ N} = 0 \qquad F_{CB} = 600\text{ N} \quad (C)$$
$$+\uparrow \Sigma F_y = 0; \qquad \qquad 200\text{ N} - 200\text{ N} \equiv 0 \quad (\text{verificado}) \qquad \textit{Resposta}$$

NOTA: a análise é resumida na Figura 6.10f, que mostra o diagrama de corpo livre para cada nó e membro.

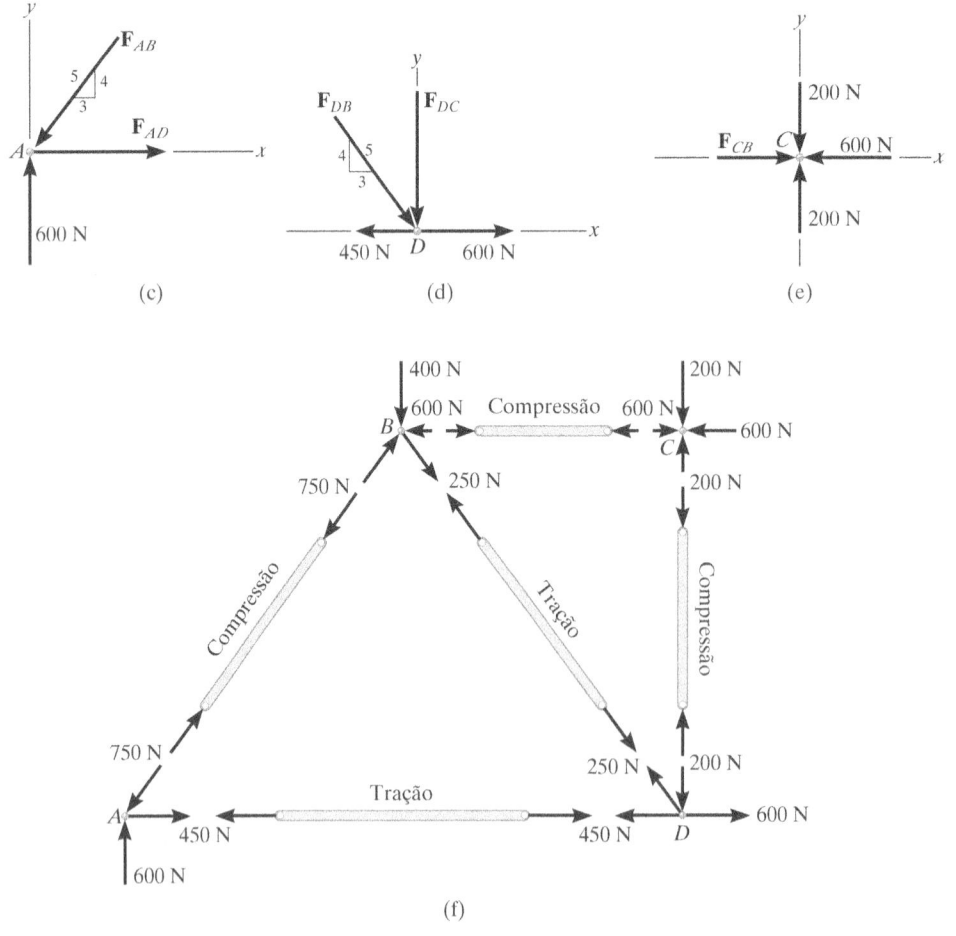

FIGURA 6.10 (cont.)

---

* O sentido correto poderia ter sido determinado por observação, antes de aplicar $\Sigma F_x = 0$.

6.3 Membros de força zero

A análise de treliças usando o método dos nós normalmente é simplificada se pudermos primeiramente identificar os membros que *não suportam carregamento algum*. Esses *membros de força zero* são usados para aumentar a estabilidade da treliça durante a construção e para fornecer um apoio adicional se o carregamento for alterado.

Em geral, os membros de força zero de uma treliça podem ser determinados *por observação* de cada um dos nós. Por exemplo, considere a treliça mostrada na Figura 6.11a. Se for desenhado um diagrama de corpo livre do pino no nó A (Figura 6.11b), vemos que os membros AB e AF são membros de força zero. (Não poderíamos ter chegado a essa conclusão se tivéssemos considerado os diagramas de corpo livre dos nós F ou B simplesmente porque há cinco incógnitas em cada um desses nós.) De modo semelhante, considere o diagrama de corpo livre do nó D (Figura 6.11c). Aqui, novamente vemos que DC e DE são membros de força zero. A partir dessas observações, podemos concluir que, *se apenas dois membros não colineares formam um nó da treliça e nenhuma carga externa ou reação de apoio é aplicada ao nó, os dois membros só podem ser membros de força zero*. A carga sobre a treliça na Figura 6.11a é, portanto, sustentada por apenas cinco membros, como mostra a Figura 6.11d.

Agora considere a treliça mostrada na Figura 6.12a. O diagrama de corpo livre do pino no nó D é mostrado na Figura 6.12b. Orientando o eixo y ao longo dos membros DC e DE e o eixo x ao longo do membro DA, podemos ver que DA é um membro de força zero. Note que esse também é o caso para o membro CA (Figura 6.12c). Em geral, então, *se três membros formam um nó da treliça onde dois dos membros são colineares, o terceiro membro é um membro de força zero, desde que nenhuma força externa ou reação de apoio tenha uma componente que atue ao longo desse membro*. A treliça mostrada na Figura 6.12d, portanto, é adequada para suportar o peso **P**.

$\xrightarrow{+} \Sigma F_x = 0; \quad F_{AB} = 0$
$+\uparrow \Sigma F_y = 0; \quad F_{AF} = 0$

(a)

(b)

$+\searrow \Sigma F_y = 0; F_{DC} \operatorname{sen} \theta = 0; \quad F_{DC} = 0 \text{ pois sen } \theta \neq 0$
$+\swarrow \Sigma F_x = 0; F_{DE} + 0 = 0; \quad F_{DE} = 0$

(c)

(d)

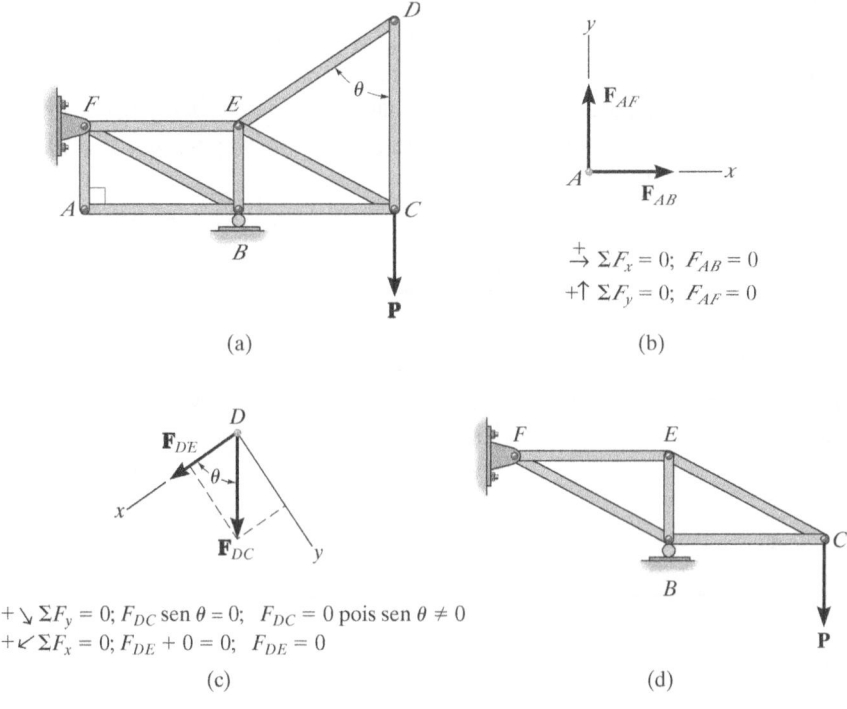

FIGURA 6.11

$+\nearrow \Sigma F_x = 0;$ $F_{DA} = 0$
$+\searrow \Sigma F_y = 0;$ $F_{DC} = F_{DE}$

(a) (b)

$+\nearrow \Sigma F_x = 0;$ $F_{CA} \operatorname{sen} \theta = 0;$ $F_{CA} = 0$ pois $\operatorname{sen} \theta \neq 0;$
$+\searrow \Sigma F_y = 0;$ $F_{CB} = F_{CD}$

(c) (d)

FIGURA 6.12

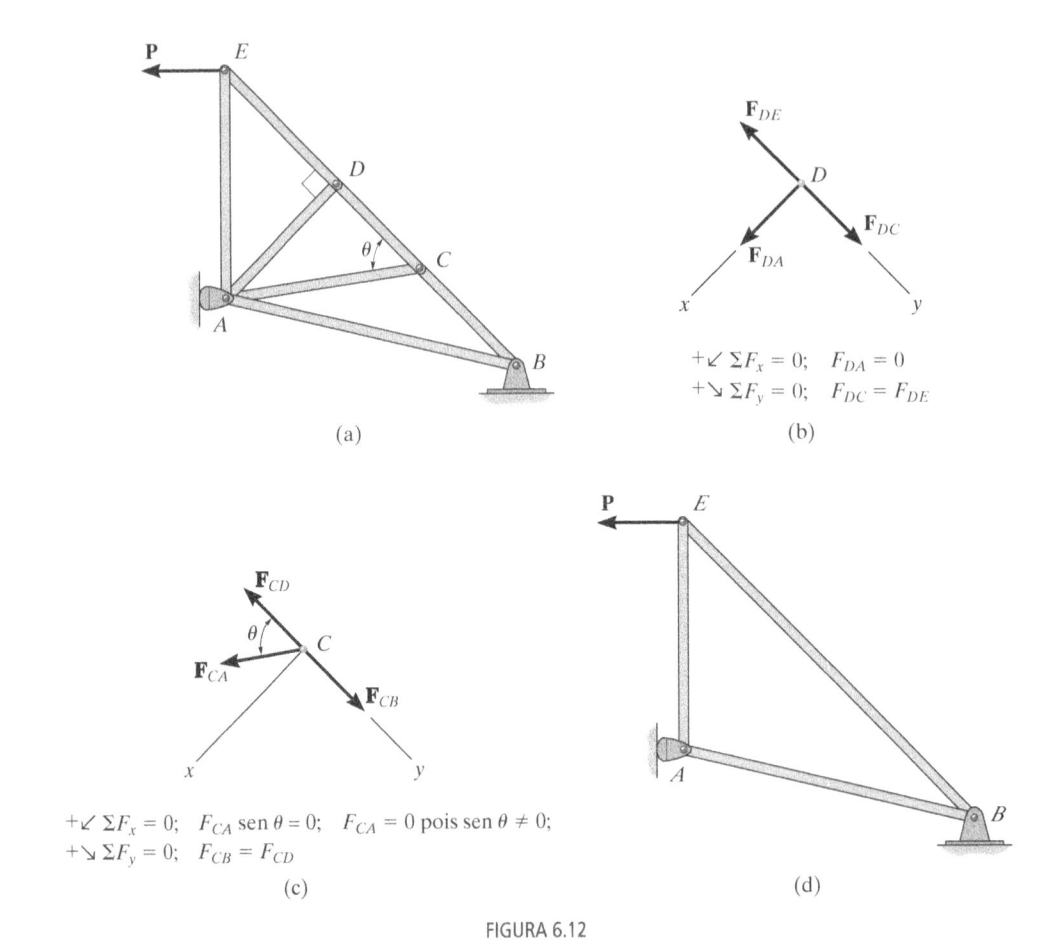

Ponto importante

- Os membros de força zero não suportam carga alguma; porém, eles são necessários para a estabilidade, e estão disponíveis quando cargas adicionais são aplicadas aos nós da treliça. Esses membros normalmente podem ser identificados por observação. Eles ocorrem em nós em que apenas dois membros estão conectados e nenhuma carga externa atua ao longo de qualquer membro. Além disso, nos nós com dois membros colineares, um terceiro membro será um membro de força zero se nenhuma componente de força externa atuar ao longo desse membro.

Exemplo 6.4

Usando o método dos nós, determine todos os membros de força zero da *treliça de telhado Fink* mostrada na Figura 6.13a. Considere que todos os nós são conectados por pinos.

SOLUÇÃO

Procure geometrias de nós que tenham três membros para os quais dois sejam colineares. Temos:

Nó G

(Figura 6.13b)

$$+\uparrow \Sigma F_y = 0; \qquad F_{GC} = 0 \qquad \qquad Resposta$$

Perceba que não poderíamos concluir que *GC* é um membro de força zero considerando o nó *C*, em que existem cinco incógnitas. O fato de que *GC* é um membro de força zero significa que a carga de 5 kN em *C* precisa ser suportada pelos membros *CB*, *CH*, *CF* e *CD*.

Nó D
(Figura 6.13c)

$$+\swarrow \Sigma F_x = 0; \qquad F_{DF} = 0 \qquad Resposta$$

Nó F
(Figura 6.13d)

$$+\uparrow \Sigma F_y = 0; \qquad F_{FC}\cos\theta = 0 \quad \text{Visto que } \theta \neq 90°, \quad F_{FC} = 0 \qquad Resposta$$

NOTA: se o nó *B* for analisado (Figura 6.13e),

$$+\searrow \Sigma F_x = 0; \qquad 2\text{ kN} - F_{BH} = 0 \quad F_{BH} = 2\text{ kN} \quad (C)$$

Além disso, F_{HC} precisa satisfazer $\Sigma F_y = 0$ (Figura 6.13f) e, portanto, *HC* não é um membro de força zero.

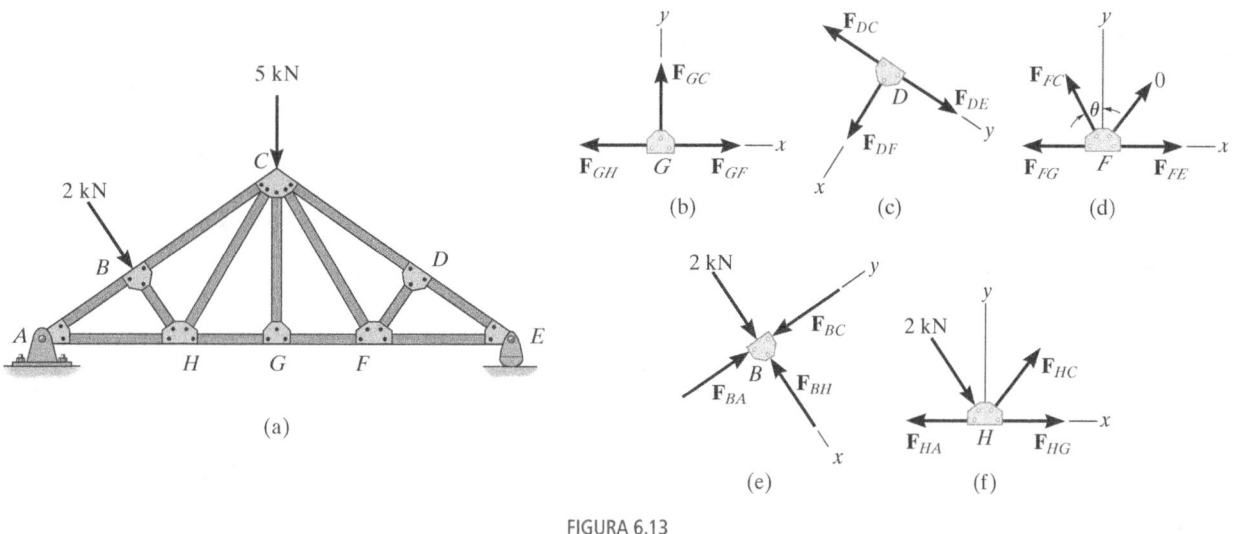

FIGURA 6.13

Problemas preliminares

P6.1. Em cada caso, calcule as reações de apoios e depois desenhe os diagramas de corpo livre dos nós *A*, *B* e *C* da treliça.

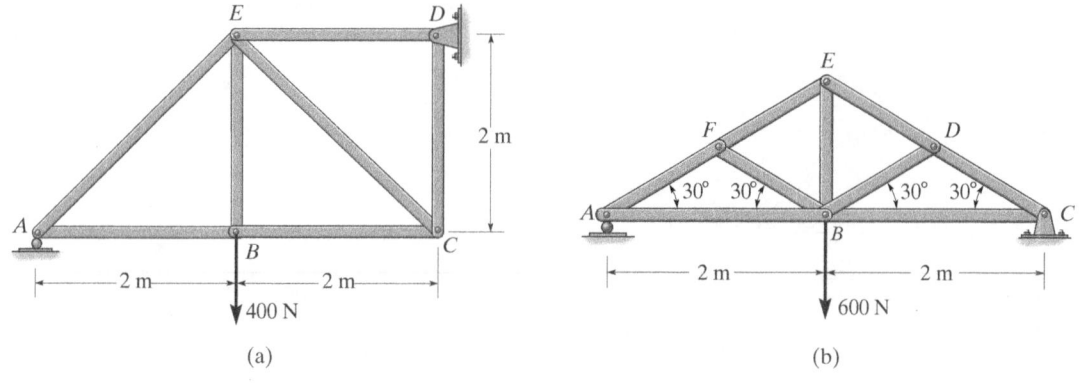

PROBLEMA P6.1

P6.2. Identifique os membros de força zero em cada treliça.

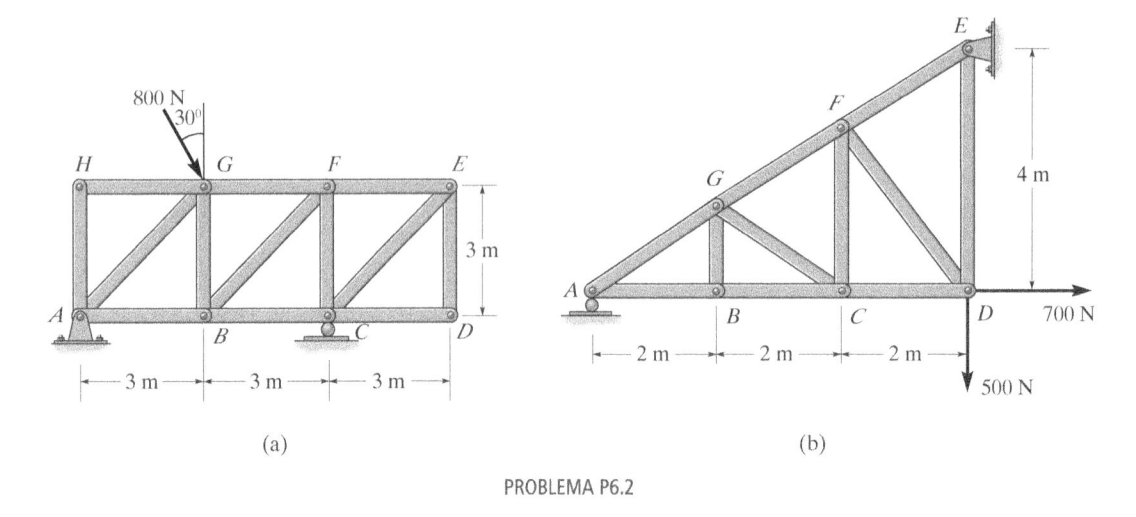

(a)

(b)

PROBLEMA P6.2

Problemas fundamentais

Todas as soluções dos problemas deverão incluir diagramas de corpo livre.

F6.1. Determine a força em cada membro da treliça. Indique se os membros estão sob tração ou compressão.

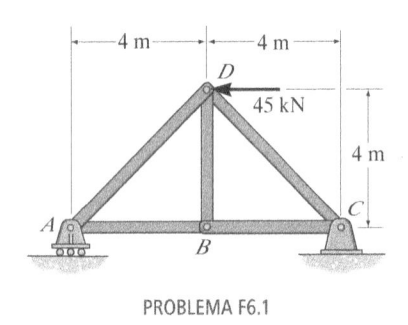

PROBLEMA F6.1

F6.2. Determine a força em cada membro da treliça. Indique se os membros estão sob tração ou compressão.

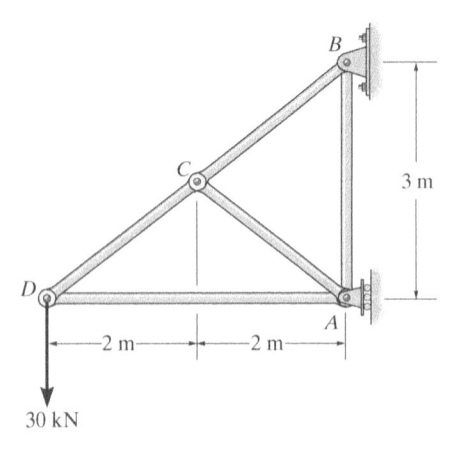

PROBLEMA F6.2

F6.3. Determine a força nos membros AE e DC. Indique se os membros estão sob tração ou compressão.

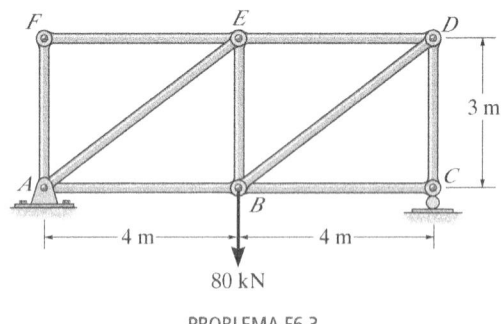

PROBLEMA F6.3

F6.4. Determine a maior carga P que pode ser aplicada na treliça de modo que nenhum dos membros esteja sujeito a uma força excedendo 2 kN em tração ou 1,5 kN em compressão.

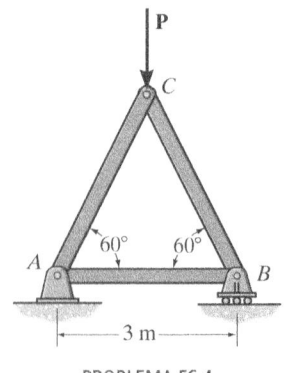

PROBLEMA F6.4

F6.5. Identifique os membros de força zero na treliça.

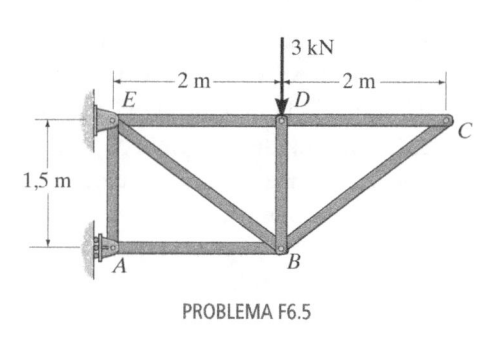

F6.6. Determine a força em cada membro da treliça. Indique se os membros estão sob tração ou compressão.

PROBLEMA F6.5

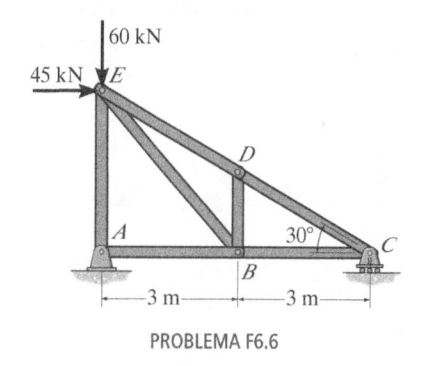

PROBLEMA F6.6

Problemas

Todas as soluções dos problemas precisam incluir um diagrama de corpo livre.

6.1. Determine a força em cada membro da treliça e indique se os membros estão sob tração ou compressão.

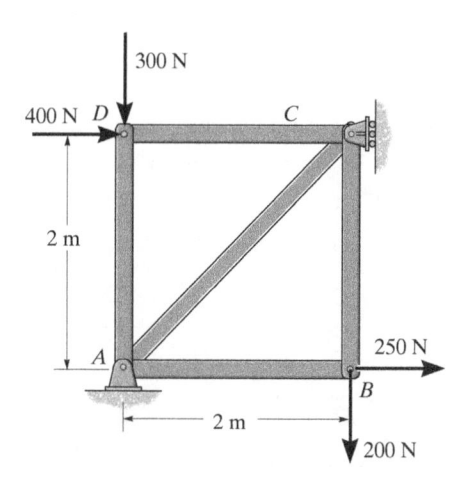

PROBLEMA 6.1

6.2. Determine a força em cada membro da treliça e indique se os membros estão sob tração ou compressão. Considere $P_1 = 20$ kN, $P_2 = 10$ kN.

6.3. Determine a força em cada membro da treliça e indique se os membros estão sob tração ou compressão. Considere $P_1 = 45$ kN, $P_2 = 30$ kN.

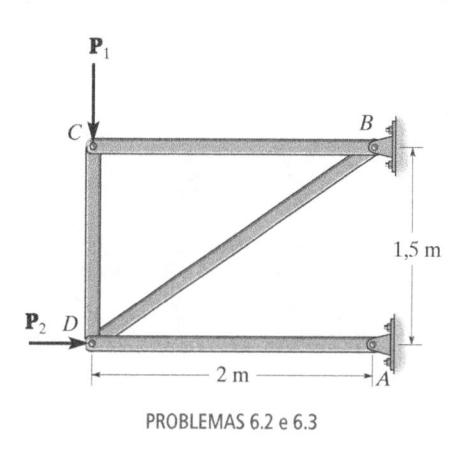

PROBLEMAS 6.2 e 6.3

*****6.4.** Determine a força em cada membro da treliça e indique se os membros estão sob tração ou compressão. Considere $\theta = 0°$.

6.5. Determine a força em cada membro da treliça e indique se os membros estão sob tração ou compressão. Considere $\theta = 30°$.

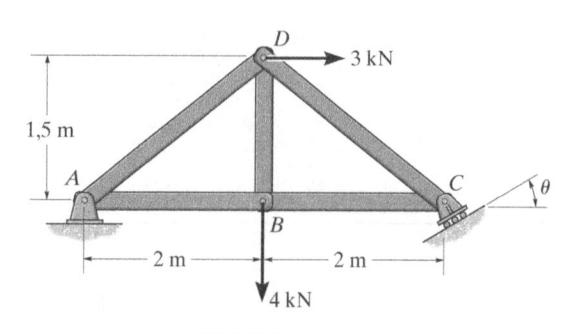

PROBLEMAS 6.4 e 6.5

6.6. A treliça, usada para sustentar uma sacada, está sujeita às cargas mostradas. Considere cada nó como um pino e determine a força em cada membro. Indique se os membros estão sob tração ou compressão.

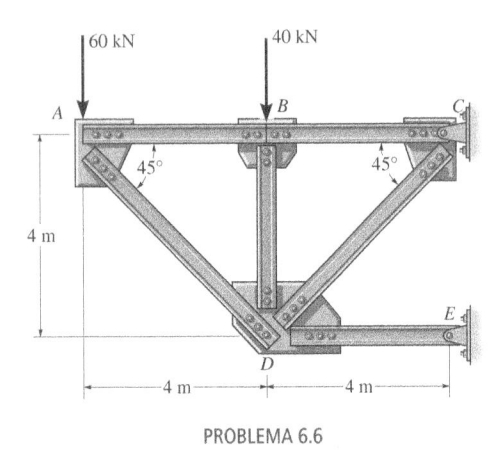

PROBLEMA 6.6

6.7. Determine a força em cada membro da treliça e indique se os membros estão sob tração ou compressão.

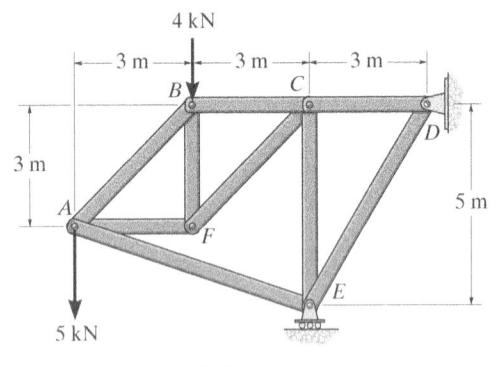

PROBLEMA 6.7

*6.8. Determine a força em cada membro da treliça e indique se os membros estão sob tração ou compressão. Considere $P = 8$ kN.

6.9. Se a força máxima que qualquer membro pode suportar é 8 kN em tração e 6 kN em compressão, determine a força máxima P que pode ser suportada no nó D.

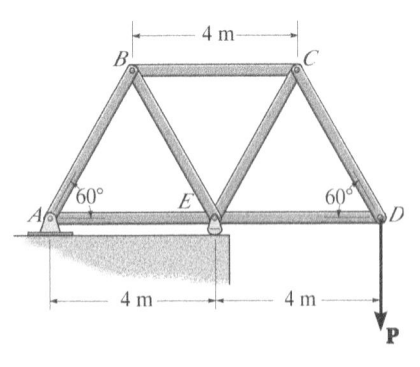

PROBLEMAS 6.8 e 6.9

6.10. Determine a força em cada membro da treliça em função da carga P e indique se os membros estão sob tração ou compressão.

6.11. Cada membro da treliça é uniforme e possui peso W. Remova a força externa **P** e determine a força aproximada em cada membro em decorrência do peso da treliça. Indique se os membros estão sob tração ou compressão. Resolva o problema *supondo* que o peso de cada membro pode ser representado por uma força vertical, metade da qual é aplicada na extremidade de cada membro.

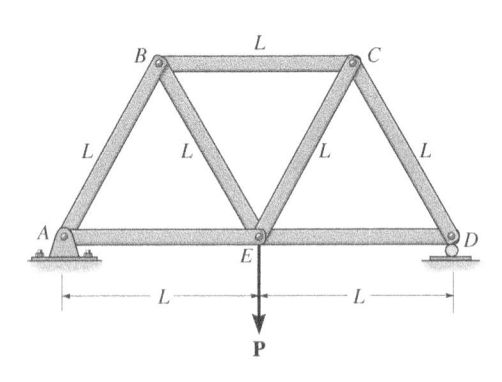

PROBLEMAS 6.10 e 6.11

*6.12. Determine a força em cada membro da treliça e indique se os membros estão sob tração ou compressão. Considere $P_1 = 3$ kN, $P_2 = 6$ kN.

6.13. Determine a força em cada membro da treliça e indique se os membros estão sob tração ou compressão. Considere $P_1 = 6$ kN, $P_2 = 9$ kN.

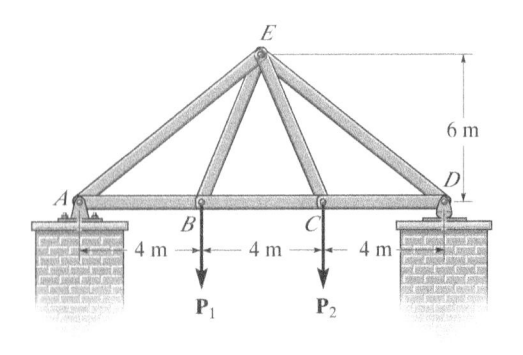

PROBLEMAS 6.12 e 6.13

6.14. Determine a força em cada membro da treliça e indique se os membros estão sob tração ou compressão.

Capítulo 6 – Análise estrutural 253

PROBLEMA 6.14

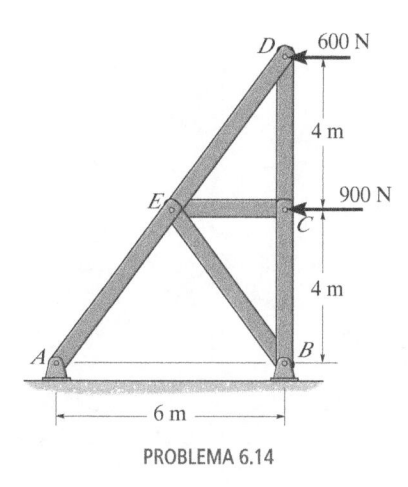

6.15. Determine a força em cada membro da treliça em função da carga P e indique se os membros estão sob tração ou compressão.

*6.16. Se a força máxima que qualquer membro pode suportar é 4 kN em tração e 3 kN em compressão, determine a força máxima P que pode ser suportada no nó B. Considere $d = 1$ m.

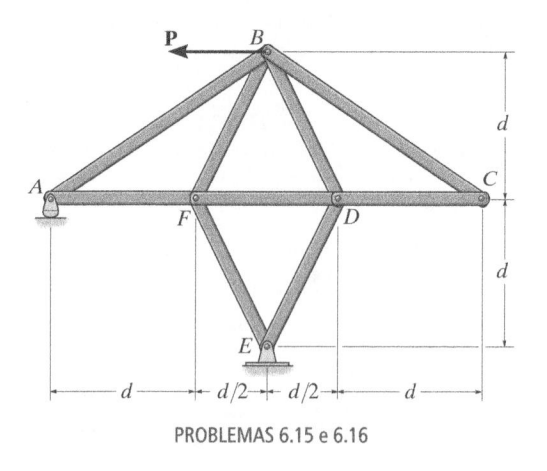

6.18. Determine a força em cada membro da treliça e indique se os membros estão sob tração ou compressão. Considere $P_1 = 9$ kN, $P_2 = 15$ kN.

6.19. Determine a força em cada membro da treliça e indique se os membros estão sob tração ou compressão. Considere $P_1 = 30$ kN, $P_2 = 15$ kN.

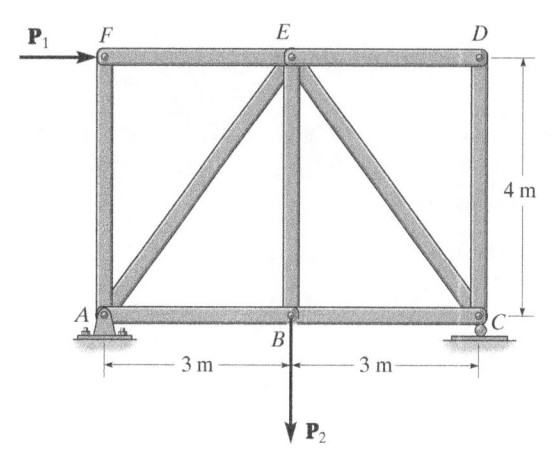

PROBLEMAS 6.18 e 6.19

*6.20. Determine a força em cada membro da treliça e indique se os membros estão sob tração ou compressão. Considere $P_1 = 10$ kN, $P_2 = 8$ kN.

6.21. Determine a força em cada membro da treliça e indique se os membros estão sob tração ou compressão. Considere $P_1 = 8$ kN, $P_2 = 12$ kN.

PROBLEMAS 6.15 e 6.16

6.17. Determine a força em cada membro da *treliça Pratt* e indique se os membros estão sob tração ou compressão.

PROBLEMAS 6.20 e 6.21

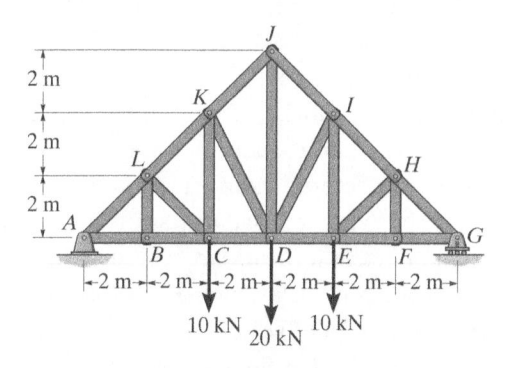

PROBLEMA 6.17

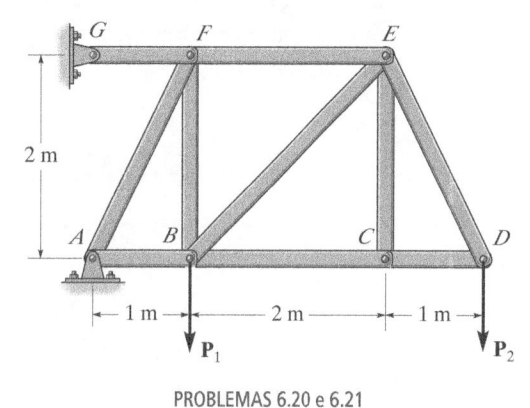

6.22. Determine a força em cada membro da treliça tesoura dupla em função da carga P e indique se os membros estão sob tração ou compressão.

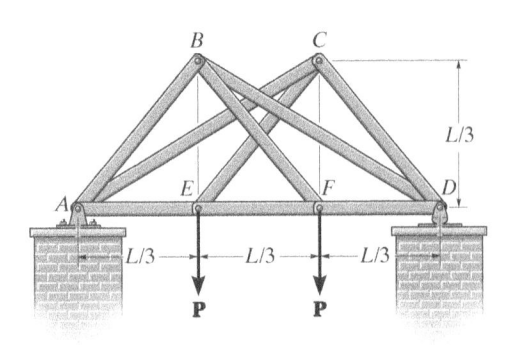

PROBLEMA 6.22

6.23. Determine a força em cada membro da treliça em função da carga P e indique se os membros estão sob tração ou compressão.

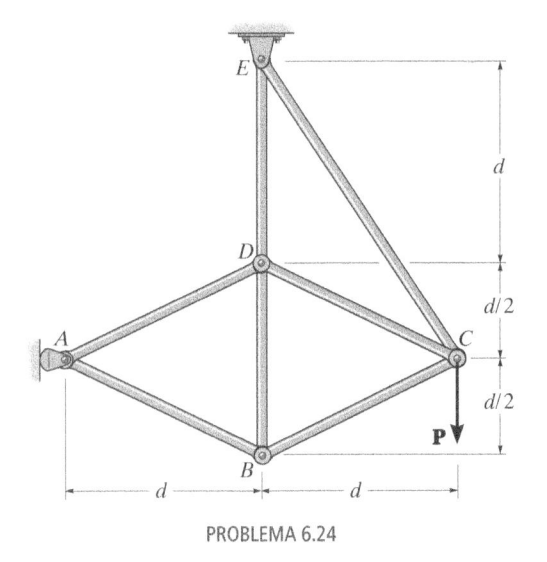

PROBLEMA 6.24

6.25. Determine a força em cada membro da treliça em função da carga externa e indique se os membros estão sob tração ou compressão. Considere $P = 2$ kN.

6.26. A força de tração máxima permitida nos membros da treliça é $(F_t)_{máx} = 5$ kN, e a força de compressão máxima permitida é $(F_c)_{máx} = 3$ kN. Determine a intensidade máxima P das duas cargas que podem ser aplicadas à treliça.

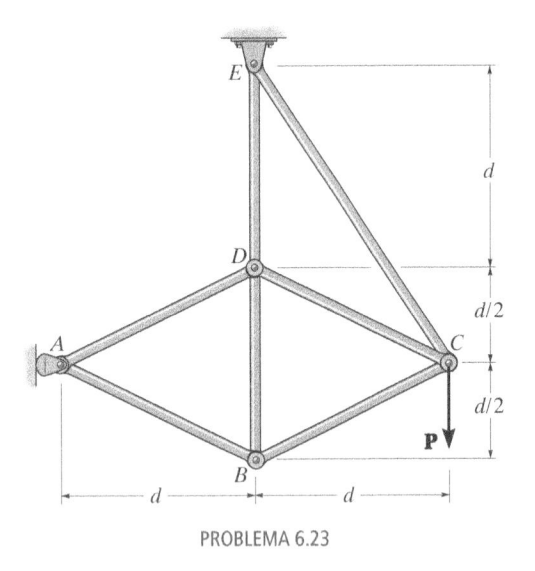

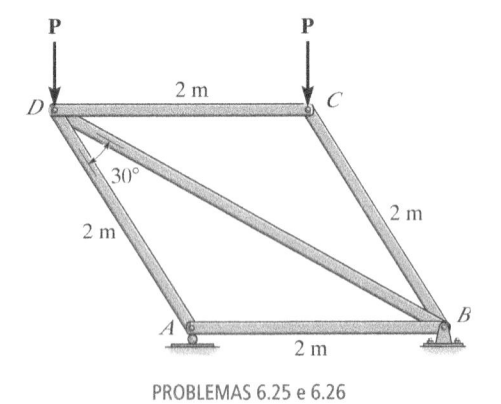

PROBLEMA 6.23

***6.24.** A força de tração máxima permitida nos membros da treliça é $(F_t)_{máx} = 5$ kN, e a força de compressão máxima permitida é $(F_c)_{máx} = 3$ kN. Determine a intensidade máxima da carga **P** que pode ser aplicada à treliça. Considere $d = 2$ m.

PROBLEMAS 6.25 e 6.26

6.4 Método das seções

Quando precisamos encontrar a força em apenas alguns membros de uma treliça, podemos analisá-la usando o ***método das seções***. Esse método baseia-se no princípio de que, se uma treliça está em equilíbrio, então qualquer segmento dela também está em equilíbrio. Por exemplo, considere os dois membros de treliça mostrados no lado esquerdo da Figura 6.14. Se as forças dentro dos membros devem ser determinadas, então uma seção imaginária, indicada pela linha horizontal, pode ser usada para cortar cada membro em duas partes e, assim, "expor" cada força interna como "externa" ao diagrama de corpo livre mostrado à direita. Claramente, pode-se ver que o equilíbrio requer que o membro sob tração (T) esteja sujeito a um "puxão", enquanto o membro sob compressão (C) está sujeito a um "empurrão".

O método das seções também pode ser usado para "cortar" ou seccionar os membros de uma treliça inteira. Se a seção passar pela treliça e o diagrama de corpo livre de qualquer das duas partes for desenhado, podemos, então, aplicar as equações de equilíbrio a essa parte para determinar as forças de membro na "seção do corte". Como apenas *três* equações de equilíbrio independentes ($\Sigma F_x = 0$, $\Sigma F_y = 0$, $\Sigma M_O = 0$) podem ser aplicadas ao diagrama de corpo livre de qualquer segmento, então devemos escolher uma seção que, em geral, passe por não mais do que *três* membros em que as forças são incógnitas. Por exemplo, considere a treliça na Figura 6.15*a*. Se as forças nos membros *BC*, *GC* e *GF* devem ser determinadas, então a seção *aa* seria apropriada. Os diagramas de corpo livre dos dois segmentos são mostrados nas figuras 6.15*b* e 6.15*c*. Observe que a linha de ação de cada força nos membros é especificada pela *geometria* da treliça, já que a força em um membro atua ao longo de seu eixo. Além disso, as forças nos membros agindo em uma parte da treliça são iguais, mas opostas àquelas que agem na outra parte — terceira lei de Newton. Os membros *BC* e *GC* são considerados sob *tração*, já que eles estão sujeitos a um "puxão", enquanto *GF* está sob *compressão*, pois está sujeito a um "empurrão".

As três forças de membro incógnitas $\mathbf{F}_{BC}$, $\mathbf{F}_{GC}$ e $\mathbf{F}_{GF}$ podem ser obtidas aplicando as três equações de equilíbrio ao diagrama de corpo livre na Figura 6.15*b*. Se, no entanto, o diagrama de corpo livre na Figura 6.15*c* for considerado, as três reações de apoio $\mathbf{D}_x$, $\mathbf{D}_y$ e $\mathbf{E}_x$ precisarão ser conhecidas, porque apenas três equações de equilíbrio estão disponíveis. (Isso, naturalmente, é feito da maneira usual considerando um diagrama de corpo livre da *treliça inteira*.)

Ao aplicar as equações de equilíbrio, devemos considerar cuidadosamente maneiras de escrever as equações, a fim de produzir uma *solução direta* para cada uma das incógnitas, em vez de precisar resolver equações simultâneas. Por exemplo, o uso do segmento de treliça na Figura 6.15*b* e a soma dos momentos em relação a *C* produziriam uma solução direta para $\mathbf{F}_{GF}$, já que $\mathbf{F}_{BC}$ e $\mathbf{F}_{GC}$ criam um momento zero em torno de *C*. Do mesmo modo, $\mathbf{F}_{BC}$ pode ser obtida diretamente a partir da soma dos momentos em torno de *G*. Finalmente, $\mathbf{F}_{GC}$ pode ser encontrada diretamente a partir de uma soma de forças na direção vertical, já que $\mathbf{F}_{GF}$ e $\mathbf{F}_{BC}$ não possuem componentes verticais. Essa capacidade de *determinar diretamente* a força em um membro de treliça específico é uma das muitas vantagens de usar o método das seções.[*]

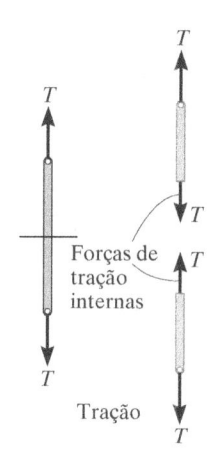

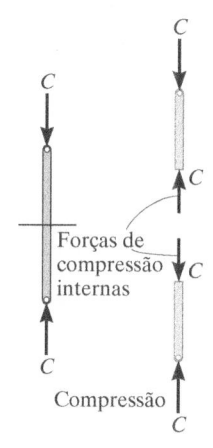

FIGURA 6.14

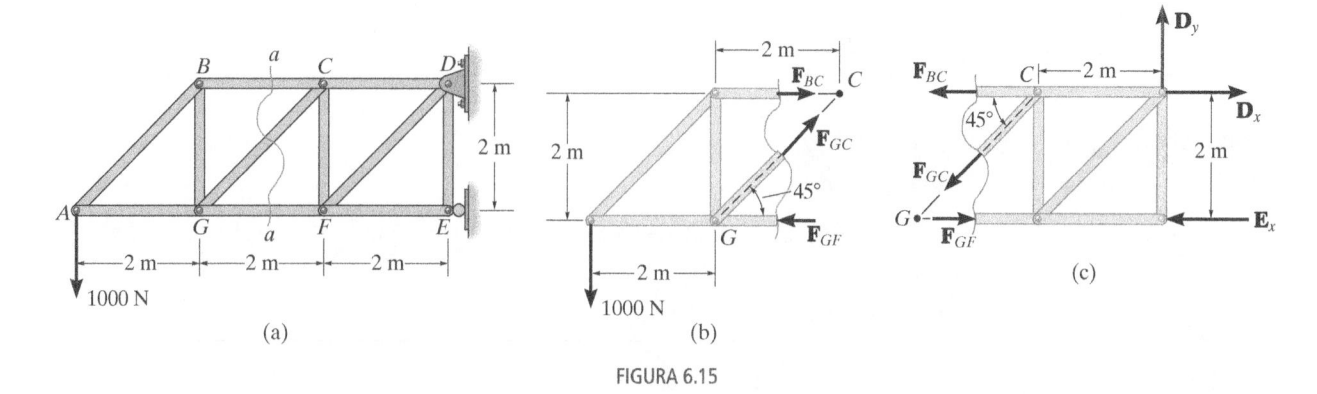

FIGURA 6.15

---

[*] Note que, se o método dos nós fosse usado para determinar, por exemplo, a força no membro *GC*, seria necessário analisar os nós *A*, *B* e *G* em sequência.

Como no método dos nós, há duas maneiras de determinar o sentido correto de uma força de membro desconhecida:

- O sentido correto de uma força de membro incógnita pode, em muitos casos, ser determinado "por observação". Por exemplo, $\mathbf{F}_{BC}$ é uma força de tração, como representado na Figura 6.15b, pois o equilíbrio de momento em relação a G exige que $\mathbf{F}_{BC}$ crie um momento oposto ao momento da força de 1000 N. Além disso, $\mathbf{F}_{GC}$ também é de tração, já que sua componente vertical precisa equilibrar a força de 1000 N que age para baixo. Em casos mais complicados, o sentido de uma força de membro incógnita pode ser *assumido*. Se a solução produzir um escalar *negativo*, isso indica que o sentido da força é *oposto* ao mostrado no diagrama de corpo livre.

- *Sempre considere* que as forças de membro incógnitas na seção de corte são *de tração*, ou seja, "puxam" o membro. Dessa maneira, a solução numérica das equações de equilíbrio produzirá *escalares positivos para os membros sob tração e escalares negativos para os membros sob compressão.*

As forças em membros selecionados desta treliça Pratt podem ser prontamente determinadas usando o método das seções.

Treliças simples geralmente são usadas na construção de grandes guindastes, a fim de reduzir o peso da lança e da torre.

Ponto importante

- Se uma treliça está em equilíbrio, então cada um de seus segmentos está em equilíbrio. As forças internas nos membros tornam-se externas quando o diagrama de corpo livre de um segmento da treliça é desenhado. A força puxando um membro causa tensão nele, e uma força empurrando um membro causa compressão.

Procedimento para análise

As forças nos membros de uma treliça podem ser determinadas pelo método das seções, usando o procedimento indicado a seguir.

Diagrama de corpo livre

- Decida sobre como "cortar" ou seccionar a treliça através dos membros onde as forças devem ser determinadas.

- Antes de isolar a seção apropriada, primeiro pode ser necessário determinar as reações dos apoios da treliça. Se isso for feito, então as três equações de equilíbrio estarão disponíveis para resolver as forças de membro na seção.
- Desenhe o diagrama de corpo livre do segmento da treliça seccionada que possui o menor número de forças agindo.
- Use um dos dois métodos descritos anteriormente para estabelecer o sentido das forças de membro incógnitas.

Equações de equilíbrio

- Os momentos devem ser somados em torno de um ponto situado na interseção das linhas de ação de duas forças incógnitas, de modo que a terceira força incógnita possa ser determinada diretamente pela equação de momentos.
- Se duas das forças incógnitas são *paralelas*, as forças podem ser somadas *perpendicularmente* à direção dessas incógnitas para determinar *diretamente* a terceira força incógnita.

Exemplo 6.5

Determine a força nos membros GE, GC e BC da treliça mostrada na Figura 6.16a. Indique se os membros estão sob tração ou compressão.

SOLUÇÃO

A seção *aa* na Figura 6.16a foi escolhida porque ela atravessa os *três* membros cujas forças devem ser determinadas. Para usar o método das seções, no entanto, *primeiramente* é necessário determinar as reações externas em A ou D. Por quê? Um diagrama de corpo livre de toda a treliça é mostrado na Figura 6.16b. Aplicando as equações de equilíbrio, temos:

$\xrightarrow{+} \Sigma F_x = 0;$ $400 \text{ N} - A_x = 0$ $A_x = 400 \text{ N}$

$\zeta + \Sigma M_A = 0;$ $-1200 \text{ N}(8 \text{ m}) - 400 \text{ N}(3 \text{ m}) + D_y(12 \text{ m}) = 0$

$$D_y = 900 \text{ N}$$

$+\uparrow \Sigma F_y = 0;$ $A_y - 1200 \text{ N} + 900 \text{ N} = 0$ $A_y = 300 \text{ N}$

Diagrama de corpo livre

Para a análise, usaremos o diagrama de corpo livre da parte esquerda da treliça selecionada, já que ele envolve o menor número de forças (Figura 6.16c).

Equações de equilíbrio

A soma dos momentos em relação ao ponto G elimina $\mathbf{F}_{GE}$ e $\mathbf{F}_{GC}$ e fornece uma solução direta para F_{BC}.

$\zeta + \Sigma M_G = 0;$ $-300 \text{ N}(4 \text{ m}) - 400 \text{ N}(3 \text{ m}) + F_{BC}(3 \text{ m}) = 0$

$$F_{BC} = 800 \text{ N} \quad (T)$$ *Resposta*

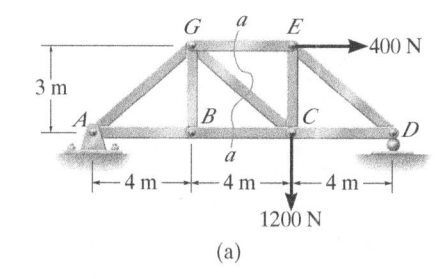

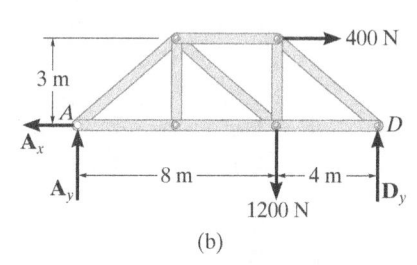

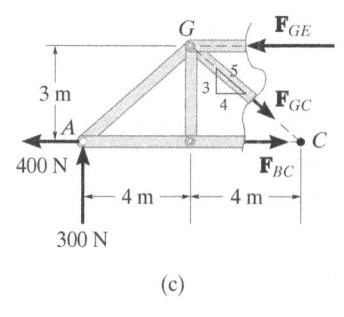

FIGURA 6.16

Da mesma maneira, somando os momentos em relação ao ponto C, obtemos uma solução direta para F_{GE}.

$$\zeta + \Sigma M_C = 0; \quad -300 \text{ N}(8 \text{ m}) + F_{GE}(3 \text{ m}) = 0$$

$$F_{GE} = 800 \text{ N} \quad (C) \qquad \qquad Resposta$$

Como $\mathbf{F}_{BC}$ e $\mathbf{F}_{GE}$ não possuem componentes verticais, somar as forças na direção y diretamente produz F_{GC}, ou seja,

$$+\uparrow \Sigma F_y = 0; \quad 300 \text{ N} - \tfrac{3}{5} F_{GC} = 0$$

$$F_{GC} = 500 \text{ N} \quad (T) \qquad \qquad Resposta$$

NOTA: aqui é possível dizer, por observação, a direção correta para cada força de membro incógnita. Por exemplo, $\Sigma M_C = 0$ exige que $\mathbf{F}_{GE}$ seja *de compressão*, porque ela precisa equilibrar o momento da força de 300 N em relação a C.

Exemplo 6.6

Determine a força no membro CF da treliça mostrada na Figura 6.17a. Indique se o membro está sob tração ou compressão. Considere que cada membro é conectado por pinos.

SOLUÇÃO

Diagrama de corpo livre

A seção *aa* na Figura 6.17a será usada porque ela irá "expor" a força interna no membro CF como "externa" no diagrama de corpo livre da parte direita ou esquerda da treliça. Entretanto, primeiramente é necessário determinar as reações de apoio no lado esquerdo ou direito. Verifique os resultados mostrados no diagrama de corpo livre da Figura 6.17b.

O diagrama de corpo livre da parte direita da treliça, que é mais fácil de analisar, é mostrado na Figura 6.17c. Existem três incógnitas, F_{FG}, F_{CF} e F_{CD}.

Equações de equilíbrio

Aplicaremos a equação de momento em relação ao ponto O a fim de eliminar as duas incógnitas, F_{FG} e F_{CD}. A posição do ponto O, medida a partir de E, pode ser determinada pela proporcionalidade de triângulos, ou seja, $4/(4+x) = 6/(8+x)$, $x = 4$ m. Ou, dito de outra forma, a inclinação do membro GF possui altura de 2 m para uma distância horizontal de 4 m. Como FD possui 4 m (Figura 6.17c), então, conclui-se que a distância de D para O é de 8 m.

Um modo fácil de determinar o momento de $\mathbf{F}_{CF}$ em relação ao ponto O é usar o princípio da transmissibilidade e deslizar $\mathbf{F}_{CF}$ para o ponto C e, depois, decompor $\mathbf{F}_{CF}$ em suas duas componentes retangulares. Temos:

$$\zeta + \Sigma M_O = 0;$$

$$-F_{CF} \text{sen } 45°(12 \text{ m}) + (3 \text{ kN})(8 \text{ m}) - (4{,}75 \text{ kN})(4 \text{ m}) = 0$$

$$F_{CF} = 0{,}589 \text{ kN} \quad (C) \qquad Resposta$$

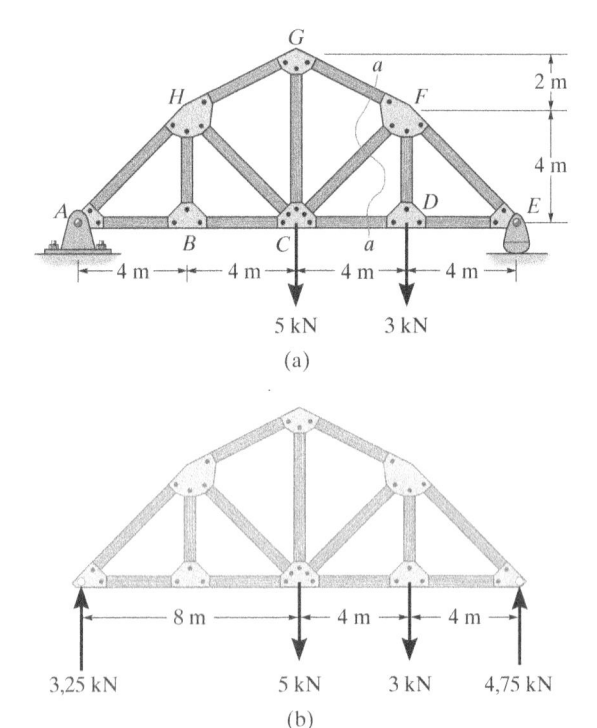

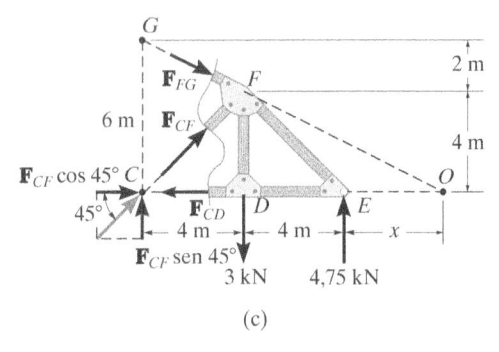

FIGURA 6.17

Exemplo 6.7

Determine a força no membro EB da treliça de telhado mostrada na Figura 6.18a. Indique se o membro está sob tração ou compressão.

SOLUÇÃO

Diagramas de corpo livre

Pelo método das seções, qualquer seção imaginária que atravesse EB (Figura 6.18a) também terá de atravessar três outros membros para os quais as forças são desconhecidas. Por exemplo, a seção aa atravessa ED, EB, FB e AB. Se um diagrama de corpo livre do lado esquerdo dessa seção for considerado (Figura 6.18b), será possível obter $\mathbf{F}_{ED}$ somando os momentos em relação a B para eliminar as outras três incógnitas; entretanto, $\mathbf{F}_{EB}$ não pode ser determinado pelas duas equações de equilíbrio restantes. Uma maneira possível de obter $\mathbf{F}_{EB}$ é primeiro determinar $\mathbf{F}_{ED}$ a partir da seção aa e, depois, usar esse resultado na seção bb (Figura 6.18a), que é mostrada na Figura 6.18c. Aqui, o sistema de forças é concorrente e nosso diagrama de corpo livre seccionado é o mesmo do nó em E.

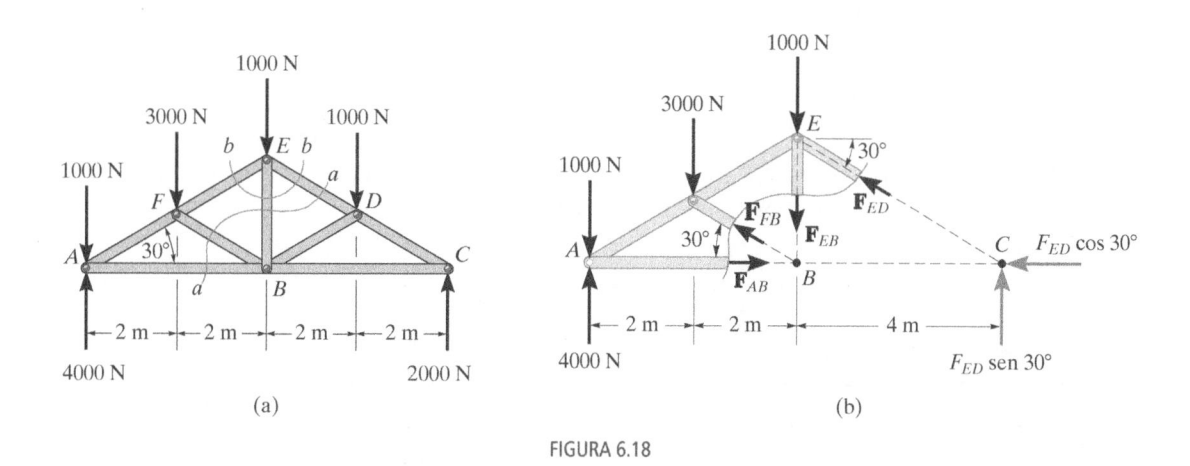

FIGURA 6.18

Equações de equilíbrio

Para determinar o momento de $\mathbf{F}_{ED}$ em relação ao ponto B (Figura 6.18b), usaremos o princípio da transmissibilidade e deslizaremos a força para o ponto C; depois, a decomporemos em suas componentes retangulares como mostrado. Portanto,

$$\zeta + \Sigma M_B = 0; \quad 1000\text{ N}(4\text{ m}) + 3000\text{ N}(2\text{ m}) - 4000\text{ N}(4\text{ m})$$

$$+ F_{ED} \operatorname{sen} 30°(4\text{ m}) = 0$$

$$F_{ED} = 3000\text{ N} \quad (C)$$

Agora, considerando o diagrama de corpo livre da seção bb (Figura 6.18c), temos:

$$\xrightarrow{+} \Sigma F_x = 0; \quad F_{EF} \cos 30° - 3000 \cos 30°\text{ N} = 0$$

$$F_{EF} = 3000\text{ N} \quad (C)$$

$$+\uparrow \Sigma F_y = 0; \quad 2(3000 \operatorname{sen} 30°\text{ N}) - 1000\text{ N} - F_{EB} = 0$$

$$F_{EB} = 2000\text{ N} \quad (T) \qquad \textit{Resposta}$$

FIGURA 6.18 (cont.)

Problemas fundamentais

Todas as soluções dos problemas precisam incluir um diagrama de corpo livre.

F6.7. Determine a força nos membros BC, CF e FE. Indique se os membros estão sob tração ou compressão.

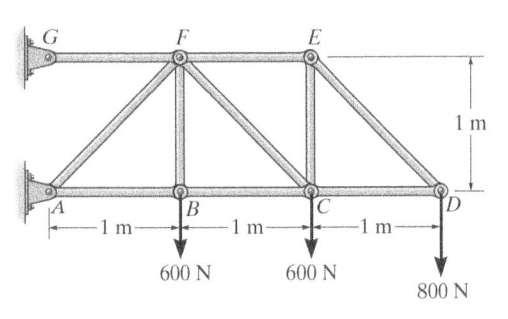

PROBLEMA F6.7

F6.8. Determine a força nos membros LK, KC e CD da treliça Pratt. Indique se os membros estão sob tração ou compressão.

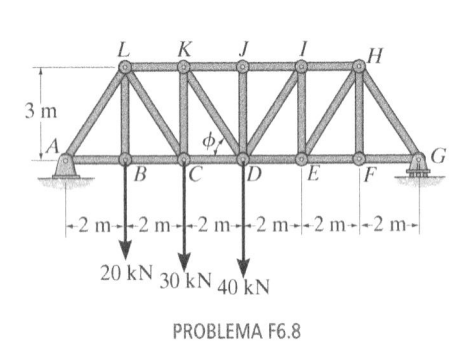

PROBLEMA F6.8

F6.9. Determine a força nos membros KJ, KD e CD da treliça Pratt. Indique se os membros estão sob tração ou compressão.

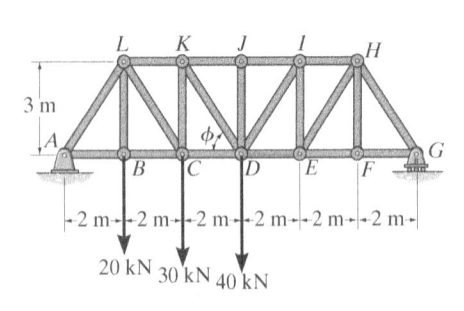

PROBLEMA F6.9

F6.10. Determine a força nos membros EF, CF e BC da treliça. Indique se os membros estão sob tração ou compressão.

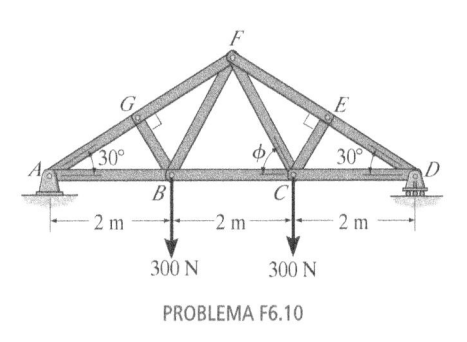

PROBLEMA F6.10

F6.11. Determine a força nos membros GF, GD e CD da treliça. Indique se os membros estão sob tração ou compressão.

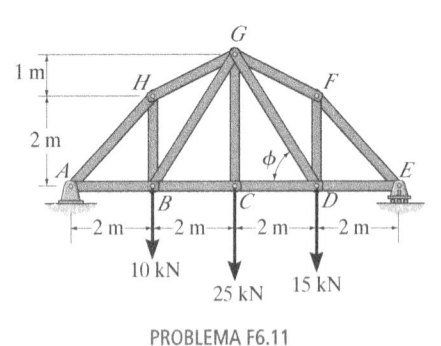

PROBLEMA F6.11

F6.12. Determine a força nos membros DC, HI e JI da treliça. Indique se os membros estão sob tração ou compressão. *Sugestão:* use as seções mostradas.

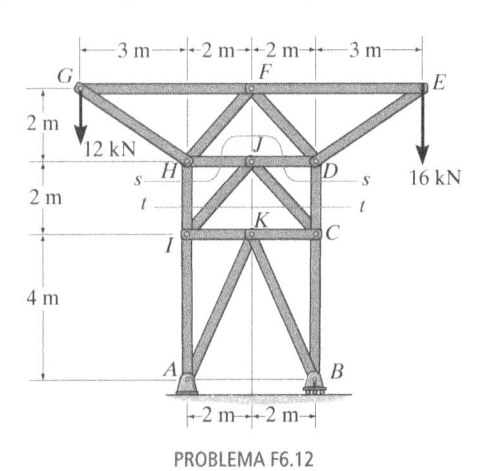

PROBLEMA F6.12

Problemas

Todas as soluções dos problemas precisam incluir um diagrama de corpo livre.

6.27. Determine a força nos membros *FE*, *EB* e *BC* da treliça e indique se os membros estão sob tração ou compressão.

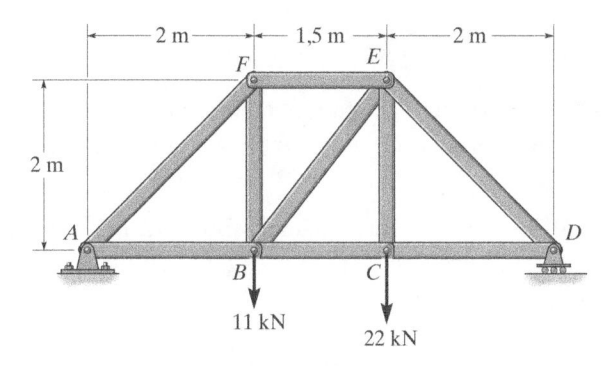

PROBLEMA 6.27

***6.28.** Determine a força nos membros *EF*, *BE*, *BC* e *BF* da treliça e indique se os membros estão sob tração ou compressão. Considere $P_1 = 9$ kN, $P_2 = 12$ kN e $P_3 = 6$ kN.

6.29. Determine a força nos membros *BC*, *BE* e *EF* da treliça e indique se os membros estão sob tração ou compressão. Considere $P_1 = 6$ kN, $P_2 = 9$ kN e $P_3 = 12$ kN.

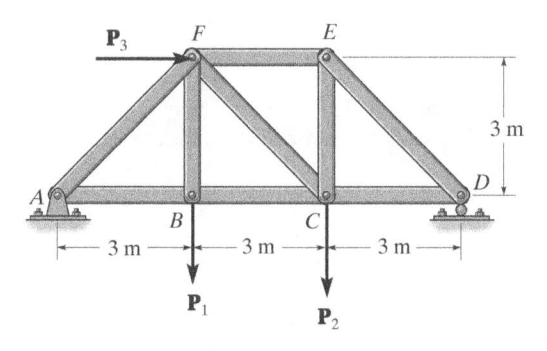

PROBLEMAS 6.28 e 6.29

6.30. Determine a força nos membros *BC*, *HC* e *HG*. Depois que a treliça for seccionada, use uma única equação do equilíbrio para o cálculo de cada força. Indique se os membros estão sob tração ou compressão.

6.31. Determine a força nos membros *CD*, *CF* e *CG* da treliça e indique se os membros estão sob tração ou compressão.

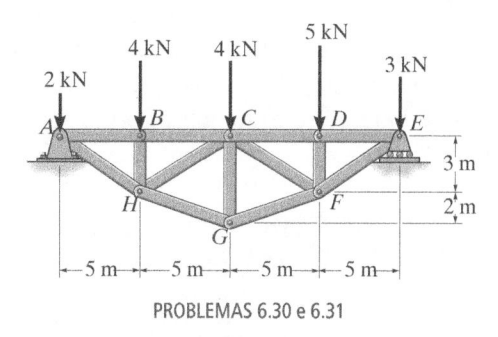

PROBLEMAS 6.30 e 6.31

***6.32.** Determine a força nos membros *EF*, *CF* e *BC* da treliça e indique se os membros estão sob tração ou compressão.

6.33. Determine a força nos membros *AF*, *BF* e *BC* da treliça e indique se os membros estão sob tração ou compressão.

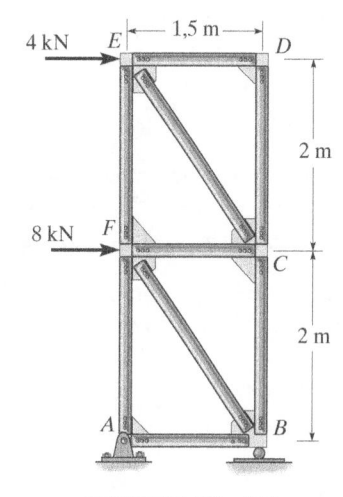

PROBLEMAS 6.32 e 6.33

6.34. Determine a força nos membros *CD* e *CM* da *treliça de ponte Baltimore* e indique se os membros estão sob tração ou compressão. Além disso, indique todos os membros de força zero.

6.35. Determine a força nos membros *EF*, *EP* e *LK* da *treliça de ponte Baltimore* e indique se os membros estão sob tração ou compressão. Além disso, indique todos os membros de força zero.

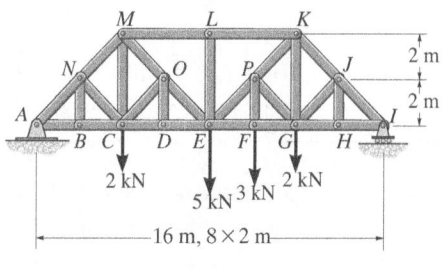

PROBLEMAS 6.34 e 6.35

*6.36. A *treliça Howe* está sujeita ao carregamento mostrado. Determine as forças nos membros *GF*, *CD* e *GC* e indique se os membros estão sob tração ou compressão.

6.37. A *treliça Howe* está sujeita ao carregamento mostrado. Determine as forças nos membros *GH*, *BC* e *BG* e indique se os membros estão sob tração ou compressão.

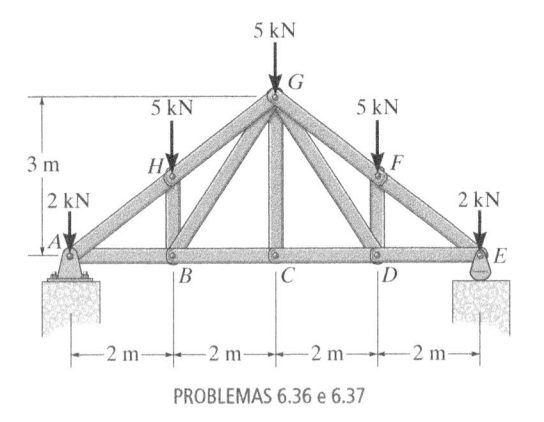

PROBLEMAS 6.36 e 6.37

6.38. Determine a força nos membros *KJ*, *NJ*, *ND* e *CD* da *treliça K*. Indique se os membros estão sob tração ou compressão. *Dica*: use as seções *aa* e *bb*.

6.39. Determine a força nos membros *JI* e *DE* da *treliça K*. Indique se os membros estão sob tração ou compressão.

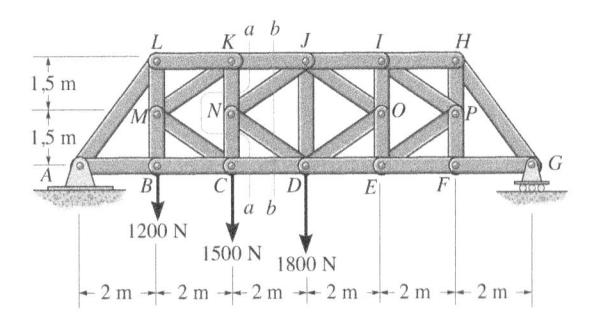

PROBLEMAS 6.38 e 6.39

*6.40. Determine a força nos membros *DC*, *HC* e *HI* da treliça e indique se os membros estão sob tração ou compressão.

6.41. Determine a força nos membros *ED*, *EH* e *GH* da treliça e indique se os membros estão sob tração ou compressão.

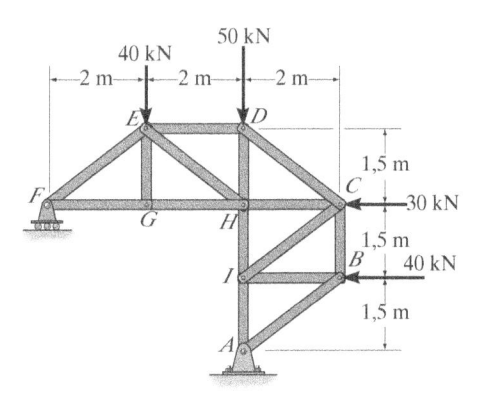

PROBLEMAS 6.40 e 6.41

6.42. Determine a força nos membros *JK*, *CJ* e *CD* da treliça e indique se os membros estão sob tração ou compressão.

6.43. Determine a força nos membros *HI*, *FI* e *EF* da treliça e indique se os membros estão sob tração ou compressão.

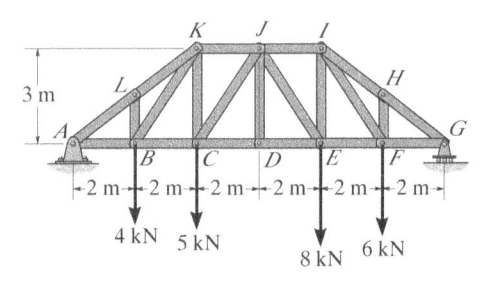

PROBLEMAS 6.42 e 6.43

*6.44. Determine a força nos membros *BC*, *CH*, *GH* e *CG* da treliça e indique se os membros estão sob tração ou compressão.

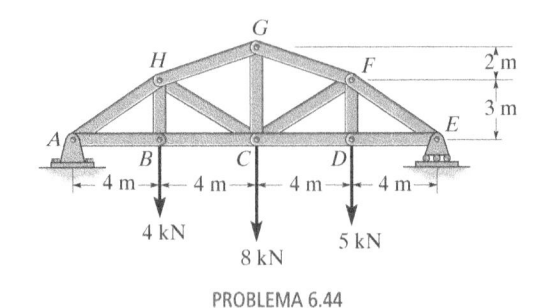

PROBLEMA 6.44

6.45. Determine a força nos membros *CD*, *CJ* e *KJ* e indique se os membros estão sob tração ou compressão.

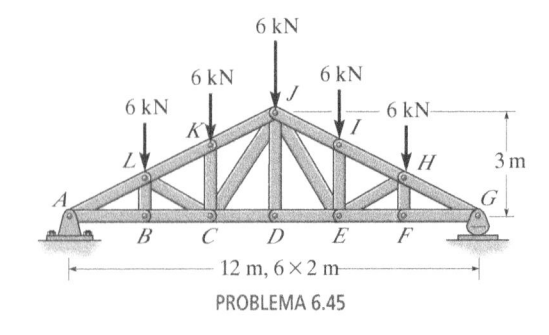

PROBLEMA 6.45

6.46. Determine a força nos membros *BE*, *EF* e *CB* e indique se os membros estão sob tração ou compressão.

6.47. Determine a força nos membros *BF*, *BG* e *AB* e indique se os membros estão sob tração ou compressão.

*6.48. Determine a força nos membros *BC*, *HC* e *HG*. Indique se os membros estão sob tração ou compressão.

6.49. Determine a força nos membros *CD*, *CJ*, *GJ* e *CG*. Indique se os membros estão sob tração ou compressão.

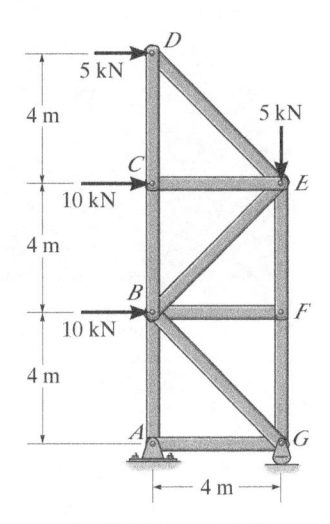

PROBLEMAS 6.46 e 6.47

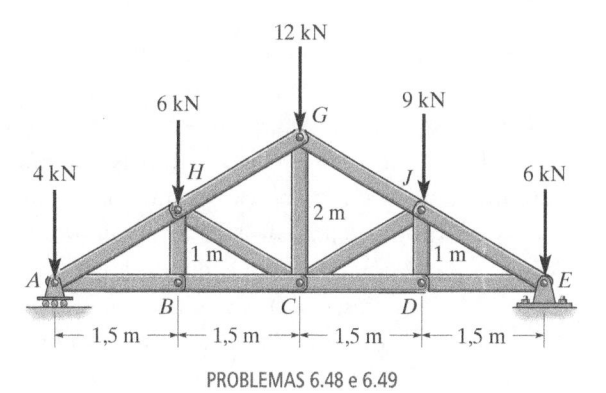

PROBLEMAS 6.48 e 6.49

*6.5 Treliças espaciais

Uma ***treliça espacial*** consiste em membros conectados em suas extremidades para formar uma estrutura tridimensional estável. A forma mais simples de uma treliça espacial é um ***tetraedro***, formado conectando seis membros, como mostra a Figura 6.19. Quaisquer membros adicionais acrescentados a esse elemento básico seriam redundantes em sustentar a força **P**. Uma *treliça espacial simples* pode ser construída a partir desse elemento tetraédrico básico acrescentando três membros adicionais e um nó, e continuando dessa maneira para formar um sistema de tetraedros multiconectados.

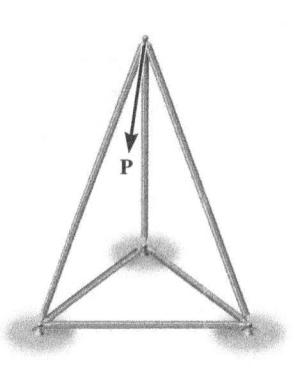

FIGURA 6.19

Hipóteses para projeto

Os membros de uma treliça espacial podem ser tratados como membros de duas forças, desde que o carregamento externo seja aplicado nos nós e estes consistam em conexões esféricas. Essas hipóteses são justificadas se as conexões soldadas ou parafusadas dos membros conectados se interceptarem em um ponto comum e o peso dos membros puder ser desprezado. Nos casos em que o peso de um membro precisa ser incluído na análise, normalmente é satisfatório aplicá-lo como uma força vertical, com metade de sua intensidade aplicada em cada extremidade do membro.

Treliça espacial típica para apoio de telhado. Observe o uso de juntas esféricas para as conexões.

Procedimento para análise

Tanto o método dos nós como o das seções podem ser usados para determinar as forças desenvolvidas nos membros de uma treliça espacial simples.

Método dos nós

Se as forças em *todos* os membros da treliça precisam ser determinadas, então o método dos nós é mais adequado para a análise. Aqui, é necessário aplicar as três equações de equilíbrio, $\Sigma F_x = 0$, $\Sigma F_y = 0$, $\Sigma F_z = 0$, às forças que atuam em cada nó. Lembre-se de que a resolução de muitas equações simultâneas pode ser evitada se a análise de forças começar em um nó tendo pelo menos uma força conhecida e, no máximo, três forças incógnitas. Além disso, se a geometria tridimensional do sistema de forças no nó for difícil de visualizar, é recomendado que uma análise vetorial cartesiana seja usada para a solução.

Por razões econômicas, grandes torres de transmissão elétrica geralmente são construídas usando treliças espaciais.

Método das seções

Se apenas *algumas* forças de membro precisam ser determinadas, o método das seções pode ser usado. Quando uma seção imaginária atravessa uma treliça separando-a em duas partes, o sistema de forças agindo sobre um dos segmentos precisa satisfazer as *seis* equações de equilíbrio: $\Sigma F_x = 0$, $\Sigma F_y = 0$, $\Sigma F_z = 0$, $\Sigma M_x = 0$, $\Sigma M_y = 0$, $\Sigma M_z = 0$ (Equação 5.6). Por meio da escolha correta da seção e dos eixos para somar as forças e os momentos, muitas das forças de membro incógnitas em uma treliça espacial podem ser calculadas *diretamente*, usando uma única equação de equilíbrio.

Exemplo 6.8

Determine as forças agindo nos membros da treliça espacial mostrada na Figura 6.20a. Indique se os membros estão sob tração ou compressão.

SOLUÇÃO

Como existe uma força conhecida e três forças incógnitas agindo no nó A, a análise de forças da treliça começará neste nó.

Nó A

(Figura 6.20b) Expressando como um vetor cartesiano cada força que age no diagrama de corpo livre do nó A, temos:

$$\mathbf{P} = \{-4\mathbf{j}\} \text{ kN}, \qquad \mathbf{F}_{AB} = F_{AB}\mathbf{j}, \quad \mathbf{F}_{AC} = -F_{AC}\mathbf{k},$$

$$\mathbf{F}_{AE} = F_{AE}\left(\frac{\mathbf{r}_{AE}}{r_{AE}}\right) = F_{AE}(0{,}577\mathbf{i} + 0{,}577\mathbf{j} - 0{,}577\mathbf{k})$$

Para o equilíbrio,

$$\Sigma \mathbf{F} = \mathbf{0}; \qquad \mathbf{P} + \mathbf{F}_{AB} + \mathbf{F}_{AC} + \mathbf{F}_{AE} = \mathbf{0}$$

$$-4\mathbf{j} + F_{AB}\mathbf{j} - F_{AC}\mathbf{k} + 0{,}577F_{AE}\mathbf{i} + 0{,}577F_{AE}\mathbf{j} - 0{,}577F_{AE}\mathbf{k} = \mathbf{0}$$

$\Sigma F_x = 0;$ $\qquad 0{,}577 F_{AE} = 0$

$\Sigma F_y = 0;$ $\qquad -4 + F_{AB} + 0{,}577 F_{AE} = 0$

$\Sigma F_z = 0;$ $\qquad -F_{AC} - 0{,}577 F_{AE} = 0$

$\qquad\qquad\qquad F_{AC} = F_{AE} = 0 \qquad$ *Resposta*

$\qquad\qquad\qquad F_{AB} = 4\ \text{kN} \quad (T) \qquad$ *Resposta*

Como F_{AB} é conhecida, o nó B pode ser analisado a seguir.

Nó B

(Figura 6.20c)

$\Sigma F_x = 0;$ $\qquad F_{BE}\dfrac{1}{\sqrt{2}} = 0$

$\Sigma F_y = 0;$ $\qquad -4 + F_{CB}\dfrac{1}{\sqrt{2}} = 0$

$\Sigma F_z = 0;$ $\qquad -2 + F_{BD} - F_{BE}\dfrac{1}{\sqrt{2}} + F_{CB}\dfrac{1}{\sqrt{2}} = 0$

$F_{BE} = 0, \quad F_{CB} = 5{,}65\ \text{kN (C)} \qquad F_{BD} = 2\ \text{kN (T)} \quad$ *Resposta*

As equações de equilíbrio *escalares* também podem ser aplicadas diretamente nas forças agindo nos diagramas de corpo livre dos nós D e C. Mostre que:

$\qquad\qquad F_{DE} = F_{DC} = F_{CE} = 0 \qquad$ *Resposta*

FIGURA 6.20

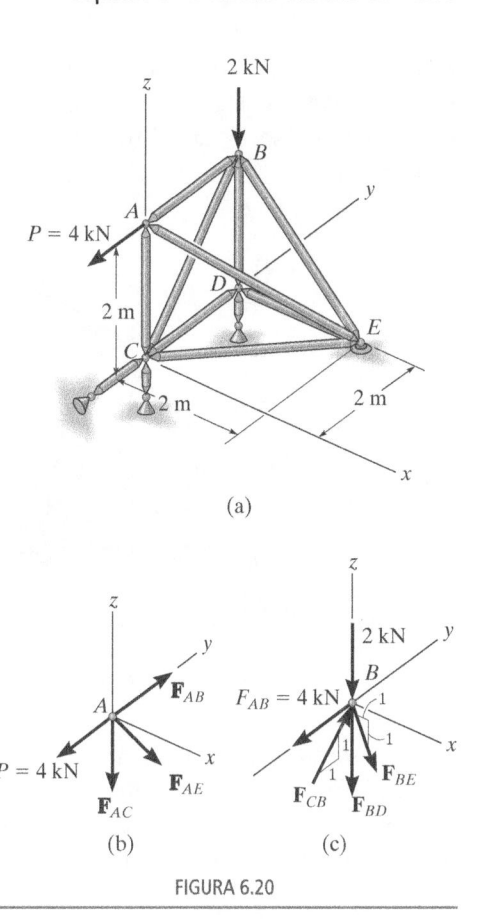

Problemas

Todas as soluções dos problemas precisam incluir um diagrama de corpo livre.

6.50. Se a treliça sustenta uma força $F = 200$ N, determine a força em cada membro e indique se os membros estão sob tração ou compressão.

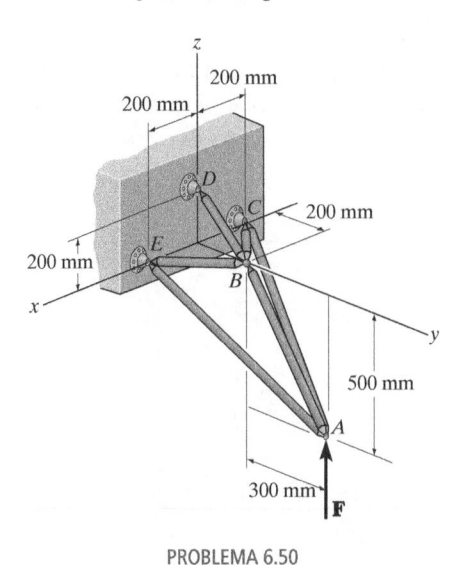

PROBLEMA 6.50

6.51. Determine a força em cada membro da treliça espacial e indique se os membros estão sob tração ou compressão. A treliça é sustentada por juntas esféricas em A, B, C e D.

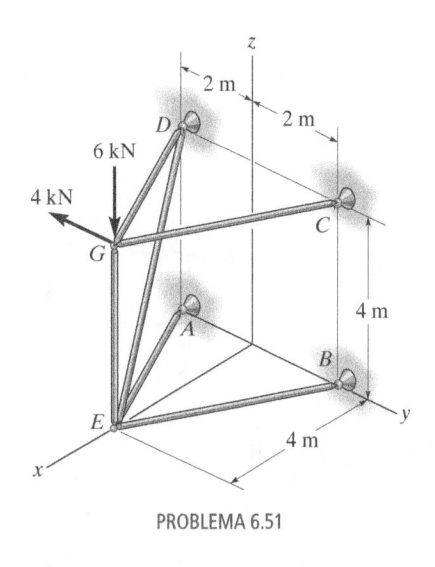

PROBLEMA 6.51

*6.52. A treliça espacial suporta uma força $\mathbf{F} = \{300\mathbf{i} + 400\mathbf{j} - 500\mathbf{k}\}$ N. Determine a força em cada membro e indique se os membros estão sob tração ou compressão.

6.53. A treliça espacial suporta uma força $\mathbf{F} = \{-400\mathbf{i} + 500\mathbf{j} + 600\mathbf{k}\}$ N. Determine a força em cada membro e indique se os membros estão sob tração ou compressão.

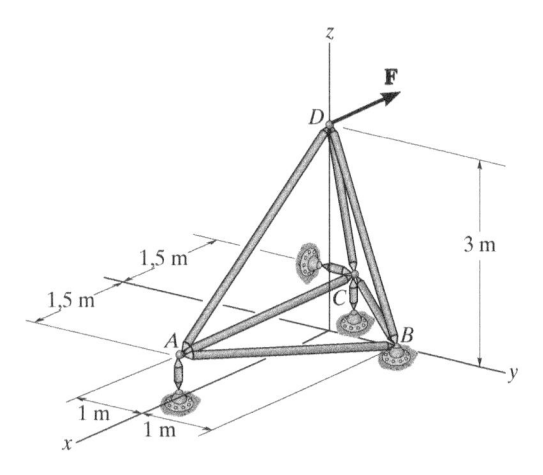

PROBLEMAS 6.52 e 6.53

6.54. Determine a força em cada membro da treliça espacial e indique se os membros estão sob tração ou compressão. *Dica*: a reação de apoio em E atua ao longo do membro EB. Por quê?

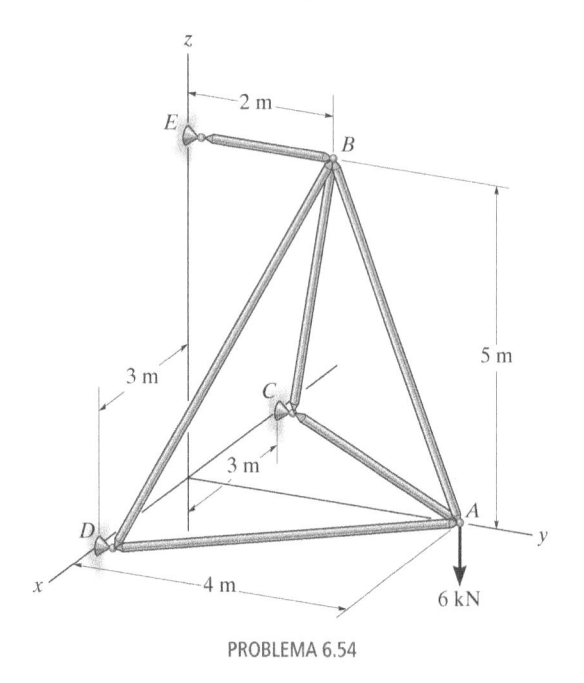

PROBLEMA 6.54

6.55. Determine a força nos membros BE, BC, BF e CE da treliça espacial e indique se os membros estão sob tração ou compressão.

*__6.56.__ Determine a força nos membros AF, AB, AD, ED, FD e BD da treliça espacial e indique se os membros estão sob tração ou compressão.

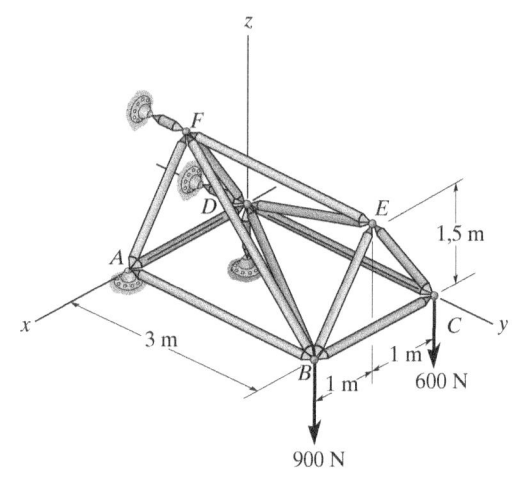

PROBLEMAS 6.55 e 6.56

6.57. Determine a força nos membros EF, AF e DF da treliça espacial e indique se os membros estão sob tração ou compressão. A treliça é sustentada por elos curtos em A, B, D e E.

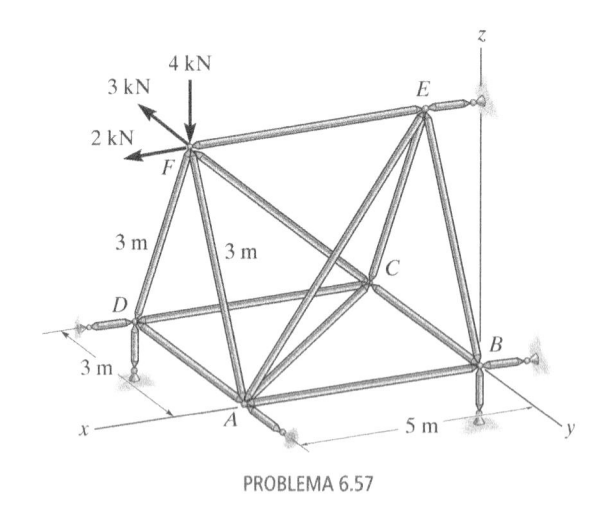

PROBLEMA 6.57

6.58. A treliça espacial é usada para suportar as forças nos nós B e D. Determine a força em cada membro e indique se os membros estão sob tração ou compressão.

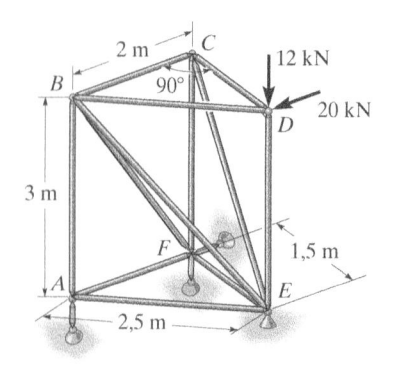

PROBLEMA 6.58

6.59. Determine a força em cada membro da treliça espacial e indique se os membros estão sob tração ou compressão. A treliça é sustentada por juntas esféricas em A, B e E. Considere $\mathbf{F} = \{800\mathbf{j}\}$ N. *Dica:* a reação de apoio em E atua ao longo do membro EC. Por quê?

*6.60. Determine a força em cada membro da treliça espacial e indique se os membros estão sob tração ou compressão. A treliça é sustentada por juntas esféricas em A, B e E. Considere $\mathbf{F} = \{-200\mathbf{i} + 400\mathbf{j}\}$ N. *Dica:* a reação de apoio em E atua ao longo do membro EC. Por quê?

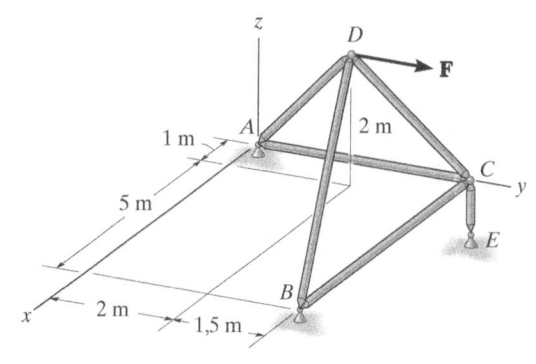

PROBLEMAS 6.59 e 6.60

6.6 Estruturas e máquinas

Estruturas e máquinas são dois tipos de complexos estruturais normalmente compostos de **membros multiforça** conectados por pinos, ou seja, membros sujeitos a mais de duas forças. As *estruturas* (ou *frames*) são usadas para suportar cargas, enquanto as *máquinas* contêm partes móveis e são projetadas para transmitir e alterar os efeitos das forças. Desde que uma estrutura ou uma máquina não contenha mais suportes ou membros do que o necessário para evitar seu colapso, as forças que agem nos nós e apoios podem ser determinadas pela aplicação das equações de equilíbrio para cada um de seus membros. Uma vez que essas forças sejam obtidas, é possível *dimensionar* os membros, conexões e suportes usando a teoria da mecânica dos materiais e um código de projeto de engenharia adequado.

Este guindaste é um exemplo típico de uma estrutura.

Diagramas de corpo livre

Para determinar as forças que agem nos nós e apoios de uma estrutura ou máquina, ela deve ser desmontada e os diagramas de corpo livre de suas peças devem ser desenhados. Os seguintes pontos importantes *precisam* ser observados:

- Isole cada peça desenhando sua *forma esboçada*. Em seguida, mostre todas as forças e/ou momentos de binário que atuam sobre a peça. Certifique-se de *rotular* ou *identificar* cada força e momento de binário conhecido ou incógnito referentes a um sistema de coordenadas x, y estabelecido. Além disso, indique quaisquer dimensões usadas para determinar os momentos. Na maioria das vezes, as equações de equilíbrio são mais fáceis de aplicar se as forças são representadas por suas componentes retangulares. Como de costume, o sentido de uma força ou momento de binário incógnito pode ser assumido.

- Identifique todos os membros de duas forças na estrutura e represente seus diagramas de corpo livre como tendo duas forças colineares iguais, mas opostas, que atuam em seus pontos de aplicação. (Veja a Seção 5.4.) Reconhecendo os membros de duas forças, podemos evitar a resolução de um número desnecessário de equações de equilíbrio.

- Forças comuns a *quaisquer* dois membros em *contato* atuam com intensidades iguais, mas em sentidos opostos, sobre os respectivos membros.

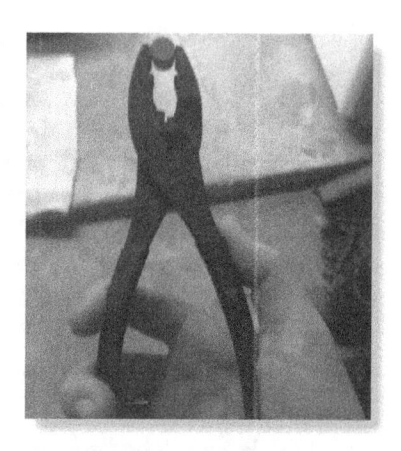

Ferramentas comuns, como esse alicate, atuam como máquinas simples. Aqui, a força aplicada nos cabos cria uma força muito maior nas garras.

268 ESTÁTICA

Se os dois membros são tratados como um *"sistema"* de membros conectados, então essas forças são *"internas"* e *não são mostradas* no *diagrama de corpo livre do sistema*; no entanto, se o diagrama de corpo livre de *cada membro* for desenhado, as forças são *"externas"* e *precisam* ser mostradas como iguais em intensidade e opostas em sentido, isso em cada um dos diagramas de corpo livre.

Os exemplos a seguir mostram graficamente como desenhar os diagramas de corpo livre de uma estrutura ou máquina desmembrada. Em todos os casos, o peso dos membros é desprezado.

Exemplo 6.9

Para a estrutura mostrada na Figura 6.21a, desenhe o diagrama de corpo livre (a) de cada membro, (b) dos pinos em B e A e (c) dos dois membros conectados.

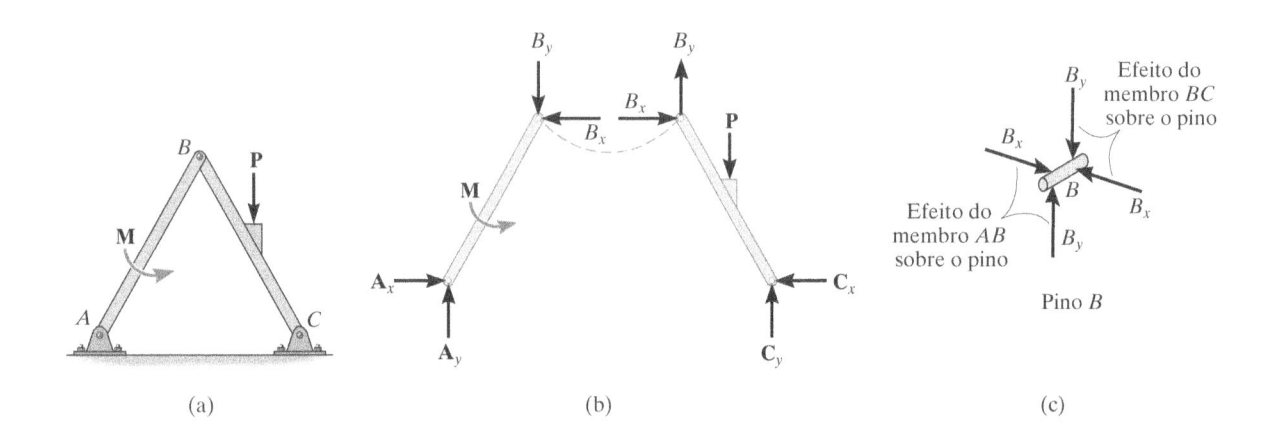

SOLUÇÃO

Parte (a)

Por observação, os membros BA e BC *não* são membros de duas forças. Em vez disso, como mostram os diagramas de corpo livre na Figura 6.21b, o membro BC está sujeito a forças dos pinos em B e C e à força externa **P**. Da mesma forma, AB está sujeito a forças dos pinos em A e B e ao momento de binário externo **M**. As forças de pinos são representadas por suas componentes x e y.

Parte (b)

O pino em B está sujeito a apenas *duas forças*, isto é, à força do membro BC e à força do membro AB. Para o *equilíbrio*, essas forças ou suas respectivas componentes precisam ser iguais, mas opostas (Figura 6.21c). Observe que a terceira lei de Newton é aplicada entre o pino e seus membros conectados, ou seja, o efeito do pino sobre os dois membros (Figura 6.21b) e o efeito igual, mas oposto, dos dois membros sobre o pino (Figura 6.21c). Da mesma forma, existem três forças sobre o pino A (Figura 6.21d), causadas pelas componentes de força do membro AB e cada um dos dois suportes do pino.

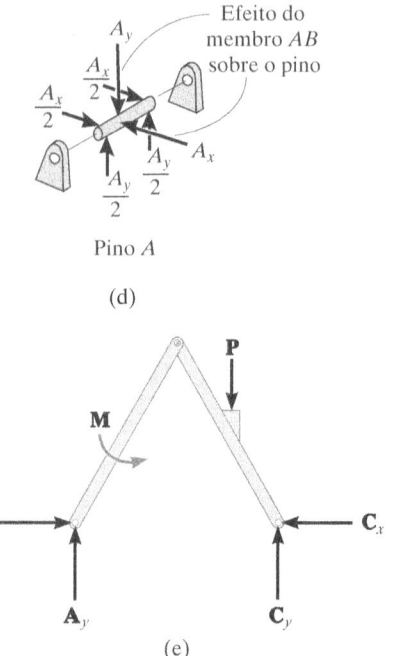

FIGURA 6.21

Parte (c)

O diagrama de corpo livre dos dois membros conectados, por ora removidos dos pinos de apoio em *A* e *C*, é mostrado na Figura 6.21*e*. As componentes de força **B**$_x$ e **B**$_y$ *não são mostradas* nesse diagrama porque são forças *internas* (Figura 6.21*b*) e, portanto, cancelam-se. Além disso, para sermos consistentes quando mais tarde aplicarmos as equações de equilíbrio, as componentes de força incógnitas em *A* e *C* precisam atuar no *mesmo sentido* que as mostradas na Figura 6.21*b*.

Exemplo 6.10

Uma tração constante na correia transportadora é mantida pelo dispositivo mostrado na Figura 6.22*a*. Desenhe os diagramas de corpo livre da estrutura e do cilindro (ou polia) envolvidos pela correia. O bloco suspenso possui um peso *W*.

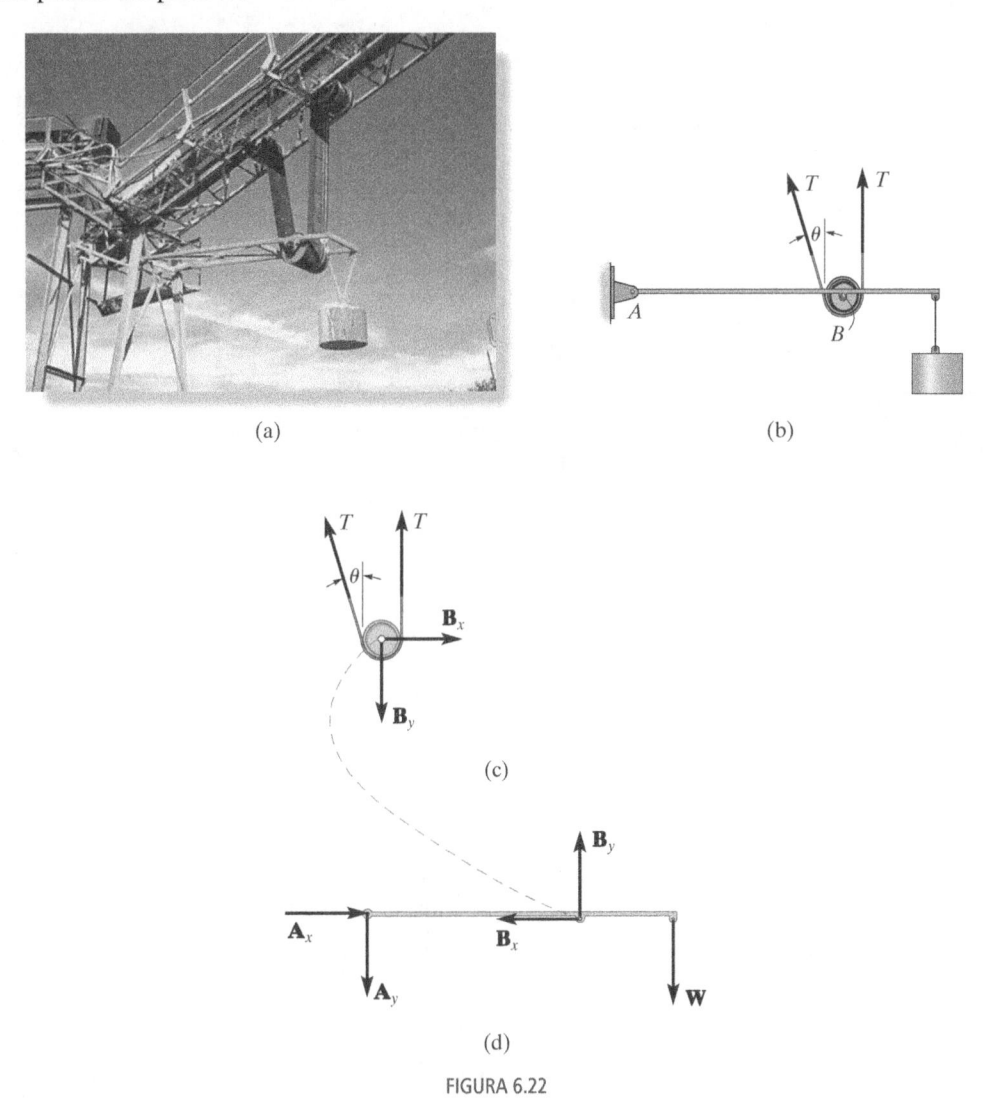

FIGURA 6.22

SOLUÇÃO

O modelo idealizado do dispositivo é mostrado na Figura 6.22*b*. Aqui, considera-se que o ângulo θ é conhecido. A partir desse modelo, os diagramas de corpo livre da polia e da estrutura são mostrados nas figuras 6.22*c* e 6.22*d*, respectivamente. Observe que as componentes de força **B**$_x$ e **B**$_y$, que o pino em *B* exerce sobre a polia, devem ser iguais, porém opostas às forças que atuam sobre a estrutura. Veja a Figura 6.21*c* do Exemplo 6.9.

Exemplo 6.11

Para a estrutura mostrada na Figura 6.23*a*, desenhe os diagramas de corpo livre (a) da estrutura inteira, inclusive com as polias e cordas, (b) da estrutura sem as polias e cordas e (c) de cada polia.

SOLUÇÃO

Parte (a)

Quando a estrutura inteira, incluindo as polias e cordas, é considerada, as interações nos pontos onde as polias e cordas são conectadas à armação tornam-se pares de forças *internas* que se cancelam e, portanto, não são mostradas no diagrama de corpo livre (Figura 6.23*b*).

Parte (b)

Quando as cordas e as polias são removidas, seu efeito *sobre a armação* precisa ser mostrado (Figura 6.23*c*).

Parte (c)

As componentes de força $\mathbf{B}_x$, $\mathbf{B}_y$, $\mathbf{C}_x$, $\mathbf{C}_y$ dos pinos sobre as polias (Figura 6.23*d*) são iguais, mas opostas, às componentes de força exercidas pelos pinos sobre a armação (Figura 6.23*c*). Veja o Exemplo 6.9.

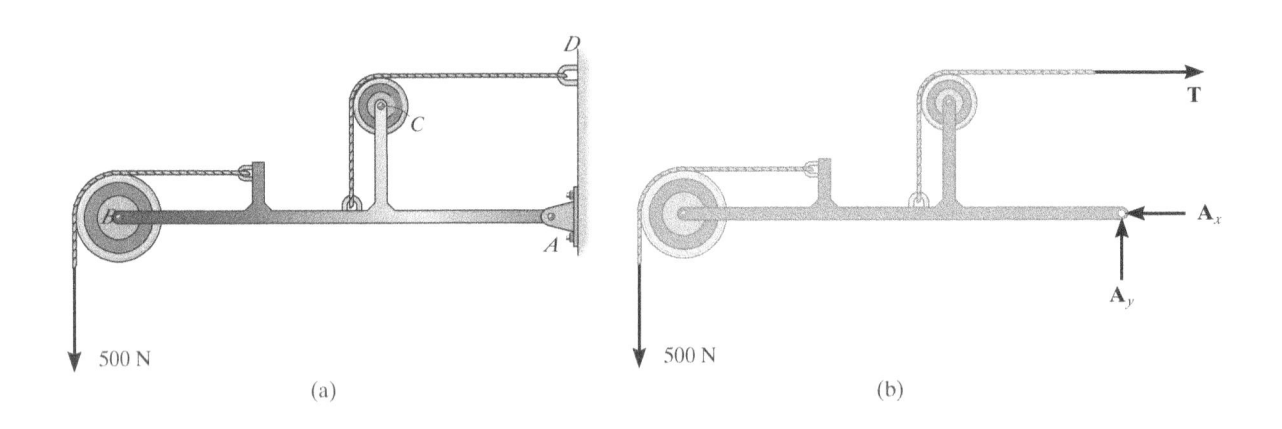

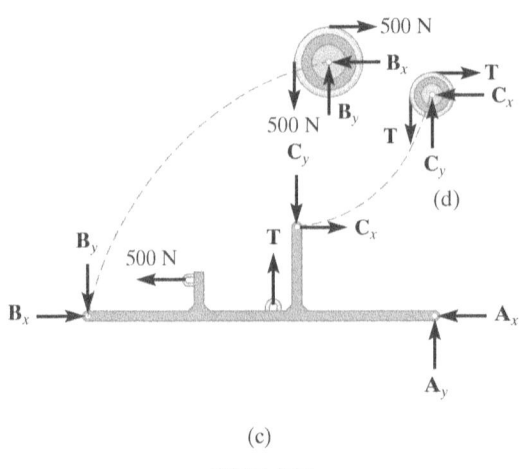

FIGURA 6.23

Exemplo 6.12

Desenhe os diagramas de corpo livre dos membros da retroescavadeira mostrada na foto (Figura 6.24a). A caçamba e seu conteúdo possuem um peso W.

SOLUÇÃO

O modelo idealizado do conjunto é mostrado na Figura 6.24b. Por observação, os membros AB, BC, BE e HI são membros de duas forças, já que são conectados por pinos em suas extremidades e nenhuma outra força atua sobre eles. Os diagramas de corpo livre da caçamba e do braço são mostrados na Figura 6.24c. Observe que o pino C está sujeito a apenas duas forças, enquanto o pino B está sujeito a três forças (Figura 6.24d). O diagrama de corpo livre de todo o conjunto é mostrado na Figura 6.24e.

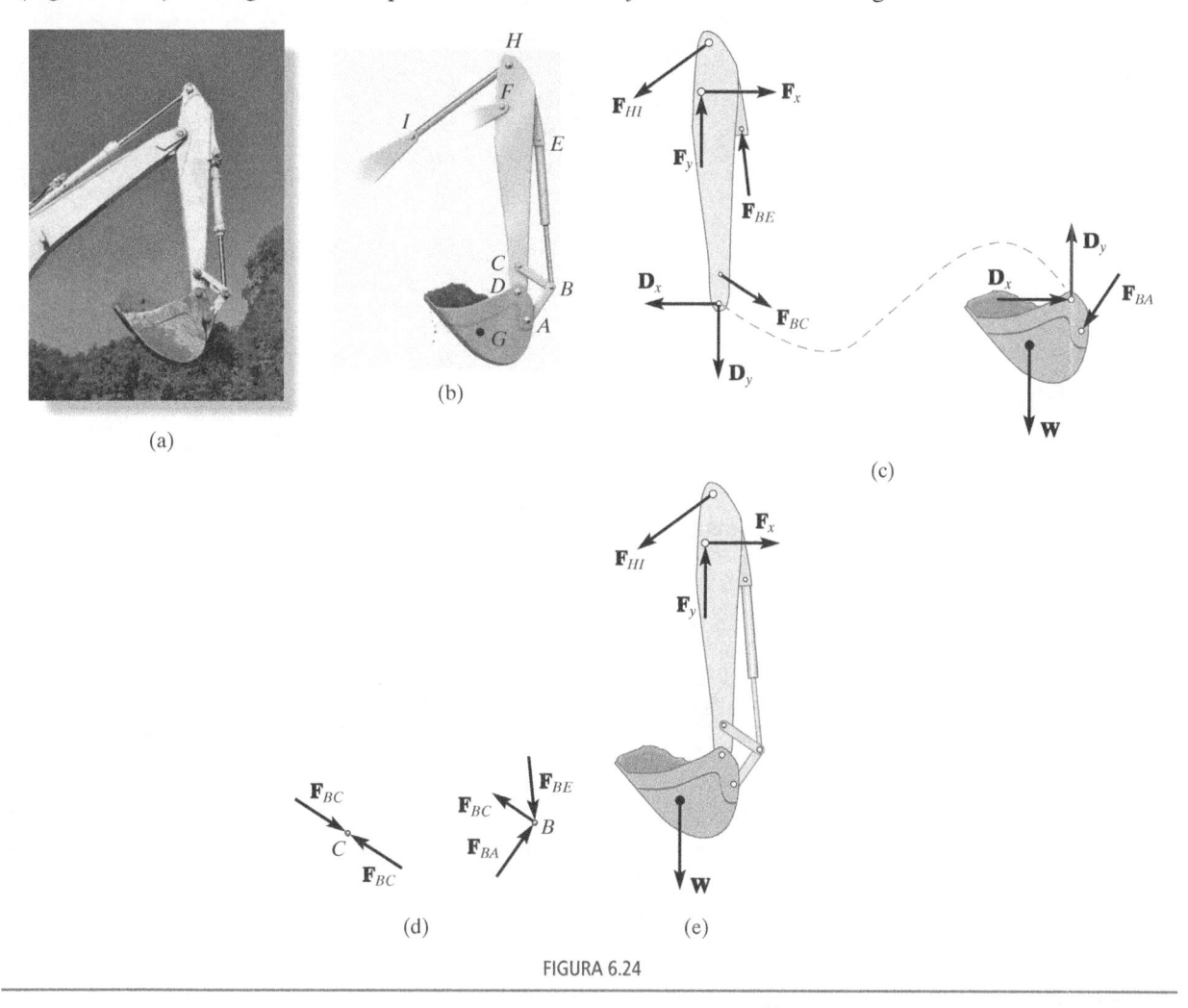

FIGURA 6.24

Exemplo 6.13

Desenhe o diagrama de corpo livre de cada peça do mecanismo pistão liso e alavanca usado para amassar latas recicladas, que é mostrado na Figura 6.25a.

SOLUÇÃO

Por observação, AB é um membro de duas forças. Os diagramas de corpo livre das peças são mostrados na Figura 6.25b. Como os pinos em B e D *conectam apenas duas peças entre si*, as forças neles são mostradas como iguais, mas opostas, às presentes nos diagramas de corpo livre separados de seus membros conectados. Em especial, quatro componentes da força agem sobre o pistão: $\mathbf{D}_x$ e $\mathbf{D}_y$ representam o efeito do pino (ou alavanca *EBD*), $\mathbf{N}_w$ é a *força resultante* aplicada pela superfície cilíndrica e $\mathbf{P}$ é a força de compressão resultante causada pela lata *C*. O sentido direcional de cada uma das forças incógnitas é assumido, e o sentido correto será estabelecido depois que as equações de equilíbrio forem aplicadas.

NOTA: um diagrama de corpo livre de todo o mecanismo é mostrado na Figura 6.25c. Aqui as forças entre os componentes são internas e não são mostradas no diagrama de corpo livre.

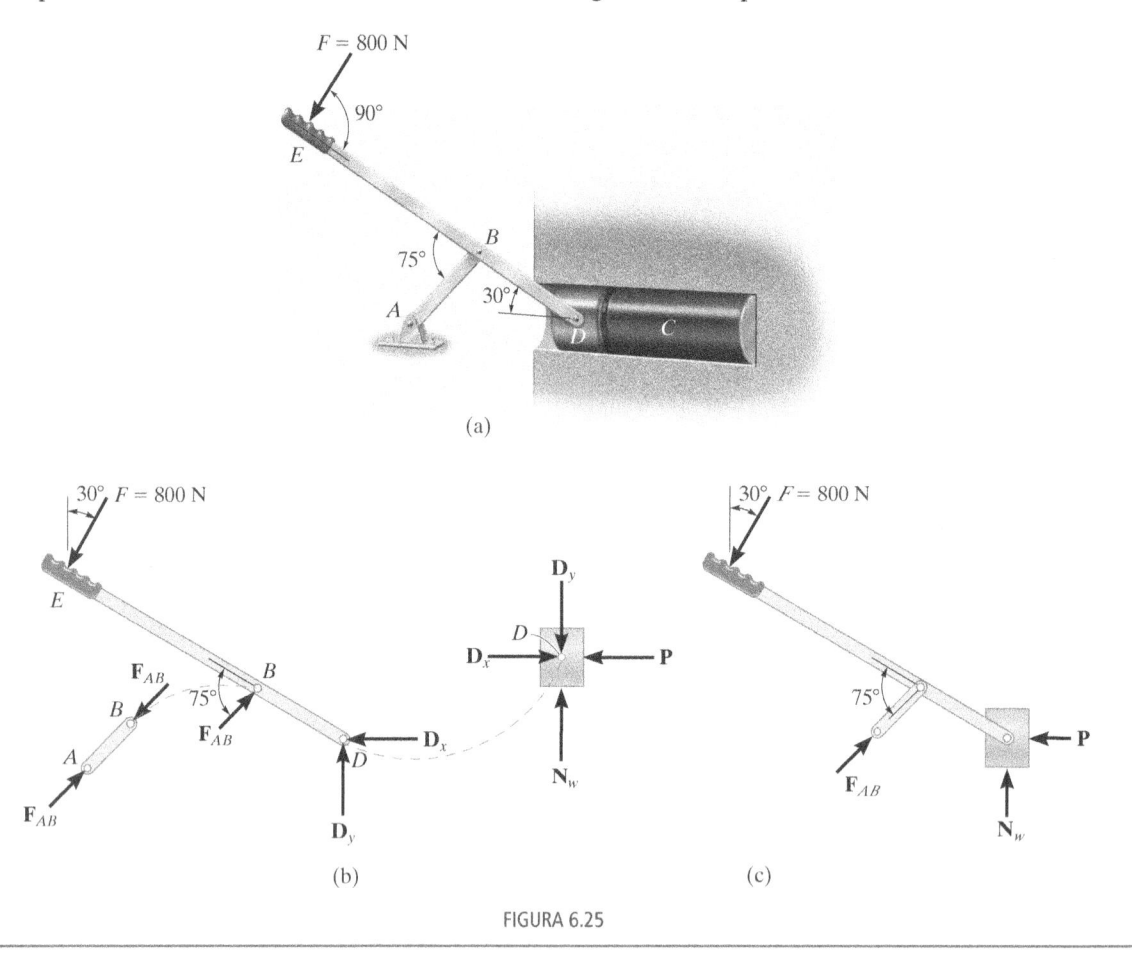

FIGURA 6.25

Antes de prosseguir, é altamente recomendado que você cubra as soluções dos exemplos anteriores e tente desenhar os diagramas de corpo livre solicitados. Ao fazer isso, procure realizar o trabalho com capricho e cuide para que todas as forças e momentos de binário sejam corretamente rotulados.

Procedimento para análise

As reações nos nós das estruturas ou máquinas compostas de membros multiforça podem ser determinadas por meio do seguinte procedimento.

Diagrama de corpo livre

- Desenhe o diagrama de corpo livre de toda a estrutura ou máquina, de uma parte dela ou de cada um de seus membros. A escolha deve ser feita a fim de conduzir à solução mais direta do problema.
- Identifique os membros de duas forças. Lembre-se de que, independentemente de sua forma, eles possuem forças colineares iguais, mas opostas, que atuam nas extremidades do membro.

- Quando o diagrama de corpo livre de um grupo de membros de uma estrutura ou máquina é desenhado, as forças entre as peças conectadas desse grupo são forças internas e não são mostradas no diagrama de corpo livre do grupo.
- As forças comuns a dois membros que estão em contato atuam com intensidade igual, mas em sentido oposto, nos respectivos diagramas de corpo livre dos membros.
- Em muitos casos, é possível afirmar por observação o sentido correto das forças incógnitas que agem sobre um membro; entretanto, se isso parecer difícil, o sentido pode ser assumido.
- Lembre-se de que um momento de binário é um vetor livre e pode agir em qualquer ponto no diagrama de corpo livre. Além disso, uma força é um vetor deslizante e pode agir em qualquer ponto ao longo de sua linha de ação.

Equações de equilíbrio

- Conte o número de incógnitas e compare-o com o número total de equações de equilíbrio disponíveis. Em duas dimensões, há três equações de equilíbrio que podem ser escritas para cada membro.
- Some os momentos em relação a um ponto situado na interseção das linhas de ação do maior número possível de forças incógnitas.
- Se a solução de uma intensidade de força ou de momento de binário é negativa, isso significa que o sentido da força é o inverso do que é mostrado no diagrama de corpo livre.

Exemplo 6.14

Determine a tração nos cabos e a força **P** necessária para sustentar a força de 600 N usando o sistema de polias sem atrito mostrado na Figura 6.26a.

SOLUÇÃO

Diagrama de corpo livre

Um diagrama de corpo livre de cada polia *incluindo* seu pino e uma parte do cabo adjacente é mostrado na Figura 6.26b. Como o cabo é *contínuo*, ele possui uma *tração constante P* agindo em toda a sua extensão. A conexão por barra entre as polias *B* e *C* é um membro de duas forças e, portanto, sofre a ação de uma tração *T*. Note que o *princípio da ação e reação igual, mas oposta* deve ser cuidadosamente observado para as forças **P** e **T** quando os diagramas de corpo livre *separados* forem desenhados.

FIGURA 6.26

Equações de equilíbrio

As três incógnitas são obtidas da seguinte maneira:

Polia A

$$+\uparrow \Sigma F_y = 0; \qquad 3P - 600 \text{ N} = 0 \qquad P = 200 \text{ N} \qquad \textit{Resposta}$$

Polia B

$$+\uparrow \Sigma F_y = 0; \qquad T - 2P = 0 \qquad T = 400 \text{ N} \qquad \textit{Resposta}$$

Polia C

$$+\uparrow \Sigma F_y = 0; \qquad R - 2P - T = 0 \qquad R = 800 \text{ N} \qquad \textit{Resposta}$$

Exemplo 6.15

A cabine de elevador de 500 kg na Figura 6.27a está sendo içada pelo motor A usando o sistema de polias mostrado. Se a cabine está viajando com uma velocidade constante, determine a força desenvolvida nos dois cabos. Despreze a massa dos cabos e das polias.

SOLUÇÃO

Diagrama de corpo livre

Podemos resolver este problema usando os diagramas de corpo livre da cabine do elevador e da polia C (Figura 6.27b). As forças de tração desenvolvidas nos cabos são representadas como T_1 e T_2.

Equações de equilíbrio

Para a polia C,

$$+\uparrow \Sigma F_y = 0; \qquad T_2 - 2T_1 = 0 \quad \text{ou} \quad T_2 = 2T_1 \qquad (1)$$

Para a cabine do elevador,

$$+\uparrow \Sigma F_y = 0; \qquad 3T_1 + 2T_2 - 500(9{,}81) \text{ N} = 0 \qquad (2)$$

Substituindo a Equação 1 na Equação 2, temos:

$$3T_1 + 2(2T_1) - 500(9{,}81) \text{ N} = 0$$
$$T_1 = 700{,}71 \text{ N} = 701 \text{ N} \qquad \textit{Resposta}$$

Substituindo esse resultado na Equação 1,

$$T_2 = 2(700{,}71) \text{ N} = 1401 \text{ N} = 1{,}40 \text{ kN} \qquad \textit{Resposta}$$

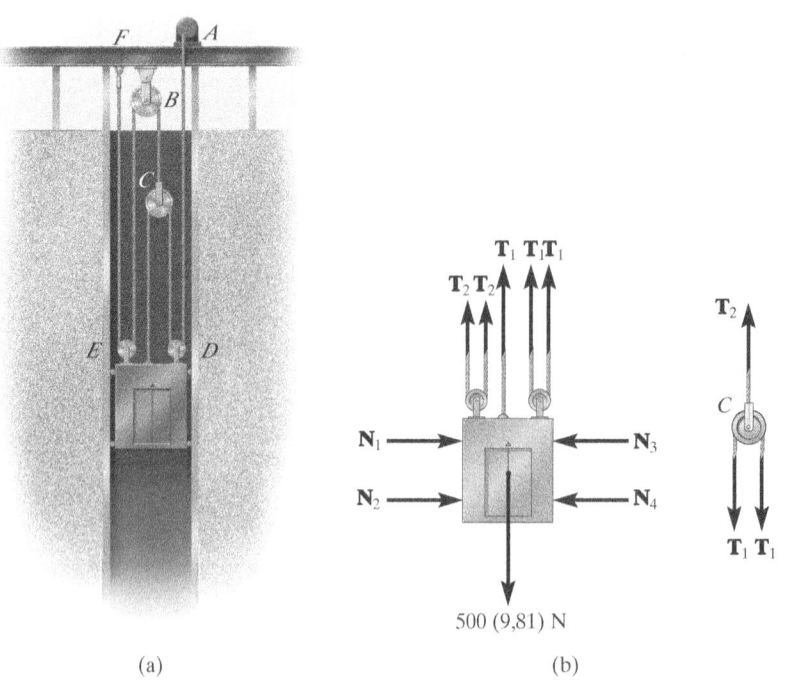

(a)   (b)

FIGURA 6.27

Exemplo 6.16

Determine as componentes horizontal e vertical da força que o pino em C exerce sobre o membro BC da estrutura na Figura 6.28a.

SOLUÇÃO I

Diagramas de corpo livre

Por observação, pode-se ver que AB é um membro de duas forças. Os diagramas de corpo livre são mostrados na Figura 6.28b.

Equações de equilíbrio

As *três incógnitas* podem ser determinadas aplicando as três equações de equilíbrio ao membro BC.

$\zeta+\Sigma M_C = 0$; $2000\,N(2\,m) - (F_{AB}\,\text{sen}\,60°)(4\,m) = 0$ $F_{AB} = 1154{,}7\,N$

$\xrightarrow{+}\Sigma F_x = 0$; $1154{,}7\cos 60°\,N - C_x = 0$ $C_x = 577\,N$ *Resposta*

$+\uparrow\Sigma F_y = 0$; $1154{,}7\,\text{sen}\,60°\,N - 2000\,N + C_y = 0$

$$C_y = 1000\,N \quad \textit{Resposta}$$

SOLUÇÃO II

Diagramas de corpo livre

Se não pudermos reconhecer que AB é um membro de duas forças, mais trabalho é necessário para resolver esse problema. Os diagramas de corpo livre são mostrados na Figura 6.28c.

Equações de equilíbrio

As *seis incógnitas* são determinadas pela aplicação das três equações de equilíbrio a cada membro.

Membro AB

$\zeta+\Sigma M_A = 0$; $B_x(3\,\text{sen}\,60°\,m) - B_y(3\cos 60°\,m) = 0$ (1)

$\xrightarrow{+}\Sigma F_x = 0$; $A_x - B_x = 0$ (2)

$+\uparrow\Sigma F_y = 0$; $A_y - B_y = 0$ (3)

Membro BC

$\zeta+\Sigma M_C = 0$; $2000\,N(2\,m) - B_y(4\,m) = 0$ (4)

$\xrightarrow{+}\Sigma F_x = 0$; $B_x - C_x = 0$ (5)

$+\uparrow\Sigma F_y = 0$; $B_y - 2000\,N + C_y = 0$ (6)

Os resultados para C_x e C_y podem ser determinados resolvendo essas equações na seguinte sequência: 4, 1, 5, depois 6. Os resultados são:

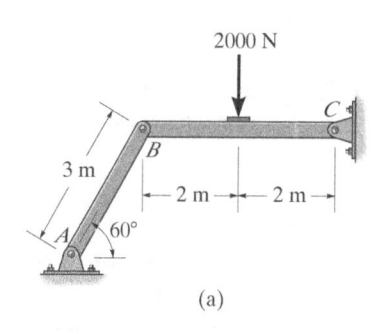

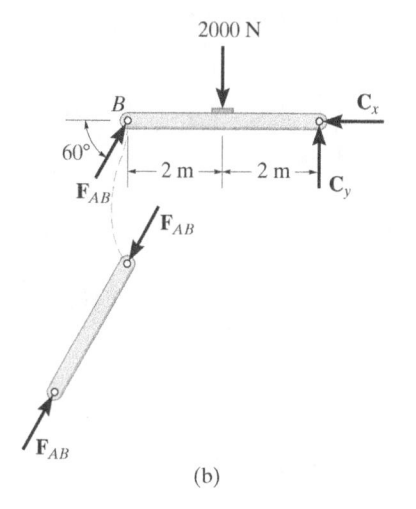

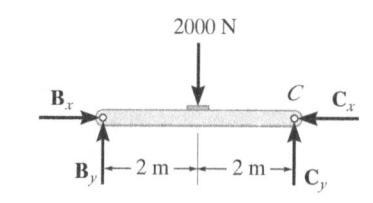

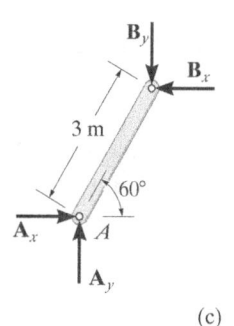

$$B_y = 1000\,N$$
$$B_x = 577\,N$$
$$C_x = 577\,N \quad \textit{Resposta}$$
$$C_y = 1000\,N \quad \textit{Resposta}$$

FIGURA 6.28

Por comparação, a Solução I é mais simples, já que a exigência de que $\mathbf{F}_{AB}$ na Figura 6.28b sejam iguais, opostos e colineares nas extremidades do membro AB automaticamente satisfaz as equações 1, 2 e 3 anteriores e, portanto, elimina a necessidade de escrever essas equações. **Assim, poupe tempo e trabalho identificando sempre os membros de duas forças antes de começar a análise!**

Exemplo 6.17

A viga composta mostrada na Figura 6.29a tem um pino de conexão em B. Determine as componentes das reações em seus apoios. Despreze seu peso e espessura.

SOLUÇÃO

Diagramas de corpo livre

Por observação, se considerarmos um diagrama de corpo livre da *viga ABC inteira*, haverá três reações incógnitas em A e uma em C. Essas quatro incógnitas não podem ser obtidas pelas três equações de equilíbrio disponíveis. Então, para a solução, será necessário desmembrar a viga em seus dois segmentos, como mostra a Figura 6.29b.

Equações de equilíbrio

As seis incógnitas são determinadas da seguinte maneira:

Segmento BC

$$\xrightarrow{+} \Sigma F_x = 0; \qquad B_x = 0$$

$$\zeta + \Sigma M_B = 0; \qquad -8 \text{ kN}(1 \text{ m}) + C_y(2 \text{ m}) = 0$$

$$+\uparrow \Sigma F_y = 0; \qquad B_y - 8 \text{ kN} + C_y = 0$$

Segmento AB

$$\xrightarrow{+} \Sigma F_x = 0; \qquad A_x - (10 \text{ kN})\left(\tfrac{3}{5}\right) + B_x = 0$$

$$\zeta + \Sigma M_A = 0; \qquad M_A - (10 \text{ kN})\left(\tfrac{4}{5}\right)(2 \text{ m}) - B_y(4 \text{ m}) = 0$$

$$+\uparrow \Sigma F_y = 0; \qquad A_y - (10 \text{ kN})\left(\tfrac{4}{5}\right) - B_y = 0$$

Resolvendo cada uma dessas equações sucessivamente, usando os resultados previamente calculados, obtemos:

$$A_x = 6 \text{ kN} \qquad A_y = 12 \text{ kN} \qquad M_A = 32 \text{ kN} \cdot \text{m} \qquad \textit{Resposta}$$
$$B_x = 0 \qquad B_y = 4 \text{ kN}$$
$$C_y = 4 \text{ kN} \qquad \textit{Resposta}$$

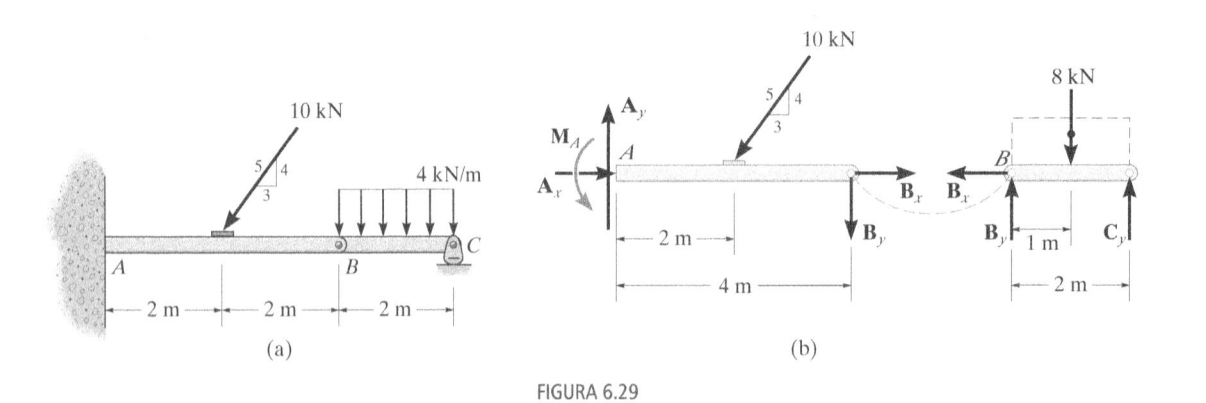

FIGURA 6.29

Exemplo 6.18

As duas pranchas na Figura 6.30a são interligadas pelo cabo BC e por um espaçador liso DE. Determine as reações nos apoios lisos A e F e também encontre as forças desenvolvidas no cabo e no espaçador.

SOLUÇÃO

Diagramas de corpo livre

O diagrama de corpo livre de cada prancha é mostrado na Figura 6.30b. É importante aplicar a terceira lei de Newton às forças de interação F_{BC} e F_{DE}, como ilustrado.

Equações de equilíbrio

Para a prancha AD,

$$\zeta + \Sigma M_A = 0; \quad F_{DE}(3\text{ m}) - F_{BC}(2\text{ m}) - 1\text{ kN}(1\text{ m}) = 0$$

Para a prancha CF,

$$\zeta + \Sigma M_F = 0; \quad F_{DE}(2\text{ m}) - F_{BC}(3\text{ m}) + 2\text{ kN}(1\text{ m}) = 0$$

Resolvendo simultaneamente,

$$F_{DE} = 1{,}40\text{ kN} \qquad F_{BC} = 1{,}60\text{ kN} \qquad \textit{Resposta}$$

Usando esses resultados, para a prancha AD,

$$+\uparrow \Sigma F_y = 0; \quad N_A + 1{,}40\text{ kN} - 1{,}60\text{ kN} - 1\text{ kN} = 0$$

$$N_A = 1{,}20\text{ kN} \qquad \textit{Resposta}$$

E, para a prancha CF,

$$+\uparrow \Sigma F_y = 0; \quad N_F + 1{,}60\text{ kN} - 1{,}40\text{ kN} - 2\text{ kN} = 0$$

$$N_F = 1{,}80\text{ kN} \qquad \textit{Resposta}$$

NOTA: desenhe o diagrama de corpo livre do sistema das *duas* pranchas e aplique $\Sigma M_A = 0$ para determinar N_F. Depois, use o diagrama de corpo livre de CEF para determinar F_{DE} e F_{BC}.

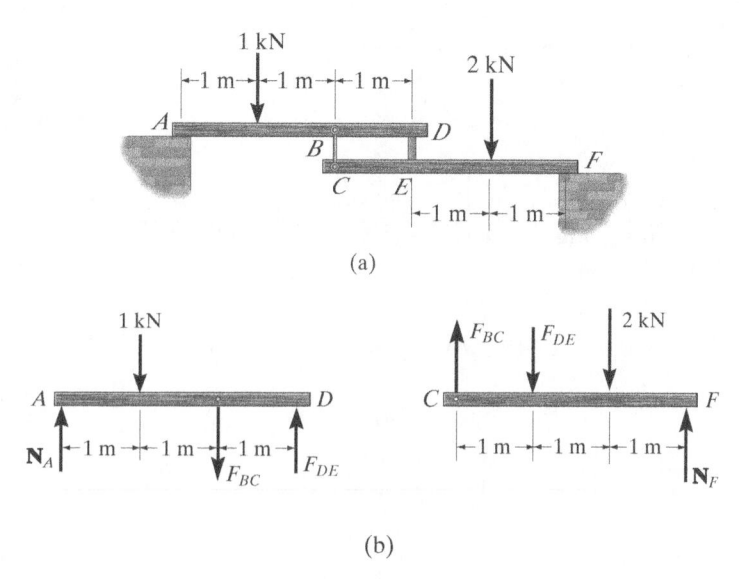

FIGURA 6.30

Exemplo 6.19

O homem de 75 kg na Figura 6.31*a* tenta erguer a viga uniforme de 40 kg do apoio de rolete em *B*. Determine a tração desenvolvida no cabo preso em *B* e a reação normal do homem sobre a viga quando isso está a ponto de ocorrer.

SOLUÇÃO I

Diagramas de corpo livre

A força de tração no cabo será representada como T_1. Os diagramas de corpo livre da polia *E*, do homem e da viga são mostrados na Figura 6.31*b*. Como o homem deve afastar completamente a viga do rolete *B*, então $N_B = 0$. Ao desenhar cada um desses diagramas, é muito importante aplicar a terceira lei de Newton.

Equações de equilíbrio

Usando o diagrama de corpo livre da polia *E*,

$$+\uparrow \Sigma F_y = 0; \quad 2T_1 - T_2 = 0 \quad \text{ou} \quad T_2 = 2T_1 \quad (1)$$

Baseando-se no diagrama de corpo livre do homem e usando o resultado anterior,

$$+\uparrow \Sigma F_y = 0 \quad N_m + 2T_1 - 75(9,81)\,\text{N} = 0 \quad (2)$$

Somando os momentos em relação ao ponto *A* na viga,

$$\zeta + \Sigma M_A = 0; \quad T_1(3\,\text{m}) - N_m(0,8\,\text{m}) - [40(9,81)\,\text{N}](1,5\,\text{m}) = 0 \quad (3)$$

Resolvendo as equações 2 e 3 simultaneamente para T_1 e N_m, e depois usando a Equação 1 para T_2, obtemos:

$$T_1 = 256\,\text{N} \quad N_m = 224\,\text{N} \quad T_2 = 512\,\text{N} \quad \textit{Resposta}$$

SOLUÇÃO II

Uma solução direta para T_1 pode ser obtida considerando a viga, o homem e a polia *E* como um *sistema único*. O diagrama de corpo livre é mostrado na Figura 6.31*c*. Portanto,

$$\zeta + \Sigma M_A = 0; \quad 2T_1(0,8\,\text{m}) - [75(9,81)\,\text{N}](0,8\,\text{m})$$

$$- [40(9,81)\,\text{N}](1,5\,\text{m}) + T_1(3\,\text{m}) = 0$$

$$T_1 = 256\,\text{N} \quad \textit{Resposta}$$

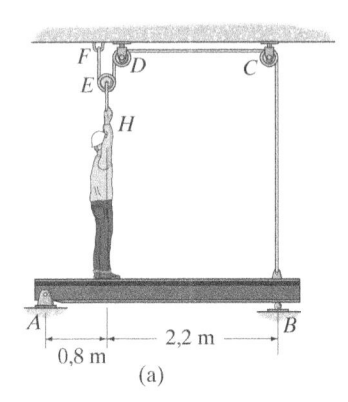

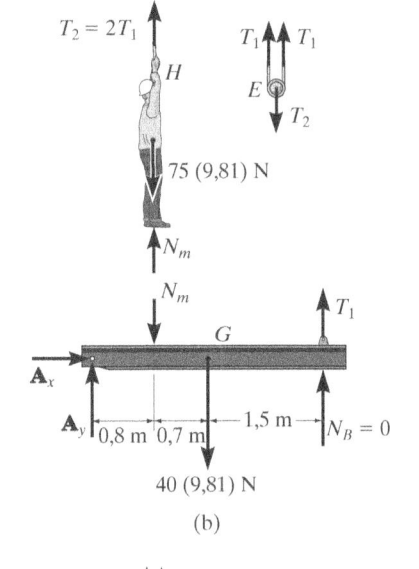

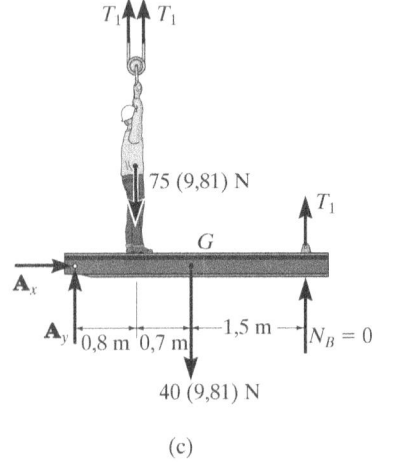

FIGURA 6.31

Com esse resultado, as equações 1 e 2 podem ser usadas para encontrar N_m e T_2.

Exemplo 6.20

O disco liso mostrado na Figura 6.32a possui um pino em D e tem um peso de 20 N. Ignorando os pesos dos outros membros, determine as componentes horizontal e vertical das reações nos pinos B e D.

SOLUÇÃO

Diagramas de corpo livre

Os diagramas de corpo livre da estrutura inteira e de cada um de seus membros são mostrados na Figura 6.32b.

Equações de equilíbrio

As oito incógnitas podem, obviamente, ser obtidas pela aplicação das oito equações de equilíbrio a cada membro — três ao membro AB, três ao membro BCD e duas ao disco. (O equilíbrio de momentos é automaticamente satisfeito para o disco.) Se isso é feito, no entanto, todos os resultados podem ser obtidos apenas por meio de uma solução simultânea de algumas das equações. (Experimente e confirme.) Para evitar essa situação, primeiramente é melhor determinar as três reações de apoio na estrutura *inteira*; depois, usando esses resultados, as cinco equações de equilíbrio restantes podem ser aplicadas a outras duas peças para resolver sucessivamente as outras incógnitas.

Estrutura inteira

$\zeta + \Sigma M_A = 0;\ -(20\text{ N})(0{,}9\text{ m}) + C_x(1{,}05\text{ m}) = 0\quad C_x = 17{,}1\text{ N}$

$\xrightarrow{+} \Sigma F_x = 0;\qquad A_x - 17{,}1\text{ N} = 0\qquad A_x = 17{,}1\text{ N}$

$+\uparrow \Sigma F_y = 0;\qquad A_y - 20\text{ N} = 0\qquad A_y = 20\text{ N}$

Membro AB

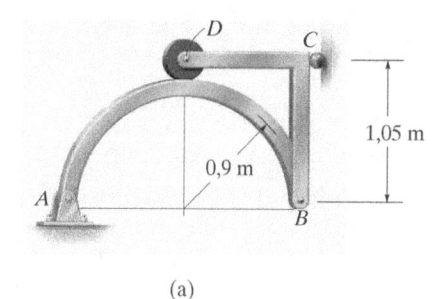

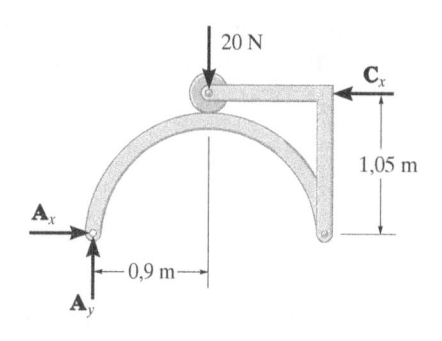

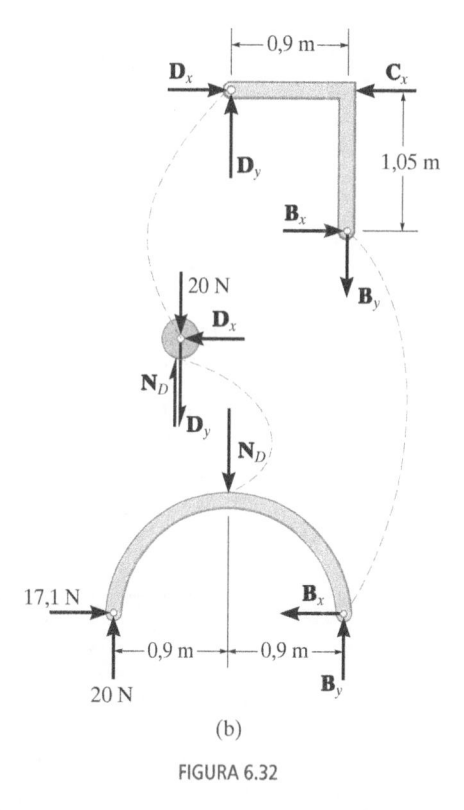

$\xrightarrow{+} \Sigma F_x = 0;\qquad 17{,}1\text{ N} - B_x = 0\quad B_x = 17{,}1\text{ N}\quad$ *Resposta*

$\zeta + \Sigma M_B = 0;\ -(20\text{ N})(1{,}8\text{ m}) + N_D(0{,}9\text{ m}) = 0\quad N_D = 40\text{ N}$

$+\uparrow \Sigma F_y = 0;\qquad 20\text{ N} - 40\text{ N} + B_y = 0\quad B_y = 20\text{ N}\quad$ *Resposta*

Disco

$\xrightarrow{+} \Sigma F_x = 0;\qquad\qquad D_x = 0\qquad\qquad$ *Resposta*

$+\uparrow \Sigma F_y = 0;\qquad 40\text{ N} - 20\text{ N} - D_y = 0\quad D_y = 20\text{ N}\quad$ *Resposta*

FIGURA 6.32

Exemplo 6.21

A estrutura na Figura 6.33a sustenta o cilindro de 50 kg. Determine as componentes horizontal e vertical da reação em A e a força em C.

SOLUÇÃO

Diagramas de corpo livre

O diagrama de corpo livre da polia D, com o cilindro e uma parte da corda (um sistema), é mostrado na Figura 6.33b. O membro BC é um membro de duas forças, como seu diagrama de corpo livre indica. O diagrama de corpo livre do membro ABD também é mostrado.

Equações de equilíbrio

Começaremos analisando o equilíbrio da polia. A equação de equilíbrio de momentos é automaticamente satisfeita com $T = 50(9,81)$ N e, portanto,

$$\xrightarrow{+} \Sigma F_x = 0; \quad D_x - 50(9,81) \text{ N} = 0 \quad D_x = 490,5 \text{ N}$$

$$+\uparrow \Sigma F_y = 0; \quad D_y - 50(9,81) \text{ N} = 0 \quad D_y = 490,5 \text{ N} \qquad \textit{Resposta}$$

Usando esses resultados, F_{BC} pode ser determinado somando os momentos em relação ao ponto A no membro ABD.

$$\zeta + \Sigma M_A = 0; \; F_{BC}(0,6 \text{ m}) + 490,5 \text{ N}(0,9 \text{ m}) - 490,5 \text{ N}(1,20 \text{ m}) = 0$$

$$F_{BC} = 245,25 \text{ N} \qquad \textit{Resposta}$$

Agora, A_x e A_y podem ser determinadas somando as forças.

$$\xrightarrow{+} \Sigma F_x = 0; \quad A_x - 245,25 \text{ N} - 490,5 \text{ N} = 0 \quad A_x = 736 \text{ N} \qquad \textit{Resposta}$$

$$+\uparrow \Sigma F_y = 0; \quad A_y - 490,5 \text{ N} = 0 \quad A_y = 490,5 \text{ N} \qquad \textit{Resposta}$$

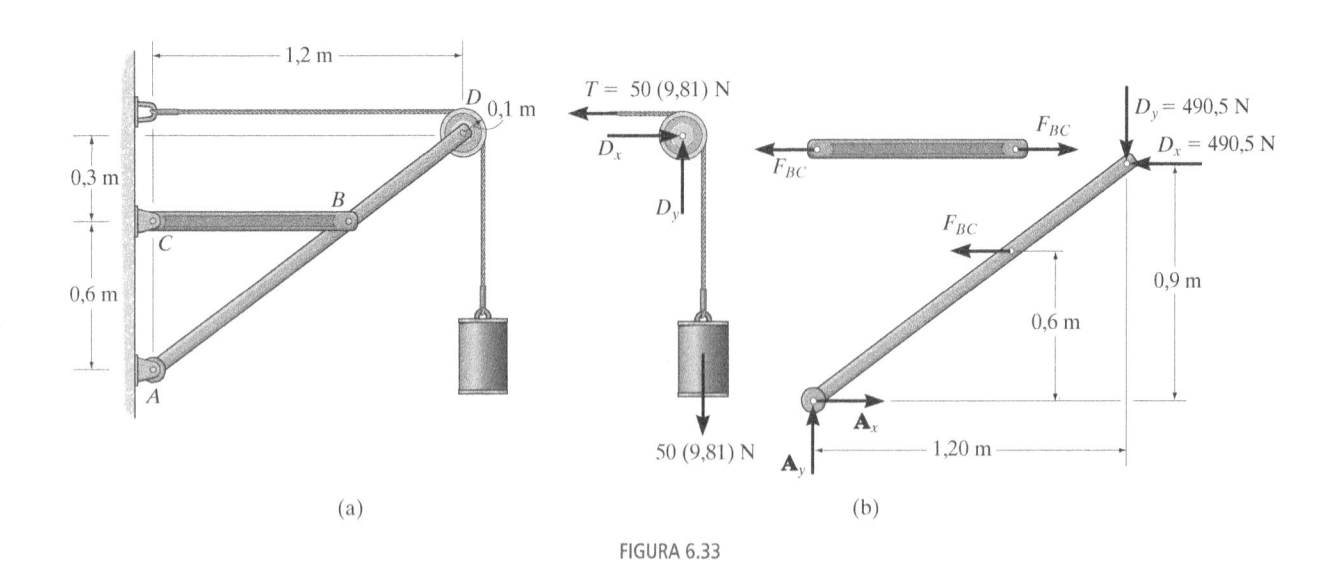

FIGURA 6.33

Exemplo 6.22

Determine a força que os pinos em A e B exercem sobre a estrutura de dois membros mostrada na Figura 6.34a.

SOLUÇÃO I

Diagramas de corpo livre

Por observação, AB e BC são membros de duas forças. Seus diagramas de corpo livre, com o da polia, aparecem na Figura 6.34b. Para resolver esse problema, também precisamos incluir o diagrama de corpo livre do pino em B, pois esse pino conecta todos os *três membros* (Figura 6.34c).

Equações de equilíbrio

Aplique as equações do equilíbrio de forças no pino B.

$$\xrightarrow{+}\Sigma F_x = 0; \quad F_{BA} - 800\text{ N} = 0; \quad F_{BA} = 800\text{ N} \quad \textit{Resposta}$$
$$+\uparrow\Sigma F_y = 0; \quad F_{BC} - 800\text{ N} = 0; \quad F_{BC} = 800\text{ N} \quad \textit{Resposta}$$

NOTA: o diagrama de corpo livre do pino em A (Figura 6.34d) indica como a força F_{AB} é balanceada pela força ($F_{AB}/2$) exercida sobre o pino por cada um de seus suportes.

SOLUÇÃO II

Diagrama de corpo livre

Se observarmos que AB e BC são membros de duas forças, o diagrama de corpo livre da *estrutura inteira* produz uma solução mais fácil (Figura 6.34e). As equações de equilíbrio de forças são as mesmas das que mostramos anteriormente. Observe que o equilíbrio de momentos será satisfeito, independentemente do raio da polia.

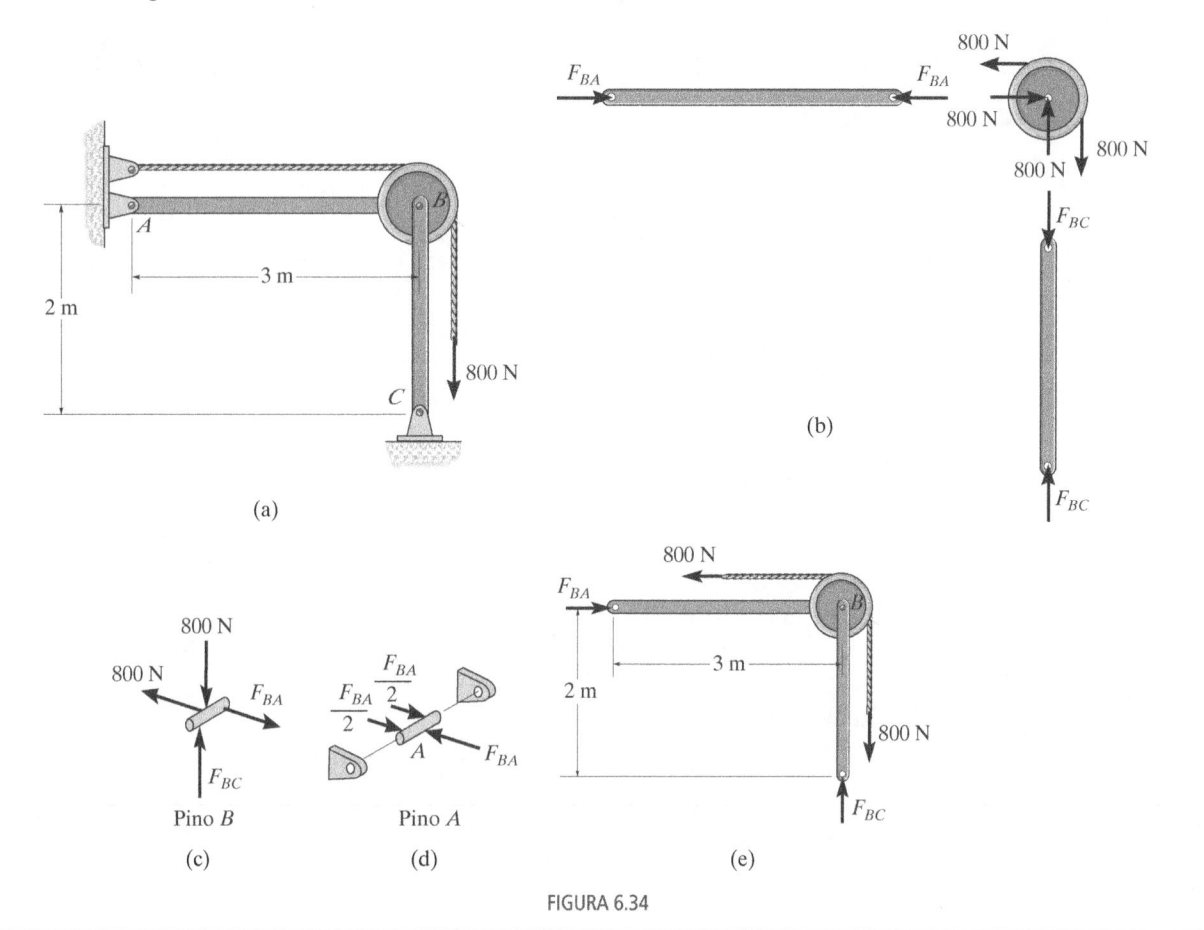

FIGURA 6.34

P6.3. Em cada caso, identifique quaisquer membros de duas forças e depois desenhe os diagramas de corpo livre de cada membro da estrutura.

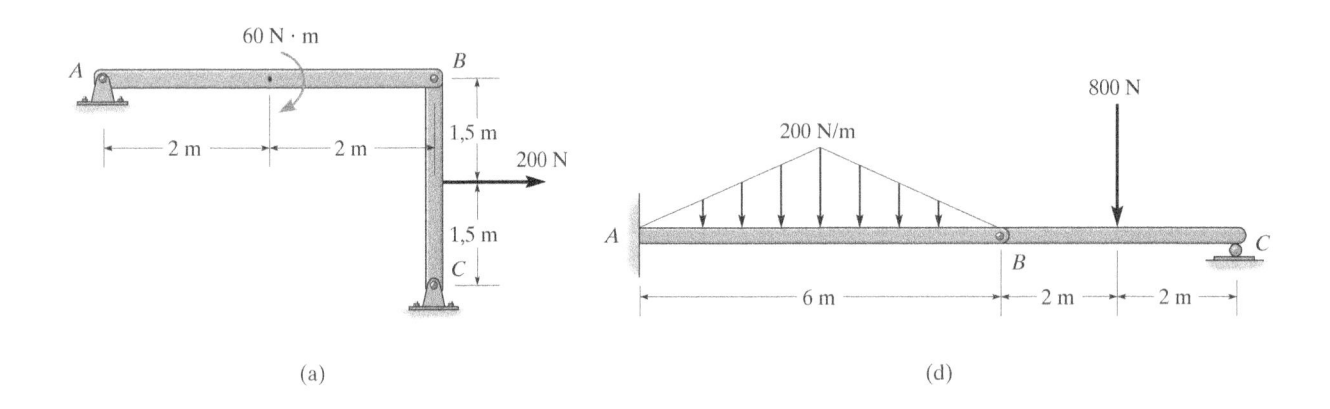

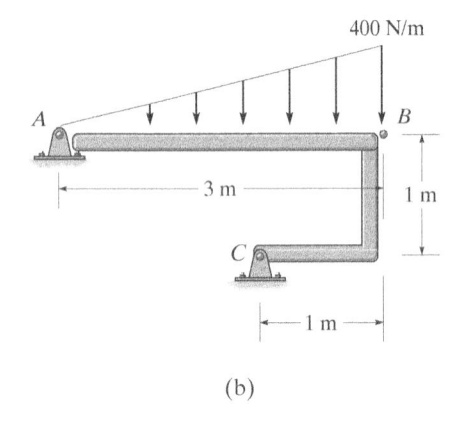

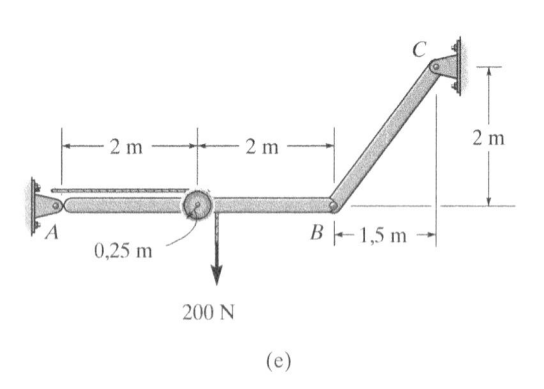

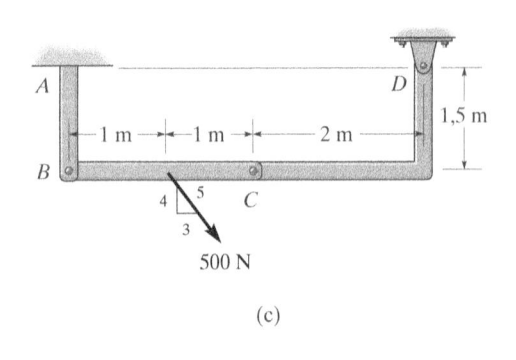

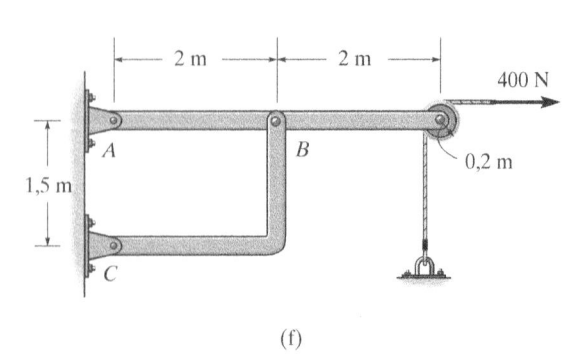

(a)

(b)

(c)

(d)

(e)

(f)

PROBLEMA P6.3

Problemas fundamentais

Todas as soluções dos problemas precisam incluir um diagrama de corpo livre.

F6.13. Determine a força P necessária para manter o peso de 60 N em equilíbrio.

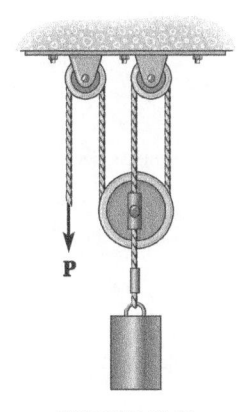

PROBLEMA F6.13

F6.14. Determine as componentes horizontal e vertical da reação no pino C.

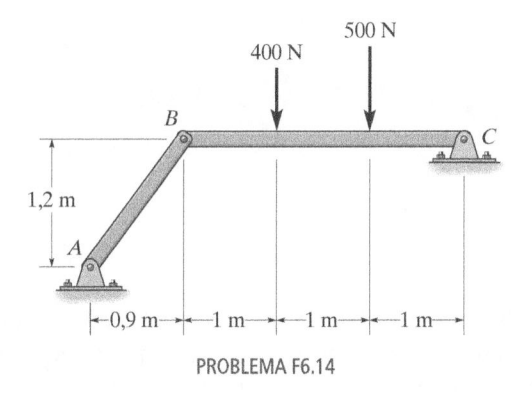

PROBLEMA F6.14

F6.15. Se uma força de 100 N é aplicada no cabo do alicate, determine a força de esmagamento exercida sobre o tubo liso B e a intensidade da força resultante que um dos membros exerce no pino A.

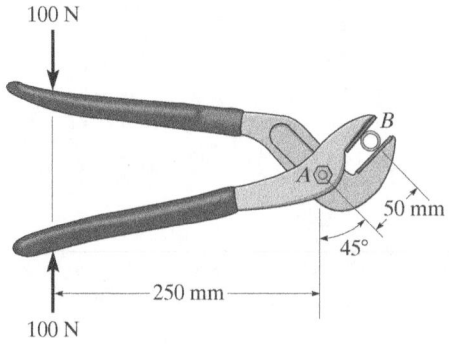

PROBLEMA F6.15

F6.16. Determine as componentes horizontal e vertical da reação no pino C.

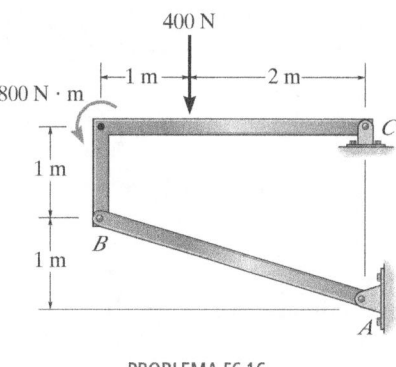

PROBLEMA F6.16

F6.17. Determine a força normal que a placa A de 100 N exerce sobre a placa B de 30 N.

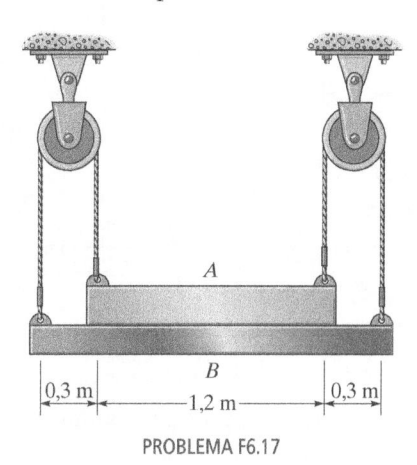

PROBLEMA F6.17

F6.18. Determine a força P necessária para suspender a carga. Além disso, determine o posicionamento correto x do gancho para o equilíbrio. Despreze o peso da viga.

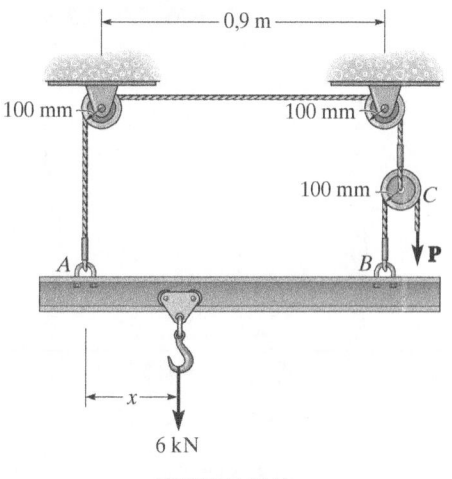

PROBLEMA F6.18

F6.19. Determine as componentes das reações em A e B.

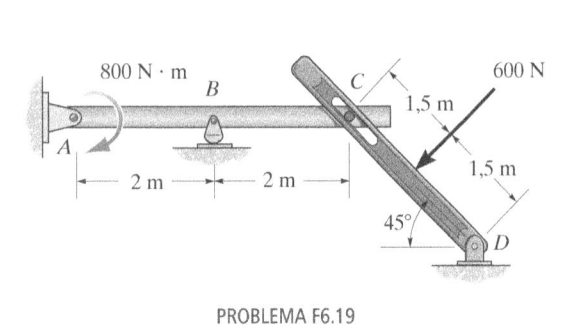

PROBLEMA F6.19

F6.20. Determine as reações em D.

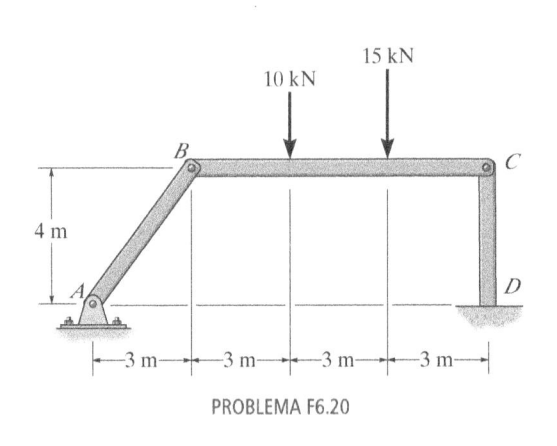

PROBLEMA F6.20

F6.21. Determine as componentes das reações em A e C.

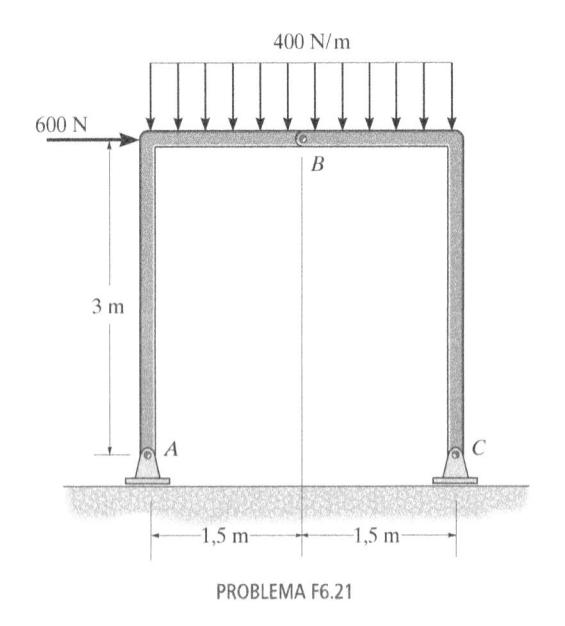

PROBLEMA F6.21

F6.22. Determine as componentes da reação em C.

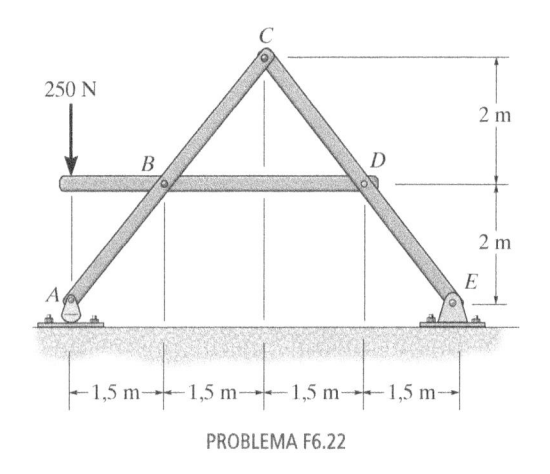

PROBLEMA F6.22

F6.23. Determine as componentes da reação em E.

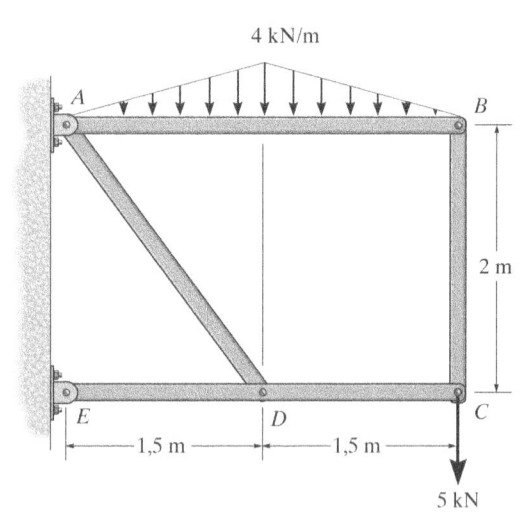

PROBLEMA F6.23

F6.24. Determine as componentes da reação em D e as componentes da reação que o pino em A exerce sobre o membro BA.

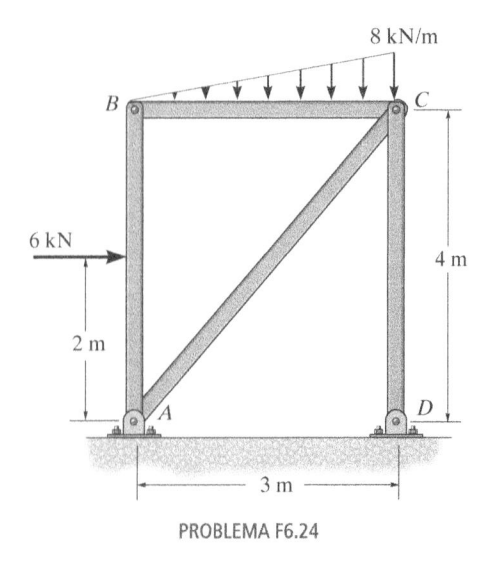

PROBLEMA F6.24

Problemas

Todas as soluções dos problemas deverão incluir diagramas de corpo livre.

6.61. Determine a força **P** necessária para manter a massa de 50 kg em equilíbrio.

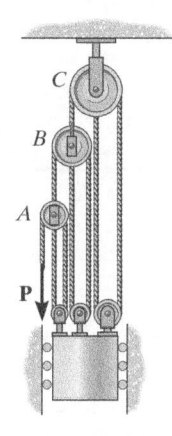

PROBLEMA 6.61

6.62. Os princípios de uma *talha diferencial* são indicados esquematicamente na figura. Determine a intensidade da força **P** necessária para suportar força de 800 N. Além disso, encontre a distância x onde o cabo deverá ser fixado à viga AB, de modo que ela permaneça horizontal. Todas as polias possuem um raio de 60 mm.

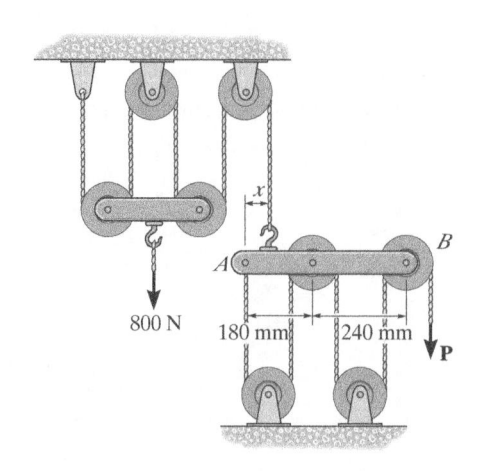

PROBLEMA 6.62

6.63. Determine a força **P** necessária para manter o engradado de 150 kg em equilíbrio.

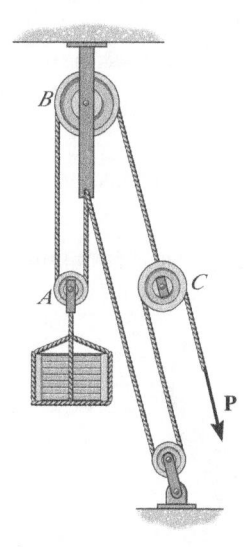

PROBLEMA 6.63

***6.64.** Determine a força **P** necessária para suportar a massa de 20 kg usando a talha do tipo *"Spanish Burton"*. Além disso, quais são as reações nos ganchos de apoio A, B e C?

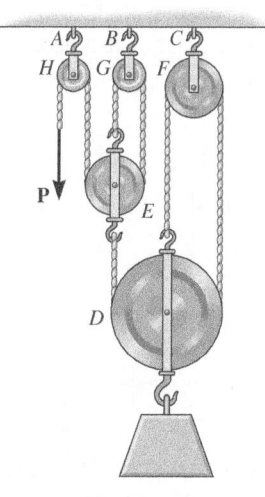

PROBLEMA 6.64

6.65. Determine as reações nos apoios A, C e E da viga composta.

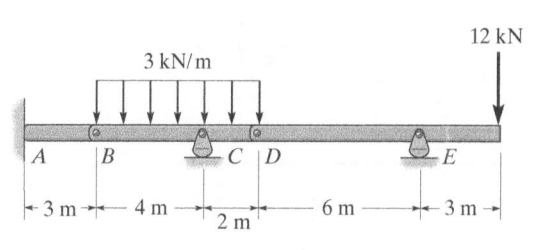

PROBLEMA 6.65

6.66. Determine as reações nos apoios A, E e B da viga composta.

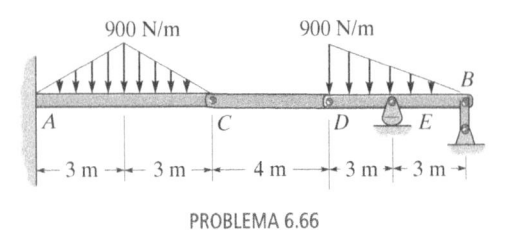

PROBLEMA 6.66

6.67. Determine as forças resultantes nos pinos A, B e C na estrutura com três membros.

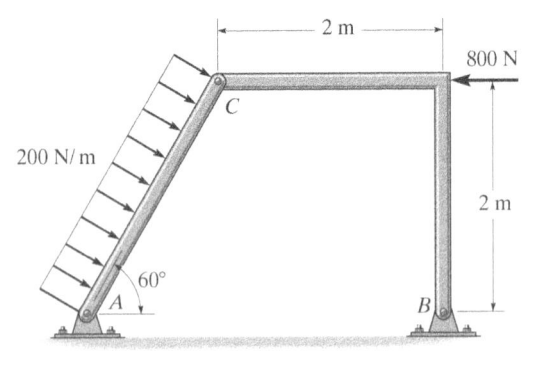

PROBLEMA 6.67

*6.68. Determine as reações na luva em A e no pino em C. A luva envolve um tubo liso, e o tubo AB está rigidamente conectado a ela.

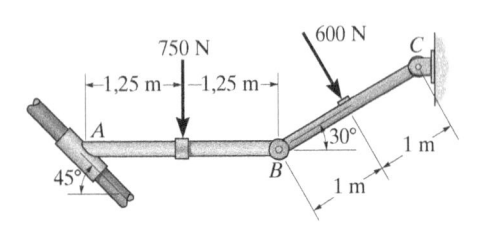

PROBLEMA 6.68

6.69. Determine a maior força **P** que pode ser aplicada à estrutura se a maior força resultante que atua em A puder ter uma intensidade de 2 kN.

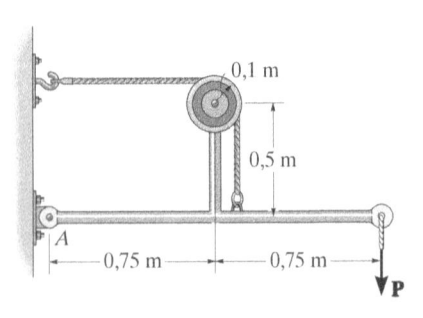

PROBLEMA 6.69

6.70. Determine as componentes horizontal e vertical das forças nos pinos B e C. O cilindro suspenso possui massa de 75 kg.

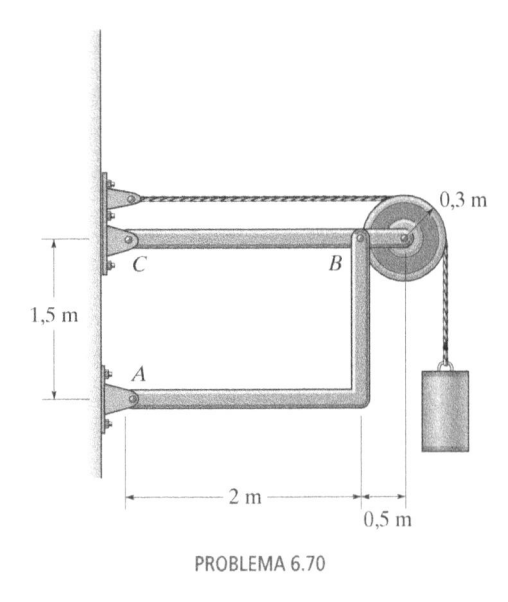

PROBLEMA 6.70

6.71. Determine a maior força **P** que pode ser aplicada à estrutura se a maior força resultante que atua em A puder ter uma intensidade de 5 kN.

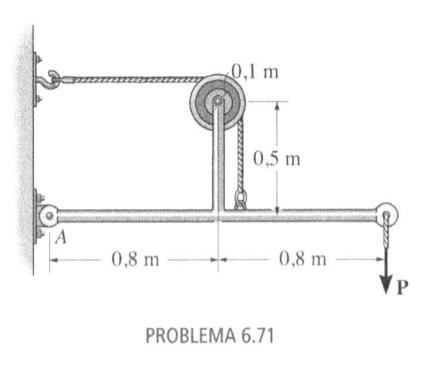

PROBLEMA 6.71

*6.72. Determine as componentes horizontal e vertical das forças nos pinos A e D.

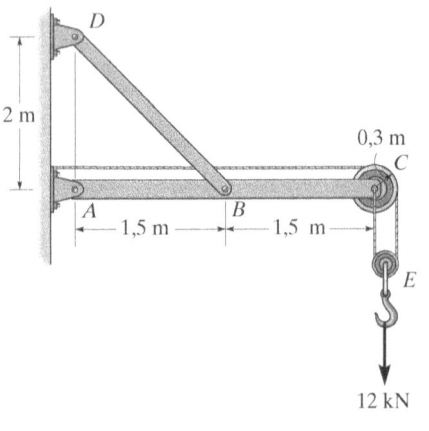

PROBLEMA 6.72

6.73. Determine as componentes horizontal e vertical das forças que os pinos A e B exercem sobre a estrutura.

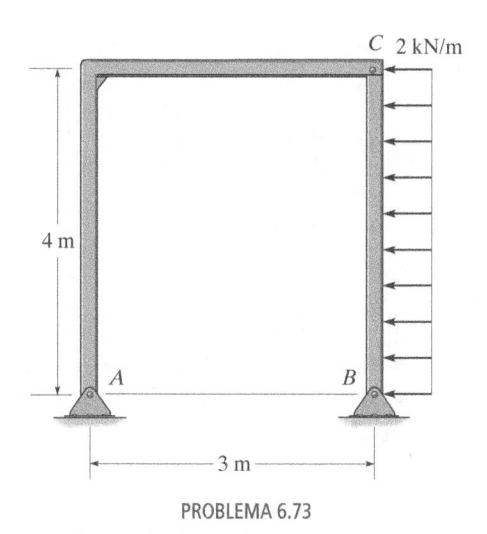

PROBLEMA 6.73

6.74. Determine as componentes horizontal e vertical das forças que os pinos A e B exercem sobre a estrutura.

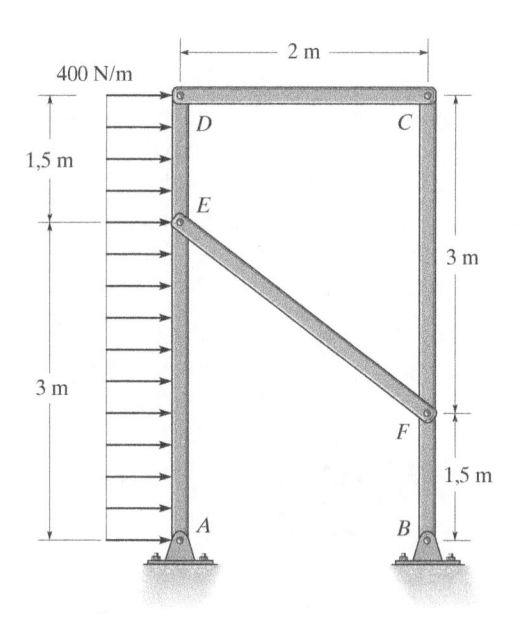

PROBLEMA 6.74

6.75. Se $P = 75$ N, determine a força F que o grampo exerce sobre o bloco de madeira.

*6.76. Se o bloco de madeira exerce uma força de $F = 600$ N sobre o grampo, determine a força P aplicada ao cabo do grampo.

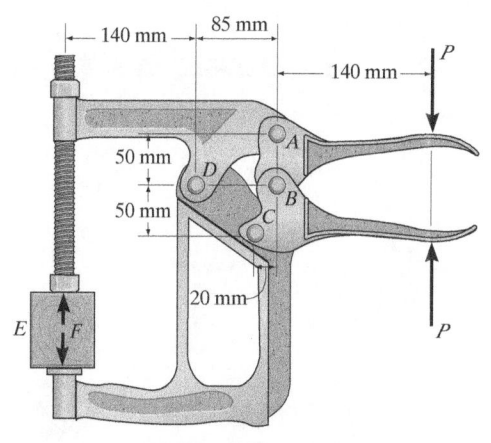

PROBLEMAS 6.75 e 6.76

6.77. Mostre que o peso W_1 do contrapeso em H necessário para o equilíbrio é $W_1 = (b/a)W$ e, portanto, ele é independente da posição da carga W na plataforma.

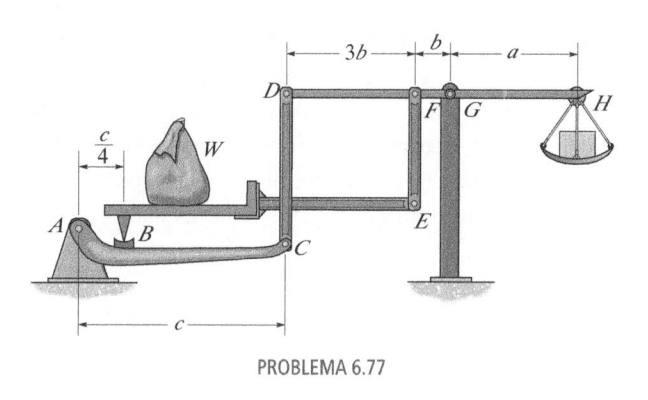

PROBLEMA 6.77

6.78. A prensa está sujeita a uma força **F** no punho. Determine a força de prensagem vertical atuando em E.

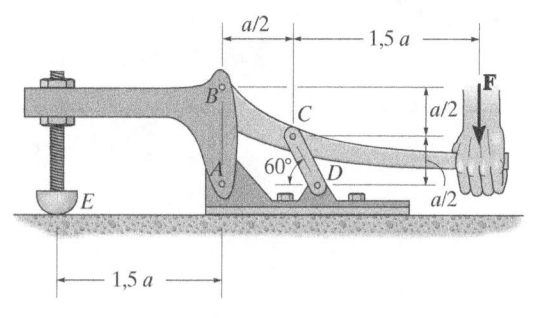

PROBLEMA 6.78

6.79. O guincho sustenta o motor de 125 kg. Determine a força que a carga produz no membro DB e no FB, que contém o cilindro hidráulico H.

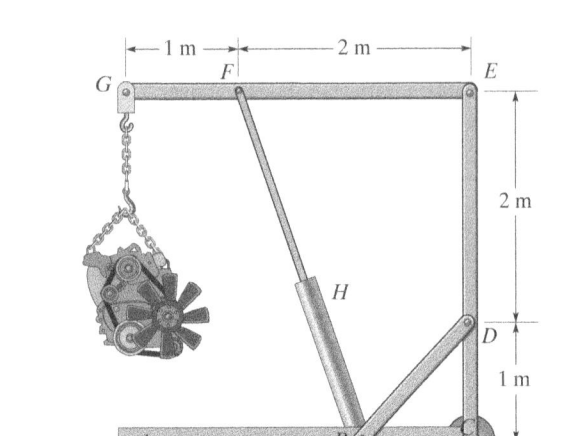

PROBLEMA 6.79

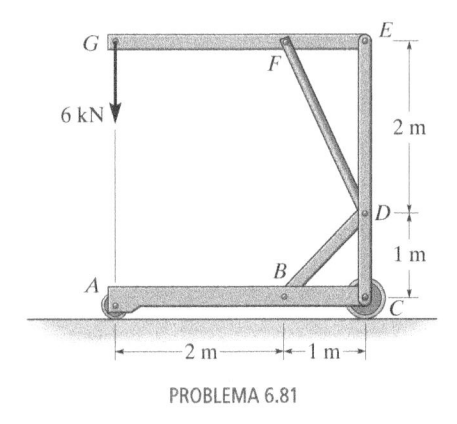

PROBLEMA 6.81

6.82. Determine a força que o cilindro liso de 20 kg exerce sobre os membros AB e CDB. Além disso, quais são as componentes horizontal e vertical da reação no pino A?

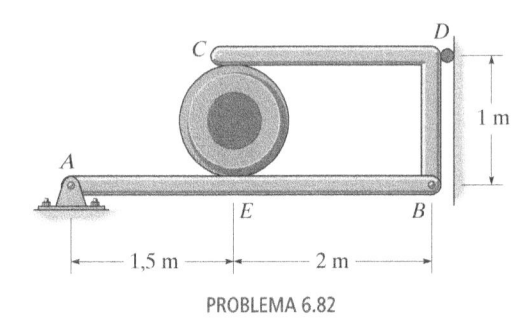

***6.80.** O dispositivo de elevação consiste em *dois* conjuntos de membros cruzados e *dois* cilindros hidráulicos, DE, localizados simetricamente em *cada lado* da plataforma. A plataforma possui massa uniforme de 60 kg, com centro de gravidade em G_1. A carga de 85 kg, com centro de gravidade em G_2, está localizada no centro entre cada lado da plataforma. Determine a força em cada um dos cilindros hidráulicos para que haja equilíbrio. Roletes estão localizados em B e D.

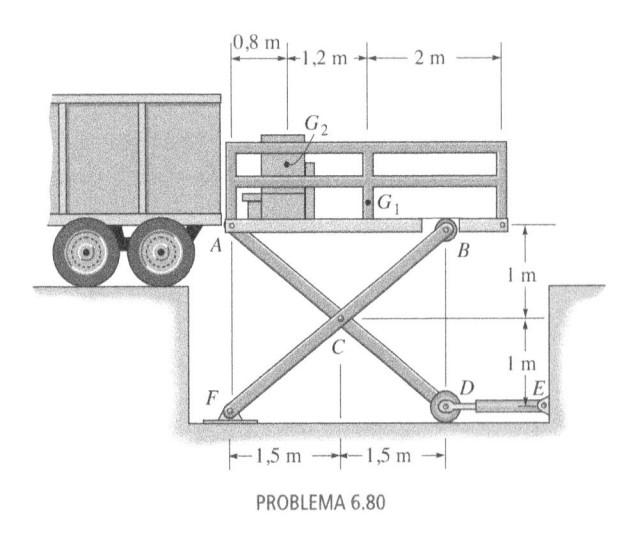

PROBLEMA 6.82

6.83. A tesoura de poda multiplica a intensidade de corte da lâmina com o mecanismo de alavanca composta. Se uma força de 20 N é aplicada aos punhos, determine a força de corte gerada em A. Considere que a superfície de contato em A é lisa.

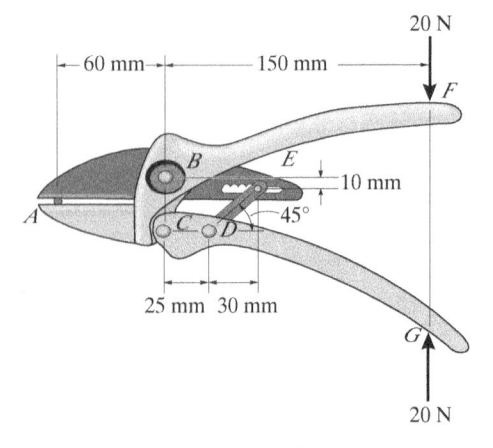

PROBLEMA 6.80

PROBLEMA 6.83

6.81. Determine as forças nos membros FD e DB da estrutura. Além disso, encontre as componentes horizontal e vertical da reação que o pino em C exerce sobre o membro ABC e o membro EDC.

*** 6.84.** A tenaz de dupla garra suporta a bobina com massa de 800 kg e centro de massa em G. Determine as componentes horizontal e vertical das forças que os membros articulados exercem sobre a placa *DEIJH* nos pontos *D* e *E*. A bobina exerce apenas reações verticais em *K* e *L*.

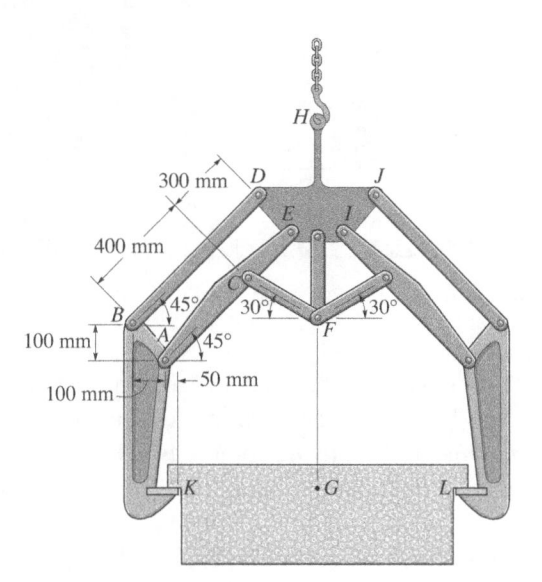

PROBLEMA 6.84

6.85. Determine a força que as garras *J* do cortador de metal exercem sobre o cabo liso *C* se forem aplicadas forças de 100 N aos punhos. As garras possuem pinos em *E* e *A*, e em *D* e *B*. Também há um pino em *F*.

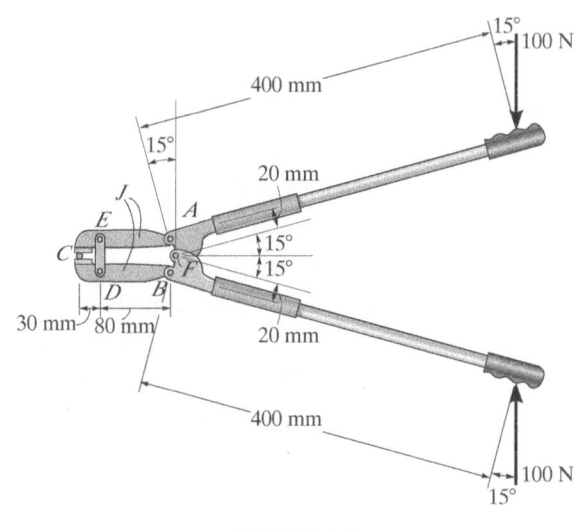

PROBLEMA 6.85

6.86. Um contrapeso de 300 kg, com centro de massa em *G*, é montado na manivela *AB* da unidade de bombeamento de petróleo. Se uma força $F = 5$ kN deve ser desenvolvida no cabo fixo conectado à extremidade do balancim *DEF*, determine o torque *M* que deve ser fornecido pelo motor.

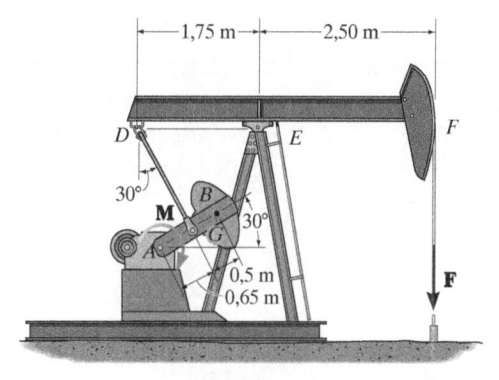

PROBLEMA 6.86

6.87. Um contrapeso de 300 kg, com centro de massa em *G*, é montado na manivela *AB* da unidade de bombeamento de petróleo. Se o motor fornece um torque de $M = 2500$ N · m, determine a força **F** desenvolvida no cabo fixo conectado à extremidade do balancim *DEF*.

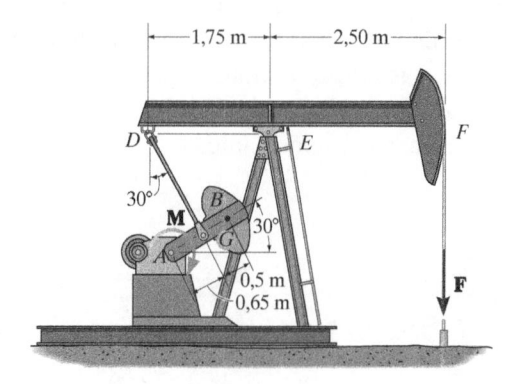

PROBLEMA 6.87

*****6.88.** A garra dupla é usada para levantar a viga. Se esta pesa 8 kN, determine as componentes horizontal e vertical da força que atua sobre o pino em *A* e as componentes horizontal e vertical da força que o flange da viga exerce sobre a garra em *B*.

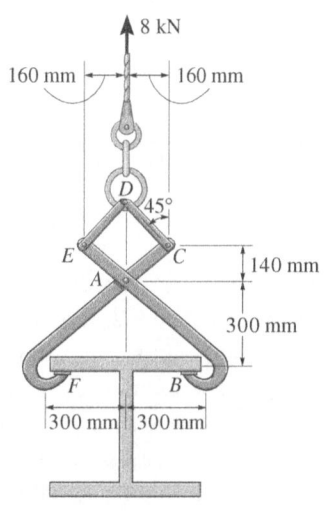

PROBLEMA 6.88

6.89. O momento constante de 50 N · m deve ser aplicado ao eixo de manivela. Determine a força compressiva P exercida no pistão para que haja equilíbrio em função de θ. Represente graficamente os resultados de P (eixo vertical) versus θ (eixo horizontal) para $0° \leq \theta \leq 90°$.

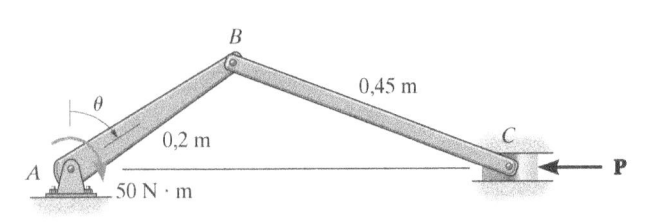

PROBLEMA 6.89

6.90. A lança do trator suporta a massa uniforme de 600 kg na caçamba, que tem um centro de massa em G. Determine as forças em cada cilindro hidráulico, AB e CD, e as forças resultantes nos pinos E e F. A carga é suportada igualmente em cada lado do trator por um mecanismo semelhante.

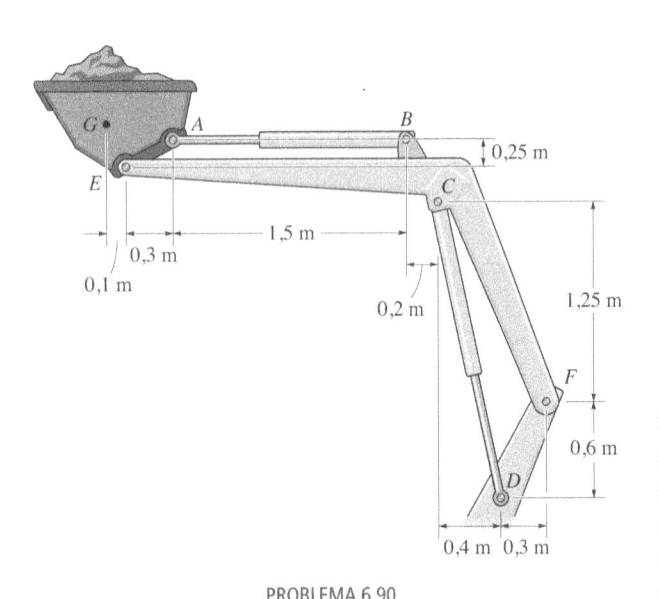

PROBLEMA 6.90

6.91. A máquina na figura é usada para moldar placas de metal. Ela consiste em dois mecanismos, ABC e DEF, operados pelo cilindro hidráulico H. Os mecanismos empurram o elemento móvel G para a frente, pressionando a placa p para dentro da cavidade. Se a força que a placa exerce sobre a cabeça é $P = 12$ kN, determine a força F no cilindro hidráulico quando $\theta = 30°$.

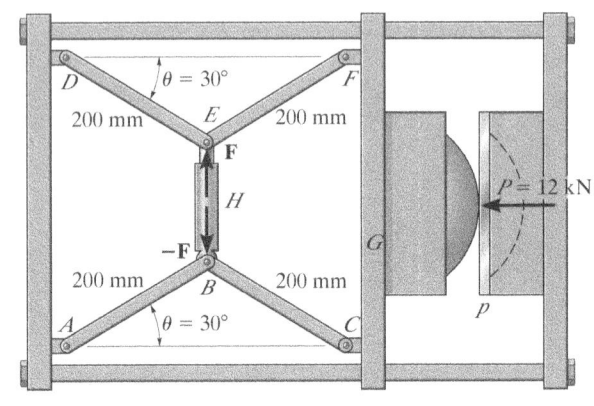

PROBLEMA 6.91

*__6.92.__ O cortador de unhas consiste na alavanca e em duas lâminas de corte. Supondo que as lâminas sejam conectadas por um pino em B e a superfície em D seja lisa, determine a força normal sobre a unha quando uma força de 5 N é aplicada à alavanca, conforme mostra a figura. O pino AC desliza por um furo liso em A e está preso ao fundo do membro em C.

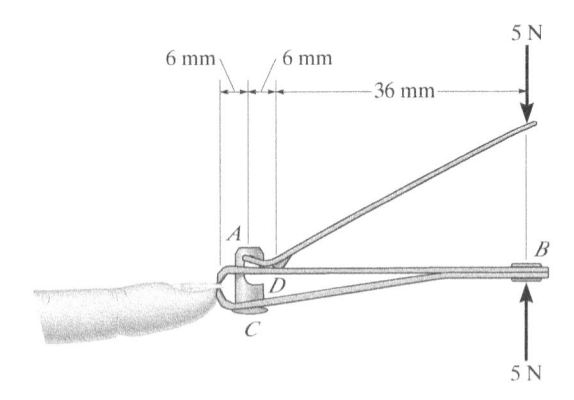

PROBLEMA 6.92

6.93. O cortador de tubo é preso em volta do tubo P. Se a roda em A exerce uma força normal $F_A = 80$ N sobre o tubo, determine as forças normais das rodas B e C sobre o tubo. Além disso, calcule a reação do pino sobre a roda em C. As três rodas possuem um raio de 7 mm e o tubo tem um raio externo de 10 mm.

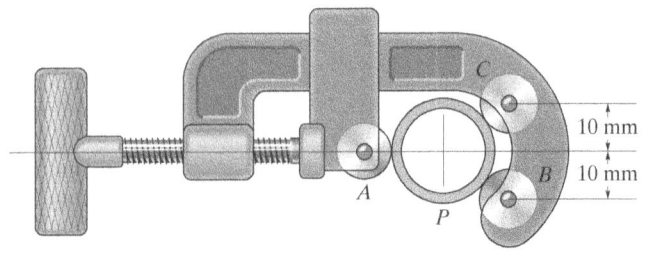

PROBLEMA 6.93

6.94. Determine as componentes horizontal e vertical da força que o pino C exerce sobre o membro ABC. A carga de 600 N é aplicada ao pino.

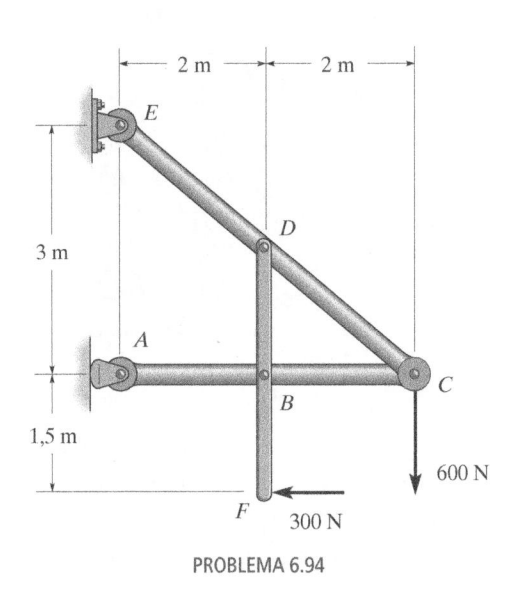

PROBLEMA 6.94

6.95. Determine a força criada nos cilindros hidráulicos EF e AD a fim de manter a caçamba em equilíbrio. A carga da caçamba tem massa de 1,25 Mg e centro de gravidade em G. Todos os nós são conectados por pinos.

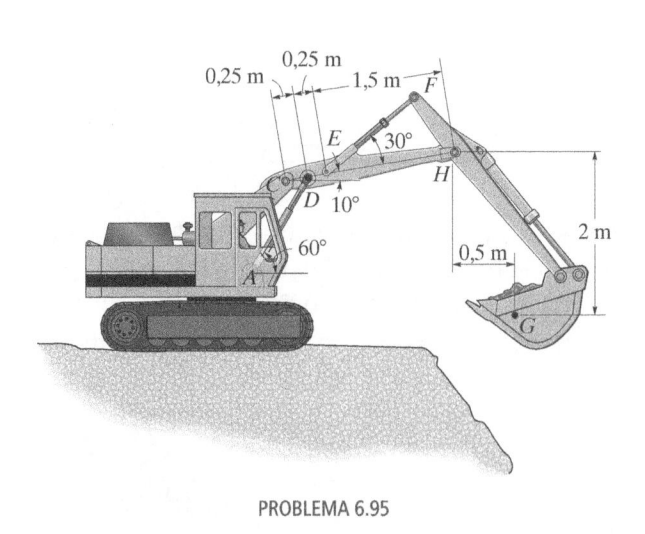

PROBLEMA 6.95

*****6.96.** Determine as componentes horizontal e vertical das forças que os pinos em A e B exercem sobre a estrutura.

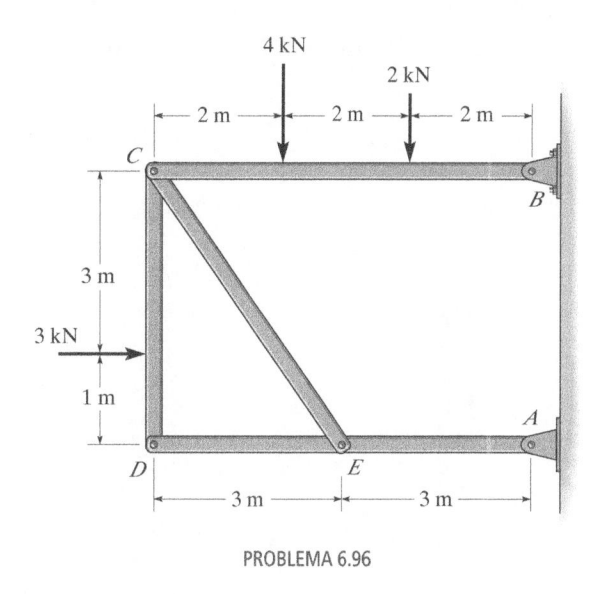

PROBLEMA 6.96

6.97. O mecanismo das válvulas de admissão e de escapamento em um motor de automóvel consiste no came C, vareta DE, balancim EFG com um pino em F e uma mola e válvula, V. Se a compressão na mola é de 20 mm quando está aberta, como mostra a figura, determine a força normal que atua sobre o ressalto do came em C. Suponha que o came e os mancais em H, I e J sejam lisos. A mola possui rigidez de 300 N/m.

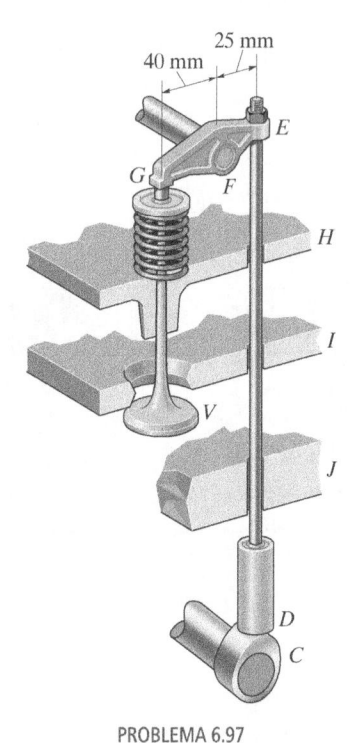

PROBLEMA 6.97

6.98. Um homem com peso de 875 N tenta sustentar-se usando um dos dois métodos mostrados. Determine a força total que ele precisa exercer no elemento AB em cada caso e a reação normal que ele exerce na plataforma em C. Despreze o peso da plataforma.

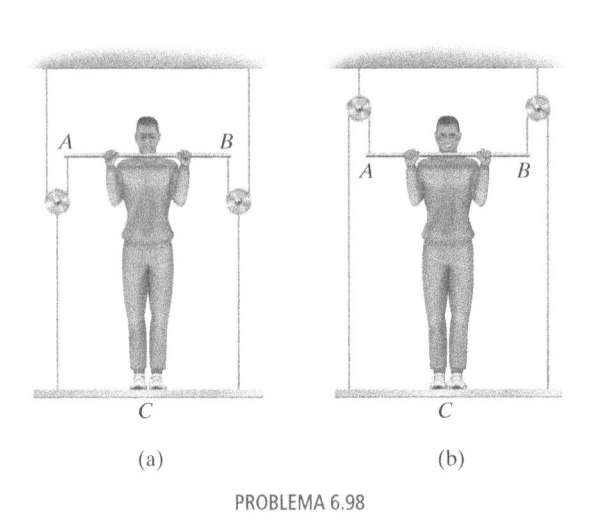

PROBLEMA 6.98

(a) (b)

6.99. Um homem com peso de 875 N tenta sustentar-se usando um dos dois métodos mostrados. Determine a força total que ele precisa exercer no elemento AB em cada caso e a reação normal que ele exerce na plataforma em C. A plataforma possui um peso de 150 N.

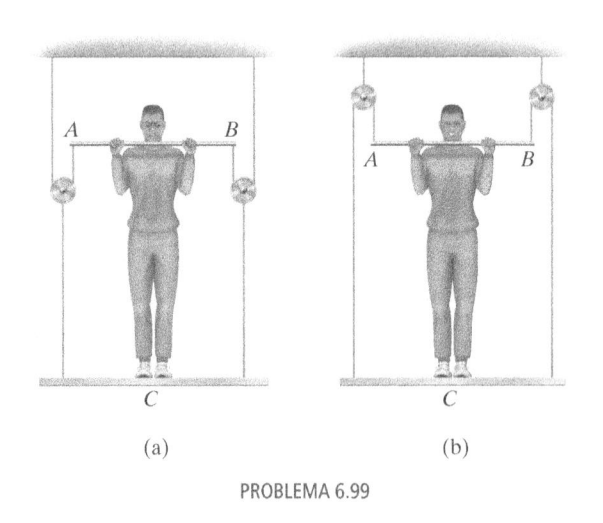

PROBLEMA 6.99

(a) (b)

*__6.100.__ Se o tambor de 300 kg possui centro de massa no ponto G, determine as componentes horizontal e vertical da força atuando no pino A e as reações sobre os calços lisos C e D. A garra em B no membro DAB resiste às componentes horizontal e vertical da força na borda do tambor.

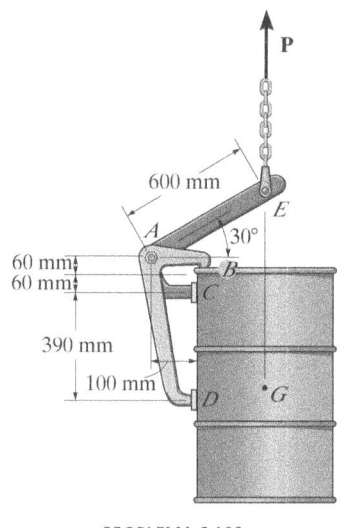

PROBLEMA 6.100

6.101. A estrutura de dois membros é conectada por um pino em E. O cabo é preso a D, passa pelo pino liso em C e suporta a carga de 500 N. Determine as reações horizontal e vertical em cada pino.

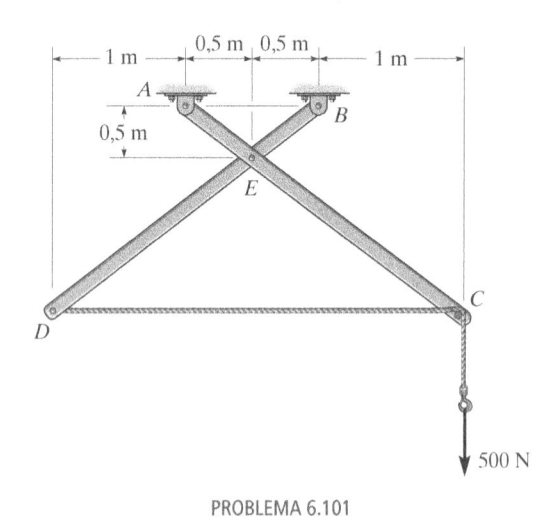

PROBLEMA 6.101

6.102. Se uma força de prensagem de 300 N é necessária em A, determine a intensidade da força **F** que precisa ser aplicada no cabo da prensa.

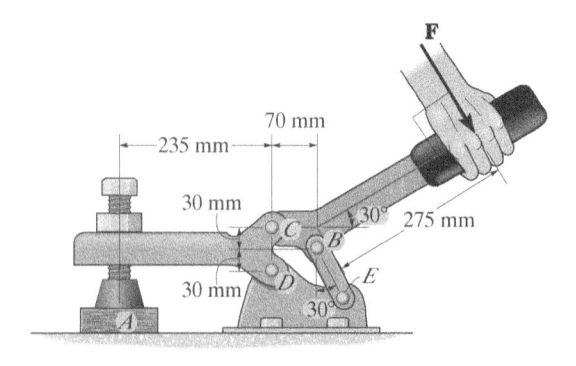

PROBLEMA 6.102

6.103. Se uma força $F = 350$ N é aplicada no cabo da prensa, determine a força de prensagem resultante em A.

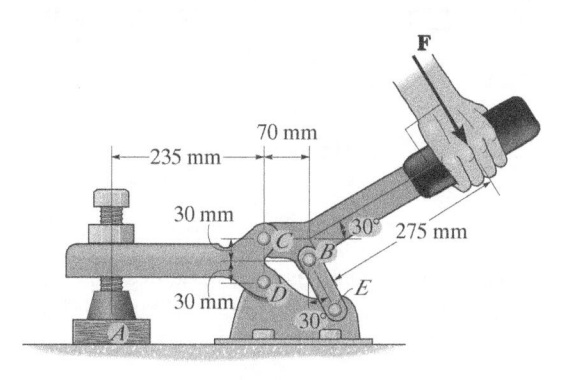

PROBLEMA 6.103

***6.104.** A balança de plataforma consiste em uma combinação de alavancas de terceira e primeira classes, de modo que a carga sobre uma alavanca se torna o esforço que move a próxima alavanca. Por meio desse arranjo, um pequeno peso pode equilibrar um objeto pesado. Se $x = 450$ mm, determine a massa do contrapeso S necessária para equilibrar uma carga L de 90 kg.

6.105. A balança de plataforma consiste em uma combinação de alavancas de terceira e primeira classes, de modo que a carga sobre uma alavanca se torna o esforço que move a próxima alavanca. Por meio desse arranjo, um pequeno peso pode equilibrar um objeto pesado. Se $x = 450$ mm e a massa do contrapeso S é 2 kg, determine a massa da carga L necessária para manter o equilíbrio.

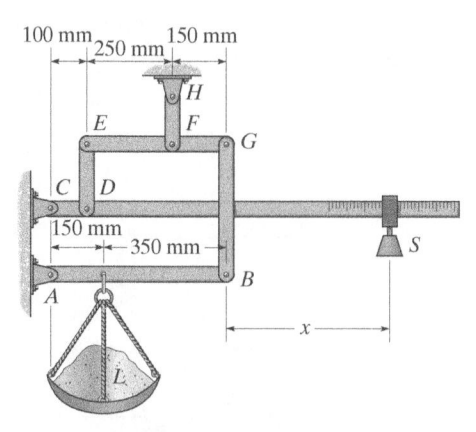

PROBLEMAS 6.104 e 6.105

6.106. O guincho é usado para sustentar o motor de 200 kg. Determine a força que atua no cilindro hidráulico AB, as componentes horizontal e vertical da força no pino C e as reações no engastamento D.

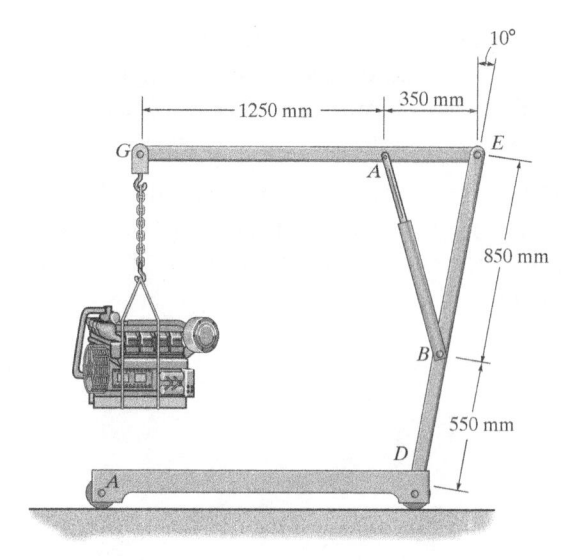

PROBLEMA 6.106

6.107. Determine a força **P** no cabo se a mola for comprimida em 0,025 m quando o mecanismo está na posição mostrada. A mola tem rigidez $k = 6$ kN/m.

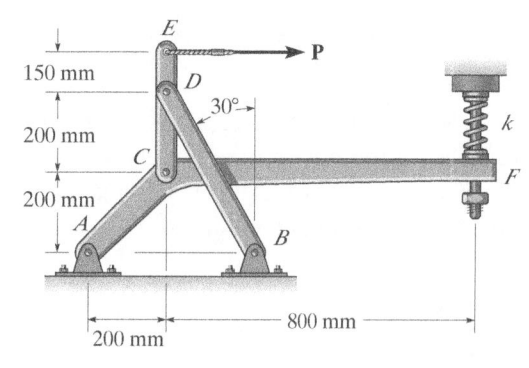

PROBLEMA 6.107

*derecha**6.108.** O guindaste de pilar está sujeito à carga com massa de 500 kg. Determine a força desenvolvida na haste de ligação AB e as reações horizontal e vertical no suporte com pino C quando a lança está presa na posição mostrada.

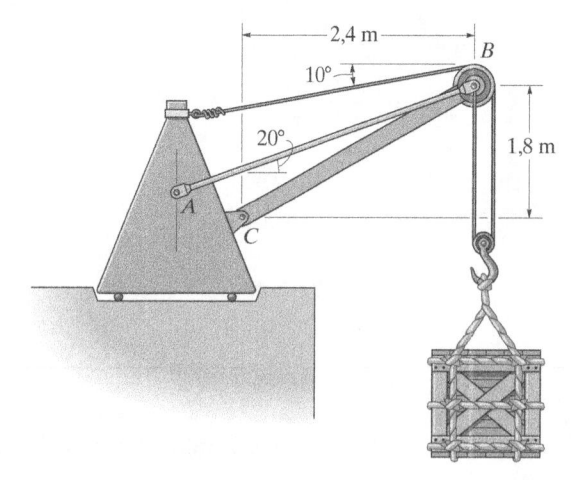

PROBLEMA 6.108

6.109. A mola tem um comprimento de 0,3 m quando não está esticada. Determine o ângulo θ para o equilíbrio se as hastes uniformes possuem massa de 20 kg cada.

6.110. A mola tem um comprimento de 0,3 m quando não está esticada. Determine a massa m de cada haste uniforme se cada ângulo $\theta = 30°$ para haver equilíbrio.

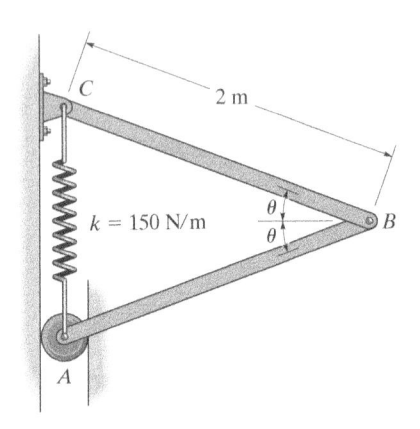

PROBLEMAS 6.109 e 6.110

6.111. Determine a massa necessária do cilindro suspenso se a tração na corrente em volta da engrenagem de giro livre for 2 kN. Além disso, qual é a intensidade da força resultante no pino A?

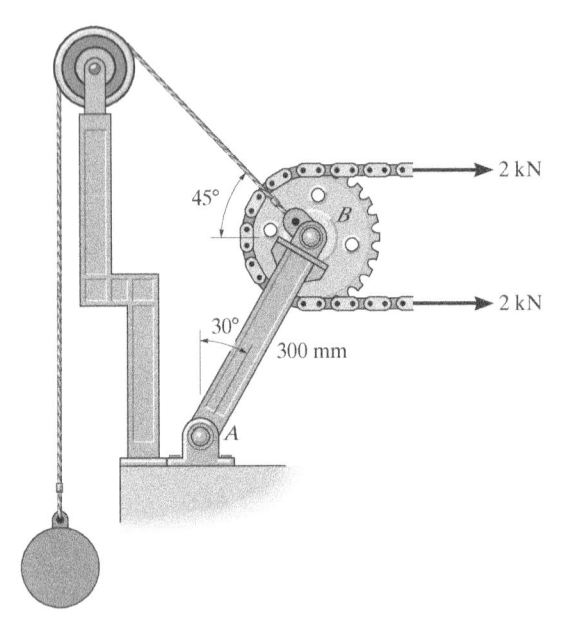

PROBLEMA 6.111

*6.112. A viga composta está engastada em A e apoiada por balancins em B e C. Existem dobradiças (pinos) em D e E. Determine as reações nos apoios.

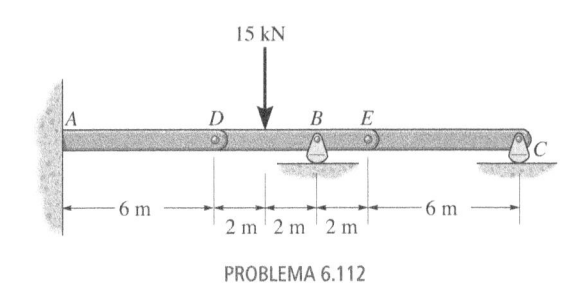

PROBLEMA 6.112

6.113. A viga composta está apoiada por pino em B e por balancins em A e C. Há uma dobradiça (pino) em D. Determine as reações nos apoios.

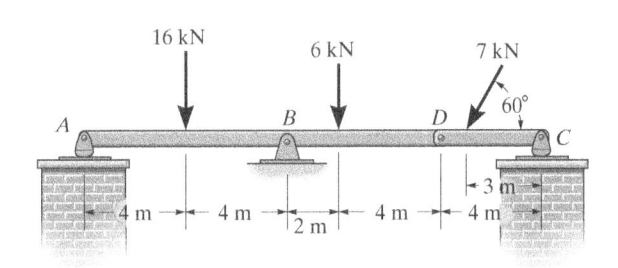

PROBLEMA 6.113

6.114. A minicarregadeira tem massa de 1,18 Mg e, na posição mostrada, o centro de massa está em G_1. Se houver uma pedra de 300 kg na caçamba, com centro de massa em G_2, determine as reações de cada par de rodas A e B sobre o solo e a força no cilindro hidráulico CD e no pino E. Há uma conexão semelhante em cada lado da carregadeira.

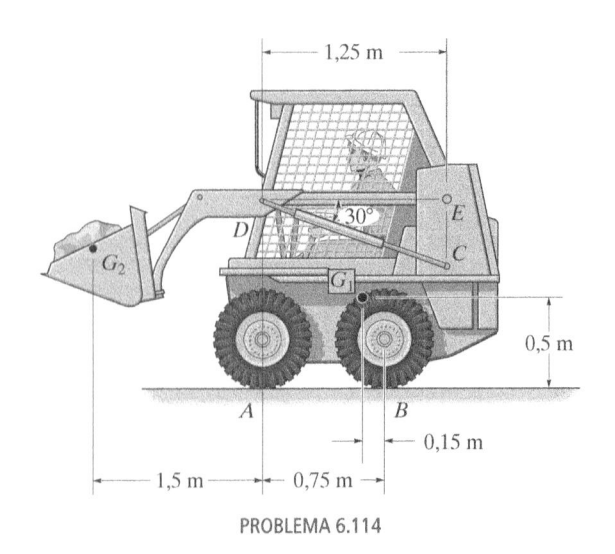

PROBLEMA 6.114

Capítulo 6 – Análise estrutural   295

6.115. O cabo da prensa de setor é fixado na engrenagem G, que, por sua vez, gira o setor de engrenagem C. Observe que a barra AB possui pinos em suas extremidades conectando-a com a engrenagem C e com a face inferior da plataforma EF, que está livre para se mover verticalmente por causa das guias lisas em E e F. Se as engrenagens exercem apenas forças tangenciais entre elas, determine a força de compressão desenvolvida sobre o cilindro S quando uma força vertical de 40 N é aplicada no cabo da prensa.

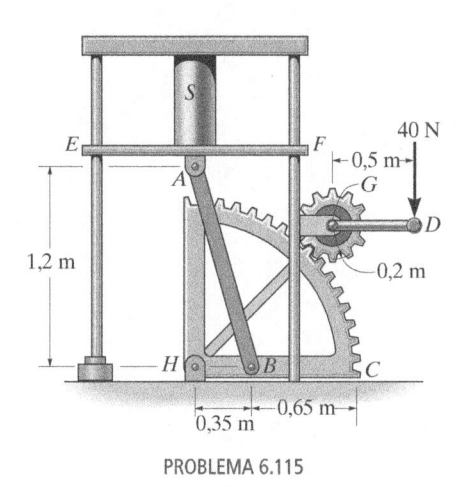

6.117. A estrutura está sujeita aos carregamentos mostrados. O membro AB é sustentado por uma junta esférica em A e uma luva em B. O membro CD é sustentado por um pino em C. Determine as componentes x, y, z das reações em A e C.

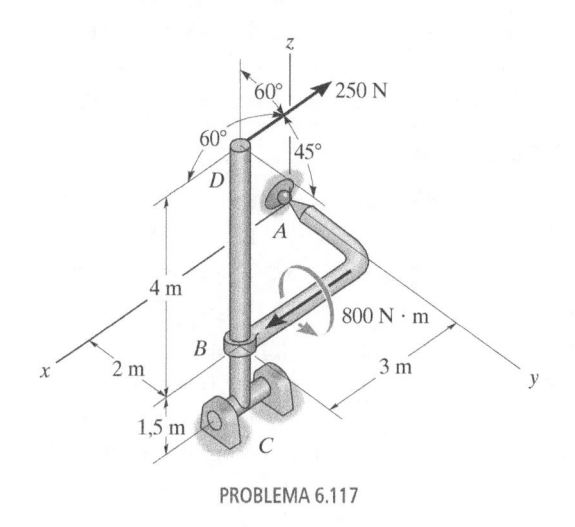

PROBLEMA 6.115

PROBLEMA 6.117

*6.116. A estrutura está sujeita ao carregamento mostrado. O membro AD é sustentado por um cabo AB e uma esfera em C, e está encaixado em um furo circular liso em D. O membro ED é sustentado por uma esfera em D e um poste que se encaixa em um furo circular liso em E. Determine as componentes x, y, z da reação em E e a tração no cabo AB.

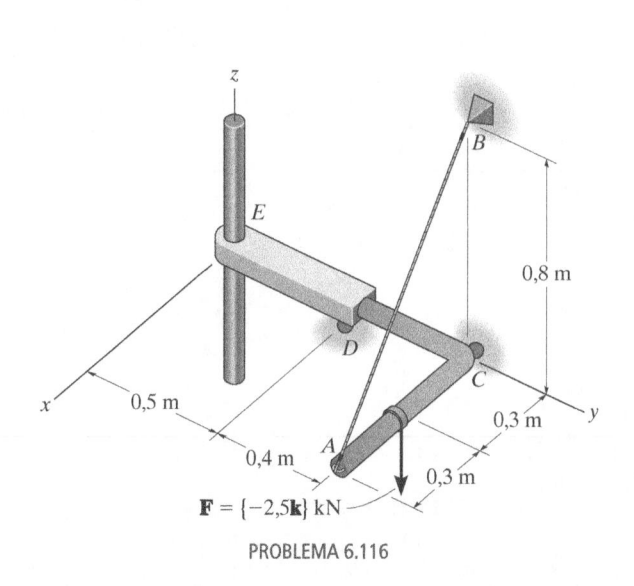

6.118. A estrutura de quatro membros na forma de um "A" é sustentada em A e E por luvas lisas e, em G, por um pino. Todos os outros nós são juntas esféricas. Se o pino em G falhar quando a força resultante nele for 800 N, determine a maior força vertical P que pode ser suportada pela estrutura. Além disso, quais são as componentes de força x, y, z que o membro BD exerce sobre os membros EDC e ABC? As luvas em A e E e o pino em G só exercem componentes de força sobre a estrutura.

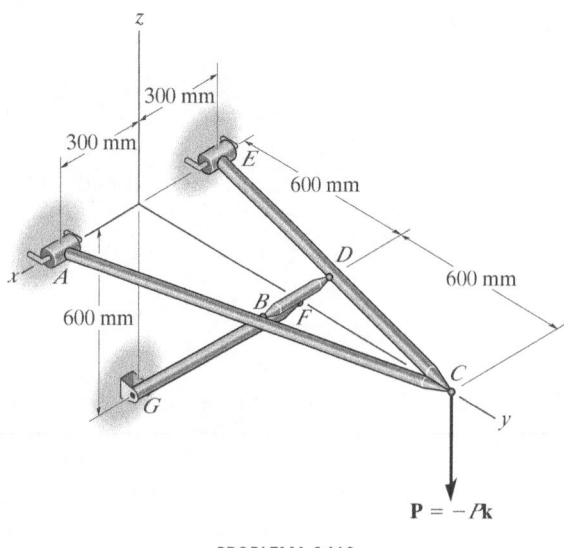

PROBLEMA 6.116

PROBLEMA 6.118

Revisão do capítulo

Treliça simples

Uma treliça simples consiste em elementos triangulares conectados entre si por nós com pinos. As forças dentro de seus membros podem ser determinadas considerando que todos os membros são de duas forças, conectados concorrentemente em cada nó. Os membros estão sob tração ou sob compressão, ou não conduzem força alguma.

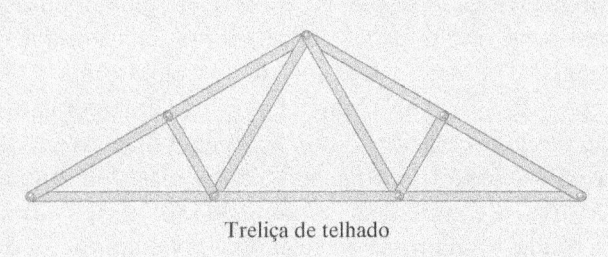

Treliça de telhado

Método dos nós

O método dos nós afirma que, se uma treliça está em equilíbrio, cada um de seus nós também está em equilíbrio. Para uma treliça plana, o sistema de forças concorrentes em cada nó precisa satisfazer o equilíbrio de forças.

$\Sigma F_x = 0$
$\Sigma F_y = 0$

Para obter uma solução numérica para as forças nos membros, selecione um nó que tenha um diagrama de corpo livre com, no máximo, duas forças desconhecidas e pelo menos uma força conhecida. (Isso pode exigir encontrar primeiro as reações nos apoios.)

Uma vez determinada uma força de membro, use seu valor e aplique-o a um nó adjacente.

Lembre-se de que as forças que forem observadas *puxando* os nós são *forças de tração*, e aquelas que *empurram* os nós são *forças de compressão*.

Para evitar uma solução simultânea de duas equações, defina um dos eixos coordenados ao longo da linha de ação de uma das forças incógnitas e some as forças perpendiculares a esse eixo. Isso permitirá uma solução direta para a outra incógnita.

A análise também pode ser simplificada identificando primeiramente todos os membros de força zero.

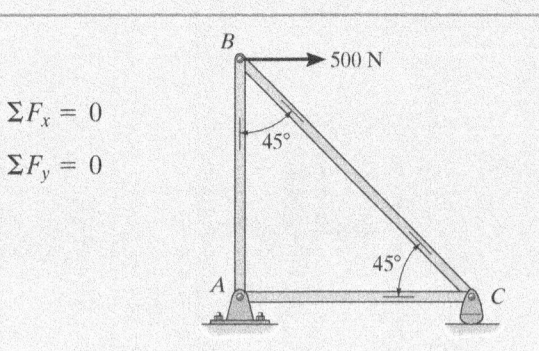

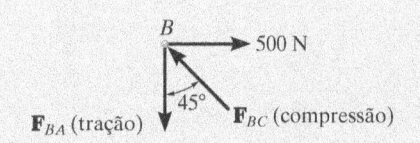

Método das seções

O método das seções estabelece que, se uma treliça está em equilíbrio, cada segmento da treliça também está em equilíbrio. Passe uma seção que corte a treliça e o membro cuja força deve ser determinada. Depois, desenhe o diagrama de corpo livre da parte seccionada tendo o menor número de forças agindo nela.

Os membros seccionados sujeitos a *puxão* estão sob *tração*, ao passo que os sujeitos a *empurrão* estão sob *compressão*.

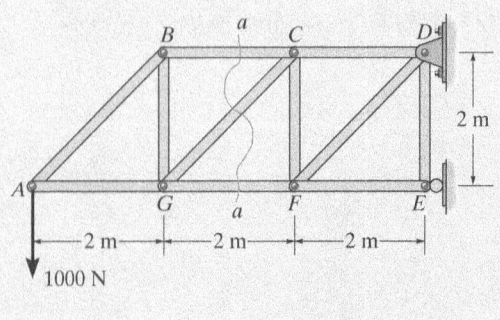

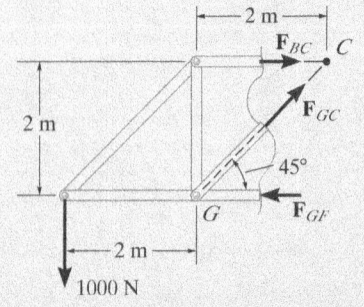

Três equações de equilíbrio estão disponíveis para determinar as incógnitas.

Se possível, some as forças em uma direção que seja perpendicular a duas das três forças incógnitas. Isso produzirá uma solução direta para a terceira força.

Some os momentos em torno do ponto onde as linhas de ação de duas das três forças desconhecidas se interceptam, de modo que a terceira força desconhecida possa ser determinada diretamente.

$$\Sigma F_x = 0$$
$$\Sigma F_y = 0$$
$$\Sigma M_O = 0$$

$$+\uparrow \Sigma F_y = 0$$
$$-1000 \text{ N} + F_{GC} \text{ sen } 45° = 0$$
$$F_{GC} = 1{,}41 \text{ kN (T)}$$

$$\zeta + \Sigma M_C = 0$$
$$1000 \text{ N}(4 \text{ m}) - F_{GF}(2 \text{ m}) = 0$$
$$F_{GF} = 2 \text{ kN (C)}$$

Treliças espaciais

Uma treliça espacial é uma treliça tridimensional construída com elementos tetraédricos e é analisada usando-se os mesmos métodos das treliças planas. Os nós são considerados conexões de juntas esféricas.

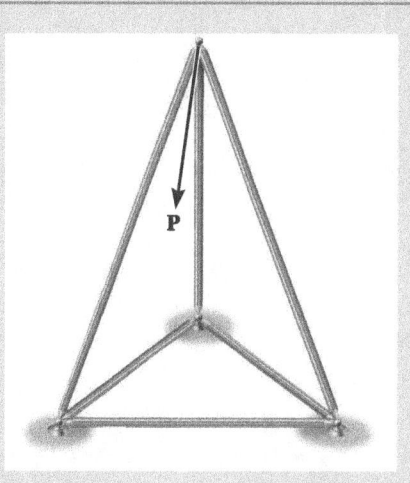

Estruturas e máquinas

Estruturas e máquinas são sistemas mecânicos que contêm um ou mais membros multiforça, ou seja, membros que sofrem a ação de três ou mais forças ou binários. As estruturas são projetadas para suportar cargas e as máquinas transmitem e alteram o efeito das forças.

As forças que atuam nos nós de uma estrutura ou máquina podem ser determinadas pelo desenho dos diagramas de corpo livre de cada um de seus membros ou peças. O princípio de ação e reação deve ser cuidadosamente observado ao representar essas forças no diagrama de corpo livre de cada membro ou pino adjacentes. Para um sistema de forças coplanares, existem três equações de equilíbrio disponíveis para cada membro.

Para simplificar a análise, certifique-se de identificar todos os membros de duas forças. Eles possuem forças colineares iguais, mas opostas em suas extremidades.

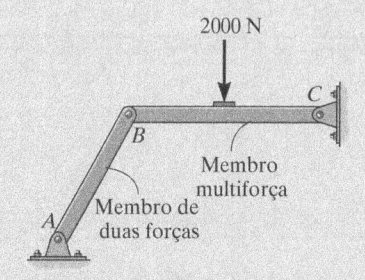

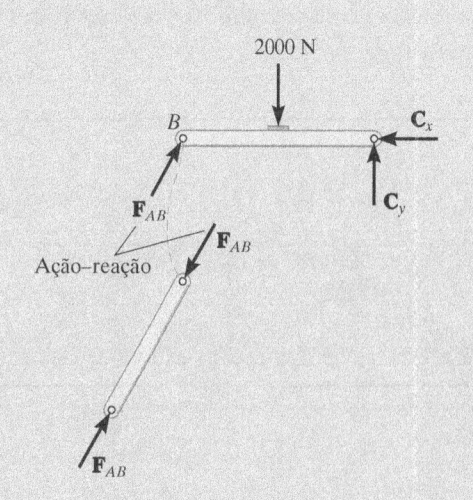

Problemas de revisão

Todas as soluções dos problemas precisam incluir um diagrama de corpo livre.

R6.1. Determine a força em cada membro da treliça e indique se os membros estão sob tração ou compressão.

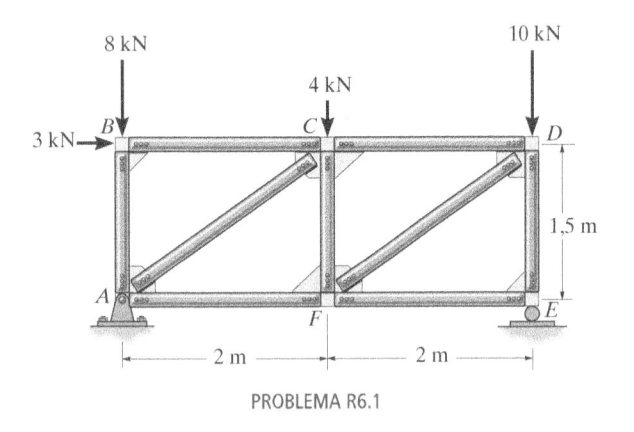

PROBLEMA R6.1

R6.2. Determine a força em cada membro da treliça e indique se os membros estão sob tração ou compressão.

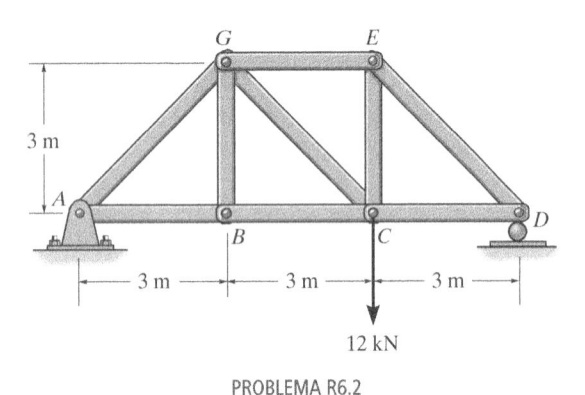

PROBLEMA R6.2

R6.3. Determine a força nos membros GJ e GC da treliça e indique se os membros estão sob tração ou compressão.

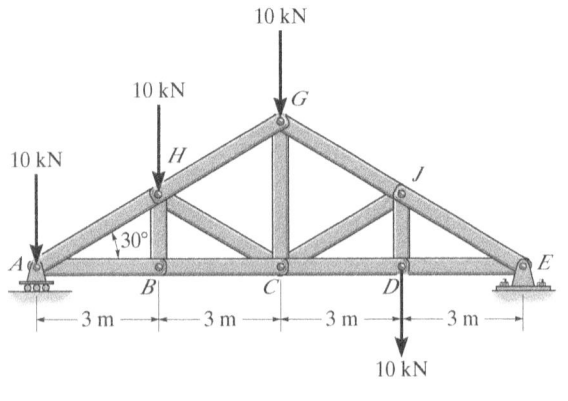

PROBLEMA R6.3

R6.4. Determine a força nos membros GF, FB e BC da treliça Fink e indique se os membros estão sob tração ou compressão.

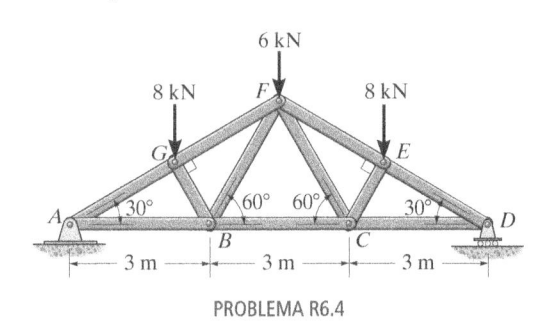

PROBLEMA R6.4

R6.5. Determine a força nos membros AB, AD e AC da treliça espacial e indique se os membros estão sob tração ou compressão.

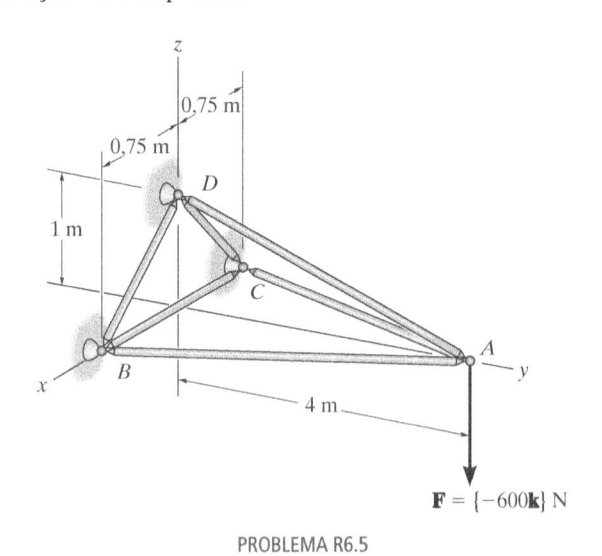

PROBLEMA R6.5

R6.6. Determine as componentes horizontal e vertical da força que os pinos A e B exercem sobre a estrutura de dois membros.

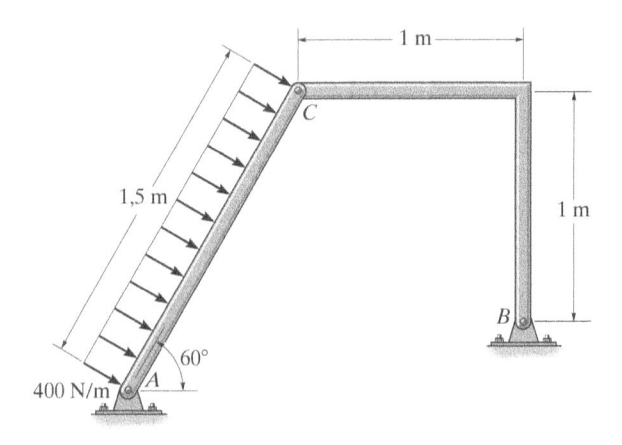

PROBLEMA R6.6

R6.7. Determine as componentes horizontal e vertical das forças nos pinos A e B da estrutura de dois membros.

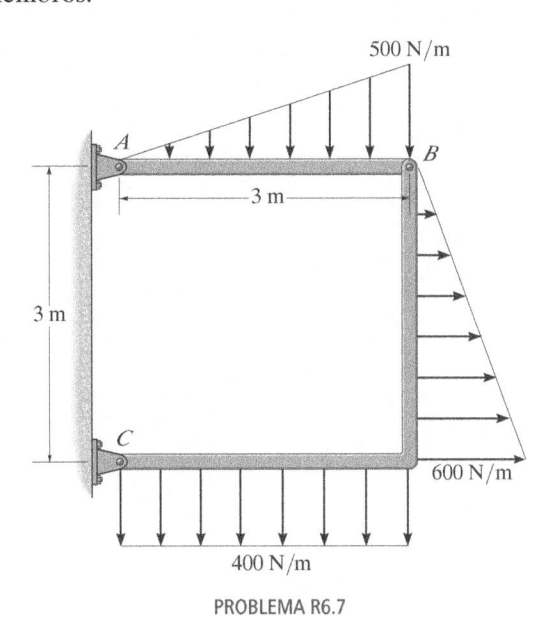

R6.8. Determine as forças resultantes exercidas pelos pinos B e C sobre o membro ABC da estrutura de quatro membros.

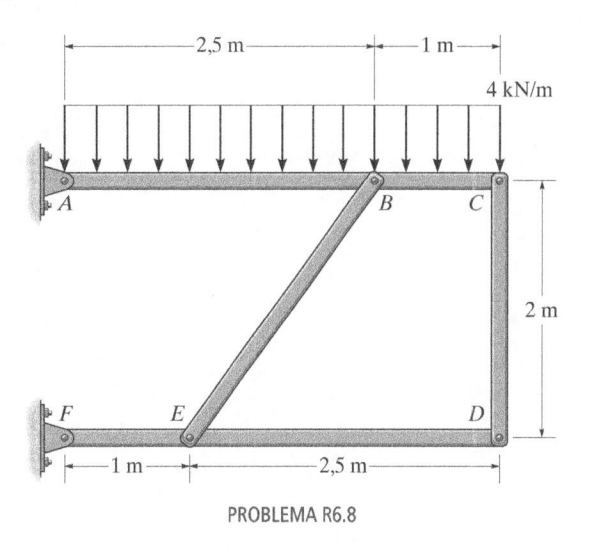

PROBLEMA R6.7

PROBLEMA R6.8

CAPÍTULO 7

Forças internas

Para haver um projeto adequado, quando cargas externas são colocadas sobre essas vigas e colunas, as cargas dentro delas precisam ser determinadas. Neste capítulo, estudaremos como determinar essas cargas internas.

(© Tony Freeman/Science Source)

7.1 Cargas internas desenvolvidas em membros estruturais

Para projetar um membro estrutural ou mecânico, é preciso conhecer as cargas atuando dentro do membro, a fim de garantir que o material possa resistir a elas. As cargas internas podem ser determinadas usando o *método das seções*. Para ilustrar esse método, considere a viga em balanço na Figura 7.1a. Se as cargas internas que atuam sobre a seção transversal no ponto B tiverem de ser determinadas, temos de passar uma seção imaginária a–a perpendicular ao eixo da viga pelo ponto B e depois separar a viga em dois segmentos. As cargas internas que atuam em B serão então expostas e se tornarão *externas* no diagrama de corpo livre de cada segmento (Figura 7.1b).

Objetivos

- Usar o método das seções para determinar as cargas internas em um ponto específico de um membro.
- Mostrar como obter a força cortante e o momento fletor (cargas internas) ao longo de um membro e expressar o resultado graficamente, na forma de diagramas dessa força e desse momento.
- Analisar as forças e a geometria de cabos suportando diversos tipos de cargas.

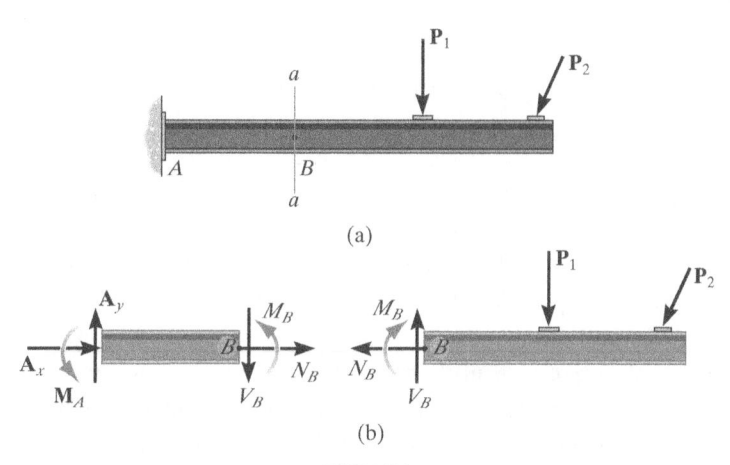

FIGURA 7.1

Em cada caso, a conexão na escavadeira é um membro de duas forças. Na foto superior, ele está sujeito ao momento fletor e à carga normal em seu centro. Tornando o membro reto, como na foto inferior, então apenas uma força normal atua no seu interior, o que é uma solução mais eficiente.

A componente de força $\mathbf{N}_B$, que atua *perpendicularmente* à seção transversal, é chamada de **força normal**. A componente de força $\mathbf{V}_B$, que é tangente à seção transversal, é chamada de **força cortante (ou de cisalhamento)**, e o momento de binário $\mathbf{M}_B$ é conhecido como **momento fletor**. As componentes de força impedem a translação relativa entre os dois segmentos, e o momento de binário impede a rotação relativa. De acordo com a terceira lei de Newton, essas cargas devem atuar em sentidos opostos em cada segmento, conforme mostra a Figura 7.1b. Elas podem ser determinadas aplicando as equações de equilíbrio ao diagrama de corpo livre de qualquer um dos segmentos. Nesse caso, porém, o segmento da direita é a melhor escolha, pois não envolve as reações de apoio incógnitas em A. Uma solução direta para $\mathbf{N}_B$ é obtida aplicando-se $\Sigma F_x = 0$, $\mathbf{V}_B$ é obtido a partir de $\Sigma F_y = 0$ e $\mathbf{M}_B$ pode ser obtido aplicando-se $\Sigma M_B = 0$, pois os momentos de $\mathbf{N}_B$ e $\mathbf{V}_B$ em relação a B são zero.

Em duas dimensões, mostramos, portanto, que existem três resultantes das cargas internas (Figura 7.2a); porém, em três dimensões, resultantes internas gerais de força e de momento de binário atuarão na seção. As componentes x, y e z dessas cargas são mostradas na Figura 7.2b. Aqui, $\mathbf{N}_y$ é a *força normal*, e $\mathbf{V}_x$ e $\mathbf{V}_z$ são *componentes da força cortante*. $\mathbf{M}_y$ é o *momento torsor*, e $\mathbf{M}_x$ e $\mathbf{M}_z$ são *componentes do momento fletor*. Para a maioria das aplicações, essas *cargas resultantes* atuarão no centro geométrico ou centroide (C) da área transversal da seção. Embora a intensidade de cada carga geralmente seja diferente em vários pontos ao longo do eixo do membro, o método das seções sempre pode ser usado para determinarmos seus valores.

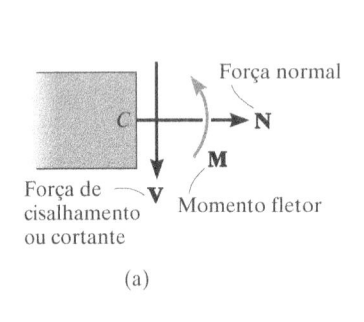

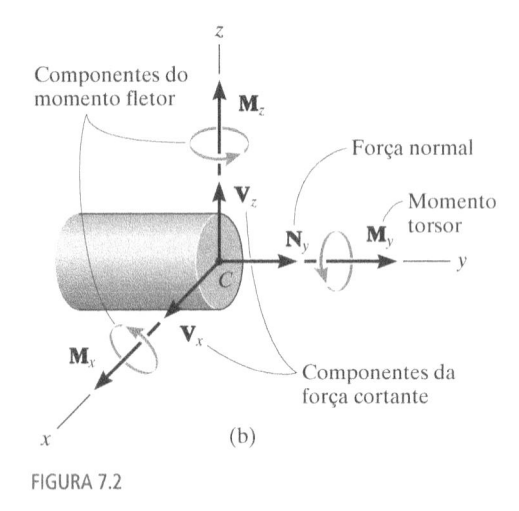

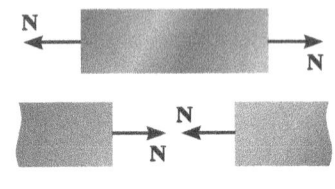

FIGURA 7.2

Convenção de sinal

Para problemas em duas dimensões, os engenheiros geralmente usam uma convenção de sinal para informar as três cargas internas, $\mathbf{N}$, $\mathbf{V}$ e $\mathbf{M}$. Embora essa convenção de sinal possa ser atribuída arbitrariamente, a mais aceita será usada aqui (Figura 7.3). A força normal é considerada positiva se criar *tração*, uma força cortante positiva fará com que o segmento da viga sobre o qual atua gire no sentido horário, e um momento fletor positivo tenderá a curvar o segmento no qual ele atua de uma maneira côncava para cima. As cargas opostas a essas são consideradas negativas.

Força normal positiva

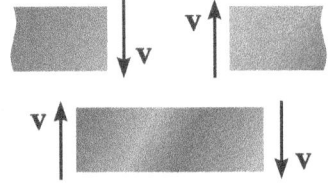

Força cortante positiva

Momento fletor positivo

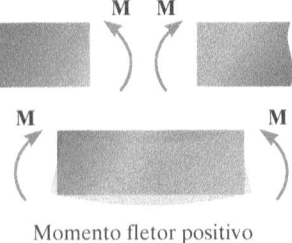

FIGURA 7.3

Ponto importante

- Pode haver quatro tipos de cargas internas resultantes em um membro. Elas são as forças normal e cortante e os momentos fletor e torsor. Essas cargas geralmente variam de um ponto para outro. Elas podem ser determinadas por meio do método das seções.

Procedimento para análise

O método das seções pode ser usado para determinar as cargas internas sobre a seção transversal de um membro usando o procedimento indicado a seguir.

Reações de suportes

- Antes que o membro seja seccionado, primeiro pode ser preciso determinar as reações dos apoios sobre ele.

Diagrama de corpo livre

- É importante *manter* todas as cargas distribuídas, momentos de binário e forças que atuam sobre o membro em seus *locais exatos*, *depois* passar uma seção imaginária pelo membro, perpendicular ao seu eixo, no ponto onde as cargas internas devem ser determinadas.

- Depois que a seção for feita, desenhe um diagrama de corpo livre do segmento que tem o menor número de cargas sobre ele e coloque as componentes das resultantes internas de força e de momento de binário na seção transversal atuando em sentidos positivos, conforme a convenção de sinal estabelecida.

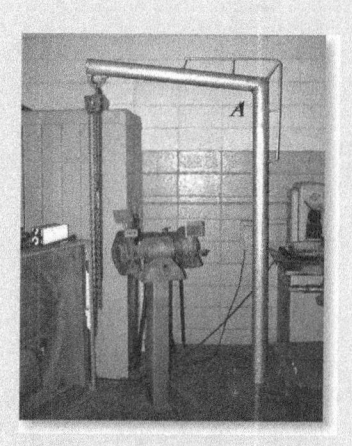

O projetista deste guindaste de oficina observou a necessidade de um reforço adicional em torno da junção A, a fim de impedir uma flexão interna exagerada da junção, quando uma carga pesada for suspensa pela talha.

Equações de equilíbrio

- Os momentos devem ser calculados com relação à seção. Desse modo, as forças normal e cortante na seção são eliminadas, e podemos obter uma solução direta para o momento.

- Se a solução das equações de equilíbrio gerar um escalar negativo, o sentido da quantidade é oposto ao mostrado no diagrama de corpo livre.

Exemplo 7.1

Determine a força normal, a força cortante e o momento fletor que atuam logo à esquerda, ponto B, e à direita, ponto C, da força de 6 kN sobre a viga da Figura 7.4a.

SOLUÇÃO

Reações de apoios

O diagrama de corpo livre da viga é mostrado na Figura 7.4b. Ao determinar as *reações externas*, observe que o momento de binário de 9 kN · m é um vetor livre e, portanto, pode ser colocado *em qualquer lugar* no diagrama de corpo livre da viga inteira. Aqui, só determinaremos A_y, pois os segmentos da esquerda serão usados para a análise.

$$\zeta + \Sigma M_D = 0; \quad 9 \text{ kN} \cdot \text{m} + (6 \text{ kN})(6 \text{ m}) - A_y(9 \text{ m}) = 0$$
$$A_y = 5 \text{ kN}$$

Diagramas de corpo livre

Os diagramas de corpo livre dos segmentos à esquerda AB e AC da viga são mostrados nas figuras 7.4c e 7.4d. Nesse caso, o momento de binário de 9 kN · m *não está incluído* nesses diagramas, pois precisa ser mantido em sua *posição original* até *depois* de o seccionamento ser feito e o segmento apropriado ser isolado.

Equações de equilíbrio

Segmento AB

$\xrightarrow{+} \Sigma F_x = 0;$ $\qquad N_B = 0$ *Resposta*

$+\uparrow \Sigma F_y = 0;$ $\quad 5 \text{ kN} - V_B = 0 \quad V_B = 5 \text{ kN}$ *Resposta*

$\zeta +\Sigma M_B = 0;$ $-(5 \text{ kN})(3 \text{ m}) + M_B = 0 \quad M_B = 15 \text{ kN} \cdot \text{m}$ *Resposta*

Segmento AC

$\xrightarrow{+} \Sigma F_x = 0;$ $\qquad N_C = 0$ *Resposta*

$+\uparrow \Sigma F_y = 0;$ $\quad 5 \text{ kN} - 6 \text{ kN} - V_C = 0 \quad V_C = -1 \text{ kN}$ *Resposta*

$\zeta +\Sigma M_C = 0;$ $-(5 \text{ kN})(3 \text{ m}) + M_C = 0 \quad M_C = 15 \text{ kN} \cdot \text{m}$ *Resposta*

NOTA: o sinal negativo indica que $\mathbf{V}_C$ atua no sentido oposto ao mostrado no diagrama de corpo livre. Além disso, o braço do momento para a força de 5 kN nos dois casos é de aproximadamente 3 m, pois B e C são "quase" coincidentes.

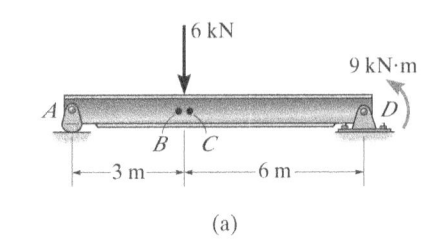

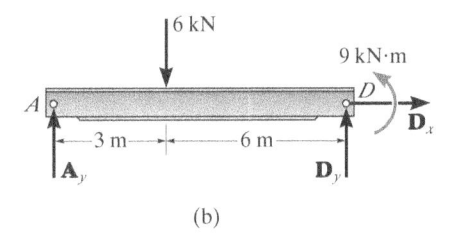

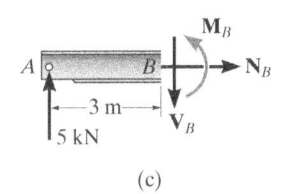

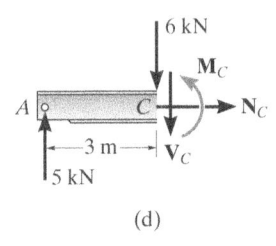

FIGURA 7.4

Exemplo 7.2

Determine a força normal, a força cortante e o momento fletor em C da viga da Figura 7.5a.

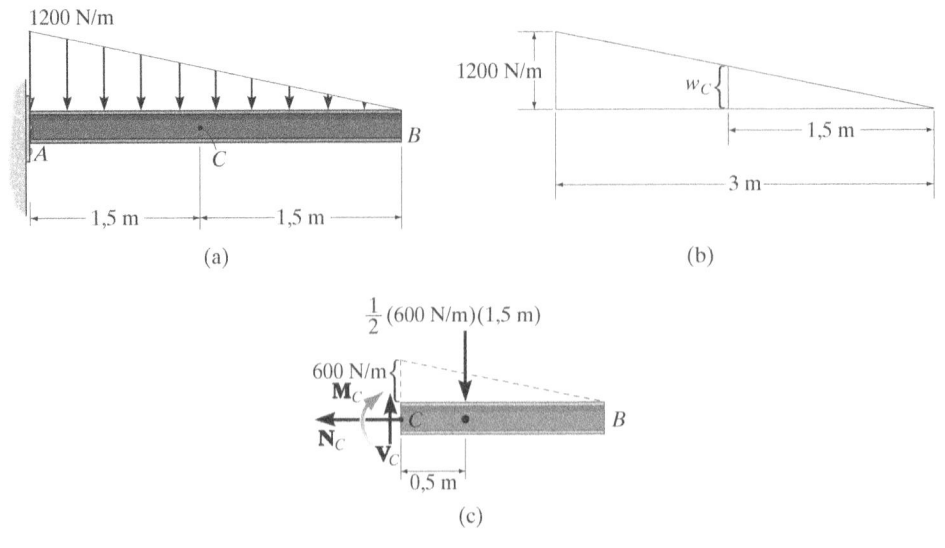

FIGURA 7.5

SOLUÇÃO

Diagrama de corpo livre

Não é necessário encontrar as reações de apoio em *A*, pois o segmento *BC* da viga pode ser usado para determinar as cargas internas em *C*. A intensidade da carga distribuída triangular em *C* é determinada com triângulos semelhantes, por meio da geometria mostrada na Figura 7.5*b*, ou seja,

$$w_C = (1200 \text{ N/m}) \left(\frac{1{,}5 \text{ m}}{3 \text{ m}} \right) = 600 \text{ N/m}$$

A carga distribuída atuando sobre o segmento *BC* pode agora ser substituída por sua força resultante, e sua posição é indicada no diagrama de corpo livre (Figura 7.5*c*).

Equações de equilíbrio

$$\xrightarrow{+} \Sigma F_x = 0; \qquad N_C = 0 \qquad \textit{Resposta}$$

$$+\uparrow \Sigma F_y = 0; \qquad V_C - \tfrac{1}{2}(600 \text{ N/m})(1{,}5 \text{ m}) = 0$$

$$V_C = 450 \text{ N} \qquad \textit{Resposta}$$

$$\zeta + \Sigma M_C = 0; \qquad -M_C - \tfrac{1}{2}(600 \text{ N/m})(1{,}5 \text{ m})(0{,}5 \text{ m}) = 0$$

$$M_C = -225 \text{ N} \qquad \textit{Resposta}$$

O sinal negativo indica que $\mathbf{M}_C$ atua no sentido oposto ao mostrado no diagrama de corpo livre.

Exemplo 7.3

Determine a força normal, a força cortante e o momento fletor que atuam no ponto *B* da estrutura de dois membros mostrada na Figura 7.6*a*.

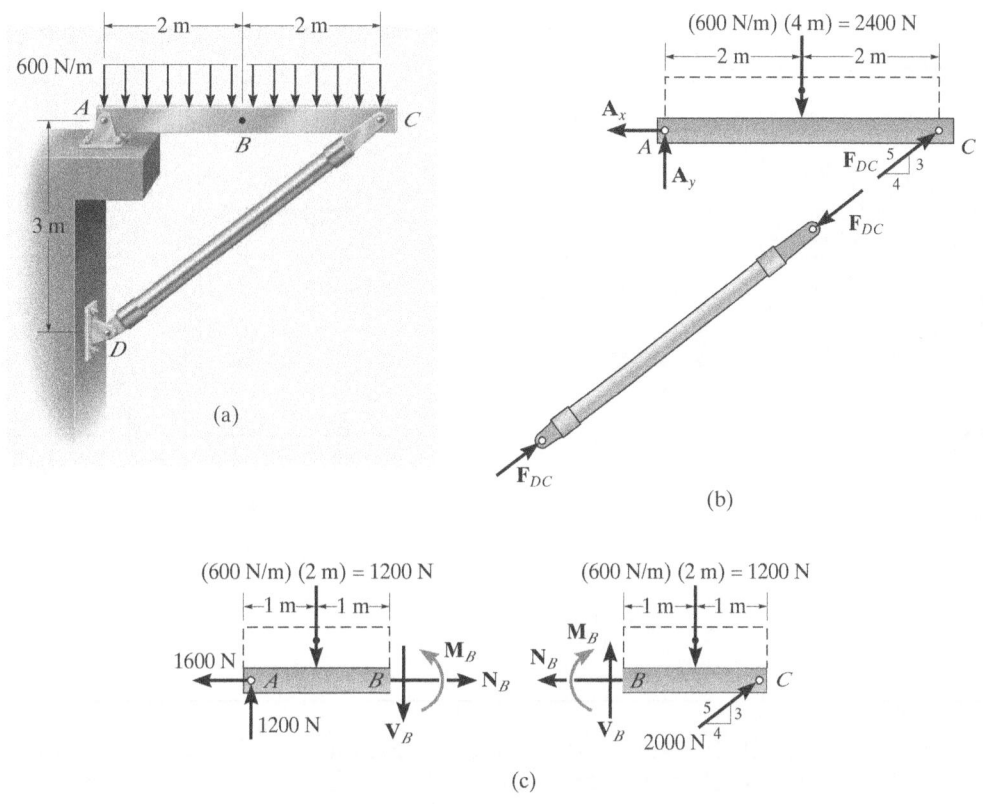

FIGURA 7.6

SOLUÇÃO

Reações de apoios

Um diagrama de corpo livre de cada membro é mostrado na Figura 7.6b. Como CD é um membro com duas forças, as equações de equilíbrio precisam ser aplicadas apenas ao membro AC.

$$\zeta + \Sigma M_A = 0; \quad -(2400 \text{ N})(2 \text{ m}) + \left(\tfrac{3}{5}\right) F_{DC}(4 \text{ m}) = 0 \quad F_{DC} = 2000 \text{ N}$$

$$\xrightarrow{+} \Sigma F_x = 0; \quad -A_x + \left(\tfrac{4}{5}\right)(2000 \text{ N}) = 0 \quad A_x = 1600 \text{ N}$$

$$+\uparrow \Sigma F_y = 0; \quad A_y - 2400 \text{ N} + \left(\tfrac{3}{5}\right)(2000 \text{ N}) = 0 \quad A_y = 1200 \text{ N}$$

Diagramas de corpo livre

Passar um corte imaginário perpendicular ao eixo do membro AC através do ponto B gera os diagramas de corpo livre dos segmentos AB e BC, mostrados na Figura 7.6c. Ao construir esses diagramas, é importante manter a carga distribuída onde ela se encontra até *depois de o corte ser feito*. Somente então ela poderá ser substituída por uma única força resultante.

Equações de equilíbrio

Aplicando as equações de equilíbrio ao segmento AB, temos:

$$\xrightarrow{+} \Sigma F_x = 0; \quad N_B - 1600 \text{ N} = 0 \quad N_B = 1600 \text{ N} = 1{,}60 \text{ kN} \qquad \textit{Resposta}$$

$$+\uparrow \Sigma F_y = 0; \quad 1200 \text{ N} - 1200 \text{ N} - V_B = 0 \quad V_B = 0 \qquad \textit{Resposta}$$

$$\zeta + \Sigma M_B = 0; \quad M_B - 1200 \text{ N}(2 \text{ m}) + 1200 \text{ N}(1 \text{ m}) = 0$$

$$M_B = 1200 \text{ N} \cdot \text{m} = 1{,}20 \text{ kN} \cdot \text{m} \qquad \textit{Resposta}$$

NOTA: como um exercício, tente obter esses mesmos resultados usando o segmento BC.

Exemplo 7.4

Determine a força normal, a força cortante e o momento fletor que atuam no ponto E da estrutura carregada conforme mostra a Figura 7.7a.

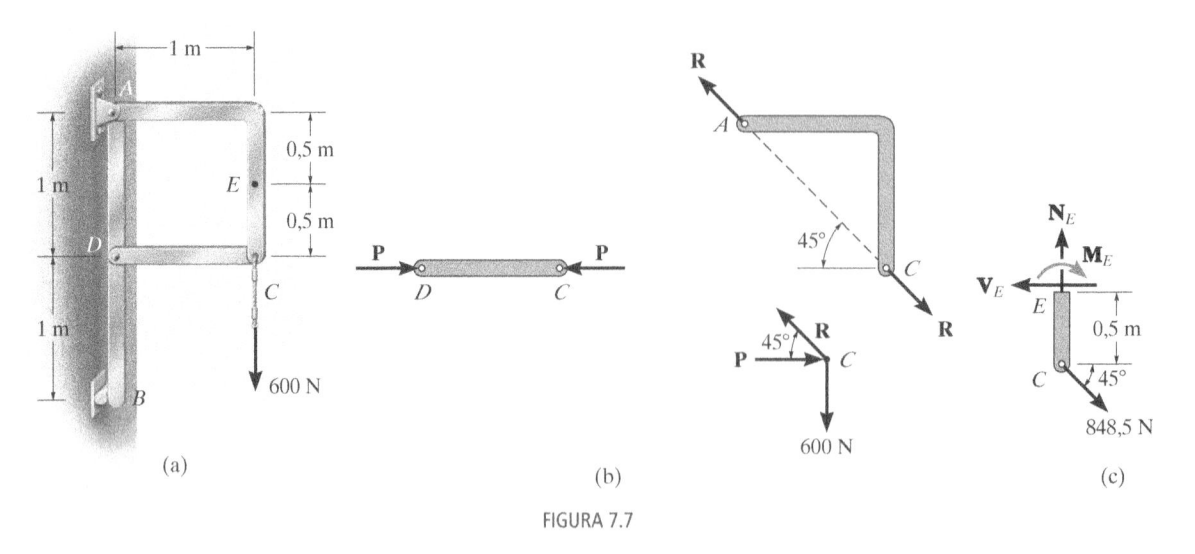

FIGURA 7.7

SOLUÇÃO

Reações de apoios

Por observação, AC e CD são membros de duas forças (Figura 7.7b). Para determinar as cargas internas em E, primeiramente temos de determinar a força **R** atuando nas extremidades do membro AC. Para obtê-la, analisaremos o equilíbrio do pino em C.

Somando as forças na direção vertical do pino (Figura 7.7b), temos:

$$+\uparrow \Sigma F_y = 0; \quad R \operatorname{sen} 45° - 600 \text{ N} = 0 \quad R = 848,5 \text{ N}$$

Diagramas de corpo livre

O diagrama de corpo livre do segmento CE é mostrado na Figura 7.7c.

Equações de equilíbrio

$$\xrightarrow{+} \Sigma F_x = 0; \quad 848,5 \cos 45° \text{ N} - V_E = 0 \quad V_E = 600 \text{ N} \quad \textit{Resposta}$$

$$+\uparrow \Sigma F_y = 0; \quad -848,5 \operatorname{sen} 45° \text{N} + N_E = 0 \quad N_E = 600 \text{ N} \quad \textit{Resposta}$$

$$\zeta + \Sigma M_E = 0; \quad 848,5 \cos 45° \text{ N}(0,5 \text{ m}) - M_E = 0$$

$$M_E = 300 \text{ N} \cdot \text{m} \quad \textit{Resposta}$$

NOTA: esses resultados indicam um projeto deficiente. O membro AC deveria ser *reto* (de A a C), para que a flexão dentro do membro fosse *eliminada*. Se AC fosse reto, então a força interna só criaria tração no membro.

Exemplo 7.5

O painel uniforme mostrado na Figura 7.8a tem massa de 650 kg e está apoiado sobre um poste engastado. Os códigos de projeto indicam que a carga de vento uniforme máxima esperada que ocorrerá na área onde ele está localizado é de 900 Pa. Determine as cargas internas em A.

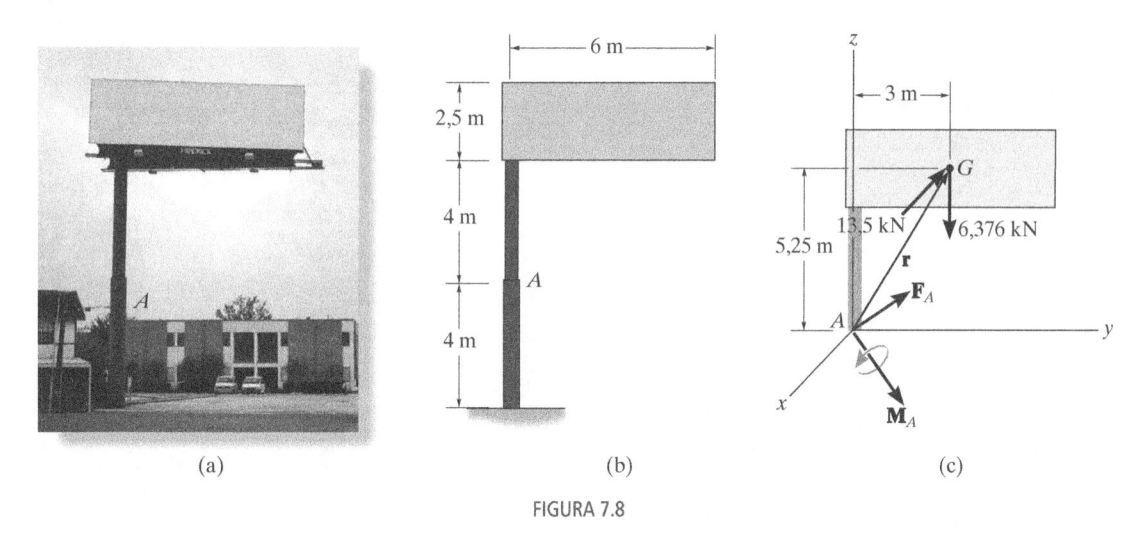

FIGURA 7.8

SOLUÇÃO

O modelo idealizado para o painel é mostrado na Figura 7.8b. Aqui, as dimensões necessárias são indicadas. Podemos considerar o diagrama de corpo livre de uma seção acima do ponto A, pois ela não envolve as reações do apoio.

Diagrama de corpo livre

O painel tem peso $W = 650(9,81) \text{ N} = 6,376 \text{ kN}$, e o vento cria uma força resultante de $F_w = 900 \text{ N/m}^2 (6 \text{ m})$ (2,5 m) = 13,5 kN, que atua perpendicularmente à face do painel. Essas cargas são mostradas no diagrama de corpo livre (Figura 7.8c).

Equações de equilíbrio

Como o problema é tridimensional, uma análise vetorial será utilizada.

$$\Sigma \mathbf{F} = \mathbf{0}; \qquad \mathbf{F}_A - 13{,}5\mathbf{i} - 6{,}376\mathbf{k} = \mathbf{0} \qquad \textit{Resposta}$$
$$\mathbf{F}_A = \{13{,}5\mathbf{i} + 6{,}38\mathbf{k}\} \text{ kN}$$

$$\Sigma \mathbf{M}_A = \mathbf{0}; \qquad \mathbf{M}_A + \mathbf{r} \times (\mathbf{F}_w + \mathbf{W}) = \mathbf{0}$$

$$\mathbf{M}_A + \begin{vmatrix} \mathbf{i} & \mathbf{j} & \mathbf{k} \\ 0 & 3 & 5{,}25 \\ -13{,}5 & 0 & -6{,}376 \end{vmatrix} = \mathbf{0}$$

$$\mathbf{M}_A = \{19{,}1\mathbf{i} + 70{,}9\mathbf{j} - 40{,}5\mathbf{k}\} \text{ kN} \cdot \text{m} \qquad \textit{Resposta}$$

NOTA: aqui, $\mathbf{F}_{A_z} = \{6{,}38\mathbf{k}\}$ kN representa a força normal, enquanto $\mathbf{F}_{A_x} = \{13{,}5\mathbf{i}\}$ kN é a força cortante. Além disso, o momento torsor é $\mathbf{M}_{A_z} = \{-40{,}5\mathbf{k}\}$ kN·m, e o momento fletor é determinado a partir de suas componentes $\mathbf{M}_{A_x} = \{19{,}1\mathbf{i}\}$ kN·m e $\mathbf{M}_{A_y} = \{70{,}9\mathbf{j}\}$ kN·m; ou seja, $(M_b)_A = \sqrt{(M_A)_x^2 + (M_A)_y^2} = 73{,}4$ kN·m.

Problema preliminar

P7.1. Em cada caso, calcule a reação em A e depois desenhe o diagrama de corpo livre do segmento AB da viga a fim de determinar as cargas internas em B.

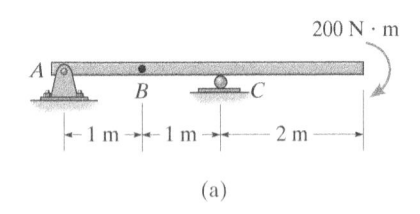

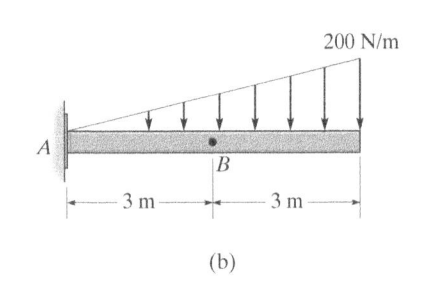

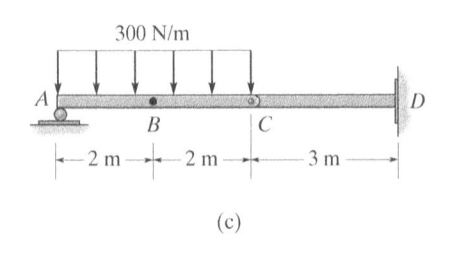

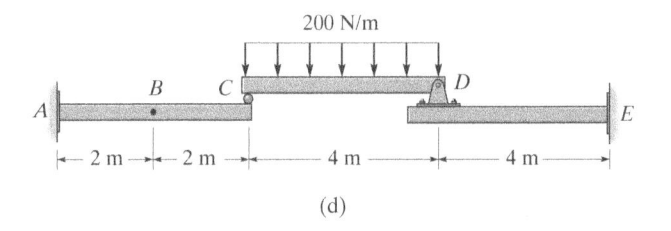

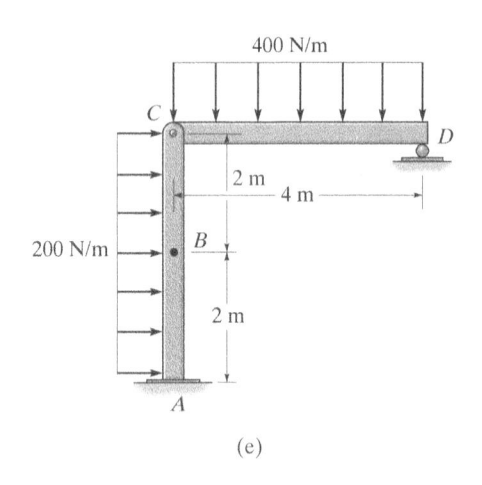

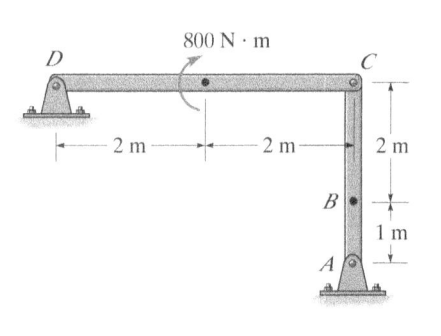

PROBLEMA P7.1

Problemas fundamentais

Todas as soluções dos problemas precisam incluir um diagrama de corpo livre.

F7.1. Determine as forças normal e cortante e o momento fletor no ponto C.

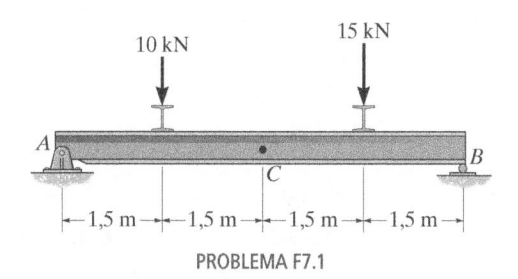

PROBLEMA F7.1

F7.2. Determine as forças normal e cortante e o momento fletor no ponto C.

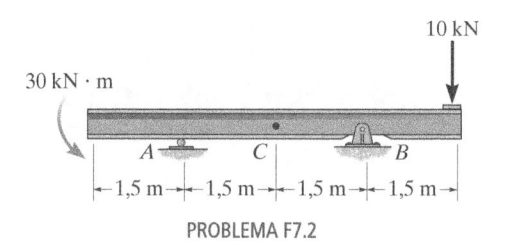

PROBLEMA F7.2

F7.3. Determine as forças normal e cortante e o momento fletor no ponto C.

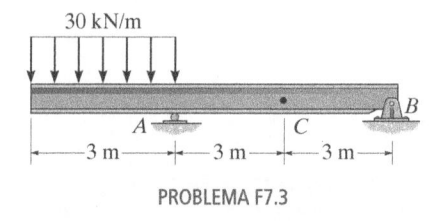

PROBLEMA F7.3

F7.4. Determine as forças normal e cortante e o momento fletor no ponto C.

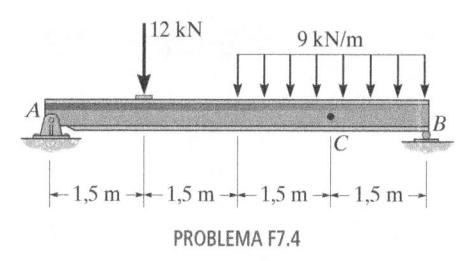

PROBLEMA F7.4

F7.5. Determine as forças normal e cortante e o momento fletor no ponto C.

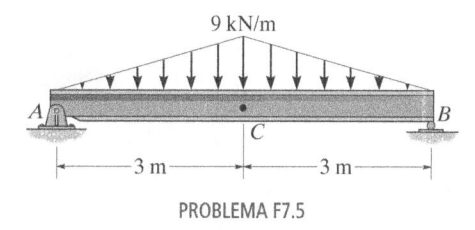

PROBLEMA F7.5

F7.6. Determine as forças normal e cortante e o momento fletor no ponto C. Suponha que A seja um pino e B um rolete.

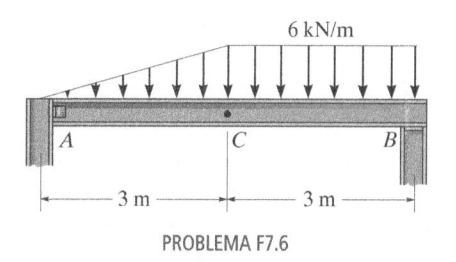

PROBLEMA F7.6

Problemas

Todas as soluções dos problemas precisam incluir um diagrama de corpo livre.

7.1. Determine as forças normal e cortante e o momento fletor no ponto C da viga em balanço.

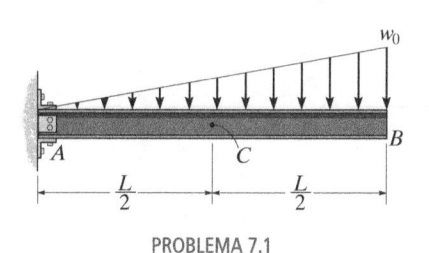

PROBLEMA 7.1

7.2. Determine as forças normal e cortante e o momento fletor no ponto C da viga simplesmente apoiada. O ponto C está localizado à direita do momento de binário de 2,5 kN · m.

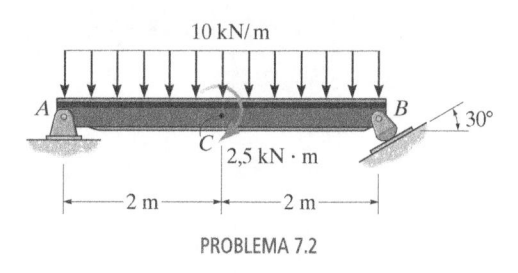

PROBLEMA 7.2

7.3. Determine as forças normal e cortante e o momento fletor no ponto C da viga com as duas extremidades em balanço.

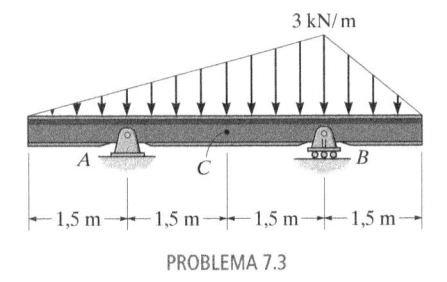

PROBLEMA 7.3

*****7.4.** A viga tem um peso w por unidade de comprimento. Determine as forças normal e cortante e o momento fletor no ponto C em decorrência de seu peso.

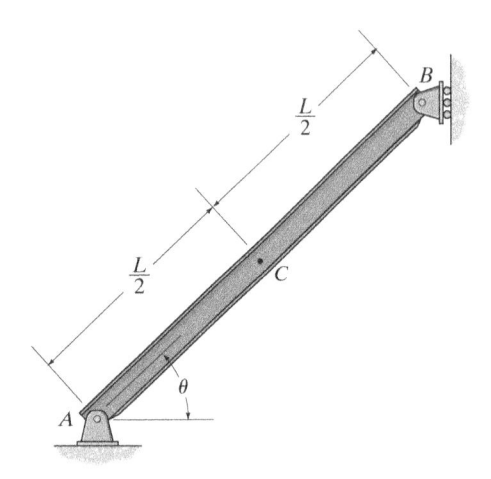

PROBLEMA 7.4

7.5. Duas vigas estão presas ao membro vertical de modo que as conexões estruturais transmitem as cargas mostradas. Determine as forças normal e cortante e o momento fletor que atuam em uma seção que passa horizontalmente pelo ponto A.

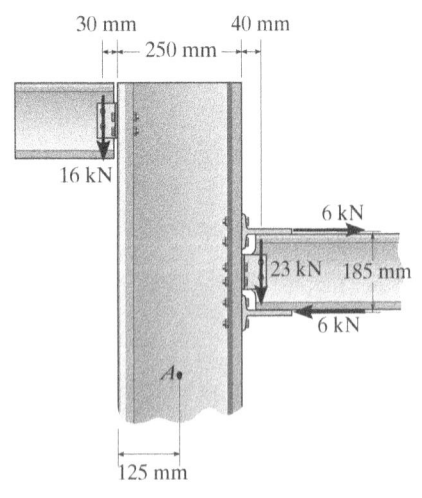

PROBLEMA 7.5

7.6. Determine a distância a em termos da dimensão L da viga entre os apoios A e B simetricamente posicionados, de modo que o momento fletor no centro da viga seja zero.

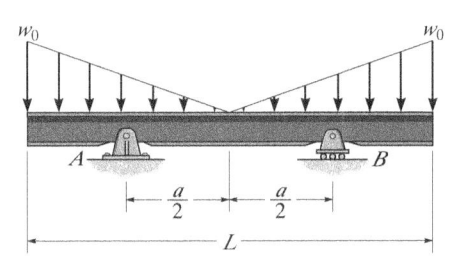

PROBLEMA 7.6

7.7. Determine as forças normal e cortante e o momento fletor nos pontos C e D da viga simplesmente apoiada. O ponto D está localizado logo à esquerda da força de 5 kN.

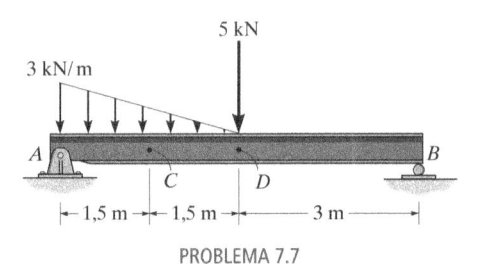

PROBLEMA 7.7

*****7.8.** Determine a distância a como uma fração do comprimento L da viga para localizar o suporte de rolete de modo que o momento fletor na viga em B seja zero.

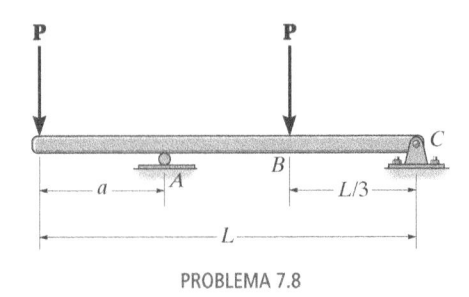

PROBLEMA 7.8

7.9. Determine as forças normal e cortante e o momento fletor em uma seção passando pelo ponto C. Considere $P = 8$ kN.

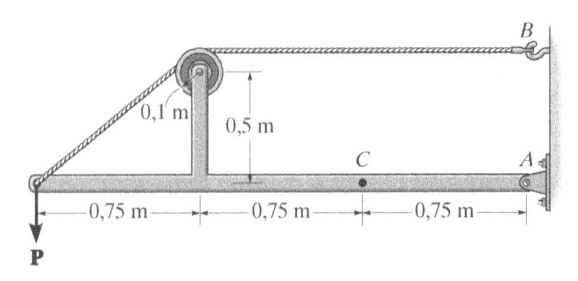

PROBLEMA 7.9

7.10. O cabo se romperá quando estiver sujeito a uma tração de 2 kN. Determine a maior carga vertical **P** que a estrutura suportará e calcule as forças normal e cortante e o momento fletor em uma seção que passa pelo ponto C para essa carga.

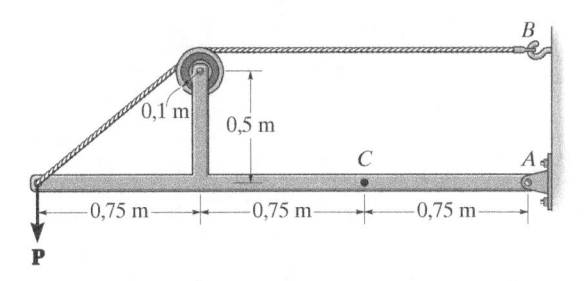

PROBLEMA 7.10

7.11. Determine as forças normal e cortante e o momento fletor nos pontos E e F da viga.

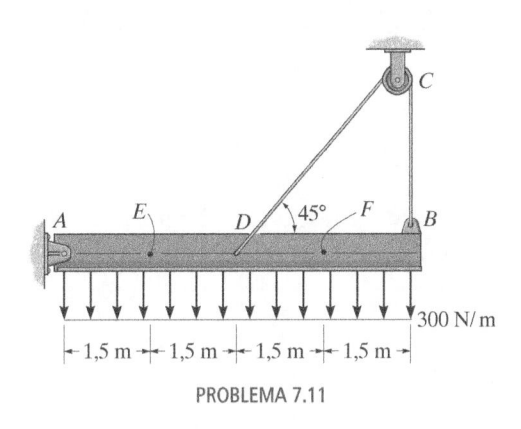

PROBLEMA 7.11

*7.12. Determine a distância a entre os mancais em termos do comprimento L do eixo, de modo que o momento fletor no eixo *simétrico* seja zero em seu centro.

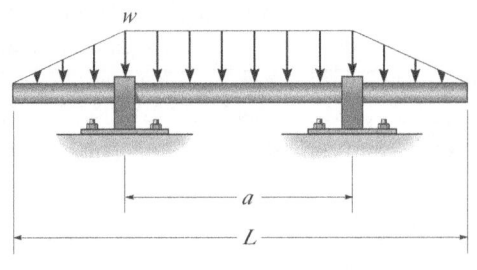

PROBLEMA 7.12

7.13. Determine a distância a entre os suportes em termos do comprimento L do eixo, de modo que o momento fletor no eixo *simétrico* seja zero no seu centro. A intensidade da carga distribuída no centro do eixo é w_0. Os suportes são mancais radiais.

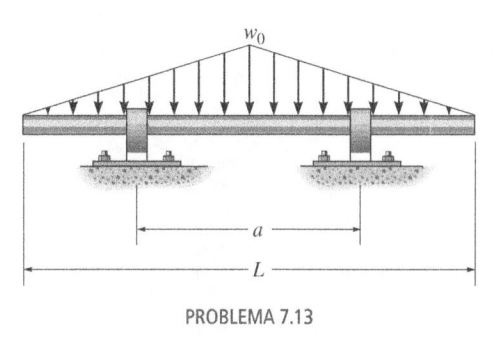

PROBLEMA 7.13

7.14. Determine as forças normal e cortante e o momento fletor no ponto D da viga.

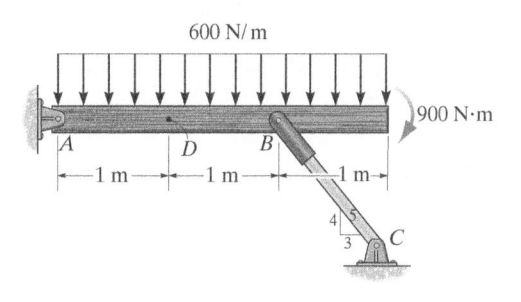

PROBLEMA 7.14

7.15. Determine as forças normal e cortante e o momento fletor no ponto C.

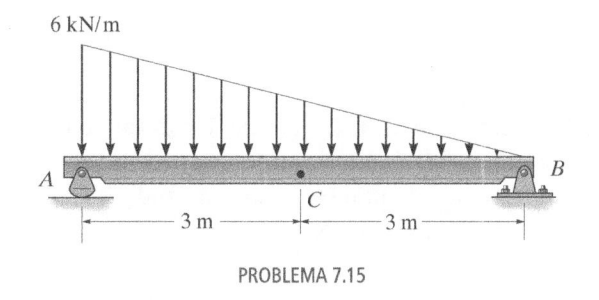

PROBLEMA 7.15

*7.16. Determine as forças normal e cortante e o momento fletor no ponto C da viga.

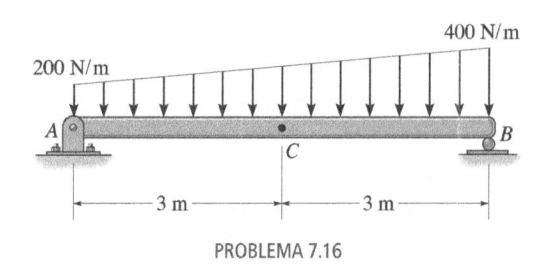

PROBLEMA 7.16

7.17. Determine as forças normal e cortante e o momento fletor nos pontos A e B do elemento vertical.

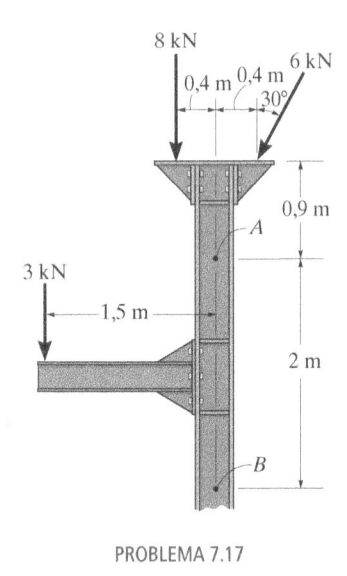

PROBLEMA 7.17

7.18. Determine as forças normal e cortante e o momento fletor no ponto C.

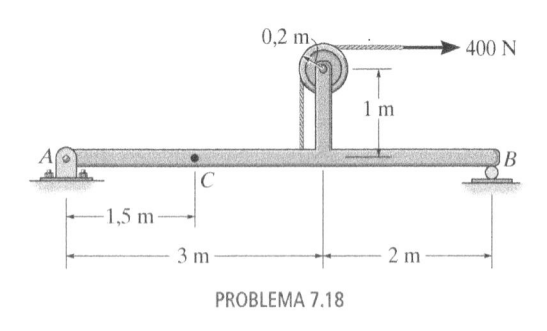

PROBLEMA 7.18

7.19. Determine as forças normal e cortante e o momento fletor nos pontos E e F da viga composta por três elementos. O ponto E está localizado logo à esquerda da força de 800 N.

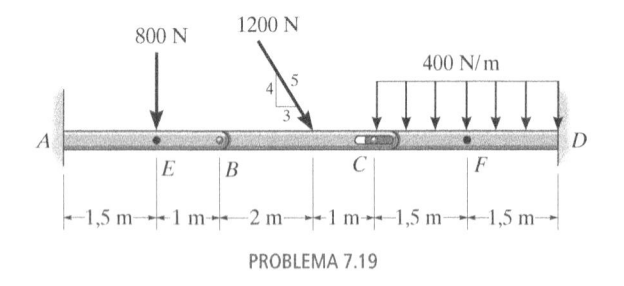

PROBLEMA 7.19

*7.20. Determine as forças normal e cortante e o momento fletor nos pontos D e E da viga com o trecho DC em balanço. O ponto D está localizado logo à esquerda do suporte de rolete em B, onde o momento de binário atua.

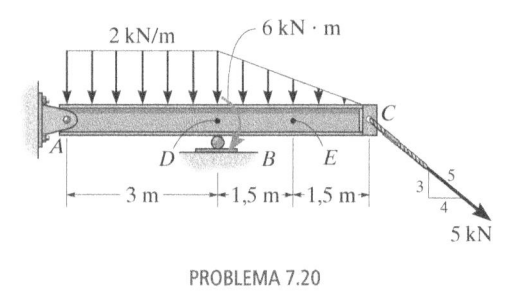

PROBLEMA 7.20

7.21. Determine as forças normal e cortante e o momento fletor no ponto C.

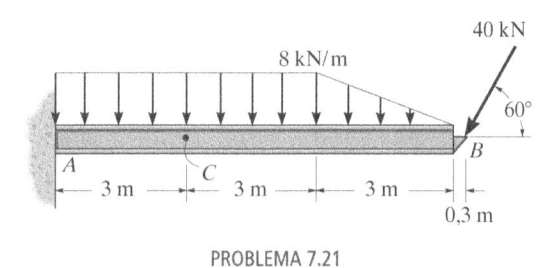

PROBLEMA 7.21

7.22. Determine a razão de a/b para a qual a força cortante será zero no ponto intermediário C da viga.

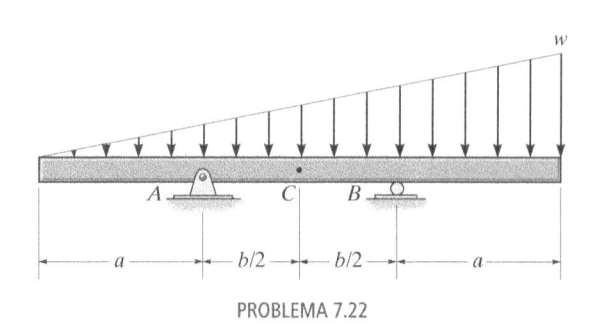

PROBLEMA 7.22

7.23. Determine as forças normal e cortante e o momento fletor nos pontos D e E na viga composta de dois elementos. O ponto E está localizado logo à esquerda da carga concentrada de 10 kN. Considere o apoio em A um engastamento e a conexão em B um pino.

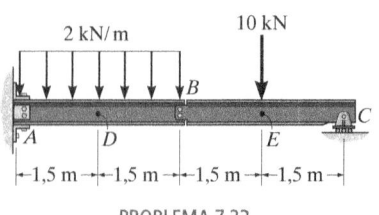

PROBLEMA 7.23

*7.24. Determine as forças normal e cortante e o momento fletor nos pontos *E* e *F* na viga composta por dois elementos. O ponto *F* está localizado logo à esquerda da força de 15 kN e do momento de binário de 25 kN · m.

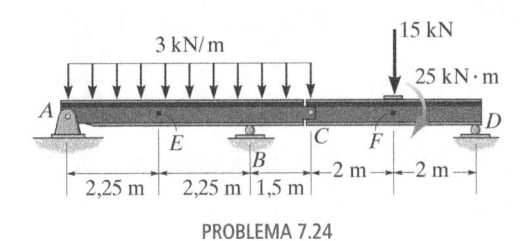

PROBLEMA 7.24

7.25. Determine as forças normal e cortante e o momento fletor nos pontos *C* e *D*.

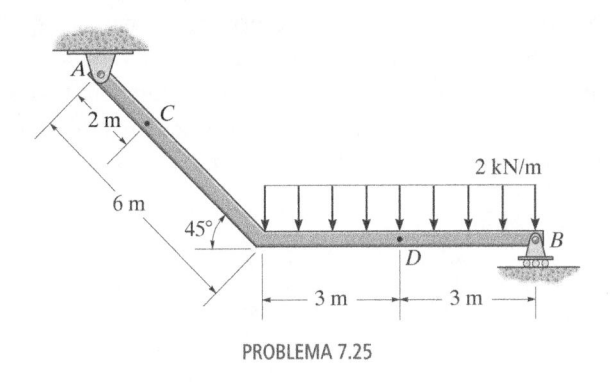

PROBLEMA 7.25

7.26. Determine as forças normal e cortante e o momento fletor nos pontos *E* e *D* da viga composta por dois elementos.

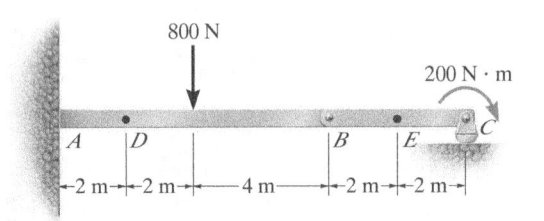

PROBLEMA 7.26

7.27. Determine as forças normal e cortante e o momento fletor nos pontos *C* e *D* da viga simplesmente apoiada. O ponto *D* está localizado logo à esquerda da carga concentrada de 10 kN.

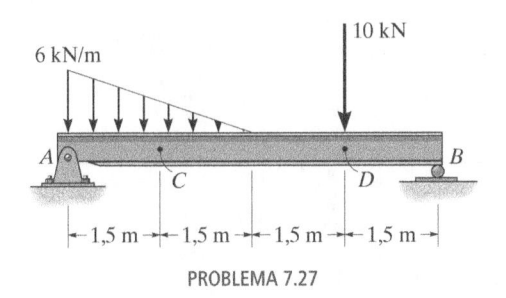

PROBLEMA 7.27

*7.28. Determine as forças normal e cortante e o momento fletor no ponto *C*.

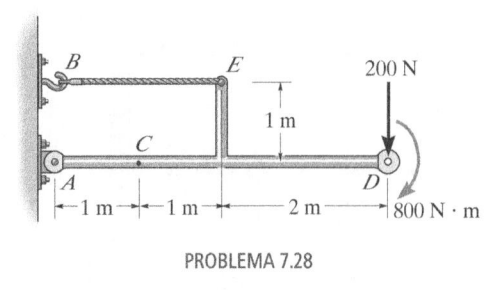

PROBLEMA 7.28

7.29. Determine as forças normal e cortante e o momento fletor no ponto *D* da estrutura com dois membros.

7.30. Determine as forças normal e cortante e o momento fletor no ponto *E*.

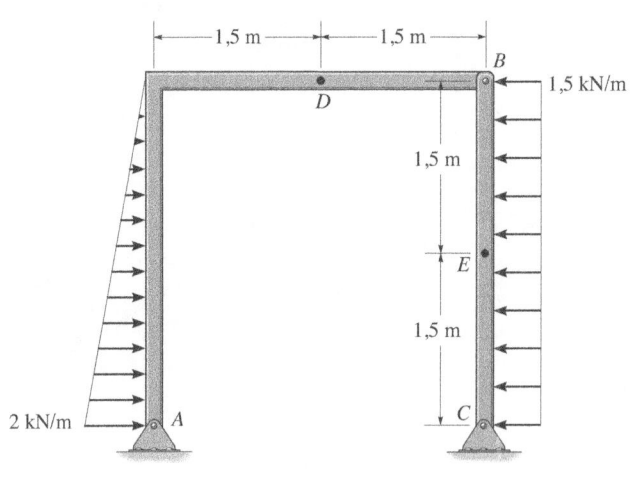

PROBLEMAS 7.29 e 7.30

7.31. Determine as forças normal e cortante e o momento fletor no ponto *D*.

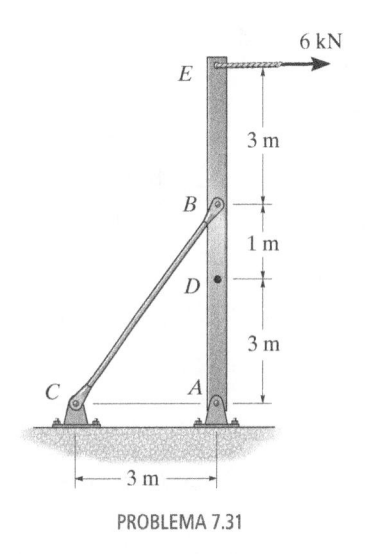

PROBLEMA 7.31

314 ESTÁTICA

***7.32.** Determine as forças normal e cortante e o momento fletor nos pontos D e E da estrutura.

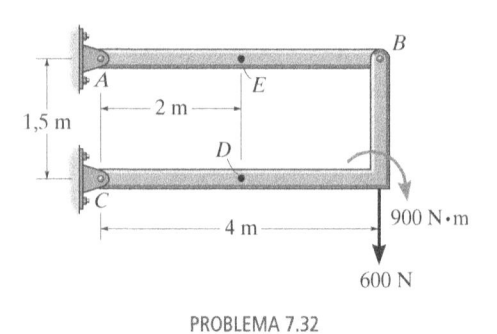

PROBLEMA 7.32

7.33. Determine as forças normal e cortante e o momento fletor em uma seção que passa pelo ponto D. Considere $w = 150$ N/m.

7.34. A viga AB falhará se o momento fletor máximo em D atingir 800 N · m ou a força normal no membro BC se tornar 1500 N. Determine a maior carga w que ela pode suportar.

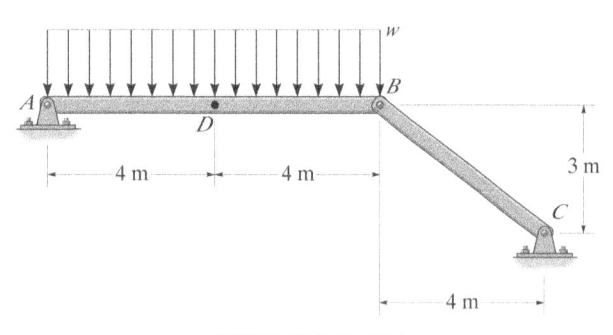

PROBLEMAS 7.33 e 7.34

7.35. A carga distribuída $w = w_0$ sen θ, medida por comprimento unitário, atua sobre o elemento curvo. Determine as forças normal e cortante e o momento fletor no elemento em $\theta = 45°$.

*7.36. Resolva o Problema 7.35 para $\theta = 120°$.

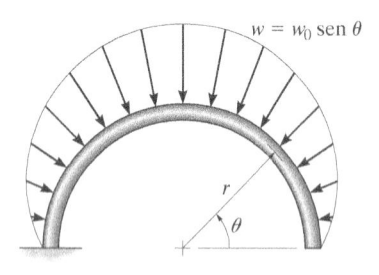

PROBLEMAS 7.35 e 7.36

7.37. Determine as forças normal e cortante e o momento fletor no ponto D da estrutura com dois membros.

7.38. Determine as forças normal e cortante e o momento fletor no ponto E da estrutura com dois membros.

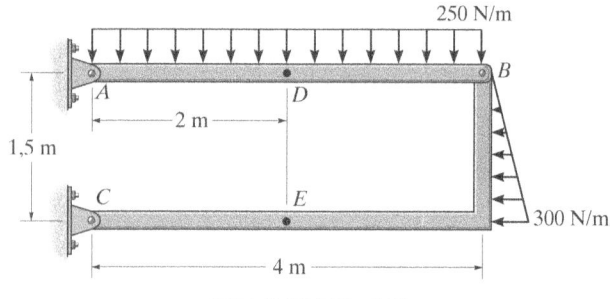

PROBLEMAS 7.37 e 7.38

7.39. A viga de elevação é usada para o manuseio de materiais. Se a carga suspensa tem peso de 2 kN e centro de gravidade em G, determine a posição d dos suportes no topo da viga, de modo que não haja momento fletor desenvolvido dentro da extensão AB da viga. Os cabos de amarração são compostos de duas pernas posicionadas a 45°, como mostra a figura.

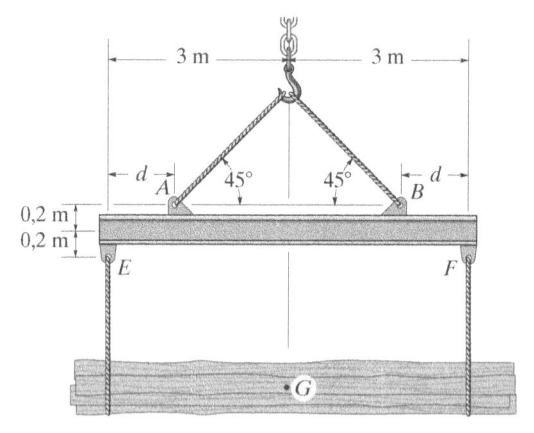

PROBLEMA 7.39

*7.40. Determine as forças normal e cortante e o momento fletor atuando nos pontos B e C no elemento curvo.

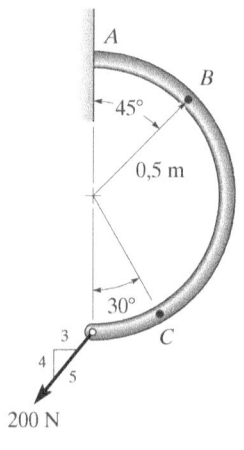

PROBLEMA 7.40

7.41. Determine as componentes x, y e z das cargas internas no ponto D do elemento. $\mathbf{F} = \{7\mathbf{i} - 12\mathbf{j} - 5\mathbf{k}\}$ kN.

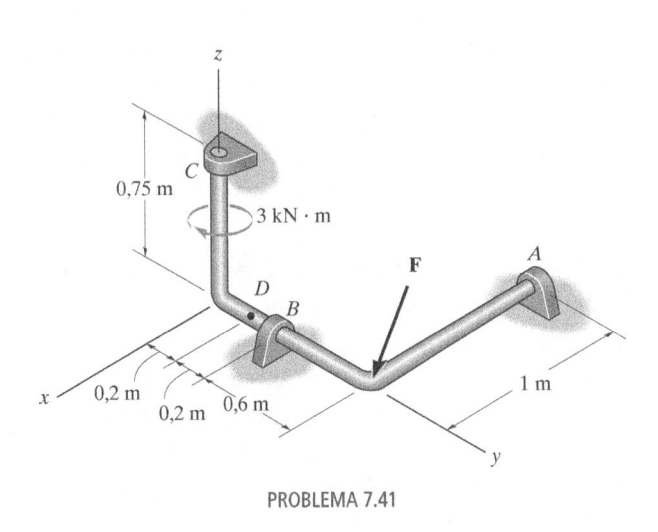

PROBLEMA 7.41

7.43. Determine as componentes x, y e z das cargas internas em uma seção passando pelo ponto B na tubulação. Despreze o seu peso. Considere $\mathbf{F}_1 = \{200\mathbf{i} - 100\mathbf{j} - 400\mathbf{k}\}$ N e $\mathbf{F}_2 = \{300\mathbf{i} - 500\mathbf{k}\}$ N.

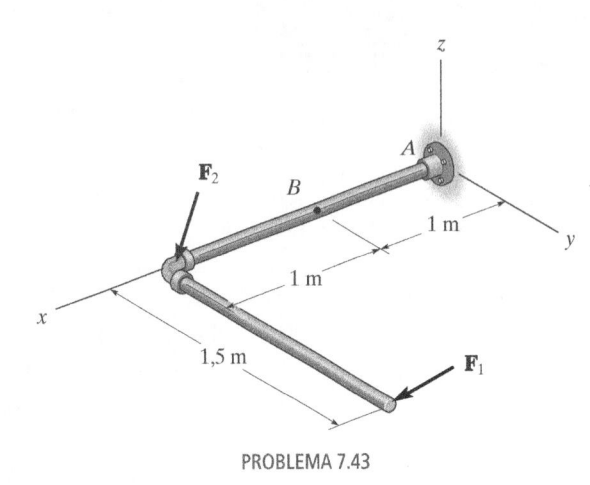

PROBLEMA 7.43

7.42. Determine as componentes x, y e z das cargas internas em uma seção passando pelo ponto C na tubulação. Despreze o seu peso. Considere $\mathbf{F}_1 = \{-80\mathbf{i} + 200\mathbf{j} - 300\mathbf{k}\}$ N e $\mathbf{F}_2 = \{250\mathbf{i} - 150\mathbf{j} - 200\mathbf{k}\}$ N.

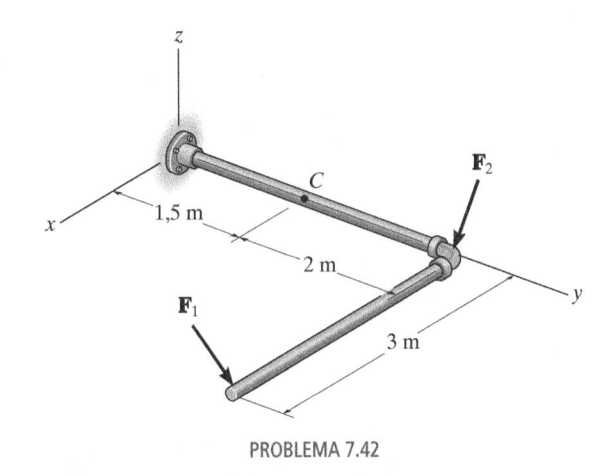

*7.44. Determine as componentes x, y e z das cargas internas em uma seção passando pelo ponto B na tubulação. Despreze o seu peso. Considere $\mathbf{F}_1 = \{100\mathbf{i} - 200\mathbf{j} - 300\mathbf{k}\}$ N e $\mathbf{F}_2 = \{100\mathbf{i} + 500\mathbf{j}\}$ N.

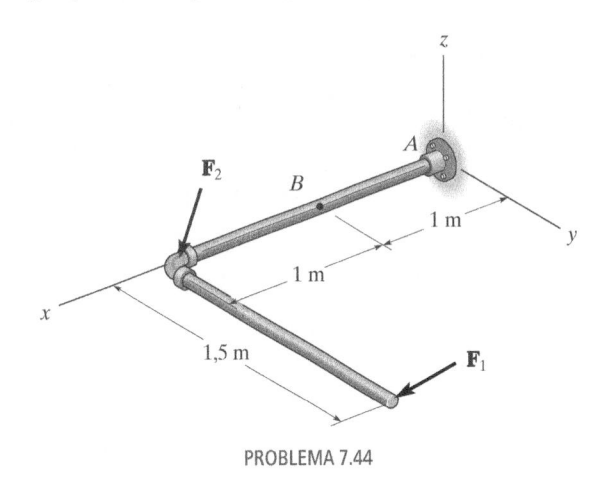

PROBLEMA 7.42

PROBLEMA 7.44

*7.2 Equações e diagramas de força cortante e de momento fletor

Vigas são membros estruturais projetados para suportar cargas aplicadas perpendicularmente a seus eixos. Em geral, elas são longas e retas, e possuem área da seção transversal constante. Normalmente são classificadas de acordo com a forma como são apoiadas. Por exemplo, uma **viga que é simplesmente apoiada** tem um pino em uma extremidade e um rolete na outra, como na Figura 7.9a, ao passo que uma **viga em balanço** é engastada em uma extremidade e livre na outra. O projeto real de uma

Para economizar material e, portanto, produzir um projeto eficaz, estas vigas foram afuniladas, pois o momento fletor na viga será maior nos apoios, ou pilastras, do que no centro de seu vão.

viga requer um conhecimento detalhado da *variação* da força cortante V e do momento fletor M atuando internamente em *cada ponto* ao longo do eixo da viga.*

Essas *variações* de V e M ao longo do eixo da viga podem ser obtidas usando o método das seções discutido na Seção 7.1. Nesse caso, porém, é necessário seccionar a viga a uma distância arbitrária x a partir de uma extremidade e depois aplicar as equações de equilíbrio ao segmento tendo o comprimento x. Fazendo isso, podemos, então, obter V e M como funções de x.

Em geral, as funções de força cortante e de momento fletor serão descontínuas, ou suas inclinações serão descontínuas, em pontos onde uma carga distribuída varia ou onde forças ou momentos de binário concentrados são aplicados. Por causa disso, essas funções precisam ser determinadas para *cada segmento* da viga localizado entre duas descontinuidades de carga quaisquer. Por exemplo, segmentos com comprimentos x_1, x_2 e x_3 terão de ser usados para descrever a variação de V e de M ao longo do comprimento da viga na Figura 7.9a. Essas funções serão válidas *somente* dentro das regiões de 0 até a para x_1, de a até b para x_2 e de b até L para x_3. Se as funções resultantes de x forem representadas em gráficos, eles serão chamados de **diagrama de força cortante** e **diagrama de momento fletor** (figuras 7.9b e 7.9c, respectivamente).

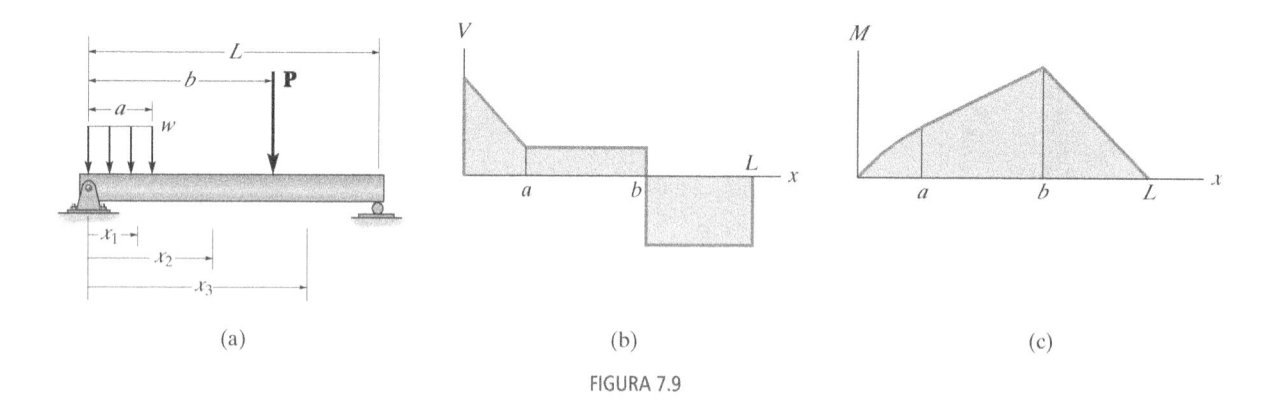

(a) (b) (c)

FIGURA 7.9

Pontos importantes

- Diagramas de força cortante e de momento fletor para uma viga oferecem descrições gráficas de como esses carregamentos internos variam no decorrer do vão da viga.
- Para obter esses diagramas, o método das seções é usado para determinar V e M como funções de x. Esses resultados são então representados em gráficos. Se a carga na viga mudar de repente, então regiões entre cada carga deverão ser selecionadas para que se obtenha cada função de x.

---

* A força normal não é considerada por dois motivos. Quase sempre, as cargas aplicadas a uma viga atuam perpendicularmente ao seu eixo e, portanto, produzem internamente apenas uma força cortante e um momento fletor. E, para fins de projeto, a resistência da viga ao cisalhamento (efeito cortante), e particularmente à flexão, é mais importante do que sua capacidade de resistir a uma força normal. N. do RT: entretanto, em casos particulares, como o de vigas protendidas, a força normal tem de ser considerada.

Procedimento para análise

Os diagramas de força cortante e de momento fletor para uma viga podem ser construídos usando o procedimento indicado a seguir.

Reações de apoios

- Determine todas as forças e momentos de binário reativos que atuam sobre a viga e decomponha todas as forças em componentes que atuam perpendicular e paralelamente ao eixo da viga.

Funções de força cortante e de momento fletor

- Especifique coordenadas x separadas tendo uma origem na extremidade esquerda da viga e estendendo-se para regiões da viga *entre* forças e/ou momentos de binário concentrados, ou para onde a carga distribuída é contínua.
- Seccione a viga a cada distância x e desenhe o diagrama de corpo livre de um dos segmentos. Certifique-se de que **V** e **M** apareçam atuando em seu *sentido positivo*, de acordo com a convenção de sinal dada na Figura 7.10.
- A força cortante V é obtida somando-se as forças perpendiculares ao eixo da viga, e o momento fletor M é obtido somando-se os momentos em relação à extremidade seccionada do segmento.

Diagramas de força cortante e de momento fletor

- Construa os diagramas da força cortante (V versus x) e do momento fletor (M versus x). Se os valores calculados das funções descrevendo V e M forem *positivos*, são desenhados acima do eixo x, enquanto os valores *negativos* são desenhados abaixo desse eixo.

Força cortante positiva

Momento fletor positivo

Convenção de sinal da viga

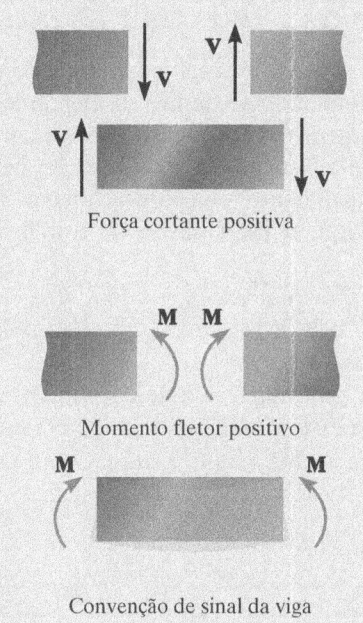

FIGURA 7.10

Os braços das prateleiras precisam ser projetados de modo a resistir às suas cargas internas, causadas pelos caibros.

Exemplo 7.6

Construa os diagramas de força cortante e de momento fletor para o eixo mostrado na Figura 7.11a. O apoio em A é um mancal axial e o apoio em C é um mancal radial.

SOLUÇÃO

Reações de apoios

As reações dos apoios aparecem no diagrama de corpo livre do eixo (Figura 7.11d).

Funções de força cortante e de momento fletor

O eixo é seccionado a uma distância arbitrária x do ponto A, estendendo-se dentro da região AB, e o diagrama de corpo livre do segmento esquerdo é mostrado na Figura 7.11b. Consideramos que as incógnitas **V** e **M** atuam no *sentido positivo* na face direita do segmento, de acordo com a convenção de sinal estabelecida. A aplicação das equações de equilíbrio gera:

$+\uparrow \Sigma F_y = 0;$ $V = 2,5$ kN   (1)

$\zeta +\Sigma M = 0;$ $M = 2,5x$ kN·m   (2)

Um diagrama de corpo livre para um segmento esquerdo do eixo estendendo-se de A até uma distância x dentro da região BC é mostrado na Figura 7.11c. Como sempre, **V** e **M** aparecem atuando no sentido positivo. Logo,

$+\uparrow \Sigma F_y = 0;$ $2,5$ kN $- 5$ kN $- V = 0$

$V = -2,5$ kN   (3)

$\zeta +\Sigma M = 0;$ $M + 5$ kN$(x - 2$ m$) - 2,5$ kN$(x) = 0$

$M = (10 - 2,5x)$ kN·m   (4)

Diagramas de força cortante e de momento fletor

Quando as equações de 1 a 4 são expressas graficamente dentro das regiões em que são válidas, os diagramas de força cortante e de momento fletor mostrados na Figura 7.11d são obtidos. O diagrama de força cortante indica que ela é sempre 2,5 kN (positiva) dentro do segmento AB. À direita do ponto B, a força cortante muda de sinal e permanece em um valor constante de $-2,5$ kN para o segmento BC. O diagrama de momento fletor começa em zero, aumenta linearmente até o ponto B em $x = 2$ m, onde $M_{máx} = 2,5$ kN$(2$ m$) = 5$ kN·m, e depois diminui de volta para zero.

NOTA: vemos, na Figura 7.11d, que os gráficos dos diagramas de força cortante e de momento fletor "saltam" ou mudam bruscamente onde a força concentrada atua, ou seja, nos pontos A, B e C. Por esse motivo, conforme já dissemos, é necessário expressar as funções de força cortante e de momento fletor separadamente para regiões entre cargas concentradas. Deve-se observar, porém, que todas as descontinuidades de carga são matemáticas, surgindo da *idealização de uma força e de um momento de binário concentrados*. Fisicamente, as cargas sempre são aplicadas sobre uma área finita e, se a variação da carga real pudesse ser considerada, os diagramas de força cortante e de momento fletor seriam contínuos no decorrer de toda a extensão do eixo.

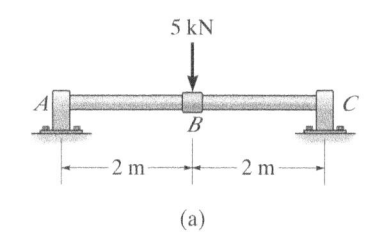

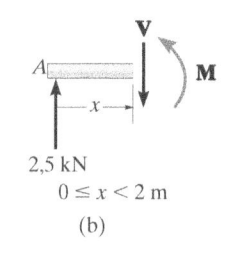

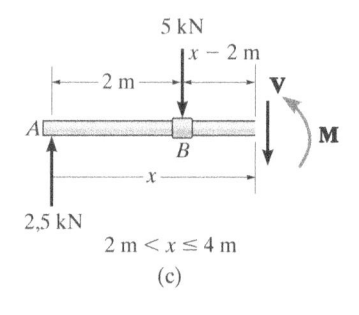

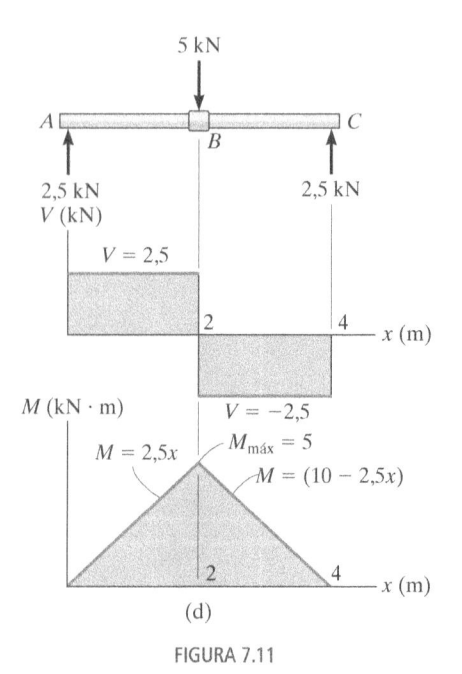

FIGURA 7.11

Exemplo 7.7

Construa os diagramas de força cortante e de momento fletor para a viga mostrada na Figura 7.12a.

SOLUÇÃO

Reações de apoios

As reações de apoios são mostradas no diagrama de corpo livre da viga (Figura 7.12c).

Funções de força cortante e de momento fletor

Um diagrama de corpo livre para um segmento esquerdo da viga tendo um comprimento x é mostrado na Figura 7.12b. Em razão dos triângulos proporcionais, a carga distribuída que atua no final deste segmento tem intensidade $w/x = 6/9$ ou $w = (2/3)x$. Ela é substituída por uma força resultante *após* o segmento ser isolado como um diagrama de corpo livre. A *intensidade* da força resultante é igual a $\frac{1}{2}(x)(\frac{2}{3}x) = \frac{1}{3}x^2$. Essa força *atua no centroide* da área da carga distribuída, a uma distância de $\frac{1}{3}x$ da extremidade direita. Aplicando as duas equações do equilíbrio, geramos:

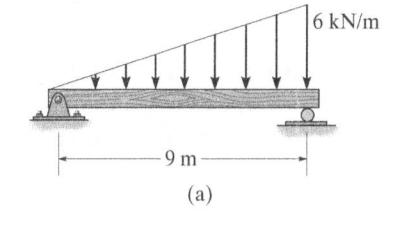

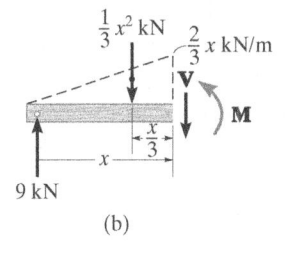

$$+\uparrow \Sigma F_y = 0; \quad 9 - \frac{1}{3}x^2 - V = 0$$

$$V = \left(9 - \frac{x^2}{3}\right) \text{kN} \quad (1)$$

$$\zeta + \Sigma M = 0; \quad M + \frac{1}{3}x^2\left(\frac{x}{3}\right) - 9x = 0$$

$$M = \left(9x - \frac{x^3}{9}\right) \text{kN} \cdot \text{m} \quad (2)$$

Diagramas de força cortante e de momento fletor

Os diagramas de força cortante e de momento fletor mostrados na Figura 7.12c são obtidos expressando-se graficamente as equações 1 e 2.

O ponto de *força cortante zero* pode ser encontrado usando a Equação 1:

$$V = 9 - \frac{x^2}{3} = 0$$

$$x = 5,20 \text{ m}$$

NOTA: será mostrado na Seção 7.3 que esse valor de x representa o ponto na viga onde ocorre o *momento fletor máximo*. Usando a Equação 2, temos

$$M_{\text{máx}} = \left(9(5,20) - \frac{(5,20)^3}{9}\right) \text{kN} \cdot \text{m}$$

$$= 31,2 \text{ kN} \cdot \text{m}$$

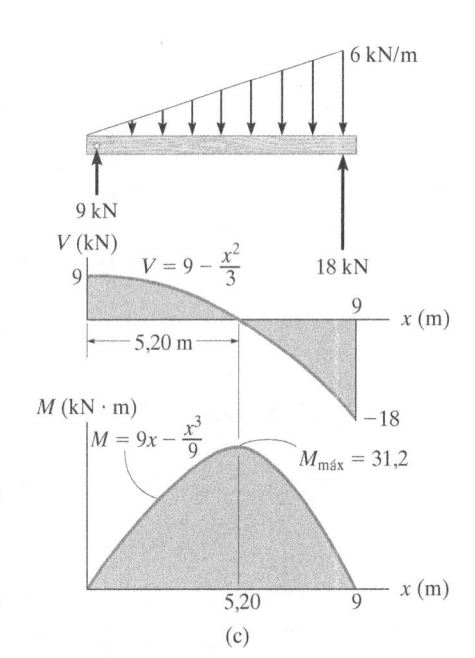

FIGURA 7.12

Problemas fundamentais

F7.7. Determine a força cortante e o momento fletor como uma função de x, e depois construa os diagramas de força cortante e de momento fletor.

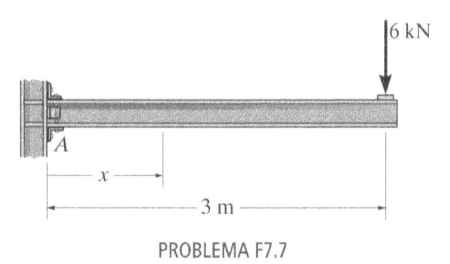

PROBLEMA F7.7

F7.8. Determine a força cortante e o momento fletor como uma função de x, e depois construa os diagramas de força cortante e de momento fletor.

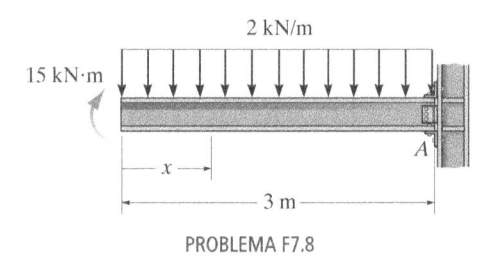

PROBLEMA F7.8

F7.9. Determine a força cortante e o momento fletor como uma função de x, e depois construa os diagramas de força cortante e de momento fletor.

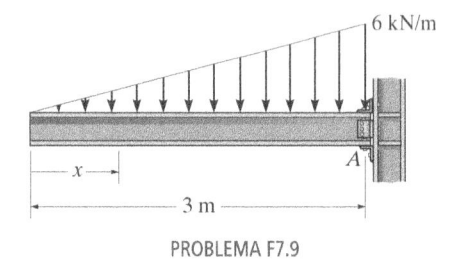

PROBLEMA F7.9

F7.10. Determine a força cortante e o momento fletor como uma função de x, e depois construa os diagramas de força cortante e de momento fletor.

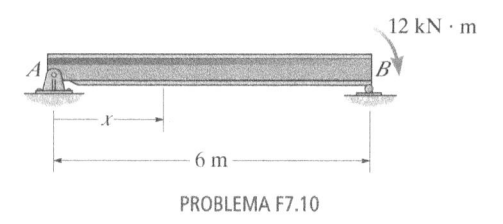

PROBLEMA F7.10

F7.11. Determine a força cortante e o momento fletor como uma função de x, onde $0 \leq x < 3$ m e 3 m $< x \leq 6$ m, e depois construa os diagramas de força cortante e de momento fletor.

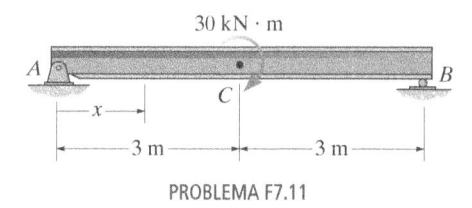

PROBLEMA F7.11

F7.12. Determine a força cortante e o momento fletor como uma função de x, onde $0 \leq x < 3$ m e 3 m $< x \leq 6$ m, e depois construa os diagramas de força cortante e de momento fletor.

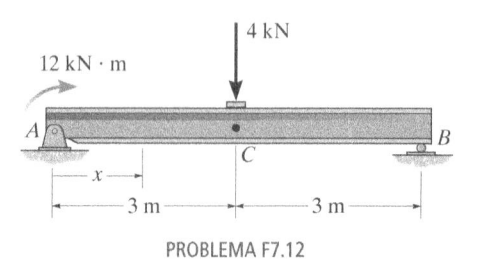

PROBLEMA F7.12

Problemas

7.45. Determine os diagramas de força cortante e de momento fletor para a viga.

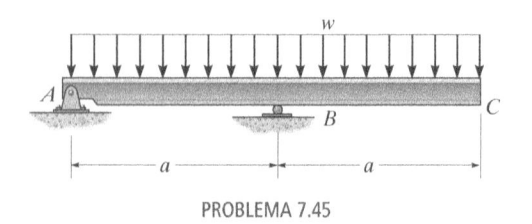

PROBLEMA 7.45

7.46. Determine os diagramas de força cortante e de momento fletor para a viga (a) em termos dos parâmetros mostrados; (b) considere $M_0 = 500$ N $\cdot$ m, $L = 8$ m.

7.47. Se $L = 9$ m, a viga falhará quando a força cortante máxima for $V_{máx} = 5$ kN ou o momento fletor máximo for $M_{máx} = 2$ kN $\cdot$ m. Determine a intensidade M_0 do maior momento de binário que a viga suportará.

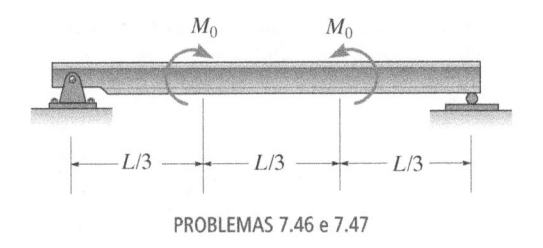

PROBLEMAS 7.46 e 7.47

*7.48. Determine os diagramas de força cortante e de momento fletor para a viga com a extremidade em balanço.

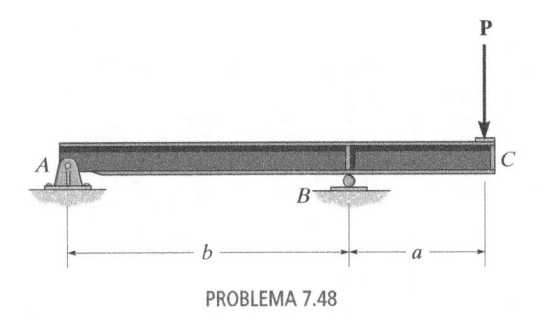

PROBLEMA 7.48

7.49. Determine os diagramas de força cortante e de momento fletor para a viga com a extremidade em balanço.

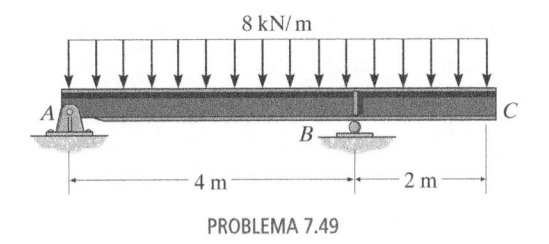

PROBLEMA 7.49

7.50. Determine os diagramas de força cortante e de momento fletor para a viga.

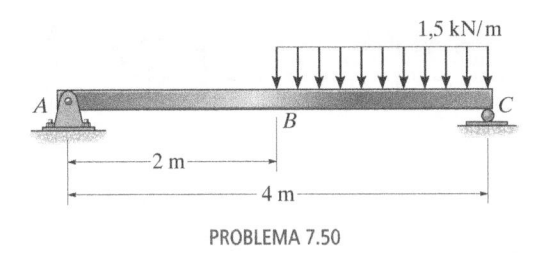

PROBLEMA 7.50

7.51. Determine os diagramas de força cortante e de momento fletor para a viga (a) em termos dos parâmetros mostrados; (b) considere $P = 30$ kN, $a = 2$ m, $b = 4$ m.

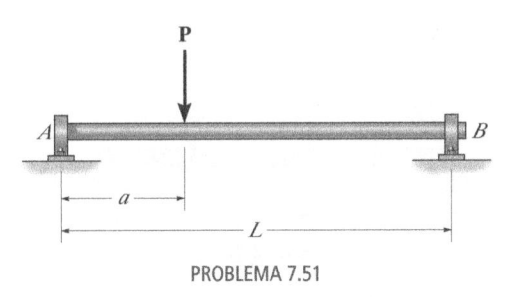

PROBLEMA 7.51

*7.52. Determine os diagramas de força cortante e de momento fletor para a viga composta por três elementos. A viga é conectada por pinos em E e F.

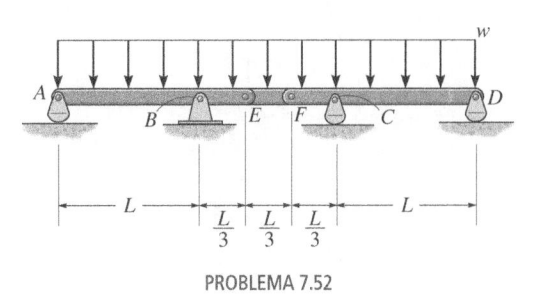

PROBLEMA 7.52

7.53. Determine os diagramas de força cortante e de momento fletor para a viga.

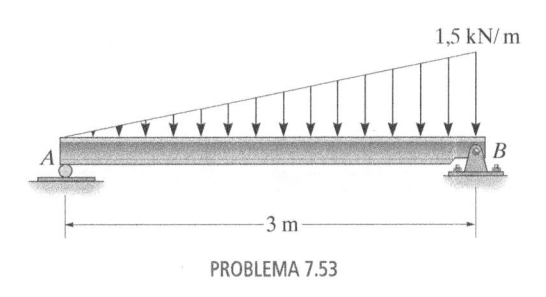

PROBLEMA 7.53

7.54. Determine os diagramas de força cortante e de momento fletor para o eixo (a) em termos dos parâmetros mostrados; (b) considere $P = 9$ kN, $a = 2$ m, $L = 6$ m. Há um mancal axial em A e um mancal radial em B.

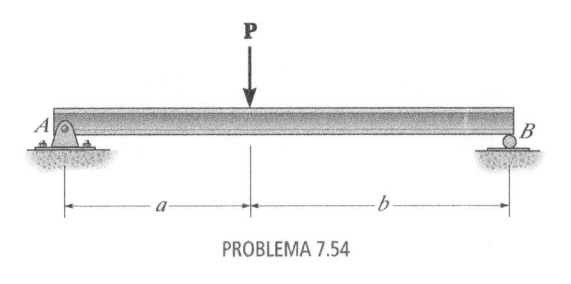

PROBLEMA 7.54

7.55. Determine os diagramas de força cortante e de momento fletor para a viga.

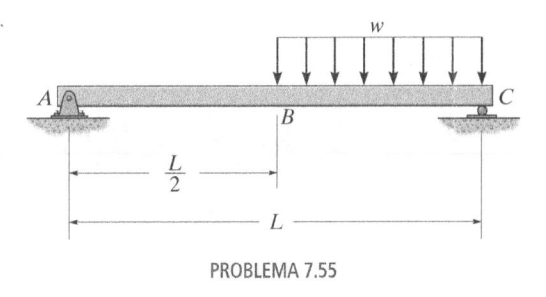

PROBLEMA 7.55

*7.56. Determine os diagramas de força cortante e de momento fletor para a viga.

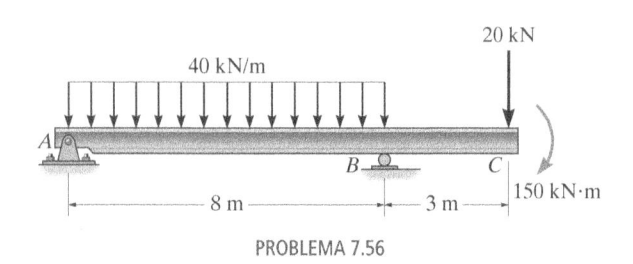

PROBLEMA 7.56

7.57. Determine os diagramas de força cortante e de momento fletor para a viga (a) em termos dos parâmetros mostrados; (b) considere $P = 20$ kN, $a = 1,5$ m, $L = 6$ m.

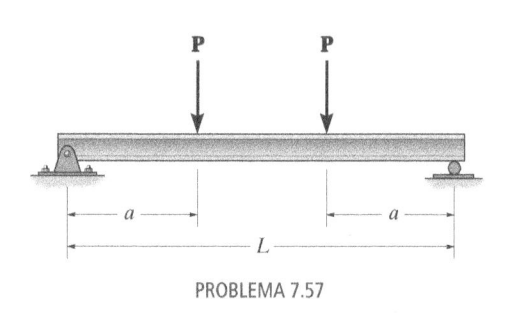

PROBLEMA 7.57

7.58. Determine os diagramas de força cortante e de momento fletor para a viga ABC. Observe que há um pino em B.

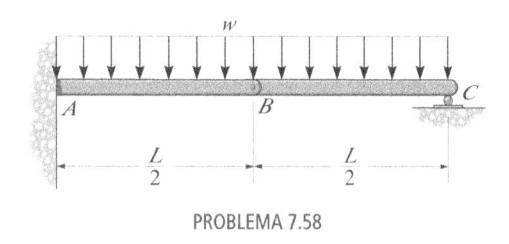

PROBLEMA 7.58

7.59. Determine os diagramas de força cortante e de momento fletor para a viga em balanço.

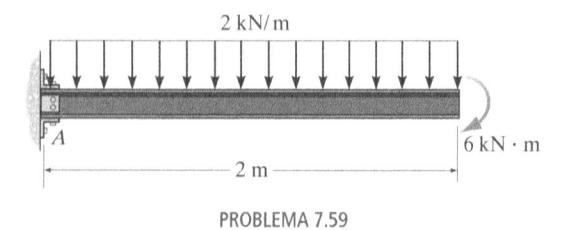

PROBLEMA 7.59

*7.60. Determine os diagramas de força cortante e de momento fletor para a viga.

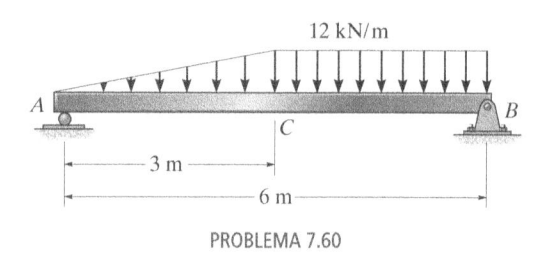

PROBLEMA 7.60

7.61. Determine os diagramas de força cortante e de momento fletor para a viga.

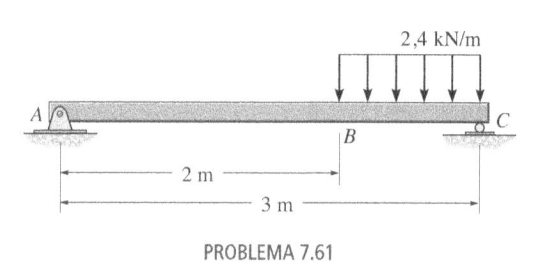

PROBLEMA 7.61

7.62. Determine os diagramas de força cortante e de momento fletor para a viga.

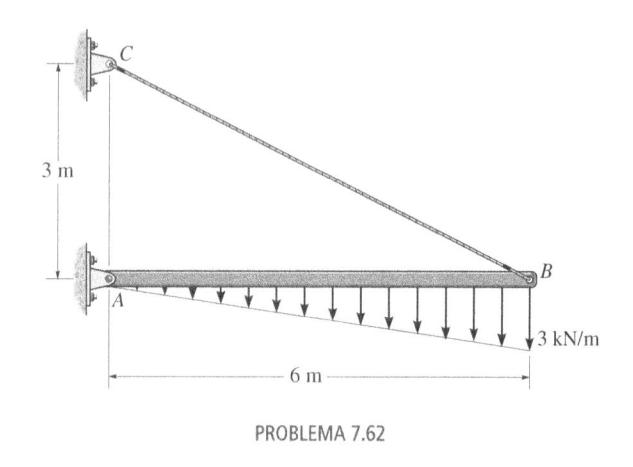

PROBLEMA 7.62

7.63. A viga falhará quando o momento fletor máximo for $M_{máx}$. Determine a posição x da força concentrada P e sua menor intensidade que causará a falha.

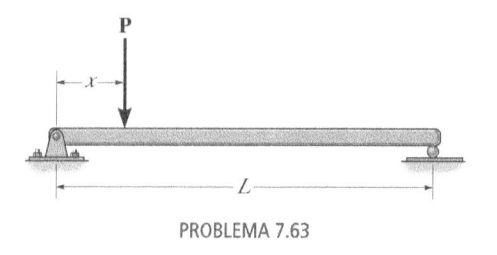

PROBLEMA 7.63

*7.64. Determine os diagramas de força cortante e de momento fletor para a viga.

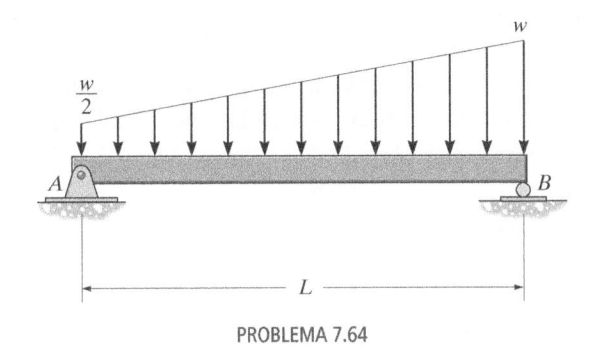

PROBLEMA 7.64

7.65. A viga em balanço é composta de um material com peso específico γ. Determine a força cortante e o momento fletor na viga em função de x.

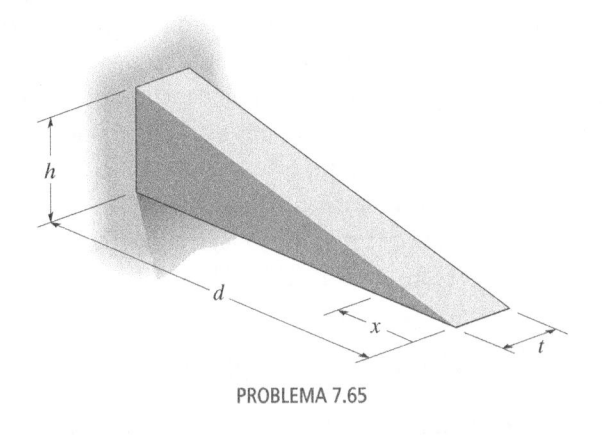

PROBLEMA 7.65

7.66. Determine a força normal, a força cortante e o momento fletor no elemento curvo em função de θ, onde $0° < \theta < 90°$.

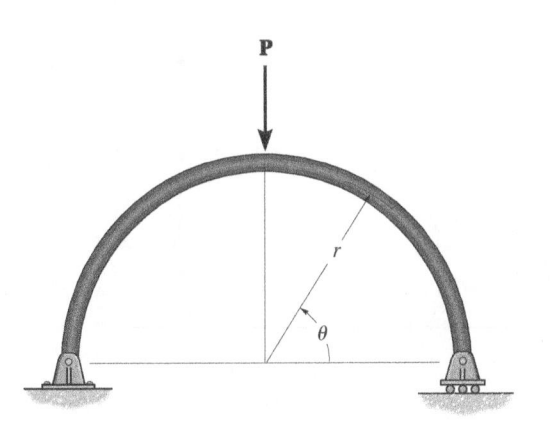

PROBLEMA 7.66

7.67. Determine a força normal, a força cortante e o momento fletor no elemento curvo em função de θ. A força **P** atua em um ângulo constante ϕ.

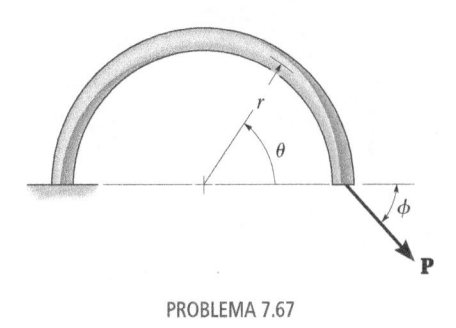

PROBLEMA 7.67

*7.68. O elemento circular com um quarto de volta encontra-se no plano horizontal e apoia uma força vertical **P** em sua extremidade. Determine as intensidades das componentes da força cortante, do momento fletor e do torque atuando no elemento em função do ângulo θ.

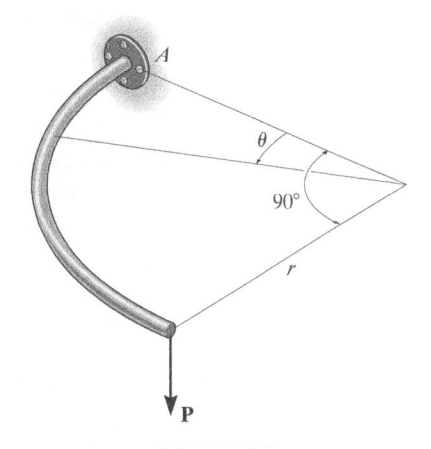

PROBLEMA 7.68

7.69. Determine os diagramas de força cortante e de momento fletor para a viga.

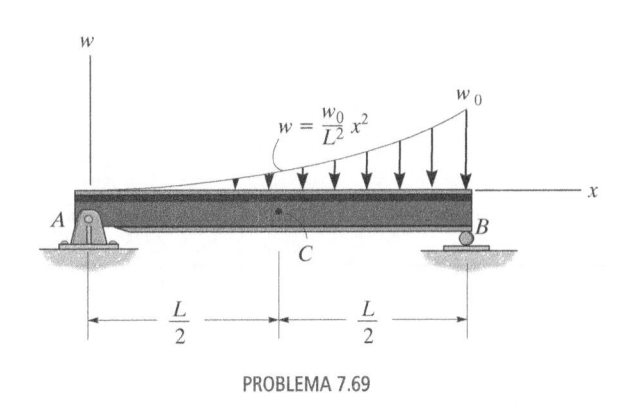

PROBLEMA 7.69

Para projetar a viga usada para apoiar essas linhas de alimentação, é importante primeiro desenhar os diagramas de força cortante e de momento fletor para a viga.

*7.3 Relações entre carga distribuída, força cortante e momento fletor

Se uma viga está sujeita a várias forças concentradas, momentos de binário e cargas distribuídas, o método de construção dos diagramas de força cortante e de momento fletor discutidos na Seção 7.2 pode tornar-se maçante. Nesta seção, discutimos sobre um método mais simples para construir esses diagramas — um método baseado nas relações diferenciais que existem entre a carga, a força cortante e o momento fletor.

Carga distribuída

Considere a viga AD mostrada na Figura 7.13a, que está sujeita a uma carga arbitrária $w = w(x)$ e uma série de forças e de momentos de binário concentrados. Na discussão a seguir, a *carga distribuída* será considerada *positiva* quando *age para cima*, conforme mostrado. Um diagrama de corpo livre para um pequeno segmento da viga tendo um comprimento Δx é escolhido em um ponto x ao longo da viga, que *não* está sujeito a uma força ou a um momento de binário concentrado (Figura 7.13b). Logo, quaisquer resultados obtidos não se aplicarão nesses pontos de carga concentrada. Consideramos que a força cortante e o momento fletor mostrados no diagrama de corpo livre atuam no *sentido positivo*, de acordo com a convenção de sinal estabelecida. Observe que tanto a força cortante como o momento fletor que atuam sobre a face direita precisam ser aumentados por uma pequena quantidade finita, a fim de manter o segmento em equilíbrio. A carga distribuída foi substituída por uma força resultante $\Delta F = w(x)\,\Delta x$, que atua a uma distância fracionária $k(\Delta x)$ a partir da extremidade direita, onde $0 < k < 1$ [por exemplo, se $w(x)$ for *uniforme*, $k = \frac{1}{2}$].

Relação entre a carga distribuída e a força cortante

Se aplicarmos a equação de equilíbrio de forças ao segmento, então:

$$+\uparrow \Sigma F_y = 0; \qquad V + w(x)\,\Delta x - (V + \Delta V) = 0$$

$$\Delta V = w(x)\,\Delta x$$

Dividindo por Δx e fazendo $\Delta x \to 0$, obtemos:

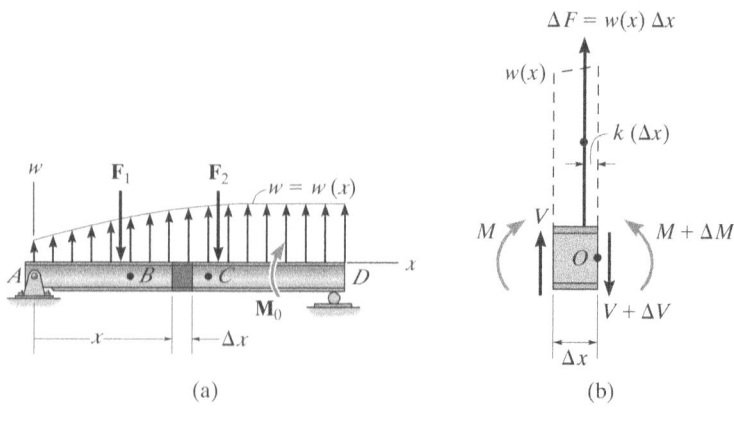

(a)

(b)

FIGURA 7.13

$$\frac{dV}{dx} = w(x)$$

Inclinação do diagrama da força cortante = Intensidade da carga distribuída (7.1)

Se reescrevermos a equação anterior na forma $dV = w(x)dx$ e realizarmos a integração entre dois pontos quaisquer B e C na viga, veremos que:

$$\Delta V = \int w(x)\,dx$$

Variação na força cortante = Área sob a curva de carregamento (7.2)

Relação entre a força cortante e o momento fletor

Se aplicarmos a equação de equilíbrio de momentos em relação ao ponto O no diagrama de corpo livre da Figura 7.13b, obtemos:

$$\zeta + \Sigma M_O = 0; \quad (M + \Delta M) - [w(x)\Delta x]\,k\Delta x - V\Delta x - M = 0$$
$$\Delta M = V\Delta x + k\,w(x)\Delta x^2$$

Dividindo os dois lados dessa equação por Δx e fazendo $\Delta x \to 0$, obtemos:

$$\frac{dM}{dx} = V$$

Inclinação do diagrama de momento fletor = Força cortante (7.3)

Em particular, observe que o momento fletor máximo absoluto $|M|_{máx}$ ocorre no ponto em que a inclinação $dM/dx = 0$, pois é onde a força cortante é igual a zero.

Se a Equação 7.3 for reescrita na forma $dM = \int V\,dx$ e integrada entre dois pontos B e C quaisquer na viga, temos:

$$\Delta M = \int V\,dx$$

Variação no momento fletor = Área sob o diagrama da força cortante (7.4)

Conforme indicamos anteriormente, as equações mostradas não se aplicam em pontos onde atua *de forma concentrada* uma força ou momento de binário. Esses dois casos especiais criam *descontinuidades* nos diagramas de força cortante e de momento fletor e, como resultado, cada um merece tratamento separado.

Força

Um diagrama de corpo livre de um segmento pequeno da viga na Figura 7.13a, tomado sob uma das forças, é mostrado na Figura 7.14a. Aqui, o equilíbrio de forças requer:

$$+\uparrow \Sigma F_y = 0; \qquad \Delta V = F \qquad (7.5)$$

Como a *variação na força cortante é positiva*, o seu diagrama "saltará" *para cima quando* **F** *atuar para cima* na viga. De modo semelhante, o salto na força cortante (ΔV) é para baixo quando **F** atua para baixo.

Momento de binário

Se removermos um segmento da viga na Figura 7.13a que está localizado no momento de binário M_0, o resultado é o diagrama de corpo livre mostrado na Figura 7.14b. Nesse caso, fazendo $\Delta x \rightarrow 0$, o equilíbrio de momentos requer:

$$\zeta + \Sigma M = 0; \qquad \Delta M = M_0 \qquad (7.6)$$

Assim, a *variação no momento é positiva*, ou o diagrama do momento "saltará" *para cima se* M_0 *estiver no sentido horário*. De modo semelhante, o salto ΔM é para baixo quando M_0 está em sentido anti-horário.

Os exemplos a seguir ilustram a aplicação das equações anteriores quando usadas para construir os diagramas de força cortante e de momento fletor. Depois de trabalhar com esses exemplos, recomenda-se que você solucione os exemplos 7.6 e 7.7 usando esse método.

FIGURA 7.14

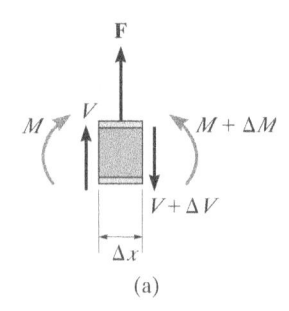

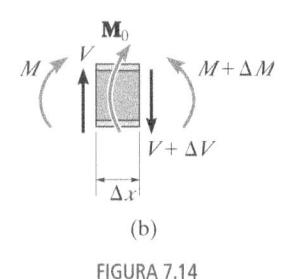

Esta viga de concreto é usada para apoiar o leito do viaduto. As dimensões e posicionamento do reforço de aço dentro dela podem ser determinados depois de estabelecidos os diagramas de força cortante e de momento fletor.

Pontos importantes

- A inclinação do diagrama de força cortante em um ponto é igual à intensidade da carga distribuída, onde a carga distribuída positiva é para cima, ou seja, $dV/dx = w(x)$.
- A variação na força cortante ΔV entre dois pontos é igual *à área* sob a curva de carga distribuída entre os pontos.
- Se uma força concentrada atua para cima na viga, a força cortante saltará para cima com a magnitude da força.
- A inclinação do diagrama de momento fletor em um ponto é igual à força cortante, ou seja, $dM/dx = V$.
- A variação no momento ΔM entre dois pontos é igual à *área* sob o diagrama de força cortante entre os dois pontos.
- Se um momento de binário *no sentido horário* atuar sobre a viga, a força cortante não será afetada; porém, o diagrama de momento fletor saltará *para cima* com a magnitude do momento.
- Os pontos de *força cortante zero* representam os pontos de *momento fletor máximo ou mínimo*, pois $dM/dx = 0$.
- Como duas integrações de $w = w(x)$ estão envolvidas para primeiramente determinar a variação na força cortante, $\Delta V = \int w(x)\, dx$, em seguida, para determinar a variação no momento, $\Delta M = \int V\, dx$, então se a curva de carga $w = w(x)$ for um polinômio de grau n, $V = V(x)$ será uma curva de grau $n+1$ e $M = M(x)$ será uma curva de grau $n+2$.

Exemplo 7.8

Determine os diagramas de força cortante e de momento fletor para a viga em balanço na Figura 7.15a.

SOLUÇÃO

As reações no engastamento B estão mostradas na Figura 7.15b.

Diagrama de força cortante

A força cortante na extremidade A é -2 kN. Esse valor é esboçado no gráfico em $x = 0$ (Figura 7.15c). Observe como o diagrama é construído seguindo as inclinações definidas pela carga w. A força cortante em $x = 4$ m é -5 kN, a reação na viga. Esse valor pode ser verificado encontrando-se a área sob a carga distribuída; ou seja,

$$V|_{x=4\,m} = V|_{x=2\,m} + \Delta V = -2\text{ kN} - (1{,}5\text{ kN/m})(2\text{ m})$$
$$= -5\text{ kN}$$

Diagrama de momento fletor

O momento fletor zero em $x = 0$ está esboçado na Figura 7.15d. A construção do diagrama de momento fletor é baseada no conhecimento de sua inclinação, que é igual à força cortante em cada ponto. A variação do momento entre $x = 0$ e $x = 2$ é determinada a partir da área sob o diagrama de força cortante. Logo, o momento fletor em $x = 2$ m é:

$$M|_{x=2\,m} = M|_{x=0} + \Delta M = 0 + [-2\text{ kN}(2\text{ m})]$$
$$= -4\text{ kN} \cdot \text{m}$$

Esse mesmo valor pode ser determinado a partir do método das seções (Figura 7.15e).

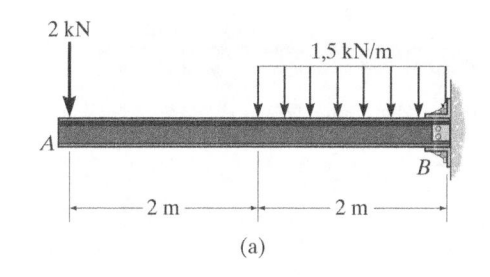

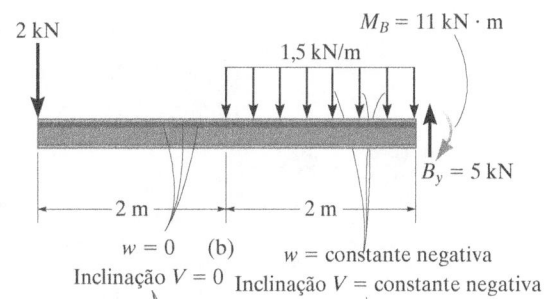

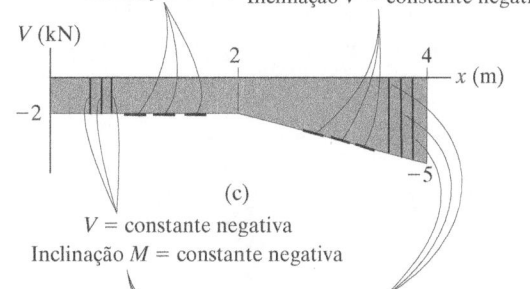

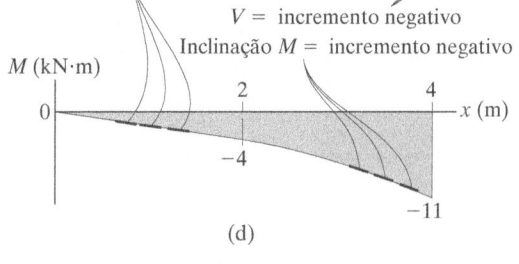

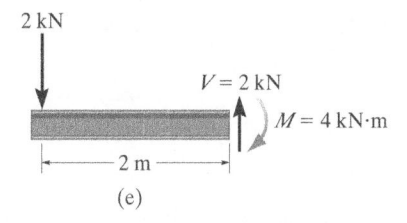

FIGURA 7.15

Exemplo 7.9

Determine os diagramas de força cortante e de momento fletor para a viga com extremidade em balanço na Figura 7.16a.

SOLUÇÃO

As reações de apoio são mostradas na Figura 7.16b.

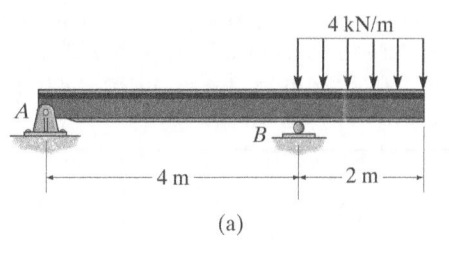

FIGURA 7.16

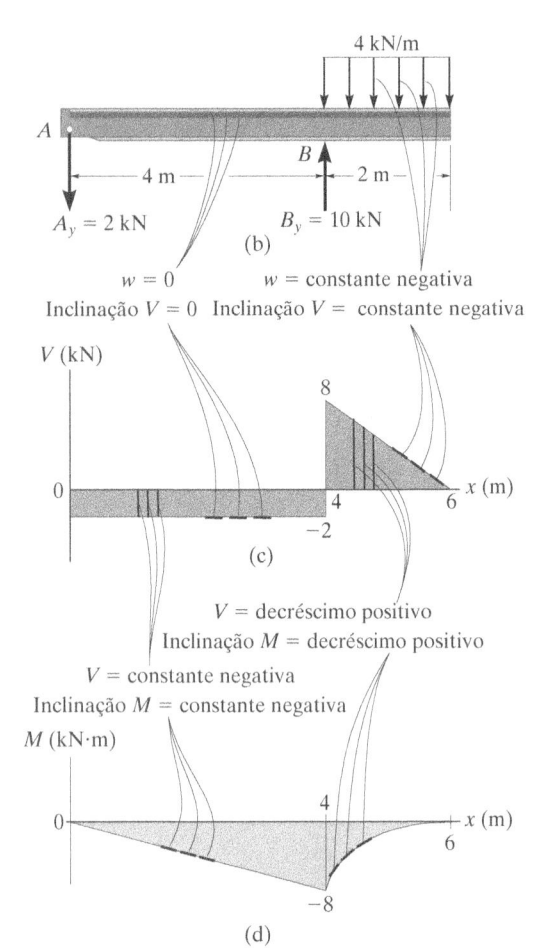

Diagrama de força cortante

A força cortante de −2 kN na extremidade A da viga é esboçado no gráfico em $x = 0$ (Figura 7.16c). As inclinações são determinadas a partir da carga e, com isso, o diagrama é construído, conforme indicado na figura. Em particular, observe o salto positivo de 10 kN em $x = 4$ m em razão da força B_y, conforme indicado na figura.

Diagrama de momento fletor

O momento fletor de zero em $x = 0$ é esboçado no gráfico (Figura 7.16d); depois, seguindo o comportamento da inclinação encontrado a partir do diagrama de força cortante, o diagrama de momento fletor é construído. O momento fletor em $x = 4$ m é encontrado a partir da área sob o diagrama de força cortante.

$$M|_{x=4\,m} = M|_{x=0} + \Delta M = 0 + [-2\,\text{kN}(4\,\text{m})] = -8\,\text{kN} \cdot \text{m}$$

Também podemos obter esse valor usando o método das seções, como mostra a Figura 7.16e.

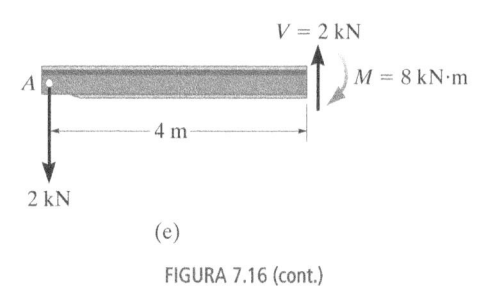

FIGURA 7.16 (cont.)

Exemplo 7.10

O eixo na Figura 7.17a é apoiado por um mancal axial em A e um mancal radial em B. Determine os diagramas de força cortante e de momento fletor.

SOLUÇÃO

As reações de apoio são mostradas na Figura 7.17b.

Diagrama de força cortante

Como mostrado na Figura 7.17c, a força cortante em $x = 0$ é +1,50 kN. Seguindo a inclinação definida pela carga, o diagrama é construído, onde, em B, seu valor é −3 kN. Como a força cortante muda de sinal, deve ser localizado o ponto onde $V = 0$. Para fazer isso, usaremos o método das seções. O diagrama de corpo livre do segmento da esquerda do eixo, seccionado em uma posição x qualquer dentro da região $0 \leq x < 3$ m, é mostrado na Figura 7.17e. Observe que a intensidade da carga distribuída em x é $w = x$, que foi encontrada por triângulos proporcionais, ou seja, $3/3 = w/x$.

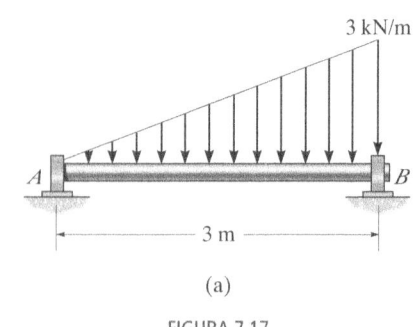

Assim, para $V = 0$,

$$+\uparrow \Sigma F_y = 0; \quad 1{,}50\,\text{kN} - \tfrac{1}{2}(x)(x) = 0$$

$$x = \sqrt{3}\,\text{m}$$

FIGURA 7.17

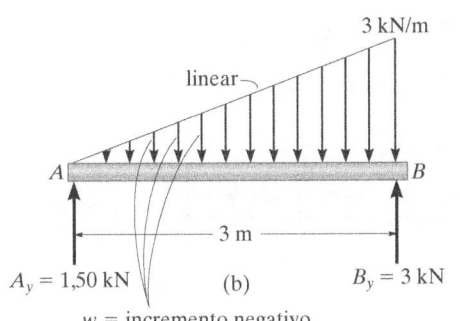

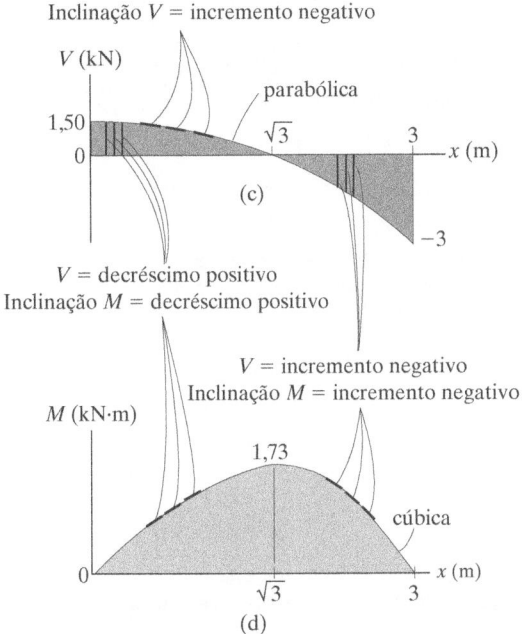

Diagrama de momento fletor

O diagrama de momento fletor começa em zero, pois não há momento em A; então ele é construído baseando-se na inclinação, determinada pelo diagrama de força cortante. O momento fletor máximo ocorre em $x = \sqrt{3}$ m, onde a cortante é igual a zero, pois $dM/dx = V = 0$ (Figura 7.17e).

$$\curvearrowleft +\Sigma M = 0; M_{\text{máx}} + \left[\tfrac{1}{2}(\sqrt{3})(\sqrt{3})\right]\left(\tfrac{\sqrt{3}}{3}\right) - 1{,}50(\sqrt{3}) = 0$$

$$M_{\text{máx}} = 1{,}73 \text{ kN} \cdot \text{m}$$

Finalmente, observe como a integração, primeiramente da carga w, que é linear, produz um diagrama de força cortante que é parabólico, e depois um diagrama de momento fletor que é cúbico.

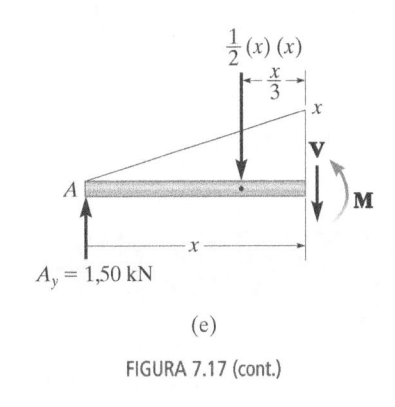

FIGURA 7.17 (cont.)

Problemas fundamentais

F7.13. Determine os diagramas de força cortante e de momento fletor para a viga.

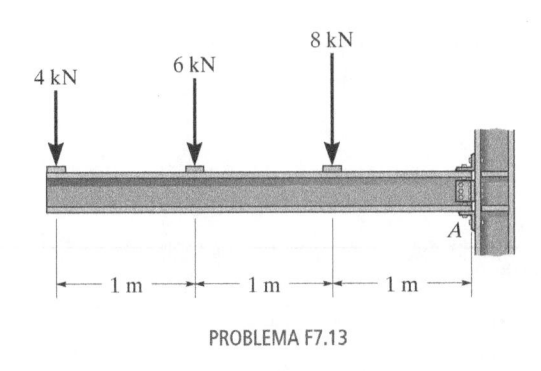

F7.14. Determine os diagramas de força cortante e de momento fletor para a viga.

PROBLEMA F7.13

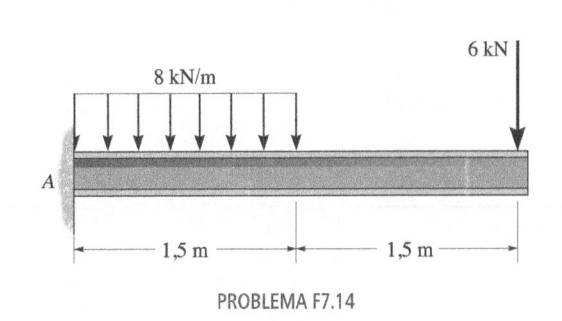

PROBLEMA F7.14

F7.15. Determine os diagramas de força cortante e de momento fletor para a viga.

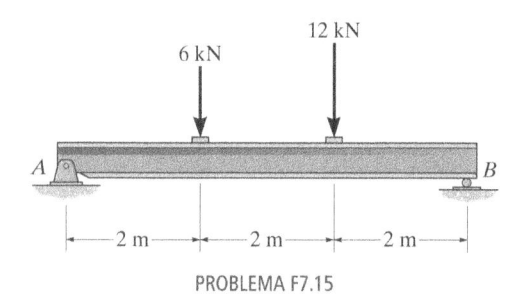

PROBLEMA F7.15

F7.16. Determine os diagramas de força cortante e de momento fletor para a viga.

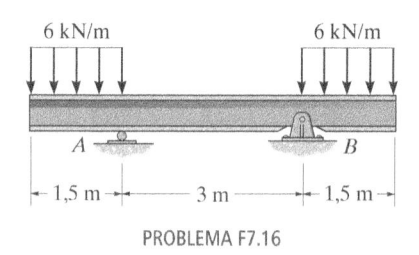

PROBLEMA F7.16

F7.17. Determine os diagramas de força cortante e de momento fletor para a viga.

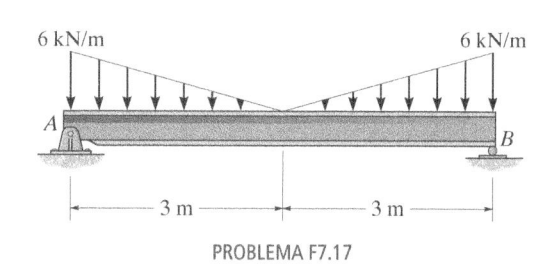

PROBLEMA F7.17

F7.18. Determine os diagramas de força cortante e de momento fletor para a viga.

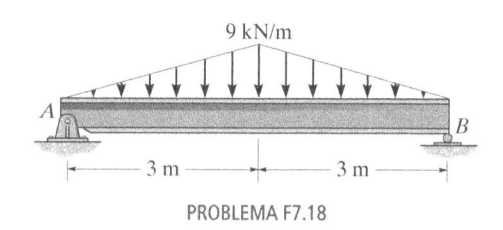

PROBLEMA F7.18

Problemas

7.70. Determine os diagramas de força cortante e de momento fletor para a viga simplesmente apoiada.

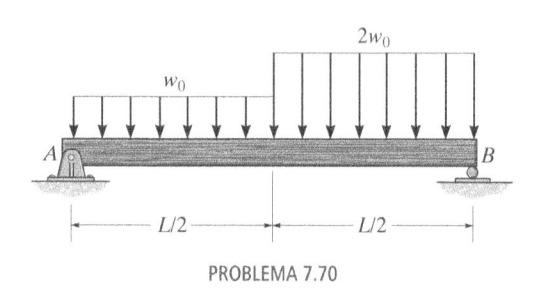

PROBLEMA 7.70

7.71. Determine os diagramas de força cortante e de momento fletor para a viga.

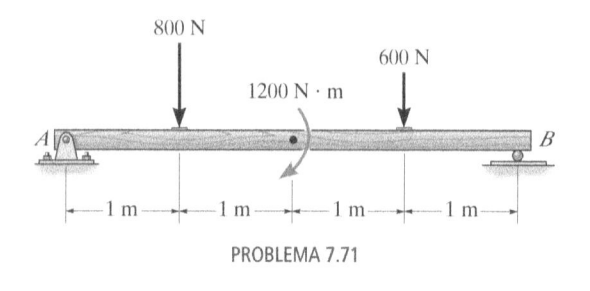

PROBLEMA 7.71

***7.72.** Determine os diagramas de força cortante e de momento fletor para a viga. Os apoios em A e B são um mancal axial e um mancal radial, respectivamente.

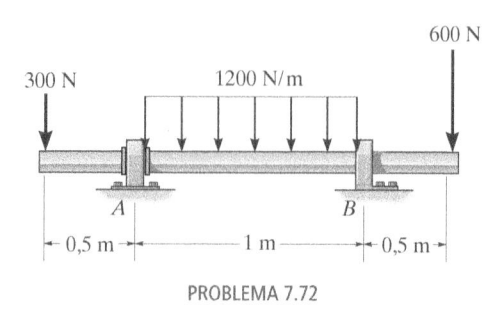

PROBLEMA 7.72

7.73. Determine os diagramas de força cortante e de momento fletor para a viga.

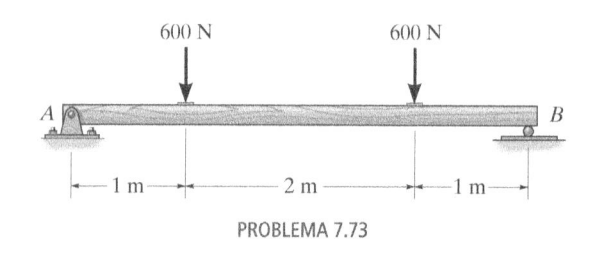

PROBLEMA 7.73

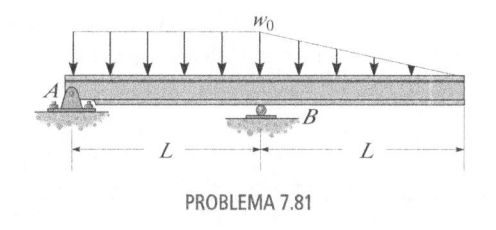

7.74. Determine os diagramas de força cortante e de momento fletor para a viga.

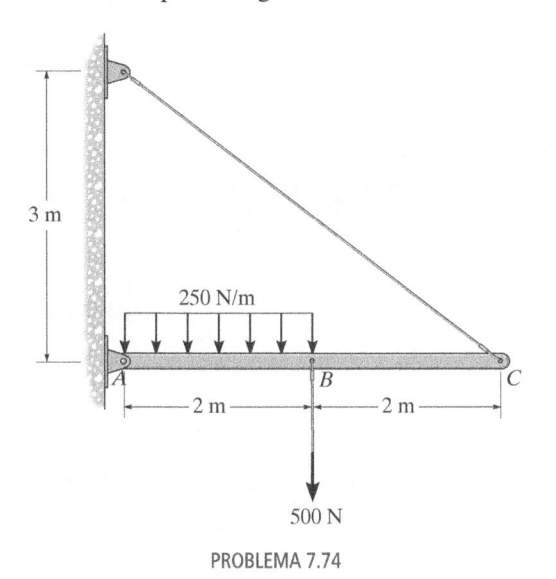

PROBLEMA 7.74

7.75. Determine os diagramas de força cortante e de momento fletor para a viga. O apoio em A não oferece resistência à carga vertical.

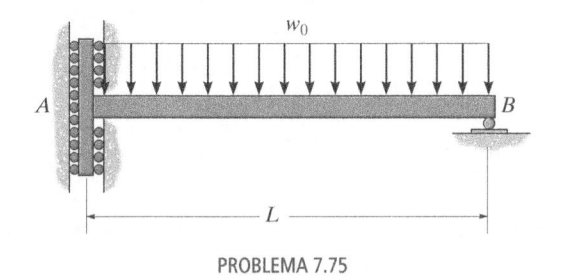

PROBLEMA 7.75

*****7.76.** Determine os diagramas de força cortante e de momento fletor para a viga.

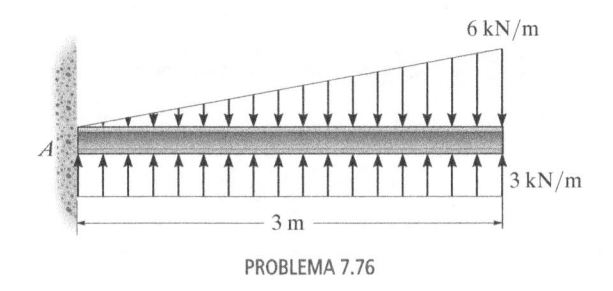

PROBLEMA 7.76

7.77. Determine os diagramas de força cortante e de momento fletor para a viga. Os apoios em A e B são um mancal axial e um mancal radial, respectivamente.

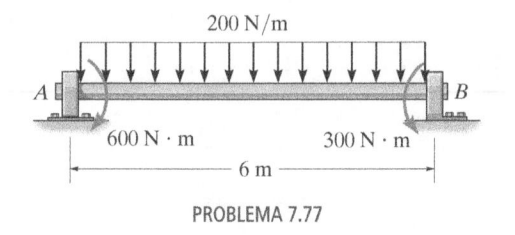

PROBLEMA 7.77

7.78. Determine os diagramas de força cortante e de momento fletor para a viga.

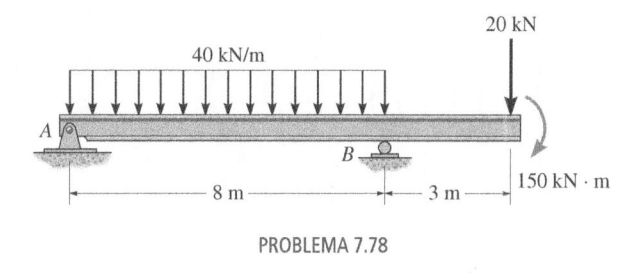

PROBLEMA 7.78

7.79. Determine os diagramas de força cortante e de momento fletor para a viga.

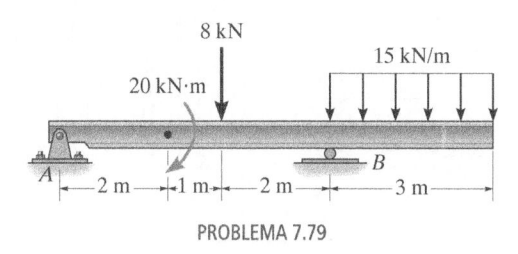

PROBLEMA 7.79

*****7.80.** Determine os diagramas de força cortante e de momento fletor para a viga.

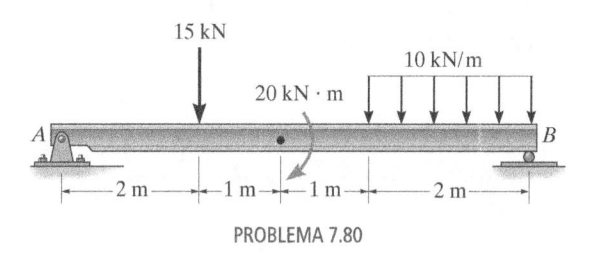

PROBLEMA 7.80

7.81. Determine os diagramas de força cortante e de momento fletor para a viga.

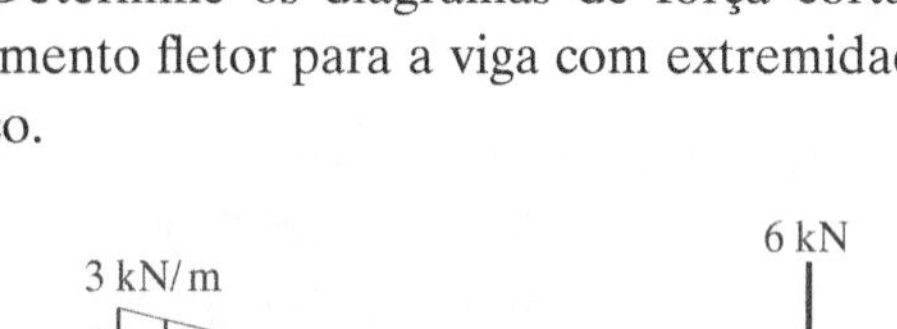

PROBLEMA 7.81

7.82. Determine os diagramas de força cortante e de momento fletor para a viga com extremidade em balanço.

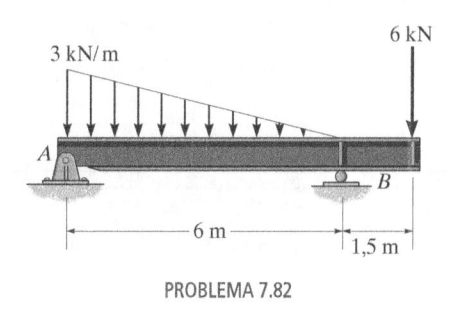

PROBLEMA 7.82

7.83. Determine os diagramas de força cortante e de momento fletor para a viga.

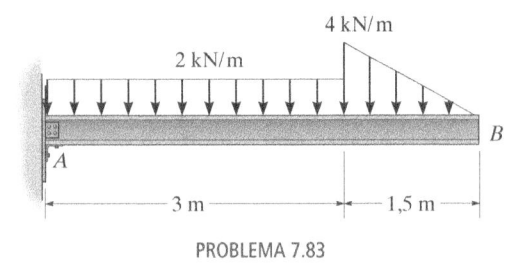

PROBLEMA 7.83

*7.84. Determine os diagramas de força cortante e de momento fletor para a viga.

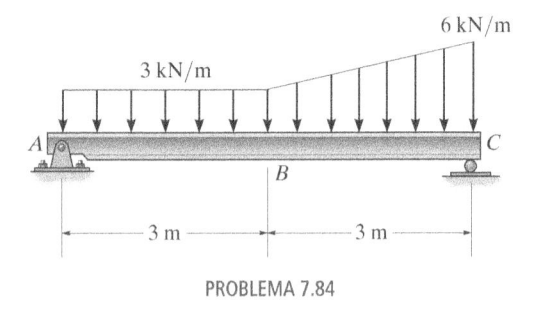

PROBLEMA 7.84

7.85. Determine os diagramas de força cortante e de momento fletor para a viga.

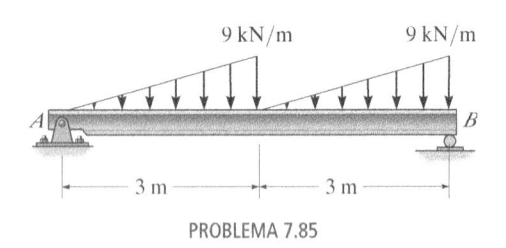

PROBLEMA 7.85

7.86. A viga consiste em três segmentos conectados por pinos em B e E. Determine os diagramas de força cortante e de momento fletor para a viga.

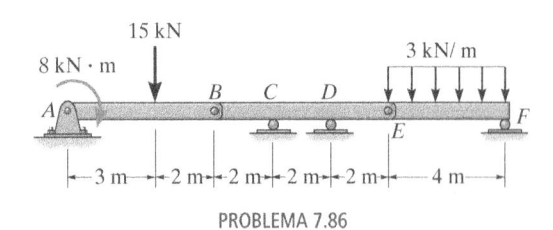

PROBLEMA 7.86

7.87. A viga consiste em três segmentos conectados por pinos em B e E. Determine os diagramas de força cortante e de momento fletor para a viga.

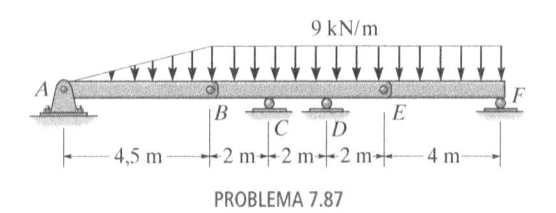

PROBLEMA 7.87

*7.88. Determine os diagramas de força cortante e de momento fletor para a viga com extremidade em balanço.

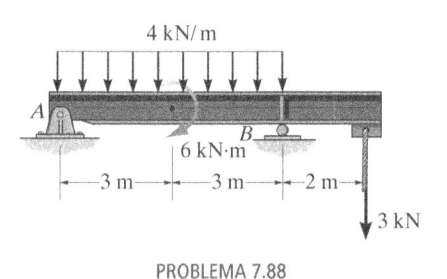

PROBLEMA 7.88

7.89. Determine os diagramas de força cortante e de momento fletor para a viga.

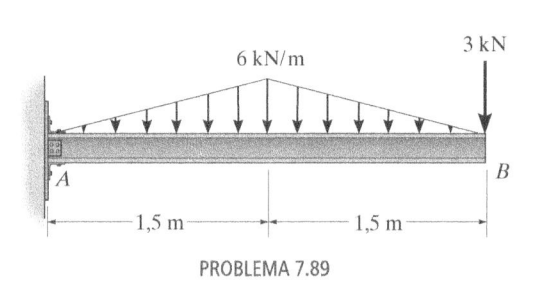

PROBLEMA 7.89

7.90. Determine os diagramas de força cortante e de momento fletor para a viga.

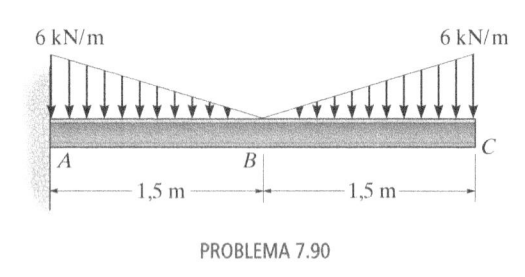

PROBLEMA 7.90

7.91. Determine os diagramas força cortante e de momento fletor para a viga.

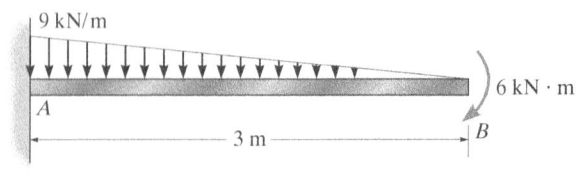

PROBLEMA 7.91

*7.92. Determine os diagramas de força cortante e de momento fletor para a viga.

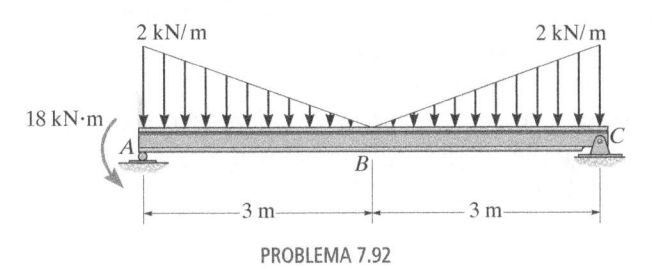

7.93. Determine os diagramas de força cortante e de momento fletor para a viga.

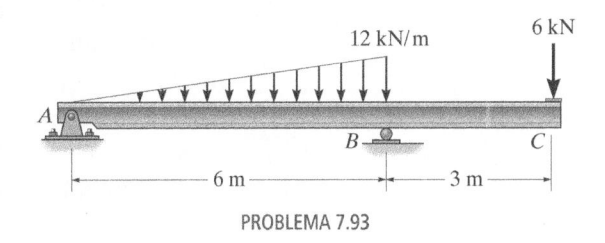

PROBLEMA 7.92

PROBLEMA 7.93

*7.4 Cabos

Cabos flexíveis e correntes combinam resistência com leveza e frequentemente são usados em estruturas para suportar e transmitir cargas de um membro para outro. Quando usados para suportar pontes suspensas e rodízios de teleféricos, os cabos formam o principal elemento de sustentação de carga da estrutura. Na análise de forças desses sistemas, o peso próprio do cabo pode ser desprezado, pois normalmente é pequeno em comparação com a carga que sustenta. Por outro lado, quando os cabos são usados como linhas de transmissão e estais de antenas de rádio e de guindastes, seu peso pode tornar-se importante e deve ser incluído na análise estrutural.

Três casos serão considerados na análise a seguir. Em cada caso, vamos supor que o cabo seja *perfeitamente flexível* e *inextensível*. Por sua flexibilidade, o cabo não oferece resistência à curvatura e, portanto, a força de tração atuando no cabo é sempre tangente a ele em pontos ao longo de seu comprimento. Sendo inextensível, o cabo tem um comprimento constante tanto antes quanto depois de a carga ser aplicada. Como resultado, quando a carga é aplicada, a geometria do cabo permanece inalterada, e o cabo ou um segmento dele pode ser tratado como um corpo rígido.

Cada um dos segmentos do cabo permanece aproximadamente reto enquanto apoiam o peso desses semáforos.

Cabo sujeito a cargas concentradas

Quando um cabo de peso desprezível suporta várias cargas concentradas, ele assume a forma de vários segmentos de linha reta, cada um sujeito a uma força de tração constante. Considere, por exemplo, o cabo mostrado na Figura 7.18, em que as distâncias h, L_1, L_2 e L_3 e as cargas $\mathbf{P}_1$ e $\mathbf{P}_2$ são conhecidas. O problema aqui é determinar as *nove incógnitas* consistindo na tração em cada um dos *três* segmentos, as *quatro* componentes das reações em A e B, e as duas flechas, y_C e y_D, nos pontos C e D. Para a solução, podemos escrever *duas* equações de equilíbrio de força em cada um dos pontos A, B, C e D. Isso resulta em um total de *oito equações*.* Para completar a solução, precisamos saber algo sobre a geometria do cabo a fim de obter a nona equação necessária. Por exemplo, se o *comprimento* total do cabo L for especificado, então o teorema de Pitágoras pode ser usado para relacionar cada um dos três comprimentos segmentais, escritos em termos de h, y_C,

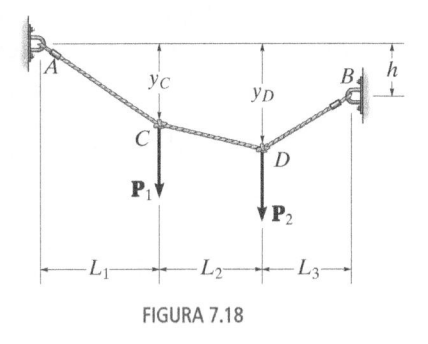

FIGURA 7.18

---

* Conforme mostraremos no exemplo a seguir, as oito equações de equilíbrio *também* podem ser escritas para o cabo inteiro, ou qualquer parte dele. Mas *não mais* que *oito* equações independentes estão disponíveis.

y_D, L_1, L_2 e L_3, com o comprimento total L. Infelizmente, esse tipo de problema não pode ser resolvido facilmente à mão. Outra possibilidade, porém, é especificar uma das flechas, seja y_C, seja y_D, em vez do comprimento do cabo. Fazendo isso, as equações de equilíbrio são suficientes para obter as forças incógnitas e a flecha remanescente. Quando a flecha em cada ponto de carga é obtida, o comprimento do cabo pode ser determinado pela trigonometria. O exemplo a seguir ilustra um procedimento para realizar a análise de equilíbrio para um problema desse tipo.

Exemplo 7.11

Determine a tração em cada segmento do cabo mostrado na Figura 7.19a.

SOLUÇÃO

Por observação, existem quatro reações externas desconhecidas (A_x, A_y, E_x e E_y) e quatro trações de cabo desconhecidas, uma em cada segmento de cabo. Essas oito incógnitas, bem como as duas flechas incógnitas y_B e y_D, podem ser determinadas a partir de *dez* equações de equilíbrio disponíveis. Um método é aplicar as equações de equilíbrio de forças ($\Sigma F_x = 0$, $\Sigma F_y = 0$) em cada um dos cinco pontos de A até E. Aqui, porém, usaremos uma técnica mais direta.

Considere o diagrama de corpo livre para o cabo inteiro (Figura 7.19b). Assim,

$\xrightarrow{+} \Sigma F_x = 0;$ $\qquad -A_x + E_x = 0$

$\zeta + \Sigma M_E = 0;$

$\qquad -A_y(18 \text{ m}) + 4 \text{ kN}(15 \text{ m}) + 15 \text{ kN}(10 \text{ m}) + 3 \text{ kN}(2 \text{ m}) = 0$

$\qquad\qquad A_y = 12 \text{ kN}$

$+\uparrow \Sigma F_y = 0;$ $\qquad 12 \text{ kN} - 4 \text{ kN} - 15 \text{ kN} - 3 \text{ kN} + E_y = 0$

$\qquad\qquad E_y = 10 \text{ kN}$

Como a flecha $y_C = 12$ m é conhecida, agora consideraremos a seção mais à esquerda, que corta o cabo BC (Figura 7.19c).

$\zeta + \Sigma M_C = 0;$ $\quad A_x(12 \text{ m}) - 12 \text{ kN}(8 \text{ m}) + 4 \text{ kN}(5 \text{ m}) = 0$

$\qquad\qquad A_x = E_x = 6{,}33 \text{ kN}$

$\xrightarrow{+} \Sigma F_x = 0;$ $\qquad T_{BC} \cos \theta_{BC} - 6{,}33 \text{ kN} = 0$

$+\uparrow \Sigma F_y = 0;$ $\quad 12 \text{ kN} - 4 \text{ kN} - T_{BC} \operatorname{sen} \theta_{BC} = 0$

Assim,

$\qquad\qquad \theta_{BC} = 51{,}6°$

$\qquad\qquad T_{BC} = 10{,}2 \text{ kN}$ *Resposta*

Prosseguindo agora para analisar o equilíbrio dos pontos A, C e E em sequência, temos:

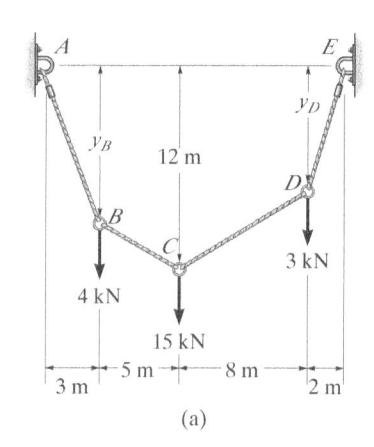

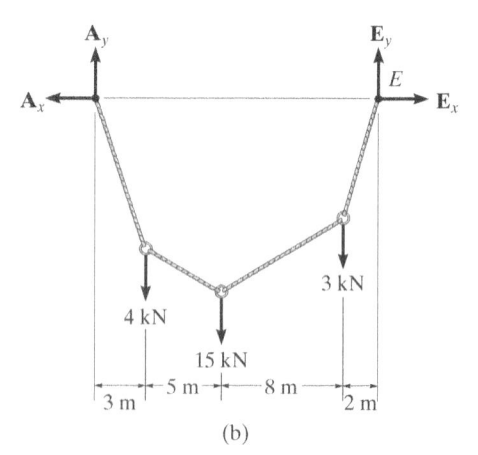

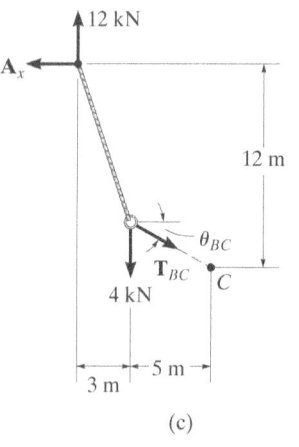

FIGURA 7.19

Ponto A (Figura 7.19d)

$$\xrightarrow{+} \Sigma F_x = 0; \qquad T_{AB}\cos\theta_{AB} - 6{,}33 \text{ kN} = 0$$

$$+\uparrow \Sigma F_y = 0; \qquad -T_{AB}\operatorname{sen}\theta_{AB} + 12 \text{ kN} = 0$$

$$\theta_{AB} = 62{,}2°$$

$$T_{AB} = 13{,}6 \text{ kN} \qquad \textit{Resposta}$$

Ponto C (Figura 7.19e)

$$\xrightarrow{+} \Sigma F_x = 0; \qquad T_{CD}\cos\theta_{CD} - 10{,}2\cos 51{,}6° \text{ kN} = 0$$

$$+\uparrow \Sigma F_y = 0; \qquad T_{CD}\operatorname{sen}\theta_{CD} + 10{,}2\operatorname{sen} 51{,}6° \text{ kN} - 15 \text{ kN} = 0$$

$$\theta_{CD} = 47{,}9°$$

$$T_{CD} = 9{,}44 \text{ kN} \qquad \textit{Resposta}$$

Ponto E (Figura 7.19f)

$$\xrightarrow{+} \Sigma F_x = 0; \qquad 6{,}33 \text{ kN} - T_{ED}\cos\theta_{ED} = 0$$

$$+\uparrow \Sigma F_y = 0; \qquad 10 \text{ kN} - T_{ED}\operatorname{sen}\theta_{ED} = 0$$

$$\theta_{ED} = 57{,}7°$$

$$T_{ED} = 11{,}8 \text{ kN} \qquad \textit{Resposta}$$

NOTA: por comparação, a tração máxima no cabo está no segmento AB, pois esse segmento tem a maior inclinação (θ) e é preciso que, para qualquer segmento de cabo, a componente horizontal $T\cos\theta = A_x = E_x$ (uma constante). Além disso, como os ângulos de inclinação que os segmentos de cabo fazem com a horizontal agora foram determinados, é possível determinar as flechas y_B e y_D (Figura 7.19a) usando a trigonometria.

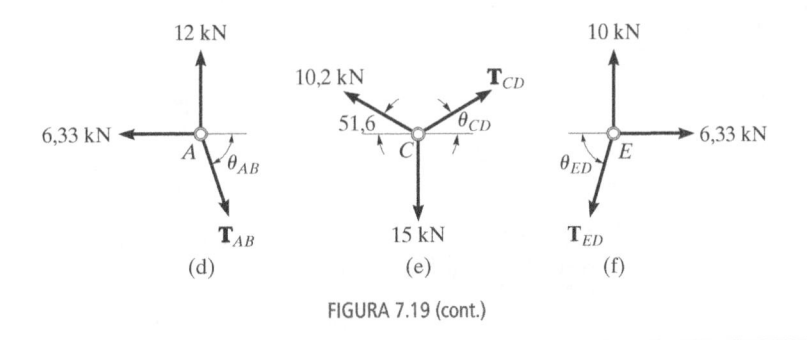

FIGURA 7.19 (cont.)

Cabo sujeito a uma carga distribuída

Agora, vamos considerar o cabo sem peso mostrado na Figura 7.20a, que está sujeito a uma carga distribuída $w = w(x)$, que é *medida na direção x*. O diagrama de corpo livre de um segmento pequeno do cabo tendo um comprimento Δs é mostrado na Figura 7.20b. Como a força de tração varia tanto em intensidade quanto em direção ao longo do comprimento do cabo, indicaremos essa variação no diagrama de corpo livre por ΔT. Finalmente, a carga distribuída é representada por sua força resultante $w(x)(\Delta x)$, que atua a uma distância fracionária $k(\Delta x)$ do ponto O, onde $0 < k < 1$. Aplicando as equações de equilíbrio, temos:

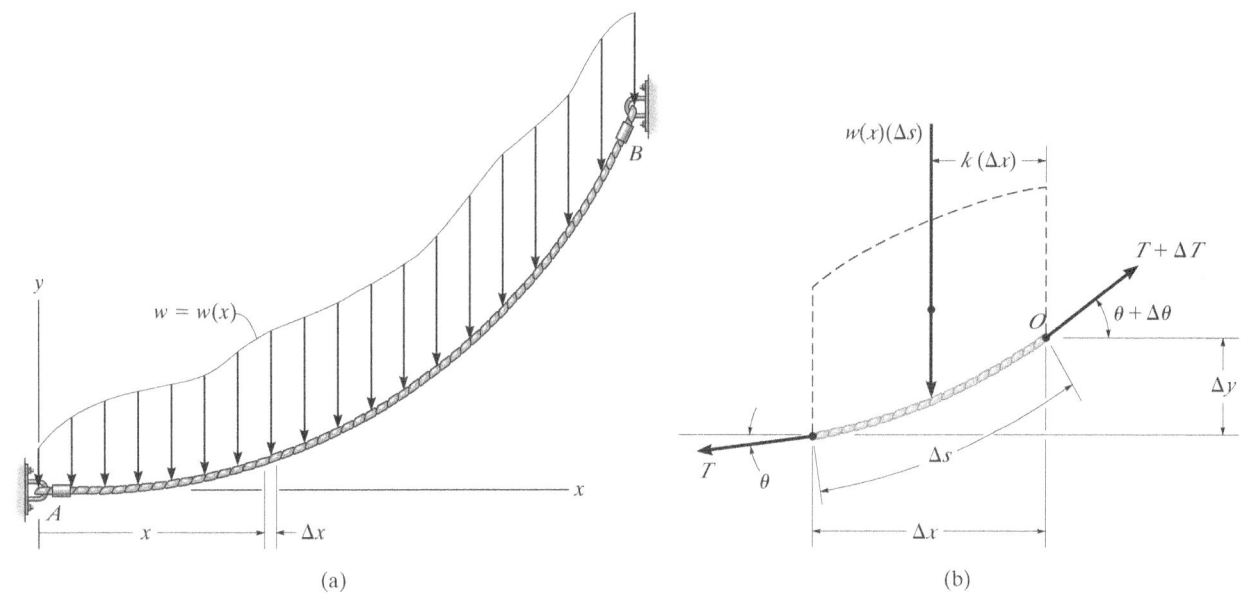

FIGURA 7.20

O cabo e as alças são usados para suportar a carga uniforme de uma tubulação de gás que atravessa o rio.

$\xrightarrow{+} \Sigma F_x = 0;$ $\qquad -T\cos\theta + (T + \Delta T)\cos(\theta + \Delta\theta) = 0$

$+\uparrow \Sigma F_y = 0;$ $\quad -T\,\mathrm{sen}\,\theta - w(x)(\Delta x) + (T + \Delta T)\,\mathrm{sen}(\theta + \Delta\theta) = 0$

$\zeta + \Sigma M_O = 0;$ $\qquad w(x)(\Delta x)k(\Delta x) - T\cos\theta\,\Delta y + T\,\mathrm{sen}\,\theta\,\Delta x = 0$

Dividindo cada uma dessas equações por Δx e considerando o limite quando $\Delta x \to 0$ e, portanto, $\Delta y \to 0$, $\Delta\theta \to 0$ e $\Delta T \to 0$, obtemos:

$$\frac{d(T\cos\theta)}{dx} = 0 \qquad (7.7)$$

$$\frac{d(T\,\mathrm{sen}\,\theta)}{dx} - w(x) = 0 \qquad (7.8)$$

$$\frac{dy}{dx} = \mathrm{tg}\,\theta \qquad (7.9)$$

Integrando a Equação 7.7, temos:

$$T\cos\theta = \text{constante} = F_H \qquad (7.10)$$

onde F_H representa a componente horizontal da força de tração em *qualquer ponto* ao longo do cabo.

Integrando a Equação 7.8, temos:

$$T\,\mathrm{sen}\,\theta = \int w(x)\,dx \qquad (7.11)$$

A divisão da Equação 7.11 pela Equação 7.10 elimina T. Então, usando a Equação 7.9, podemos obter a inclinação do cabo.

$$\mathrm{tg}\,\theta = \frac{dy}{dx} = \frac{1}{F_H}\int w(x)\,dx$$

Realizando uma segunda integração, temos:

$$y = \frac{1}{F_H} \int \left(\int w(x)\, dx \right) dx \quad (7.12)$$

Essa equação é usada para determinar a curva do cabo, $y = f(x)$. A componente da força horizontal F_H e as duas constantes adicionais, digamos, C_1 e C_2, resultantes da integração, são determinadas aplicando as condições de contorno para a curva.

Os cabos da ponte suspensa exercem forças muito grandes sobre a torre e o bloco de alicerce, que precisam ser consideradas em seu projeto.

Exemplo 7.12

O cabo de uma ponte pênsil suporta metade da superfície da estrada uniforme entre as duas torres em A e B (Figura 7.21a). Se essa carga distribuída for w_0, determine a força máxima desenvolvida no cabo e o comprimento exigido do cabo. O comprimento do vão L e o da flecha h são conhecidos.

(a)

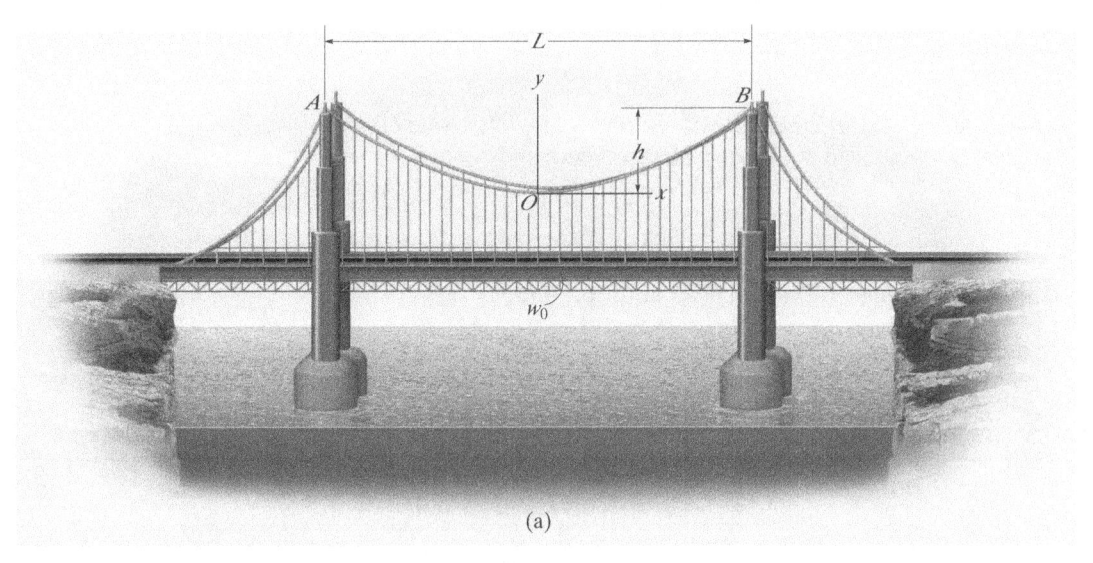

FIGURA 7.21

SOLUÇÃO

Podemos determinar as incógnitas no problema primeiramente encontrando a equação da curva que define a forma do cabo usando a Equação 7.12. Por motivos de simetria, a origem das coordenadas foi colocada no centro do cabo. Observando que $w(x) = w_0$, temos:

$$y = \frac{1}{F_H} \int \left(\int w_0\, dx \right) dx$$

Realizando as duas integrações, temos:

$$y = \frac{1}{F_H}\left(\frac{w_0 x^2}{2} + C_1 x + C_2\right) \quad (1)$$

As constantes de integração podem ser determinadas usando as condições de contorno $y = 0$ em $x = 0$ e $dy/dx = 0$ em $x = 0$. Substituindo na Equação 1 e sua derivada, temos $C_1 = C_2 = 0$. A equação da curva torna-se, então,

$$y = \frac{w_0}{2F_H}x^2 \quad (2)$$

Essa é a equação de uma *parábola*. A constante F_H pode ser obtida usando a condição de contorno $y = h$ em $x = L/2$. Assim,

$$F_H = \frac{w_0 L^2}{8h} \quad (3)$$

Portanto, a Equação 2 torna-se:

$$y = \frac{4h}{L^2}x^2 \quad (4)$$

Como F_H é conhecido, a tração no cabo agora pode ser determinada usando a Equação 7.10, escrita como $T = F_H/\cos\theta$. Para $0 \leq \theta < \pi/2$, a tração máxima ocorrerá quando θ é *máximo*, ou seja, no ponto B (Figura 7.21a). Pela Equação 2, a inclinação neste ponto é:

$$\left.\frac{dy}{dx}\right|_{x=L/2} = \operatorname{tg}\theta_{máx} = \left.\frac{w_0}{F_H}x\right|_{x=L/2}$$

ou

$$\theta_{máx} = \operatorname{tg}^{-1}\left(\frac{w_0 L}{2F_H}\right) \quad (5)$$

Portanto,

$$T_{máx} = \frac{F_H}{\cos(\theta_{máx})} \quad (6)$$

Usando a relação do triângulo mostrada na Figura 7.21b, que é baseada na Equação 5, a Equação 6 pode ser escrita como:

$$T_{máx} = \frac{\sqrt{4F_H^2 + w_0^2 L^2}}{2}$$

Substituindo a Equação 3 na equação anterior, temos:

$$T_{máx} = \frac{w_0 L}{2}\sqrt{1 + \left(\frac{L}{4h}\right)^2} \quad Resposta$$

FIGURA 7.21 (cont.)

Para um segmento diferencial da extensão do cabo ds, podemos escrever

$$ds = \sqrt{(dx)^2 + (dy)^2} = \sqrt{1 + \left(\frac{dy}{dx}\right)^2}\,dx$$

Logo, a extensão total do cabo pode ser determinada pela integração. Usando a Equação 4, temos:

$$\mathscr{L} = \int ds = 2\int_0^{L/2} \sqrt{1 + \left(\frac{8h}{L^2}x\right)^2}\,dx \quad (7)$$

A integração gera:

$$\mathscr{L} = \frac{L}{2}\left[\sqrt{1 + \left(\frac{4h}{L}\right)^2} + \frac{L}{4h}\operatorname{senh}^{-1}\left(\frac{4h}{L}\right)\right] \quad Resposta$$

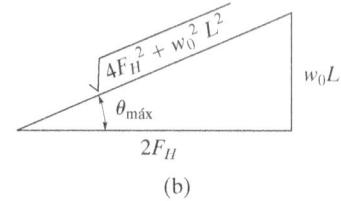

Cabos sujeitos ao seu próprio peso

Quando o peso do cabo se torna importante na análise de forças, a função de carga ao longo do cabo será uma função do comprimento do arco s, em vez do comprimento projetado x. Para analisar esse problema, consideraremos uma função de carga generalizada $w = w(s)$ que atua ao longo do cabo, como mostra a Figura 7.22a. O diagrama de corpo livre para um segmento pequeno Δs do cabo é mostrado na Figura 7.22b. Aplicando as equações de equilíbrio ao sistema de forças no diagrama, obtêm-se relações idênticas às dadas pelas equações de 7.7 a 7.9, mas com s substituindo x nas equações 7.7 e 7.8. Portanto, podemos mostrar que:

$$T \cos \theta = F_H$$

$$T \operatorname{sen} \theta = \int w(s)\, ds \qquad (7.13)$$

$$\frac{dy}{dx} = \frac{1}{F_H} \int w(s)\, ds \qquad (7.14)$$

Para realizar uma integração direta da Equação 7.14, é necessário substituir dy/dx por ds/dx. Como

$$ds = \sqrt{dx^2 + dy^2}$$

então:

$$\frac{dy}{dx} = \sqrt{\left(\frac{ds}{dx}\right)^2 - 1}$$

Portanto,

$$\frac{ds}{dx} = \left[1 + \frac{1}{F_H^2}\left(\int w(s)\, ds\right)^2\right]^{1/2}$$

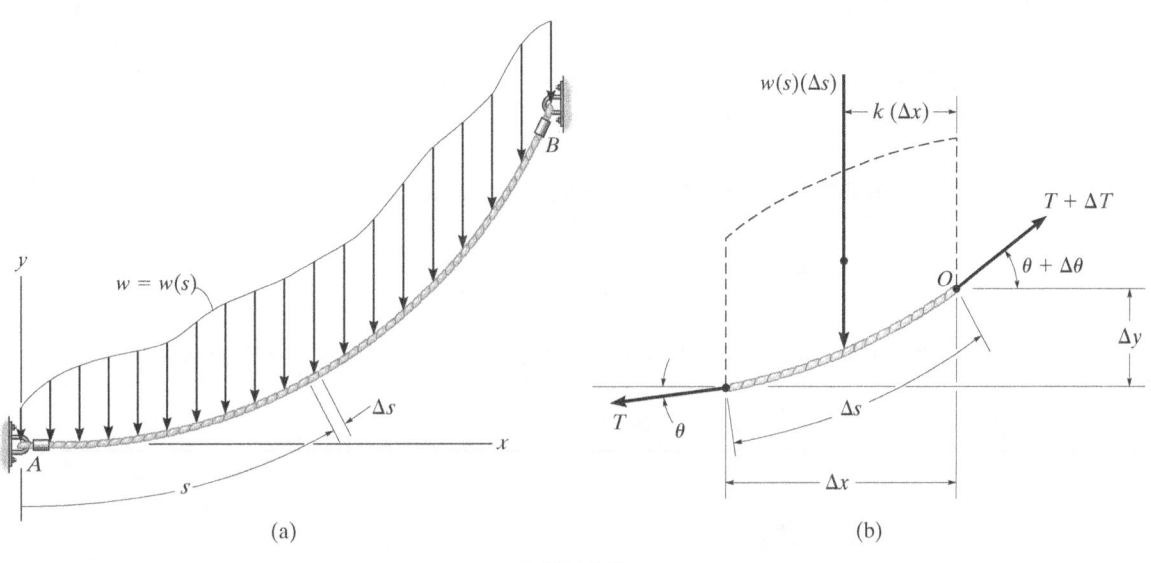

FIGURA 7.22

Separando as variáveis e integrando, obtemos:

$$x = \int \frac{ds}{\left[1 + \dfrac{1}{F_H^2}\left(\int w(s)\,ds\right)^2\right]^{1/2}} \quad (7.15)$$

As duas constantes de integração, digamos, C_1 e C_2, são encontradas usando as condições de contorno para a curva.

Torres de transmissão de energia precisam ser projetadas para suportar os pesos dos cabos de alimentação suspensos. O peso e o comprimento dos cabos podem ser determinados, pois cada um deles forma uma curva catenária.

Exemplo 7.13

Determine a curva de deflexão, o comprimento e a tração máxima no cabo uniforme mostrado na Figura 7.23. O cabo tem um peso por unidade de comprimento de $w_0 = 5$ N/m.

SOLUÇÃO

Por motivos de simetria, a origem das coordenadas é localizada no centro do cabo. A curva de deflexão é expressa como $y = f(x)$. Podemos determiná-la primeiramente aplicando a Equação 7.15, onde $w(s) = w_0$.

$$x = \int \frac{ds}{\left[1 + (1/F_H^2)\left(\int w_0\,ds\right)^2\right]^{1/2}}$$

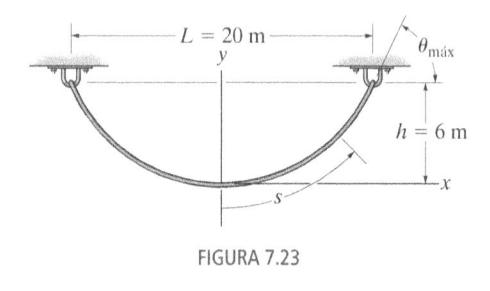

FIGURA 7.23

Integrando o termo sob o sinal de integral no denominador, temos:

$$x = \int \frac{ds}{[1 + (1/F_H^2)(w_0 s + C_1)^2]^{1/2}}$$

Substituindo $u = (1/F_H)(w_0 s + C_1)$, de modo que $du = (w_0/F_H)ds$, uma segunda integração gera:

$$x = \frac{F_H}{w_0}(\operatorname{senh}^{-1} u + C_2)$$

ou

$$x = \frac{F_H}{w_0}\left\{\operatorname{senh}^{-1}\left[\frac{1}{F_H}(w_0 s + C_1)\right] + C_2\right\} \quad (1)$$

Para avaliar as constantes, observe que, pela Equação 7.14,

$$\frac{dy}{dx} = \frac{1}{F_H}\int w_0\, ds \quad \text{ou} \quad \frac{dy}{dx} = \frac{1}{F_H}(w_0 s + C_1)$$

Como $dy/dx = 0$ em $s = 0$, então $C_1 = 0$. Assim,

$$\frac{dy}{dx} = \frac{w_0 s}{F_H} \tag{2}$$

A constante C_2 pode ser avaliada usando-se a condição $s = 0$ em $x = 0$ na Equação 1, portanto $C_2 = 0$. Para obter a curva de deflexão, resolva para s na Equação 1, que gera:

$$s = \frac{F_H}{w_0}\operatorname{senh}\left(\frac{w_0}{F_H}x\right) \tag{3}$$

Agora substitua na Equação 2 para obter:

$$\frac{dy}{dx} = \operatorname{senh}\left(\frac{w_0}{F_H}x\right)$$

Logo,

$$y = \frac{F_H}{w_0}\cosh\left(\frac{w_0}{F_H}x\right) + C_3$$

Se a condição de contorno $y = 0$ em $x = 0$ for aplicada, a constante $C_3 = -F_H/w_0$ e, portanto, a curva de deflexão se torna:

$$y = \frac{F_H}{w_0}\left[\cosh\left(\frac{w_0}{F_H}x\right) - 1\right] \tag{4}$$

Essa equação define a forma de uma **curva catenária**. A constante F_H é obtida usando $y = h$ em $x = L/2$ como condição de contorno, onde:

$$h = \frac{F_H}{w_0}\left[\cosh\left(\frac{w_0 L}{2F_H}\right) - 1\right] \tag{5}$$

Como $w_0 = 5$ N/m, $h = 6$ m e $L = 20$ m, as equações 4 e 5 se tornam:

$$y = \frac{F_H}{5\text{ N/m}}\left[\cosh\left(\frac{5\text{ N/m}}{F_H}x\right) - 1\right] \tag{6}$$

$$6\text{ m} = \frac{F_H}{5\text{ N/m}}\left[\cosh\left(\frac{50\text{ N}}{F_H}\right) - 1\right] \tag{7}$$

A Equação 7 pode ser resolvida para F_H usando um procedimento de tentativa e erro. O resultado é:

$$F_H = 45{,}9\text{ N}$$

e, portanto, a curva de deflexão, Equação 6, torna-se

$$y = 9{,}19[\cosh(0{,}109x) - 1]\text{ m} \qquad \textit{Resposta}$$

Usando a Equação 3, com $x = 10$ m, o meio-comprimento do cabo é:

$$\frac{\mathscr{L}}{2} = \frac{45{,}9\text{ N}}{5\text{ N/m}}\operatorname{senh}\left[\frac{5\text{ N/m}}{45{,}9\text{ N}}(10\text{ m})\right] = 12{,}1\text{ m}$$

Logo,

$$\mathscr{L} = 24{,}2\text{ m} \qquad \textit{Resposta}$$

Como $T = F_H/\cos\theta$, a tração máxima ocorre quando θ é máximo, ou seja, em $s = \mathscr{L}/2 = 12{,}1$ m. Usando a Equação 2, temos:

$$\left.\frac{dy}{dx}\right|_{s=12,1\text{ m}} = \text{tg }\theta_{\text{máx}} = \frac{5\text{ N/m}(12,1\text{ m})}{45,9\text{ N}} = 1,32$$

$$\theta_{\text{máx}} = 52,8°$$

E, portanto,

$$T_{\text{máx}} = \frac{F_H}{\cos\theta_{\text{máx}}} = \frac{45,9\text{ N}}{\cos 52,8°} = 75,9\text{ N} \qquad Resposta$$

Problemas

7.94. O cabo $ABCD$ suporta a lâmpada E de 10 kg e a lâmpada F de 15 kg. Determine a tração máxima no cabo e a flecha do ponto B.

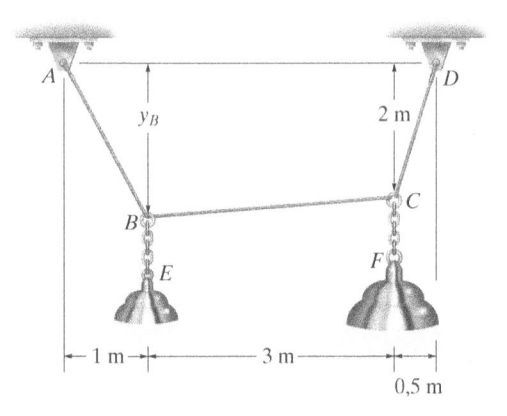

PROBLEMA 7.94

7.95. Determine a tração em cada segmento do cabo e o comprimento total do cabo. Considere $P = 400$ N.

*7.96. Se cada segmento do cabo puder suportar uma tração máxima de 375 N, determine a maior carga P que pode ser aplicada.

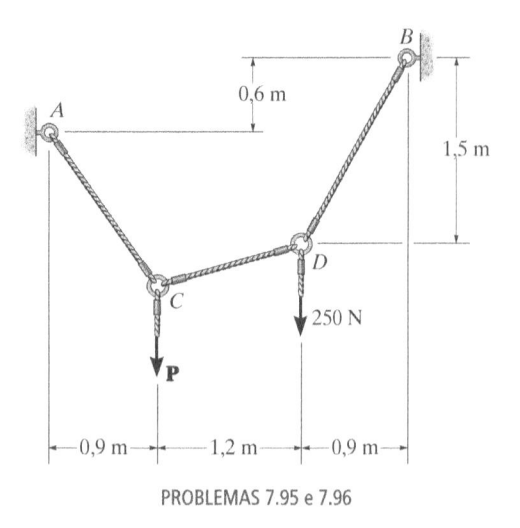

PROBLEMAS 7.95 e 7.96

7.97. O cabo suporta a carga mostrada. Determine a distância x_B a partir da força em B até o ponto A. Considere $P = 800$ N.

7.98. O cabo suporta a carga mostrada. Determine a intensidade da força horizontal **P** de modo que $x_B = 5$ m.

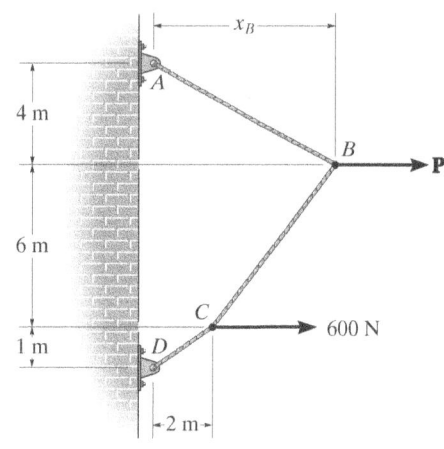

PROBLEMAS 7.97 e 7.98

7.99. O cabo suporta as três cargas mostradas. Determine as flechas y_B e y_D dos pontos B e D. Considere $P_1 = 800$ N, $P_2 = 500$ N.

*7.100. O cabo suporta as três cargas mostradas. Determine a intensidade de **P**$_1$ se $P_2 = 600$ N e $y_B = 3$ m. Determine também a flecha y_D.

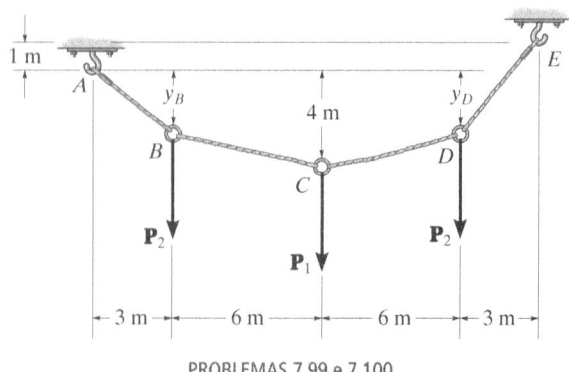

PROBLEMAS 7.99 e 7.100

7.101. Se os cilindros E e F têm massa de 20 kg e 40 kg, respectivamente, determine a tração desenvolvida em cada cabo e a flecha y_C.

7.102. Se o cilindro E tem massa de 20 kg e cada segmento do cabo pode sustentar uma tração máxima de 400 N, determine a maior massa do cilindro F que pode ser suportada. Além disso, qual é a flecha y_C?

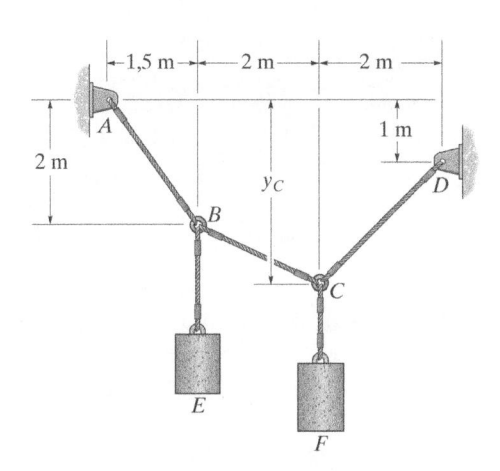

PROBLEMAS 7.101 e 7.102

7.103. Determine a força P necessária para manter o cabo na posição mostrada, ou seja, de modo que o segmento BC permaneça horizontal. Além disso, calcule a flecha y_B e a tração máxima no cabo.

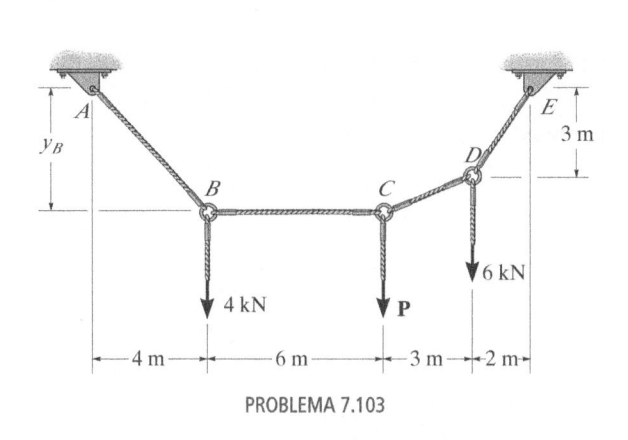

PROBLEMA 7.103

*__7.104.__ O leito da ponte tem peso por unidade de comprimento de 80 kN/m. Ele está apoiado em cada lado por um cabo. Determine a tração em cada cabo nos pilares A e B.

7.105. Se cada um dos dois cabos laterais que suportam o leito da ponte podem sustentar uma tração máxima de 50 MN, determine a carga distribuída uniforme permitida w_0, causada pelo peso do leito.

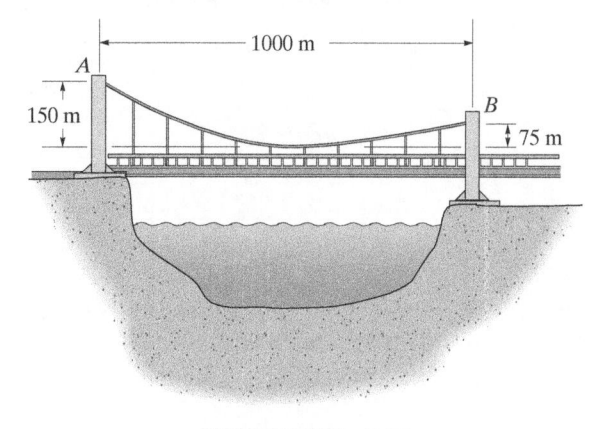

PROBLEMAS 7.104 e 7.105

7.106. O cabo AB está sujeito a uma carga uniforme de 200 N/m. Se o peso do cabo for desconsiderado e os ângulos de inclinação nos pontos A e B forem 30° e 60°, respectivamente, determine a curva que define a forma do cabo e a tração máxima desenvolvida nele.

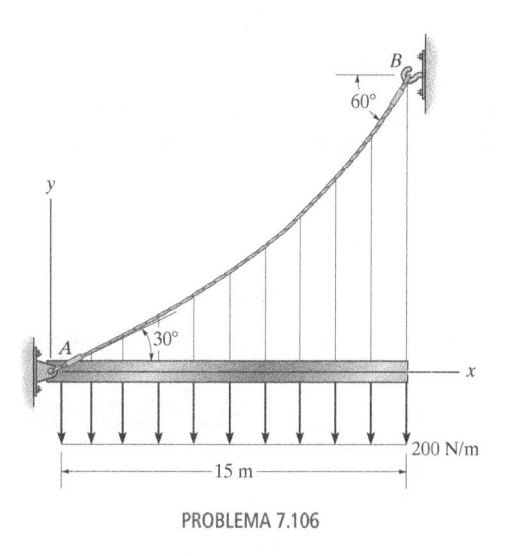

PROBLEMA 7.106

7.107. Determine a tração máxima desenvolvida no cabo se ele estiver sujeito a uma carga uniforme de 600 N/m.

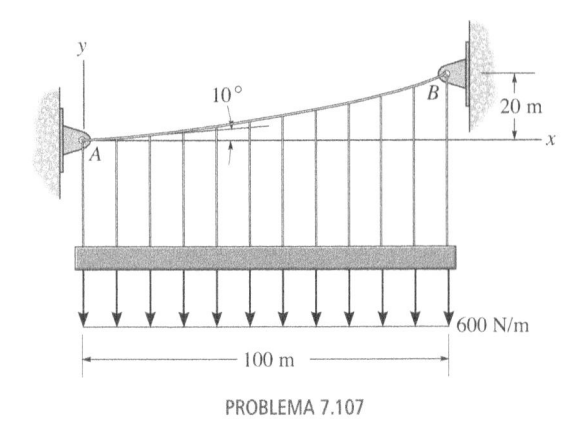

7.111. O cabo suporta a carga distribuída uniforme de $w_0 = 12$ kN/m. Determine a tração no cabo em cada apoio A e B.

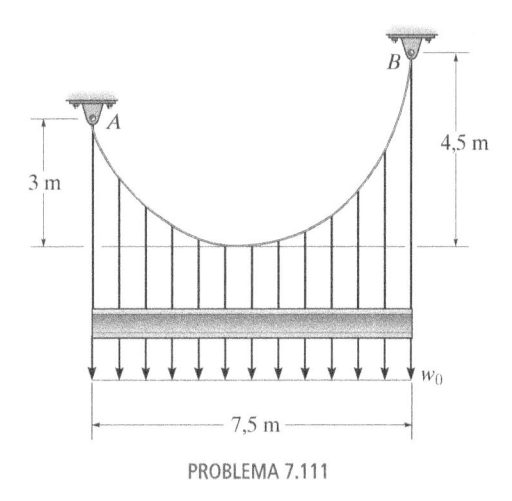

PROBLEMA 7.107

***7.108.** Determine a carga distribuída uniforme máxima w_0 N/m que o cabo pode suportar se ele é capaz de sustentar uma tração máxima de 60 kN.

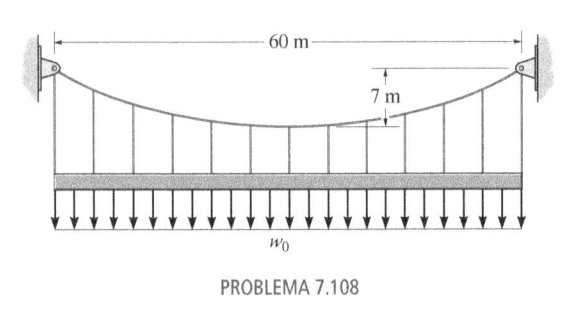

PROBLEMA 7.111

*****7.112.** O cabo se romperá quando a tração máxima alcançar $T_{máx} = 10$ kN. Determine a flecha mínima h se ele suporta a carga distribuída uniforme de $w = 600$ N/m.

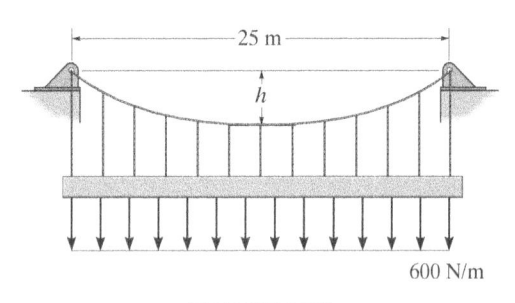

PROBLEMA 7.108

7.109. Se o tubo tem uma massa por unidade de comprimento de 1500 kg/m, determine a tração máxima desenvolvida no cabo.

PROBLEMA 7.112

7.110. Se o tubo tem uma massa por unidade de comprimento de 1500 kg/m, determine a tração mínima desenvolvida no cabo.

7.113. Se a inclinação do cabo no apoio A é zero, determine a curva de deflexão $y = f(x)$ do cabo e a tração máxima desenvolvida nele.

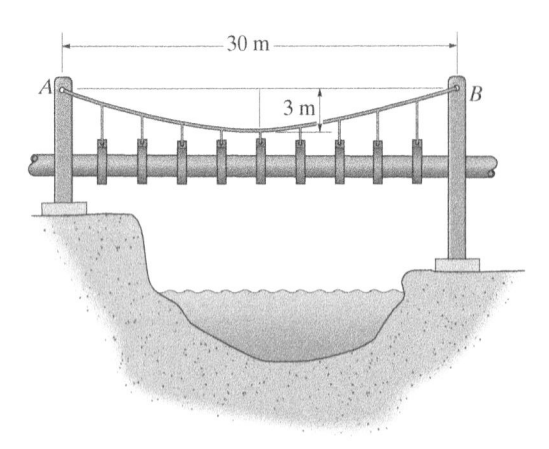

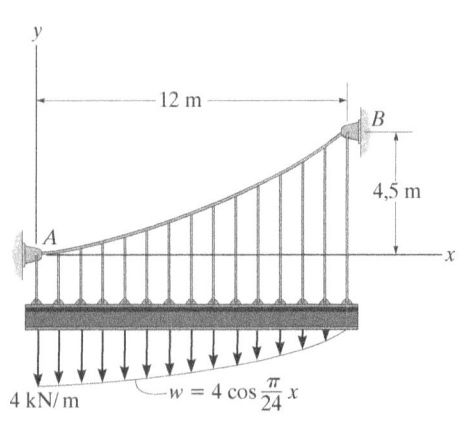

PROBLEMAS 7.109 e 7.110

PROBLEMA 7.113

7.114. Se a força de reboque horizontal for $T = 20$ kN e a corrente tem uma massa por unidade de comprimento de 15 kg/m, determine a flecha máxima h. Despreze o efeito de flutuação da água sobre a corrente. Os barcos estão parados.

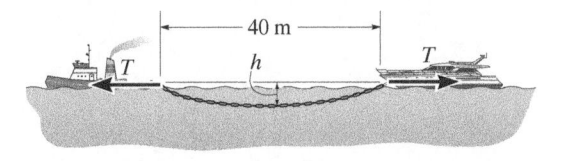

PROBLEMA 7.114

7.115. A corrente de 80 m de extensão é fixada em suas extremidades e içada em seu ponto intermediário B por um guindaste. Se a corrente tem peso de 0,5 kN/m, determine a altura mínima h do gancho a fim de levantar a corrente *completamente* para fora do solo. Qual é a força horizontal no pino A ou C quando a corrente está nessa posição? *Dica:* quando h é mínimo, a inclinação em A e C é zero.

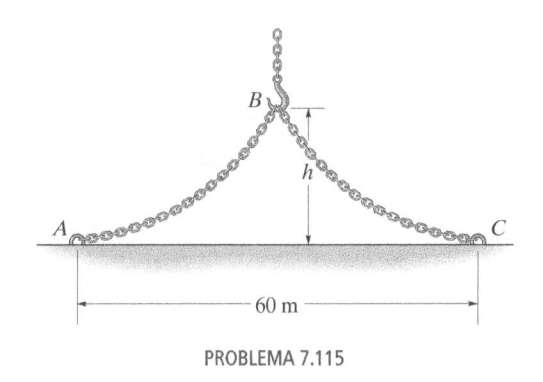

PROBLEMA 7.115

*__7.116.__ O cabo tem uma massa de 0,5 kg/m e possui 25 m de extensão. Determine as componentes vertical e horizontal da força que ele exerce no topo da torre.

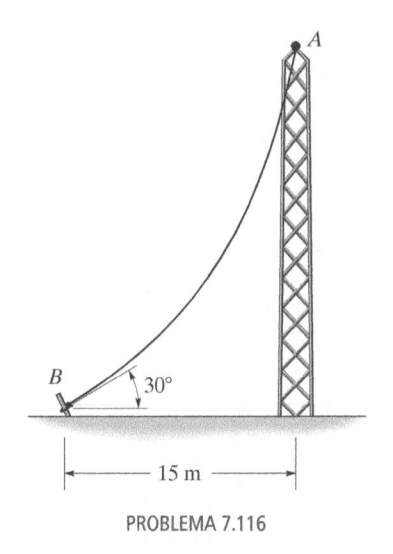

PROBLEMA 7.116

7.117. Uma corda uniforme é suspensa entre dois pontos com a mesma elevação. Determine a razão entre a flecha e o vão, de modo que a tração máxima na corda seja igual ao peso total da corda.

7.118. Um cabo de 50 m é suspenso entre dois pontos por uma distância de 15 m de separação e na mesma elevação. Se a tração mínima nos cabos é 200 kN, determine o peso total do cabo e a tração máxima desenvolvida no cabo.

7.119. Mostre que a curva de deflexão do cabo discutido no Exemplo 7.13 se reduz à Equação 4 no Exemplo 7.12 quando a *função de cosseno hiperbólico* é expandida em termos de uma série e apenas os dois primeiros termos são mantidos. (A resposta indica que a *catenária* pode ser substituída por uma *parábola* na análise de problemas em que a flecha é pequena. Nesse caso, o peso do cabo é considerado uniformemente distribuído na horizontal.)

*__7.120.__ Um cabo tem peso de 30 N/m e é apoiado nos pontos que estão a 25 m um do outro e na mesma elevação. Se ele tem um comprimento de 26 m, determine a flecha.

7.121. Um fio tem peso de 2 N/m. Se ele pode ser esticado por 10 m e possui uma flecha de 1,2 m, determine o comprimento do fio. As extremidades do fio são apoiadas a partir da mesma elevação.

7.122. O cabo de 10 kg/m é suspenso entre os suportes A e B. Se o cabo pode sustentar uma tração máxima de 1,5 kN e a flecha máxima é 3 m, determine a distância máxima L entre os suportes.

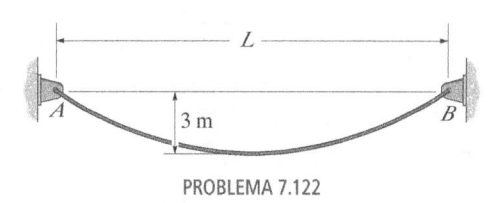

PROBLEMA 7.122

7.123. Um cabo com peso por unidade de comprimento de 0,1 kN/m é suspenso entre os apoios A e B. Determine a equação da curva catenária do cabo e o comprimento do cabo.

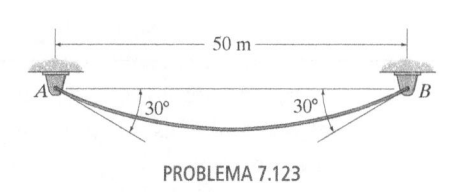

PROBLEMA 7.123

Revisão do capítulo

Cargas internas

Se um sistema de forças coplanares atua sobre um membro, então, em geral, as resultantes internas *força normal* **N**, *força cortante* **V** e *momento fletor* **M** atuarão em qualquer seção transversal ao longo do membro. Para problemas bidimensionais, as direções positivas dessas cargas são mostradas na figura.

As resultantes internas força normal, força cortante e momento fletor são determinadas usando-se o método das seções. Para encontrá-las, o membro é seccionado no ponto C onde as cargas internas devem ser determinadas. Um diagrama de corpo livre de uma das partes seccionadas é então desenhado e as cargas internas são mostradas em suas direções positivas.

A resultante força normal é determinada somando as forças perpendiculares à seção transversal. A resultante força cortante é encontrada somando-se as forças tangentes à seção transversal, e a resultante momento fletor é encontrada somando-se os momentos em relação ao centro geométrico ou centroide da área da seção transversal.

$$\Sigma F_x = 0$$
$$\Sigma F_y = 0$$
$$\Sigma M_C = 0$$

Se o membro estiver sujeito a uma carga tridimensional, então, em geral, um *momento torsor* atuará sobre a seção transversal. Ele pode ser determinado somando-se os momentos em relação a um eixo perpendicular à seção transversal e que passa por seu centroide.

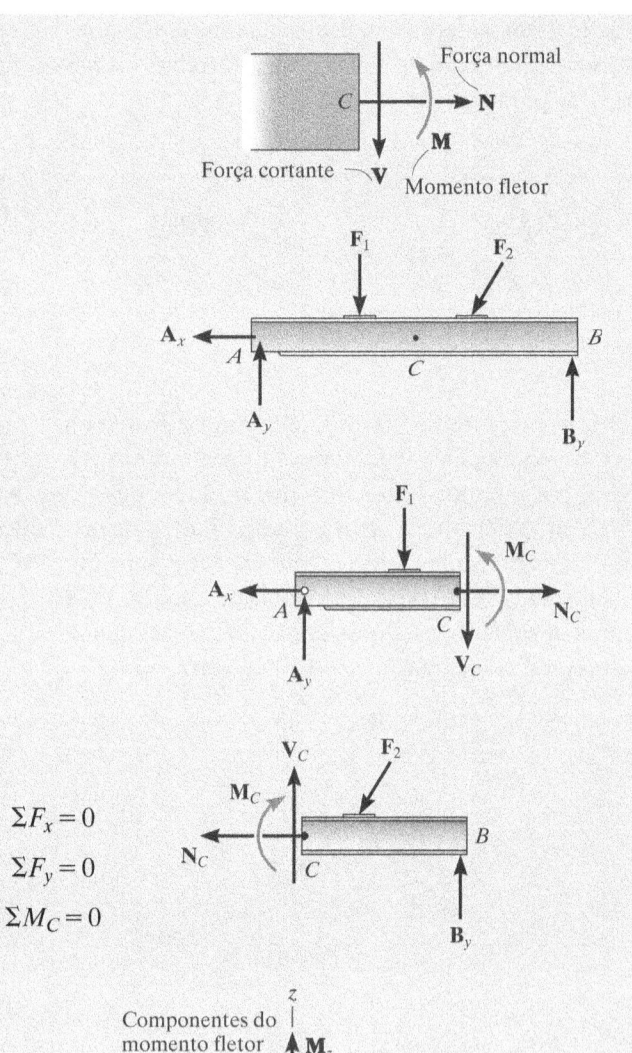

Diagramas de força cortante e de momento fletor

Para construir os diagramas de força cortante e de momento fletor para um membro, é necessário seccionar o membro em um ponto qualquer, localizado a uma distância x da extremidade esquerda.

Se a carga externa consiste em variações na carga distribuída, ou uma série de forças e momentos de binário concentrados atuando sobre o membro, então diferentes expressões para V e M devem ser determinadas dentro das regiões entre quaisquer descontinuidades de carga.

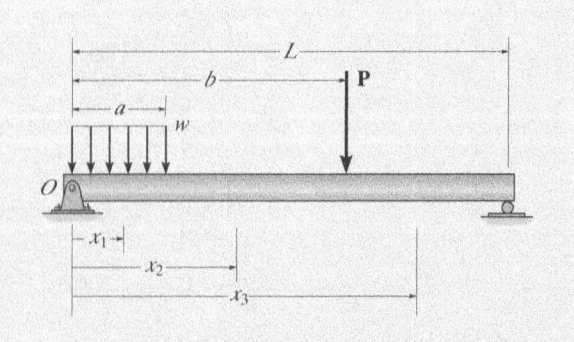

A força cortante e o momento fletor incógnitos são indicados na seção transversal na direção positiva, de acordo com a convenção de sinal estabelecida, e depois essas duas cargas internas são determinadas em função de x.

Cada uma das funções da força cortante e do momento fletor é, então, expressa graficamente para criar os diagramas de ambas as cargas.

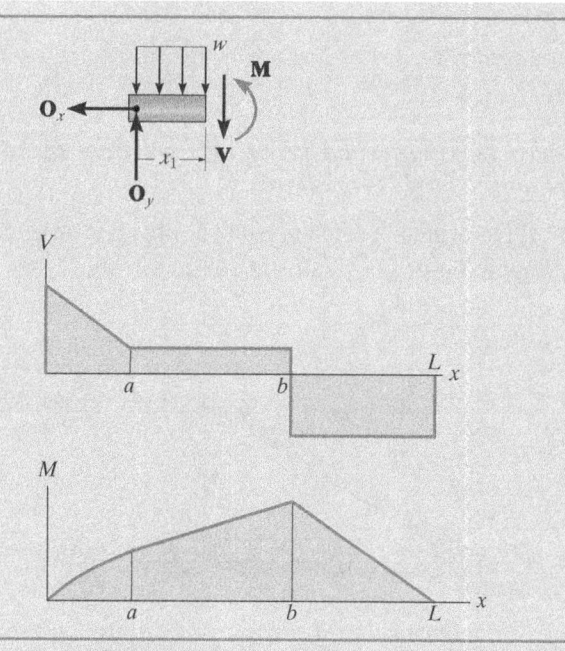

Relações entre força cortante e momento fletor

É possível construir os diagramas de força cortante e de momento fletor, rapidamente, usando relações diferenciais que existem entre a carga distribuída w, V e M.

A inclinação do diagrama de força cortante é igual à carga distribuída em qualquer ponto. A inclinação é positiva se a carga distribuída atuar para cima e vice-versa.

$$\frac{dV}{dx} = w$$

A inclinação do diagrama do momento fletor é igual à força cortante em qualquer ponto. A inclinação é positiva se a força cortante for positiva ou vice-versa.

$$\frac{dM}{dx} = V$$

A variação da força cortante entre dois pontos quaisquer é igual à área sob a carga distribuída entre os pontos.

$$\Delta V = \int w\, dx$$

A variação do momento fletor é igual à área sob o diagrama de força cortante entre os pontos.

$$\Delta M = \int V\, dx$$

Cabos

Quando um cabo flexível e inextensível está sujeito a uma série de forças concentradas, a análise do cabo pode ser realizada usando-se as equações de equilíbrio aplicadas a diagramas de corpo livre de quaisquer segmentos ou pontos de aplicação da carga.

Se cargas distribuídas externas ou o peso do cabo tiverem de ser considerados, a forma do cabo deve ser determinada analisando primeiramente as forças em um segmento diferencial do cabo e depois integrando esse resultado. As duas constantes, digamos, C_1 e C_2, resultantes da integração, são determinadas aplicando-se as condições de contorno para o cabo.

$$y = \frac{1}{F_H} \int \left(\int w(x)\, dx \right) dx$$

Carga distribuída

$$x = \int \frac{ds}{\left[1 + \frac{1}{F_H^2} \left(\int w(s)\, ds \right)^2 \right]^{1/2}}$$

Peso do cabo

Problemas de revisão

Todas as soluções dos problemas precisam incluir um diagrama de corpo livre.

R7.1. Determine a força normal, a força cortante e o momento fletor nos pontos D e E da estrutura.

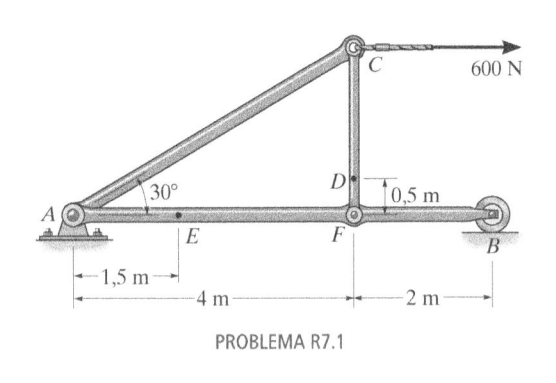

PROBLEMA R7.1

R7.2. Determine a força normal, a força cortante e o momento fletor nos pontos B e C da viga.

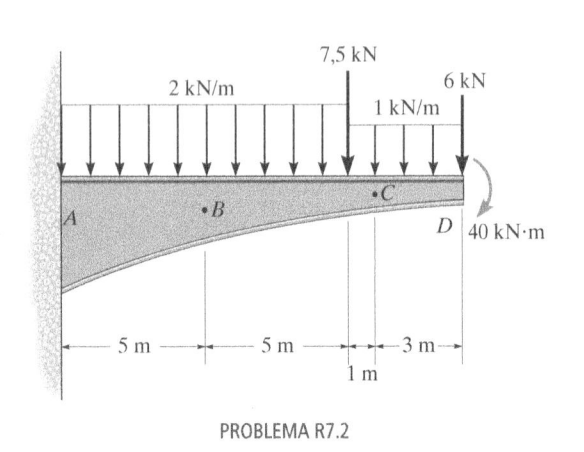

PROBLEMA R7.2

R7.3. Determine os diagramas da força cortante e do momento fletor para a viga.

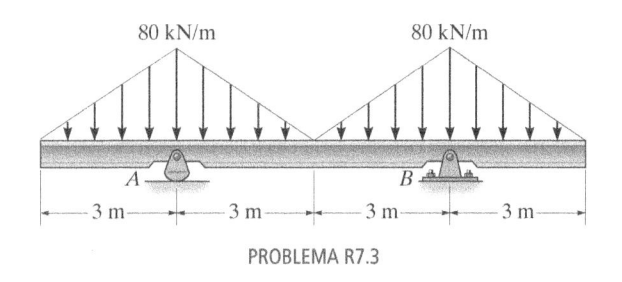

PROBLEMA R7.3

R7.4. Determine os diagramas da força cortante e do momento fletor para a viga.

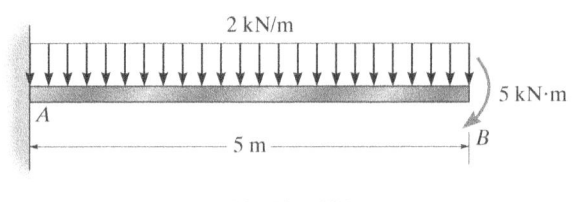

PROBLEMA R7.4

R7.5. Determine os diagramas da força cortante e do momento fletor para a viga.

PROBLEMA R7.5

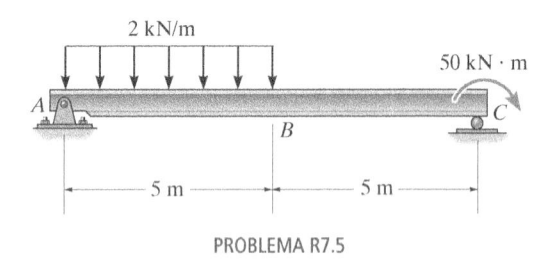

R7.6. Uma corrente é suspensa entre pontos na mesma altura e espaçados de uma distância de 60 m. Se tiver uma massa por unidade de comprimento de 8 kg/m e a flecha for 3 m, determine a tração máxima na corrente.

CAPÍTULO 8

Atrito

O projeto eficaz deste freio exige que ele resista às forças de atrito desenvolvidas entre ele e a roda. Neste capítulo, estudaremos o atrito seco e mostraremos como analisar as forças de atrito para diversas aplicações de engenharia.

(© Pavel Polkovnikov/Shutterstock)

8.1 Características do atrito seco

Atrito é uma força que resiste ao movimento de duas superfícies em contato que deslizam uma em relação à outra. Essa força sempre atua na direção *tangente* à superfície nos pontos de contato e no sentido oposto ao movimento possível ou existente entre as superfícies.

Neste capítulo, estudaremos os efeitos do ***atrito seco***, que às vezes é chamado de *atrito de Coulomb*, pois suas características foram muito estudadas pelo físico francês Charles-Augustin de Coulomb em 1781. O atrito seco ocorre entre as superfícies de contato dos corpos quando não existe um fluido lubrificante.*

Objetivos

- Introduzir o conceito de atrito seco e mostrar como analisar o equilíbrio de corpos rígidos sujeitos a essa força.
- Apresentar aplicações específicas de análise da força de atrito em calços, parafusos, correias e mancais.
- Investigar o conceito de resistência ao rolamento.

O calor gerado pela ação abrasiva do atrito pode ser observado quando se usa este esmeril para afiar uma lâmina de metal.

---

* Outro tipo de atrito, chamado atrito fluido, é estudado na mecânica dos fluidos.

Teoria do atrito seco

A teoria do atrito seco pode ser explicada considerando-se os efeitos ao tentar puxar horizontalmente um bloco de peso uniforme **W** que está em repouso sobre uma superfície horizontal rugosa que seja *não rígida ou deformável* (Figura 8.1a). A parte superior do bloco, porém, pode ser considerada rígida. Como vemos no diagrama de corpo livre do bloco (Figura 8.1b), o piso exerce uma *distribuição* desuniforme da *força normal* $\Delta \mathbf{N}_n$ e da *força de atrito* $\Delta \mathbf{F}_n$ ao longo da superfície de contato. Para o equilíbrio, as forças normais devem atuar *para cima* para equilibrar o peso do bloco **W**, e as forças de atrito atuam para a esquerda, para impedir que a força aplicada **P** mova o bloco para a direita. Um exame detalhado das superfícies em contato entre o piso e o bloco revela como se desenvolvem essas forças de atrito e normal (Figura 8.1c). Pode-se ver que existem muitas irregularidades microscópicas entre as duas superfícies e, como resultado, as forças reativas $\Delta \mathbf{R}_n$ são desenvolvidas em cada ponto de contato.* Conforme mostrado, cada força reativa contribui com ambas as componentes, a de atrito, $\Delta \mathbf{F}_n$, e a normal, $\Delta \mathbf{N}_n$.

Independentemente do peso do ancinho ou pá que esteja suspensa, o dispositivo foi projetado de modo que o pequeno rolete mantenha o cabo em equilíbrio em decorrência das forças de atrito desenvolvidas nos pontos de contato A, B, C.

Equilíbrio

O efeito das cargas normais e de atrito *distribuídas* é indicado por suas *resultantes* **N** e **F** no diagrama de corpo livre (Figura 8.1d). Observe que **N** atua a uma distância x à direita da linha de ação de **W** (Figura 8.1d). Essa posição, que coincide com o centroide ou centro geométrico da distribuição de força normal na Figura 8.1b, é necessária a fim de equilibrar o "efeito de tombamento" causado por **P**. Por exemplo, se **P** for aplicada a uma altura h da superfície (Figura 8.1d), então o equilíbrio do momento em relação ao ponto O é satisfeito se $Wx = Ph$ ou $x = Ph/W$.

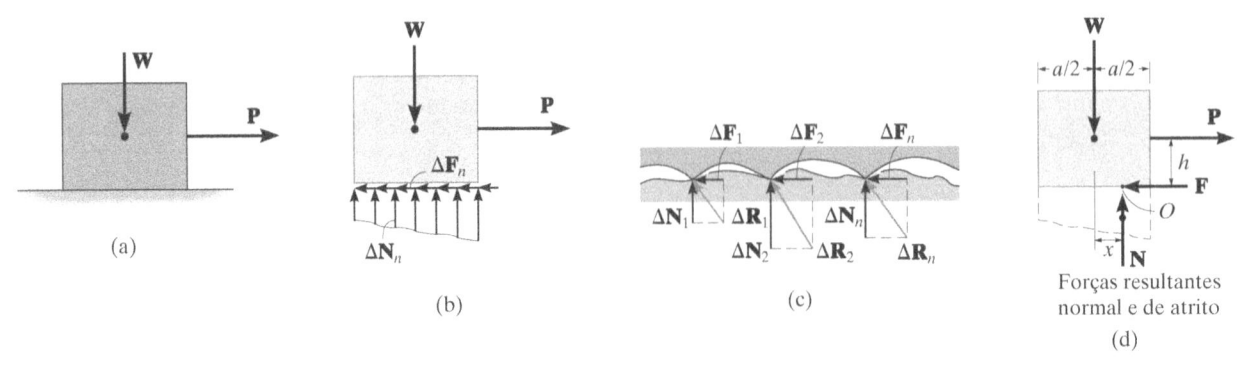

FIGURA 8.1

Iminência de movimento

Em casos nos quais as superfícies de contato são muito "escorregadias", a força de atrito **F** pode *não* ser grande o suficiente para equilibrar **P**, e consequentemente o bloco tenderá a deslizar. Em outras palavras, à medida

---

* Além das interações mecânicas, conforme explicamos aqui, que são conhecidas como abordagem clássica, um tratamento detalhado da natureza das forças de atrito também precisa incluir os efeitos de temperatura, densidade, limpeza e atração atômica ou molecular entre as superfícies em contato. Ver J. Krim, *Scientific American*, out. 1996.

que *P* aumenta lentamente, *F* aumenta de forma correspondente até que alcance um certo *valor máximo* F_s, chamado de *força de atrito estática limite* (Figura 8.1*e*). Quando esse valor é atingido, o bloco está em *equilíbrio instável*, pois qualquer aumento adicional em *P* fará com que o bloco se mova. Determinou-se experimentalmente que essa força de atrito estática limite F_s é *diretamente proporcional* à força normal resultante *N*. Matematicamente expressado,

$$F_s = \mu_s N \quad (8.1)$$

em que a constante de proporcionalidade, μ_s (mi "subscrito" *s*), é chamada de **coeficiente de atrito estático**.

Assim, quando o bloco está *no limiar de deslizamento*, a força normal **N** e a força de atrito $\mathbf{F}_s$ se combinam para criar uma resultante $\mathbf{R}_s$ (Figura 8.1*e*). O ângulo ϕ_s (fi "subscrito" *s*) que $\mathbf{R}_s$ faz com **N** é chamado de **ângulo de atrito estático**. Da figura,

$$\phi_s = \text{tg}^{-1}\left(\frac{F_s}{N}\right) = \text{tg}^{-1}\left(\frac{\mu_s N}{N}\right) = \text{tg}^{-1} \mu_s$$

Os valores típicos para μ_s são dados na Tabela 8.1. Observe que esses valores podem variar, pois os ensaios experimentais são feitos sob condições variáveis de rugosidade e de limpeza das superfícies em contato. Para as aplicações, portanto, é importante ter cautela e discernimento ao selecionar um coeficiente de atrito para determinado conjunto de condições. Quando um cálculo mais preciso de F_s é necessário, o coeficiente de atrito deve ser determinado diretamente por um experimento que envolva os dois materiais a serem usados.

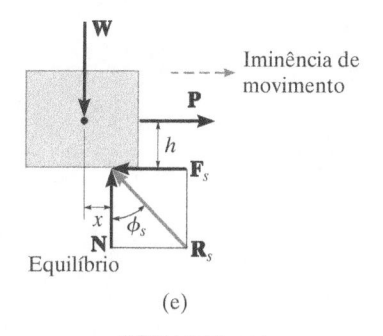

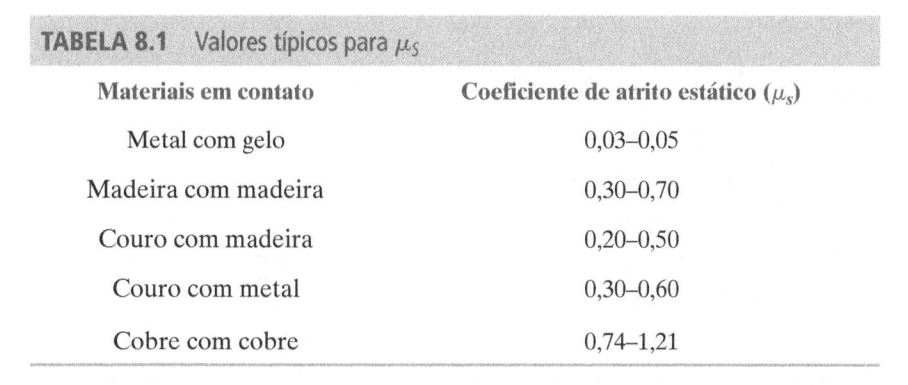

FIGURA 8.1 (cont.)

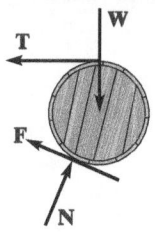

Alguns objetos, como este barril, podem não estar no limiar de deslizamento, e portanto a força de atrito **F** precisa ser determinada estritamente a partir das equações de equilíbrio.

TABELA 8.1 Valores típicos para μ_S

Materiais em contato	Coeficiente de atrito estático (μ_s)
Metal com gelo	0,03–0,05
Madeira com madeira	0,30–0,70
Couro com madeira	0,20–0,50
Couro com metal	0,30–0,60
Cobre com cobre	0,74–1,21

Movimento

Se a intensidade de **P** que atua sobre o bloco for aumentada de modo que se torne ligeiramente maior que F_s, a força de atrito na superfície de contato cairá para um valor menor F_k, chamado *força de atrito cinética*. O bloco começará a deslizar com velocidade crescente (Figura 8.2*a*). Quando isso ocorre, o bloco "passará" sobre o topo desses picos nos pontos de contato, como mostra a Figura 8.2*b*. A avaria continuada da superfície é o mecanismo dominante de criação do atrito cinético.

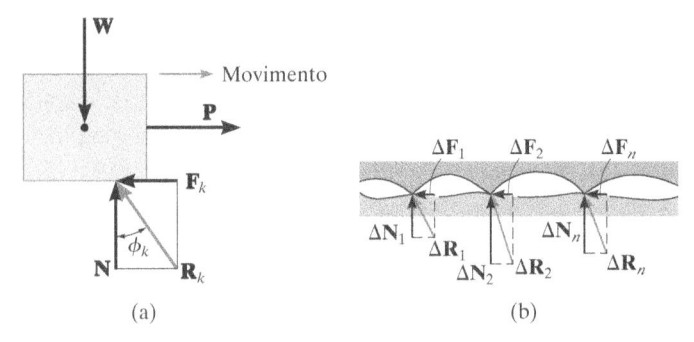

FIGURA 8.2

Experimentos com blocos deslizantes indicam que a intensidade da força de atrito cinético é diretamente proporcional à intensidade da força normal resultante, o que é expresso matematicamente como

$$F_k = \mu_k N \tag{8.2}$$

Aqui, a constante de proporcionalidade, μ_k, é chamada de **coeficiente de atrito cinético**. Os valores típicos para μ_k são, aproximadamente, 25% *menores* do que os listados na Tabela 8.1 para μ_s.

Conforme mostrado na Figura 8.2a, neste caso, a força resultante na superfície de contato, $\mathbf{R}_k$, tem uma linha de ação definida por ϕ_k. Esse ângulo é conhecido como **ângulo de atrito cinético**, em que

$$\phi_k = \operatorname{tg}^{-1}\left(\frac{F_k}{N}\right) = \operatorname{tg}^{-1}\left(\frac{\mu_k N}{N}\right) = \operatorname{tg}^{-1} \mu_k$$

Por comparação, $\phi_s \geq \phi_k$.

Os efeitos anteriores relacionados ao atrito podem ser resumidos recorrendo-se ao gráfico na Figura 8.3, que mostra a variação da força de atrito F *versus* a carga aplicada P. Aqui, a força de atrito é categorizada em três maneiras diferentes:

- F é uma *força de atrito estática* se o equilíbrio for mantido.
- F é uma *força de atrito estática limite* F_s quando atinge um valor máximo necessário para manter o equilíbrio.
- F é chamada de *força de atrito cinética* F_k quando ocorre deslizamento na superfície em contato.

Observe também, pelo gráfico, que para valores muito grandes de P ou para velocidades altas, os efeitos aerodinâmicos farão com que F_k e, de modo semelhante, μ_k, comecem a diminuir.

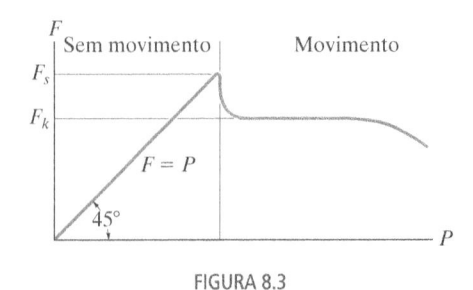

FIGURA 8.3

Características do atrito seco

Como resultado de *experimentos* pertinentes à discussão anterior, podemos declarar as seguintes regras que se aplicam aos corpos sujeitos ao atrito seco.

- A força de atrito atua na direção *tangente* às superfícies de contato e em sentido *oposto* ao *movimento* ou à tendência de movimento de uma superfície em relação a outra.
- A força de atrito estática máxima F_s que pode ser desenvolvida é independente da área de contato, desde que a pressão normal não seja muito baixa nem grande o suficiente para deformar ou esmagar seriamente as superfícies de contato dos corpos.
- A força de atrito estática máxima geralmente é maior que a força de atrito cinética para quaisquer duas superfícies em contato. Porém, se um dos corpos estiver se movendo com uma *velocidade muito baixa* sobre a superfície de outro, F_k torna-se, aproximadamente, igual a F_s, ou seja, $\mu_s \approx \mu_k$.
- Quando o *deslizamento* na superfície de contato estiver *para ocorrer*, a força de atrito estática máxima é proporcional à força normal, de modo que $F_s = \mu_s N$.
- Quando o *deslizamento* na superfície de contato estiver *ocorrendo*, a força de atrito cinética é proporcional à força normal, de modo que $F_k = \mu_k N$.

8.2 Problemas envolvendo atrito seco

Se um corpo rígido está em equilíbrio quando sujeito a um sistema de forças que inclui o efeito do atrito, o sistema de forças precisa satisfazer não apenas as equações de equilíbrio, mas *também* as leis que governam as forças de atrito.

Tipos de problemas de atrito

Em geral, existem três tipos de problemas de estática envolvendo atrito seco. Eles podem ser facilmente classificados uma vez que os diagramas de corpo livre forem desenhados e o número total de incógnitas for identificado e comparado com o número total de equações de equilíbrio disponíveis.

Nenhuma iminência de movimento aparente

Os problemas nessa categoria são estritamente problemas de equilíbrio, que exigem que o número de incógnitas seja *igual* ao número de equações de equilíbrio disponíveis. Sempre que as forças de atrito são determinadas a partir da solução, seus valores numéricos precisam ser verificados para garantir que satisfaçam a desigualdade $F \leq \mu_s N$; caso contrário, ocorrerá deslizamento e o corpo não permanecerá em equilíbrio. Um problema desse tipo é mostrado na Figura 8.4a. Aqui, precisamos determinar as forças de atrito em A e C para verificar se a posição de equilíbrio da estrutura de dois elementos pode ser mantida. Se os elementos forem uniformes e tiverem pesos conhecidos de 100 N cada, os diagramas de corpo livre serão como mostra a Figura 8.4b. Existem seis componentes de força incógnitas

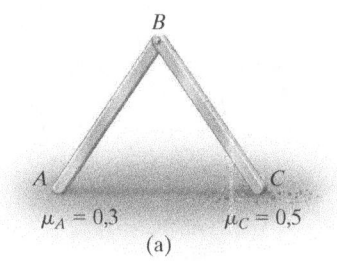

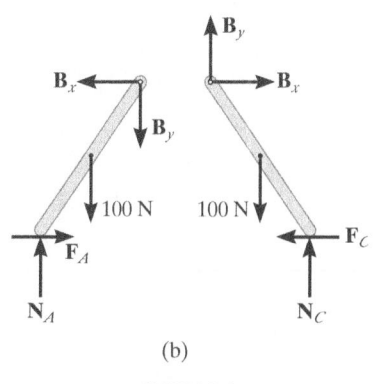

FIGURA 8.4

FIGURA 8.5

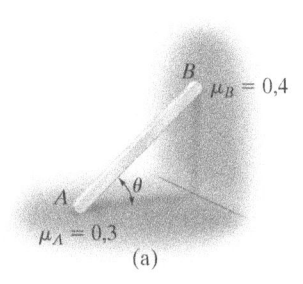

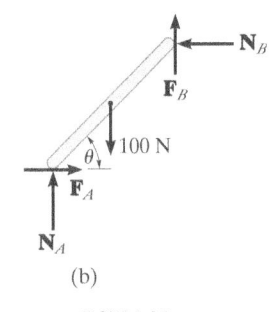

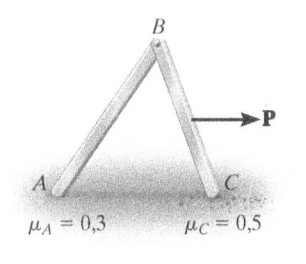

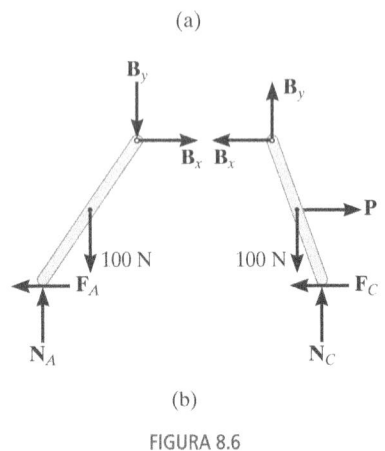

FIGURA 8.6

que podem ser determinadas *estritamente* pelas seis equações de equilíbrio (três para cada elemento). Quando F_A, N_A, F_C e N_C são determinados, as barras permanecerão em equilíbrio desde que $F_A \leq 0{,}3N_A$ e $F_C \leq 0{,}5N_C$ sejam satisfeitos.

Iminência de movimento em todos os pontos de contato

Neste caso, o número total de incógnitas se *igualará* ao número total de equações de equilíbrio disponíveis *mais* o número total de equações de atrito disponíveis, $F = \mu N$. Quando o *movimento é iminente* nos pontos de contato, então $F_s = \mu_s N$; ao passo que, se o corpo estiver em *deslizamento*, então $F_k = \mu_k N$. Por exemplo, considere o problema de determinar o menor ângulo θ com que a haste de 100 N na Figura 8.5a pode ser colocada contra a parede sem deslizar. O diagrama de corpo livre é mostrado na Figura 8.5b. Aqui, as *cinco* incógnitas são determinadas a partir das *três* equações de equilíbrio e *duas* equações de atrito estático que são aplicadas em *ambos* os pontos de contato, de modo que $F_A = 0{,}3N_A$ e $F_B = 0{,}4N_B$.

Iminência de movimento em alguns pontos de contato

Aqui, o número de incógnitas será *menor* do que o número de equações de equilíbrio disponíveis mais o número de equações de atrito disponíveis ou equações condicionais para o tombamento. Como resultado, haverá muitas possibilidades para movimento ou iminência de movimento, e o problema envolverá uma determinação do tipo de movimento que realmente ocorre. Por exemplo, considere a estrutura de dois elementos na Figura 8.6a. Neste problema, queremos determinar a força horizontal P necessária para causar movimento. Se cada elemento tem peso de 100 N, então os diagramas de corpo livre são os mostrados na Figura 8.6b. Existem *sete* incógnitas. Para uma solução única, temos de satisfazer as *seis* equações de equilíbrio (três para cada elemento) e apenas *uma* das duas equações de atrito estático possíveis. Isso significa que, à medida que P aumenta, ele causará deslizamento em A e nenhum deslizamento em C, de modo que $F_A = 0{,}3N_A$ e $F_C \leq 0{,}5N_C$; ou, então, o deslizamento ocorrerá em C e nenhum deslizamento em A, quando $F_C = 0{,}5N_C$ e $F_A \leq 0{,}3N_A$. A situação real pode ser determinada calculando-se P para cada caso e depois escolhendo-se o caso para o qual P é *menor*. Se, nos dois casos, for calculado o *mesmo valor* para P, o que na prática seria altamente improvável, então o deslizamento nos dois pontos ocorre simultaneamente, ou seja, as *sete incógnitas* satisfariam *oito equações*.

Equações de equilíbrio *versus* equações de atrito

Sempre que resolvemos problemas como o da Figura 8.4, em que a força de atrito F tiver de ser uma "força de equilíbrio" e satisfizer a desigualdade $F < \mu_s N$, então podemos assumir o sentido da direção de F no diagrama de corpo livre. O sentido correto será conhecido *após* resolvermos as equações de equilíbrio para F. Se F for um escalar negativo, o sentido de **F** será o contrário do que foi assumido. Essa conveniência de *assumir* o sentido de **F** é possível porque as equações de equilíbrio igualam a zero a soma das *componentes de vetores* atuando na *mesma direção*. Porém, em casos nos quais a equação de atrito $F = \mu N$ é usada na solução de um problema, como na Figura 8.5, a conveniência de *assumir* o sentido de **F** é *perdida*, pois a equação de atrito correlaciona apenas as *intensidades* de dois vetores *perpendiculares*. Consequentemente, **F** *sempre precisa* ser mostrada com seu *sentido correto* de atuação no diagrama de corpo livre, *sempre que* a equação de atrito for usada para a solução de um problema.

Dependendo do ponto onde o homem empurra a caixa, ela tombará ou deslizará.

Pontos importantes

- O atrito é uma força tangencial que resiste ao movimento de uma superfície em relação a outra.
- Se não houver deslizamento, o valor máximo para a força de atrito será igual ao produto do coeficiente de atrito estático pela força normal na superfície.
- Se houver deslizamento em uma baixa velocidade, a força de atrito será o produto do coeficiente de atrito cinético pela força normal na superfície.
- Existem três tipos de problemas de atrito estático. Cada um desses problemas é analisado primeiramente desenhando-se os diagramas de corpo livre necessários, depois aplicando as equações do equilíbrio, ao mesmo tempo que são satisfeitas as condições de atrito ou a possibilidade de tombamento.

Procedimento para análise

Os problemas de equilíbrio envolvendo atrito seco podem ser solucionados usando-se o procedimento indicado a seguir.

Diagramas de corpo livre

- Desenhe os diagramas de corpo livre necessários e, a menos que seja estabelecido no problema que ocorre iminência de movimento ou deslizamento, *sempre* mostre as forças de atrito como incógnitas (ou seja, *não assuma $F = \mu N$*).

- Determine o número de incógnitas e compare-o com o número de equações de equilíbrio disponíveis.
- Se houver mais incógnitas do que equações de equilíbrio, será preciso aplicar a equação de atrito em alguns, se não em todos, os pontos de contato, para obter as equações extras necessárias para uma solução completa.
- Se a equação $F = \mu N$ tiver de ser usada, será necessário mostrar **F** atuando no sentido correto de direção no diagrama de corpo livre.

Equações de equilíbrio e de atrito

- Aplique as equações de equilíbrio e as equações de atrito necessárias (ou equações condicionais, se o tombamento for possível) e resolva para as incógnitas.
- Se o problema envolver um sistema de forças tridimensional, de modo que seja difícil obter as componentes de força ou os braços de momento necessários, aplique as equações de equilíbrio usando vetores cartesianos.

Exemplo 8.1

A caixa uniforme mostrada na Figura 8.7a tem massa de 20 kg. Se uma força $P = 80$ N for aplicada à caixa, determine se ela permanece em equilíbrio. O coeficiente de atrito estático é $\mu_s = 0{,}3$.

SOLUÇÃO

Diagrama de corpo livre

Como vemos na Figura 8.7b, a força normal *resultante* $\mathbf{N}_C$ precisa atuar a uma distância x da linha de centro a fim de combater o efeito de tombamento causado por **P**. Existem *três incógnitas*, F, N_C e x, que podem ser determinadas estritamente pelas *três* equações de equilíbrio.

Equações de equilíbrio

$$\xrightarrow{+} \Sigma F_x = 0; \qquad 80 \cos 30° \text{ N} - F = 0$$

$$+\uparrow \Sigma F_y = 0; \qquad -80 \text{ sen } 30° \text{ N} + N_C - 196{,}2 \text{ N} = 0$$

$$\zeta + \Sigma M_O = 0; \quad 80 \text{ sen } 30° \text{ N}(0{,}4 \text{ m}) - 80 \cos 30° \text{ N}(0{,}2 \text{ m})$$
$$+ N_C(x) = 0$$

Resolvendo,

$$F = 69{,}3 \text{ N}$$
$$N_C = 236{,}2 \text{ N}$$
$$x = -0{,}00908 \text{ m} = -9{,}08 \text{ mm}$$

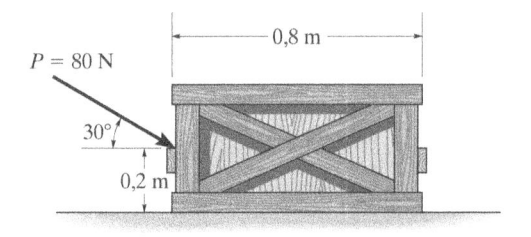

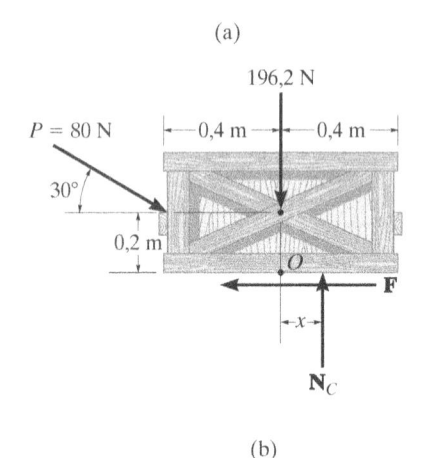

FIGURA 8.7

Como x é negativo, isso indica que a força normal *resultante* atua (ligeiramente) à *esquerda* da linha de centro da caixa. Não haverá tombamento, pois $x < 0{,}4$ m. Além disso, a força de atrito *máxima* que pode ser desenvolvida na superfície de contato é $F_{\text{máx}} = \mu_s N_C = 0{,}3(236{,}2 \text{ N}) = 70{,}9$ N. Como $F = 69{,}3$ N $< 70{,}9$ N, a caixa *não deslizará*, embora esteja muito próximo de fazer isso.

Exemplo 8.2

É observado que, quando a caçamba do caminhão é levantada de um ângulo $\theta = 25°$, as máquinas de venda automática começarão a deslizar (Figura 8.8a). Determine o coeficiente de atrito estático entre uma máquina de venda automática e a superfície da caçamba.

SOLUÇÃO

Um modelo idealizado de uma máquina de venda automática apoiada sobre a caçamba de um caminhão é mostrado na Figura 8.8b. As dimensões foram medidas e o centro de gravidade foi localizado. Assumiremos que a máquina de venda automática pesa W.

Diagrama de corpo livre

Conforme mostra a Figura 8.8c, a dimensão x é usada para localizar a posição da força normal resultante **N**. Existem quatro incógnitas, N, F, μ_s e x.

Equações de equilíbrio

$$+\searrow\Sigma F_x = 0; \qquad W \operatorname{sen} 25° - F = 0 \qquad (1)$$

$$+\nearrow\Sigma F_y = 0; \qquad N - W \cos 25° = 0 \qquad (2)$$

$$\zeta + \Sigma M_O = 0; \quad -(W \operatorname{sen} 25°)(0{,}75 \text{ m}) + W \cos 25°(x) = 0 \qquad (3)$$

Como o tombamento é iminente em $\theta = 25°$, usando as equações 1 e 2, temos:

$$F_s = \mu_s N; \qquad W \operatorname{sen} 25° = \mu_s(W \cos 25°)$$

$$\mu_s = \operatorname{tg} 25° = 0{,}466 \qquad \textit{Resposta}$$

O ângulo de $\theta = 25°$ é conhecido como **ângulo de repouso** e, por comparação, é igual ao ângulo de atrito estático, $\theta = \phi_s$. Observe, pelo cálculo, que θ é independente do peso da máquina de venda automática e, por isso, conhecer θ oferece um método conveniente para determinar o coeficiente de atrito estático.

NOTA: pela Equação 3, determinamos $x = 0{,}350$ m. Como $0{,}350$ m $< 0{,}45$ m, na realidade a máquina de venda automática deslizará antes que possa inclinar, conforme observado na Figura 8.8a.

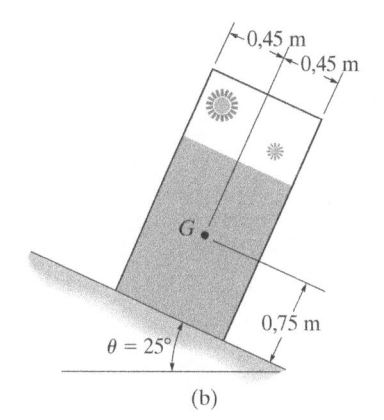

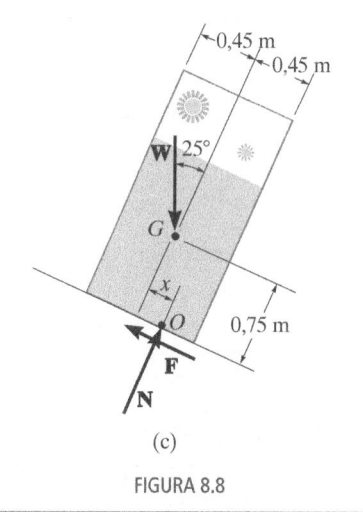

FIGURA 8.8

Exemplo 8.3

A escada uniforme de 10 kg na Figura 8.9a se apoia contra a parede lisa em B e sua extremidade em A repousa no plano horizontal áspero para o qual o coeficiente de atrito estático é $\mu_s = 0{,}3$. Determine o ângulo de inclinação θ da escada e a reação normal em B se a escada estiver na iminência de deslizamento.

SOLUÇÃO

Diagrama de corpo livre

Conforme mostra o diagrama de corpo livre (Figura 8.9b), a força de atrito $\mathbf{F}_A$ deve atuar para a direita, pois a iminência de movimento em A é para a esquerda.

358 ESTÁTICA

Equações de equilíbrio e de atrito

Como a escada está na iminência de deslizamento, então $F_A = \mu_s N_A = 0,3\,N_A$. Por observação, N_A pode ser obtido diretamente.

$+\uparrow \Sigma F_y = 0;$ $\qquad\qquad N_A - 10(9,81)\,\text{N} = 0 \qquad\qquad N_A = 98,1\,\text{N}$

Usando esse resultado, $F_A = 0,3(98,1\,\text{N}) = 29,43\,\text{N}$. Agora, N_B pode ser encontrado.

$\xrightarrow{+} \Sigma F_x = 0;$ $\qquad\qquad 29,43\,\text{N} - N_B = 0$

$\qquad\qquad\qquad\qquad N_B = 29,43\,\text{N} = 29,4\,\text{N} \qquad\qquad$ *Resposta*

Finalmente, o ângulo θ pode ser determinado somando os momentos em torno do ponto A.

$\zeta + \Sigma M_A = 0;$ $\qquad (29,43\,\text{N})(4\,\text{m})\,\text{sen}\,\theta - [10(9,81)\,\text{N}](2\,\text{m})\cos\theta = 0$

$$\frac{\text{sen}\,\theta}{\cos\theta} = \text{tg}\,\theta = 1,6667$$

$$\theta = 59,04° = 59,0° \qquad\qquad Resposta$$

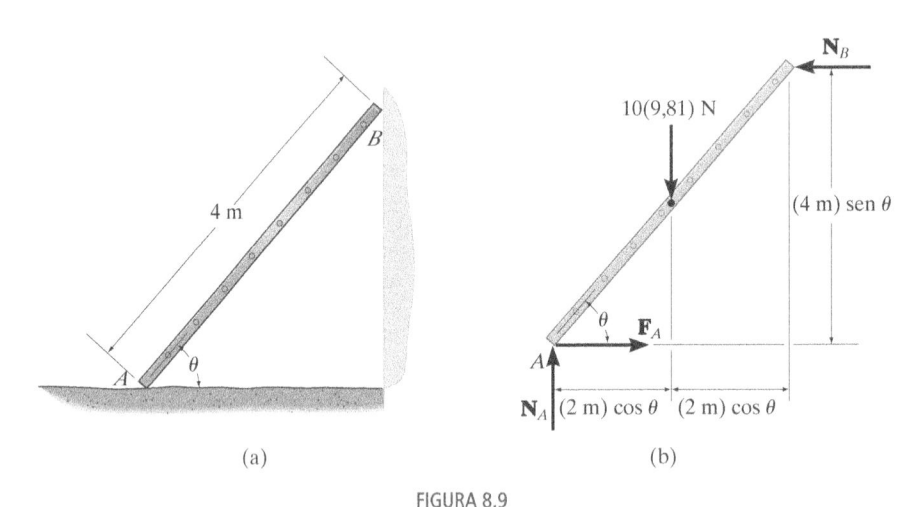

FIGURA 8.9

Exemplo 8.4

A viga AB está sujeita a uma carga uniforme de 200 N/m e está apoiada em B pelo poste BC (Figura 8.10a). Se os coeficientes de atrito estático em B e C forem $\mu_B = 0,2$ e $\mu_C = 0,5$, determine a força **P** necessária para puxar o poste de debaixo da viga. Despreze o peso dos elementos e a espessura da viga.

SOLUÇÃO

Diagramas de corpo livre

O diagrama de corpo livre da viga é mostrado na Figura 8.10b. Aplicando $\Sigma M_A = 0$, obtemos $N_B = 400\,\text{N}$. Esse resultado é mostrado no diagrama de corpo livre do poste (Figura 8.10c). Referindo-se a esse elemento, as *quatro* incógnitas F_B, P, F_C e N_C são determinadas a partir das *três* equações de equilíbrio e de *uma* equação de atrito aplicada em B ou C.

Equações de equilíbrio e de atrito

$\xrightarrow{+} \Sigma F_x = 0;$ $\qquad\qquad P - F_B - F_C = 0 \qquad\qquad (1)$

$+\uparrow \Sigma F_y = 0;$ $\qquad\qquad N_C - 400\,\text{N} = 0 \qquad\qquad (2)$

$\zeta + \Sigma M_C = 0;$ $\qquad\qquad -P(0,25\,\text{m}) + F_B(1\,\text{m}) = 0 \qquad\qquad (3)$

(O poste desliza em B e gira em torno de C.)

Isso requer que $F_C \leq \mu_C N_C$ e:

$F_B = \mu_B N_B$; $F_B = 0{,}2(400\text{ N}) = 80\text{ N}$

Usando esse resultado e resolvendo as equações de 1 a 3, obtemos

$$P = 320\text{ N}$$
$$F_C = 240\text{ N}$$
$$N_C = 400\text{ N}$$

Como $F_C = 240\text{ N} > \mu_C N_C = 0{,}5(400\text{ N}) = 200\text{ N}$, ocorre deslizamento em C. Assim, o outro caso de movimento deverá ser investigado.

(O poste desliza em C e gira em torno de B.)

Aqui, $F_B \leq \mu_B N_B$ e:

$F_C = \mu_C N_C$; $F_C = 0{,}5 N_C$ (4)

A resolução das equações 1 a 4 gera:

$$P = 267\text{ N}$$
$$N_C = 400\text{ N}$$
$$F_C = 200\text{ N}$$
$$F_B = 66{,}7\text{ N}$$

Obviamente, esse caso ocorre primeiro, pois requer um valor *menor* para P.

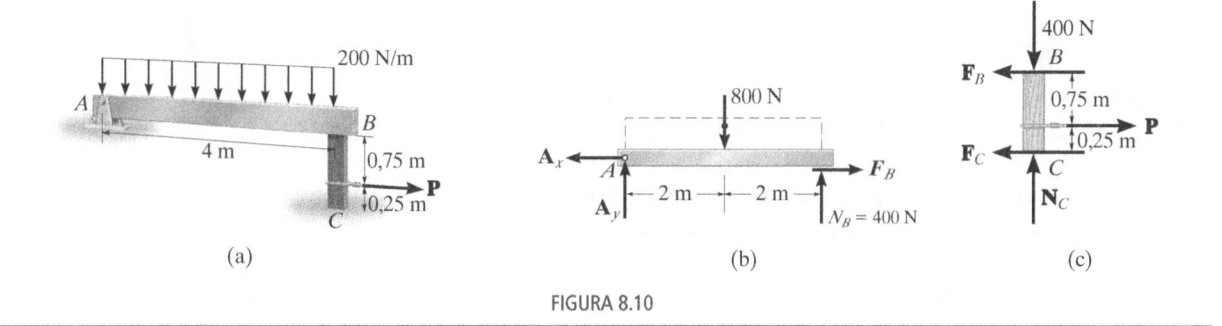

(a)   (b)   (c)

FIGURA 8.10

Exemplo 8.5

Os blocos A e B possuem massa de 3 kg e 9 kg, respectivamente, e estão conectados às barras, como mostra a Figura 8.11a. Determine a maior força vertical **P** que pode ser aplicada ao pino C sem causar qualquer movimento. O coeficiente de atrito estático entre os blocos e as superfícies de contato é $\mu_s = 0{,}3$.

SOLUÇÃO

Diagrama de corpo livre

As ligações são elementos de duas forças e, portanto, os diagramas de corpo livre do pino C e dos blocos A e B são mostrados na Figura 8.11b. Como a componente horizontal de $\mathbf{F}_{AC}$ tende a mover o bloco A para a esquerda, $\mathbf{F}_A$ deve atuar para a direita. De modo semelhante, $\mathbf{F}_B$ precisa atuar para a esquerda para opor-se à tendência de movimento do bloco B para a direita, causada por $\mathbf{F}_{BC}$. Existem sete incógnitas e seis equações de equilíbrio de força disponíveis, duas para o pino e duas para cada bloco, de modo que *somente uma* equação de atrito é necessária.

360 ESTÁTICA

Equações de equilíbrio e de atrito

As forças nas barras AC e BC podem ser relacionadas a P considerando-se o equilíbrio do pino C.

$+\uparrow \Sigma F_y = 0;$ $\quad F_{AC}\cos 30° - P = 0;$ $\quad F_{AC} = 1,155P$

$\stackrel{+}{\rightarrow} \Sigma F_x = 0;$ $\quad 1,155P\operatorname{sen} 30° - F_{BC} = 0;$ $\quad F_{BC} = 0,5774P$

Usando o resultado de F_{AC}, para o bloco A,

$\stackrel{+}{\rightarrow} \Sigma F_x = 0;$ $\quad F_A - 1,155P\operatorname{sen} 30° = 0;$ $\quad F_A = 0,5774P$ $\quad$ (1)

$+\uparrow \Sigma F_y = 0;$ $\quad N_A - 1,155P\cos 30° - 3(9,81\ \text{N}) = 0;$

$\qquad N_A = P + 29,43\ \text{N}$ $\quad$ (2)

Usando o resultado de F_{BC}, para o bloco B,

$\stackrel{+}{\rightarrow} \Sigma F_x = 0;$ $\quad (0,5774P) - F_B = 0;$ $\quad F_B = 0,5774P$ $\quad$ (3)

$+\uparrow \Sigma F_y = 0;$ $\quad N_B - 9(9,81)\ \text{N} = 0;$ $\quad N_B = 88,29\ \text{N}$

O movimento do sistema pode ser causado pelo deslizamento inicial do bloco A *ou* do bloco B. Se considerarmos que o bloco A desliza primeiro, então

$$F_A = \mu_s N_A = 0,3 N_A \quad (4)$$

Substituindo as equações 1 e 2 na Equação 4,

$$0,5774P = 0,3(P + 29,43)$$

$$P = 31,8\ \text{N} \qquad \textit{Resposta}$$

Substituindo esse resultado na Equação 3, obtemos $F_B = 18,4$ N. Como a força de atrito estática máxima em B é $(F_B)_{máx} = \mu_s N_B = 0,3(88,29\ \text{N}) = 26,5\ \text{N} > F_B$, o bloco B não deslizará. Assim, a hipótese anterior está correta. Observe que, se a desigualdade não fosse satisfeita, teríamos de assumir o deslizamento do bloco B e depois resolver para P.

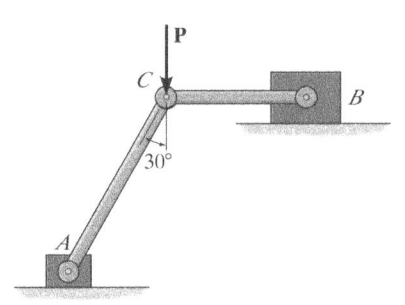

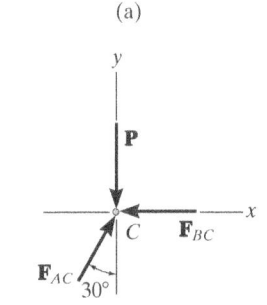

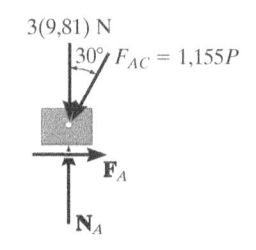

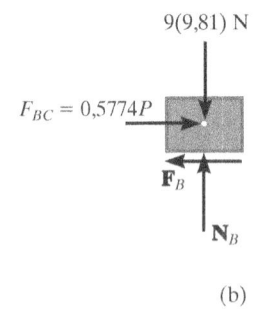

FIGURA 8.11

Problemas preliminares

P8.1. Determine a força de atrito na superfície de contato.

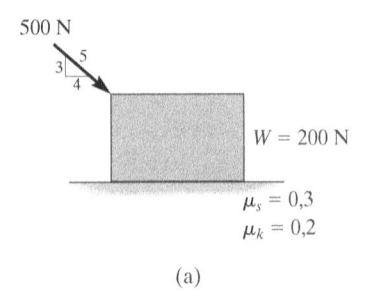

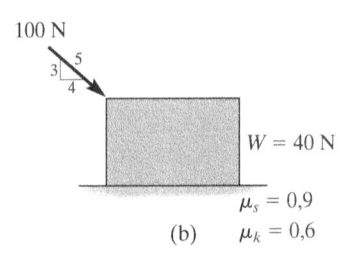

PROBLEMA P8.1

P8.2. Determine **M** para causar a iminência de movimento do cilindro.

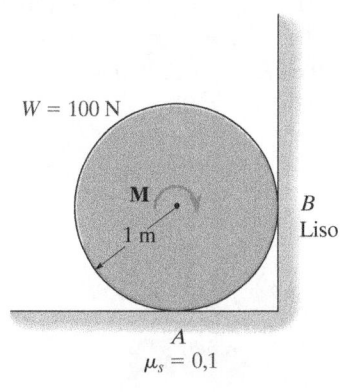

PROBLEMA P8.2

P8.3. Determine a força P necessária para mover o bloco B.

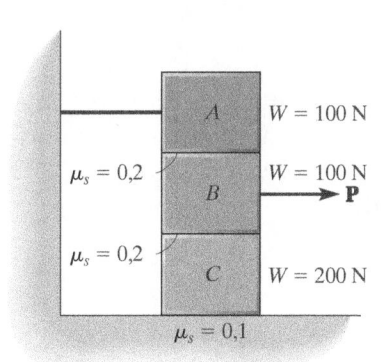

PROBLEMA P8.3

P8.4. Determine a força P necessária para causar a iminência de movimento do bloco.

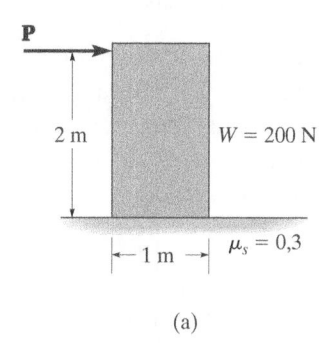

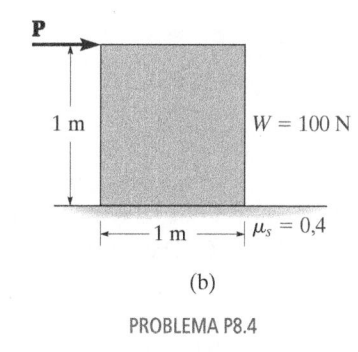

(a)

(b)

PROBLEMA P8.4

Problemas fundamentais

Todas as soluções dos problemas precisam incluir um diagrama de corpo livre.

F8.1. Determine o atrito entre a caixa de 50 kg e o piso se a) $P = 200$ N e b) $P = 400$ N. Os coeficientes de atrito estático e cinético entre a caixa e o piso são $\mu_s = 0{,}3$ e $\mu_k = 0{,}2$, respectivamente.

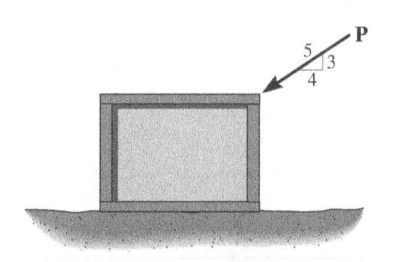

PROBLEMA F8.1

F8.2. Determine a força P mínima para impedir que o elemento AB de 30 kg deslize. A superfície de contato em B é lisa, enquanto o coeficiente de atrito estático entre o elemento e a parede em A é $\mu_s = 0{,}2$.

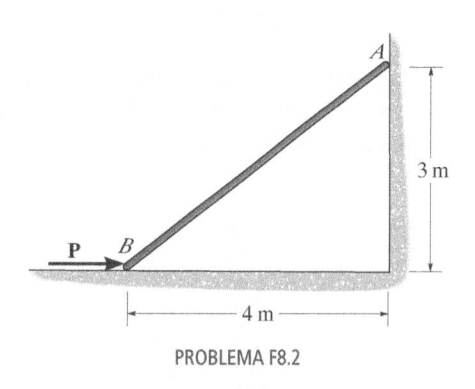

PROBLEMA F8.2

F8.3. Determine a força P máxima que pode ser aplicada sem causar o movimento das duas caixas de 50 kg. O coeficiente de atrito estático entre cada caixa e o piso é $\mu_s = 0{,}25$.

PROBLEMA F8.3

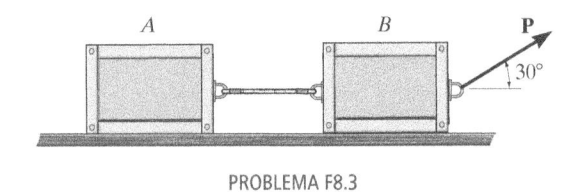

F8.4. Se o coeficiente de atrito estático nos pontos de contato A e B for $\mu_s = 0{,}3$, determine a força máxima P que pode ser aplicada sem causar o movimento do carretel de 100 kg.

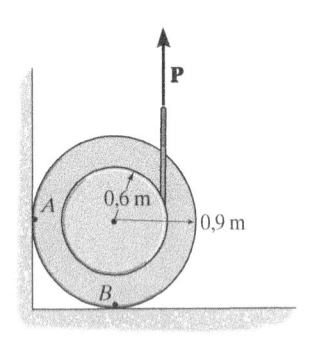

PROBLEMA F8.4

F8.5. Determine a força P máxima que pode ser aplicada sem causar o movimento da caixa de 100 kg com centro de gravidade em G. O coeficiente de atrito estático no piso é $\mu_s = 0{,}4$.

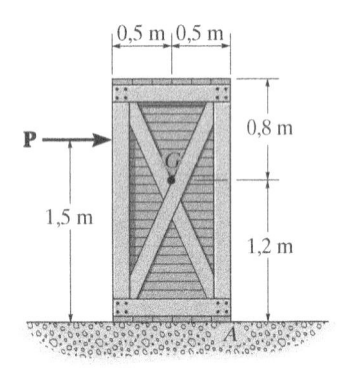

PROBLEMA F8.5

F8.6. Determine o coeficiente de atrito estático mínimo entre a bobina uniforme de 50 kg e a parede de modo que ela não deslize.

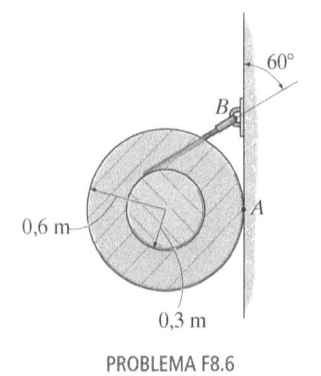

PROBLEMA F8.6

F8.7. Os blocos A, B e C possuem pesos de 50 N, 25 N e 15 N, respectivamente. Determine a menor força horizontal P que causará iminência de movimento. O coeficiente de atrito estático entre A e B é $\mu_s = 0{,}3$, entre B e C, $\mu'_s = 0{,}4$, e entre o bloco C e o piso, $\mu''_s = 0{,}35$.

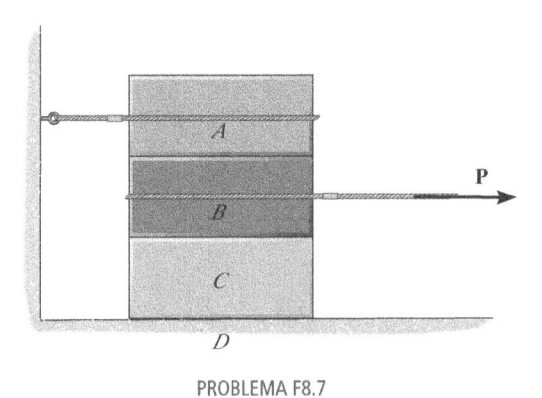

PROBLEMA F8.7

F8.8. Se o coeficiente de atrito estático em todas as superfícies de contato for μ_s, determine a inclinação θ em que os blocos idênticos, de peso W cada um, começam a deslizar.

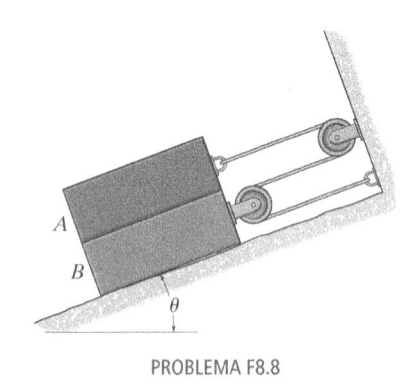

PROBLEMA F8.8

F8.9. Os blocos A e B têm massas de 7 kg e 10 kg, respectivamente. Usando os coeficientes de atrito estático indicados, determine a maior força P que pode ser aplicada à corda sem causar movimento. Há polias em C e D.

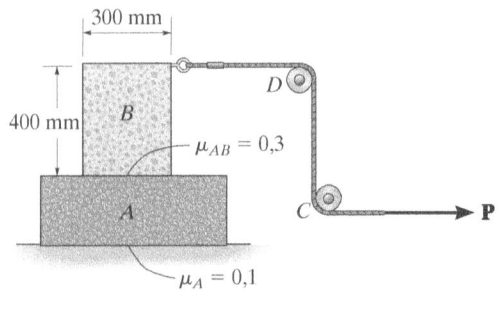

PROBLEMA F8.9

Problemas

Todas as soluções dos problemas precisam incluir um diagrama de corpo livre.

8.1. Determine a força máxima P que a conexão pode suportar de modo que não haja deslizamento entre as placas. Há quatro parafusos usados para a conexão e cada um é apertado de modo que esteja sujeito a uma tração de 4 kN. O coeficiente de atrito estático entre as placas é $\mu_s = 0{,}4$.

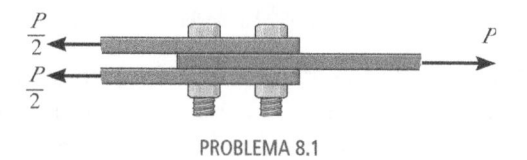

PROBLEMA 8.1

8.2. Se o coeficiente de atrito estático em A é $\mu_s = 0{,}4$ e a luva em B é lisa, de modo que só exerce uma força horizontal sobre o cano, determine a distância mínima x de modo que a cantoneira possa suportar o cilindro de qualquer massa sem deslizar. Despreze a massa da cantoneira.

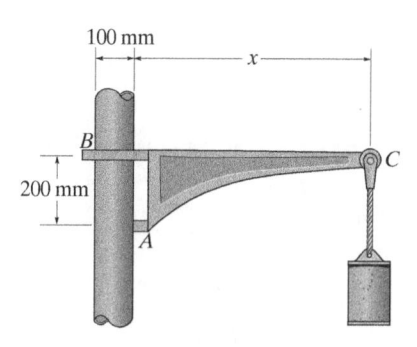

PROBLEMA 8.2

8.3. O vagão de mina e seu conteúdo possuem massa total de 6 Mg e centro de gravidade em G. Se o coeficiente de atrito estático entre as rodas e os trilhos é $\mu_s = 0{,}4$ quando as rodas estão travadas, determine a força normal que atua nas rodas da frente em B e nas rodas de trás em A quando os freios em A e B estão travados. O vagão se move?

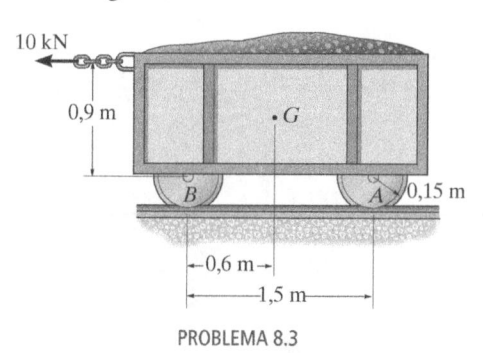

PROBLEMA 8.3

*__8.4.__ A empilhadeira tem peso de 12 kN e centro de gravidade em G. Se as rodas traseiras são tracionadas, enquanto as dianteiras estão livres para rodar, determine o número máximo de caixas de 150 kg que a empilhadeira pode empurrar para a frente. O coeficiente de atrito estático entre as rodas e o solo é $\mu_s = 0{,}4$, e entre cada caixa e o solo é $\mu'_s = 0{,}35$.

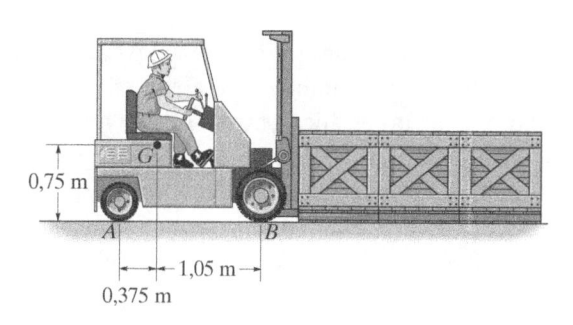

PROBLEMA 8.4

8.5. O tubo com peso W deve ser puxado para cima no plano indicado com inclinação α usando uma força $\mathbf{P}$. Se $\mathbf{P}$ age em um ângulo ϕ, mostre que, para deslizar, $P = W\,\text{sen}(\alpha + \theta)/\cos(\phi - \theta)$, onde θ é o ângulo de atrito estático; $\theta = \text{tg}^{-1}\mu_s$.

8.6. Determine o ângulo ϕ no qual a força aplicada $\mathbf{P}$ deverá atuar sobre o tubo de modo que a intensidade de $\mathbf{P}$ seja a menor possível para puxá-lo rampa acima. Qual é o valor correspondente de P? O tubo pesa W e a inclinação α é conhecida. Expresse a resposta em termos do ângulo de atrito cinético, $\theta = \text{tg}^{-1}\mu_k$.

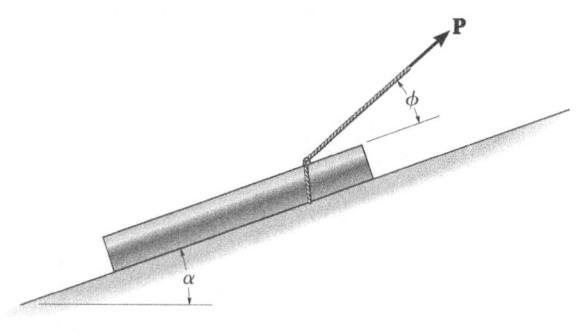

PROBLEMAS 8.5 e 8.6

8.7. O automóvel tem massa de 2 Mg e centro de massa em G. Determine a força de reboque $\mathbf{F}$ exigida para mover o carro se os freios traseiros estão acionados e as rodas dianteiras estão livres para rodar. Considere $\mu_s = 0{,}3$.

*8.8. O automóvel tem massa de 2 Mg e centro de massa em G. Determine a força de reboque **F** exigida para mover o carro. Os freios dianteiros e traseiros estão acionados. Considere $\mu_s = 0{,}3$.

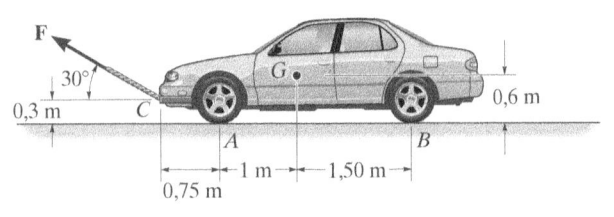

PROBLEMAS 8.7 e 8.8

8.9. O freio manual consiste em uma alavanca conectada por um pino e um bloco de atrito em B. O coeficiente de atrito estático entre a roda e a alavanca é $\mu_s = 0{,}3$, e um torque de 5 N · m é aplicado à roda. Determine se o freio pode manter a roda estacionária quando a força aplicada à alavanca é (a) $P = 30$ N, (b) $P = 70$ N.

PROBLEMA 8.9

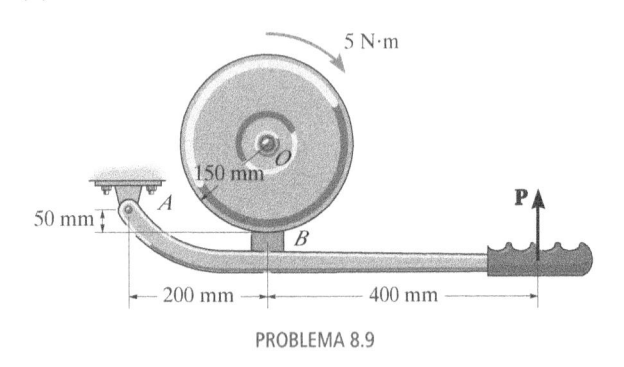

8.10. O freio manual consiste em uma alavanca conectada por um pino e um bloco de atrito em B. O coeficiente de atrito estático entre a roda e a alavanca é $\mu_s = 0{,}3$, e um torque de 5 N · m é aplicado à roda. Determine se o freio pode manter a roda estacionária quando a força aplicada à alavanca é (a) $P = 30$ N, (b) $P = 70$ N.

PROBLEMA 8.10

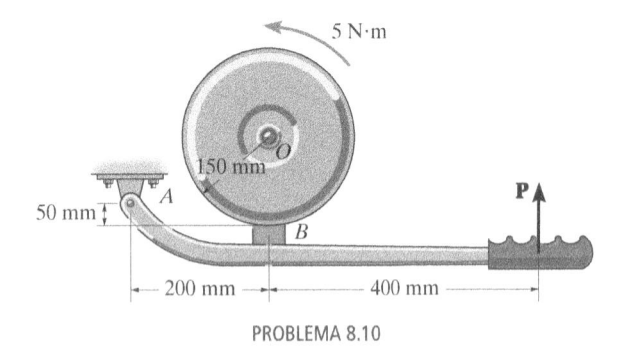

8.11. O carro tem massa de 1,6 Mg e centro de massa em G. Se o coeficiente de atrito estático entre o acostamento da estrada e os pneus é $\mu_s = 0{,}4$, determine a maior inclinação θ que o acostamento pode ter sem fazer com que o carro deslize ou tombe se ele trafegar pelo acostamento em velocidade constante.

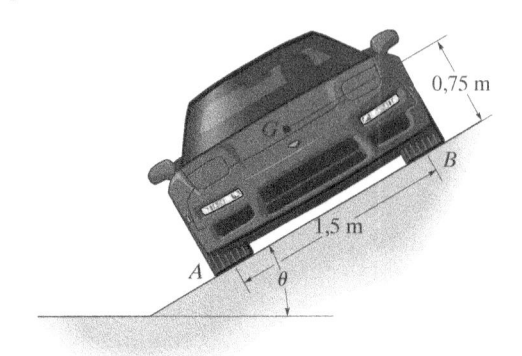

PROBLEMA 8.11

*8.12. Se um torque de $M = 300$ N · m for aplicado ao volante, determine a força que deverá ser desenvolvida no cilindro hidráulico CD para impedir que o volante gire. O coeficiente de atrito estático entre a pastilha de atrito em B e o volante é $\mu_s = 0{,}4$.

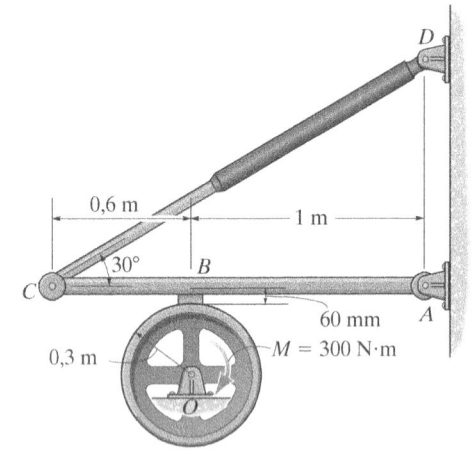

PROBLEMA 8.12

8.13. O freio manual é usado para interromper o giro da roda quando ela está sujeita a um momento de binário $\mathbf{M}_0$. Se o coeficiente de atrito estático entre a roda e o bloco é μ_s, determine a menor força P que deverá ser aplicada.

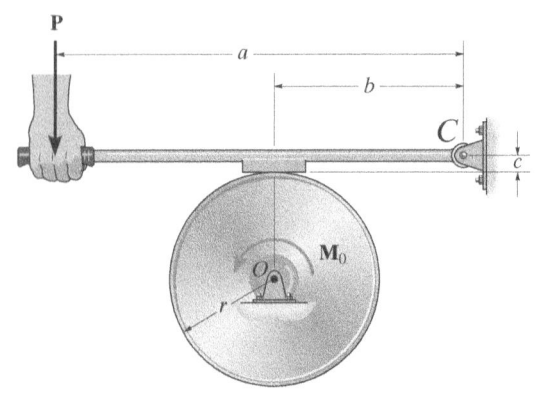

PROBLEMA 8.13

8.14. O tubo é levantado por meio das pinças. Se o coeficiente de atrito estático em A e B é μ_s, determine a menor dimensão b de modo que qualquer tubo de diâmetro interno d possa ser levantado.

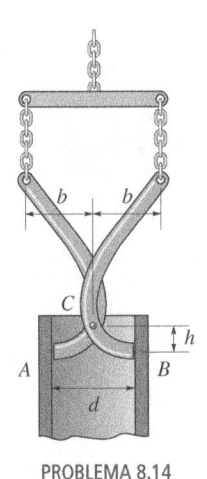

PROBLEMA 8.14

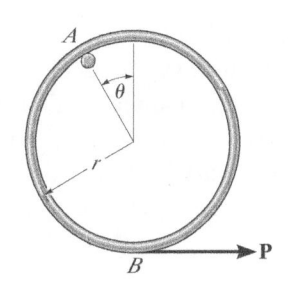

PROBLEMAS 8.16 e 8.17

8.18. A bobina com massa de 150 kg se apoia sobre o piso em A e contra a parede em B. Determine a força P necessária para iniciar o desenrolar do fio horizontal para fora da bobina. O coeficiente de atrito estático entre a bobina e seus pontos de contato é $\mu_s = 0{,}25$.

8.19. A bobina com massa de 150 kg se apoia sobre o piso em A e contra a parede em B. Determine as forças que agem na bobina em A e B se $P = 800$ N. O coeficiente de atrito estático entre a bobina e o piso no ponto A é $\mu_s = 0{,}35$. A parede em B é lisa.

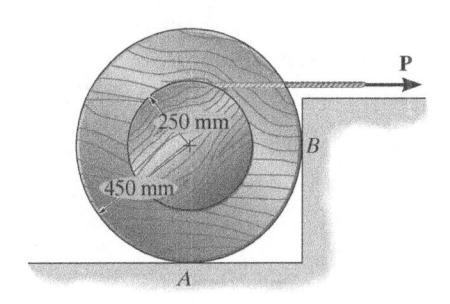

8.15. Se o coeficiente de atrito estático na superfície de contato entre os blocos A e B é μ_s, e entre o bloco B e a superfície é $2\mu_s$, determine a inclinação θ em que os blocos idênticos, cada um com peso W, começam a deslizar.

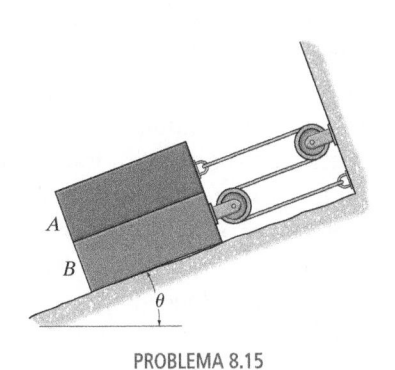

PROBLEMAS 8.18 e 8.19

PROBLEMA 8.15

*****8.20.** O anel tem massa de 0,5 kg e está apoiado sobre a superfície da mesa. Em um esforço para mover o anel, o dedo exerce uma força **P** sobre ele. Se essa força for direcionada para o centro O do anel, conforme mostra a figura, determine sua intensidade quando o anel estiver em iminência de deslizamento em A. O coeficiente de atrito estático em A é $\mu_A = 0{,}2$ e, em B, $\mu_B = 0{,}3$.

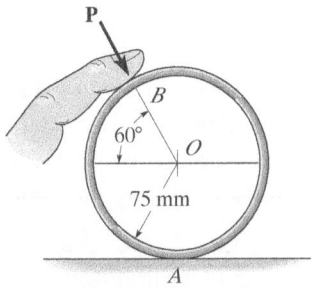

*****8.16.** A argola uniforme de peso W está suspensa pelo pino em A e uma força horizontal **P** é lentamente aplicada em B. Se a argola começa a deslizar em A quando o ângulo é $\theta = 30°$, determine o coeficiente de atrito estático entre a argola e o pino.

8.17. A argola uniforme de peso W está suspensa pelo pino em A e uma força horizontal **P** é lentamente aplicada em B. Se o coeficiente de atrito estático entre a argola e o pino é μ_s, determine se é possível ser $\theta = 30°$ antes da argola iniciar o deslizamento.

PROBLEMA 8.20

8.21. Um reparador de telhados, com massa de 70 kg, caminha lentamente em uma posição vertical descendo a superfície de uma cúpula com um raio de curvatura $r = 20$ m. Se o coeficiente de atrito estático entre seus sapatos e a cúpula é $\mu_s = 0{,}7$, determine o ângulo θ em que ele começa a deslizar.

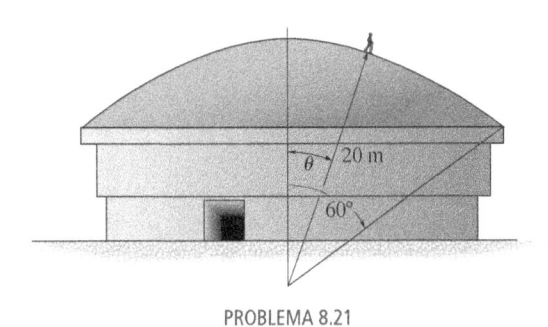

PROBLEMA 8.21

8.22. O freio manual é usado para impedir o giro da roda quando ela estiver sujeita a um momento de binário $M_0 = 360$ N · m. Se o coeficiente de atrito estático entre a roda e o bloco em B é $\mu_s = 0{,}6$, determine a menor força P que deverá ser aplicada.

8.23. Resolva o Problema 8.22 se o momento de binário M_0 for aplicado em sentido anti-horário.

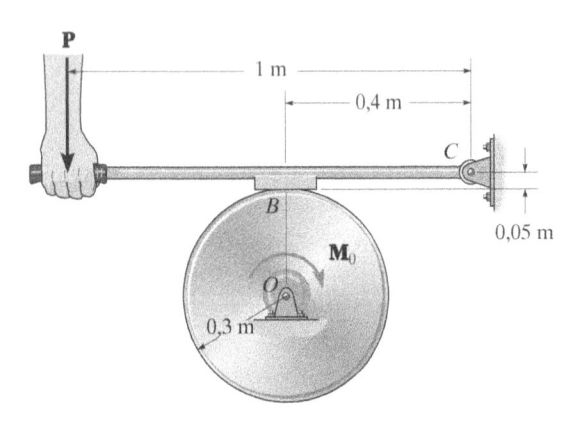

PROBLEMAS 8.22 e 8.23

*__8.24.__ O disco de 45 kg se apoia sobre a superfície para a qual o coeficiente de atrito estático é $\mu_A = 0{,}2$. Determine o maior momento de binário M que pode ser aplicado à haste sem causar movimento.

8.25. O disco de 45 kg se apoia sobre a superfície para a qual o coeficiente de atrito estático é $\mu_A = 0{,}15$. Se $M = 50$ N · m, determine a força de atrito em A.

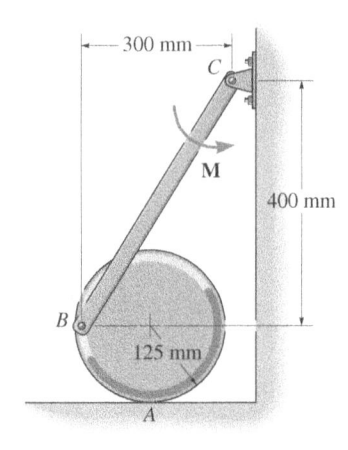

PROBLEMAS 8.24 e 8.25

8.26. A viga é apoiada por um pino em A e um rolete em B, que possui peso desprezível e raio de 15 mm. Se o coeficiente de atrito estático é $\mu_B = \mu_C = 0{,}3$, determine o maior ângulo θ da inclinação de modo que o rolete não deslize para qualquer força **P** aplicada à viga.

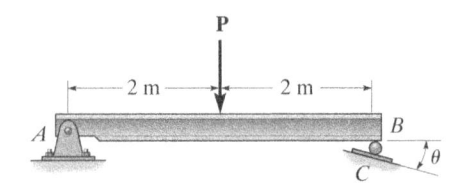

PROBLEMA 8.26

8.27. O dispositivo de travamento por atrito é fixado por um pino em A e se apoia contra a roda em B. Ele permite a liberdade de movimento quando a roda está girando em sentido anti-horário em relação a C. A rotação no sentido horário é impedida pelo atrito da trava, que tende a prender a roda. Se $(\mu_s)_B = 0{,}6$, determine o ângulo de projeto θ que impedirá o movimento no sentido horário para qualquer valor do momento aplicado M. *Dica:* desconsidere o peso do trinco, de modo que ele se torna um membro de duas forças.

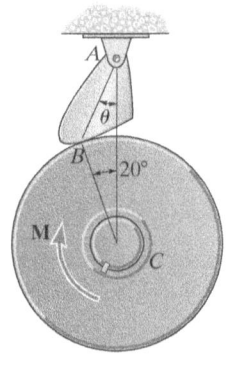

PROBLEMA 8.27

*8.28. As pinças são usadas para elevar a caixa de 150 kg, cujo centro de massa está em G. Determine o menor coeficiente de atrito estático nas sapatas articuladas, de modo que a caixa possa ser levantada.

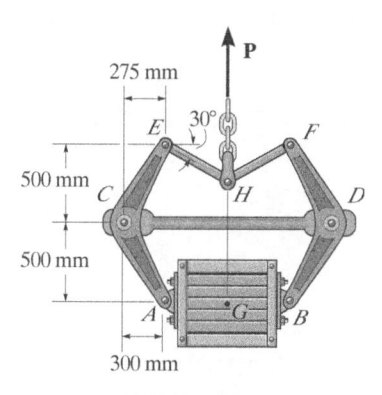

PROBLEMA 8.28

8.29. Um homem tenta suportar uma pilha de livros horizontalmente aplicando uma força compressiva F = 120 N às extremidades da pilha com suas mãos. Se cada livro tem massa de 0,95 kg, determine o maior número de livros que podem ser suportados na pilha. O coeficiente de atrito estático entre as mãos do homem e um livro é $(\mu_s)_h = 0{,}6$ e entre dois livros quaisquer $(\mu_s)_b = 0{,}4$.

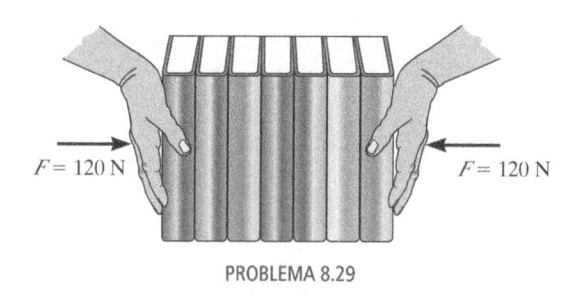

PROBLEMA 8.29

8.30. Determine a intensidade da força **P** necessária para iniciar o reboque da caixa de 40 kg. Determine também o local da força normal resultante que atua sobre a caixa, medida a partir do ponto A. Considere $\mu_s = 0{,}3$.

8.31. Determine a força de atrito na caixa de 40 kg e a força normal resultante em sua posição x, medida a partir do ponto A, se a força é **P** = 300 N. Considere $\mu_s = 0{,}5$ e $\mu_k = 0{,}2$.

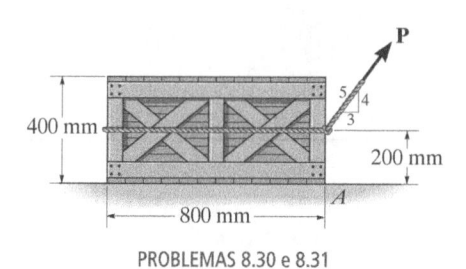

PROBLEMAS 8.30 e 8.31

*8.32. O coeficiente de atrito estático entre a caixa de 150 kg e o piso é $\mu_s = 0{,}3$, enquanto o coeficiente de atrito estático entre os sapatos do homem de 80 kg e o piso é $\mu'_s = 0{,}4$. Determine se o homem pode mover a caixa.

8.33. Se o coeficiente de atrito estático entre a caixa e o piso no Problema 8.32 é $\mu_s = 0{,}3$, determine o menor coeficiente de atrito estático entre os sapatos do homem e o piso, de modo que o homem possa mover a caixa.

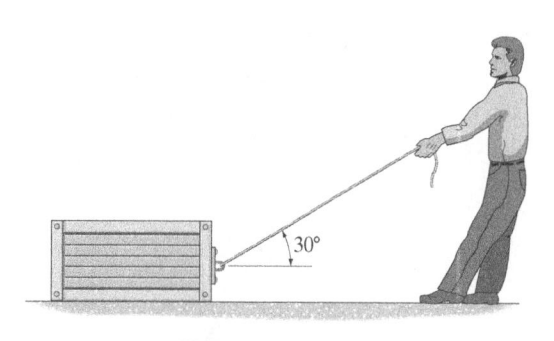

PROBLEMAS 8.32 e 8.33

8.34. A argola uniforme de peso W está sujeita à força horizontal **P**. Determine o coeficiente de atrito estático entre a argola e as superfícies em A e B se a argola estiver na iminência de rotação.

8.35. Determine a força horizontal **P** máxima que pode ser aplicada à argola de 12 kg sem fazer com que ela gire. O coeficiente de atrito estático entre a argola e as superfícies em A e B é $\mu_s = 0{,}2$. Considere r = 300 mm.

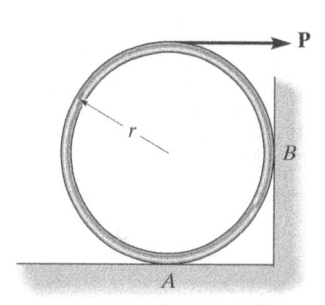

PROBLEMAS 8.34 e 8.35

*8.36. Se $\theta = 30°$, determine o menor coeficiente de atrito estático em A e B de modo que o equilíbrio da estrutura de suporte seja mantido, independentemente da massa do cilindro. Desconsidere a massa das hastes.

8.37. Se o coeficiente de atrito estático em A e B é $\mu_s = 0,6$, determine o ângulo máximo θ para o sistema permanecer em equilíbrio, independentemente da massa do cilindro. Desconsidere a massa das hastes.

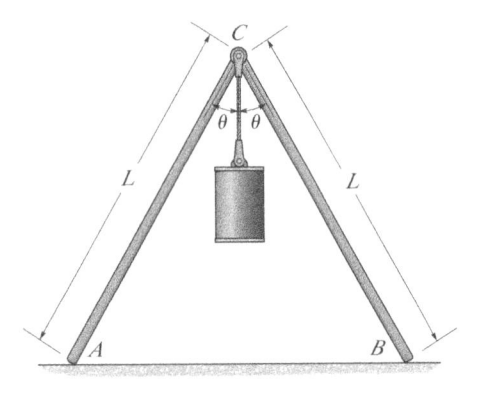

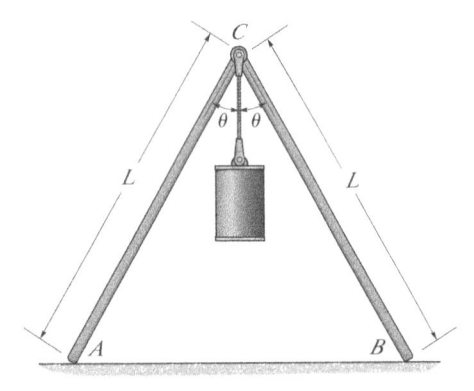

PROBLEMA 8.36

PROBLEMA 8.37

8.38. O disco de 100 kg se apoia em uma superfície para a qual $\mu_B = 0,2$. Determine a menor força vertical **P** que pode ser aplicada tangencialmente ao disco que causará o movimento iminente.

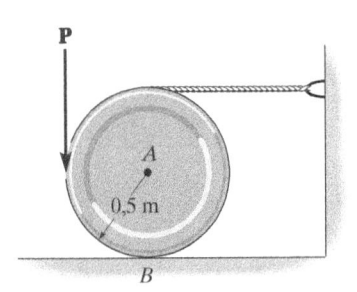

PROBLEMA 8.38

8.39. Os coeficientes de atrito estático e cinético entre o tambor e a alavanca de freio são $\mu_s = 0,4$ e $\mu_k = 0,3$, respectivamente. Se $M = 50$ N · m e $P = 85$ N, determine as componentes horizontal e vertical da reação no pino O. Despreze o peso e a espessura da alavanca. O tambor tem massa de 25 kg.

*****8.40.** O coeficiente de atrito estático entre o tambor e a alavanca de freio é $\mu_s = 0,4$. Sendo o momento $M = 35$ N · m, determine a menor força P que precisa ser aplicada à alavanca a fim de impedir que o tambor gire. Além disso, determine as componentes horizontal e vertical da reação no pino O. Despreze o peso e a espessura da alavanca. O tambor tem massa de 25 kg.

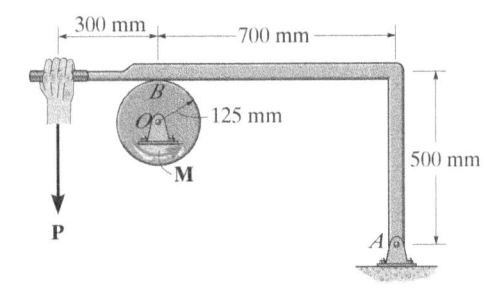

PROBLEMAS 8.39 e 8.40

8.41. Determine a menor força **P** necessária para empurrar o tubo E para cima no aclive. A força atua paralelamente ao plano e os coeficientes de atrito estático nas superfícies de contato são $\mu_A = 0,2$, $\mu_B = 0,3$ e $\mu_C = 0,4$. O rolete de 100 kg e o tubo de 40 kg possuem raios de 150 mm.

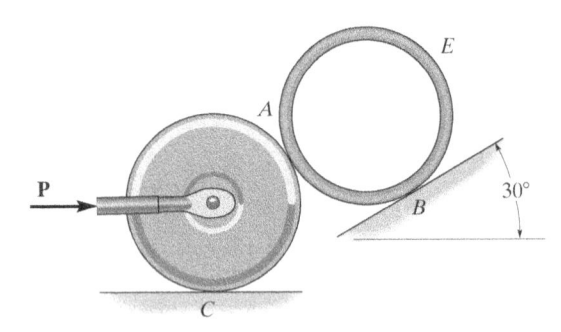

PROBLEMA 8.41

8.42. Investigue se o equilíbrio poderá ser mantido. O bloco uniforme possui massa de 500 kg e o coeficiente de atrito estático é $\mu_s = 0,3$.

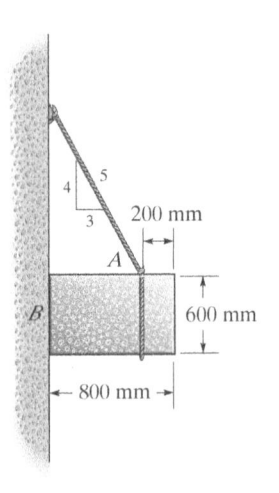

PROBLEMA 8.42

8.43. A haste uniforme tem massa de 10 kg e se apoia no interior do anel liso em B e no piso em A. Se a haste está na iminência de deslizar, determine o coeficiente de atrito estático entre a haste e o piso.

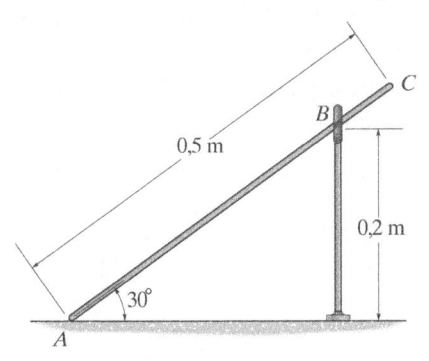

PROBLEMA 8.43

*8.44. Se o coeficiente de atrito estático entre as luvas A e B e o elemento em "V" é $\mu_s = 0{,}6$, determine o maior ângulo θ para que o sistema permaneça em equilíbrio, independentemente do peso do cilindro D. As hastes AC e BC possuem peso desprezível e estão conectadas em C por meio de um pino.

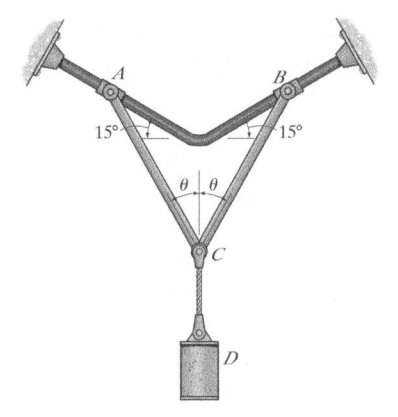

PROBLEMA 8.44

8.45. A viga AB tem massa e espessura desprezíveis e está sujeita a uma carga distribuída triangular. Ela é apoiada por um pino em uma ponta e por um poste com massa de 50 kg e espessura desprezível na outra. Determine os dois coeficientes de atrito estático, em B e em C, de modo que, quando a intensidade da força aplicada for aumentada para $P = 150$ N, o poste deslize em B e C simultaneamente.

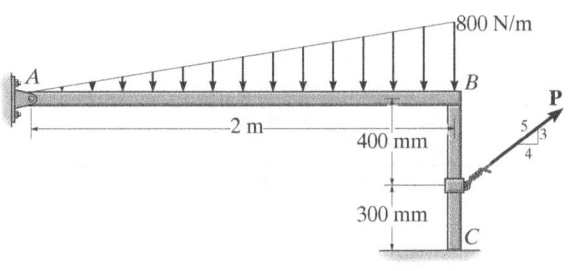

PROBLEMA 8.45

8.46. A caixa uniforme tem massa de 150 kg. Se o coeficiente de atrito estático entre ela e o piso é $\mu_s = 0{,}2$, determine se o homem de 85 kg poderá movê-la. O coeficiente de atrito estático entre seus sapatos e o piso é $\mu'_s = 0{,}4$. Suponha que o homem só exerça uma força horizontal sobre a caixa.

8.47. A caixa uniforme tem massa de 150 kg. Se o coeficiente de atrito estático entre ela e o piso é $\mu_s = 0{,}2$, determine a menor massa do homem de modo que ele possa movê-la. O coeficiente de atrito estático entre seus sapatos e o piso é $\mu'_s = 0{,}45$. Suponha que o homem só exerça uma força horizontal sobre a caixa.

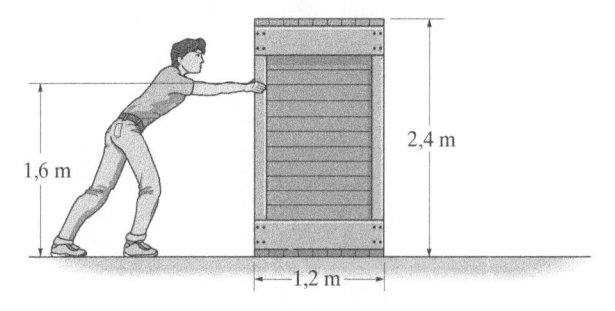

PROBLEMAS 8.46 e 8.47

*8.48. Dois blocos A e B, cada um com massa de 5 kg, estão conectados pela estrutura mostrada. Se o coeficiente de atrito estático nas superfícies de contato é $\mu_s = 0{,}5$, determine a maior força P que pode ser aplicada ao pino C da estrutura sem fazer com que os blocos se movam. Desconsidere o peso da estrutura.

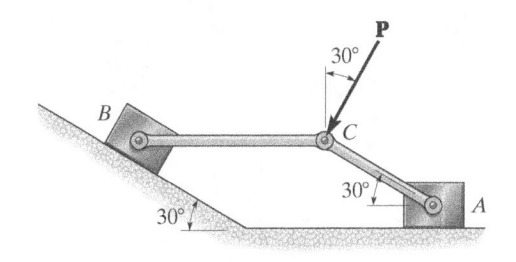

PROBLEMA 8.48

8.49. A viga AB tem massa e espessura desprezíveis e está sujeita a uma carga distribuída triangular. Ela é apoiada por um pino em uma ponta e por um poste com massa de 50 kg e espessura desprezível na outra. Determine a menor força P necessária para mover o poste. Os coeficientes de atrito estático, em B e em C, são $\mu_B = 0{,}4$ e $\mu_C = 0{,}2$, respectivamente.

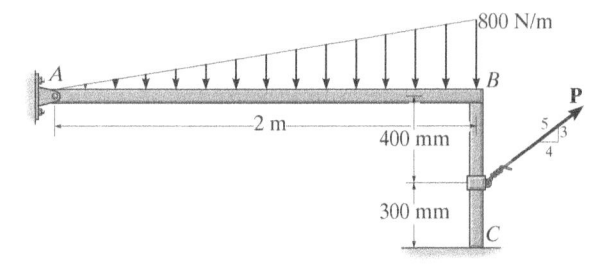

370 ESTÁTICA

PROBLEMA 8.49

8.50. O semicilindro homogêneo tem massa de 20 kg e centro de massa em G. Se a força **P** é aplicada na borda, e $r = 300$ mm, determine o ângulo θ quando o semicilindro está na iminência de deslizamento. O coeficiente de atrito estático entre o plano e o semicilindro é $\mu_s = 0{,}3$. Além disso, qual é a força correspondente P para este caso?

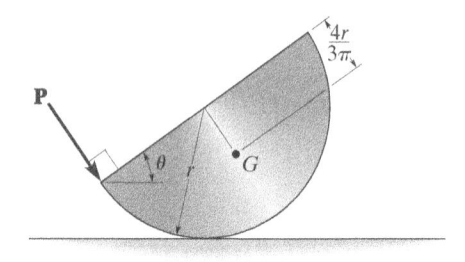

PROBLEMA 8.50

8.51. O coeficiente de atrito estático entre as sapatas das pinças em A e B e o engradado é $\mu'_s = 0{,}5$, e entre ele e o piso é $\mu_s = 0{,}4$. Se uma força de arrasto horizontal de $P = 300$ N é aplicada às pinças, determine a maior massa que pode ser arrastada.

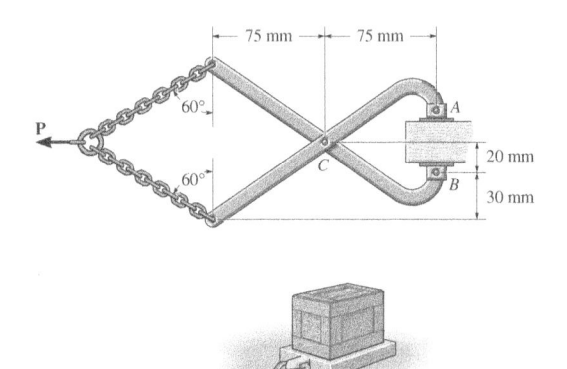

PROBLEMA 8.51

*****8.52.** A viga AB tem massa e espessura desprezíveis e suporta o bloco uniforme de 200 kg. Ela é apoiada em A por um pino e, na outra ponta, por um poste com massa de 20 kg e espessura desprezível. Determine a menor força P necessária para mover o poste. Os coeficientes de atrito estático, em B e em C, são $\mu_B = 0{,}4$ e $\mu_C = 0{,}2$, respectivamente.

8.53. A viga AB tem massa e espessura desprezíveis e suporta o bloco uniforme de 200 kg. Ela é apoiada em A por um pino e, na outra ponta, por um poste com massa de 20 kg e espessura desprezível. Determine os dois coeficientes de atrito estático em B e em C de modo que, quando a intensidade da força aplicada for aumentada para $P = 300$ N, o poste desliza em B e C simultaneamente.

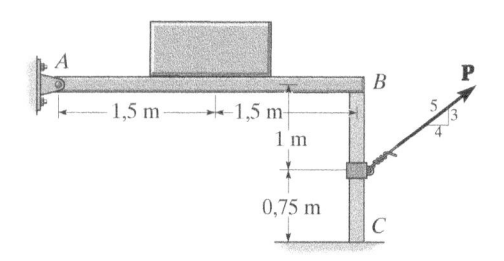

PROBLEMAS 8.52 e 8.53

8.54. A viga AB tem massa e espessura desprezíveis e está sujeita a uma força de 200 N. Ela é apoiada em uma extremidade por um pino e, na outra ponta, por uma bobina com massa de 40 kg. Se um cabo é enrolado no núcleo da bobina, determine a força mínima P no cabo necessária para mover a bobina. Os coeficientes de atrito estático em B e D são $\mu_s = 0{,}4$ e $\mu_D = 0{,}2$, respectivamente.

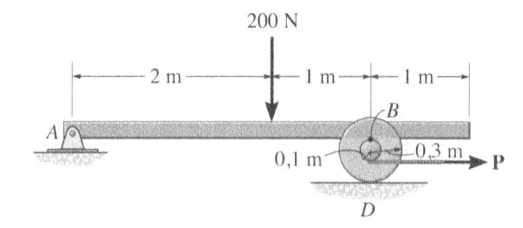

PROBLEMA 8.54

8.55. O gancho por atrito é composto de uma estrutura fixa e de um cilindro de peso desprezível. Um pedaço de papel é colocado entre a parede e o cilindro. Se $\theta = 20°$, determine o menor coeficiente de atrito estático μ em todos os pontos de contato, de modo que qualquer peso W do papel p possa ser mantido no local.

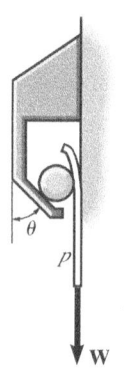

PROBLEMA 8.55

*8.56. Determine o maior ângulo θ de modo que a escada não deslize quando um homem de 75 kg estiver na posição mostrada. A superfície é um tanto escorregadia, onde o coeficiente de atrito estático em A e B é $\mu_s = 0{,}3$.

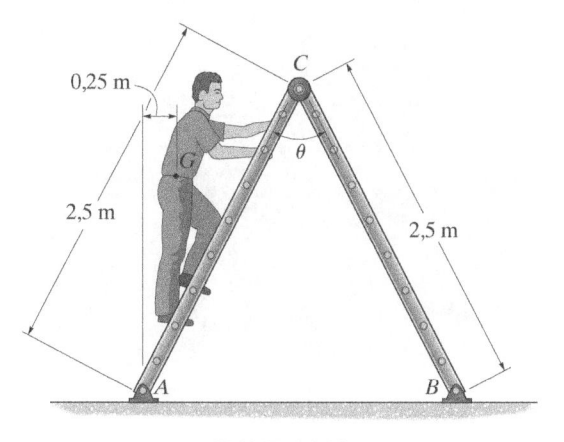

8.57. O disco tem peso W e encontra-se em um plano que possui coeficiente de atrito estático μ. Determine a maior altura h à qual o plano pode ser elevado sem fazer com que o disco deslize.

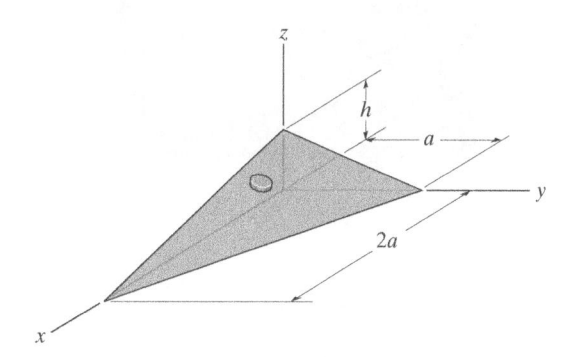

PROBLEMA 8.56

PROBLEMA 8.57

Problemas conceituais

C8.1. Desenhe os diagramas de corpo livre de cada uma das pinças desse dispositivo de suspensão por atrito, usado para levantar o bloco de 100 kg.

PROBLEMA C8.1

PROBLEMA C8.2

C8.2. Mostre como achar a força necessária para mover o bloco superior. Use dados razoáveis e também uma análise de equilíbrio para explicar sua resposta.

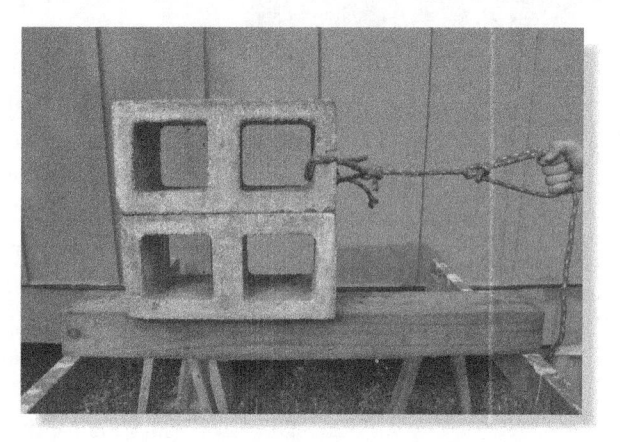

C8.3. A corda é usada para puxar o refrigerador. É melhor puxar um pouco para cima, como na figura, puxar horizontalmente ou puxar um pouco para baixo? Além disso, é melhor prender a corda em uma posição alta, como na figura, ou em uma posição baixa? Faça uma análise de equilíbrio para explicar sua resposta.

C8.4. A corda é usada para puxar o refrigerador. Para impedir que você escorregue enquanto puxa, é melhor puxar para cima, como na figura, puxar horizontalmente ou puxar para baixo na corda? Faça uma análise de equilíbrio para explicar sua resposta.

C8.5. Explique como determinar a força máxima que esse homem pode exercer sobre o veículo. Use dados razoáveis e uma análise de equilíbrio para explicar sua resposta.

PROBLEMAS C8.3 e 8.4

PROBLEMA C8.5

8.3 Calços

Calços geralmente são usados para ajustar a elevação de peças estruturais ou mecânicas. Além disso, eles oferecem estabilidade para objetos como este tubo.

Um *calço* (ou cunha) é uma máquina simples que normalmente é usada para transformar uma força aplicada em forças muito maiores, direcionadas em ângulos aproximadamente retos à força aplicada. Os calços também podem ser usados para mover ligeiramente cargas pesadas ou ajustá-las.

Considere, por exemplo, o calço mostrado na Figura 8.12a, que é usado para *levantar* o bloco aplicando uma força ao calço. Os diagramas de corpo livre do bloco e do calço são mostrados na Figura 8.12b. Aqui, excluímos o peso do calço, pois ele normalmente é *pequeno* em comparação com o peso **W** do bloco. Além disso, observe que as forças de atrito F_1 e F_2 devem se opor ao movimento do calço. De modo semelhante, a força de atrito F_3 da parede sobre o bloco deve atuar para baixo, a fim de se opor ao movimento do bloco para cima. As localizações das forças normais resultantes não são importantes na análise das forças, pois nem o bloco nem o calço "tombarão". Portanto, as equações do equilíbrio dos momentos não serão consideradas. Existem sete incógnitas, consistindo na força aplicada **P** necessária para causar o movimento do calço, e seis forças normais e de atrito. As sete equações disponíveis consistem em quatro equações de equilíbrio de força, $\Sigma F_x = 0$, $\Sigma F_y = 0$ aplicadas ao calço e ao bloco, e três equações de atrito, $F = \mu N$, aplicadas à superfície de contato.

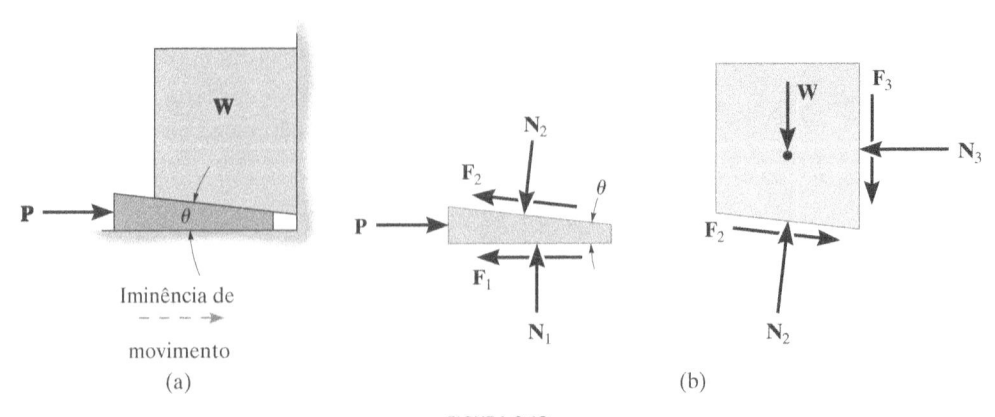

FIGURA 8.12

Se o bloco precisar ser *abaixado*, então as forças de atrito atuarão em sentidos opostos aos mostrados na Figura 8.12b. Desde que o coeficiente de atrito seja muito *pequeno* ou o ângulo θ do calço seja *grande*, a força aplicada **P** deverá atuar para a direita para segurar o bloco. Caso contrário, **P** pode ter um sentido de direção inverso para *puxar* o calço e removê-lo. Se **P** *não for aplicado* e as forças de atrito mantiverem o bloco no local, então o calço é considerado *autotravante*.

Exemplo 8.6

A pedra uniforme na Figura 8.13a tem massa de 500 kg e é mantida na posição horizontal usando um calço em B. Se o coeficiente de atrito estático for $\mu_s = 0{,}3$ nas superfícies de contato, determine a força P mínima necessária para remover o calço. Assuma que a pedra não desliza em A.

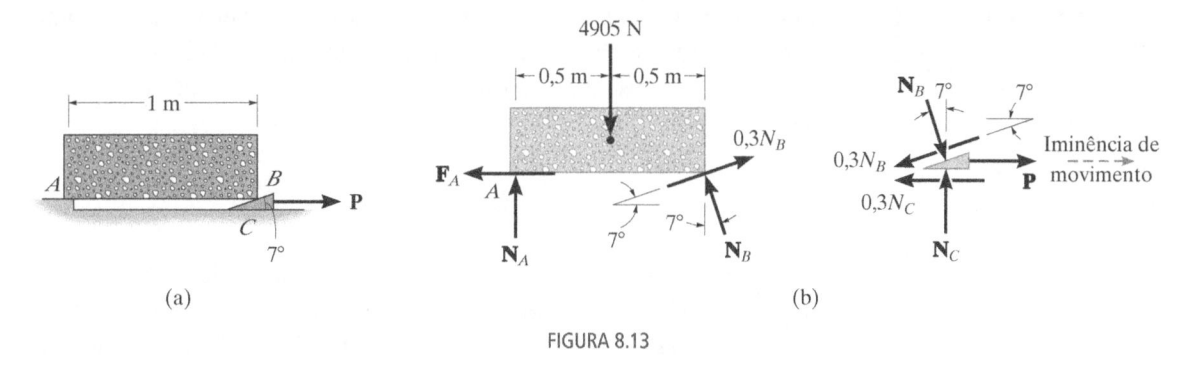

FIGURA 8.13

SOLUÇÃO

A força mínima P requer $F = \mu_s N$ nas superfícies de contato com o calço. Os diagramas de corpo livre da pedra e do calço são mostrados na Figura 8.13b. No calço, a força de atrito se opõe à iminência do movimento, e na pedra em A, $F_A \leq \mu_s N_A$, pois não ocorre deslizamento nesse ponto. Existem cinco incógnitas. Três equações de equilíbrio para a pedra e duas para o calço estão disponíveis para a solução. Pelo diagrama de corpo livre da pedra,

$\zeta + \Sigma M_A = 0;$ $-4905 \text{ N}(0{,}5 \text{ m}) + (N_B \cos 7° \text{ N})(1 \text{ m})$
$+ (0{,}3 N_B \text{ sen } 7° \text{ N})(1 \text{ m}) = 0$
$N_B = 2383{,}1 \text{ N}$

Usando esse resultado para o calço, temos:

$+\uparrow \Sigma F_y = 0;$ $N_C - 2383{,}1 \cos 7° \text{ N} - 0{,}3(2383{,}1 \text{ sen } 7° \text{ N}) = 0$
$N_C = 2452{,}5 \text{ N}$

$\xrightarrow{+} \Sigma F_x = 0;$ $2383{,}1 \text{ sen } 7° \text{ N} - 0{,}3(2383{,}1 \cos 7° \text{ N}) +$
$P - 0{,}3(2452{,}5 \text{ N}) = 0$
$P = 1154{,}9 \text{ N} = 1{,}15 \text{ kN}$ *Resposta*

NOTA: como P é positivo, na verdade o calço deve ser puxado para fora. Se P fosse zero, o calço permaneceria no lugar (autotravante) e as forças de atrito desenvolvidas em B e C satisfariam $F_B < \mu_s N_B$ e $F_C < \mu_s N_C$.

8.4 Forças de atrito em parafusos

Na maioria dos casos, os parafusos são usados como peças de fixação; porém, em muitos tipos de máquinas, eles são incorporados para transmitir potência ou movimento de uma parte da máquina para outra. Um *parafuso de rosca quadrada* normalmente é usado para essa segunda finalidade, especialmente quando grandes forças são aplicadas ao longo de seu eixo. Nesta seção, analisaremos as forças que atuam sobre parafusos de rosca quadrada. A análise de outros tipos de parafusos, como os de rosca em V, é baseada nesses mesmos princípios.

Para a análise, um parafuso de rosca quadrada, como na Figura 8.14, pode ser considerado um cilindro com um relevo quadrado inclinado, ou *rosca*, enrolada ao seu redor. Se desenrolarmos uma volta da rosca, como mostra a Figura 8.14b, a inclinação ou o **ângulo de avanço** θ é determinado a partir de $\theta = \mathrm{tg}^{-1}(l/2\pi r)$. Aqui, l e $2\pi r$ são as distâncias vertical e horizontal entre A e B, onde r é o raio médio da rosca. A distância l é chamada de **avanço de rosca** do parafuso e é equivalente à distância que o parafuso avança quando ele gira uma volta.

Parafusos de rosca quadrada são utilizados em válvulas, macacos e morsas, em que forças particularmente grandes precisam ser desenvolvidas ao longo do eixo do parafuso.

Iminência de movimento ascendente

Agora, vamos considerar o caso de um parafuso de rosca quadrada de um macaco (Figura 8.15) que está sujeito à iminência de movimento ascendente causado pelo momento de torção aplicado **M**.[*] Um diagrama de corpo livre da *rosca completamente desenrolada h* em contato com o macaco pode ser representado como um bloco, como mostra a Figura 8.16a. A força **W** é a força vertical atuando sobre a rosca ou a força axial aplicada ao eixo (Figura 8.15), e M/r é a força horizontal resultante produzida pelo momento de binário M em torno do eixo. A reação **R** do sulco sobre a rosca possui componentes de atrito e normal, onde $F = \mu_s N$. O ângulo de atrito estático é $\phi_s = \mathrm{tg}^{-1}(F/N) = \mathrm{tg}^{-1}\mu_s$. Aplicando as equações de equilíbrio das forças ao longo dos eixos horizontal e vertical, temos

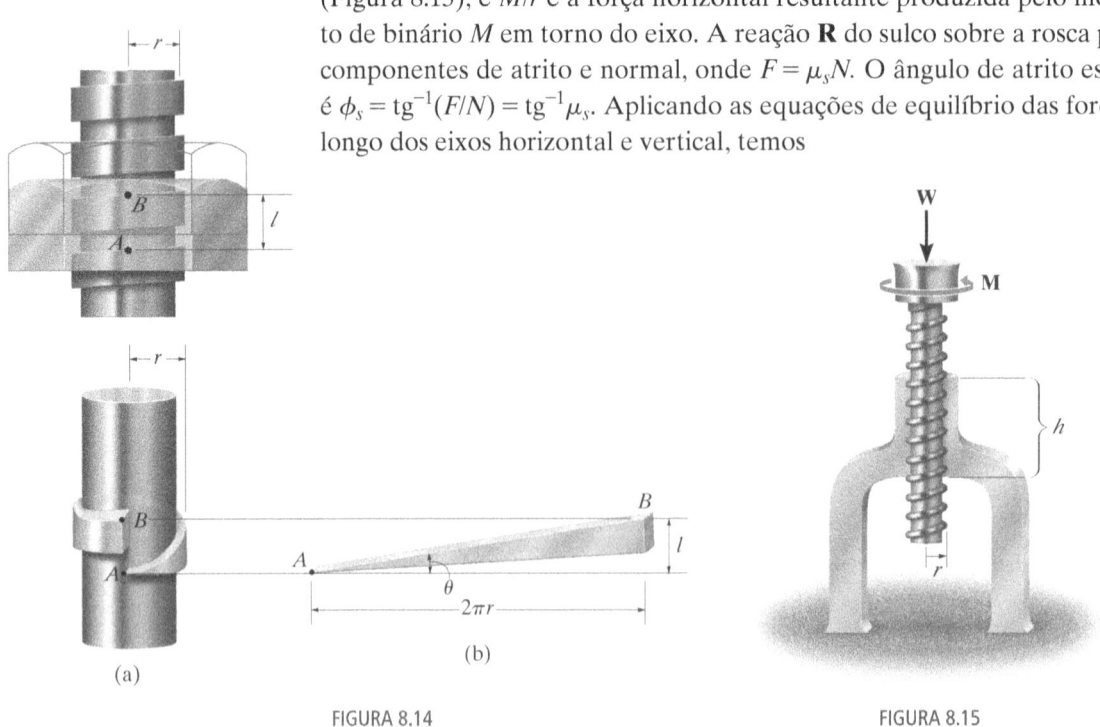

FIGURA 8.14

FIGURA 8.15

---

[*] Quando o macaco é utilizado, **M** é desenvolvido aplicando-se uma força horizontal **P** em um ângulo reto com a extremidade de uma alavanca que seria fixada ao parafuso.

Capítulo 8 – Atrito   375

$\xrightarrow{+} \Sigma F_x = 0;$ $\qquad M/r - R \operatorname{sen}(\theta + \phi_s) = 0$

$+\uparrow \Sigma F_y = 0;$ $\qquad R \cos(\theta + \phi_s) - W = 0$

Eliminando R dessas equações, obtemos

$$M = rW \operatorname{tg}(\theta + \phi_s) \qquad (8.3)$$

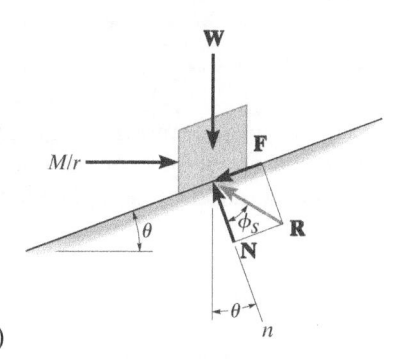

Movimento ascendente do parafuso
(a)

Parafuso autotravante

Um parafuso é considerado *autotravante* se permanecer imóvel sob qualquer carga axial **W** quando o momento **M** for removido. Para que isso ocorra, a direção da força de atrito deve ser invertida para que **R** atue sobre o outro lado de **N**. Aqui, o ângulo de atrito estático ϕ_s torna-se maior ou igual a θ (Figura 8.16d). Se $\phi_s = \theta$ (Figura 8.16b), então **R** atuará verticalmente para equilibrar **W**, e o parafuso estará na iminência de girar no sentido descendente.

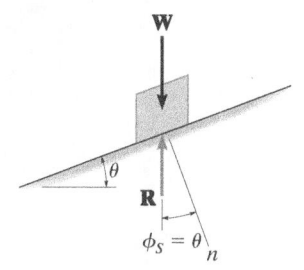

Parafuso autotravante ($\theta = \phi_s$)
(prestes a girar no sentido descendente)
(b)

Iminência de movimento descendente ($\theta > \phi_s$)

Se o parafuso não é autotravante, é necessário aplicar um momento **M'** para impedir que ele gire no sentido descendente. Aqui, uma força horizontal M'/r empurrando contra a rosca é necessária para impedir que ela deslize plano abaixo (Figura 8.16c). Usando o mesmo procedimento de antes, a intensidade do momento **M'** exigido para impedir esse giro é

$$M' = rW \operatorname{tg}(\theta - \phi_s) \qquad (8.4)$$

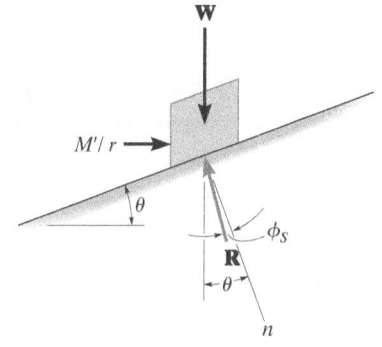

Movimento descendente do parafuso ($\theta > \phi_s$)
(c)

Iminência de movimento descendente ($\phi_s > \theta$)

Se um parafuso é autotravante, para girá-lo no sentido descendente, um momento de binário **M''** deverá ser aplicado a ele, no sentido oposto ao do momento **M'** ($\phi_s > \theta$). Isso cria uma força horizontal reversa M''/r que empurra a rosca para baixo, conforme indicado na Figura 8.16d. Neste caso, obtemos:

$$M'' = rW \operatorname{tg}(\phi_s - \theta) \qquad (8.5)$$

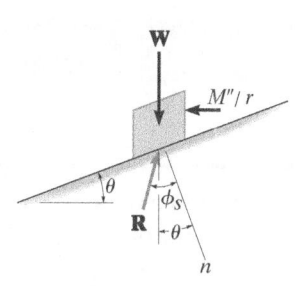

Movimento descendente do parafuso ($\theta < \phi_s$)
(d)

FIGURA 8.16

Se houver *movimento do parafuso*, as equações 8.3, 8.4 e 8.5 podem ser aplicadas simplesmente substituindo ϕ_s por ϕ_k.

Exemplo 8.7

O esticador mostrado na Figura 8.17 tem uma rosca quadrada com um raio médio de 5 mm e um avanço de 2 mm. Se o coeficiente de atrito estático entre o parafuso e o esticador é $\mu_s = 0{,}25$, determine o momento **M** que deve ser aplicado para aproximar entre si os parafusos.

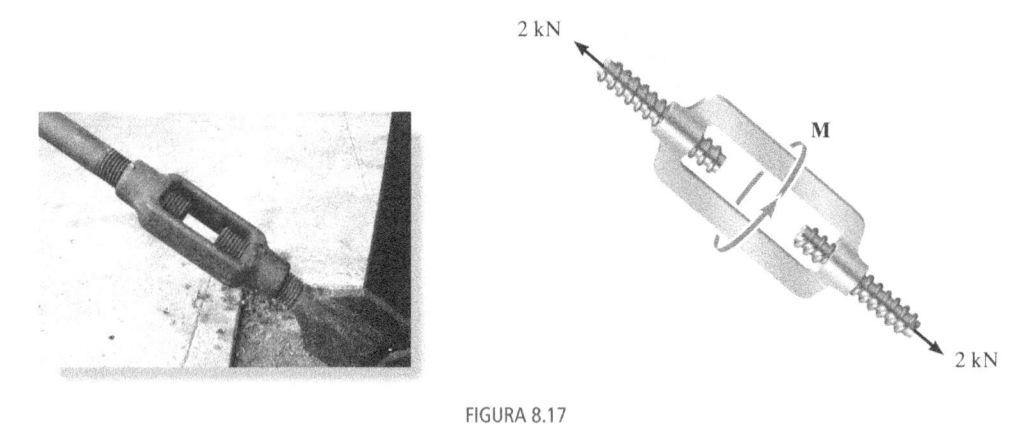

FIGURA 8.17

SOLUÇÃO

O momento pode ser obtido aplicando a Equação 8.3. Como o atrito nos *dois parafusos* deve ser superado, isso requer:

$$M = 2[rW \operatorname{tg}(\theta + \phi_s)] \tag{1}$$

Aqui, $W = 2000$ N, $\phi_s = \operatorname{tg}^{-1} \mu_s = \operatorname{tg}^{-1}(0{,}25) = 14{,}04°$, $r = 5$ mm e $\theta = \operatorname{tg}^{-1}(l/2\pi r) = \operatorname{tg}^{-1}(2 \text{ mm}/[2\pi(5 \text{ mm})])$ $= 3{,}64°$. Substituindo esses valores na Equação 1 e resolvendo, temos:

$$M = 2[(2000 \text{ N})(5 \text{ mm}) \operatorname{tg}(14{,}04° + 3{,}64°)]$$

$$= 6374{,}7 \text{ N} \cdot \text{mm} = 6{,}37 \text{ N} \cdot \text{m} \qquad \qquad Resposta$$

NOTA: quando o momento é *removido*, o esticador será autotravante, ou seja, ele não desparafusará, pois $\phi_s > \theta$.

Problemas

8.58. Se $P = 250$ N, determine a menor compressão exigida na mola para que o calço não se mova para a direita. Desconsidere os pesos de A e de B. O coeficiente de atrito estático para todas as superfícies de contato é $\mu_s = 0{,}35$. Desconsidere o atrito nos roletes.

8.59. Determine a menor força aplicada **P** necessária para mover o calço A para a direita. A mola está comprimida por uma distância de 175 mm. Desconsidere os pesos de A e de B. O coeficiente de atrito estático para todas as superfícies de contato é $\mu_s = 0{,}35$. Desconsidere o atrito nos roletes.

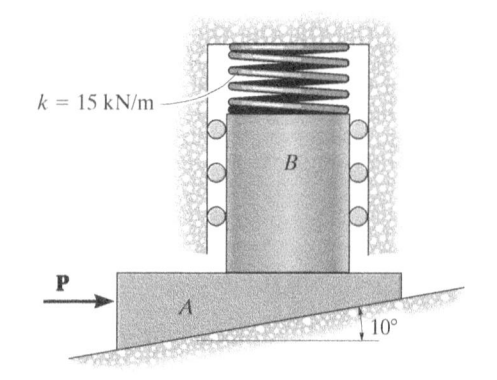

PROBLEMAS 8.58 e 8.59

8.60. O coeficiente de atrito estático entre os calços B e C é $\mu_s = 0{,}6$ e entre as superfícies de contato B e A e C e D, $\mu'_s = 0{,}4$. Se a mola estiver comprimida 200 mm quando na posição mostrada, determine a menor força P necessária para mover o calço C para a esquerda. Desconsidere o peso dos calços.

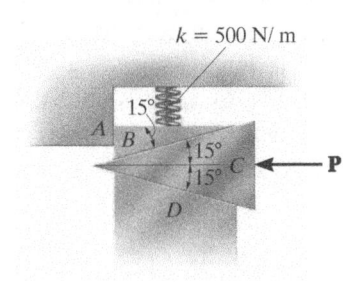

PROBLEMA 8.60

8.61. Se a viga AD estiver carregada como mostra a figura, determine a força horizontal P que deverá ser aplicada ao calço a fim de que seja removido de sob a viga. Os coeficientes de atrito estático nas superfícies superior e inferior do calço são $\mu_{CA} = 0{,}25$ e $\mu_{CB} = 0{,}35$, respectivamente. Se $P = 0$, o calço é autotravante? Desconsidere o peso e o tamanho do calço e a espessura da viga.

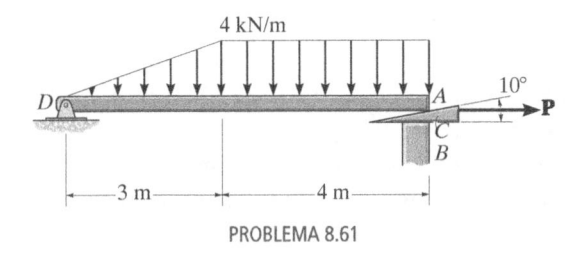

PROBLEMA 8.61

8.62. O calço é usado para nivelar o elemento. Determine a força horizontal **P** que deverá ser aplicada para começar a empurrar o calço para a frente. O coeficiente de atrito estático entre o calço e as duas superfícies de contato é $\mu_s = 0{,}2$. Desconsidere o peso do calço.

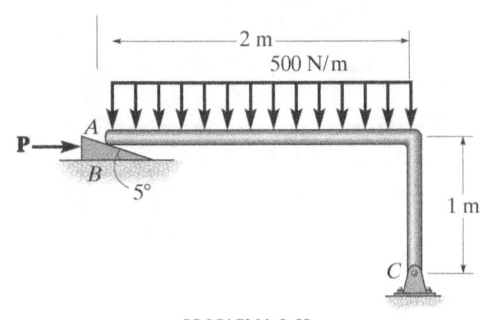

PROBLEMA 8.62

8.63. Determine o maior ângulo θ que fará com que o calço seja autotravante independentemente da intensidade da força horizontal P aplicada aos blocos. O coeficiente de atrito estático entre o calço e os blocos é $\mu_s = 0{,}3$. Desconsidere o peso do calço.

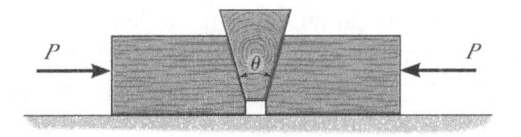

PROBLEMA 8.63

***8.64.** Se o coeficiente de atrito estático entre todas as superfícies de contato é μ_s, determine a força **P** que deverá ser aplicada ao calço para levantar o bloco com um peso W.

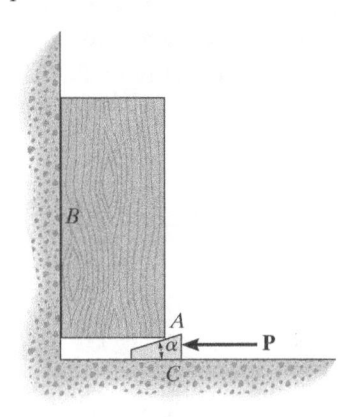

PROBLEMA 8.64

8.65. A coluna é usada para suportar o piso superior. Se uma força $F = 80$ N é aplicada perpendicularmente ao cabo para apertar o parafuso, determine a força compressiva na coluna. O parafuso de rosca quadrada no macaco tem coeficiente de atrito estático $\mu_s = 0{,}4$, diâmetro médio de 25 mm e avanço de rosca de 3 mm.

8.66. Se a força **F** for removida do cabo do macaco no Problema 8.65, determine se o parafuso é autotravante.

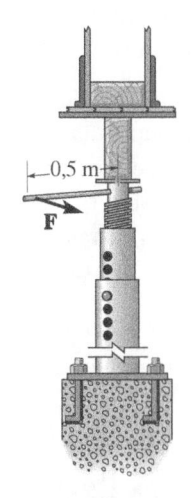

PROBLEMAS 8.65 e 8.66

8.67. Um esticador, semelhante ao mostrado na Figura 8.17, é usado para tracionar o elemento AB da treliça. O coeficiente de atrito estático entre os parafusos com rosca quadrada e o esticador é $\mu_s = 0{,}5$.

Os parafusos possuem raio médio de 6 mm e avanço de rosca de 3 mm. Se um torque de $M = 10$ N · m for aplicado ao esticador, para aproximar os parafusos, determine a força em cada elemento da treliça. Nenhuma força externa atua sobre a treliça.

*8.68. Um esticador, semelhante ao mostrado na Figura 8.17, é usado para tracionar o elemento AB da treliça. O coeficiente de atrito estático entre os parafusos com rosca quadrada e o esticador é $\mu_s = 0,5$. Os parafusos possuem raio médio de 6 mm e avanço de rosca de 3 mm. Determine o torque M que deverá ser aplicado ao esticador para que os parafusos se aproximem, de modo que a força compressiva de 500 N seja desenvolvida no elemento BC.

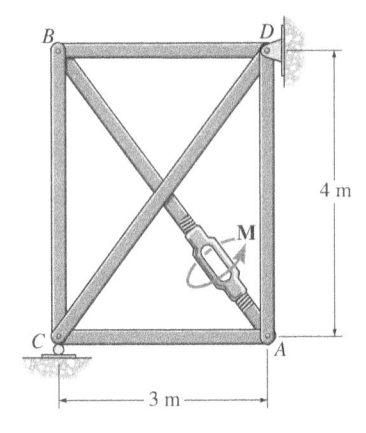

PROBLEMAS 8.67 e 8.68

8.69. Se a força de aperto em G é 900 N, determine a força horizontal **F** que deve ser aplicada perpendicularmente ao cabo da alavanca em E. O diâmetro médio e o avanço das duas roscas quadradas em C e D no parafuso que une as garras são 25 mm e 5 mm, respectivamente. O coeficiente de atrito estático é $\mu_s = 0,3$.

8.70. Se uma força de aperto de $F = 50$ N é aplicada perpendicularmente ao punho da alavanca em E, determine a força de aperto desenvolvida em G. O diâmetro médio e o avanço das duas roscas quadradas em C e D no parafuso que une as garras são 25 mm e 5 mm, respectivamente. O coeficiente de atrito estático é $\mu_s = 0,3$.

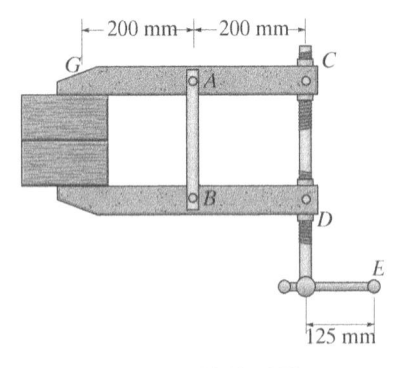

PROBLEMAS 8.69 e 8.70

8.71. Determine a força de aperto na placa A se o parafuso do grampo "C" for apertado com um torque de $M = 8$ N · m. O parafuso de rosca quadrada tem raio médio de 10 mm, avanço de rosca de 3 mm e coeficiente de atrito estático $\mu_s = 0,35$.

*8.72. Se a força de aperto necessária na placa A tiver de ser 50 N, determine o torque M que deverá ser aplicado ao punho do grampo "C" para apertá-lo contra a placa. O parafuso de rosca quadrada tem raio médio de 10 mm, avanço de rosca de 3 mm e o coeficiente de atrito estático é $\mu_s = 0,35$.

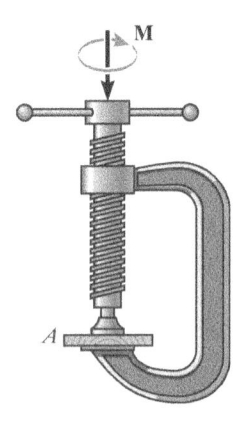

PROBLEMAS 8.71 e 8.72

8.73. Se forças de binário $F = 35$ N forem aplicadas ao punho da morsa, determine a força compressiva desenvolvida no bloco. Desconsidere o atrito no mancal A. A guia em B é lisa. O parafuso de rosca quadrada tem raio médio de 6 mm e avanço de rosca de 8 mm, e o coeficiente de atrito estático é $\mu_s = 0,27$.

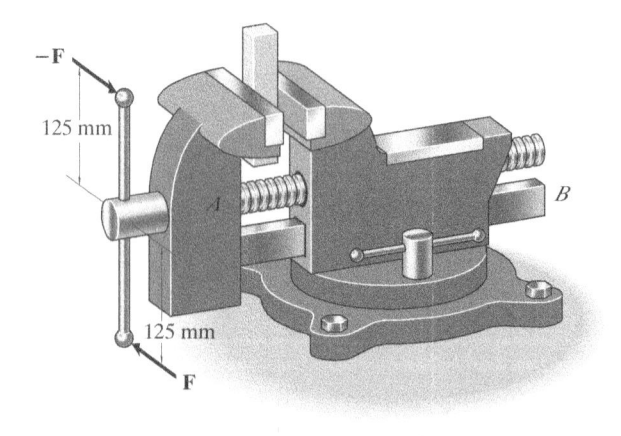

PROBLEMA 8.73

8.74. Prove que o avanço l deverá ser menor que $2\pi r \mu_s$ para que o parafuso mostrado na Figura 8.15 seja "autotravante".

8.75. O parafuso de rosca quadrada é usado para unir duas placas. Se o parafuso tem diâmetro médio $d = 20$ mm e avanço de rosca $l = 3$ mm, determine o menor torque M necessário para afrouxar o parafuso se a tração nele for $T = 40$ kN. O coeficiente de atrito estático entre as roscas e o parafuso é $\mu_s = 0,15$.

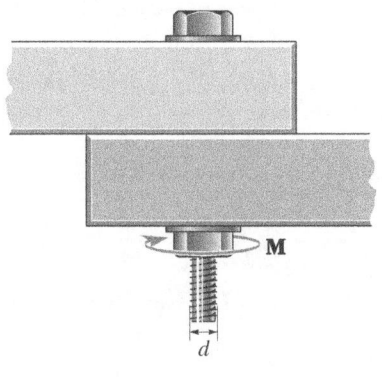

PROBLEMA 8.75

*8.76.** O eixo tem um parafuso de rosca quadrada com avanço de rosca de 8 mm e raio médio de 15 mm. Se ele estiver em contato com uma engrenagem com raio médio de 30 mm, determine o torque de resistência **M** sobre a engrenagem que possa ser sobrepujado se um torque de 7 N·m for aplicado ao eixo. O coeficiente de atrito estático no parafuso é $\mu_B = 0,2$. Desconsidere o atrito dos mancais localizados em A e B.

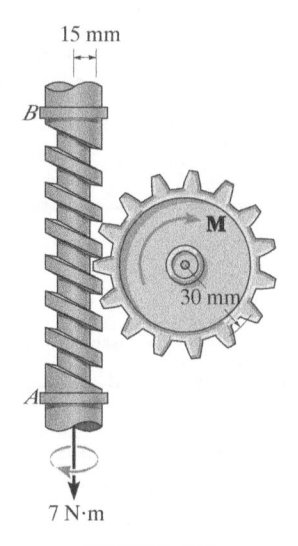

PROBLEMA 8.76

8.77. O mecanismo de freio consiste em dois braços com pinos e um parafuso de rosca quadrada com roscas esquerda e direita. Assim, quando girado, o parafuso aproxima os dois braços. Se o avanço do parafuso é 4 mm, o diâmetro médio é 12 mm e o coeficiente de atrito estático é $\mu_s = 0,35$, determine a tração no parafuso quando um torque de 5 N·m é aplicado para apertá-lo. Se o coeficiente de atrito estático entre as pastilhas de freio A e B e o eixo circular é $\mu'_s = 0,5$, determine o torque M máximo que o freio pode resistir.

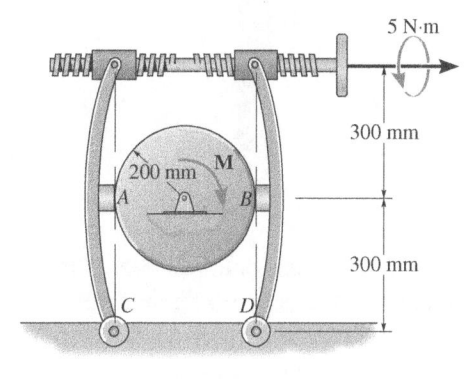

PROBLEMA 8.77

8.78. Determine a força de retenção sobre a placa A se o parafuso for apertado com um torque de $M = 8$ N·m. O parafuso de rosca quadrada tem raio médio de 10 mm e avanço de rosca de 3 mm, e o coeficiente de atrito estático é $\mu_s = 0,35$.

8.79. Se a força de retenção na placa A tiver de ser 2 kN, determine o torque M que deverá ser aplicado ao parafuso para apertá-lo. O parafuso de rosca quadrada tem raio médio de 10 mm e avanço de rosca de 3 mm, e o coeficiente de atrito estático é $\mu_s = 0,35$.

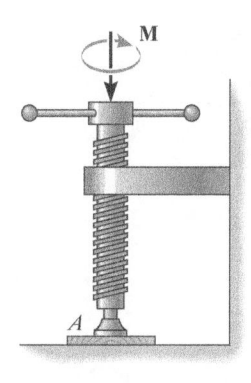

PROBLEMAS 8.78 e 8.79

*8.80.** O parafuso de rosca quadrada tem um diâmetro médio de 20 mm e um avanço de rosca de 4 mm. Se a massa da placa A é 2 kg, determine o menor coeficiente de atrito estático entre o parafuso e a placa para que ela não desça pelo parafuso quando for suspensa conforme mostra a figura.

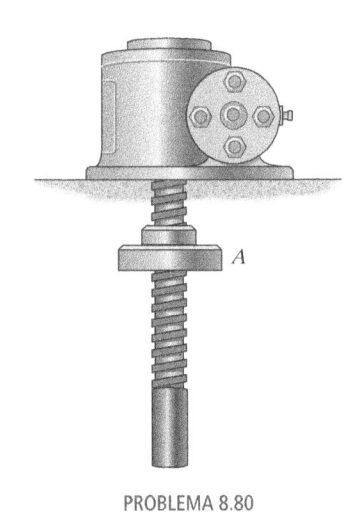

PROBLEMA 8.80

8.81. Se uma força horizontal $P = 100$ N for aplicada perpendicularmente ao cabo da manivela em A, determine a força compressiva **F** exercida sobre o material. Cada rosca quadrada tem diâmetro médio de 25 mm e avanço de rosca de 7,5 mm. O coeficiente de atrito estático em todas as superfícies de contato dos calços é $\mu_s = 0{,}2$, e o coeficiente de atrito estático no parafuso é $\mu'_s = 0{,}15$.

8.82. Determine a força horizontal **P** que deverá ser aplicada perpendicularmente ao cabo da manivela em A para que uma força compressiva de 12 kN atue no material. Cada rosca quadrada tem diâmetro médio de 25 mm e avanço de rosca de 7,5 mm. O coeficiente de atrito estático em todas as superfícies de contato dos calços é $\mu_s = 0{,}2$, e o coeficiente de atrito estático no parafuso é $\mu'_s = 0{,}15$.

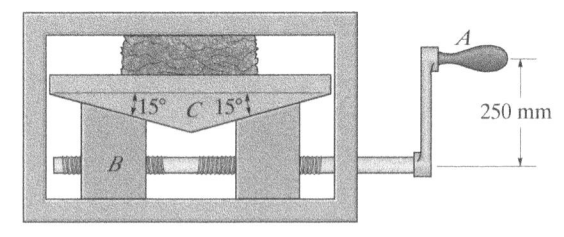

PROBLEMAS 8.81 e 8.82

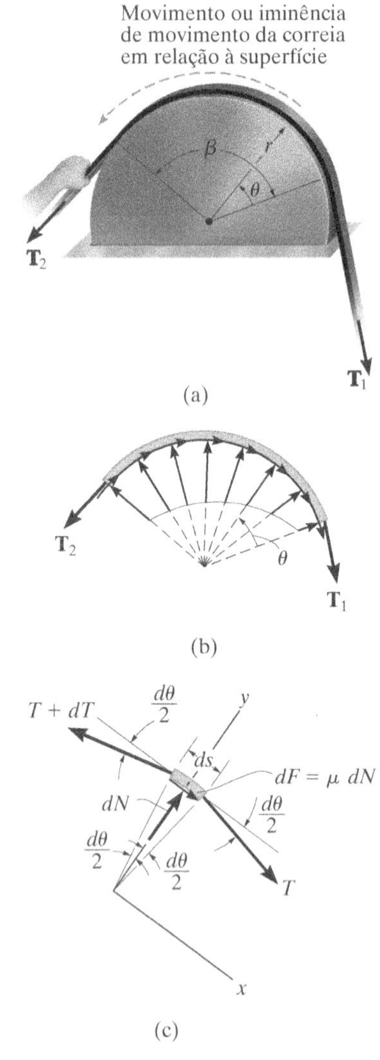

8.5 Forças de atrito em correias planas

Sempre que acionamentos por correia e freios de cinta são projetados, é necessário determinar as forças de atrito desenvolvidas entre a correia e sua superfície de contato. Nesta seção, analisaremos as forças de atrito atuando sobre uma correia plana, embora a análise de outros tipos de correias, como a correia V, seja baseada em princípios semelhantes.

Considere a correia plana mostrada na Figura 8.18a, que passa sobre uma superfície fixa curva. O ângulo total de contato da correia com a superfície em radianos é β, e o coeficiente de atrito entre as duas superfícies é μ. Queremos determinar a tração T_2 na correia necessária para puxá-la em sentido anti-horário sobre a superfície, superando assim tanto as forças de atrito na superfície de contato quanto a tração T_1 na outra extremidade da correia. Obviamente, $T_2 > T_1$.

Análise de atrito

Um diagrama de corpo livre do segmento da correia em contato com a superfície é mostrado na Figura 8.18b. Conforme mostrado, as forças normais e de atrito, que atuam em diferentes pontos ao longo da correia, variam tanto em intensidade como em direção. Em virtude dessa distribuição *desconhecida*, a análise do problema exigirá primeiramente o estudo das forças atuando sobre um elemento diferencial da correia.

Um diagrama de corpo livre de um elemento tendo um comprimento ds é mostrado na Figura 8.18c. Considerando a iminência de movimento, ou o movimento da correia, a intensidade da força de atrito será $dF = \mu\, dN$. Essa força se opõe ao movimento de deslizamento da correia, e por isso aumentará de dT a intensidade da força de tração que nela atua. Aplicando as duas equações de equilíbrio de forças, temos:

FIGURA 8.18

$$\searrow +\Sigma F_x = 0; \quad T\cos\left(\frac{d\theta}{2}\right) + \mu\, dN - (T + dT)\cos\left(\frac{d\theta}{2}\right) = 0$$

$$+\nearrow \Sigma F_y = 0; \quad dN - (T + dT)\operatorname{sen}\left(\frac{d\theta}{2}\right) - T\operatorname{sen}\left(\frac{d\theta}{2}\right) = 0$$

Como $d\theta$ tem *dimensão infinitesimal*, $\operatorname{sen}(d\theta/2) = d\theta/2$ e $\cos(d\theta/2) = 1$. Além disso, o *produto* dos dois infinitésimos dT e $d\theta/2$ pode ser desprezado quando comparado com os infinitésimos de primeira ordem. Como resultado, essas duas equações tornam-se:

$$\mu\, dN = dT$$

e

$$dN = T\, d\theta$$

Eliminando dN, temos:

$$\frac{dT}{T} = \mu\, d\theta$$

Integrando essa equação entre todos os pontos de contato que a correia faz com o tambor, e observando que $T = T_1$ em $\theta = 0$ e $T = T_2$ em $\theta = \beta$, temos:

$$\int_{T_1}^{T_2} \frac{dT}{T} = \mu \int_0^\beta d\theta$$

$$\ln\frac{T_2}{T_1} = \mu\beta$$

Resolvendo para T_2, obtemos:

$$\boxed{T_2 = T_1 e^{\mu\beta}} \qquad (8.6)$$

onde:

T_2, T_1 = trações na correia; *o sentido de* T_1 se opõe ao movimento (ou iminência de movimento) da correia relativo à superfície, enquanto T_2 atua no sentido favorável ao movimento (ou iminência de movimento) relativo da correia; em virtude do atrito, $T_2 > T_1$

μ = coeficiente de atrito estático ou cinético entre a correia e a superfície de contato

β = ângulo da correia com a superfície de contato, medido em radianos

e = 2,718..., base do logaritmo natural

Observe que T_2 é *independente* do *raio* do tambor; ao invés disso, é uma função do ângulo da correia com a superfície de contato, β. Como resultado, essa equação é válida para correias planas passando por qualquer superfície de contato curva.

Correias planas ou em V geralmente são usadas para transmitir o torque desenvolvido por um motor a uma roda acoplada a uma bomba, ventilador ou compressor.

Exemplo 8.8

A tração máxima que pode ser desenvolvida na corda mostrada na Figura 8.19a é 500 N. Se a polia em A está livre para girar e o coeficiente de atrito estático nos tambores fixos B e C é $\mu_s = 0,25$, determine a maior massa do cilindro que pode ser levantada pela corda.

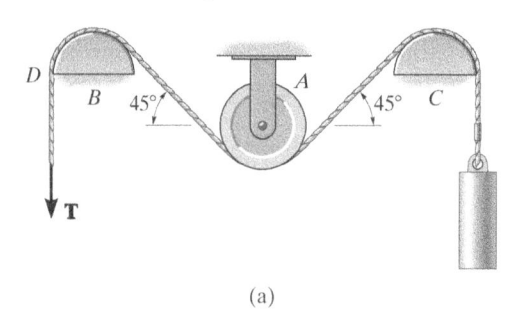

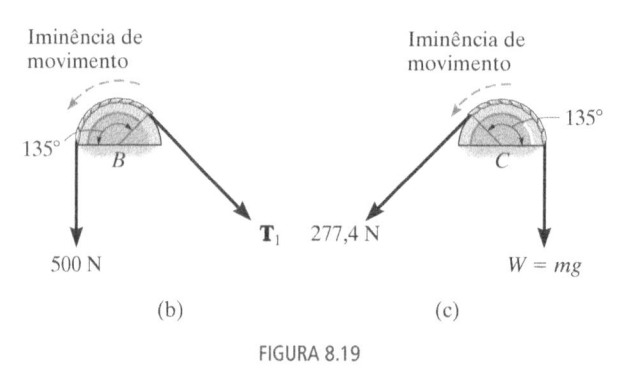

FIGURA 8.19

SOLUÇÃO

Levantar o cilindro, que tem um peso $W = mg$, faz com que a corda desloque-se no sentido anti-horário sobre os tambores em B e C; logo, a tração máxima T_2 na corda ocorre em D. Assim, $F = T_2 = 500$ N. Uma seção da corda passando pelo tambor em B é mostrada na Figura 8.19b. Como $180° = \pi$ rad, o ângulo de contato entre o tambor e a corda é $\beta = (135°/180°)\pi = 3\pi/4$ rad. Usando a Equação 8.6, temos:

$$T_2 = T_1 e^{\mu_s \beta}; \qquad 500 \text{ N} = T_1 e^{0,25[(3/4)\pi]}$$

Logo,

$$T_1 = \frac{500 \text{ N}}{e^{0,25[(3/4)\pi]}} = \frac{500 \text{ N}}{1,80} = 277,4 \text{ N}$$

Como a polia em A está livre para girar, o equilíbrio requer que a tração na corda permaneça *igual* nos dois lados da polia.

A seção da corda que passa pelo tambor em C é mostrada na Figura 8.19c. O peso $W < 277,4$ N. Por quê? Aplicando a Equação 8.6, obtemos:

$$T_2 = T_1 e^{\mu_s \beta}; \qquad 277,4 \text{ N} = W e^{0,25[(3/4)\pi]}$$

$$W = 153,9 \text{ N}$$

de modo que

$$m = \frac{W}{g} = \frac{153,9 \text{ N}}{9,81 \text{ m/s}^2}$$

$$= 15,7 \text{ kg} \qquad \qquad \textit{Resposta}$$

Problemas

8.83. Uma força $P = 25$ N é apenas suficiente para impedir que o cilindro de 20 kg desça. Determine a força necessária **P** para iniciar o levantamento do cilindro. A corda passa por um pino áspero com duas voltas e meia.

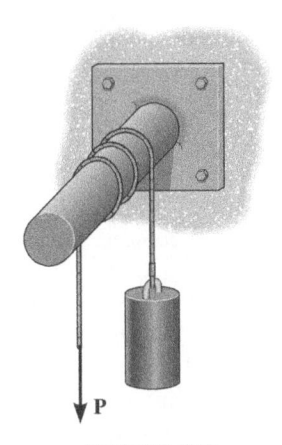

PROBLEMA 8.83

***8.84.** O cilindro de 20 kg A e o cilindro de 50 kg B estão ligados por meio de uma corda que passa em torno de um pino áspero por duas voltas e meia. Se os cilindros estão na iminência de movimento, determine o coeficiente de atrito estático entre a corda e o pino.

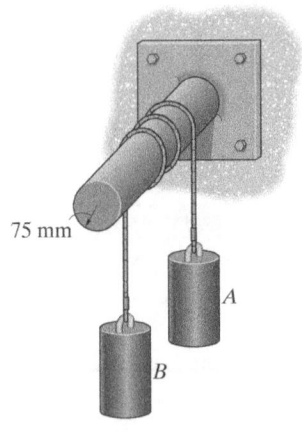

PROBLEMA 8.84

8.85. Um cilindro com massa de 250 kg deve ser suportado pela corda que envolve o cano. Determine a menor força vertical **F** necessária para suportar a carga se a corda passa (a) uma vez pelo cano, $\beta = 180°$, e (b) duas vezes pelo cano, $\beta = 540°$. Considere $\mu_s = 0,2$.

8.86. Um cilindro com massa de 250 kg deve ser suportado pela corda que envolve o cano. Determine a maior força vertical **F** que pode ser aplicada à corda sem mover o cilindro. A corda passa (a) uma vez pelo cano, $\beta = 180°$ e (b) duas vezes pelo cano, $\beta = 540°$. Considere $\mu_s = 0,2$.

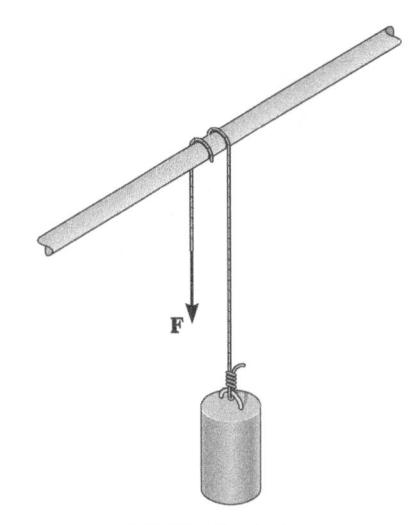

PROBLEMAS 8.85 e 8.86

8.87. O veículo, que tem massa de 3,4 Mg, deve descer a rampa com velocidade constante, sendo para isso sustentado pela corda enrolada na árvore e mantida esticada pelo homem. Se as rodas estão livres para girar e o homem em A pode resistir a um puxão de 300 N, determine o menor número de voltas ao redor da árvore necessário para que isso ocorra. O coeficiente de atrito cinético entre a árvore e a corda é $\mu_k = 0,3$.

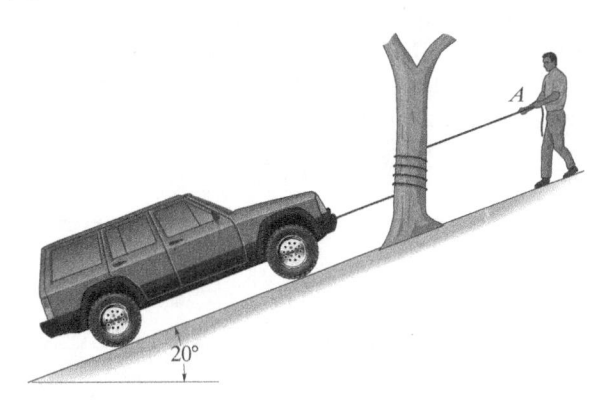

PROBLEMA 8.87

***8.88.** A corda suportando o cilindro de 6 kg passa por três pinos, A, B, C, onde $\mu_s = 0,2$. Determine a faixa de valores para a intensidade da força horizontal **P** para a qual o cilindro não subirá nem descerá.

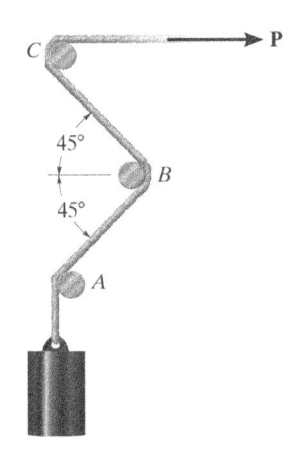

PROBLEMA 8.88

8.89. Um cabo é preso à placa B de 20 kg, passa por um pino fixo em C e é preso ao bloco em A. Usando os coeficientes de atrito estático mostrados, determine a menor massa do bloco A que impeça o movimento de deslizamento de B pelo plano inclinado.

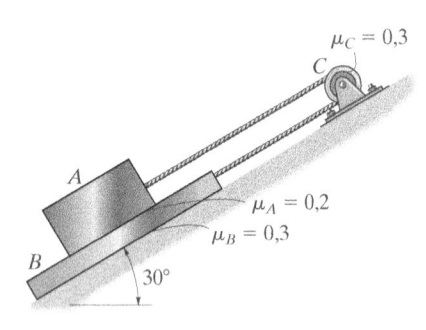

PROBLEMA 8.89

8.90. A viga lisa está sendo içada por meio de uma corda envolvendo a viga e passando por um anel em A, conforme mostrado. Se a extremidade da corda está sujeita a uma tração $\mathbf{T}$ e o coeficiente de atrito estático entre a corda e o anel é $\mu_s = 0{,}3$, determine o menor ângulo de θ para que haja equilíbrio.

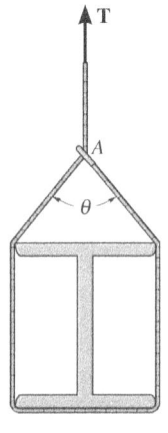

PROBLEMA 8.90

8.91. Determine a menor força $\mathbf{P}$ necessária para levantar a caixa de 40 kg. O coeficiente de atrito estático entre o cabo e cada pino é $\mu_s = 0{,}1$.

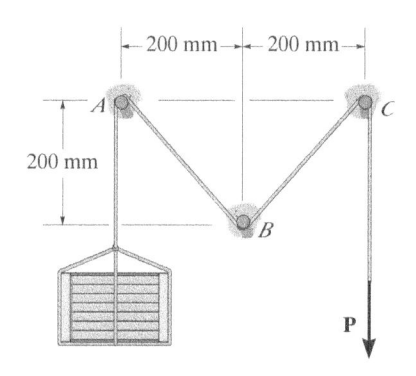

PROBLEMA 8.91

*8.92. O bloco A tem massa de 50 kg e repousa sobre uma superfície para a qual $\mu_s = 0{,}25$. Se o coeficiente de atrito estático entre a corda e o pino fixo em C é $\mu'_s = 0{,}3$, determine a maior massa do cilindro suspenso D que não cause movimento.

8.93. O bloco A se apoia sobre a superfície para a qual $\mu_s = 0{,}25$. Se a massa do cilindro suspenso D é 4 kg, determine a menor massa do bloco A para que ele não deslize ou tombe. O coeficiente de atrito estático entre a corda e o pino fixo em C é $\mu'_s = 0{,}3$.

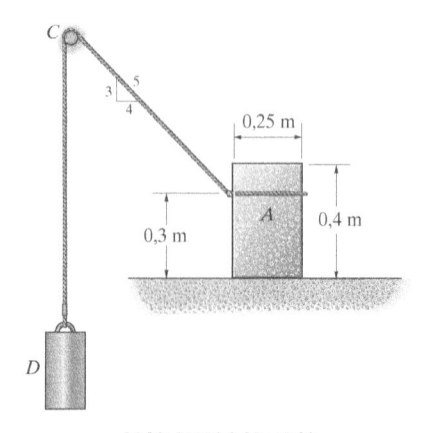

PROBLEMAS 8.92 e 8.93

8.94. Determine a força P que deverá ser aplicada ao cabo da alavanca para que a roda esteja na iminência de girar se $M = 300$ N · m. O coeficiente de atrito estático entre a correia e a roda é $\mu_s = 0{,}3$.

8.95. Se uma força $P = 30$ N for aplicada ao cabo da alavanca, determine o maior momento de binário $\mathbf{M}$ que pode ser resistido de modo que a roda não gire. O coeficiente de atrito estático entre a correia e a roda é $\mu_s = 0{,}3$.

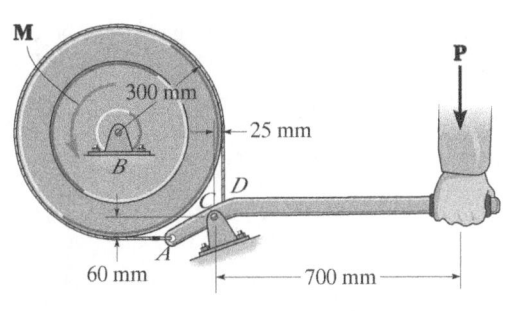

PROBLEMAS 8.94 e 8.95

PROBLEMA 8.98

*8.96. Mostre que a relação de atrito entre as trações na correia, o coeficiente de atrito μ e os contatos angulares α e β para a correia em "V" é $T_2 = T_1 e^{\mu\beta/\text{sen}(\alpha/2)}$.

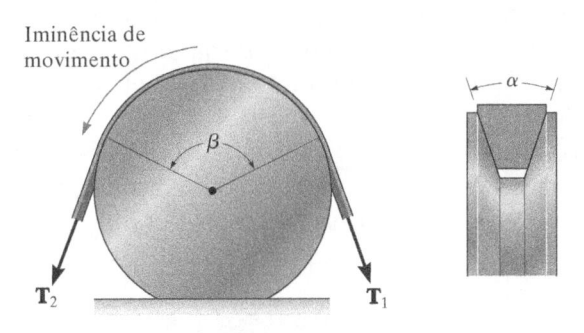

PROBLEMA 8.96

8.97. Uma correia em "V" é usada para conectar o eixo A do motor à roda B. Se a correia pode sustentar uma tração máxima de 1200 N, determine a maior massa do cilindro C que pode ser levantada e o torque **M** correspondente que deverá ser fornecido a A. O coeficiente de atrito estático entre o eixo e a correia é $\mu_s = 0{,}3$, e entre a roda e a correia é $\mu'_s = 0{,}20$. *Dica:* veja o Problema 8.96.

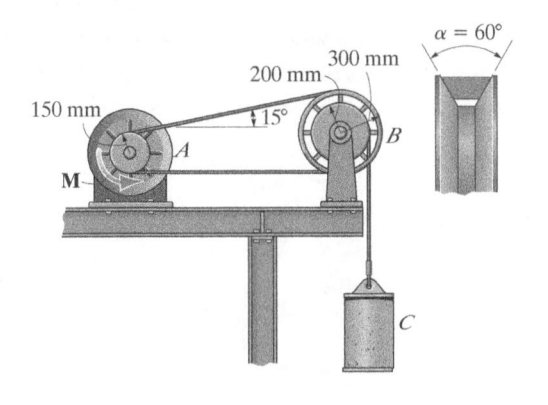

PROBLEMA 8.97

8.98. Os blocos A e B têm massas de 7 kg e 10 kg, respectivamente. Usando os coeficientes de atrito estático indicados, determine a maior força vertical P que pode ser aplicada à corda sem causar movimento.

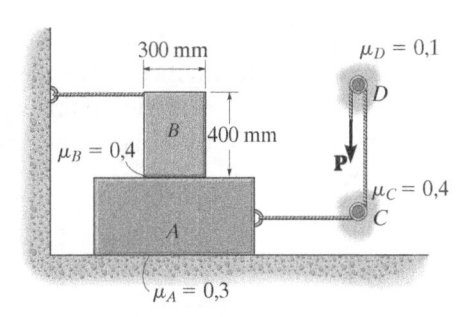

8.99. O material granular, com uma densidade de 1,5 Mg/m³, é movimentado por uma correia transportadora que desliza sobre a superfície fixa, com um coeficiente de atrito cinético de $\mu_k = 0{,}3$. A correia é acionada por um motor que fornece um torque **M** à roda A. A roda em B está livre para girar, e o coeficiente de atrito estático entre a roda em A e a correia é $\mu_A = 0{,}4$. Se a correia está sujeita a uma tração pré-tensionadora de 300 N quando não está sendo acionada, determine o maior volume V de material permissível sobre ela, a qualquer momento, que não venha travar seu movimento. Qual é o torque **M** exigido para impulsionar a correia quando ela está sujeita a essa carga máxima?

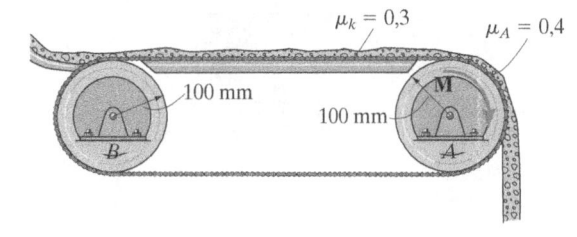

PROBLEMA 8.99

*8.100. A viga uniforme AB é apoiada por uma corda que passa por uma polia sem atrito em C e um pino fixo em D. Se o coeficiente de atrito estático entre a corda e o pino é $\mu_D = 0{,}3$, determine a menor distância x, a partir da extremidade da viga, em que uma força de 20 N pode ser colocada sem causar seu movimento.

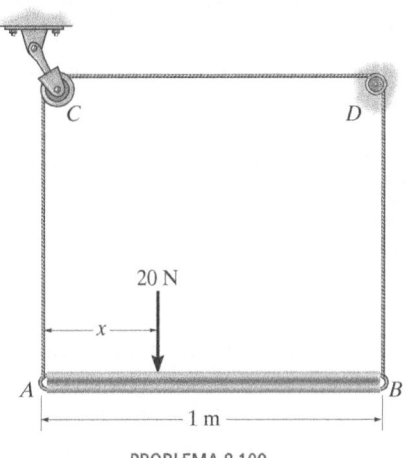

PROBLEMA 8.100

8.101. A roda está sujeita a um torque de $M = 50$ N · m. Se o coeficiente de atrito cinético entre a cinta de freio e a borda da roda é $\mu_k = 0{,}3$, determine a menor força horizontal P que deverá ser aplicada à alavanca para frear a roda.

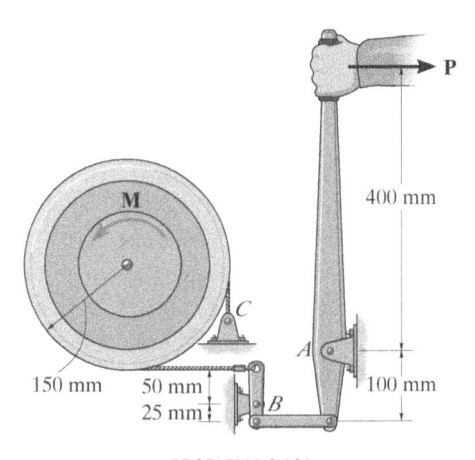

PROBLEMA 8.101

8.102. Os blocos A e B têm massas de 20 kg e 10 kg, respectivamente. Usando os coeficientes de atrito estático indicados, determine a maior massa do bloco D sem causar movimento.

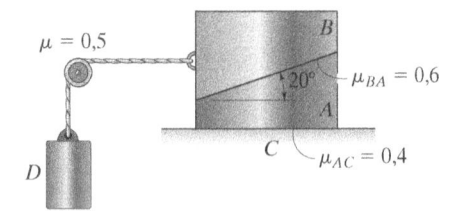

PROBLEMA 8.102

8.103. Uma correia transportadora é usada para transferir material granular e a resistência ao atrito no topo da correia é $F = 500$ N. Determine o menor alongamento da mola presa ao eixo móvel da polia livre B de modo que a correia não deslize na polia de acionamento A quando o torque **M** for aplicado. Qual é o menor torque **M** exigido para manter a correia em movimento? O coeficiente de atrito estático entre a correia e a roda em A é $\mu_s = 0{,}2$.

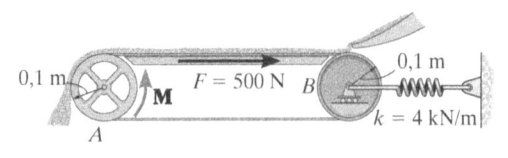

PROBLEMA 8.103

*****8.104.** Um cilindro D de 10 kg, que está preso a uma pequena polia B, é colocado na corda como mostra a figura. Determine os maiores ângulos θ de modo que a corda não deslize pelo pino em C. O cilindro em E também tem uma massa de 10 kg, e o coeficiente de atrito estático entre a corda e o pino é $\mu_s = 0{,}1$.

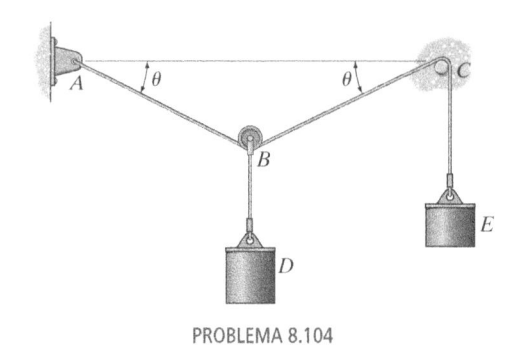

PROBLEMA 8.104

8.105. O motor de 20 kg tem um centro de gravidade em G e está conectado por um pino em C para manter uma tração pré-tensionadora na correia propulsora. Determine o menor torque **M** em sentido anti-horário que precisa ser fornecido pelo motor para girar o disco B se a roda A travar e fizer com que a correia deslize sobre o disco. Não há deslizamento em A. O coeficiente de atrito estático entre a correia e o disco é $\mu_s = 0{,}3$.

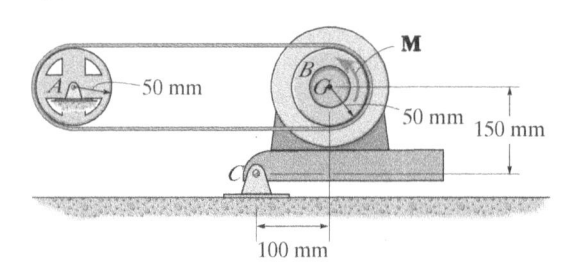

PROBLEMA 8.105

8.106. A correia na secadora de roupas contorna o tambor D, a polia livre A e a polia do motor B. Se o motor pode desenvolver um torque máximo $M = 0{,}80$ N · m, determine a menor tração da mola necessária para evitar que a correia deslize. O coeficiente de atrito estático no tambor e na polia do motor é $\mu_s = 0{,}3$.

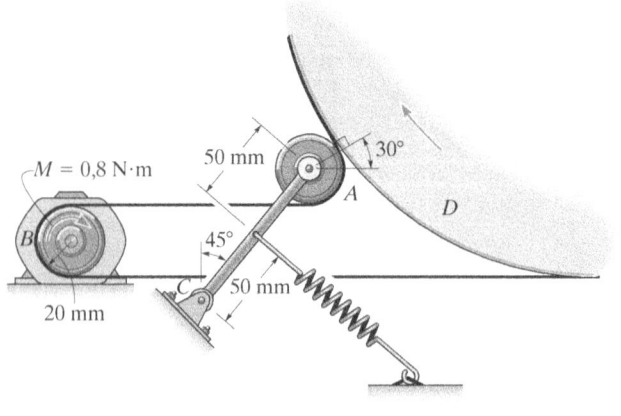

PROBLEMA 8.106

*8.6 Forças de atrito em mancais de escora, apoios axiais e discos

Apoios axiais e **mancais de escora** normalmente são usados em máquinas para resistir a uma *carga axial* em um eixo rotativo. Alguns exemplos típicos são mostrados na Figura 8.20. Desde que não sejam lubrificados, ou se forem parcialmente lubrificados, as leis do atrito seco podem ser aplicadas para determinar o momento necessário para girar o eixo quando eles suportam uma força axial.

Apoio axial
(a)

Mancal de escora
(b)

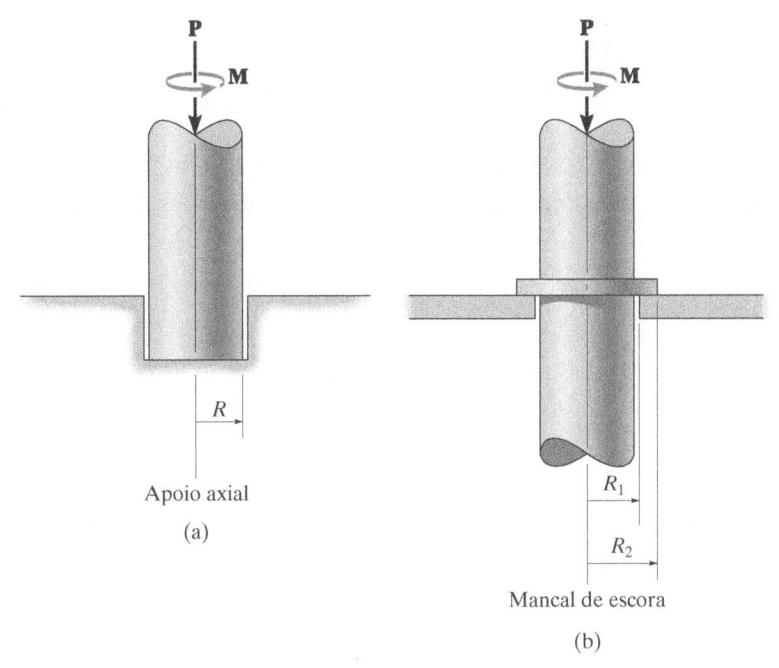

FIGURA 8.20

Análise de atrito

O mancal de escora no eixo mostrado na Figura 8.21 está sujeito a uma força axial **P** e tem uma área total de suporte ou de contato $\pi(R_2^2 - R_1^2)$. Desde que o mancal seja novo e uniformemente apoiado, a pressão normal p nele atuando será *distribuída uniformemente* sobre essa área. Como $\Sigma F_z = 0$, então p, calculada como uma força por unidade de área, é $p = P/\pi(R_2^2 - R_1^2)$.

O momento necessário para causar iminência de rotação do eixo pode ser determinado a partir do equilíbrio de momentos em relação ao eixo z. Um elemento diferencial de área $dA = (r\, d\theta)(dr)$, mostrado na Figura 8.21, está sujeito a uma força normal $dN = p\, dA$ e a uma força de atrito associada,

$$dF = \mu_s\, dN = \mu_s p\, dA = \frac{\mu_s P}{\pi(R_2^2 - R_1^2)} dA$$

A força normal não cria um momento em relação ao eixo z do eixo motor; porém, a força de atrito cria, a saber, $dM = r\, dF$. A integração é necessária para calcular o momento aplicado **M** exigido para superar todas as forças de atrito. Portanto, para iminência de movimento rotacional,

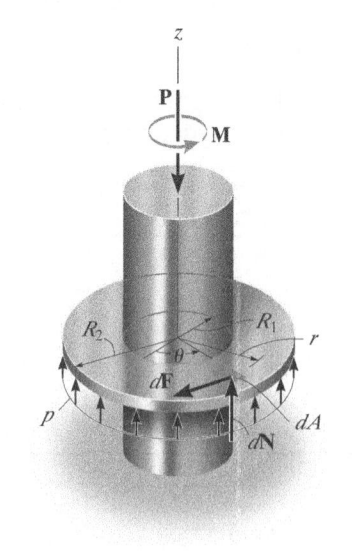

FIGURA 8.21

$$\Sigma M_z = 0; \qquad M - \int_A r\, dF = 0$$

Substituindo por dF e dA e integrando sobre toda a área do mancal, temos:

$$M = \int_{R_1}^{R_2} \int_0^{2\pi} r\left[\frac{\mu_s P}{\pi(R_2^2 - R_1^2)}\right](r\, d\theta\, dr) = \frac{\mu_s P}{\pi(R_2^2 - R_1^2)} \int_{R_1}^{R_2} r^2\, dr \int_0^{2\pi} d\theta$$

ou

$$M = \frac{2}{3}\mu_s P\left(\frac{R_2^3 - R_1^3}{R_2^2 - R_1^2}\right) \tag{8.7}$$

O momento desenvolvido na extremidade do eixo motor, quando está *girando* em velocidade constante, pode ser determinado substituindo-se μ_s por μ_k na Equação 8.7.

No caso de um apoio axial (Figura 8.20a), então $R_2 = R$ e $R_1 = 0$, e a Equação 8.7 reduz-se a

$$M = \frac{2}{3}\mu_s PR \tag{8.8}$$

Lembre-se de que as equações 8.7 e 8.8 se aplicam apenas a superfícies sujeitas a uma *pressão constante*. Se a pressão não for uniforme, uma variação dela como uma função da área de suporte deve ser determinada antes da integração para obter o momento. O exemplo a seguir ilustra esse conceito.

O motor que gira o disco desta enceradeira desenvolve um torque que precisa superar as forças de atrito que atuam sobre o disco.

Exemplo 8.9

O elemento uniforme mostrado na Figura 8.22a tem um peso de 20 N. Se for considerado que a pressão normal atuando na superfície de contato varia linearmente ao longo do seu comprimento, conforme mostrado, determine o momento de binário **M** necessário para girar o elemento. Assuma que sua largura seja desprezível em comparação a seu comprimento. O coeficiente de atrito estático é $\mu_s = 0{,}3$.

SOLUÇÃO

Um diagrama de corpo livre é mostrado na Figura 8.22b. A intensidade w_0 da carga distribuída no centro ($x = 0$) é determinada a partir do equilíbrio de forças verticais (Figura 8.22a).

$$+\uparrow \Sigma F_z = 0; \qquad -20\text{ N} + 2\left[\frac{1}{2}(0{,}5\text{ m})w_0\right] = 0 \qquad w_0 = 40\text{ N/m}$$

Como $w = 0$ em $x = 0{,}5$ m, a carga distribuída expressa como uma função de x é:

$$w = (40\text{ N/m})\left(1 - \frac{x}{0{,}5\text{ m}}\right) = 40 - 80x$$

A intensidade da força normal que atua sobre um segmento diferencial da área de comprimento dx é, portanto,

$$dN = w\,dx = (40 - 80x)dx$$

A intensidade da força de atrito que atua sobre o mesmo elemento de área é:

$$dF = \mu_s\,dN = 0{,}3(40 - 80x)dx$$

Logo, o momento criado por essa força em torno do eixo z é:

$$dM = x\,dF = 0{,}3(40x - 80x^2)dx$$

O somatório de momentos em torno de z no elemento é determinado por integração, que gera:

$$\Sigma M_z = 0; \qquad M - 2\int_0^{0,5\,m}(0{,}3)(40x - 80x^2)\,dx = 0$$

$$M = 24\left(\frac{x^2}{2} - \frac{2x^3}{3}\right)\bigg|_0^{0,5\,m}$$

$$= 1{,}00\,\text{N}\cdot\text{m} \qquad \qquad Resposta$$

FIGURA 8.22

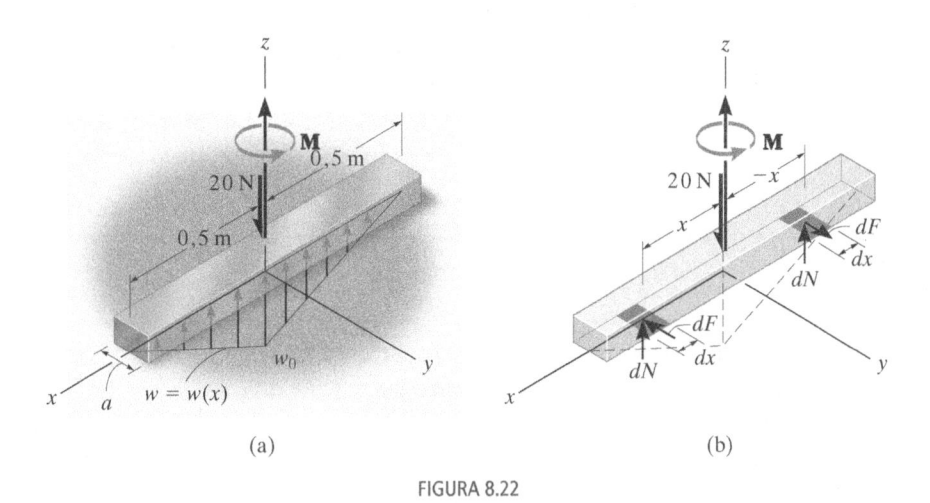

8.7 Forças de atrito em mancais radiais de deslizamento

Quando um eixo está sujeito a cargas laterais, um *mancal radial de deslizamento* (ou uma *bucha*) normalmente é utilizado como apoio. Desde que o mancal não esteja lubrificado, ou que esteja parcialmente lubrificado, uma análise razoável das forças de atrito resistivas atuantes no mancal pode ser baseada nas leis do atrito seco.

Análise de atrito

Um apoio típico de mancal radial de deslizamento é mostrado na Figura 8.23*a*. À medida que o eixo gira, o ponto de contato se move para cima na parede do mancal, para algum ponto *A* onde ocorre o deslizamento. Se a carga vertical que atua na extremidade do eixo é **P**, então a força reativa do mancal **R** que atua em *A* será igual e oposta a **P** (Figura 8.23*b*). O momento

Para se desenrolar o cabo deste carretel, é necessário vencer o atrito que age no seu eixo de suporte.

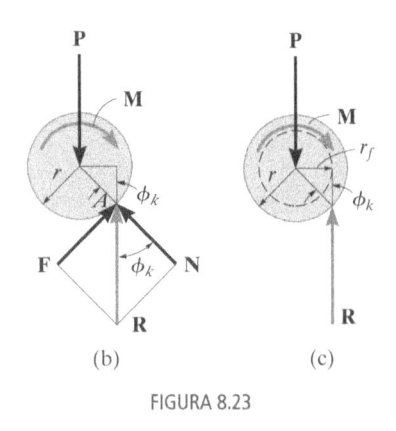

necessário para manter a rotação constante do eixo pode ser encontrado somando-se os momentos em relação ao eixo z do eixo motor; ou seja,

$$\Sigma M_z = 0; \qquad M - (R \operatorname{sen} \phi_k)r = 0$$

ou

$$M = Rr \operatorname{sen} \phi_k \qquad (8.9)$$

onde ϕ_k é o ângulo de atrito cinético definido por tg $\phi_k = F/N = \mu_k N/N = \mu_k$. Na Figura 8.23c, vemos que r sen $\phi_k = r_f$. O círculo tracejado com raio r_f é chamado de *círculo de atrito* e, à medida que o eixo gira, a reação **R** sempre será tangente a ele. Se o mancal for parcialmente lubrificado, μ_k será pequeno e, portanto, sen $\phi_k \approx$ tg $\phi_k \approx \mu_k$. Sob essas condições, uma *aproximação* razoável para o momento necessário para superar a resistência ao atrito torna-se

$$M \approx Rr\mu_k \qquad (8.10)$$

Observe que, para minimizar o atrito, o raio r do mancal deve ser o menor possível. Na prática, esse tipo de mancal radial não é adequado para um serviço longo, pois o atrito entre o eixo e o mancal por fim desgastará as superfícies. Em vez disso, os projetistas incorporarão "rolamentos de esferas" ou "de rolos" nos mancais radiais para minimizar as perdas por atrito.

FIGURA 8.23

Exemplo 8.10

A polia de 100 mm de diâmetro mostrada na Figura 8.24a se ajusta livremente em um eixo com diâmetro de 10 mm para o qual o coeficiente de atrito estático é $\mu_s = 0,4$. Determine a tração mínima T na correia necessária para (a) elevar o bloco de 100 kg e (b) baixar o bloco. Assuma que não haja deslizamento entre a correia e a polia e despreze o peso da polia.

SOLUÇÃO
Parte (a)

Um diagrama de corpo livre da polia é mostrado na Figura 8.24b. Quando a polia está sujeita a trações da correia de 981 N cada, ela faz contato com o eixo no ponto P_1. À medida que a tração T aumenta, o ponto de contato se move em torno do eixo até o ponto P_2 antes que o movimento seja iminente. Pela figura, o círculo de atrito tem um raio $r_f = r$ sen ϕ_s. Usando a simplificação de que sen $\phi_s \approx$ tg $\phi_s \approx \mu_s$, então $r_f \approx r\mu_s = (5 \text{ mm})(0,4) = 2 \text{ mm}$, de modo que a soma dos momentos em relação a P_2 gera:

$$\zeta + \Sigma M_{P_2} = 0; \qquad 981 \text{ N}(52 \text{ mm}) - T(48 \text{ mm}) = 0$$
$$T = 1063 \text{ N} = 1,06 \text{ kN} \qquad \textit{Resposta}$$

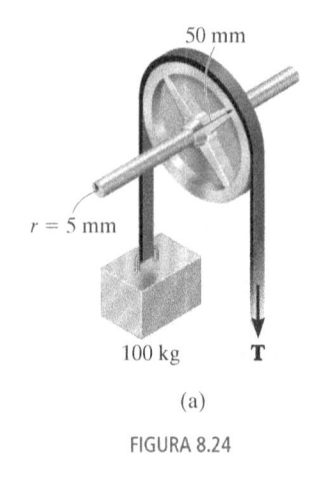

Se fosse aplicada uma análise mais exata, então $\phi_s = \text{tg}^{-1}\, 0,4 = 21,8°$. Dessa forma, o raio do círculo de atrito seria $r_f = r$ sen $\phi_s = 5$ sen $21,8° = 1,86$ mm. Portanto:

$$\zeta + \Sigma M_{P_2} = 0; \qquad 981 \text{ N}(50 \text{ mm} + 1,86 \text{ mm}) - T(50 \text{ mm} - 1,86 \text{ mm}) = 0$$
$$T = 1057 \text{ N} = 1,06 \text{ kN} \qquad \textit{Resposta}$$

FIGURA 8.24

Parte (b)

Quando o bloco é baixado, a força resultante **R** que atua sobre o eixo passa pelo ponto P_3, como mostra a Figura 8.24c. Somando os momentos em relação a esse ponto, temos

$$\zeta + \Sigma M_{P_3} = 0; \qquad 981 \text{ N}(48 \text{ mm}) - T(52 \text{ mm}) = 0$$
$$T = 906 \text{ N} \qquad\qquad Resposta$$

NOTA: usando a análise aproximada, a diferença entre baixar e levantar o bloco é, portanto, de 157 N.

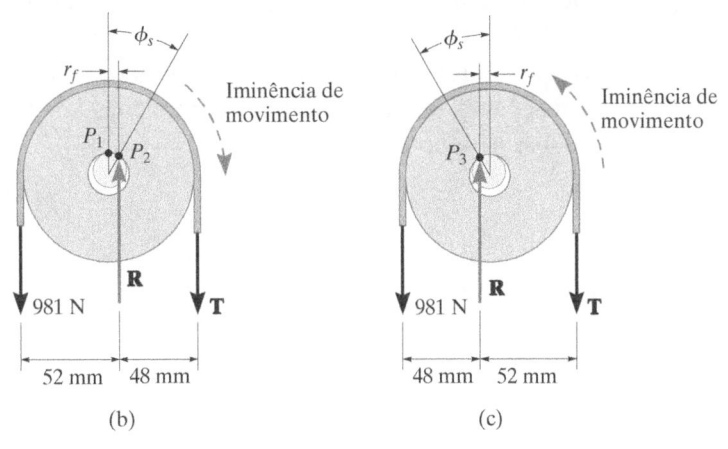

FIGURA 8.24 (cont.)

*8.8 Resistência ao rolamento

Quando um cilindro *rígido* rola com velocidade constante por uma superfície *rígida*, a força normal exercida pela superfície sobre o cilindro atua perpendicularmente à tangente do ponto de contato, como mostra a Figura 8.25a. Na realidade, porém, nenhum material é perfeitamente rígido e, portanto, a reação da superfície sobre o cilindro consiste em uma distribuição de pressão normal. Por exemplo, considere que o cilindro seja feito de um material muito rígido e a superfície em que ele rola seja relativamente flexível. Em decorrência de seu peso, o cilindro comprime a superfície abaixo dele (Figura 8.25b). À medida que o cilindro rola, o material da superfície na frente do cilindro *retarda* o movimento, pois ele está sendo *deformado*, enquanto o material atrás é *restaurado* do estado deformado e, portanto, tende a *empurrar* o cilindro para a frente. As pressões normais que atuam sobre o cilindro dessa maneira são representadas na Figura 8.25b por suas forças resultantes $\mathbf{N}_d$ e $\mathbf{N}_r$. Como as intensidades da força de *deformação*, $\mathbf{N}_d$, e da sua componente horizontal são *sempre maiores* do que as da de *restauração*, $\mathbf{N}_r$, e da respectiva componente horizontal, uma força motriz horizontal **P** precisa ser aplicada ao cilindro para manter o movimento (Figura 8.25b).*

A resistência ao rolamento é causada principalmente por esse efeito, embora também, em um menor grau, seja o resultado da adesão das

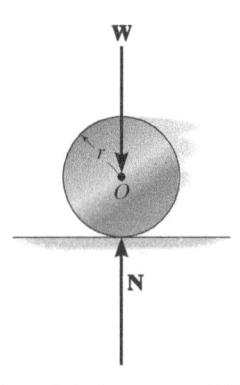

Superfície de contato rígida
(a)

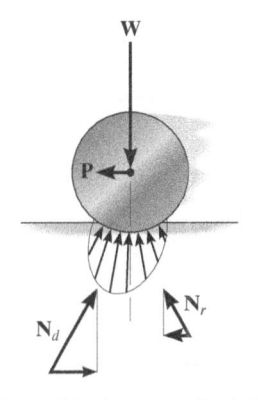

Superfície de contato flexível
(b)

FIGURA 8.25

---

* Na realidade, a força de deformação $\mathbf{N}_d$ faz com que *energia* seja armazenada no material quando sua intensidade é aumentada, enquanto a força de restauração $\mathbf{N}_r$, quando sua intensidade é diminuída, permite que parte dessa energia seja liberada. A energia restante é *perdida*, pois é usada para aquecer a superfície e, se o peso do cilindro for muito grande, ele causa deformação permanente da superfície. Trabalho deve ser realizado pela força horizontal **P** para compensar essa perda.

FIGURA 8.25 (cont.)

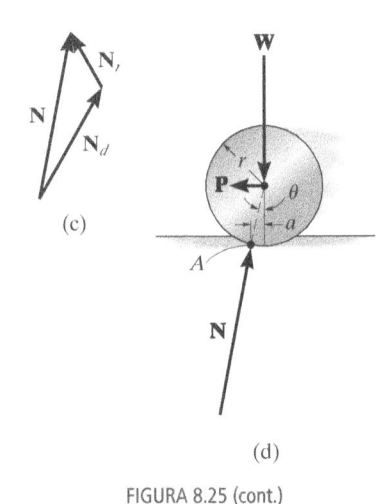

superfícies de contato e do microdeslizamento relativo entre elas. Pelo fato de ser difícil determinar a força real **P** necessária para superar esses efeitos, um método simplificado será desenvolvido aqui para explicar uma maneira pela qual engenheiros analisam esse fenômeno. Para fazer isso, consideraremos a resultante da pressão normal *total*, $\mathbf{N} = \mathbf{N}_d + \mathbf{N}_r$, atuando sobre o cilindro (Figura 8.25c). Como mostra a Figura 8.25d, essa força atua em um ângulo θ com a vertical. Para o cilindro ser mantido em equilíbrio, ou seja, rolar a uma velocidade constante, é preciso que **N** seja *concorrente* com a força motriz **P** e com o peso **W**. A soma dos momentos em relação ao ponto A gera $Wa = P(r \cos \theta)$. Como as deformações geralmente são muito pequenas em relação ao raio do cilindro, $\cos \theta \approx 1$; portanto,

$$Wa \approx Pr$$

ou

$$\boxed{P \approx \frac{Wa}{r}} \qquad (8.11)$$

A distância a é chamada de **coeficiente de resistência ao rolamento**, que tem a dimensão de comprimento. Por exemplo, $a \approx 0{,}5$ mm para as rodas rolando sobre um trilho, ambos feitos de aço doce. Para rolamentos de esferas de aço temperado, $a \approx 0{,}1$ mm. Experimentalmente, no entanto, esse fator é difícil de medir, pois ele depende de parâmetros como a razão de rotação do cilindro, as propriedades elásticas das superfícies de contato e o acabamento destas. Por esse motivo, há pouca confiabilidade nos dados para determinar a. Contudo, a análise apresentada aqui indica por que uma carga pesada (W) oferece maior resistência ao movimento (P) do que uma carga leve sob as mesmas condições. Além do mais, como Wa/r geralmente é muito pequena em comparação com $\mu_k W$, a força necessária para *rolar* um cilindro sobre a superfície será muito menor do que a necessária para *deslizá-lo* pela superfície. É por esse motivo que um rolamento de rolos ou de esferas normalmente é usado para minimizar a resistência de atrito entre as partes móveis.

A resistência ao rolamento das rodas sobre os trilhos da ferrovia é pequena, pois o aço é muito rígido. Em comparação, a resistência ao rolamento das rodas de um trator em um campo molhado é muito grande.

Exemplo 8.11

A roda de aço de 10 kg mostrada na Figura 8.26a tem raio de 100 mm e repousa sobre um plano inclinado feito de madeira macia. Se θ for aumentado de modo que a roda comece a rolar pelo declive com velocidade constante quando $\theta = 1{,}2°$, determine o coeficiente de resistência ao rolamento.

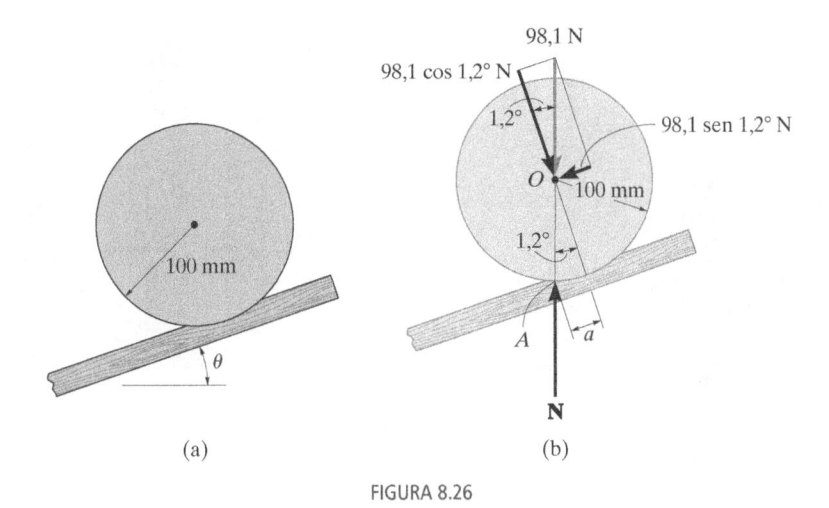

FIGURA 8.26

SOLUÇÃO

Conforme mostra o diagrama de corpo livre (Figura 8.26b), quando a roda tem iminência de movimento, a reação normal **N** atua no ponto A definido pela dimensão a. Decompondo o peso em componentes paralela e perpendicular ao declive, e somando os momentos em relação ao ponto A, temos:

$$\zeta + \Sigma M_A = 0; \qquad -(98{,}1 \cos 1{,}2° \text{ N})(a) + (98{,}1 \text{ sen } 1{,}2° \text{ N})(100 \cos 1{,}2° \text{ mm}) = 0$$

Resolvendo, obtemos:

$$a = 2{,}09 \text{ mm} \qquad \textit{Resposta}$$

Problemas

8.107. O mancal de escora suporta uniformemente uma força axial $P = 5$ kN. Se o coeficiente de atrito estático é $\mu_s = 0{,}3$, determine o torque **M** necessário para superar o atrito.

*8.108. O mancal de escora suporta uniformemente uma força axial $P = 8$ kN. Se um torque $M = 200$ N · m for aplicado ao eixo e fizer com que ele gire em velocidade constante, determine o coeficiente de atrito cinético na superfície de contato.

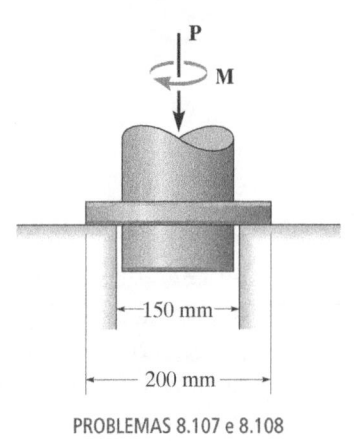

PROBLEMAS 8.107 e 8.108

8.109. O *mancal de dupla escora* está sujeito a uma força axial $P = 4$ kN. Supondo que a escora A suporte $0,75P$ e a escora B suporte $0,25P$, ambas com uma distribuição uniforme de pressão, determine o maior momento de atrito **M** que pode ser resistido pelo mancal. Considere $\mu_s = 0,2$ para as duas escoras.

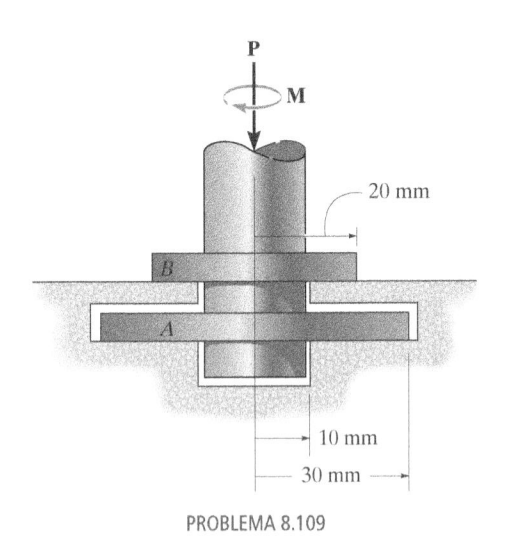

PROBLEMA 8.109

8.110. O *mancal de dupla escora* está sujeito a uma força axial $P = 16$ kN. Supondo que a escora A suporte $0,75P$ e a escora B suporte $0,25P$, ambas com uma distribuição uniforme de pressão, determine o menor torque **M** que deverá ser aplicado para superar a força de atrito. Considere $\mu_s = 0,2$ para as duas escoras.

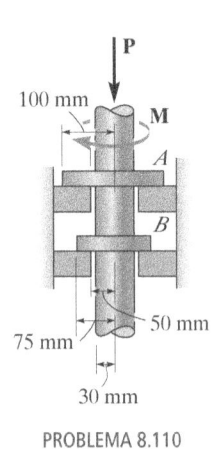

PROBLEMA 8.110

8.111. Assumindo que a variação de pressão no fundo do apoio axial seja definida como $p = p_0(R_2/r)$, determine o torque M necessário para superar o atrito se o eixo está sujeito a uma força axial **P**. O coeficiente de atrito estático é μ_s. Para a solução, é preciso determinar p_0 em termos de P e das dimensões do mancal R_1 e R_2.

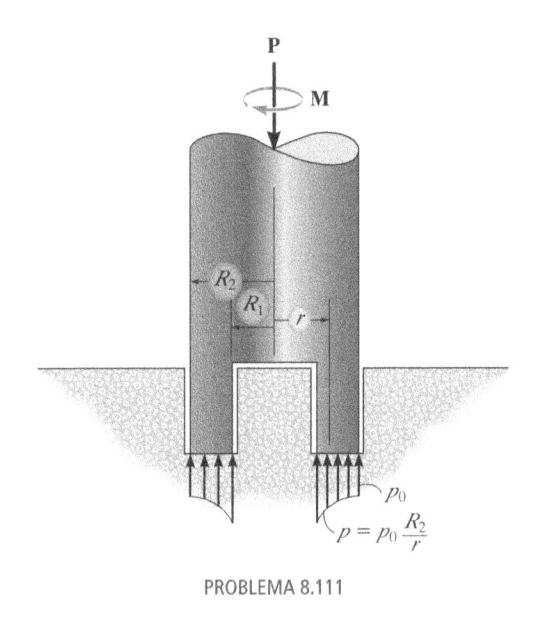

PROBLEMA 8.111

*8.112. O apoio axial está sujeito a uma distribuição de pressão em sua superfície de contato que varia conforme mostra a figura. Se o coeficiente de atrito estático é μ, determine o torque **M** necessário para superar o atrito se o eixo suportar uma força axial **P**.

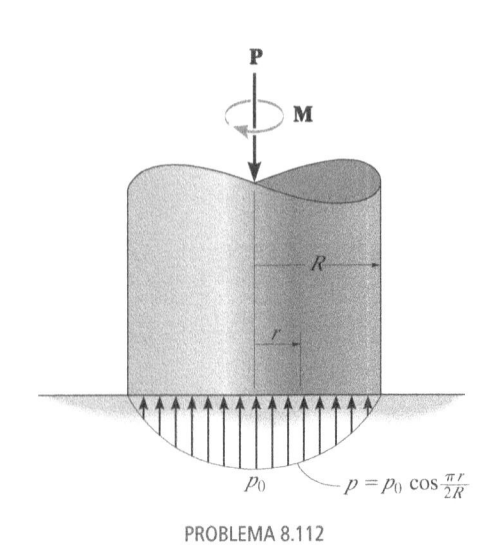

PROBLEMA 8.112

8.113. O apoio cônico está sujeito a uma distribuição de pressão constante em sua superfície de contato. Se o coeficiente de atrito estático é μ_s, determine o torque **M** exigido para superar o atrito se o eixo suporta uma força axial **P**.

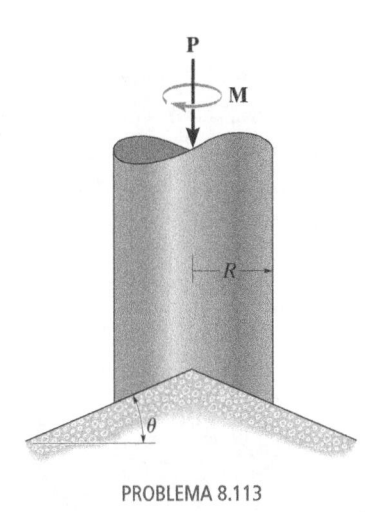

PROBLEMA 8.113

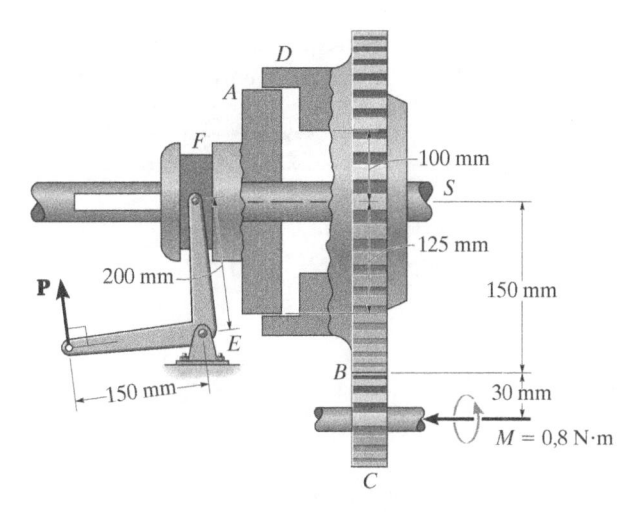

8.114. Um poste com diâmetro de 200 mm é afundado 3 m na areia, para a qual $\mu_s = 0{,}3$. Se a pressão normal atuando *completamente ao redor do poste* varia linearmente com a profundidade, conforme mostrado, determine o torque de atrito **M** que deve ser superado para girar o poste.

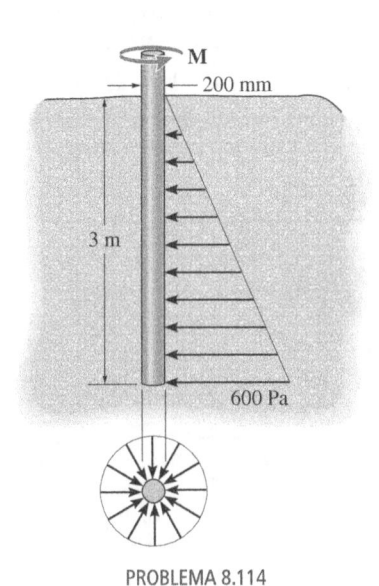

PROBLEMA 8.114

8.115. A embreagem de disco é composta de uma placa plana A que desliza sobre o eixo giratório S, o qual é fixado na engrenagem motriz B. Se a engrenagem C, que está entrosada com B, está sujeita a um torque $M = 0{,}8$ N · m, determine a menor força **P** que deverá ser aplicada através do braço de controle para impedir a rotação. O coeficiente de atrito estático entre as placas A e D é $\mu_s = 0{,}4$. Suponha que a pressão de mancal entre A e D seja uniforme.

PROBLEMA 8.115

*8.116. O apoio axial está sujeito a uma distribuição de pressão parabólica em sua superfície de contato. Se o coeficiente de atrito estático é μ_k, determine o torque **M** necessário para superar o atrito e girar o eixo se ele suporta uma força axial **P**.

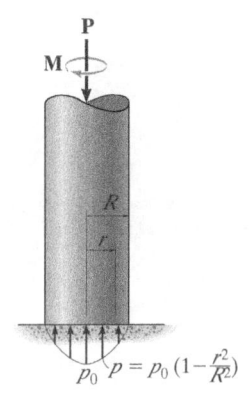

PROBLEMA 8.116

8.117. A luva encaixa-se *livremente* em torno de um eixo fixo com raio de 50 mm. Se o coeficiente de atrito cinético entre o eixo e a luva é $\mu_k = 0{,}3$, determine a força **P** no segmento horizontal da correia de modo que a luva gire em sentido *anti-horário* com velocidade angular constante. Suponha que a correia não deslize na luva, mas que esta deslize no eixo. Desconsidere os pesos e as espessuras. O raio, medido a partir do centro da luva até a espessura média da correia, é 56,25 mm.

8.118. A luva encaixa-se *livremente* em torno de um eixo fixo com raio de 50 mm. Se o coeficiente de atrito cinético entre o eixo e a luva é $\mu_k = 0{,}3$, determine a força **P** no segmento horizontal da correia de modo que a luva gire em sentido *horário* com velocidade angular constante. Suponha que a correia não deslize na luva, mas que esta deslize no eixo. Desconsidere os pesos e as espessuras. O raio, medido a partir do centro da luva até a espessura média da correia, é 56,25 mm.

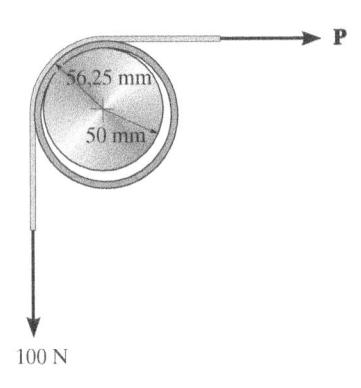

PROBLEMAS 8.117 e 8.118

8.119. Um disco com diâmetro externo de 120 mm se encaixa livremente em um eixo fixo com diâmetro de 30 mm. Se o coeficiente de atrito estático entre o disco e o eixo é $\mu_s = 0,15$ e o disco possui massa de 50 kg, determine a menor força vertical **F**, atuando sobre a borda, que deverá ser aplicada ao disco para fazer com que ele deslize sobre o eixo.

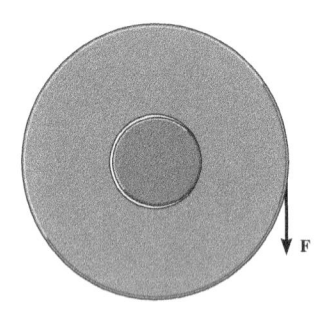

PROBLEMA 8.119

*__8.120.__ A polia de 5 kg tem diâmetro de 240 mm e o eixo tem diâmetro de 40 mm. Se o coeficiente de atrito cinético entre o eixo e a polia é $\mu_k = 0,15$, determine a força vertical **P** na corda necessária para levantar o bloco de 80 kg com velocidade constante.

8.121. Resolva o Problema 8.120 se a força **P** for aplicada horizontalmente à esquerda.

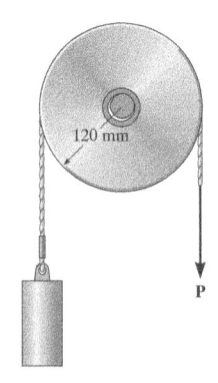

PROBLEMAS 8.120 e 8.121

8.122. Um disco uniforme se encaixa livremente em um eixo fixo com 40 mm de diâmetro. Se o coeficiente de atrito estático entre o disco e o eixo é $\mu_s = 0,15$, determine a menor força vertical **P**, atuando sobre a borda, que deverá ser aplicada ao disco para fazer com que ele deslize sobre o eixo. O disco possui massa de 20 kg.

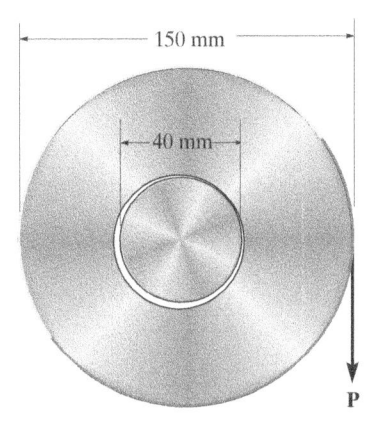

PROBLEMA 8.122

8.123. Uma polia com 80 mm de diâmetro e 1,25 kg de massa é suportada livremente em um eixo com 20 mm de diâmetro. Determine o torque **M** que deverá ser aplicado à polia para fazer com que ela gire com movimento constante. O coeficiente de atrito cinético entre o eixo e a polia é $\mu_k = 0,4$. Além disso, calcule o ângulo θ que a força normal no ponto de contato faz com a horizontal. O próprio eixo não poderá girar.

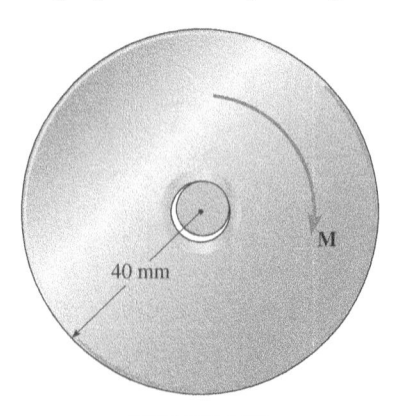

PROBLEMA 8.123

*__8.124.__ A biela está conectada ao pistão por um pino com diâmetro de 20 mm em B e ao virabrequim por um mancal A com diâmetro de 50 mm. Se o pistão estiver descendo e o coeficiente de atrito estático nos pontos de contato for $\mu_s = 0,2$, determine o raio do círculo de atrito em cada conexão.

8.125. A biela está conectada ao pistão por um pino com diâmetro de 20 mm em B e ao virabrequim por um mancal A com diâmetro de 50 mm. Se o pistão estiver subindo e o coeficiente de atrito estático nos pontos de contato for $\mu_s = 0{,}3$, determine o raio do círculo de atrito em cada conexão.

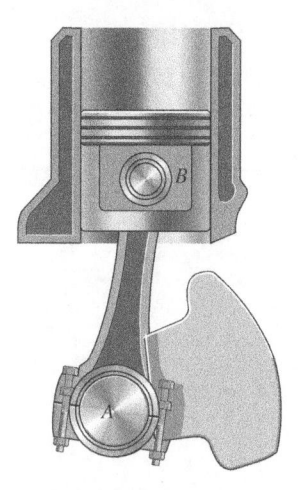

PROBLEMAS 8.124 e 8.125

8.126. A prancha de *skate* de 5 kg desce pela inclinação de 5° com velocidade constante. Se o coeficiente de atrito cinético entre os eixos com 12,5 mm de diâmetro e as rodas é $\mu_k = 0{,}3$, determine o raio das rodas. Desconsidere a resistência ao rolamento das rodas sobre a superfície. O centro de massa para a prancha de *skate* está em G.

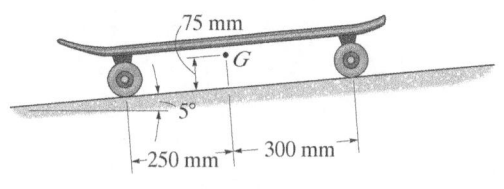

PROBLEMA 8.126

8.127. Determine a força **P** necessária para superar a resistência ao rolamento e puxar o cilindro de 50 kg para cima no plano inclinado com velocidade constante. O coeficiente de resistência ao rolamento é $a = 15$ mm.

*8.128. Determine a força **P** necessária para superar a resistência ao rolamento e suportar o cilindro de 50 kg se ele rolar para baixo no plano inclinado com velocidade constante. O coeficiente de resistência ao rolamento é $a = 15$ mm.

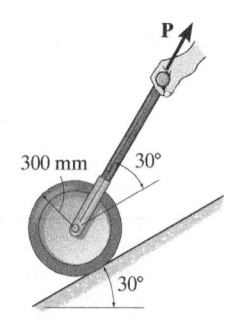

PROBLEMAS 8.127 e 8.128

8.129. Uma grande caixa, com 200 kg de massa, é empurrada pelo piso usando uma série de roletes com 150 mm de diâmetro para os quais o coeficiente de resistência ao rolamento é 3 mm no piso e 7 mm na superfície inferior da caixa. Determine a força horizontal **P** necessária para empurrar a caixa para a frente a uma velocidade constante. *Dica:* use o resultado do Problema 8.130.

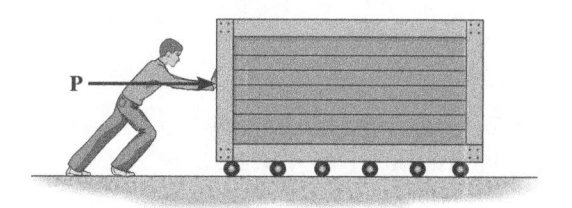

PROBLEMA 8.129

8.130. O cilindro está sujeito a uma carga que tem um peso W. Se os coeficientes de resistência ao rolamento para as superfícies superior e inferior do cilindro forem a_A e a_B, respectivamente, mostre que uma força horizontal de intensidade $P = [W(a_A + a_B)]/2r$ é necessária para mover a carga e, portanto, rolar o cilindro para a frente. Despreze o peso do cilindro.

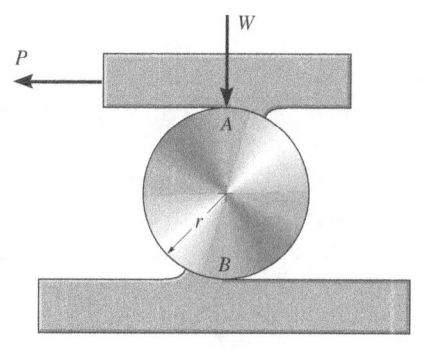

PROBLEMA 8.130

8.131. A máquina de 1,4 Mg deve ser movida sobre a superfície nivelada usando uma série de roletes para os quais o coeficiente de resistência ao rolamento é 0,5 mm no solo e 0,2 mm na superfície inferior da máquina. Determine o diâmetro apropriado dos roletes para que a máquina possa ser empurrada para a frente com uma força horizontal de $P = 250$ N. *Dica:* use o resultado do Problema 8.130.

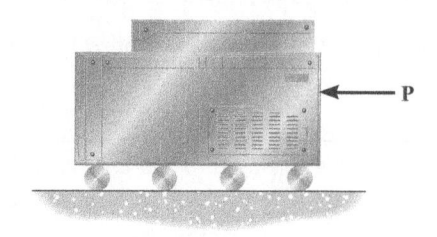

PROBLEMA 8.131

Revisão do capítulo

Atrito seco

As forças de atrito existem entre duas superfícies de contato rugosas. Essas forças atuam sobre um corpo a fim de opor-se ao seu movimento ou à sua tendência de movimento.

Uma força de atrito estática se aproxima de um valor máximo $F_s = \mu_s N$, onde μ_s é o *coeficiente de atrito estático*. Neste caso, o movimento entre as superfícies de contato é *iminente*.

Se houver deslizamento, a força de atrito permanece basicamente constante e igual a $F_k = \mu_k N$. Aqui, μ_k é o *coeficiente de atrito cinético*.

A solução de um problema envolvendo atrito requer primeiramente desenhar o diagrama de corpo livre do corpo. Se as incógnitas não puderem ser determinadas estritamente pelas equações de equilíbrio, e houver possibilidade de deslizamento, a equação do atrito deve ser aplicada em pontos de contato apropriados a fim de completar a solução.

Também pode ser possível que objetos estreitos e altos, como caixas, venham a tombar, e essa situação também deve ser investigada.

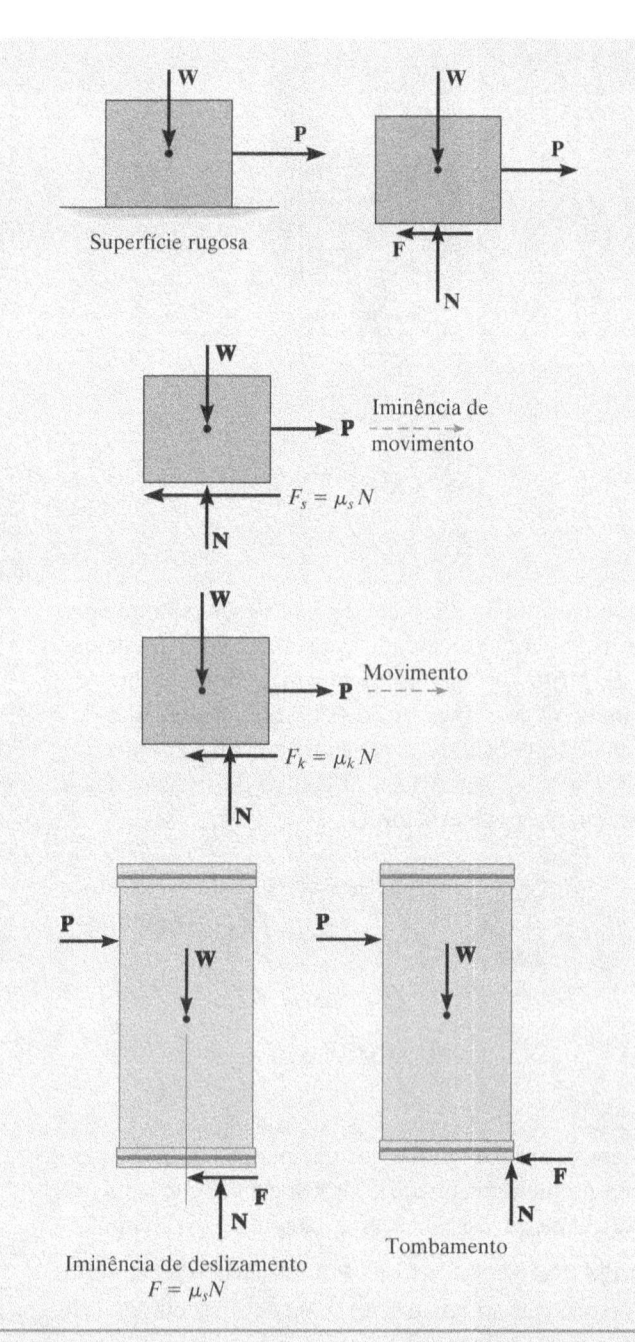

Calços

Calços são planos inclinados usados para ampliar o efeito da aplicação de uma força. As duas equações de equilíbrio de forças são usadas para relacionar as forças que atuam sobre o calço.

$\Sigma F_x = 0$
$\Sigma F_y = 0$

Uma força aplicada **P** precisa empurrar o calço para movê-lo para a direita.

Se os coeficientes de atrito entre as superfícies são grandes o bastante, **P** pode ser removida, e o calço será autotravante e permanecerá no lugar.

Parafusos

Os parafusos com rosca quadrada são usados para mover cargas pesadas. Eles representam um plano inclinado, envolvido em torno de um cilindro.

O momento necessário para girar um parafuso depende do coeficiente de atrito e do ângulo do avanço θ do parafuso.

Se o coeficiente de atrito entre as superfícies for grande o suficiente, o parafuso suportará a carga sem tender a girar, ou seja, ele será autotravante.

$M = rW \, \text{tg}(\theta + \phi_s)$

Iminência de movimento ascendente do parafuso

$M' = rW \, \text{tg}(\theta - \phi_s)$

Iminência de movimento descendente do parafuso

$\theta > \phi_s$

$M'' = rW \, \text{tg}(\phi_s - \theta)$

Movimento descendente do parafuso

$\phi_s > \theta$

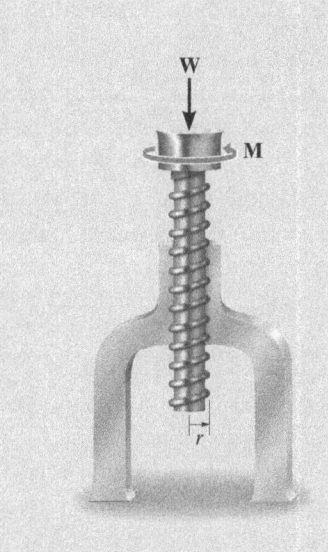

Correias planas

A força necessária para mover uma correia plana sobre uma superfície curva rugosa depende apenas do ângulo de contato da correia, β, e do coeficiente de atrito.

$T_2 = T_1 e^{\mu\beta}$

$T_2 > T_1$

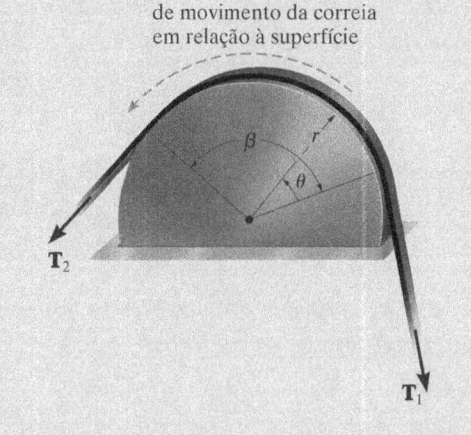

Movimento ou iminência de movimento da correia em relação à superfície

Mancais de escora e discos

A análise do atrito de um mancal de escora ou de um disco requer o exame de um elemento diferencial da área de contato. A força normal atuando sobre esse elemento é determinada pelo equilíbrio de força ao longo do eixo, e o momento necessário para girá-lo em uma velocidade constante é determinado pelo equilíbrio de momentos em relação ao eixo motriz.

Se a pressão sobre a superfície de um mancal de escora é uniforme, então a integração gera o resultado mostrado.

$M = \dfrac{2}{3}\mu_s P\left(\dfrac{R_2^3 - R_1^3}{R_2^2 - R_1^2}\right)$

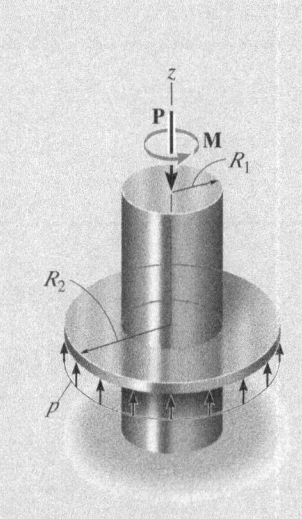

Mancais radiais de deslizamento

Quando um momento é aplicado a um eixo em um mancal radial de deslizamento não lubrificado ou parcialmente lubrificado, o eixo tenderá a rolar para cima ao longo da superfície do mancal até que haja deslizamento. Isso define o raio de um círculo de atrito, e a partir dele o momento necessário para girar o eixo pode ser determinado.

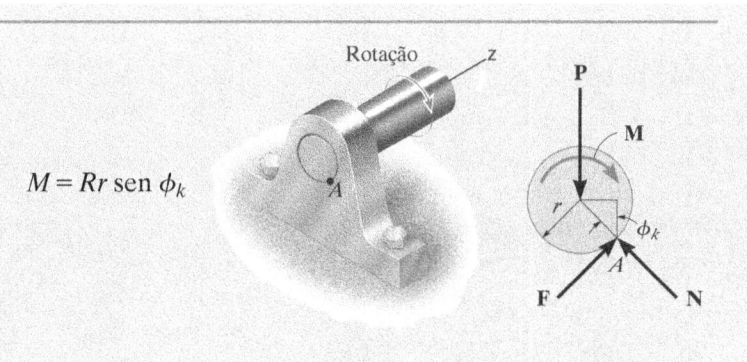

$$M = Rr \operatorname{sen} \phi_k$$

Resistência ao rolamento

A resistência de uma roda a girar por uma superfície é causada pela *deformação* localizada dos dois materiais em contato. Isso faz com que a força normal resultante atuando sobre o corpo em rolamento se incline, de modo que ofereça uma componente que atua no sentido oposto ao da força aplicada **P** que causa o movimento. Esse efeito é caracterizado pelo *coeficiente de resistência ao rolamento*, a, que é determinado a partir de experimentos.

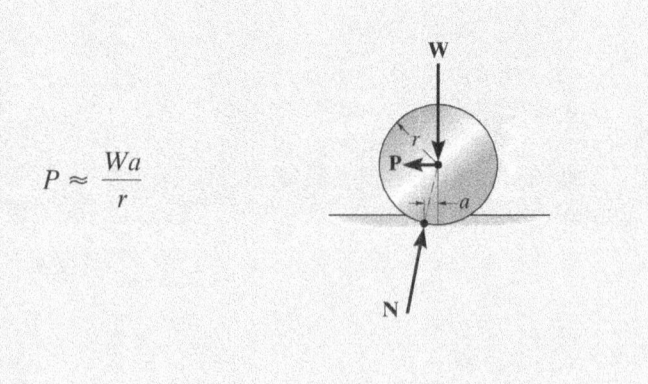

$$P \approx \frac{Wa}{r}$$

Problemas de revisão

Todas as soluções dos problemas precisam incluir um diagrama de corpo livre.

R8.1. A escada uniforme de 10 kg se apoia no piso áspero para o qual o coeficiente de atrito estático é $\mu_s = 0{,}4$ e contra a parede lisa em B. Determine a força horizontal **P** que o homem precisa exercer na escala para que ela se mova.

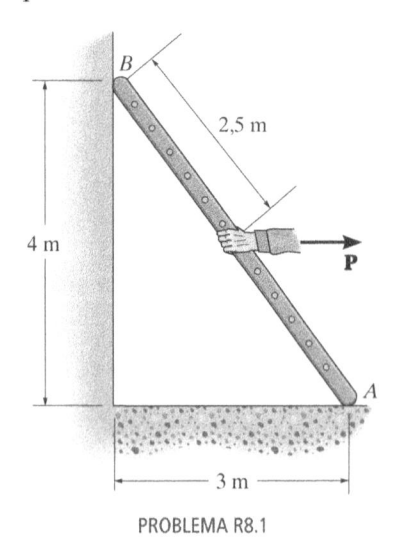

R8.2. A caixa uniforme C de 60 kg se apoia uniformemente sobre uma plataforma móvel D de 10 kg. Se as rodas dianteiras da plataforma em A estão travadas para impedir o rolamento enquanto as rodas em B estão livres para rolar, determine a força máxima **P** que pode ser aplicada sem causar o movimento da caixa. O coeficiente de atrito estático entre as rodas e o piso é $\mu_f = 0{,}35$ e entre a plataforma e a caixa, $\mu_d = 0{,}5$.

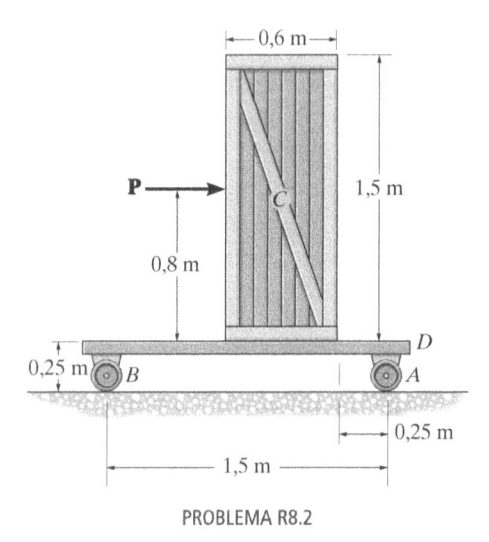

PROBLEMA R8.1

PROBLEMA R8.2

R8.3. Um disco de 35 kg se apoia sobre uma superfície inclinada para a qual $\mu_s = 0{,}2$. Determine a força vertical **P** máxima que pode ser aplicada à viga AB sem fazer com que o disco deslize em C. Desconsidere a massa da viga.

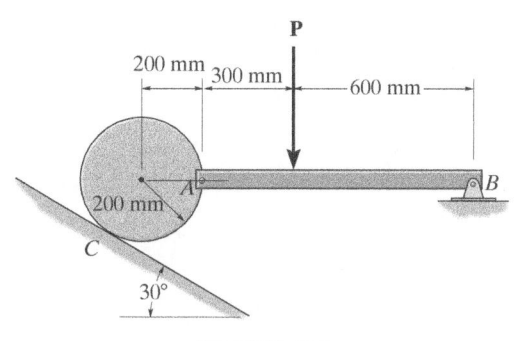

PROBLEMA R8.3

R8.4. O came está sujeito a um momento de binário de 5 N · m. Determine a força mínima **P** que deverá ser aplicada ao seguidor para manter o came na posição mostrada. O coeficiente de atrito estático entre o came e o seguidor é $\mu = 0{,}4$. A guia em **A** é lisa.

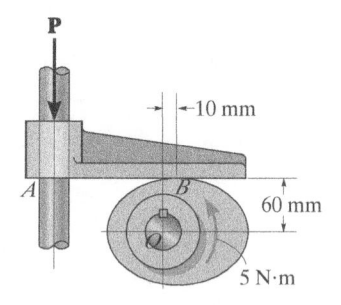

PROBLEMA R8.4

R8.5. Os três blocos de pedra possuem massas $m_A = 300$ kg, $m_B = 75$ kg e $m_C = 250$ kg. Determine a menor força horizontal **P** que deverá ser aplicada ao bloco C a fim de movê-lo. O coeficiente de atrito estático entre os blocos é $\mu_s = 0{,}3$, e entre o piso e cada bloco, $\mu'_s = 0{,}5$.

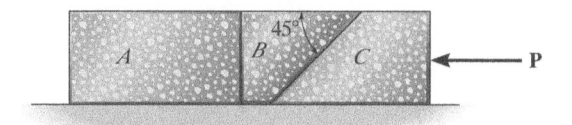

PROBLEMA R8.5

R8.6. O macaco consiste em um membro que possui um parafuso de rosca quadrada, com diâmetro médio de 12,5 mm, avanço de rosca de 5 mm e coeficiente de atrito estático $\mu_s = 0{,}4$. Determine o torque **M** que deverá ser aplicado ao parafuso para iniciar o levantamento da carga de massa 3 Mg atuando na extremidade do elemento ABC.

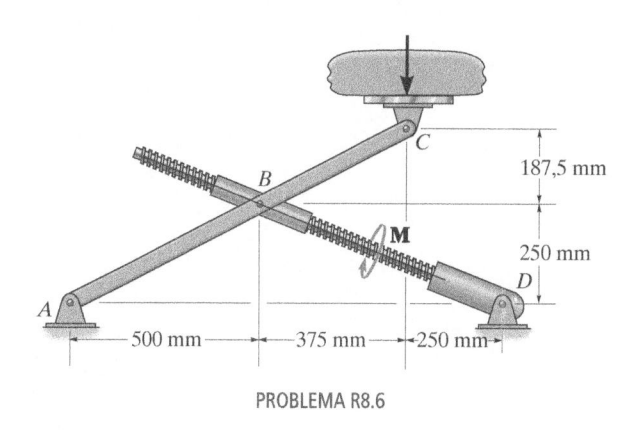

PROBLEMA R8.6

R8.7. A viga uniforme de 25 kg é suportada pela corda que está presa à sua extremidade, contorna o pino áspero e depois conecta-se ao bloco de 50 kg. Se o coeficiente de atrito estático entre a viga e o bloco, e entre a corda e o pino, for $\mu_s = 0{,}4$, determine a distância máxima a que o bloco poderá ser colocado a partir de A e ainda permanecer em equilíbrio. Considere que o bloco não tombará.

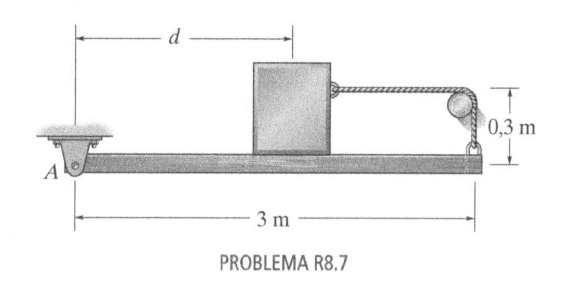

PROBLEMA R8.7

R8.8. O carrinho de mão possui rodas com diâmetro de 80 mm. Se uma caixa com massa de 500 kg é colocada no carrinho, de modo que cada roda suporte uma mesma carga, determine a força horizontal **P** que precisa ser aplicada ao cabo para superar a resistência ao rolamento. O coeficiente de resistência ao rolamento é 2 mm. Desconsidere a massa do carrinho.

PROBLEMA R8.8

CAPÍTULO 9

Centro de gravidade e centroide

Ao se projetar um tanque de qualquer formato, é importante poder determinar seu centro de gravidade, calcular seu volume e sua área da superfície, e determinar as forças dos líquidos que ele contém. Esses assuntos serão abordados neste capítulo.

(© Heather Reeder/Shutterstock)

9.1 Centro de gravidade, centro de massa e centroide de um corpo

É importante conhecer a resultante ou o peso total de um corpo e sua localização quando é considerado o efeito que essa força produz sobre o corpo. O ponto de localização é denominado centro de gravidade e, nesta seção, mostraremos como localizá-lo para um corpo de formato irregular. Depois, estenderemos esse método para mostrar como localizar o centro de massa do corpo e seu centro geométrico, ou centroide.

Centro de gravidade

Um corpo é composto de uma série infinita de partículas de tamanho infinitesimal e, assim, se o corpo estiver localizado dentro de um campo gravitacional, cada uma das partículas terá um peso dW. Esses pesos formarão um sistema de forças paralelas, e a resultante desse sistema é o peso total do corpo, que passa por um único ponto chamado ***centro de gravidade***, G.[*]

Para determinar a localização do centro de gravidade, considere o elemento na Figura 9.1a, na qual o segmento com o peso dW está na posição arbitrária $\tilde{x}$. Usando os métodos esboçados na Seção 4.8, o peso total do elemento é a soma dos pesos de todas as suas partículas, ou seja:

$$+\downarrow F_R = \Sigma F_z; \qquad W = \int dW$$

Objetivos

- Discutir os conceitos de centro de gravidade, centro de massa e centroide.
- Mostrar como determinar a localização do centro de gravidade e do centroide de um corpo de forma arbitrária e de um corpo formado por diversas partes.
- Usar os teoremas de Pappus e Guldinus para encontrar a área da superfície e o volume de um corpo que apresenta simetria axial.
- Apresentar um método para encontrar a resultante de um carregamento distribuído geral e mostrar como aplicá-lo para encontrar a força resultante de um carregamento de pressão causado por um fluido.

---

[*] Isso é verdade desde que o campo de gravidade seja assumido como tendo as mesmas intensidade e direção em todas as partes. Embora a força da gravidade real seja direcionada para o centro da terra, e essa força varie com sua distância deste centro, para a maioria das aplicações de engenharia podemos considerar que o campo de gravidade tem a mesma intensidade e direção em todos os lugares.

A localização do centro de gravidade, medido a partir do eixo y, é determinada igualando-se o momento de W em relação ao eixo y (Figura 9.1b) à soma dos momentos dos pesos das partículas em relação a esse mesmo eixo. Portanto,

$$(M_R)_y = \Sigma M_y; \qquad \bar{x}W = \int \tilde{x}\,dW$$

$$\bar{x} = \frac{\int \tilde{x}\,dW}{\int dW}$$

De modo semelhante, se o corpo representa uma placa (Figura 9.1b), então seria necessário um equilíbrio de momentos em relação aos eixos x e y para determinar a localização $(\bar{x}, \bar{y})$ do ponto G. Finalmente, podemos generalizar essa ideia para um corpo tridimensional (Figura 9.1c) e realizar um equilíbrio de momentos em relação a todos os três eixos para localizar G para qualquer posição girada dos eixos. Isso resulta nas seguintes equações:

$$\boxed{\bar{x} = \frac{\int \tilde{x}\,dW}{\int dW} \qquad \bar{y} = \frac{\int \tilde{y}\,dW}{\int dW} \qquad \bar{z} = \frac{\int \tilde{z}\,dW}{\int dW}} \qquad (9.1)$$

onde

$\bar{x}, \bar{y}, \bar{z}$ são as coordenadas do centro de gravidade G.

$\tilde{x}, \tilde{y}, \tilde{z}$ são as coordenadas de qualquer partícula arbitrária no corpo.

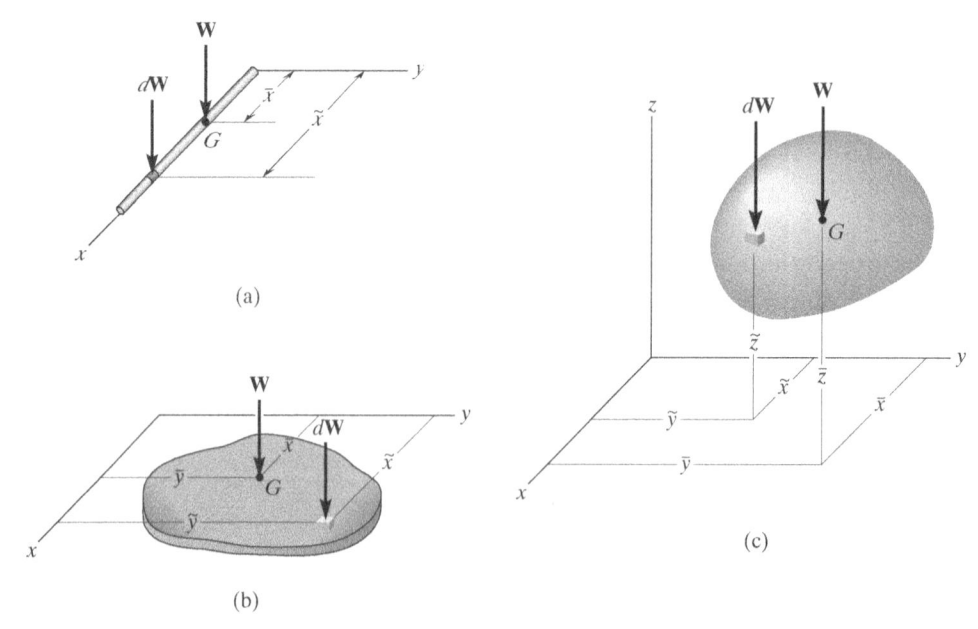

FIGURA 9.1

Centro de massa de um corpo

Para o estudo da *resposta dinâmica* ou movimento acelerado de um corpo, é importante localizar o seu **centro de massa** C_m (Figura 9.2). Essa localização pode ser determinada substituindo-se $dW = g\,dm$ nas equações 9.1. Se g é constante, ele é cancelado e, portanto,

$$\bar{x} = \frac{\int \tilde{x}\,dm}{\int dm} \qquad \bar{y} = \frac{\int \tilde{y}\,dm}{\int dm} \qquad \bar{z} = \frac{\int \tilde{z}\,dm}{\int dm} \qquad (9.2)$$

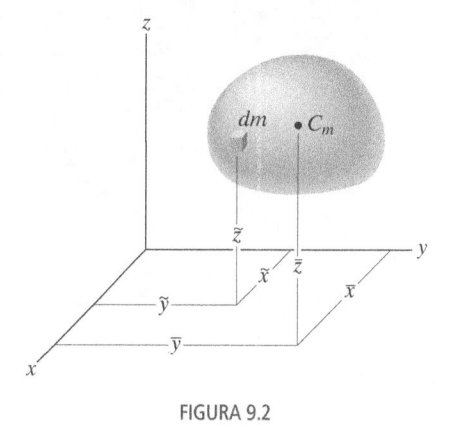

FIGURA 9.2

Centroide de um volume

Se o corpo na Figura 9.3 é feito de um *material homogêneo*, então sua densidade ρ (rho) será *constante*. Portanto, um elemento diferencial de volume dV tem massa $dm = \rho\,dV$. Substituindo essa massa nas equações 9.2 e cancelando ρ, obtemos as fórmulas que localizam o **centroide** C ou centro geométrico do corpo; a saber,

$$\bar{x} = \frac{\int_V \tilde{x}\,dV}{\int_V dV} \qquad \bar{y} = \frac{\int_V \tilde{y}\,dV}{\int_V dV} \qquad \bar{z} = \frac{\int_V \tilde{z}\,dV}{\int_V dV} \qquad (9.3)$$

Essas equações representam o equilíbrio dos momentos do volume do corpo. Portanto, se o volume possui dois planos de simetria, seu centroide precisa estar ao longo da linha de interseção desses dois planos. Por exemplo, o cone na Figura 9.4 tem um centroide no eixo y, de modo que $\bar{x} = \bar{z} = 0$. A localização $\bar{y}$ pode ser encontrada usando uma integração simples, escolhendo-se um elemento diferencial representado por um *disco fino* com espessura dy e raio $r = z$. Seu volume é $dV = \pi r^2\,dy = \pi z^2\,dy$ e seu centroide está em $\tilde{x} = 0$, $\tilde{y} = y$, $\tilde{z} = 0$.

FIGURA 9.3

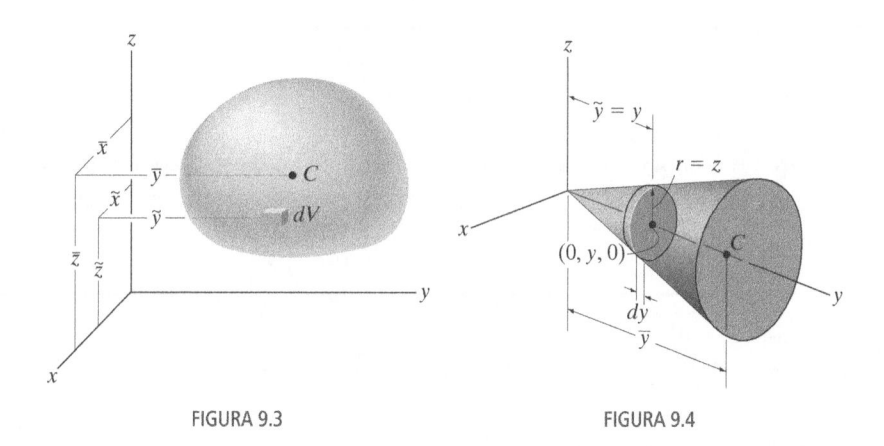

FIGURA 9.4

Centroide de uma área

Se uma área se encontra no plano x–y e está contornada pela curva $y = f(x)$, como mostra a Figura 9.5a, então seu centroide estará nesse plano e pode ser determinado a partir de integrais semelhantes às equações 9.3, a saber,

$$\bar{x} = \frac{\int_A \tilde{x}\, dA}{\int_A dA} \qquad \bar{y} = \frac{\int_A \tilde{y}\, dA}{\int_A dA} \qquad (9.4)$$

A integração deverá ser usada para determinar a localização do centro de gravidade deste poste de iluminação, em virtude da curvatura do elemento.

Essas integrais podem ser calculadas realizando-se uma *integração simples* se usarmos uma *faixa retangular* para o elemento diferencial de área. Por exemplo, se for usada uma faixa vertical (Figura 9.5b), a área do elemento é $dA = y\, dx$, e seu centroide está localizado em $\tilde{x} = x$ e $\tilde{y} = y/2$. Se considerarmos uma faixa horizontal (Figura 9.5c), então $dA = x\, dy$, e seu centroide está localizado em $\tilde{x} = x/2$ e $\tilde{y} = y$.

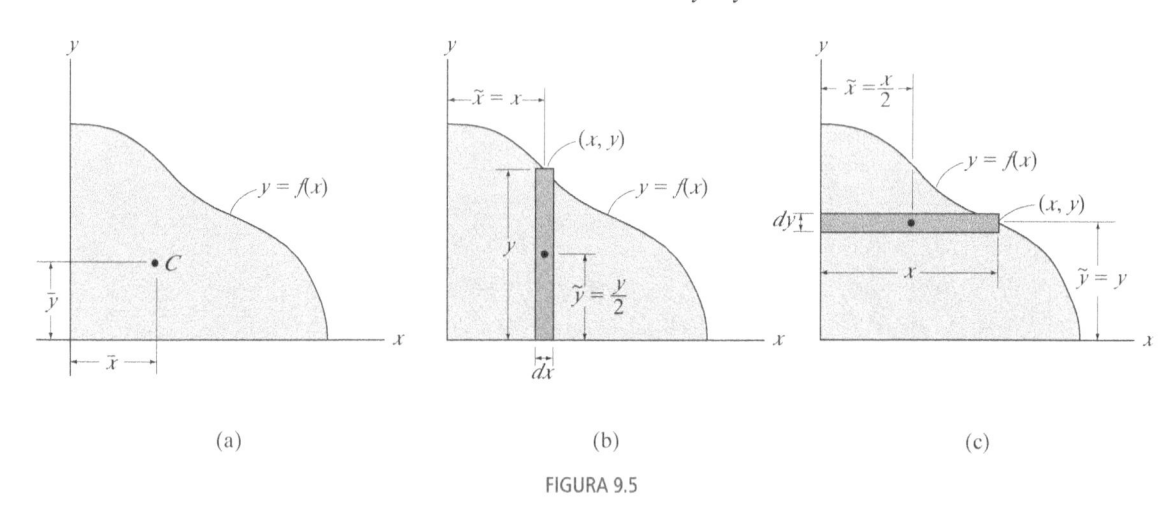

FIGURA 9.5

Centroide de uma linha

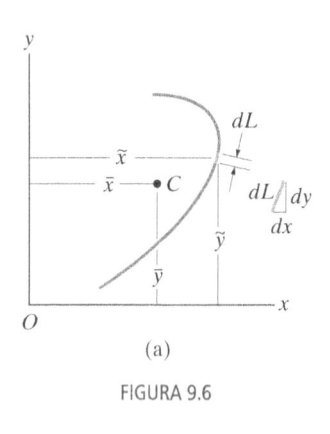

Se um segmento de linha (ou elemento unidimensional) estiver dentro do plano x–y e puder ser descrito por uma curva fina $y = f(x)$ (Figura 9.6a), seu centroide é determinado a partir de:

$$\bar{x} = \frac{\int_L \tilde{x}\, dL}{\int_L dL} \qquad \bar{y} = \frac{\int_L \tilde{y}\, dL}{\int_L dL} \qquad (9.5)$$

FIGURA 9.6

Aqui, o comprimento do elemento diferencial é dado pelo teorema de Pitágoras, $dL = \sqrt{(dx)^2 + (dy)^2}$, que também pode ser escrito na forma

$$dL = \sqrt{\left(\frac{dx}{dx}\right)^2 dx^2 + \left(\frac{dy}{dx}\right)^2 dx^2}$$

$$= \left(\sqrt{1 + \left(\frac{dy}{dx}\right)^2}\right) dx$$

ou

$$dL = \sqrt{\left(\frac{dx}{dy}\right)^2 dy^2 + \left(\frac{dy}{dy}\right)^2 dy^2}$$

$$= \left(\sqrt{\left(\frac{dx}{dy}\right)^2 + 1}\right) dy$$

Qualquer uma dessas expressões pode ser usada; porém, para aplicação, aquela que resultar em uma integração mais simples deverá ser selecionada. Por exemplo, considere o elemento na Figura 9.6b, definido por $y = 2x^2$. O seu comprimento é $dL = \sqrt{1 + (dy/dx)^2}\, dx$, e como $dy/dx = 4x$, então $dL = \sqrt{1 + (4x)^2}\, dx$. O centroide para esse elemento está localizado em $\tilde{x} = x$ e $\tilde{y} = y$.

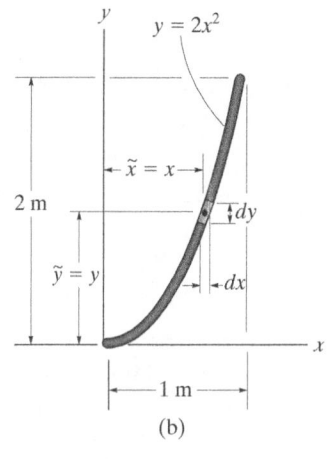

FIGURA 9.6 (cont.)

Pontos importantes

- O centroide representa o centro geométrico de um corpo. Esse ponto coincide com o centro de massa ou o centro de gravidade somente se o material que compõe o corpo for uniforme ou homogêneo.
- As fórmulas usadas para localizar o centro de gravidade ou o centroide simplesmente representam um equilíbrio entre a soma dos momentos de todas as partes do sistema e o momento da "resultante" do sistema.
- Em alguns casos, o centroide está localizado em um ponto que não está sobre o objeto, como no caso de um anel, onde o centroide está em seu centro. Além disso, esse ponto estará sobre qualquer eixo de simetria do corpo (Figura 9.7).

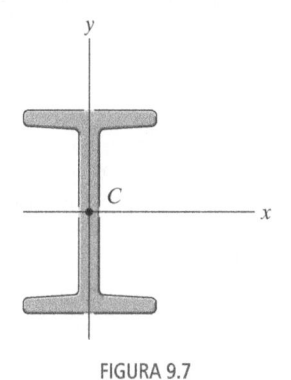

FIGURA 9.7

Procedimento para análise

O centro de gravidade ou centroide de um objeto ou formato pode ser determinado por integrações isoladas usando o procedimento indicado a seguir.

Elemento diferencial

- Selecione um sistema de coordenadas apropriado, especifique os eixos de coordenadas e escolha um elemento diferencial para integração.
- Para linhas, o elemento é representado por um segmento de linha diferencial com comprimento dL.
- Para áreas, o elemento geralmente é um retângulo com área dA, com um comprimento finito e largura diferencial.
- Para volumes, o elemento pode ser um disco circular de volume dV, com raio finito e espessura diferencial.
- Localize o elemento de modo que ele toque em um ponto arbitrário (x, y, z) localizado sobre a curva que define o contorno do formato.

Dimensões e braços de momentos

- Expresse o comprimento dL, a área dA ou o volume dV do elemento em termos das coordenadas que descrevem a curva.
- Expresse os braços de momento $\tilde{x}, \tilde{y}, \tilde{z}$ para o centroide ou centro de gravidade do elemento em termos das coordenadas que descrevem a curva.

Integrações

- Substitua as expressões para $\tilde{x}, \tilde{y}, \tilde{z}$ e dL, dA ou dV nas equações apropriadas (equações 9.1 a 9.5).
- Expresse a função no integrando em termos da *mesma variável que a espessura diferencial do elemento*.
- Os limites da integral são definidos a partir dos dois locais extremos da espessura diferencial do elemento, de modo que, quando os elementos são "somados" ou a integração é realizada, a região é totalmente coberta.

Exemplo 9.1

Localize o centroide do elemento curvo na forma de um arco parabólico, como mostra a Figura 9.8.

SOLUÇÃO

Elemento diferencial

O elemento diferencial é mostrado na Figura 9.8. Ele está localizado sobre a curva no *ponto arbitrário* (x, y).

Área e braços de momentos

O elemento diferencial do comprimento dL pode ser expresso em termos dos diferenciais dx e dy usando o teorema de Pitágoras.

$$dL = \sqrt{(dx)^2 + (dy)^2} = \sqrt{\left(\frac{dx}{dy}\right)^2 + 1}\, dy$$

Como $x = y^2$, então $dx/dy = 2y$. Portanto, expressando dL em termos de y e dy, temos:

$$dL = \sqrt{(2y)^2 + 1}\, dy$$

Como vemos na Figura 9.8, o centroide do elemento está localizado em $\tilde{x} = x$, $\tilde{y} = y$.

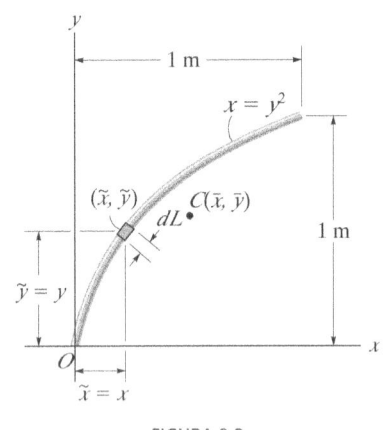

FIGURA 9.8

Integrações

Aplicando a Equação 9.5 e usando a fórmula de integração para calcular as integrais, obtemos:

$$\bar{x} = \frac{\int_L \tilde{x}\, dL}{\int_L dL} = \frac{\int_0^{1\,m} x\sqrt{4y^2 + 1}\, dy}{\int_0^{1\,m} \sqrt{4y^2 + 1}\, dy} = \frac{\int_0^{1\,m} y^2\sqrt{4y^2 + 1}\, dy}{\int_0^{1\,m} \sqrt{4y^2 + 1}\, dy} = \frac{0{,}6063}{1{,}479} = 0{,}410\ m \qquad Resposta$$

$$\bar{y} = \frac{\int_L \tilde{y}\, dL}{\int_L dL} = \frac{\int_0^{1\,m} y\sqrt{4y^2 + 1}\, dy}{\int_0^{1\,m} \sqrt{4y^2 + 1}\, dy} = \frac{0{,}8484}{1{,}479} = 0{,}574\ m \qquad Resposta$$

NOTA: esses resultados para C parecem razoáveis quando são desenhados na Figura 9.8.

Exemplo 9.2

Localize o centroide do segmento de arame circular mostrado na Figura 9.9.

SOLUÇÃO

Coordenadas polares serão usadas para resolver este problema, pois o arco é circular.

Elemento diferencial

Um arco circular diferencial é selecionado como mostra a figura. Esse elemento localiza-se na curva em (R, θ).

Comprimento e braços de momentos

O comprimento do elemento diferencial é $dL = R\, d\theta$, e seu centroide está localizado em $\tilde{x} = R\cos\theta$ e $\tilde{y} = R\,\text{sen}\,\theta$.

Integrações

Aplicando as equações 9.5 e integrando com relação a θ, obtemos:

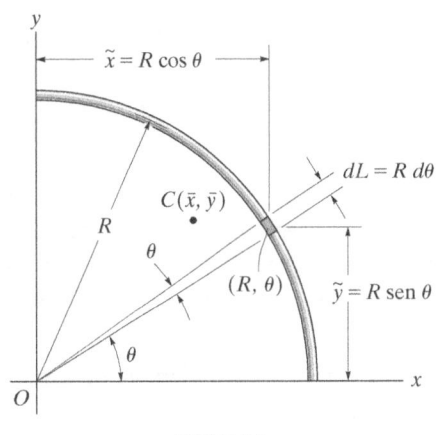

$$\bar{x} = \frac{\int_L \tilde{x}\, dL}{\int_L dL} = \frac{\int_0^{\pi/2} (R\cos\theta)R\, d\theta}{\int_0^{\pi/2} R\, d\theta} = \frac{R^2 \int_0^{\pi/2} \cos\theta\, d\theta}{R \int_0^{\pi/2} d\theta} = \frac{2R}{\pi} \quad \textit{Resposta}$$

$$\bar{y} = \frac{\int_L \tilde{y}\, dL}{\int_L dL} = \frac{\int_0^{\pi/2} (R\,\text{sen}\,\theta)R\, d\theta}{\int_0^{\pi/2} R\, d\theta} = \frac{R^2 \int_0^{\pi/2} \text{sen}\,\theta\, d\theta}{R \int_0^{\pi/2} d\theta} = \frac{2R}{\pi} \quad \textit{Resposta}$$

NOTA: conforme esperado, as duas coordenadas são numericamente as mesmas, em razão da simetria do arame.

Exemplo 9.3

Determine a distância $\bar{y}$ medida a partir do eixo x até o centroide da área do triângulo mostrado na Figura 9.10.

SOLUÇÃO

Elemento diferencial

Considere um elemento retangular que tenha espessura dy e esteja localizado em uma posição arbitrária de modo que intercepte o contorno em (x, y) (Figura 9.10).

Área e braço de momento

A área do elemento é $dA = x\, dy = \dfrac{b}{h}(h - y)\, dy$, e seu centroide está localizado a uma distância $\tilde{y} = y$ do eixo x.

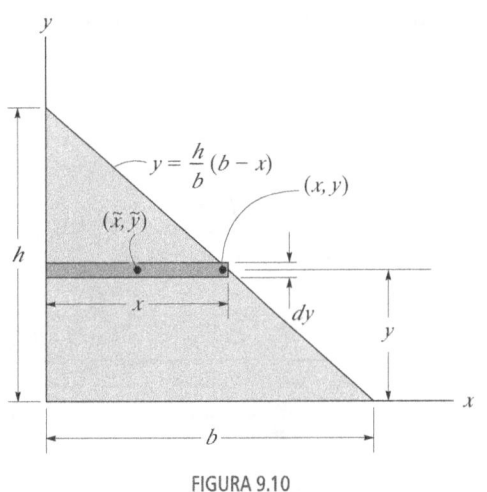

FIGURA 9.10

Integração

Aplicando a segunda das equações 9.4 e integrando com relação a y, temos:

$$\bar{y} = \frac{\int_A \tilde{y}\, dA}{\int_A dA} = \frac{\int_0^h y\left[\frac{b}{h}(h-y)\,dy\right]}{\int_0^h \frac{b}{h}(h-y)\,dy} = \frac{\frac{1}{6}bh^2}{\frac{1}{2}bh} = \frac{h}{3}$$ *Resposta*

NOTA: esse resultado é válido para qualquer formato de triângulo. Ele indica que o centroide está localizado a um terço da altura, medida a partir da base do triângulo.

Exemplo 9.4

Localize o centroide para a área de um quarto de círculo, mostrado na Figura 9.11.

SOLUÇÃO

Elemento diferencial

Serão usadas coordenadas polares, pois o contorno é circular. Escolhemos o elemento na forma de um *triângulo* (Figura 9.11). (Na realidade, a forma é um setor circular; porém, desconsiderando diferenciais de ordem mais alta, o elemento se torna triangular.) O elemento intercepta a curva no ponto (R, θ).

Área e braços de momentos

A área do elemento é:

$$dA = \tfrac{1}{2}(R)(R\,d\theta) = \frac{R^2}{2}d\theta$$

e, usando os resultados do Exemplo 9.3, o centroide do elemento (triangular) está localizado em $\tilde{x} = \tfrac{2}{3}R\cos\theta$, $\tilde{y} = \tfrac{2}{3}R\sin\theta$.

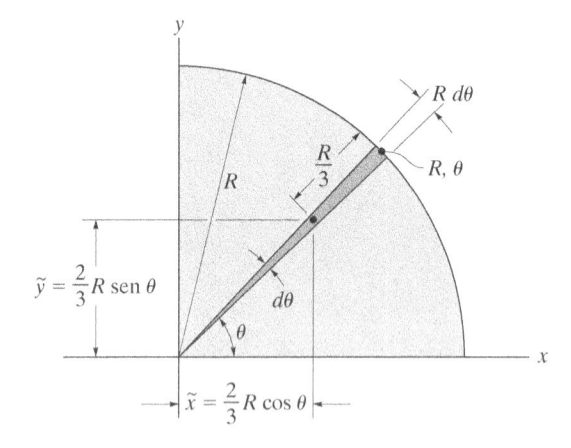

FIGURA 9.11

Integrações

Aplicando as equações 9.4 e integrando com relação a θ, obtemos:

$$\bar{x} = \frac{\int_A \tilde{x}\, dA}{\int_A dA} = \frac{\int_0^{\pi/2}\left(\frac{2}{3}R\cos\theta\right)\frac{R^2}{2}d\theta}{\int_0^{\pi/2}\frac{R^2}{2}d\theta} = \frac{\left(\frac{2}{3}R\right)\int_0^{\pi/2}\cos\theta\,d\theta}{\int_0^{\pi/2}d\theta} = \frac{4R}{3\pi}$$ *Resposta*

$$\bar{y} = \frac{\int_A \tilde{y}\, dA}{\int_A dA} = \frac{\int_0^{\pi/2}\left(\frac{2}{3}R\sin\theta\right)\frac{R^2}{2}d\theta}{\int_0^{\pi/2}\frac{R^2}{2}d\theta} = \frac{\left(\frac{2}{3}R\right)\int_0^{\pi/2}\sin\theta\,d\theta}{\int_0^{\pi/2}d\theta} = \frac{4R}{3\pi}$$ *Resposta*

Exemplo 9.5

Localize o centroide da área mostrada na Figura 9.12a.

SOLUÇÃO I

Elemento diferencial

Um elemento diferencial de espessura dx é mostrado na Figura 9.12a. O elemento intercepta a curva no *ponto arbitrário* (x, y) e, portanto, tem altura y.

Área e braços de momentos

A área do elemento é $dA = y\, dx$, e seu centroide está localizado em $\tilde{x} = x$, $\tilde{y} = y/2$.

Integração

Aplicando as equações 9.4 e integrando com relação a x, temos

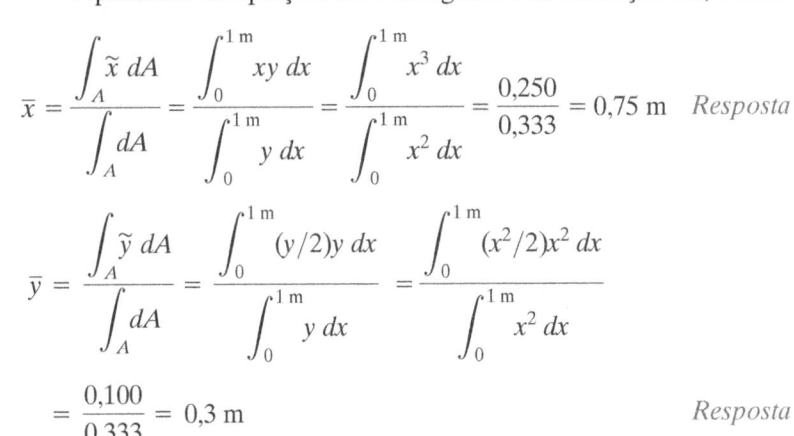

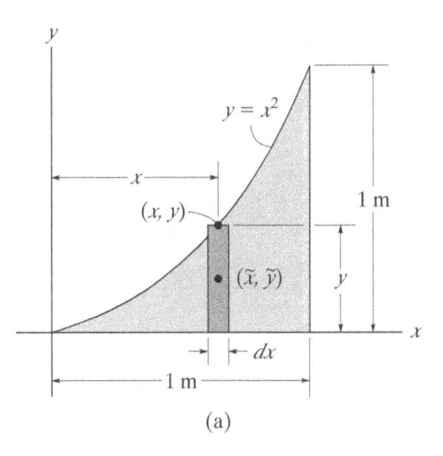

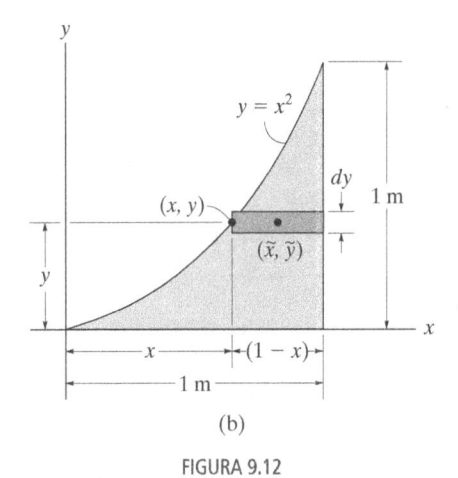

$$\bar{x} = \frac{\int_A \tilde{x}\, dA}{\int_A dA} = \frac{\int_0^{1\,m} xy\, dx}{\int_0^{1\,m} y\, dx} = \frac{\int_0^{1\,m} x^3\, dx}{\int_0^{1\,m} x^2\, dx} = \frac{0{,}250}{0{,}333} = 0{,}75\ m \quad \text{Resposta}$$

$$\bar{y} = \frac{\int_A \tilde{y}\, dA}{\int_A dA} = \frac{\int_0^{1\,m} (y/2)y\, dx}{\int_0^{1\,m} y\, dx} = \frac{\int_0^{1\,m} (x^2/2)x^2\, dx}{\int_0^{1\,m} x^2\, dx}$$

$$= \frac{0{,}100}{0{,}333} = 0{,}3\ m \quad \text{Resposta}$$

FIGURA 9.12

SOLUÇÃO II

Elemento diferencial

O elemento diferencial de espessura dy é mostrado na Figura 9.12b. O elemento cruza a curva no *ponto arbitrário* (x, y) e, portanto, tem comprimento $(1 - x)$.

Área e braços de momentos

A área do elemento é $dA = (1 - x)\, dy$ e seu centroide está localizado em

$$\tilde{x} = x + \left(\frac{1 - x}{2}\right) = \frac{1 + x}{2}, \quad \tilde{y} = y$$

Integrações

Aplicando as equações 9.4 e integrando com relação a y, obtemos:

$$\bar{x} = \frac{\int_A \tilde{x}\, dA}{\int_A dA} = \frac{\int_0^{1\,m} [(1+x)/2](1-x)\, dy}{\int_0^{1\,m} (1-x)\, dy} = \frac{\frac{1}{2}\int_0^{1\,m}(1-y)\, dy}{\int_0^{1\,m}(1-\sqrt{y})\, dy} = \frac{0{,}250}{0{,}333} = 0{,}75\ m \quad \text{Resposta}$$

$$\bar{y} = \frac{\int_A \tilde{y}\, dA}{\int_A dA} = \frac{\int_0^{1\,m} y(1-x)\, dy}{\int_0^{1\,m}(1-x)\, dy} = \frac{\int_0^{1\,m}(y - y^{3/2})\, dy}{\int_0^{1\,m}(1-\sqrt{y})\, dy} = \frac{0{,}100}{0{,}333} = 0{,}3\ m \quad \text{Resposta}$$

NOTA: represente esses resultados em um gráfico e observe que eles parecem razoáveis. Além disso, para este problema, o elemento de espessura dx oferece uma solução mais simples.

Exemplo 9.6

Localize o centroide da área semielíptica mostrada na Figura 9.13a.

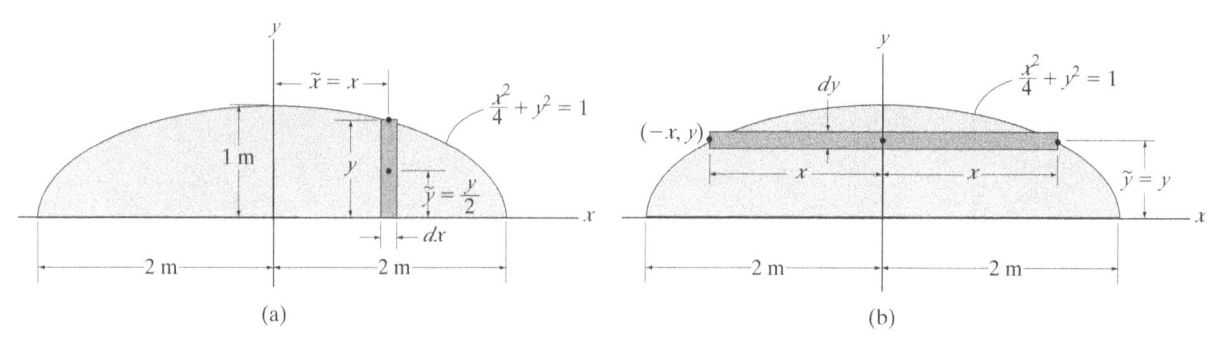

FIGURA 9.13

SOLUÇÃO I

Elemento diferencial

Vamos considerar o elemento diferencial retangular paralelo ao eixo y, que aparece sombreado na Figura 9.13a. Esse elemento tem espessura dx e altura y.

Área e braços de momentos

Assim, a área é $dA = y\,dx$ e seu centroide está localizado em $\tilde{x} = x$ e $\tilde{y} = y/2$.

Integração

Como a área é simétrica relação ao eixo y,

$$\bar{x} = 0 \qquad \textit{Resposta}$$

Aplicando a segunda das equações 9.4 com $y = \sqrt{1 - \dfrac{x^2}{4}}$, temos

$$\bar{y} = \frac{\int_A \tilde{y}\,dA}{\int_A dA} = \frac{\int_{-2\,m}^{2\,m} \dfrac{y}{2}(y\,dx)}{\int_{-2\,m}^{2\,m} y\,dx} = \frac{\dfrac{1}{2}\int_{-2\,m}^{2\,m}\left(1 - \dfrac{x^2}{4}\right)dx}{\int_{-2\,m}^{2\,m}\sqrt{1 - \dfrac{x^2}{4}}\,dx} = \frac{4/3}{\pi} = 0{,}424 \text{ m} \qquad \textit{Resposta}$$

SOLUÇÃO II

Elemento diferencial

Vamos considerar o elemento diferencial retangular sombreado de espessura dy e largura $2x$, paralelo ao eixo x (Figura 9.13b).

Área e braços de momentos

A área é $dA = 2x\,dy$, e seu centroide está em $\tilde{x} = 0$ e $\tilde{y} = y$.

Integração

Aplicando a segunda das equações 9.4, com $x = 2\sqrt{1 - y^2}$, temos:

$$\bar{y} = \frac{\int_A \tilde{y}\,dA}{\int_A dA} = \frac{\int_0^{1\,m} y(2x\,dy)}{\int_0^{1\,m} 2x\,dy} = \frac{\int_0^{1\,m} 4y\sqrt{1 - y^2}\,dy}{\int_0^{1\,m} 4\sqrt{1 - y^2}\,dy} = \frac{4/3}{\pi}\text{ m} = 0{,}424 \text{ m} \qquad \textit{Resposta}$$

Exemplo 9.7

Localize o centroide $\bar{y}$ para o paraboloide de revolução, mostrado na Figura 9.14.

SOLUÇÃO
Elemento diferencial

Um elemento com a forma de um *disco fino* é escolhido. Esse elemento tem espessura dy, intercepta a curva de geração no *ponto arbitrário* $(0, y, z)$ e, portanto, seu raio é $r = z$.

Volume e braço de momento

O volume do elemento é $dV = (\pi z^2)\, dy$ e seu centroide está localizado em $\tilde{y} = y$.

Integração

Aplicando a segunda das equações 9.3 e integrando com relação a y, temos:

$$\bar{y} = \frac{\int_V \tilde{y}\, dV}{\int_V dV} = \frac{\int_0^{100\,mm} y(\pi z^2)\, dy}{\int_0^{100\,mm} (\pi z^2)\, dy} = \frac{100\pi \int_0^{100\,mm} y^2\, dy}{100\pi \int_0^{100\,mm} y\, dy} = 66{,}7 \text{ mm} \qquad \textit{Resposta}$$

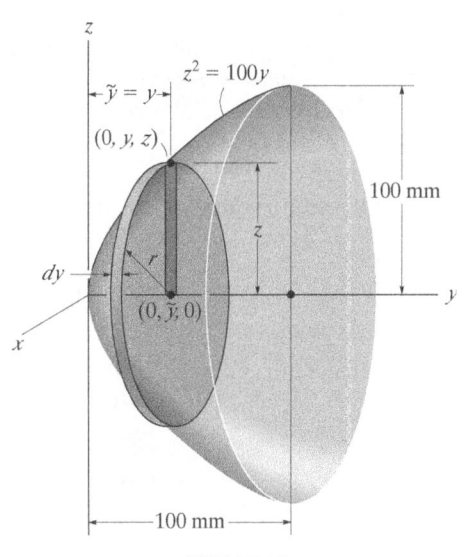

FIGURA 9.14

Exemplo 9.8

Determine a localização do centro de massa do cilindro mostrado na Figura 9.15 se sua densidade varia diretamente com a distância a partir de sua base, ou seja, $\rho = 200z$ kg/m^3.

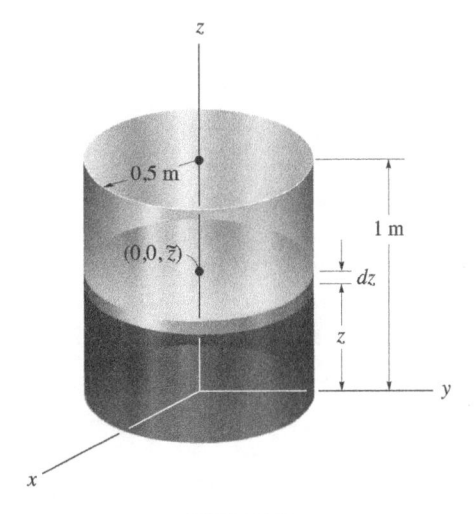

FIGURA 9.15

SOLUÇÃO

Devido à distribuição radial simétrica do material,

$$\bar{x} = \bar{y} = 0 \qquad \textit{Resposta}$$

Elemento diferencial

Um elemento de disco com raio 0,5 m e espessura dz é escolhido para integração (Figura 9.15), pois a *densidade de todo o elemento é constante* para determinado valor de z. O elemento está localizado ao longo do eixo z no *ponto arbitrário* $(0, 0, z)$.

Volume e braço de momento

O volume do elemento é $dV = \pi(0{,}5)^2\, dz$, e seu centroide está localizado em $\tilde{z} = z$.

Integrações

Usando uma equação semelhante à terceira das equações 9.2 com $dm = \rho dV$ e integrando com relação a z, observando que $\rho = 200z$, temos:

$$\bar{z} = \frac{\int_V \tilde{z}\rho\, dV}{\int_V \rho\, dV} = \frac{\int_0^{1\,m} z(200z)\left[\pi(0{,}5)^2\, dz\right]}{\int_0^{1\,m} (200z)\pi(0{,}5)^2\, dz} = \frac{\int_0^{1\,m} z^2\, dz}{\int_0^{1\,m} z\, dz} = 0{,}667 \text{ m} \qquad \textit{Resposta}$$

Problema preliminar

P9.1. Em cada caso, use o elemento mostrado e especifique $\tilde{x}$, $\tilde{y}$ e dA.

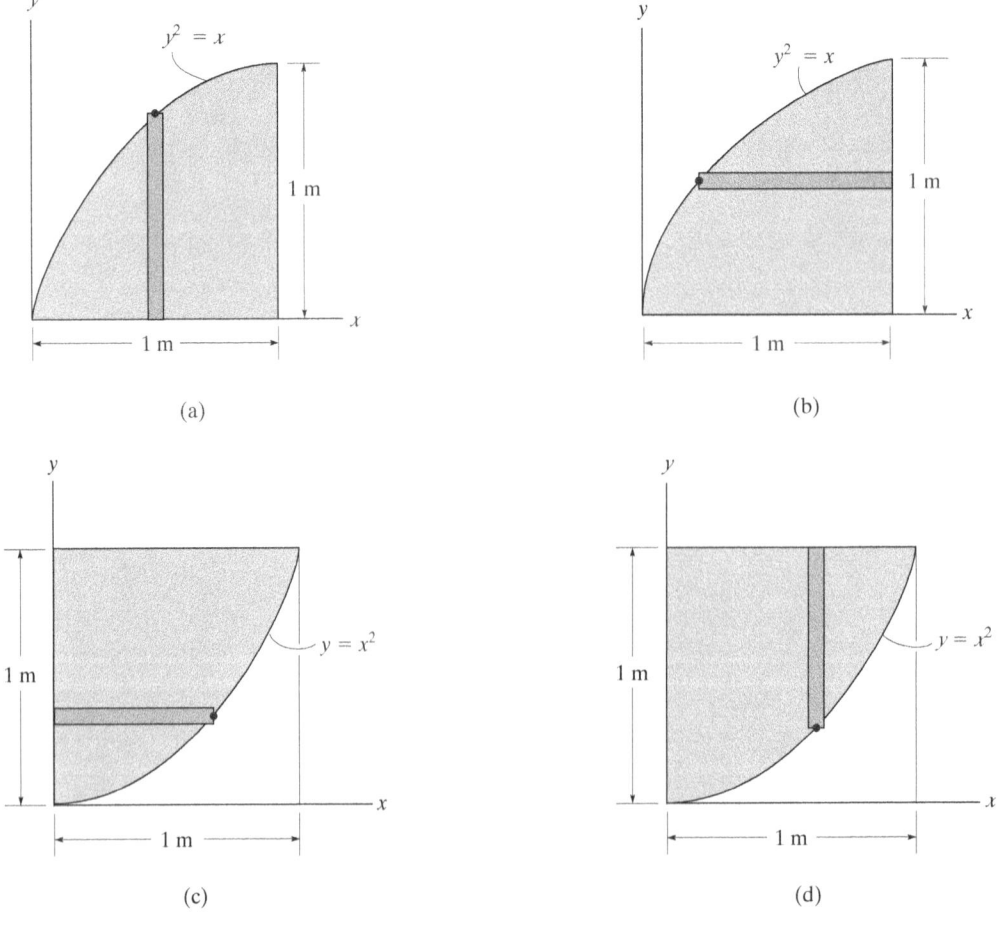

PROBLEMA P9.1

Problemas fundamentais

F9.1. Determine o centroide $(\bar{x}, \bar{y})$ da área sombreada.

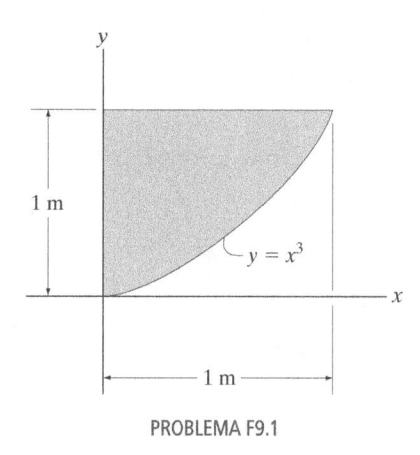

PROBLEMA F9.1

(Região entre $y = x^3$ e o eixo y, em quadrado de 1 m × 1 m)

F9.2. Determine o centroide $(\bar{x}, \bar{y})$ da área sombreada.

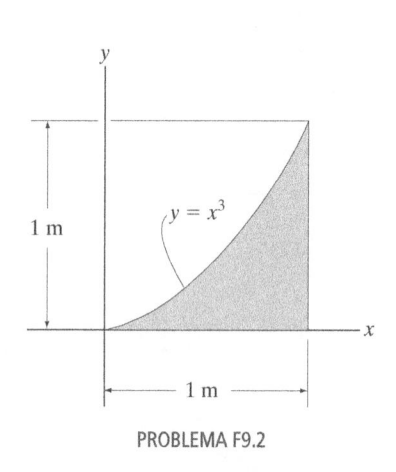

PROBLEMA F9.2

(Região sob $y = x^3$, de 0 a 1 m)

F9.3. Determine o centroide $\bar{y}$ da área sombreada.

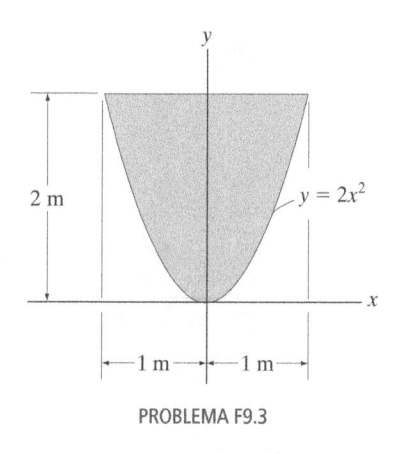

PROBLEMA F9.3

(Região acima de $y = 2x^2$, de $x = -1$ m a $x = 1$ m, altura 2 m)

F9.4. Localize o centro de massa $\bar{x}$ da barra reta se sua massa por unidade de comprimento for dada por $m = m_0(1 + x^2/L^2)$.

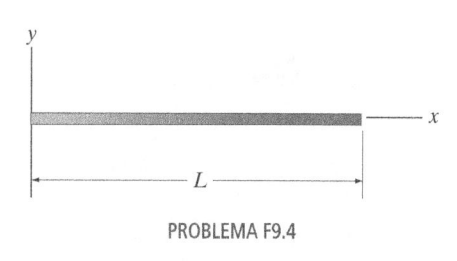

PROBLEMA F9.4

F9.5. Localize o centroide $\bar{y}$ do sólido homogêneo formado girando-se a área sombreada em torno do eixo y.

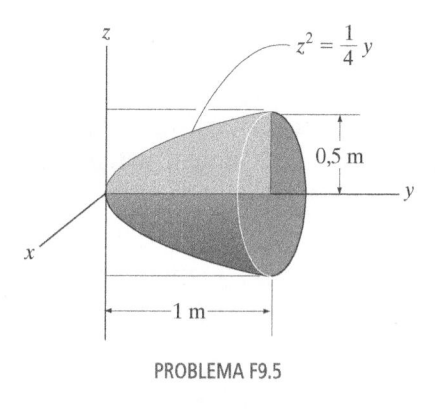

PROBLEMA F9.5

($z^2 = \frac{1}{4}y$, raio 0,5 m, comprimento 1 m)

F9.6. Localize o centroide $\bar{z}$ do sólido homogêneo formado girando-se a área sombreada em torno do eixo z.

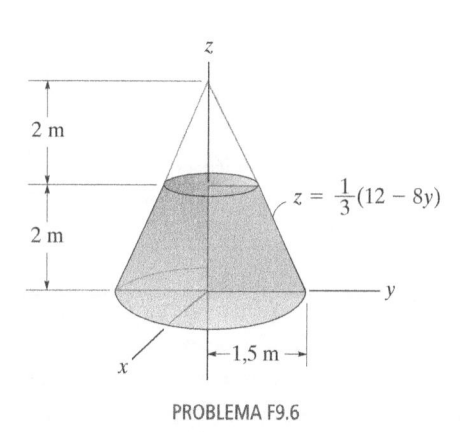

PROBLEMA F9.6

($z = \frac{1}{3}(12 - 8y)$, raio da base 1,5 m, alturas 2 m e 2 m)

Problemas

9.1. Determine o centro de massa do elemento homogêneo encurvado na forma de um arco circular.

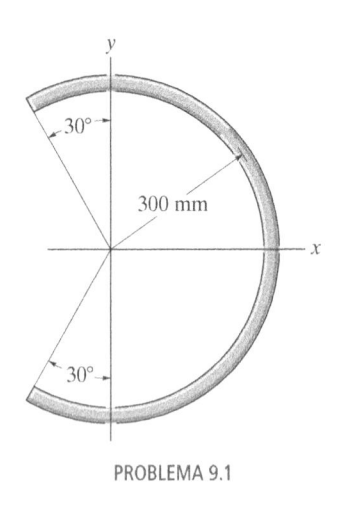

PROBLEMA 9.1

9.2. Localize o centroide ($\bar{x}$, $\bar{y}$) do elemento uniforme. Calcule as integrais usando um método numérico.

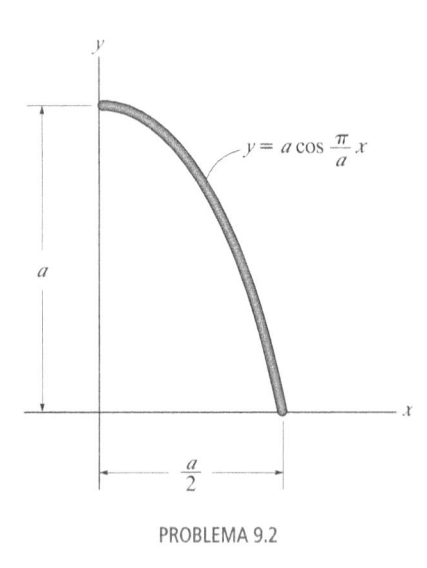

PROBLEMA 9.2

9.3. Localize o centro de gravidade $\bar{x}$ do elemento homogêneo. Se ele tem um peso por unidade de comprimento de 100 N/m, determine a reação vertical em A e as componentes x e y da reação no pino B.

*__9.4.__ Localize o centro de gravidade $\bar{y}$ do elemento homogêneo.

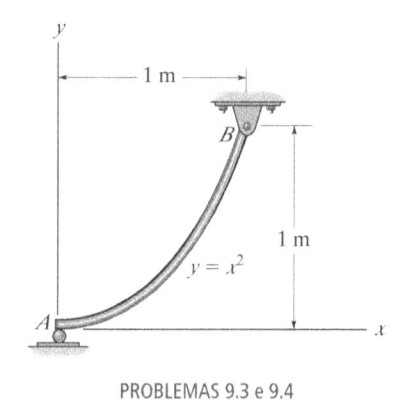

PROBLEMAS 9.3 e 9.4

9.5. Determine a distância $\bar{y}$ até o centro de gravidade do elemento homogêneo.

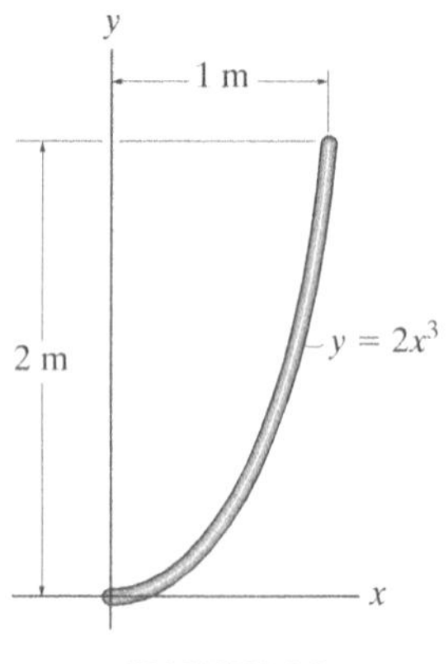

PROBLEMA 9.5

9.6. Localize o centroide $\bar{y}$ da área.

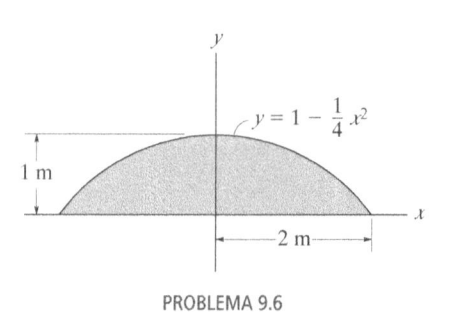

PROBLEMA 9.6

9.7. Localize o centroide $\bar{x}$ da área sombreada. Resolva o problema calculando as integrais por meio da regra de Simpson.

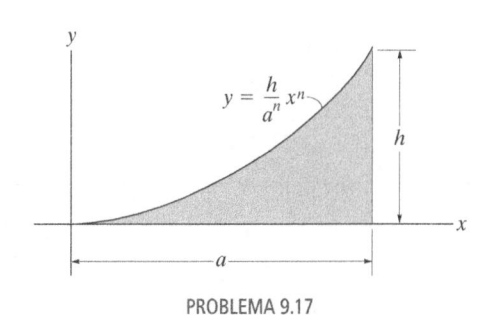

*9.8. Localize o centroide $\bar{y}$ da área sombreada. Resolva o problema calculando as integrais por meio da regra de Simpson.

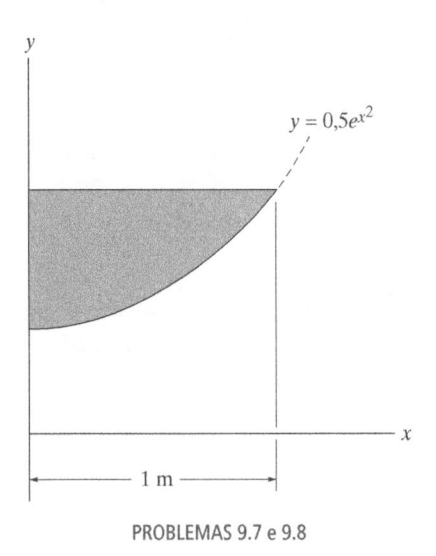

PROBLEMAS 9.7 e 9.8

9.9. Localize o centroide $\bar{x}$ da área parabólica.

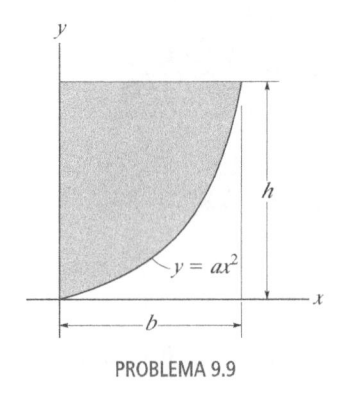

PROBLEMA 9.9

9.10. Localize o centroide da área sombreada.

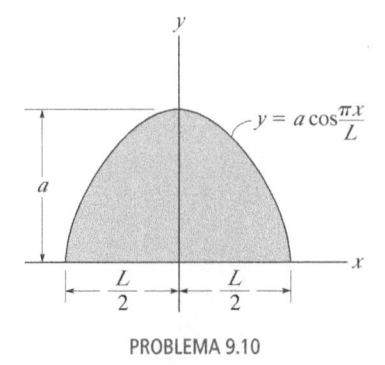

PROBLEMA 9.10

9.11. Localize o centroide $\bar{x}$ da área sombreada.

*9.12. Localize o centroide $\bar{y}$ da área sombreada.

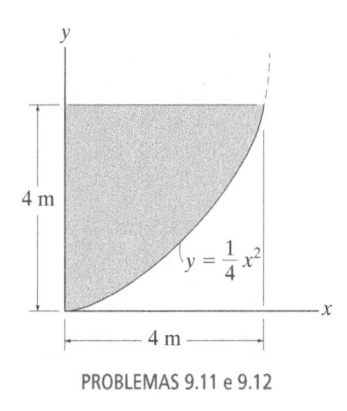

PROBLEMAS 9.11 e 9.12

9.13. Localize o centroide $\bar{x}$ da área.

9.14. Localize o centroide $\bar{y}$ da área.

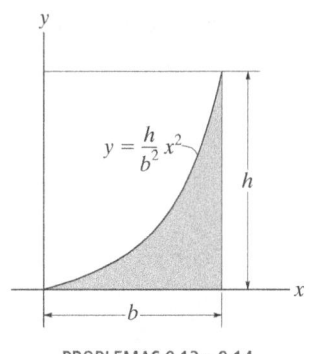

PROBLEMAS 9.13 e 9.14

9.15. Localize o centroide $\bar{x}$ da área.

*9.16. Localize o centroide $\bar{y}$ da área.

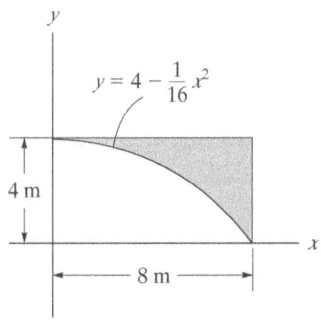

PROBLEMAS 9.15 e 9.16

9.17. Localize o centroide $\bar{y}$ da área sombreada.

PROBLEMA 9.17

9.18. Localize o centroide $\bar{y}$ da área.

Figura: curva $y = x^{2/3}$, altura 4 m, base 8 m.

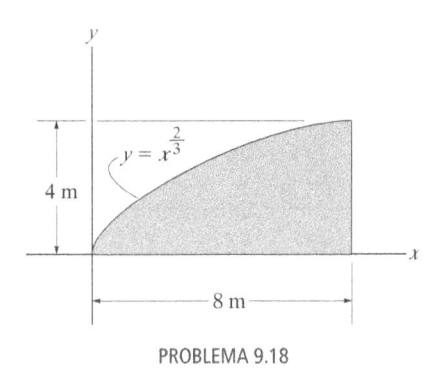

PROBLEMA 9.18

9.19. Localize o centroide $\bar{x}$ da área sombreada.

***9.20.** Localize o centroide $\bar{y}$ da área sombreada.

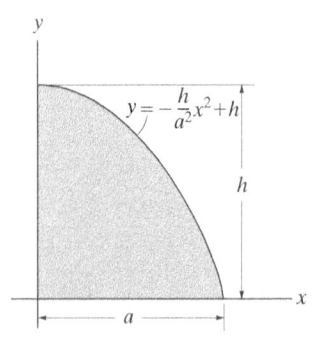

Figura: curva $y = -\dfrac{h}{a^2}x^2 + h$, base a, altura h.

PROBLEMAS 9.19 e 9.20

9.21. Localize o centroide $\bar{x}$ da área.

9.22. Localize o centroide $\bar{y}$ da área.

Figura: curva $xy = c^2$, entre $x = a$ e $x = b$.

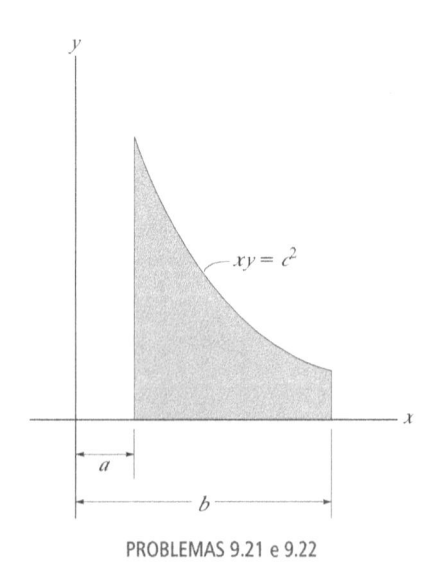

PROBLEMAS 9.21 e 9.22

9.23. Localize o centroide $\bar{x}$ da área.

***9.24.** Localize o centroide $\bar{y}$ da área.

Figura: curva $y = h - \dfrac{h}{a^n}x^n$, altura h, base a.

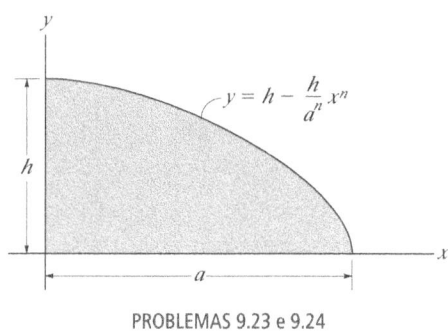

PROBLEMAS 9.23 e 9.24

9.25. Se a densidade em qualquer ponto na placa de um quarto de círculo é definida por $\rho = \rho_0 xy$, em que ρ_0 é uma constante, determine a massa e localize o centro de massa $(\bar{x}, \bar{y})$ da placa. A placa tem uma espessura t.

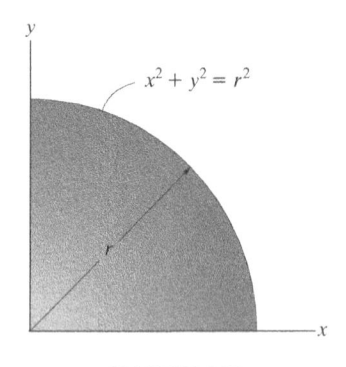

Figura: quarto de círculo $x^2 + y^2 = r^2$.

PROBLEMA 9.25

9.26. Localize o centroide $\bar{x}$ da área.

9.27. Localize o centroide $\bar{y}$ da área.

Figura: curva $y = a\cos\dfrac{\pi}{a}x$, altura a, base $\dfrac{a}{2}$.

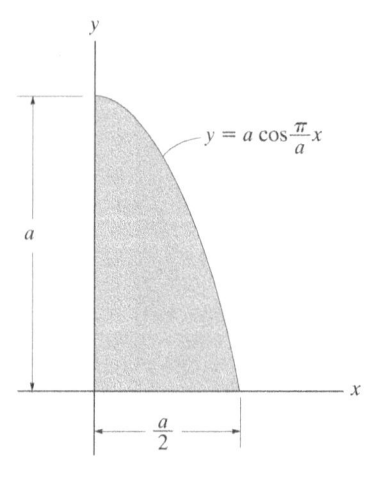

PROBLEMAS 9.26 e 9.27

*9.28. Localize o centroide $\bar{x}$ da área.

9.29. Localize o centroide $\bar{y}$ da área.

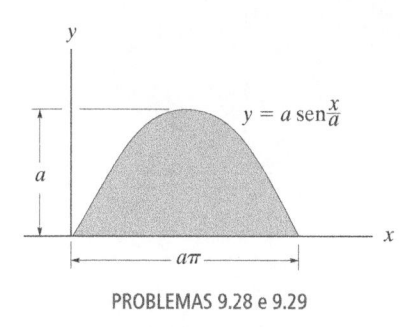

PROBLEMAS 9.28 e 9.29

9.30. A placa de aço tem 0,3 m de espessura e densidade de 7850 kg/m³. Determine a localização de seu centro de massa. Além disso, determine as reações no pino e no apoio de rolete.

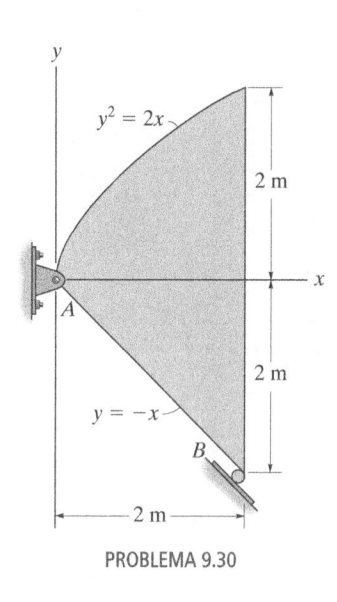

PROBLEMA 9.30

9.31. Localize o centroide $\bar{x}$ da área sombreada.

*9.32. Localize o centroide $\bar{y}$ da área sombreada.

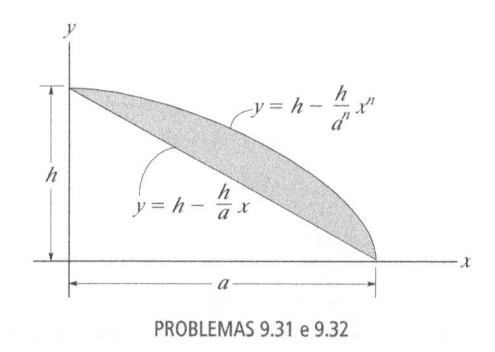

PROBLEMAS 9.31 e 9.32

9.33. Localize o centroide $\bar{x}$ da área sombreada.

9.34. Localize o centroide $\bar{y}$ da área sombreada.

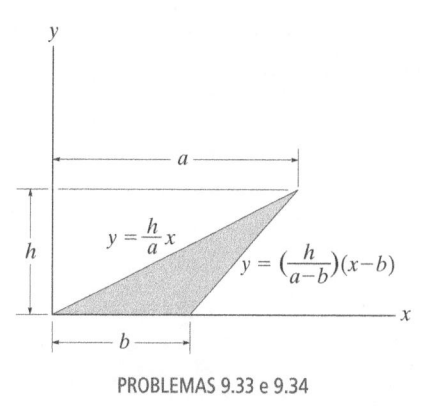

PROBLEMAS 9.33 e 9.34

9.35. Localize o centroide $\bar{x}$ da área sombreada.

*9.36. Localize o centroide $\bar{y}$ da área sombreada.

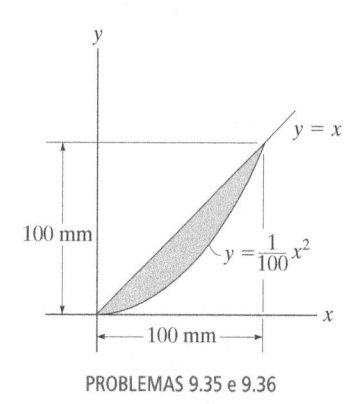

PROBLEMAS 9.35 e 9.36

9.37. Localize o centroide $\bar{x}$ do setor circular.

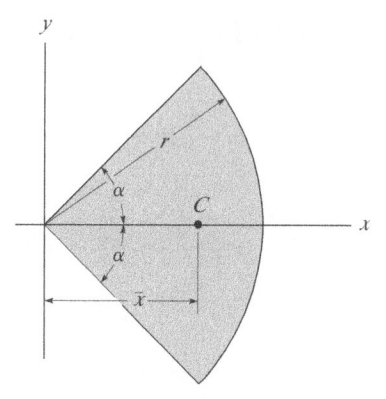

PROBLEMA 9.37

9.38. Determine a localização $\bar{r}$ do centroide C para a metade da lemniscata, $r^2 = 2a^2\cos 2\theta$, $(-45° \leq \theta \leq 45°)$.

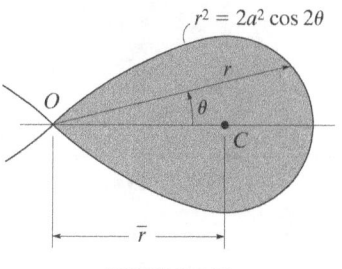

PROBLEMA 9.38

9.39. Localize o centro de gravidade do volume. O material é homogêneo.

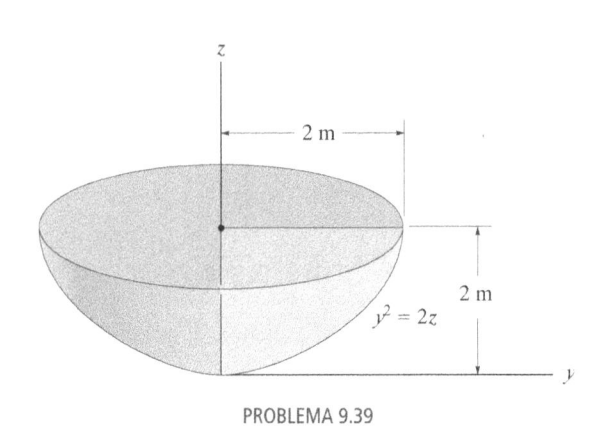

PROBLEMA 9.39

***9.40.** Localize o centroide $\bar{y}$ do paraboloide.

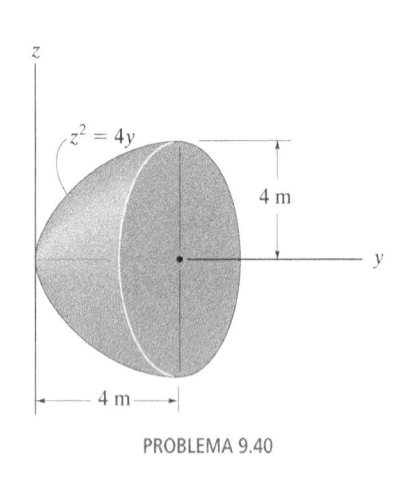

PROBLEMA 9.40

9.41. Localize o centroide $\bar{z}$ do tronco do cone circular reto.

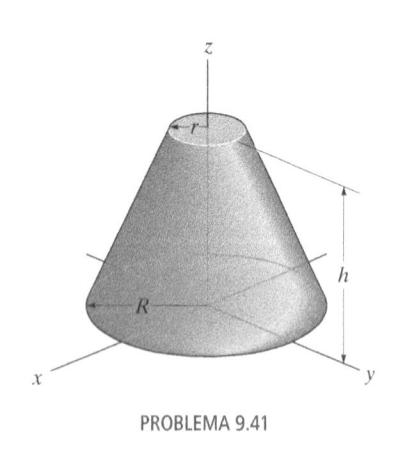

PROBLEMA 9.41

9.42. Localize o centroide do sólido.

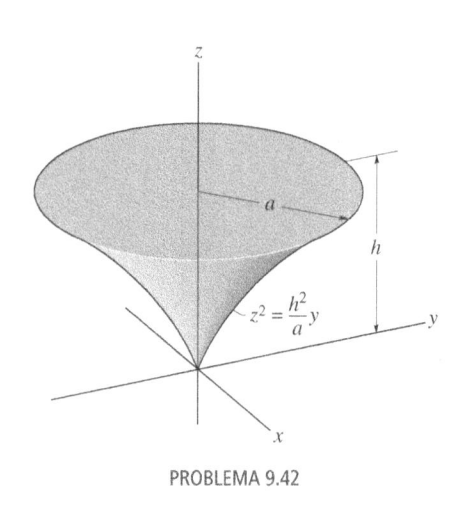

PROBLEMA 9.42

9.43. Localize o centroide $\bar{z}$ do volume.

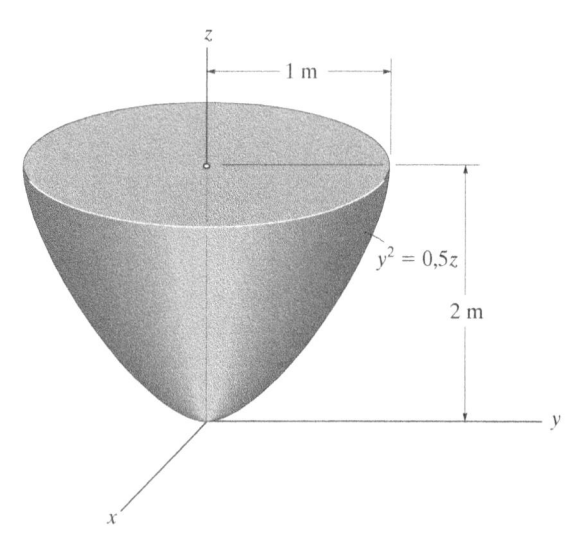

PROBLEMA 9.43

***9.44.** Localize o centroide do quarto de cone.

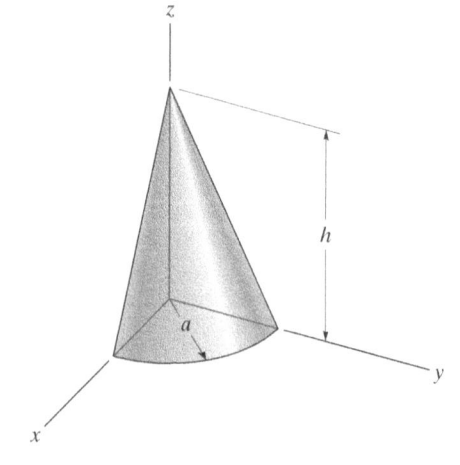

PROBLEMA 9.44

9.45. Localize o centroide do elipsoide de revolução.

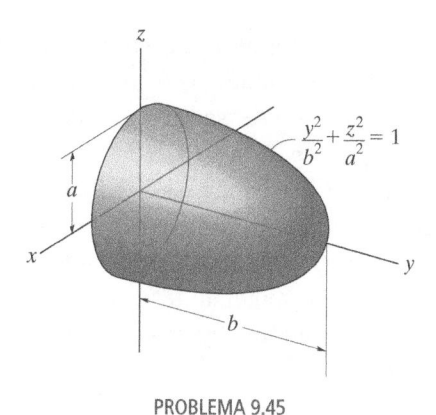

Sugestão: use um elemento de placa diferencial retangular com espessura dz e área $(2x)(2y)$.

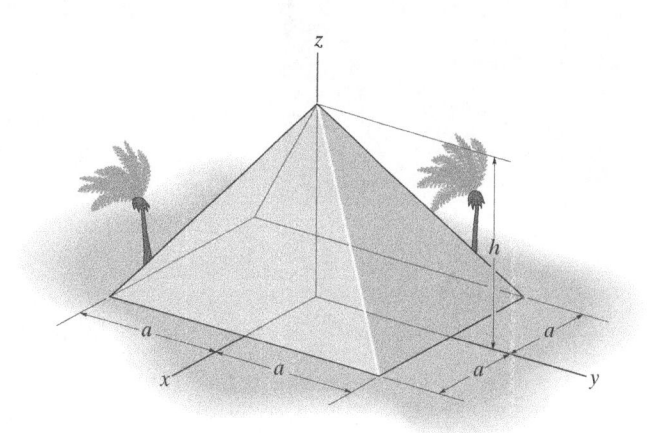

PROBLEMA 9.45

9.46. O hemisfério de raio r é composto de uma pilha de placas muito finas de modo que a densidade varia com a altura, $\rho = kz$, em que k é uma constante. Determine sua massa e a distância $\bar{z}$ até o centro de massa G.

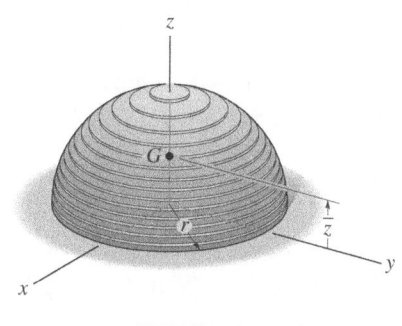

PROBLEMA 9.48

9.49. Localize o centro de gravidade $\bar{z}$ do tronco do paraboloide. O material é homogêneo.

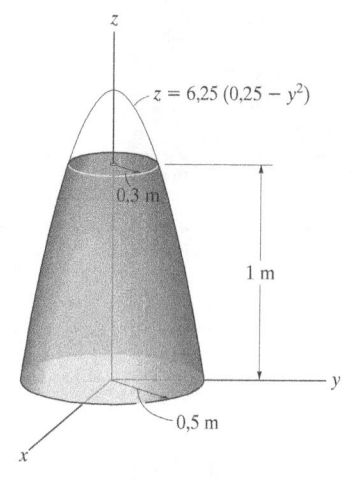

PROBLEMA 9.46

9.47. Determine a localização $\bar{z}$ do centroide para o tetraedro. *Sugestão*: use um elemento de "placa" triangular paralelo ao plano x–y e de espessura dz.

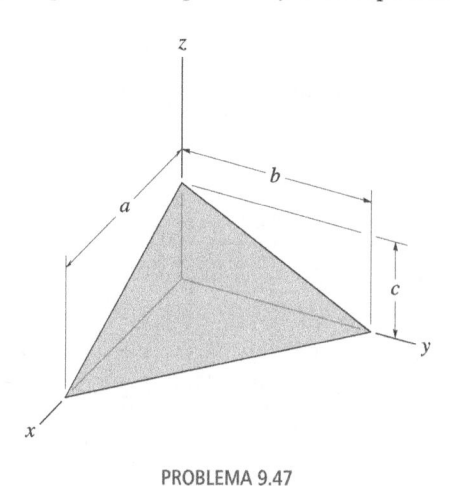

PROBLEMA 9.49

9.50. Localize o centroide $\bar{z}$ do segmento esférico.

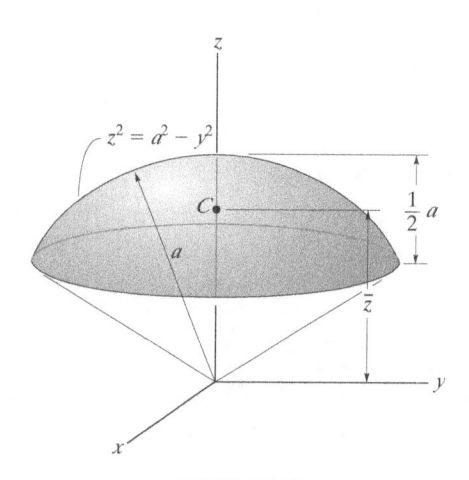

PROBLEMA 9.47

*9.48. A câmara do rei da Grande Pirâmide de Gizé está localizada em seu centroide. Supondo que a pirâmide seja sólida, prove que esse ponto está em $\bar{z} = \frac{1}{4}h$.

PROBLEMA 9.50

9.2 Corpos compostos

Um ***corpo composto*** consiste em uma série de corpos de formatos "mais simples" conectados, que podem ser retangulares, triangulares, semicirculares etc. Tal corpo normalmente pode ser seccionado ou dividido em suas partes componentes e, desde que o *peso* e a localização do centro de gravidade de cada uma dessas partes sejam conhecidos, podemos eliminar a necessidade de integração para determinar o centro de gravidade do corpo inteiro. O método para fazer isso segue o mesmo procedimento esboçado na Seção 9.1. O resultado são fórmulas semelhantes às equações 9.1; porém, em vez de considerar um número infinito de pesos diferenciais, temos um número finito de pesos. Portanto,

$$\bar{x} = \frac{\Sigma \tilde{x} W}{\Sigma W} \quad \bar{y} = \frac{\Sigma \tilde{y} W}{\Sigma W} \quad \bar{z} = \frac{\Sigma \tilde{z} W}{\Sigma W} \tag{9.6}$$

Uma análise de tensões deste perfil "L" requer que o centroide de sua área transversal seja localizado.

Para determinar a força exigida para derrubar essa barreira de concreto, é preciso que a localização de seu centro de gravidade G seja conhecida. Em razão da simetria, G estará no eixo de simetria vertical.

Aqui,

$\bar{x}, \bar{y}, \bar{z}$ representam as coordenadas do centro de gravidade G do corpo composto.

$\tilde{x}, \tilde{y}, \tilde{z}$ representam as coordenadas do centro de gravidade de cada parte componente do corpo.

ΣW é a soma dos pesos de todas as partes componentes do corpo, ou simplesmente o peso total do corpo.

Quando o corpo tem uma *densidade ou peso específico constante*, o centro de gravidade *coincide* com o centroide do corpo. O centroide para linhas, áreas e volumes compostos pode ser encontrado por meio de relações semelhantes às equações 9.6; porém, os Ws são substituídos por Ls, As e Vs, respectivamente. Os centroides para formatos comuns de linhas, áreas, cascas e volumes que normalmente compõem um corpo composto são dados na tabela nos apêndices.

Procedimento para análise

A localização do centro de gravidade de um corpo ou o centroide de um objeto geométrico composto representado por uma linha, área ou volume pode ser determinada usando o procedimento indicado a seguir.

Partes componentes

- Usando um esboço, divida o corpo ou objeto em um número finito de partes componentes que possuam formatos mais simples.
- Se um corpo composto tem um *furo*, ou uma região geométrica sem material, considere o corpo composto sem o furo e considere este como uma parte componente *adicional* de peso ou dimensão *negativa*.

Braços de momentos

- Estabeleça os eixos de coordenadas no esboço e determine as coordenadas $\tilde{x}, \tilde{y}, \tilde{z}$ do centro de gravidade ou centroide de cada parte.

Capítulo 9 – Centro de gravidade e centroide **423**

> *Somatórios*
>
> - Determine $\bar{x}$, $\bar{y}$, $\bar{z}$ aplicando as equações de centro de gravidade (equações 9.6) ou as equações de centroide correspondentes.
> - Se um objeto é *simétrico* em relação a um eixo, o centroide do objeto encontra-se nesse eixo.
>
> Se desejado, os cálculos podem ser arrumados em formato tabular, conforme indicado nos três exemplos a seguir.

O centro de gravidade desta caixa d'água pode ser determinado dividindo-a em partes componentes e aplicando as equações 9.6.

Exemplo 9.9

Localize o centroide do arame mostrado na Figura 9.16a.

SOLUÇÃO

Partes componentes

O arame é dividido em três segmentos, como mostra a Figura 9.16b.

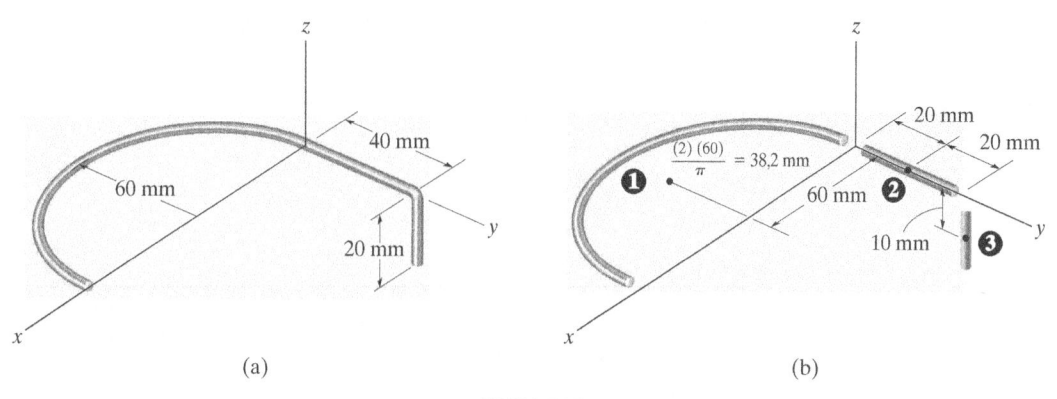

FIGURA 9.16

Braços de momentos

A localização do centroide para cada segmento é determinada e indicada na figura. Em particular, o centroide do segmento ① é determinado pela integração ou usando a tabela dos apêndices.

Somatórios

Por conveniência, os cálculos podem ser tabulados da seguinte forma:

Segmento	L (mm)	$\tilde{x}$ (mm)	$\tilde{y}$ (mm)	$\tilde{z}$ (mm)	$\tilde{x}L$ (mm²)	$\tilde{y}L$ (mm²)	$\tilde{z}L$ (mm²)
1	$\pi(60) = 188{,}5$	60	−38,2	0	11310	−7200	0
2	40	0	20	0	0	800	0
3	20	0	40	−10	0	800	−200
	$\Sigma L = 248{,}5$				$\Sigma \tilde{x}L = 11310$	$\Sigma \tilde{y}L = -5600$	$\Sigma \tilde{z}L = -200$

Assim,

$$\bar{x} = \frac{\Sigma \tilde{x}L}{\Sigma L} = \frac{11310}{248{,}5} = 45{,}5 \text{ mm} \qquad Resposta$$

$$\bar{y} = \frac{\Sigma \tilde{y}L}{\Sigma L} = \frac{-5600}{248{,}5} = -22{,}5 \text{ mm} \qquad Resposta$$

$$\bar{z} = \frac{\Sigma \tilde{z}L}{\Sigma L} = \frac{-200}{248{,}5} = -0{,}805 \text{ mm} \qquad Resposta$$

Exemplo 9.10

Localize o centroide da área da placa mostrada na Figura 9.17a.

SOLUÇÃO

Partes componentes

A placa é dividida em três segmentos, conforme mostra a Figura 9.17b. Aqui, a área do pequeno retângulo ③ é considerada "negativa", pois precisa ser subtraída do maior ②.

Braços de momentos

O centroide de cada segmento está localizado conforme indica a figura. Observe que as coordenadas $\tilde{x}$ de ② e ③ são *negativas*.

Somatórios

Tomando os dados da Figura 9.17b, os cálculos são tabulados da seguinte forma:

Segmento	A (m²)	$\tilde{x}$ (m)	$\tilde{y}$ (m)	$\tilde{x}A$ (m³)	$\tilde{y}A$ (m³)
1	$\frac{1}{2}(3)(3) = 4{,}5$	1	1	4,5	4,5
2	$(3)(3) = 9$	−1,5	1,5	−13,5	13,5
3	$-(2)(1) = -2$	−2,5	2	5	−4
	$\Sigma A = 11{,}5$			$\Sigma \tilde{x}A = -4$	$\Sigma \tilde{y}A = 14$

Assim,

$$\bar{x} = \frac{\Sigma \tilde{x} A}{\Sigma A} = \frac{-4 \text{ m}^3}{11,5 \text{ m}^2} = -0,348 \text{ m} \qquad \textit{Resposta}$$

$$\bar{y} = \frac{\Sigma \tilde{y} A}{\Sigma A} = \frac{14 \text{ m}^3}{11,5 \text{ m}^2} = 1,22 \text{ m} \qquad \textit{Resposta}$$

NOTA: se esses resultados forem representados na Figura 9.17a, a localização do ponto C parece ser razoável.

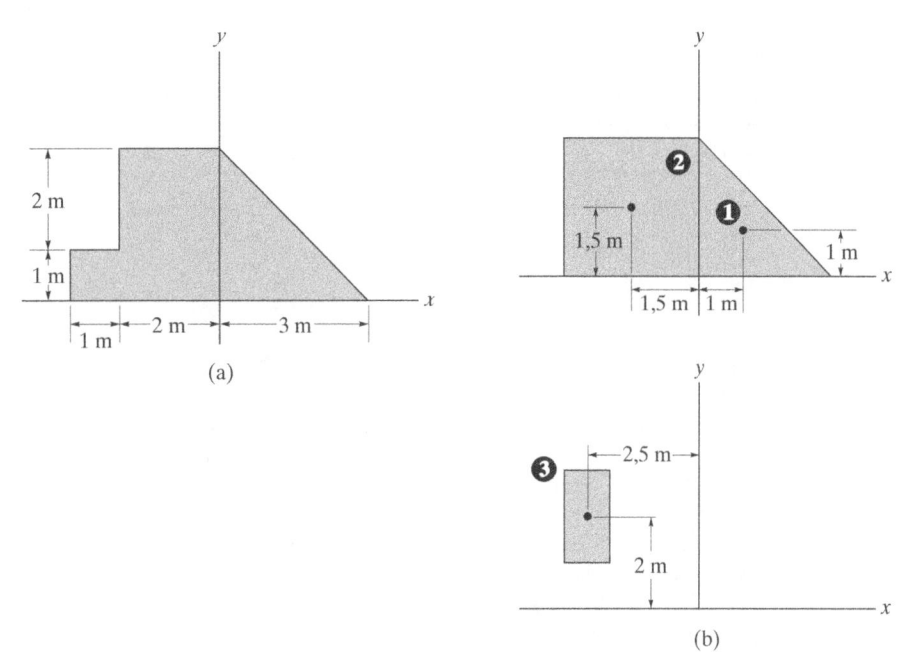

FIGURA 9.17

Exemplo 9.11

Localize o centro de massa da estrutura mostrada na Figura 9.18a. O tronco de cone tem densidade $\rho_c = 8 \text{ Mg/m}^3$, e o hemisfério tem densidade $\rho_h = 4 \text{ Mg/m}^3$. Existe um furo cilíndrico com raio de 25 mm no centro do tronco.

SOLUÇÃO

Partes componentes

Pode-se considerar que a estrutura consiste em quatro segmentos, como mostra a Figura 9.18b. Para os cálculos, ③ e ④ devem ser considerados segmentos "negativos" a fim de que os quatro segmentos, quando somados, gerem a forma composta total mostrada na Figura 9.18a.

Braços de momentos

Usando a tabela dos apêndices, os cálculos para o centroide $\tilde{z}$ de cada pedaço aparecem na figura.

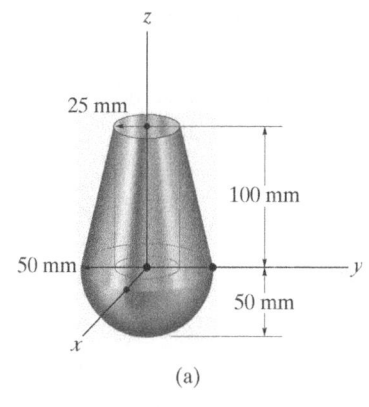

FIGURA 9.18

Somatórios

Por causa da *simetria*, observe que:

$$\bar{x} = \bar{y} = 0 \qquad \textit{Resposta}$$

Como $W = mg$, e g é constante, a terceira das equações 9.6 torna-se $\bar{z} = \Sigma \tilde{z}m/\Sigma m$. A massa de cada pedaço pode ser calculada a partir de $m = \rho V$ e usada para os cálculos. Além disso, $1 \text{ Mg/m}^3 = 10^{-6} \text{ kg/mm}^3$, de modo que:

Segmento	m (kg)	$\tilde{z}$ (mm)	$\tilde{z}m$ (kg · mm)
1	$8(10^{-6})(\frac{1}{3})\pi(50)^2(200) = 4,189$	50	209,440
2	$4(10^{-6})(\frac{2}{3})\pi(50)^3 = 1,047$	−18,75	−19,635
3	$-8(10^{-6})(\frac{1}{3})\pi(25)^2(100) = -0,524$	$100 + 25 = 125$	−65,450
4	$-8(10^{-6})\pi(25)^2(100) = -1,571$	50	−78,540
	$\Sigma m = 3,142$		$\Sigma \tilde{z}m = 45,815$

Assim, $\bar{z} = \dfrac{\Sigma \tilde{z}m}{\Sigma m} = \dfrac{45,815}{3,142} = 14,6 \text{ mm}$ *Resposta*

(b)

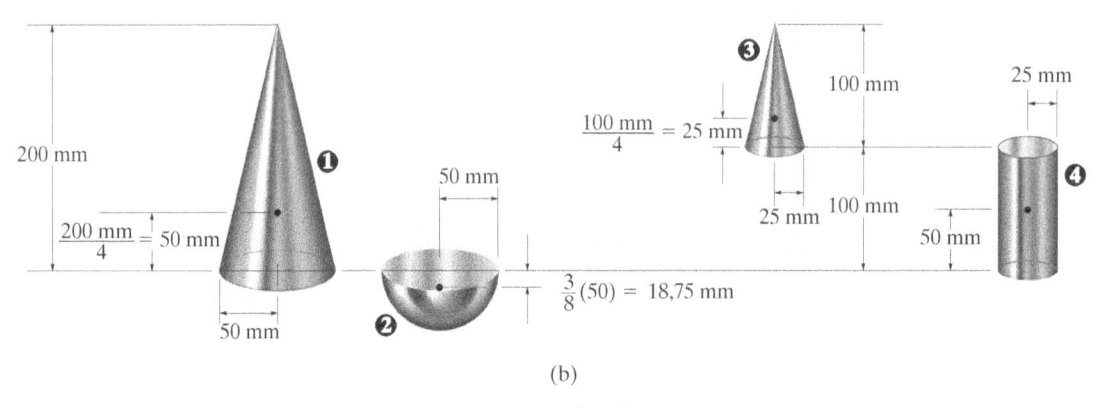

FIGURA 9.18 (cont.)

Problemas fundamentais

F9.7. Localize o centroide ($\bar{x}, \bar{y}, \bar{z}$) do arame dobrado na forma mostrada.

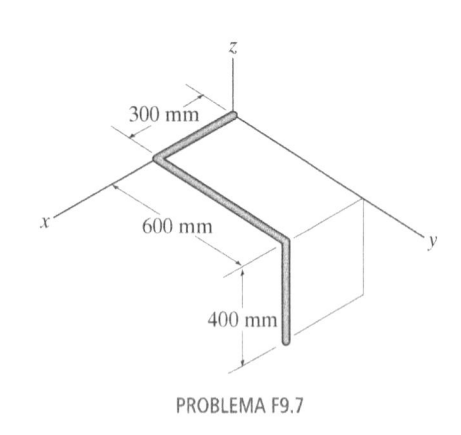

PROBLEMA F9.7

F9.8. Localize o centroide $\bar{y}$ da área da seção transversal da viga.

PROBLEMA F9.8

F9.9. Localize o centroide $\bar{y}$ da área da seção transversal da viga.

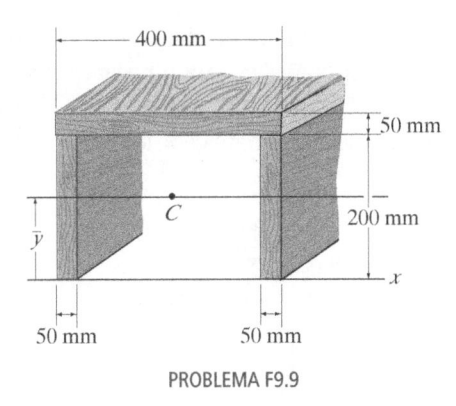

PROBLEMA F9.9

F9.10. Localize o centroide ($\bar{x}$, $\bar{y}$) da área da seção transversal.

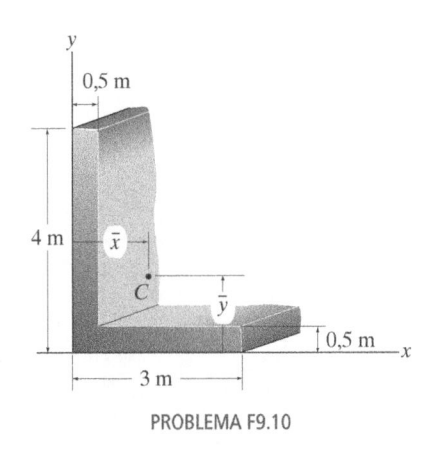

PROBLEMA F9.10

F9.11. Determine o centro de massa ($\bar{x}$, $\bar{y}$, $\bar{z}$) do bloco sólido homogêneo.

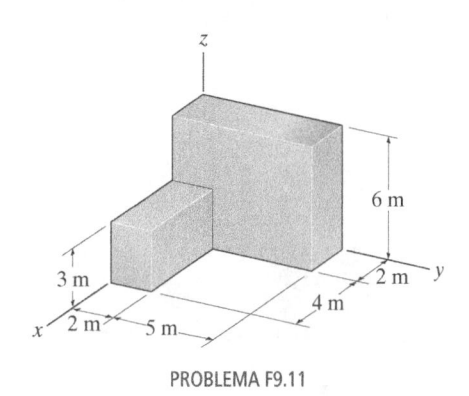

PROBLEMA F9.11

F9.12. Determine o centro de massa ($\bar{x}$, $\bar{y}$, $\bar{z}$) do bloco sólido homogêneo.

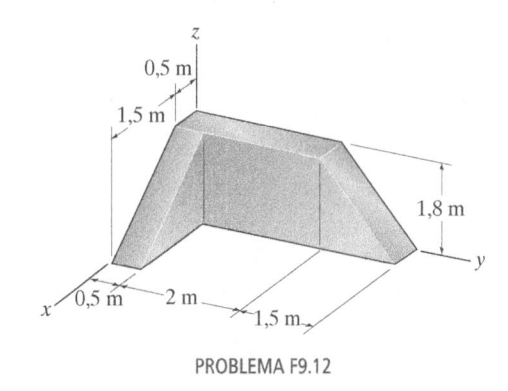

PROBLEMA F9.12

Problemas

9.51. O conjunto de placas de aço e alumínio é parafusado e preso ao muro. Cada placa tem uma largura constante na direção z de 200 mm e espessura de 20 mm. Se a densidade de A e B é $\rho_{aço} = 7{,}85$ Mg/m³, e para C, $\rho_{al} = 2{,}71$ Mg/m³, determine a localização $\bar{x}$ do centro de massa. Desconsidere o tamanho dos parafusos.

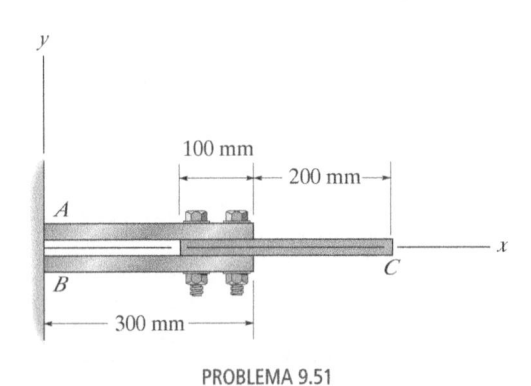

PROBLEMA 9.51

***9.52.** Localize o centro de gravidade $G(\bar{x}, \bar{y})$ do poste de iluminação. Desconsidere a espessura de cada segmento. A massa por comprimento unitário de cada segmento é a seguinte: $\rho_{AB} = 12$ kg/m, $\rho_{BC} = 8$ kg/m, $\rho_{CD} = 5$ kg/m e $\rho_{DE} = 2$ kg/m.

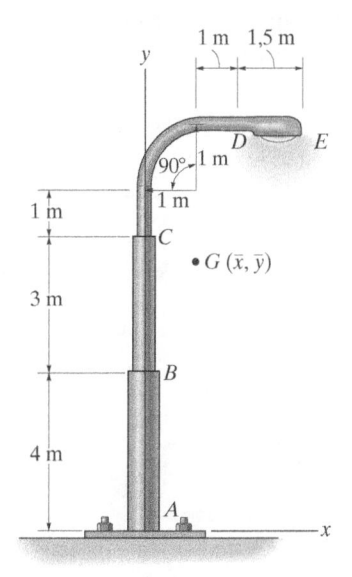

PROBLEMA 9.52

9.53. Localize o centroide ($\bar{x}, \bar{y}$) da seção transversal de metal. Desconsidere a espessura do material e as pequenas dobras nos cantos.

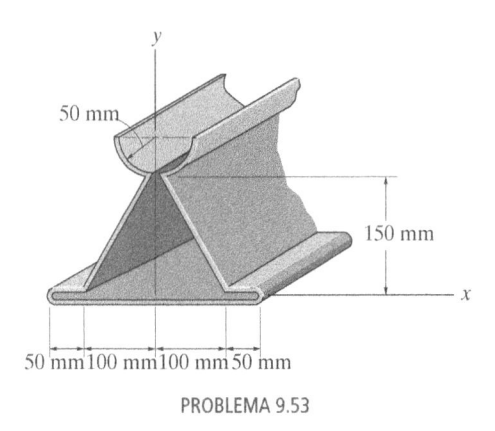

PROBLEMA 9.53

9.54. Determine a localização $\bar{y}$ do eixo $\bar{x}-\bar{x}$ que passa pelo centroide da área transversal da viga. Para o cálculo, desconsidere o tamanho das soldas nos cantos em A e B.

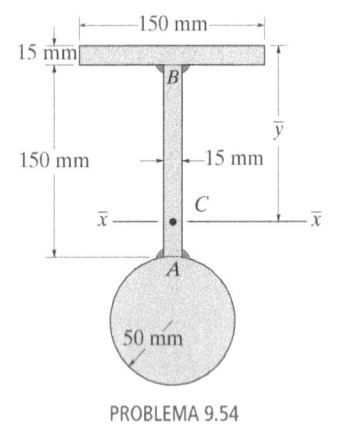

PROBLEMA 9.54

9.55. A treliça é composta de cinco membros, cada um tendo comprimento de 4 m e massa de 7 kg/m. Se a massa das chapas de fixação nas juntas e a espessura dos membros puderem ser desprezadas, determine a distância d até onde o cabo de levantamento deve ser conectado, de modo que a treliça não tombe (gire) quando for levantada.

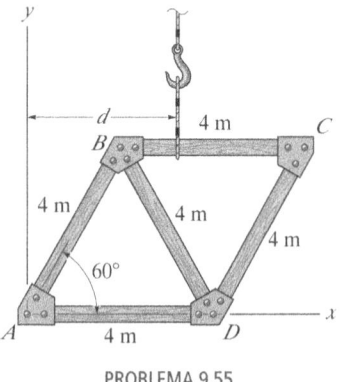

PROBLEMA 9.55

***9.56.** Uma estante é feita de chapa de aço laminado e possui a seção transversal mostrada na figura. Determine a localização ($\bar{x}, \bar{y}$) do centroide da seção transversal. As dimensões são indicadas para cada segmento.

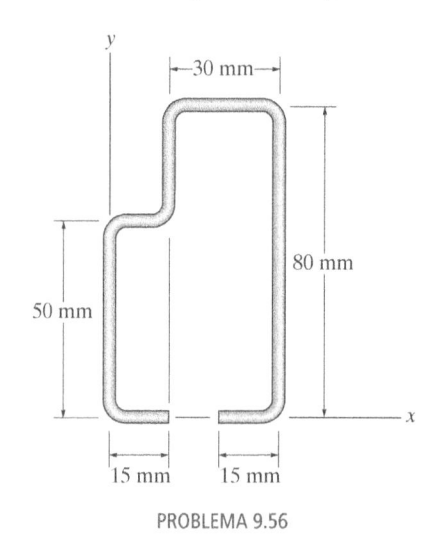

PROBLEMA 9.56

9.57. Determine a localização ($\bar{x}, \bar{y}, \bar{z}$) do centroide do elemento homogêneo.

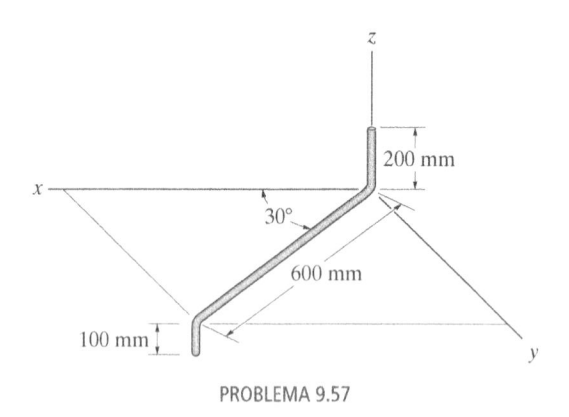

PROBLEMA 9.57

9.58. Localize o centro de gravidade ($\bar{x}, \bar{y}, \bar{z}$) do arame homogêneo.

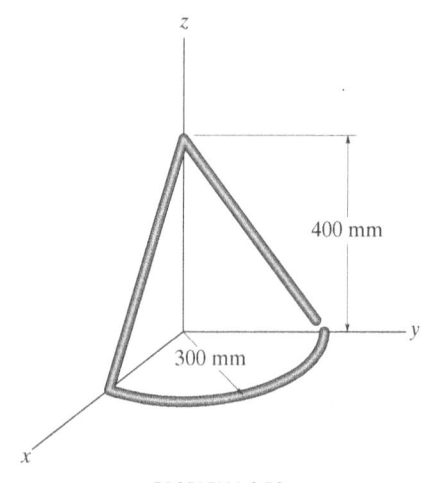

PROBLEMA 9.58

9.59. Para determinar a localização do centro de gravidade do automóvel, ele primeiramente é colocado em uma *posição nivelada*, com as duas rodas em um lado apoiadas sobre a plataforma P de uma balança. Nessa posição, a balança registra uma leitura W_1. Depois, o outro lado é elevado para uma altura conveniente c, conforme mostra a figura. A nova leitura na balança é W_2. Se o automóvel tem peso total W, determine a localização de seu centro de gravidade G ($\bar{x}$, $\bar{y}$).

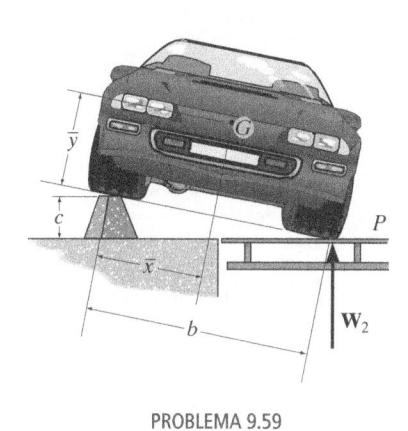

PROBLEMA 9.59

*9.60. Localize o centroide $\bar{y}$ da seção transversal da viga montada.

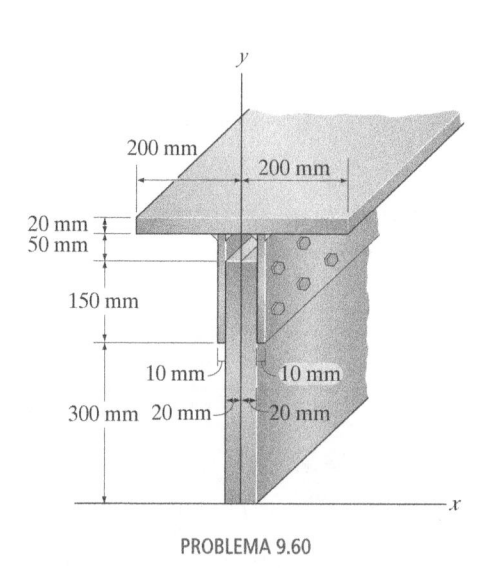

PROBLEMA 9.60

9.61. Localize o centroide $\bar{y}$ da seção transversal da viga montada a partir de uma canaleta e de uma placa. Suponha que todos os cantos sejam "vivos" e desconsidere o tamanho da solda em A.

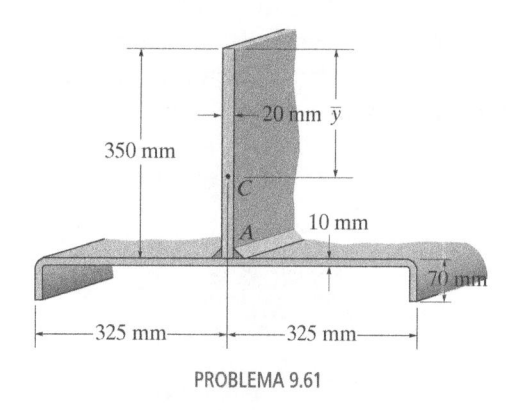

PROBLEMA 9.61

9.62. Localize o centroide ($\bar{x}$, $\bar{y}$) da seção transversal do elemento.

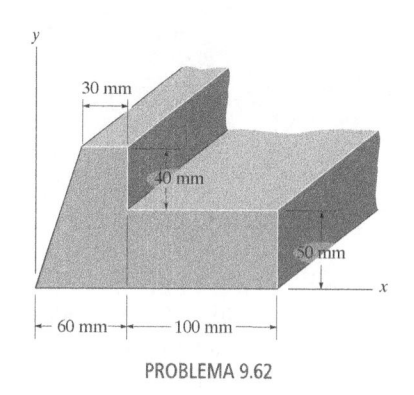

PROBLEMA 9.62

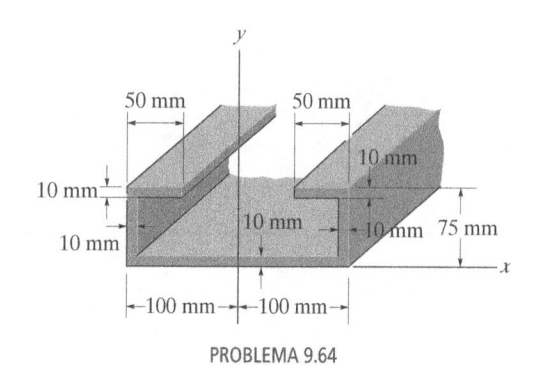

9.63. Determine a localização $\bar{y}$ do centroide C da viga com a seção transversal mostrada.

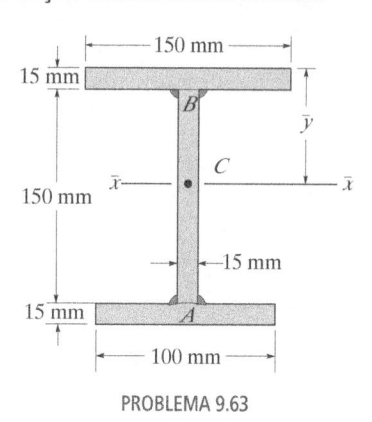

PROBLEMA 9.63

*9.64. Localize o centroide $\bar{y}$ da seção transversal da viga.

PROBLEMA 9.64

9.65. Determine a localização $\bar{y}$ do centroide da seção transversal da viga. Para o cálculo, desconsidere o tamanho das soldas nos cantos em A e B.

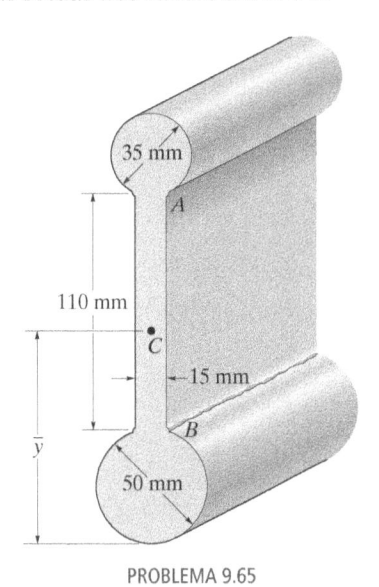

PROBLEMA 9.65

9.66. Uma estrutura de alumínio possui uma seção transversal conhecida como "chapéu fundo". Localize o centroide $\bar{y}$ de sua área. Cada segmento tem uma espessura de 10 mm.

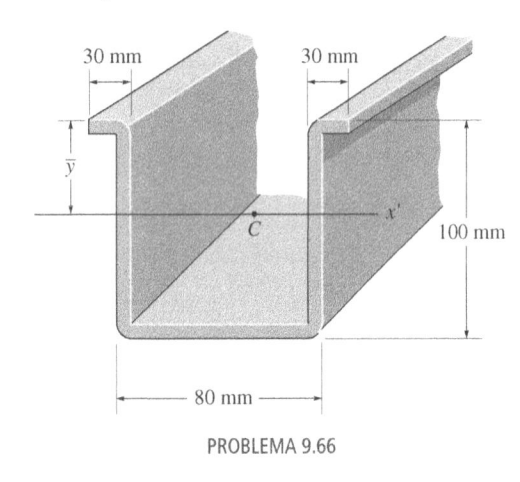

PROBLEMA 9.66

9.67. Localize o centroide $\bar{y}$ da viga de concreto com a seção transversal afunilada mostrada na figura.

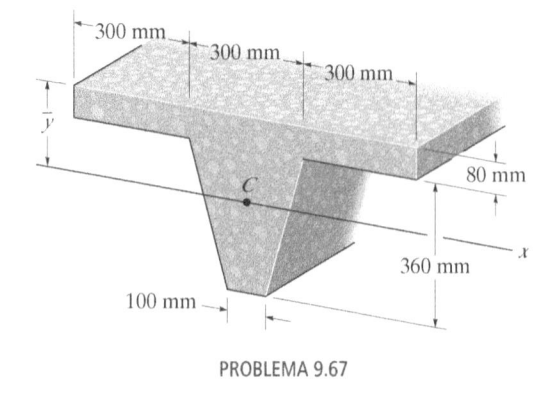

PROBLEMA 9.67

***9.68.** Localize o centroide $\bar{y}$ para a seção transversal da viga.

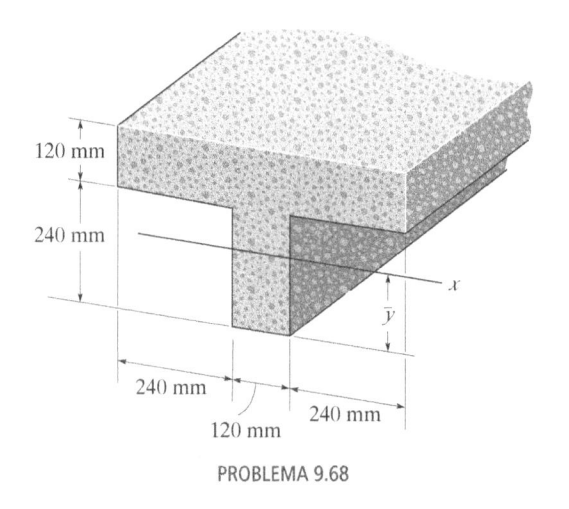

PROBLEMA 9.68

9.69. O muro de arrimo é feito de concreto. Determine a localização $(\bar{x}, \bar{y})$ do seu centro de gravidade G.

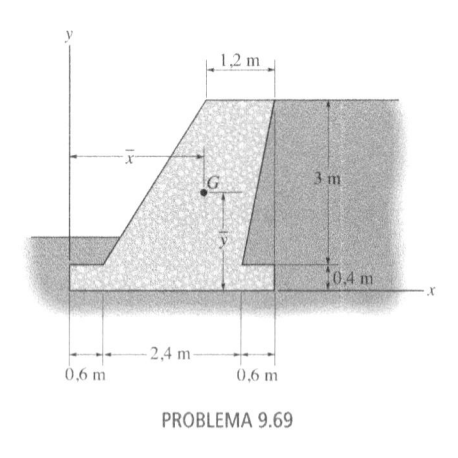

PROBLEMA 9.69

9.70. Localize o centroide $\bar{y}$ para a seção transversal da viga em ângulo.

PROBLEMA 9.70

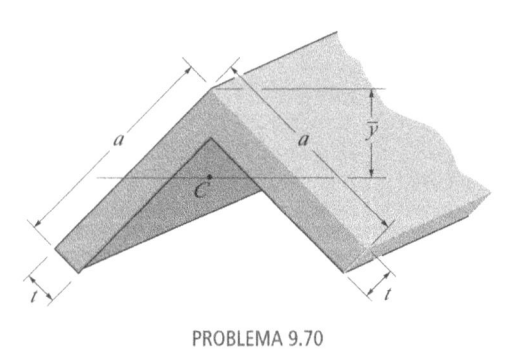

9.71. Blocos uniformes de comprimento L e massa m são empilhados uns sobre os outros, com cada bloco ultrapassando o outro por uma distância d, conforme mostrado. Mostre que o número máximo de blocos que podem ser empilhados dessa maneira é $n < L/d$.

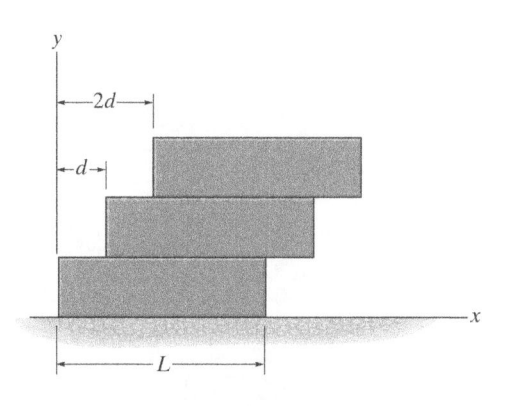

PROBLEMA 9.71

***9.72.** Um foguete de brinquedo consiste em um topo cônico sólido, $\rho_t = 600$ kg/m³, um cilindro oco, $\rho_c = 400$ kg/m³ e uma vara com uma seção transversal circular, $\rho_v = 300$ kg/m³. Determine o comprimento x da vara, de modo que o centro de gravidade G do foguete esteja localizado ao longo da linha aa.

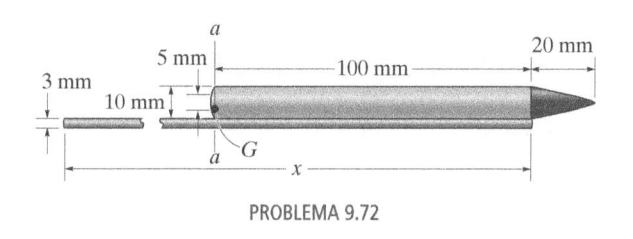

PROBLEMA 9.72

9.73. Determine a localização $\bar{x}$ do centroide C da área sombreada que faz parte de um círculo com raio r.

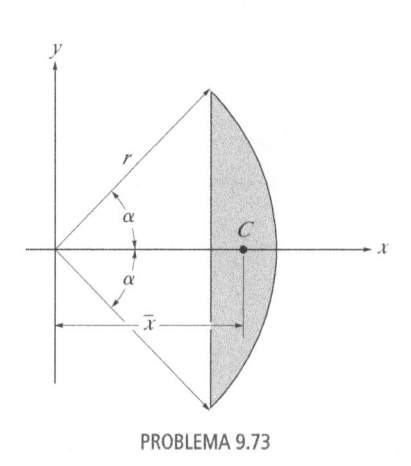

PROBLEMA 9.73

9.74. Localize o centroide $\bar{y}$ da seção transversal da viga "T".

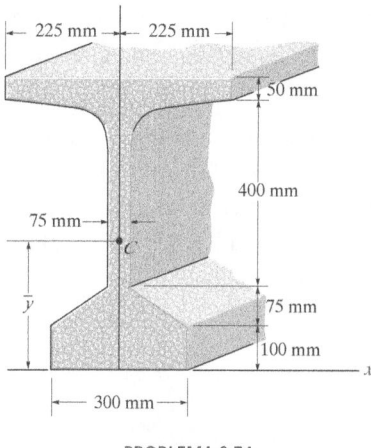

PROBLEMA 9.74

9.75. Determine a distância $\bar{x}$ até o centroide do sólido que consiste em um cilindro com um furo de profundidade $h = 50$ mm escavado em sua base.

***9.76.** Determine a profundidade h do furo no cilindro de modo que o centro de massa do sólido esteja localizado em $\bar{x} = 64$ mm. O material tem densidade de 8 Mg/m³.

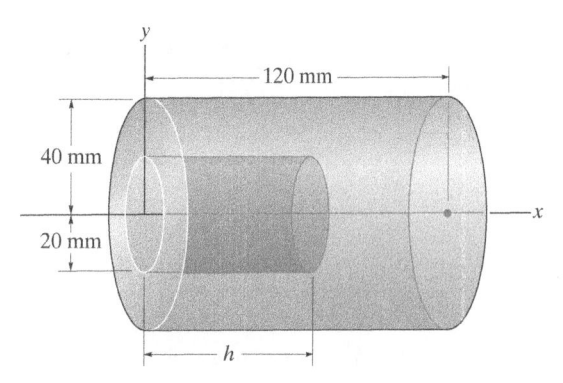

PROBLEMAS 9.75 e 9.76

9.77. Localize o centro de massa $\bar{z}$ do sólido. O material tem densidade $\rho = 3$ Mg/m³. Há um furo com diâmetro de 30 mm conforme a figura.

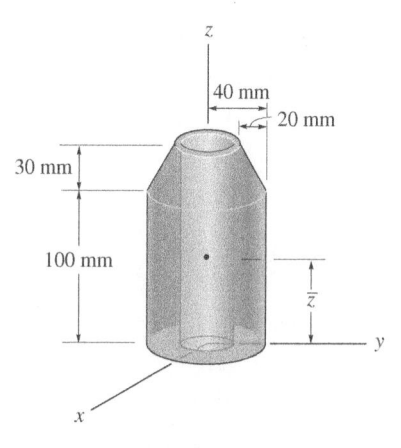

PROBLEMA 9.77

9.78. Localize o centroide $\bar{z}$ do sólido homogêneo formado escavando-se um hemisfério na base do cilindro com um cone no topo.

9.79. Localize o centro de massa $\bar{z}$ do sólido formado escavando-se um hemisfério na base do cilindro com um cone no topo. O cone e o cilindro são feitos de materiais com densidades de 7,80 Mg/m³ e 2,70 Mg/m³, respectivamente.

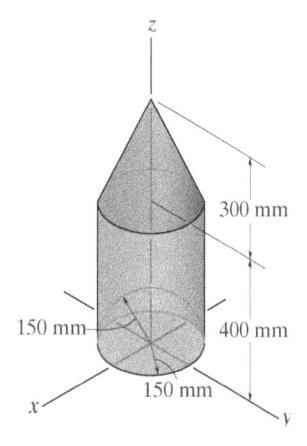

PROBLEMAS 9.78 e 9.79

*9.80. Localize o centro de massa ($\bar{x}$, $\bar{y}$, $\bar{z}$) do sólido homogêneo.

PROBLEMA 9.80

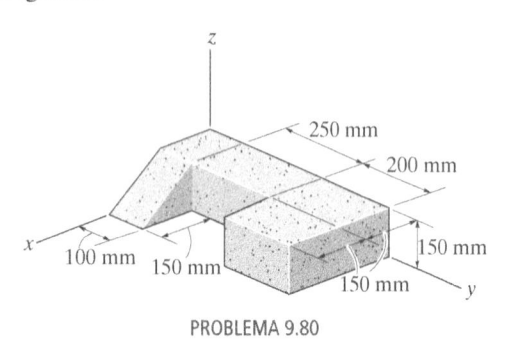

9.81. Determine a distância $\bar{z}$ até o centroide do sólido que consiste em um cone com um furo de altura $h = 50$ mm feito em sua base.

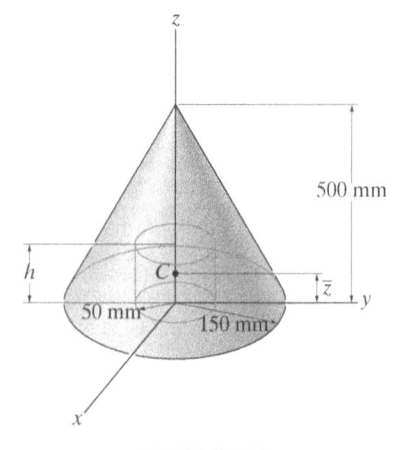

PROBLEMA 9.81

9.82. Determine a profundidade h do furo de 100 mm de diâmetro feito na base do cone de modo que o centro de massa do sólido resultante esteja localizado em $\bar{z} = 115$ mm. O material tem densidade de 8 Mg/m³.

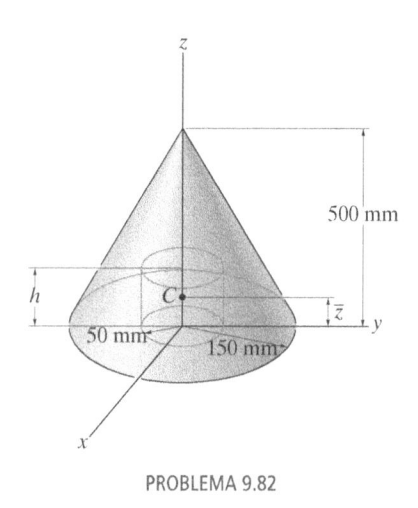

PROBLEMA 9.82

9.83. Localize o centro de massa $\bar{z}$ do sólido consistindo em um núcleo central cilíndrico A, com densidade de 7,90 Mg/m³, uma parte externa cilíndrica B e um cone C no topo, cada um desses dois últimos com densidade de 2,70 Mg/m³.

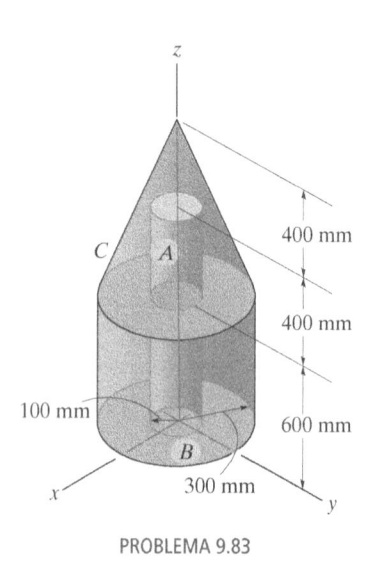

PROBLEMA 9.83

*9.84. Localize o centro de massa $\bar{z}$ do sólido. O cilindro e o cone são feitos de materiais com densidades de 5 Mg/m³ e 9 Mg/m³, respectivamente.

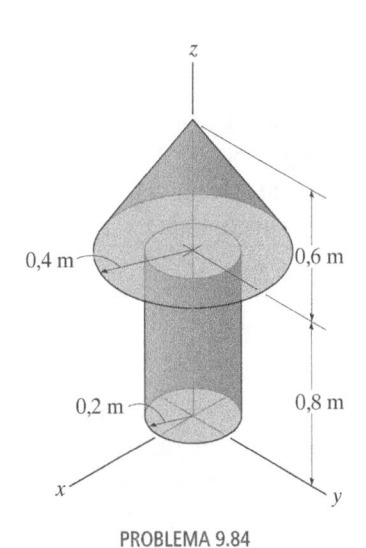

9.87. O conjunto é feito de um hemisfério de aço, $\rho_{aço} = 7{,}80$ Mg/m^3, e de um cilindro de alumínio, $\rho_{al} = 2{,}70$ Mg/m^3. Determine o centro de massa do conjunto se a altura do cilindro for $h = 200$ mm.

*9.88. O conjunto é feito de um hemisfério de aço, $\rho_{aço} = 7{,}80$ Mg/m^3, e de um cilindro de alumínio, $\rho_{al} = 2{,}70$ Mg/m^3. Determine a altura h do cilindro de modo que o centro de massa do conjunto esteja localizado em $\bar{z} = 160$ mm.

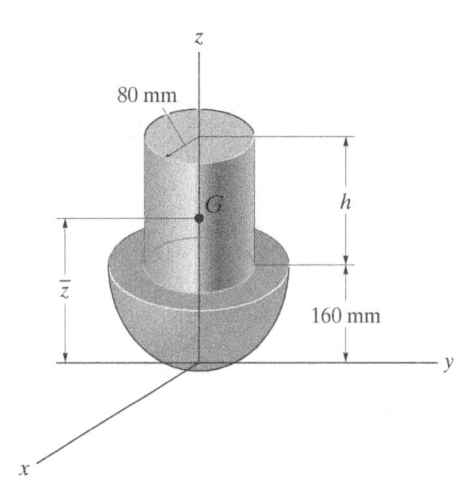

PROBLEMA 9.84

9.85. Um furo com raio r deve ser feito no centro do bloco homogêneo. Determine a profundidade h do furo de modo que o centro de gravidade G seja o mais baixo possível.

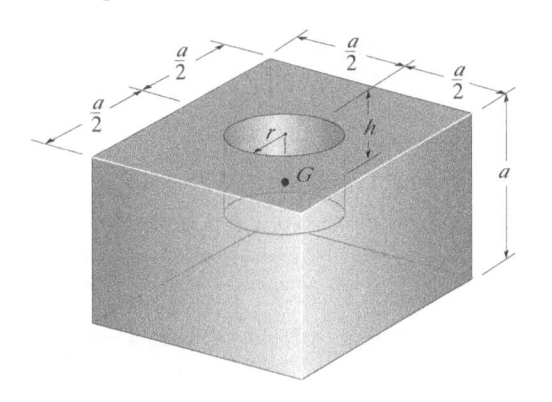

PROBLEMAS 9.87 e 9.88

9.86. A placa composta é feita de segmentos de aço (A) e latão (B). Determine a massa e a localização ($\bar{x}, \bar{y}, \bar{z}$) de seu centro de massa G. Considere $\rho_{aço} = 7{,}85$ Mg/m^3 e $\rho_{latão} = 8{,}74$ Mg/m^3.

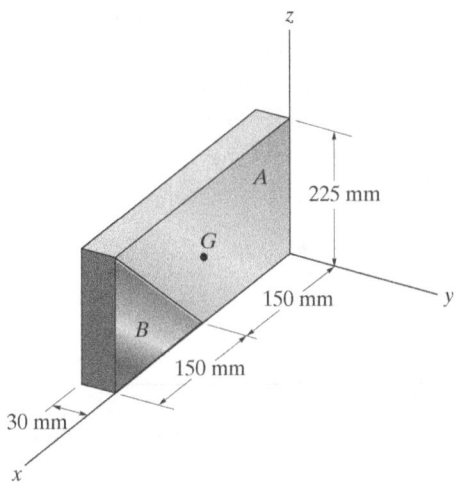

PROBLEMA 9.85

9.89. Localize o centro de massa do bloco. Os materiais 1, 2 e 3 possuem densidades de 2,70 Mg/m^3, 5,70 Mg/m^3 e 7,80 Mg/m^3, respectivamente.

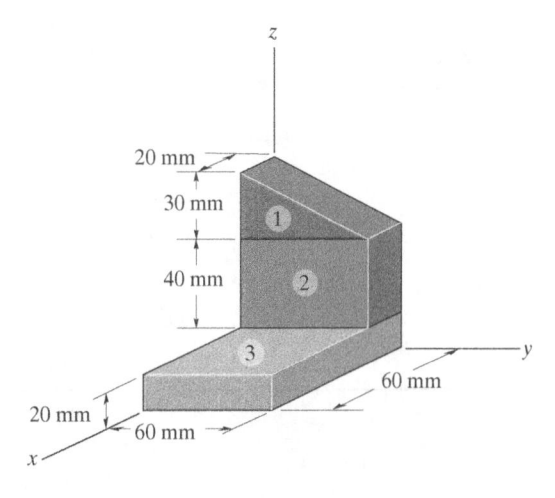

PROBLEMA 9.86

PROBLEMA 9.89

*9.3 Teoremas de Pappus e Guldinus

Os dois *teoremas de Pappus e Guldinus* são usados para encontrar a área da superfície e o volume de qualquer corpo de revolução. Eles foram desenvolvidos inicialmente por Pappus de Alexandria durante o quarto século d.C. e reiterados bem depois pelo matemático suíço Paul Guldin, ou Guldinus (1577-1643).

Área da superfície

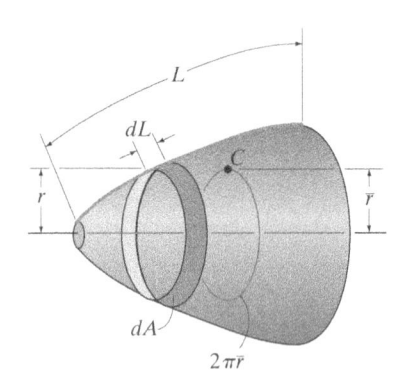

Se girarmos uma *curva plana* em torno de um eixo que não intercepte a curva, geraremos uma *área da superfície de revolução*. Por exemplo, a área da superfície na Figura 9.19 é formada girando-se a curva de comprimento L em torno do eixo horizontal. Para determinar essa área de superfície, primeiro vamos considerar o elemento de linha diferencial do comprimento dL. Se esse elemento for girado 2π radianos em torno do eixo, um anel tendo uma área de superfície $dA = 2\pi r \, dL$ será gerado. Assim, a área da superfície do corpo inteiro é $A = 2\pi \int r \, dL$. Como $\int r \, dL = \bar{r} L$ (Equação 9.5), então $A = 2\pi \bar{r} L$. Se a curva for girada apenas por um ângulo de θ (radianos), então

$$A = \theta \bar{r} L \qquad (9.7)$$

FIGURA 9.19

onde:

A = área da superfície de revolução
θ = ângulo de revolução medido em radianos, $\theta \leq 2\pi$
$\bar{r}$ = distância perpendicular do eixo de revolução ao centroide da curva geratriz
L = comprimento da curva geratriz

Portanto, o primeiro teorema de Pappus e Guldinus afirma que *a área de uma superfície de revolução é igual ao produto do comprimento da curva geratriz pela distância trafegada pelo centroide da curva na geração da área da superfície.*

A quantidade de material usada neste silo de armazenamento pode ser estimada usando-se o primeiro teorema de Pappus e Guldinus para determinar sua área de superfície.

Volume

Um *volume* pode ser gerado pelo giro de uma *área plana* em torno de um eixo que não intercepte a área. Por exemplo, se girarmos a área sombreada A na Figura 9.20 em torno do eixo horizontal, ela gera o volume mostrado. Esse volume pode ser determinado primeiro pelo giro do elemento diferencial de área dA 2π radianos em torno do eixo, de modo que um anel tendo o volume $dV = 2\pi r \, dA$ é gerado. O volume total é, então, $V = 2\pi \int r \, dA$. Porém, $\int r \, dA = \bar{r} A$ (Equação 9.4), de modo que $V = 2\pi \bar{r} A$. Se a área só for girada por um ângulo θ (radianos), então,

$$V = \theta \bar{r} A \qquad (9.8)$$

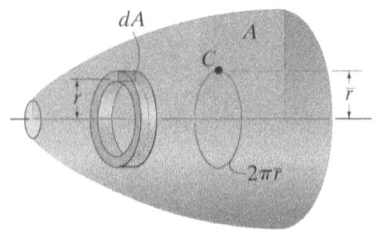

onde:

V = volume de revolução
θ = ângulo de revolução medido em radianos, $\theta \leq 2\pi$
$\bar{r}$ = distância perpendicular do eixo de revolução ao centroide da área geratriz
A = área geratriz

FIGURA 9.20

Portanto, o segundo teorema de Pappus e Guldinus afirma que *o volume de um corpo de revolução é igual ao produto da área geratriz pela distância trafegada pelo centroide da área na geração do volume.*

Formatos compostos

Também podemos aplicar os dois teoremas anteriores a linhas ou áreas compostas de uma série de partes componentes. Neste caso, os totais de área de superfície ou de volume gerados são a adição das áreas de superfície ou de volumes gerados por cada uma das partes componentes. Se a distância perpendicular do eixo de revolução ao centroide de cada parte componente for $\tilde{r}$, então:

$$A = \theta \Sigma(\tilde{r}L) \quad (9.9)$$

e

$$V = \theta \Sigma(\tilde{r}A) \quad (9.10)$$

O volume do fertilizante contido dentro deste silo pode ser determinado por meio do segundo teorema de Pappus e Guldinus.

A aplicação dos teoremas anteriores é ilustrada numericamente nos exemplos a seguir.

Exemplo 9.12

Mostre que a área da superfície de uma esfera é $A = 4\pi R^2$ e seu volume é $V = \frac{4}{3}\pi R^3$.

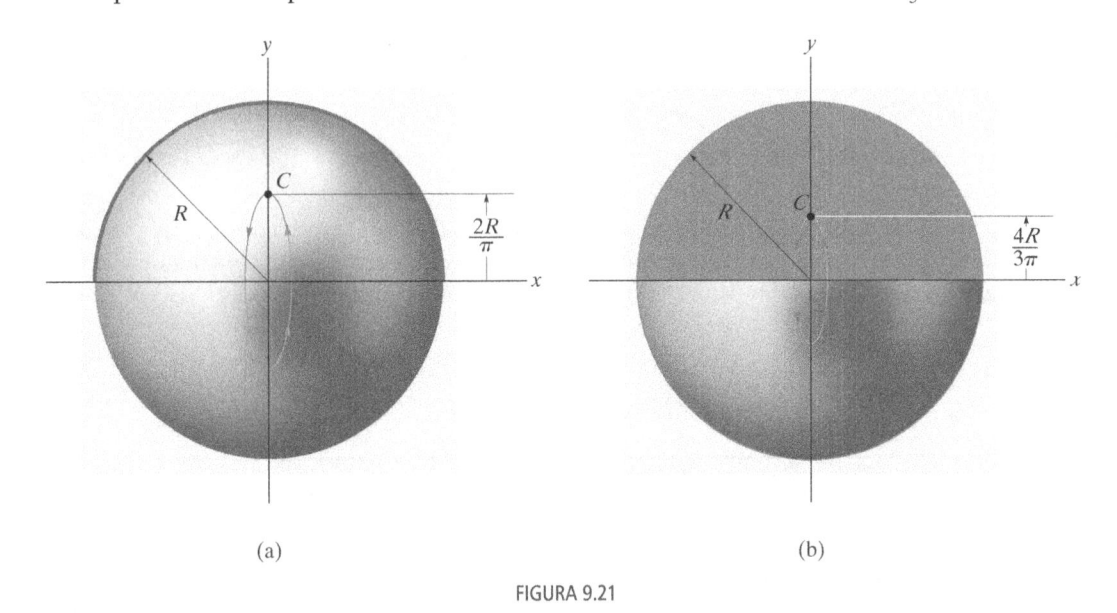

FIGURA 9.21

SOLUÇÃO

Área da superfície

A área da superfície da esfera na Figura 9.21a é gerada quando um *arco* semicircular gira em torno do eixo x. Usando a tabela nos apêndices, vemos que o centroide desse arco está localizado a uma distância $\tilde{r} = 2R/\pi$ a partir do eixo de revolução (eixo x). Como o centroide se move por um ângulo de $\theta = 2\pi$ rad para gerar a esfera, então, aplicando a Equação 9.7, temos:

$$A = \theta \bar{r} L; \qquad A = 2\pi\left(\frac{2R}{\pi}\right)\pi R = 4\pi R^2 \qquad \text{Resposta}$$

Volume

O volume da esfera é gerado quando a *área* semicircular na Figura 9.21b gira em torno do eixo x. Usando a tabela nos apêndices para localizar o centroide da área, ou seja, $\bar{r} = 4R/3\pi$, e aplicando a Equação 9.8, temos:

$$V = \theta \bar{r} A; \qquad V = 2\pi\left(\frac{4R}{3\pi}\right)\left(\frac{1}{2}\pi R^2\right) = \frac{4}{3}\pi R^3 \qquad \text{Resposta}$$

Exemplo 9.13

Determine a área da superfície e o volume do sólido completo na Figura 9.22a.

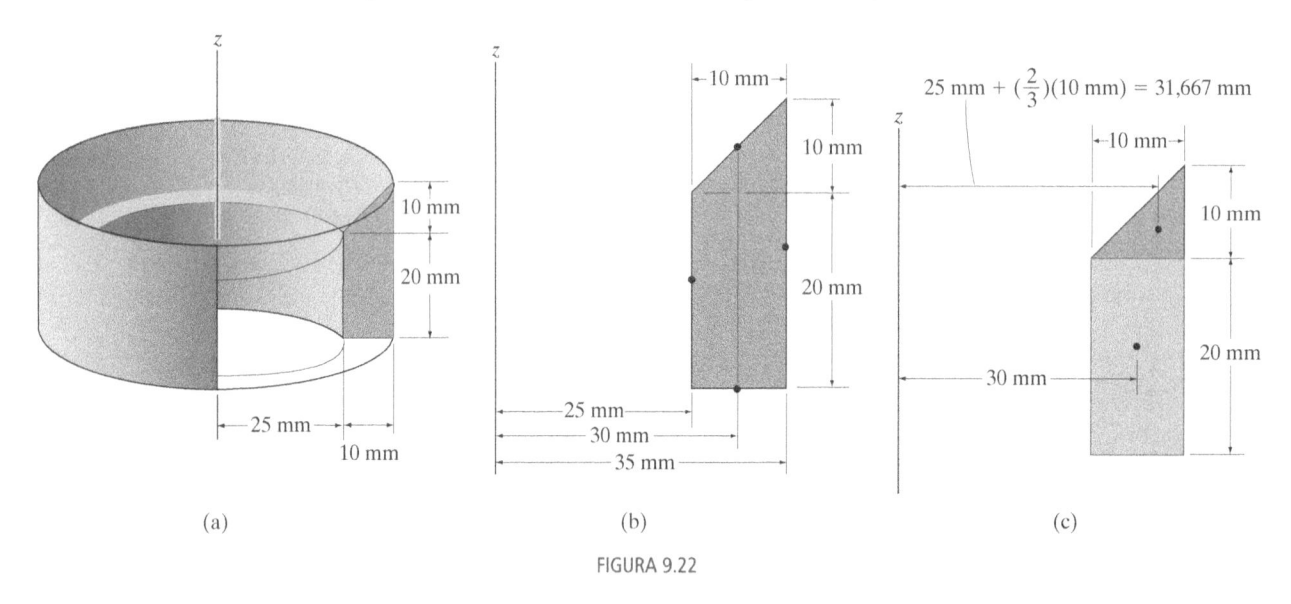

FIGURA 9.22

SOLUÇÃO

Área da superfície

A área da superfície é gerada ao girar os quatro segmentos de linha, mostrados na Figura 9.22b, 2π radianos em torno do eixo z. As distâncias do centroide de cada segmento até o eixo z também aparecem na figura. Aplicando a Equação 9.9, temos:

$$\begin{aligned} A = 2\pi \Sigma \tilde{r} L &= 2\pi[(25 \text{ mm})(20 \text{ mm}) + (30 \text{ mm})\left(\sqrt{(10 \text{ mm})^2 + (10 \text{ mm})^2}\right) \\ &\quad + (35 \text{ mm})(30 \text{ mm}) + (30 \text{ mm})(10 \text{ mm})] \\ &= 14290 \text{ mm}^2 \qquad \text{Resposta} \end{aligned}$$

Volume

O volume do sólido é gerado quando os dois segmentos de área, mostrados na Figura 9.22c, giram 2π radianos em torno do eixo z. As distâncias a partir do centroide de cada segmento até o eixo z também aparecem na figura. Aplicando a Equação 9.10, temos:

$$\begin{aligned} V = 2\pi \Sigma \tilde{r} A &= 2\pi \left\{ (31{,}667 \text{ mm})\left[\frac{1}{2}(10 \text{ mm})(10 \text{ mm})\right] \right. \\ &\quad \left. + (30 \text{ mm})(20 \text{ mm})(10 \text{ mm}) \right\} \\ &= 47648 \text{ mm}^3 \qquad \text{Resposta} \end{aligned}$$

Problemas fundamentais

F9.13. Determine a área da superfície e o volume do sólido formado girando-se a área sombreada 360° em torno do eixo z.

F9.15. Determine a área da superfície e o volume do sólido formado girando-se a área sombreada 360° em torno do eixo z.

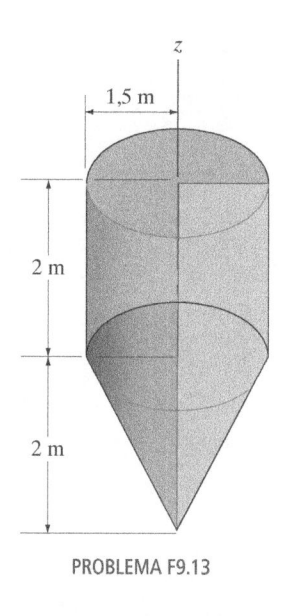

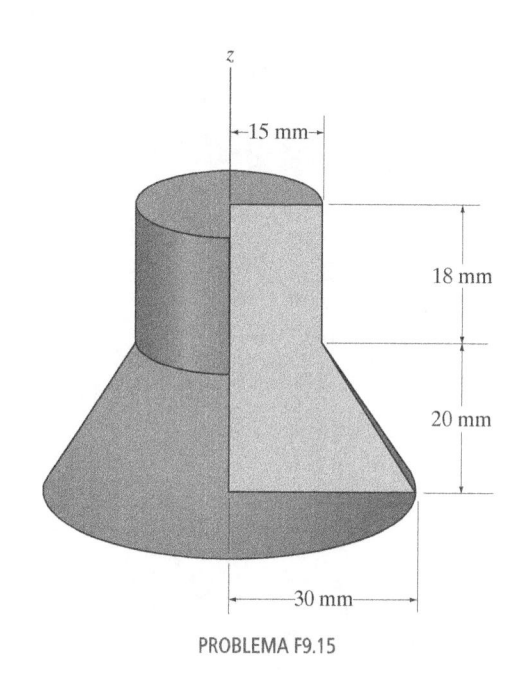

PROBLEMA F9.13

PROBLEMA F9.15

F9.14. Determine a área da superfície e o volume do sólido formado girando-se a área sombreada 360° em torno do eixo z.

F9.16. Determine a área da superfície e o volume do sólido formado girando-se a área sombreada 360° em torno do eixo z.

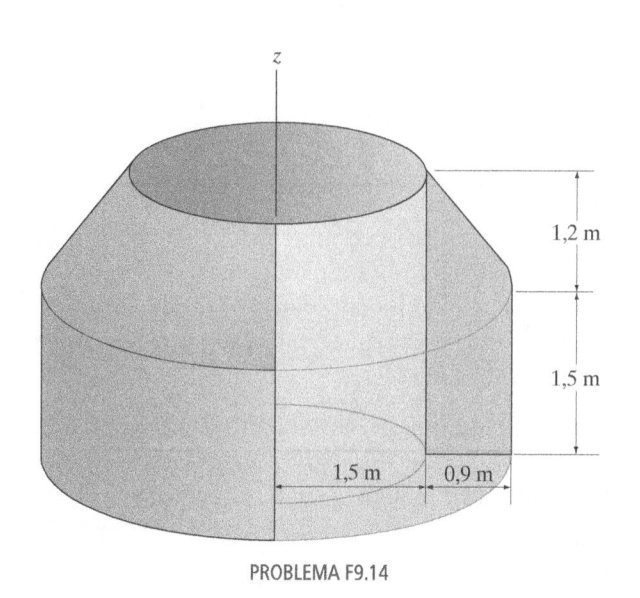

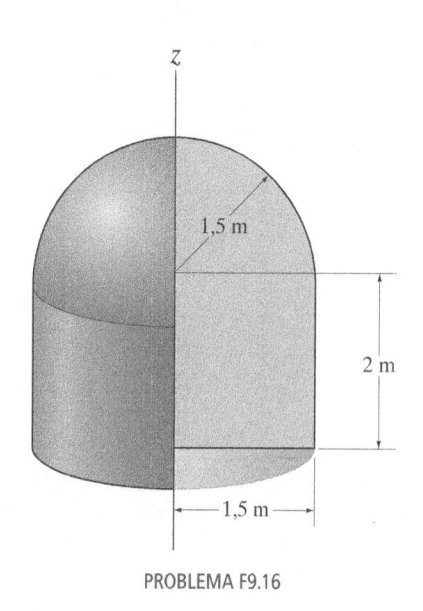

PROBLEMA F9.14

PROBLEMA F9.16

Problemas

9.90. Determine a área da superfície externa do tanque.

9.91. O tanque está cheio até o topo com carvão. Determine o volume de carvão se os vãos (espaço com ar) correspondem a 30% do volume do tanque.

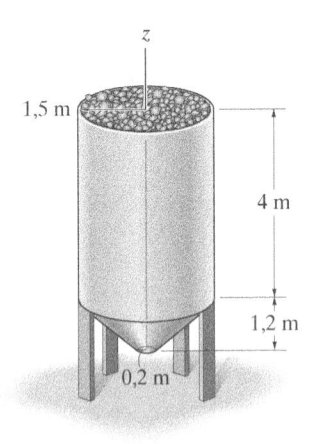

PROBLEMAS 9.90 e 9.91

*__9.92.__ Um anel é gerado ao girar-se a área de um quarto de círculo em torno do eixo x. Determine seu volume.

9.93. Um anel é gerado ao girar-se a área de um quarto de círculo em torno do eixo x. Determine sua área de superfície.

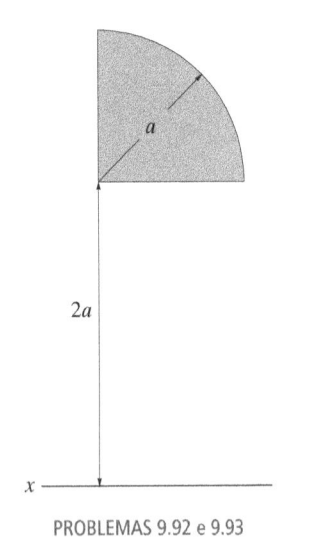

PROBLEMAS 9.92 e 9.93

9.94. A caixa d'água AB tem tampa hemisférica e é construída com placas de aço finas. Determine o volume dentro da caixa.

9.95. A caixa d'água AB tem tampa hemisférica e é construída com placas de aço finas. Se um litro de tinta pode cobrir 3 m² da superfície do tanque, determine quantos litros são necessários para cobrir a superfície do tanque de A até B.

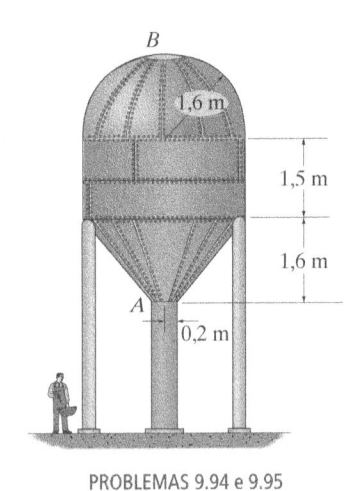

PROBLEMAS 9.94 e 9.95

*__9.96.__ O *aro* de um volante tem a seção transversal A–A mostrada na figura. Determine o volume do material necessário para sua construção.

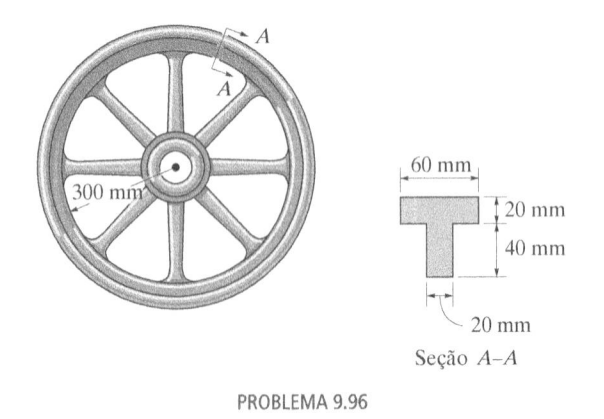

PROBLEMA 9.96

9.97. O tanque de processamento é usado para armazenar líquidos durante a manufatura. Estime a área da superfície externa do tanque. O tanque tem topo plano e as placas com que é fabricado possuem espessura insignificante.

9.98. O tanque de processamento é usado para armazenar líquidos durante a manufatura. Estime o volume do tanque. O tanque tem topo plano e as placas com que é fabricado possuem espessura insignificante.

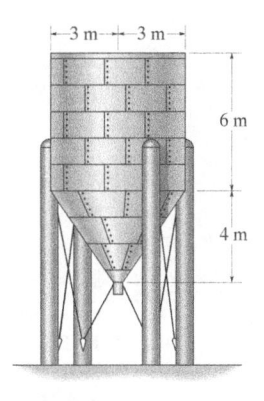

Capítulo 9 – Centro de gravidade e centroide 439

PROBLEMAS 9.97 e 9.98

9.99. Um anel é formado girando-se a área 360° em torno do eixo $\bar{x}$–$\bar{x}$. Determine sua área de superfície.

***9.100.** Um anel é formado girando-se a área 360° em torno do eixo $\bar{x}$–$\bar{x}$. Determine seu volume.

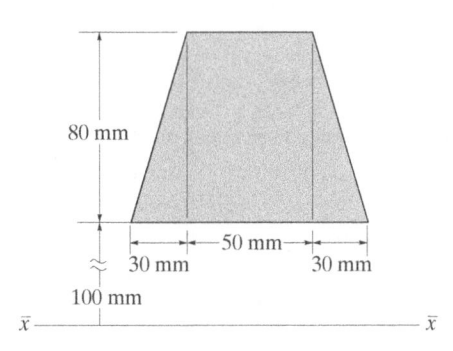

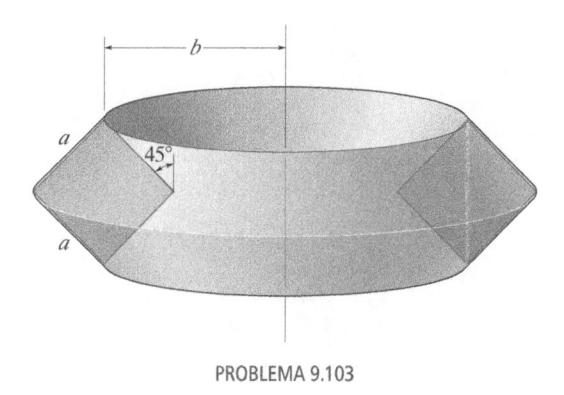

PROBLEMA 9.103

*9.104. Usando a integração, determine a área e a distância do centroide $\bar{x}$ da região plana sombreada. Depois, usando o segundo teorema de Pappus-Guldinus, determine o volume do sólido gerado girando-se a área em torno do eixo y.

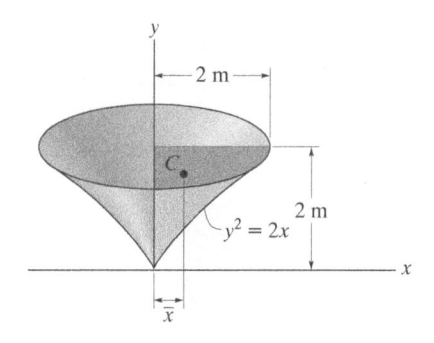

PROBLEMA 9.104

PROBLEMAS 9.99 e 9.100

9.101. Determine o volume de concreto necessário para construir o meio-fio.

9.102. Determine a área da superfície do meio-fio. Não inclua a área das extremidades no cálculo.

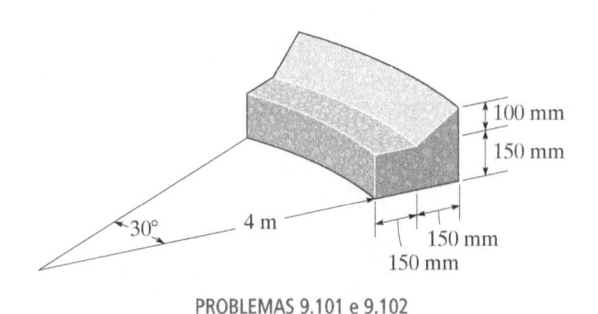

9.105. Determine o volume de um elipsoide formado girando-se a área sombreada em torno do eixo x usando o segundo teorema de Pappus-Guldinus. A área e o centroide y da área sombreada devem ser obtidos primeiramente usando-se integração.

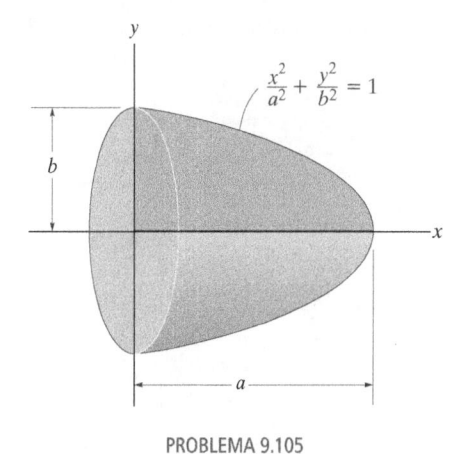

PROBLEMA 9.105

PROBLEMAS 9.101 e 9.102

9.103. Determine a área da superfície e o volume do anel formado girando-se o quadrado em torno do eixo vertical.

9.106. O trocador de calor irradia energia térmica a uma taxa de 2500 kJ/h para cada metro quadrado de sua área superficial. Determine quantos joules (J) são irradiados dentro de um período de 5 horas.

440 ESTÁTICA

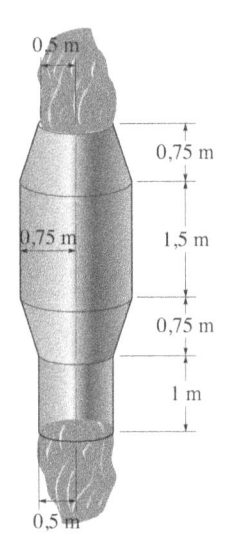

PROBLEMA 9.106

9.107. Determine a altura h à qual o líquido deve ser vertido dentro do copo cônico de modo que atinja três quartos da área de superfície no interior do copo. Para o cálculo, desconsidere a espessura do copo.

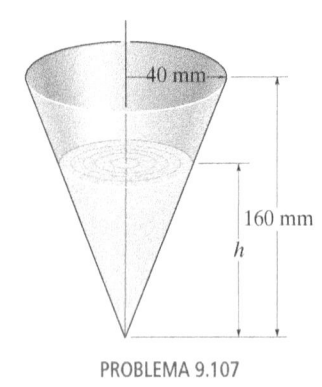

PROBLEMA 9.107

*****9.108.** Determine a área da superfície interior do pistão de freio. Ele consiste em uma peça completamente circular. Sua seção transversal aparece na figura.

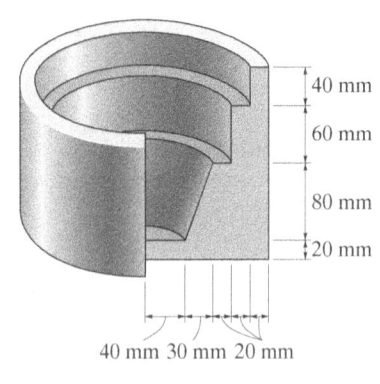

PROBLEMA 9.108

9.109. Determine a altura h à qual o líquido deve ser vertido dentro do copo cônico de modo que atinja metade da área de superfície no interior do copo. Para o cálculo, desconsidere a espessura do copo.

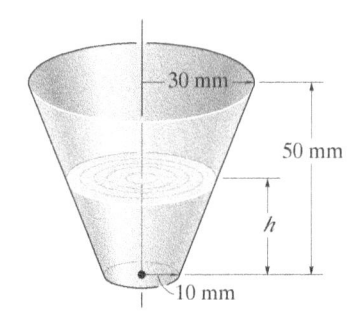

PROBLEMA 9.109

9.110. Determine o volume do material necessário para realizar a moldagem.

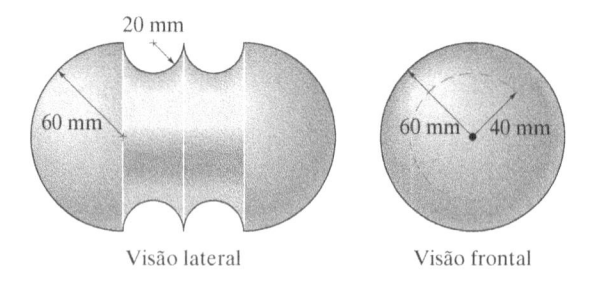

Visão lateral   Visão frontal

PROBLEMA 9.110

9.111. O reservatório de água possui teto em formato paraboloide. Se um litro de tinta pode cobrir 3 m² do tanque, determine o número de litros necessários para cobrir o teto.

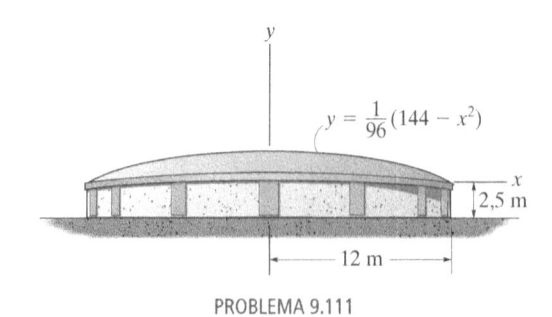

$$y = \frac{1}{96}(144 - x^2)$$

PROBLEMA 9.111

*****9.112.** Metade da seção transversal do flange de aço aparece na figura. Existem seis furos de parafuso com 10 mm de diâmetro em torno de sua borda. Determine sua massa. A densidade do aço é 7,85 Mg/m³. O flange é uma peça circular completa.

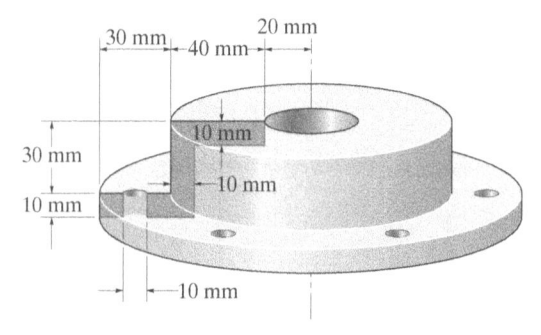

PROBLEMA 9.112

9.113. Determine a área da superfície do teto da estrutura se ela for formada girando-se a parábola em torno do eixo y.

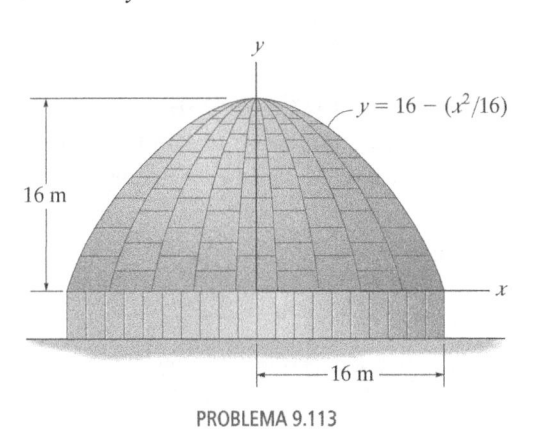

9.114. Uma roda de aço tem diâmetro de 840 mm e uma seção transversal conforme a figura. Determine a massa total da roda se $\rho = 5$ Mg/m^3.

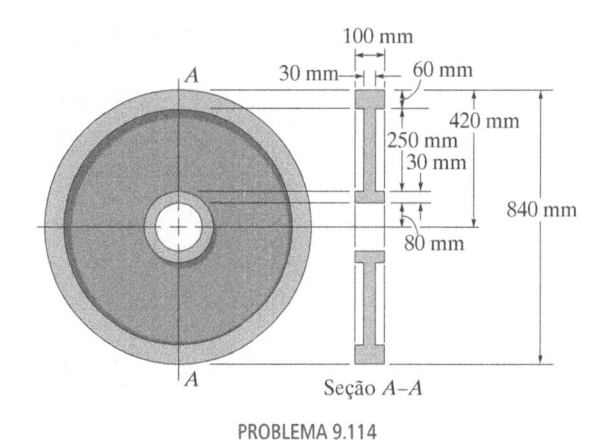

PROBLEMA 9.113

PROBLEMA 9.114

*9.4 Resultante de um carregamento distribuído geral

Na Seção 4.9, discutimos o método usado para simplificar um carregamento distribuído bidimensional reduzindo-o a uma única força resultante atuando em um ponto específico. Nesta seção, generalizaremos esse método para incluir superfícies planas que possuem um formato arbitrário e estão sujeitas a uma carga distribuída variável. Considere, por exemplo, a placa plana mostrada na Figura 9.23a, que está sujeita à carga definida por $p = p(x, y)$ Pa, onde 1 Pa (pascal) = 1 N/m^2. Conhecendo essa função, podemos determinar a força resultante $\mathbf{F}_R$ atuando sobre a placa e sua localização ($\bar{x}, \bar{y}$), Figura 9.23b.

Intensidade da força resultante

A força $d\mathbf{F}$ atuando sobre a área diferencial dA m^2 da placa, localizada em um ponto arbitrário (x, y), tem intensidade $dF = [p(x, y) \text{ N/m}^2](dA \text{ m}^2) = [p(x, y) \, dA]$ N. Observe que $p(x, y) \, dA = dV$, o *elemento de volume* diferencial mostrado na Figura 9.23a. A *intensidade* de $\mathbf{F}_R$ é a soma das forças diferenciais atuando sobre a *área total da superfície* da placa. Assim,

$$F_R = \Sigma F; \qquad F_R = \int_A p(x, y) \, dA = \int_V dV = V \qquad (9.11)$$

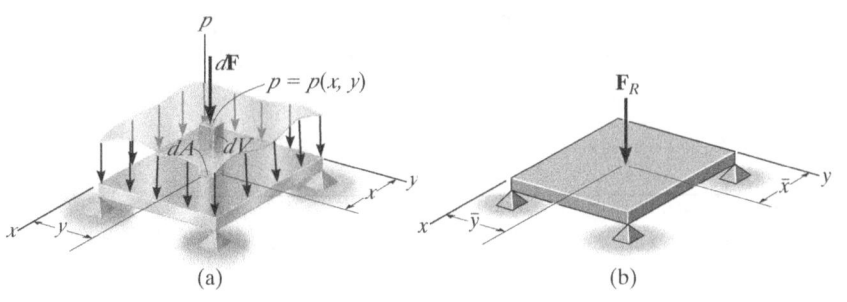

FIGURA 9.23

A resultante de uma carga de vento distribuída nas paredes frontal ou lateral deste prédio precisa ser calculada por meio da integração, a fim de projetar a estrutura que sustentará o prédio.

Esse resultado indica que *a intensidade da força resultante é igual ao volume total sob o diagrama do carregamento distribuído.*

Localização da força resultante

A posição $(\bar{x}, \bar{y})$ de $\mathbf{F}_R$ é determinada fazendo-se os momentos de $\mathbf{F}_R$ iguais aos momentos de todas as forças diferenciais $d\mathbf{F}$ em relação aos respectivos eixos y e x. Das figuras 9.23a e 9.23b, usando a Equação 9.11, isso resulta em:

$$\bar{x} = \frac{\int_A x p(x,y)\, dA}{\int_A p(x,y)\, dA} = \frac{\int_V x\, dV}{\int_V dV} \qquad \bar{y} = \frac{\int_A y p(x,y)\, dA}{\int_A p(x,y)\, dA} = \frac{\int_V y\, dV}{\int_V dV} \qquad (9.12)$$

Logo, a *linha de ação da força resultante passa pelo centro geométrico ou centroide do volume sob o diagrama do carregamento distribuído.*

*9.5 Pressão de fluidos

De acordo com a lei de Pascal, um fluido em repouso cria uma pressão p em um ponto que é a *mesma* em *todas* as direções. A intensidade de p, medida como uma força por área unitária, depende do peso específico γ ou da densidade de massa ρ do fluido e da profundidade z do ponto a partir da superfície do fluido.* A relação pode ser expressa matematicamente como:

$$p = \gamma z = \rho g z \qquad (9.13)$$

onde g é a aceleração em virtude da gravidade. Essa equação é válida apenas para fluidos considerados *incompressíveis*, como no caso da maioria dos líquidos. Gases são fluidos compressíveis, e como sua densidade muda significativamente com a pressão e a temperatura, a Equação 9.13 não pode ser usada.

Para ilustrar como a Equação 9.13 é aplicada, considere a placa submersa mostrada na Figura 9.24. Três pontos na placa foram especificados. Como o ponto B está na profundidade z_1 a partir da superfície do líquido, a *pressão* nesse ponto tem uma intensidade $p_1 = \gamma z_1$. De modo semelhante, os pontos C e D estão ambos na profundidade z_2; logo, $p_2 = \gamma z_2$. Em todos os casos, a pressão atua *perpendicularmente* à área da superfície dA localizada no ponto especificado.

Usando a Equação 9.13 e os resultados da Seção 9.4, é possível determinar a força resultante causada por um líquido e localizá-la na superfície de uma placa submersa. Três diferentes formatos de placas serão considerados a seguir.

Placa plana de espessura constante

Uma placa retangular plana de espessura constante, que é submersa em um líquido com peso específico γ, é mostrada na Figura 9.25a. Como a

---

* Em particular, para a água, $\gamma = \rho g = 9810$ N/m^3, pois $\rho = 1000$ kg/m^3 e $g = 9{,}81$ m/s^2.

pressão varia linearmente com a profundidade (Equação 9.13), a distribuição de pressão pela superfície da placa é representada por um volume trapezoidal de intensidade $p_1 = \gamma z_1$ na profundidade z_1 e $p_2 = \gamma z_2$ na profundidade z_2. Conforme observamos na Seção 9.4, a intensidade da *força resultante* $\mathbf{F}_R$ é igual ao *volume* desse diagrama de carga e $\mathbf{F}_R$ tem uma *linha de ação* que passa pelo centroide do volume C. Logo, $\mathbf{F}_R$ não atua no centroide da placa; em vez disso, atua no ponto P, chamado *centro de pressão*.

Como a placa tem uma *espessura constante*, a distribuição de carga também pode ser vista em duas dimensões (Figura 9.25b). Aqui, a intensidade da carga é medida como força/comprimento e varia linearmente de $w_1 = bp_1 = b\gamma z_1$ até $w_2 = bp_2 = b\gamma z_2$. A intensidade de $\mathbf{F}_R$ nesse caso é igual à *área* trapezoidal, e $\mathbf{F}_R$ tem uma *linha de ação* que passa pelo *centroide* da área C. Para aplicações numéricas, a área e a localização do centroide para um trapezoide são tabuladas nos apêndices.

As paredes do tanque precisam ser projetadas para suportar a carga de pressão do líquido que está contido dentro dele.

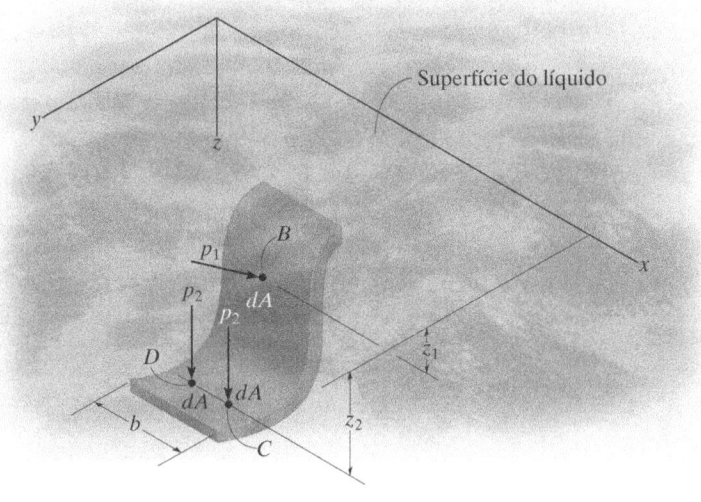

FIGURA 9.24

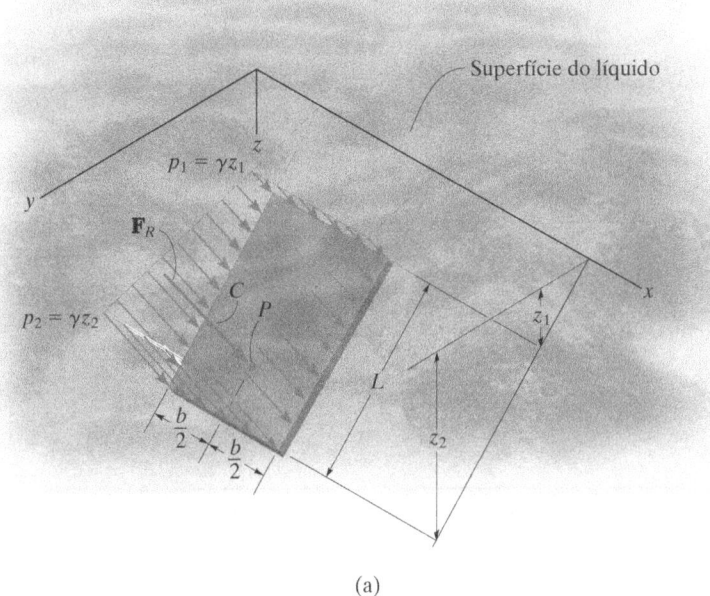

(a)

(b)

FIGURA 9.25

Placa curva de espessura constante

Quando uma placa submersa de espessura constante é curva, a pressão atuando perpendicularmente à placa muda continuamente tanto sua intensidade quanto sua direção e, portanto, o cálculo da intensidade de $\mathbf{F}_R$ e de sua localização P é mais difícil do que para uma placa plana. Vistas tri e bidimensionais da distribuição de carga são mostradas nas figuras 9.26a e 9.26b, respectivamente. Embora a integração possa ser usada para solucionar esse problema, existe um método mais simples. O método requer cálculos separados para as *componentes* horizontal e vertical de $\mathbf{F}_R$.

Por exemplo, o carregamento distribuído sobre a placa pode ser representado pelo *carregamento equivalente* mostrado na Figura 9.26c. Aqui, a placa suporta o peso do líquido W_f contido no bloco BDA. Essa força tem uma intensidade $W_f = (\gamma b)(\text{área}_{BDA})$ e atua no centroide de BDA. Além disso, a pressão causada pelo líquido é distribuída ao longo dos lados vertical e horizontal do bloco. Ao longo do lado vertical AD, a força $\mathbf{F}_{AD}$ tem intensidade igual à área do trapezoide. Ela atua através do centroide C_{AD} dessa área. A carga distribuída ao longo do lado horizontal AB é *constante*, pois todos os pontos desse plano estão na mesma profundidade a partir da superfície do líquido. A intensidade de $\mathbf{F}_{AB}$ é simplesmente a área do retângulo. Essa força atua através do centroide C_{AB} ou no ponto intermediário de AB. Somando essas três forças, temos $\mathbf{F}_R = \Sigma \mathbf{F} = \mathbf{F}_{AD} + \mathbf{F}_{AB} + \mathbf{W}_f$. Finalmente, a localização do centro de pressão P na placa é determinada aplicando-se $M_R = \Sigma M$, que indica que o momento da força resultante em relação a um ponto de referência conveniente, como D ou B (Figura 9.26b), é igual à soma dos momentos das três forças na Figura 9.26c em relação a esse mesmo ponto.

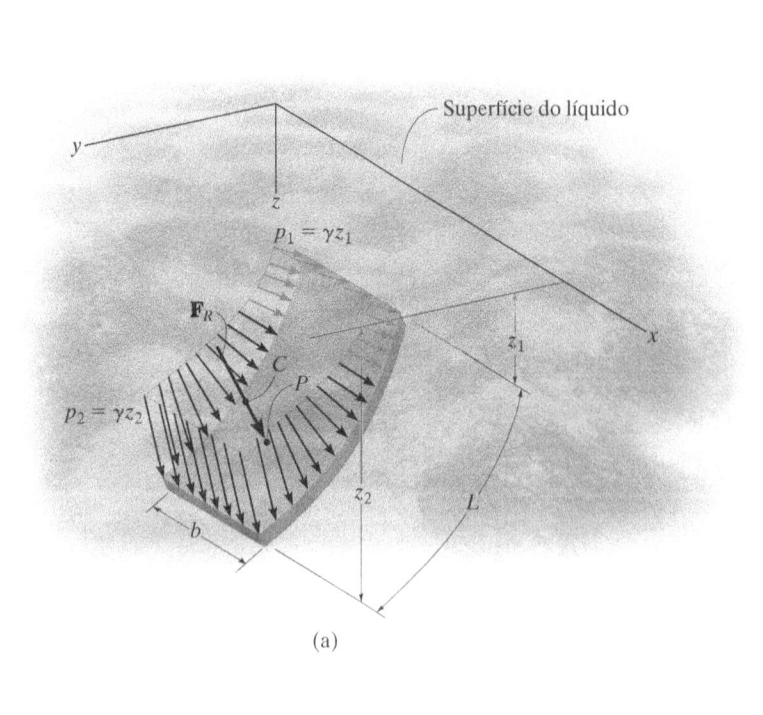

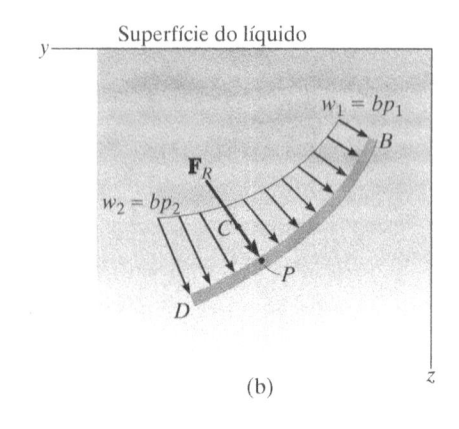

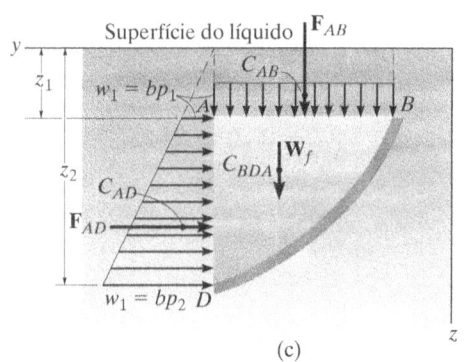

FIGURA 9.26

Placa plana de espessura variável

A distribuição de pressão atuando sobre a superfície de uma placa submersa com espessura variável é mostrada na Figura 9.27. Se considerarmos a força $d\mathbf{F}$ atuando sobre a faixa de área diferencial dA, paralela ao eixo x, sua intensidade é $dF = p\,dA$. Como a profundidade de dA é z, a pressão no elemento é $p = \gamma z$. Portanto, $dF = (\gamma z)dA$ e, portanto, a força resultante torna-se

$$F_R = \int dF = \gamma \int z\,dA$$

Se a profundidade do centroide C' da área for $\bar{z}$ (Figura 9.27), então, $\int z\,dA = \bar{z}A$. Substituindo, temos

$$F_R = \gamma \bar{z} A \qquad (9.14)$$

Em outras palavras, *a intensidade da força resultante atuando sobre qualquer placa plana é igual ao produto da área A da placa e da pressão $p = \gamma \bar{z}$ na profundidade do centroide C' da área*. Conforme discutimos na Seção 9.4, essa força também é equivalente ao volume sob a distribuição de pressão. Observe que sua linha de ação passa pelo centroide C desse *volume* e intercepta a placa no centro de pressão P (Figura 9.27). Constate que a localização de C' não coincide com a localização de P.

A força resultante da pressão da água e sua localização na placa elíptica no fundo deste caminhão-tanque precisam ser determinadas por meio de integração.

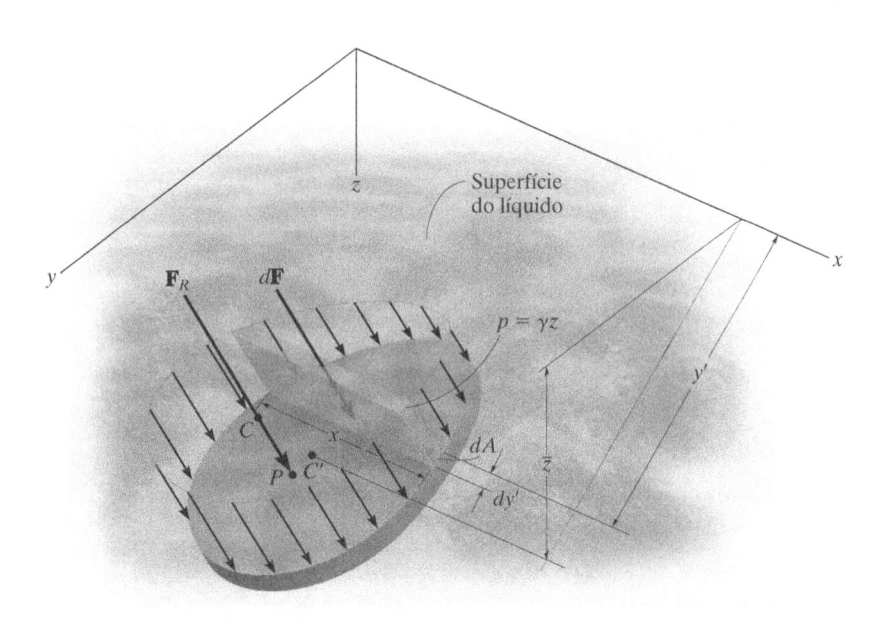

FIGURA 9.27

Exemplo 9.14

Determine a intensidade e a localização da força hidrostática resultante sobre a placa retangular submersa AB mostrada na Figura 9.28a. A placa tem largura de 1,5 m; $\rho_w = 1000$ kg/m³.

SOLUÇÃO I

As pressões da água nas profundidades A e B são:

$$p_A = \rho_w g z_A = (1000 \text{ kg/m}^3)(9{,}81 \text{ m/s}^2)(2 \text{ m}) = 19{,}62 \text{ kPa}$$

$$p_B = \rho_w g z_B = (1000 \text{ kg/m}^3)(9{,}81 \text{ m/s}^2)(5 \text{ m}) = 49{,}05 \text{ kPa}$$

Como a placa tem largura constante, a carga de pressão pode ser vista em duas dimensões, como mostra a Figura 9.28b. As intensidades da carga em A e B são:

$$w_A = bp_A = (1{,}5 \text{ m})(19{,}62 \text{ kPa}) = 29{,}43 \text{ kN/m}$$

$$w_B = bp_B = (1{,}5 \text{ m})(49{,}05 \text{ kPa}) = 73{,}58 \text{ kN/m}$$

Da tabela dos apêndices, a intensidade da força resultante $\mathbf{F}_R$ criada por essa carga distribuída é:

$$F_R = \text{área de um trapezoide} = \tfrac{1}{2}(3)(29{,}4 + 73{,}6)$$

$$= 154{,}5 \text{ kN} \qquad \textit{Resposta}$$

Essa força atua através do centroide dessa área,

$$h = \frac{1}{3}\left(\frac{2(29{,}43) + 73{,}58}{29{,}43 + 73{,}58}\right)(3) = 1{,}29 \text{ m} \qquad \textit{Resposta}$$

medida para cima a partir de B (Figura 9.28b).

SOLUÇÃO II

Os mesmos resultados podem ser obtidos considerando duas componentes de $\mathbf{F}_R$, definidas pelo triângulo e pelo retângulo mostrados na Figura 9.28c. Cada força atua através de seu centroide associado e tem uma intensidade:

$$F_{Re} = (29{,}43 \text{ kN/m})(3 \text{ m}) = 88{,}3 \text{ kN}$$

$$F_t = \tfrac{1}{2}(44{,}15 \text{ kN/m})(3 \text{ m}) = 66{,}2 \text{ kN}$$

Logo,

$$F_R = F_{Re} + F_t = 88{,}3 + 66{,}2 = 154{,}5 \text{ kN} \qquad \textit{Resposta}$$

A localização de $\mathbf{F}_R$ é determinada somando-se os momentos em relação a B (figuras 9.28b e c), ou seja,

$$\circlearrowleft + (M_R)_B = \Sigma M_B; \quad (154{,}5)h = 88{,}3(1{,}5) + 66{,}2(1)$$

$$h = 1{,}29 \text{ m} \qquad \textit{Resposta}$$

NOTA: usando a Equação 9.14, a força resultante pode ser calculada como $F_R = \gamma \bar{z} A = (9810 \text{ N/m}^3)(3{,}5 \text{ m})(3 \text{ m})(1{,}5 \text{ m}) = 154{,}5 \text{ kN}$.

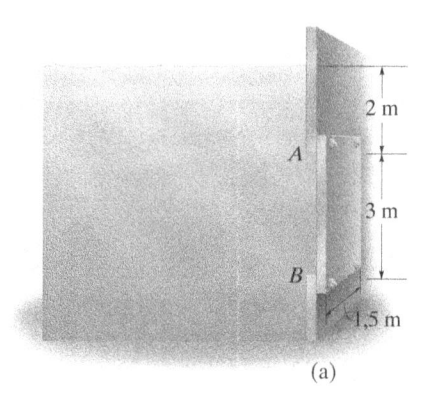

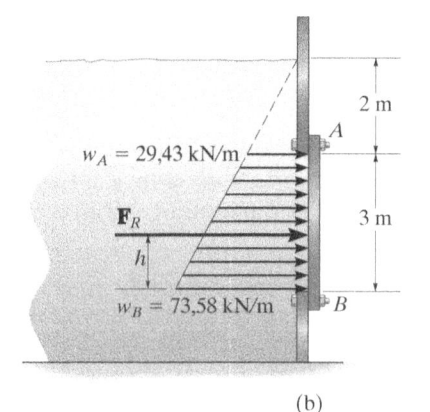

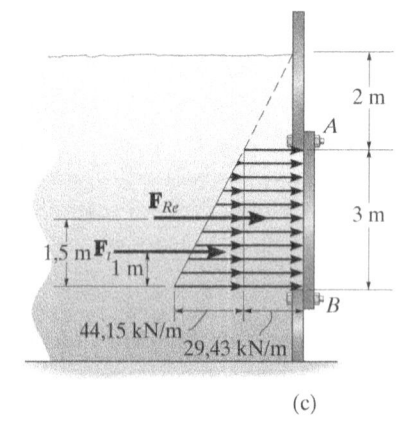

FIGURA 9.28

Exemplo 9.15

Determine a intensidade da força hidrostática resultante sobre a superfície de uma barreira de contenção no mar em formato de parábola, conforme mostra a Figura 9.29a. A parede tem comprimento de 5 m; $\rho_w = 1020 \text{ kg/m}^3$.

SOLUÇÃO

As componentes horizontal e vertical da força resultante serão calculadas (Figura 9.29b). Visto que:

$$p_B = \rho_w g z_B = (1020 \text{ kg/m}^3)(9{,}81 \text{ m/s}^2)(3 \text{ m}) = 30{,}02 \text{ kPa}$$

então,

$$w_B = bp_B = 5 \text{ m}(30{,}02 \text{ kPa}) = 150{,}1 \text{ kN/m}$$

Assim,

$$F_h = \tfrac{1}{2}(3 \text{ m})(150{,}1 \text{ kN/m}) = 225{,}1 \text{ kN}$$

A área da seção parabólica *ABC* pode ser determinada usando a fórmula para uma área parabólica, $A = \tfrac{1}{3}ab$. Logo, o peso da água dentro dessa região de 5 m de extensão é:

$$F_v = (\rho_w g b)(\text{área}_{ABC}) = (1020 \text{ kg/m}^3)(9{,}81 \text{ m/s}^2)(5 \text{ m})\left[\tfrac{1}{3}(1 \text{ m})(3 \text{ m})\right] = 50{,}0 \text{ kN}$$

A força resultante é, portanto,

$$F_R = \sqrt{F_h^2 + F_v^2} = \sqrt{(225{,}1 \text{ kN})^2 + (50{,}0 \text{ kN})^2} = 231 \text{ kN} \qquad \textit{Resposta}$$

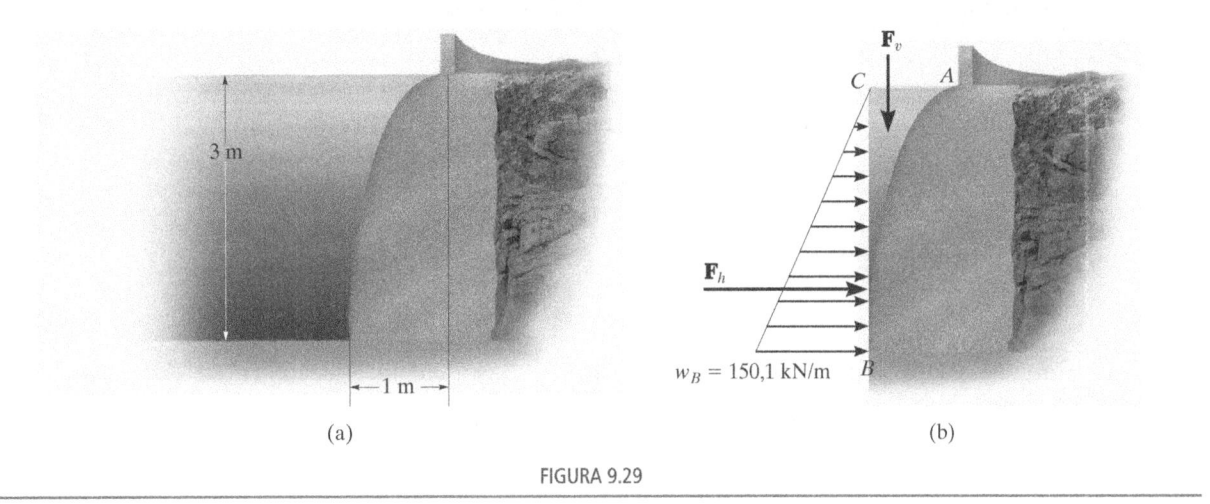

FIGURA 9.29

Exemplo 9.16

Determine a intensidade e a localização da força resultante atuando sobre as placas triangulares nas extremidades da calha d'água mostrada na Figura 9.30a; $\rho_w = 1000$ kg/m³.

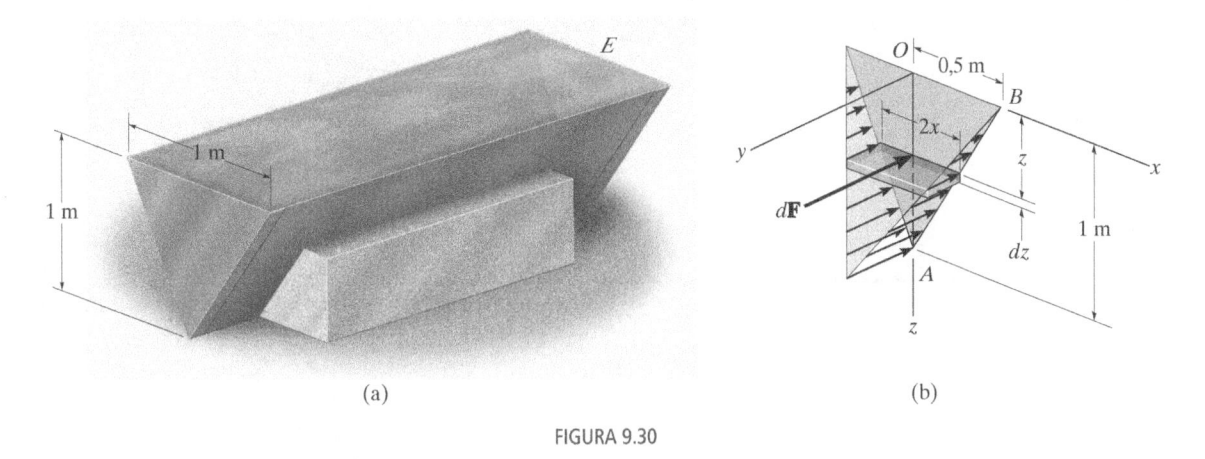

FIGURA 9.30

SOLUÇÃO

A distribuição de pressão atuando sobre a placa *E* é mostrada na Figura 9.30b. A intensidade da força resultante é igual ao volume dessa distribuição de carga. Vamos resolver o problema por integração. Escolhendo o elemento diferencial de volume mostrado na figura, temos:

$$dF = dV = p\, dA = \rho_w g z(2x\, dz) = 19620 z x\, dz$$

A equação da linha AB é:

$$x = 0{,}5(1-z)$$

Logo, substituindo e integrando com relação a z a partir de $z=0$ até $z=1$ m, temos

$$F = V = \int_V dV = \int_0^{1\,m}(19620)z[0{,}5(1-z)]\,dz$$

$$= 9810\int_0^{1\,m}(z-z^2)\,dz = 1635\text{ N} = 1{,}64\text{ kN}\qquad Resposta$$

Esse resultante passa pelo *centroide do volume*. Em virtude da simetria,

$$\bar{x} = 0 \qquad Resposta$$

Como $\tilde{z} = z$ para o elemento de volume, então,

$$\bar{z} = \frac{\int_V \tilde{z}\,dV}{\int_V dV} = \frac{\int_0^{1\,m} z(19620)z[0{,}5(1-z)]\,dz}{1635} = \frac{9810\int_0^{1\,m}(z^2-z^3)\,dz}{1635} = 0{,}5\text{ m}\qquad Resposta$$

NOTA: também podemos determinar a força resultante aplicando a Equação 9.14, $F_R = \gamma\bar{z}A = (9810\text{ N/m}^3)(\tfrac{1}{3})(1\text{ m})[\tfrac{1}{2}(1\text{ m})(1\text{ m})] = 1{,}64\text{ kN}$.

Problemas fundamentais

F9.17. Determine a intensidade da força hidrostática atuando por metro de comprimento da parede. A água tem densidade $\rho = 1\text{ Mg/m}^3$.

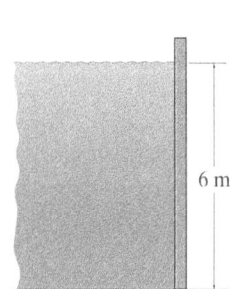

PROBLEMA F9.17

F9.18. Determine a intensidade da força hidrostática atuando sobre a comporta AB, que tem largura de 1 m. O peso específico da água é $\gamma = 9{,}81\text{ kN/m}^3$.

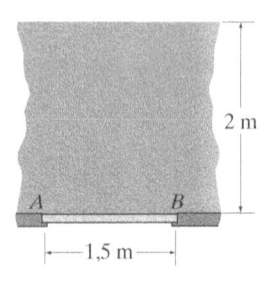

PROBLEMA F9.18

F9.19. Determine a intensidade da força hidrostática atuando sobre a comporta AB, que tem largura de 1,5 m. A água tem densidade $\rho = 1\text{ Mg/m}^3$.

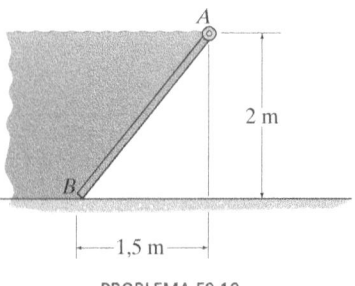

PROBLEMA F9.19

F9.20. Determine a intensidade da força hidrostática atuando sobre a comporta AB, que tem largura de 2 m. A água tem densidade $\rho = 1$ Mg/m^3.

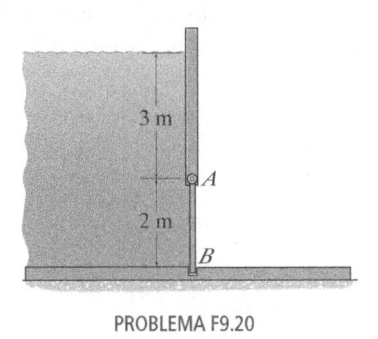

PROBLEMA F9.20

F9.21. Determine a intensidade da força hidrostática atuando sobre a comporta AB, que tem largura de 0,6 m. O peso específico da água é $\gamma = 9,81$ kN/m^3.

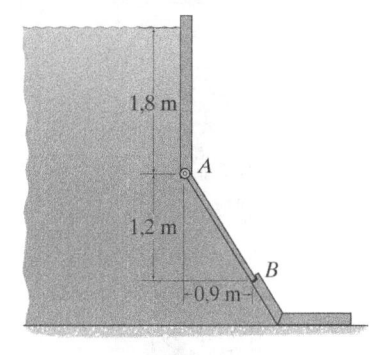

PROBLEMA F9.21

Problemas

9.115. A carga que atua sobre uma placa quadrada é representada por uma distribuição de pressão parabólica. Determine a intensidade da força resultante e as coordenadas $(\bar{x}, \bar{y})$ do ponto onde a linha de ação da força cruza a placa. Além disso, quais são as reações nos roletes B e C e na junta esférica A? Desconsidere o peso da placa.

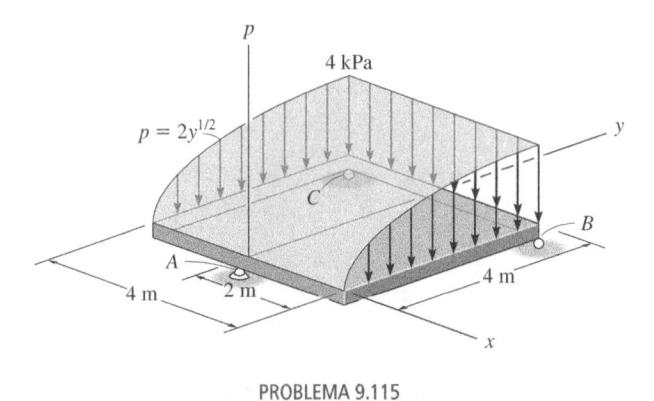

PROBLEMA 9.115

*9.116. A carga sobre a placa varia linearmente ao longo de suas laterais, de modo que $p = \frac{2}{3}[x(4 - y)]$ kPa. Determine a força resultante e sua posição $(\bar{x}, \bar{y})$ sobre a placa.

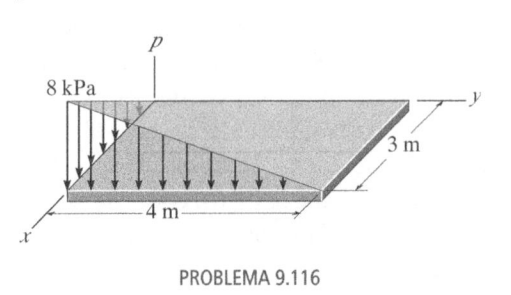

PROBLEMA 9.116

9.117. A carga sobre a placa varia linearmente ao longo de suas laterais, de modo que $p = (12 - 6x + 4y)$ kPa. Determine a intensidade da força resultante e as coordenadas $(\bar{x}, \bar{y})$ do ponto onde a linha de ação da força cruza a placa.

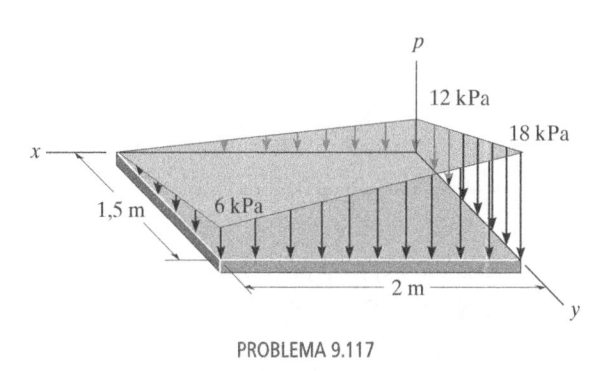

PROBLEMA 9.117

9.118. Uma carga de vento cria uma pressão positiva sobre um lado da chaminé e uma pressão negativa (sucção) sobre o outro lado, como mostra a figura. Se essa carga de pressão atua uniformemente ao longo do comprimento da chaminé, determine a intensidade da força resultante criada pelo vento.

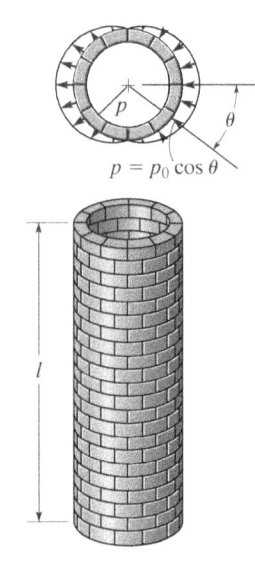

9.121. A barragem de concreto por "gravidade" é mantida no lugar por seu próprio peso. Se a densidade do concreto é $\rho_c = 2{,}5$ Mg/m^3, e a água tem densidade $\rho_w = 1{,}0$ Mg/m^3, determine a menor dimensão d que impedirá que a barragem tombe em torno de sua extremidade A.

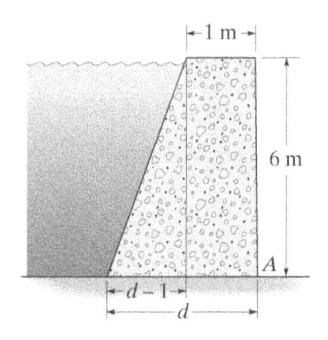

PROBLEMA 9.118

PROBLEMA 9.121

9.119. A placa retangular está sujeita a uma carga distribuída sobre *toda a sua superfície*. A carga é definida pela expressão $p = p_0$ sen $(\pi x/a)$ sen $(\pi y/b)$, onde p_0 representa a pressão atuando no centro da placa. Determine a intensidade e o local da força resultante atuando sobre a placa.

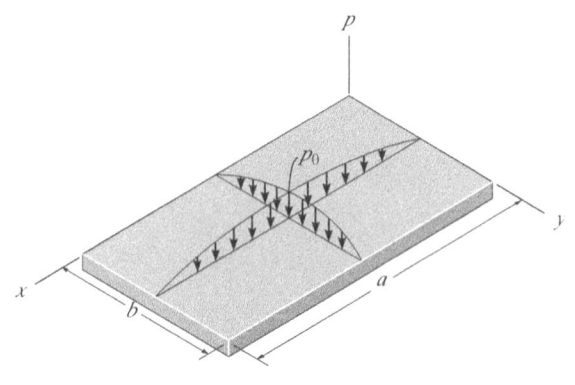

9.122. O fator de segurança para o tombamento da barragem de concreto é definido como a razão entre o momento de estabilização decorrente do peso da barragem e o momento de tombamento em relação a O em virtude da pressão da água. Determine esse fator se o concreto possui densidade de $\rho_c = 2{,}5$ Mg/m^3 e, para a água, $\rho_w = 1$ Mg/m^3.

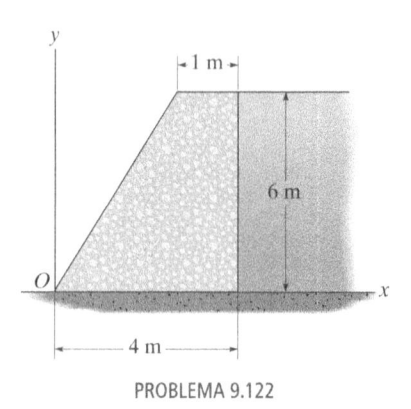

PROBLEMA 9.119

*9.120.** A barragem de concreto tem a forma de um quarto de círculo. Determine a intensidade da força hidrostática resultante que atua sobre a barragem por metro de comprimento. A densidade da água é $\rho_w = 1$ Mg/m^3.

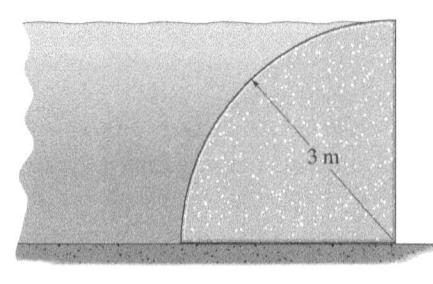

PROBLEMA 9.122

9.123. O tanque de armazenamento contém óleo com um peso específico de $\gamma_o = 9$ kN/m^3. Se o tanque tem 6 m de largura, calcule a força resultante que atua sobre o lado inclinado BC do tanque, causada pelo óleo, e especifique sua localização ao longo de BC, medida a partir de B. Além disso, calcule a força resultante total atuando sobre o fundo do tanque.

PROBLEMA 9.120

PROBLEMA 9.123

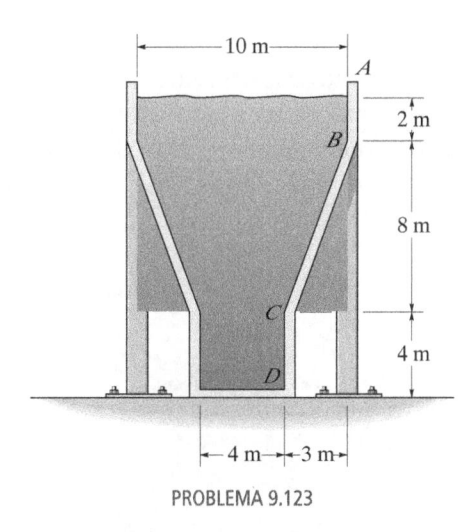

*9.124. Quando a água da maré A diminui, a comporta automaticamente se abre para drenar o pântano B. Para a condição de maré alta mostrada, determine as reações horizontais desenvolvidas na dobradiça C e no bloco de detenção D. O comprimento da comporta é de 6 m e sua altura é de 4 m. $\rho_w = 1{,}0$ Mg/m³.

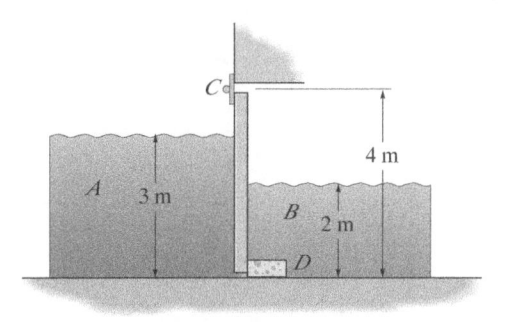

PROBLEMA 9.124

9.125. O tanque está cheio de água até uma profundidade $d = 4$ m. Determine a força resultante que a água exerce sobre a lateral A e a lateral B do tanque. Se for colocado óleo, em vez de água no tanque, até que profundidade d ele deverá alcançar de modo que crie as mesmas forças resultantes? $\rho_o = 900$ kg/m³ e $\rho_w = 1000$ kg/m³.

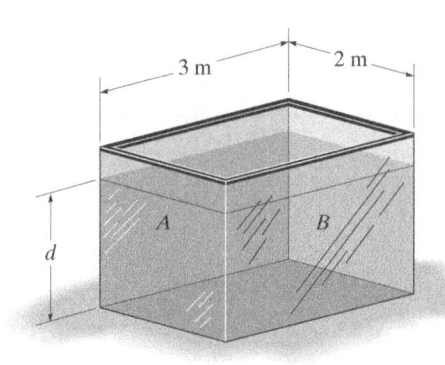

PROBLEMA 9.125

9.126. A comporta retangular de 2 m de largura tem um pino em seu centro A e é impedida de girar pelo bloco em B. Determine as reações nesses suportes em razão da pressão hidrostática. $\rho_w = 1{,}0$ Mg/m³.

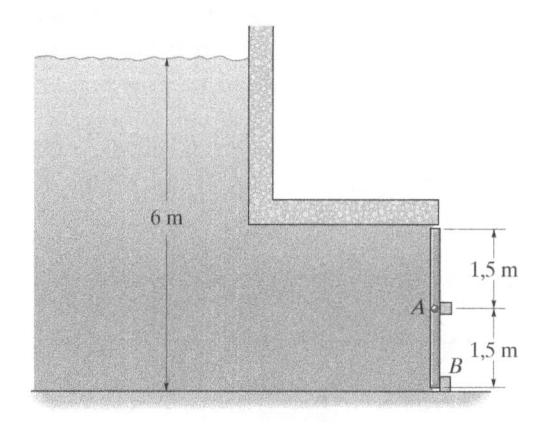

PROBLEMA 9.126

9.127. O tanque está cheio de um líquido com densidade de 900 kg/m³. Determine a força resultante que ele exerce sobre a placa elíptica no fundo, e a localização do centro de pressão, medido a partir do eixo x.

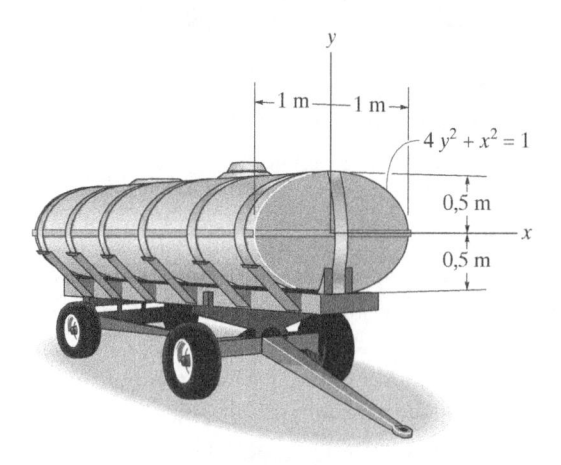

PROBLEMA 9.127

*9.128. Determine a intensidade da força resultante que atua sobre a comporta ABC em razão da pressão hidrostática. A comporta tem largura de 1,5 m. $\rho_w = 1{,}0$ Mg/m³.

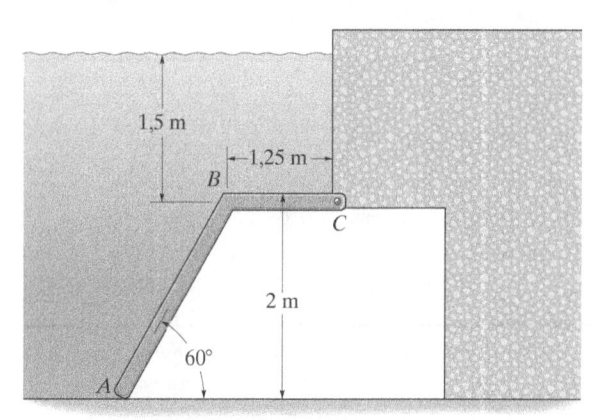

PROBLEMA 9.128

9.129. O tanque está cheio até o topo ($y = 0{,}5$ m) com água tendo uma densidade $\rho_w = 1{,}0$ Mg/m^3. Determine a força resultante da pressão d'água atuando sobre a placa plana C na extremidade do tanque e sua localização, medida a partir do topo do tanque.

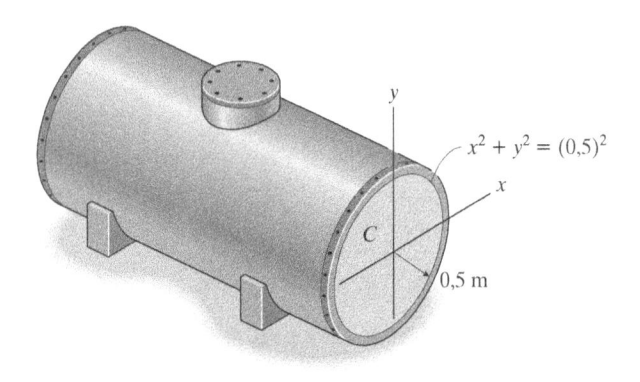

PROBLEMA 9.129

$x^2 + y^2 = (0{,}5)^2$

9.130. O túnel submarino no parque aquático é feito de policarbonato transparente, moldado em formato de parábola. Determine a intensidade da força hidrostática que atua por metro de comprimento ao longo da superfície AB do túnel. A densidade da água é $\rho_w = 1000$ kg/m^3.

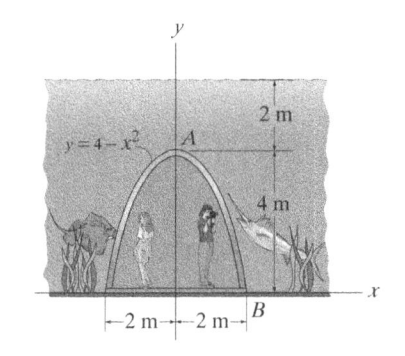

$y = 4 - x^2$

PROBLEMA 9.130

Revisão do capítulo

Centro de gravidade e centroide

O *centro de gravidade* G representa um ponto onde o peso do corpo pode ser considerado concentrado. A distância de um eixo até esse ponto pode ser determinada a partir de um equilíbrio de momentos, o que requer que a soma dos momentos dos pesos de todas as partículas do corpo em torno desse eixo seja igual ao momento do peso de todo o corpo em torno dele.

$$\bar{x} = \frac{\int \tilde{x}\, dW}{\int dW} \qquad \bar{y} = \frac{\int \tilde{y}\, dW}{\int dW} \qquad \bar{z} = \frac{\int \tilde{z}\, dW}{\int dW}$$

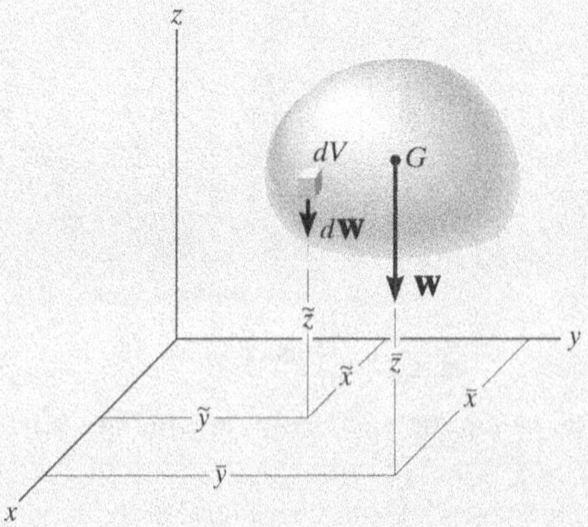

O centro de massa coincidirá com o centro de gravidade desde que a aceleração da gravidade seja constante.

$$\bar{x} = \frac{\int_L \tilde{x}\, dL}{\int_L dL} \qquad \bar{y} = \frac{\int_L \tilde{y}\, dL}{\int_L dL} \qquad \bar{z} = \frac{\int_L \tilde{z}\, dL}{\int_L dL}$$

O *centroide* é a localização do centro geométrico do corpo. Ele é determinado de maneira similar, usando um equilíbrio de momentos de elementos geométricos, como os segmentos de linha, área ou volume. Para corpos que possuem um formato contínuo, os momentos são somados (integrados) usando elementos diferenciais.

$$\bar{x} = \frac{\int_A \tilde{x}\, dA}{\int_A dA} \qquad \bar{y} = \frac{\int_A \tilde{y}\, dA}{\int_A dA} \qquad \bar{z} = \frac{\int_A \tilde{z}\, dA}{\int_A dA}$$

$$\bar{x} = \frac{\int_V \tilde{x}\, dV}{\int_V dV} \qquad \bar{y} = \frac{\int_V \tilde{y}\, dV}{\int_A dV} \qquad \bar{z} = \frac{\int_V \tilde{z}\, dV}{\int_V dV}$$

O centro de massa coincidirá com o centroide, desde que o material seja homogêneo, ou seja, a densidade do material seja a mesma em toda a parte. O centroide sempre estará em um eixo de simetria.

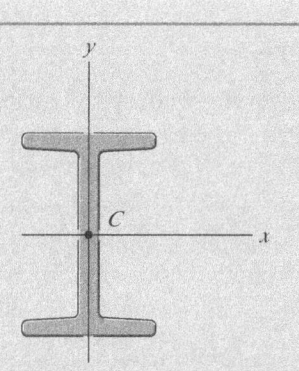

Corpo composto

Se o corpo for uma combinação de vários formatos, cada um com uma localização conhecida para seu centro de gravidade ou centroide, a localização do centro de gravidade ou centroide do corpo pode ser determinada a partir de um somatório discreto usando suas partes componentes.

$$\bar{x} = \frac{\Sigma \tilde{x} W}{\Sigma W}$$

$$\bar{y} = \frac{\Sigma \tilde{y} W}{\Sigma W}$$

$$\bar{z} = \frac{\Sigma \tilde{z} W}{\Sigma W}$$

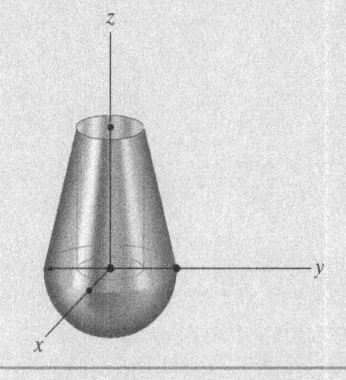

Teoremas de Pappus e Guldinus

Os teoremas de Pappus e Guldinus podem ser usados para determinar a área da superfície e o volume de um corpo de revolução.

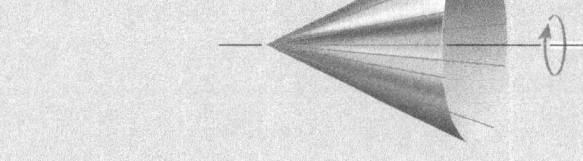

A *área de superfície* é igual ao produto do comprimento da curva geratriz pela distância trafegada pelo centroide da curva necessária para gerar a área.

$$A = \theta \bar{r} L$$

O *volume* do corpo é igual ao produto da área geratriz pela distância trafegada pelo centroide dessa área necessária para gerar o volume.

$$V = \theta \bar{r} A$$

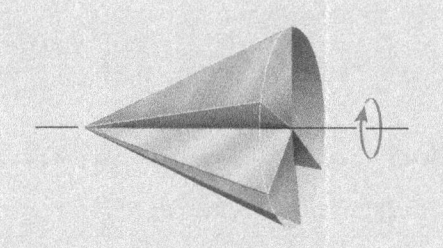

$$F_R = \int_A p(x, y)\, dA = \int_V dV$$

Carregamento distribuído geral

A intensidade da força resultante é igual ao volume total sob o diagrama da carga distribuída. A linha de ação da força resultante passa pelo centro geométrico ou centroide desse volume.

$$\bar{x} = \frac{\int_V x\, dV}{\int_V dV}$$

$$\bar{y} = \frac{\int_V y\, dV}{\int_V dV}$$

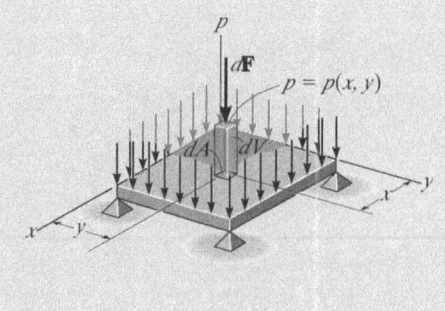

Pressão de fluidos

A pressão desenvolvida por um líquido em um ponto em uma superfície submersa depende da profundidade do ponto e da densidade do líquido de acordo com a lei de Pascal, $p = \rho g h = \gamma h$. Essa pressão criará uma *distribuição linear* da carga sobre uma superfície plana vertical ou inclinada.

Se a superfície for horizontal, a carga será *uniforme*.

Em qualquer caso, as resultantes dessas cargas podem ser determinadas achando o volume sob a curva de carregamento ou usando $F_R = \gamma \bar{z} A$, onde $\bar{z}$ é a profundidade até o centroide da área da placa. A linha de ação da força resultante passa pelo centroide do volume do diagrama de carregamento e atua em um ponto P na placa, chamado centro de pressão.

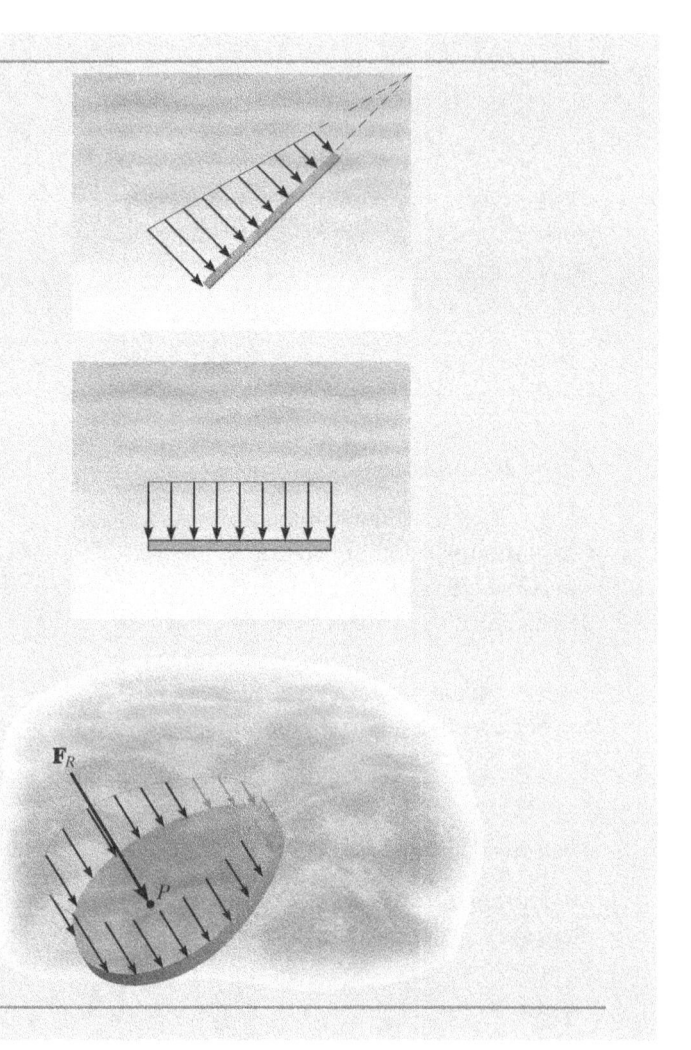

Problemas de revisão

R9.1. Localize o centroide $\bar{x}$ da área.

R9.2. Localize o centroide $\bar{y}$ da área.

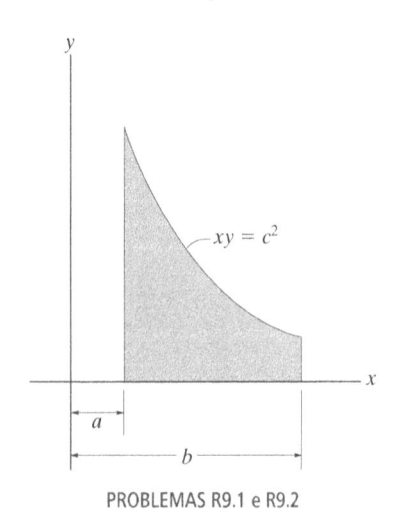

R9.3. Localize o centroide $\bar{y}$ do hemisfério.

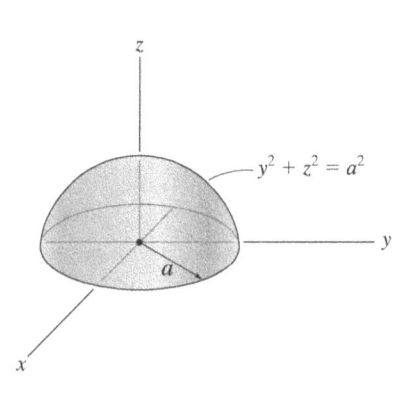

PROBLEMAS R9.1 e R9.2

PROBLEMA R9.3

R9.4. Localize o centroide do elemento.

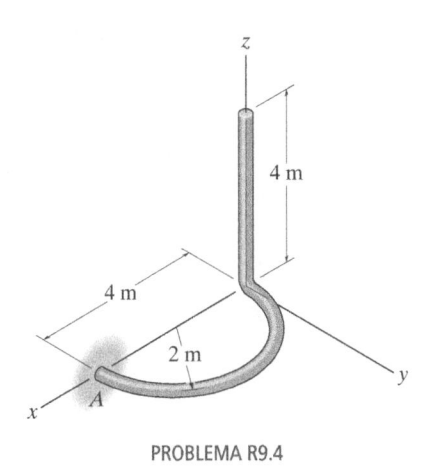

PROBLEMA R9.4

R9.5. Localize o centroide $\bar{y}$ da seção transversal da viga.

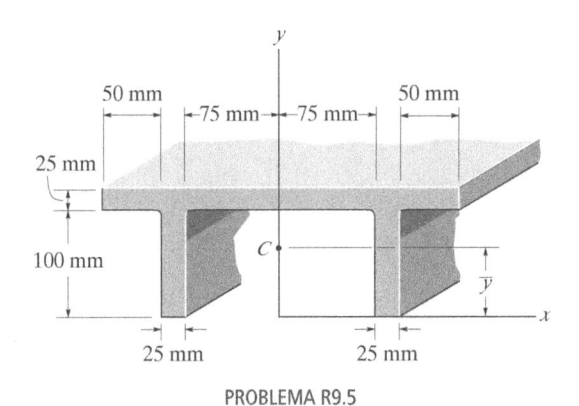

PROBLEMA R9.5

R9.6. Uma correia circular em "V" possui raio interno de 600 mm e uma seção transversal conforme mostra a figura. Determine a área da superfície da correia.

R9.7. Uma correia circular em "V" possui raio interno de 600 mm e uma seção transversal conforme mostra a figura. Determine o volume do material exigido para fabricar a correia.

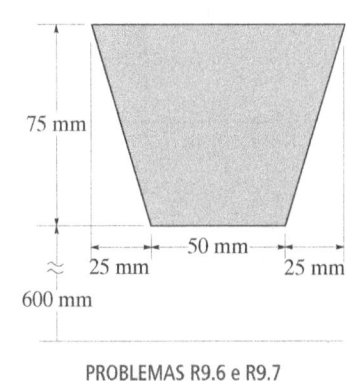

PROBLEMAS R9.6 e R9.7

R9.8. O recipiente retangular é preenchido com carvão, que cria uma distribuição de pressão ao longo da parede A que varia conforme mostra a figura, ou seja, $p = (200z^{1/3})$ Pa, onde z está em metros. Determine a força resultante criada pelo carvão e sua localização, medida a partir da superfície superior do carvão.

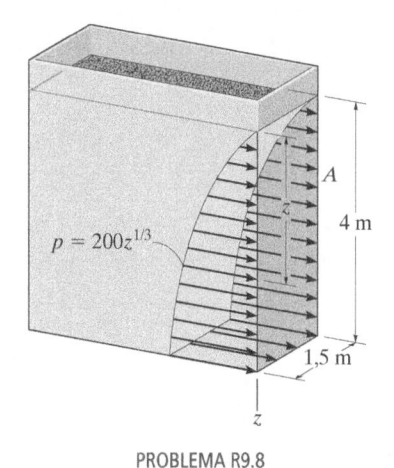

PROBLEMA R9.8

R9.9. A comporta AB possui 8 m de largura. Determine as componentes horizontal e vertical da força que atua sobre o pino em B e a reação vertical no suporte liso A; $\rho_w = 1{,}0$ Mg/m^3.

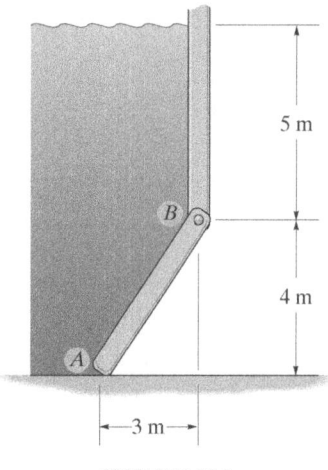

PROBLEMA R9.9

R9.10. Determine a intensidade da força hidrostática resultante atuando por metro de extensão no quebra-mar; $\rho_w = 1000$ kg/m^3.

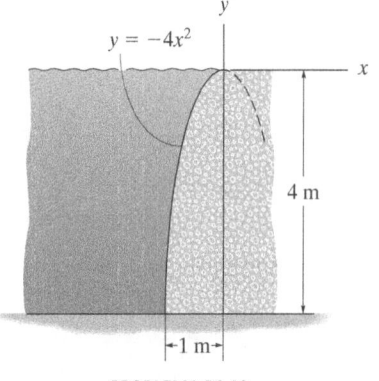

PROBLEMA R9.10

CAPÍTULO 10

Momentos de inércia

O projeto destes elementos estruturais requer o cálculo do momento de inércia de sua seção transversal. Neste capítulo, discutiremos como isso é feito.

(© Michael N. Paras/AGE Fotostock/Alamy)

Objetivos

- Desenvolver um método para determinar o momento de inércia de uma área.
- Introduzir o produto de inércia e mostrar como determinam-se os momentos de inércia máximo e mínimo de uma área.
- Discutir o momento de inércia de massa.

10.1 Definição de momentos de inércia para áreas

Sempre que uma carga distribuída atua perpendicularmente a uma área e sua intensidade varia linearmente, o cálculo do momento da distribuição de carga em relação a um eixo envolverá uma integral na forma $\int y^2 dA$. Por exemplo, considere a chapa na Figura 10.1, que está sujeita à pressão p. Conforme discutimos na Seção 9.5, essa pressão varia linearmente com a profundidade, de modo que $p = \gamma y$, em que γ é o peso específico do fluido. Assim, a força que atua sobre a área diferencial dA da chapa é $dF = p\,dA = (\gamma y)dA$. O *momento* dessa força em relação ao eixo x é, portanto, $dM = y\,dF = \gamma y^2 dA$ e, portanto, a integração de dM sobre a área inteira da chapa gera $M = \gamma \int y^2 dA$. A integral $\int y^2 dA$ às vezes é denominada "segundo momento" da área em relação a um eixo (o eixo x), porém, mais frequentemente é denominada **momento de inércia da área**. A palavra "inércia" é usada aqui porque a formulação é semelhante ao momento de inércia de massa, $\int y^2 dm$, que é uma propriedade dinâmica descrita na Seção 10.8. Embora, para uma área, essa integral não tenha significado físico, ela normalmente surge em fórmulas usadas em mecânica dos fluidos, mecânica dos materiais, mecânica estrutural e projeto mecânico, e por isso o engenheiro precisa estar familiarizado com os métodos usados para determinar o momento de inércia.

Momento de inércia

Por definição, os momentos de inércia de uma área diferencial dA em relação aos eixos x e y são $dI_x = y^2\,dA$ e $dI_y = x^2\,dA$, respectivamente (Figura 10.2). Para a área total A, os **momentos de inércia** são determinados por integração, ou seja,

458 ESTÁTICA

FIGURA 10.1

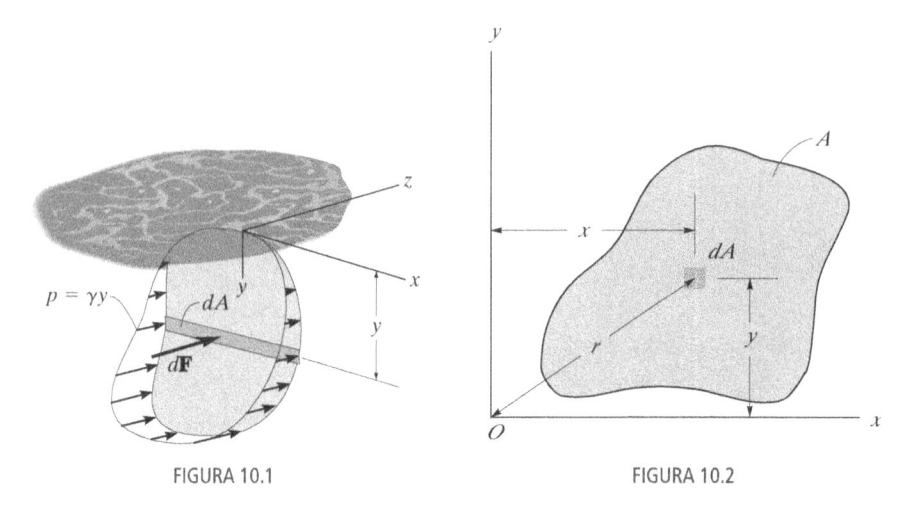

FIGURA 10.2

$$I_x = \int_A y^2\, dA$$
$$I_y = \int_A x^2\, dA \qquad (10.1)$$

Também podemos formular essa quantidade para dA em relação ao "polo" O ou eixo z (Figura 10.2). Isso é conhecido como o **momento de inércia polar**. Ele é definido como $dJ_O = r^2 dA$, em que r é a distância perpendicular do polo (eixo z) até o elemento dA. Para a área completa, o *momento de inércia polar* é

$$J_O = \int_A r^2\, dA = I_x + I_y \qquad (10.2)$$

Essa relação entre J_O e I_x, I_y é possível porque $r^2 = x^2 + y^2$ (Figura 10.2).

Por essas formulações, vemos que I_x, I_y e J_O *sempre serão positivos*, pois envolvem o produto entre distância ao quadrado e área. Além disso, as unidades para momento de inércia envolvem o comprimento elevado à quarta potência, por exemplo, m^4, mm^4.

10.2 Teorema dos eixos paralelos para uma área

O *teorema dos eixos paralelos* pode ser usado para determinar o momento de inércia de uma área em relação a *qualquer eixo* que seja paralelo a um eixo passando pelo centroide e em relação ao qual o momento de inércia seja conhecido. Para desenvolver esse teorema, vamos considerar a determinação do momento de inércia da área sombreada mostrada na Figura 10.3 em relação ao eixo x. Para começar, escolhemos um elemento diferencial dA localizado a uma distância qualquer y' do eixo *centroidal* x'. Se a distância entre os eixos paralelos x e x' for d_y, o momento de inércia de dA em relação ao eixo x é $dI_x = (y' + d_y)^2\, dA$. Para a área total,

$$I_x = \int_A (y' + d_y)^2\, dA$$

$$= \int_A y'^2\, dA + 2d_y \int_A y'\, dA + d_y^2 \int_A dA$$

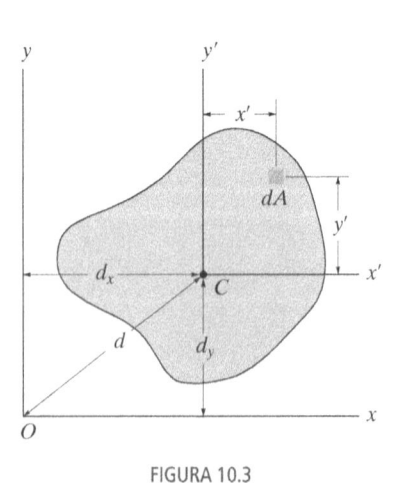

FIGURA 10.3

A primeira integral representa o momento de inércia da área em relação ao eixo centroidal, $\bar{I}_{x'}$. A segunda integral é zero, pois o eixo x' passa pelo centroide C da área; ou seja, $\int y'\, dA = \bar{y}' \int dA = 0$, pois $\bar{y}' = 0$. Como a terceira integral representa a área total A, o resultado final é, portanto,

$$I_x = \bar{I}_{x'} + A d_y^2 \tag{10.3}$$

Uma expressão semelhante pode ser escrita para I_y, ou seja,

$$I_y = \bar{I}_{y'} + A d_x^2 \tag{10.4}$$

E, finalmente, para o momento de inércia polar, como $\bar{J}_C = \bar{I}_{x'} + \bar{I}_{y'}$ e $d^2 = d_x^2 + d_y^2$, temos:

$$J_O = \bar{J}_C + A d^2 \tag{10.5}$$

O formato de cada uma dessas três equações indica que *o momento de inércia de uma área em relação a um eixo é igual a seu momento de inércia em relação a um eixo paralelo passando pelo centroide da área mais o produto entre a área e o quadrado da distância perpendicular entre os eixos.*

Para prever a resistência e deflexão dessa viga, é necessário o cálculo do momento de inércia da sua seção transversal.

10.3 Raio de giração de uma área

O *raio de giração* de uma área em relação a um eixo tem unidades de comprimento e é uma quantidade normalmente usada para projetos de colunas na mecânica estrutural. Se as áreas e os momentos de inércia forem *conhecidos*, os raios de giração serão determinados pelas fórmulas:

$$
\begin{aligned}
k_x &= \sqrt{\frac{I_x}{A}} \\
k_y &= \sqrt{\frac{I_y}{A}} \\
k_O &= \sqrt{\frac{J_O}{A}}
\end{aligned}
\tag{10.6}
$$

O formato dessas equações é facilmente lembrado, pois é semelhante ao usado para encontrar o momento de inércia de uma área diferencial em relação a um eixo. Por exemplo, $I_x = k_x^2 A$; ao passo que, para uma área diferencial, $dI_x = y^2\, dA$.

Pontos importantes

- O momento de inércia é uma propriedade geométrica de uma área, usada para determinar a resistência de um elemento estrutural ou a localização de uma força de pressão resultante que atua sobre uma placa submersa em um fluido. Às vezes, ele é conhecido como segundo momento da área em relação a um eixo, pois a distância do eixo até cada elemento de área é elevada ao quadrado.
- Se o momento de inércia de uma área for conhecido em relação ao seu eixo centroidal, o momento de inércia em relação a um eixo paralelo correspondente pode ser determinado por meio do teorema do eixo paralelo.

Procedimento para análise

Na maior parte dos casos, o momento de inércia pode ser determinado usando uma única integração. O procedimento a seguir mostra duas maneiras de como isso pode ser feito.

- Se a curva definindo o limite da área for expressa como $y = f(x)$, selecione um elemento diferencial retangular de modo que tenha um comprimento finito e largura diferencial.
- O elemento deverá estar localizado de modo que cruze a curva em um *ponto arbitrário* (x, y).

Caso 1

- Oriente o elemento de modo que seu comprimento seja *paralelo* ao eixo em relação ao qual o momento de inércia é calculado. Essa situação ocorre quando o elemento retângulo mostrado na Figura 10.4a é usado para determinar I_x para a área. Aqui, todo o elemento está a uma distância y do eixo x, pois tem espessura dy. Assim, $I_x = \int y^2 dA$. Para achar I_y, o elemento é orientado como mostra a Figura 10.4b. Esse elemento se encontra à *mesma* distância x do eixo y, de modo que $I_y = \int x^2 dA$.

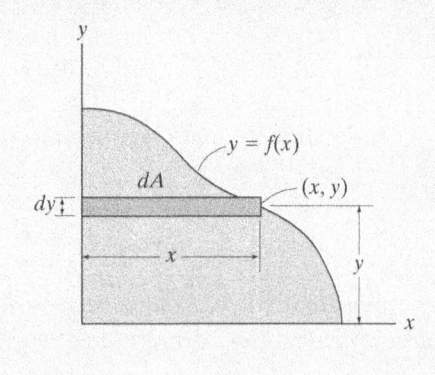

Caso 2

- O comprimento do elemento pode ser orientado *perpendicularmente* ao eixo em relação ao qual o momento de inércia é calculado; porém, a Equação 10.1 *não se aplica*, pois todos os pontos no elemento *não* terão o mesmo comprimento de braço de momento a partir do eixo. Por exemplo, se o elemento retangular na Figura 10.4a for usado para encontrar I_y, primeiramente será necessário calcular o momento de inércia do *elemento* em relação a um eixo paralelo ao eixo y que passe pelo centroide do elemento, e depois determinar o momento de inércia do *elemento* em relação ao eixo y usando o teorema dos eixos paralelos. A integração desse resultado gerará I_y. Ver exemplos 10.2 e 10.3.

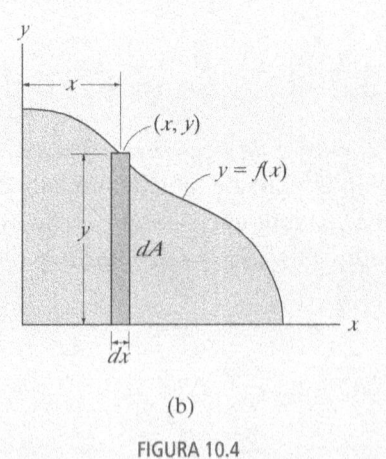

FIGURA 10.4

EXEMPLO 10.1

Determine o momento de inércia da área retangular mostrada na Figura 10.5 em relação a (a) o eixo centroidal x', (b) o eixo x_b, passando pela base do retângulo e (c) o polo ou eixo z' perpendicular ao plano x'–y' e passando pelo centroide C.

SOLUÇÃO (CASO 1)

Parte (a)

O elemento diferencial mostrado na Figura 10.5 é escolhido para integração. Em razão de seu posicionamento e de sua orientação, *todo o elemento* está a uma distância y' do eixo x'. Aqui, integra-se de $y' = -h/2$ a $y' = h/2$. Como $dA = b\, dy'$, então

$$\bar{I}_{x'} = \int_A y'^2\, dA = \int_{-h/2}^{h/2} y'^2 (b\, dy') = b \int_{-h/2}^{h/2} y'^2\, dy'$$

$$\bar{I}_{x'} = \frac{1}{12} bh^3 \qquad \textit{Resposta}$$

Parte (b)

O momento de inércia em relação a um eixo passando pela base do retângulo pode ser obtido usando o resultado da parte (a) e aplicando o teorema dos eixos paralelos (Equação 10.3).

$$I_{x_b} = \bar{I}_{x'} + A d_y^2$$

$$= \frac{1}{12}bh^3 + bh\left(\frac{h}{2}\right)^2 = \frac{1}{3}bh^3 \qquad \textit{Resposta}$$

Parte (c)

Para calcular o momento de inércia polar em relação ao ponto C, primeiramente temos de obter $\bar{I}_{y'}$, que pode ser encontrado trocando entre si as dimensões b e h no resultado da parte (a), ou seja,

$$\bar{I}_{y'} = \frac{1}{12}hb^3$$

Usando a Equação 10.2, o momento de inércia polar em relação a C é, portanto,

$$\bar{J}_C = \bar{I}_{x'} + \bar{I}_{y'} = \frac{1}{12}bh(h^2 + b^2) \qquad \textit{Resposta}$$

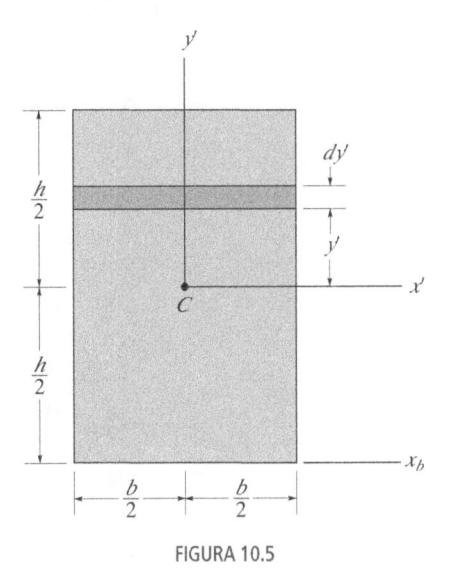

FIGURA 10.5

EXEMPLO 10.2

Determine o momento de inércia da área sombreada mostrada na Figura 10.6a em relação ao eixo x.

SOLUÇÃO I (CASO 1)

Um elemento diferencial de área que é *paralelo* ao eixo x, como mostra a Figura 10.6a, é escolhido para integração. Como esse elemento tem espessura dy e cruza a curva no *ponto arbitrário* (x, y), sua área é $dA = (100 - x)\, dy$. Além disso, o elemento está à mesma distância y do eixo x. Logo, a integração em relação a y, de $y = 0$ a $y = 200$ mm, produz:

$$I_x = \int_A y^2\, dA = \int_0^{200\text{ mm}} y^2(100 - x)\, dy$$

$$= \int_0^{200\text{ mm}} y^2\left(100 - \frac{y^2}{400}\right) dy = \int_0^{200\text{ mm}} \left(100 y^2 - \frac{y^4}{400}\right) dy$$

$$= 107(10^6)\text{ mm}^4 \qquad \textit{Resposta}$$

SOLUÇÃO II (CASO 2)

Um elemento diferencial *paralelo* ao eixo y, como mostra a Figura 10.6b, é escolhido para integração. Ele cruza a curva no *ponto arbitrário* (x, y). Nesse caso, todos os pontos do elemento *não* se encontram à mesma distância do eixo x e, portanto, o teorema dos eixos paralelos precisa ser usado para determinar o *momento de inércia do elemento* em relação a esse eixo. Para um retângulo de base b e altura h, o momento de inércia em torno de seu eixo centroidal foi determinado na parte (a) do Exemplo 10.1. Lá, descobriu-se que $\bar{I}_{x'} = \frac{1}{12}bh^3$. Para o elemento diferencial mostrado na Figura 10.6b, $b = dx$ e $h = y$, e assim, $d\bar{I}_{x'} = \frac{1}{12}dx\, y^3$. Como o centroide do elemento dista $\tilde{y} = y/2$ a partir do eixo x, o momento de inércia do elemento em relação a esse eixo é:

$$dI_x = d\bar{I}_{x'} + dA\, \tilde{y}^2 = \frac{1}{12}dx\, y^3 + y\, dx\left(\frac{y}{2}\right)^2 = \frac{1}{3}y^3\, dx$$

(Esse resultado também pode ser obtido a partir da parte (b) do Exemplo 10.1.) A integração em relação a x, de $x = 0$ a $x = 100$ mm, produz:

$$I_x = \int dI_x = \int_0^{100\text{ mm}} \frac{1}{3} y^3 \, dx = \int_0^{100\text{ mm}} \frac{1}{3}(400x)^{3/2} \, dx$$

$$= 107(10^6) \text{ mm}^4 \qquad \qquad Resposta$$

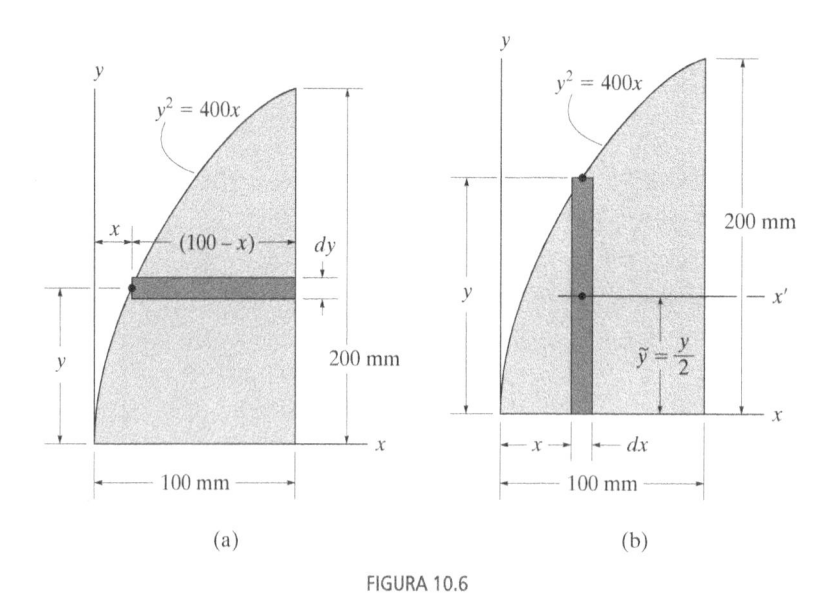

(a) \qquad\qquad (b)

FIGURA 10.6

EXEMPLO 10.3

Determine o momento de inércia em relação ao eixo x da área circular mostrada na Figura 10.7a.

SOLUÇÃO I (CASO 1)

Usando o elemento diferencial mostrado na Figura 10.7a, como $dA = 2x \, dy$, temos:

$$I_x = \int_A y^2 \, dA = \int_A y^2 (2x) \, dy$$

$$= \int_{-a}^{a} y^2 \left(2\sqrt{a^2 - y^2} \right) dy = \frac{\pi a^4}{4} \qquad Resposta$$

SOLUÇÃO II (CASO 2)

Quando o elemento diferencial mostrado na Figura 10.7b é escolhido, o centroide do elemento se encontra sobre o eixo x, e como $\bar{I}_{x'} = \frac{1}{12} bh^3$ para um retângulo, temos:

$$dI_x = \frac{1}{12} dx (2y)^3$$

$$= \frac{2}{3} y^3 \, dx$$

A integração em relação a x gera:

$$I_x = \int_{-a}^{a} \frac{2}{3} (a^2 - x^2)^{3/2} \, dx = \frac{\pi a^4}{4} \qquad Resposta$$

NOTA: por comparação, a Solução I requer muito menos cálculo. Portanto, se uma integral que usa determinado elemento parece difícil de resolver, tente usar um elemento orientado na outra direção.

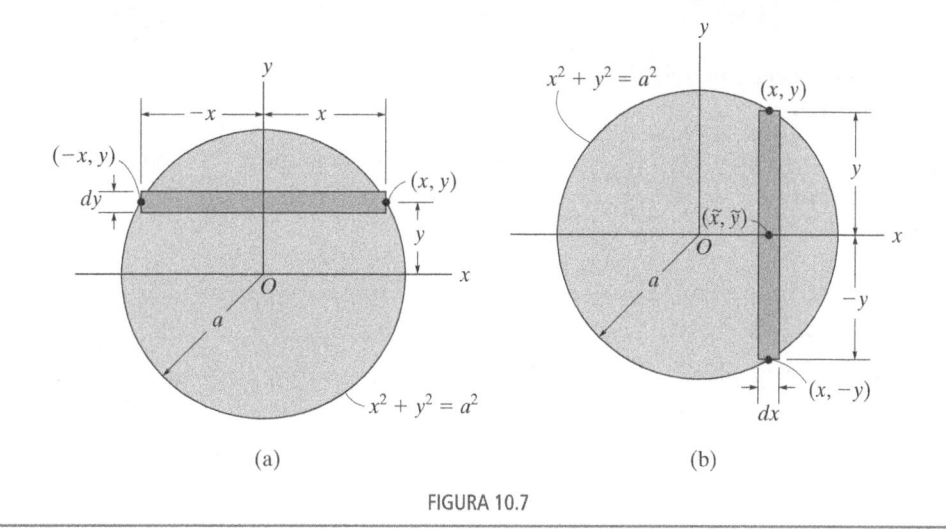

FIGURA 10.7

Problemas fundamentais

F10.1. Determine o momento de inércia da área sombreada em relação ao eixo x.

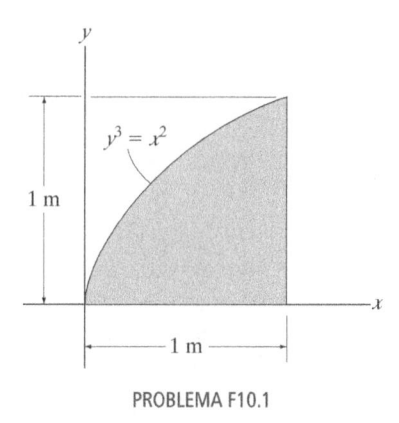

PROBLEMA F10.1

F10.2. Determine o momento de inércia da área sombreada em relação ao eixo x.

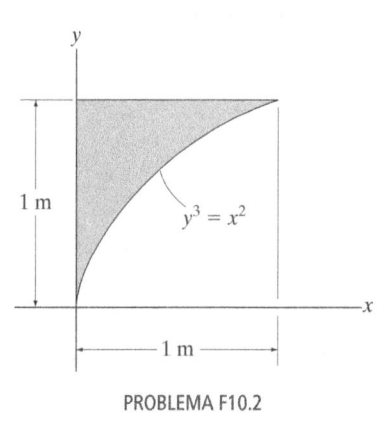

PROBLEMA F10.2

F10.3. Determine o momento de inércia da área sombreada em relação ao eixo y.

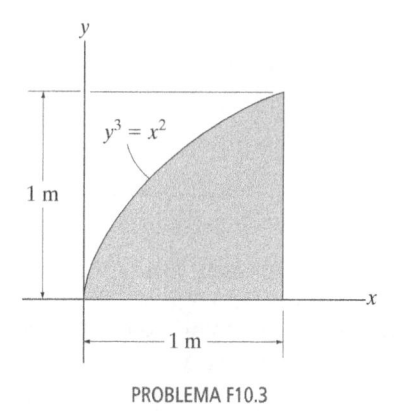

PROBLEMA F10.3

F10.4. Determine o momento de inércia da área sombreada em relação ao eixo y.

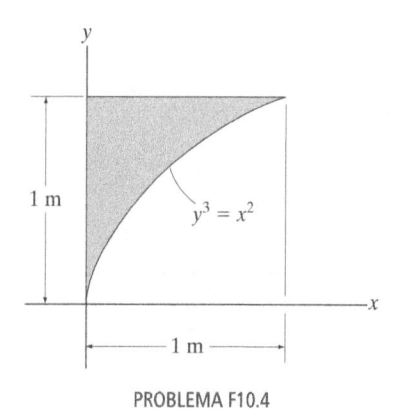

PROBLEMA F10.4

Problemas

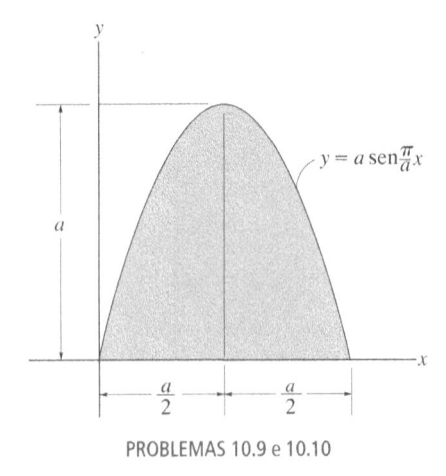

10.1. Determine o momento de inércia da área sombreada em relação ao eixo x.

10.2. Determine o momento de inércia da área sombreada em relação ao eixo y.

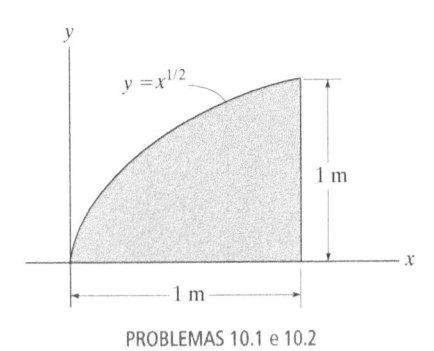

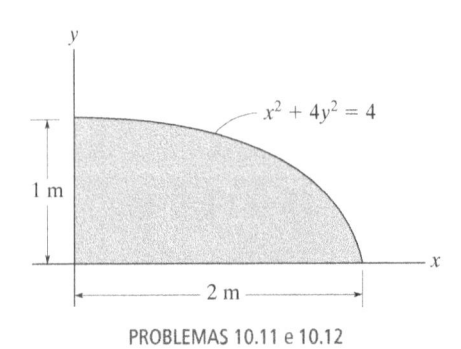

PROBLEMAS 10.1 e 10.2

10.3. Determine o momento de inércia da área sombreada em relação ao eixo x.

*10.4. Determine o momento de inércia da área sombreada em relação ao eixo y.

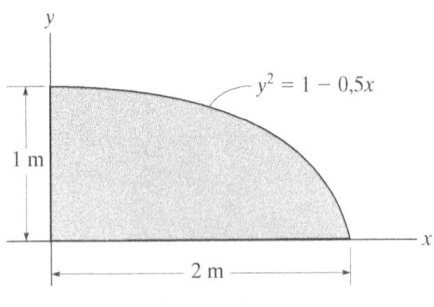

PROBLEMAS 10.3 e 10.4

10.5. Determine o momento de inércia da área sombreada em relação ao eixo x.

10.6. Determine o momento de inércia da área sombreada em relação ao eixo y.

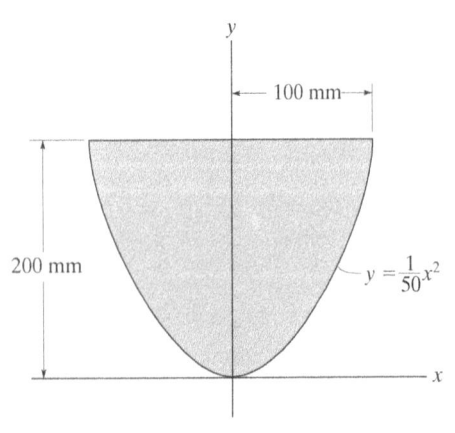

PROBLEMAS 10.5 e 10.6

10.7. Determine o momento de inércia em relação ao eixo x.

*10.8. Determine o momento de inércia em relação ao eixo y.

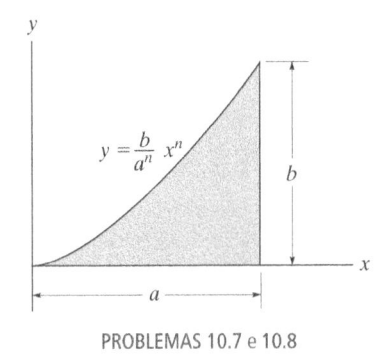

PROBLEMAS 10.7 e 10.8

10.9. Determine o momento de inércia da área sombreada em relação ao eixo x.

10.10. Determine o momento de inércia da área sombreada em relação ao eixo y.

PROBLEMAS 10.9 e 10.10

10.11. Determine o momento de inércia da área sombreada em relação ao eixo x.

*10.12. Determine o momento de inércia da área sombreada em relação ao eixo y.

PROBLEMAS 10.11 e 10.12

10.13. Determine o momento de inércia da área sombreada em relação ao eixo x.

10.14. Determine o momento de inércia da área sombreada em relação ao eixo y.

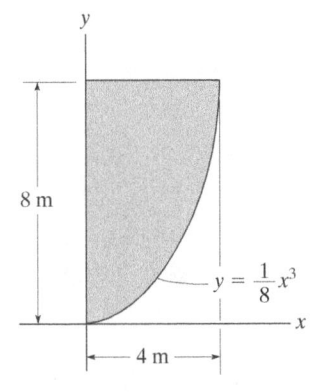

PROBLEMAS 10.13 e 10.14

10.15. Determine o momento de inércia da área sombreada em relação ao eixo y.

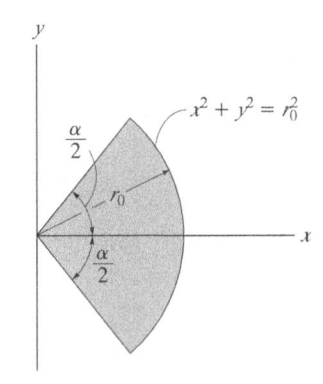

PROBLEMA 10.15

*10.16. Determine o momento de inércia da área em relação ao eixo x.

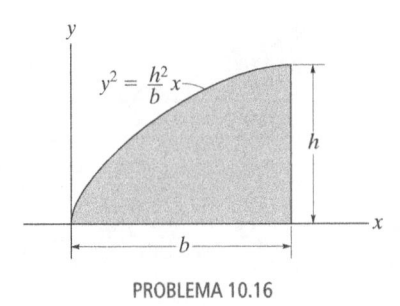

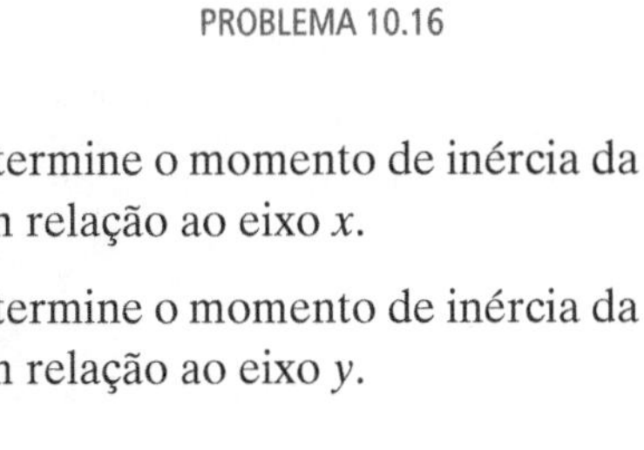

PROBLEMA 10.16

10.17. Determine o momento de inércia da área sombreada em relação ao eixo x.

10.18. Determine o momento de inércia da área sombreada em relação ao eixo y.

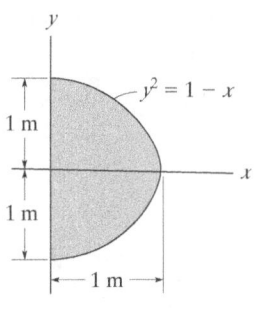

PROBLEMAS 10.17 e 10.18

10.19. Determine o momento de inércia da área sombreada em relação ao eixo x.

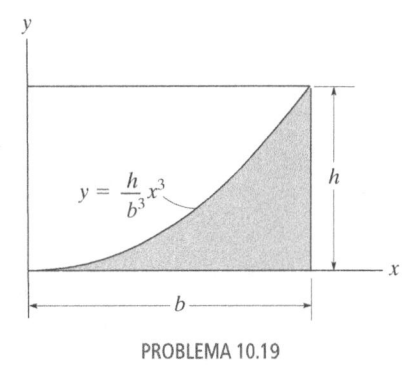

PROBLEMA 10.19

*10.20. Determine o momento de inércia da área sombreada em relação ao eixo y.

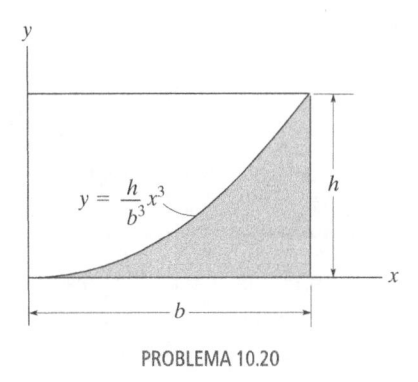

PROBLEMA 10.20

10.21. Determine o momento de inércia da área sombreada em relação ao eixo x.

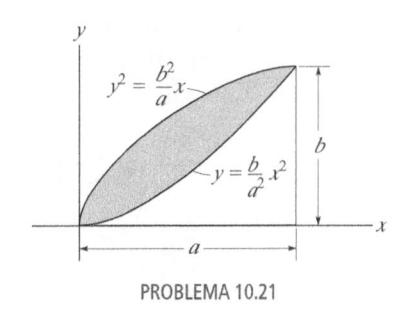

PROBLEMA 10.21

10.22. Determine o momento de inércia da área sombreada em relação ao eixo y.

10.23. Determine o momento de inércia da área sombreada em relação ao eixo x.

*10.24. Determine o momento de inércia da área sombreada em relação ao eixo y.

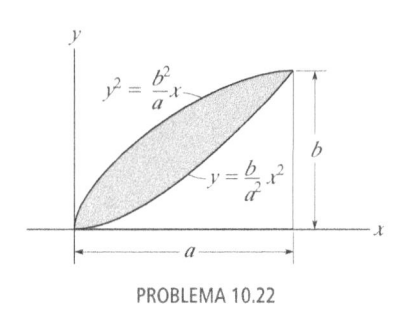

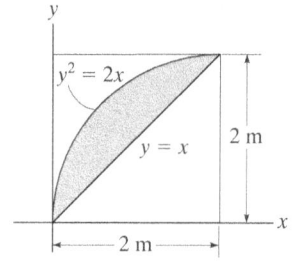

PROBLEMA 10.22 — $y^2 = \dfrac{b^2}{a}x$, $y = \dfrac{b}{a^2}x^2$

PROBLEMAS 10.23 e 10.24 — $y^2 = 2x$, $y = x$, 2 m × 2 m

10.4 Momentos de inércia para áreas compostas

Uma área composta consiste em uma série de partes ou formatos "mais simples" conectados, como retângulos, triângulos e círculos. Se o momento de inércia de cada uma dessas partes for conhecido ou puder ser determinado em relação a um eixo comum, o momento de inércia da área composta em relação ao eixo é igual à *soma algébrica* dos momentos de inércia de todas as suas partes.

Procedimento para análise

O momento de inércia para uma área composta em relação a um eixo de referência pode ser determinado usando o procedimento a seguir.

Partes compostas

- Usando um esboço, divida a área em suas partes componentes e indique a distância perpendicular do centroide de cada parte até o eixo de referência.

Teorema dos eixos paralelos

- Se o eixo centroidal para cada parte não coincide com o eixo de referência, o teorema dos eixos paralelos ($I = \bar{I} + Ad^2$) deve ser usado para determinar o momento de inércia da parte em relação ao eixo de referência. Para o cálculo de $\bar{I}$, use a tabela nos apêndices.

Somatório

- O momento de inércia da área total em relação ao eixo de referência é determinado pela soma dos resultados de suas partes componentes em relação a esse eixo.
- Se uma parte componente tem uma região vazia (furo), seu momento de inércia é encontrado subtraindo o momento de inércia do furo do momento de inércia de toda a parte, incluindo o furo.

Para o projeto ou análise desta viga T, os engenheiros precisam ser capazes de localizar o centroide de sua seção transversal, e depois determinar o momento de inércia dessa área em relação ao eixo centroidal.

EXEMPLO 10.4

Determine o momento de inércia da área mostrada na Figura 10.8a em relação ao eixo x.

SOLUÇÃO

Partes componentes

A área pode ser obtida *subtraindo-se* o círculo do retângulo mostrado na Figura 10.8b. O centroide de cada área está localizado na figura.

Teorema dos eixos paralelos

Os momentos de inércia em relação ao eixo x são determinados usando o teorema dos eixos paralelos e as fórmulas de propriedades geométricas para áreas circulares e retangulares, $I_x = \frac{1}{4}\pi r^4$; $I_x = \frac{1}{12}bh^3$, encontradas nos apêndices.

Círculo

$$I_x = \bar{I}_{x'} + Ad_y^2$$

$$= \frac{1}{4}\pi(25)^4 + \pi(25)^2(75)^2 = 11{,}4(10^6) \text{ mm}^4$$

Retângulo

$$I_x = \bar{I}_{x'} + Ad_y^2$$

$$= \frac{1}{12}(100)(150)^3 + (100)(150)(75)^2 = 112{,}5(10^6) \text{ mm}^4$$

Somatório

O momento de inércia da área é, portanto,

$$I_x = -11{,}4(10^6) + 112{,}5(10^6)$$

$$= 101(10^6) \text{ mm}^4 \qquad Resposta$$

FIGURA 10.8

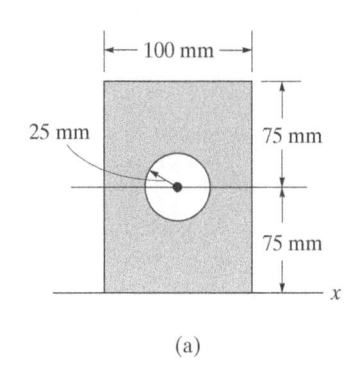

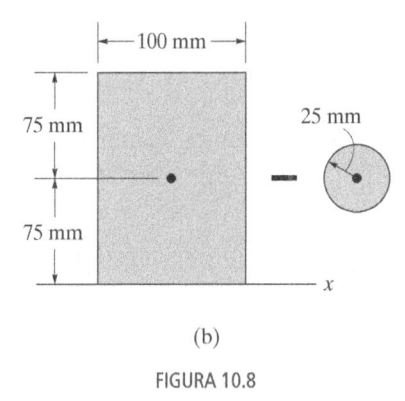

EXEMPLO 10.5

Determine os momentos de inércia da área da seção transversal do membro mostrado na Figura 10.9a em relação aos eixos centroidais x e y.

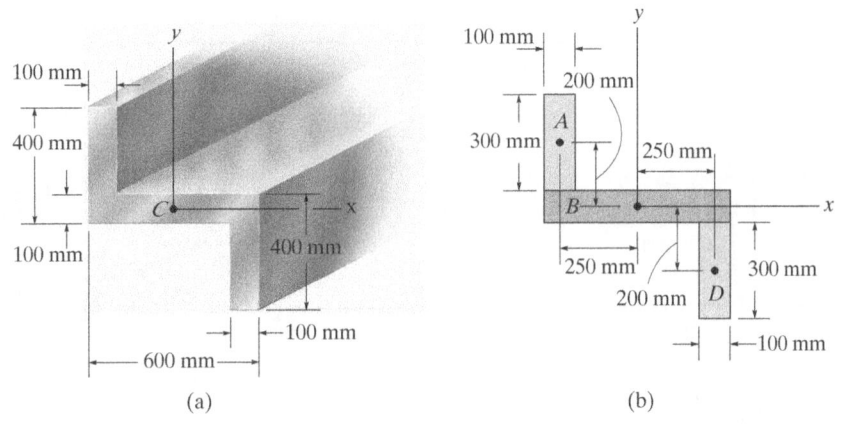

FIGURA 10.9

SOLUÇÃO

Partes componentes

A seção transversal pode ser subdividida em três áreas retangulares A, B e D, mostradas na Figura 10.9b. Para o cálculo, o centroide de cada um desses retângulos está localizado na figura.

Teorema dos eixos paralelos

A partir dos apêndices, ou pelo Exemplo 10.1, o momento de inércia do retângulo em relação a seu eixo centroidal é $\bar{I} = \frac{1}{12}bh^3$. Logo, usando o teorema dos eixos paralelos para os retângulos A e D, os cálculos são os seguintes:

Retângulos A e D

$$I_x = \bar{I}_{x'} + Ad_y^2 = \frac{1}{12}(100)(300)^3 + (100)(300)(200)^2 = 1{,}425(10^9) \text{ mm}^4$$

$$I_y = \bar{I}_{y'} + Ad_x^2 = \frac{1}{12}(300)(100)^3 + (100)(300)(250)^2 = 1{,}90(10^9) \text{ mm}^4$$

Retângulo B

$$I_x = \frac{1}{12}(600)(100)^3 = 0{,}05(10^9) \text{ mm}^4$$

$$I_y = \frac{1}{12}(100)(600)^3 = 1{,}80(10^9) \text{ mm}^4$$

Somatório

Os momentos de inércia de toda a seção transversal são, portanto,

$$I_x = 2[1{,}425(10^9)] + 0{,}05(10^9) = 2{,}90(10^9) \text{ mm}^4 \qquad \textit{Resposta}$$

$$I_y = 2[1{,}90(10^9)] + 1{,}80(10^9) = 5{,}60(10^9) \text{ mm}^4 \qquad \textit{Resposta}$$

Problemas fundamentais

F10.5. Determine o momento de inércia da área da seção transversal da viga em relação aos eixos centroidais x e y.

F10.6. Determine o momento de inércia da área da seção transversal da viga em relação aos eixos centroidais x e y.

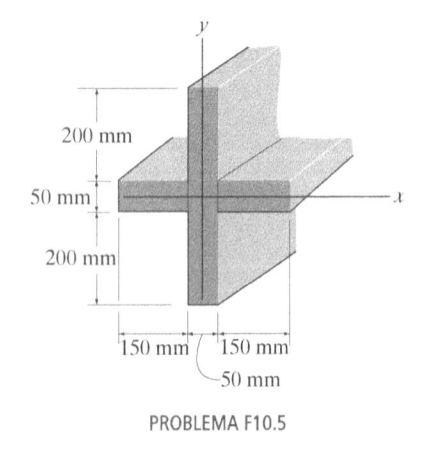

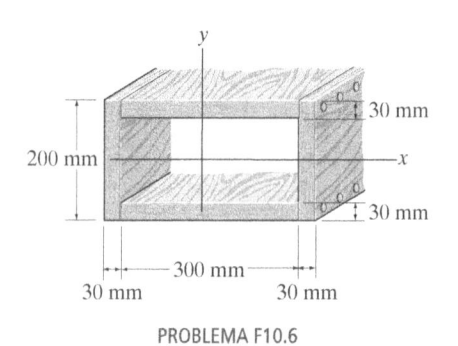

PROBLEMA F10.5

PROBLEMA F10.6

F10.7. Determine o momento de inércia da área da seção transversal do perfil em relação ao eixo y.

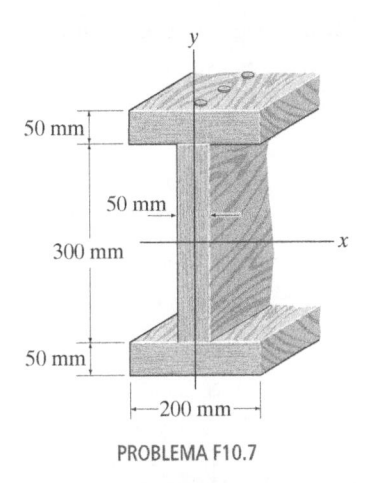

F10.8. Determine o momento de inércia da área da seção transversal da viga "T" em relação ao eixo x' passando pelo centroide da seção transversal.

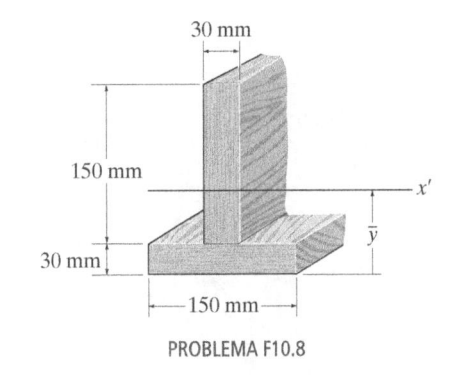

PROBLEMA F10.7

PROBLEMA F10.8

Problemas

10.25. O momento de inércia polar em relação ao eixo z' passando pelo centroide C da área é $\bar{J}_C = 642 \,(10^6)$ mm^4. O momento de inércia em relação ao eixo y' é $264 \,(10^6)$ mm^4, e o momento de inércia em relação ao eixo x é $938 \,(10^6)$ mm^4. Determine a área A.

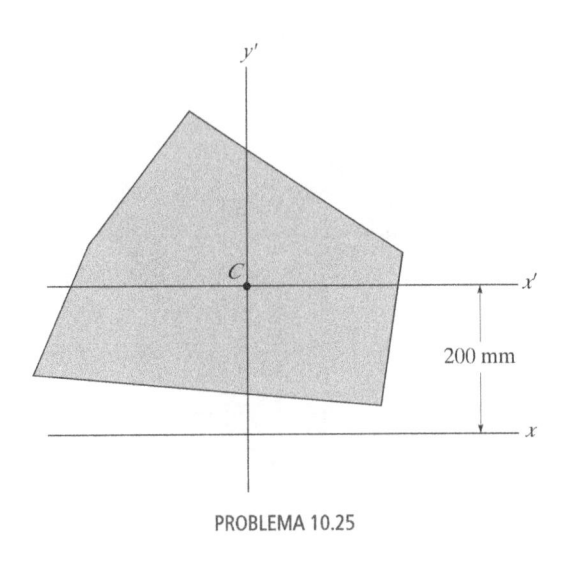

PROBLEMA 10.25

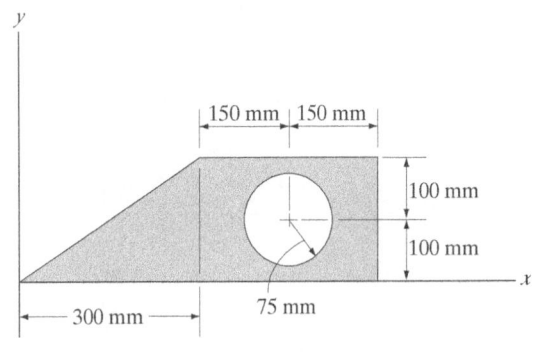

PROBLEMAS 10.26 e 10.27

*10.28. Determine o momento de inércia em relação ao eixo x.

10.29. Determine o momento de inércia em relação ao eixo y.

10.26. Determine o momento de inércia da área composta em relação ao eixo x.

10.27. Determine o momento de inércia da área composta em relação ao eixo y.

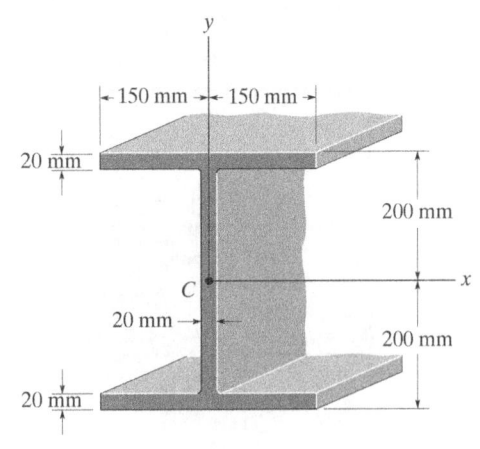

PROBLEMAS 10.28 e 10.29

10.30. Determine $\bar{y}$, que localiza o eixo centroidal x' da área da seção transversal da viga T, e depois determine os momentos de inércia $I_{x'}$ e $I_{y'}$.

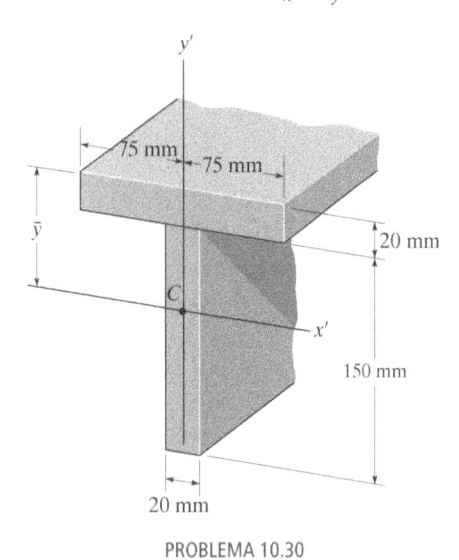

PROBLEMA 10.30

10.31. Determine a localização $\bar{y}$ do centroide da área da seção transversal do canal e depois calcule o momento de inércia da área em relação a esse eixo.

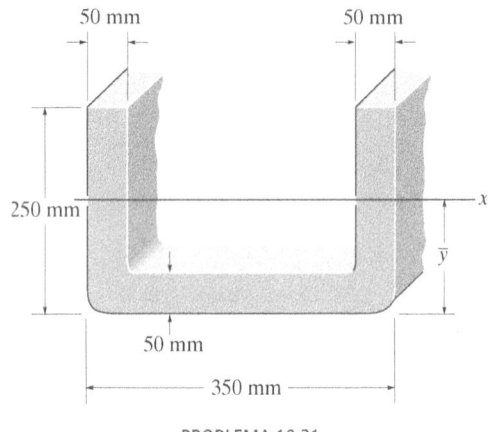

PROBLEMA 10.31

*10.32. Determine o momento de inércia da área da seção transversal da viga em relação ao eixo x.

10.33. Determine o momento de inércia da área da seção transversal da viga em relação ao eixo y.

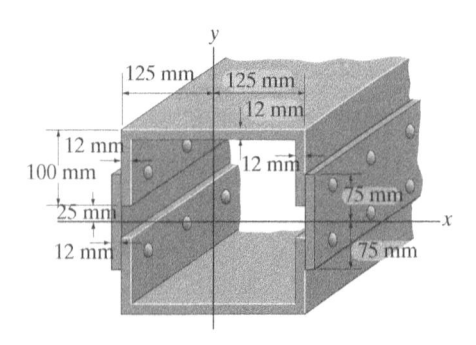

PROBLEMAS 10.32 e 10.33

10.34. Determine o momento de inércia I_x da área sombreada em relação ao eixo x.

10.35. Determine o momento de inércia I_x da área sombreada em relação ao eixo y.

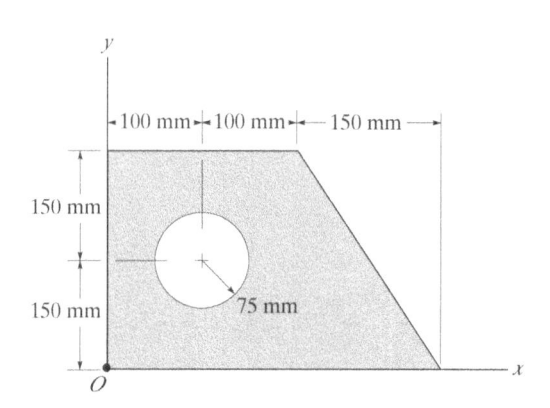

PROBLEMAS 10.34 e 10.35

*10.36. Determine o momento de inércia da área da seção transversal da viga em relação ao eixo y.

10.37. Determine $\bar{y}$, que localiza o eixo centroidal x' da área da seção transversal da viga "T", e depois calcule o momento de inércia em relação ao eixo x'.

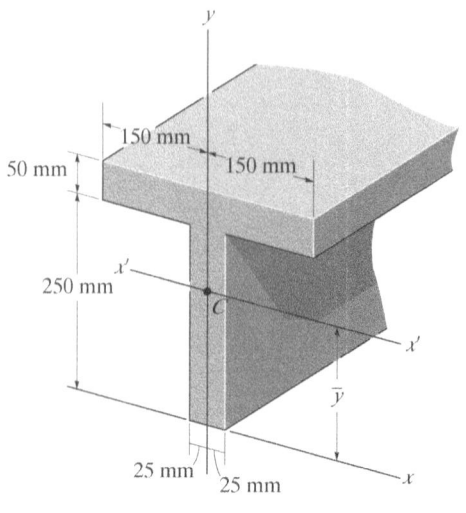

PROBLEMAS 10.36 e 10.37

10.38. Determine a distância $\bar{y}$ até o centroide da área da seção transversal da viga; depois, ache o momento de inércia em relação ao eixo x'.

10.39. Determine o momento de inércia da área da seção transversal em relação ao eixo y.

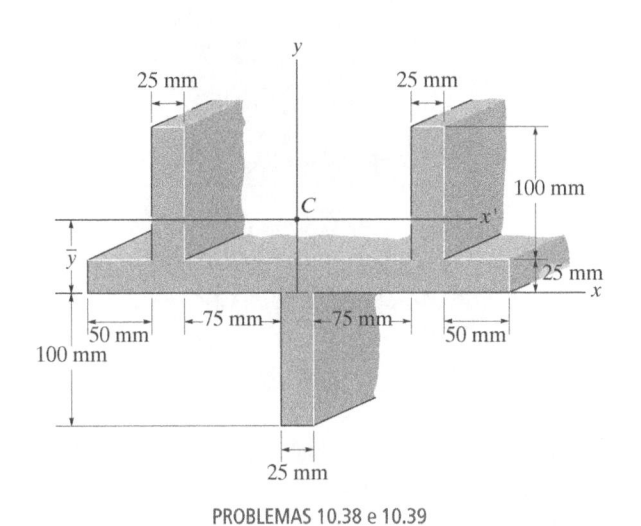

PROBLEMAS 10.38 e 10.39

***10.40.** Determine o momento de inércia da área da seção transversal em relação ao do eixo x.

10.41. Localize o centroide $\bar{x}$ da área da seção transversal da viga; depois, determine o momento de inércia dessa área em relação ao eixo centroidal y'.

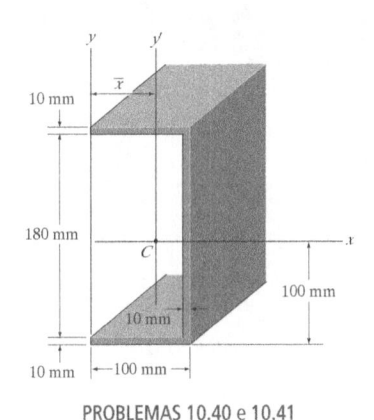

PROBLEMAS 10.40 e 10.41

10.42. Determine o momento de inércia da área da seção transversal em relação ao eixo x.

10.43. Determine o momento de inércia da área da seção transversal em relação ao eixo y.

***10.44.** Determine a distância $\bar{y}$ até o centroide C da área da seção transversal da viga; depois, ache o momento de inércia $\bar{I}_{x'}$ em relação ao eixo x'.

10.45. Determine a distância $\bar{x}$ até o centroide C da área da seção transversal da viga; depois, ache o momento de inércia $\bar{I}_{y'}$ em relação ao eixo y'.

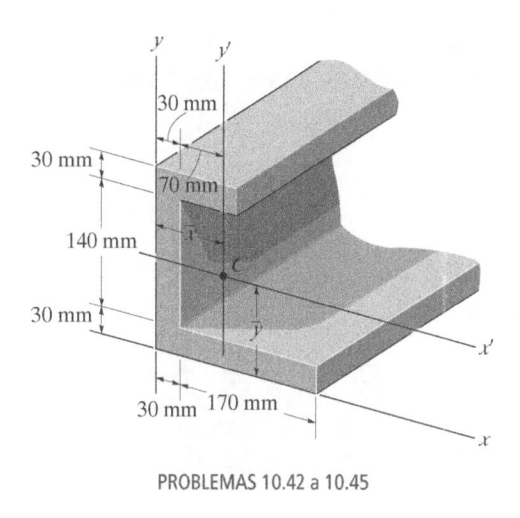

PROBLEMAS 10.42 a 10.45

10.46. Determine o momento de inércia da área sombreada em relação ao eixo x.

10.47. Determine o momento de inércia da área sombreada em relação ao eixo y.

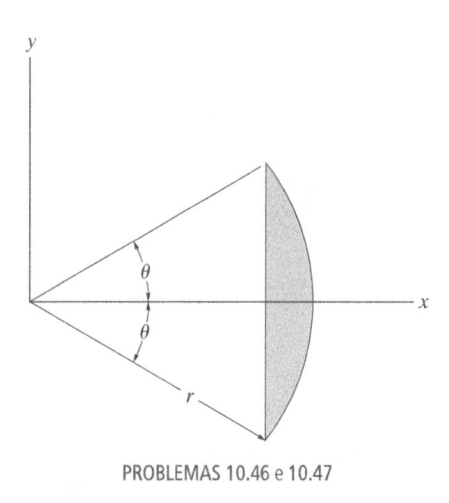

PROBLEMAS 10.46 e 10.47

***10.48.** Determine o momento de inércia do paralelogramo em relação ao eixo x', que passa pelo centroide C da área.

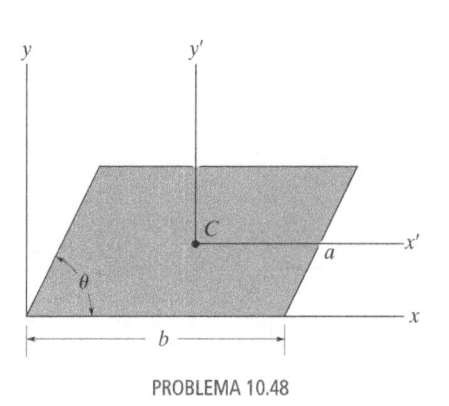

PROBLEMA 10.48

10.49. Determine o momento de inércia do paralelogramo em relação ao eixo y', que passa pelo centroide C da área.

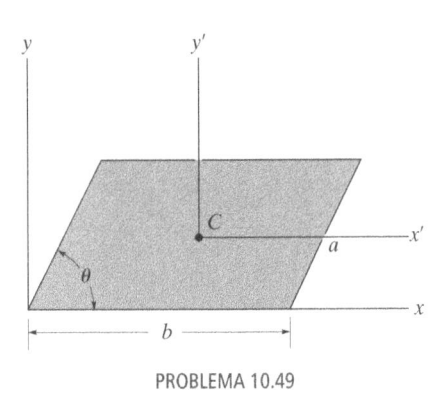

PROBLEMA 10.49

10.50. Determine o centroide $\bar{y}$ da seção transversal e determine o momento de inércia da seção em relação ao eixo x'.

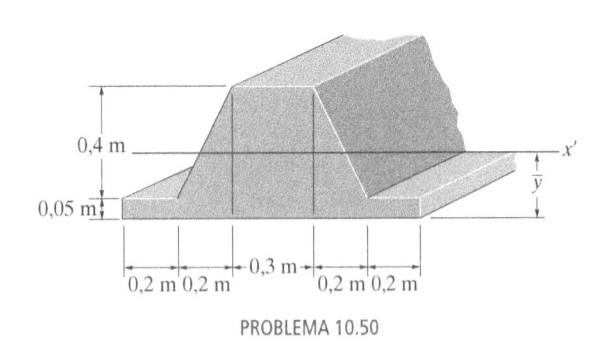

PROBLEMA 10.50

10.51. Determine o momento de inércia da área da seção transversal em relação ao eixo x' passando pelo seu centroide C.

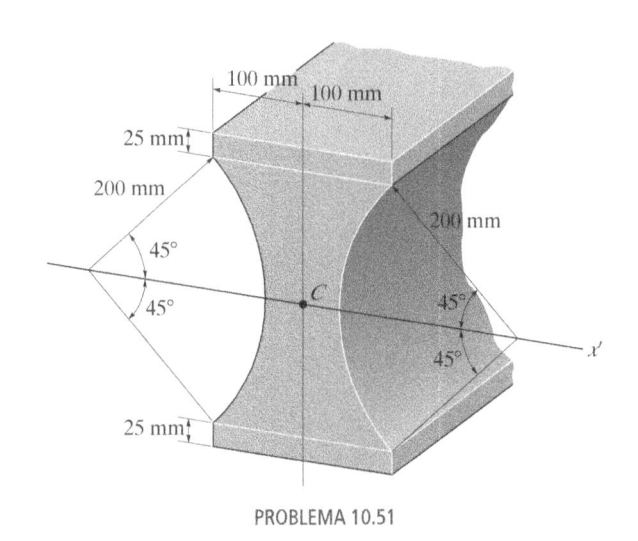

PROBLEMA 10.51

*10.52. Determine a distância $\bar{x}$ até o centroide da área da seção transversal da viga; depois, determine o momento de inércia em relação ao eixo y'.

10.53. Determine o momento de inércia da área da seção transversal da viga em relação ao eixo x'.

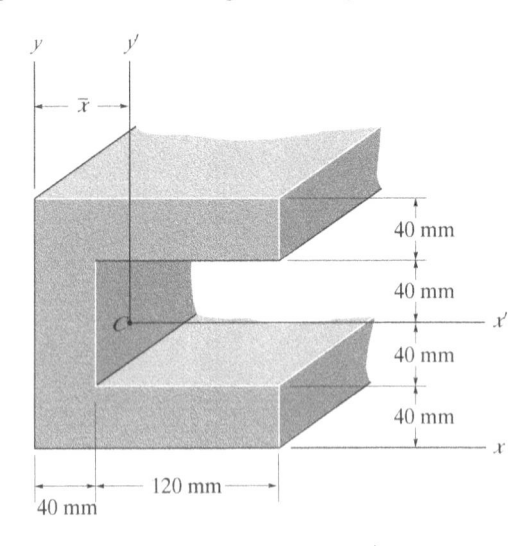

PROBLEMAS 10.52 e 10.53

*10.5 Produto de inércia de uma área

Mostraremos na próxima seção que a propriedade de uma área, chamada produto de inércia, é necessária para determinarmos os momentos de inércia *máximo* e *mínimo* desta área. Esses valores máximo e mínimo são propriedades importantes, necessárias para projetar membros estruturais e mecânicos como vigas, colunas e eixos.

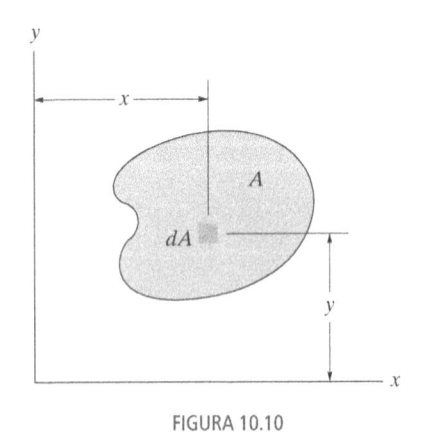

O **produto de inércia** da área na Figura 10.10 em relação aos eixos x e y é definido como:

$$I_{xy} = \int_A xy \, dA \qquad (10.7)$$

FIGURA 10.10

Se o elemento de área escolhido tem uma dimensão diferencial nas duas direções, como mostra a Figura 10.10, uma dupla integração precisa ser realizada para avaliar I_{xy}. Normalmente, porém, é mais fácil escolher um elemento tendo uma dimensão diferencial ou espessura em apenas uma direção, caso em que a avaliação requer apenas uma única integração (ver Exemplo 10.6).

Assim como o momento de inércia, o produto de inércia tem unidades de comprimento elevadas à quarta potência, por exemplo, m⁴ ou mm⁴. Porém, como x ou y podem ser negativos, o produto de inércia pode ser positivo, negativo ou zero, dependendo da posição e da orientação dos eixos de coordenadas. Por exemplo, o produto de inércia I_{xy} de uma área será *zero* se o eixo x (ou y) for um eixo de *simetria* da área, como na Figura 10.11. Aqui, cada elemento dA localizado em um ponto (x, y) tem um elemento correspondente dA localizado em $(x, -y)$. Como os produtos de inércia desses elementos são, respectivamente, $xy\,dA$ e $-xy\,dA$, a soma algébrica ou integração de todos esses pares de elementos será nula. Consequentemente, o produto de inércia da área total torna-se zero. Segue-se também, pela definição de I_{xy}, que o "sinal" dessa quantidade depende do quadrante onde a área está localizada. Como vemos na Figura 10.12, se a área for girada de um quadrante para outro, o sinal de I_{xy} mudará.

A eficácia desta viga em resistir à flexão pode ser determinada quando seus momentos de inércia e seu produto de inércia forem conhecidos.

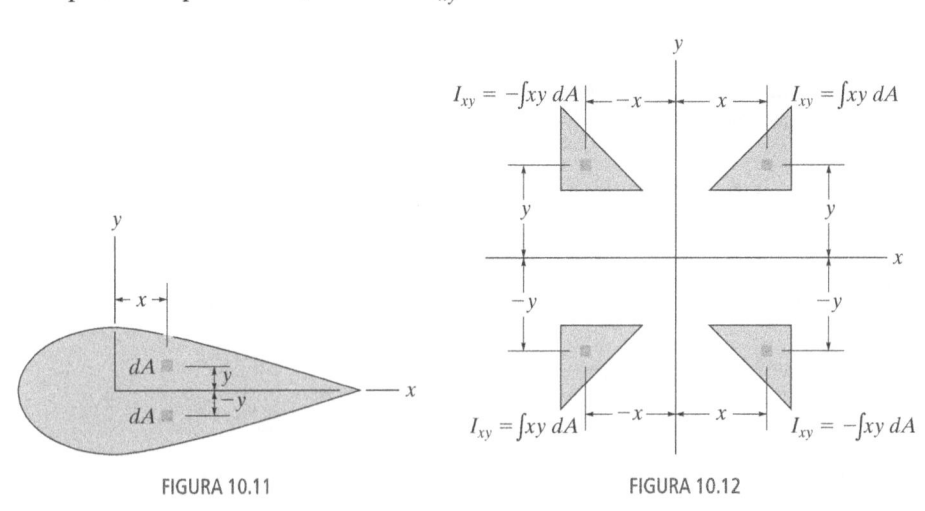

FIGURA 10.11

FIGURA 10.12

Teorema dos eixos paralelos

Considere a área sombreada mostrada na Figura 10.13, onde x' e y' representam um conjunto de eixos que passam pelo *centroide* da área, e x e y representam o conjunto correspondente de eixos paralelos. Como o produto de inércia de dA em relação aos eixos x e y é $dI_{xy} = (x' + d_x)(y' + d_y)\,dA$, então, para a área total,

$$I_{xy} = \int_A (x' + d_x)(y' + d_y)\,dA$$

$$= \int_A x'y'\,dA + d_x \int_A y'\,dA + d_y \int_A x'\,dA + d_x d_y \int_A dA$$

O primeiro termo à direita representa o produto de inércia da área em relação aos eixos centroidais, $\bar{I}_{x'y'}$. As integrais no segundo e terceiro termos

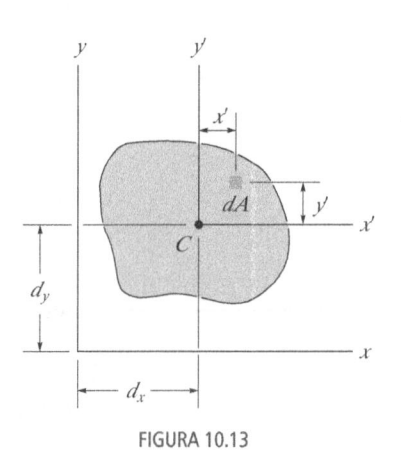

FIGURA 10.13

EXEMPLO 10.6

Determine o produto de inércia I_{xy} do triângulo mostrado na Figura 10.14a.

SOLUÇÃO I

Um elemento diferencial que tem espessura dx, como mostra a Figura 10.14b, tem área $dA = y\,dx$. O produto de inércia desse elemento em relação aos eixos x e y é determinado usando o teorema dos eixos paralelos.

$$dI_{xy} = d\bar{I}_{x'y'} + dA\,\tilde{x}\,\tilde{y}$$

onde $\tilde{x}$ e $\tilde{y}$ localizam o *centroide* do elemento ou a origem dos eixos x', y'. (Ver Figura 10.13.) Como $d\bar{I}_{x'y'} = 0$, em razão da simetria, e $\tilde{x} = x$, $\tilde{y} = y/2$, então,

$$dI_{xy} = 0 + (y\,dx)x\left(\frac{y}{2}\right) = \left(\frac{h}{b}x\,dx\right)x\left(\frac{h}{2b}x\right)$$

$$= \frac{h^2}{2b^2}x^3\,dx$$

A integração em relação a x de $x = 0$ até $x = b$ produz

$$I_{xy} = \frac{h^2}{2b^2}\int_0^b x^3\,dx = \frac{b^2h^2}{8} \qquad \textit{Resposta}$$

SOLUÇÃO II

O elemento diferencial que tem espessura dy, como mostra a Figura 10.14c, também pode ser usado. Sua área é $dA = (b - x)\,dy$. O centroide está localizado no ponto $\tilde{x} = x + (b - x)/2 = (b + x)/2$, $\tilde{y} = y$, de modo que o produto de inércia do elemento torna-se:

$$dI_{xy} = d\bar{I}_{x'y'} + dA\,\tilde{x}\,\tilde{y}$$

$$= 0 + (b - x)\,dy\left(\frac{b + x}{2}\right)y$$

$$= \left(b - \frac{b}{h}y\right)dy\left[\frac{b + (b/h)y}{2}\right]y = \frac{1}{2}y\left(b^2 - \frac{b^2}{h^2}y^2\right)dy$$

A integração em relação a y de $y = 0$ até $y = h$ gera

$$I_{xy} = \frac{1}{2}\int_0^h y\left(b^2 - \frac{b^2}{h^2}y^2\right)dy = \frac{b^2h^2}{8} \qquad \textit{Resposta}$$

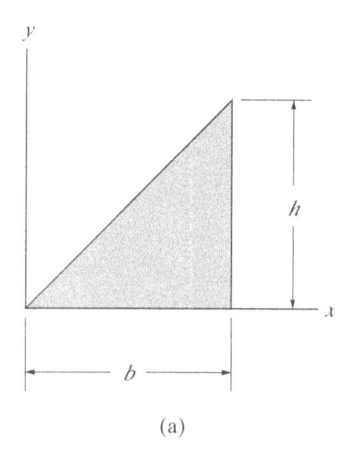

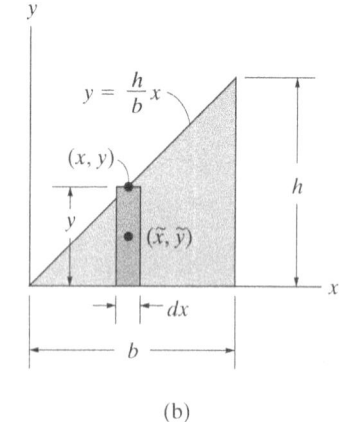

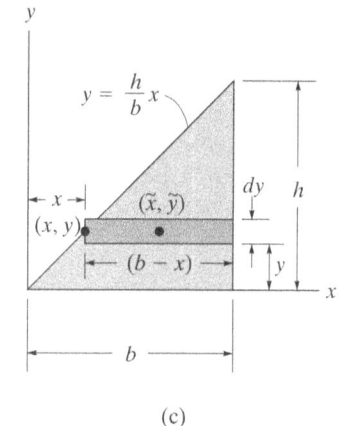

FIGURA 10.14

EXEMPLO 10.7

Determine o produto de inércia da seção transversal do membro mostrado na Figura 10.15a, em relação aos eixos centroidais x e y.

SOLUÇÃO

Como no Exemplo 10.5, a seção transversal pode ser subdividida em três áreas retangulares compostas A, B e D (Figura 10.15b). As coordenadas dos centroides de cada um desses retângulos aparecem na figura. Por causa da simetria, o produto de inércia de *cada retângulo é zero* em relação a um conjunto de eixos x', y' que passa pelo centroide de cada retângulo. Usando o teorema dos eixos paralelos, temos:

Retângulo A
$$I_{xy} = \bar{I}_{x'y'} + Ad_xd_y$$
$$= 0 + (300)(100)(-250)(200) = -1{,}50(10^9) \text{ mm}^4$$

Retângulo B
$$I_{xy} = \bar{I}_{x'y'} + Ad_xd_y$$
$$= 0 + 0 = 0$$

Retângulo D
$$I_{xy} = \bar{I}_{x'y'} + Ad_xd_y$$
$$= 0 + (300)(100)(250)(-200) = -1{,}50(10^9) \text{ mm}^4$$

O produto de inércia de toda a seção transversal é, portanto,

$$I_{xy} = -1{,}50(10^9) + 0 - 1{,}50(10^9) = -3{,}00(10^9) \text{ mm}^4 \qquad \textit{Resposta}$$

FIGURA 10.15

NOTA: esse resultado negativo deve-se ao fato de que os retângulos A e D têm centroides com coordenadas x negativa e y negativa, respectivamente.

*10.6 Momentos de inércia de uma área em relação a eixos inclinados

Em projeto estrutural e mecânico, às vezes é necessário calcular os momentos e o produto de inércia I_u, I_v e I_{uv} de uma área em relação a um conjunto de eixos inclinados u e v quando os valores para θ, I_x, I_y e I_{xy} são *conhecidos*. Para fazer isso, usaremos *equações de transformação* relacionadas com os pares de coordenadas x, y e u, v. Da Figura 10.16, essas equações são:

$$u = x \cos\theta + y \,\text{sen}\, \theta$$
$$v = y \cos\theta - x \,\text{sen}\, \theta$$

Com essas equações, os momentos e o produto de inércia de dA em relação aos eixos u e v tornam-se

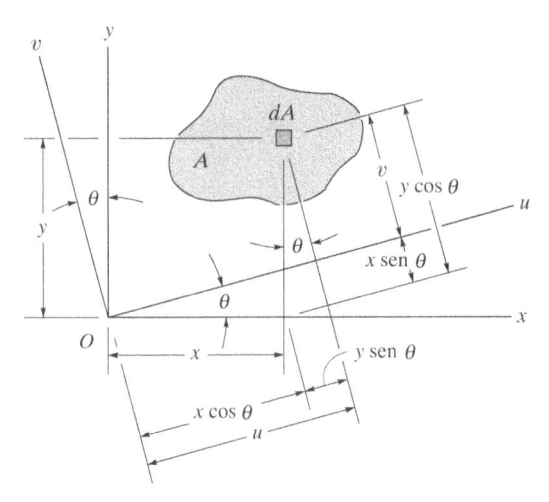

FIGURA 10.16

$$dI_u = v^2\, dA = (y\cos\theta - x\,\text{sen}\,\theta)^2\, dA$$
$$dI_v = u^2\, dA = (x\cos\theta + y\,\text{sen}\,\theta)^2\, dA$$
$$dI_{uv} = uv\, dA = (x\cos\theta + y\,\text{sen}\,\theta)(y\cos\theta - x\,\text{sen}\,\theta)\, dA$$

Expandindo cada expressão e integrando, observando que $I_x = \int y^2 dA$, $I_y = \int x^2 dA$ e $I_{xy} = \int xy\, dA$, obtemos

$$I_u = I_x \cos^2\theta + I_y \,\text{sen}^2\,\theta - 2I_{xy}\,\text{sen}\,\theta\cos\theta$$
$$I_v = I_x \,\text{sen}^2\,\theta + I_y \cos^2\theta + 2I_{xy}\,\text{sen}\,\theta\cos\theta$$
$$I_{uv} = I_x \,\text{sen}\,\theta\cos\theta - I_y \,\text{sen}\,\theta\cos\theta + I_{xy}(\cos^2\theta - \,\text{sen}^2\,\theta)$$

Usando as identidades trigonométricas $\,\text{sen}\,2\theta = 2\,\text{sen}\,\theta\cos\theta$ e $\cos 2\theta = \cos^2\theta - \,\text{sen}^2\,\theta$, podemos simplificar as expressões anteriores. Neste caso,

$$\boxed{\begin{aligned}I_u &= \frac{I_x + I_y}{2} + \frac{I_x - I_y}{2}\cos 2\theta - I_{xy}\,\text{sen}\,2\theta \\ I_v &= \frac{I_x + I_y}{2} - \frac{I_x - I_y}{2}\cos 2\theta + I_{xy}\,\text{sen}\,2\theta \\ I_{uv} &= \frac{I_x - I_y}{2}\,\text{sen}\,2\theta + I_{xy}\cos 2\theta\end{aligned}}\quad (10.9)$$

Observe que, se a primeira e a segunda equações forem somadas, podemos mostrar que o momento de inércia polar em relação ao eixo z passando pelo ponto O é, conforme esperado, *independente* da orientação dos eixos u e v; ou seja,

$$J_O = I_u + I_v = I_x + I_y$$

Momentos de inércia principais

As equações 10.9 mostram que I_u, I_v e I_{uv} dependem do ângulo de inclinação, θ, dos eixos u, v. Agora determinaremos a orientação desses eixos em relação aos quais os momentos de inércia da área são máximo e mínimo. Esse conjunto de eixos em particular é chamado *eixos principais* da área, e os momentos de inércia correspondentes em relação a esses eixos são chamados **momentos de inércia principais**. Em geral, existe um conjunto de eixos principais para cada origem escolhida O. Porém, para o projeto estrutural e mecânico, a origem O está localizada no centroide da área.

O ângulo que define a orientação dos eixos principais pode ser encontrado diferenciando a primeira das equações 10.9 em relação a θ e igualando o resultado a zero. Assim,

$$\frac{dI_u}{d\theta} = -2\left(\frac{I_x - I_y}{2}\right)\operatorname{sen} 2\theta - 2I_{xy}\cos 2\theta = 0$$

Portanto, em $\theta = \theta_p$,

$$\operatorname{tg} 2\theta_p = \frac{-I_{xy}}{(I_x - I_y)/2} \qquad (10.10)$$

As duas raízes θ_{p_1} e θ_{p_2} dessa equação estão defasadas de 90° e, portanto, cada uma especifica a inclinação de um dos eixos principais. Para substituí-las na Equação 10.9, primeiro temos de achar o seno e o cosseno de $2\theta_{p_1}$ e de $2\theta_{p_2}$. Isso pode ser feito usando as razões dos triângulos mostrados na Figura 10.17, que são baseados na Equação 10.10.

Substituindo cada uma das razões de seno e cosseno na primeira ou na segunda das equações 10.9 e simplificando, obtemos:

$$I_{\substack{\text{máx}\\\text{mín}}} = \frac{I_x + I_y}{2} \pm \sqrt{\left(\frac{I_x - I_y}{2}\right)^2 + I_{xy}^2} \qquad (10.11)$$

Dependendo do sinal escolhido, esse resultado gera o momento de inércia máximo ou mínimo da área. Além disso, se as relações trigonométricas anteriores para θ_{p_1} e θ_{p_2} forem substituídas na terceira das equações 10.9, pode-se mostrar que $I_{uv} = 0$; ou seja, o *produto de inércia em relação aos eixos principais é zero*. Como foi indicado na Seção 10.6 que o produto de inércia é zero em relação a qualquer eixo de simetria, segue-se, portanto, que *qualquer eixo de simetria representa um eixo de inércia principal da área*.

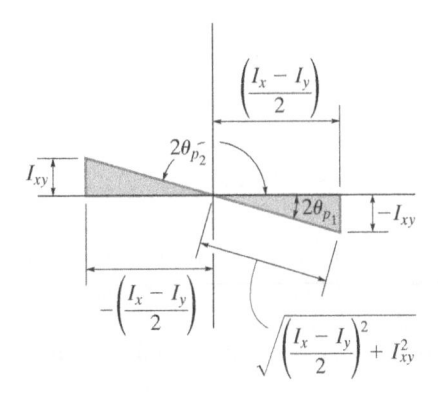

FIGURA 10.17

EXEMPLO 10.8

Determine os momentos de inércia principais e a orientação dos eixos principais da área da seção transversal do elemento mostrado na Figura 10.18a, relativamente a um eixo que passa pelo centroide.

SOLUÇÃO

Os momentos e o produto de inércia da seção transversal em relação aos eixos x, y foram determinados nos exemplos 10.5 e 10.7. Os resultados são:

$$I_x = 2{,}90(10^9) \text{ mm}^4 \quad I_y = 5{,}60(10^9) \text{ mm}^4 \quad I_{xy} = -3{,}00(10^9) \text{ mm}^4$$

Usando a Equação 10.10, os ângulos de inclinação dos eixos principais u e v são:

$$\text{tg } 2\theta_p = \frac{-I_{xy}}{(I_x - I_y)/2} = \frac{-[-3{,}00(10^9)]}{[2{,}90(10^9) - 5{,}60(10^9)]/2} = -2{,}22$$

$$2\theta_p = -65{,}8° \text{ e } 114{,}2°$$

Assim, pela observação da Figura 10.18b,

$$\theta_{p_2} = -32{,}9° \quad \text{e} \quad \theta_{p_1} = 57{,}1° \qquad \textit{Resposta}$$

Os momentos de inércia principais em relação a esses eixos são determinados pela Equação 10.11. Logo,

$$I_{\substack{\text{máx} \\ \text{mín}}} = \frac{I_x + I_y}{2} \pm \sqrt{\left(\frac{I_x - I_y}{2}\right)^2 + I_{xy}^2}$$

$$= \frac{2{,}90(10^9) + 5{,}60(10^9)}{2}$$

$$\pm \sqrt{\left[\frac{2{,}90(10^9) - 5{,}60(10^9)}{2}\right]^2 + [-3{,}00(10^9)]^2}$$

$$I_{\substack{\text{máx} \\ \text{mín}}} = 4{,}25(10^9) \pm 3{,}29(10^9)$$

ou

$$I_{\text{máx}} = 7{,}54(10^9) \text{ mm}^4 \quad I_{\text{mín}} = 0{,}960(10^9) \text{ mm}^4 \qquad \textit{Resposta}$$

NOTA: o momento de inércia máximo, $I_{\text{máx}} = 7{,}54(10^9)$ mm^4, ocorre em relação ao eixo u, pois, *por observação*, a maior parte da área da seção transversal é a mais distante desse eixo. Ou, então, em outras palavras, $I_{\text{máx}}$ ocorre em relação ao eixo u, porque esse eixo está localizado dentro de $\pm 45°$ a partir do eixo y, que tem o maior valor de I ($I_y > I_x$). Além do mais, isso pode ser concluído substituindo-se o valor $\theta = 57{,}1°$ na primeira das equações 10.9 e determinando I_u.

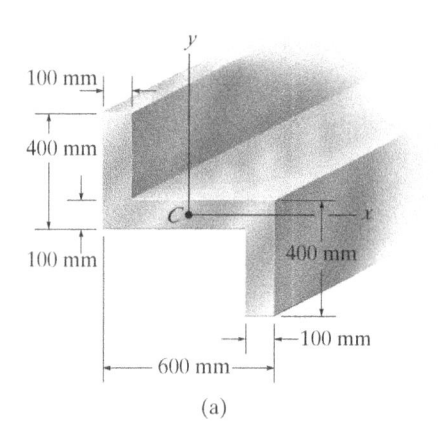

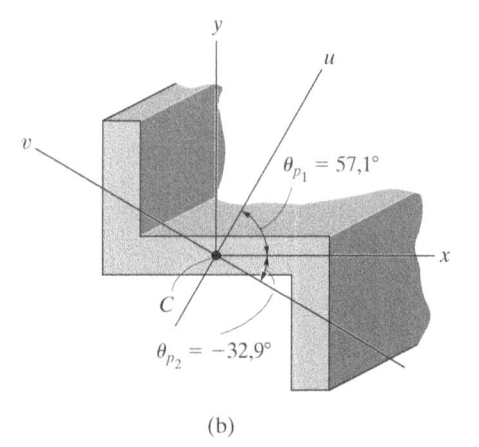

FIGURA 10.18

*10.7 Círculo de Mohr para momentos de inércia

As equações 10.9 a 10.11 possuem uma solução gráfica conveniente e geralmente fácil de ser lembrada. Elevando a primeira e a terceira das equações 10.9 ao quadrado e somando-as, descobrimos que:

$$\left(I_u - \frac{I_x + I_y}{2}\right)^2 + I_{uv}^2 = \left(\frac{I_x - I_y}{2}\right)^2 + I_{xy}^2$$

Aqui, I_x, I_y e I_{xy} são *constantes conhecidas*. Assim, a equação anterior pode ser escrita de forma compacta como:

$$(I_u - a)^2 + I_{uv}^2 = R^2$$

Quando essa equação é apresentada graficamente em um conjunto de eixos que representam, respectivamente, o momento de inércia e o produto de inércia, como mostra a Figura 10.19, o gráfico resultante é um *círculo* de raio:

$$R = \sqrt{\left(\frac{I_x - I_y}{2}\right)^2 + I_{xy}^2}$$

e com centro localizado no ponto $(a, 0)$, em que $a = (I_x + I_y)/2$. O círculo assim construído é chamado **círculo de Mohr**, em homenagem ao engenheiro alemão Otto Mohr (1835-1918).

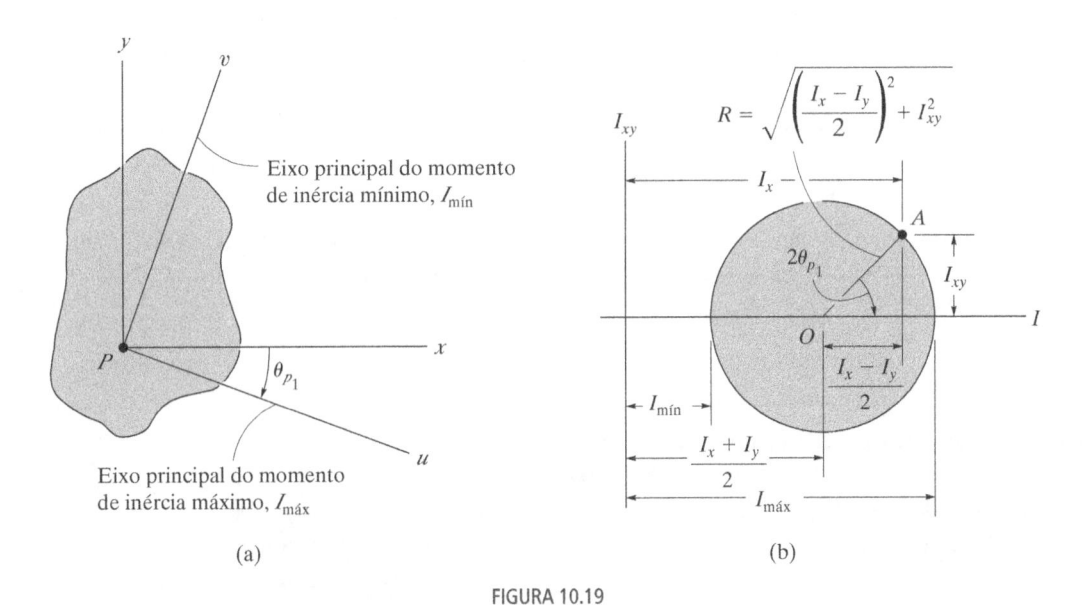

FIGURA 10.19

Procedimento para análise

A finalidade principal do uso do círculo de Mohr é ter um meio conveniente de encontrar os momentos de inércia principais de uma área. O procedimento a seguir fornece um método para fazer isso.

Determine I_x, I_y e I_{xy}

- Estabeleça os eixos x, y e determine I_x, I_y e I_{xy} (Figura 10.19a).

Construa o círculo

- Construa um sistema de coordenadas retangular de modo que o eixo horizontal represente o momento de inércia I e o eixo vertical represente o produto de inércia I_{xy} (Figura 10.19b).
- Determine o centro do círculo, O, que está localizado a uma distância $(I_x + I_y)/2$ da origem, e represente o ponto de referência A tendo coordenadas (I_x, I_{xy}). Lembre-se de que I_x é sempre positivo, ao passo que I_{xy} pode ser positivo ou negativo.
- Conecte o ponto de referência A com o centro do círculo e determine a distância OA por trigonometria. Essa distância representa o raio do círculo (Figura 10.19b). Finalmente, desenhe o círculo.

Momentos de inércia principais

- Os pontos em que o círculo cruza o eixo I indicam os valores dos momentos de inércia principais $I_{mín}$ e $I_{máx}$. Observe que, conforme esperado, o *produto de inércia será zero nesses pontos* (Figura 10.19b).

Eixos principais

- Para determinar a orientação do eixo principal de máximo momento de inércia, use trigonometria para achar o ângulo $2\theta_{p_1}$, *medido a partir do raio OA até o eixo I positivo* (Figura 10.19b). Esse ângulo representa o *dobro* do ângulo do eixo x até o eixo do momento de inércia máximo $I_{máx}$ (Figura 10.19a). Tanto o ângulo no círculo, $2\theta_{p_1}$, como o ângulo θ_{p_1} *devem ser medidos no mesmo sentido*, como mostra a Figura 10.19. O eixo do momento de inércia mínimo $I_{mín}$ é perpendicular ao eixo para $I_{máx}$.

Por meio da trigonometria, pode-se verificar que o procedimento indicado está de acordo com as equações desenvolvidas na Seção 10.6.

EXEMPLO 10.9

Usando o círculo de Mohr, determine os momentos de inércia principais e a orientação do eixo principal do máximo momento de inércia da área da seção transversal do membro mostrado na Figura 10.20a, relativamente a um eixo passando pelo centroide.

SOLUÇÃO

Determine I_x, I_y e I_{xy}

Os momentos e o produto de inércia foram determinados nos exemplos 10.5 e 10.7 em relação aos eixos x e y mostrados na Figura 10.20a. Os resultados são $I_x = 2,90(10^9)$ mm^4, $I_y = 5,60(10^9)$ mm^4 e $I_{xy} = -3,00(10^9)$ mm^4.

Construa o círculo

Os eixos I e I_{xy} são mostrados na Figura 10.20b. O centro do círculo, O, está a uma distância $(I_x + I_y)/2 = (2,90 + 5,60)/2 = 4,25$ a partir da origem. Quando o ponto de referência $A(I_x, I_{xy})$ ou $A(2,90, -3,00)$ é conectado ao ponto O, o raio OA é determinado a partir do triângulo OBA usando o teorema de Pitágoras.

$$OA = \sqrt{(1,35)^2 + (-3,00)^2} = 3,29$$

O círculo é construído na Figura 10.20c.

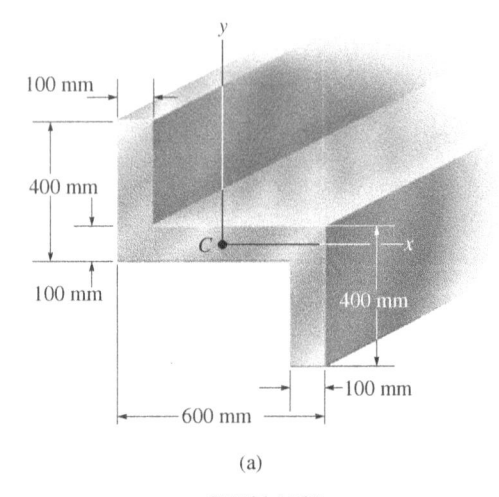

FIGURA 10.20

Momentos de inércia principais

O círculo cruza o eixo I nos pontos $(7,54, 0)$ e $(0,960, 0)$. Logo,

$$I_{máx} = (4,25 + 3,29)10^9 = 7,54(10^9) \text{ mm}^4 \qquad \textit{Resposta}$$

$$I_{mín} = (4,25 - 3,29)10^9 = 0,960(10^9) \text{ mm}^4 \qquad \textit{Resposta}$$

Eixos principais

Como vemos na Figura 10.20c, o ângulo $2\theta_{p_1}$ é determinado a partir do círculo medindo em sentido anti-horário a partir de OA até a direção do eixo I positivo. Logo,

$$2\theta_{p_1} = 180° - \text{sen}^{-1}\left(\frac{|BA|}{|OA|}\right) = 180° - \text{sen}^{-1}\left(\frac{3,00}{3,29}\right) = 114,2°$$

O eixo principal para $I_{máx} = 7,54(10^9)$ mm^4 é, portanto, orientado em um ângulo $\theta_{p_1} = 57,1°$, medido no *sentido anti-horário* a partir do eixo *x positivo* até o eixo *u positivo*. O eixo v é perpendicular a esse eixo. Os resultados aparecem na Figura 10.20d.

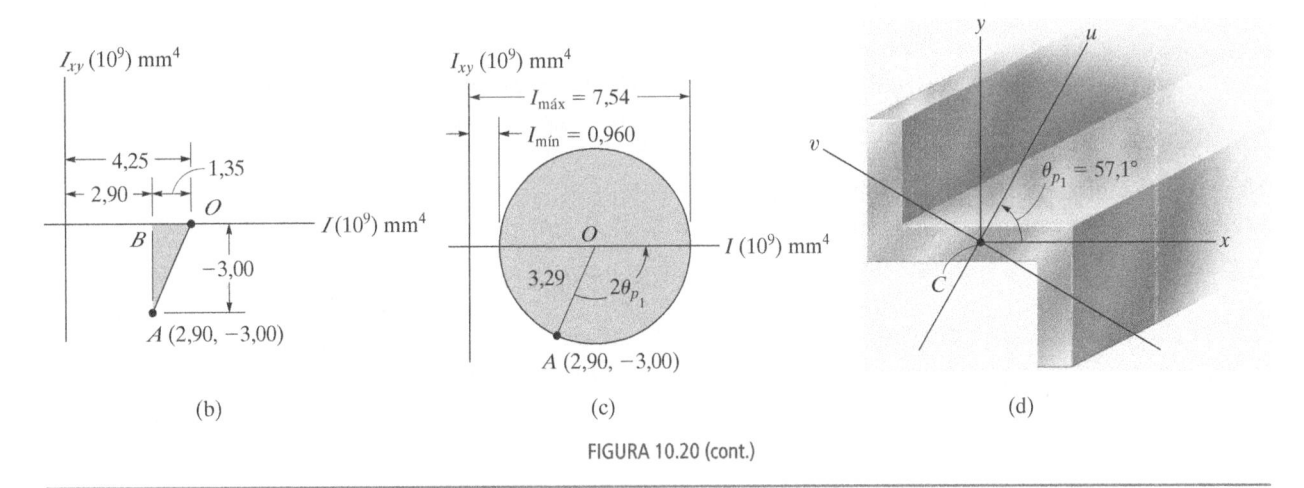

FIGURA 10.20 (cont.)

Problemas

10.54. Determine o produto de inércia da fina faixa de área em relação aos eixos x e y. A faixa é orientada a um ângulo θ em relação ao eixo x. Considere que $t \ll l$.

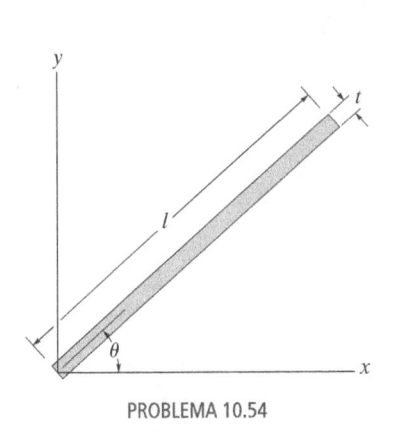

PROBLEMA 10.54

10.55. Determine o produto de inércia da área sombreada em relação aos eixos x e y.

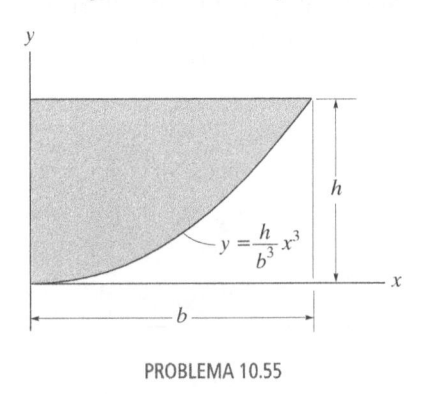

PROBLEMA 10.55

*10.56. Determine o produto de inércia do paralelogramo em relação aos eixos x e y.

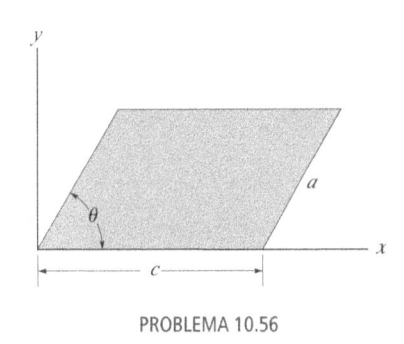

PROBLEMA 10.56

10.57. Determine o produto de inércia da área sombreada em relação aos eixos x e y.

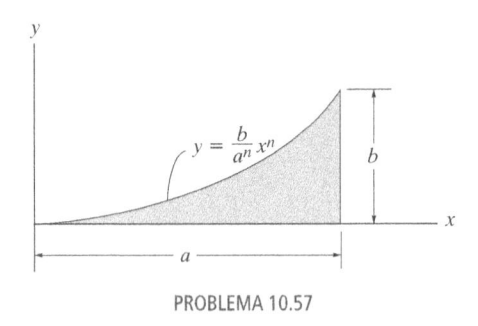

PROBLEMA 10.57

10.58. Determine o produto de inércia da parte sombreada da parábola em relação aos eixos x e y.

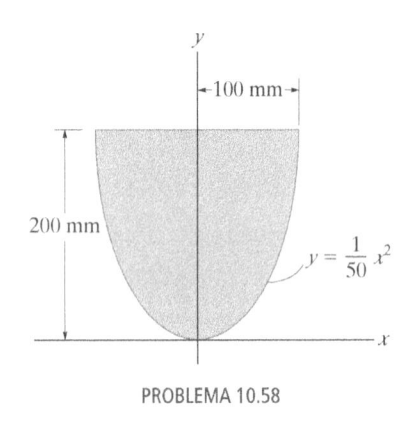

PROBLEMA 10.58

10.59. Determine o produto de inércia da área sombreada em relação aos eixos x e y, e depois use o teorema dos eixos paralelos para determinar o produto de inércia da área em relação aos eixos centroidais x' e y'.

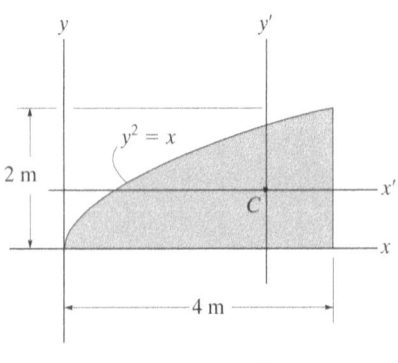

PROBLEMA 10.59

*__10.60.__ Determine o produto de inércia da área sombreada em relação aos eixos x e y. Use a regra de Simpson para calcular a integral.

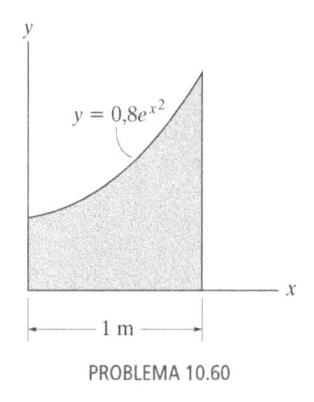

PROBLEMA 10.60

10.61. Determine o produto de inércia da área parabólica em relação aos eixos x e y.

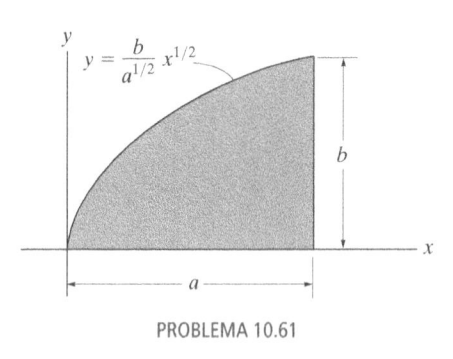

PROBLEMA 10.61

10.62. Determine o produto de inércia da área sombreada em relação aos eixos x e y.

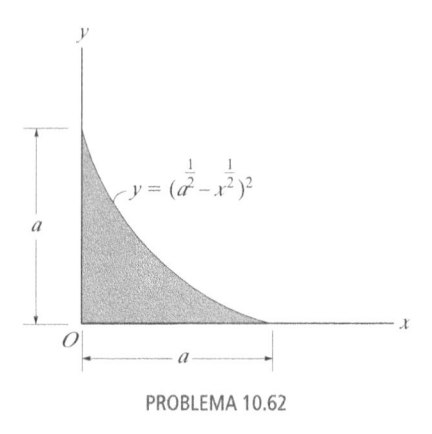

PROBLEMA 10.62

10.63. Determine o produto de inércia da área da seção transversal em relação aos eixos x e y.

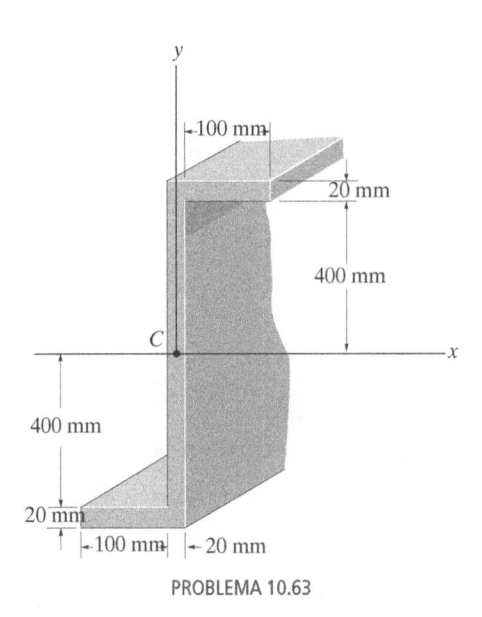

10.66. Determine o produto de inércia da área da seção transversal em relação aos eixos u e v.

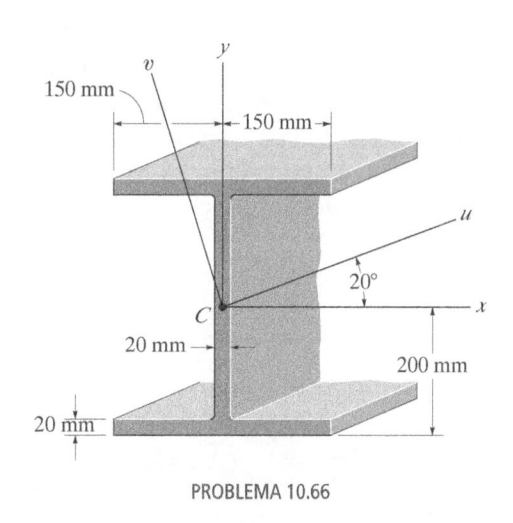

PROBLEMA 10.63

*10.64. Determine o produto de inércia da área da seção transversal da viga em relação aos eixos x e y.

PROBLEMA 10.66

10.67. Determine os momentos de inércia I_u e I_v da área sombreada.

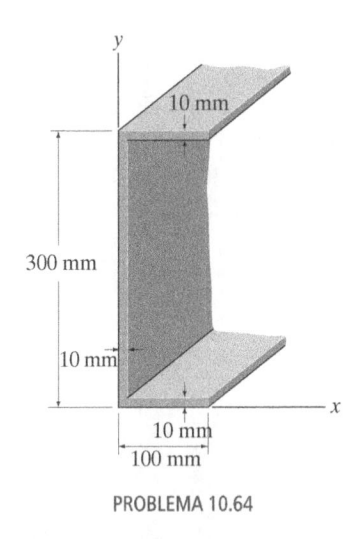

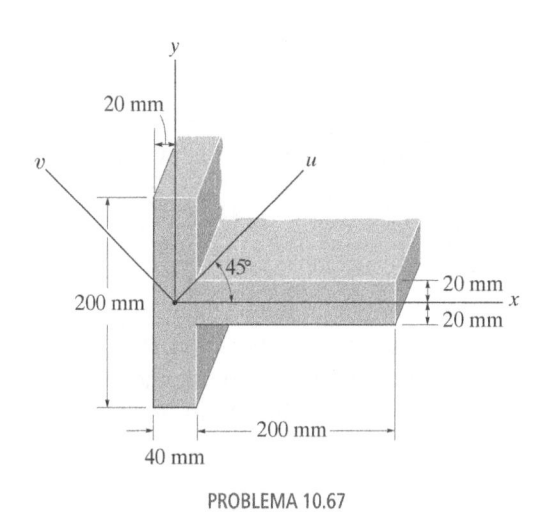

PROBLEMA 10.64

10.65. Determine a localização ($\bar{x}$, $\bar{y}$) do centroide C da área da seção transversal do perfil e depois determine o produto de inércia em relação aos eixos x' e y'.

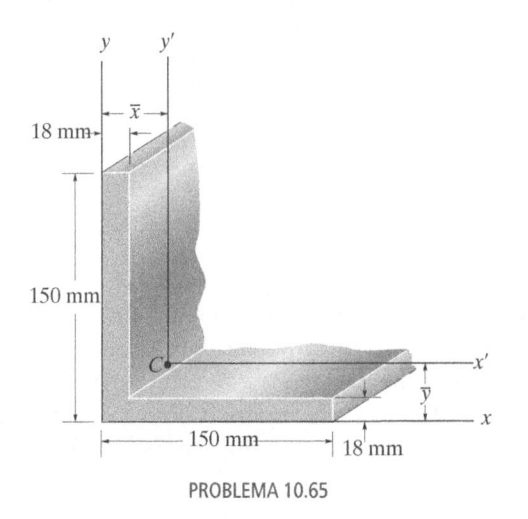

*10.68. Determine a distância $\bar{y}$ até o centroide da área e depois calcule os momentos de inércia I_u e I_v da área da seção transversal do canal. Os eixos u e v possuem sua origem no centroide C. Para o cálculo, considere que todos os cantos são quadrados.

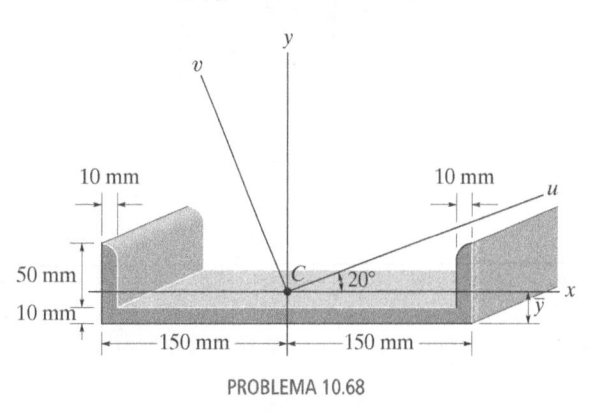

PROBLEMA 10.67

PROBLEMA 10.65

PROBLEMA 10.68

10.69. Determine os momentos de inércia I_u, I_v e o produto de inércia I_{uv} da área retangular. Os eixos u e v passam pelo centroide C.

10.70. Resolva o Problema 10.69 usando o círculo de Mohr. *Dica:* para resolver, ache as coordenadas do ponto $P(I_u, I_{uv})$ no círculo, medidas em sentido anti-horário a partir da linha radial OA. (Ver Figura 10.19.) O ponto $Q(I_v, -I_{uv})$ está no lado oposto do círculo.

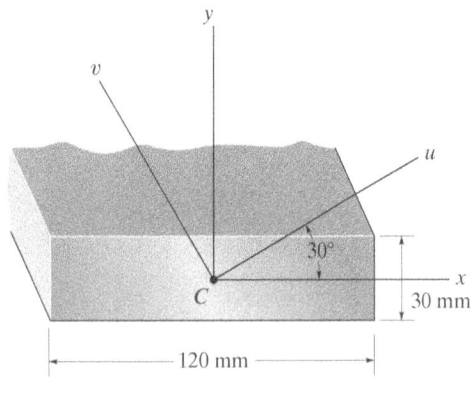

PROBLEMAS 10.69 e 10.70

10.71. Determine os momentos de inércia e o produto de inércia da área da seção transversal da viga em relação aos eixos u e v.

*__10.72.__ Resolva o Problema 10.71 usando o círculo de Mohr. *Dica:* quando o círculo for estabelecido, gire $2\theta = 60°$ em sentido anti-horário a partir da referência OA, depois determine as coordenadas dos pontos que definem o diâmetro do círculo.

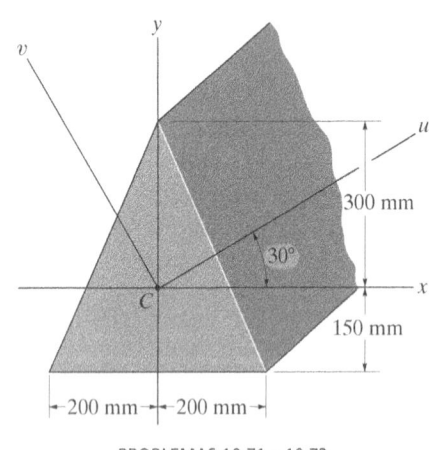

PROBLEMAS 10.71 e 10.72

10.73. Determine a orientação dos eixos principais, que têm sua origem no ponto C, e os momentos de inércia principais da seção transversal em relação a esses eixos.

10.74. Resolva o Problema 10.73 usando o círculo de Mohr.

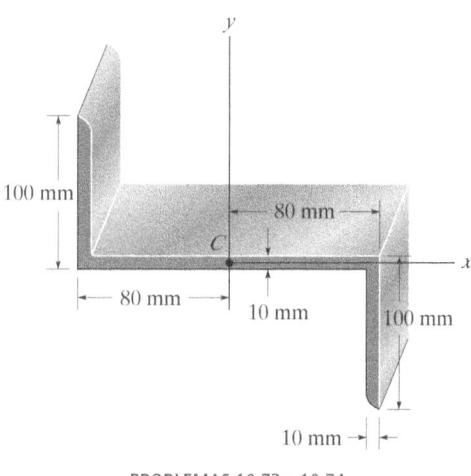

PROBLEMAS 10.73 e 10.74

10.75. Determine a orientação dos eixos principais, que têm sua origem no centroide C da área da seção transversal da viga. Além disso, determine os momentos de inércia principais.

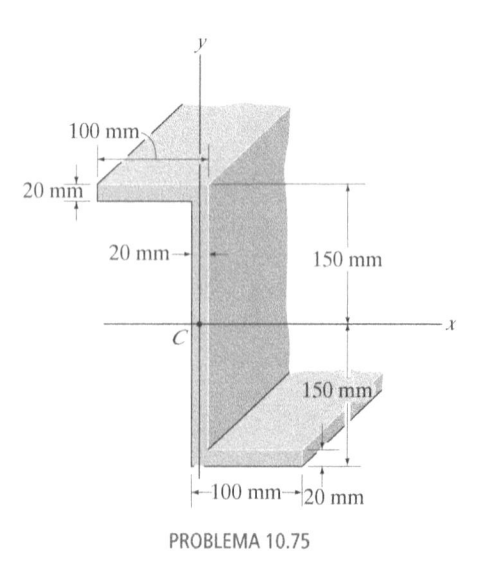

PROBLEMA 10.75

*__10.76.__ A área da seção transversal de uma asa de avião tem as seguintes propriedades em relação aos eixos x e y passando pelo centroide C: $\bar{I}_x = 180(10^{-6})$ m^4, $\bar{I}_y = 720\ (10^{-6})$ m^4, $\bar{I}_{xy} = 60\ (10^{-6})$ m^4. Determine a orientação dos eixos principais e dos momentos de inércia principais.

10.77. Resolva o Problema 10.76 usando o círculo de Mohr.

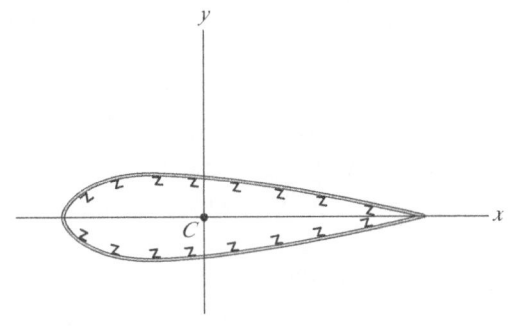

PROBLEMAS 10.76 e 10.77

10.78. Determine os momentos de inércia principais da área da seção transversal da cantoneira em relação a um conjunto de eixos principais que possuem sua origem no centroide C. Use a equação desenvolvida na Seção 10.7. Para o cálculo, considere que todos os cantos sejam quadrados.

10.79. Resolva o Problema 10.78 usando o círculo de Mohr.

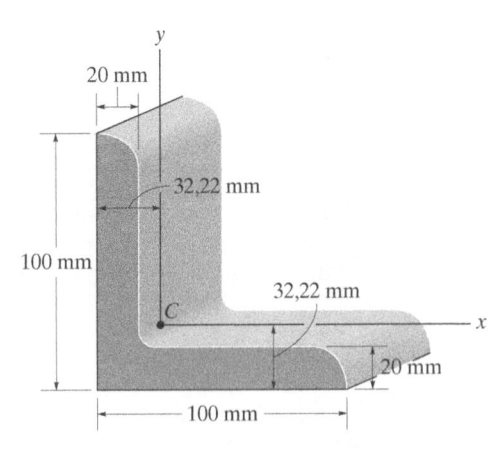

PROBLEMAS 10.78 e 10.79

*****10.80.** Localize o centroide $\bar{y}$ da área da seção transversal da viga, depois determine os momentos de inércia e o produto de inércia dessa área em relação aos eixos u e v.

10.81. Resolva o Problema 10.80 usando o círculo de Mohr.

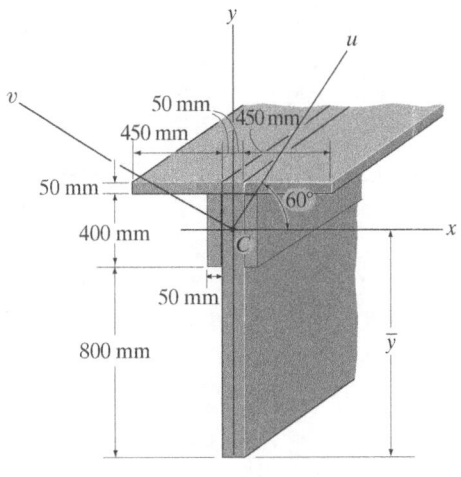

PROBLEMAS 10.80 e 10.81

10.82. Localize o centroide $\bar{y}$ da área da seção transversal da viga, depois determine os momentos de inércia dessa área e o produto de inércia em relação aos eixos u e v. Os eixos possuem sua origem no centroide C.

10.83. Resolva o Problema 10.82 usando o círculo de Mohr.

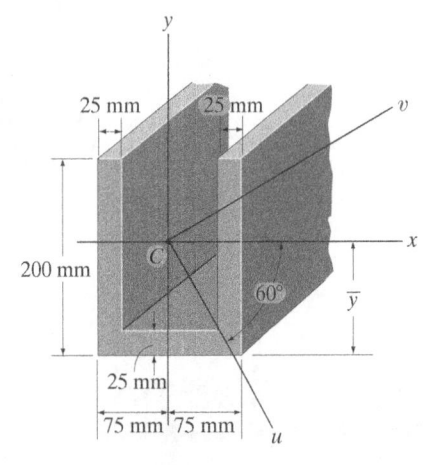

PROBLEMAS 10.82 e 10.83

10.8 Momento de inércia de massa

O momento de inércia de massa de um corpo é uma medida de sua resistência à aceleração angular. Como ele é usado na dinâmica para estudar o movimento de rotação, os métodos para seu cálculo serão discutidos a seguir.*

---

* Outra propriedade do corpo, que mede a simetria da massa do corpo em relação a um sistema de coordenadas, é o produto de inércia de massa. Essa propriedade normalmente se aplica ao movimento tridimensional de um corpo e é discutida em *Dinâmica: mecânica para engenharia* (Capítulo 21).

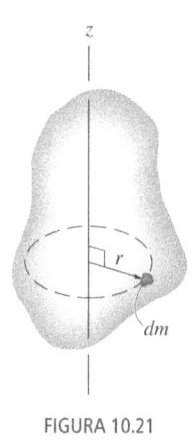

Considere o corpo rígido mostrado na Figura 10.21. Definimos o *momento de inércia da massa* do corpo em relação ao eixo z como:

$$I = \int_m r^2 \, dm \qquad (10.12)$$

Aqui, r é a distância perpendicular do eixo até o elemento arbitrário dm. Como a formulação envolve r, o valor de I é *exclusivo* para cada eixo em relação ao qual ele é calculado. O eixo que geralmente é escolhido, porém, passa pelo centro de massa G do corpo. A unidade comum usada para essa medida é kg · m^2.

Se o corpo consiste em um material tendo densidade ρ, então $dm = \rho \, dV$ (Figura 10.22a). Substituindo isso na Equação 10.12, o momento de inércia do corpo é calculado usando-se *elementos de volume* para integração; ou seja,

$$I = \int_V r^2 \rho \, dV \qquad (10.13)$$

Para a maioria das aplicações, ρ será uma *constante* e, assim, esse termo pode ser fatorado da integral, e a integração é, então, puramente uma função da geometria.

$$I = \rho \int_V r^2 \, dV \qquad (10.14)$$

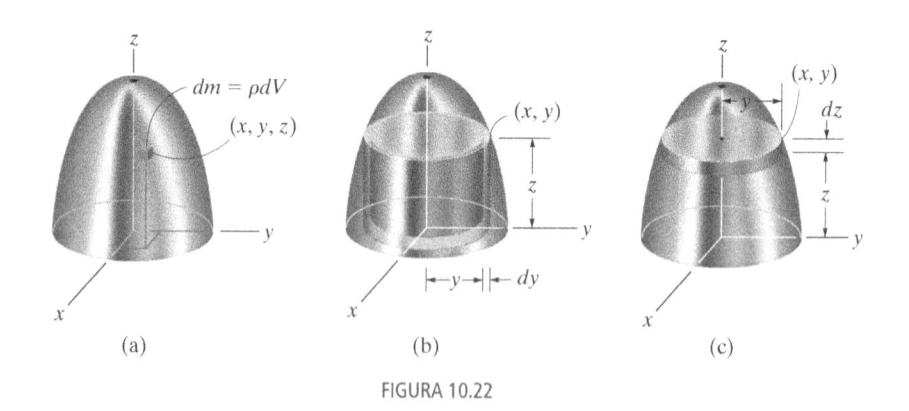

FIGURA 10.21

FIGURA 10.22

Procedimento para análise

Se um corpo é simétrico em relação a um eixo, como na Figura 10.22, seu momento de inércia de massa em relação ao eixo pode ser determinado usando-se uma única integração. Elementos de casca e de disco são usados para essa finalidade.

Elemento de casca

- Se um *elemento de casca* tendo altura z, raio y e espessura dy é escolhido para integração (Figura 10.22b), então seu volume é $dV = (2\pi y)(z) \, dy$.
- Esse elemento pode ser usado nas equações 10.13 ou 10.14 para determinar o momento de inércia I_z do corpo em relação ao eixo z, pois *todo o elemento*, em razão de sua "esbelteza", encontra-se à *mesma* distância perpendicular $r = y$ do eixo z (ver Exemplo 10.10).

Elemento de disco

- Se um elemento de disco de raio y e espessura dz é escolhido para integração (Figura 10.22c), então seu volume é $dV = (\pi y^2)\, dz$.
- Neste caso, o elemento é *finito* na direção radial, e consequentemente seus pontos *não* se encontram todos à *mesma distância radial r* do eixo z. Como resultado, as equações 10.13 ou 10.14 *não podem* ser usadas para determinar I_z. Em vez disso, para a integração usando esse elemento, é necessário primeiramente a determinação do momento de inércia *do elemento* em relação ao eixo z e depois a integração desse resultado (ver Exemplo 10.11).

EXEMPLO 10.10

Determine o momento de inércia de massa do cilindro mostrado na Figura 10.23a em relação ao eixo z. A densidade do material, ρ, é constante.

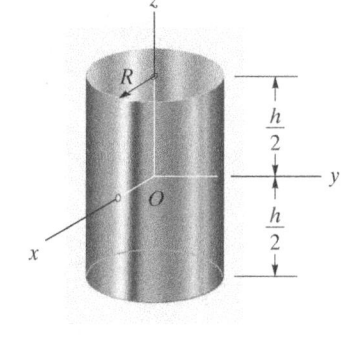

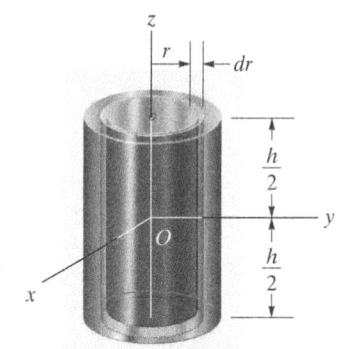

SOLUÇÃO
Elemento de casca

Este problema será resolvido usando o *elemento de casca* na Figura 10.23b e, portanto, apenas uma única integração é necessária. O volume do elemento é $dV = (2\pi r)(h)\, dr$ e, portanto, sua massa é $dm = \rho\, dV = \rho(2\pi h r\, dr)$. Como *todo o elemento* está à mesma distância r do eixo z, o momento de inércia *do elemento* é:

$$dI_z = r^2\, dm = \rho 2\pi h r^3\, dr$$

Integrando-se por todo o cilindro, obtém-se:

$$I_z = \int_m r^2\, dm = \rho 2\pi h \int_0^R r^3\, dr = \frac{\rho\pi}{2} R^4 h$$

Como a massa do cilindro é:

$$m = \int_m dm = \rho 2\pi h \int_0^R r\, dr = \rho\pi h R^2$$

então,

$$I_z = \frac{1}{2}mR^2 \qquad \text{Resposta}$$

(a)

(b)

FIGURA 10.23

EXEMPLO 10.11

Um sólido é formado girando a área sombreada como mostra a Figura 10.24a em torno do eixo y. Se a densidade do material é 2 Mg/m³, determine o momento de inércia de massa em relação ao eixo y.

SOLUÇÃO
Elemento de disco

O momento de inércia será determinado usando esse *elemento de disco*, como mostra a Figura 10.24b. Aqui, o elemento cruza a curva no ponto arbitrário (x, y) e tem massa:

$$dm = \rho\, dV = \rho(\pi x^2)\, dy$$

Embora todos os pontos no elemento *não* estejam localizados à mesma distância do eixo *y*, ainda é possível determinar o momento de inércia dI_y *do elemento* em relação ao eixo *y*. No exemplo anterior, mostramos que o momento de inércia de um cilindro homogêneo em relação ao eixo longitudinal é $I = \frac{1}{2}mR^2$, onde *m* e *R* são a massa e o raio do cilindro. Como a altura do cilindro não está envolvida nessa fórmula, também podemos usar esse resultado para um disco. Assim, para o elemento de disco na Figura 10.24*b*, temos:

$$dI_y = \frac{1}{2}(dm)x^2 = \frac{1}{2}[\rho(\pi x^2)\, dy]x^2$$

Substituindo $x = y^2$, $\rho = 2$ Mg/m³, e integrando em relação a *y*, de $y = 0$ até $y = 1$ m, obtemos o momento de inércia de todo o sólido.

$$I_y = \frac{1}{2}(2)\pi \int_0^{1\,m} x^4\, dy = \pi \int_0^{1\,m} y^8\, dy = 0{,}349 \text{ Mg} \cdot \text{m}^2 = 349 \text{ kg} \cdot \text{m}^2 \qquad \textit{Resposta}$$

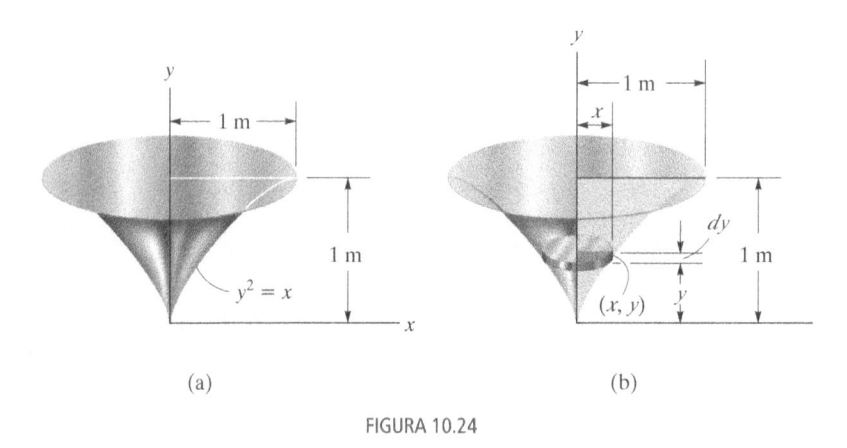

(a)   (b)

FIGURA 10.24

Teorema dos eixos paralelos

Se o momento de inércia do corpo em relação a um eixo que passa pelo seu centro de massa for conhecido, o momento de inércia em relação a qualquer outro *eixo paralelo* pode ser determinado usando o *teorema dos eixos paralelos*. Para derivar esse teorema, considere o corpo mostrado na Figura 10.25. O eixo z' passa pelo centro de massa G, ao passo que o *eixo paralelo z* correspondente está afastado por uma distância constante d. Selecionando o elemento de massa diferencial dm, que está localizado no ponto (x', y') e usando o teorema de Pitágoras, $r^2 = (d + x')^2 + y'^2$, o momento de inércia do corpo em relação ao eixo z é:

$$I = \int_m r^2\, dm = \int_m [(d + x')^2 + y'^2]\, dm$$

$$= \int_m (x'^2 + y'^2)\, dm + 2d \int_m x'\, dm + d^2 \int_m dm$$

Como $r'^2 = x'^2 + y'^2$, a primeira integral representa I_G. A segunda integral é igual a *zero*, pois o eixo z' passa pelo centro de massa do corpo, ou seja, $\int x'\, dm = \bar{x} \int dm = 0$, pois $\bar{x} = 0$. Finalmente, a terceira integral é a massa total *m* do corpo. Logo, o momento de inércia em relação ao eixo *z* torna-se:

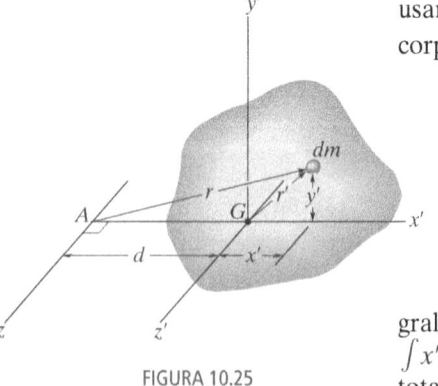

FIGURA 10.25

$$I = I_G + md^2 \tag{10.15}$$

onde:

I_G = momento de inércia em relação ao eixo z' passando pelo centro de massa G

m = massa do corpo

d = distância entre os eixos paralelos

Raio de giração

Ocasionalmente, o momento de inércia de um corpo em relação a um eixo específico é reportado nos manuais de engenharia através do *raio de giração*, k. Esse valor tem unidades de comprimento, e quando ele e a massa do corpo m são conhecidos, o momento de inércia pode ser determinado pela equação:

$$I = mk^2 \quad \text{ou} \quad k = \sqrt{\frac{I}{m}} \tag{10.16}$$

Observe a *semelhança* entre a definição de k nessa fórmula e r na equação $dI = r^2 dm$, que define o momento de inércia de um elemento de massa diferencial dm do corpo em relação a um eixo.

Corpos compostos

Se um corpo é construído a partir de uma série de outros de formato simples, como discos, esferas e barras, o momento de inércia do corpo em relação a qualquer eixo z pode ser determinado somando algebricamente os momentos de inércia de todos os corpos componentes, calculados em relação ao mesmo eixo. A adição algébrica é necessária porque uma parte componente deve ser considerada uma quantidade negativa se já tiver sido incluída em outra parte — como no caso de um "furo" subtraído de uma chapa sólida. Além disso, o teorema dos eixos paralelos é necessário para os cálculos se o centro de massa de cada parte componente não está no eixo z. Para os cálculos, os apêndices contêm uma tabela de alguns formatos simples.

Este volante, que aciona um cortador de metais, possui um grande momento de inércia em relação a seu centro. Quando ele começa a girar, é difícil pará-lo e, portanto, um movimento uniforme pode ser efetivamente transferido para a lâmina de corte.

EXEMPLO 10.12

Se a chapa mostrada na Figura 10.26a tem densidade de 8000 kg/m³ e espessura de 10 mm, determine seu momento de inércia de massa em relação a um eixo perpendicular à página e passando pelo pino em O.

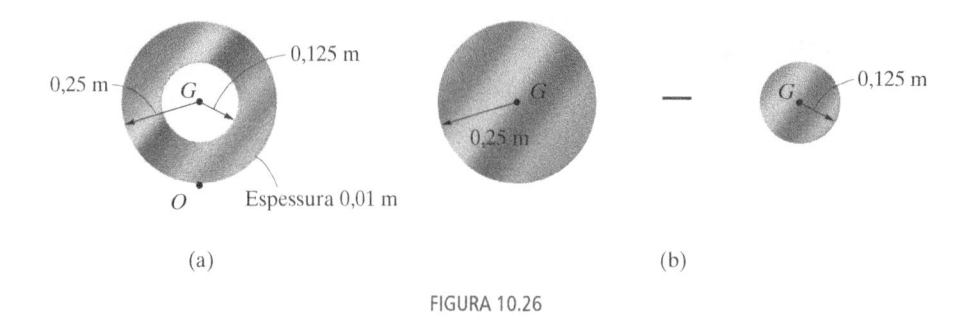

FIGURA 10.26

SOLUÇÃO

A chapa consiste em duas partes componentes: o disco com raio de 250 mm *menos* um disco com raio de 125 mm (Figura 10.26b). O momento de inércia em relação a O pode ser determinado achando o momento de inércia de cada uma dessas partes em relação a O e depois somando *algebricamente* os resultados. Os cálculos são realizados por meio do teorema dos eixos paralelos em conjunto com a fórmula do momento de inércia de massa de um disco circular, $I_G = \frac{1}{2}mr^2$, conforme listado nos apêndices.

Disco

O momento de inércia de um disco em relação a um eixo perpendicular ao plano do disco e que passa por G é $I_G = \frac{1}{2}mr^2$. O centro de massa dos dois discos está a 0,25 m do ponto O. Assim,

$$m_d = \rho_d V_d = 8000 \text{ kg/m}^3 \left[\pi(0,25 \text{ m})^2(0,01 \text{ m})\right] = 15,71 \text{ kg}$$

$$(I_O)_d = \tfrac{1}{2} m_d r_d^2 + m_d d^2$$

$$= \tfrac{1}{2}(15,71 \text{ kg})(0,25 \text{ m})^2 + (15,71 \text{ kg})(0,25 \text{ m})^2$$

$$= 1,473 \text{ kg} \cdot \text{m}^2$$

Furo

Para o disco menor (furo), temos:

$$m_h = \rho_h V_h = 8000 \text{ kg/m}^3 \left[\pi(0,125 \text{ m})^2(0,01 \text{ m})\right] = 3,93 \text{ kg}$$

$$(I_O)_h = \tfrac{1}{2} m_h r_h^2 + m_h d^2$$

$$= \tfrac{1}{2}(3,93 \text{ kg})(0,125 \text{ m})^2 + (3,93 \text{ kg})(0,25 \text{ m})^2$$

$$= 0,276 \text{ kg} \cdot \text{m}^2$$

O momento de inércia da placa em relação ao pino é, portanto,

$$I_O = (I_O)_d - (I_O)_h$$

$$= 1,473 \text{ kg} \cdot \text{m}^2 - 0,276 \text{ kg} \cdot \text{m}^2$$

$$= 1,20 \text{ kg} \cdot \text{m}^2 \qquad \textit{Resposta}$$

EXEMPLO 10.13

O pêndulo na Figura 10.27 consiste em dois elementos finos, cada um com massa de 9 kg. Determine o momento de inércia da massa do pêndulo em relação a um eixo que passa através (a) do pino em O e (b) do centro de massa G do pêndulo.

SOLUÇÃO

Parte (a)

Pela tabela nos apêndices, o momento de inércia de OA em relação a um eixo perpendicular à página e passando pela extremidade O é $I_O = \frac{1}{3}ml^2$. Portanto,

$$(I_{OA})_O = \frac{1}{3}ml^2 = \frac{1}{3}(9 \text{ kg})(2 \text{ m})^2 = 12 \text{ kg} \cdot \text{m}^2$$

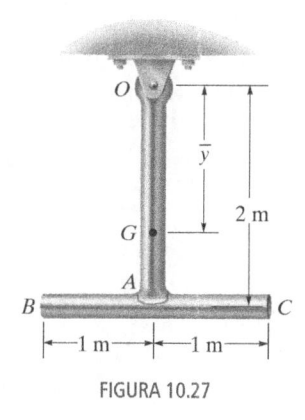

FIGURA 10.27

Observe que esse mesmo valor pode ser calculado usando $I_G = \frac{1}{12}ml^2$ e o teorema dos eixos paralelos, ou seja,

$$(I_{OA})_O = \frac{1}{12}ml^2 + md^2 = \frac{1}{12}(9 \text{ kg})(2 \text{ m})^2 + (9 \text{ kg})(1 \text{ m})^2$$

$$= 12 \text{ kg} \cdot \text{m}^2$$

Para BC, temos:

$$(I_{BC})_O = \frac{1}{12}ml^2 + md^2 = \frac{1}{12}(9 \text{ kg})(2 \text{ m})^2 + (9 \text{ kg})(2 \text{ m})^2$$

$$= 39 \text{ kg} \cdot \text{m}^2$$

O momento de inércia do pêndulo em relação a O é, portanto,

$$I_O = 12 + 39 = 51 \text{ kg} \cdot \text{m}^2 \qquad \textit{Resposta}$$

Parte (b)

O centro de massa G será localizado em relação ao pino em O. Supondo que essa distância seja $\bar{y}$ (Figura 10.27) e usando a fórmula para determinar o centro de massa, temos:

$$\bar{y} = \frac{\Sigma \tilde{y}m}{\Sigma m} = \frac{1(9) + 2(9)}{(9) + (9)} = 1{,}50 \text{ m}$$

O momento de inércia I_G pode ser calculado da mesma maneira que I_O, que requer aplicações sucessivas do teorema dos eixos paralelos a fim de transferir os momentos de inércia de OA e de BC para G. Uma solução mais direta, porém, envolve aplicar o teorema dos eixos paralelos usando o resultado de I_O determinado anteriormente; ou seja,

$$I_O = I_G + md^2; \qquad 51 \text{ kg} \cdot \text{m}^2 = I_G + (18 \text{ kg})(1{,}50 \text{ m})^2$$

$$I_G = 10{,}5 \text{ kg} \cdot \text{m}^2 \qquad \textit{Resposta}$$

Problemas

*10.84. Determine o momento de inércia do anel fino em relação ao eixo z. O anel tem massa m.

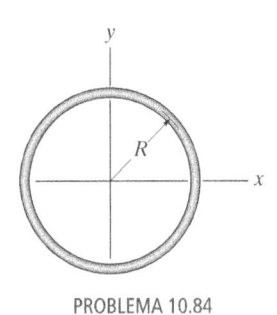

PROBLEMA 10.84

10.85. Determine o momento de inércia do prisma triangular homogêneo em relação ao eixo y. Expresse o resultado em termos da massa m do prisma. *Dica:* para integração, use elementos de chapa fina paralelos ao plano x–y com espessura dz.

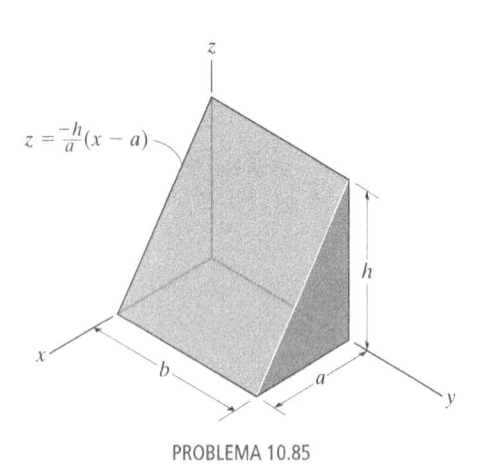

PROBLEMA 10.85

10.86. Determine o momento de inércia do semielipsoide em relação ao eixo x e expresse o resultado em termos da massa m do semielipsoide. O material tem densidade constante ρ.

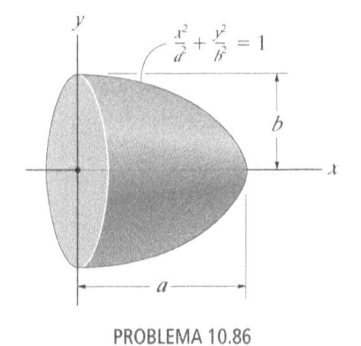

PROBLEMA 10.86

10.87. Determine o momento de inércia do elipsoide em relação ao eixo x e expresse o resultado em termos da massa m do elipsoide. O material tem densidade constante ρ.

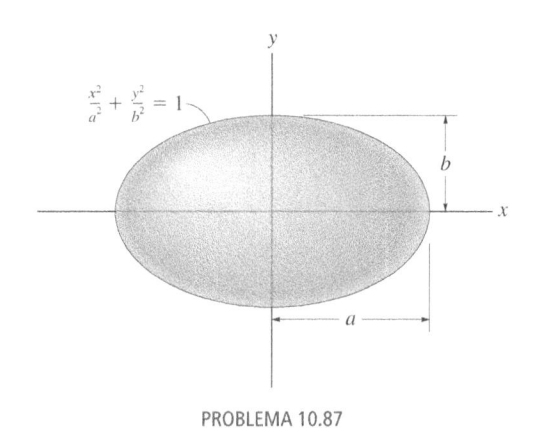

PROBLEMA 10.87

*10.88. Determine o raio de giração k_x do paraboloide. A densidade do material é $\rho = 5$ Mg/m^3.

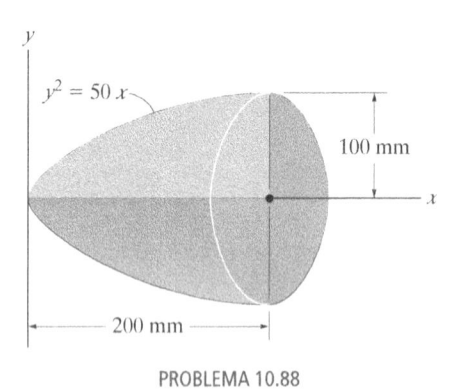

PROBLEMA 10.88

10.89. O paraboloide é formado girando-se a área sombreada em torno do eixo x. Determine o momento de inércia em relação ao eixo x e expresse o resultado em termos da massa total m do paraboloide. O material tem densidade constante ρ.

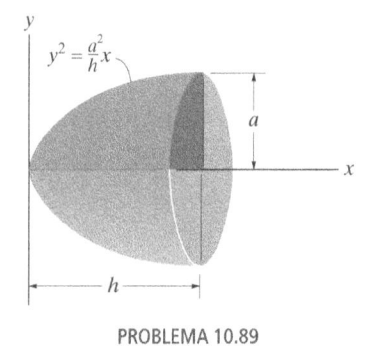

PROBLEMA 10.89

Capítulo 10 – Momentos de inércia

10.90. O cone circular reto é formado girando-se a área sombreada em torno do eixo x. Determine o momento de inércia I_x e expresse o resultado em termos da massa total m do cone. O material tem densidade constante ρ.

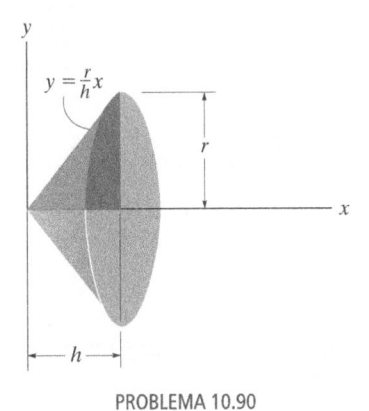

PROBLEMA 10.90

10.91. Determine o raio de giração k_x do sólido formado girando-se a área sombreada em relação ao eixo x. A densidade do material é ρ.

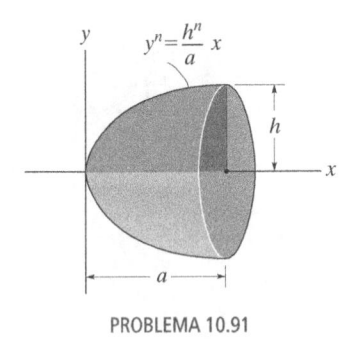

PROBLEMA 10.91

*10.92. Determine o momento de inércia I_x da esfera e expresse o resultado em termos da massa total m da esfera. A esfera possui densidade constante ρ.

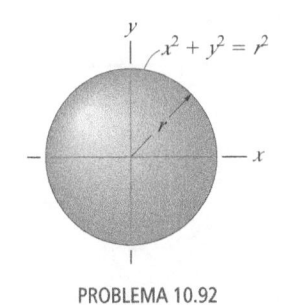

PROBLEMA 10.92

10.93. Determine o momento de inércia I_z do tronco de cone, que possui uma depressão cônica. O material tem densidade de 2000 kg/m³.

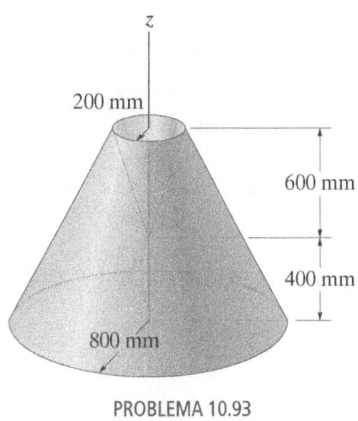

PROBLEMA 10.93

10.94. Determine o momento de inércia de massa I_y do sólido formado girando-se a área sombreada em torno do eixo y. A massa total do sólido é 1500 kg.

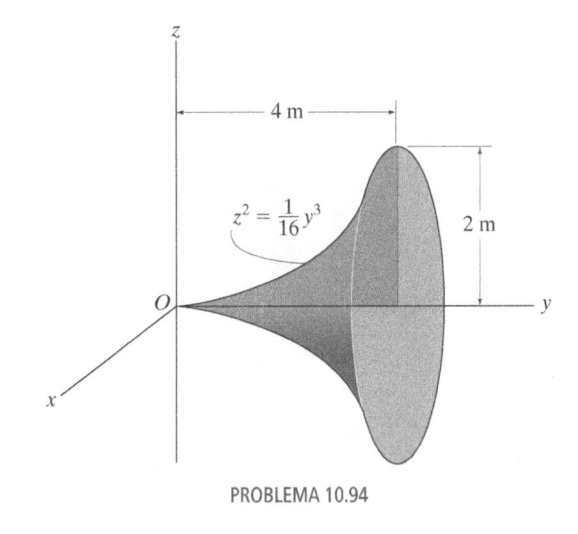

PROBLEMA 10.94

10.95. Os elementos finos possuem massa de 4 kg/m. Determine o momento de inércia do conjunto em relação a um eixo perpendicular à página e que passa pelo ponto A.

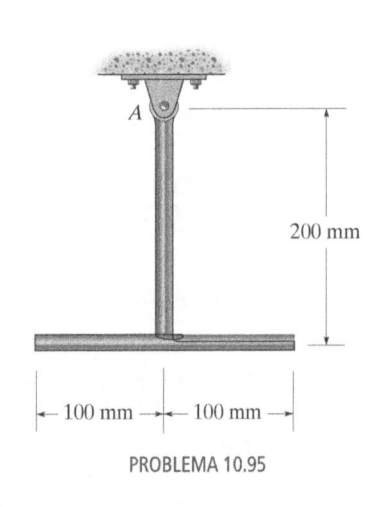

PROBLEMA 10.95

*10.96. O pêndulo consiste em um disco A de massa 8 kg, um disco B de 2 kg e uma haste fina de 4 kg. Determine o raio de giração do pêndulo em relação a um eixo perpendicular à página e que passa pelo ponto O.

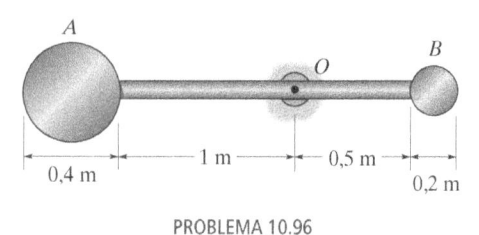

PROBLEMA 10.96

10.97. Determine o momento de inércia de massa I_z do tronco de cone com uma depressão cônica. O material tem densidade de 200 kg/m³.

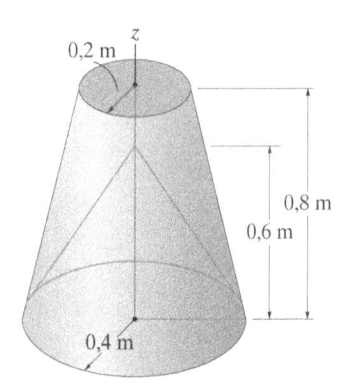

PROBLEMA 10.97

10.98. O pêndulo consiste em uma haste fina de 3 kg e uma placa fina de 5 kg. Determine a localização $\bar{y}$ do centro de massa G do pêndulo; depois, determine o momento de inércia de massa do pêndulo em relação a um eixo perpendicular à página e que passa por G.

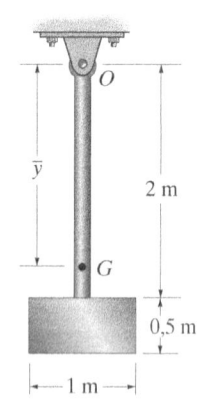

PROBLEMA 10.98

10.99. Determine o momento de inércia de massa da manivela em relação ao eixo x. O material é aço, com densidade $\rho = 7{,}85$ Mg/m³.

*10.100. Determine o momento de inércia de massa da manivela em relação ao eixo x'. O material é aço, com densidade $\rho = 7{,}85$ Mg/m³.

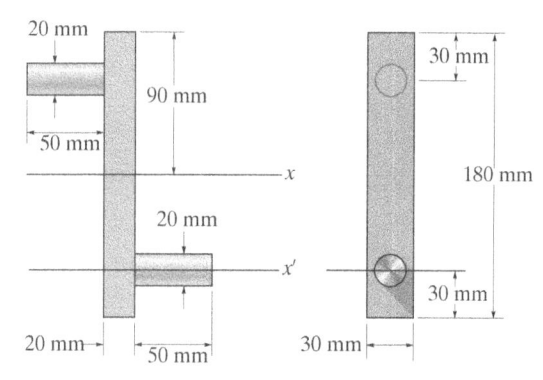

PROBLEMAS 10.99 e 10.100

10.101. A chapa fina tem massa por unidade de área de 10 kg/m². Determine seu momento de inércia de massa em relação ao eixo y.

10.102. A chapa fina tem massa por unidade de área de 10 kg/m². Determine seu momento de inércia de massa em relação ao eixo z.

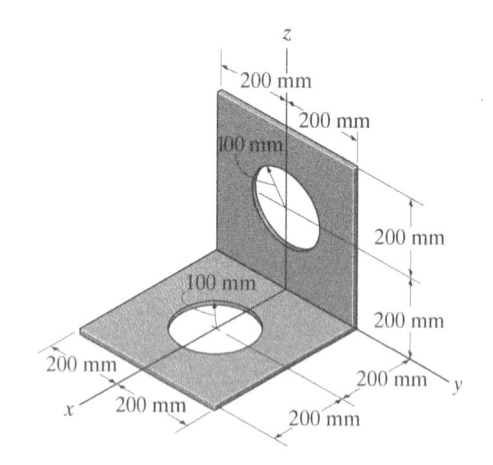

PROBLEMAS 10.101 e 10.102

10.103. Determine o momento de inércia I_z do tronco de cone com uma depressão cônica. O material tem densidade de 200 kg/m³.

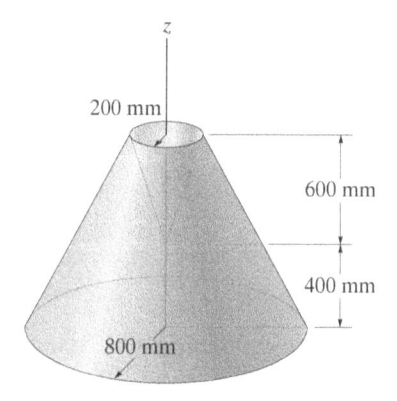

PROBLEMA 10.103

Capítulo 10 – Momentos de inércia **495**

*10.104. Determine o momento de inércia de massa do conjunto em relação ao eixo z. A densidade do material é 7,85 Mg/m³.

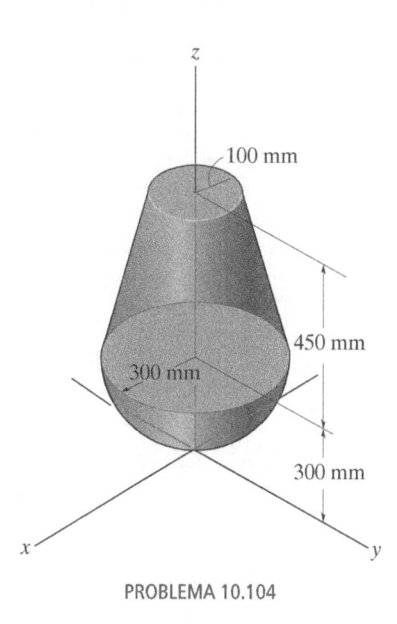

PROBLEMA 10.104

10.105. O pêndulo consiste em uma placa com peso de 60 kg e uma haste fina com peso de 20 kg. Determine o raio de giração do pêndulo em relação a um eixo perpendicular à página e que passa pelo ponto O.

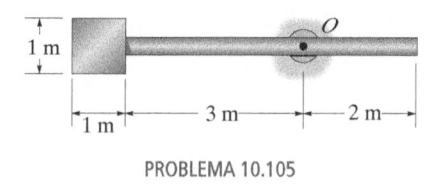

PROBLEMA 10.105

10.106. O pêndulo consiste em um disco com 6 kg de massa e hastes finas AB e DC, que têm massa de 2 kg/m. Determine o comprimento L de DC de modo que o centro de massa esteja no apoio O. Qual é o momento de inércia do conjunto em relação ao eixo perpendicular à página e que passa pelo ponto O?

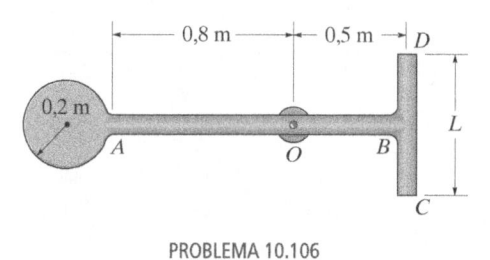

PROBLEMA 10.106

10.107. Determine o momento de inércia de massa da chapa fina em relação a um eixo perpendicular à página e que passa pelo ponto O. O material tem 20 kg/m² de massa por unidade de área.

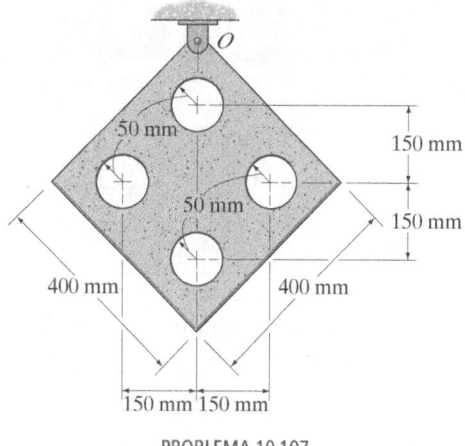

PROBLEMA 10.107

*10.108. Cada um dos três elementos finos tem massa m. Determine o momento de inércia do conjunto em relação a um eixo perpendicular à página e que passa pelo ponto central O.

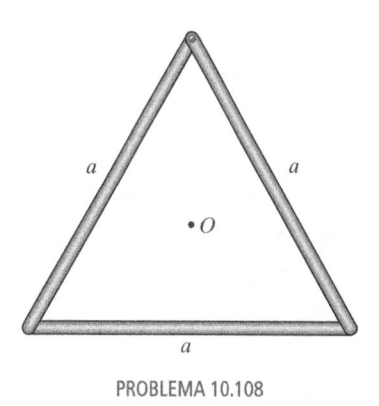

PROBLEMA 10.108

10.109. O pêndulo consiste em duas hastes finas AB e OC, que têm massa de 3 kg/m. A placa fina tem massa de 12 kg/m². Determine a localização $\bar{y}$ do centro de massa G do pêndulo; depois, determine o momento de inércia de massa do pêndulo em relação a um eixo perpendicular à página e que passa por G.

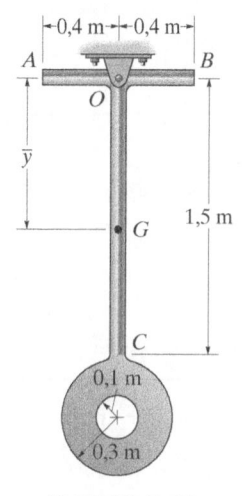

PROBLEMA 10.109

Revisão do capítulo

Momento de inércia de área

O *momento de inércia de área* representa o segundo momento da área em relação a um eixo. Normalmente, ele é usado em fórmulas relacionadas à resistência e estabilidade de membros estruturais ou elementos mecânicos.

$$I_y = \int_A x^2 \, dA$$

Se a forma da área for irregular, mas puder ser descrita matematicamente, um elemento diferencial precisa ser selecionado e a integração sobre a área total deve ser realizada para determinar o momento de inércia.

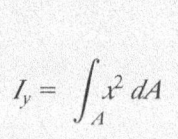

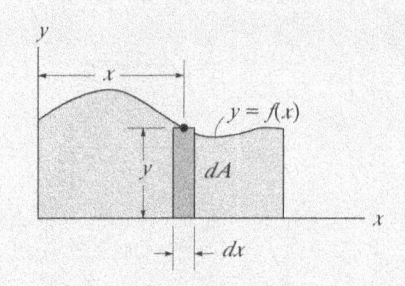

Teorema dos eixos paralelos

Se o momento de inércia de uma área for conhecido em relação a um eixo centroidal, seu momento de inércia em relação a um eixo paralelo pode ser determinado pelo teorema dos eixos paralelos.

$$I = \bar{I} + Ad^2$$

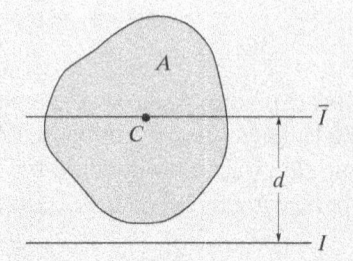

Área composta

Se uma área é uma composição de formatos comuns, conforme os apresentados nos apêndices, seu momento de inércia é igual à soma algébrica dos momentos de inércia de cada uma de suas partes.

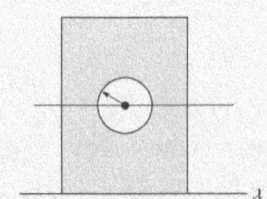

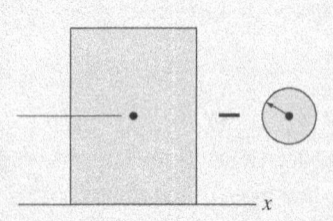

Produto de inércia

O *produto de inércia* de uma área é usado em fórmulas para determinar a orientação de um eixo em relação ao qual o momento de inércia de área é máximo ou mínimo.

$$I_{xy} = \int_A xy \, dA$$

Se o produto de inércia de uma área for conhecido em relação a seus eixos centroidais x', y', então seu valor pode ser determinado em relação a quaisquer eixos x, y pelo teorema dos eixos paralelos para o produto de inércia.

$$I_{xy} = \bar{I}_{x'y'} + A d_x d_y$$

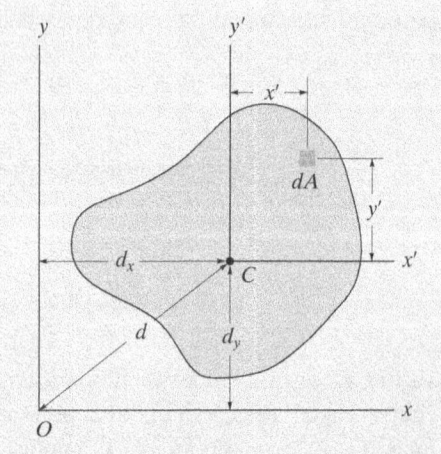

Momentos de inércia principais

Se os momentos de inércia, I_x e I_y, e o produto de inércia, I_{xy}, forem conhecidos, as fórmulas de transformação, ou o círculo de Mohr, podem ser usados para determinar o máximo e o mínimo ou os *momentos de inércia principais* de uma área, além de ser possível achar a orientação dos eixos de inércia principais.

$$I_{\substack{\text{máx}\\\text{mín}}} = \frac{I_x + I_y}{2} \pm \sqrt{\left(\frac{I_x - I_y}{2}\right)^2 + I_{xy}^2}$$

$$\operatorname{tg} 2\theta_p = \frac{-I_{xy}}{(I_x - I_y)/2}$$

Momento de inércia de massa

O *momento de inércia de massa* é uma propriedade de um corpo que mede sua resistência a uma mudança em sua rotação. Ele é definido como o "segundo momento" de massa dos elementos do corpo em relação a um eixo.

$$I = \int_m r^2\, dm$$

Para corpos homogêneos que apresentam simetria axial, o momento de inércia de massa pode ser determinado por uma única integração, usando um elemento de disco ou de casca.

$$I = \rho \int_V r^2\, dV$$

O momento de inércia da massa de um corpo composto é determinado por valores tabelados de suas partes componentes, encontrados nos apêndices do livro, juntamente com o teorema dos eixos paralelos.

$$I = I_G + md^2$$

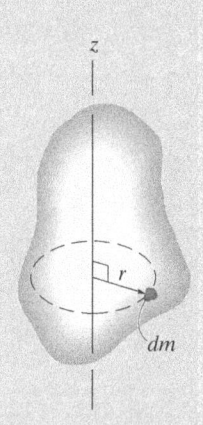

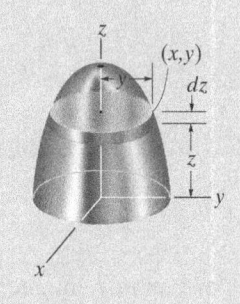

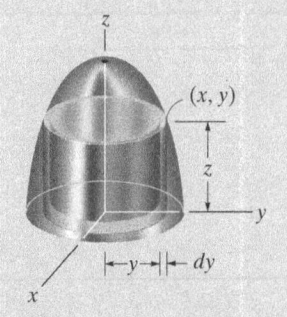

Problemas de revisão

R10.1. Determine o momento de inércia da área sombreada em relação ao eixo x.

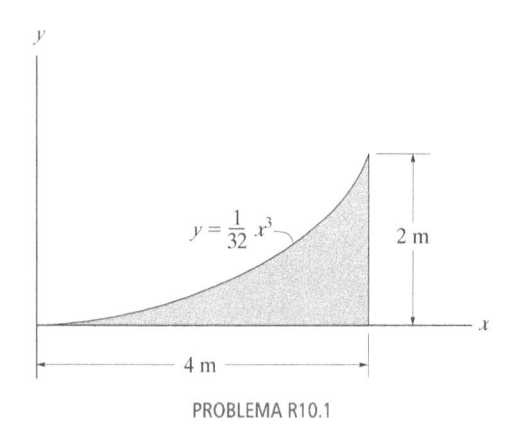

PROBLEMA R10.1

$y = \frac{1}{32} x^3$, 2 m, 4 m

R10.2. Determine o momento de inércia da área sombreada em relação ao eixo x.

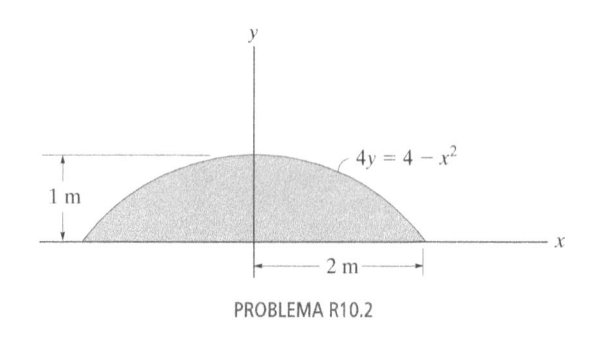

PROBLEMA R10.2

$4y = 4 - x^2$, 1 m, 2 m

R10.3. Determine o momento de inércia da área sombreada em relação ao eixo y.

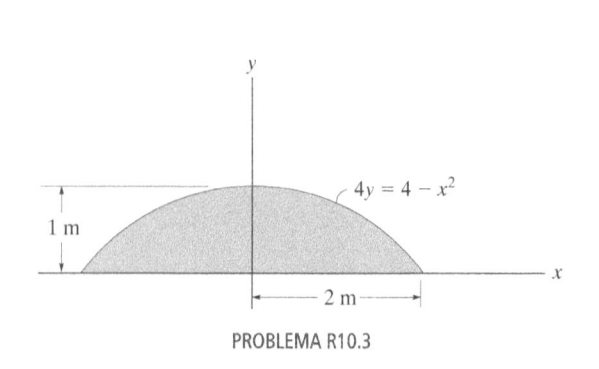

PROBLEMA R10.3

$4y = 4 - x^2$, 1 m, 2 m

R10.4. Determine o momento de inércia de área em relação ao eixo x. Depois, usando o teorema dos eixos paralelos, determine o momento de inércia em relação ao eixo x' que passa pelo centroide C da área. $\bar{y} = 120$ mm.

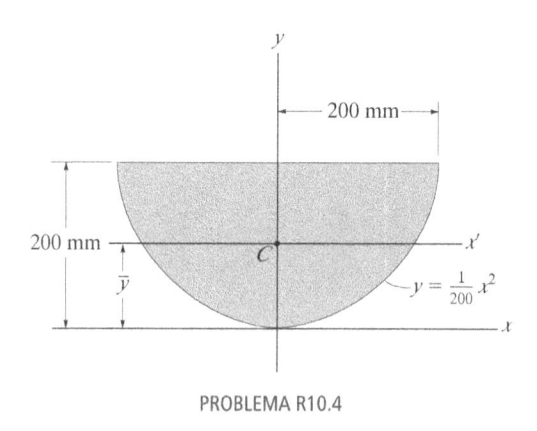

PROBLEMA R10.4

200 mm, 200 mm, $y = \frac{1}{200} x^2$

R10.5. Determine o momento de inércia da área triangular em relação (a) ao eixo x e (b) ao eixo centroidal x'.

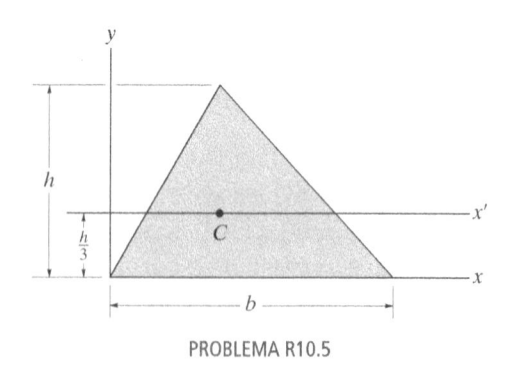

PROBLEMA R10.5

h, $\frac{h}{3}$, b

R10.6. Determine o produto de inércia da área sombreada em relação aos eixos x e y.

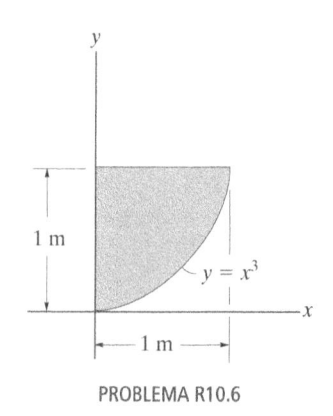

PROBLEMA R10.6

1 m, $y = x^3$, 1 m

R10.7. Determine o momento de inércia da área da seção transversal da viga em relação ao eixo x, que passa pelo centroide C.

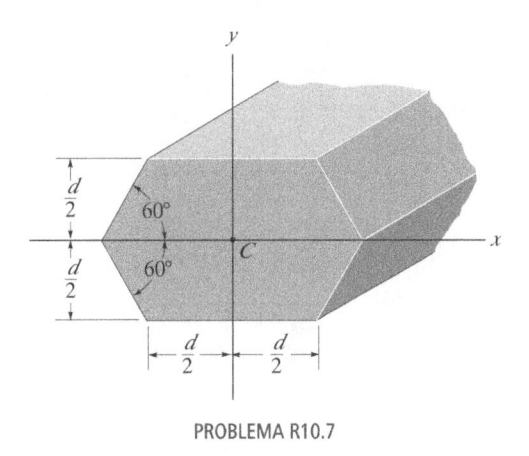

R10.8. Determine o momento de inércia I_x de massa do corpo e expresse o resultado em termos da massa total m do corpo. A densidade é constante.

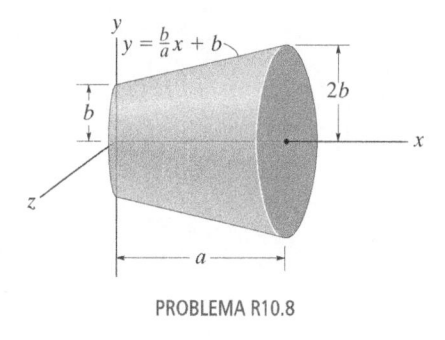

PROBLEMA R10.7

PROBLEMA R10.8

CAPÍTULO 11

Trabalho virtual

O equilíbrio e a estabilidade desse elevador pantográfico em função de sua posição podem ser determinados usando os métodos do trabalho e da energia, explicados neste capítulo.

(© John Kershaw/Alamy)

Objetivos

- Introduzir o princípio do trabalho virtual e mostrar como ele é aplicado à determinação da configuração de equilíbrio de um sistema de membros conectados por pinos.

- Estabelecer a função de energia potencial e usar o método da energia potencial para investigar o tipo de equilíbrio ou estabilidade de um corpo rígido ou de um sistema de membros conectados por pinos.

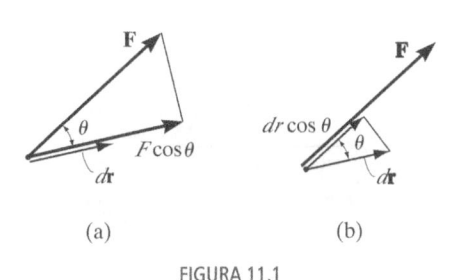

11.1 Definição de trabalho

O princípio do trabalho virtual foi proposto pelo matemático suíço Jean Bernoulli no século XVIII. Ele fornece um método alternativo para a resolução de problemas que envolvem o equilíbrio de uma partícula, de um corpo rígido ou de um sistema de corpos rígidos conectados. Porém, antes de discutirmos o princípio, primeiramente temos de definir o trabalho produzido por uma força e por um momento de binário.

Trabalho de uma força

Uma força realiza trabalho quando sofre um deslocamento na direção de sua linha de ação. Considere, por exemplo, a força **F** na Figura 11.1a, que sofre um deslocamento diferencial $d\mathbf{r}$. Se θ é o ângulo entre a força e o deslocamento, a componente de **F** na direção do deslocamento é $F \cos\theta$. E, portanto, o trabalho produzido por **F** é:

$$dU = F\, dr \cos\theta$$

(a)   (b)

FIGURA 11.1

Observe que essa expressão também é o produto entre a força F e a componente de deslocamento na direção da força, $dr\cos\theta$ (Figura 11.1*b*). Se usarmos a definição do produto escalar (Equação 2.11), o trabalho também pode ser escrito como:

$$dU = \mathbf{F} \cdot d\mathbf{r}$$

Conforme as equações anteriores indicam, o trabalho é um *escalar* e, como outras quantidades escalares, tem uma intensidade que pode ser *positiva* ou *negativa*.

No Sistema Internacional, a unidade de trabalho é um *joule* (J), que é o trabalho produzido por uma força de 1 N ao se deslocar por uma distância de 1 m na direção da força (1 J = 1 N · m).

O momento de uma força tem essa mesma combinação de unidades; porém, os conceitos de momento e de trabalho de forma alguma estão relacionados. Um momento é uma quantidade vetorial, ao passo que o trabalho é um escalar.

Trabalho de um momento de binário

A rotação de um momento de binário também produz trabalho. Considere que o corpo rígido na Figura 11.2 está submetido a um binário de forças $\mathbf{F}$ e $-\mathbf{F}$, que produzem um momento de binário $\mathbf{M}$ de intensidade $M = Fr$. Quando o corpo sofre o deslocamento diferencial mostrado, os pontos A e B sofrem os deslocamentos $d\mathbf{r}_A$ e $d\mathbf{r}_B$ até suas posições finais A' e B', respectivamente. Como $d\mathbf{r}_B = d\mathbf{r}_A + d\mathbf{r}'$, esse movimento pode ser considerado uma *translação* $d\mathbf{r}_A$, em que A e B se movem para A' e B'', e uma *rotação* em torno de A', onde o corpo gira de um ângulo $d\theta$ em torno de A. O binário não realiza trabalho durante a translação $d\mathbf{r}_A$, pois cada força sofre a mesma quantidade de deslocamento em sentidos opostos, então os respectivos trabalhos cancelam-se mutuamente. Durante a rotação, porém, $\mathbf{F}$ é deslocado $dr' = r\, d\theta$, e, portanto, realiza trabalho $dU = F\, dr' = F r\, d\theta$. Como $M = Fr$, o trabalho do momento de binário $\mathbf{M}$ é, portanto,

$$dU = M d\theta$$

Se os sentidos de giro de $\mathbf{M}$ e de $d\theta$ são os mesmos, o trabalho é *positivo*; porém, se os sentidos forem opostos, o trabalho será *negativo*.

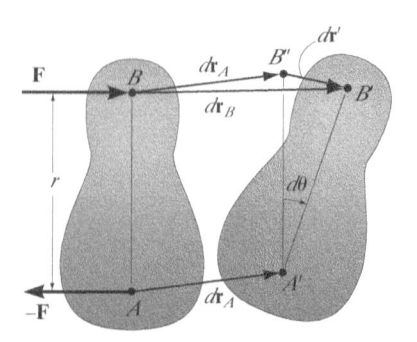

FIGURA 11.2

Trabalho virtual

As definições do trabalho de uma força e de um binário foram apresentadas em termos de *movimentos reais* expressos por deslocamentos diferenciais tendo intensidades dr e $d\theta$. Considere agora um *movimento imaginário* ou **movimento virtual** de um corpo em equilíbrio estático, que indica um deslocamento ou rotação que é *presumido* e *não existe realmente*. Esses movimentos são quantidades diferenciais de primeira ordem e serão indicados pelos símbolos δr e $\delta \theta$ (delta r e delta θ), respectivamente. O *trabalho virtual* realizado por uma força com deslocamento virtual δr é:

$$\delta U = F \cos \theta \, \delta r \qquad (11.1)$$

De modo semelhante, quando um binário sofre uma rotação virtual $\delta\theta$ no plano das forças do binário, o *trabalho virtual* é:

$$\delta U = M \, \delta\theta \qquad (11.2)$$

11.2 Princípio do trabalho virtual

O **princípio do trabalho virtual** afirma que, se um corpo está em equilíbrio, a soma algébrica dos trabalhos virtuais realizados por todas as forças e momentos de binário que atuam sobre o corpo é zero para qualquer deslocamento virtual do corpo. Assim,

$$\delta U = 0 \qquad (11.3)$$

Por exemplo, considere o diagrama de corpo livre da partícula (bola) que está apoiada sobre o piso (Figura 11.3). Se "imaginarmos" a bola sendo deslocada para baixo com uma quantidade virtual δy, o peso realizará trabalho virtual positivo, $W \delta y$, e a força normal realizará trabalho virtual negativo, $-N \delta y$. Para o equilíbrio, o trabalho virtual total precisa ser zero, de modo que $\delta U = W \delta y - N \delta y = (W - N) \delta y = 0$. Como $\delta y \neq 0$, então $N = W$, conforme exigido aplicando-se $\Sigma F_y = 0$.

De forma similar, também podemos aplicar a equação do trabalho virtual $\delta U = 0$ a um corpo rígido sujeito a um sistema de forças coplanares. Aqui, translações virtuais separadas nas direções x e y e uma rotação virtual em torno de um eixo perpendicular ao plano x–y que passa por um ponto arbitrário O corresponderão às equações de equilíbrio, $\Sigma F_x = 0$, $\Sigma F_y = 0$ e $\Sigma M_O = 0$. Ao escrever essas equações, *não é necessário* incluirmos o trabalho realizado pelas *forças internas* que atuam dentro do corpo, pois um corpo rígido *não se deforma* quando sujeito a uma carga externa e, além disso, quando o corpo se move através de um deslocamento virtual, as forças internas ocorrem em pares colineares iguais, porém opostos, de modo que o trabalho correspondente realizado pelos pares de forças será nulo.

Como uma aplicação demonstrativa, considere a viga simplesmente apoiada na Figura 11.4a. Quando a viga sofre uma rotação virtual $\delta\theta$ em torno do ponto B (Figura 11.4b), as únicas forças que realizam trabalho são **P** e $\mathbf{A}_y$. Como $\delta y = l \, \delta\theta$ e $\delta y' = (l/2) \, \delta\theta$, a equação do trabalho virtual para este caso é $\delta U = A_y(l \, \delta\theta) - P(l/2) \, \delta\theta = (A_y l - Pl/2) \, \delta\theta = 0$. Como $\delta\theta \neq 0$, então $A_y = P/2$. Excluindo $\delta\theta$, observe que os termos entre parênteses realmente representam a aplicação de $\Sigma M_B = 0$.

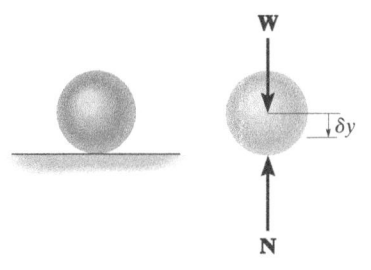

FIGURA 11.3

FIGURA 11.4

Como pôde ser visto nos dois exemplos anteriores, nenhuma vantagem adicional é obtida resolvendo-se problemas de equilíbrio de partículas e de corpos rígidos através do princípio do trabalho virtual. Isso porque, para cada aplicação da equação do trabalho virtual, o deslocamento virtual, comum a cada termo, é fatorado, do que resulta uma equação que poderia ter sido obtida de *maneira mais direta* simplesmente aplicando uma equação de equilíbrio.

11.3 Princípio do trabalho virtual para um sistema de corpos rígidos conectados

O método de trabalho virtual é particularmente eficiente para resolver os problemas de equilíbrio que envolvem sistemas de vários corpos rígidos *conectados*, como os da Figura 11.5.

Cada um deles é denominado sistema com apenas um grau de liberdade, pois o arranjo das ligações pode ser especificado completamente usando-se apenas uma coordenada θ. Em outras palavras, com essa única coordenada e o comprimento dos membros, podemos localizar a posição das forças **F** e **P**.

Neste texto, somente consideraremos a aplicação do princípio do trabalho virtual aos sistemas com um grau de liberdade.* Como eles são menos complicados, servirão como uma abordagem preliminar, com vistas à futura solução de problemas mais complexos, envolvendo sistemas com muitos graus de liberdade. Em seguida, veremos o procedimento para a resolução de problemas com sistemas de corpos rígidos conectados sem atrito.

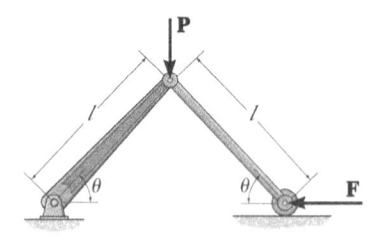

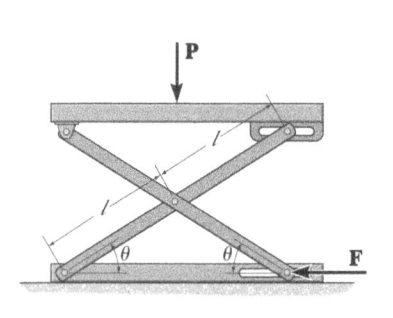

FIGURA 11.5

---

* Este método de aplicação do princípio do trabalho virtual às vezes é chamado de *método dos deslocamentos virtuais*, porque um deslocamento virtual é aplicado, resultando no cálculo de uma força real. Embora não seja usado aqui, também podemos aplicar o princípio do trabalho virtual como um *método de forças virtuais*. Esse método normalmente é usado aplicando-se uma força virtual e depois determinando-se os deslocamentos dos pontos sobre corpos deformáveis. Ver R. C. Hibbeler, *Mechanics of Materials*, 8. ed., Pearson/Prentice Hall, 2011.

Pontos importantes

- Uma força realiza trabalho quando se move através de um deslocamento na direção da força. Um momento de binário realiza trabalho quando se move através de uma rotação colinear. Especificamente, o trabalho positivo é realizado quando a força ou o momento de binário e seu deslocamento têm o mesmo sentido de direção.

- O princípio do trabalho virtual geralmente é usado para determinar a configuração de equilíbrio de um sistema com múltiplos membros conectados.

- Um deslocamento virtual é imaginário, ou seja, não acontece realmente. Ele é um deslocamento diferencial dado na direção positiva de uma coordenada de posição.

- As forças ou momentos de binário que não se deslocam virtualmente realizam trabalho virtual nulo.

Este elevador pantográfico tem um grau de liberdade. Sem a necessidade de desmembrar o mecanismo, a força no cilindro hidráulico AB exigida para efetuar a elevação pode ser determinada *diretamente* usando-se o princípio do trabalho virtual.

Procedimento para análise

Diagrama de corpo livre

- Desenhe um diagrama de corpo livre de todo o sistema de corpos conectados e defina a *coordenada q*.
- Esboce a "posição deslocada" do sistema sobre o diagrama de corpo livre quando o sistema sofre um deslocamento *virtual positivo* δq.

Deslocamentos virtuais

- Indique as *coordenadas de posição s*, cada uma mensurada a partir de um *ponto fixo* sobre o diagrama de corpo livre. Essas coordenadas são direcionadas para as forças que realizam trabalho.
- Cada um desses eixos de coordenadas deve ser *paralelo* à linha de ação da força à qual é dirigido, de modo que o trabalho virtual ao longo do eixo de coordenadas possa ser calculado.
- Relacione cada uma das coordenadas de posição s à coordenada q; depois, obtenha a derivada dessas expressões a fim de que cada deslocamento virtual δs seja expresso em termos de δq.

Equação do trabalho virtual

- Escreva a *equação do trabalho virtual* do sistema assumindo que, se possível ou não, cada coordenada de posição s sofre um deslocamento virtual *positivo* δs. Se uma força ou momento de binário estiver no mesmo sentido do deslocamento virtual positivo, o trabalho será positivo. Caso contrário, será negativo.
- Expresse o trabalho de *cada* força e momento de binário na equação em termos de δq.
- Fatore esse deslocamento comum a todos os termos e resolva para as incógnitas: força, momento de binário ou posição de equilíbrio q.

Exemplo 11.1

Determine o ângulo θ de equilíbrio do sistema com dois membros, mostrado na Figura 11.6a. Cada membro tem massa de 10 kg.

SOLUÇÃO

Diagrama de corpo livre

O sistema tem apenas um grau de liberdade, pois a localização de ambos os membros pode ser especificada por uma única coordenada ($q =$) θ. Como vemos no diagrama de corpo livre da Figura 11.6b, quando θ tem uma rotação virtual *positiva* (sentido horário) $\delta\theta$, apenas a força **F** e os dois pesos de 98,1 N realizam trabalho. (As forças reativas $\mathbf{D}_x$ e $\mathbf{D}_y$ são fixas, e $\mathbf{B}_y$ não se desloca ao longo de sua linha de ação.)

Deslocamentos virtuais

Se a origem das coordenadas for estabelecida no apoio de pino *fixo D*, as posições de **F** e de **W** podem ser especificadas pelas *coordenadas de posição* x_B e y_w. Para determinar o trabalho, observe que, conforme exigido, essas coordenadas são paralelas às linhas de ação de suas forças associadas. Expressando essas coordenadas de posição em termos de θ e fazendo as derivadas, obtemos:

$$x_B = 2(1\cos\theta)\text{ m} \quad \delta x_B = -2\operatorname{sen}\theta\,\delta\theta\text{ m} \tag{1}$$
$$y_w = \tfrac{1}{2}(1\operatorname{sen}\theta)\text{ m} \quad \delta y_w = 0{,}5\cos\theta\,\delta\theta\text{ m} \tag{2}$$

Vemos pelos *sinais* dessas equações, e indicado na Figura 11.6b, que um *aumento* em θ (ou seja, $\delta\theta$) causa uma *diminuição* em x_B e um *aumento* em y_w.

Equação do trabalho virtual

Se os deslocamentos virtuais δx_B e δy_w fossem *ambos positivos*, então as forças **W** e **F** realizariam trabalho positivo, pois as forças e seus deslocamentos correspondentes teriam o mesmo sentido. Logo, a equação do trabalho virtual para o deslocamento $\delta\theta$ é:

$$\delta U = 0; \qquad W\,\delta y_w + W\,\delta y_w + F\,\delta x_B = 0 \tag{3}$$

Substituindo as equações 1 e 2 na Equação 3 para relacionar os deslocamentos virtuais ao deslocamento virtual comum $\delta\theta$, obtemos:

$$98{,}1(0{,}5\cos\theta\,\delta\theta) + 98{,}1(0{,}5\cos\theta\,\delta\theta) + 25(-2\operatorname{sen}\theta\,\delta\theta) = 0$$

Observe que o "trabalho negativo" realizado por **F** (força no sentido oposto ao deslocamento) realmente foi *levado em consideração* na equação acima pelo "sinal negativo" da Equação 1. Fatorando o *deslocamento comum* $\delta\theta$ e resolvendo para θ, observando que $\delta\theta \neq 0$, obtemos:

$$(98{,}1\cos\theta - 50\operatorname{sen}\theta)\,\delta\theta = 0$$

$$\theta = \operatorname{tg}^{-1}\frac{98{,}1}{50} = 63{,}0° \qquad\qquad Resposta$$

NOTA: se esse problema tivesse sido resolvido usando as equações de equilíbrio, teria sido necessário desmembrar os elementos e aplicar três equações escalares a *cada* um deles. O princípio do trabalho virtual, por meio do cálculo diferencial, eliminou essa tarefa, de modo que a resposta é obtida diretamente.

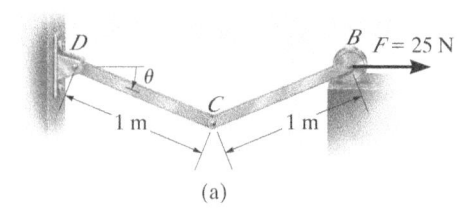

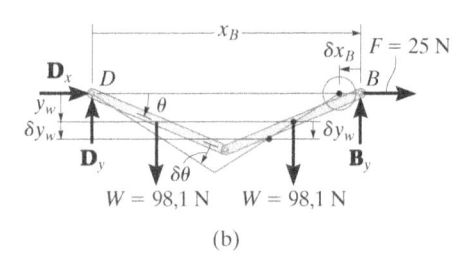

FIGURA 11.6

Exemplo 11.2

Determine a força exigida P na Figura 11.7a necessária para manter o equilíbrio do mecanismo pantográfico quando $\theta = 60°$. A mola está descarregada quando $\theta = 30°$. Despreze a massa dos membros.

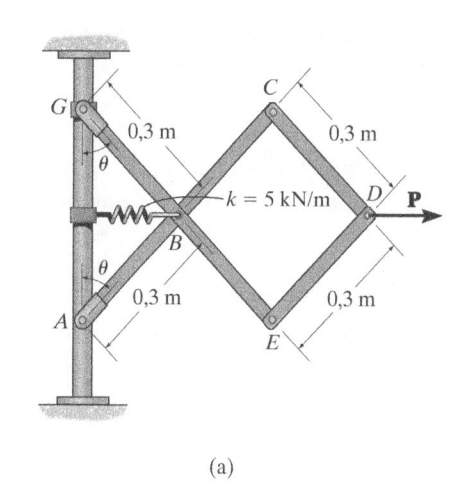

SOLUÇÃO

Diagrama de corpo livre

Somente $\mathbf{F}_s$ e $\mathbf{P}$ realizam trabalho quando θ sofre um deslocamento virtual *positivo* $\delta\theta$ (Figura 11.7b). Para a posição arbitrária θ, a mola está esticada $(0{,}3 \text{ m}) \operatorname{sen} \theta - (0{,}3 \text{ m}) \operatorname{sen} 30°$, de modo que

$$F_s = ks = 5000 \text{ N/m} [(0{,}3 \text{ m}) \operatorname{sen} \theta - (0{,}3 \text{ m}) \operatorname{sen} 30°]$$
$$= (1500 \operatorname{sen} \theta - 750) \text{ N}$$

(a)

Deslocamentos virtuais

As coordenadas de posição, x_B e x_D, medidas a partir do *ponto fixo A*, são usadas para localizar $\mathbf{F}_s$ e $\mathbf{P}$. Essas coordenadas são paralelas às linhas de ação de suas forças correspondentes. Por trigonometria, x_B e x_D podem ser expressos em termos do ângulo θ,

$$x_B = (0{,}3 \text{ m}) \operatorname{sen} \theta$$
$$x_D = 3[(0{,}3 \text{ m}) \operatorname{sen} \theta] = (0{,}9 \text{ m}) \operatorname{sen} \theta$$

Derivando, obtemos os deslocamentos virtuais dos pontos B e D.

$$\delta x_B = 0{,}3 \cos \theta \, \delta\theta \quad (1)$$
$$\delta x_D = 0{,}9 \cos \theta \, \delta\theta \quad (2)$$

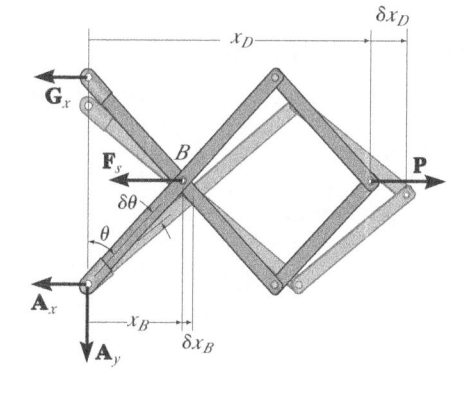

(b)

FIGURA 11.7

Equação do trabalho virtual

A força $\mathbf{P}$ realiza trabalho positivo, pois atua no sentido positivo de seu deslocamento virtual. A força da mola $\mathbf{F}_s$ realiza trabalho negativo, pois atua em sentido oposto ao seu deslocamento virtual positivo. Assim, a equação do trabalho virtual torna-se:

$$\delta U = 0; \qquad -F_s \, \delta x_B + P \delta x_D = 0$$
$$-[1500 \operatorname{sen} \theta - 750](0{,}3 \cos \theta \, \delta\theta) + P(0{,}9 \cos \theta \, \delta\theta) = 0$$
$$[0{,}9P + 225 - 450 \operatorname{sen} \theta] \cos \theta \, \delta\theta = 0$$

Como $\cos \theta \, \delta\theta \neq 0$, essa equação requer:

$$P = 500 \operatorname{sen} \theta - 250$$

Quando $\theta = 60°$,

$$P = 500 \operatorname{sen} 60° - 250 = 183 \text{ N} \qquad \qquad \textit{Resposta}$$

Exemplo 11.3

Se a caixa na Figura 11.8a tem massa de 10 kg, determine o momento de binário M necessário para manter o equilíbrio quando $\theta = 60°$. Despreze a massa dos membros.

SOLUÇÃO

Diagrama de corpo livre

Quando θ sofre um deslocamento virtual positivo $\delta\theta$, somente o momento de binário **M** e o peso da caixa realizam trabalho (Figura 11.8b).

Deslocamentos virtuais

A coordenada de posição y_E, medida a partir do *ponto fixo B*, localiza o peso, 10(9,81) N. Aqui,

$$y_E = (0,45 \text{ m}) \text{ sen } \theta + b$$

onde b é uma distância constante. Derivando essa equação, obtemos:

$$\delta y_E = 0,45 \text{ m} \cos \theta \, \delta\theta \tag{1}$$

Equação do trabalho virtual

A equação do trabalho virtual torna-se:

$$\delta U = 0; \qquad M \, \delta\theta - [10(9,81) \text{ N}]\delta y_E = 0$$

Substituindo a Equação 1 nessa equação,

$$M \, \delta\theta - 10(9,81) \text{ N}(0,45 \text{ m} \cos \theta \, \delta\theta) = 0$$
$$\delta\theta(M - 44,145 \cos \theta) = 0$$

Como $\delta\theta \neq 0$, então,

$$M - 44,145 \cos \theta = 0$$

Como é requerido que $\theta = 60°$, então

$$M = 44,145 \cos 60° = 22,1 \text{ N} \cdot \text{m} \qquad \qquad Resposta$$

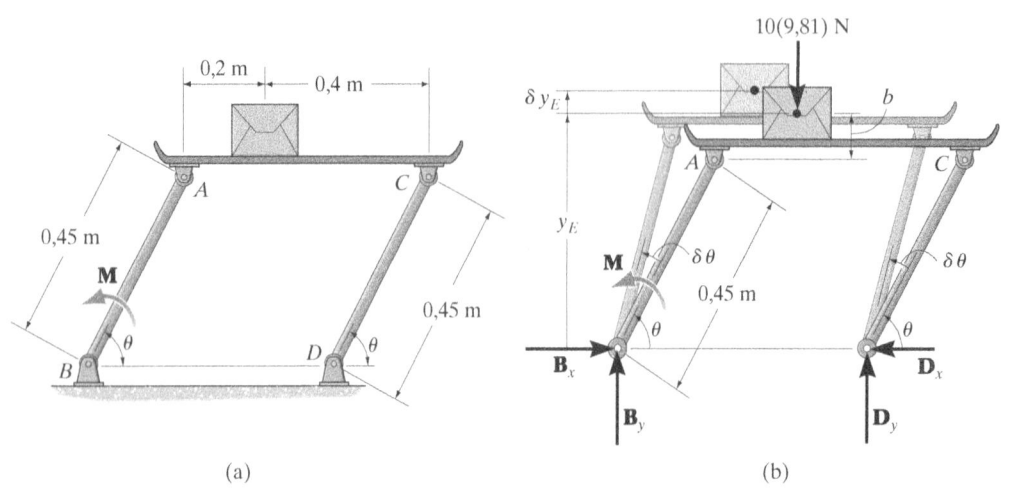

FIGURA 11.8

Exemplo 11.4

O mecanismo na Figura 11.9a suporta um cilindro com peso de 1000 N. Determine o ângulo θ de equilíbrio se a mola não esticada tem 2 m de comprimento quando $\theta = 0°$. Despreze a massa dos membros.

SOLUÇÃO

Diagrama de corpo livre

Quando o mecanismo sofre um deslocamento virtual positivo $\delta\theta$ (Figura 11.9b), somente $\mathbf{F}_s$ e a força de 1000 N realizam trabalho. Como o comprimento final da mola é 2(1 m cos θ), então

$$F_s = ks = (4000 \text{ N/m})(2 \text{ m} - 2 \text{ m} \cos \theta) = (8000 - 8000 \cos \theta) \text{ N}$$

Deslocamentos virtuais

As coordenadas de posição x_D e x_E são estabelecidas a partir do *ponto fixo A* para a localização de $\mathbf{F}_s$ em D e em E. A coordenada y_B, também medida a partir de A, especifica a posição da força de 1000 N em B. As coordenadas podem ser expressas em termos de θ usando trigonometria.

$$x_D = (1 \text{ m}) \cos \theta$$
$$x_E = 3[(1 \text{ m}) \cos \theta] = (3 \text{ m}) \cos \theta$$
$$y_B = (2 \text{ m}) \text{ sen } \theta$$

Derivando, obtemos os deslocamentos virtuais dos pontos D, E e B como:

$$\delta x_D = -1 \text{ sen } \theta \, \delta\theta \quad (1)$$
$$\delta x_E = -3 \text{ sen } \theta \, \delta\theta \quad (2)$$
$$\delta y_B = 2 \cos \theta \, \delta\theta \quad (3)$$

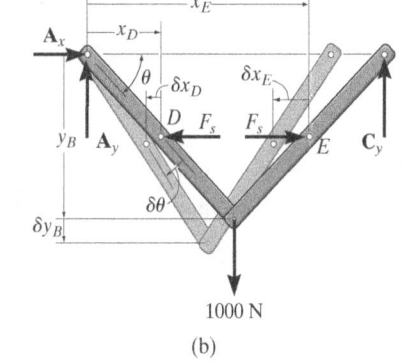

FIGURA 11.9

Equação do trabalho virtual

A equação do trabalho virtual é escrita como se todos os deslocamentos virtuais fossem positivos, de modo que:

$$\delta U = 0; \quad F_s \delta x_E + 1000 \, \delta y_B - F_s \delta x_D = 0$$
$$(8000 - 8000 \cos \theta)(-3 \text{ sen } \theta \, \delta\theta) + 1000(2 \cos \theta \, \delta\theta)$$
$$- (8000 - 8000 \cos \theta)(-1 \text{ sen } \theta \, \delta\theta) = 0$$
$$\delta\theta(16000 \text{ sen } \theta \cos \theta - 16000 \text{ sen } \theta + 2000 \cos \theta) = 0$$

Como $\delta\theta \neq 0$, então:

$$16000 \text{ sen } \theta \cos \theta - 16000 \text{ sen } \theta + 2000 \cos \theta = 0$$

Resolvendo por tentativa e erro,

$$\theta = 34,9° \qquad \textit{Resposta}$$

NOTA do Revisor Técnico: esse resultado pode ser obtido fazendo-se os gráficos das funções $f(\theta) = 8 \text{ sen } \theta \cos \theta$ e $g(\theta) = 8 \text{ sen } \theta - \cos \theta$ em um mesmo sistema de coordenadas cartesianas, e verificando-se qual o valor de θ em que as duas curvas se interceptam.

Problemas fundamentais

F11.1. Determine a intensidade exigida da força **P** para manter o equilíbrio do mecanismo em $\theta = 60°$. Cada membro tem massa de 20 kg.

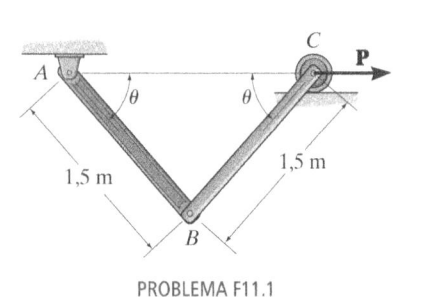

PROBLEMA F11.1

F11.2. Determine a intensidade da força **P** exigida para manter o elemento liso de 50 kg em equilíbrio com $\theta = 60°$.

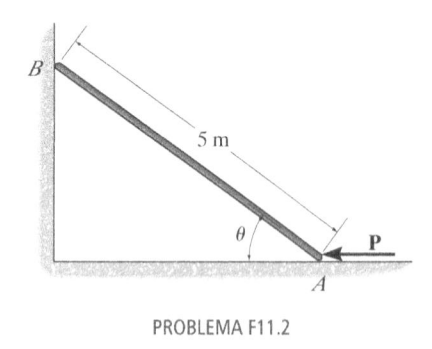

PROBLEMA F11.2

F11.3. O mecanismo está sujeito a uma força $P = 2$ kN. Determine o ângulo θ de equilíbrio. A mola não está esticada quando $\theta = 0°$. Despreze a massa dos membros.

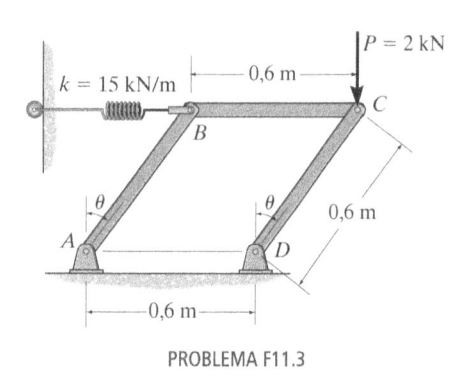

PROBLEMA F11.3

F11.4. O mecanismo está sujeito a uma força $P = 6$ kN. Determine o ângulo θ de equilíbrio. A mola não está esticada quando $\theta = 60°$. Despreze a massa dos membros.

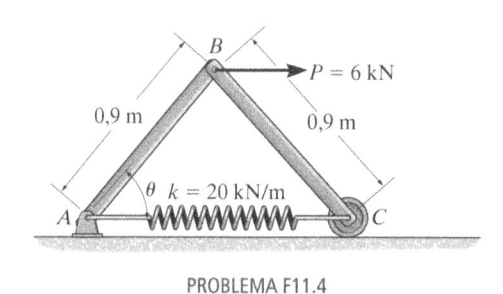

PROBLEMA F11.4

F11.5. Determine o ângulo θ quando a haste de 50 kg está em equilíbrio. A mola não está esticada quando $\theta = 60°$.

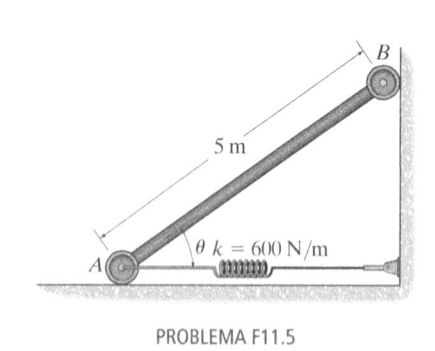

PROBLEMA F11.5

F11.6. O mecanismo pantográfico está sujeito a uma força $P = 150$ N. Determine o ângulo θ de equilíbrio. A mola não está esticada quando $\theta = 0°$. Despreze a massa dos membros.

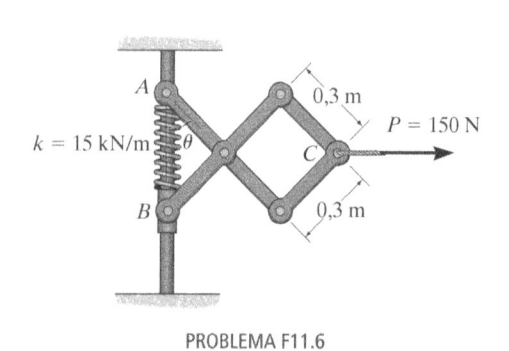

PROBLEMA F11.6

Problemas

11.1. Determine a força F necessária para levantar o bloco com massa de 50 kg. *Dica:* observe que as coordenadas s_A e s_B podem ser relacionadas ao comprimento vertical *constante l* da corda.

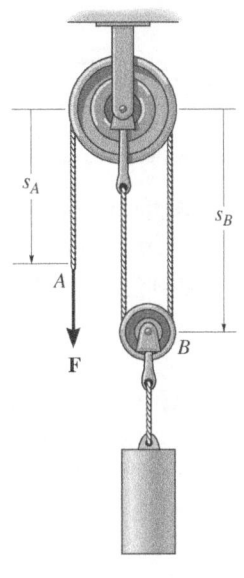

PROBLEMA 11.1

11.2. Determine a força **F** atuando sobre a corda necessária para manter o equilíbrio do elemento horizontal AB de 10 kg. *Dica:* expresse o *comprimento vertical constante l* da corda em termos das coordenadas de posição s_1 e s_2. A derivada dessa equação gera uma relação entre δ_1 e δ_2.

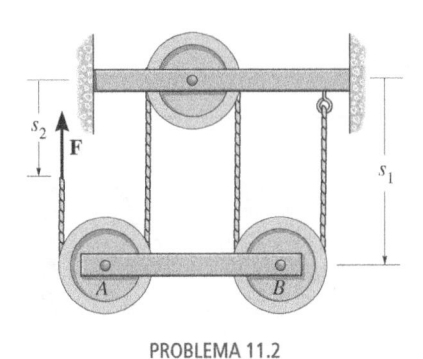

PROBLEMA 11.2

11.3. O macaco pantográfico suporta uma carga **P**. Determine a força axial no parafuso necessária para o equilíbrio quando o macaco está na posição θ. Cada um dos quatro elementos tem comprimento L e está conectado por um pino em seu centro. Os pontos B e D podem se mover horizontalmente.

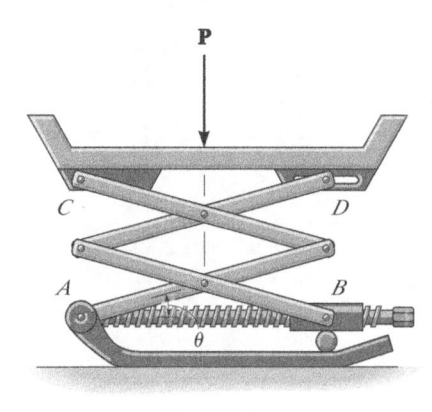

PROBLEMA 11.3

*11.4. A estrutura é usada para exercício. Ela consiste em quatro barras conectadas por pinos, cada uma com extensão L e uma mola de rigidez k com comprimento a ($< 2L$) quando não está esticada. Se forças horizontais **P** e **−P** são aplicadas às alças, de modo que θ diminua lentamente, determine o ângulo θ em que a intensidade de **P** é máxima.

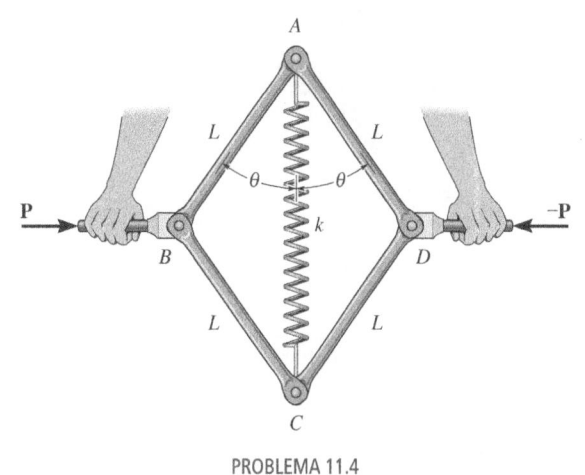

PROBLEMA 11.4

11.5. A máquina mostrada é usada para conformar chapas de metal. Ela consiste em duas articulações ABC e DEF, que são operadas pelo cilindro hidráulico *BE*. As articulações empurram para a direita a matriz presa ao elemento vertical móvel *FC*, pressionando a chapa na cavidade. Se a força que a chapa exerce sobre a matriz é *P* = 8 kN, determine a força *F* no cilindro hidráulico quando θ = 30°.

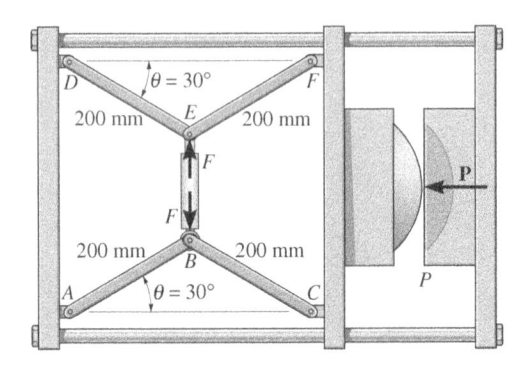

PROBLEMA 11.5

11.6. A haste é suportada pela mola e pela luva lisa, que permite que a mola esteja sempre perpendicular à haste para qualquer ângulo θ. Se o comprimento da mola não esticada é l_0, determine a força *P* necessária para manter a haste na posição de equilíbrio θ. Desconsidere o peso da haste.

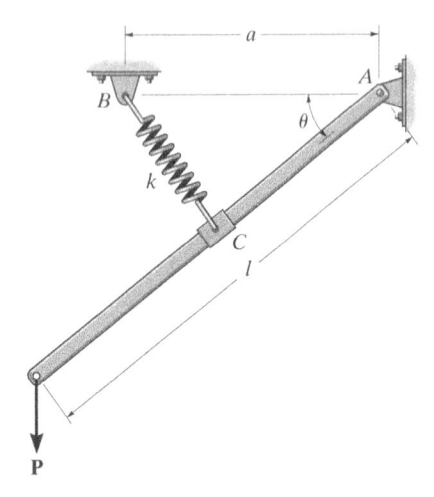

PROBLEMA 11.6

11.7. Se a mola está na posição não esticada quando θ = 30°, a massa do cilindro é 25 kg e o mecanismo está em equilíbrio quando θ = 45°, determine a rigidez *k* da mola. O elemento *AB* desliza livremente pela luva em *A*. Despreze a massa dos componentes.

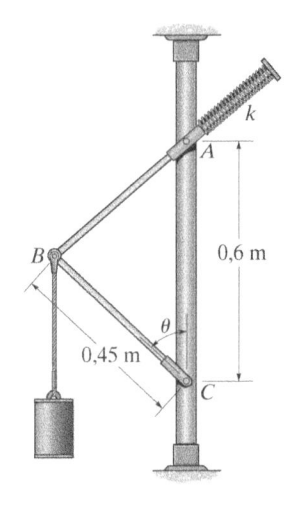

PROBLEMA 11.7

***11.8.** A prensa consiste no martelete *R*, na haste de conexão *AB* e em um volante. Se um torque de *M* = 75 N · m for aplicado ao volante, determine a força **F** aplicada ao martelete para manter a haste na posição θ = 60°.

11.9. O volante está sujeito a um torque de *M* = 75 N · m. Determine a força de compressão horizontal *F* e faça o gráfico de *F* (ordenada) *versus* a posição de equilíbrio θ (abscissa) para 0° ≤ θ ≤ 180°.

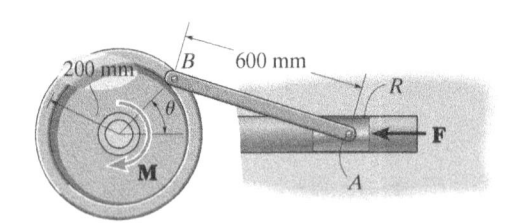

PROBLEMAS 11.8 e 11.9

11.10. O elemento esbelto de peso *W* se apoia na parede e no piso lisos. Determine a intensidade da força **P** necessária para mantê-lo em equilíbrio para determinado ângulo θ.

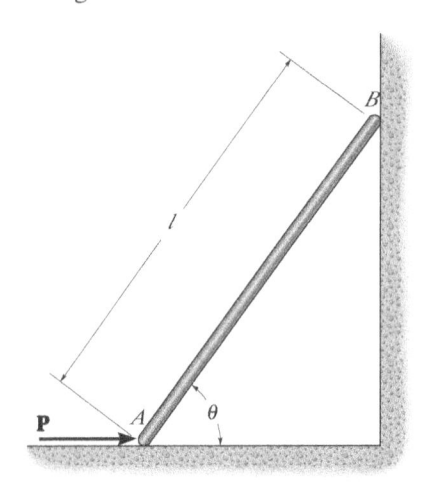

PROBLEMA 11.10

11.11. Quando $\theta = 30°$, o bloco uniforme de 25 kg comprime as duas molas horizontais em 100 mm. Determine a intensidade dos momentos de binário aplicados **M** necessários para manter o equilíbrio. Considere $k = 3$ kN/m e despreze a massa das conexões.

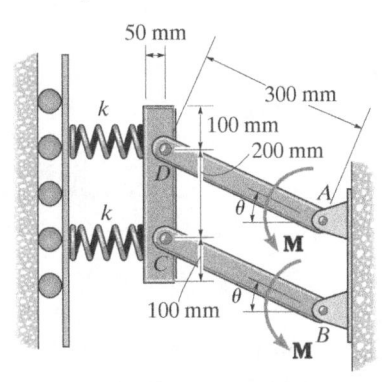

PROBLEMA 11.11

*11.12. Os membros do mecanismo são conectados por pinos. Se uma força vertical de 800 N atua em A, determine o ângulo θ necessário para que haja equilíbrio. A mola não está esticada quando $\theta = 0°$. Despreze a massa das conexões.

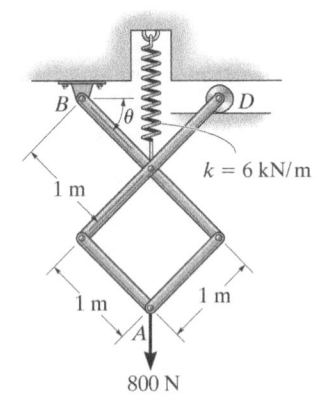

PROBLEMA 11.12

11.13. A janela de atendimento em um restaurante consiste em portas de vidro acionadas automaticamente por um motor que fornece um torque **M** a cada porta. As extremidades, A e B, se movem ao longo das guias horizontais. Se uma bandeja de alimento fica presa entre as portas, conforme mostrado na figura, determine a força horizontal que as portas exercem sobre ela na posição θ.

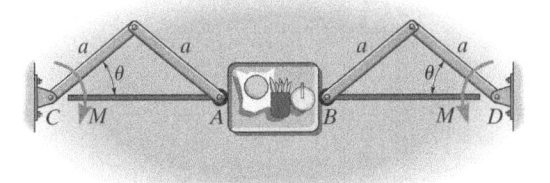

PROBLEMA 11.13

11.14. Se cada um dos três elementos do mecanismo possui massa de 4 kg, determine o ângulo θ para que haja equilíbrio. A mola, que sempre permanece vertical, não está esticada quando $\theta = 0°$.

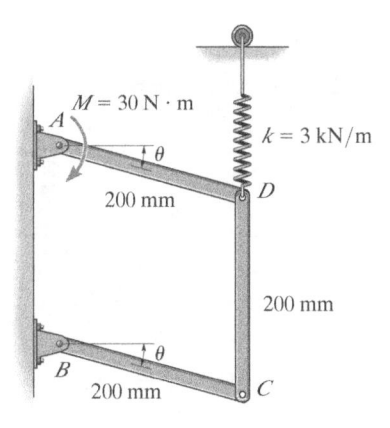

PROBLEMA 11.14

11.15. O "pantógrafo de Nuremberg" está sujeito a uma força horizontal $P = 600$ N. Determine o ângulo θ de equilíbrio. A mola tem rigidez $k = 15$ kN/m e não está esticada quando $\theta = 15°$.

*11.16. O "pantógrafo de Nuremberg" está sujeito a uma força horizontal $P = 600$ N. Determine a rigidez k da mola para equilíbrio quando $\theta = 60°$. A mola não está esticada quando $\theta = 15°$.

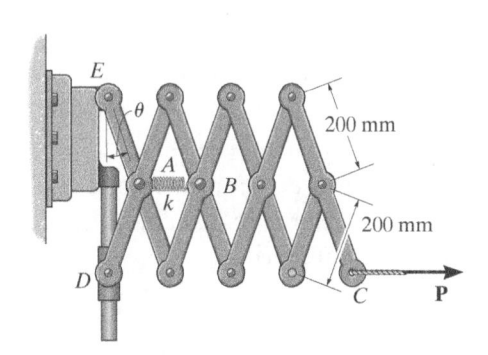

PROBLEMAS 11.15 e 11.16

11.17. Uma mesa de servir uniforme de 5 kg está apoiada em cada lado por um par de membros idênticos, AB e CD, e molas CE. Se a tigela tem massa de 1 kg, determine o ângulo θ quando a mesa está em equilíbrio. As molas têm rigidez $k = 200$ N/m cada uma e não estão deformadas quando $\theta = 90°$. Despreze a massa dos membros.

11.18. Uma mesa uniforme de servir de 5 kg está apoiada em cada lado por um par de membros idênticos, AB e CD, e molas CE. Se a tigela tem massa de

1 kg e está em equilíbrio quando θ = 45°, determine a rigidez k de cada mola. As molas não estão deformadas quando θ = 90°. Despreze a massa dos membros.

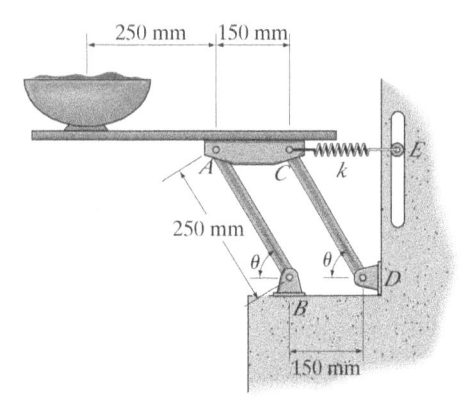

PROBLEMAS 11.17 e 11.18

11.19. O disco está sujeito a um momento de binário M. Determine a rotação θ do disco necessária para que haja equilíbrio. A extremidade da mola envolve o perímetro do disco enquanto ele gira. A mola está originalmente na posição de deformação nula.

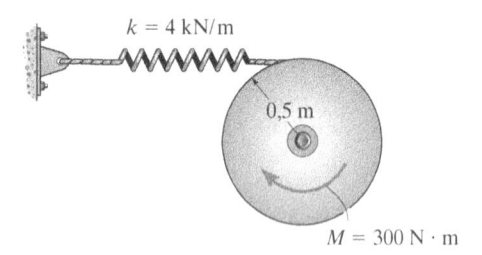

PROBLEMA 11.19

***11.20.** Se a mola tem rigidez à torção de k = 300 N · m/rad e encontra-se não deformada quando θ = 90°, determine o ângulo θ quando a estrutura está em equilíbrio.

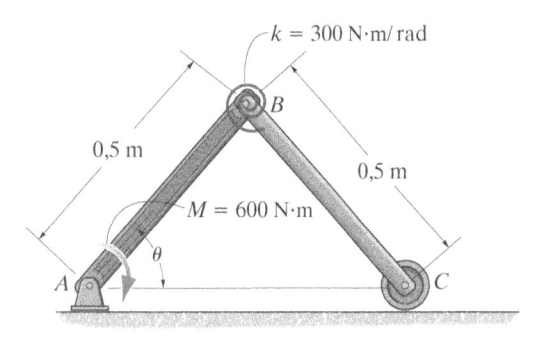

PROBLEMA 11.20

11.21. O virabrequim está sujeito a um torque M = 50 N · m. Determine a força compressiva horizontal F aplicada ao pistão para o equilíbrio quando θ = 60°.

11.22. O virabrequim está sujeito a um torque M = 50 N · m. Determine a força compressiva horizontal F e faça o gráfico de F (ordenada) versus θ (abscissa) para 0° ≤ θ ≤ 90°.

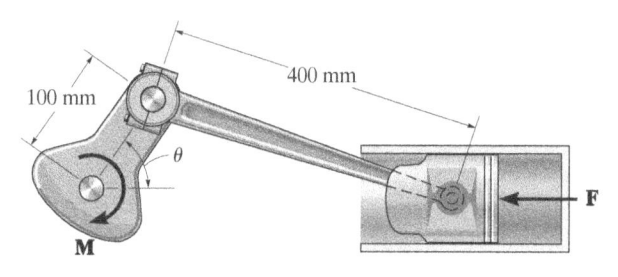

PROBLEMAS 11.21 e 11.22

11.23. A mola tem comprimento de 0,3 m quando não está esticada. Determine o ângulo θ de equilíbrio se os elementos articulados uniformes possuem massa de 5 kg cada.

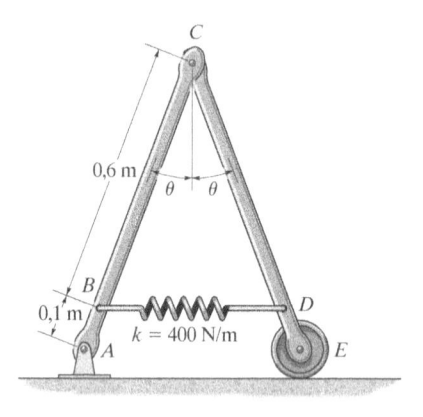

PROBLEMA 11.23

***11.24.** A lixeira tem peso W e centro de gravidade em G. Determine a força no cilindro hidráulico necessária para mantê-la na posição genérica θ.

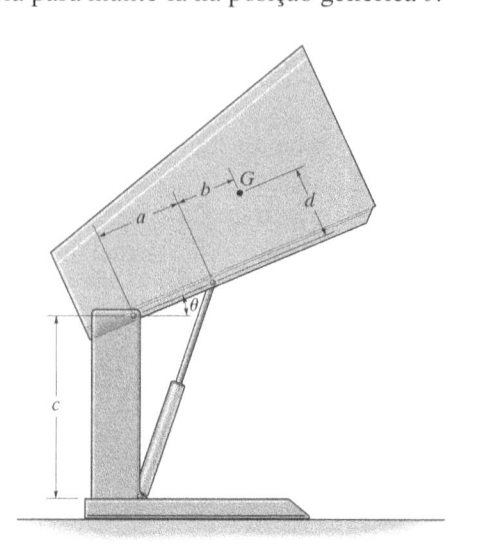

PROBLEMA 11.24

*11.4 Forças conservativas

Quando o trabalho de uma força depende somente de suas posições iniciais e finais, e é *independente* do caminho que ela percorre, a força é denominada *força conservativa*. O peso de um corpo e a força de uma mola são dois exemplos de forças conservativas.

Peso

Considere um bloco de peso **W** que percorre o caminho da Figura 11.10a. Quando ele é deslocado trajetória acima por uma quantidade d**r**, então o trabalho é $dU = \mathbf{W} \cdot d\mathbf{r}$ ou $dU = -W(dr \cos \theta) = -W\,dy$, como mostra a Figura 11.10b. Neste caso, o trabalho é *negativo*, pois **W** atua no sentido oposto ao de dy. Assim, se o bloco se move de A para B, através do deslocamento vertical h, o trabalho é:

$$U = -\int_0^h W\,dy = -Wh$$

O peso de um corpo é, portanto, uma força conservativa, pois o trabalho por ele realizado depende apenas de seu *deslocamento vertical* e é independente da trajetória percorrida.

Força de mola (recuperação elástica)

Agora, considere a mola linearmente elástica na Figura 11.11, que sofre um deslocamento ds. O trabalho realizado pela força da mola sobre o bloco é $dU = -F_s\,ds = -ks\,ds$. O trabalho é *negativo*, porque $\mathbf{F}_s$ atua no sentido oposto ao de ds. Assim, o trabalho de $\mathbf{F}_s$ quando o bloco é deslocado de $s = s_1$ até $s = s_2$ é:

$$U = -\int_{s_1}^{s_2} ks\,ds = -\left(\tfrac{1}{2}ks_2^2 - \tfrac{1}{2}ks_1^2\right)$$

Aqui, o trabalho depende apenas das posições inicial e final da mola, s_1 e s_2, medidas a partir da posição de deformação nula da mola. Como esse resultado é independente da trajetória tomada pelo bloco ao mover-se, uma força de mola também é uma *força conservativa*.

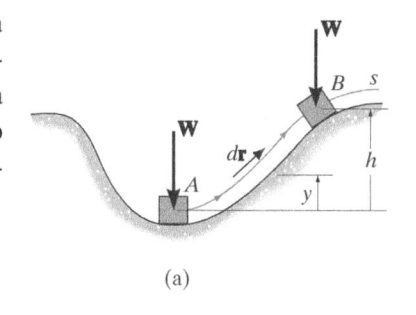

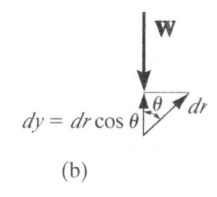

FIGURA 11.10

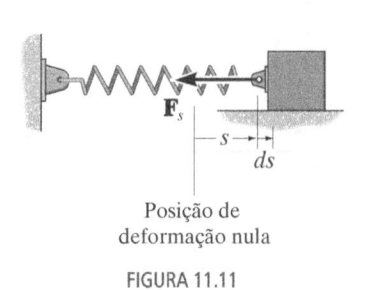

FIGURA 11.11

Atrito

Em contraste com uma força conservativa, considere a força de *atrito* exercida sobre um corpo deslizando por uma superfície fixa. O trabalho realizado pela força de atrito depende da trajetória; quanto maior a trajetória, maior o trabalho. Consequentemente, as forças de atrito são *não conservativas*, e a maior parte do trabalho realizado por elas é dissipado do corpo na forma de calor.

*11.5 Energia potencial

Uma força conservativa pode dar ao corpo a capacidade de realizar trabalho. Essa capacidade, medida como **energia potencial**, depende da localização do corpo em relação a uma posição ou nível de referência fixo.

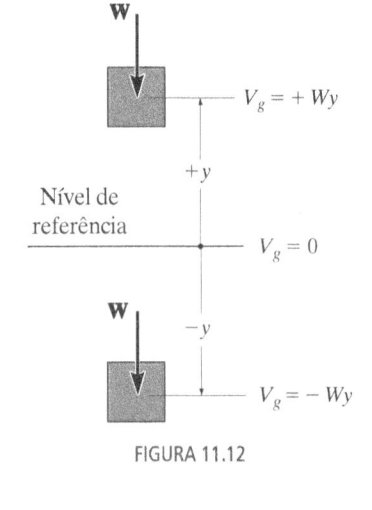

Energia potencial gravitacional

Se um corpo está localizado a uma distância y *acima* de uma referência fixa horizontal, como na Figura 11.12, seu peso tem energia potencial gravitacional *positiva* V_g, pois **W** tem a capacidade de realizar trabalho positivo quando o corpo é movido de volta para baixo até o nível de referência. De modo semelhante, se o corpo está localizado a uma distância y *abaixo* da referência, V_g é *negativo*, pois o peso realiza trabalho negativo quando o corpo é movido de volta para cima até o nível. No nível de referência, $V_g = 0$.

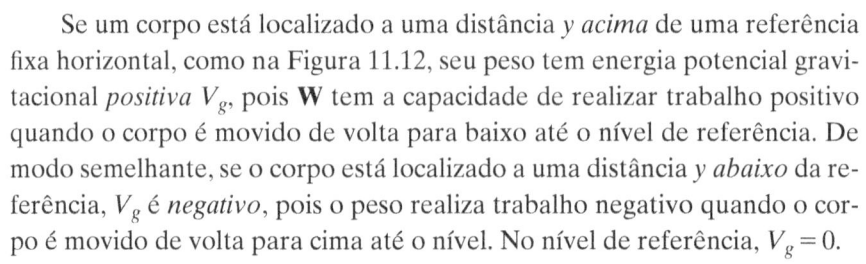

Medindo y como *positivo para cima*, a energia potencial gravitacional do peso do corpo **W** é, portanto,

$$V_g = Wy \tag{11.4}$$

Energia potencial elástica

Quando uma mola é alongada ou comprimida de uma quantidade s a partir de sua posição de deformação nula (a posição de referência), a energia armazenada na mola é chamada *energia potencial elástica*. Ela é determinada a partir de:

$$V_e = \tfrac{1}{2} k s^2 \tag{11.5}$$

Essa energia é sempre uma quantidade positiva, pois a força da mola que atua sobre um corpo a ela conectado realiza trabalho *positivo* sobre ele à medida que a força retorna o corpo à posição de referência (Figura 11.13).

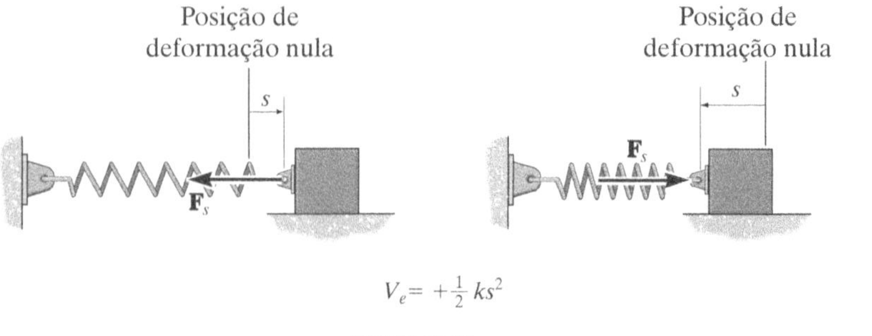

FIGURA 11.12

FIGURA 11.13

Função de potencial

No caso geral, se um corpo está sujeito a forças gravitacionais *e* elásticas, a *energia potencial ou função de potencial V* do corpo pode ser expressa como a soma algébrica

$$\boxed{V = V_g + V_e} \tag{11.6}$$

onde a medição de *V* depende da localização do corpo em relação a uma posição ou nível de referência selecionado, de acordo com as equações 11.4 e 11.5.

Em particular, se um *sistema* de blocos rígidos conectados e sem atrito tem um *único grau de liberdade*, de modo que sua posição vertical a partir do nível de referência seja definida pela coordenada q, a função de potencial para o sistema pode ser expressa como $V = V(q)$. O trabalho realizado por todas as forças peso e de mola que atuam sobre o sistema movendo-se de q_1 para q_2 é medido pela *diferença* em *V*, ou seja,

$$U_{1-2} = V(q_1) - V(q_2) \tag{11.7}$$

Por exemplo, a função de potencial para um sistema consistindo em um bloco de peso **W** apoiado por uma mola, como na Figura 11.14, pode ser expressa em termos da coordenada $(q =) y$, medida a partir de um nível de referência fixo localizado no comprimento não deformado da mola. Aqui,

$$\begin{aligned} V &= V_g + V_e \\ &= -Wy + \tfrac{1}{2}ky^2 \end{aligned} \tag{11.8}$$

Se o bloco se move de y_1 para y_2, aplicando a Equação 11.17 o trabalho de **W** e $\mathbf{F}_s$ é

$$U_{1-2} = V(y_1) - V(y_2) = -W(y_1 - y_2) + \tfrac{1}{2}ky_1^2 - \tfrac{1}{2}ky_2^2$$

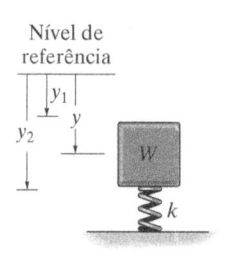

(a)

FIGURA 11.14

*11.6 Critério da energia potencial para o equilíbrio

Se um sistema conectado sem atrito tem um grau de liberdade e sua posição é definida pela coordenada q, então, se ele se desloca de q para $q + dq$, a Equação 11.7 torna-se

$$dU = V(q) - V(q + dq)$$

ou

$$dU = -dV$$

Se o sistema estiver em equilíbrio e sofrer um *deslocamento virtual* δq, em vez de um deslocamento real dq, a equação anterior torna-se $\delta U = -\delta V$. Porém, o princípio de trabalho virtual requer que $\delta U = 0$ e, portanto, $\delta V = 0$, e por isso podemos escrever $\delta V = (dV/dq)\delta q = 0$. Como $\delta q \neq 0$, essa expressão torna-se

$$\boxed{\dfrac{dV}{dq} = 0} \tag{11.9}$$

O contrapeso em A equilibra o peso do leito B dessa ponte levadiça simples. Aplicando-se o método da energia potencial, podemos analisar o estado de equilíbrio da ponte.

(b)

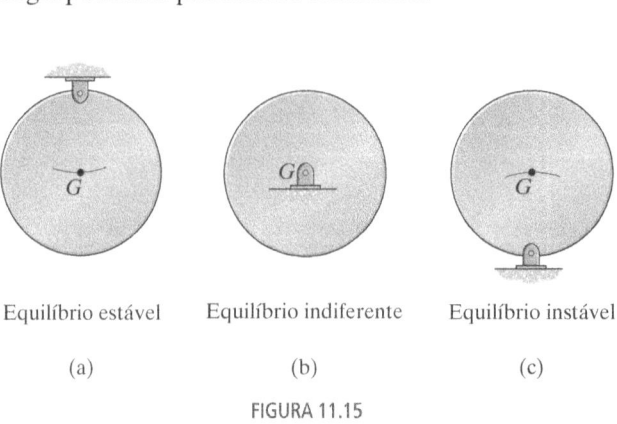

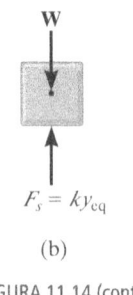

FIGURA 11.14 (cont.)

Logo, *quando um sistema de corpos conectados sem atrito está em equilíbrio, a primeira derivada de sua função de potencial é zero*. Por exemplo, usando a Equação 11.8, podemos determinar a posição de equilíbrio para a mola e o bloco na Figura 11.14a. Temos

$$\frac{dV}{dy} = -W + ky = 0$$

Logo, a posição de equilíbrio $y = y_{eq}$ é

$$y_{eq} = \frac{W}{k}$$

Naturalmente, esse *mesmo resultado* pode ser obtido aplicando $\Sigma F_y = 0$ às forças que atuam sobre o diagrama de corpo livre do bloco (Figura 11.14b).

*11.7 Estabilidade da configuração de equilíbrio

A função de potencial V de um sistema também pode ser usada para investigar a estabilidade da configuração de equilíbrio, que é classificada como *estável*, *indiferente* ou *instável*.

Equilíbrio estável

Um sistema é considerado em **equilíbrio estável** se tiver uma tendência a retornar à posição original quando sofre um pequeno deslocamento. A energia potencial do sistema, neste caso, é *mínima*. Um exemplo simples é mostrado na Figura 11.15a. Quando o disco recebe um pequeno deslocamento, seu centro de gravidade G sempre retornará (girará) à posição de equilíbrio, que está no *ponto mais baixo* de sua trajetória. É nesse ponto que a energia potencial do disco é *mínima*.

Equilíbrio indiferente

Um sistema é considerado em **equilíbrio indiferente** se, quando sofrer um pequeno deslocamento de sua posição original, ainda permanecer em equilíbrio. Nesse caso, a energia potencial do sistema é *constante*. O equilíbrio indiferente é mostrado na Figura 11.15b, em que o disco tem um pino em G. Toda vez que o disco gira, uma nova posição de equilíbrio é estabelecida e a energia potencial permanece inalterada.

Equilíbrio estável   Equilíbrio indiferente   Equilíbrio instável

(a)   (b)   (c)

FIGURA 11.15

Equilíbrio instável

Um sistema é considerado em *equilíbrio instável* se, quando sofrer um pequeno deslocamento, tiver uma tendência a *distanciar-se* de sua posição de equilíbrio original. A energia potencial do sistema, nesse caso, é *máxima*. Uma posição de equilíbrio instável do disco é mostrada na Figura 11.15c. Aqui, o disco girará para fora da posição de equilíbrio quando o centro de gravidade é ligeiramente deslocado. Nesse *ponto mais alto*, a energia potencial é *máxima*.

Sob vento forte e fazendo uma curva, esses reboques de cana de açúcar podem se tornar instáveis e tombar, pois seu centro de gravidade é alto em relação à estrada quando estão totalmente carregados.

Sistema com um grau de liberdade

Se um sistema tem apenas um grau de liberdade e sua posição é definida pela coordenada q, a função de potencial V para o sistema em termos de q pode ser descrita graficamente (Figura 11.16). Uma vez que o sistema esteja em *equilíbrio*, dV/dq, que representa a inclinação dessa função, deve ser igual a zero. Uma investigação da estabilidade na configuração de equilíbrio, portanto, requer que a segunda derivada da função de potencial seja avaliada.

Se d^2V/dq^2 for maior do que zero (Figura 11.16a), a energia potencial do sistema será *mínima*. Isso indica que a configuração de equilíbrio é *estável*. Assim,

$$\frac{dV}{dq} = 0, \qquad \frac{d^2V}{dq^2} > 0 \quad \text{equilíbrio estável} \qquad (11.10)$$

Se d^2V/dq^2 for menor do que zero (Figura 11.16b), a energia potencial do sistema será *máxima*. Isso indica uma configuração de equilíbrio *instável*. Assim,

$$\frac{dV}{dq} = 0, \qquad \frac{d^2V}{dq^2} < 0 \quad \text{equilíbrio instável} \qquad (11.11)$$

Finalmente, se d^2V/dq^2 for igual a zero, será necessário investigar as derivadas de ordem mais alta para determinar a estabilidade. A configuração de equilíbrio será *estável* se a primeira derivada diferente de zero for de ordem *par* e *positiva*. De modo semelhante, o equilíbrio será *instável* se essa primeira derivada diferente de zero for ímpar ou se for par e negativa. Se todas as derivadas de ordem mais alta forem *zero*, o sistema é considerado em *equilíbrio indiferente* (Figura 11.16c). Assim,

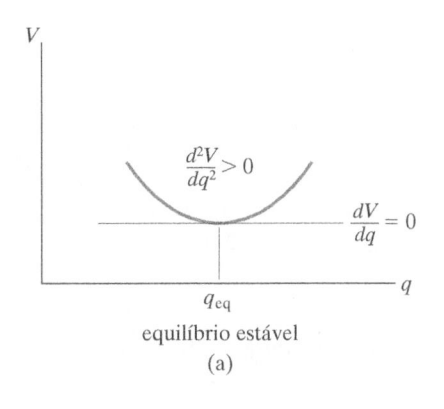

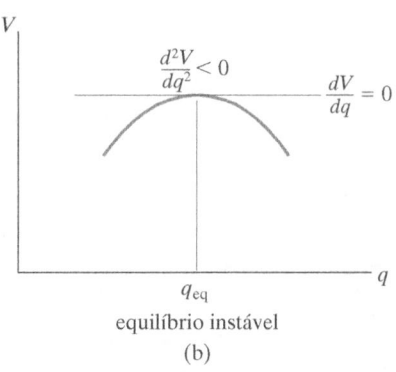

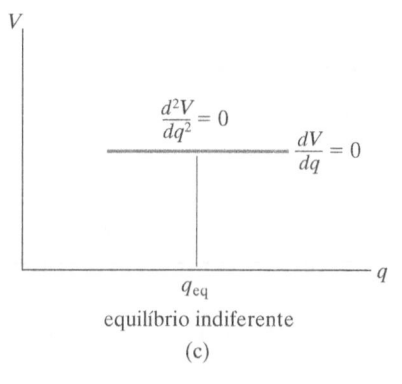

equilíbrio estável
(a)

equilíbrio instável
(b)

equilíbrio indiferente
(c)

FIGURA 11.16

$$\frac{dV}{dq} = \frac{d^2V}{dq^2} = \frac{d^3V}{dq^3} = \cdots = 0 \qquad \text{equilíbrio indiferente} \qquad (11.12)$$

Essa condição só ocorre se a função da energia potencial do sistema for constante em ou em torno da vizinhança de q_{eq}.

Pontos importantes

- Uma força conservativa realiza trabalho independentemente da trajetória através da qual a força traslada. Alguns exemplos são o peso e a força de uma mola.
- A energia potencial fornece ao corpo a capacidade de realizar trabalho quando o corpo se move em relação a uma posição fixa, ou de referência. A energia potencial gravitacional é positiva quando o corpo está acima dessa posição e negativa quando o corpo está abaixo dela. A energia potencial de mola ou elástica é sempre positiva. Ela depende do alongamento ou da compressão da mola.
- A soma dessas duas formas de energia potencial representa a função de potencial. O equilíbrio requer que a primeira derivada da função de potencial seja igual a zero. A estabilidade na posição de equilíbrio é determinada a partir da segunda derivada da função de potencial.

Procedimento para análise

Usando métodos de energia potencial, as posições de equilíbrio e a estabilidade de um corpo ou de um sistema de corpos conectados tendo um único grau de liberdade podem ser obtidas aplicando o procedimento indicado a seguir.

Função de potencial

- Esboce o sistema de modo que ele esteja na *posição arbitrária* especificada pela coordenada q.
- Estabeleça um *nível de referência* horizontal atrelado a um *ponto fixo*[*] e expresse a energia potencial gravitacional V_g em termos do peso W de cada membro e da sua distância vertical y a partir do nível, $V_g = Wy$.
- Expresse a energia potencial elástica V_e do sistema em termos do alongamento ou da compressão, s, de qualquer mola de conexão, $V_e = \frac{1}{2}ks^2$.
- Formule a função de potencial $V = V_g + V_e$ e expresse as *coordenadas de posição y e s* em termos de uma coordenada única q.

Posição de equilíbrio

- A posição de equilíbrio do sistema é determinada tomando-se a primeira derivada de V e definindo-a igual a zero, $dV/dq = 0$.

Estabilidade

- A estabilidade na posição de equilíbrio é determinada avaliando-se a segunda derivada ou derivadas de ordem mais alta de V.
- Se a segunda derivada for maior do que zero, o sistema é estável; se todas as derivadas forem iguais a zero, o sistema está em equilíbrio indiferente; e se a segunda derivada for menor do que zero, o sistema é instável.

---

[*] A localização do nível de referência é *arbitrária*, pois somente as *variações* ou os diferenciais de V são necessários para investigar a posição de equilíbrio e sua estabilidade.

Exemplo 11.5

A haste uniforme mostrada na Figura 11.17a tem massa de 10 kg. Se a mola não está esticada quando $\theta = 0°$, determine o ângulo θ de equilíbrio e investigue a estabilidade na posição de equilíbrio.

SOLUÇÃO

Função de potencial

O nível de referência é estabelecido na extremidade inferior da haste (Figura 11.17b). Quando ela está localizada na posição arbitrária θ, a mola aumenta sua energia potencial esticando e o peso diminui sua energia potencial. Logo,

$$V = V_e + V_g = \frac{1}{2}ks^2 + Wy$$

Como $l = s + l\cos\theta$ ou $s = l(1 - \cos\theta)$, e $y = (l/2)\cos\theta$, então,

$$V = \frac{1}{2}kl^2(1 - \cos\theta)^2 + W\left(\frac{l}{2}\cos\theta\right)$$

Posição de equilíbrio

A primeira derivada de V é:

$$\frac{dV}{d\theta} = kl^2(1 - \cos\theta)\sen\theta - \frac{Wl}{2}\sen\theta = 0$$

ou

$$l\left[kl(1 - \cos\theta) - \frac{W}{2}\right]\sen\theta = 0$$

Essa equação é satisfeita desde que:

$$\sen\theta = 0 \quad \theta = 0° \qquad \textit{Resposta}$$

ou

$$\theta = \cos^{-1}\left(1 - \frac{W}{2kl}\right) = \cos^{-1}\left[1 - \frac{10(9,81)}{2(200)(0,6)}\right] = 53,8° \quad \textit{Resposta}$$

Estabilidade

A segunda derivada de V é:

$$\frac{d^2V}{d\theta^2} = kl^2(1 - \cos\theta)\cos\theta + kl^2\sen\theta\sen\theta - \frac{Wl}{2}\cos\theta$$
$$= kl^2(\cos\theta - \cos 2\theta) - \frac{Wl}{2}\cos\theta$$

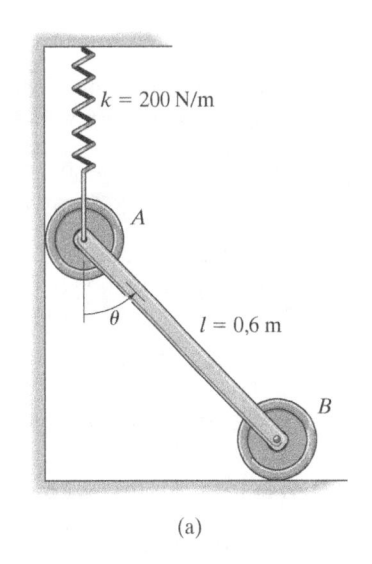

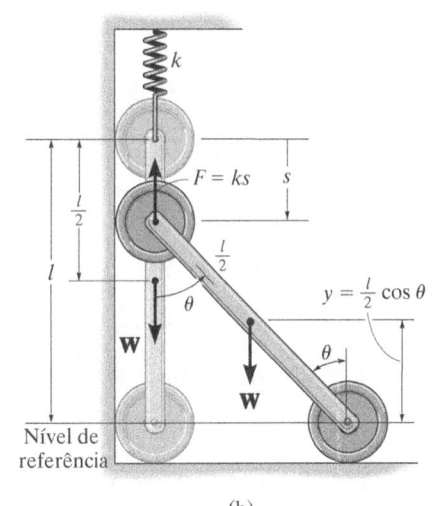

Substituindo os valores das constantes, com $\theta = 0°$ e $\theta = 53,8°$, obtemos:

$$\left.\frac{d^2V}{d\theta^2}\right|_{\theta=0°} = 200(0,6)^2(\cos 0° - \cos 0°) - \frac{10(9,81)(0,6)}{2}\cos 0°$$
$$= -29,4 < 0 \quad \text{(equilíbrio instável em } \theta = 0°) \qquad \textit{Resposta}$$

$$\left.\frac{d^2V}{d\theta^2}\right|_{\theta=53,8°} = 200(0,6)^2(\cos 53,8° - \cos 107,6°) - \frac{10(9,81)(0,6)}{2}\cos 53,8°$$
$$= 46,9 > 0 \quad \text{(equilíbrio estável em } \theta = 53,8°) \qquad \textit{Resposta}$$

FIGURA 11.17

Exemplo 11.6

Se a mola AD na Figura 11.18a tem rigidez de 18 kN/m e não está esticada quando $\theta = 60°$, determine o ângulo θ de equilíbrio. A carga tem massa de 1,5 Mg. Investigue a estabilidade na posição de equilíbrio.

SOLUÇÃO

Energia potencial

A energia potencial gravitacional para a carga com relação ao nível de referência fixo, mostrado na Figura 11.18b, é:

$$V_g = mgy = 1500(9,81) \text{ N}[(4 \text{ m}) \text{ sen } \theta + h]$$
$$= 58860 \text{ sen } \theta + 14715h$$

onde h é uma distância constante. Pela geometria do sistema, o alongamento da mola quando a carga está na plataforma é $s = (4 \text{ m}) \cos \theta - (4 \text{ m}) \cos 60° = (4 \text{ m}) \cos \theta - 2 \text{ m}$.

Assim, a energia potencial elástica do sistema é:

$$V_e = \tfrac{1}{2}ks^2 = \tfrac{1}{2}(18000 \text{ N/m})(4 \text{ m} \cos \theta - 2 \text{ m})^2 = 9000(4 \cos \theta - 2)^2$$

A função de energia potencial para o sistema é, portanto,

$$V = V_g + V_e = 58860 \text{ sen } \theta + 14715h + 9000(4 \cos \theta - 2)^2 \quad (1)$$

Equilíbrio

Quando o sistema está em equilíbrio,

$$\frac{dV}{d\theta} = 58860 \cos \theta + 18000(4 \cos \theta - 2)(-4 \text{ sen } \theta) = 0$$

$$58860 \cos \theta - 288000 \text{ sen } \theta \cos \theta + 144000 \text{ sen } \theta = 0$$

Como sen $2\theta = 2$ sen $\theta \cos \theta$,

$$58860 \cos \theta - 144000 \text{ sen } 2\theta + 144000 \text{ sen } \theta = 0$$

Resolvendo por tentativa e erro,

$$\theta = 28,18° \text{ e } \theta = 45,51° \qquad \textit{Resposta}$$

NOTA do Revisor Técnico: pode-se chegar a esse resultado por um procedimento gráfico análogo ao anotado no Exemplo 11.4.

Estabilidade

Obtendo-se a segunda derivada da Equação 1,

$$\frac{d^2V}{d\theta^2} = -58860 \text{ sen } \theta - 288000 \cos 2\theta + 144000 \cos \theta$$

Substituindo $\theta = 28,18°$, temos:

$$\frac{d^2V}{d\theta^2} = -60402 < 0 \qquad \text{Instável} \qquad \textit{Resposta}$$

E para $\theta = 45,51°$,

$$\frac{d^2V}{d\theta^2} = 64073 > 0 \qquad \text{Estável} \qquad \textit{Resposta}$$

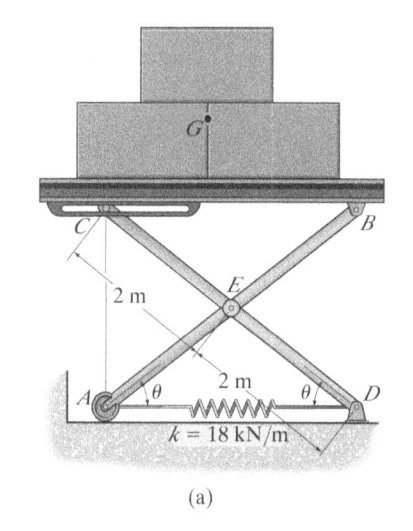

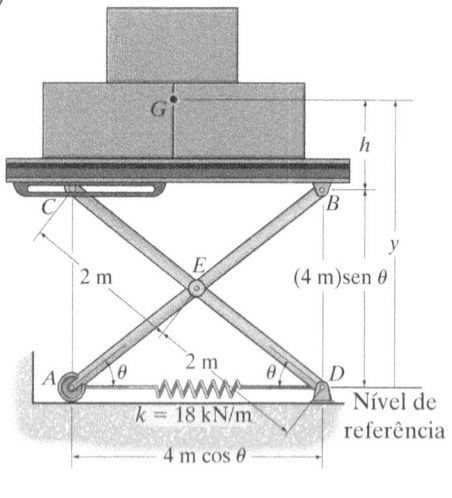

FIGURA 11.18

Exemplo 11.7

O bloco uniforme de massa m repousa no topo da superfície do meio cilindro (Figura 11.19a). Mostre que essa é uma condição de equilíbrio instável se $h > 2R$.

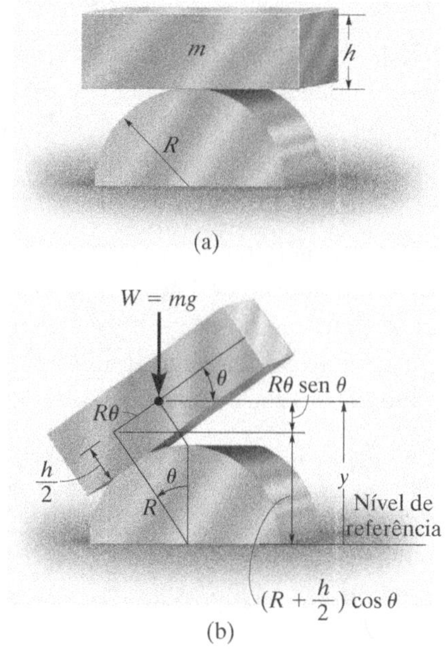

SOLUÇÃO

Função de potencial

O nível de referência é estabelecido na base do cilindro (Figura 11.19b). Se o bloco for deslocado de um valor θ a partir da posição de equilíbrio, a função de potencial é:

$$V = V_e + V_g$$
$$= 0 + mgy$$

Da Figura 11.19b,

$$y = \left(R + \frac{h}{2}\right)\cos\theta + R\theta\,\text{sen}\,\theta$$

Assim,

$$V = mg\left[\left(R + \frac{h}{2}\right)\cos\theta + R\theta\,\text{sen}\,\theta\right]$$

FIGURA 11.19

Posição de equilíbrio

$$\frac{dV}{d\theta} = mg\left[-\left(R + \frac{h}{2}\right)\text{sen}\,\theta + R\,\text{sen}\,\theta + R\theta\cos\theta\right] = 0$$
$$= mg\left(-\frac{h}{2}\text{sen}\,\theta + R\theta\cos\theta\right) = 0$$

Observe que $\theta = 0°$ satisfaz esta equação.

Estabilidade

Obtendo-se a segunda derivada de V, tem-se:

$$\frac{d^2V}{d\theta^2} = mg\left(-\frac{h}{2}\cos\theta + R\cos\theta - R\theta\,\text{sen}\,\theta\right)$$

Em $\theta = 0°$,

$$\left.\frac{d^2V}{d\theta^2}\right|_{\theta=0°} = -mg\left(\frac{h}{2} - R\right)$$

Como todas as constantes são positivas, o bloco está em equilíbrio instável desde que $h > 2R$, pois assim $d^2V/d\theta^2 < 0$.

Problemas

11.25. Se a energia potencial de um sistema conservativo com um grau de liberdade é expressa pela relação $V = (3y^3 + 2y^2 - 4y + 50)$ J, onde y é dado em metros, determine as posições de equilíbrio e investigue a estabilidade em cada posição.

11.26. Se a energia potencial de um sistema conservativo com um grau de liberdade é expressa pela relação $V = (10 \cos 2\theta + 25 \sin \theta)$ J, onde $0° < \theta < 180°$, determine as posições de equilíbrio e investigue a estabilidade em cada posição.

11.27. Se a energia potencial de um sistema conservativo com um grau de liberdade é expressa pela relação $V = (8x^3 - 2x^2 - 10)$ J, onde x é dado em metros, determine as posições de equilíbrio e investigue a estabilidade em cada posição.

*__11.28.__ Se a energia potencial de um sistema conservativo com um grau de liberdade é expressa pela relação $V = (24 \sin \theta + 10 \cos 2\theta)$ J, onde $0° \leq \theta \leq 90°$, determine as posições de equilíbrio e investigue a estabilidade em cada posição.

11.29. Se a função de potencial de um sistema conservativo com um grau de liberdade é $V = (12 \sin 2\theta + 15 \cos \theta)$ J, onde $0° < \theta < 180°$, determine as posições de equilíbrio e investigue a estabilidade em cada posição.

11.30. A mola da balança tem um comprimento a quando não deformada. Determine o ângulo θ de equilíbrio quando o peso W é suportado na plataforma. Despreze o peso dos elementos. Que valor seria necessário para W a fim de manter a balança em equilíbrio indiferente quando $\theta = 0°$?

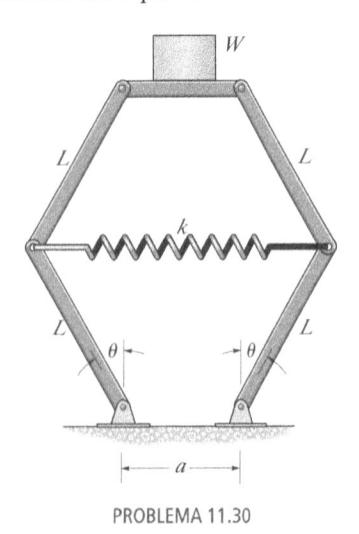

PROBLEMA 11.30

11.31. A haste uniforme tem 80 kg de massa. Determine o ângulo θ de equilíbrio e investigue a sua estabilidade quando estiver nessa posição. A mola não está deformada quando $\theta = 90°$.

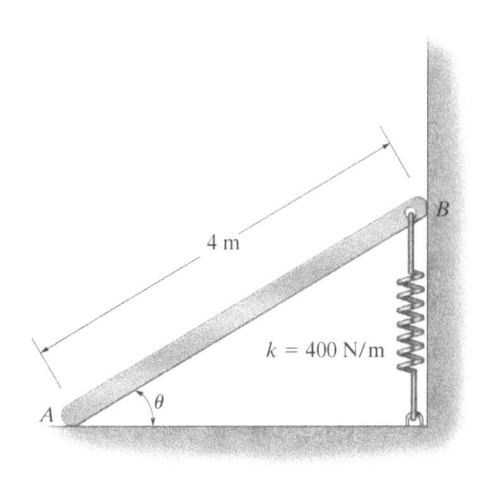

PROBLEMA 11.31

*__11.32.__ O elemento uniforme AB tem massa de 3 kg e está conectado nas duas extremidades por meio de pinos. O elemento BD, com peso desprezível, passa por um bloco articulado em C. Se a mola tem rigidez $k = 100$ N/m e não está deformada quando $\theta = 0°$, determine o ângulo θ de equilíbrio e investigue a estabilidade na posição de equilíbrio. Despreze o tamanho do bloco articulado.

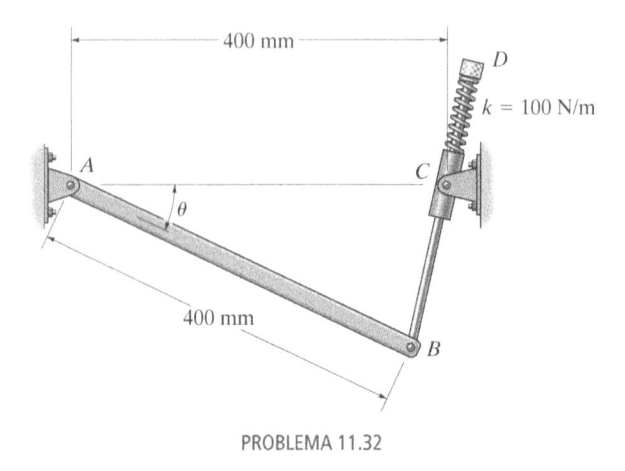

PROBLEMA 11.32

11.33. Se cada um dos três elementos do mecanismo tem peso W, determine o ângulo θ de equilíbrio. A mola, que sempre permanece na vertical, não está deformada quando $\theta = 0°$.

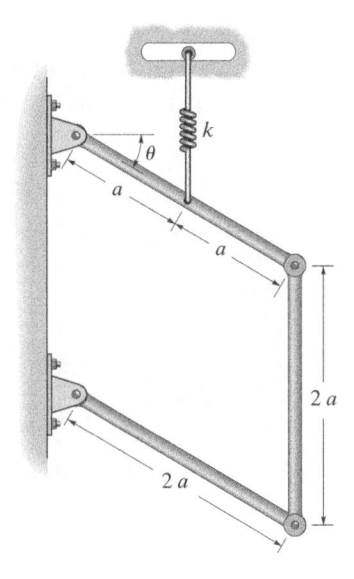

PROBLEMA 11.33

11.34. Uma mola com rigidez à torção k está presa à articulação em B. Ela não está deformada quando o conjunto de hastes está na posição vertical. Determine o peso W do bloco que resulta em equilíbrio neutro. *Dica:* estabeleça a função da energia potencial para um ângulo θ pequeno, ou seja, aproxime sen $\theta \approx 0$, e cos $\theta \approx 1 - \theta^2/2$.

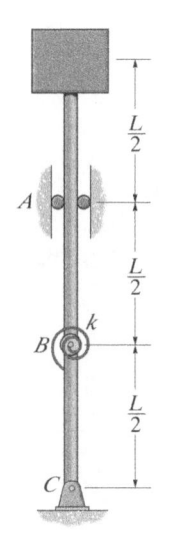

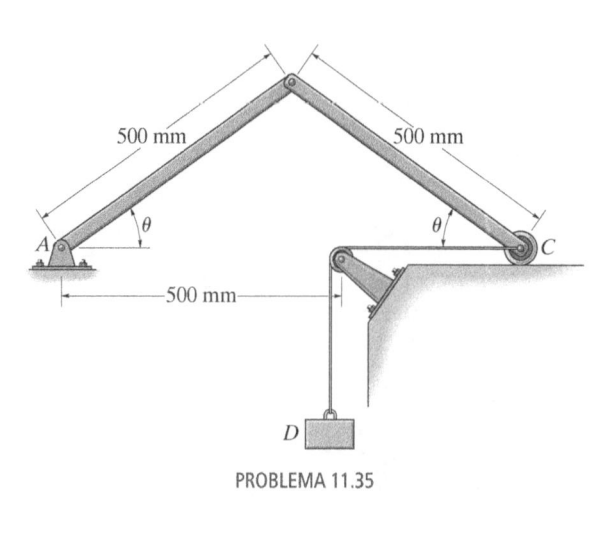

PROBLEMA 11.35

***11.36.** A haste uniforme AD tem 20 kg de massa. Se a mola conectada não está deformada quando $\theta = 90°$, determine o ângulo θ para haver equilíbrio. Observe que a mola sempre permanece na posição vertical, em virtude da guia de rolete. Investigue a estabilidade da haste quando ela está na posição de equilíbrio.

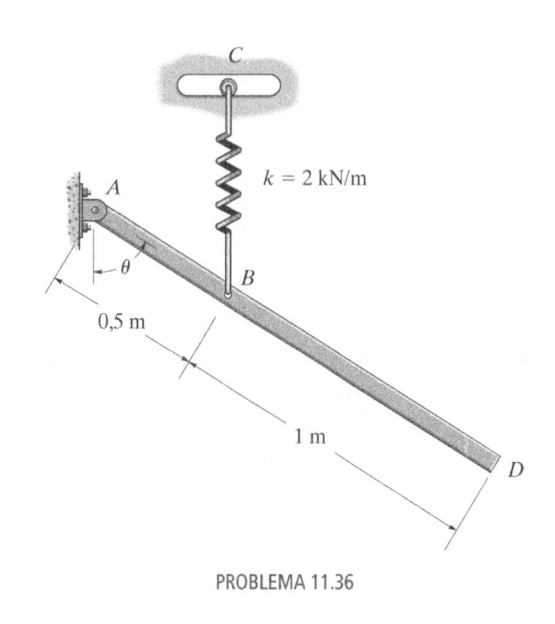

PROBLEMA 11.34

PROBLEMA 11.36

11.35. Determine o ângulo θ para haver equilíbrio e investigue a estabilidade nessa posição. As hastes possuem massa de 3 kg cada uma e o bloco suspenso D tem massa de 7 kg. A corda DC tem comprimento total de 1 m.

11.37. As duas hastes possuem massa de 8 kg cada. Determine a rigidez k exigida para a mola, de modo que haja equilíbrio quando $\theta = 60°$. A mola tem comprimento de 1 m quando não deformada. Investigue a estabilidade do sistema na posição de equilíbrio.

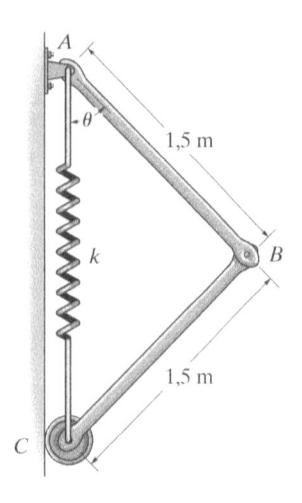

PROBLEMA 11.37

11.38. A haste uniforme tem massa de 100 kg. Se a mola não estiver deformada quando $\theta = 60°$, determine o ângulo θ para haver equilíbrio e investigue a estabilidade na posição de equilíbrio. A mola sempre está na posição horizontal em virtude da guia de rolete em B.

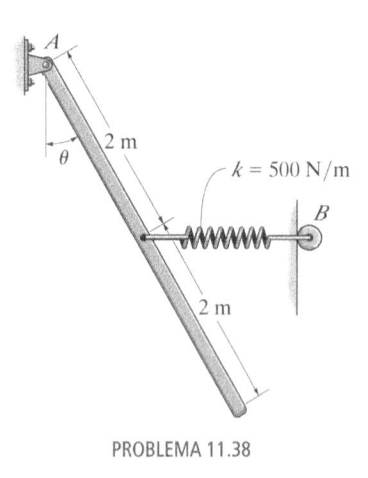

PROBLEMA 11.38

11.39. Determine o ângulo θ para haver equilíbrio e investigue a estabilidade nessa posição. As hastes possuem massa de 10 kg cada e a mola tem comprimento não deformado de 100 mm.

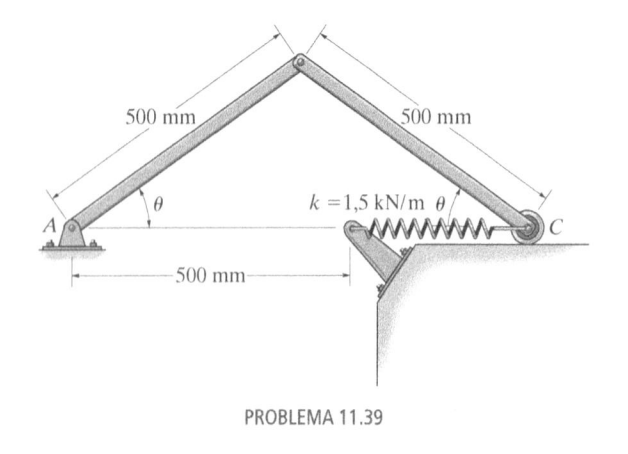

PROBLEMA 11.39

*__11.40.__ O cilindro está apoiado em A, vértice de um furo cônico em sua base. Determine a distância mínima d a fim de que ele permaneça em equilíbrio estável.

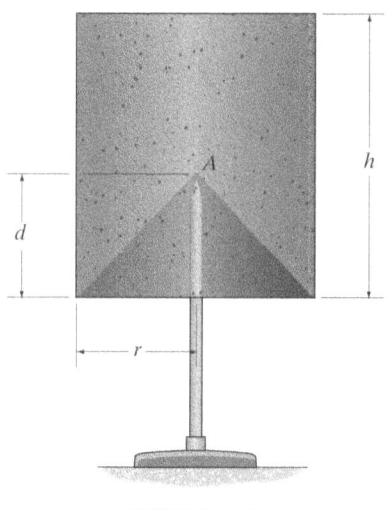

PROBLEMA 11.40

11.41. Se a mola tem rigidez à torção $k = 300$ N · m/rad e não está deformada quando $\theta = 90°$, determine o ângulo de equilíbrio se a esfera tem massa de 20 kg. Investigue a estabilidade nessa posição. A luva C pode deslizar livremente ao longo da guia vertical. Despreze o peso das hastes e da luva C.

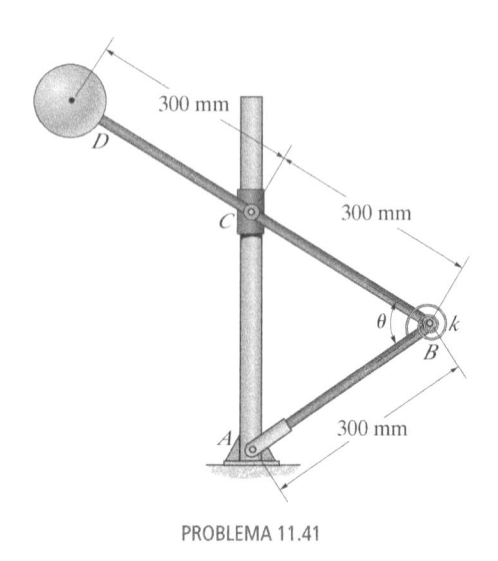

PROBLEMA 11.41

11.42. Se a haste uniforme OA tem massa de 12 kg, determine a massa m que a manterá em equilíbrio quando $\theta = 30°$. O ponto C coincide com B quando OA está na horizontal. Despreze o tamanho da polia em B.

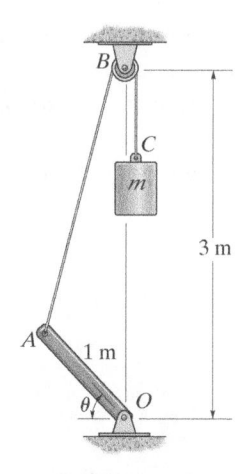

11.45. A pequena balança postal consiste em um contrapeso W_1, conectado aos elementos que possuem peso desprezível. Determine o peso W_2 que está na bandeja em termos dos ângulos θ e ϕ e das dimensões mostradas. Todos os elementos estão conectados por pinos.

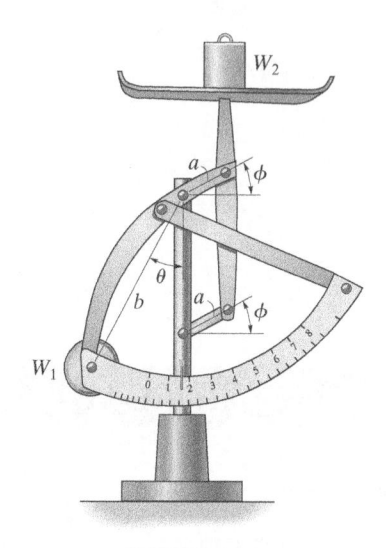

PROBLEMA 11.42

11.43. Cada elemento tem uma massa por comprimento m_0. Determine os ângulos θ e ϕ nos quais eles estão suspensos em equilíbrio. O contato em A é liso, e ambos são conectados por um pino em B.

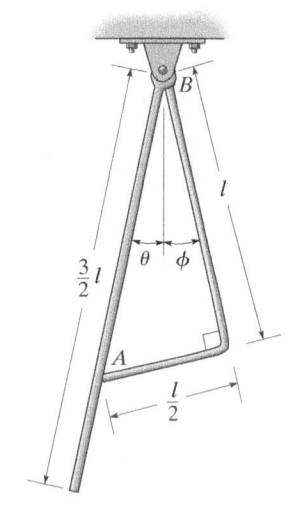

PROBLEMA 11.45

11.46. O caminhão tem massa de 20 Mg e centro de massa em G. Determine a inclinação θ da rampa sobre a qual ele possa estacionar sem tombar e investigue a estabilidade nessa posição.

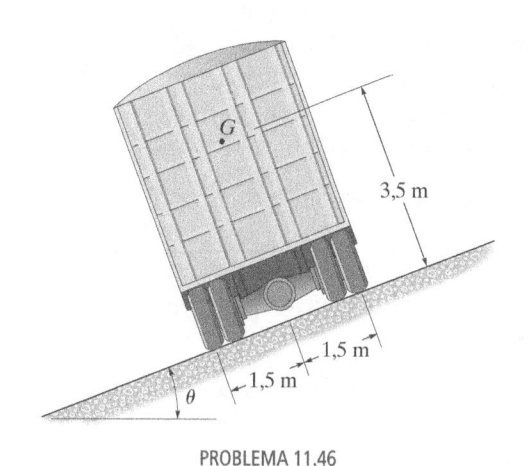

PROBLEMA 11.43

*__11.44.__ O cilindro é composto de dois materiais, de modo que possui massa m e centro de gravidade no ponto G. Mostre que, quando G se encontra acima do centroide C do cilindro, o equilíbrio é instável.

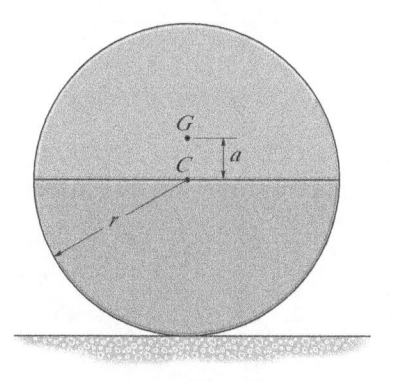

PROBLEMA 11.46

PROBLEMA 11.44

11.47. O bloco triangular de peso W se apoia sobre os cantos lisos que estão separados por uma distância *a*. Se o bloco possui três lados iguais de comprimento *d*, determine o ângulo θ para que haja equilíbrio.

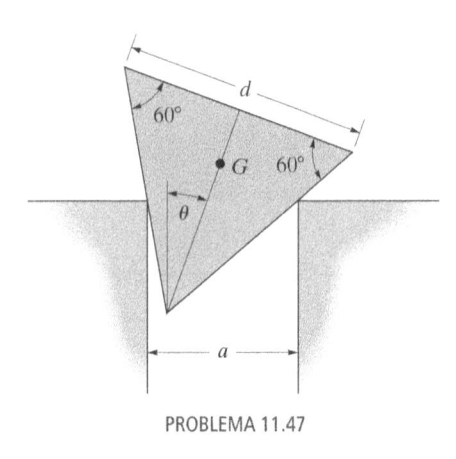

PROBLEMA 11.47

*11.48. Um bloco homogêneo repousa no topo da superfície cilíndrica. Derive a relação entre o raio do cilindro, *r*, e a dimensão do bloco, *b*, para o equilíbrio estável. *Dica:* estabeleça a função energia potencial para um ângulo pequeno θ, ou seja, sen θ ≈ 0, e cos θ ≈ 1 − θ²/2.

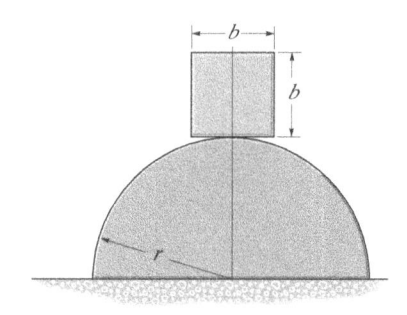

PROBLEMA 11.48

Revisão do capítulo

Princípio do trabalho virtual

As forças sobre um corpo realizarão *trabalho virtual* quando o corpo sofrer um deslocamento ou uma rotação diferencial *imaginária*.

$\delta y, \delta y'$ — deslocamentos virtuais

$\delta\theta$ — rotação virtual

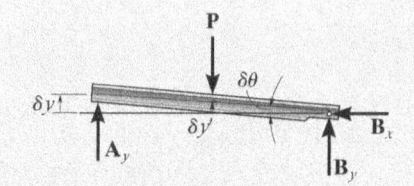

Para o equilíbrio, a soma dos trabalhos virtuais realizados por todas as forças atuando sobre o corpo deve ser igual a zero para qualquer deslocamento virtual. Isso é conhecido como o *princípio do trabalho virtual*, e é útil para encontrar a configuração de equilíbrio de um mecanismo ou uma força reativa atuando sobre uma série de membros conectados.

$$\delta U = 0$$

Se o sistema de membros conectados tem um grau de liberdade, então sua posição pode ser especificada por uma coordenada independente, como θ.

Para aplicar o princípio do trabalho virtual, primeiramente é necessário que se definam *coordenadas de posição* para localizar todas as forças e momentos sobre o mecanismo que realizarão trabalho quando esse mecanismo sofrer um movimento virtual δθ.

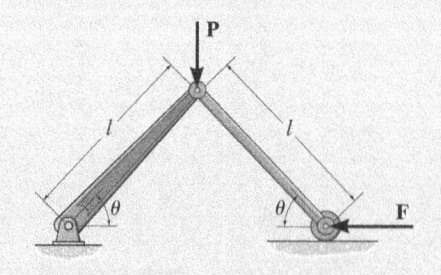

As coordenadas são relacionadas à coordenada independente θ e depois essas expressões são derivadas a fim de relacionar os deslocamentos da coordenada *virtual* com o deslocamento virtual δθ.

Finalmente, a equação do trabalho virtual é escrita para o mecanismo em termos do deslocamento virtual comum δθ, e depois é igualada a zero. Fatorando δθ da equação, passa a ser possível determinar a força ou o momento de binário incógnito, ou a posição de equilíbrio θ.

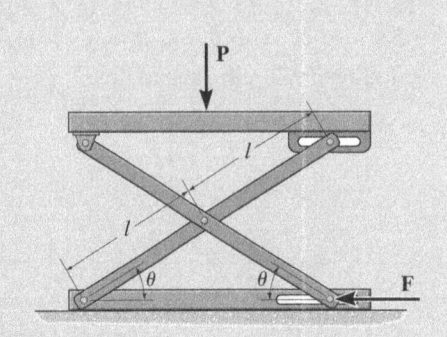

Critério da energia potencial para o equilíbrio

Quando um sistema está sujeito apenas a forças conservativas, como o peso e a força de mola, a configuração de equilíbrio pode ser determinada usando a *função de energia potencial V* para o sistema.

$$V = V_g + V_e = -Wy + \tfrac{1}{2}ky^2$$

A função de energia potencial é estabelecida expressando a energia potencial dos pesos e das molas de um sistema em termos da coordenada independente q.

Uma vez que a função de energia potencial esteja formulada, sua primeira derivada é igualada a zero. A solução gera a posição de equilíbrio q_{eq} do sistema.

$$\frac{dV}{dq} = 0$$

A estabilidade do sistema pode ser investigada tomando-se a segunda derivada de V.

$$\frac{dV}{dq} = 0, \quad \frac{d^2V}{dq^2} > 0 \quad \text{equilíbrio estável}$$

$$\frac{dV}{dq} = 0, \quad \frac{d^2V}{dq^2} < 0 \quad \text{equilíbrio instável}$$

$$\frac{dV}{dq} = \frac{d^2V}{dq^2} = \frac{d^3V}{dq^3} = \cdots = 0 \quad \text{equilíbrio indiferente}$$

Problemas de revisão

R11.1. A junta articulada está sujeita à carga P. Determine a força compressiva F que ela cria sobre o cilindro em A em função de θ.

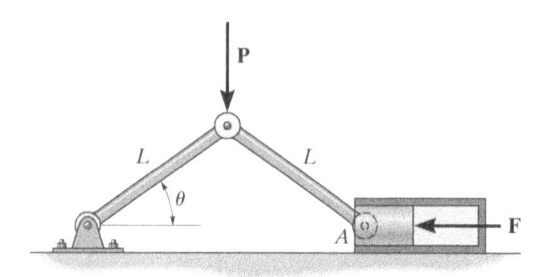

PROBLEMA R11.1

R11.2. Os elementos uniformes AB e BC possuem massa de 1 kg cada e o cilindro possui 10 kg. Determine a força horizontal **P** necessária para manter o mecanismo em posição quando θ = 45°. A mola tem comprimento não deformado de 150 mm.

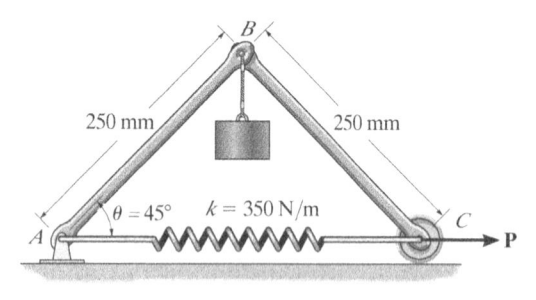

PROBLEMA R11.2

R11.3. A prensa perfuradora consiste em um cilindro R, barra de conexão AB e um volante. Se um torque de M = 50 N · m for aplicado ao volante, determine a força **F** aplicada ao cilindro para a barra ser mantida na posição θ = 60°.

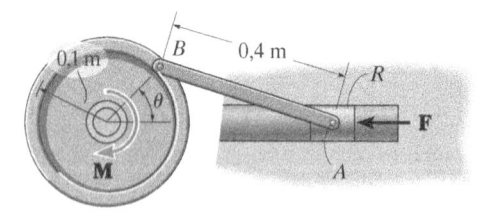

PROBLEMA R11.3

R11.4. A haste uniforme AB tem massa de 5 kg. Se a mola conectada não está deformada quando θ = 90°, determine o ângulo θ de equilíbrio usando o método do trabalho virtual. Observe que a mola sempre permanece na posição vertical em razão da guia de rolete.

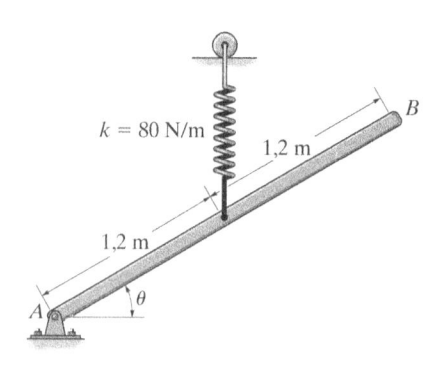

PROBLEMA R11.4

R11.5. Dois elementos uniformes, cada um com peso W, são conectados por um pino em suas extremidades. Se eles forem colocados sobre uma superfície cilíndrica lisa, mostre que o ângulo θ para haver equilíbrio deverá satisfazer a equação $\cos\theta/\sen^3\theta = a/2r$.

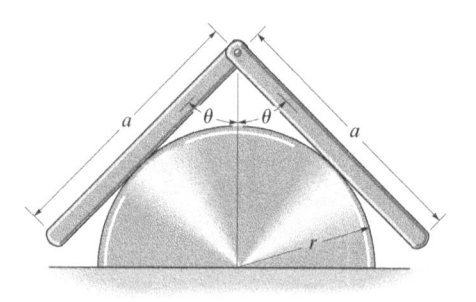

PROBLEMA R11.5

R11.6. Determine o ângulo θ para haver equilíbrio e investigue a estabilidade do mecanismo nessa posição. A mola tem rigidez k = 1,5 kN/m e não está deformada quando θ = 90°. O bloco A tem massa de 40 kg. Despreze a massa dos elementos de conexão.

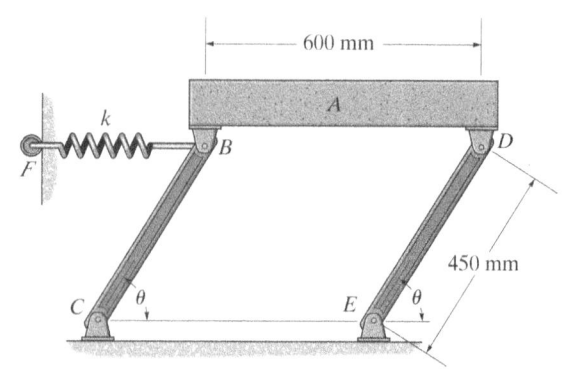

PROBLEMA R11.6

R11.7. A haste uniforme AB tem massa de 50 kg. Se as duas molas DE e BC não estão deformadas quando $\theta = 90°$, determine o ângulo θ para haver equilíbrio usando o princípio da energia potencial. Investigue a estabilidade na posição de equilíbrio. As duas molas sempre permanecem na posição horizontal, em virtude das guias de rolete em C e E.

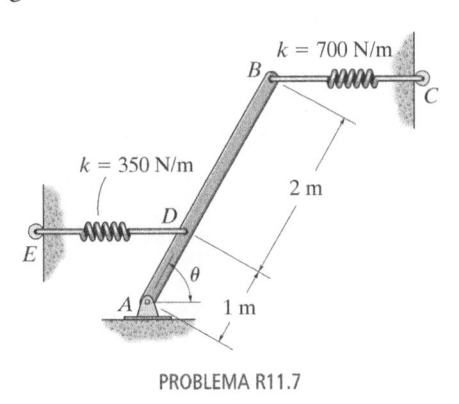

R11.8. A mola conectada ao mecanismo não tem deformação quando $\theta = 90°$. Determine a posição θ para haver equilíbrio e investigue a estabilidade do mecanismo nessa posição. O disco A é conectado por pino à estrutura em B e tem massa de 10 kg. Despreze o peso das barras.

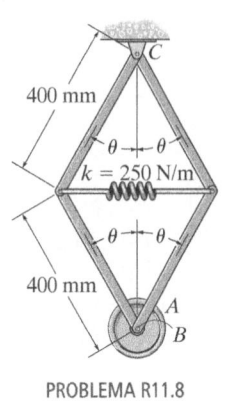

PROBLEMA R11.7

PROBLEMA R11.8

Apêndices

A – Revisão e expressões matemáticas

Revisão de geometria e trigonometria

Os ângulos θ na Figura A.1 são iguais entre a transversal e as duas linhas paralelas.

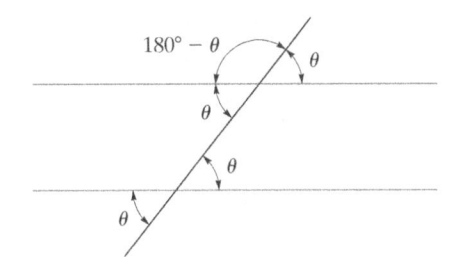

FIGURA A.1

Para uma linha e sua normal, os ângulos θ na Figura A.2 são iguais.

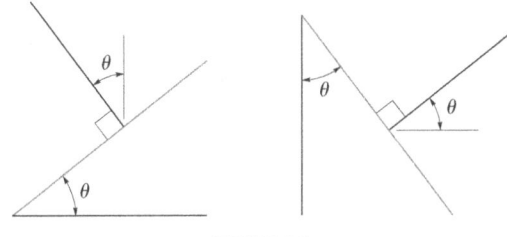

FIGURA A.2

Para o círculo na Figura A.3, $s = \theta r$, de modo que, quando $\theta = 360° = 2\pi$ rad, então a circunferência é $s = 2\pi r$. Além disso, como $180° = \pi$ rad, então θ (rad) $= (\pi/180°)\theta°$. A área do círculo é $A = \pi r^2$.

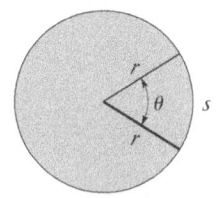

FIGURA A.3

Os lados de um triângulo semelhante podem ser obtidos por proporção, como na Figura A.4, onde $\dfrac{a}{A} = \dfrac{b}{B} = \dfrac{c}{C}$.

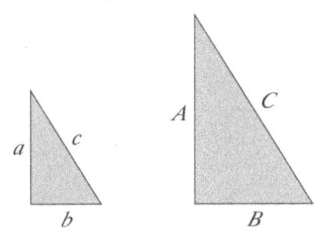

FIGURA A.4

Para o triângulo retângulo da Figura A.5, o teorema de Pitágoras é:

$$h = \sqrt{(o)^2 + (a)^2}$$

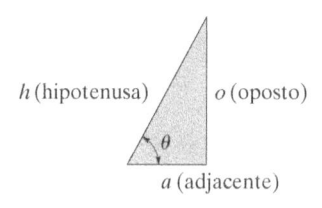

FIGURA A.5

As funções trigonométricas são:

$$\operatorname{sen} \theta = \frac{o}{h}$$

$$\cos \theta = \frac{a}{h}$$

$$\operatorname{tg} \theta = \frac{o}{a}$$

Isso é facilmente lembrado como "soh, cah, toa", ou seja, o seno é o cateto oposto sobre a hipotenusa etc. As outras funções trigonométricas derivam destas relações.

$$\operatorname{cossec} \theta = \frac{1}{\operatorname{sen} \theta} = \frac{h}{o}$$

$$\sec \theta = \frac{1}{\cos \theta} = \frac{h}{a}$$

$$\operatorname{cotg} \theta = \frac{1}{\operatorname{tg} \theta} = \frac{a}{o}$$

Identidades trigonométricas

$\operatorname{sen}^2 \theta + \cos^2 \theta = 1$

$\operatorname{sen}(\theta \pm \phi) = \operatorname{sen} \theta \cos \phi \pm \cos \theta \operatorname{sen} \phi$

$\operatorname{sen} 2\theta = 2 \operatorname{sen} \theta \cos \theta$

$\cos(\theta \pm \phi) = \cos \theta \cos \phi \mp \operatorname{sen} \theta \operatorname{sen} \phi$

$\cos 2\theta = \cos^2 \theta - \operatorname{sen}^2 \theta$

$\cos \theta = \pm\sqrt{\dfrac{1 + \cos 2\theta}{2}}, \operatorname{sen} \theta = \pm\sqrt{\dfrac{1 - \cos 2\theta}{2}}$

$\operatorname{tg} \theta = \dfrac{\operatorname{sen} \theta}{\cos \theta}$

$1 + \operatorname{tg}^2 \theta = \sec^2 \theta \qquad 1 + \operatorname{cotg}^2 \theta = \operatorname{cossec}^2 \theta$

Fórmula quadrática

Se $ax^2 + bx + c = 0$, então $x = \dfrac{-b \pm \sqrt{b^2 - 4ac}}{2a}$

Funções hiperbólicas

$\operatorname{senh} x = \dfrac{e^x - e^{-x}}{2}$,

$\cosh x = \dfrac{e^x + e^{-x}}{2}$,

$\tanh x = \dfrac{\operatorname{senh} x}{\cosh x}$

Expansões de séries de potências

$\operatorname{sen} x = x - \dfrac{x^3}{3!} + \cdots, \cos x = 1 - \dfrac{x^2}{2!} + \cdots$

$\operatorname{senh} x = x + \dfrac{x^3}{3!} + \cdots, \cosh x = 1 + \dfrac{x^2}{2!} + \cdots$

Derivadas

$\dfrac{d}{dx}(u^n) = nu^{n-1}\dfrac{du}{dx} \qquad \dfrac{d}{dx}(\operatorname{sen} u) = \cos u \dfrac{du}{dx}$

$\dfrac{d}{dx}(uv) = u\dfrac{dv}{dx} + v\dfrac{du}{dx} \qquad \dfrac{d}{dx}(\cos u) = -\operatorname{sen} u \dfrac{du}{dx}$

$\dfrac{d}{dx}\left(\dfrac{u}{v}\right) = \dfrac{v\dfrac{du}{dx} - u\dfrac{dv}{dx}}{v^2} \qquad \dfrac{d}{dx}(\operatorname{tg} u) = \sec^2 u \dfrac{du}{dx}$

$\dfrac{d}{dx}(\operatorname{cotg} u) = -\operatorname{cossec}^2 u \dfrac{du}{dx} \qquad \dfrac{d}{dx}(\operatorname{senh} u) = \cosh u \dfrac{du}{dx}$

$\dfrac{d}{dx}(\sec u) = \operatorname{tg} u \sec u \dfrac{du}{dx} \qquad \dfrac{d}{dx}(\cosh u) = \operatorname{senh} u \dfrac{du}{dx}$

$\dfrac{d}{dx}(\operatorname{cossec} u) = -\operatorname{cossec} u \operatorname{cotg} u \dfrac{du}{dx}$

Integrais

$\displaystyle\int x^n \, dx = \dfrac{x^{n+1}}{n+1} + C, n \neq -1$

$\displaystyle\int \dfrac{dx}{a + bx} = \dfrac{1}{b}\ln(a + bx) + C$

$\displaystyle\int \dfrac{dx}{a + bx^2} = \dfrac{1}{2\sqrt{-ab}}\ln\left[\dfrac{a + x\sqrt{-ab}}{a - x\sqrt{-ab}}\right] + C, \quad ab < 0$

$\displaystyle\int \dfrac{x \, dx}{a + bx^2} = \dfrac{1}{2b}\ln(bx^2 + a) + C$

$\displaystyle\int \dfrac{x^2 \, dx}{a + bx^2} = \dfrac{x}{b} - \dfrac{a}{b\sqrt{ab}}\operatorname{tg}^{-1}\dfrac{x\sqrt{ab}}{a} + C, ab > 0$

$\displaystyle\int \sqrt{a + bx} \, dx = \dfrac{2}{3b}\sqrt{(a + bx)^3} + C$

$\displaystyle\int x\sqrt{a + bx} \, dx = \dfrac{-2(2a - 3bx)\sqrt{(a + bx)^3}}{15b^2} + C$

$\displaystyle\int x^2\sqrt{a + bx} \, dx =$
$\qquad \dfrac{2(8a^2 - 12abx + 15b^2x^2)\sqrt{(a + bx)^3}}{105b^3} + C$

$\displaystyle\int \sqrt{a^2 - x^2} \, dx = \dfrac{1}{2}\left[x\sqrt{a^2 - x^2} + a^2 \operatorname{sen}^{-1}\dfrac{x}{a}\right] + C, \quad a > 0$

$\displaystyle\int x\sqrt{a^2 - x^2} \, dx = -\dfrac{1}{3}\sqrt{(a^2 - x^2)^3} + C$

$\displaystyle\int x^2\sqrt{a^2 - x^2} \, dx = -\dfrac{x}{4}\sqrt{(a^2 - x^2)^3}$
$\qquad + \dfrac{a^2}{8}\left(x\sqrt{a^2 - x^2} + a^2 \operatorname{sen}^{-1}\dfrac{x}{a}\right) + C, a > 0$

$$\int \sqrt{x^2 \pm a^2}\, dx = \frac{1}{2}\left[x\sqrt{x^2 \pm a^2} \pm a^2 \ln\left(x + \sqrt{x^2 \pm a^2}\right)\right] + C$$

$$\int x\sqrt{x^2 \pm a^2}\, dx = \frac{1}{3}\sqrt{(x^2 \pm a^2)^3} + C$$

$$\int x^2\sqrt{x^2 \pm a^2}\, dx = \frac{x}{4}\sqrt{(x^2 \pm a^2)^3}$$
$$\mp \frac{a^2}{8}x\sqrt{x^2 \pm a^2} - \frac{a^4}{8}\ln\left(x + \sqrt{x^2 \pm a^2}\right) + C$$

$$\int \frac{dx}{\sqrt{a + bx}} = \frac{2\sqrt{a + bx}}{b} + C$$

$$\int \frac{x\, dx}{\sqrt{x^2 \pm a^2}} = \sqrt{x^2 \pm a^2} + C$$

$$\int \frac{dx}{\sqrt{a + bx + cx^2}} = \frac{1}{\sqrt{c}}\ln\left[\sqrt{a + bx + cx^2} + x\sqrt{c} + \frac{b}{2\sqrt{c}}\right] + C,\; c > 0$$

$$= \frac{1}{\sqrt{-c}}\operatorname{sen}^{-1}\left(\frac{-2cx - b}{\sqrt{b^2 - 4ac}}\right) + C,\; c < 0$$

$$\int \operatorname{sen} x\, dx = -\cos x + C$$

$$\int \cos x\, dx = \operatorname{sen} x + C$$

$$\int x\cos(ax)\, dx = \frac{1}{a^2}\cos(ax) + \frac{x}{a}\operatorname{sen}(ax) + C$$

$$\int x^2 \cos(ax)\, dx = \frac{2x}{a^2}\cos(ax) + \frac{a^2 x^2 - 2}{a^3}\operatorname{sen}(ax) + C$$

$$\int e^{ax}\, dx = \frac{1}{a}e^{ax} + C$$

$$\int xe^{ax}\, dx = \frac{e^{ax}}{a^2}(ax - 1) + C$$

$$\int \operatorname{senh} x\, dx = \cosh x + C$$

$$\int \cosh x\, dx = \operatorname{senh} x + C$$

B – Equações fundamentais da Estática

Vetor cartesiano

$$\mathbf{A} = A_x\mathbf{i} + A_y\mathbf{j} + A_z\mathbf{k}$$

Intensidade

$$A = \sqrt{A_x^2 + A_y^2 + A_z^2}$$

Direções

$$\mathbf{u}_A = \frac{\mathbf{A}}{A} = \frac{A_x}{A}\mathbf{i} + \frac{A_y}{A}\mathbf{j} + \frac{A_z}{A}\mathbf{k}$$

$$= \cos\alpha\,\mathbf{i} + \cos\beta\,\mathbf{j} + \cos\gamma\,\mathbf{k}$$

$$\cos^2\alpha + \cos^2\beta + \cos^2\gamma = 1$$

Produto escalar

$$\mathbf{A} \cdot \mathbf{B} = AB\cos\theta$$
$$= A_xB_x + A_yB_y + A_zB_z$$

Produto vetorial

$$\mathbf{C} = \mathbf{A} + \mathbf{B} = \begin{vmatrix} \mathbf{i} & \mathbf{j} & \mathbf{k} \\ A_x & A_y & A_z \\ B_x & B_y & B_z \end{vmatrix}$$

Vetor posição cartesiano

$$\mathbf{r} = (x_2 - x_1)\mathbf{i} + (y_2 - y_1)\mathbf{j} + (z_2 - z_1)\mathbf{k}$$

Vetor força cartesiano

$$\mathbf{F} = F\mathbf{u} = F\left(\frac{\mathbf{r}}{r}\right)$$

Momento de uma força

$$M_o = Fd$$

$$\mathbf{M}_o = \mathbf{r} \times \mathbf{F} = \begin{vmatrix} \mathbf{i} & \mathbf{j} & \mathbf{k} \\ r_x & r_y & r_z \\ F_x & F_y & F_z \end{vmatrix}$$

Momento de uma força em torno de um eixo especificado

$$M_a = \mathbf{u} \cdot \mathbf{r} \times \mathbf{F} = \begin{vmatrix} u_x & u_y & u_z \\ r_x & r_y & r_z \\ F_x & F_y & F_z \end{vmatrix}$$

Simplificação de um sistema de forças e de binários

$$\mathbf{F}_R = \Sigma\mathbf{F}$$

$$(\mathbf{M}_R)_O = \Sigma\mathbf{M} + \Sigma\mathbf{M}_O$$

Equilíbrio

Partícula

$$\Sigma F_x = 0,\ \Sigma F_y = 0,\ \Sigma F_z = 0$$

Corpo rígido — duas dimensões

$$\Sigma F_x = 0,\ \Sigma F_y = 0,\ \Sigma M_O = 0$$

Corpo rígido — três dimensões

$$\Sigma F_x = 0,\ \Sigma F_y = 0,\ \Sigma F_z = 0$$

Atrito

Estático (máximo) $\quad F_s = \mu_s N$

Cinético $\quad F_k = \mu_k N$

Centro de gravidade

Partes Discretas

$$\bar{r} = \frac{\Sigma\,\tilde{r}W}{\Sigma\,W}$$

Corpo

$$\bar{r} = \frac{\int \tilde{r}\,dW}{\int dW}$$

Momentos de inércia de área e de massa

$$I = \int r^2\,dA \qquad I = \int r^2\,dm$$

Teorema dos eixos paralelos

$$I = \bar{I} + Ad^2 \qquad I + \bar{I} + md^2$$

Raio de giração

$$k = \sqrt{\frac{I}{A}} \qquad k = \sqrt{\frac{I}{m}}$$

Trabalho virtual

$$\delta U = 0$$

PROPRIEDADES GEOMÉTRICAS DE ELEMENTOS DE LINHA E DE ÁREA

Posição do centroide	Posição do centroide	Momento de inércia de área
Segmento de arco de circunferência $L = 2\theta r$, $\dfrac{r \operatorname{sen} \theta}{\theta}$	Área de setor circular $A = \theta r^2$, $\dfrac{2}{3}\dfrac{r \operatorname{sen} \theta}{\theta}$	$I_x = \dfrac{1}{4} r^4 \left(\theta - \dfrac{1}{2}\operatorname{sen} 2\theta\right)$ $I_y = \dfrac{1}{4} r^4 \left(\theta + \dfrac{1}{2}\operatorname{sen} 2\theta\right)$
Arcos de quarto de círculo e de semicircunferência $L = \dfrac{\pi}{2} r$, $\dfrac{2r}{\pi}$, $L = \pi r$	Área de quarto de círculo $A = \dfrac{1}{4}\pi r^2$, $\dfrac{4r}{3\pi}$	$I_x = \dfrac{1}{16}\pi r^4$ $I_y = \dfrac{1}{16}\pi r^4$
Área trapezoidal $A = \dfrac{1}{2} h(a+b)$, $\dfrac{1}{3}\left(\dfrac{2a+b}{a+b}\right)h$	Área semicircular $A = \dfrac{\pi r^2}{2}$, $\dfrac{4r}{3\pi}$	$I_x = \dfrac{1}{8}\pi r^4$ $I_y = \dfrac{1}{8}\pi r^4$
Área semiparabólica $A = \dfrac{2}{3} ab$, $\dfrac{3}{5}a$, $\dfrac{3}{8}b$	Área circular $A = \pi r^2$	$I_x = \dfrac{1}{4}\pi r^4$ $I_y = \dfrac{1}{4}\pi r^4$
Área sob curva parabólica $A = \dfrac{1}{3} ab$, $\dfrac{3}{4}a$, $\dfrac{3}{10}b$	Área retangular $A = bh$	$I_x = \dfrac{1}{12} bh^3$ $I_y = \dfrac{1}{12} hb^3$
Área parabólica $A = \dfrac{4}{3} ab$, $\dfrac{2}{5}a$	Área triangular $A = \dfrac{1}{2} bh$, $\dfrac{1}{3}h$	$I_x = \dfrac{1}{36} bh^3$

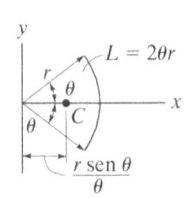

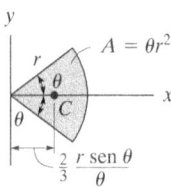

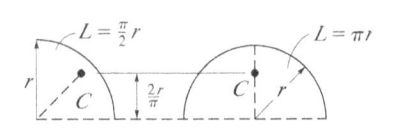

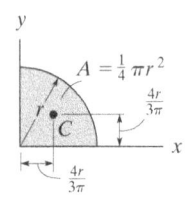

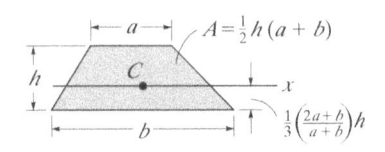

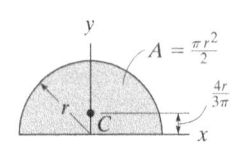

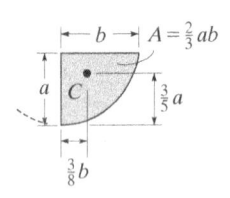

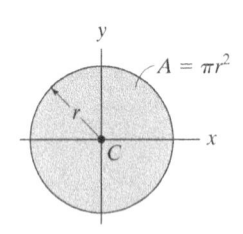

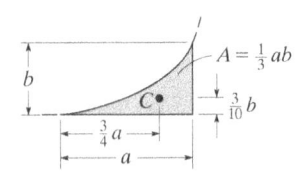

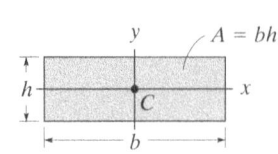

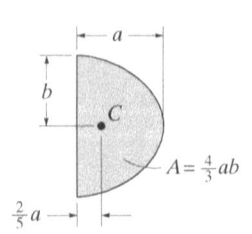

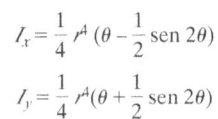

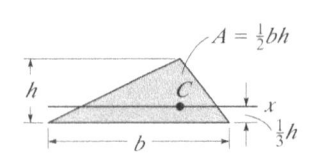

CENTRO DE GRAVIDADE E MOMENTO DE INÉRCIA DE MASSA DE SÓLIDOS HOMOGÊNEOS

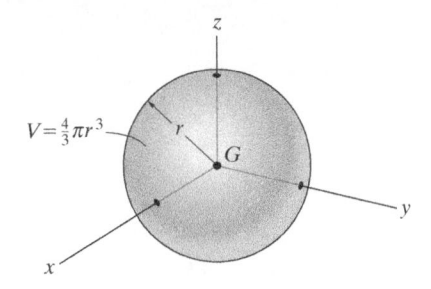

Esfera

$V = \frac{4}{3}\pi r^3$

$I_{xx} = I_{yy} = I_{zz} = \frac{2}{5} mr^2$

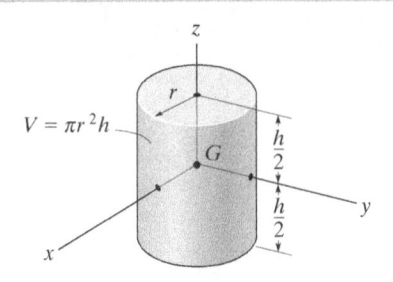

Cilindro

$V = \pi r^2 h$

$I_{xx} = I_{yy} = \frac{1}{12} m(3r^2 + h^2) \quad I_{zz} = \frac{1}{2} mr^2$

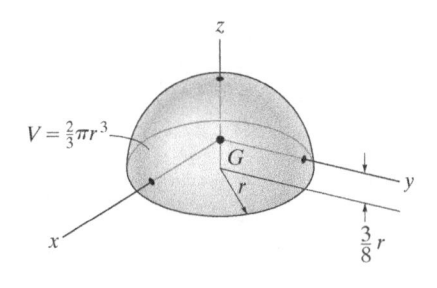

Hemisfério

$V = \frac{2}{3}\pi r^3$

$I_{xx} = I_{yy} = 0{,}259\, mr^2 \quad I_{zz} = \frac{2}{5} mr^2$

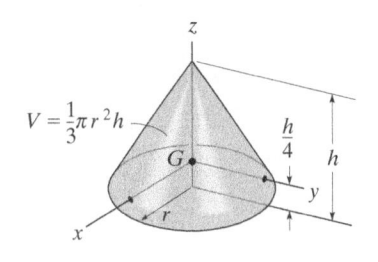

Cone

$V = \frac{1}{3}\pi r^2 h$

$I_{xx} = I_{yy} = \frac{3}{80} m(4r^2 + h^2) \quad I_{zz} = \frac{3}{10} mr^2$

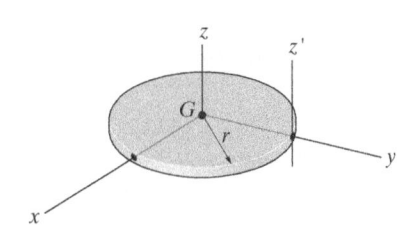

Disco circular fino

$I_{xx} = I_{yy} = \frac{1}{4} mr^2 \quad I_{zz} = \frac{1}{2} mr^2 \quad I_{z'z'} = \frac{3}{2} mr^2$

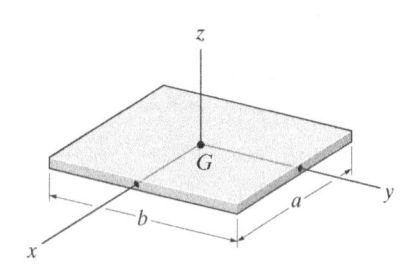

Placa fina

$I_{xx} = \frac{1}{12} mb^2 \quad I_{yy} = \frac{1}{12} ma^2 \quad I_{zz} = \frac{1}{12} m(a^2 + b^2)$

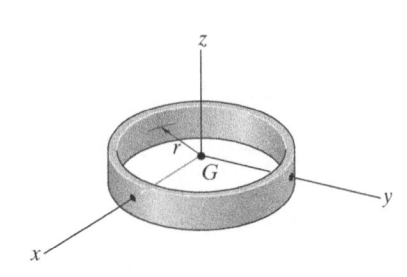

Anel fino

$I_{xx} = I_{yy} = \frac{1}{2} mr^2 \quad I_{zz} = mr^2$

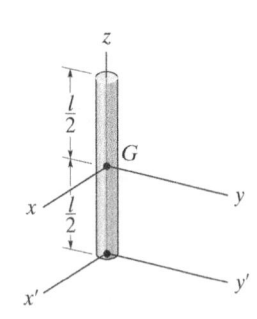

Haste delgada

$I_{xx} = I_{yy} = \frac{1}{12} ml^2 \quad I_{x'x'} = I_{y'y'} = \frac{1}{3} ml^2 \quad I_{z'z'} = 0$

Soluções parciais e respostas dos problemas fundamentais

Capítulo 2

F2.1.
$F_R = \sqrt{(2\text{ kN})^2 + (6\text{ kN})^2 - 2(2\text{ kN})(6\text{ kN})\cos 105°}$
$= 6{,}798\text{ kN} = 6{,}80\text{ kN}$ *Resposta*
$\dfrac{\text{sen }\phi}{6\text{ kN}} = \dfrac{\text{sen }105°}{6{,}798\text{ kN}}, \quad \phi = 58{,}49°$
$\theta = 45° + \phi = 45° + 58{,}49° = 103°$ *Resposta*

F2.2. $F_R = \sqrt{200^2 + 500^2 - 2(200)(500)\cos 140°}$
$= 666\text{ N}$ *Resposta*

F2.3. $F_R = \sqrt{600^2 + 800^2 - 2(600)(800)\cos 60°}$
$= 721{,}11\text{ N} = 721\text{ N}$ *Resposta*
$\dfrac{\text{sen }\alpha}{800} = \dfrac{\text{sen }60°}{721{,}11}; \quad \alpha = 73{,}90°$
$\phi = \alpha - 30° = 73{,}90° - 30° = 43{,}9°$ *Resposta*

F2.4. $\dfrac{F_u}{\text{sen }45°} = \dfrac{30\text{ N}}{\text{sen }105°}; \quad F_u = 22{,}0\text{ N}$ *Resposta*
$\dfrac{F_v}{\text{sen }30°} = \dfrac{30\text{ N}}{\text{sen }105°}; \quad F_v = 15{,}5\text{ N}$

F2.5. $\dfrac{F_{AB}}{\text{sen }105°} = \dfrac{450\text{ N}}{\text{sen }30°}$
$F_{AB} = 869\text{ N}$ *Resposta*
$\dfrac{F_{AC}}{\text{sen }45°} = \dfrac{450\text{ N}}{\text{sen }30°}$
$F_{AC} = 636\text{ N}$ *Resposta*

F2.6. $\dfrac{F}{\text{sen }30°} = \dfrac{6}{\text{sen }105°} \quad F = 3{,}11\text{ kN}$ *Resposta*
$\dfrac{F_v}{\text{sen }45°} = \dfrac{6}{\text{sen }105°} \quad F_v = 4{,}39\text{ kN}$ *Resposta*

F2.7. $(F_1)_x = 0 \quad (F_1)_y = 300\text{ N}$ *Resposta*
$(F_2)_x = -(450\text{ N})\cos 45° = -318\text{ N}$ *Resposta*
$(F_2)_y = (450\text{ N})\text{sen }45° = 318\text{ N}$ *Resposta*
$(F_3)_x = \left(\tfrac{3}{5}\right)600\text{ N} = 360\text{ N}$ *Resposta*
$(F_3)_y = \left(\tfrac{4}{5}\right)600\text{ N} = 480\text{ N}$ *Resposta*

F2.8. $F_{Rx} = 300 + 400\cos 30° - 250\left(\tfrac{4}{5}\right) = 446{,}4\text{ N}$
$F_{Ry} = 400\,\text{sen }30° + 250\left(\tfrac{3}{5}\right) = 350\text{ N}$
$F_R = \sqrt{(446{,}4)^2 + 350^2} = 567\text{ N}$ *Resposta*
$\theta = \text{tg}^{-1}\dfrac{350}{446{,}4} = 38{,}1°$ *Resposta*

F2.9.
$\xrightarrow{+}(F_R)_x = \Sigma F_x;$
$(F_R)_x = -(700\text{ N})\cos 30° + 0 + \left(\tfrac{3}{5}\right)(600\text{ N})$
$= -246{,}22\text{ N}$
$+\uparrow(F_R)_y = \Sigma F_y;$
$(F_R)_y = -(700\text{ N})\text{sen }30° - 400\text{ N} - \left(\tfrac{4}{5}\right)(600\text{ N})$
$= -1230\text{ N}$
$F_R = \sqrt{(246{,}22\text{ N})^2 + (1230\text{ N})^2} = 1254\text{ N}$ *Resposta*
$\phi = \text{tg}^{-1}\left(\tfrac{1230\text{ N}}{246{,}22\text{ N}}\right) = 78{,}68°$
$\theta = 180° + \phi = 180° + 78{,}68° = 259°$ *Resposta*

F2.10. $\xrightarrow{+}(F_R)_x = \Sigma F_x;$
$750\text{ N} = F\cos\theta + \left(\tfrac{5}{13}\right)(325\text{ N}) + (600\text{ N})\cos 45°$
$+\uparrow(F_R)_y = \Sigma F_y;$
$0 = F\,\text{sen }\theta + \left(\tfrac{12}{13}\right)(325\text{ N}) - (600\text{ N})\text{sen }45°$
$\text{tg }\theta = 0{,}6190 \quad \theta = 31{,}76° = 31{,}8°$ *Resposta*
$F = 236\text{ N}$ *Resposta*

F2.11. $\xrightarrow{+}(F_R)_x = \Sigma F_x;$
$(80\text{ N})\cos 45° = F\cos\theta + 50\text{ N} - \left(\tfrac{3}{5}\right)90\text{ N}$
$+\uparrow(F_R)_y = \Sigma F_y;$
$-(80\text{ N})\text{sen }45° = F\,\text{sen }\theta - \left(\tfrac{4}{5}\right)(90\text{ N})$
$\text{tg }\theta = 0{,}2547 \quad \theta = 14{,}29° = 14{,}3°$ *Resposta*
$F = 62{,}5\text{ N}$ *Resposta*

F2.12. $(F_R)_x = 15\left(\tfrac{4}{5}\right) + 0 + 15\left(\tfrac{4}{5}\right) = 24\text{ kN} \rightarrow$
$(F_R)_y = 15\left(\tfrac{3}{5}\right) + 20 - 15\left(\tfrac{3}{5}\right) = 20\text{ kN} \uparrow$
$F_R = 31{,}2\text{ kN}$ *Resposta*
$\theta = 39{,}8°$ *Resposta*

F2.13. $F_x = 75\cos 30°\,\text{sen }45° = 45{,}93\text{ N}$
$F_y = 75\cos 30°\cos 45° = 45{,}93\text{ N}$
$F_z = -75\,\text{sen }30° = -37{,}5\text{ N}$
$\alpha = \cos^{-1}\left(\tfrac{45{,}93}{75}\right) = 52{,}2°$ *Resposta*
$\beta = \cos^{-1}\left(\tfrac{45{,}93}{75}\right) = 52{,}2°$ *Resposta*
$\gamma = \cos^{-1}\left(\tfrac{-37{,}5}{75}\right) = 120°$ *Resposta*

F2.14. $\cos\beta = \sqrt{1 - \cos^2 120° - \cos^2 60°} = \pm 0{,}7071$
Requer $\beta = 135°$.
$\mathbf{F} = F\mathbf{u}_F = (500\text{ N})(-0{,}5\mathbf{i} - 0{,}7071\mathbf{j} + 0{,}5\mathbf{k})$
$= \{-250\mathbf{i} - 354\mathbf{j} + 250\mathbf{k}\}\text{ N}$ *Resposta*

F2.15. $\cos^2\alpha + \cos^2 135° + \cos^2 120° = 1$
$\alpha = 60°$
$\mathbf{F} = F\mathbf{u}_F = (500\text{ N})(0{,}5\mathbf{i} - 0{,}7071\mathbf{j} - 0{,}5\mathbf{k})$
$= \{250\mathbf{i} - 354\mathbf{j} - 250\mathbf{k}\}\text{ N}$ *Resposta*

F2.16. $F_z = (50\text{ N})\text{sen }45° = 35{,}36\text{ N}$
$F' = (50\text{ N})\cos 45° = 35{,}36\text{ N}$
$F_x = \left(\tfrac{3}{5}\right)(35{,}36\text{ N}) = 21{,}21\text{ N}$

$F_y = \left(\frac{4}{5}\right)(35{,}36 \text{ N}) = 28{,}28 \text{ N}$

$\mathbf{F} = \{-21{,}2\mathbf{i} + 28{,}3\mathbf{j} + 35{,}4\mathbf{k}\} \text{ N}$ *Resposta*

F2.17. $F_z = (750 \text{ N}) \operatorname{sen} 45° = 530{,}33 \text{ N}$
$F' = (750 \text{ N}) \cos 45° = 530{,}33 \text{ N}$
$F_x = (530{,}33 \text{ N}) \cos 60° = 265{,}2 \text{ N}$
$F_y = (530{,}33 \text{ N}) \operatorname{sen} 60° = 459{,}3 \text{ N}$
$\mathbf{F}_2 = \{265\mathbf{i} - 459\mathbf{j} + 530\mathbf{k}\} \text{ N}$ *Resposta*

F2.18. $\mathbf{F}_1 = \left(\frac{4}{5}\right)(500 \text{ N})\mathbf{j} + \left(\frac{3}{5}\right)(500 \text{ N})\mathbf{k}$
$= \{400\mathbf{j} + 300\mathbf{k}\} \text{ N}$
$\mathbf{F}_2 = [(800 \text{ N}) \cos 45°] \cos 30° \mathbf{i}$
$+ [(800 \text{ N}) \cos 45°] \operatorname{sen} 30° \mathbf{j}$
$+ (800 \text{ N}) \operatorname{sen} 45° (-\mathbf{k})$
$= \{489{,}90\mathbf{i} + 282{,}84\mathbf{j} - 565{,}69\mathbf{k}\} \text{ N}$
$\mathbf{F}_R = \mathbf{F}_1 + \mathbf{F}_2 = \{490\mathbf{i} + 683\mathbf{j} - 266\mathbf{k}\} \text{ N}$ *Resposta*

F2.19. $\mathbf{r}_{AB} = \{-6\mathbf{i} + 6\mathbf{j} + 3\mathbf{k}\} \text{ m}$ *Resposta*
$r_{AB} = \sqrt{(-6 \text{ m})^2 + (6 \text{ m})^2 + (3 \text{ m})^2} = 9 \text{ m}$ *Resposta*
$\alpha = 132°, \quad \beta = 48{,}2°, \quad \gamma = 70{,}5°$ *Resposta*

F2.20. $\mathbf{r}_{AB} = \{-4\mathbf{i} + 2\mathbf{j} + 4\mathbf{k}\} \text{ m}$ *Resposta*
$r_{AB} = \sqrt{(-4 \text{ m})^2 + (2 \text{ m})^2 + (4 \text{ m})^2} = 6 \text{ m}$ *Resposta*
$\alpha = \cos^{-1}\left(\frac{-4 \text{ m}}{6 \text{ m}}\right) = 131{,}8°$ *Resposta*
$\theta = 180° - 131{,}8° = 48{,}2°$ *Resposta*

F2.21. $\mathbf{r}_{AB} = \{2\mathbf{i} + 3\mathbf{j} - 6\mathbf{k}\} \text{ m}$
$\mathbf{F}_{AB} = F_{AB}\mathbf{u}_{AB}$
$= (630 \text{ N})\left(\frac{2}{7}\mathbf{i} + \frac{3}{7}\mathbf{j} - \frac{6}{7}\mathbf{k}\right)$
$= \{180\mathbf{i} + 270\mathbf{j} - 540\mathbf{k}\} \text{ N}$ *Resposta*

F2.22. $\mathbf{F} = F\mathbf{u}_{AB} = 900\text{N}\left(-\frac{4}{9}\mathbf{i} + \frac{7}{9}\mathbf{j} - \frac{4}{9}\mathbf{k}\right)$
$= \{-400\mathbf{i} + 700\mathbf{j} - 400\mathbf{k}\} \text{ N}$ *Resposta*

F2.23. $\mathbf{F}_B = F_B\mathbf{u}_B$
$= (840 \text{ N})\left(\frac{3}{7}\mathbf{i} - \frac{2}{7}\mathbf{j} - \frac{6}{7}\mathbf{k}\right)$
$= \{360\mathbf{i} - 240\mathbf{j} - 720\mathbf{k}\} \text{ N}$
$\mathbf{F}_C = F_C\mathbf{u}_C$
$= (420 \text{ N})\left(\frac{2}{7}\mathbf{i} + \frac{3}{7}\mathbf{j} - \frac{6}{7}\mathbf{k}\right)$
$= \{120\mathbf{i} + 180\mathbf{j} - 360\mathbf{k}\} \text{ N}$
$F_R = \sqrt{(480 \text{ N})^2 + (-60 \text{ N})^2 + (-1080 \text{ N})^2}$
$= 1{,}18 \text{ kN}$ *Resposta*

F2.24. $\mathbf{F}_B = F_B\mathbf{u}_B$
$= (600 \text{ N})\left(-\frac{1}{3}\mathbf{i} + \frac{2}{3}\mathbf{j} - \frac{2}{3}\mathbf{k}\right)$
$= \{-200\mathbf{i} + 400\mathbf{j} - 400\mathbf{k}\} \text{ N}$
$\mathbf{F}_C = F_C\mathbf{u}_C$
$= (490 \text{ N})\left(-\frac{6}{7}\mathbf{i} + \frac{3}{7}\mathbf{j} - \frac{2}{7}\mathbf{k}\right)$
$= \{-420\mathbf{i} + 210\mathbf{j} - 140\mathbf{k}\} \text{ N}$
$\mathbf{F}_R = \mathbf{F}_B + \mathbf{F}_C = \{-620\mathbf{i} + 610\mathbf{j} - 540\mathbf{k}\} \text{ N}$ *Resposta*

F2.25. $\mathbf{u}_{AO} = -\frac{1}{3}\mathbf{i} + \frac{2}{3}\mathbf{j} - \frac{2}{3}\mathbf{k}$
$\mathbf{u}_F = -0{,}5345\mathbf{i} + 0{,}8018\mathbf{j} + 0{,}2673\mathbf{k}$
$\theta = \cos^{-1}(\mathbf{u}_{AO} \cdot \mathbf{u}_F) = 57{,}7°$ *Resposta*

F2.26. $\mathbf{u}_{AB} = -\frac{3}{5}\mathbf{j} + \frac{4}{5}\mathbf{k}$
$\mathbf{u}_F = \frac{4}{5}\mathbf{i} - \frac{3}{5}\mathbf{j}$
$\theta = \cos^{-1}(\mathbf{u}_{AB} \cdot \mathbf{u}_F) = 68{,}9°$ *Resposta*

F2.27. $\mathbf{u}_{OA} = \frac{12}{13}\mathbf{i} + \frac{5}{13}\mathbf{j}$
$\mathbf{u}_{OA} \cdot \mathbf{j} = u_{OA}(1) \cos \theta$
$\cos \theta = \frac{5}{13}; \quad \theta = 67{,}4°$ *Resposta*

F2.28. $\mathbf{u}_{OA} = \frac{12}{13}\mathbf{i} + \frac{5}{13}\mathbf{j}$
$\mathbf{F} = F\mathbf{u}_F = [650\mathbf{j}] \text{ N}$
$F_{OA} = \mathbf{F} \cdot \mathbf{u}_{OA} = 250 \text{ N}$
$\mathbf{F}_{OA} = F_{OA}\mathbf{u}_{OA} = \{231\mathbf{i} + 96{,}2\mathbf{j}\} \text{ N}$ *Resposta*

F2.29. $\mathbf{F} = (400 \text{ N})\dfrac{\{4\mathbf{i} + 1\mathbf{j} - 6\mathbf{k}\}\text{m}}{\sqrt{(4 \text{ m})^2 + (1 \text{ m})^2 + (-6 \text{ m})^2}}$
$= \{219{,}78\mathbf{i} + 54{,}94\mathbf{j} - 329{,}67\mathbf{k}\} \text{ N}$
$\mathbf{u}_{AO} = \dfrac{\{-4\mathbf{j} - 6\mathbf{k}\}\text{ m}}{\sqrt{(-4 \text{ m})^2 + (-6 \text{ m})^2}}$
$= -0{,}5547\mathbf{j} - 0{,}8321\mathbf{k}$
$(F_{AO})_{\text{proj}} = \mathbf{F} \cdot \mathbf{u}_{AO} = 244 \text{ N}$ *Resposta*

F2.30. $\mathbf{F} = [(-600 \text{ N}) \cos 60°] \operatorname{sen} 30° \mathbf{i}$
$+ [(600 \text{ N}) \cos 60°] \cos 30° \mathbf{j}$
$+ [(600 \text{ N}) \operatorname{sen} 60°] \mathbf{k}$
$= \{-150\mathbf{i} + 259{,}81\mathbf{j} + 519{,}62\mathbf{k}\} \text{ N}$
$\mathbf{u}_A = -\frac{2}{3}\mathbf{i} + \frac{2}{3}\mathbf{j} + \frac{1}{3}\mathbf{k}$
$(F_A)_{\text{par}} = \mathbf{F} \cdot \mathbf{u}_A = 446{,}41 \text{ N} = 446 \text{ N}$ *Resposta*
$(F_A)_{\text{per}} = \sqrt{(600 \text{ N})^2 - (446{,}41 \text{ N})^2}$
$= 401 \text{ N}$ *Resposta*

F2.31. $\mathbf{F} = 56 \text{ N}\left(\frac{3}{7}\mathbf{i} - \frac{6}{7}\mathbf{j} + \frac{2}{7}\mathbf{k}\right)$
$= \{24\mathbf{i} - 48\mathbf{j} + 16\mathbf{k}\} \text{ N}$
$(F_{AO})_{\parallel} = \mathbf{F} \cdot \mathbf{u}_{AO} = (24\mathbf{i} - 48\mathbf{j} + 16\mathbf{k}) \cdot \left(\frac{3}{7}\mathbf{i} - \frac{6}{7}\mathbf{j} - \frac{2}{7}\mathbf{k}\right)$
$= 46{,}86 \text{ N} = 46{,}9 \text{ N}$ *Resposta*
$(F_{AO})_{\perp} = \sqrt{F^2 - (F_{AO})_{\parallel}^2} = \sqrt{(56)^2 - (46{,}86)^2}$
$= 30{,}7 \text{ N}$ *Resposta*

Capítulo 3

F3.1. $\stackrel{+}{\rightarrow} \Sigma F_x = 0; \quad \frac{4}{5}F_{AC} - F_{AB} \cos 30° = 0$
$+\uparrow \Sigma F_y = 0; \quad \frac{3}{5}F_{AC} + F_{AB} \operatorname{sen} 30° - 550 = 0$
$F_{AB} = 478 \text{ N}$ *Resposta*
$F_{AC} = 518 \text{ N}$ *Resposta*

F3.2. $+\uparrow \Sigma F_y = 0; \quad -2(7{,}5) \operatorname{sen} \theta + 3{,}5 = 0$
$\theta = 13{,}49°$
$L_{ABC} = 2\left(\frac{1{,}5 \text{ m}}{\cos 13{,}49°}\right) = 3{,}09 \text{ m}$ *Resposta*

Soluções parciais e respostas dos problemas fundamentais 543

F3.3. $\xrightarrow{+}\Sigma F_x = 0; \quad T\cos\theta - T\cos\phi = 0$
$\phi = \theta$
$+\uparrow\Sigma F_y = 0; \quad 2T\sin\theta - 49{,}05\text{ N} = 0$
$\theta = \text{tg}^{-1}\left(\frac{0{,}15\text{ m}}{0{,}2\text{ m}}\right) = 36{,}87°$
$T = 40{,}9\text{ N}$ *Resposta*

F3.4. $+\nearrow\Sigma F_x = 0; \quad \frac{4}{5}(F_{sp}) - 5(9{,}81)\sin 45° = 0$
$F_{sp} = 43{,}35\text{ N}$
$F_{sp} = k(l - l_0); \quad 43{,}35 = 200(0{,}5 - l_0)$
$l_0 = 0{,}283\text{ m}$ *Resposta*

F3.5. $+\uparrow\Sigma F_y = 0; \quad (392{,}4\text{ N})\sin 30° - m_A(9{,}81) = 0$
$m_A = 20\text{ kg}$ *Resposta*

F3.6. $+\uparrow\Sigma F_y = 0; \quad T_{AB}\sin 15° - 10(9{,}81)\text{ N} = 0$
$T_{AB} = 379{,}03\text{ N} = 379\text{ N}$ *Resposta*
$\xrightarrow{+}\Sigma F_x = 0; \quad T_{BC} - 379{,}03\text{ N}\cos 15° = 0$
$T_{BC} = 366{,}11\text{ N} = 366\text{ N}$ *Resposta*
$\xrightarrow{+}\Sigma F_x = 0; \quad T_{CD}\cos\theta - 366{,}11\text{ N} = 0$
$+\uparrow\Sigma F_y = 0; \quad T_{CD}\sin\theta - 15(9{,}81)\text{ N} = 0$
$T_{CD} = 395\text{ N}$ *Resposta*
$\theta = 21{,}9°$ *Resposta*

F3.7. $\Sigma F_x = 0; \quad \left[\left(\frac{3}{5}\right)F_3\right]\left(\frac{3}{5}\right) + 600\text{ N} - F_2 = 0$ (1)
$\Sigma F_y = 0; \quad \left(\frac{4}{5}\right)F_1 - \left[\left(\frac{3}{5}\right)F_3\right]\left(\frac{4}{5}\right) = 0$ (2)
$\Sigma F_z = 0; \quad \left(\frac{4}{5}\right)F_3 + \left(\frac{3}{5}\right)F_1 - 900\text{ N} = 0$ (3)
$F_3 = 776\text{ N}$ *Resposta*
$F_1 = 466\text{ N}$ *Resposta*
$F_2 = 879\text{ N}$ *Resposta*

F3.8. $\Sigma F_z = 0; \quad F_{AD}\left(\frac{4}{5}\right) - 900 = 0$
$F_{AD} = 1125\text{ N} = 1{,}125\text{ kN}$ *Resposta*
$\Sigma F_y = 0; \quad F_{AC}\left(\frac{4}{5}\right) - 1125\left(\frac{3}{5}\right) = 0$
$F_{AC} = 843{,}75\text{ N} = 844\text{ N}$ *Resposta*
$\Sigma F_x = 0; \quad F_{AB} - 843{,}75\left(\frac{3}{5}\right) = 0$
$F_{AB} = 506{,}25\text{ N} = 506\text{ N}$ *Resposta*

F3.9. $\mathbf{F}_{AD} = F_{AD}\left(\frac{\mathbf{r}_{AD}}{r_{AD}}\right) = \frac{1}{3}F_{AD}\mathbf{i} - \frac{2}{3}F_{AD}\mathbf{j} + \frac{2}{3}F_{AD}\mathbf{k}$
$\Sigma F_z = 0; \quad \frac{2}{3}F_{AD} - 600 = 0$
$F_{AD} = 900\text{ N}$ *Resposta*
$\Sigma F_y = 0; \quad F_{AB}\cos 30° - \frac{2}{3}(900) = 0$
$F_{AB} = 692{,}82\text{ N} = 693\text{ N}$ *Resposta*
$\Sigma F_x = 0; \quad \frac{1}{3}(900) + 692{,}82\sin 30° - F_{AC} = 0$
$F_{AC} = 646{,}41\text{ N} = 646\text{ N}$ *Resposta*

F3.10. $\mathbf{F}_{AC} = F_{AC}\{-\cos 60°\sin 30°\mathbf{i}$
$+ \cos 60°\cos 30°\mathbf{j} + \sin 60°\mathbf{k}\}$
$= -0{,}25F_{AC}\mathbf{i} + 0{,}4330F_{AC}\mathbf{j} + 0{,}8660F_{AC}\mathbf{k}$
$\mathbf{F}_{AD} = F_{AD}\{\cos 120°\mathbf{i} + \cos 120°\mathbf{j} + \cos 45°\mathbf{k}\}$
$= -0{,}5F_{AD}\mathbf{i} - 0{,}5F_{AD}\mathbf{j} + 0{,}7071F_{AD}\mathbf{k}$
$\Sigma F_y = 0; \quad 0{,}4330F_{AC} - 0{,}5F_{AD} = 0$
$\Sigma F_z = 0; \quad 0{,}8660F_{AC} + 0{,}7071F_{AD} - 300 = 0$
$F_{AD} = 175{,}74\text{ N} = 176\text{ N}$ *Resposta*
$F_{AC} = 202{,}92\text{ N} = 203\text{ N}$ *Resposta*
$\Sigma F_x = 0; \quad F_{AB} - 0{,}25(202{,}92) - 0{,}5(175{,}74) = 0$
$F_{AB} = 138{,}60\text{ N} = 139\text{ N}$ *Resposta*

F3.11. $\mathbf{F}_B = F_B\left(\frac{\mathbf{r}_{AB}}{r_{AB}}\right)$
$= F_B\left[\frac{\{-3\mathbf{i} + 1{,}5\mathbf{j} + 1\mathbf{k}\}\text{ m}}{\sqrt{(-3\text{ m})^2 + (1{,}5\text{ m})^2 + (1\text{ m})^2}}\right]$
$= -\frac{6}{7}F_B\mathbf{i} + \frac{3}{7}F_B\mathbf{j} + \frac{2}{7}F_B\mathbf{k}$
$\mathbf{F}_C = F_C\left(\frac{\mathbf{r}_{AC}}{r_{AC}}\right)$
$= F_C\left[\frac{\{-3\mathbf{i} - 1\mathbf{j} + 1{,}5\mathbf{k}\}\text{ m}}{\sqrt{(-3\text{ m})^2 + (-1\text{ m})^2 + (1{,}5\text{ m})^2}}\right]$
$= -\frac{6}{7}F_C\mathbf{i} - \frac{2}{7}F_C\mathbf{j} + \frac{3}{7}F_C\mathbf{k}$
$\mathbf{F}_D = F_D\mathbf{i}$
$\mathbf{W} = \{-150\mathbf{k}\}\text{ N}$
$\Sigma F_x = 0; \quad -\frac{6}{7}F_B - \frac{6}{7}F_C + F_D = 0$ (1)
$\Sigma F_y = 0; \quad \frac{3}{7}F_B - \frac{2}{7}F_C = 0$ (2)
$\Sigma F_z = 0; \quad \frac{2}{7}F_B + \frac{3}{7}F_C - 150 = 0$ (3)
$F_B = 162\text{ N}$ *Resposta*
$F_C = 1{,}5(162\text{ N}) = 242\text{ N}$ *Resposta*
$F_D = 346{,}15\text{ N} = 346\text{ N}$ *Resposta*

Capítulo 4

F4.1. $\curvearrowleft +M_O = -\left(\frac{4}{5}\right)(100\text{ N})(2\text{ m}) - \left(\frac{3}{5}\right)(100\text{ N})(5\text{ m})$
$= -460\text{ N}\cdot\text{m} = 460\text{ N}\cdot\text{m}\curvearrowright$ *Resposta*

F4.2. $\curvearrowleft +M_O = [(300\text{ N})\sin 30°][0{,}4\text{ m} + (0{,}3\text{ m})\cos 45°]$
$- [(300\text{ N})\cos 30°][(0{,}3\text{ m})\sin 45°]$
$= 36{,}7\text{ N}\cdot\text{m}$ *Resposta*

F4.3. $\curvearrowleft +M_O = (60\text{ kN})[4\text{ m} + (3\text{ m})\cos 45° - 1\text{ m}]$
$= 307\text{ kN}\cdot\text{m}$ *Resposta*

F4.4. $\curvearrowright +M_O = 50\sin 60°(0{,}1 + 0{,}2\cos 45° + 0{,}1)$
$- 50\cos 60°(0{,}2\sin 45°)$
$= 11{,}2\text{ N}\cdot\text{m}$ *Resposta*

F4.5. $\curvearrowleft +M_O = 60\sin 50°(2{,}5) + 60\cos 50°(0{,}25)$
$= 125\text{ kN}\cdot\text{m}$ *Resposta*

F4.6. $\curvearrowleft +M_O = 500\sin 45°(3 + 3\cos 45°)$
$- 500\cos 45°(3\sin 45°)$
$= 1{,}06\text{ kN}\cdot\text{m}$ *Resposta*

F4.7. $\curvearrowleft +(M_R)_O = \Sigma Fd;$
$(M_R)_O = -(600\text{ N})(1\text{ m})$
$+ (500\text{ N})[3\text{ m} + (2{,}5\text{ m})\cos 45°]$
$- (300\text{ N})[(2{,}5\text{ m})\sin 45°]$
$= 1254\text{ N}\cdot\text{m} = 1{,}25\text{ kN}\cdot\text{m}$ *Resposta*

F4.8. $\circlearrowleft +(M_R)_O = \Sigma Fd$;

$(M_R)_O = [(\frac{3}{5})500 \text{ N}](0,425 \text{ m})$
$\quad - [(\frac{4}{5})500 \text{ N}](0,25 \text{ m})$
$\quad - [(600 \text{ N})\cos 60°](0,25 \text{ m})$
$\quad - [(600 \text{ N})\operatorname{sen} 60°](0,425 \text{ m})$
$\quad = -268 \text{ N} \cdot \text{m} = 268 \text{ N} \cdot \text{m} \circlearrowright \quad Resposta$

F4.9. $\circlearrowleft +(M_R)_O = \Sigma Fd$;

$(M_R)_O = (30 \cos 30° \text{ kN})(3 \text{ m} + 3 \operatorname{sen} 30° \text{ m})$
$\quad - (30 \operatorname{sen} 30° \text{ kN})(3 \cos 30° \text{ m})$
$\quad + (20 \text{ kN})(3 \cos 30° \text{ m})$
$\quad = 129,9 \text{ kN} \cdot \text{m} \quad Resposta$

F4.10. $\mathbf{F} = F\mathbf{u}_{AB} = 500 \text{ N}(\frac{4}{5}\mathbf{i} - \frac{3}{5}\mathbf{j}) = \{400\mathbf{i} - 300\mathbf{j}\} \text{ N}$

$\mathbf{M}_O = \mathbf{r}_{OA} \times \mathbf{F} = \{3\mathbf{j}\} \text{ m} \times \{400\mathbf{i} - 300\mathbf{j}\} \text{ N}$
$\quad = \{-1200\mathbf{k}\} \text{ N} \cdot \text{m} \quad Resposta$

ou

$\mathbf{M}_O = \mathbf{r}_{OB} \times \mathbf{F} = \{4\mathbf{i}\} \text{ m} \times \{400\mathbf{i} - 300\mathbf{j}\} \text{ N}$
$\quad = \{-1200\mathbf{k}\} \text{ N} \cdot \text{m} \quad Resposta$

F4.11. $\mathbf{F} = F\mathbf{u}_{BC}$

$= 120 \text{ N} \left[\dfrac{\{4\mathbf{i} - 4\mathbf{j} - 2\mathbf{k}\} \text{ m}}{\sqrt{(4 \text{ m})^2 + (-4 \text{ m})^2 + (-2 \text{ m})^2}} \right]$

$= \{80\mathbf{i} - 80\mathbf{j} - 40\mathbf{k}\} \text{ N}$

$\mathbf{M}_O = \mathbf{r}_C \times \mathbf{F} = \begin{vmatrix} \mathbf{i} & \mathbf{j} & \mathbf{k} \\ 5 & 0 & 0 \\ 80 & -80 & -40 \end{vmatrix}$

$= \{200\mathbf{j} - 400\mathbf{k}\} \text{ N} \cdot \text{m} \quad Resposta$

ou

$\mathbf{M}_O = \mathbf{r}_B \times \mathbf{F} = \begin{vmatrix} \mathbf{i} & \mathbf{j} & \mathbf{k} \\ 1 & 4 & 2 \\ 80 & -80 & -40 \end{vmatrix}$

$= \{200\mathbf{j} - 400\mathbf{k}\} \text{ N} \cdot \text{m} \quad Resposta$

F4.12. $\mathbf{F}_R = \mathbf{F}_1 + \mathbf{F}_2$

$= \{(100 - 200)\mathbf{i} + (-120 + 250)\mathbf{j}$
$\quad + (75 + 100)\mathbf{k}\} \text{ N}$
$= \{-100\mathbf{i} + 130\mathbf{j} + 175\mathbf{k}\} \text{ N}$

$(\mathbf{M}_R)_O = \mathbf{r}_A \times \mathbf{F}_R = \begin{vmatrix} \mathbf{i} & \mathbf{j} & \mathbf{k} \\ 4 & 5 & 3 \\ -100 & 130 & 175 \end{vmatrix}$

$= \{485\mathbf{i} - 1000\mathbf{j} + 1020\mathbf{k}\} \text{ N} \cdot \text{m} \quad Resposta$

F4.13. $M_x = \mathbf{i} \cdot (\mathbf{r}_{OB} \times \mathbf{F}) = \begin{vmatrix} \mathbf{i} & \mathbf{j} & \mathbf{k} \\ 1 & 0 & 0 \\ 0,3 & 0,4 & -0,2 \\ 300 & -200 & 150 \end{vmatrix}$

$= 20 \text{ N} \cdot \text{m} \quad Resposta$

F4.14. $\mathbf{u}_{OA} = \dfrac{\mathbf{r}_A}{r_A} = \dfrac{\{0,3\mathbf{i} + 0,4\mathbf{j}\} \text{ m}}{\sqrt{(0,3 \text{ m})^2 + (0,4 \text{ m})^2}} = 0,6\mathbf{i} + 0,8\mathbf{j}$

$M_{OA} = \mathbf{u}_{OA} \cdot (\mathbf{r}_{AB} \times \mathbf{F}) = \begin{vmatrix} \mathbf{i} & \mathbf{j} & \mathbf{k} \\ 0,6 & 0,8 & 0 \\ 0 & 0 & -0,2 \\ 300 & -200 & 150 \end{vmatrix}$

$= -72 \text{ N} \cdot \text{m}$

$|M_{OA}| = 72 \text{ N} \cdot \text{m} \quad Resposta$

F4.15. Análise escalar

As intensidades das componentes de força são

$F_x = |200 \cos 120°| = 100 \text{ N}$
$F_y = 200 \cos 60° = 100 \text{ N}$
$F_z = 200 \cos 45° = 141,42 \text{ N}$

$M_x = -F_y(z) + F_z(y)$
$\quad = -(100 \text{ N})(0,25 \text{ m}) + (141,42 \text{ N})(0,3 \text{ m})$
$\quad = 17,4 \text{ N} \cdot \text{m} \quad Resposta$

Análise vetorial

$M_x = \begin{vmatrix} \mathbf{i} & \mathbf{j} & \mathbf{k} \\ 1 & 0 & 0 \\ 0 & 0,3 & 0,25 \\ -100 & 100 & 141,42 \end{vmatrix} = 17,4 \text{ N} \cdot \text{m} \quad Resposta$

F4.16. $M_y = \mathbf{j} \cdot (\mathbf{r}_A \times \mathbf{F}) = \begin{vmatrix} \mathbf{i} & \mathbf{j} & \mathbf{k} \\ 0 & 1 & 0 \\ -3 & -4 & 2 \\ 30 & -20 & 50 \end{vmatrix}$

$= 210 \text{ N} \cdot \text{m} \quad Resposta$

F4.17. $\mathbf{u}_{AB} = \dfrac{\mathbf{r}_{AB}}{r_{AB}} = \dfrac{\{-4\mathbf{i} + 3\mathbf{j}\} \text{ m}}{\sqrt{(-4 \text{ m})^2 + (3 \text{ m})^2}} = -0,8\mathbf{i} + 0,6\mathbf{j}$

$M_{AB} = \mathbf{u}_{AB} \cdot (\mathbf{r}_{AC} \times \mathbf{F})$

$= \begin{vmatrix} \mathbf{i} & \mathbf{j} & \mathbf{k} \\ -0,8 & 0,6 & 0 \\ 0 & 0 & 2 \\ 50 & -40 & 20 \end{vmatrix} = -4 \text{ kN} \cdot \text{m}$

$\mathbf{M}_{AB} = M_{AB}\mathbf{u}_{AB} = \{3,20\mathbf{i} - 2,40\mathbf{j}\} \text{ kN} \cdot \text{m}$
$\quad Resposta$

F4.18. Análise escalar

As intensidades das componentes de força são

$F_x = (\frac{3}{5})[\frac{4}{5}(500)] = 240 \text{ N}$
$F_y = \frac{4}{5}[\frac{4}{5}(500)] = 320 \text{ N}$
$F_z = \frac{3}{5}(500) = 300 \text{ N}$

$M_x = -320(3) + 300(2) = -360 \text{ N} \cdot \text{m} \quad Resposta$
$M_y = -240(3) - 300(-2) = -120 \text{ N} \cdot \text{m} \quad Resposta$
$M_z = 240(2) - 320(2) = -160 \text{ N} \cdot \text{m} \quad Resposta$

Análise vetorial

$\mathbf{F} = \{-240\mathbf{i} + 320\mathbf{j} + 300\mathbf{k}\}$ N
$\mathbf{r}_{OA} = \{-2\mathbf{i} + 2\mathbf{j} + 3\mathbf{k}\}$ m
$M_x = \mathbf{i} \cdot (\mathbf{r}_{OA} \times \mathbf{F}) = -360$ N·m
$M_y = \mathbf{j} \cdot (\mathbf{r}_{OA} \times \mathbf{F}) = -120$ N·m
$M_z = \mathbf{k} \cdot (\mathbf{r}_{OA} \times \mathbf{F}) = -160$ N·m

F4.19. $\circlearrowleft + M_{C_R} = \Sigma M_A = 400(3) - 400(5) + 300(5) + 200(0,2) = 740$ N·m *Resposta*

Além disso,
$\circlearrowleft + M_{C_R} = 300(5) - 400(2) + 200(0,2)$
$= 740$ N·m *Resposta*

F4.20. $\circlearrowleft + M_{C_R} = 300(0,4) + 200(0,4) + 150(0,4)$
$= 260$ N·m *Resposta*

F4.21. $\circlearrowleft + (M_B)_R = \Sigma M_B$
$-1,5$ kN·m $= (2$ kN$)(0,3$ m$) - F(0,9$ m$)$
$F = 2,33$ kN *Resposta*

F4.22. $\circlearrowleft + M_C = 10(\frac{3}{5})(2) - 10(\frac{4}{5})(4) = -20$ kN·m
$= 20$ kN·m $\circlearrowright$ *Resposta*

F4.23. $\mathbf{u}_1 = \frac{\mathbf{r}_1}{r_1} = \frac{\{-2\mathbf{i} + 2\mathbf{j} + 3,5\mathbf{k}\} \text{ m}}{\sqrt{(-2 \text{ m})^2 + (2 \text{ m})^2 + (3,5 \text{ m})^2}}$
$= -\frac{2}{4,5}\mathbf{i} + \frac{2}{4,5}\mathbf{j} + \frac{3,5}{4,5}\mathbf{k}$
$\mathbf{u}_2 = -\mathbf{k}$
$\mathbf{u}_3 = \frac{1,5}{2,5}\mathbf{i} - \frac{2}{2,5}\mathbf{j}$
$(\mathbf{M}_c)_1 = (M_c)_1 \mathbf{u}_1$
$= (450 \text{ N·m})(-\frac{2}{4,5}\mathbf{i} + \frac{2}{4,5}\mathbf{j} + \frac{3,5}{4,5}\mathbf{k})$
$= \{-200\mathbf{i} + 200\mathbf{j} + 350\mathbf{k}\}$ N·m
$(\mathbf{M}_c)_2 = (M_c)_2 \mathbf{u}_2 = (250 \text{ N·m})(-\mathbf{k})$
$= \{-250\mathbf{k}\}$ N·m
$(\mathbf{M}_c)_3 = (M_c)_3 \mathbf{u}_3 = (300 \text{ N·m})(\frac{1,5}{2,5}\mathbf{i} - \frac{2}{2,5}\mathbf{j})$
$= \{180\mathbf{i} - 240\mathbf{j}\}$ N·m
$(\mathbf{M}_c)_R = \Sigma M_c;$
$(\mathbf{M}_c)_R = \{-20\mathbf{i} - 40\mathbf{j} + 100\mathbf{k}\}$ N·m *Resposta*

F4.24. $\mathbf{F}_B = (\frac{4}{5})(450 \text{ N})\mathbf{j} - (\frac{3}{5})(450 \text{ N})\mathbf{k}$
$= \{360\mathbf{j} - 270\mathbf{k}\}$ N

$\mathbf{M}_c = \mathbf{r}_{AB} \times \mathbf{F}_B = \begin{vmatrix} \mathbf{i} & \mathbf{j} & \mathbf{k} \\ 0,4 & 0 & 0 \\ 0 & 360 & -270 \end{vmatrix}$

$= \{108\mathbf{j} + 144\mathbf{k}\}$ N·m *Resposta*

Além disso,
$\mathbf{M}_c = (\mathbf{r}_A \times \mathbf{F}_A) + (\mathbf{r}_B \times \mathbf{F}_B)$

$= \begin{vmatrix} \mathbf{i} & \mathbf{j} & \mathbf{k} \\ 0 & 0 & 0,3 \\ 0 & -360 & 270 \end{vmatrix} + \begin{vmatrix} \mathbf{i} & \mathbf{j} & \mathbf{k} \\ 0,4 & 0 & 0,3 \\ 0 & 360 & -270 \end{vmatrix}$

$= \{108\mathbf{j} + 144\mathbf{k}\}$ N·m *Resposta*

F4.25. $\xleftarrow{+} F_{Rx} = \Sigma F_x;$ $F_{Rx} = 200 - \frac{3}{5}(100) = 140$ N
$+\downarrow F_{Ry} = \Sigma F_y;$ $F_{Ry} = 150 - \frac{4}{5}(100) = 70$ N
$F_R = \sqrt{140^2 + 70^2} = 157$ N *Resposta*
$\theta = \text{tg}^{-1}(\frac{70}{140}) = 26,6°$ *Resposta*
$\circlearrowleft + M_{A_R} = \Sigma M_A;$
$M_{A_R} = \frac{3}{5}(100)(0,4) - \frac{4}{5}(100)(0,6) + 150(0,3)$
$M_{R_A} = 210$ N·m *Resposta*

F4.26. $\xrightarrow{+} F_{Rx} = \Sigma F_x;$ $F_{Rx} = \frac{4}{5}(50) = 40$ N
$+\downarrow F_{Ry} = \Sigma F_y;$ $F_{Ry} = 40 + 30 + \frac{3}{5}(50)$
$= 100$ N
$F_R = \sqrt{(40)^2 + (100)^2} = 108$ N *Resposta*
$\theta = \text{tg}^{-1}(\frac{100}{40}) = 68,2°$ *Resposta*
$\circlearrowleft + M_{A_R} = \Sigma M_A;$
$M_{A_R} = 30(3) + \frac{3}{5}(50)(6) + 200$
$= 470$ N·m *Resposta*

F4.27. $\xrightarrow{+} (F_R)_x = \Sigma F_x;$
$(F_R)_x = 900 \text{ sen } 30° = 450$ N $\rightarrow$
$+\uparrow (F_R)_y = \Sigma F_y;$
$(F_R)_y = -900 \cos 30° - 300$
$= -1079,42$ N $= 1079,42$ N $\downarrow$
$F_R = \sqrt{450^2 + 1079,42^2}$
$= 1169,47$ N $= 1,17$ kN *Resposta*
$\theta = \text{tg}^{-1}(\frac{1079,42}{450}) = 67,4°$ *Resposta*
$\circlearrowleft + (M_R)_A = \Sigma M_A;$
$(M_R)_A = 300 - 900 \cos 30°(0,75) - 300(2,25)$
$= -959,57$ N·m
$= 960$ N·m $\circlearrowright$ *Resposta*

F4.28. $\xrightarrow{+} (F_R)_x = \Sigma F_x;$
$(F_R)_x = 150(\frac{3}{5}) + 50 - 100(\frac{4}{5}) = 60$ N $\rightarrow$
$+\uparrow (F_R)_y = \Sigma F_y;$
$(F_R)_y = -150(\frac{4}{5}) - 100(\frac{3}{5})$
$= -180$ N $= 180$ N $\downarrow$
$F_R = \sqrt{60^2 + 180^2} = 189,74$ N $= 190$ N *Resposta*
$\theta = \text{tg}^{-1}(\frac{180}{60}) = 71,6°$ *Resposta*
$\circlearrowleft + (M_R)_A = \Sigma M_A;$
$(M_R)_A = 100(\frac{4}{5})(1) - 100(\frac{3}{5})(6) - 150(\frac{4}{5})(3)$
$= -640 = 640$ N·m $\circlearrowright$ *Resposta*

F4.29. $\mathbf{F}_R = \Sigma \mathbf{F};$
$\mathbf{F}_R = \mathbf{F}_1 + \mathbf{F}_2$
$= (-300\mathbf{i} + 150\mathbf{j} + 200\mathbf{k}) + (-450\mathbf{k})$
$= \{-300\mathbf{i} + 150\mathbf{j} - 250\mathbf{k}\}$ N *Resposta*
$\mathbf{r}_{OA} = (2 - 0)\mathbf{j} = \{2\mathbf{j}\}$ m
$\mathbf{r}_{OB} = (-1,5 - 0)\mathbf{i} + (2 - 0)\mathbf{j} + (1 - 0)\mathbf{k}$
$= \{-1,5\mathbf{i} + 2\mathbf{j} + 1\mathbf{k}\}$ m

$(M_R)_O = \Sigma M;$
$(M_R)_O = r_{OB} \times F_1 + r_{OA} \times F_2$

$$= \begin{vmatrix} i & j & k \\ -1,5 & 2 & 1 \\ -300 & 150 & 200 \end{vmatrix} + \begin{vmatrix} i & j & k \\ 0 & 2 & 0 \\ 0 & 0 & -450 \end{vmatrix}$$

$= \{-650i + 375k\} \, N \cdot m$ *Resposta*

F4.30. $F_1 = \{-100j\} \, N$

$F_2 = (200 \, N)\left[\dfrac{\{-0,4i - 0,3k\} \, m}{\sqrt{(-0,4 \, m)^2 + (-0,3 \, m)^2}}\right]$

$= \{-160i - 120k\} \, N$

$M_c = \{-75i\} \, N \cdot m$

$F_R = \{-160i - 100j - 120k\} \, N$ *Resposta*

$(M_R)_O = (0,3k) \times (-100j)$

$+ \begin{vmatrix} i & j & k \\ 0 & 0,5 & 0,3 \\ -160 & 0 & -120 \end{vmatrix} + (-75i)$

$= \{-105i - 48j + 80k\} \, N \cdot m$ *Resposta*

F4.31. $+\downarrow F_R = \Sigma F_y; \quad F_R = 500 + 250 + 500$
$= 1250 \, N$ *Resposta*

$\zeta + F_R x = \Sigma M_O;$
$1250(x) = 500(1) + 250(2) + 500(3)$
$x = 2 \, m$ *Resposta*

F4.32. $\xrightarrow{+} (F_R)_x = \Sigma F_x;$
$(F_R)_x = 100\left(\tfrac{3}{5}\right) + 50 \, \text{sen} \, 30° = 85 \, N \rightarrow$

$+\uparrow (F_R)_y = \Sigma F_y;$
$(F_R)_y = 200 + 50 \cos 30° - 100\left(\tfrac{4}{5}\right)$
$= 163,30 \, N \uparrow$
$F_R = \sqrt{85^2 + 163,30^2} = 184 \, N$
$\theta = \text{tg}^{-1}\left(\tfrac{163,30}{85}\right) = 62,5°$ *Resposta*

$\zeta + (M_R)_A = \Sigma M_A;$
$163,30(d) = 200(1) - 100\left(\tfrac{4}{5}\right)(2) + 50 \cos 30°(3)$
$d = 1,04 \, m$ *Resposta*

F4.33. $\xrightarrow{+} (F_R)_x = \Sigma F_x;$
$(F_R)_x = 15\left(\tfrac{4}{5}\right) = 12 \, kN \rightarrow$

$+\uparrow (F_R)_y = \Sigma F_y;$
$(F_R)_y = -20 + 15\left(\tfrac{3}{5}\right) = -11 \, kN = 11 \, kN \downarrow$
$F_R = \sqrt{12^2 + 11^2} = 16,3 \, kN$ *Resposta*
$\theta = \text{tg}^{-1}\left(\tfrac{11}{12}\right) = 42,5°$ *Resposta*

$\zeta + (M_R)_A = \Sigma M_A;$
$-11(d) = -20(2) - 15\left(\tfrac{4}{5}\right)(2) + 15\left(\tfrac{3}{5}\right)(6)$
$d = 0,909 \, m$ *Resposta*

F4.34. $\xrightarrow{+} (F_R)_x = \Sigma F_x;$
$(F_R)_x = \left(\tfrac{3}{5}\right) 5 \, kN - 8 \, kN$
$= -5 \, kN = 5 \, kN \leftarrow$

$+\uparrow (F_R)_y = \Sigma F_y;$
$(F_R)_y = -6 \, kN - \left(\tfrac{4}{5}\right) 5 \, kN$
$= -10 \, kN = 10 \, kN \downarrow$
$F_R = \sqrt{5^2 + 10^2} = 11,2 \, kN$ *Resposta*
$\theta = \text{tg}^{-1}\left(\tfrac{10 \, kN}{5 \, kN}\right) = 63,4°$ *Resposta*

$\zeta + (M_R)_A = \Sigma M_A;$
$5 \, kN(d) = 8 \, kN(3 \, m) - 6 \, kN(0,5 \, m)$
$\quad - \left[\left(\tfrac{4}{5}\right) 5 \, kN\right](2 \, m)$
$\quad - \left[\left(\tfrac{3}{5}\right) 5 \, kN\right](4 \, m)$
$d = 0,2 \, m$ *Resposta*

F4.35. $+\downarrow F_R = \Sigma F_z; \quad F_R = 400 + 500 - 100$
$= 800 \, N$ *Resposta*

$M_{Rx} = \Sigma M_x; \quad -800y = -400(4) - 500(4)$
$y = 4,50 \, m$ *Resposta*

$M_{Ry} = \Sigma M_y; \quad 800x = 500(4) - 100(3)$
$x = 2,125 \, m$ *Resposta*

F4.36. $+\downarrow F_R = \Sigma F_z;$
$F_R = 200 + 200 + 100 + 100$
$= 600 \, N$ *Resposta*

$\zeta + M_{Rx} = \Sigma M_x;$
$-600y = 200(1) + 200(1) + 100(3) - 100(3)$
$y = -0,667 \, m$ *Resposta*

$\zeta + M_{Ry} = \Sigma M_y;$
$600x = 100(3) + 100(3) + 200(2) - 200(3)$
$x = 0,667 \, m$ *Resposta*

F4.37. $+\uparrow F_R = \Sigma F_y;$
$-F_R = -6(1,5) - 9(3) - 3(1,5)$
$F_R = 40,5 \, kN \downarrow$ *Resposta*

$\zeta + (M_R)_A = \Sigma M_A;$
$-40,5(d) = 6(1,5)(0,75)$
$\quad - 9(3)(1,5) - 3(1,5)(3,75)$
$d = 1,25 \, m$ *Resposta*

F4.38. $+\downarrow F_R = \Sigma F_y;$
$F_R = \tfrac{1}{2}(3)(15) + 4(15) = 82,5 \, kN$ *Resposta*

$\zeta + M_{A_R} = \Sigma M_A;$
$82,5d = \left[\tfrac{1}{2}(3)(15)\right](2) + [4(15)](5)$
$d = 4,18 \, m$ *Resposta*

F4.39. $+\uparrow F_R = \Sigma F_y;$
$-F_R = -\tfrac{1}{2}(6)(3) - \tfrac{1}{2}(6)(6)$
$F_R = 27 \, kN \downarrow$ *Resposta*

$\zeta + (M_R)_A = \Sigma M_A;$
$-27(d) = \tfrac{1}{2}(6)(3)(1) - \tfrac{1}{2}(6)(6)(2)$
$d = 1 \, m$ *Resposta*

F4.40. $+\downarrow F_R = \Sigma F_y$;
$$F_R = \tfrac{1}{2}(50)(3) + 150(3) + 500$$
$$= 1025 \text{ N} = 1,025 \text{ kN} \quad \textit{Resposta}$$
$\circlearrowleft + M_{A_R} = \Sigma M_A$;
$$1025 d = \left[\tfrac{1}{2}(50)(3)\right](2) + [150(3)](1,5) + 500(4,5)$$
$$d = 3,00 \text{ m} \quad \textit{Resposta}$$

F4.41. $+\uparrow F_R = \Sigma F_y$;
$$-F_R = -\tfrac{1}{2}(3)(4,5) - 3(6)$$
$$F_R = 24,75 \text{ kN}\downarrow \quad \textit{Resposta}$$
$\circlearrowleft +(M_R)_A = \Sigma M_A$;
$$-24,75(d) = -\tfrac{1}{2}(3)(4,5)(1,5) - 3(6)(3)$$
$$d = 2,59 \text{ m} \quad \textit{Resposta}$$

F4.42. $F_R = \int w(x)\, dx = \int_0^4 2,5x^3\, dx = 160 \text{ N}$
$\circlearrowleft + M_{A_R} = \Sigma M_A$;
$$\bar{x} = \frac{\int xw(x)\, dx}{\int w(x)\, dx} = \frac{\int_0^4 2,5x^4\, dx}{160} = 3,20 \text{ m}$$
$$\textit{Resposta}$$

Capítulo 5

F5.1. $\xrightarrow{+} \Sigma F_x = 0$; $-A_x + 5\left(\tfrac{3}{5}\right) = 0$
$$A_x = 3,00 \text{ kN} \quad \textit{Resposta}$$
$\circlearrowleft + \Sigma M_A = 0$; $B_y(4) - 5\left(\tfrac{4}{5}\right)(2) - 6 = 0$
$$B_y = 3,50 \text{ kN} \quad \textit{Resposta}$$
$+\uparrow \Sigma F_y = 0$; $A_y + 3,50 - 5\left(\tfrac{4}{5}\right) = 0$
$$A_y = 0,500 \text{ kN} \quad \textit{Resposta}$$

F5.2. $\circlearrowleft + \Sigma M_A = 0$;
$$F_{CD} \text{ sen } 45°(1,5 \text{ m}) - 4 \text{ kN}(3 \text{ m}) = 0$$
$$F_{CD} = 11,31 \text{ kN} = 11,3 \text{ kN} \quad \textit{Resposta}$$
$\xrightarrow{+} \Sigma F_x = 0$; $A_x + (11,31 \text{ kN}) \cos 45° = 0$
$$A_x = -8 \text{ kN} = 8 \text{ kN} \leftarrow \quad \textit{Resposta}$$
$+\uparrow \Sigma F_y = 0$;
$$A_y + (11,31 \text{ kN}) \text{ sen } 45° - 4 \text{ kN} = 0$$
$$A_y = -4 \text{ kN} = 4 \text{ kN} \downarrow \quad \textit{Resposta}$$

F5.3. $\circlearrowleft + \Sigma M_A = 0$;
$$N_B[6 \text{ m} + (6 \text{ m}) \cos 45°]$$
$$- 10 \text{ kN}[2 \text{ m} + (6 \text{ m}) \cos 45°]$$
$$- 5 \text{ kN}(4 \text{ m}) = 0$$
$$N_B = 8,047 \text{ kN} = 8,05 \text{ kN} \quad \textit{Resposta}$$
$\xrightarrow{+} \Sigma F_x = 0$;
$$(5 \text{ kN}) \cos 45° - A_x = 0$$
$$A_x = 3,54 \text{ kN} \quad \textit{Resposta}$$
$+\uparrow \Sigma F_y = 0$;
$$A_y + 8,047 \text{ kN} - (5 \text{ kN}) \text{ sen } 45° - 10 \text{ kN} = 0$$
$$A_y = 5,49 \text{ kN} \quad \textit{Resposta}$$

F5.4. $\xrightarrow{+} \Sigma F_x = 0$; $-A_x + 400 \cos 30° = 0$
$$A_x = 346 \text{ N} \quad \textit{Resposta}$$
$+\uparrow \Sigma F_y = 0$;
$$A_y - 200 - 200 - 200 - 400 \text{ sen } 30° = 0$$
$$A_y = 800 \text{ N} \quad \textit{Resposta}$$
$\circlearrowleft + \Sigma M_A = 0$;
$$M_A - 200(2,5) - 200(3,5) - 200(4,5)$$
$$- 400 \text{ sen } 30°(4,5) - 400 \cos 30°(3 \text{ sen } 60°) = 0$$
$$M_A = 3,90 \text{ kN} \cdot \text{m} \quad \textit{Resposta}$$

F5.5. $\circlearrowleft + \Sigma M_A = 0$;
$$N_C(0,7 \text{ m}) - [25(9,81) \text{ N}] (0,5 \text{ m}) \cos 30° = 0$$
$$N_C = 151,71 \text{ N} = 152 \text{ N} \quad \textit{Resposta}$$
$\xrightarrow{+} \Sigma F_x = 0$;
$$T_{AB} \cos 15° - (151,71 \text{ N}) \cos 60° = 0$$
$$T_{AB} = 78,53 \text{ N} = 78,5 \text{ N} \quad \textit{Resposta}$$
$+\uparrow \Sigma F_y = 0$;
$$F_A + (78,53 \text{ N}) \text{ sen } 15°$$
$$+ (151,71 \text{ N}) \text{ sen } 60° - 25(9,81) \text{ N} = 0$$
$$F_A = 93,5 \text{ N} \quad \textit{Resposta}$$

F5.6. $\xrightarrow{+} \Sigma F_x = 0$;
$$N_C \text{ sen } 30° - (250 \text{ N}) \text{ sen } 60° = 0$$
$$N_C = 433,0 \text{ N} = 433 \text{ N} \quad \textit{Resposta}$$
$\circlearrowleft + \Sigma M_B = 0$;
$$-N_A \text{ sen } 30°(0,15 \text{ m}) - 433,0 \text{ N}(0,2 \text{ m})$$
$$+ [(250 \text{ N}) \cos 30°](0,6 \text{ m}) = 0$$
$$N_A = 577,4 \text{ N} = 577 \text{ N} \quad \textit{Resposta}$$
$+\uparrow \Sigma F_y = 0$;
$$N_B - 577,4 \text{ N} + (433,0 \text{ N}) \cos 30°$$
$$- (250 \text{ N}) \cos 60° = 0$$
$$N_B = 327 \text{ N} \quad \textit{Resposta}$$

F5.7. $\Sigma F_z = 0$;
$$T_A + T_B + T_C - 20 - 50 = 0$$
$\Sigma M_x = 0$;
$$T_A(3) + T_C(3) - 50(1,5) - 20(3) = 0$$
$\Sigma M_y = 0$;
$$-T_B(4) - T_C(4) + 50(2) + 20(2) = 0$$
$$T_A = 35 \text{ kN}, T_B = 250 \text{ kN}, T_C = 10 \text{ kN} \quad \textit{Resposta}$$

F5.8. $\Sigma M_y = 0$;
$$600 \text{ N}(0,2 \text{ m}) + 900 \text{ N}(0,6 \text{ m}) - F_A(1 \text{ m}) = 0$$
$$F_A = 660 \text{ N} \quad \textit{Resposta}$$
$\Sigma M_x = 0$;
$$D_z(0,8 \text{ m}) - 600 \text{ N}(0,5 \text{ m}) - 900 \text{ N}(0,1 \text{ m}) = 0$$
$$D_z = 487,5 \text{ N} \quad \textit{Resposta}$$
$\Sigma F_x = 0$; $D_x = 0$ $\textit{Resposta}$
$\Sigma F_y = 0$; $D_y = 0$ $\textit{Resposta}$
$\Sigma F_z = 0$;
$$T_{BC} + 660 \text{ N} + 487,5 \text{ N} - 900 \text{ N} - 600 \text{ N} = 0$$
$$T_{BC} = 352,5 \text{ N} \quad \textit{Resposta}$$

F5.9. $\Sigma F_y = 0;\quad 400\text{ N} + C_y = 0;$
$$C_y = -400\text{ N} \qquad \textit{Resposta}$$
$\Sigma M_y = 0;\quad -C_x(0,4\text{ m}) - 600\text{ N}(0,6\text{ m}) = 0$
$$C_x = -900\text{ N} \qquad \textit{Resposta}$$
$\Sigma M_x = 0;\quad B_z(0,6\text{ m}) + 600\text{ N}(1,2\text{ m})$
$$+ (-400\text{ N})(0,4\text{ m}) = 0$$
$$B_z = -933,3\text{ N} \qquad \textit{Resposta}$$
$\Sigma M_z = 0;$
$-B_x(0,6\text{ m}) - (-900\text{ N})(1,2\text{ m})$
$$+ (-400\text{ N})(0,6\text{ m}) = 0$$
$$B_x = 1400\text{ N} \qquad \textit{Resposta}$$
$\Sigma F_x = 0;\quad 1400\text{ N} + (-900\text{ N}) + A_x = 0$
$$A_x = -500\text{ N} \qquad \textit{Resposta}$$
$\Sigma F_z = 0;\quad A_z - 933,3\text{ N} + 600\text{ N} = 0$
$$A_z = 333,3\text{ N} \qquad \textit{Resposta}$$

F5.10. $\Sigma F_x = 0;\qquad B_x = 0 \qquad \textit{Resposta}$
$\Sigma M_z = 0;$
$C_y(0,4\text{ m} + 0,6\text{ m}) = 0\quad C_y = 0 \qquad \textit{Resposta}$
$\Sigma F_y = 0;\quad A_y + 0 = 0\quad A_y = 0 \qquad \textit{Resposta}$
$\Sigma M_x = 0;\; C_z(0,6\text{ m} + 0,6\text{ m}) + B_z(0,6\text{ m})$
$$- 450\text{ N}(0,6\text{ m} + 0,6\text{ m}) = 0$$
$1,2C_z + 0,6B_z - 540 = 0$
$\Sigma M_y = 0;\; -C_z(0,6\text{ m} + 0,4\text{ m})$
$$- B_z(0,6\text{ m}) + 450\text{ N}(0,6\text{ m}) = 0$$
$-C_z - 0,6B_z + 270 = 0$
$C_z = 1350\text{ N}\quad B_z = -1800\text{ N} \qquad \textit{Resposta}$
$\Sigma F_z = 0;$
$A_z + 1350\text{ N} + (-1800\text{ N}) - 450\text{ N} = 0$
$$A_z = 900\text{ N} \qquad \textit{Resposta}$$

F5.11. $\Sigma F_y = 0;\quad A_y = 0 \qquad \textit{Resposta}$
$\Sigma M_x = 0;\quad -9(3) + F_{CE}(3) = 0$
$$F_{CE} = 9\text{ kN} \qquad \textit{Resposta}$$
$\Sigma M_z = 0;\quad F_{CF}(3) - 6(3) = 0$
$$F_{CF} = 6\text{ kN} \qquad \textit{Resposta}$$
$\Sigma M_y = 0;\quad 9(4) - A_z(4) - 6(1,5) = 0$
$$A_z = 6,75\text{ kN} \qquad \textit{Resposta}$$
$\Sigma F_x = 0;\quad A_x + 6 - 6 = 0\quad A_x = 0 \qquad \textit{Resposta}$
$\Sigma F_z = 0;\quad F_{DB} + 9 - 9 + 6,75 = 0$
$$F_{DB} = -6,75\text{ kN} \qquad \textit{Resposta}$$

F5.12. $\Sigma F_x = 0;\qquad A_x = 0 \qquad \textit{Resposta}$
$\Sigma F_y = 0;\qquad A_y = 0 \qquad \textit{Resposta}$
$\Sigma F_z = 0;\qquad A_z + F_{BC} - 80 = 0$
$\Sigma M_x = 0;\; (M_A)_x + 6F_{BC} - 80(6) = 0$
$\Sigma M_y = 0;\; 3F_{BC} - 80(1,5) = 0\quad F_{BC} = 40\text{ N}\quad \textit{Resposta}$
$\Sigma M_z = 0;\; (M_A)_z = 0 \qquad \textit{Resposta}$
$A_z = 40\text{ N}\qquad (M_A)_x = 24\text{ N}\cdot\text{m} \qquad \textit{Resposta}$

Capítulo 6

F6.1. *Nó A.*
$+\uparrow\Sigma F_y = 0;\qquad 22,5\text{ kN} - F_{AD}\operatorname{sen} 45° = 0$
$F_{AD} = 31,82\text{ kN} = 31,8\text{ kN (C)} \qquad \textit{Resposta}$
$\xrightarrow{+}\Sigma F_x = 0;\qquad F_{AB} - (31,82\text{ kN})\cos 45° = 0$
$F_{AB} = 22,5\text{ kN (T)} \qquad \textit{Resposta}$

Nó B.
$\xrightarrow{+}\Sigma F_x = 0;\qquad F_{BC} - 22,5\text{ kN} = 0$
$F_{BC} = 22,5\text{ kN (T)} \qquad \textit{Resposta}$
$+\uparrow\Sigma F_y = 0;\qquad F_{BD} = 0 \qquad \textit{Resposta}$

Nó D.
$\xrightarrow{+}\Sigma F_x = 0;$
$F_{CD}\cos 45° + (31,82\text{ kN})\cos 45° - 4,5\text{ kN} = 0$
$F_{CD} = 31,82\text{ kN} = 31,8\text{ kN (T)} \qquad \textit{Resposta}$

F6.2. *Nó D.*
$+\uparrow\Sigma F_y = 0;\;\tfrac{3}{5}F_{CD} - 30 = 0;$
$F_{CD} = 50,0\text{ kN (T)} \qquad \textit{Resposta}$
$\xrightarrow{+}\Sigma F_x = 0;\; -F_{AD} + \tfrac{4}{5}(50,0) = 0$
$F_{AD} = 40,0\text{ kN (C)} \qquad \textit{Resposta}$
$F_{BC} = 50,0\text{ kN (T)}, F_{AC} = F_{AB} = 0 \qquad \textit{Resposta}$

F6.3. $A_x = 0,\; A_y = C_y = 40\text{ kN};\; F_{AF} = 0$
Nó A.
$+\uparrow\Sigma F_y = 0;\; -\tfrac{3}{5}F_{AE} + 40 = 0$
$F_{AE} = 66,7\text{ kN (C)} \qquad \textit{Resposta}$

Nó C.
$+\uparrow\Sigma F_y = 0;\; -F_{DC} + 40 = 0$
$F_{DC} = 40\text{ kN (C)} \qquad \textit{Resposta}$

F6.4. *Nó C.*
$+\uparrow\Sigma F_y = 0;\qquad 2F\cos 30° - P = 0$
$F_{AC} = F_{BC} = F = \tfrac{P}{2\cos 30°} = 0,5774P\text{ (C)}$

Nó B.
$\xrightarrow{+}\Sigma F_x = 0;\; 0,5774P\cos 60° - F_{AB} = 0$
$F_{AB} = 0,2887P\text{ (T)}$
$F_{AB} = 0,2887P = 2\text{ kN}$
$P = 6,928\text{ kN}$
$F_{AC} = F_{BC} = 0,5774P = 1,5\text{ kN}$
$P = 2,598\text{ kN}$

O *menor valor* de P é escolhido,
$P = 2,598\text{ kN} = 2,60\text{ kN} \qquad \textit{Resposta}$

F6.5. $F_{CB} = 0 \qquad \textit{Resposta}$
$F_{CD} = 0 \qquad \textit{Resposta}$
$F_{AE} = 0 \qquad \textit{Resposta}$
$F_{DE} = 0 \qquad \textit{Resposta}$

F6.6. *Nó C.*
$+\uparrow \Sigma F_y = 0;$ $25{,}98 \text{ kN} - F_{CD} \text{ sen } 30° = 0$
$F_{CD} = 51{,}96 \text{ kN} = 52{,}0 \text{ kN (C)}$ *Resposta*
$\xrightarrow{+} \Sigma F_x = 0;$ $(51{,}96 \text{ kN}) \cos 30° - F_{BC} = 0$
$F_{BC} = 45{,}0 \text{ kN (T)}$ *Resposta*

Nó D.
$+\nearrow \Sigma F_{y'} = 0;$ $F_{BD} \cos 30° = 0$ $F_{BD} = 0$ *Resposta*
$+\searrow \Sigma F_{x'} = 0;$ $F_{DE} - 51{,}96 \text{ kN} = 0$
$F_{DE} = 51{,}96 \text{ kN} = 52{,}0 \text{ kN (C)}$ *Resposta*

Nó B.
$\uparrow \Sigma F_y = 0;$ $F_{BE} \text{ sen } \phi = 0$ $F_{BE} = 0$ *Resposta*
$\xrightarrow{+} \Sigma F_x = 0;$ $45{,}0 \text{ kN} - F_{AB} = 0$
$F_{AB} = 45{,}0 \text{ kN (T)}$ *Resposta*

Nó A.
$+\uparrow \Sigma F_y = 0;$ $34{,}02 \text{ kN} - F_{AE} = 0$
$F_{AE} = 34{,}0 \text{ kN (C)}$ *Resposta*

F6.7. $+\uparrow \Sigma F_y = 0;$ $F_{CF} \text{ sen } 45° - 600 - 800 = 0$
$F_{CF} = 1980 \text{ N (T)}$ *Resposta*
$\zeta + \Sigma M_C = 0;$ $F_{FE}(1) - 800(1) = 0$
$F_{FE} = 800 \text{ N (T)}$ *Resposta*
$\zeta + \Sigma M_F = 0;$ $F_{BC}(1) - 600(1) - 800(2) = 0$
$F_{BC} = 2200 \text{ N (C)}$ *Resposta*

F6.8. $\zeta + \Sigma M_A = 0;$ $G_y(12 \text{ m}) - 20 \text{ kN}(2 \text{ m})$
$- 30 \text{ kN}(4 \text{ m}) - 40 \text{ kN}(6 \text{ m}) = 0$
$G_y = 33{,}33 \text{ kN}$
$+\uparrow \Sigma F_y = 0;$ $F_{KC} + 33{,}33 \text{ kN} - 40 \text{ kN} = 0$
$F_{KC} = 6{,}67 \text{ kN (C)}$ *Resposta*
$\zeta + \Sigma M_K = 0;$
$33{,}33 \text{ kN}(8 \text{ m}) - 40 \text{ kN}(2 \text{ m}) - F_{CD}(3 \text{ m}) = 0$
$F_{CD} = 62{,}22 \text{ kN} = 62{,}2 \text{ kN (T)}$ *Resposta*
$\xrightarrow{+} \Sigma F_x = 0;$ $F_{LK} - 62{,}22 \text{ kN} = 0$
$F_{LK} = 62{,}2 \text{ kN (C)}$ *Resposta*

F6.9. Pela geometria da treliça,
$\phi = \text{tg}^{-1}(3 \text{ m}/2 \text{ m}) = 56{,}31°$.
$\zeta + \Sigma M_K = 0;$
$33{,}33 \text{ kN}(8 \text{ m}) - 40 \text{ kN}(2 \text{ m}) - F_{CD}(3 \text{ m}) = 0$
$F_{CD} = 62{,}2 \text{ kN (T)}$ *Resposta*
$\zeta + \Sigma M_D = 0;$ $33{,}33 \text{ kN}(6 \text{ m}) - F_{KJ}(3 \text{ m}) = 0$
$F_{KJ} = 66{,}7 \text{ kN (C)}$ *Resposta*
$+\uparrow \Sigma F_y = 0;$
$33{,}33 \text{ kN} - 40 \text{ kN} + F_{KD} \text{ sen } 56{,}31° = 0$
$F_{KD} = 8{,}01 \text{ kN (T)}$ *Resposta*

F6.10. Pela geometria da treliça,
$\text{tg } \phi = \frac{(3 \text{ m}) \text{ tg } 30°}{1 \text{ m}} = 1{,}732$ $\phi = 60°$
$\zeta + \Sigma M_C = 0;$
$F_{EF} \text{ sen } 30°(2 \text{ m}) + 300 \text{ N}(2 \text{ m}) = 0$
$F_{EF} = -600 \text{ N} = 600 \text{ N (C)}$ *Resposta*

$\zeta + \Sigma M_D = 0;$
$300 \text{ N}(2 \text{ m}) - F_{CF} \text{ sen } 60° (2 \text{ m}) = 0$
$F_{CF} = 346{,}41 \text{ N} = 346 \text{ N (T)}$ *Resposta*
$\zeta + \Sigma M_F = 0;$
$300 \text{ N}(3 \text{ m}) - 300 \text{ N}(1 \text{ m}) - F_{BC}(3 \text{ m}) \text{tg } 30° = 0$
$F_{BC} = 346{,}41 \text{ N} = 346 \text{ N (T)}$ *Resposta*

F6.11. Pela geometria da treliça,
$\theta = \text{tg}^{-1}(1 \text{ m}/2 \text{ m}) = 26{,}57°$
$\phi = \text{tg}^{-1}(3 \text{ m}/2 \text{ m}) = 56{,}31°$.

A posição de G pode ser achada usando-se triângulos semelhantes
$$\frac{1 \text{ m}}{2 \text{ m}} = \frac{2 \text{ m}}{2 \text{ m} + x}$$
$4 \text{ m} = 2 \text{ m} + x$
$x = 2 \text{ m}$
$\zeta + \Sigma M_G = 0;$
$26{,}25 \text{ kN}(4 \text{ m}) - 15 \text{ kN}(2 \text{ m}) - F_{CD}(3 \text{ m}) = 0$
$F_{CD} = 25 \text{ kN (T)}$ *Resposta*
$\zeta + \Sigma M_D = 0;$
$26{,}25 \text{ kN}(2 \text{ m}) - F_{GF} \cos 26{,}57°(2 \text{ m}) = 0$
$F_{GF} = 29{,}3 \text{ kN (C)}$ *Resposta*
$\zeta + \Sigma M_O = 0;$ $15 \text{ kN}(4 \text{ m}) - 26{,}25 \text{ kN}(2 \text{ m})$
$- F_{GD} \text{ sen } 56{,}31°(4 \text{ m}) = 0$
$F_{GD} = 2{,}253 \text{ kN} = 2{,}25 \text{ kN (T)}$ *Resposta*

F6.12. $\zeta + \Sigma M_H = 0;$
$F_{DC}(4 \text{ m}) + 12 \text{ kN}(3 \text{ m}) - 16 \text{ kN}(7 \text{ m}) = 0$
$F_{DC} = 19 \text{ kN (C)}$ *Resposta*
$\zeta + \Sigma M_D = 0;$
$12 \text{ kN}(7 \text{ m}) - 16 \text{ kN}(3 \text{ m}) - F_{HI}(4 \text{ m}) = 0$
$F_{HI} = 9 \text{ kN (C)}$ *Resposta*
$\zeta + \Sigma M_C = 0;$ $F_{JI} \cos 45°(4 \text{ m}) + 12 \text{ kN}(7 \text{ m})$
$- 9 \text{ kN}(4 \text{ m}) - 16 \text{ kN}(3 \text{ m}) = 0$
$F_{JI} = 0$ *Resposta*

F6.13. $+\uparrow \Sigma F_y = 0;$ $3P - 60 = 0$
$P = 20 \text{ N}$ *Resposta*

F6.14. $\zeta + \Sigma M_C = 0;$
$-\left(\frac{4}{5}\right)(F_{AB})(3) + 400(2) + 500(1) = 0$
$F_{AB} = 541{,}67 \text{ N}$
$\xrightarrow{+} \Sigma F_x = 0; -C_x + \frac{3}{5}(541{,}67) = 0$
$C_x = 325 \text{ N}$ *Resposta*
$+\uparrow \Sigma F_y = 0; C_y + \frac{4}{5}(541{,}67) - 400 - 500 = 0$
$C_y = 467 \text{ N}$ *Resposta*

F6.15. $\zeta + \Sigma M_A = 0; 100 \text{ N}(250 \text{ mm}) - N_B(50 \text{ mm}) = 0$
$N_B = 500 \text{ N}$ *Resposta*

$\xrightarrow{+} \Sigma F_x = 0$; $(500 \text{ N}) \text{ sen } 45° - A_x = 0$

$$A_x = 353,55 \text{ N}$$

$+\uparrow \Sigma F_y = 0$; $A_y - 100 \text{ N} - (500 \text{ N}) \cos 45° = 0$

$$A_y = 453,55 \text{ N}$$

$$F_A = \sqrt{(353,55 \text{ N})^2 + (453,55 \text{ N})^2}$$
$$= 575 \text{ N} \qquad \textit{Resposta}$$

F6.16. $\curvearrowleft + \Sigma M_C = 0$;

$400(2) + 800 - F_{BA}\left(\frac{3}{\sqrt{10}}\right)(1)$
$\qquad\qquad - F_{BA}\left(\frac{1}{\sqrt{10}}\right)(3) = 0$

$$F_{BA} = 843,27 \text{ N}$$

$\xrightarrow{+} \Sigma F_x = 0$; $C_x - 843,27\left(\frac{3}{\sqrt{10}}\right) = 0$

$$C_x = 800 \text{ N} \qquad \textit{Resposta}$$

$+\uparrow \Sigma F_y = 0$; $C_y + 843,27\left(\frac{1}{\sqrt{10}}\right) - 400 = 0$

$$C_y = 133 \text{ N} \qquad \textit{Resposta}$$

F6.17. Chapa A:

$+\uparrow \Sigma F_y = 0$; $2T + N_{AB} - 100 = 0$

Chapa B:

$+\uparrow \Sigma F_y = 0$; $2T - N_{AB} - 30 = 0$

$$T = 32,5 \text{ N}, N_{AB} = 35 \text{ N} \qquad \textit{Resposta}$$

F6.18. Polia C:

$+\uparrow \Sigma F_y = 0$; $T - 2P = 0$; $T = 2P$

Viga:

$+\uparrow \Sigma F_y = 0$; $2P + P - 6 = 0$

$$P = 2 \text{ kN}$$

$\curvearrowleft + \Sigma M_A = 0$; $2(1) - 6(x) = 0$

$$x = 0,333 \text{ m} \qquad \textit{Resposta}$$

F6.19. Membro CD

$\curvearrowleft + \Sigma M_D = 0$; $600(1,5) - N_C(3) = 0$

$$N_C = 300 \text{ N}$$

Membro ABC

$\curvearrowleft + \Sigma M_A = 0$; $-800 + B_y(2) - (300 \text{ sen } 45°) 4 = 0$

$$B_y = 824,26 = 824 \text{ N} \qquad \textit{Resposta}$$

$\xrightarrow{+} \Sigma F_x = 0$; $A_x - 300 \cos 45° = 0$;

$$A_x = 212 \text{ N} \qquad \textit{Resposta}$$

$+\uparrow \Sigma F_y = 0$; $-A_y + 824,26 - 300 \text{ sen } 45° = 0$;

$$A_y = 612 \text{ N} \qquad \textit{Resposta}$$

F6.20. AB é um membro de duas forças.

Membro BC

$\curvearrowleft + \Sigma M_c = 0$; $15(3) + 10(6) - F_{BC}\left(\frac{4}{5}\right)(9) = 0$

$$F_{BC} = 14,58 \text{ kN}$$

$\xrightarrow{+} \Sigma F_x = 0$; $(14,58)\left(\frac{3}{5}\right) - C_x = 0$;

$$C_x = 8,75 \text{ kN}$$

$+\uparrow \Sigma F_y = 0$; $(14,58)\left(\frac{4}{5}\right) - 10 - 15 + C_y = 0$;

$$C_y = 13,3 \text{ kN}$$

Membro CD

$\xrightarrow{+} \Sigma F_x = 0$; $\quad 8,75 - D_x = 0$; $\quad D_x = 8,75 \text{ kN} \qquad \textit{Resposta}$

$+\uparrow \Sigma F_y = 0$; $\quad -13,3 + D_y = 0$; $\quad D_y = 13,3 \text{ kN} \qquad \textit{Resposta}$

$\curvearrowleft + \Sigma M_D = 0$; $-8,75(4) + M_D = 0$; $M_D = 35 \text{ kN} \cdot \text{m} \qquad \textit{Resposta}$

F6.21. Estrutura inteira

$\curvearrowleft + \Sigma M_A = 0$; $\quad -600(3) - [400(3)](1,5) + C_y(3) = 0$

$$C_y = 1200 \text{ N} \qquad \textit{Resposta}$$

$+\uparrow \Sigma F_y = 0$; $\quad A_y - 400(3) + 1200 = 0$

$$A_y = 0 \qquad \textit{Resposta}$$

$\xrightarrow{+} \Sigma F_x = 0$; $\quad 600 - A_x - C_x = 0$

Membro AB

$\curvearrowleft + \Sigma M_B = 0$; $\quad 400(1,5)(0,75) - A_x(3) = 0$

$$A_x = 150 \text{ N} \qquad \textit{Resposta}$$

$$C_x = 450 \text{ N} \qquad \textit{Resposta}$$

Os mesmos resultados podem ser obtidos considerando os membros AB e BC.

F6.22. Estrutura inteira

$\curvearrowleft + \Sigma M_E = 0$; $\quad 250(6) - A_y(6) = 0$

$$A_y = 250 \text{ N}$$

$\xrightarrow{+} \Sigma F_x = 0$; $\quad E_x = 0$

$+\uparrow \Sigma F_y = 0$; $\quad 250 - 250 + E_y = 0$; $\quad E_y = 0$

Membro BD

$\curvearrowleft + \Sigma M_D = 0$; $\quad 250(4,5) - B_y(3) = 0$;

$$B_y = 375 \text{ N}$$

Membro ABC

$\curvearrowleft + \Sigma M_C = 0$; $-250(3) + 375(1,5) + B_x(2) = 0$

$$B_x = 93,75 \text{ N}$$

$\xrightarrow{+} \Sigma F_x = 0$; $\quad C_x - B_x = 0$; $\quad C_x = 93,75 \text{ N} \quad \textit{Resposta}$

$+\uparrow \Sigma F_y = 0$; $250 - 375 + C_y = 0$; $\quad C_y = 125 \text{ N} \quad \textit{Resposta}$

F6.23. AD, CB são membros de duas forças.
Membro AB

$\curvearrowleft + \Sigma M_A = 0$; $\quad -\left[\frac{1}{2}(3)(4)\right](1,5) + B_y(3) = 0$

$$B_y = 3 \text{ kN}$$

Como BC é um membro de duas forças, $C_y = B_y = 3$ kN e $C_x = 0$ ($\Sigma M_B = 0$).
Membro EDC

$\curvearrowleft + \Sigma M_E = 0$; $\quad F_{DA}\left(\frac{4}{5}\right)(1,5) - 5(3) - 3(3) = 0$

$$F_{DA} = 20 \text{ kN}$$

$\xrightarrow{+} \Sigma F_x = 0$; $\quad E_x - 20\left(\frac{3}{5}\right) = 0$; $\quad E_x = 12 \text{ kN} \quad \textit{Resposta}$

$+\uparrow \Sigma F_y = 0$; $\quad -E_y + 20\left(\frac{4}{5}\right) - 5 - 3 = 0$;

$$E_y = 8 \text{ kN} \qquad \textit{Resposta}$$

F6.24. AC e DC são membros de duas forças.
Membro BC

$\curvearrowleft + \Sigma M_C = 0$; $\quad \left[\frac{1}{2}(3)(8)\right](1) - B_y(3) = 0$

$$B_y = 4 \text{ kN}$$

Membro BA

$\zeta + \Sigma M_B = 0$; $6(2) - A_x(4) = 0$
$\qquad A_x = 3$ kN *Resposta*
$+\uparrow \Sigma F_y = 0$; -4 kN $+ A_y = 0$; $A_y = 4$ kN *Resposta*

Estrutura inteira

$\zeta + \Sigma M_A = 0$; $-6(2) - [\frac{1}{2}(3)(8)](2) + D_y(3) = 0$
$\qquad D_y = 12$ kN *Resposta*

Como DC é um membro de duas forças ($\Sigma M_C = 0$), então

$\qquad D_x = 0$ *Resposta*

Capítulo 7

F7.1. $\zeta + \Sigma M_A = 0$; $B_y(6) - 10(1,5) - 15(4,5) = 0$
$\qquad B_y = 13,75$ kN
$\stackrel{+}{\rightarrow}\Sigma F_x = 0$; $N_C = 0$ *Resposta*
$+\uparrow \Sigma F_y = 0$; $V_C + 13,75 - 15 = 0$
$\qquad V_C = 1,25$ kN *Resposta*
$\zeta + \Sigma M_C = 0$; $13,75(3) - 15(1,5) - M_C = 0$
$\qquad M_C = 18,75$ kN·m *Resposta*

F7.2. $\zeta + \Sigma M_B = 0$; $30 - 10(1,5) - A_y(3) = 0$
$\qquad A_y = 5$ kN
$\stackrel{+}{\rightarrow}\Sigma F_x = 0$; $N_C = 0$ *Resposta*
$+\uparrow \Sigma F_y = 0$; $5 - V_C = 0$
$\qquad V_C = 5$ kN *Resposta*
$\zeta + \Sigma M_C = 0$; $M_C + 30 - 5(1,5) = 0$
$\qquad M_C = -22,5$ kN·m *Resposta*

F7.3. $\stackrel{+}{\rightarrow}\Sigma F_x = 0$; $B_x = 0$
$\zeta + \Sigma M_A = 0$; $30(3)(1,5) - B_y(6) = 0$
$\qquad B_y = 22,5$ kN *Resposta*
$\stackrel{+}{\rightarrow}\Sigma F_x = 0$; $N_C = 0$
$\zeta + \uparrow \Sigma F_y = 0$; $V_C - 22,5 = 0$
$\qquad V_C = 22,5$ kN *Resposta*
$\zeta + \Sigma M_C = 0$; $-M_C - 22,5(3) = 0$
$\qquad M_C = -67,5$ kN·m *Resposta*

F7.4. $\zeta + \Sigma M_A = 0$; $B_y(6) - 12(1,5) - 9(3)(4,5) = 0$
$\qquad B_y = 23,25$ kN
$\stackrel{+}{\rightarrow}\Sigma F_x = 0$; $N_C = 0$ *Resposta*
$+\uparrow \Sigma F_y = 0$; $V_C + 23,25 - 9(1,5) = 0$
$\qquad V_C = -9,75$ kN *Resposta*
$\zeta + \Sigma M_C = 0$;
$23,25(1,5) - 9(1,5)(0,75) - M_C = 0$
$\qquad M_C = 24,75$ kN·m *Resposta*

F7.5. $\zeta + \Sigma M_A = 0$; $B_y(6) - \frac{1}{2}(9)(6)(3) = 0$
$\qquad B_y = 13,5$ kN
$\stackrel{+}{\rightarrow}\Sigma F_x = 0$; $N_C = 0$ *Resposta*
$+\uparrow \Sigma F_y = 0$; $V_C + 13,5 - \frac{1}{2}(9)(3) = 0$
$\qquad V_C = 0$ *Resposta*
$\zeta + \Sigma M_C = 0$; $13,5(3) - \frac{1}{2}(9)(3)(1) - M_C = 0$
$\qquad M_C = 27$ kN·m *Resposta*

F7.6. $\zeta + \Sigma M_A = 0$;
$B_y(6) - \frac{1}{2}(6)(3)(2) - 6(3)(4,5) = 0$
$\qquad B_y = 16,5$ kN *Resposta*
$\stackrel{+}{\rightarrow}\Sigma F_x = 0$; $N_C = 0$
$+\uparrow \Sigma F_y = 0$; $V_C + 16,5 - 6(3) = 0$
$\qquad V_C = 1,50$ kN *Resposta*
$\zeta + \Sigma M_C = 0$; $16,5(3) - 6(3)(1,5) - M_C = 0$
$\qquad M_C = 22,5$ kN·m *Resposta*

F7.7. $+\uparrow \Sigma F_y = 0$; $6 - V = 0$ $V = 6$ kN
$\zeta + \Sigma M_O = 0$; $M + 18 - 6x = 0$
$\qquad M = (6x - 18)$ kN·m

FIGURA F7.7

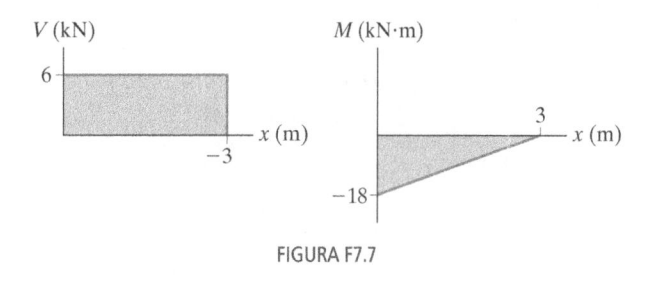

F7.8. $+\uparrow \Sigma F_y = 0$; $-V - 2x = 0$
$\qquad V = (-2x)$ kN
$\zeta + \Sigma M_O = 0$; $M + 2x(\frac{x}{2}) - 15 = 0$
$\qquad M = (15 - x^2)$ kN·m

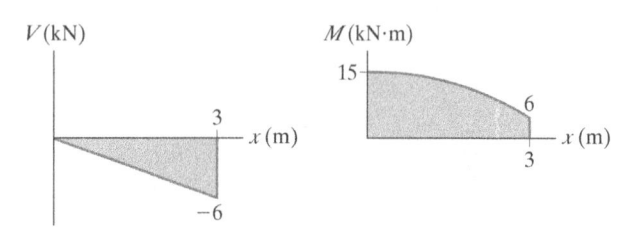

FIGURA F7.8

F7.9. $+\uparrow \Sigma F_y = 0$; $-V - \frac{1}{2}(2x)(x) = 0$
$\qquad V = -(x^2)$ kN
$\zeta + \Sigma M_O = 0$; $M + \frac{1}{2}(2x)(x)(\frac{x}{3}) = 0$
$\qquad M = -(\frac{1}{3}x^3)$ kN·m

FIGURA F7.9

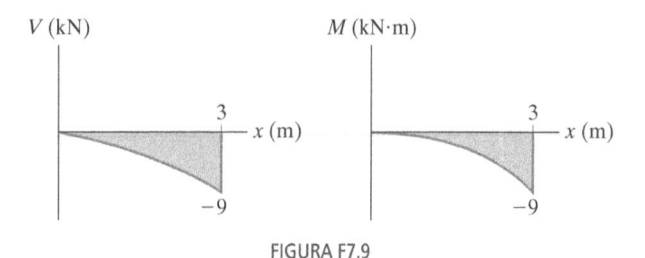

F7.10. $+\uparrow \Sigma F_y = 0;\quad -V - 2x = 0$
$V = -2\text{ kN}$
$\zeta + \Sigma M_O = 0;\quad M + 2x = 0$
$M = (-2x)\text{ kN}\cdot\text{m}$

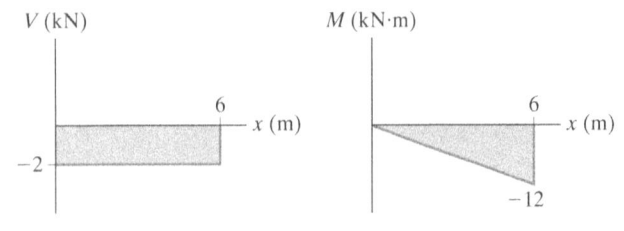

FIGURA F7.10

F7.11. Região $3 \leq x < 3$ m
$+\uparrow \Sigma F_y = 0;\quad -V - 5 = 0\quad V = -5\text{ kN}$
$\zeta + \Sigma M_O = 0;\quad M + 5x = 0$
$M = (-5x)\text{ kN}\cdot\text{m}$

Região $0 < x \leq 6$ m
$+\uparrow \Sigma F_y = 0;\quad V + 5 = 0\quad V = -5\text{ kN}$
$\zeta + \Sigma M_O = 0;\quad 5(6 - x) - M = 0$
$M = (5(6 - x))\text{ kN}\cdot\text{m}$

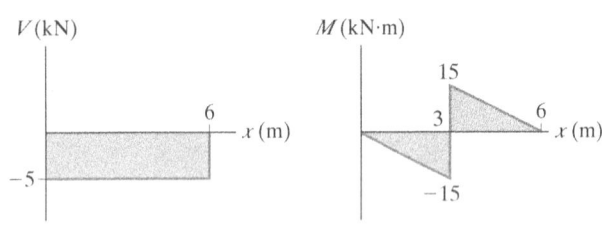

FIGURA F7.11

F7.12. Região $0 \leq x < 3$ m
$+\uparrow \Sigma F_y = 0;\quad V = 0$
$\zeta + \Sigma M_O = 0;\quad M - 12 = 0$
$M = 12\text{ kN}\cdot\text{m}$

Região $3\text{ m} < x \leq 6\text{ m}$
$+\uparrow \Sigma F_y = 0;\quad V + 4 = 0\quad V = -4\text{ kN}$
$\zeta + \Sigma M_O = 0;\quad 4(6 - x) - M = 0$
$M = (4(6 - x))\text{ kN}\cdot\text{m}$

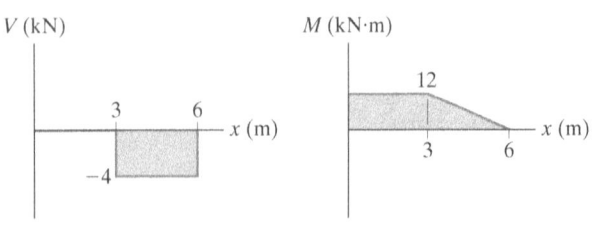

FIGURA F7.12

F7.13.

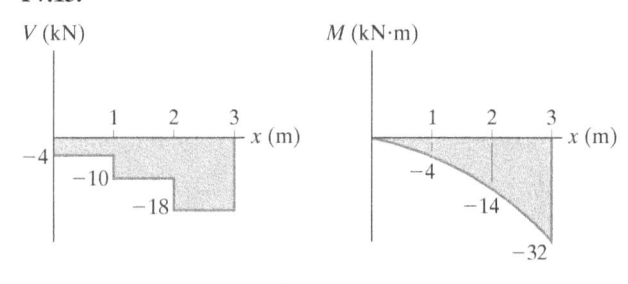

FIGURA F7.13

F7.14.

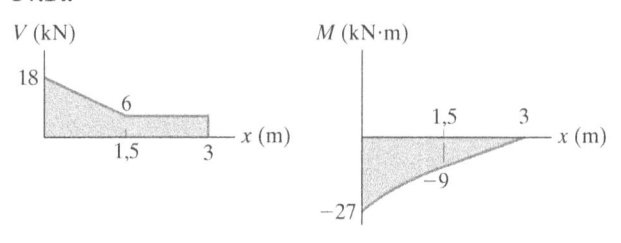

FIGURA F7.14

F7.15.

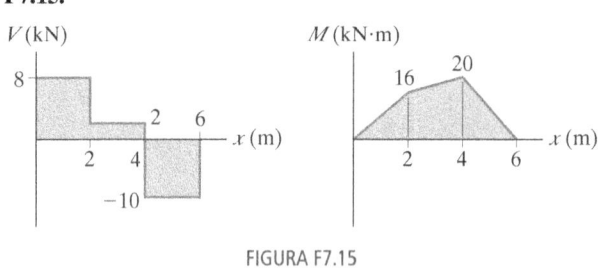

FIGURA F7.15

F7.16.

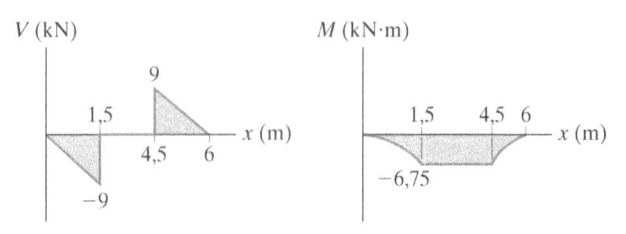

FIGURA F7.16

F7.17.

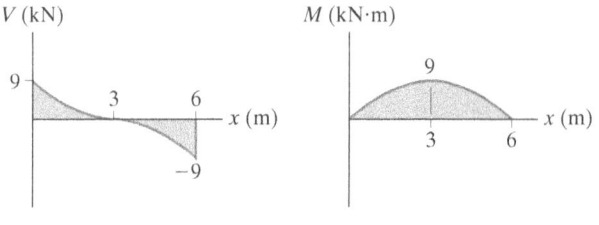

FIGURA F7.17

F7.18.

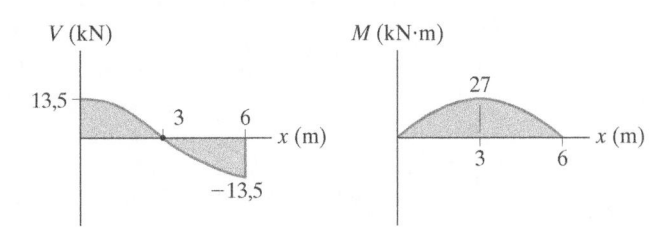

FIGURA F7.18

Capítulo 8

F8.1. a) $+\uparrow \Sigma F_y = 0;\quad N - 50(9,81) - 200(\frac{3}{5}) = 0$
$$N = 610,5 \text{ N}$$
$\xrightarrow{+} \Sigma F_x = 0;\quad F - 200(\frac{4}{5}) = 0$
$$F = 160 \text{ N}$$
$F < F_{máx} = \mu_s N = 0,3(610,5) = 183,15 \text{ N},$
portanto $F = 160 \text{ N}$ *Resposta*

b) $+\uparrow \Sigma F_y = 0;\quad N - 50(9,81) - 400(\frac{3}{5}) = 0$
$$N = 730,5 \text{ N}$$
$\xrightarrow{+} \Sigma F_x = 0;\quad F - 400(\frac{4}{5}) = 0$
$$F = 320 \text{ N}$$
$F > F_{máx} = \mu_s N = 0,3(730,5) = 219,15 \text{ N}$
O bloco desliza
$F = \mu_s N = 0,2(730,5) = 146 \text{ N}$ *Resposta*

F8.2. $\zeta + \Sigma M_B = 0;$
$$N_A(3) + 0,2N_A(4) - 30(9,81)(2) = 0$$
$$N_A = 154,89 \text{ N}$$
$\xrightarrow{+} \Sigma F_x = 0;\quad P - 154,89 = 0$
$$P = 154,89 \text{ N} = 155 \text{ N}\quad Resposta$$

F8.3. Engradado A
$+\uparrow \Sigma F_y = 0;\quad N_A - 50(9,81) = 0$
$$N_A = 490,5 \text{ N}$$
$\xrightarrow{+} \Sigma F_x = 0;\quad T - 0,25(490,5) = 0$
$$T = 122,62 \text{ N}$$

Engradado B
$+\uparrow \Sigma F_y = 0;\quad N_B + P\operatorname{sen}30° - 50(9,81) = 0$
$$N_B = 490,5 - 0,5P$$
$\xrightarrow{+} \Sigma F_x = 0;$
$P \cos 30° - 0,25(490,5 - 0,5 P) - 122,62 = 0$
$$P = 247 \text{ N}\quad Resposta$$

F8.4. $\xrightarrow{+} \Sigma F_x = 0;\quad N_A - 0,3N_B = 0$
$+\uparrow \Sigma F_y = 0;$
$N_B + 0,3N_A + P - 100(9,81) = 0$

$\zeta + \Sigma M_O = 0;$
$P(0,6) - 0,3N_B(0,9) - 0,3 N_A(0,9) = 0$
$N_A = 175,70 \text{ N}\qquad N_B = 585,67 \text{ N}$
$$P = 343 \text{ N}\quad Resposta$$

F8.5. Se houver deslizamento:
$+\uparrow \Sigma F_y = 0;\quad N_c - 100(9,81) \text{ N} = 0; N_c = 981 \text{ N}$
$\xrightarrow{+} \Sigma F_x = 0;\quad P - 0,4(981) = 0; P = 392,4 \text{ N}$

Se houver tombamento:
$\zeta + \Sigma M_A = 0;\quad -P(1,5) + 981(0,5) = 0$
$$P = 327 \text{ N}\quad Resposta$$

F8.6.
$\zeta + \Sigma M_A = 0;\quad 490,5(0,6) - T\cos 60°(0,3 \cos 60° + 0,6)$
$- T\operatorname{sen} 60°(0,3 \operatorname{sen}60°) = 0$
$$T = 490,5 \text{ N}$$
$\xrightarrow{+} \Sigma F_x = 0;\quad 490,5 \operatorname{sen} 60° - N_A = 0;\quad N_A = 424,8 \text{ N}$
$+\uparrow \Sigma F_y = 0;\quad \mu_s(424,8) + 490,5 \cos 60° - 490,5 = 0$
$$\mu_s = 0,577\quad Resposta$$

F8.7. A não se moverá. Suponha que B esteja prestes a deslizar em C e A, e C esteja estacionário.
$\xrightarrow{+} \Sigma F_x = 0;\quad P - 0,3(50) - 0,4(75);\quad P = 45 \text{ N}$

Suponha que C esteja prestes a deslizar e B não deslize sobre C, mas esteja prestes a deslizar sob A.
$\xrightarrow{+} \Sigma F_x = 0;\quad P - 0,3(50) - 0,35(90) = 0$
$$P = 46,5 \text{ N} > 45 \text{ N}$$
$$P = 45 \text{ N}\quad Resposta$$

F8.8. A está prestes a se mover piso abaixo e B move-se para cima.

Bloco A
$+\nwarrow \Sigma F_y = 0;\quad N = W \cos \theta$
$+\nearrow \Sigma F_x = 0;\quad T + \mu_s(W\cos \theta) - W \operatorname{sen} \theta = 0$
$T = W\operatorname{sen}\theta - \mu_s W \cos \theta \qquad (1)$

Bloco B
$+\nwarrow \Sigma F_y = 0;\quad N' = 2W\cos \theta$
$+\nearrow \Sigma F_x = 0;\quad 2T - \mu_s W\cos \theta - \mu_s(2W \cos \theta)$
$- W \operatorname{sen} \theta = 0$

Usando a Equação 1,
$$\theta = \operatorname{tg}^{-1} 5 \mu_s \quad Resposta$$

F8.9. Suponha que B esteja prestes a deslizar sobre A, $F_B = 0,3 \, N_B$.
$\xrightarrow{+} \Sigma F_x = 0;\quad P - 0,3(10)(9,81) = 0$
$$P = 29,4 \text{ N}$$

554 ESTÁTICA

Suponha que B esteja prestes a tombar sobre A, $x = 0$.

$\zeta + \Sigma M_O = 0;\quad 10(9,81)(0,15) - P(0,4) = 0$
$$P = 36,8 \text{ N}$$

Suponha que A esteja prestes a deslizar, $F_A = 0,1\, N_A$.

$\xrightarrow{+} \Sigma F_x = 0 \quad P - 0,1[7(9,81) + 10(9,81)] = 0$
$$P = 16,7 \text{ N}$$

Escolha o menor resultado. $P = 16,7$ N *Resposta*

Capítulo 9

F9.1. $\bar{x} = \dfrac{\int_A \tilde{x}\, dA}{\int_A dA} = \dfrac{\frac{1}{2}\int_0^{1\,m} y^{2/3}\, dy}{\int_0^{1\,m} y^{1/3}\, dy} = 0,4$ m *Resposta*

$\bar{y} = \dfrac{\int_A \tilde{y}\, dA}{\int_A dA} = \dfrac{\int_0^{1\,m} y^{4/3}\, dy}{\int_0^{1\,m} y^{1/3}\, dy} = 0,571$ m *Resposta*

F9.2. $\bar{x} = \dfrac{\int_A \tilde{x}\, dA}{\int_A dA} = \dfrac{\int_0^{1\,m} x(x^3\, dx)}{\int_0^{1\,m} x^3\, dx}$

$= 0,8$ m *Resposta*

$\bar{y} = \dfrac{\int_A \tilde{y}\, dA}{\int_A dA} = \dfrac{\int_0^{1\,m} \frac{1}{2}x^3(x^3\, dx)}{\int_0^{1\,m} x^3\, dx}$

$= 0,286$ m *Resposta*

F9.3. $\bar{y} = \dfrac{\int_A \tilde{y}\, dA}{\int_A dA} = \dfrac{\int_0^{2\,m} y\left(2\left(\frac{y^{1/2}}{\sqrt{2}}\right)\right) dy}{\int_0^{2\,m} 2\left(\frac{y^{1/2}}{\sqrt{2}}\right) dy}$

$= 1,2$ m *Resposta*

F9.4. $\bar{x} = \dfrac{\int_m \tilde{x}\, dm}{\int_m dm} = \dfrac{\int_0^L x\left[m_0\left(1 + \frac{x^2}{L^2}\right)dx\right]}{\int_0^L m_0\left(1 + \frac{x^2}{L^2}\right) dx}$

$= \dfrac{9}{16} L$ *Resposta*

F9.5. $\bar{y} = \dfrac{\int_V \tilde{y}\, dV}{\int_V dV} = \dfrac{\int_0^{1\,m} y\left(\frac{\pi}{4} y\, dy\right)}{\int_0^{1\,m} \frac{\pi}{4} y\, dy}$

$= 0,667$ m *Resposta*

F9.6. $\bar{z} = \dfrac{\int_V \tilde{z}\, dV}{\int_V dV} = \dfrac{\int_0^{2\,m} z\left[\frac{9\pi}{64}(4 - z)^2\, dz\right]}{\int_0^{2\,m} \frac{9\pi}{64}(4 - z)^2\, dz}$

$= 0,786$ m *Resposta*

F9.7. $\bar{x} = \dfrac{\Sigma \tilde{x} L}{\Sigma L} = \dfrac{150(300) + 300(600) + 300(400)}{300 + 600 + 400}$

$= 265$ mm *Resposta*

$\bar{y} = \dfrac{\Sigma \tilde{y} L}{\Sigma L} = \dfrac{0(300) + 300(600) + 600(400)}{300 + 600 + 400}$

$= 323$ mm *Resposta*

$\bar{z} = \dfrac{\Sigma \tilde{z} L}{\Sigma L} = \dfrac{0(300) + 0(600) + (-200)(400)}{300 + 600 + 400}$

$= -61,5$ mm *Resposta*

F9.8. $\bar{y} = \dfrac{\Sigma \tilde{y} A}{\Sigma A} = \dfrac{150[300(50)] + 325[50(300)]}{300(50) + 50(300)}$

$= 237,5$ mm *Resposta*

F9.9. $\bar{y} = \dfrac{\Sigma \tilde{y} A}{\Sigma A} = \dfrac{100[2(200)(50)] + 225[50(400)]}{2(200)(50) + 50(400)}$

$= 162,5$ mm *Resposta*

F9.10. $\bar{x} = \dfrac{\Sigma \tilde{x} A}{\Sigma A} = \dfrac{0,25[4(0,5)] + 1,75[0,5(2,5)]}{4(0,5) + 0,5(2,5)}$

$= 0,827$ m *Resposta*

$\bar{y} = \dfrac{\Sigma \tilde{y} A}{\Sigma A} = \dfrac{2[4(0,5)] + 0,25[(0,5)(2,5)]}{4(0,5) + (0,5)(2,5)}$

$= 1,33$ m *Resposta*

F9.11. $\bar{x} = \dfrac{\Sigma \tilde{x} V}{\Sigma V} = \dfrac{1[2(7)(6)] + 4[4(2)(3)]}{2(7)(6) + 4(2)(3)}$

$= 1,67$ m *Resposta*

$\bar{y} = \dfrac{\Sigma \tilde{y} V}{\Sigma V} = \dfrac{3,5[2(7)(6)] + 1[4(2)(3)]}{2(7)(6) + 4(2)(3)}$

$= 2,94$ m *Resposta*

$\bar{z} = \dfrac{\Sigma \tilde{z} V}{\Sigma V} = \dfrac{3[2(7)(6)] + 1,5[4(2)(3)]}{2(7)(6) + 4(2)(3)}$

$= 2,67$ m *Resposta*

F9.12. $\bar{x} = \dfrac{\Sigma \tilde{x} V}{\Sigma V}$

$= \dfrac{0,25[0,5(2,5)(1,8)] + 0,25\left[\frac{1}{2}(1,5)(1,8)(0,5)\right] + (1,0)\left[\frac{1}{2}(1,5)(1,8)(0,5)\right]}{0,5(2,5)(1,8) + \frac{1}{2}(1,5)(1,8)(0,5) + \frac{1}{2}(1,5)(1,8)(0,5)}$

$= 0,391$ m *Resposta*

$\bar{y} = \dfrac{\Sigma \tilde{y} V}{\Sigma V} = \dfrac{5,00625}{3,6} = 1,39$ m *Resposta*

$\bar{z} = \dfrac{\Sigma \tilde{z} V}{\Sigma V} = \dfrac{2,835}{3,6} = 0,7875$ m *Resposta*

F9.13. $A = 2\pi \Sigma \tilde{r} L$
$= 2\pi \left[0{,}75(1{,}5) + 1{,}5(2) + 0{,}75\sqrt{(1{,}5)^2 + (2)^2} \right]$
$= 37{,}7 \text{ m}^2$ *Resposta*
$V = 2\pi \Sigma \tilde{r} A$
$= 2\pi \left[0{,}75(1{,}5)(2) + 0{,}5\left(\tfrac{1}{2}\right)(1{,}5)(2) \right]$
$= 18{,}8 \text{ m}^3$ *Resposta*

F9.14. $A = 2\pi \Sigma \tilde{r} L$
$= 2\pi \left[1{,}95\sqrt{(0{,}9)^2 + (1{,}2)^2} + 2{,}4(1{,}5) + 1{,}95(0{,}9) + 1{,}5(2{,}7) \right]$
$= 77{,}5 \text{ m}^2$ *Resposta*
$V = 2\pi \Sigma \tilde{r} A$
$= 2\pi \left[1{,}8\left(\tfrac{1}{2}\right)(0{,}9)(1{,}2) + 1{,}95(0{,}9)(1{,}5) \right]$
$= 22{,}6 \text{ m}^3$ *Resposta*

F9.15. $A = 2\pi \Sigma \tilde{r} L$
$= 2\pi \left[7{,}5(15) + 15(18) + 22{,}5\sqrt{15^2 + 20^2} + 15(30) \right]$
$= 8765 \text{ mm}^2$ *Resposta*
$V = 2\pi \Sigma \tilde{r} A$
$= 2\pi \left[7{,}5(15)(38) + 20\left(\tfrac{1}{2}\right)(15)(20) \right]$
$= 45710 \text{ mm}^3$ *Resposta*

F9.16. $A = 2\pi \Sigma \tilde{r} L$
$= 2\pi \left[\tfrac{2(1{,}5)}{\pi}\left(\tfrac{\pi(1{,}5)}{2}\right) + 1{,}5(2) + 0{,}75(1{,}5) \right]$
$= 40{,}1 \text{ m}^2$ *Resposta*
$V = 2\pi \Sigma \tilde{r} A$
$= 2\pi \left[\tfrac{4(1{,}5)}{3\pi}\left(\tfrac{\pi(1{,}5^2)}{4}\right) + 0{,}75(1{,}5)(2) \right]$
$= 21{,}2 \text{ m}^3$ *Resposta*

F9.17. $w_b = \rho_w g h b = 1000(9{,}81)(6)(1)$
$= 58{,}86 \text{ kN/m}$
$F_R = \tfrac{1}{2}(58{,}76)(6) = 176{,}58 \text{ kN} = 177 \text{ kN}$ *Resposta*

F9.18. $w_b = \gamma_w h b = 9{,}81\,(2)(1) = 19{,}62 \text{ kN/m}$
$F_R = 19{,}62(1{,}5) = 29{,}43 \text{ kN}$ *Resposta*

F9.19. $w_b = \rho_w g h_B b = 1000(9{,}81)(2)(1{,}5)$
$= 29{,}43 \text{ kN/m}$
$F_R = \tfrac{1}{2}(29{,}43)\left(\sqrt{(1{,}5)^2 + (2)^2}\right)$
$= 36{,}8 \text{ kN}$ *Resposta*

F9.20. $w_A = \rho_w g h_A b = 1000(9{,}81)(3)(2)$
$= 58{,}86 \text{ kN/m}$
$w_B = \rho_w g h_B b = 1000(9{,}81)(5)(2)$
$= 98{,}1 \text{ kN/m}$
$F_R = \tfrac{1}{2}(58{,}86 + 98{,}1)(2) = 157 \text{ kN}$ *Resposta*

F9.21. $w_A = \gamma_w h_A b = 9{,}81(1{,}8)(0{,}6) = 10{,}59 \text{ kN/m}$
$w_B = \gamma_w h_B b = 9{,}81(3{,}0)(0{,}6) = 17{,}66 \text{ kN/m}$
$F_R = \tfrac{1}{2}(10{,}59 + 17{,}66)\left(\sqrt{(0{,}9)^2 + (1{,}2)^2}\right)$
$= 21{,}2 \text{ kN}$ *Resposta*

Capítulo 10

F10.1.
$I_x = \int_A y^2 \, dA = \int_0^{1\,\text{m}} y^2 \left[\left(1 - y^{3/2}\right) dy\right] = 0{,}111 \text{ m}^4$ *Resposta*

F10.2.
$I_x = \int_A y^2 \, dA = \int_0^{1\,\text{m}} y^2 \left(y^{3/2} \, dy\right) = 0{,}222 \text{ m}^4$ *Resposta*

F10.3.
$I_y = \int_A x^2 \, dA = \int_0^{1\,\text{m}} x^2 \left(x^{2/3}\right) dx = 0{,}273 \text{ m}^4$ *Resposta*

F10.4.
$I_y = \int_A x^2 \, dA = \int_0^{1\,\text{m}} x^2 \left[(1 - x^{2/3})\,dx\right] = 0{,}0606 \text{ m}^4$ *Resposta*

F10.5. $I_x = \left[\tfrac{1}{12}(50)(450^3) + 0\right] + \left[\tfrac{1}{12}(300)(50^3) + 0\right]$
$= 383(10^6) \text{ mm}^4$ *Resposta*
$I_y = \left[\tfrac{1}{12}(450)(50^3) + 0\right]$
$\quad + 2\left[\tfrac{1}{12}(50)(150^3) + (150)(50)(100)^2\right]$
$= 183(10^6) \text{ mm}^4$ *Resposta*

F10.6. $I_x = \tfrac{1}{12}(360)(200^3) - \tfrac{1}{12}(300)(140^3)$
$= 171(10^6) \text{ mm}^4$ *Resposta*
$I_y = \tfrac{1}{12}(200)(360^3) - \tfrac{1}{12}(140)(300^3)$
$= 463(10^6) \text{ mm}^4$ *Resposta*

F10.7. $I_y = 2\left[\tfrac{1}{12}(50)(200^3) + 0\right]$
$\quad + \left[\tfrac{1}{12}(300)(50^3) + 0\right]$
$= 69{,}8\,(10^6) \text{ mm}^4$ *Resposta*

F10.8. $\bar{y} = \dfrac{\Sigma \tilde{y} A}{\Sigma A} = \dfrac{15(150)(30) + 105(30)(150)}{150(30) + 30(150)} = 60 \text{ mm}$
$\bar{I}_{x'} = \Sigma(\bar{I} + Ad^2)$
$= \left[\tfrac{1}{12}(150)(30)^3 + (150)(30)(60 - 15)^2\right]$
$\quad + \left[\tfrac{1}{12}(30)(150)^3 + 30(150)(105 - 60)^2\right]$
$= 27{,}0\,(10^6) \text{ mm}^4$ *Resposta*

Capítulo 11

F11.1. $y_G = 0{,}75 \operatorname{sen} \theta \qquad \delta y_G = 0{,}75 \cos \theta \, \delta \theta$
$x_C = 2(1{,}5) \cos \theta \qquad \delta x_C = -3 \operatorname{sen} \theta \, \delta \theta$
$\delta U = 0; \quad 2W \delta y_G + P \delta x_C = 0$
$\qquad (294{,}3 \cos \theta - 3P \operatorname{sen} \theta)\delta \theta = 0$
$P = 98{,}1 \cot g\, \theta \big|_{\theta = 60°} = 56{,}6 \text{ N}$ *Resposta*

F11.2. $x_A = 5\cos\theta \qquad \delta x_A = -5\,\text{sen}\,\theta\,\delta\theta$
$\qquad y_G = 2,5\,\text{sen}\,\theta \qquad \delta y_G = 2,5\cos\theta\,\delta\theta$
$\qquad \delta U = 0; \qquad -P\delta x_A + (-W\delta y_G) = 0$
$\qquad\qquad (5P\,\text{sen}\,\theta - 1226,25\cos\theta)\delta\theta = 0$
$\qquad P = 245,25\cot\theta\big|_{\theta=60°} = 142\text{ N} \qquad\qquad Resposta$

F11.3. $x_B = 0,6\,\text{sen}\,\theta \qquad \delta x_B = 0,6\cos\theta\,\delta\theta$
$\qquad y_C = 0,6\cos\theta \qquad \delta y_C = -0,6\,\text{sen}\,\theta\,\delta\theta$
$\qquad \delta U = 0; \qquad -F_{sp}\delta x_B + (-P\delta y_C) = 0$
$\qquad -9(10^3)\,\text{sen}\,\theta\,(0,6\cos\theta\,\delta\theta)$
$\qquad\quad - 2000(-0,6\,\text{sen}\,\theta\,\delta\theta) = 0$
$\qquad \text{sen}\,\theta = 0 \qquad \theta = 0° \qquad\qquad Resposta$
$\qquad\qquad -5400\cos\theta + 1200 = 0$
$\qquad \theta = 77,16° = 77,2° \qquad\qquad Resposta$

F11.4. $x_B = 0,9\cos\theta \qquad \delta x_B = -0,9\,\text{sen}\,\theta\,\delta\theta$
$\qquad x_C = 2(0,9\cos\theta) \quad \delta x_C = -1,8\,\text{sen}\,\theta\,\delta\theta$
$\qquad \delta U = 0; \quad P\delta x_B + (-F_{sp}\,\delta x_C) = 0$
$\qquad 6(10^3)(-0,9\,\text{sen}\,\theta\,\delta\theta)$
$\qquad - 36(10^3)(\cos\theta - 0,5)(-1,8\,\text{sen}\,\theta\,\delta\theta) = 0$
$\qquad \text{sen}\,\theta\,(64800\cos\theta - 37800)\delta\theta = 0$
$\qquad \text{sen}\,\theta = 0 \qquad \theta = 0° \qquad\qquad Resposta$
$\qquad\qquad 64800\cos\theta - 37800 = 0$
$\qquad\qquad \theta = 54,31° = 54,3° \qquad\qquad Resposta$

F11.5. $y_G = 2,5\,\text{sen}\,\theta \quad \delta y_G = 2,5\cos\theta\,\delta\theta$
$\qquad x_A = 5\cos\theta \qquad \delta x_C = -5\,\text{sen}\,\theta\,\delta\theta$
$\qquad \delta U = 0; \qquad (-F_{sp}\delta x_A) - W\delta y_G = 0$
$\qquad (15000\,\text{sen}\,\theta\cos\theta - 7500\,\text{sen}\,\theta$
$\qquad\qquad - 1226,25\cos\theta)\delta\theta = 0$
$\qquad \theta = 56,33° = 56,3° \qquad\qquad Resposta$
$\qquad \text{ou}\,\theta = 9,545° = 9,55° \qquad\qquad Resposta$

F11.6. $F_{sp} = 15000(0,6 - 0,6\cos\theta)$
$\qquad x_C = 3[0,3\,\text{sen}\,\theta] \qquad \delta x_C = 0,9\cos\theta\,\delta\theta$
$\qquad y_B = 2[0,3\cos\theta] \qquad \delta y_B = -0,6\,\text{sen}\,\theta\,\delta\theta$
$\qquad \delta U = 0; \qquad P\delta x_C + F_{sp}\delta y_B = 0$
$\qquad (135\cos\theta - 5400\,\text{sen}\,\theta + 5400\,\text{sen}\,\theta\cos\theta)\delta\theta = 0$
$\qquad \theta = 20,9° \qquad\qquad Resposta$

Problemas preliminares
Soluções de estática

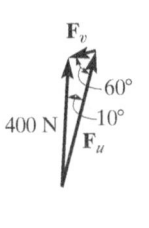

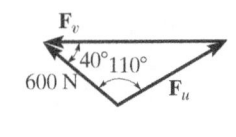

Capítulo 2

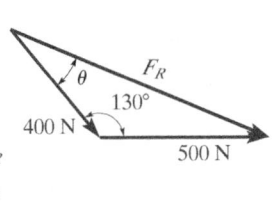

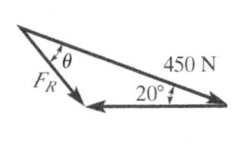

2.1. (a) 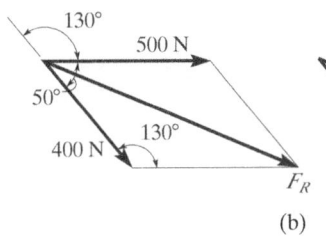 (b) 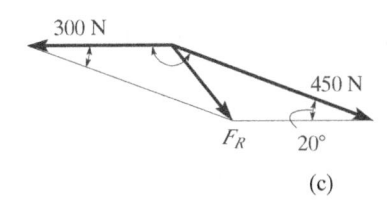 (c)

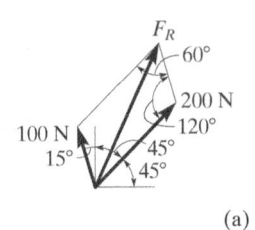

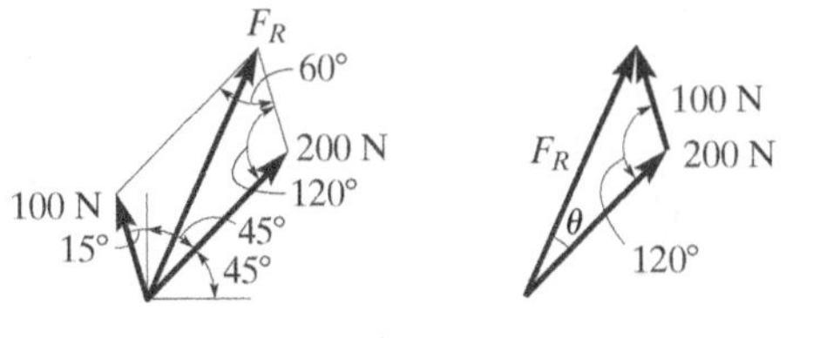

2.2. (a) 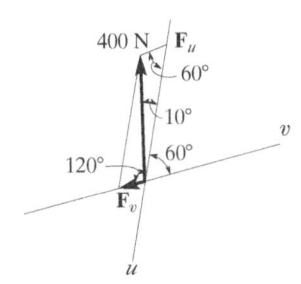 (b) 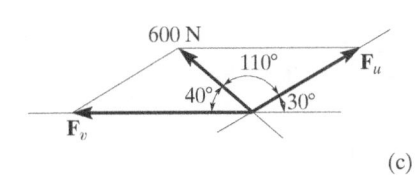 (c)

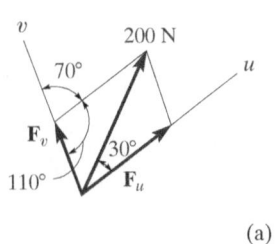

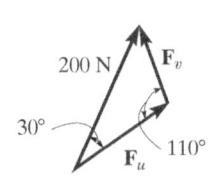

2.3. (a) (b)

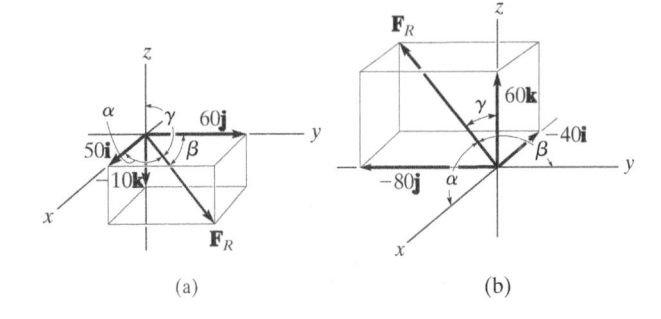

2.4. a) $\mathbf{F} = \{-4\mathbf{i} - 4\mathbf{j} + 2\mathbf{k}\}$ kN

$F = \sqrt{(4)^2 + (-4)^2 + (2)^2} = 6$ kN

$\cos \beta = \dfrac{-2}{3}$

b) $\mathbf{F} = \{20\mathbf{i} + 20\mathbf{j} - 10\mathbf{k}\}$ N

$F = \sqrt{(20)^2 + (20)^2 + (-10)^2} = 30$ N

$\cos \beta = \dfrac{2}{3}$

2.5. (a)

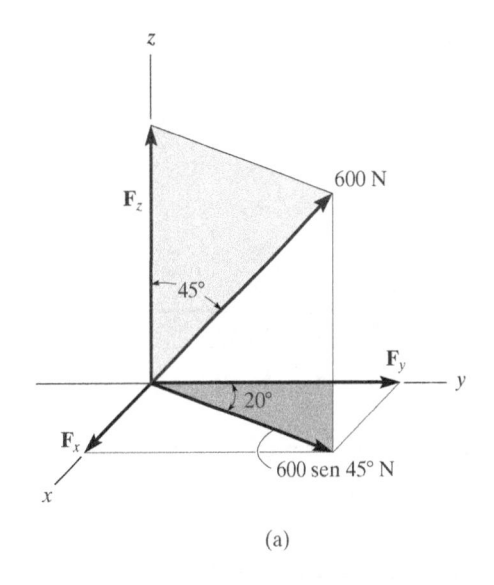

$F_x = (600 \text{ sen } 45°) \text{ sen } 20°$ N
$F_y = (600 \text{ sen } 45°) \cos 20°$ N
$F_z = 600 \cos 45°$ N

(b)

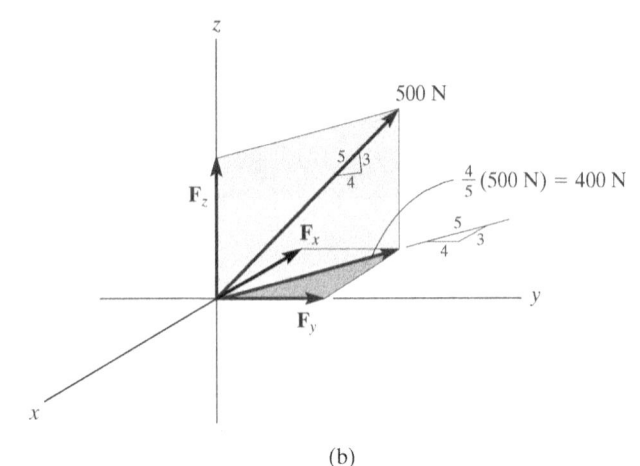

$$F_x = -\frac{3}{5}(400)\,\text{N}$$

$$F_y = \frac{4}{5}(400)\,\text{N}$$

$$F_z = \frac{3}{5}(500)\,\text{N}$$

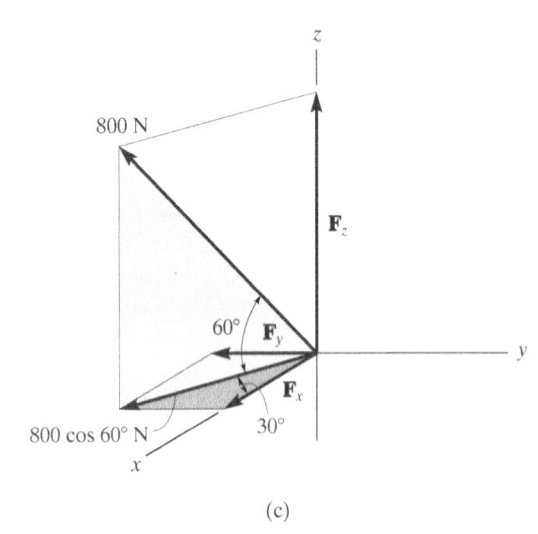

(c)

$$F_x = 800\cos 60°\cos 30°\,\text{N}$$

$$F_y = -800\cos 60°\,\text{sen}\,30°\,\text{N}$$

$$F_z = 800\,\text{sen}\,60°\,\text{N}$$

2.6. a) $\mathbf{r}_{AB} = \{-5\mathbf{i} + 3\mathbf{j} - 2\mathbf{k}\}\,\text{m}$

b) $\mathbf{r}_{AB} = \{4\mathbf{i} + 8\mathbf{j} - 3\mathbf{k}\}\,\text{m}$

c) $\mathbf{r}_{AB} = \{6\mathbf{i} - 3\mathbf{j} - 4\mathbf{k}\}\,\text{m}$

2.7. a) $\mathbf{F} = 15\,\text{kN}\left(-\dfrac{3}{5}\mathbf{i} + \dfrac{4}{5}\mathbf{j}\right) = \{-9\mathbf{i} + 12\mathbf{j}\}\,\text{kN}$

b) $\mathbf{F} = 600\,\text{N}\left(\dfrac{2}{3}\mathbf{i} + \dfrac{2}{3}\mathbf{j} - \dfrac{1}{3}\mathbf{k}\right)$
$= \{400\mathbf{i} + 400\mathbf{j} - 200\mathbf{k}\}\,\text{N}$

c) $\mathbf{F} = 300\,\text{N}\left(-\dfrac{2}{3}\mathbf{i} + \dfrac{2}{3}\mathbf{j} - \dfrac{1}{3}\mathbf{k}\right)$
$= \{-200\mathbf{i} + 200\mathbf{j} - 100\mathbf{k}\}\,\text{N}$

2.8. a) $\mathbf{r}_A = \{3\mathbf{k}\}\,\text{m},\quad r_A = 3\,\text{m}$

$\mathbf{r}_B = \{2\mathbf{i} + 2\mathbf{j} - 1\mathbf{k}\}\,\text{m},\quad r_B = 3\,\text{m}$

$\mathbf{r}_A \cdot \mathbf{r}_B = 0(2) + 0(2) + (3)(-1) = -3\,\text{m}^2$

$\mathbf{r}_A \cdot \mathbf{r}_B = r_A r_B \cos\theta$

$-3 = 3(3)\cos\theta$

b) $\mathbf{r}_A = \{-2\mathbf{i} + 2\mathbf{j} + 1\mathbf{k}\}\,\text{m},\quad r_A = 3\,\text{m}$

$\mathbf{r}_B = \{1{,}5\mathbf{i} - 2\mathbf{k}\}\,\text{m},\quad r_B = 2{,}5\,\text{m}$

$\mathbf{r}_A \cdot \mathbf{r}_B = (-2)(1{,}5) + 2(0) + (1)(-2) = -5\,\text{m}^2$

$\mathbf{r}_A \cdot \mathbf{r}_B = r_A r_B \cos\theta$

$-5 = 3(2{,}5)\cos\theta$

2.9. a)

$$\mathbf{F} = 300\,\text{N}\left(\dfrac{2}{3}\mathbf{i} + \dfrac{2}{3}\mathbf{j} - \dfrac{1}{3}\mathbf{k}\right) = \{200\mathbf{i} + 200\mathbf{j} - 100\mathbf{k}\}\,\text{N}$$

$$\mathbf{u}_a = -\dfrac{3}{5}\mathbf{i} + \dfrac{4}{5}\mathbf{j}$$

$$F_a = \mathbf{F}\cdot\mathbf{u}_a = (200)\left(-\dfrac{3}{5}\right) + (200)\left(\dfrac{4}{5}\right) + (-100)(0)$$

b) $\mathbf{F} = 500\,\text{N}\left(-\dfrac{4}{5}\mathbf{j} + \dfrac{3}{5}\mathbf{k}\right) = \{-400\mathbf{j} + 300\mathbf{k}\}\,\text{N}$

$$\mathbf{u}_a = -\dfrac{1}{3}\mathbf{i} + \dfrac{2}{3}\mathbf{j} + \dfrac{2}{3}\mathbf{k}$$

$$F_a = \mathbf{F}\cdot\mathbf{u}_a = (0)\left(-\dfrac{1}{3}\right) + (-400)\left(\dfrac{2}{3}\right) + (300)\left(\dfrac{2}{3}\right)$$

Capítulo 3

3.1.

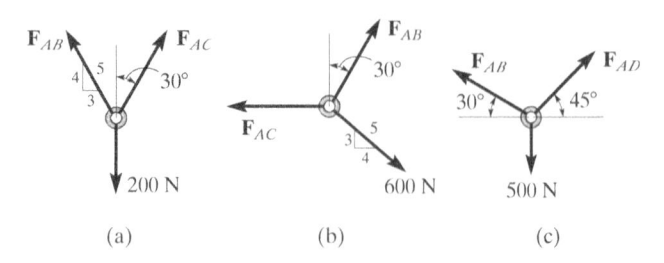

3.2. a) $\Sigma F_x = 0;\quad F\cos 60° - P\left(\dfrac{1}{\sqrt{2}}\right) - 600\left(\dfrac{4}{5}\right) = 0$

$\Sigma F_y = 0;\quad -F\,\text{sen}\,60° - P\left(\dfrac{1}{\sqrt{2}}\right) + 600\left(\dfrac{3}{5}\right) = 0$

b) $\Sigma F_x = 0;\quad P\left(\dfrac{4}{5}\right) - F\,\text{sen}\,60° - 200\,\text{sen}\,15° = 0$

$\Sigma F_y = 0;\quad -P\left(\dfrac{3}{5}\right) - F\cos 60° + 200\cos 15° = 0$

c) $\Sigma F_x = 0;$

$300\cos 40° + 450\cos 30° - P\cos 30° + F\,\text{sen}\,10° = 0$

$\Sigma F_y = 0;$

$-300\,\text{sen}\,40° + 450\,\text{sen}\,30° - P\,\text{sen}\,30° - F\cos 10° = 0$

Capítulo 4

4.1. a) $M_O = 100\,\text{N}(2\,\text{m}) = 200\,\text{N}\cdot\text{m}\,\circlearrowright$

b) $M_O = -100\,\text{N}(1\,\text{m}) = 100\,\text{N}\cdot\text{m}\,\circlearrowleft$

c) $M_O = -\left(\dfrac{3}{5}\right)(500\,\text{N})(2\,\text{m}) = 600\,\text{N}\cdot\text{m}\,\circlearrowleft$

d) $M_O = \left(\dfrac{4}{5}\right)(500\,\text{N})(3\,\text{m}) = 1200\,\text{N}\cdot\text{m}\,\circlearrowright$

e) $M_O = -\left(\dfrac{3}{5}\right)(100\,\text{N})(5\,\text{m}) = 300\,\text{N}\cdot\text{m}\,\circlearrowleft$

f) $M_O = 100\,\text{N}(0) = 0$

g) $M_O = -\left(\dfrac{3}{5}\right)(500\,\text{N})(2\,\text{m}) + \left(\dfrac{4}{5}\right)(500\,\text{N})(1\,\text{m})$
$= 200\,\text{N}\cdot\text{m}\,\circlearrowleft$

h) $M_O = -\left(\dfrac{3}{5}\right)(500\,\text{N})(3\,\text{m} - 1\,\text{m})$
$+ \left(\dfrac{4}{5}\right)(500\,\text{N})(1\,\text{m}) = 200\,\text{N}\cdot\text{m}\,\circlearrowleft$

i) $M_O = \left(\dfrac{3}{5}\right)(500\,\text{N})(1\,\text{m}) - \left(\dfrac{4}{5}\right)(500\,\text{N})(3\,\text{m})$
$= 900\,\text{N}\cdot\text{m}\,\circlearrowleft$

4.2. $\mathbf{M}_P = \begin{vmatrix} \mathbf{i} & \mathbf{j} & \mathbf{k} \\ 2 & -3 & 0 \\ -3 & 2 & 5 \end{vmatrix} \qquad \mathbf{M}_P = \begin{vmatrix} \mathbf{i} & \mathbf{j} & \mathbf{k} \\ 2 & 5 & -1 \\ 2 & -4 & -3 \end{vmatrix}$

$\mathbf{M}_P = \begin{vmatrix} \mathbf{i} & \mathbf{j} & \mathbf{k} \\ 5 & -4 & -1 \\ -2 & 3 & 4 \end{vmatrix}$

4.3. a) $M_x = -(100\,\text{N})(3\,\text{m}) = -300\,\text{N}\cdot\text{m}$
$M_y = -(200\,\text{N})(2\,\text{m}) = -400\,\text{N}\cdot\text{m}$
$M_z = -(300\,\text{N})(2\,\text{m}) = -600\,\text{N}\cdot\text{m}$

b) $M_x = (50\,\text{N})(0{,}5\,\text{m}) = 25\,\text{N}\cdot\text{m}$
$M_y = (400\,\text{N})(0{,}5\,\text{m}) - (300\,\text{N})(3\,\text{m}) = -700\,\text{N}\cdot\text{m}$
$M_z = (100\,\text{N})(3\,\text{m}) = 300\,\text{N}\cdot\text{m}$

c) $M_x = (300\,\text{N})(2\,\text{m}) - (100\,\text{N})(2\,\text{m}) = 400\,\text{N}\cdot\text{m}$
$M_y = -(300\,\text{N})(1\,\text{m}) + (50\,\text{N})(1\,\text{m})$
$+ (400\,\text{N})(0{,}5\,\text{m}) = 250\,\text{N}\cdot\text{m}$
$M_z = -(200\,\text{N})(1\,\text{m}) = -200\,\text{N}\cdot\text{m}$

4.4. a) $M_a = \begin{vmatrix} -\dfrac{4}{5} & -\dfrac{3}{5} & 0 \\ -5 & 2 & 0 \\ 6 & 2 & 3 \end{vmatrix} = \begin{vmatrix} -\dfrac{4}{5} & -\dfrac{3}{5} & 0 \\ -1 & 5 & 0 \\ 6 & 2 & 3 \end{vmatrix}$

b) $M_a = \begin{vmatrix} -\dfrac{1}{\sqrt{2}} & \dfrac{1}{\sqrt{2}} & 0 \\ 3 & 4 & -2 \\ 2 & -4 & 3 \end{vmatrix} = \begin{vmatrix} -\dfrac{1}{\sqrt{2}} & \dfrac{1}{\sqrt{2}} & 0 \\ 5 & 2 & -2 \\ 2 & -4 & 3 \end{vmatrix}$

c) $M_a = \begin{vmatrix} \dfrac{2}{3} & -\dfrac{1}{3} & \dfrac{2}{3} \\ -5 & -4 & 0 \\ 2 & -4 & 3 \end{vmatrix} = \begin{vmatrix} \dfrac{2}{3} & -\dfrac{1}{3} & \dfrac{2}{3} \\ -3 & -5 & 2 \\ 2 & -4 & 3 \end{vmatrix}$

4.5. a) $\xrightarrow{+} (F_R)_x = \Sigma F_x;$

$(F_R)_x = -\left(\dfrac{4}{5}\right)500\,\text{N} + 200\,\text{N} = -200\,\text{N}$

$+\uparrow (F_R)_y = \Sigma F_y;$

$(F_R)_y = -\dfrac{3}{5}(500\,\text{N}) - 400\,\text{N} = -700\,\text{N}$

$\circlearrowleft + (M_R)_O = \Sigma M_O;$

$(M_R)_O = -\left(\dfrac{3}{5}\right)(500\,\text{N})(2\,\text{m}) - 400\,\text{N}(4\,\text{m})$
$= -2200\,\text{N}\cdot\text{m}$

b) $\xrightarrow{+} (F_R)_x = \Sigma F_x;$

$(F_R)_x = \left(\dfrac{4}{5}\right)(500\,\text{N}) = 400\,\text{N}$

$+\uparrow (F_R)_y = \Sigma F_y;$

$(F_R)_y = -(300\,\text{N}) - \left(\dfrac{3}{5}\right)(500\,\text{N}) = -600\,\text{N}$

$\circlearrowleft + (M_R)_O = \Sigma M_O;$

$(M_R)_O = -(300\,\text{N})(2\,\text{m}) - \left(\dfrac{3}{5}\right)(500\,\text{N})(4\,\text{m})$
$- 200\,\text{N}\cdot\text{m} = -2000\,\text{N}\cdot\text{m}$

c) $\xrightarrow{+} (F_R)_x = \Sigma F_x;$

$(F_R)_x = \left(\dfrac{3}{5}\right)(500\,\text{N}) + 100\,\text{N} = 400$

$+\uparrow (F_R)_y = \Sigma F_y;$

$(F_R)_y = -(500\,\text{N}) - \left(\dfrac{4}{5}\right)(500\,\text{N}) = -900\,\text{N}$

$\circlearrowleft + (M_R)_O = \Sigma M_O;$

$(M_R)_O = -(500\,\text{N})(2\,\text{m}) - \left(\dfrac{4}{5}\right)(500\,\text{N})(4\,\text{m})$
$+ \left(\dfrac{3}{5}\right)(500\,\text{N})(2\,\text{m}) = -2000\,\text{N}\cdot\text{m}$

d) $\xrightarrow{+} (F_R)_x = \Sigma F_x;$

$(F_R)_x = -\left(\dfrac{4}{5}\right)(500\,\text{N}) + \left(\dfrac{3}{5}\right)(500\,\text{N}) = -100\,\text{N}$

$+\uparrow (F_R)_y = \Sigma F_y;$

$(F_R)_y = -\left(\dfrac{3}{5}\right)(500\,\text{N}) - \left(\dfrac{4}{5}\right)(500\,\text{N}) = -700\,\text{N}$

$\circlearrowleft + (M_R)_O = \Sigma M_O;$

$(M_R)_O = \left(\dfrac{4}{5}\right)(500\,\text{N})(4\,\text{m}) + \left(\dfrac{3}{5}\right)(500\,\text{N})(2\,\text{m})$
$- \left(\dfrac{3}{5}\right)(500\,\text{N})(4\,\text{m}) + 200\,\text{N}\cdot\text{m} = 1200\,\text{N}\cdot\text{m}$

4.6. a) $\xrightarrow{+} (F_R)_x = \Sigma F_x; \quad (F_R)_x = 0$

$+\uparrow (F_R)_y = \Sigma F_y;$

$(F_R)_y = -200\,\text{N} - 260\,\text{N} = -460\,\text{N}$

$\circlearrowleft + (F_R)_y d = \Sigma M_O;$

$-(460\,\text{N})d = -(200\,\text{N})(2\,\text{m}) - (260\,\text{N})(4\,\text{m})$

$d = 3{,}13\,\text{m}$

Nota: embora 460 N atue de cima para baixo, *não* é por isso que –(460 N)d é negativo. É porque o *momento* de 460 N em relação a O é negativo.

560 ESTÁTICA

b) $\xrightarrow{+} (F_R)_x = \Sigma F_x;$

$(F_R)_x = -\left(\dfrac{3}{5}\right)(500 \text{ N}) = -300 \text{ N}$

$+\uparrow (F_R)_y = \Sigma F_y;$

$(F_R)_y = -400 \text{ N} - \left(\dfrac{4}{5}\right)(500 \text{ N}) = -800 \text{ N}$

$\zeta + (F_R)_y d = \Sigma M_O;$

$-(800 \text{ N})d = -(400 \text{ N})(2 \text{ m}) - \left(\dfrac{4}{5}\right)(500 \text{ N})(4 \text{ m})$

$d = 3 \text{ m}$

c) $\xrightarrow{+} (F_R)_x = \Sigma F_x;$

$(F_R)_x = \left(\dfrac{4}{5}\right)(500 \text{ N}) - \left(\dfrac{4}{5}\right)(500 \text{ N}) = 0$

$+\uparrow (F_R)_y = \Sigma F_y;$

$(F_R)_y = -\left(\dfrac{3}{5}\right)(500 \text{ N}) - \left(\dfrac{3}{5}\right)(500 \text{ N}) = -600 \text{ N}$

$\zeta + (F_R)_y d = \Sigma M_O;$

$-(600 \text{ N})d = -\left(\dfrac{3}{5}\right)(500 \text{ N})(2 \text{ m}) - \left(\dfrac{3}{5}\right)(500 \text{ N})(4 \text{ m})$
$\quad - 600 \text{ N} \cdot \text{m}$

$d = 4 \text{ m}$

4.7. a) $+\downarrow F_R = \Sigma F_z;$

$F_R = 200 \text{ N} + 100 \text{ N} + 200 \text{ N} = 500 \text{ N}$

$(M_R)_x = \Sigma M_x;$

$-(500 \text{ N})y = -(100 \text{ N})(2 \text{ m}) - (200 \text{ N})(2 \text{ m})$

$y = 1{,}20 \text{ m}$

$(M_R)_y = \Sigma M_y;$

$(500 \text{ N})x = (100 \text{ N})(2 \text{ m}) + (200 \text{ N})(1 \text{ m})$

$x = 0{,}80 \text{ m}$

b) $+\downarrow F_R = \Sigma F_z;$

$F_R = 100 \text{ N} - 100 \text{ N} + 200 \text{ N} = 200 \text{ N}$

$(M_R)_x = \Sigma M_x;$

$-(200 \text{ N})y = (100 \text{ N})(1 \text{ m}) + (100 \text{ N})(2 \text{ m})$
$\quad - (200 \text{ N})(2 \text{ m})$

$y = 0{,}5 \text{ m}$

$(M_R)_y = \Sigma M_y;$

$(200 \text{ N})x = -(100 \text{ N})(2 \text{ m}) + (100 \text{ N})(2 \text{ m})$

$x = 0$

c) $+\downarrow F_R = \Sigma F_z;$

$F_R = 400 \text{ N} + 300 \text{ N} + 200 \text{ N} + 100 \text{ N} = 1000 \text{ N}$

$(M_R)_x = \Sigma M_x;$

$-(1000 \text{ N})y = -(300 \text{ N})(4 \text{ m}) - (100 \text{ N})(4 \text{ m})$

$y = 1{,}6 \text{ m}$

$(M_R)_y = \Sigma M_y;$

$(1000 \text{ N})x = (400 \text{ N})(2 \text{ m}) + (300 \text{ N})(2 \text{ m})$
$\quad - (200 \text{ N})(2 \text{ m}) - (100 \text{ N})(2 \text{ m})$

$x = 0{,}8 \text{ m}$

Capítulo 5

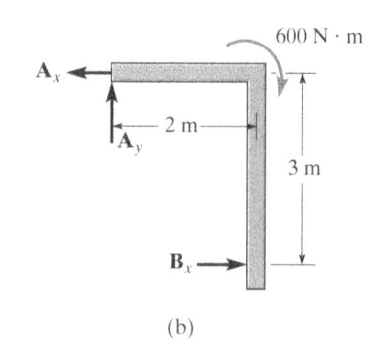

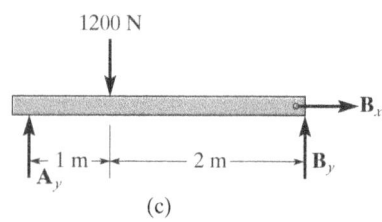

5.1.

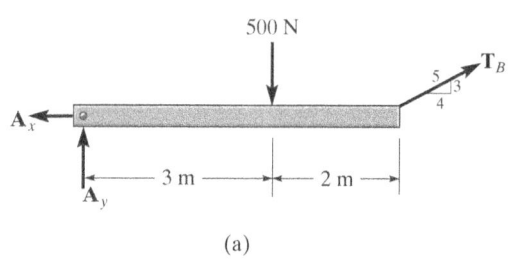

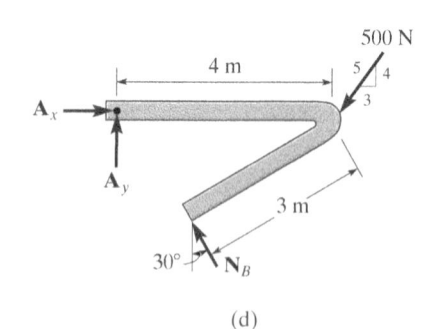

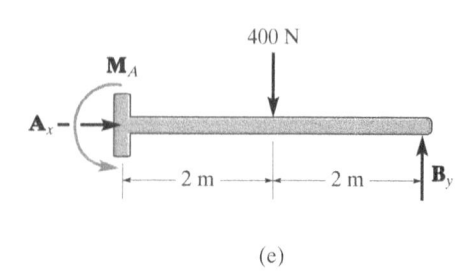

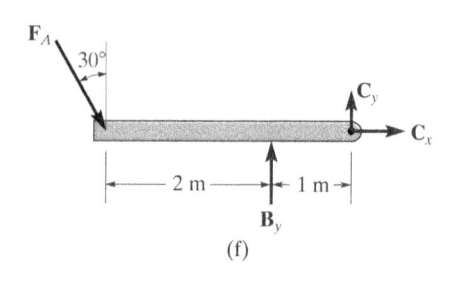

5.2.

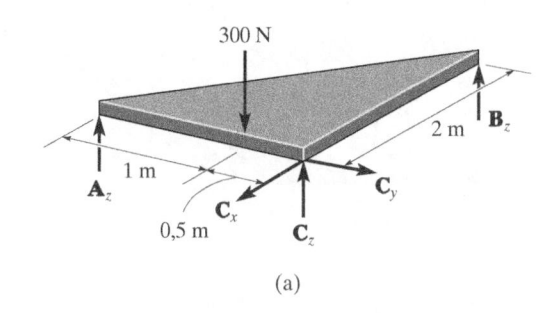

(a)

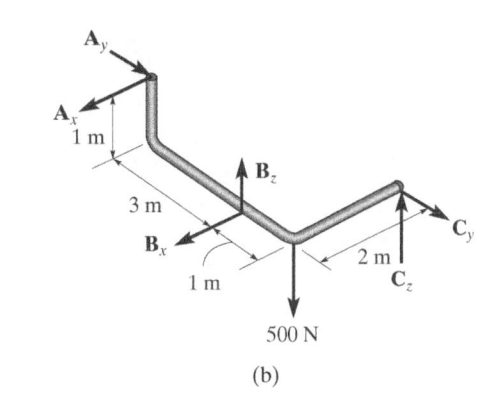

(b)

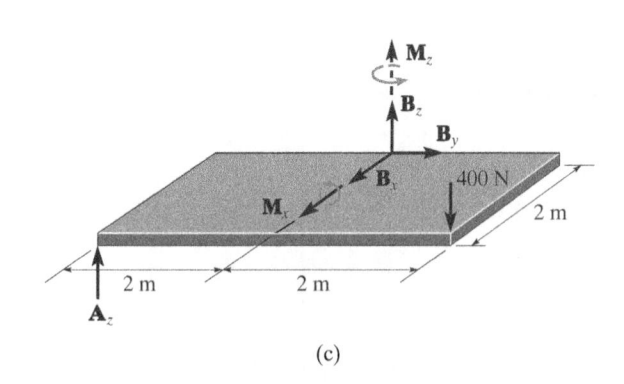

(c)

5.3. a) $\Sigma M_x = 0;$
$-(400\ N)(2\ m) - (600\ N)(5\ m) + B_z(5\ m) = 0$
$\Sigma M_y = 0;\quad -A_z(4\ m) - B_z(4\ m) = 0$
$\Sigma M_z = 0;\quad B_y(4\ m) - B_x(5\ m)$
$\qquad\qquad\qquad + (300\ N)(5\ m) = 0$

b) $\Sigma M_x = 0;\quad A_z(4\ m) + C_z(6\ m) = 0$
$\Sigma M_y = 0;\quad B_z(1\ m) - C_z(1\ m) = 0$
$\Sigma M_z = 0;\quad -B_y(1\ m) + (300\ N)(2\ m)$
$\qquad\qquad\qquad - A_x(4\ m) + C_y(1\ m) = 0$

c) $\Sigma M_x = 0;\quad B_z(2\ m) + C_z(3\ m) - 800\ N \cdot m = 0$
$\Sigma M_y = 0;\quad -C_z(1{,}5\ m) = 0$
$\Sigma M_z = 0;\quad -B_x(2\ m) + C_y(1{,}5\ m) = 0$

Capítulo 6

6.1. a) $A_y = 200\ N,\ D_x = 0,\ D_y = 200\ N$

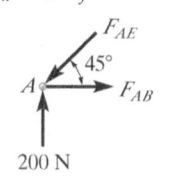

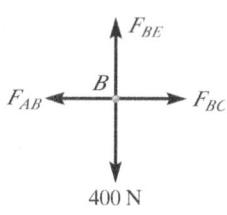

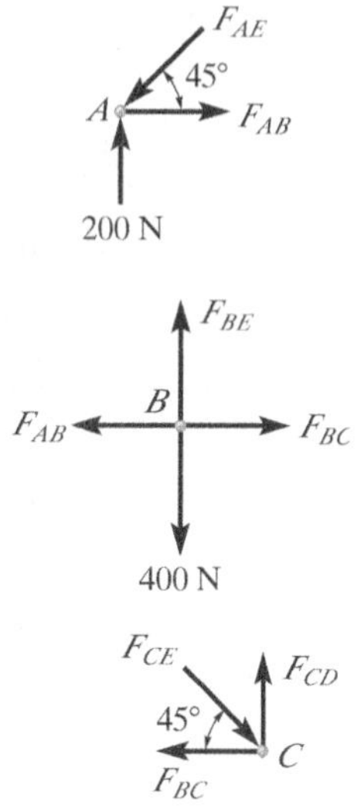

b) $A_y = 300\ N,\ C_x = 0,\ C_y = 300\ N$

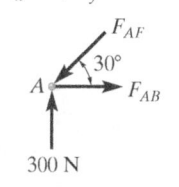

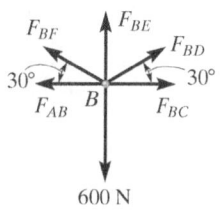

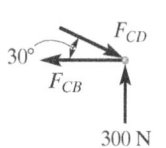

6.2. a)

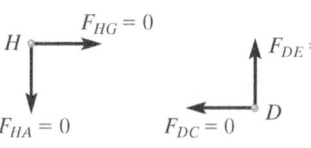

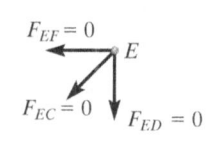

b)

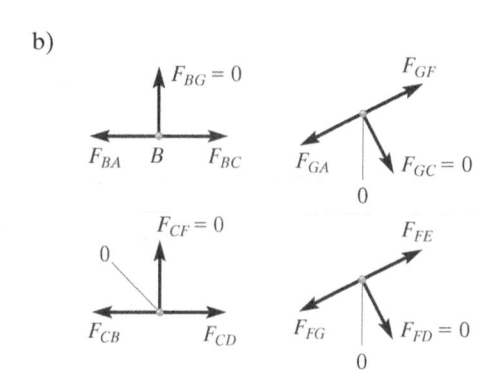

6.3. a)

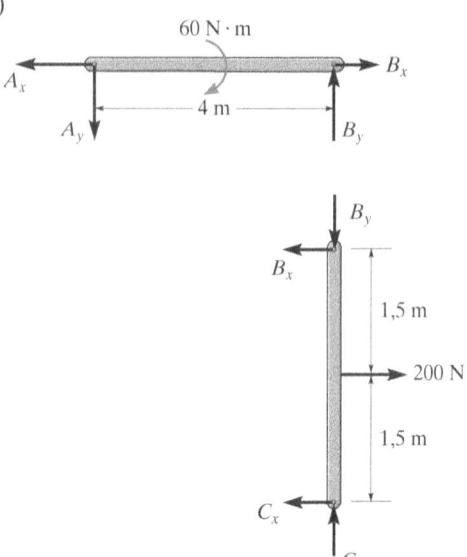

b) *CB* é um membro de duas forças.

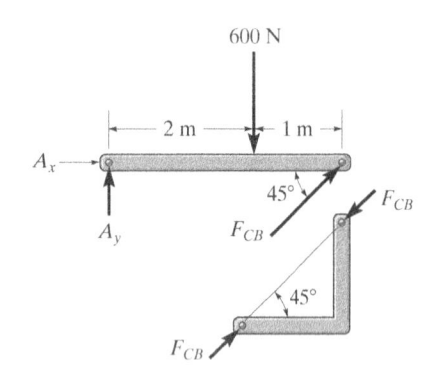

c) *CD* é um membro de duas forças.

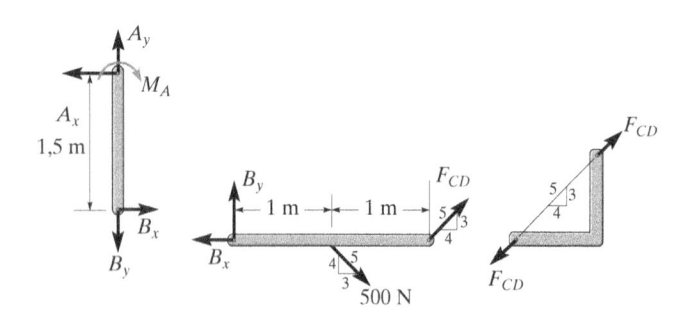

d)

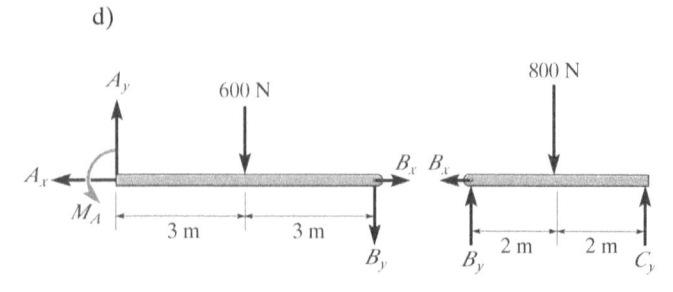

BC é um membro de duas forças.

e)

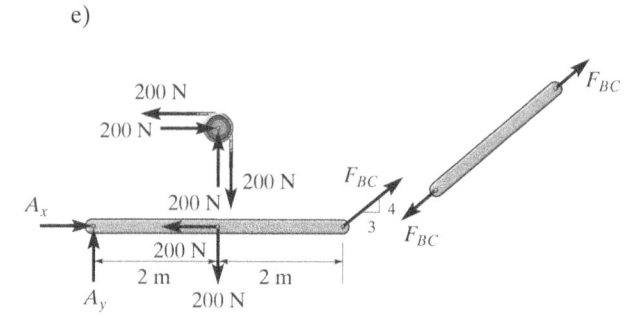

BC é um membro de duas forças

f)

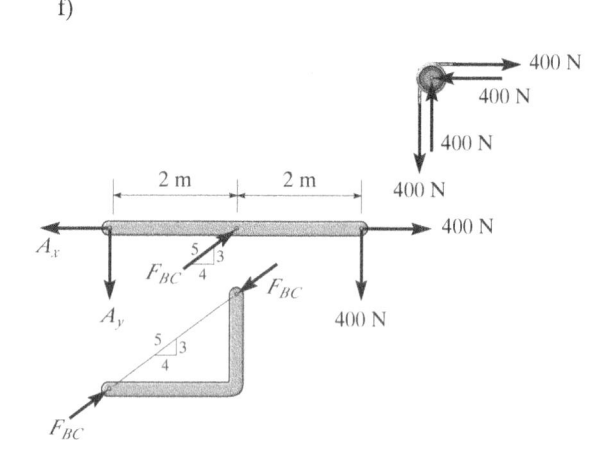

Capítulo 7

7.1.

(a)

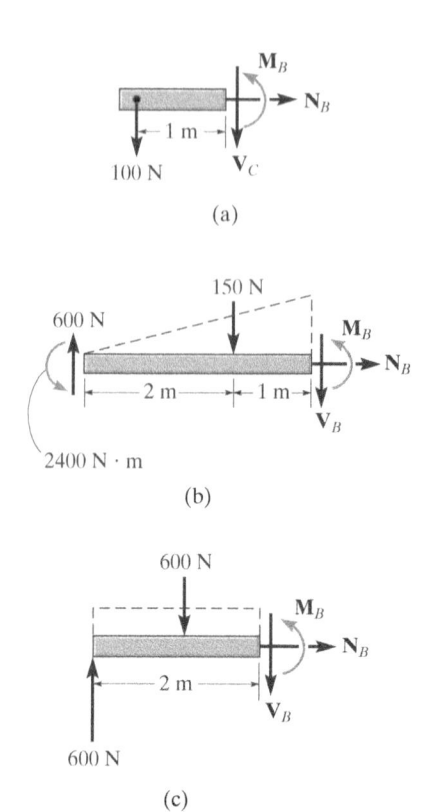

(b)

(c)

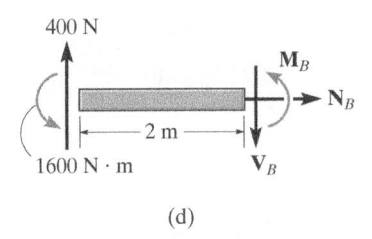

(d)

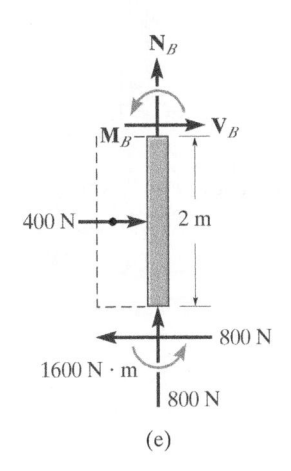

(e)

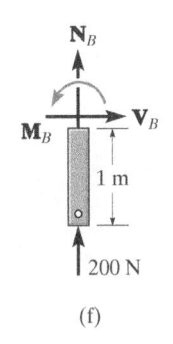

(f)

Capítulo 8

8.1. a)

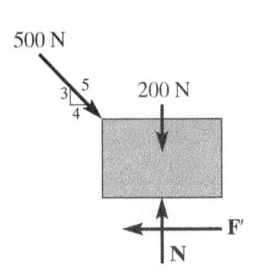

$\xrightarrow{+} \Sigma F_x = 0$;
$\left(\dfrac{4}{5}\right)(500 \text{ N}) - F' = 0, F' = 400 \text{ N}$
$+\uparrow \Sigma F_y = 0$;
$N - 200 \text{ N} - \left(\dfrac{3}{5}\right)(500 \text{ N}) = 0, N = 500 \text{ N}$
$F_{\text{máx}} = 0{,}3(500 \text{ N}) = 150 \text{ N} < 400 \text{ N}$

Deslizamento $F = \mu_k N = 0{,}2(500 \text{ N}) = 100 \text{ N}$ *Resposta*

b)

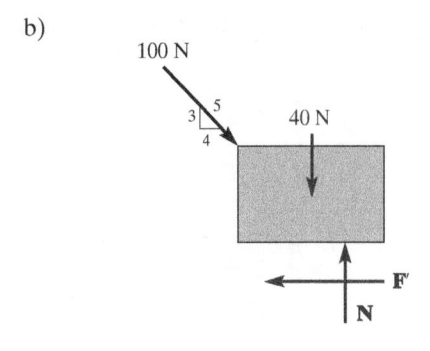

$\xrightarrow{+} \Sigma F_x = 0$;
$\dfrac{4}{5}(100 \text{ N}) - F' = 0; F' = 80 \text{ N}$
$+\uparrow \Sigma F_y = 0$;
$N - 40 \text{ N} - \left(\dfrac{3}{5}\right)(100 \text{ N}) = 0; N = 100 \text{ N}$
$F_{\text{máx}} = 0{,}9(100 \text{ N}) = 90 \text{ N} > 80 \text{ N}$
$F = F' = 80 \text{ N}$ *Resposta*

8.2.

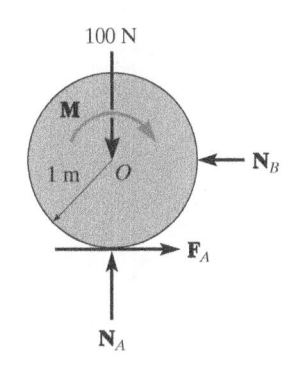

Requer $\quad F_A = 0{,}1 N_A$
$+\uparrow \Sigma F_y = 0; \quad N_A - 100 \text{ N} = 0$
$\quad N_A = 100 \text{ N}$
$\quad F_A = 0{,}1(100 \text{ N}) = 10 \text{ N}$
$\zeta + \Sigma M_O = 0; \quad -M + (10 \text{ N})(1 \text{ m}) = 0$
$\quad M = 10 \text{ N} \cdot \text{m}$

8.3. a) O deslizamento tem de ocorrer entre A e B.

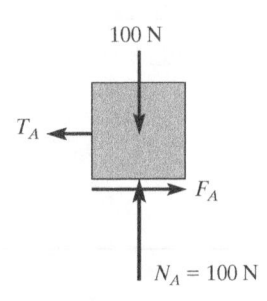

$F_A = 0{,}2(100 \text{ N}) = 20 \text{ N}$

b) Suponha que B desliza sobre C e C não desliza.

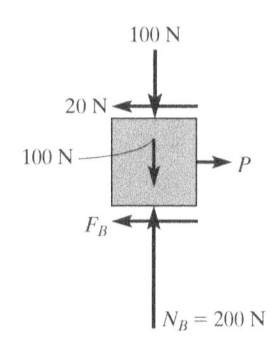

$F_B = 0{,}2(200 \text{ N}) = 40 \text{ N}$

$\xrightarrow{+} \Sigma F_x = 0; \qquad P - 20 \text{ N} - 40 \text{ N} = 0$

$\qquad\qquad P = 60 \text{ N}$

c) Suponha que C desliza e B não desliza sobre C.

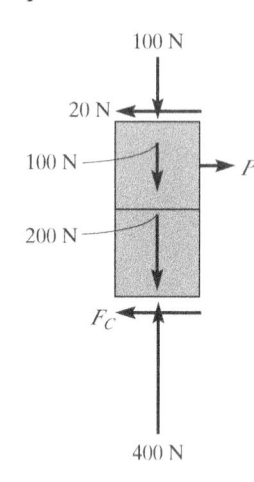

$F_C = 0{,}1(400 \text{ N}) = 40 \text{ N}$

$\xrightarrow{+} \Sigma F_x = 0; \qquad P - 20 \text{ N} - 40 \text{ N} = 0$

$\qquad\qquad P = 60 \text{ N}$

Portanto, $\qquad P = 60 \text{ N} \qquad$ *Resposta*

8.4. a)

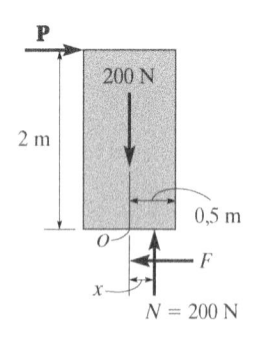

Suponha o deslizamento, $\quad F = 0{,}3(200 \text{ N}) = 60 \text{ N}$

$\xrightarrow{+} \Sigma F_x = 0; \qquad P - 60 \text{ N} = 0; \; P = 60 \text{ N}$

$\circlearrowleft + \Sigma M_O = 0; \qquad 200 \text{ N}(x) - (60 \text{ N})(2 \text{ m}) = 0$

$\qquad\qquad x = 0{,}6 \text{ m} > 0{,}5 \text{ m}$

O bloco tomba, $\quad x = 0{,}5 \text{ m}$

$\circlearrowleft + \Sigma M_O = 0 \qquad (200 \text{ N})(0{,}5 \text{ m}) - P(2 \text{ m}) = 0$

$\qquad\qquad P = 50 \text{ N} \qquad$ *Resposta*

b)

Suponha o deslizamento, $\quad F = 0{,}4(100 \text{ N}) = 40 \text{ N}$

$\xrightarrow{+} \Sigma F_x = 0; \qquad P - 40 \text{ N} = 0; \; P = 40 \text{ N}$

$\circlearrowleft + \Sigma M_O = 0; \qquad (100 \text{ N})(x) - (40 \text{ N})(1 \text{ m}) = 0$

$\qquad\qquad x = 0{,}4 \text{ m} < 0{,}5 \text{ m}$

Não há tombamento

$\qquad\qquad P = 40 \text{ N} \qquad$ *Resposta*

Capítulo 9

9.1. a)

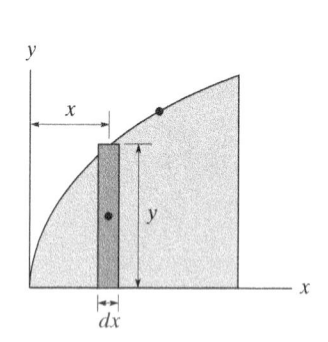

$\tilde{x} = x$

$\tilde{y} = \dfrac{y}{2} = \dfrac{\sqrt{x}}{2}$

$dA = y\,dx = \sqrt{x}\,dx$

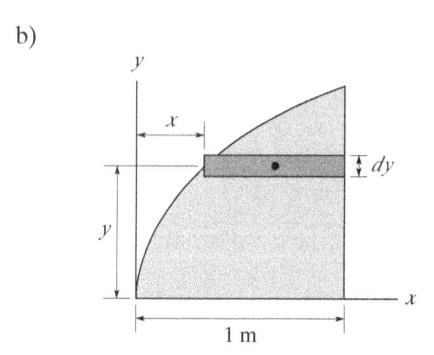

b)

$\tilde{x} = x + \left(\dfrac{1-x}{2}\right) = \dfrac{1+x}{2} = \dfrac{1+y^2}{2}$

$\tilde{y} = y$

$dA = (1-x)\,dy = (1-y^2)\,dy$

c)

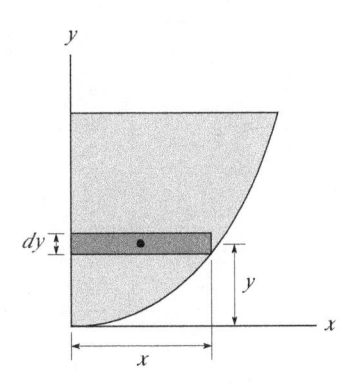

$\tilde{x} = \dfrac{x}{2} = \dfrac{\sqrt{y}}{2}$

$\tilde{y} = y$

$dA = x\,dy = \sqrt{y}\,dy$

d)

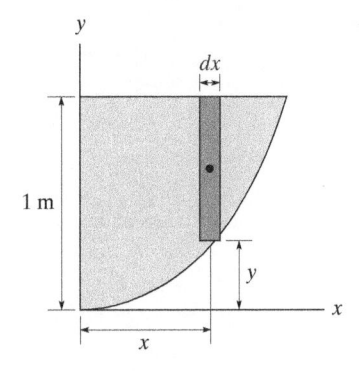

$\tilde{x} = x$

$\tilde{y} = y + \left(\dfrac{1-y}{2}\right) = \dfrac{1+y}{2} = \dfrac{1+x^2}{2}$

$dA = (1-y)dx = (1-x^2)dx$

Soluções de problemas de revisão

Capítulo 2

R2.1. $F_R = \sqrt{(300)^2 + (500)^2 - 2(300)(500)\cos 95°}$
$= 605,1 = 605$ N *Resposta*
$\dfrac{605,1}{\operatorname{sen} 95°} = \dfrac{500}{\operatorname{sen} \theta}$
$\theta = 55,40°$
$\phi = 55,40° + 30° = 85,4°$ *Resposta*

R2.2. $\dfrac{F_{1v}}{\operatorname{sen} 30°} = \dfrac{250}{\operatorname{sen} 105°}$ $F_{1v} = 129$ N *Resposta*
$\dfrac{F_{1u}}{\operatorname{sen} 45°} = \dfrac{250}{\operatorname{sen} 105°}$ $F_{1u} = 183$ N *Resposta*

R2.3. $F_{Rx} = \Sigma F_x$; $F_{Rx} = 4\left(\dfrac{4}{5}\right) + 3\left(\dfrac{3}{5}\right) - 3 - 2 = 0$
$F_{Ry} = \Sigma F_y$; $F_{Ry} = 3\left(\dfrac{4}{5}\right) - 4\left(\dfrac{3}{5}\right) = 0$
Assim,
$F_R = 0$ *Resposta*

R2.4. $\cos^2 30° + \cos^2 70° + \cos^2 \gamma = 1$
$\cos \gamma = \pm 0,3647$
$\gamma = 68,61°$ ou $111,39°$
Por observação, $\gamma = 111,39°$.
$\mathbf{F} = 250\{\cos 30°\mathbf{i} + \cos 70°\mathbf{j} + \cos 111,39°\mathbf{k}\}$ N
$= \{217\mathbf{i} + 85,5\mathbf{j} - 91,2\mathbf{k}\}$ N *Resposta*

R2.5. $\mathbf{r} = \{15 \operatorname{sen} 20°\mathbf{i} + 15 \cos 20°\mathbf{j} - 10\mathbf{k}\}$ m
$= \{5,1303\mathbf{i} + 14,0954\mathbf{j} - 10\mathbf{k}\}$ m
$r = \sqrt{5,1303^2 + 14,0954^2 + (-10)^2} = 18,028$ m
$\mathbf{u} = \dfrac{\mathbf{r}}{r} = 0,2846\mathbf{i} + 0,7819\mathbf{j} - 0,5547\mathbf{k}$
$\mathbf{F} = F\mathbf{u} = \{0,569\mathbf{i} + 1,56\mathbf{j} - 1,11\mathbf{k}\}$ kN *Resposta*

R2.6. $\mathbf{F}_1 = 600\left(\dfrac{4}{5}\right)\cos 30°(+\mathbf{i}) + 600\left(\dfrac{4}{5}\right)\operatorname{sen} 30°(-\mathbf{j})$
$+ 600\left(\dfrac{3}{5}\right)(+\mathbf{k})$
$= \{415,69\mathbf{i} - 240\mathbf{j} + 360\mathbf{k}\}$ N *Resposta*
$\mathbf{F}_2 = 0\mathbf{i} + 450 \cos 45°(+\mathbf{j}) + 450 \operatorname{sen} 45°(+\mathbf{k})$
$= \{318,20\mathbf{j} + 318,20\mathbf{k}\}$ N *Resposta*

R2.7. $\mathbf{r}_1 = \{400\mathbf{i} + 250\mathbf{k}\}$ mm; $r_1 = 471,70$ mm
$\mathbf{r}_2 = \{50\mathbf{i} + 300\mathbf{j}\}$ mm; $r_2 = 304,14$ mm
$\mathbf{r}_1 \cdot \mathbf{r}_2 = (400)(50) + 0(300) + 250(0) = 20000$

$\theta = \cos^{-1}\left(\dfrac{\mathbf{r}_1 \cdot \mathbf{r}_2}{r_1 r_2}\right) = \cos^{-1}\left(\dfrac{20000}{(471,70)(304,14)}\right)$
$= 82,0°$ *Resposta*

R2.8. $F_{\text{Proj}} = \mathbf{F} \cdot \mathbf{u}_v = (2\mathbf{i} + 4\mathbf{j} + 10\mathbf{k}) \cdot \left(\dfrac{2}{3}\mathbf{i} + \dfrac{2}{3}\mathbf{j} - \dfrac{1}{3}\mathbf{k}\right)$
$F_{\text{Proj}} = 0,667$ kN

Capítulo 3

R3.1. $\xrightarrow{+} \Sigma F_x = 0$; $F_B - F_A \operatorname{sen} 30° - 300\left(\dfrac{4}{5}\right) = 0$
$+\uparrow \Sigma F_y = 0$; $-F_A \cos 30° + 300\left(\dfrac{3}{5}\right) = 0$
$F_A = 208$ N $F_B = 344$ N *Resposta*

R3.2. $\xrightarrow{+} \Sigma F_x = 0$; $F_{AC} \cos 30° - F_{AB} = 0$ (1)
$+\uparrow \Sigma F_y = 0$; $F_{AC} \operatorname{sen} 30° - m(9,81) = 0$ (2)
Supondo que o cabo AB alcance a tração máxima,
$F_{AB} = 2$ kN.
Pela Equação 1, $F_{AC} \cos 30° - 2 = 0$
$F_{AC} = 2,309$ kN $> 2,2$ kN (Não é bom)
Supondo que o cabo AC alcance a tração máxima,
$F_{AC} = 2,2$ kN
Pela Equação 1, $2,2 \cos 30° - F_{AB} = 0$
$F_{AB} = 1,905$ kN < 2 kN (OK)
Pela Equação 2, $2,2(10^3) \operatorname{sen} 30° - m(9,81) = 0$
$m = 112$ kg *Resposta*

R3.3. $\xrightarrow{+} \Sigma F_x = 0$; $F_{AC} \operatorname{sen} 30° - F_{AB}\left(\dfrac{3}{5}\right) = 0$
$F_{AC} = 1,20 F_{AB}$ (1)
$+\uparrow \Sigma F_y = 0$; $F_{AC} \cos 30° + F_{AB}\left(\dfrac{4}{5}\right) - m(981) = 0$
$0,8660 F_{AC} + 0,8 F_{AB} = 9,81 m$ (2)
Como $F_{AC} > F_{AB}$, a falha ocorrerá primeiro no cabo AC, com $F_{AC} = 250$ N. Depois, resolvendo as equações 1 e 2, obtemos
$F_{AB} = 208,33$ N
$W = 39,1$ kg *Resposta*

R3.4. $s_1 = \dfrac{300}{600} = 0,5$ m
$+\uparrow \Sigma F_y = 0$; $F - 2\left(\dfrac{1}{2}T\right) = 0$; $F = T$

$\xrightarrow{+} \Sigma F_x = 0; \qquad -F_s + 2\left(\dfrac{\sqrt{3}}{2}\right)F = 0$

$F_s = 1{,}732F$

O esticamento final é 0,5 m + (0,6 – 0,6 cos 30°) m

$= 0{,}5804 \text{ m}$

$600(0{,}5804) = 1{,}732F$

$F = 201 \text{ N}$ *Resposta*

R3.5. $\Sigma F_x = 0; \qquad -F_1 \operatorname{sen} 45° = 0 \qquad F_1 = 0$

$\Sigma F_z = 0; \qquad F_2 \operatorname{sen} 40° - 200 = 0$ *Resposta*

$F_2 = 311{,}14 \text{ N} = 311 \text{ N}$

Usando os resultados, $F_1 = 0$ e $F_2 = 311{,}14$ N e depois, somando as forças ao longo do eixo y, temos

$\Sigma F_y = 0; \qquad F_3 - 311{,}14 \cos 40° = 0$

$F_3 = 238 \text{ N}$ *Resposta*

R3.6. $\mathbf{F}_1 = F_1\{\cos 60°\mathbf{i} + \operatorname{sen} 60°\mathbf{k}\}$
$= \{0{,}5F_1\mathbf{i} + 0{,}8660F_1\mathbf{k}\} \text{ N}$

$\mathbf{F}_2 = F_2\left\{\dfrac{3}{5}\mathbf{i} - \dfrac{4}{5}\mathbf{j}\right\}$
$= \{0{,}6 F_2\mathbf{i} - 0{,}8 F_2\mathbf{j}\} \text{ N}$

$\mathbf{F}_3 = F_3\{-\cos 30°\mathbf{i} - \operatorname{sen} 30°\mathbf{j}\}$
$= \{-0{,}8660F_3\mathbf{i} - 0{,}5F_3\mathbf{j}\} \text{ N}$

$\Sigma F_x = 0; \qquad 0{,}5F_1 + 0{,}6F_2 - 0{,}8660F_3 = 0$

$\Sigma F_y = 0; \qquad -0{,}8F_2 - 0{,}5F_3 + 800 \operatorname{sen} 30° = 0$

$\Sigma F_z = 0; \qquad 0{,}8660F_1 - 800 \cos 30° = 0$

$F_1 = 800 \text{ N} \quad F_2 = 147 \text{ N} \quad F_3 = 564 \text{ N}$ *Resposta*

R3.7. $\Sigma F_x = 0; F_{CA}\left(\dfrac{1}{\sqrt{10}}\right) - F_{CB}\left(\dfrac{1}{\sqrt{10}}\right) = 0$

$\Sigma F_y = 0; -F_{CA}\left(\dfrac{3}{\sqrt{10}}\right) - F_{CB}\left(\dfrac{3}{\sqrt{10}}\right) + F_{CD}\left(\dfrac{3}{5}\right) = 0$

$\Sigma F_z = 0; \qquad -250(9{,}81) + F_{CD}\left(\dfrac{4}{5}\right) = 0$

Resolvendo:

$F_{CD} = 3065{,}63 \text{ N} = 3{,}07 \text{ kN}$

$F_{CA} = F_{CB} = 969{,}44 \text{ N} = 969 \text{ N}$

R3.8. $\mathbf{F}_{AB} = 700\left(\dfrac{2\mathbf{i} + 3\mathbf{j} - 6\mathbf{k}}{\sqrt{2^2 + 3^2 + (-6)^2}}\right)$
$= \{200\mathbf{i} + 300\mathbf{j} - 600\mathbf{k}\} \text{ N}$

$\mathbf{F}_{AC} = F_{AC}\left(\dfrac{-1{,}5\mathbf{i} + 2\mathbf{j} - 6\mathbf{k}}{\sqrt{(-1{,}5)^2 + 2^2 + (-6)^2}}\right)$
$= -0{,}2308F_{AC}\mathbf{i} + 0{,}3077F_{AC}\mathbf{j} - 0{,}9231F_{AC}\mathbf{k}$

$\mathbf{F}_{AD} = F_{AD}\left(\dfrac{-3\mathbf{i} - 6\mathbf{j} - 6\mathbf{k}}{\sqrt{(-3)^2 + (-6)^2 + (-6)^2}}\right)$
$= -0{,}3333F_{AD}\mathbf{i} - 0{,}6667F_{AD}\mathbf{j} - 0{,}6667F_{AD}\mathbf{k}$

$\mathbf{F} = F\mathbf{k}$

$\Sigma \mathbf{F} = 0; \qquad \mathbf{F}_{AB} + \mathbf{F}_{AC} + \mathbf{F}_{AD} + \mathbf{F} = \mathbf{0}$

$(200 - 0{,}2308F_{AC} - 0{,}3333F_{AD})\mathbf{i}$
$+ (300 + 0{,}3077F_{AC} - 0{,}6667F_{AD})\mathbf{j}$
$+ (-600 - 0{,}9231F_{AC} - 0{,}6667F_{AD} + F)\mathbf{k} = \mathbf{0}$

$200 - 0{,}2308F_{AC} - 0{,}3333F_{AD} = 0$

$300 + 0{,}3077F_{AC} - 0{,}6667F_{AD} = 0$

$-600 - 0{,}9231F_{AC} - 0{,}6667F_{AD} + F = 0$

$F_{AC} - 130 \text{ N} \qquad F_{AD} = 510 \text{ N}$

$F = 1060 \text{ N} = 1{,}06 \text{ kN}$ *Resposta*

Capítulo 4

R4.1. $30(10^3) = [400(9{,}81)](4{,}8 \cos 30°)$
$+ W(9 \cos 30° + 0{,}6)$
$W = 1630{,}67 \text{ N} = 1{,}63 \text{ kN}$ *Resposta*

R4.2. $\mathbf{F}_R = 500 \text{ N}\left[\dfrac{(5\mathbf{i} + 7{,}5\mathbf{j} - 15\mathbf{k})}{\sqrt{(5)^2 + (7{,}5)^2 + (-15)^2}}\right]$

$\mathbf{F}_R = \{143\mathbf{i} + 214\mathbf{j} - 429\mathbf{k}\} \text{ N}$ *Resposta*

$(\mathbf{M}_R)_C = \mathbf{r}_{CB} \times \mathbf{F} = \begin{vmatrix} \mathbf{i} & \mathbf{j} & \mathbf{k} \\ 5 & 22{,}5 & 0 \\ 142{,}86 & 214{,}29 & -428{,}57 \end{vmatrix}$

$= \{-9{,}64\mathbf{i} + 2{,}14\mathbf{j} - 2{,}14\mathbf{k}\} \text{ kN}\cdot\text{m}$ *Resposta*

R4.3. $\mathbf{r} = \{1{,}2\mathbf{i}\} \text{ m}$

$\mathbf{F} = 120 \text{ N}\left(\dfrac{-0{,}6\mathbf{i} + 0{,}6\mathbf{j} + 1{,}2\mathbf{k}}{\sqrt{(-0{,}6)^2 + (0{,}6)^2 + (1{,}2)^2}}\right)$

$= \{-48{,}99\mathbf{i} + 48{,}99\mathbf{j} + 97{,}98\mathbf{k}\} \text{ N}$

$M_y = \begin{vmatrix} \mathbf{i} & \mathbf{j} & \mathbf{k} \\ 0 & 1 & 0 \\ 1{,}2 & 0 & 0 \\ -48{,}99 & 48{,}99 & 97{,}98 \end{vmatrix} = -117{,}58 \text{ N}\cdot\text{m}$

$\mathbf{M}_y = \{-118\mathbf{j}\} \text{ N}\cdot\text{m}$ *Resposta*

R4.4. $(M_c)_R = \Sigma M_z; \qquad 0 = 100 - 0{,}75F$

$F = 133 \text{ N}$ *Resposta*

R4.5. $\xrightarrow{+} \Sigma F_{Rx} = \Sigma F_x; \qquad F_{Rx} = 6\left(\dfrac{5}{13}\right) - 4 \cos 60°$

$= 0{,}30769 \text{ kN}$

$+\uparrow \Sigma F_{Ry} = \Sigma F_y; \qquad F_{Ry} = 6\left(\dfrac{12}{13}\right) - 4 \operatorname{sen} 60°$

$= 2{,}0744 \text{ kN}$

$F_R = \sqrt{(0{,}30769)^2 + (2{,}0744)^2} = 2{,}10 \text{ kN}$ *Resposta*

$\theta = \operatorname{tg}^{-1}\left[\dfrac{2{,}0744}{0{,}30769}\right] = 81{,}6° \measuredangle$ *Resposta*

$\zeta + M_P = \Sigma M_P; \qquad M_P = 8 - 6\left(\dfrac{12}{13}\right)(7) + 6\left(\dfrac{5}{13}\right)(5)$
$- 4 \cos 60°(4) + 4 \operatorname{sen} 60°(3)$

$M_P = -16{,}8 \text{ kN}\cdot\text{m}$

$= 16{,}8 \text{ kN}\cdot\text{m} \circlearrowright$ *Resposta*

R4.6. $\xrightarrow{+} \Sigma(F_R)_x = \Sigma F_x;$ $(F_R)_x = 2\cos 45° - 2{,}5\left(\dfrac{4}{5}\right) - 3$

$\qquad = -3{,}5858 \text{ kN} = 3{,}5858 \text{ kN} \leftarrow$

$+\uparrow (F_R)_y = \Sigma F_y;$ $(F_R)_y = -2\sen 45° - 2{,}5\left(\dfrac{3}{5}\right)$

$\qquad = -2{,}9142 \text{ kN} = 2{,}9142 \text{ kN} \downarrow$

$F_R = \sqrt{(F_R)_x^2 + (F_R)_y^2} = \sqrt{3{,}5858^2 + 2{,}9142^2}$

$\qquad = 4{,}6207 \text{ kN} = 4{,}62 \text{ kN}$ *Resposta*

$\theta = \tg^{-1}\left[\dfrac{(F_R)_y}{(F_R)_x}\right] = \tg^{-1}\left[\dfrac{2{,}9142}{3{,}5858}\right] = 39{,}1°$

$\zeta + (M_R)_A = \Sigma M_A;$ $3{,}5858d = 2{,}5\left(\dfrac{3}{5}\right)(0{,}8) + 2{,}5\left(\dfrac{4}{5}\right)(1{,}2)$

$\qquad + 3(1{,}2) - 2\cos 45°(1{,}8) - 2\sen 45°(1)$

$\qquad d = 0{,}904 \text{ m}$ *Resposta*

R4.7. $+\uparrow F_R = \Sigma F_z;$ $F_R = -20 - 50 - 30 - 40$

$\qquad = -140 \text{ kN} = 140 \text{ kN} \downarrow$ *Resposta*

$(M_R)_x = \Sigma M_x;$ $-140y = -50(3) - 30(11) - 40(13)$

$\qquad y = 7{,}14 \text{ m}$ *Resposta*

$(M_R)_y = \Sigma M_y;$ $140x = 50(4) + 20(10) + 40(10)$

$\qquad x = 5{,}71 \text{ m}$ *Resposta*

R4.8. $+\downarrow F_R = \Sigma F;$ $F_R = 10(3) + \dfrac{1}{2}(10)(3)$

$\qquad = 45 \text{ kN} \downarrow$ *Resposta*

$\zeta + M_{RC} = \Sigma M_C;$ $45x = 10(3)(1{,}5) + \dfrac{1}{2}(10)(3)(4)$

$\qquad x = 2{,}33 \text{ m}$ *Resposta*

Capítulo 5

R5.1. $\zeta + \Sigma M_A = 0:$ $F(6) + F(4) + F(2) - 3\cos 45°(2) = 0$

$\qquad F = 0{,}3536 \text{ kN} = 354 \text{ N}$ *Resposta*

R5.2. $\zeta + \Sigma M_A = 0;$ $N_B(7) - 1400(3{,}5) - 300(6) = 0$

$\qquad N_B = 957{,}14 \text{ N} = 957 \text{ N}$ *Resposta*

$+\uparrow \Sigma F_y = 0;$ $A_y - 1400 - 300 + 957 = 0$ $A_y = 743 \text{ N}$

$\xrightarrow{+} \Sigma F_x = 0;$ $A_x = 0$ *Resposta*

R5.3. $\zeta + \Sigma M_A = 0;$ $10(0{,}6 + 1{,}2\cos 60°) + 6(0{,}4)$

$\qquad - N_A(1{,}2 + 1{,}2\cos 60°) = 0$

$\qquad N_A = 8{,}00 \text{ kN}$ *Resposta*

$\xrightarrow{+} \Sigma F_x = 0;$ $B_x - 6\cos 30° = 0;$ $B_x = 5{,}20 \text{ kN}$ *Resposta*

$+\uparrow \Sigma F_y = 0;$ $B_y + 8{,}00 - 6\sen 30° - 10 = 0$

$\qquad B_y = 5{,}00 \text{ kN}$ *Resposta*

R5.4. $\zeta + \Sigma M_A = 0;$ $250\cos 30°(0{,}5) + 250\sen 30°(0{,}35)$

$\qquad - F_B(0{,}45) = 0$

$\qquad F_B = 337{,}78 \text{ N} = 338 \text{ N}$ *Resposta*

$\xrightarrow{+} \Sigma F_x = 0;$ $A_x - 250\sen 30° = 0$

$\qquad A_x = 125 \text{ N}$ *Resposta*

$+\uparrow \Sigma F_y = 0;$ $A_y - 250\cos 30° - 337{,}78 = 0$

$\qquad A_y = 554{,}29 \text{ N} = 554 \text{ N}$ *Resposta*

R5.5. $\Sigma F_x = 0;$ $A_x = 0$ *Resposta*

$\Sigma F_y = 0;$ $A_y + 200 = 0$

$\qquad A_y = -200 \text{ N}$ *Resposta*

$\Sigma F_z = 0;$ $A_z - 150 = 0$

$\qquad A_z = 150 \text{ N}$ *Resposta*

$\Sigma M_x = 0;$ $-150(2) + 200(2) - (M_A)_x = 0$

$\qquad (M_A)_x = 100 \text{ N} \cdot \text{m}$ *Resposta*

$\Sigma M_y = 0;$ $(M_A)_y = 0$ *Resposta*

$\Sigma M_z = 0;$ $200(2{,}5) - (M_A)_z = 0$

$\qquad (M_A)_z = 500 \text{ N} \cdot \text{m}$ *Resposta*

R5.6.

$\Sigma M_y = 0;$ $P(0{,}2) - 400(0{,}25) = 0$ $P = 500 \text{ N}$ *Resposta*

$\Sigma M_x = 0;$ $B_z(0{,}7) - 400(0{,}35) = 0$ $B_z = 200 \text{ N}$ *Resposta*

$\Sigma M_z = 0;$ $B_x(0{,}7) - 500(0{,}25) = 0$

$\qquad B_x = 178{,}57 \text{ N} = 179 \text{ N}$ *Resposta*

$\Sigma F_x = 0;$ $A_x - 178{,}57 - 500 = 0$

$\qquad A_x = 678{,}57 \text{ N} = 679 \text{ N}$ *Resposta*

$\Sigma F_y = 0;$ $B_y = 0$ *Resposta*

$\Sigma F_z = 0;$ $A_z + 200 - 400 = 0$ $A_z = 200 \text{ N}$ *Resposta*

R5.7. $W = (4 \text{ m})(2 \text{ m})(200 \text{ N/m}^2) = 1600 \text{ N}$

$\Sigma F_x = 0;$ $A_x = 0$ *Resposta*

$\Sigma F_y = 0;$ $A_y = 0$ *Resposta*

$\Sigma F_z = 0;$ $A_z + B_z + C_z - 1600 = 0$

$\Sigma M_x = 0;$ $B_z(2) - 1600(1) + C_z(1) = 0$

$\Sigma M_y = 0;$ $-B_z(2) + 1600(2) - C_z(4) = 0$

$\qquad A_z = B_z = C_z = 533{,}33 \text{ N} = 533 \text{ N}$ *Resposta*

R5.8.

$\Sigma F_x = 0;$ $A_x = 0$ *Resposta*

$\Sigma F_y = 0;$ $350 - 0{,}6F_{BC} + 0{,}6F_{BD} = 0$

$\Sigma F_z = 0;$ $A_z - 800 + 0{,}8F_{BC} + 0{,}8F_{BD} = 0$

$\Sigma M_x = 0;$ $(M_A)_x + 0{,}8F_{BD}(6) + 0{,}8F_{BC}(6) - 800(6) = 0$

$\Sigma M_y = 0;$ $800(2) - 0{,}8F_{BC}(2) - 0{,}8F_{BD}(2) = 0$

$\Sigma M_z = 0;$ $(M_A)_z - 0{,}6F_{BC}(2) + 0{,}6F_{BD}(2) = 0$

$\qquad F_{BD} = 208 \text{ N}$ *Resposta*

$\qquad F_{BC} = 792 \text{ N}$ *Resposta*

$\qquad A_z = 0$ *Resposta*

$\qquad (M_A)_x = 0$ *Resposta*

$\qquad (M_A)_z = 700 \text{ N} \cdot \text{m}$ *Resposta*

Capítulo 6

R6.1. Nó B:

$\xrightarrow{+} \Sigma F_x = 0; \quad F_{BC} = 3 \text{ kN (C)}$ *Resposta*
$+\uparrow \Sigma F_y = 0; \quad F_{BA} = 8 \text{ kN (C)}$ *Resposta*

Nó A:

$+\uparrow \Sigma F_y = 0; \quad 8{,}875 - 8 - \frac{3}{5} F_{AC} = 0$

$F_{AC} = 1{,}458 = 1{,}46 \text{ kN (C)}$ *Resposta*

$\xrightarrow{+} \Sigma F_x = 0; \quad F_{AF} - 3 - \frac{4}{5}(1{,}458) = 0$

$F_{AF} = 4{,}17 \text{ kN (T)}$ *Resposta*

Nó C:

$\xrightarrow{+} \Sigma F_x = 0; \quad 3 + \frac{4}{5}(1{,}458) - F_{CD} = 0$

$F_{CD} = 4{,}167 = 4{,}17 \text{ kN (C)}$ *Resposta*

$+\uparrow \Sigma F_y = 0; \quad F_{CF} - 4 + \frac{3}{5}(1{,}458) = 0$

$F_{CF} = 3{,}125 = 3{,}12 \text{ kN (C)}$ *Resposta*

Nó E:

$\xrightarrow{+} \Sigma F_x = 0; \quad F_{EF} = 0$ *Resposta*
$+\uparrow \Sigma F_y = 0; \quad F_{ED} = 13{,}125 = 13{,}1 \text{ kN (C)}$ *Resposta*

Nó D:

$+\uparrow \Sigma F_y = 0; \quad 13{,}125 - 10 - \frac{3}{5} F_{DF} = 0$ *Resposta*

$F_{DF} = 5{,}21 \text{ kN (T)}$ *Resposta*

R6.2. Nó A:

$\xrightarrow{+} \Sigma F_x = 0; \quad F_{AB} - F_{AG} \cos 45° = 0$
$+\uparrow \Sigma F_y = 0; \quad 4 - F_{AG} \sen 45° = 0$

$F_{AG} = 5{,}66 \text{ kN (C)}$ *Resposta*
$F_{AB} = 4{,}00 \text{ kN (T)}$ *Resposta*

Nó B:

$\xrightarrow{+} \Sigma F_x = 0; \quad F_{BC} = 4{,}00 \text{ kN (T)}$ *Resposta*
$+\uparrow \Sigma F_y = 0; \quad F_{GB} = 0$ *Resposta*

Nó D:

$\xrightarrow{+} \Sigma F_x = 0; \quad -F_{DC} + F_{DE} \cos 45° = 0$ *Resposta*
$+\uparrow \Sigma F_y = 0; \quad 8 - F_{DE} \sen 45° = 0$

$F_{DE} = 11{,}31 \text{ kN} = 11{,}3 \text{ kN (C)}$ *Resposta*
$F_{DC} = 8{,}00 \text{ kN (T)}$ *Resposta*

Nó E:

$\xrightarrow{+} \Sigma F_x = 0; \quad -11{,}31 \sen 45° + F_{EG} = 0$
$+\uparrow \Sigma F_y = 0; \quad -F_{EC} + 11{,}31 \cos 45° = 0$

$F_{EC} = 8{,}00 \text{ kN (T)}$ *Resposta*
$F_{EG} = 8{,}00 \text{ kN (C)}$ *Resposta*

Nó C:

$+\uparrow \Sigma F_y = 0; \quad F_{GC} \cos 45° + 8{,}00 - 12 = 0$

$F_{GC} = 5{,}66 \text{ kN (T)}$ *Resposta*

R6.3.

$\xrightarrow{+} \Sigma F_x = 0; \quad E_x = 0$

$\zeta + \Sigma M_A = 0; \quad E_y(12) - 10(3) - 10(6) - 10(9) = 0$

$E_y = 15{,}0 \text{ kN}$

$\zeta + \Sigma M_C = 0; \quad 15(6) - 10(3) - F_{GJ} \sen 30°(6) = 0$

$F_{GJ} = 20{,}0 \text{ kN (C)}$ *Resposta*

Nó G:

$\xrightarrow{+} \Sigma F_x = 0; \quad F_{GH} \cos 30° - 20 \cos 30° = 0$

$F_{GH} = 20{,}0 \text{ kN (C)}$

$+\uparrow \Sigma F_y = 0; \quad 2(20{,}0 \sen 30°) - 10 - F_{GC} = 0$

$F_{GC} = 10{,}00 \text{ kN (T)}$ *Resposta*

R6.4.

$\xrightarrow{+} \Sigma F_x = 0; \quad A_x = 0$

Devido à simetria de carregamento e à geometria,

$+\uparrow \Sigma F_y = 0; \quad 2A_y - 8 - 6 - 8 = 0 \quad A_y = 11{,}0 \text{ kN}$

$\zeta + \Sigma M_B = 0; \quad F_{GF} \sen 30°(3) + 8(3 - 3 \cos^2 30°)$
$- 11{,}0(3) = 0$

$F_{GF} = 18{,}0 \text{ kN (C)}$ *Resposta*

$\zeta + \Sigma M_A = 0; \quad F_{FB} \sen 60°(3) - 8(3 \cos^2 30°) = 0$

$F_{FB} = 6{,}928 \text{ kN (T)} = 6{,}93 \text{ kN (T)}$ *Resposta*

$\zeta + \Sigma M_F = 0; \quad F_{BC}(4{,}5 \tg 30°) + 8(4{,}5 - 3 \cos^2 30°)$
$- 11{,}0(4{,}5) = 0$

$F_{BC} = 12{,}12 \text{ kN (T)} = 12{,}1 \text{ kN (T)}$ *Resposta*

R6.5. Nó A:

$\Sigma F_z = 0; \quad F_{AD}\left(\frac{1}{\sqrt{17}}\right) - 600 = 0$

$F_{AD} = 2473{,}86 \text{ N (T)} = 2{,}47 \text{ kN (T)}$ *Resposta*

$\Sigma F_x = 0; \quad F_{AC}\left(\frac{0{,}75}{\sqrt{16{,}5625}}\right) - F_{AB}\left(\frac{0{,}75}{\sqrt{16{,}5625}}\right) = 0$

$F_{AC} = F_{AB}$

$\Sigma F_y = 0; \quad F_{AC}\left(\frac{4}{\sqrt{16{,}5625}}\right) + F_{AB}\left(\frac{4}{\sqrt{16{,}5625}}\right)$
$- 2473{,}86\left(\frac{4}{\sqrt{17}}\right) = 0$

$0{,}9829 F_{AC} + 0{,}9829 F_{AB} = 2400$

$F_{AC} = F_{AB} = 1220{,}91 \text{ N (C)} = 1{,}22 \text{ kN (C)}$ *Resposta*

R6.6. CB é um membro de duas forças.

Membro AC:

$\zeta + \Sigma M_A = 0; \quad -600(0{,}75) + 1{,}5(F_{CB} \sen 75°) = 0$

$F_{CB} = 310{,}6$

$B_x = B_y = 310{,}6\left(\frac{1}{\sqrt{2}}\right) = 220 \text{ N}$ *Resposta*

$\xrightarrow{+} \Sigma F_x = 0; \quad -A_x + 600 \sen 60° - 310{,}6 \cos 45° = 0$

$A_x = 300 \text{ N}$ *Resposta*

$+\uparrow \Sigma F_y = 0; \quad A_y - 600 \cos 60° + 310{,}6 \sen 45° = 0$

$A_y = 80{,}4 \text{ N}$ *Resposta*

R6.7. Membro AB:

$\zeta + \Sigma M_A = 0;\quad -750(2) + B_y(3) = 0$

$\qquad B_y = 500\ \text{N}$

Membro BC:

$\zeta + \Sigma M_C = 0;\quad -1200(1{,}5) - 900(1) + B_x(3) - 500(3) = 0$

$\qquad B_x = 1400\ \text{N}$

$+\uparrow \Sigma F_y = 0;\quad A_y - 750 + 500 = 0$

$\qquad A_y = 250\ \text{N}$ *Resposta*

Membro AB:

$\xrightarrow{+} \Sigma F_x = 0;\quad -A_x + 1400 = 0$

$\qquad A_x = 1400\ \text{N} = 1{,}40\ \text{kN}$ *Resposta*

Membro BC:

$\xrightarrow{+} \Sigma F_x = 0;\quad C_x + 900 - 1400 = 0$

$\qquad C_x = 500\ \text{N}$ *Resposta*

$+\uparrow \Sigma F_y = 0;\quad -500 - 1200 + C_y = 0$

$\qquad C_y = 1700\ \text{N} = 1{,}70\ \text{kN}$ *Resposta*

R6.8.

$\zeta + \Sigma M_F = 0;\quad F_{CD}(3{,}5) - \dfrac{4}{5} F_{BE}(1) = 0$

$\zeta + \Sigma M_A = 0;\ F_{BE}\left(\dfrac{4}{5}\right)(2{,}5) - F_{CD}(3{,}5) - 4(3{,}5)(1{,}75) = 0$

$\qquad F_{BE} = 20{,}417\ \text{kN} = 20{,}4\ \text{kN}$ *Resposta*

$\qquad F_{CD} = 4{,}667\ \text{kN} = 4{,}67\ \text{kN}$ *Resposta*

Capítulo 7

R7.1. $\zeta + \Sigma M_A = 0;\quad F_{CF}(4) - 600(4\ \text{tg}\ 30°) = 0$

$\qquad F_{CF} = 346{,}41\ \text{N}$

Como o membro CF é um membro de duas forças,

$V_D = M_D = 0$ *Resposta*

$N_D = F_{CF} = 346\ \text{N}$ *Resposta*

$\zeta + \Sigma M_A = 0;\ B_y(6) - 600(4\ \text{tg}\ 30°) = 0$

$\qquad B_y = 230{,}94\ \text{N}$

$\xrightarrow{+} \Sigma F_x = 0;\quad N_E = 0$ *Resposta*

$+\uparrow \Sigma F_y = 0;\quad V_E + 230{,}94 - 346{,}41 = 0$

$\qquad V_E = 115{,}47\ \text{N} = 115\ \text{N}$ *Resposta*

$\zeta + \Sigma M_E = 0;\quad 230{,}94(4{,}5) - 346{,}41(2{,}5) - M_E = 0$

$\qquad M_E = 173{,}21\ \text{N}\cdot\text{m} = 173\ \text{N}\cdot\text{m}$ *Resposta*

R7.2. Segmento DC

$\xrightarrow{+} \Sigma F_x = 0;\quad N_C = 0$ *Resposta*

$+\uparrow \Sigma F_y = 0;\quad V_C - 3{,}00 - 6 = 0\quad V_C = 9{,}00\ \text{kN}$ *Resposta*

$\zeta + \Sigma M_C = 0;\ -M_C - 3{,}00(1{,}5) - 6(3) - 40 = 0$

$\qquad M_C = -62{,}5\ \text{kN}\cdot\text{m}$ *Resposta*

Segmento DB

$\xrightarrow{+} \Sigma F_x = 0;\quad N_B = 0$ *Resposta*

$+\uparrow \Sigma F_y = 0;\quad V_B - 10{,}0 - 7{,}5 - 4{,}00 - 6 = 0$

$\qquad V_B = 27{,}5\ \text{kN}$ *Resposta*

$\zeta + \Sigma M_B = 0;\quad -M_B - 10{,}0(2{,}5) - 7{,}5(5)$

$\qquad -4{,}00(7) - 6(9) - 40 = 0$

$\qquad M_B = -184{,}5\ \text{kN}\cdot\text{m}$ *Resposta*

R7.3.

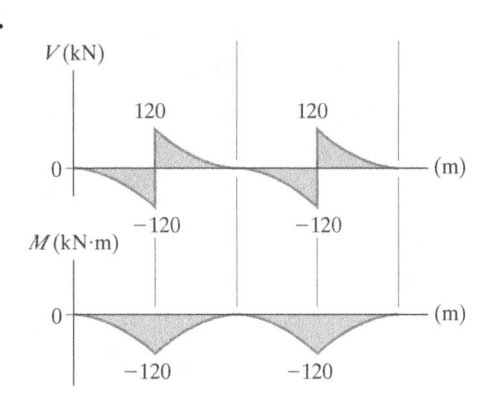

R7.4.

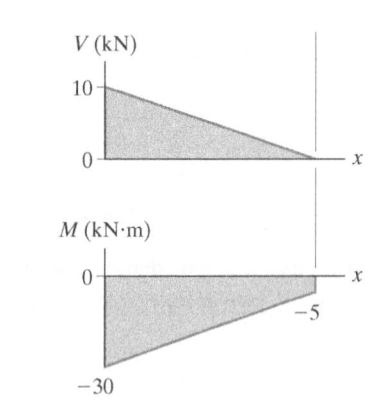

R7.5.

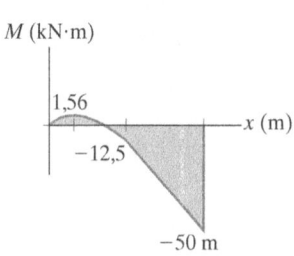

R7.6.

Em $x = 30\ \text{m};\ y = 3\ \text{m};\ 3 = \dfrac{F_H}{8(9{,}81)}\left\{\cosh\left[\dfrac{8(9{,}81)}{F_H}(30)\right] - 1\right\}$

$F_H = 11811{,}03\ \text{N}$

$\text{tg}\ \theta_{\text{máx}} = \left.\dfrac{dy}{dx}\right|_{x=30\ \text{m}} = \text{senh}\left[\dfrac{8(9{,}81)(30)}{11\ 811{,}03}\right]\quad \theta_{\text{máx}} = 11{,}346°$

$T_{\text{máx}} = \dfrac{F_H}{\cos \theta_{\text{máx}}} = \dfrac{11811{,}03\ \text{N}}{\cos 11{,}346°} = 12046{,}47\ \text{N} = 12{,}0\ \text{kN}$

Resposta

Capítulo 8

R8.1. Suponha que a escada deslize em A:

$F_A = 0{,}4\, N_A$

$+\uparrow \Sigma F_y = 0;\qquad N_A - 10(9{,}81) = 0$
$\qquad\qquad\qquad N_A = 98{,}1\text{ N}$
$\qquad\qquad\qquad F_A = 0{,}4(98{,}1\text{ N}) = 39{,}24\text{ N}$

$\zeta + \Sigma M_B = 0;\; P(2) - 10(9{,}81)(1{,}5) + 98{,}1(3) - 39{,}24(4) = 0$
$\qquad\qquad\qquad P = 4{,}905\text{ N}$ *Resposta*

$\xrightarrow{+} \Sigma F_x = 0;\qquad N_B + 4{,}905 - 39{,}24 = 0$
$\qquad\qquad\qquad N_B = 34{,}34\text{ N} > 0$ **OK**

A escada permanecerá em contato com a parede.

R8.2. Caixa

$+\uparrow \Sigma F_y = 0;\qquad N_d - 588{,}6 = 0\qquad N_d = 588{,}6\text{ N}$

$\xrightarrow{+} \Sigma F_x = 0;\qquad P - F_d = 0$ **(1)**

$\zeta + \Sigma M_A = 0;\qquad 588{,}6(x) - P(0{,}8) = 0$ **(2)**

Caixa e plataforma

$+\uparrow \Sigma F_y = 0;\qquad N_B + N_A - 588{,}6 - 98{,}1 = 0$ **(3)**

$\xrightarrow{+} \Sigma F_x = 0;\qquad P - F_A = 0$ **(4)**

$\zeta + \Sigma M_B = 0;\qquad N_A(1{,}5) - P(1{,}05)$
$\qquad\qquad\qquad - 588{,}6(0{,}95) - 98{,}1(0{,}75) = 0$ **(5)**

Atrito: Supondo que a caixa deslize na plataforma, então $F_d = \mu_{sd}\, N_d = 0{,}5(588{,}6) = 294{,}3$ N. Resolvendo as equações 1 e 2

$P = 294{,}3\text{ N}\qquad x = 0{,}400\text{ m}$

Como $x > 0{,}3$ m, a caixa tomba na plataforma. Se isso acontecer, $x = 0{,}3$ m. Resolvendo as equações 1 e 2 com $x = 0{,}3$ m obtemos

$P = 220{,}725\text{ N}$
$F_d = 220{,}725\text{ N}$

Supondo que a plataforma deslize em A, então $F_A = \mu_{sf}\, N_A = 0{,}35\, N_A$. Substituindo esse valor nas equações 3, 4 e 5 e resolvendo, temos

$N_A = 559\text{ N}\qquad N_B = 128\text{ N}$
$P = 195{,}6\text{ N} = 196\text{ N}\;(Controla)$ *Resposta*

R8.3. Viga

$\zeta + \Sigma M_B = 0;\qquad P(600) - A_y(900) = 0\qquad A_y = 0{,}6667P$

Disco

$+\uparrow \Sigma F_y = 0;\qquad N_C \operatorname{sen} 60° - F_C \operatorname{sen} 30°$
$\qquad\qquad\qquad - 0{,}6667P - 343{,}35 = 0$ **(1)**

$\zeta + \Sigma M_O = 0;\qquad F_C(200) - 0{,}6667P(200) = 0$ **(2)**

Atrito: Se o disco está prestes a se mover, o deslizamento teria que ocorrer no ponto C. Logo, $F_C = \mu_s\, N_C = 0{,}2\, N_C$. Substituindo isso nas equações 1 e 2 e resolvendo, temos

$P = 182\text{ N}$ *Resposta*
$N_C = 606{,}60\text{ N}$

R8.4. Came:

$\zeta + \Sigma M_O = 0;\qquad 5 - 0{,}4\, N_B(0{,}06) - 0{,}01(N_B) = 0$
$\qquad\qquad\qquad N_B = 147{,}06\text{ N}$

Seguidor:

$+\uparrow \Sigma F_y = 0;\qquad 147{,}06 - P = 0$
$\qquad\qquad\qquad P = 147\text{ N}$ *Resposta*

R8.5. Suponha que todos os blocos deslizem ao mesmo tempo.

$\xrightarrow{+} \Sigma F_x = 0;\; -P + 0{,}5[300(9{,}81) + 75(9{,}81) + 250(9{,}81)] = 0$
$\qquad\qquad\qquad P = 3065{,}63\text{ N}$

Suponha que o bloco B deslize para cima e o bloco A não se mova.

Bloco A:

$\xrightarrow{+} F_x = 0;\qquad F_A - N_B'' = 0$
$+\uparrow F_y = 0;\qquad N_A + 0{,}3 N_B'' - 300(9{,}81) = 0$

Bloco B:

$\xrightarrow{+} \Sigma F_x = 0;\qquad N_B'' - N_B' \operatorname{sen} 45° - 0{,}3\, N_B' \cos 45° = 0$
$+\uparrow \Sigma F_y = 0;\qquad N_B' \cos 45° - 0{,}3\, N_B' \operatorname{sen} 45° - 0{,}3\, N_B''$
$\qquad\qquad\qquad - 75(9{,}81) = 0$

Bloco C:

$\xrightarrow{+} \Sigma F_x = 0;\; N_B' \operatorname{sen} 45° + 0{,}3\, N_B' \cos 45° + 0{,}5\, N_C - P = 0$
$+\uparrow \Sigma F_y = 0;\; N_C + 0{,}3\, N_B' \operatorname{sen} 45° - N_B' \cos 45°$
$\qquad\qquad\qquad - 250(9{,}81) = 0$

Resolvendo,

$N_B' = 3356{,}48\text{ N}\quad N_B'' = 3085{,}40\text{ N}\quad F_A = 3085{,}40\text{ N}$
$N_A = 2017{,}38\text{ N}\quad N_C = 4113{,}87\text{ N}\quad P = 5142{,}34\text{ N}$

Como $F_A > \mu_s'\, N_A = 0{,}5\,(2017{,}38) = 1008{,}69$ N,
o bloco A desliza (Não é bom)

Escolha o P menor. Então,

$P = 3065{,}63\text{ N} = 3{,}07\text{ kN}$ *Resposta*

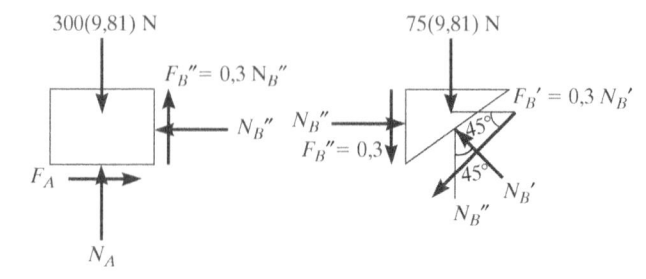

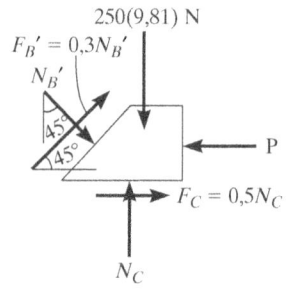

R8.6. $\alpha = \text{tg}^{-1}\left(\dfrac{250}{625}\right) = 21{,}80°$

$\zeta + \Sigma M_A = 0$; $(F_{BD} \cos 21{,}80°)(0{,}25) + (F_{BD} \sen 21{,}80°)$
$(0{,}5) - [3(10^3)](9{,}81)(0{,}875) = 0$

$F_{BD} = 61{,}63(10^3)$ N

$\phi_s = \text{tg}^{-1}(0{,}4) = 21{,}80°$

$\theta = \text{tg}^{-1}\left(\dfrac{5}{2\pi(6{,}25)}\right) = 7{,}256°$

$M = Wr \, \text{tg}\,(\theta + \phi)$

$M = 61{,}63(10^3)[6{,}25(10^{-3})]\,\text{tg}\,(7{,}256° + 21{,}80°)$

$M = 214{,}03$ N·m $= 214$ N·m *Resposta*

R8.7. Bloco:

$+\uparrow \Sigma F_y = 0$; $\quad N - 50(9{,}81) = 0$
$\quad N = 490{,}5$ N

$\xrightarrow{+} \Sigma F_x = 0$; $\quad T_1 - 0{,}4(490{,}5) = 0$
$\quad T_1 = 196{,}2$ N

$T_2 = T_1 e^{\mu\beta}$; $\quad T_2 = 196{,}2 e^{0{,}4(\frac{\pi}{2})} = 367{,}77$ N

Sistema:

$\zeta + \Sigma M_A = 0$; $\quad -50(9{,}81)(d) - 196{,}2(0{,}3) - 25(9{,}81)(1{,}5)$
$\quad + 367{,}77(3) = 0$

$d = 1{,}379$ m $= 1{,}38$ m *Resposta*

R8.8. $P \approx \dfrac{Wa}{r}$

$= 500(9{,}81)\left(\dfrac{2}{40}\right)$

$P = 245$ N *Resposta*

Capítulo 9

R9.1. Usando um elemento de espessura dx,

$\bar{x} = \dfrac{\int_A \tilde{x}\,dA}{\int_A dA} = \dfrac{\int_a^b x\left(\dfrac{c^2}{x}\,dx\right)}{c^2 \ln\dfrac{b}{a}} = \dfrac{\int_a^b c^2\,dx}{c^2 \ln\dfrac{b}{a}} = \dfrac{c^2 x\Big|_a^b}{c^2 \ln\dfrac{b}{a}} = \dfrac{b-a}{\ln\dfrac{b}{a}}$ *Resposta*

R9.2. Usando um elemento de espessura dx,

$\bar{y} = \dfrac{\int_A y\,dA}{\int_A dA} = \dfrac{\int_a^b \left(\dfrac{c^2}{2x}\right)\left(\dfrac{c^2}{x}\,dx\right)}{c^2 \ln\dfrac{b}{a}} = \dfrac{\int_a^b \dfrac{c^4}{2x^2}\,dx}{c^2 \ln\dfrac{b}{a}}$

$= \dfrac{-\dfrac{c^4}{2x}\Big|_a^b}{c^2 \ln\dfrac{b}{a}} = \dfrac{c^2(b-a)}{2ab \ln\dfrac{b}{a}}$ *Resposta*

R9.3.

$\bar{z} = \dfrac{\int_v \tilde{z}\,dV}{\int_v dV} = \dfrac{\int_0^a z[\pi(a^2 - z^2)dz]}{\int_0^a \pi(a^2 - z^2)dz}$

$= \dfrac{\pi\left(\dfrac{a^2 z^2}{2} - \dfrac{z^4}{4}\right)\Big|_0^a}{\pi\left(a^2 z - \dfrac{z^3}{3}\right)\Big|_0^a} = \dfrac{3}{8}a$ *Resposta*

R9.4. $\Sigma \tilde{x}L = 0(4) + 2(\pi)(2) = 4\pi$ m^2

$\Sigma \tilde{y}L = 0(4) + \dfrac{2(2)}{\pi}(\pi)(2) = 8$ m^2

$\Sigma \tilde{z}L = 2(4) + 0(\pi)(2) = 8$ m^2

$\Sigma L = 4 + \pi(2) = 10{,}2832$ m

$\tilde{x} = \dfrac{\Sigma \tilde{x}L}{\Sigma L} = \dfrac{4\pi}{10{,}2832} = 1{,}22$ m *Resposta*

$\tilde{y} = \dfrac{\Sigma \tilde{y}L}{\Sigma L} = \dfrac{8}{10{,}2832} = 0{,}778$ m *Resposta*

$\tilde{z} = \dfrac{\Sigma \tilde{z}L}{\Sigma L} = \dfrac{8}{10{,}2832} = 0{,}778$ m *Resposta*

R9.5.

Segmento	A(mm^2)	$\tilde{y}$ (mm)	$\tilde{y}A$ (mm^3)
1	300(25)	112,5	843750
2	100(50)	50	250000
Σ	12500		1093750

Assim,

$\bar{y} = \dfrac{\Sigma \tilde{y}A}{\Sigma A} = \dfrac{1093750}{12500} = 87{,}5$ mm *Resposta*

R9.6.
$A = \Sigma \theta \tilde{r} L$
$= 2\pi \left[\, 0{,}6\,(0{,}05) + 2(0{,}6375)\sqrt{(0{,}025)^2 + (0{,}075)^2}\right.$
$\left.\quad + 0{,}675\,(0{,}1)\,\right]$
$= 1{,}25$ m^2 *Resposta*

R9.7.
$V = \Sigma \theta \tilde{r} A$
$= 2\pi \left[\, 2\,(0{,}65)\left(\dfrac{1}{2}(0{,}025)(0{,}075)\right) + 0{,}6375(0{,}05)(0{,}075)\,\right]$
$= 0{,}0227$ m^3 *Resposta*

R9.8. $dF = dV = pb\,dz = (200z^{\frac{1}{3}})(1{,}5)\,dz = 300z^{\frac{1}{3}}\,dz$

$F = \int_0^{4\,\text{m}} 300z^{\frac{1}{3}}\,dz = 300\left(\dfrac{3}{4}z^{\frac{4}{3}}\right)\Big|_0^{4\,\text{m}}$

$= 1428{,}66$ N $= 1{,}43$ kN *Resposta*

$$\int_A z\, dF = \int_0^{4\text{ m}} z\,(300 z^{\frac{1}{3}} dz)$$

$$= \int_0^{4\text{ m}} 300 z^{\frac{4}{3}}\, dz$$

$$= 300 \left(\frac{3}{7} z^{\frac{7}{3}}\right)\Bigg|_0^{4\text{ m}}$$

$$= 3265{,}51\text{ N}\cdot\text{m}$$

$$\tilde{z} = \frac{\int_A z\, dF}{F} = \frac{3265{,}51}{1428{,}66} = 2{,}2857\text{ m} = 2{,}29\text{ m} \qquad \textit{Resposta}$$

R9.9.

$p_a = 1{,}0(10^3)(9{,}81)(9) = 88290\text{ N/m}^2 = 88{,}29\text{ kN/m}^2$

$p_b = 1{,}0(10^3)(9{,}81)(5) = 49050\text{ N/m}^2 = 49{,}05\text{ kN/m}^2$

Assim,

$w_A = 88{,}29(8) = 706{,}32\text{ kN/m}$

$w_B = 49{,}05(8) = 392{,}40\text{ kN/m}$

$F_{R_1} = 392{,}4(5) = 1962{,}0\text{ kN}$

$F_{R_2} = \frac{1}{2}(706{,}32 - 392{,}4)(5) = 784{,}8\text{ kN}$

$\circlearrowleft +\Sigma M_B = 0;\quad 1962{,}0(2{,}5) + 784{,}8(3{,}333) - A_y(3) = 0$

$\qquad\qquad A_y = 2507\text{ kN} = 2{,}51\text{ MN} \qquad \textit{Resposta}$

$\xrightarrow{+}\Sigma F_x = 0;\quad 784{,}8\left(\dfrac{4}{5}\right) + 1962\left(\dfrac{4}{5}\right) - B_x = 0$

$\qquad\qquad B_x = 2197\text{ kN} = 2{,}20\text{ MN} \qquad \textit{Resposta}$

$+\uparrow\Sigma F_y = 0;\quad 2507 - 784{,}8\left(\dfrac{3}{5}\right) - 1962\left(\dfrac{3}{5}\right) - B_y = 0$

$\qquad\qquad B_y = 859\text{ kN} \qquad \textit{Resposta}$

R9.10.

$$A = \int_A dA = \int y\, dx = \int_{-1\text{ m}}^0 -4x^2\, dx = -\frac{4}{3} x^3\Bigg|_{-1\text{ m}}^0 = -\frac{4}{3}\text{ m}^2$$

$F_y = \rho_w g V = 1000(9{,}81)\left[\dfrac{4}{3}(1)\right] = 13080\text{ N} = 13{,}08\text{ kN}$

$w = \rho_w g h b = 1000(9{,}81)(4)(1) = 39{,}24(10^3)\text{ N/m}$

$\qquad = 39{,}24\text{ kN/m}$

$F_x = \dfrac{1}{2}(39{,}24)(4) = 78{,}48\text{ kN}$

$F_N = \sqrt{F_x^2 + F_y^2} = \sqrt{78{,}48^2 + 13{,}08^2} = 79{,}56\text{ kN}$

$\qquad = 79{,}6\text{ kN} \qquad \textit{Resposta}$

Capítulo 10

R10.1.

$$I_x = \int_A y^2 dA = \int_0^{2\text{ m}} y^2(4-x)\, dy = \int_0^{2\text{ m}} y^2\left(4 - (32)^{\frac{1}{3}} y^{\frac{1}{3}}\right) dy$$

$$= 1{,}07\text{ m}^4 \qquad \textit{Resposta}$$

R10.2.

$$I_x = \int_A y^2 dA = \int_0^{1\text{ m}} y^2(2x\, dy) = \int_0^{1\text{ m}} y^2\left(4(1-y)^{\frac{1}{2}}\right) dy$$

$$= 0{,}610\text{ m}^4 \qquad \textit{Resposta}$$

R10.3.

$$I_y = \int_A x^2 dA = 2\int_0^{2\text{ m}} x^2(y\, dx) = 2\int_0^{2\text{ m}} x^2(1 - 0{,}25\, x^2)\, dx$$

$$= 2{,}13\text{ m}^4 \qquad \textit{Resposta}$$

R10.4.

$$dI_{xy} = d\bar{I}_{x'y'} + dA\bar{x}\,\bar{y} = 0 + \left(y^{\frac{1}{3}} dy\right)\left(\dfrac{1}{2} y^{\frac{1}{3}}\right)(y)$$

$$= \dfrac{1}{2} y^{\frac{5}{3}}\, dy$$

$$I_{xy} = \int dI_{xy} = \int_0^{1\text{ m}} \dfrac{1}{2} y^{\frac{5}{3}}\, dy = \dfrac{3}{16} y^{\frac{8}{3}}\Bigg|_0^{1\text{ m}} = 0{,}1875\text{ m}^4$$

$$\qquad \textit{Resposta}$$

R10.5. $\dfrac{s}{h-y} = \dfrac{b}{h}, \qquad s = \dfrac{b}{h}(h-y)$

(a) $dA = s\, dy = \left[\dfrac{b}{h}(h-y)\right] dy$

$$I_x = \int y^2 dA = \int_0^h y^2\left[\dfrac{b}{h}(h-y)\right] dy = \dfrac{bh^3}{12} \qquad \textit{Resposta}$$

(b) $I_x = \bar{I}_{x'} + A d^2\quad \dfrac{bh^3}{12} = \bar{I}_{x'} + \dfrac{1}{2} bh\left(\dfrac{h}{3}\right)^2\quad I_x = \dfrac{bh^3}{36}\quad\textit{Resposta}$

R10.6. $dI_{xy} = dI_{x'y'} + dA\,\bar{x}\,\bar{y}$

$$= 0 + \left(y^{\frac{1}{6}} dy\right)\left(\dfrac{1}{2} y^{\frac{1}{6}}\right)(y)$$

$$= \dfrac{1}{2} y^{\frac{5}{6}} dy$$

$$I_{xy} = \int dI_{xy} = \int_0^{1\text{ m}} \dfrac{1}{2} y^{\frac{5}{6}} dy = \dfrac{3}{16} y^{\frac{8}{6}}\Bigg|_0^{1\text{ m}}$$

$$= 0{,}1875\text{ m}^4 \qquad \textit{Resposta}$$

R10.7. $I_y = \left[\dfrac{1}{12}(d)(d^3) + 0\right] + 4\left[\dfrac{1}{36}(0{,}2887 d)\left(\dfrac{d}{2}\right)^3\right.$

$$\left. + \dfrac{1}{2}(0{,}2887 d)\left(\dfrac{d}{2}\right)\left(\dfrac{d}{6}\right)^2\right]$$

$$= 0{,}0954\, d^4 \qquad \textit{Resposta}$$

R10.8. $dI_x = \dfrac{1}{2}\rho\pi\, y^4\, dx = \dfrac{1}{2}\rho\pi\left(\dfrac{b^4}{a^4} x^4 + \dfrac{4 b^4}{a^3} x^3 + \dfrac{6 b^4}{a^2} x^2\right.$

$$\left. + \dfrac{4 b^4}{a} x + b^4\right) dx$$

$$I_x = \int dI_x = \dfrac{1}{2}\rho\pi\int_0^a \left(\dfrac{b^4}{a^4} x^4 + \dfrac{4 b^4}{a^3} x^3 + \dfrac{6 b^4}{a^2} x^2\right.$$

$$\left. + \dfrac{4 b^4}{a} x + b^4\right) dx$$

$$= \frac{31}{10}\rho\pi ab^4$$

$$m = \int_m dm = \int_0^a \rho\pi y^2\, dx$$

$$= \rho\pi \int_0^a \left(\frac{b^2}{a^2}x^2 + \frac{2b^2}{a}x + b^2\right) dx$$

$$= \frac{7}{3}\rho\pi ab^2$$

$$I_x = \frac{93}{70} mb^2 \qquad \textit{Resposta}$$

Capítulo 11

R11.1. $x = 2L\cos\theta$

$\delta x = -2L \operatorname{sen}\theta\, \delta\theta$

$y = L\operatorname{sen}\theta$

$\delta y = L\cos\theta\, \delta\theta$

$\delta U = 0; \quad -P\delta y - F\delta x = 0$

$-PL\cos\theta\,\delta\theta - F(-2L\operatorname{sen}\theta)\delta\theta = 0$

$-P\cos\theta + 2F\operatorname{sen}\theta = 0$

$$F = \frac{P}{2\operatorname{tg}\theta} \qquad \textit{Resposta}$$

R11.2.
$y_B = 0{,}25\operatorname{sen}\theta \qquad \delta y_B = 0{,}25\cos\theta\,\delta\theta$

$y_D = 0{,}125\operatorname{sen}\theta \qquad \delta y_D = 0{,}125\cos\theta\,\delta\theta$

$x_C = 2(0{,}25\cos\theta) \qquad \delta x_C = -0{,}5\operatorname{sen}\theta\,\delta\theta$

$\delta U = 0; \; -F_{sp}\delta x_C - 2W_l \delta y_D - W_b \delta y_B + P\delta x_C = 0$

$(0{,}5F_{sp}\operatorname{sen}\theta - 26{,}9775\cos\theta - 0{,}5P\operatorname{sen}\theta)\delta\theta = 0$

Pela fórmula da mola,

$F_{sp} = kx = 350[2(0{,}25\cos\theta) - 0{,}15] = 175\cos\theta - 52{,}5$

Substituindo,

$(87{,}5\operatorname{sen}\theta\cos\theta - 26{,}25\operatorname{sen}\theta - 26{,}9775\cos\theta - 0{,}5P\operatorname{sen}\theta)\delta\theta = 0$

Como $\delta\theta \neq 0$, então

$87{,}5\operatorname{sen}\theta\cos\theta - 26{,}25\operatorname{sen}\theta - 26{,}9775\cos\theta - 0{,}5P\operatorname{sen}\theta = 0$

$P = 175\cos\theta - 53{,}955\operatorname{cotg}\theta - 52{,}5$

Na posição de equilíbrio, $\theta = 45°$,

$P = 175\cos 45° - 53{,}95\operatorname{cotg} 45° - 52{,}5$

$= 17{,}29\text{ N} = 17{,}3\text{ N} \qquad \textit{Resposta}$

R11.3. Usando a lei dos cossenos,

$0{,}4^2 = x_A^2 + 0{,}1^2 - 2(x_A)(0{,}1)\cos\theta$

Derivando,

$0 = 2x_A\delta x_A - 0{,}2\delta x_A\cos\theta + 0{,}2x_A\operatorname{sen}\theta\,\delta\theta$

$$\delta x_A = \frac{0{,}2 x_A \operatorname{sen}\theta}{0{,}2\cos\theta - 2x_A}\delta\theta$$

$\delta U = 0; \qquad -F\delta x_A - 50\delta\theta = 0$

$\left(\dfrac{0{,}2 x_A\operatorname{sen}\theta}{0{,}2\cos\theta - 2x_A} F - 50\right)\delta\theta = 0$

Como $\delta\theta \neq 0$, então

$$\frac{0{,}2 x_A\operatorname{sen}\theta}{0{,}2\cos\theta - 2x_A} F - 50 = 0$$

$$F = \frac{50(0{,}2\cos\theta - 2x_A)}{0{,}2 x_A\operatorname{sen}\theta}$$

Na posição de equilíbrio, $\theta = 60°$,

$0{,}4^2 = x_A^2 + 0{,}1^2 - 2(x_A)(0{,}1)\cos 60°$

$x_A = 0{,}4405\text{ m}$

$$F = -\frac{50[0{,}2\cos 60° - 2(0{,}4405)]}{0{,}2(0{,}4405)\operatorname{sen} 60°} = 512\text{ N} \quad \textit{Resposta}$$

R11.4. $y = 1{,}2\operatorname{sen}\theta$

$\delta y = 1{,}2\cos\theta\,\delta\theta$

$F_s = 80(1{,}2 - 1{,}2\operatorname{sen}\theta) = 96(1 - \operatorname{sen}\theta)$

$\delta U = 0; \qquad -W\delta y + F_s\delta y = 0$

$[-5(9{,}81) + 96(1 - \operatorname{sen}\theta)](1{,}2\cos\theta\,\delta\theta) = 0$

$\cos\theta = 0 \quad \text{e} \quad 46{,}95 - 96\operatorname{sen}\theta = 0$

$\theta = 90° \qquad \theta = 29{,}28° = 29{,}3° \quad \textit{Resposta}$

R11.5. $x_B = 0{,}1\operatorname{sen}\theta \qquad \delta x_B = 0{,}1\cos\theta\,\delta\theta$

$x_D = 2(0{,}7\operatorname{sen}\theta) - 0{,}1\operatorname{sen}\theta = 1{,}3\operatorname{sen}\theta \quad \delta x_D = 1{,}3\cos\theta\,\delta\theta$

$y_G = 0{,}35\cos\theta \quad \delta y_G = -0{,}35\operatorname{sen}\theta\,\delta\theta$

$\delta U = 0; \qquad 2(-49{,}05\delta y_G) + F_{sp}(\delta x_B - \delta x_D) = 0$

$(34{,}335\operatorname{sen}\theta - 1{,}2F_{sp}\cos\theta)\delta\theta = 0$

Porém, pela fórmula da mola,

$F_{sp} = kx = 400[2(0{,}6\operatorname{sen}\theta) - 0{,}3] = 480\operatorname{sen}\theta - 120.$

Substituindo,

$(34{,}335\operatorname{sen}\theta - 576\operatorname{sen}\theta\cos\theta + 144\cos\theta)\delta\theta = 0$

Como $\delta\theta \neq 0$, então

$34{,}335\operatorname{sen}\theta - 576\operatorname{sen}\theta\cos\theta + 144\cos\theta = 0$

$\theta = 15{,}5°$

e $\theta = 85{,}4° \qquad \textit{Resposta}$

R11.6.
$V_g = mgy = 40(9,81)(0,45 \text{ sen } \theta + b) = 176,58 \text{ sen } \theta + 392,4\, b$

$$V_e = \frac{1}{2}(1500)(0,45\cos\theta)^2 = 151,875 \cos^2\theta$$

$$V = V_g + V_e = 176,58 \text{ sen } \theta + 151,875 \cos^2\theta + 392,4\, b$$

$$\frac{dV}{d\theta} = 176,58 \cos\theta - 303,75 \cos\theta \text{ sen } \theta = 0$$

$$\cos\theta(176,58 - 303,75 \text{ sen } \theta) = 0$$

$\cos\theta = 0 \qquad \theta = 90°$ *Resposta*

$\theta = 35,54° = 35,5°$ *Resposta*

$\dfrac{d^2V}{d^2\theta} = -176,58 \text{ sen } \theta - 303,75 \cos 2\theta$

Em $\theta = 90°$, $\left.\dfrac{d^2V}{d^2\theta}\right|_{\theta=a°} = -176,58 \text{ sen } 90° - 303,75 \cos 180°$

$\qquad = 127,17 > 0$

$\qquad = 127,17 > 0 \qquad$ Estável $\qquad$ *Resposta*

Em $\theta = 35,54°$, $\left.\dfrac{d^2V}{d^2\theta}\right|_{\theta=35,54°} = -176,58 \text{ sen } 35,54°$

$\qquad -303,75 \cos 71,09°$

$\qquad = -201,10 < 0 \qquad$ Instável $\qquad$ *Resposta*

R11.7. $V = V_e + V_g$

$$= \frac{1}{2}(350)(\cos\theta)^2 + \frac{1}{2}(700)(3\cos\theta)^2$$

$$+ 50(9,81)(1,5 \text{ sen } \theta)$$

$$= 3325 \cos^2\theta + 735,75 \text{ sen } \theta$$

$$\frac{dV}{d\theta} = -6650 \text{ sen } \theta \cos\theta + 735,75 \cos\theta$$

$$= 735,75 \cos\theta - 3325 \text{ sen } 2\theta$$

Considere $\dfrac{dV}{d\theta} = 0$. Então,

$\cos\theta(-6650 \text{ sen }\theta + 735,75) = 0$

$\cos\theta = 0 \qquad -6650 \text{ sen }\theta + 735,75 = 0$

$\theta = 90° \qquad \theta = 6,352° = 6,35° \qquad$ *Resposta*

$\dfrac{d^2V}{d\theta^2} = -735,75 \text{ sen }\theta - 6650 \cos 2\theta$

$\left.\dfrac{d^2V}{d\theta^2}\right|_{\theta=90°} = -73,75 \text{ sen } 90° - 6650 \cos 180°$

$\qquad = 5914,25 > 0 \qquad$ *Resposta*

$\left.\dfrac{d^2V}{d\theta^2}\right|_{\theta=6,352°} = -735,75 \text{ sen } 6,352° - 6650 \cos 12,704°$

$\qquad = -6568,60 < 0 \qquad$ *Resposta*

A configuração de equilíbrio em **θ = 90° é estável**, mas em **$\theta = 6,35°$ é instável.** *Resposta*

R11.8. $V = V_e + V_g$

$$= \frac{1}{2}(250)[0,8 - 2(0,4) \text{ sen } \theta]^2$$

$$- 10(9,81)[2(0,4) \cos\theta]$$

$$= 80 \text{ sen}^2\theta - 160 \text{ sen }\theta - 78,48 \cos\theta + 80$$

$$\frac{dV}{d\theta} = 160 \text{ sen }\theta \cos\theta - 160 \cos\theta + 78,48 \text{ sen }\theta$$

$$= 80 \text{ sen } 2\theta - 160 \cos\theta - 78,48 \text{ sen }\theta$$

Considere $\dfrac{dV}{d\theta} = 0$. Então,

$80 \text{ sen } 2\theta - 160 \cos\theta - 78,48 \text{ sen }\theta = 0$

Resolvendo por tentativa e erro,

$\theta = 38,0406° = 38,0° \qquad$ *Resposta*

$\dfrac{d^2V}{d\theta^2} = 160 \cos 2\theta + 160 \text{ sen }\theta + 78,48 \cos\theta$

$\left.\dfrac{d^2V}{d\theta^2}\right|_{\theta=38,04°} = 198,89 > 0$

Assim, a configuração de equilíbrio em **θ = 38,0° é estável.** *Resposta*

Respostas de problemas selecionados

Capítulo 1

1.1.
 a. $0{,}185 \text{ Mg}^2$
 b. $4 \text{ } \mu\text{g}^2$
 c. $0{,}0122 \text{ km}^3$

1.2.
 a. Gg/s
 b. kN/m
 c. kN/(kg·s)

1.3.
 a. 78,5 N
 b. 0,392 mN
 c. 7,46 MN

1.5.
 a. 0,431 g
 b. 35,3 kN
 c. 5,32 m

1.6.
 a. km/s
 b. mm
 c. Gs/kg
 d. mm·N

1.7.
 a. 45,3 MN
 b. 56,8 km
 c. 5,63 μg

1.9.
 a. Gg/m
 b. kN/s
 c. mm·kg

1.10.
 a. 8,653 s
 b. 8,368 kN
 c. 893 g

1.11. 7,41 μN

1.13.
 a. 3,53 Gg
 b. 34,6 MN
 c. 5,68 MN
 d. $m_m = m_e = 3{,}53$ Gg

1.14.
 a. 0,447 kg·m/N
 b. 0,911 kg·s
 c. 18,8 GN/m

1.15.
 a. $44{,}9(10)^{-3} \text{ N}^2$
 b. $2{,}79(10^3) \text{ s}^2$
 c. 23,4 s

1.17. 4,63 kN

1.18.
 a. 2,04 g
 b. 15,3 Mg
 c. 6,12 Gg

1.19.
 a. 70,3 kg
 b. 113 N
 c. 70,3 kg

1.21. $F = 10{,}0$ nN, $W_1 = 78{,}5$ N, $W_2 = 118$ N

Capítulo 2

2.1. $\phi = 1{,}22°$
2.2. $(F_1)_v = 2{,}93$ kN, $(F_1)_u = 2{,}07$ kN
2.3. $(F_2)_u = 6{,}00$ kN
 $(F_2)_v = 3{,}11$ kN
2.5. $F = 960$ N, $\theta = 45{,}2°$
2.6. 78,6°
 $F_R = 3{,}92$ kN
2.7. 2,83 kN
 $\theta = 62{,}0°$
2.9. $F_{1v} = 129$ N
 $F_{1u} = 183$ N
2.10. $F_{2v} = 77{,}6$ N
 $F_{2u} = 150$ N
2.11. $F_x = -125$ N
 $F_{y'} = 317$ N
2.13. $\theta = 60°$
2.14. $F_A = 774$ N
 $F_B = 346$ N
2.15. $F_R = 10{,}8$ kN, $\phi = 3{,}16°$
2.17. $\theta = 75{,}5°$
2.18. $\phi = \dfrac{\theta}{2}$
 $F_R = 2F\cos\left(\dfrac{\theta}{2}\right)$
2.19. $F_R = 257$ N, $\phi = 163°$
2.21. $F_A = 3{,}66$ kN
 $F_H = 7{,}07$ kN
2.22. $F_B = 5{,}00$ kN
 $F_A = 8{,}66$ kN
 $\theta = 60{,}0°$
2.23. $F_R = 19{,}2$ N, $\theta = 2{,}37°$ ◁
2.25. $F_B = 1{,}61$ kN, $\theta = 38{,}3°$
2.26. $F_R = 4{,}01$ kN, $\phi = 16{,}2°$
2.27. $\theta = 90°$, $F_B = 1$ kN, $F_R = 1{,}73$ kN
2.29. $\theta = 54{,}3°$, $F_A = 686$ N
2.30. $F_R = 1{,}23$ kN, $\theta = 6{,}08°$
2.31. $\theta = 36{,}9°$
 $\theta = 920$ N
2.33. $F_R = 1{,}96$ kN, $\theta = 4{,}12°$
2.34. $\mathbf{F}_1 = \{200\mathbf{i} + 346\mathbf{j}\}$ N, $\mathbf{F}_2 = \{177\mathbf{i} - 177\mathbf{j}\}$ N
2.35. $F_R = 413$ N, $\theta = 24{,}2°$
2.37. $F_R = 983$ N, $\theta = 21{,}8°$
2.38. $F_R = 97{,}8$ N
 $\theta = 46{,}5°$
2.39. $\mathbf{F}_1 = \{680\mathbf{i} - 510\mathbf{j}\}$ N, $\mathbf{F}_2 = \{-312\mathbf{i} - 541\mathbf{j}\}$ N,
 $\mathbf{F}_3 = \{-530\mathbf{i} + 530\mathbf{j}\}$ N
2.41. $F_R = \sqrt{F_1^2 + F_2^2 + 2F_1 F_2 \cos\phi}$,
 $\theta = \text{tg}^{-1}\left(\dfrac{F_1 \text{ sen } \phi}{F_2 + F_1 \cos\phi}\right)$
2.42. $F_R = 12{,}5$ kN, $\theta = 64{,}1°$
2.43. $F_{1x} = 141$ N, $F_{1y} = 141$ N, $F_{2x} = -130$ N, $F_{2y} = 75$ N
2.45. $\mathbf{F}_1 = \{30\mathbf{i} + 40\mathbf{j}\}$ N, $\mathbf{F}_2 = \{-20{,}7\mathbf{i} - 77{,}3\mathbf{j}\}$ N,
 $\mathbf{F}_3 = \{30\mathbf{i}\}$, $F_R = 54{,}2$ N, $\theta = 43{,}5°$
2.46. $(F_1)_x = 6{,}40$ kN $\rightarrow$
 $(F_1)_y = 4{,}80$ kN $\downarrow$

$(F_2)_x = 3{,}60$ kN →
$(F_2)_y = 4{,}80$ kN ↑
$(F_3)_x = 4$ kN ←
$(F_3)_y = 0$
$(F_4)_x = 6$ kN ←
$(F_4)_y = 0$

2.47. $\mathbf{F}_1 = \{9{,}64\mathbf{i} + 11{,}5\mathbf{j}\}$ kN $\mathbf{F}_2 = \{-24\mathbf{i} + 10\mathbf{j}\}$ kN,
$\mathbf{F}_3 = \{31{,}2\mathbf{i} - 18\mathbf{j}\}$ kN
2.49. $F_R = 389$ N, $\phi' = 42{,}7°$
2.50. $\theta = 21{,}3°$
$F_1 = 869$ N
2.51. $\theta = 68{,}6°$, $F_B = 960$ N
2.53. $\theta = 86{,}0°$, $F = 1{,}97$ kN
2.54. $F_R = 11{,}1$ kN, $\theta = 47{,}7°$
2.55. $\phi = 10{,}9°$
$F_1 = 474$ N
2.57. $F = 2{,}03$ kN, $F_R = 7{,}87$ kN
2.58. $\mathbf{F}_1 = \{-15{,}0\mathbf{i} - 26{,}0\mathbf{j}\}$ kN,
$\mathbf{F}_2 = \{-10{,}0\mathbf{i} + 24{,}0\mathbf{j}\}$ kN
2.59. $F_R = 25{,}1$ kN, $\theta = 185°$
2.61. $\mathbf{F}_1 = \{-159{,}10\mathbf{i} + 275{,}57\mathbf{j} + 318{,}20\mathbf{k}\}$ N
$\mathbf{F}_2 = \{424\mathbf{i} + 300\mathbf{j} - 300\mathbf{k}\}$ N
$F_R = 634$ N
$\alpha = 65{,}3°$
$\beta = 24{,}8°$
$\gamma = 88{,}4°$
2.62. $\alpha = 48{,}4°$, $\beta = 124°$, $\gamma = 60°$, $F = 8{,}08$ kN
2.63. $F_x = 40$ N, $F_y = 40$ N, $F_z = 56{,}6$ N
2.65. $F_3 = 9{,}6$ kN
$\alpha_3 = 15{,}5°$
$\beta_3 = 98{,}4°$
$\gamma_3 = 77{,}0°$
2.66. $F_R = 430$ N, $\alpha = 28{,}9°$, $\beta = 67{,}3°$, $\gamma = 107°$
2.67. $F_R = 384$ N, $\cos \alpha = 14{,}8°$, $\cos \beta = 88{,}9°$,
$\cos \gamma = 105°$
2.69. $F_3 = 250$ N
$\alpha = 87{,}0°$
$\beta = 142{,}9°$
$\gamma = 53{,}1°$
2.70. $\mathbf{F}_1 = \{-106\mathbf{i} + 106\mathbf{j} + 260\mathbf{k}\}$ N,
$\mathbf{F}_2 = \{250\mathbf{i} + 354\mathbf{j} - 250\mathbf{k}\}$ N,
$\mathbf{F}_R = \{144\mathbf{i} + 460\mathbf{j} + 9{,}81\mathbf{k}\}$ N, $F_R = 482$ N,
$\alpha = 72{,}6°$, $\beta = 17{,}4°$, $\gamma = 88{,}8°$
2.71. $\alpha_1 = 111°$, $\beta_1 = 69{,}3°$, $\gamma_1 = 30{,}0°$
2.73. $\alpha = 46{,}1°$
$\beta = 114°$
$\gamma = 53{,}1°$
2.74. $F_R = 799$ N
$\alpha = 58{,}7°$
$\beta = 84{,}4°$
$\gamma = 32{,}0°$
2.75. $\mathbf{F}_1 = \{72{,}0\mathbf{i} + 54{,}0\mathbf{k}\}$ N,
$\mathbf{F}_2 = \{53{,}0\mathbf{i} + 53{,}0\mathbf{j} + 130\mathbf{k}\}$ N, $\mathbf{F}_3 = \{200\mathbf{k}\}$
2.77. $\mathbf{F}_1 = \{225\mathbf{j} + 268\mathbf{k}\}$ N
$\mathbf{F}_2 = \{70{,}7\mathbf{i} + 50{,}0\mathbf{j} - 50{,}0\mathbf{k}\}$ N
$\mathbf{F}_3 = \{125\mathbf{i} - 177\mathbf{j} + 125\mathbf{k}\}$ N
$F_R = 407$ N
$\alpha = 61{,}3°$
$\beta = 76{,}0°$
$\gamma = 32{,}5°$
2.78. $\alpha_1 = 45{,}6°$
$\beta_1 = 53{,}1°$
$\gamma_1 = 66{,}4°$
2.79. $\alpha_1 = 90°$
$\beta_1 = 53{,}1°$
$\gamma_1 = 66{,}4°$
2.81. $F_R = 733$ N
$\theta_x = 53{,}5°$
$\theta_y = 65{,}3°$
$\theta_z = 133°$
2.82. $F_3 = 166$ N
$\alpha = 97{,}5°$
$\beta = 63{,}7°$
$\gamma = 27{,}5°$
2.83. $\alpha_{F_1} = 36{,}9°$
$\beta_{F_1} = 90{,}0°$
$\gamma_{F_1} = 53{,}1°$
$\alpha_R = 69{,}3°$
$\beta_R = 52{,}2°$
$\gamma_R = 45{,}0°$
2.85. $F = 2{,}02$ kN, $F_y = 0{,}523$ kN
2.86. $r_{AD} = 1{,}50$ m
$r_{BD} = 1{,}50$ m
$r_{CD} = 1{,}73$ m
2.87. $r_{AB} = 397$ mm
2.89. $\alpha = 129°$
$\beta = 90°$
$\gamma = 38{,}7°$
2.90. $\mathbf{F}_A = \{285\mathbf{j} - 93{,}0\mathbf{k}\}$ N
$\mathbf{F}_C = \{159\mathbf{i} + 183\mathbf{j} - 59{,}7\mathbf{k}\}$ N
2.91. $F_R = 1{,}17$ kN, $\alpha = 66{,}9°$, $\beta = 92{,}0°$, $\gamma = 157°$
2.93. $\mathbf{F}_{AB} = \{97{,}3\mathbf{i} - 129\mathbf{j} - 191\mathbf{k}\}$ N
$\mathbf{F}_{AC} = \{221\mathbf{i} - 27{,}7\mathbf{j} - 332\mathbf{k}\}$ N
$F_R = 620$ N
$\cos \alpha = 59{,}1°$
$\cos \beta = 80{,}6°$
$\cos \gamma = 147°$
2.94. $z = 6{,}63$ m
2.95. $x = y = 4{,}42$ m
2.97. $\mathbf{F}_A = \{-1{,}46\mathbf{i} + 5{,}82\mathbf{k}\}$ kN
$\mathbf{F}_C = \{0{,}857\mathbf{i} + 0{,}857\mathbf{j} + 4{,}85\mathbf{k}\}$ kN
$\mathbf{F}_B = \{0{,}970\mathbf{i} - 1{,}68\mathbf{j} + 7{,}76\mathbf{k}\}$ kN
$F_R = 18{,}5$ kN
$\alpha = 88{,}8°$
$\beta = 92{,}6°$
$\gamma = 2{,}81°$
2.98. $x = 3{,}82$ m, $y = 2{,}12$ m, $z = 1{,}88$ m
2.99. $\mathbf{F}_C = \{-324\mathbf{i} - 130\mathbf{j} + 195\mathbf{k}\}$ N
$\mathbf{F}_B = \{-324\mathbf{i} - 130\mathbf{j} + 195\mathbf{k}\}$ N
$\mathbf{F}_E = \{-194\mathbf{i} + 291\mathbf{k}\}$ N
2.101. $F_R = 1{,}50$ kN
$\alpha = 77{,}6°$
$\beta = 90{,}6°$
$\gamma = 168°$
2.102. $\mathbf{F}_A = \{-43{,}5\mathbf{i} + 174\mathbf{j} - 174\mathbf{k}\}$ N
$\mathbf{F}_B = \{53{,}2\mathbf{i} - 79{,}8\mathbf{j} - 146\mathbf{k}\}$ N
2.103. $F_R = 316$ N
$\alpha = 60{,}1°$
$\beta = 74{,}6°$
$\gamma = 146°$
2.105. $Z = 2{,}20$ m
$X = 1{,}25$ m
$F_R = 3{,}59$ kN

2.107. $\theta = 53{,}5°$
$F_{AB} = 621$ N
2.109. $\theta = 74{,}2°$
2.110. $r_{BC} = 5{,}39$ m
2.111. $|r_1 \cdot u_2| = 2{,}99$ m, $|r_2 \cdot u_1| = 1{,}99$ m
2.113. $(F_{ED})_{\parallel} = 334$ N, $(F_{ED})_{\perp} = 498$ N
2.114. $\theta = 36{,}4°$
2.115. $(F_1)_{AC} = 56{,}3$ N
2.117. $\theta = 19{,}2°$
2.118. $F_{BA} = 187$ N
2.119. $F_{CA} = 162$ N
2.121. $(F_{AC})_z = 2{,}846$ kN
2.122. $F_{\parallel} = 99{,}1$ N
$F_{\perp} = 592$ N
2.123. $F_{\parallel} = 82{,}4$ N
$F_{\perp} = 592$ N
2.125. $\theta = 31{,}0°$
2.126. $\theta = 74{,}4°$, $\phi = 55{,}4°$
2.127. $\theta = 142°$
2.129. $\theta = 52{,}4°$
$\phi = 68{,}2°$
2.130. $F_{1AO} = 18{,}5$ N
$F_{2AO} = 21{,}3$ N
2.131. $F_u = 246$ N
2.133. $(F_1)_{F_2} = 50{,}6$ N
2.134. $\theta = 97{,}3°$
2.135. $\theta = 23{,}4°$
2.137. $F_{OA} = 242$ N
2.138. $\theta = 70{,}5°$
2.139. $\phi = 65{,}8°$

Capítulo 3

3.1. $\theta = 82{,}2°$, $F = 3{,}96$ kN
3.2. $F_2 = 9{,}60$ kN, $F_1 = 1{,}83$ kN
3.3. $\theta = 4{,}69°$, $F_1 = 4{,}31$ kN
3.5. $T = 7{,}66$ kN, $\theta = 70{,}1°$
3.6. $N_C = 163$ N
$N_B = 105$ N
3.7. $F_{CA} = 80{,}0$ N
$F_{CB} = 90{,}4$ N
3.9. $T_{BC} = 39{,}24$ kN
$T_{BA} = 67{,}97$ N
$T_{CD} = 39{,}24$ N
$F = 39{,}24$ N
3.10. $T_{BC} = 22{,}3$ kN
$T_{BD} = 32{,}6$ kN
3.11. $T_A = 52{,}92$ mN, $T_B = 34{,}64$ mN, $\theta = 19{,}11°$, $M = 4{,}08$ gm
3.13. $m = 8{,}56$ kg
3.14. $m = 2{,}37$ kg
3.15. $\theta = 15{,}0°$
$F_{AB} = 98{,}1$ N
3.17. $F = 158$ N
3.18. $d = 1{,}56$ m
3.19. $F_{BD} = 440$ N, $F_{AB} = 622$ N, $F_{BC} = 228$ N
3.21. $k = 176$ N/m
3.22. $l_0 = 2{,}03$ m
3.23. $\dfrac{1}{k_T} = \dfrac{1}{k_1} + \dfrac{1}{k_2}$

3.25. $x = 1{,}38$ m
$T = 687$ N
3.26. $F_{BC} = 2{,}99$ kN, $F_{AB} = 3{,}78$ kN
3.27. $F_{BA} = 3{,}92$ kN
$F_{BC} = 3{,}40$ kN
3.29. $s = 3{,}38$ m, $F = 76{,}0$ N
3.30. $s = 3{,}97$ m
$x = 2{,}10$ m
3.31. $F_{DE} = 392$ N, $F_{CD} = 340$ N, $F_{CB} = 275$ N, $F_{CA} = 243$ N
3.33. $m_D = 11{,}9$ kg
3.34. $T_{HA} = 294$ N, $T_{AB} = 340$ N, $T_{AE} = 170$ N, $T_{BD} = 490$ N, $T_{BC} = 562$ N
3.35. $m = 26{,}7$ kg
3.37. $y = 2$ m, $F_1 = 833$ N
3.38. $F_{AB} = 239$ N, $F_{AC} = 243$ N
3.39. $y = 6{,}59$ m
3.41. $d = 2{,}42$ m
3.42. $F = \{73{,}6 \sec \theta\}$ N
3.43. $F_{AD} = 763$ N, $F_{AC} = 392$ N, $F_{AB} = 523$ N
3.45. $F_{AD} = 2{,}94$ kN
$F_{AB} = 1{,}96$ kN
3.46. $m = 102$ kg
3.47. $F_{AB} = 219$ N, $F_{AC} = F_{AD} = 54{,}8$ N
3.49. $W = 138$ N
3.50. $\mathbf{F}_{AC} = 203$ N
$\mathbf{F}_{AB} = 251$ N
$\mathbf{F}_{AD} = 427$ N
3.51. $F = 843$ N
3.53. $s_{OB} = 327$ mm, $s_{OA} = 218$ mm
3.54. $F_{AB} = F_{AC} = F_{AD} = 426$ N
3.55. $z = 173$ mm
3.57. $F_{AD} = F_{AC} = 104$ N
$F_{AB} = 220$ N
3.58. $W = 55{,}8$ N
3.59. $F_{AB} = 1{,}21$ kN, $F_{AC} = 606$ N, $F_{AD} = 750$ N
3.61. $F_{AB} = 441$ N, $F_{AC} = 515$ N, $F_{AD} = 221$ N
3.62. $F_{AB} = 348$ N, $F_{AC} = 413$ N, $F_{AD} = 174$ N
3.63. $F_{AD} = 1{,}56$ kN, $F_{BD} = 521$ N, $F_{CD} = 1{,}28$ kN
3.65. $F_{AB} = 7{,}337$, $F_{AC} = 4{,}568$ kN, $F_{AD} = 7{,}098$ kN
3.66. $m = 2{,}62$ Mg
3.67. $x = 0{,}190$ m, $y = 0{,}0123$ m

Capítulo 4

4.5. ↺ $+ M_P = 3{,}15$ kN·m (*Sentido anti-horário*)
4.6. ↺ $+ M_A = \{1{,}18 \cos \theta (7{,}5 + x)\}$ kN·m (*Sentido horário*)
O momento máximo em A ocorre quando $\theta = 0°$ e $x = 5$ m.
↺ $+(M_A)_{\text{máx}} = 14{,}7$ kN·m (*Sentido horário*)
4.7. $(M_O)_{\text{máx}} = 48{,}0$ kN·m↻, $x = 9{,}81$ m
4.9. $\mathbf{M}_B = \{-3{,}36\mathbf{k}\}$ N·m, $\alpha = 90°$, $\beta = 90°$, $\gamma = 180°$
4.10. $\mathbf{M}_O = \{0{,}5\mathbf{i} + 0{,}866\mathbf{j} - 3{,}36\mathbf{k}\}$ N·m, $\alpha = 81{,}8°$, $\beta = 75{,}7°$, $\gamma = 163°$
4.11. ↺ $+ (M_{F_1})_A = -433$ N·m $= 433$ N·m (*Sentido horário*)
↺ $+ (M_{F_2})_A = -1299$ N·m $= 1{,}30$ kN·m (*Sentido horário*)
↺ $+ (M_{F_3})_A = -800$ N·m $= 800$ kN·m (*Sentido horário*)
4.13. $d = 402$ mm
4.14. $F = 239$ N

4.15. $(M_R)_A = 2{,}08$ kN·m (Sentido anti-horário)

4.17. $m = \left(\dfrac{l}{d+l}\right) M$

4.18. a. $\circlearrowleft + M_A = 73{,}9$ N·m
b. $F_C = 82{,}2$ N

4.19. $\theta_{máx} = 37{,}9°$, $M_{Amáx} = 79{,}812$ N·m
$\theta_{mín} = 128°$, $M_{Amín} = 0$ N·m

4.21. $M_P = \{-60\mathbf{i} - 26\mathbf{j} - 32\mathbf{k}\}$ kN·m

4.22. $F = 77{,}6$ N

4.23. $\theta = 28{,}6°$

4.25. $F = 618$ N

4.26. $r = 13{,}3$ mm

4.27. $(M_R)_A = (M_R)_B = 76{,}0$ kN·m $\circlearrowright$

4.29. $\mathbf{M}_o = \{-720\mathbf{i} + 120\mathbf{j} - 660\mathbf{k}\}$ N·m

4.30. $\mathbf{M}_P = \{-24\mathbf{i} + 24\mathbf{j} + 8\mathbf{k}\}$ kN·m

4.31. $\mathbf{M}_o = \{-128\mathbf{i} + 128\mathbf{j} - 257\mathbf{k}\}$ N·m

4.33. $M_O = 4{,}27$ N·m, $\alpha = 95{,}2°$, $\beta = 110°$, $\gamma = 20{,}6°$

4.34. $\alpha = 55{,}6°$
$\beta = 45°$
$\gamma = 11{,}5°$
Ou
$\alpha = 124°$
$\beta = 135°$
$\gamma = 64{,}9°$

4.35. $\mathbf{M}_O = \{163\mathbf{i} - 346\mathbf{j} - 360\mathbf{k}\}$ N·m

4.37. $\mathbf{M}_O = \mathbf{r}_{OA} \times \mathbf{F}_C = \{1080\mathbf{i} + 720\mathbf{j}\}$ N·m
Ou
$\mathbf{M}_O = \mathbf{r}_{OC} \times \mathbf{F}_C = \{1080\mathbf{i} + 720\mathbf{j}\}$ N·m

4.38. $\mathbf{M}_O = \{-720\mathbf{i} + 720\mathbf{j}\}$ N·m

4.39. $\mathbf{M}_A = \{-110\mathbf{i} + 70\mathbf{j} - 20\mathbf{k}\}$ N·m

4.41. $\mathbf{M}_A = \{574\mathbf{i} + 350\mathbf{j} + 1385\mathbf{k}\}$ N·m

4.42. $F = 585$ N

4.43. $\mathbf{M}_A = \{-5{,}39\mathbf{i} + 13{,}1\mathbf{j} + 11{,}4\mathbf{k}\}$ N·m

4.45. $y = 2$ m, $z = 1$ m

4.46. $y = 1$ m, $z = 3$ m, $d = 1{,}15$ m

4.47. $\mathbf{M}_A = \{-16{,}0\mathbf{i} - 32{,}1\mathbf{k}\}$ N·m

4.49. $\mathbf{M}_B = \{1{,}00\mathbf{i} + 0{,}750\mathbf{j} - 1{,}56\mathbf{k}\}$ kN·m

4.50. $\mathbf{M}_O = \{373\mathbf{i} - 99{,}9\mathbf{j} + 173\mathbf{k}\}$ N·m

4.51. $\theta_{máx} = 90°$, $\theta_{mín} = 0, 180°$

4.53. $M_{BC} = 165$ N·m

4.54. $M_{CA} = 226$ N·m

4.55. $\mathbf{M}_{AC} = \{11{,}5\mathbf{i} + 8{,}64\mathbf{j}\}$ kN·m

4.57. $F = 20{,}2$ N

4.58. $M_x = 21{,}7$ N·m

4.59. $F = 139$ N

4.61. Sim, sim

4.62. $M_x = 73{,}0$ N·m

4.63. $F = 771$ N

4.65. $F_B = 192$ N
$F_A = 236$ N

4.66. $M_a = 4{,}37$ N·m, $\alpha = 33{,}7°$, $\beta = 90°$, $\gamma = 56{,}3°$,
$M = 5{,}41$ N·m

4.67. $R = 28{,}9$ N

4.69. $F = 75$ N, $P = 100$ N

4.70. a. $(M_C)_R = 5{,}20$ kN·m (Sentido horário)
b. $(M_c)_R = 5{,}20$ kN·m (Sentido horário)

4.71. $F = 14{,}2$ kN

4.73. $\theta = 56{,}1°$

4.75. $P = 49{,}5$ N

4.77. $P = 830$ N

4.78. $M_C = 22{,}5$ N·m $\circlearrowright$

4.79. $F = 83{,}3$ N

4.81. $M_C = 40{,}8$ N·m

4.82. $F = 98{,}1$ N

4.83. $\mathbf{M}_R = \{-12{,}1\mathbf{i} - 10{,}0\mathbf{j} - 17{,}3\mathbf{k}\}$ N·m

4.85. $M_C = 45{,}1$ N·m

4.86. $F = 832$ N

4.87. $M_C = 40{,}8$ N·m
$\alpha = 11{,}3°$
$\beta = 101°$
$\gamma = 90°$

4.89. $M_R = 59{,}9$ N·m
$\alpha = 99{,}0°$
$\beta = 106°$
$\gamma = 18{,}3°$

4.90. $M_2 = 424$ N·m, $M_3 = 300$ N·m

4.91. $|M| = 18{,}3$ N·m
$\alpha = 155°$
$\beta = 115°$
$\gamma = 90°$

4.93. $F = 15{,}4$ N

4.94. $\mathbf{M}_C = \{-2\mathbf{i} + 20\mathbf{j} + 17\mathbf{k}\}$ kN·m,
$M_C = 26{,}3$ kN·m

4.95. $(M_C)_R = 71{,}9$ N·m, $\alpha = 44{,}2°$, $\beta = 131°$, $\gamma = 103°$

4.97. $F_R = 365$ N, $\theta = 70{,}8°$ ↘,
$(M_R)_O = 2364$ N·m (Sentido anti-horário)

4.98. $F_R = 365$ N, $\theta = 70{,}8°$ ↘,
$(M_R)_P = 2799$ N·m (Sentido anti-horário)

4.99. $F_R = 1{,}30$ kN, $\theta = 86{,}7°$ ↘,
$(M_R)_A = 1{,}02$ kN·m (Sentido anti-horário)

4.101. $F_R = 8{,}27$ kN
$\theta = 69{,}9°$ ↙
$(M_R)_A = 9{,}77$ kN·m (Sentido horário)

4.102. $F_R = 938$ N, $\theta = 35{,}9°$ ↙,
$(M_R)_A = 680$ N·m (Sentido anti-horário)

4.103. $F_R = 5{,}93$ kN, $\theta = 77{,}8°$ ↘,
$M_{R_A} = 34{,}8$ kN·m (Sentido horário)

4.105. $F_R = 294$ N, $\theta = 40{,}1°$ ↗,
$M_{RO} = 39{,}6$ N·m ↻

4.106. $\mathbf{M}_{RO} = \{0{,}650\mathbf{i} + 19{,}75\mathbf{j} - 9{,}05\mathbf{k}\}$ kN·m

4.107. $\mathbf{F}_R = \{270\mathbf{k}\}$ N, $\mathbf{M}_{RO} = \{-2{,}22\mathbf{i}\}$ N·m

4.109. $\mathbf{F}_R = \{-6\mathbf{i} + 5\mathbf{j} - 5\mathbf{k}\}$ kN
$(\mathbf{M}_R)_O = \{2{,}5\mathbf{i} - 7\mathbf{j}\}$ kN·m

4.110. $\mathbf{F}_R = \{44{,}5\mathbf{i} + 53{,}1\mathbf{j} + 40\mathbf{k}\}$ N
$\mathbf{M}_{RA} = \{-5{,}39\mathbf{i} + 13{,}1\mathbf{j} + 11{,}4\mathbf{k}\}$ N·m

4.111. $\mathbf{F}_R = \{-40\mathbf{j} - 40\mathbf{k}\}$ N
$\mathbf{M}_{RA} = \{-12\mathbf{j} + 12\mathbf{k}\}$ N·m

4.113. $F = 1302$ N
$\theta = 84{,}5°$ ↗
$x = 8{,}51$ m

4.114. $F = 1302$ N
$\theta = 84{,}5°$ ↗
$x = 2{,}52$ m (para a direita)

4.115. $F = 4{,}427$ kN, $\theta = 71{,}565°$, $d = 3{,}524$ m

4.117. $F_R = 542$ N, $\theta = 10{,}6°$ ↘, $d = 0{,}827$ m

4.118. $F_R = 542$ N, $\theta = 10{,}6°$ ↘, $d = 2{,}17$ m

4.119. $F_R = 356$ N, $\theta = 51{,}8°$, $d = b = 3{,}32$ m

4.121. $F = 1302$ N, $\theta = 84{,}5°$ ↗, $x = 7{,}36$ m

4.122. $F = 1302$ N, $\theta = 84{,}5°$ ↗,
$x = 1{,}36$ m (para a direita)

4.123. $F_R = 1000$ N, $\theta = 53{,}1°$ ↙, $d = 2{,}17$ m

4.125. $F_R = 991$ N
$y = 1{,}78$ m

4.126. $F_R = 991$ N
$\theta = 63,0°$
$x = 2,64$ m
4.127. $\mathbf{F}_R = \{141\mathbf{i} + 100\mathbf{j} + 159\mathbf{k}\}$ N,
$\mathbf{M}_{R_O} = \{122\mathbf{i} - 183\mathbf{k}\}$ N·m
4.129. $F_C = 600$ N, $F_D = 500$ N
4.130. $F_R = 26$ kN, $y = 82,7$ mm, $x = 3,85$ mm
4.131. $F_A = 18,0$ kN
$F_B = 16,7$ kN
$F_R = 48,7$ kN
4.133. $F_A = 30$ kN, $F_B = 20$ kN, $F_R = 190$ kN
4.134. $F_R = 35$ kN, $y = 11,3$ m, $x = 11,5$ m
4.135. $F_1 = 27,6$ kN, $F_2 = 24,0$ kN
4.137. $F_R = 539$ N, $M_R = 1,45$ kN·m, $x = 1,21$ m,
$y = 3,59$ m
4.138. $F_R = 12,5$ kN, $d = 1,54$ m
4.139. $F_R = 15,4$ kN, $(M_R)_O = 18,5$ kN·m (Sentido horário)
4.141. $F_R = 21,0$ kN
$d = 3,43$ m
4.142. $F_R = 6,75$ kN, $\bar{x} = 2,5$ m
4.143. $F_R = 0,525$ kN ↑
$d = 0,171$ m
4.145. $F_R = 27,0$ kN, $(M_R)_A = 81,0$ kN·m (Sentido horário)
4.146. $F_R = 3,460$ kN
$M_{RA} = 3,96$ kN·m
4.147. $F_R = 15,0$ kN, $d = 3,40$ m
4.149. $F_R = 12,0$ kN, $\theta = 48,4°$, $d = 3,28$ m
4.150. $F_R = 12,0$ kN, $\theta = 48,4°$, $d = 3,69$ m
4.151. $w_2 = 17,2$ kN/m, $w_1 = 30,3$ kN/m
4.153. $F_R = 1,80$ kN
$(M_R)_A = 4,20$ kN·m (Sentido horário)
4.154. $F_R = 1,80$ kN, $d = 2,33$ m
4.155. $F_R = 51,0$ kN ↓,
$M_{R_O} = 914$ kN·m (Sentido horário)
4.157. $F_R = 6,75$ kN,
$(M_R)_O = 4,05$ kN·m (Sentido anti-horário)
4.158. $F_R = 14,9$ kN
$\bar{x} = 2,27$ m
4.159. $F_R = \dfrac{2Lw_0}{\pi}, (M_R)_O = \left(\dfrac{2\pi - 4}{\pi^2}\right)w_0 L^2$ (Sentido horário)
4.161. $F_R = \dfrac{2w_0 L}{\pi}$ ↓
$\bar{x} = \dfrac{2L}{\pi}$
4.162. $F_R = 107$ kN, $h = 1,60$ m

Capítulo 5

5.10. $A_y = 5,00$ kN, $N_B = 9,00$ kN, $A_x = 5,00$ kN
5.11. $N_B = 3,46$ kN, $A_x = 1,73$ kN, $A_y = 1,00$ kN
5.13. $A_x = 3,46$ kN, $A_y = 8$ kN, $M_A = 20,2$ kN·m
5.14. $N_A = 2,175$ kN, $B_y = 1,875$ kN, $B_x = 0$
5.15. $N_A = 3,33$ kN, $B_x = 2,40$ kN, $B_y = 133$ N
5.17. $T_{BC} = 113$ N
5.18. $\theta = \cos^{-1}\left(\dfrac{L + \sqrt{L^2 + 12r^2}}{16r}\right)$
5.19. $A_x = 0$, $B_y = P$, $M_A = \dfrac{PL}{2}$
5.21. $F_{BD} = 628$ N
$C_x = 432$ N
$C_y = 68,2$ N
5.22. $N_A = 3,71$ kN, $B_x = 1,86$ kN, $B_y = 8,78$ kN
5.23. $w = 2,67$ kN/m
5.25. $N_A = 39,7$ N, $N_B = 82,5$ N, $M_A = 10,6$ N·m
5.26. $\theta = 70,3°$, $N'_A = (29,4 - 31,3 \operatorname{sen}\theta)$ kN,
$N'_B = (73,6 + 31,3 \operatorname{sen}\theta)$ kN
5.27. $N_B = 98,1$ N, $A_x = 85,0$ N, $A_y = 147$ N
5.29. $P = 272$ N
5.30. $P_{\min} = 271$ N
5.31. $F_B = 86,6$ N, $B_x = 43,3$ N, $B_y = 110$ N
5.33. $A_x = 25,4$ kN, $B_y = 22,8$ kN, $B_x = 25,4$ kN
5.34. $F = 14,0$ kN
5.35. $T = 5$ kN
$T_{BC} = 16,4$ kN
$F_A = F_x = 20,6$ kN
5.37. $F_{CB} = 782$ N, $A_x = 625$ N, $A_y = 681$ N
5.38. $F_2 = 724$ N, $F_1 = 1,45$ kN, $F_A = 1,75$ kN
5.39. $F = 311$ kN, $A_x = 460$ kN, $A_y = 7,85$ kN
5.41. $k = 116$ N/m
5.42. $N_C = 213$ N
$A_x = 105$ N
$A_y = 118$ N
5.43. $F = 282$ N, $A_x = 149$ N, $A_y = 167$ N
5.45. $P = 660$ N, $N_A = 442$ N, $\theta = 48,0°$
5.46. $d = \dfrac{3a}{4}$
5.47. $F_{BC} = 80$ kN, $A_x = 54$ kN, $A_y = 16$ kN
5.49. $F_C = 10$ mN
5.50. $k = 250$ N/m
5.51. $F_B = 6,38$ N
$A_x = 3,19$ N
$A_y = 2,48$ N
5.53. $\alpha = 10,4°$
5.54. $W_B = 314$ N
5.55. $\theta = \operatorname{tg}^{-1}\left(\dfrac{1}{2}\operatorname{cotg}\psi - \dfrac{1}{2}\operatorname{cotg}\phi\right)$
5.57. $h = 0,645$ m
5.58. $N_A = 346$ N, $N_B = 693$ N, $a = 0,650$ m
5.59. $d = \dfrac{a}{\cos^3\theta}$
5.61. $w_1 = \dfrac{2P}{L}, w_2 = \dfrac{4P}{L}$
5.62. $T_C = 14,8$ kN, $T_B = 16,5$ kN, $T_A = 7,27$ kN
5.63. $T_{BC} = 43,9$ N, $N_B = 58,9$ N, $A_x = 58,9$ N,
$A_y = 39,2$ N, $A_z = 177$ N
5.65. $N_C = 289$ N
$N_A = 213$ N
$N_B = 332$ N
5.66. $A_x = 8,00$ kN
$A_y = 0$
$A_z = 24,4$ kN
$M_y = 20,0$ kN·m
$M_x = 572$ kN·m
$M_z = 64,0$ kN·m
5.67. $A_x = 400$ N
$A_y = 500$ N
$A_z = 600$ N
$(M_A)_x = 1,225$ kN·m
$(M_A)_y = 750$ kN·m
$(M_A)_z = 0$
5.69. $T = 1,84$ kN
$F = 6,18$ kN

5.70. $A_x = 300$ N, $A_y = 500$ N, $N_B = 400$ N,
$(M_A)_x = 1,00$ kN·m, $(M_A)_y = 200$ N·m,
$(M_A)_z = 1,50$ kN·m

5.71. $T_{BC} = 1,40$ kN, $A_y = 800$ N, $A_x = 1,20$ kN,
$(M_A)_x = 600$ N·m, $(M_A)_y = 1,20$ kN·m,
$(M_A)_z = 2,40$ kN·m

5.73. $T_{BA} = 2,00$ kN, $T_{BC} = 1,35$ kN, $D_x = 0,327$ kN,
$D_y = 1,31$ kN, $D_z = 4,58$ kN

5.74. $C_y = 800$ N, $B_z = 107$ N, $B_y = 600$ N,
$C_x = 53,6$ N, $A_x = 400$ N, $A_z = 800$ N

5.75. $F_{DC} = F_{DB} = 4,31$ kN
$A_x = 3,20$ kN
$A_y = 0$
$A_z = -4$ kN

5.77. $F_{CB} = 1,37$ kN
$(M_A)_x = 785$ N·m
$(M_A)_z = 589$ N·m
$A_x = 1,18$ kN
$A_y = 589$ N
$A_z = 0$

5.78. $F_{AC} = 6,13$ kN, $F_{BC} = 6,13$ kN, $F_{DE} = 19,62$ kN

5.79. $F_{BC} = 4,09$ kN

5.81. $C_y = 450$ N, $C_z = 250$ N, $B_z = 1,125$ kN,
$A_z = 125$ N, $B_x = 25$ N, $A_x = 475$ N

5.82. $T = 58,0$ N
$C_z = 77,6$ N
$C_y = 24,9$ N
$D_y = 68,5$ N
$D_z = 32,1$ N

5.83. $T_{BD} = 116,7$ N, $T_{CD} = 116,7$ N,
$A_x = 66,7$ N, $A_y = 0$, $A_z = 100$

5.85. $F_{BD} = 294$ N, $F_{BC} = 589$ N, $A_x = 0$,
$A_y = 589$ N, $A_z = 490,5$ N

Capítulo 6

6.1. Nó D,
$F_{DC} = 400$ N (C)
$F_{DA} = 300$ N (C)
Nó B,
$F_{BA} = 250$ N (T)
$F_{BC} = 200$ N (T)
Nó C,
$F_{CA} = 283$ N (C)

6.2. $F_{CB} = 0$, $F_{CD} = 20,0$ kN (C),
$F_{DB} = 33,3$ kN (T), $F_{DA} = 36,7$ kN (C)

6.3. $F_{CB} = 0$, $F_{CD} = 45,0$ kN (C),
$F_{DB} = 75,0$ kN (T), $F_{DA} = 90,0$ kN (C)

6.5. $F_{CD} = 5,21$ kN (C), $F_{CB} = 2,36$ kN (T),
$F_{AD} = 1,46$ kN (C), $F_{AB} = 2,36$ kN (T),
$F_{BD} = 4$ kN (T)

6.6. Nó A,
$F_{AD} = 84,9$ kN
$F_{AB} = 60$ kN (T)
Nó B,
$F_{BD} = 40$ kN (C)
$F_{BC} = 60$ kN (T)
Nó D,
$F_{DC} = 141$ kN (T)
$F_{DE} = 160$ kN (C)

6.7. $F_{DE} = 16,3$ kN (C), $F_{DC} = 8,40$ kN (T),
$F_{EA} = 8,85$ kN (C), $F_{EC} = 6,20$ kN (C),
$F_{CF} = 8,77$ kN (T), $F_{CB} = 2,20$ kN (T),
$F_{BA} = 3,11$ kN (T), $F_{BF} = 6,20$ kN (C),
$F_{FA} = 6,20$ kN (T)

6.9. $P = 5,20$ kN

6.10. Nó D:
$F_{CD} = 0,577\,P$ (C)
$F_{DB} = 0,289\,P$ (T)
Nó C:
$F_{CE} = 0,577\,P$ (T)
$F_{BC} = 0,577\,P$ (C)
Devido à simetria:
$F_{BE} = F_{CE} = 0,577\,P$ (T)
$F_{AB} = F_{CD} = 0,577\,P$ (C)
$F_{AE} = F_{DE} = 0,577\,P$ (T)

6.11. Nó D:
$F_{CD} = 2,89\,W$ (C)
$F_{DE} = 1,44\,W$ (T)
Nó C:
$F_{CE} = 1,15\,W$ (T)
$F_{BC} = 2,02\,W$ (C)
Devido à simetria:
$F_{BE} = F_{CE} = 1,15\,W$ (T)
$F_{AB} = F_{CD} = 2,89\,W$ (C)
$F_{AE} = F_{DE} = 1,44\,W$ (T)

6.13. $F_{AE} = 9,90$ kN (C), $F_{AB} = 7,00$ kN (T),
$F_{DE} = 11,3$ kN (C), $F_{DC} = 8,00$ kN (T),
$F_{BE} = 6\,32$ kN (T), $F_{BC} = 5,00$ kN (T),
$F_{CE} = 9\,49$ kN (T)

6.14. $F_{DE} = 1,00$ kN (C)
$F_{DC} = 800$ N (T)
$F_{CE} = 900$ N (C)
$F_{CB} = 800$ N (T)
$F_{EB} = 750$ N (T)
$F_{EA} = 1,75$ kN (C)

6.15. $F_{CB} = F_{CD} = 0$
Nó A,
$F_{AB} = 2,40P$ (C)
$F_{AF} = 2,00P$ (T)
Nó B,
$F_{BF} = 1,86P$ (T)
$F_{BD} = 0,373P$ (C)
Nó F,
$F_{FE} = 1,86P$ (T)
$F_{FD} = 0,333P$ (T)
Nó D,
$F_{DE} = 0,373P$ (C)

6.17. $F_{JD} = 33,3$ kN (T),
$F_{AL} = F_{GH} = F_{LK} = F_{HI} = 28,3$ kN (C),
$F_{AB} = F_{GF} = F_{BC} = F_{FE} = F_{CD} = F_{ED} = 20$ kN (T),
$F_{BL} = F_{FH} = F_{LC} = F_{HE} = 0$,
$F_{CK} = F_{EI} = 10$ kN (T), $F_{KJ} = F_{IJ} = 23,6$ kN (C),
$F_{KD} = F_{ID} = 7,45$ kN (C)

6.18. $F_{CE} = 16,9$ kN (C)
$F_{CB} = 10,1$ kN (T)
$F_{BA} = 10,1$ kN (T)
$F_{BE} = 15,0$ kN (T)
$F_{AE} = 1,875$ kN (C)
$F_{FE} = 9,00$ kN (C)

Respostas de problemas selecionados **583**

6.19. $F_{DE} = F_{DC} = F_{FA} = 0$, $F_{CE} = 34{,}4$ kN (C),
$F_{CB} = 20{,}6$ kN (T), $F_{BA} = 20{,}6$ kN (T),
$F_{BE} = 15{,}0$ kN (T), $F_{FE} = 30{,}0$ kN (C),
$F_{EA} = 15{,}6$ kN (T)

6.21. $F_{DE} = 13{,}4$ kN (T), $F_{DC} = 6{,}00$ kN (C),
$F_{CB} = 6{,}00$ kN (C), $F_{CE} = 0$, $F_{EB} = 17{,}0$ kN (C),
$F_{EF} = 18{,}0$ kN (T), $F_{BA} = 18{,}0$ kN (C),
$F_{BF} = 20{,}0$ kN (T), $F_{FA} = 22{,}4$ kN (C),
$F_{FG} = 28{,}0$ kN (T)

6.22. $F_{FE} = 0{,}667P$ (T), $F_{FD} = 1{,}67P$ (T),
$F_{AB} = 0{,}471P$ (C), $F_{AE} = 1{,}67P$ (T),
$F_{AC} = 1{,}49P$ (C), $F_{BF} = 1{,}41P$ (T),
$F_{BD} = 1{,}49P$ (C), $F_{EC} = 1{,}41P$ (T),
$F_{CD} = 0{,}471P$ (C)

6.23. $F_{EC} = 1{,}20P$ (T), $F_{ED} = 0$,
$F_{AB} = F_{AD} = 0{,}373P$ (C), $F_{DC} = 0{,}373P$ (C),
$F_{DB} = 0{,}333P$ (T), $F_{BC} = 0{,}373P$ (C)

6.25. $F_{CB} = 2{,}31$ kN (C), $F_{CD} = 1{,}15$ kN (C),
$F_{DB} = 4{,}00$ kN (T), $F_{DA} = 4{,}62$ kN (C),
$F_{AB} = 2{,}31$ kN (C)

6.26. $P_{máx} = 1{,}30$ kN

6.27. $F_{BC} = 18{,}0$ kN (T), $F_{FE} = 15{,}0$ kN (C),
$F_{EB} = 5{,}00$ kN (C)

6.29. $F_{EF} = 15{,}0$ kN (C), $F_{BC} = 12{,}0$ kN (T),
$F_{BE} = 4{,}24$ kN (T)

6.30. $F_{BC} = 10{,}4$ kN (C), $F_{HG} = 9{,}16$ kN (T),
$F_{HC} = 2{,}24$ kN (T)

6.31. $F_{CD} = 11{,}2$ kN (C)
$F_{CF} = 3{,}21$ kN (T)
$F_{CG} = 6{,}80$ kN (C)

6.33. $F_{AF} = 21{,}3$ kN (T)
$F_{BC} = 5{,}33$ kN (C)
$F_{BF} = 20{,}0$ kN (C)

6.34. $F_{CD} = 5{,}625$ kN (T)
$F_{CM} = 2{,}00$ kN (T)

6.35. $F_{EF} = 7{,}88$ kN (T)
$F_{LK} = 9{,}25$ kN (C)
$F_{ED} = 1{,}94$ kN (T)

6.37. $F_{GH} = 12{,}5$ kN (C), $F_{BG} = 6{,}01$ kN (T),
$F_{BC} = 6{,}67$ kN (T)

6.38. $F_{KJ} = 3{,}07$ kN (T)
$F_{CD} = 3{,}07$ kN (T)
$F_{ND} = 0{,}167$ kN (T), $F_{NJ} = 0{,}167$ kN (C)

6.39. $F_{JI} = 2{,}13$ kN (C)
$F_{DE} = 2{,}13$ kN (T)

6.41. $F_{GH} = 76{,}7$ kN (T)
$F_{ED} = 100$ kN (C)
$F_{EH} = 29{,}2$ kN (T)

6.42. $F_{JK} = 11{,}1$ kN (C)
$F_{CD} = 12$ kN (T)
$F_{CJ} = 1{,}60$ kN (T)

6.43. $F_{EF} = 12{,}9$ kN (T), $F_{FI} = 7{,}21$ kN (T),
$F_{HI} = 21{,}1$ kN (C)

6.45. $F_{CD} = 18{,}0$ kN (T), $F_{CJ} = 10{,}8$ kN (T),
$F_{KJ} = 26{,}8$ kN (T)

6.46. $F_{BE} = 21{,}2$ kN (T)
$F_{CB} = 5$ kN (T)
$F_{EF} = 25$ kN (C)

6.47. $F_{BF} = 0$, $F_{BG} = 35{,}4$ kN (C), $F_{AB} = 45$ kN (T)

6.49. $F_{GJ} = 17{,}6$ kN (C), $F_{CJ} = 8{,}11$ kN (C),
$F_{CD} = 21{,}4$ kN (T), $F_{CG} = 7{,}50$ kN (T)

6.50. $F_{AE} = F_{AC} = 220$ N (T)
$F_{AB} = 583$ N (C)
$F_{BD} = 707$ N (C)
$F_{BE} = F_{BC} = 141{,}4$ N (T)

6.51. $F_{GC} = 4{,}47$ kN (T)
$F_{GD} = 4{,}47$ kN (C)
$F_{GE} = 6{,}00$ kN (C)
$F_{ED} = 9{,}00$ kN (T)
$F_{EA} = 6{,}71$ kN (C)
$F_{EB} = 0$

6.53. $F_{DB} = 474$ N (C), $F_{DC} = 146$ N (T)
$F_{DA} = 1{,}08$ kN (T), $F_{AB} = 385$ N (C)
$F_{AC} = 231$ N (C), $A_z = 925$ N, $F_{CB} = 281$ N (T)

6.54. $F_{AB} = 6{,}46$ kN (T), $F_{AC} = F_{AD} = 1{,}50$ kN (C),
$F_{BC} = F_{BD} = 3{,}70$ kN (C), $F_{BE} = 4{,}80$ kN (T)

6.55. $F_{CE} = 721$ N (T), $F_{BC} = 400$ N (C)
$F_{BE} = 0$, $F_{BF} = 2{,}10$ kN (T)

6.57. $F_{DF} = 5{,}31$ kN (C), $F_{EF} = 2{,}00$ kN (T),
$F_{AF} = 0{,}691$ kN (T)

6.58. $F_{DB} = 25{,}0$ kN (C)
$F_{DC} = 15{,}0$ kN (T)
$F_{DE} = 12{,}0$ kN (C)
$F_{CE} = 33{,}5$ kN (C)
$F_{CF} = 30{,}0$ kN (T)
$F_{BE} = 39{,}1$ kN (T)
$F_{BF} = 0$
$F_{BA} = 30{,}0$ kN (C)
$F_{AE} = 0$
$F_{AF} = 0$
$F_{FE} = 0$

6.59. $F_{AD} = 686$ N (T), $F_{BD} = 0$, $F_{CD} = 615$ N (C),
$F_{BC} = 229$ N (T), $F_{AC} = 343$ N (T),
$F_{EC} = 457$ N (C)

6.61. $2P + 2R + 2T - 50(9{,}81) = 0$, $P = 18{,}9$ N

6.62. $P = 40{,}0$ N
$x = 240$ mm

6.63. $P = 368$ N

6.65. $N_E = 18{,}0$ kN
$N_C = 4{,}50$ kN
$A_x = 0$
$A_y = 7{,}50$ kN
$M_A = 22{,}5$ kN·m

6.66. $N_E = 3{,}60$ kN
$N_B = 900$ kN
$A_x = 0$
$A_y = 2{,}70$ kN
$M_A = 8{,}10$ kN·m

6.67. $F_C = 572$ N
$F_A = 572$ N
$F_B = 478$ N

6.69. $P = 743$ N

6.70. $C_y = 184$ N, $C_x = 490{,}5$ N, $B_x = 1{,}23$ kN,
$B_y = 920$ kN

6.71. $P = 2{,}24$ kN

6.73. $B_x = 4{,}00$ kN, $B_y = 5{,}33$ kN, $A_x = 4{,}00$ kN,
$A_y = 5{,}33$ kN

6.74. $A_x = 0$
$A_y = 2{,}025$ kN
$B_x = 1{,}80$ kN
$B_y = 2{,}025$ kN

6.75. $F = 562{,}5$ N

- **6.77.** $W_1 = \dfrac{b}{a} W$
- **6.78.** $F_E = 3{,}64\ F$
- **6.79.** $F_{FB} = 1{,}94$ kN, $F_{BD} = 2{,}60$ kN
- **6.81.** $F_{FD} = 20{,}1$ kN, $F_{BD} = 25{,}5$ kN,
  $C'_x = 18{,}0$ kN, $C''_y = 12{,}0$ kN
- **6.82.** $A_x = 294$ N
  $A_y = 196$ N
  $N_C = 147$ N
  $N_E = 343$ N
- **6.83.** $F_A = 130$ N
- **6.85.** $F_C = 19{,}6$ kN
- **6.86.** $M = 2{,}43$ kN·m
- **6.87.** $F = 5{,}07$ kN
- **6.89.** $P(\theta) = \dfrac{250\sqrt{2{,}25^2 - \cos^2\theta}}{\operatorname{sen}\theta\cos\theta + \sqrt{2{,}25^2 - \cos^2\theta}\cdot\cos\theta}$
- **6.90.** $F_F = 16{,}8$ kN
- **6.91.** $F = 6{,}93$ kN
- **6.92.** $F_N = 26{,}25$ N
- **6.93.** $N_B = N_C = 49{,}5$ N
- **6.94.** $C_x = 650$ N, $C_y = 0$
- **6.95.** $F_{EF} = 8{,}18$ kN (T), $F_{AD} = 158$ kN (C)
- **6.97.** $T = 9{,}60$ N
- **6.98.** **a.** $F = 875$ N, $N_C = 1750$ N
  b. $F = 437{,}5$ N, $N_C = 437{,}5$ N
- **6.99.** **a.** $F = 1025$ N, $N_C = 1900$ N
  b. $F = 512{,}5$ N, $N_C = 362{,}5$ N
- **6.101.** $E_y = 1{,}00$ kN, $E_x = 3{,}00$ kN, $B_x = 2{,}50$ kN,
  $B_y = 1{,}00$ kN, $A_x = 2{,}50$ kN, $A_y = 500$ N
- **6.102.** $F = 370$ N
- **6.103.** $N_A = 284$ N
- **6.105.** $m_L = 106$ kg
- **6.106.** $F_{AB} = 9{,}23$ kN, $C_x = 2{,}17$ kN, $C_y = 7{,}01$ kN
  $D_x = 0$, $D_y = 1{,}96$ kN, $M_D = 2{,}66$ kN·m
- **6.107.** $P = 198$ N
- **6.109.** $\theta = 23{,}7°$
- **6.110.** $m = 26{,}0$ kg
- **6.111.** $m = 366$ kg
  $F_A = 2{,}93$ kN
- **6.113.** $C_y = 1{,}52$ kN
  $B_y = 23{,}5$ kN
  $A_y = 3{,}09$ kN
  $B_x = 3{,}5$ kN
- **6.114.** $N_A = 11{,}1$ kN (Ambas as rodas)
  $F'_{CD} = 6{,}47$ kN
  $F'_E = 5{,}88$ kN
- **6.115.** $F_S = 286$ N
- **6.117.** $A_z = 0$
  $A_x = 172$ N
  $A_y = 115$ N
  $C_x = 47{,}3$ N
  $C_y = 61{,}9$ N
  $C_z = 125$ N
  $M_{Cy} = -429$ N·m
  $M_{Cz} = 0$
- **6.118.** $P = 283$ N, $B_x = D_x = 42{,}5$ N,
  $B_y = D_y = 283$ N, $B_z = D_z = 283$ N

Capítulo 7

- **7.1.** $N_C = 0$
  $V_C = \dfrac{3w_0 L}{8}$
  $M_C = -\dfrac{5}{48} w_0 L^2$
- **7.2.** $N_C = -11{,}908$ kN
  $V_C = -0{,}625$ kN
  $M_C = 21{,}25$ kN·m
- **7.3.** $N_C = 0$
  $V_C = 0$
  $M_C = 1{,}5$ kN·m
- **7.5.** $V_A = 0$, $N_A = -39$ kN, $M_A = -2{,}425$ kN·m
- **7.6.** $a = \dfrac{L}{3}$
- **7.7.** $N_C = 0$
  $V_C = 2{,}875$ kN
  $M_C = 6{,}56$ kN·m
  $N_D = 0$
  $V_D = 1{,}75$ kN
  $M_D = 9{,}75$ kN·m
- **7.9.** $N_C = -30$ kN, $V_C = -8$ kN, $M_C = 6$ kN·m
- **7.10.** $P = 0{,}533$ kN, $N_C = -2$ kN, $V_C = -0{,}533$ kN,
  $M_C = 0{,}400$ kN·m
- **7.11.** $N_E = 470$ N, $V_E = 215$ N
  $M_E = 660$ N·m, $N_F = 0$
  $V_F = -215$ N, $M_F = 660$ N·m
- **7.13.** $a = \dfrac{L}{3}$
- **7.14.** $N_D = -1350$ N $= -1{,}35$ kN
  $V_D = -600$ N
  $M_D = -300$ N·m
- **7.15.** $N_C = 0$, $V_C = -1{,}50$ kN, $M_C = 13{,}5$ kN·m
- **7.17.** $V_A = 3$ kN, $N_A = 13{,}2$ kN, $M_A = 3{,}82$ kN·m
  $V_B = 3$ kN, $N_B = 16{,}2$ kN, $M_B = 14{,}3$ kN·m
- **7.18.** $N_C = 400$ N, $V_C = -96$ N, $M_C = -144$ N·m
- **7.19.** $N_E = 720$ N, $V_E = 1{,}12$ kN, $M_E = -320$ N·m,
  $N_F = 0$, $V_F = -1{,}24$ kN, $M_F = -1{,}41$ kN·m
- **7.21.** $N_C = -20{,}0$ kN, $V_C = 70{,}6$ kN,
  $M_C = -302$ kN·m
- **7.22.** $\dfrac{a}{b} = \dfrac{1}{4}$
- **7.23.** $N_D = 0$, $V_D = 8$ kN, $M_D = -9{,}75$ kN.
  $N_E = 0$, $V_E = 5$ kN, $M_E = 7{,}5$ kN·m
- **7.25.** $V_C = 2{,}49$ kN, $N_C = 2{,}49$ kN, $M_C = 4{,}97$ kN·m,
  $N_D = 0$, $V_D = -2{,}49$ kN, $M_D = 16{,}5$ kN·m
- **7.26.** $N_E = 0$, $V_E = -50$ N, $M_E = -100$ N·m
  $N_D = 0$, $V_D = 750$ N, $M_D = -1300$ N·m
- **7.27.** $N_C = 0$
  $V_C = 3{,}25$ kN
  $M_C = 9{,}375$ kN·m
  $N_D = 0$
  $V_D = 1$ kN
  $M_D = 13{,}5$ kN·m
- **7.29.** $N_D = -2{,}25$ kN, $V_D = 1{,}25$ kN, $-1{,}88$ kN·m
- **7.30.** $N_E = 1{,}25$ kN, $V_E = 0$, $M_B = 1{,}69$ kN·m
- **7.31.** $V_D = -4{,}50$ kN
  $N_D = -14{,}0$ kN
  $M_D = -13{,}5$ kN·m

Respostas de problemas selecionados 585

7.33. $N_D = -800$ N, $V_D = 0$, $M_D = 1,20$ kN·m
7.34. $w = 100$ N/m
7.35. $V = 0,278\, w_0 r$, $N = 0,0759\, w_0 r$,
$M = 0,0759\, w_0 r^2$
7.37. $N_D = 1,26$ kN, $V_D = 0$, $M_D = 500$ N·m
7.38. $N_E = -1,48$ kN, $V_E = 500$ N, $M_E = 1000$ N·m
7.39. $d = 0,200$ m
7.41. $V_{Dx} = 116,00$ kN, $N_{Dy} = -65,60$ kN, $V_{Dz} = 0,00$,
$M_{Dx} = 49,20$, $M_{Dy} = 87,00$, $M_{Dz} = 26,20$
7.42. $C_x = -170$ N, $C_y = -50$ N
$C_z = 500$ N
$M_{cx} = 1$ MN·m
$M_{cy} = 900$ N·m
$M_{cz} = -260$ N·m
7.43. $N_x = -500$ N, $V_y = 100$ N, $V_z = 900$ N,
$M_x = 600$ N·m, $M_y = -900$ N·m,
$M_z = 400$ N·m
7.45. $0 \leq x < a$: $V = -wx$, $M = -\dfrac{w}{2}x^2$

$a < x \leq 2a$: $V = w(2a - x)$,

$M = 2wax - 2wa^2 - \dfrac{w}{2}x^2$

7.46. $0 \leq x < \dfrac{L}{3}$: $V = 0$, $M = 0$,

$\dfrac{L}{3} < x < \dfrac{2L}{3}$: $V = 0$, $M = M_0$,

$\dfrac{2L}{3} < x \leq L$: $V = 0$, $M = 0$,

$0 \leq x < \dfrac{8}{3}$ m: $V = 0$, $M = 0$,

$\dfrac{8}{3}$ m $< x \dfrac{16}{3}$ m: $V = 0$, $M = 500$ N·m,

$\dfrac{16}{3}$ m $< x \leq 8$ m: $V = 0$, $M = 0$

7.47. $M_{máx} = 2$ kN·m
7.50. $V = 0,75$ kN
$M = 0,75\, x$ kN·m
$V = 3,75 - 1,5\, x$ kN
$M = -0,75x^2 + 3,75x - 3$ kN·m
7.53. $x = 1,732$ m
$M_{máx} = 0,75(1,732) - 0,08333(1,732)^3 = 0,866$
7.54. **a.** $0 \leq x < a$: $V = \left(1 - \dfrac{a}{L}\right)P$,

$M = \left(1 - \dfrac{a}{L}\right)Px$,

$a < x \leq L$: $V = -\left(\dfrac{a}{L}\right)P$,

$M = P\left(a - \dfrac{a}{L}x\right)$

b. $0 \leq x < 2$ m: $V = 6$ kN, $M = \{6x\}$ kN·m
2 m $< x \leq 6$ m: $V = -3$ kN,
$M = \{18 - 3x\}$ kN·m

7.55. $V = \dfrac{wL}{8}$

$M = \dfrac{wL}{8}x$

$V = \dfrac{w}{8}(5L - 8x)$

$M = \dfrac{w}{8}(-L^2 + 5Lx - 4x^2)$

7.58. $V = \dfrac{w}{4}(3L - 4x)$

$M = \dfrac{w}{4}(3Lx - 2x^2 - L^2)$

7.59. $V = (4 - 2x)$ kN
$M = (-x^2 + 4x - 10)$ kN·m
7.61. $V = 0,4$ kN
$M = \{0,4x\}$ kN·m
$V = \{5,20 - 2,40x\}$ kN
$M = \{-1,2x^2 + 5,2x - 4,8\}$ kN·m

7.62. $V = \left\{3,00 - \dfrac{x^2}{4}\right\}$ kN

$M = \left\{3,00x - \dfrac{x^3}{12}\right\}$ kN·m

7.63. $x = \dfrac{L}{2}$, $P = \dfrac{4M_{máx}}{L}$

7.65. $V = \dfrac{\gamma h t}{2d}x^2$

$M = -\dfrac{\gamma h t}{6d}x^3$

7.66. $V = \dfrac{P}{2}\operatorname{sen}\theta$

$N = \dfrac{P}{2}\cos\theta$

$M = \dfrac{pr}{2}(1 - \cos\theta)$

7.67. $N = P\operatorname{sen}(\theta + \phi)$, $V = -P\cos(\theta + \phi)$,
$M = Pr[\operatorname{sen}(\theta + \phi) - \operatorname{sen}\phi]$
7.71. $x = 1^-$, $V = 450$ N, $M = 450$ N·m,
$x = 3^+$, $V = -950$ N, $M = 950$ N·m
7.73. $x = 1^-$, $V = 600$ N, $M = 600$ N·m
7.74. $x = 2^+$, $V = -375$ N, $M = 750$ N·m
7.77. $x = 2,75$, $V = 0$, $M = 1356$ N·m
7.79. $x = 2^+$, $V = -14,3$, $M = -8,6$
7.82. $x = 1,76$ m
7.83. $x = 3$, $V = 3,00$ kN, $M = -1,50$ kN·m
7.85. $x = 3$, $V = -2,25$ kN, $M = 20,25$ kN·m
7.87. $x = 4,5^-$, $V = -31,5$ kN, $M = -45,0$ kN·m,
$x = 8,5^+$, $V = 36,0$ kN, $M = -54,0$ kN·m
7.89. $x = 1,5$
$V = 7,50$ kN
$M = -6,75$ kN·m
7.90. $x = 1,5$
$V = 4,50$ kN
$M = -4,50$ kN·m
7.91. $x = 0$, $V = 13,5$ kN, $M = -9,5$ kN·m
7.93. $x = 3$, $V = 0$, $M = 18,0$ kN·m
$V = -27,0$ kN, $x = 6^-$, $M = -18,0$ kN·m
7.94. $T_{máx} = 157,2$ N, $y_B = 2,43$ m
7.95. $T_{BD} = 390,9$ N, $T_{AC} = 378,4$ kN
$T_{CD} = 218,4$ N, $l_T = 4,674$ m
7.97. $x_B = 5,39$ m
7.98. $P = 700$ N
7.99. $y_B = 2,22$ m, $y_D = 1,55$ m
7.101. $T_{AB} = 413$ N
$T_{BC} = 282$ N
$y_C = 3,08$ m
$T_{CD} = 358$ N
7.102. $Mp = 37,47$ kg
$Mp = 37,5$ kg
$yc = 3,03$ m

7.103. $y_B = 3{,}53$ m, $P = 0{,}8$ kN, $T_{máx} = T_{DE} = 8{,}17$ kN
7.105. $w_0 = 77{,}8$ kN/m
7.106. $y = (38{,}5x^2 + 577x)(10^{-3})$ m
$T_{máx} = 5{,}20$ kN
7.107. $T_{máx} = 1{,}30$ MN
7.109. $T_{máx} = 594$ kN
7.110. $T_{mín} = 552$ kN
7.111. $T_B = 54{,}52$ kN
$T_A = 46{,}40$ kN
7.112. $h = 7{,}09$ m
7.113. $y = 4{,}5\left(1 - \cos\dfrac{\pi}{24}x\right)$ m
$T_{máx} = 60{,}2$ kN
7.114. $h = 1{,}47$ m
7.115. $F_A = 11{,}1$ kN, $F_C = 11{,}1$ kN, $h = 23{,}5$ m
7.117. $\dfrac{h}{L} = 0{,}141$
7.118. Peso total $= 4{,}00$ MN
$T_{máx} = 2{,}01$ MN
7.121. $L = 10{,}39$ m
7.122. $L = 16{,}8$ m
7.123. $y = 45{,}512\,\{\cosh[(0{,}0219722)x] - 1\}$ m
$L = 52{,}553$ m

Capítulo 8

8.1. $P = 12{,}8$ kN
8.2. $x = 0{,}5$ m
8.3. $N_A = 16{,}5$ kN, $N_B = 42{,}3$ kN,
Não se move.
8.6. $\phi = \theta$, $P = W\,\mathrm{sen}(\alpha + \theta)$
8.7. $F = 2{,}76$ kN
8.9. **a.** Não
b. Sim
8.10. **a.** Não
b. Sim
8.11. $\theta = 21{,}8°$
8.13. $P = \dfrac{M_0}{\mu_s r a}(b + \mu_s C)$
8.14. $b = \dfrac{h}{\mu_s} + \dfrac{d}{2}$
8.15. $\theta = \mathrm{tg}^{-1}\,7\mu_s$
8.17. $\theta = 30{,}00°$
8.18. $P = 1{,}14$ kN
Se $F_A = 444$ N $< F_{Amáx} = 515$ N
então nossa suposição de não deslizamento está correta.
$F_A = 0{,}44$ kN, $N_A = 1{,}47$ kN, $N_B = 1{,}24$ kN
8.21. $\theta = 35{,}5°$
8.22. $P = 740$ N
8.23. $P = 860$ N
8.25. $F_A = 71{,}4$ N
8.26. $\theta = 33{,}4°$
8.27. $\theta = 11{,}0°$
8.29. $n = 12$
8.30. $N_C = 280{,}2$ N, $P = 140$ N, $A = 523{,}5$ mm
8.31. $F_C = 30{,}5$ N, $N_C = 152{,}3$ N
8.33. $x_1 = 0{,}79$ m
$\mu'_s = 0{,}376$

8.34. Se $P = \dfrac{1}{2}W$, $\mu_s = \dfrac{1}{3}$

Se $P \neq \dfrac{1}{2}W$,

$\mu_s = \dfrac{(P + W) - \sqrt{(W + 7P)(W - P)}}{2(2P - W)}$

para $0 < P < W$
8.35. $P = 32{,}1$ N
8.37. $\theta = 31{,}0°$
8.38. $P = 654$ N
8.39. $O_y = 400$ N, $O_x = 46{,}4$ N
8.41. 286 N
8.42. O bloco deixa de estar em equilíbrio.
8.43. $\mu = 0{,}509$
8.45. $\mu_C = 0{,}0734$, $\mu_B = 0{,}0964$
8.46. Ele consegue mover a caixa.
8.47. $m = 66{,}7$ kg
8.49. $P = 355$ N
8.50. 146 N
8.51. $m = 54{,}9$ kg
8.53. $\mu_B = 0{,}105$
$\mu_C = 0{,}138$
8.54. $P = 107$ N
8.55. $\mu = 0{,}176$
8.57. $h = \dfrac{2}{\sqrt{5}}a\mu$
8.58. $x = 18{,}3$ mm
8.59. $P = 2{,}39$ kN
8.61. $P = 5{,}53$ kN, sim
8.62. 215 N
8.63. $\theta = 33{,}4°$
8.65. $W = 7{,}19$ kN
8.66. O parafuso é autotravante.
8.67. $F_{AB} = 1{,}38$ kN (T), $F_{BD} = 828$ N (C)
$F_{BC} = 1{,}10$ kN (C), $F_{AC} = 828$ N (C)
$F_{AD} = 1{,}10$ kN (C), $F_{CD} = 1{,}38$ kN (T)
8.69. $F = 66{,}7$ N
8.70. $F_{CD} = 674{,}32$ N
$F_G = 674$ N
8.71. $P = 1{,}98$ kN
8.73. $P = 2{,}85$ kN
8.75. $M = 40{,}6$ N·m
8.77. $P = 880$ N
$M = 352$ N·m
8.78. $F = 1{,}98$ kN
8.79. 8,09 N·m
8.81. $T = 4{,}02$ kN
$F = 11{,}6$ kN
8.82. $P = 104$ N
8.83. $P = 1{,}54$ kN
8.85. **a.** $F = 1{,}31$ kN
b. $F = 372$ N
8.86. **a.** $F = 4{,}60$ kN
b. $F = 16{,}2$ kN
8.87. Aproximadamente 2 voltas (695°)
8.89. $m_A = 2{,}22$ kg
8.90. $\theta = 99{,}2°$
8.91. $P = 736$ N
8.93. $m_A = 7{,}82$ kg
8.94. $P = 19{,}6$ N

8.95. $M = 458\,\text{N}\cdot\text{m}$
8.97. $M_C = 136\,\text{kg}$ (controla!)
$M = 134\,\text{N}\cdot\text{m}$
8.98. $P = 223\,\text{N}$
8.99. $M = 75{,}4\,\text{N}\cdot\text{m}$, $V = 0{,}171\,\text{m}^3$
8.101. $P = 53{,}6\,\text{N}$
8.102. $m_D = 4{,}25\,\text{kg}$
8.103. $M = 50{,}0\,\text{N}\cdot\text{m}$, $x = 286\,\text{mm}$
8.105. $M = 3{,}37\,\text{N}\cdot\text{m}$
8.106. $F_s = 85{,}4\,\text{N}$
8.107. $M = 132\,\text{N}\cdot\text{m}$
8.109. $M = 16{,}1\,\text{N}\cdot\text{m}$
8.110. $M = 237\,\text{N}\cdot\text{m}$
8.111. $M = \dfrac{1}{2}\mu_s P(R_2 + R_1)$
8.113. $M = \dfrac{2\mu_s PR}{3\cos\theta}$
8.114. $M = 17{,}0\,\text{N}\cdot\text{m}$
8.115. $P = 118\,\text{N}$
8.117. $P = 68{,}97\,\text{N}$
8.118. $P = 145{,}0\,\text{N}$
8.119. $F = 18{,}9\,\text{N}$
8.121. $P = 814\,\text{N}$
8.122. $8{,}08\,\text{N}$
8.123. $\theta = 68{,}2°$, $M = 0{,}0455\,\text{N}\cdot\text{m}$
8.125. $(r_f)_A = r_A\mu_s = 25(0{,}3) = 7{,}50\,\text{mm}$
$(r_f)_B = r_B\mu_s = 10(0{,}3) = 3\,\text{mm}$
8.126. $r = 20{,}6\,\text{mm}$
8.127. $P = 299\,\text{N}$
8.129. $P = 131\,\text{N}$
8.131. $d = 38{,}5\,\text{mm}$

Capítulo 9

9.1. $\bar{x} = 124\,\text{mm}$, $\bar{y} = 0$
9.2. $\bar{x} = 0{,}299a$
$\bar{y} = 0{,}537a$
9.3. $\bar{x} = 0{,}574\,\text{m}$, $B_x = 0$, $A_y = 63{,}1\,\text{N}$, $B_y = 84{,}8\,\text{N}$
9.5. $\bar{y} = 0{,}857\,\text{m}$
9.6. $\bar{y} = \dfrac{2}{5}\,\text{m}$
9.7. $\bar{x} = 0{,}398\,\text{m}$
9.9. $\bar{x} = \dfrac{3}{8}a$
9.10. $\bar{y} = \dfrac{\pi}{8}a$
$\bar{x} = 0$
9.11. $\bar{x} = \dfrac{3}{2}\,\text{m}$
9.13. $\bar{x} = \dfrac{3}{4}b$
9.14. $\bar{y} = \dfrac{3}{10}h$
9.15. $\bar{x} = 6\,\text{m}$
9.17. $\bar{y} = \dfrac{hn + 1}{(2n + 1)}$
9.18. $A = 19{,}2\,\text{m}^2$, $\bar{y} = 1{,}43\,\text{m}$
9.19. $\bar{x} = \dfrac{3}{8}a$

9.21. $\bar{x} = \dfrac{b - a}{\ln\dfrac{b}{a}}$
9.22. $A = c^2\ln\dfrac{b}{a}$
$\bar{y} = \dfrac{c^2(b - a)}{2ab\ln\dfrac{b}{a}}$
9.23. $\bar{x} = \dfrac{a(1 + n)}{2(2 + n)}$
9.25. $m = \dfrac{1}{4}\rho_0 r^4 t$
$\bar{x} = \dfrac{8}{15}r$
$\bar{y} = \dfrac{8}{15}r$
9.26. $A = \dfrac{a^2}{\pi}$, $\bar{x} = \left(\dfrac{\pi - 2}{2\pi}\right)a$
9.27. $A = \dfrac{a^2}{\pi}$, $\bar{y} = \dfrac{\pi}{8}a$
9.29. $\bar{y} = \dfrac{\pi a}{8}$
9.30. $\bar{x} = 1{,}26\,\text{m}$, $\bar{y} = 0{,}143\,\text{m}$, $N_B = 47{,}9\,\text{kN}$,
$A_x = 33{,}9\,\text{kN}$, $A_y = 73{,}9\,\text{kN}$
9.31. $\bar{x} = \left[\dfrac{2(n + 1)}{3(n + 2)}\right]a$
9.33. $\bar{x} = \dfrac{1}{3}(a + b)$
9.34. $\bar{y} = \dfrac{h}{3}$
9.35. $\bar{x} = 50{,}0\,\text{mm}$
9.37. $\bar{x} = \dfrac{2}{3}\left(\dfrac{r\,\text{sen}\,\alpha}{\alpha}\right)$
9.38. $\bar{x} = 0{,}785\,a$
9.39. $\bar{x} = \bar{y} = 0$, $\bar{z} = \dfrac{4}{3}\,\text{m}$
9.41. $\bar{z} = \dfrac{R^2 + 3r^2 + 2rR}{4(R^2 + r^2 + rR)}h$
9.42. $\bar{z} = \dfrac{5}{6}h$
9.43. $\bar{z} = \dfrac{4}{3}\,\text{m}$
9.45. $\bar{y} = \dfrac{3}{8}b$, $\bar{x} = \bar{z} = 0$
9.46. $m = \dfrac{\pi k r^4}{4}$
$\bar{z} = \dfrac{8}{15}r$
9.47. $\bar{z} = \dfrac{c}{4}$
9.49. $z_c = 0{,}422\,\text{m}$
9.50. $\bar{z} = 0{,}675a$
9.51. $\bar{x} = 179\,\text{mm}$
9.53. $\bar{x} = 0$, $\bar{y} = 58{,}3\,\text{mm}$
9.54. $\bar{y} = 154\,\text{mm}$
9.55. $d = 3\,\text{m}$
9.57. $\bar{x} = 231\,\text{mm}$
$\bar{y} = 133\,\text{mm}$
$\bar{z} = 16{,}7\,\text{mm}$

9.58. $\bar{x} = 112$ mm, $\bar{y} = 112$ mm, $\bar{z} = 136$ mm

9.59. $\bar{x} = \dfrac{W_1}{W}b$

$\bar{y} = \dfrac{b(W_2 - W_1)\sqrt{b^2 - c^2}}{cW}$

9.61. $\bar{y} = 272$ mm
9.62. $\bar{x} = 77{,}2$ mm, $\bar{y} = 31{,}7$ mm
9.63. $\bar{y} = 79{,}7$ mm
9.65. $\bar{y} = 85{,}9$ mm
9.66. $\bar{y} = 53{,}0$ mm
9.67. $\bar{y} = 135$ mm
9.69. $\bar{x} = 2{,}22$ m, $\bar{y} = 1{,}41$ m

9.70. $\bar{y} = \dfrac{\sqrt{2}(a^2 + at - t^2)}{2(2a - t)}$

9.71. $n \le \dfrac{L}{d}$

9.73. $\bar{x} = \dfrac{\frac{2}{3} r \operatorname{sen}^3 \alpha}{\alpha - \frac{\operatorname{sen} 2\alpha}{2}}$

9.74. $\bar{y} = 291$ mm
9.75. $\bar{x} = 64{,}1$ mm
9.77. $\bar{z} = 58{,}1$ mm
9.78. $\bar{z} = 305$ mm
9.79. $\bar{z} = 359$ mm
9.81. $\bar{z} = 128$ mm
9.82. $h = 323$ mm
9.83. $\bar{z} = 463$ mm

9.85. $h = \dfrac{a^3 - a^2\sqrt{a^2 - \pi r^2}}{\pi r^2}$

9.86. $\Sigma m = 16{,}4$ kg, $\bar{x} = 153$ mm,
$\bar{y} = -15$ mm, $\bar{z} = 111$ mm

9.87. $\bar{z} = 122$ mm
9.89. $\bar{x} = 22{,}7$ mm
$\bar{y} = 29{,}5$ mm
$\bar{z} = 22{,}6$ mm
9.90. $A = 47{,}1$ m^2
9.91. $V = 22{,}1$ m^3
9.93. $A = \pi(2\pi + 11)a^2$
9.94. $V = 25{,}5$ m^2
9.95. Número de litros = 14,4 litros
9.97. $A = 188$ m^2
9.98. $V = 207$ m
9.99. $A = 276(10^3)$ mm^2
9.101. $V = 0{,}114$ m^3
9.102. $A = 2{,}25$ m^2
9.103. $A = 8\pi ba$, $V = 2\pi ba^2$

9.105. $V = \dfrac{2}{3} \pi ab^2$

9.106. $Q = 205$ MJ
9.107. $h = 139$ mm
9.109. $h = 29{,}9$ mm
9.110. $V = 1{,}403 \,(10^6)$ mm^3
9.111. 153 litros
9.113. $A = 1365$ m^2
9.114. $m = 138$ kg
9.115. $\bar{x} = 0$
$\bar{y} = 2{,}40$ m
$B_y = C_y = 12{,}8$ kN
$A_y = 17{,}1$ kN
9.117. $F_R = 27{,}0$ kN
$\bar{x} = 0{,}778$ m
$\bar{y} = 0{,}833$ m

9.118. $F_{Rx} = 2 r l p_0 \left(\dfrac{\pi}{2}\right)$, $F_R = \pi l r p_0$

9.119. $F_R = \dfrac{4ab}{\pi^2} p_0$, $\bar{x} = \dfrac{a}{2}$, $\bar{y} = \dfrac{b}{2}$

9.121. $d = 2{,}61$ m
9.122. F.S. = 2,71
9.123. $F_R = 2{,}77$ MN, h = 5,22 m,
$F_{fundo} = 3{,}02$ MN
9.125. Para a água: $F_{R_A} = 157$ kN, $F_{R_B} = 235$ kN
Para o óleo: $d = 4{,}22$ m
9.126. $F_B = 29{,}4$ kN, $F_A = 235$ kN
9.127. $F_R = 6{,}93$ kN
$\bar{y} = -0{,}125$ m
9.129. $F = 3{,}85$ kN
$d' = 0{,}625$ m
9.130. $F_R = 170$ kN

Capítulo 10

10.1. $I_x = 0{,}133$ m^4
10.2. $I_y = 0{,}286$ m^4
10.3. $I_x = 0{,}267$ m^4
10.5. $I_x = 457(10^6)$ mm^4
10.6. $I_y = 53{,}3(10^6)$ mm^4

10.7. $I_x = \dfrac{ab^3}{3(3n + 1)}$

10.9. $I_x = \dfrac{4a^4}{9\pi}$

10.10. $I_y = \left(\dfrac{\pi^2 - 4}{\pi^3}\right) a^4$

10.11. $I_x = \dfrac{\pi}{8}$ m^4

10.13. $I_x = 614$ m^4
10.14. $I_y = 85{,}3$ m^4

10.15. $I_y = \dfrac{r_0^4}{8}(\operatorname{sen} \alpha + \alpha)$

10.17. $I_x = 0{,}267$ m^4
10.18. $I_y = 0{,}305$ m^4

10.19. $I_x = \dfrac{1}{30} bh^3$

10.21. $I_x = \dfrac{3ab^3}{35}$

10.22. $I_y = \dfrac{3a^3 b}{35}$

10.23. $I_x = 0{,}8$ m^4
10.25. $A = 14{,}0(10^3)$ mm^2
10.26. $I_y = 798(10^6)$ mm^4
10.27. $I_y = 10{,}3(10^9)$ mm^4
10.29. $I_y = 90{,}2(10^6)$ mm^4
10.30. $\bar{y} = 52{,}5$ mm, $I_{x'} = 16{,}6(10^6)$ mm^4,
$I_{y'} = 5{,}725(10^6)$ mm^4
10.31. $\bar{y} = 91{,}7$ mm
$I_{x'} = 216(10^6)$ mm^4
10.33. $I_y = 153(10^6)$ mm^4
10.34. $I_x = 1{,}72(10^9)$ mm^4
10.35. $I_y = 2{,}03(10^9)$ mm^4
10.37. $\bar{y} = 207$ mm, $\bar{I}_{x'} = 222\,(10^6)$ mm^4
10.38. $\bar{y} = 22{,}5$ mm, $I_{x'} = 34{,}4(10^6)$ mm^4
10.39. $I_{y'} = 122(10^6)$ mm^4

10.41. $\bar{x} = 71{,}32$ mm, $I_{y'} = 3{,}60(10^6)$ mm^4
10.42. $I_x = 154(10^6)$ mm^4
10.43. $I_y = 91{,}3(10^6)$ mm^4
10.45. $\bar{x} = 61{,}6$ mm, $\bar{I}_{y'} = 41{,}2(10^6)$ mm^4
10.46. $I_x = \dfrac{r^4}{24}(6\theta - 3\operatorname{sen} 2\theta - 4\cos\theta\operatorname{sen}^3\theta)$
10.47. $I_y = \dfrac{r^4}{4}\left(\theta + \dfrac{1}{2}\operatorname{sen} 2\theta - 2\operatorname{sen}\theta\cos^3\theta\right)$
10.49. $I_{y'} = \dfrac{ab\operatorname{sen}\theta}{12}(b^2 + a^2\cos^2\theta)$
10.50. $\bar{y} = 0{,}181$ m, $\bar{I}_{x'} = 4{,}23(10^{-3})$ m^4
10.51. $\bar{I}_{x'} = 520(10^6)$ mm^4
10.53. $I_{x'} = 49{,}5(10^6)$ mm^4
10.54. $I_{xy} = \dfrac{1}{3}tl^3\operatorname{sen} 2\theta$
10.55. $I_{xy} = \dfrac{3}{16}b^2h^2$
10.57. $I_{xy} = \dfrac{a^2b^2}{4(n+1)}$
10.58. $I_{xy} = 0$
10.59. $I_{xy} = 10{,}7$ m^4, $\bar{I}_{x'y'} = 1{,}07$ m^4
10.61. $I_{xy} = \dfrac{1}{6}a^2b^2$
10.62. $I_{xy} = \dfrac{a^4}{280}$
10.63. $I_{xy} = 98{,}4(10^6)$ mm^4
10.65. $\bar{x} = \bar{y} = 44{,}1$ mm, $I_{x'y'} = -6{,}26(10^6)$ mm^4
10.66. $I_{uv} = 135(10)^6$ mm^4
10.67. $I_u = 85{,}3(10^6)$ mm^4
$I_v = 85{,}3(10^6)$ mm^4
10.69. $I_u = 1{,}28(10^6)$ mm^4, $I_v = 3{,}31(10^6)$ mm^4,
$I_{uv} = -1{,}75(10^6)$ mm^4
10.70. $I_u = 1{,}28(10^6)$ mm^4, $I_{uv} = -1{,}75(10^6)$ mm^4,
$I_v = 3{,}31(10^6)$ mm^4
10.71. $I_u = 909(10^6)$ mm^4
$I_v = 703(10^6)$ mm^4
10.72. $I_u = 909(10^6)$ mm^4
$I_v = 703(10^6)$ mm^4
$I_{uv} = 179(10^6)$ mm^4
10.73. $I_{máx} = 17{,}4(10^6)$ mm^4, $I_{mín} = 1{,}84(10^6)$ mm^4
$(\theta_p)_1 = 60{,}0°$, $(\theta_p)_2 = -30{,}0°$
10.74. $I_{máx} = 17{,}4(10^6)$ mm^4, $I_{mín} = 1{,}84(10^6)$ mm^4,
$(\theta_p)_2 = 30{,}0°\,$↙$\,$, $(\theta_p)_1 = 60{,}0°\,$↷
10.75. $I_{máx} = 113(10^6)$ mm^4
$I_{mín} = 5{,}03(10^6)$ mm^4
$(\theta_p)_1 = 12{,}3°$
$(\theta_p)_2 = -77{,}0°$
10.77. $I_{máx} = (450 + 276{,}59)(10^{-6}) = 727(10^{-6})$ m^4
$I_{mín} = (450 - 276{,}59)(10^{-6}) = 173(10^{-6})$ m^4
$\operatorname{tg} 2(\theta_p)_2 = \dfrac{60}{450 - 180}$; $2(\theta_p)_2 = 12{,}53°$
$(\theta_p)_2 = 6{,}26°\,$↷
$2(\theta_p)_1 = 2(\theta_p)_2 + 180° = 12{,}53° + 180° = 192{,}53°$
$(\theta_p)_1 = 96{,}26° \approx 96{,}3°\,$↷
10.78. $I_{máx} = 4{,}92(10^6)$ mm^4
$I_{mín} = 1{,}36(10^6)$ mm^4
10.79. $I_{máx} = 4{,}92(10^6)$ mm^4
$I_{mín} = 1{,}36(10^6)$ mm^4

10.81. $\bar{y} = 825$ mm
$I_u = 109\,(10^8)$ mm^4
$I_v = 238\,(10^8)$ mm^4
$I_{uv} = 111\,(10^8)$ mm^4
10.82. $\bar{y} = 82{,}5$ mm
$I_u = 43{,}4\,(10^6)$ mm^4
$I_v = 47{,}0\,(10^6)$ mm^4
$I_{uv} = -3{,}08\,(10^6)$ mm^4
10.83. $\bar{y} = 82{,}5$ mm
$I_u = 43{,}4\,(10^6)$ mm^4
$I_v = 47{,}0\,(10^6)$ mm^4
$I_{uv} = -3{,}08\,(10^6)$ mm^4
10.85. $I_y = \dfrac{m}{6}(a^2 + h^2)$
10.86. $I_x = \dfrac{2}{5}mb^2$
10.87. $I_x = \dfrac{2}{5}mb^2$
10.89. $I_x = \dfrac{1}{3}ma^2$
10.90. $I_x = \dfrac{3}{10}mr^2$
10.91. $k_x = \sqrt{\dfrac{n+2}{2(n+4)}}\,h$
10.93. $I_z = 342$ kg · m^2
10.94. $I_y = 1{,}71(10^3)$ kg · m^2
10.95. $I_A = 0{,}0453$ kg · m^2
10.97. $I_z = 1{,}53$ kg · m^2
10.98. $\bar{y} = 1{,}78$ m, $I_G = 4{,}45$ kg · m^2
10.99. $I_y = 3{,}25$ g · m^2
10.101. $I_y = 0{,}144$ kg · m^2
10.102. $I_z = 0{,}113$ kg · m^2
10.103. $I_z = 34{,}2$ kg · m^2
10.105. $k_O = 3{,}15$ m
10.106. $L = 6{,}39$ m
$I_O = 53{,}2$ kg · m^2
10.107. $I_O = 0{,}276$ kg · m^2
10.108. $I_O = \dfrac{1}{2}ma^2$
10.109. $\bar{y} = 0{,}888$ m
$I_G = 5{,}61$ kg · m^2

Capítulo 11

11.1. $F = 245{,}25$ N
11.2. $F = 24{,}5$ N
11.3. $F = 2P\operatorname{cotg}\theta$
11.5. $F = 4{,}62$ kN
11.6. $P = \dfrac{ka(a\operatorname{sen}\theta - l_0)}{l}$
11.7. $k = 1{,}48$ kN/m
11.10. $P = \dfrac{W}{2}\operatorname{cotg}\theta$
11.11. $M = 13{,}1$ N · m
11.13. $F = \dfrac{M}{2a\operatorname{sen}\theta}$
11.14. $\theta = 23{,}8°$, $\theta = 72{,}3°$
11.15. $\theta = 41{,}2°$
11.17. $\theta = 90°$, $\theta = 36{,}1°$
11.18. $k = 166$ N/m

11.19. $\theta = 17{,}2°$

11.21. $\delta x = -0{,}09769\, \delta\theta$
$F = 512$ N

11.22. $F = \dfrac{500\sqrt{0{,}04\cos^2\theta + 0{,}6}}{(0{,}2\cos\theta + \sqrt{0{,}04\cos^2\theta + 0{,}6})\,\text{sen}\,\theta}$

11.23. $\theta = 15{,}5°$ e $\theta = 85{,}4°$

11.25. $y = 0{,}481$ m, $y = -925$ m

11.26. $\theta = 38{,}7°$ instável, $\theta = 90°$ estável,
$\theta = 141°$ instável

11.27. $x = 0{,}167$ m
$\dfrac{d^2V}{dx^2} = -4 < 0$ Instável
$\dfrac{d^2V}{dx^2} = 4 > 0$ Estável

11.29. Instável em $\theta = 34{,}6°$, estável em $\theta = 145°$

11.30. $\theta = \cos^{-1}\left(\dfrac{W}{2kL}\right)$
$W = 2kL$

11.31. Equilíbrio instável em $\theta = 90°$
Equilíbrio estável em $\theta = 49{,}0°$

11.33. $\theta = \text{sen}^{-1}\left(\dfrac{4W}{ka}\right)$
$\theta = 90°$

11.34. $W = \dfrac{8k}{3L}$

11.35. $\theta = 12{,}1°$
Instável

11.37. $k = 157$ N/m
Equilíbrio estável em $\theta = 60°$

11.38. Equilíbrio estável em $\theta = 24{,}6°$

11.39. Equilíbrio estável em $\theta = 51{,}2°$
Equilíbrio instável em $\theta = 4{,}71°$

11.41. $\theta = 76{,}8°$
Estável

11.42. $m = 5{,}29$ kg

11.43. $\phi = 17{,}4°$, $\theta = 9{,}18°$

11.45. $W_2 = W_1\left(\dfrac{b}{a}\right)\dfrac{\text{sen}\,\theta}{\cos\phi}$

11.46. Equilíbrio instável em $\theta = 23{,}2°$

11.47. $\theta = 0°$
$\theta = \cos^{-1}\left(\dfrac{d}{4a}\right)$

Índice remissivo

A

Algarismos significativos, 7-8
Análise estrutural, 239-299, 301-307
    diagramas de corpo livre, 254-259, 267-272, 297
    estruturas, 267-281, 297
    forças de compressão (C), 241-243, 254-255
    forças de tração (T), 241-243, 254-255
    forças internas, 301-307
    máquinas, 267-281, 297
    membros de força zero, 247-248
    membros multiforça, 267
    método das seções, 254-261, 264, 296, 301-307
    método dos nós, 241-248, 264, 297
    procedimentos para análise, 243, 256-257, 264, 272-273, 303
    treliças espaciais, 263, 297
    treliças, 239-266, 297-299
Ângulo
    azimutal (ϕ), 38
    de avanço, 374
Ângulos, 37-39, 58-62, 69-70, 351-354, 374-375
    atrito cinético (θ_k), 351-352
    atrito estático (θ_s), 351, 352-353
    atrito seco, 350-355
    azimutal (ϕ), 38-39
    de avanço, 374
    diretores coordenados, 37-38, 69-70
    formados entre linhas que se interceptam, 59
    iminência de movimento, 350-355
    parafusos, 374-375
    produto escalar, 58-63, 70
    revisão matemática, 533-536
    teorema de Pitágoras, 60, 533-536
    transverso (θ), 38-39
    vetores cartesianos de força, 37-39
    vetores, 37-39, 58-62, 69-70
Apoio de superfície lisa, 74, 213
Apoios axiais, análise de atrito, 387-388
Área (A), 406, 407-408, 434-436, 452-453, 457-462, 466-468, 472-480, 496
    centroide (C), 406, 407-408, 434-436, 452-453
    círculo de Mohr, 555–557
    eixo centroidal, 458-459
    eixo de simetria e rotação, 453, 473
    eixo inclinado, 475-476
    equações de transformação, 475
    formatos/áreas compostos, 435, 466-468, 496
    integração, 406, 452, 457-462
    momento de inércia polar, 458
    momentos de inércia (I), 457-462, 466-468, 472-480, 496
    momentos de inércia principais, 476-477
    procedimentos para análise, 407-408, 460, 466
    produto de inércia, 472-476, 496
    raio de giração, 459
    superfície de revolução, 434, 435, 453
    teorema dos eixos paralelos, 458-459, 466, 473, 488, 496
    teoremas de Pappus e Guldinus, 434-435, 453
    volume de revolução, 434-435, 453
Área da superfície, centroide (C), 434, 435-436, 453
Arredondamento de números, 8
Atração gravitacional, lei de Newton, 4
Atrito (F), 349-401, 516
    análise de mancais, 387-390, 399
    ângulos (θ), 351
    apoios axiais, 387-390
    calços, 372-373, 398

    características, 349-352, 398
    cargas axiais, 387, 403
    cargas laterais, 389-390
    coeficientes (μ), 351-352, 392, 398
    como uma força não conservativa, 516
    Coulomb, 349
    deslizamento, 351-352, 353-359, 398
    discos, 387-388, 399
    equações para atrito e equilíbrio, 354-359
    equilíbrio, 350, 354
    força aplicada (**P**), 350-352, 398-399
    força cinética (F_k), 351-352, 398
    força estática (F_s), 351, 352-353, 398
    força, 350-352, 398
    forças em correias (planas), 380-381, 399
    iminência de movimento, 350-351, 353-359, 374-375, 398
    mancais de escora, 387-388, 399
    mancais radiais, 389-390, 400
    parafusos, 374-376, 399
    ponto de contato, 349-350, 351
    procedimento para análise, 355-356
    resistência ao rolamento, 391-392, 400
    rotação de eixos, 387-390, 400
    seco, 349-401
    trabalho virtual (U), 515
Atrito como força não conservativa, 516
Atrito de Coulomb, 349. *Ver também* Atrito seco
Atrito seco, 349-401
    ângulos (θ), 351
    calços, 372-373, 398
    características, 349-352, 398-399
    coeficientes (μ), 351-352, 398
    correias (planas), 380-382, 399
    deslizamento, 350-351, 353-359, 398
    direção da força, 353
    discos, 387-388
    efeito de tombamento, 350, 398
    equações de atrito *versus* equilíbrio, 354-359
    equilíbrio, 350, 354-355
    força aplicada (**P**), 350-351, 398-399
    força cinética (F_k), 351-352, 398
    força estática (F_s), 351, 352, 398
    iminência de movimento, 350, 353-359, 374-375, 398-399
    mancais, 387-388
    mancais de escora e apoios axiais, 387-388, 399
    mancais radiais, 389-390, 400
    movimento, 351-352, 353-359, 374-375, 398-399
    parafusos, 374-376, 399
    problemas envolvendo, 35-59
    procedimento para análise, 355-356
    resistência ao rolamento, 391-392, 400
    teoria, 350
Avanço de rosca, 374

B

Binários, 134-135
    equivalentes, 135
Braço do momento (distância perpendicular), 103-104

C

Cabos, 73, 100, 183, 213, 333-345, 347
    cargas concentradas, 333-335, 346-347
    cargas distribuídas, 335-337, 346
    contínuos, 74, 100
    diagrama de corpo livre, 73-74, 213
    em equilíbrio, 74, 100

flexibilidade, 333
forças internas, 333-345, 346-347
inextensíveis, 333
peso como força, 339-341, 347
reações de suporte, 213
Calços, 372-373, 398
Cálculos numéricos, importância, 7-8
Cálculos, importância na engenharia, 7-8
Carga distribuída uniforme, 324, 454
Cargas, 166-170, 240, 324-328, 333-335, 346-348, 387-390, 399, 441--447, 453. *Ver também* Cargas/carregamentos distribuídos
atrito (F), 387-390, 398
axiais, 387-389
cabos, 333-335, 347
concentradas, 324-325, 333-335, 347
cortantes (V), 324-328, 346-347
distribuição linear, 443, 454
distribuídas, 324-328, 347
forças resultantes, 166-167
laterais, 389
nós de treliças, 240
pressão de fluido, 442-447
redução de cargas/carregamento distribuídos, 166-170
relações com momento (M), 324-328, 346-347
representação em único eixo, 166
rotação/giro de eixo, 387-390, 400
tridimensionais, 302, 346
vigas, 324-328, 348
Cargas axiais, atrito (F), 387-388, 399
análise de atrito, 387-390, 399
cargas axiais, 387
cargas laterais, 389-390
círculo de atrito, 390
mancais de escora e apoios axiais, 387-388
mancais radiais, 389-390, 400
Cargas concentradas, 324-325, 333-335, 346
aplicadas em cabos, 333-335, 347
cargas distribuídas, 324-325
descontinuidades de força cortante e de momento fletor, 325, 346
Cargas laterais, atrito (F), 389-390, 398
Cargas/carregamento distribuídos, 166-170, 178, 324-329, 335-337, 346, 441-447, 453
aplicadas a cabos, 335-337, 347
aplicadas a vigas, 324-329
cargas concentradas, 324
centro de pressão (P), 443, 454
centroide (C), 167, 442-448, 452
coplanares, 166
equilíbrio de forças, 324-325
fluidos incompressíveis, 442
forças internas, 324-329, 335-337, 346-347
forças resultantes, 166-170, 177-178, 441, 453
intensidade, 167, 441, 453
linearmente, 443, 454
linha de ação, 167
momento fletor (**M**), 324-329, 346
pressão de fluido, 442-448, 454
redução a uma força, 166-170, 177
relações com força cortante (**V**), 324-329, 346
relações com momento de binário (M_0), 326
representação ao longo de um único eixo, 166
resultantes de sistemas de forças, 166-170, 177-178
uniformes, 324, 454
Carregamentos (cargas) distribuídos coplanares, 166-170
Centro de pressão (P), 443, 454
Centro geométrico, 167, 186, 302. *Ver também* Centroide (C)
Centro/força de gravidade (G), 4-5, 186, 403-455
centro de massa (C_m), 405, 452-453
centroide (C), 403-455
corpos compostos, 422-425, 453
densidade constante, 422
diagramas de corpo livre, 185
equilíbrio de corpo rígido, 185
forças coplanares, 183
lei de Newton, 4
localização, 403-404, 407, 452-453
peso (W), 5, 185-186, 403-404, 422, 452
peso específico, 422
procedimento para análise, 407-408, 422-423
Centroide (C), 167, 186, 302, 403-455
área da superfície, 434, 436-437, 453
área no plano x–y, 406, 452-453
cargas/carregamento distribuídos e, 441-447, 453
cargas/carregamento distribuídos, 167
centro de gravidade (G), 403-455
corpos compostos, 422-425, 453
determinação por integração, 405-406, 452
diagramas de corpo livre, 185
eixo de simetria, 403, 407, 422, 453
equilíbrio de corpo rígido, 185
forças coplanares, 183
forças resultantes, 167, 302, 441-442, 443-447, 453-454
formatos compostos, 435
giro em torno de um eixo, 434-435, 452-453
linha de ação, 167, 442, 453-454
linha no plano x-y, 406, 452-453
localização, 167, 405-411, 452
localização na seção transversal da viga, 301-302
massa de um corpo (C_m), 405, 407, 452
método das seções, 301
placas, 442-447
pressão de fluido, 442-447, 454
procedimento para análise, 407-408, 422-423
simetria axial/eixo de simetria, 403, 422, 453
superfícies planas, 441
teorema de Pitágoras, 406
teoremas de Pappus e Guldinus, 434, 543
volume, 405, 434-435, 452-453
Centroide (C) de linhas, 406-407. *Ver também* Comprimento
Cilindros e resistência ao rolamento, 391-392, 399
Círculo
de atrito, 390
de Mohr, 479-480
Coeficiente de atrito
cinético (μ_k), 351-352
estático (μ_s), 351, 353-354
Coeficiente de resistência ao rolamento, 391-392
Componentes
de uma força, 15, 16-17
retangulares de vetores força, 26-31, 36
Comportamento linearmente elástico, 74
Comprimento, 2, 5-6, 406-407, 453
centroide (C) de linhas, 406-407, 452-453
procedimento para análise, 407-408
quantidade básica da mecânica, 2
teorema de Pitágoras, 406
unidades, 5-6
Condição de equilíbrio zero, 73, 100, 181
Conexões
de mancal axial, 214, 215
de dobradiça, 184, 213, 215-216
de rolete, 183, 186, 214
Conexões de pinos, 183-184, 186, 214-215, 240-241
diagramas de corpo livre, 182-184, 216
nós dos membros de treliças, 240-241
sistemas coplanares, 183-184
sistemas tridimensionais, 216
Constante da mola (k), 74
Conversão de unidades, 6
Coordenadas (vetores), 36-41, 47-48, 69-70, 504-505, 517, 528. *Ver também* Sistema de coordenadas cartesiano
ângulos diretores (θ), 37-38, 69-70
cartesianas, 36-41, 47, 69-70
de posição, 504-505, 517, 528
energia potencial, 529
posições x, y, z, 47
representação vetorial, 37-39, 47-48
sistemas de corpos conectados sem atrito, 518
trabalho virtual para corpos rígidos conectados, 504-505, 517, 528
Coordenadas de posição, 505, 517-518, 528

Corpo em equilíbrio, 181
Corpos
  estaticamente indeterminados, 218, 235
  rígidos uniformes, 186
Corpos rígidos, 1, 3, 181-237, 504-509
  sob a ação de sistemas de forças e de binários, 182
  centro de gravidade, 186
  centroide (centro geométrico), 186
  condições, 181-182
  coordenadas de posição, 5058, 516-517, 528
  definição, 3
  deslocamento (δ), 504-509, 517, 528-529
  determinância estática, 217-226, 235
  diagramas de corpo livre, 182-190, 212-216, 234-235
  equações de equilíbrio, 182, 191-199, 234-235
  equilíbrio, 181-237
  estudo da mecânica, 1
  forças externas, 182
  forças internas, 185
  membros de duas forças, 200-201
  membros de três forças, 200-201
  modelos idealizados, 186
  peso, 186
  procedimento para análise, 188, 192-193, 220-221, 505
  reações de apoios, 183-185, 212-215, 217-226, 234-235
  restrições, 217-226
  restrições impróprias, 218-219
  restrições redundantes, 218
  sistemas conectados, 504-509, 528-529
  sistemas de forças coplanares, 182-212
  sistemas sem atrito, 517
  sistemas tridimensionais/três dimensões, 212-226, 235
  trabalho virtual (U), 504-509, 517, 528
  uniformes, 186
Corpos/partes/formatos compostos, 422-425, 435, 453, 466-467, 489, 497
  área, 434, 466-467, 496
  centro de gravidade (G), 422-425, 452
  centroide (C), 422-425, 434-435, 453
  densidade constante, 422
  momentos de inércia (I), 466-467, 488-489, 497
  momentos de inércia de massa, 490, 497
  peso (W), 422, 452
  peso específico, 422
  procedimento para análise, 422-423, 466
  simetria axial, 403
  teoremas de Pappus e Guldinus, 434
Correias (planas), análise de atrito, 380-382, 399
Cossenos diretores, 38

D

Densidade constante, centro de gravidade (G), 422
Derivadas, 535
Deslizamento, 351-359, 398
  atrito, 350-359, 398
  força de atrito cinética (F_k), 351-352, 398
  força de atrito estática (F_s), 351, 352, 398
  iminência, 350, 398
  iminência de movimento, 350, 353-359, 398-399
  movimento, 351-359
  pontos de contato, 350
  problemas, 353-359
Deslocamento (δ), 503-509, 517, 528
  energia potencial, 517
  equações de trabalho virtual, 503
  princípio do trabalho virtual, 503-509, 528
  procedimento para análise, 505
  sistemas de corpos rígidos conectados, 504-509
  sistemas sem atrito, 517
  trabalho virtual (U), 503-509, 517, 528
Determinação de forças por observação, 247, 256
Determinância estática, 217-226, 235
  equilíbrio de corpo rígido, 217-226
  estabilidade, 235
  forças paralelas reativas, 219
  indeterminado, 218, 235

procedimento para análise, 220-221
restrições impróprias, 218-219
restrições redundantes, 218
Diagramas de corpo livre, 73-75, 90, 100, 182-190, 212-216, 217, 234-235, 254-259, 267-270, 296, 301-306, 346
  análise estrutural, 267-272, 297
  cabos, 73-74
  centro de gravidade, 186
  centroide (centro geométrico), 186
  corpos rígidos, 182-190, 213-216, 217-218, 220
  determinância estática, 217-218, 235
  equilíbrio, 74-78, 182-190, 192, 212-226, 217, 234
  equilíbrio da partícula, 74-78
  estruturas, 267-272, 297
  forças concorrentes, 91
  forças externas, 268
  forças internas, 187, 268, 301-307, 346
  máquinas, 267-272, 297
  método das seções, 254-256, 301-307
  modelos idealizados, 186
  molas, 74
  peso, 186
  polias, 74
  procedimentos para análise, 188, 192-193, 220-221, 272-273
  reações de apoios, 183-184, 212-215, 217-218, 234-235
  sistemas de forças coplanares, 77-78, 182-190, 192
  sistemas tridimensionais, 212-217, 219, 235
  superfícies lisas, 74
  vigas, 301-307, 348
Diagramas de força cortante e de momento fletor, 315-318, 324--334, 346-347
  análise de vigas, 315-318, 324-329
  descontinuidades, 325
  forças internas, 315-318
  momento de binário (M_0), 326
  procedimento para análise, 317
  relações de forças cortantes (V), 324-329, 346-347
  relações de momentos (M), 324-328, 346-347
  relações entre cargas distribuídas, 324-329, 346-347
Diagramas de momento fletor, 315-317. *Ver também* Diagramas de força cortante e de momento fletor
Dinâmica, 1
Direção, 13, 26, 27, 37-39, 59-60, 68, 104, 106, 109, 175, 353, 354
  ângulos azimutal, 38
  ângulos diretores coordenados, 37-38
  ângulos transversos, 38
  aplicações de produto escalar, 58-59
  forças de atrito, 352, 353-354
  momentos, 104, 106, 109, 175
  produto vetorial, 106
  regra da mão direita, 106, 109, 175
  sentido de um vetor, 14, 27, 28, 68
  sistemas de forças coplanares, 26, 27
  sistemas de três dimensões, 37, 39
  vetores cartesianos, 37-38
Discos, 387-388, 399, 486, 497
  análise de atrito, 387-388, 399
  momentos de inércia de massa, 486, 497
Distância perpendicular (braço do momento), 103

E

Efeito de tombamento, equilíbrio, 350, 398
Efeitos externos, 145
Eixo
  centroidal, 458
  de revolução, 434-435
Eixo de momento, 104, 125-130, 175
  análise escalar, 126
  análise vetorial, 126-127
  direção, 104
  força, 125-130, 175-176
Eixo de simetria, 405, 407, 422, 453, 473-475
  área da superfície, 434, 435-436, 453
  centro de gravidade (G), 422-423, 452
  centroide (C), 405-406, 407, 422-423, 434-435, 452
  corpos/formatos compostos, 422-423, 435

produto de inércia de área, 473-475
revolução axial, 434-435, 453
teoremas de Pappus e Guldinus, 434-435, 453
volume, 434-435, 453
Eixos inclinados, momento de inércia de área, 475-477
Eixos, 125-129, 166-167, 176, 457-462, 466-468, 475-480, 485-490, 496-497
    análise escalar, 126
    análise vetorial, 126
    áreas/partes/corpos compostos, 466-467, 489
    carregamento distribuído ao longo de um único eixo, 166
    círculo de Mohr, 479-480
    eixo centroidal, 548-549
    equações de transformação, 475
    forças resultantes, 166-167, 177
    inclinados, área ao redor, 475-476
    momento de uma força em relação a eixos especificados, 125-130, 176
    momentos de inércia (I), 457-462, 466-468, 475-477, 485-490, 496
    momentos de inércia de massa, 485-490, 497
    momentos de inércia de área, 457-462, 475-476
    principais, 477, 479
    procedimento para análise, 460, 479-480, 486-487
    produto de inércia, 472-476, 496
    raio de giração, 459, 489
    teorema dos eixos paralelos, 548-549, 466, 473, 488, 496
Elementos de casca, momentos de inércia de massa, 486, 497
Energia potencial (V), 516-523, 529
    configurações de equilíbrio, 518-523
    coordenadas de posição, 517-518
    critério para equilíbrio, 517, 529
    elástica (V_e), 516
    equações de função de potencial, 517
    estabilidade de sistemas, 518-523, 529
    gravitacional (V_g), 516
    procedimento para análise, 520
    sistemas com um grau de liberdade, 517
    sistemas sem atrito, 517
    trabalho virtual (V), 517-523, 529
Engastamentos, 183, 185, 215
Equações de equilíbrio, 73, 77, 90, 181-182, 191-199, 217, 234-235, 354-359
    conjuntos alternativos, 192-193
    corpo em equilíbrio, 181
    corpos rígidos, 181-182, 191-199, 234-235
    equações de atrito, 353-359
    forma escalar, 217, 234-235
    forma vetorial, 217, 234-235
    membros de duas forças, 200-201
    membros de três forças, 200-201
    partículas, 73, 77, 90
    procedimento para análise, 192-193
    sistemas de forças coplanares, 77, 192-199
    sistemas de forças tridimensionais/três dimensões, 90, 217, 235
    solução direta, 193-199, 235
Equações de transformação, momentos de inércia (I), 475-476
Equilíbrio, 73-102, 181-236, 324-325, 350, 354-359, 518-523, 529
    atrito, 350, 353-354
    cargas distribuídas, 324
    condição zero, 73, 100-101, 181
    condições, 73, 181-182, 191-192
    corpos rígidos, 181-236
    critério de energia potencial (V), 517, 529
    determinância estática, 217-226, 235
    diagramas de corpo livre, 73-75, 90, 182-190, 212-214, 234-235
    efeito de tombamento, 350, 398
    estabilidade de sistemas, 518-522, 529
    estável, 518
    forças concorrentes, 91-95
    iminência de movimento, 353-359
    indiferente, 518
    instável, 519
    membros de duas forças, 200-201
    membros de três forças, 200-201
    partículas, 73-102
    procedimento para análise, 78, 90, 188, 192-193, 220-221, 520

    reações de apoios, 183-184, 212-216, 234-235
    restrições impróprias, 218-219
    restrições redundantes, 218
    sistema com um grau de liberdade, 519
    sistemas de forças bidimensionais/duas dimensões, 78, 100
    sistemas de forças coplanares, 77-80, 182-211
    sistemas de forças tridimensionais/três dimensões, 90-94, 101, 212-226, 235
    sistemas sem atrito, 518
    trabalho virtual (U), 517-522, 528
Escalares, 13, 14, 26, 58, 103-106, 125, 134, 175, 217, 234-235, 502
    equações de equilíbrio, 217, 234-235
    formulação de momento de uma força, 103-106, 175
    formulação de momentos de binário, 134
    momento de uma força em relação a um eixo, 125
    multiplicação e divisão de vetores, 14
    negativos, 27, 77
    produto escalar, 58
    torque, 103
    trabalho, 502-503
    vetores, 13-14, 58
Estabilidade de um sistema, 217-218, 235, 518-523, 529. *Ver também* Equilíbrio
    configurações de equilíbrio, 518-519, 529
    determinância estática, 217-218, 235
    energia potencial, 518-523
    procedimento para análise, 520
    trabalho virtual, 518-523, 528
Estática, 1-12
    atração gravitacional, 4
    cálculos numéricos, 7-8
    comprimento, 2, 5-6
    corpos rígidos, 3
    desenvolvimento histórico, 1-2
    estudo da mecânica, 1-2
    estudo, 1-12
    força concentrada, 3
    força, 2, 3-7
    idealizações, 3
    leis de Newton, 4-5
    massa, 2, 3-6
    movimento, 4-5
    partículas, 3
    peso, 4-5
    procedimento para análise, 8-9
    quantidades básicas, 2
    Sistema Internacional de unidades, 5-6
    tempo, 2, 5-6
Estruturas, 267-281, 297
    análise estrutural, 267-281, 296
    diagramas de corpo livre, 267-270, 296
    procedimento para análise, 272-273
Estudo da mecânica, 1
Expansões de séries de potências, 535
Expressões matemáticas, 533-536

F

Fluidos incompressíveis, 442
Força, 1, 3-7, 13-71, 73-102, 103-179, 185, 200-201, 241-243, 254, 267, 301-348, 350-353, 398-399, 441, 442-446, 452-454, 501-502, 504-509, 515-516
    adição vetorial, 15-20, 26-30, 39-40
    análise estrutural, 241-242, 254-255, 267, 301-306
    aplicada (**P**), 350-353, 398
    aplicada a partículas, 73-102
    ativa, 75
    atrito, 350-352, 398, 516
    atrito cinético (F_k), 351-352, 398
    atrito estático (F_s), 350, 352, 398
    cabos, 74, 333-336
    cargas/carregamentos distribuídos, 166-170, 178, 441, 453
    componentes retangulares, 26-30, 36, 69
    componentes, 15-17, 26-30
    concentrada, 3
    concorrente, 39-40, 70, 154-155
    conservativa, 515-516

coplanar, 26-30, 77-80, 147, 154-155, 177
cortante (**V**), 301-302, 324-329, 346, 347
de compressão (C), 241-243, 254-255
de mola (F_s), 515
desequilibrada, 4
deslocamentos, 504-509
diagramas de corpo livre, 73-76, 100-101, 254-259, 267, 301-305
equilíbrio, 73-102, 200-201, 324-325
escalares, 13, 14, 58, 68, 103-105, 175
externa, 181, 268
gravitacional, 4-5
incógnita, 255
interna, 185, 254, 268, 301-348
lei dos paralelogramos, 14, 16-17, 69
leis de Newton, 4
linha de ação, 13, 49-51, 70
membros estruturais, 200-201, 240-241, 255-256, 301-333
método das seções, 254-259, 301-305
molas, 74
momento, 103-105, 109-111, 125-129, 134-138, 145-150, 175-176
momentos de binários, 134-138, 145-150, 154-160, 177
movimento, 350-351
não conservativa, 516
normal (**N**), 302, 346, 350
notação escalar, 26, 27
notação vetorial cartesiana, 27
orientada ao longo de uma linha, 49-51
peso, 4-5, 339-341, 347, 515
polias, 74
por observação, 247, 256
princípio da transmissibilidade, 110, 145
princípio dos momentos, 113-115
procedimento para análise de, 17, 75, 78, 147, 156, 303
produto escalar, 58-62, 70
produto vetorial, 106-108
quantidade básica da mecânica, 1
reativa, 5
redução a um sistema equivalente, 145-150, 154-160
redução a um torsor, 157
resultante, 14, 15-16, 27-30, 103-179, 441, 442-447, 453
simplificação de sistemas, 145-150, 177
sistemas de, 26-30, 103-179
sistemas paralelos, 155
sistemas tridimensionais/três dimensões, 36-40, 49, 90-94, 101, 147-150
trabalho (*W*), 501
trabalho virtual (*U*), 501-503, 504-509, 515-516
tração (T), 241-242, 254-255
unidades, 5-6
vetores posição, 47-49, 70
vetores, 13-71, 73-102, 106-110, 176
Força cortante (**V**), 301-302, 324-329, 346, 347
descontinuidades de carga concentrada, 325
forças internas, 301-302
método das seções, 301-302
momento de binário (M_0), 326
momentos torsores (**M**), 302-303, 346
relações de cargas distribuídas, 324-329, 346
vigas, 301-302, 324-329, 348
Força de atrito estática (F_s), 351, 352, 398
Força de mola (**F**$_s$), trabalho virtual, 515
Força normal (**N**), 302, 346, 350
atrito, 350
forças internas, 301-302
método das seções, 301-302
Forças concorrentes, 39-40, 70, 91, 154-155, 218
adição de vetores, 39-40
determinância estática, 217
equilíbrio, 90-91, 100, 217
momentos de binário, 154
simplificação de sistemas, 154
sistema de coordenadas cartesiano, 39-40, 69
Forças conservativas, 515-516
energia potencial, 516-517
força de mola, 515
função de potencial, 517

peso, 515
trabalho virtual (*U*), 515-516
Forças coplanares, 26-30, 77-80, 147, 154-155, 182-211
adição de sistemas, 26-30
aplicadas a partículas, 77-78, 100
centro de gravidade, 186
centroide (centro geométrico), 186
componentes de sistemas, 26-30
componentes retangulares, 26-30, 69
corpos rígidos, 181-211, 234-235
diagramas de corpo livre, 77-78, 181-190, 234
direção, 26, 27
equações de equilíbrio, 77-78, 181, 193-199
equilíbrio, 77-80, 100, 181-211, 234
forças internas, 187
intensidade, 26, 27, 77
membros de duas forças, 200
membros de três forças, 200-201
modelos idealizados, 186-187
momentos de binário, 145-150, 154
notação escalar, 26, 27
notação vetorial cartesiana, 27
peso, 186
procedimento para análise, 78, 188, 192
reações de apoios, 183, 234
resultantes, 27-30
simplificação de sistemas, 145-150, 154-155
sistema equivalente, 145-150
solução direta para incógnitas, 193-199, 235
vetores, 26-30, 69-70
Forças de atrito e resistência ao rolamento, 391-392, 398
Forças de compressão (C), 241-242, 254
membros de treliça, 241
método das seções, 254-255
método dos nós, 241-242
Forças de tração (T), 241-243, 254-255
membros de treliças, 241
método das seções, 254-255
método dos nós, 241-242
Forças externas, 181-182, 268
Forças incógnitas de membros, 242-243, 255-256
Forças internas, 187, 254, 268, 301-348
aplicadas a cabos, 333-345, 347
aplicadas a vigas, 301-332
carga resultantes, 302, 346
cargas concentradas, 324-325, 333-335, 346
cargas distribuídas, 324-329, 346-347
compressão (C), 254
convenção de sinal, 302-303, 347
diagramas de corpo livre, 267, 301-307, 346
diagramas de força cortante e de momento fletor, 315-317, 346
equilíbrio de corpo rígido, 185
equilíbrio de forças, 324-325
estruturas, 267
força cortante (**V**), 301-302, 324-329, 346, 347
força normal (**N**), 302, 346
máquinas, 267
membros estruturais, 301-307, 346
método das seções, 254, 301-307
momento de binário (M_0), 326
momento torsor, 302, 346
momentos fletores (**M**), 301-302, 324-329, 346-347
momentos, 301-302, 324-329, 346-347
peso, 339-340, 347
procedimentos para análise, 303, 317
tração (T), 291
Forma de tetraedro, 263
Fórmula quadrática, 535
Função cosseno, 345
Funções
cosseno, 345
hiperbólicas, 535
seno, 534

G
Gravidade. *Ver* Centro de gravidade (*G*)

H
Homogeneidade dimensional, 7

I
Idealizações para mecânica, 3
Identidades trigonométricas, 533
Iminência de movimento, 350, 353-359, 374-375, 398-399
    alguns pontos de contato, 354
    ângulo de atrito estático, 351
    ascendente, 374-375, 399
    atrito, 350, 353-359, 374-375, 398-399
    coeficiente de atrito estático (μ_s), 351
    descendente, 375, 399
    equações de equilíbrio e de atrito, 354-359
    limiar de deslizamento, 351
    nenhuma aparente, 353
    parafusos, 374-375, 399
    pontos de contato, 351
    problemas de atrito seco, 353-359
    procedimento para análise, 355-356
    todos os pontos de contato, 354
Inércia. *Ver* Momentos de inércia
Integrais, 535
Integração, 405-413, 441, 445, 452, 457-459, 486, 496-497
    cargas/carregamentos distribuídos, 441, 446, 454
    definição de momentos de inércia de massa, 485-486, 496
    definição de momentos de inércia, 457-459, 496
    distribuição de pressão, 445, 454
    elementos de volume, 486
    integração de área (A), 405-406, 457-459
    integração de força resultante, 441, 453
    para determinação de centro de massa (C_m), 405-406
    para determinação de centroide (C), 405-413, 442, 445, 453
    procedimento para análise, 460
    segmento de linha, 406-407
    teorema dos eixos paralelos, 458-459
    volume (V), 405
Intensidade, 13, 27, 28, 36, 74, 77, 104, 106, 109, 166, 175, 441-442, 453
    constante, 74
    equilíbrio, 73, 77
    forças resultantes, 167, 441, 453
    integração, 441, 452
    momentos, 104, 106, 109, 175
    produto vetorial, 106
    redução de carga/carregamento distribuído, 166, 441, 453
    regra da mão direita, 109
    representação/notação vetorial, 13-14, 26, 27-28, 37
    sistemas de forças coplanares, 26-27, 28, 77
    vetores cartesianos, 36

J
Joule (J), 502
Juntas esféricas, 213-214, 215

L
Lei dos cossenos, 17, 69
Lei dos paralelogramos, 14, 15-16, 69
Lei dos senos, 17, 69
Lei/propriedade comutativa, 14, 107
Lei/propriedade distributiva, 59, 113
Leis de Newton, 4-5
    atração gravitacional, 4
    movimento, 4
Leis de operações, 59
Linha de ação, 13, 49-52, 70, 167, 442, 453
    de vetor força, 49-52, 70
    força resultante, 167, 441
    representação vetorial, 13-14
Longarinas, 240

M
Mancais, 213-214, 387-390, 399
    análise de atrito, 387-390, 399
    apoios axiais, 387-388
    axiais, 214
    de escora, 387-389, 399
    diagramas de corpo livre, 213-216
    radiais, 214-215, 389-390, 400
    reações de suportes de corpos rígidos, 213-215
Mancais de escora, análise de atrito, 387-388, 399
Mancais radiais, 214-215, 389-390, 400
    análise de atrito, 389-390, 399
    conexões de suporte, 213-215
Máquinas, 267-281, 297
    análise estrutural, 267-281, 296
    diagramas de corpo livre, 267-272, 296-297
    procedimento para análise, 272-273
Massa, 1-2, 5-6, 405, 413, 452-453
    centro (C_m), 405, 413, 452-453
    integração, 405, 452
    quantidade básica da mecânica, 2
    unidades, 5-7
Mecanismos autotravantes, 373, 375
Membros de força zero, método dos nós, 247-248
Membros multiforça, 267. *Ver também* Estruturas; Máquinas
Membros estruturais. *Ver* Membros
Membros, 200-201, 240-241, 254-256, 301-307, 346
    análise de treliças, 241-242, 254-255
    cargas internas, 301-307, 346
    conexões de nós, 240
    duas forças, 200-201
    equilíbrio de forças, 200-201
    força de compressão (C), 241
    força de tração (T), 241
    forças incógnitas, 255
    três forças, 200-201
Método das seções, 254-259, 264, 296, 301-307
    análise de treliças espaciais, 263
    análise de treliças, 254-259, 296, 297
    análise estrutural, 254-259, 263-264, 296-297, 301-307
    diagramas de corpo livre, 254-259, 301-307
    forças de compressão, 254-255
    forças de tração, 254-255
    forças incógnitas de membros, 242, 255
    forças internas, 254-255, 301-307
    procedimento para análise, 256-257, 264, 303
Método dos nós, 241-248, 264, 296
Modelos, corpos rígidos idealizados, 186
Molas, diagrama de corpo livre, 74, 100
Momento torsor, 302, 346
Momentos (M), 103-179, 302, 324-328, 346, 347
    cargas/carregamentos distribuídos, 166-170, 178, 324-328, 346-347
    convenção de sinais, 104, 108
    de binário (M_0), 134-139, 145-150, 154-160, 177, 326
    descontinuidades de cargas concentradas, 325
    direção, 103-104, 106, 109, 175
    fletor (**M**), 301-302, 324-328, 346, 347
    força, 103-179
    forças cortantes (V), 324-329, 346-347
    forças internas, 301-302, 324-328, 346-347
    formulação vetorial/do vetor, 107-111, 134, 176
    formulação/forma escalar, 103-104, 134, 175
    intensidade, 103-104, 106, 109, 175
    perpendiculares a resultantes de força, 154-160
    princípio da transmissibilidade, 110, 145
    princípio dos momentos, 113-114
    procedimento para análise, 147, 156
    produto vetorial, 106-107
    redução de força e momento de binário a um torsor, 157
    resultantes, 104-105, 111, 135-136
    simplificação de sistema, 145-150, 154-160, 177
    sistemas de forças paralelas, 155
    teorema de Varignon, 113-114
    torque, 103
    torsor, 302, 346
    vetor livre, 134
Momentos de binários (M_0), 134-139, 145-150, 154-160, 177, 326, 502
    binários equivalentes, 135
    forças internas, 326
    formulação escalar, 134
    formulação vetorial, 134
    procedimento para análise, 147

redução de forças a um torsor, 157
regra da mão direita, 134
relações com carga distribuída, 326
relações com força cortante (**V**), 326
resultante, 135-136
rotação, 502
simplificação de sistemas, 145-150, 154-160
sistema equivalente, 145-150
sistemas de forças, 134-139
sistemas de forças concorrentes, 155
sistemas de forças coplanares, 147, 155
sistemas de forças paralelas, 155
sistemas tridimensionais, 147, 157
trabalho, 502
trabalho virtual, 503
translação, 502
vetores livres, 134
Momentos de inércia (I), 457-498
área (A), 457-462, 466-468, 472-480, 496
círculo de Mohr, 479
eixo inclinado, área em torno, 475-477
elementos de casca, 486
elementos de disco, 487
equações de transformação, 475
formatos compostos, 466-468
integração, 457-462
massa, 485-490, 497
polares, 458
principais, 476-477, 479, 497
procedimentos para análise, 460, 466, 479-480, 486-487
produto de inércia, 472-475, 496
raio de giração, 459, 489
sistemas de eixos, 457-462, 466-468, 472-478, 485-490
soma algébrica, 466
teorema dos eixos paralelos, 458-459, 466, 473, 488, 496
Momentos de inércia de massa, 485-490, 497
corpos compostos, 489, 497
elementos de casca, 486, 497
elementos de disco, 487, 497
elementos de volume para integração, 486
procedimento para análise, 486-487
raio de giração, 489
sistemas de eixos, 485-490, 496-497
teorema dos eixos paralelos, 488
Momentos fletores (**M**), 301-303, 324-328, 346, 347
cargas distribuídas, 324-328, 346-347
força cortante (**V**), 324-325
forças internas, 301-302, 324-328, 346, 347
método das seções, 301-302
Momentos torsores (M), 302-303, 346
Movimento, 6, 350-359, 372-374, 380-381, 387, 398-399
ascendente, 374-375, 399
atrito, 349-359, 372-374, 380-381, 387, 398
calços, 372-373, 398
coeficientes de atrito (μ), 351-352, 392, 398
descendente, 375, 399
deslizamento, 351, 353-359, 398
equações de equilíbrio e atrito, 354-359
força de atrito cinética (F_k), 351-352, 398
força de atrito estática (F_s), 351, 352, 398
iminência, 350, 353-359, 374-375, 398-399
leis de Newton, 4
limiar de deslizamento, 351
mecanismos autotravantes, 373, 375
parafusos, 374-376, 399
pontos de contato, 350
procedimento para análise, 355-356
resistência ao rolamento, 392, 400
rotação de eixos, 387-388, 400
transmissão por correia, 380-381, 399

N
Newton, unidade, 5
Nós, análise de treliças, 239-240, 241-246. *Ver também* Método dos nós

Notação
de engenharia, 8
decimal, 7-8
exponencial, 8
vetorial cartesiana, 27

P
Pappus e Guldinus, teoremas, 434-436, 453
área da superfície, 434, 435-436, 453
centroide (C), 434-436, 453
formatos compostos, 435
revolução axial e simetria, 434-435
volume, 434-435, 453
Parafusos, forças de atrito, 374-378, 399
Partículas, 3, 73-102
aplicação das leis de Newton, 4-5
atração gravitacional, 4
condição zero, 73, 100
definição, 3
diagramas de corpo livre, 73-75
equações de equilíbrio, 73-74, 77, 90
equilíbrio, 73-102
procedimentos para análise, 78, 90
sistema de referência de movimento não acelerado, 4
sistemas de forças bidimensionais, 78
sistemas de forças coplanares, 77-80
sistemas de forças tridimensionais, 90-94
Peso (W), 4-5, 186, 339-340, 347, 403-404, 422, 452, 515
atração gravitacional, 4
centro de gravidade (G), 186, 403-404, 452-453
corpos compostos, 488, 453
equilíbrio de corpo rígido, 185
força conservativa, 515
força interna, 339-340, 347
próprio de cabos, 339-340, 347
trabalho virtual (U) e, 517
Peso específico, centro de gravidade (G), 422
Placas, 441-447, 454
cargas distribuídas, 441
centroide (C), 442-447, 452-453
curvas de espessura constante, 444
curvas e pressão de líquido, 444
forças resultantes, 441, 442-447, 453
planas de espessura constante, 442
planas de espessura variável, 445
pressão de fluido, 442-447, 454
Placas planas, 441, 442-443, 445, 452
cargas/carregamentos distribuídos, 441, 445-446
espessura constante, 442
espessura variável, 445
pressão de fluido, 442, 445, 454
Polias, diagrama de corpo livre, 74
Ponto de contato, 349-350, 351
Pressão. *Ver* Pressão de fluido
Pressão de fluido, 442-447, 454
centro de pressão (P), 443
centroide (C), 442-446, 452-453
fluidos incompressíveis, 442
forças resultantes, 442-446, 452-454
lei de Pascal, 442
linha de ação, 442
placa plana de espessura constante, 442-443, 444
placa plana de espessura variável, 445
placas, 442-446, 454
Princípio
da transmissibilidade, 110, 145
do trabalho virtual, 501, 503-509, 528
dos momentos, 113-114
Procedimento
para análise, 8-9
para resolver problemas, 8-9
Produto de inércia, 472-475, 496
eixo de simetria, 472-473
momentos de inércia de uma área, 472-475, 496
teorema dos eixos paralelos, 473, 496

Produto escalar, 58-62, 70, 126
  ângulo entre vetores e direção de vetor, 58-62, 70
  aplicações na mecânica, 59
  formulação de vetor cartesiano, 59
  leis de operação, 59
  momento em torno de um eixo especificado, 126
Produto vetorial, 106-107
  direção e intensidade, 106
  formulação de vetor cartesiano, 107
  multiplicação de vetores, 106-107
  propriedades de operação, 107
  regra da mão direita, 106-107
Projeção, 59, 126
Propriedade associativa, 107

R
Raio de giração, 459, 489
Reações de apoios, 183-185, 212-215, 218-226, 235
  determinância estática, 217-218, 235
  equilíbrio de corpo rígido, 182-185, 212-215, 234-235
  procedimento para análise, 220-221
  restrições impróprias, 218-219
  restrições redundantes, 218
  sistemas de forças coplanares, 183-185
  sistemas de forças tridimensionais/três dimensões, 212-215, 217-226, 235
Redução de força e momento de binário a um torsor, 157
Regra da mão direita, 36, 47, 106-107, 109, 134
  direção do produto vetorial, 106-107
  formulação vetorial, 107, 109
  momento de um binário, 134
  sistemas de coordenadas tridimensionais, 36, 49
Regra do triângulo, 14, 69
Restrições, 217-226
  determinância estática, 217-226
  equilíbrio de corpo rígido, 217-226
  impróprias, 218-219
  procedimento para análise, 220-221
  redundantes, 218
Resultantes, 14, 15-17, 27-30, 68-69, 103-108, 302, 346, 441, 442-447, 453
  adição vetorial, 14, 15-16
  centroide (C), 167, 301, 442-446, 453
  componentes de forças, 14, 16-17
  componentes de vetores cartesianos, 37
  forças concorrentes, 39, 155
  forças coplanares, 27-28, 155
  forças internas, 301, 346
  forças paralelas, 155
  formulação escalar, 103-105, 125-126, 134, 175
  formulação vetorial, 109-111, 134, 176
  integração, 441, 452
  intensidade, 167, 441, 453
  lei dos paralelogramos, 14, 15-16, 69
  linha de ação, 167, 442
  método das seções, 301
  momentos de binário, 134-139, 145-149, 154-160, 177
  momento de força em relação a um eixo, 125-130, 167, 176
  momentos de uma força, 109-111
  notação escalar, 26
  notação vetorial cartesiana, 27
  perpendiculares aos momentos, 154-160
  placas, 441-447, 454
  pressão de fluido, 442-446, 454
  princípio dos momentos, 113-114
  procedimento para análise, 156
  redução a um torsor, 157
  redução de cargas/carregamentos distribuídos, 166-170, 203, 441, 453
  simplificação de sistemas, 145-149, 154-160, 177
  sistema de forças, 103-108
Revolução, 434-436, 453
  área da superfície, 434, 453
  centroide (C), 434-435, 453
  eixo de simetria, 473-475
  formatos compostos, 435
  teoremas de Pappus e Guldinus, 434-435, 453
  volume, 434-435, 453
Rigidez de mola (k), 74
Rosca, parafuso de, 374
Rotação de eixo, 387-390, 400
Rotação de momentos de binário, 502. *Ver também* Revolução; Rotação de eixo

S
Sentido de direção, 13
Simetria. *Ver* Simetria axial/eixo de simetria; Eixo de simetria
Simetria axial/eixo de simetria, 403, 422, 453
Simplificação de forças paralelas, 155
Simplificação de sistemas, 145-149, 154-160
  forças e momentos de binário, 146
  procedimento para análise, 147, 156
  redução a sistema equivalente, 145-149, 154-160
  redução a um torsor, 157
  sistemas coplanares, 147-149, 155
  sistemas de forças concorrentes, 155
  sistemas de forças coplanares, 155
  sistemas de forças paralelas, 155
  sistemas tridimensionais, 147-149, 157
Sistema de coordenadas cartesiano, 36-40, 47-49, 59, 69-70, 106-110, 175
  adição de vetores, 39
  ângulo azimutal (ϕ), 38
  ângulos diretores coordenados, 37-38, 69-70
  produto vetorial, 106-107
  resultantes de forças concorrentes, 39, 70
  resultantes de forças coplanares, 27
Sistema internacional (SI) de unidades, 5-7
  básicas, 5
  conversão, 7
  derivadas, 5
  prefixos, 6-7
  regras para uso, 6-7
Sistema sem atrito, 517
Sistemas bidimensionais/duas dimensões, 69, 78-79, 182-211. *Ver também* Forças coplanares
  equilíbrio de corpo rígido, 181-211
  equilíbrio de partículas, 78
  vetores força, 27, 70
Sistemas com um grau de liberdade, 517, 519
Sistemas equivalentes, 145-149, 154-160
  princípio da transmissibilidade, 145
  procedimento para análise, 147, 156
  redução a um torsor, 157
  redução a uma força e a um momento de binário, 145-149, 154-160
  sistemas de forças concorrentes, 154-155
  sistemas coplanares, 147, 154-155
  sistemas de forças paralelas, 156
  sistemas tridimensionais/três dimensões, 147, 149, 157
Sistemas tridimensionais/três dimensões, 36-41, 49, 90-94, 101, 147, 149, 212-226, 235. *Ver também* Forças concorrentes
  adição de vetores, 39
  ângulos azimutais, 38
  ângulos diretores coordenados, 37-38
  ângulos transversos (θ), 38-39
  componentes retangulares, 36-37
  corpos rígidos, 213-226
  determinância estática, 217-226, 235
  diagramas de corpo livre, 90
  direção, 36-38
  equações de equilíbrio, 90, 217, 234-235
  equilíbrio, 90-94, 100, 212-226, 234-235
  forças concorrentes, 39-40, 70, 218
  forças de reação paralelas, 219-220
  forças e momentos de binário, 145-149
  intensidade, 37
  partículas, 90-94, 100
  procedimento para análise, 90
  reações de apoios, 212-216, 218-226, 235
  regra da mão direita, 36, 47
  representação de vetor cartesiano, 37

restrições, 217-226, 235
resultantes, 39-40
sistema de coordenadas cartesianas, 36-41, 69
sistema equivalente, 145-149
vetores cartesianos unitários, 37
vetores força, 36-41
vetores posição, 47-49, 70
Solução direta para incógnitas, 193-199, 235

T
Tempo, 2, 5-6
    quantidade básica da mecânica, 2
    unidades, 5
Teorema de Pitágoras, 60, 406, 534
Teorema dos eixos paralelos, 458-459, 466, 473, 488, 496
    áreas compostas, 466
    eixo centroidal, 458-459, 496
    momentos de inércia, 457-458, 466, 488, 496
    momentos de inércia de área, 457-458
    momentos de inércia de massa, 488
    produto de inércia, 473, 496
    produto de inércia de área, 473, 496
Terças, 239
Torque, 103. *Ver também* Momentos (M)
Torsor, redução de força e momento, 157
Trabalho (*W*) de uma força, 501-503. *Ver também* Trabalho virtual
Trabalho virtual (*U*), 501-531
    atrito, 516
    coordenadas de posição, 505, 516, 528
    deslocamento (δ), 502-503, 517-518, 528-529
    energia potencial (*V*), 516-523, 529
    equações, 503
    equilíbrio, 517-523, 529
    estabilidade de um sistema, 518-523, 529
    força (**F**), 501-503, 504-509, 515-516, 528-529
    força da mola (F_s) e, 516-517
    forças conservativas, 515-516
    momento de binário, trabalho, 502-503
    movimento, 503
    peso (**W**), 515
    princípio, 501, 503-509, 528
    procedimento para análise, 505, 520
    sistemas com um grau de liberdade, 517
    sistemas conectados de corpos rígidos, 504-509
    sistemas sem atrito, 517
    trabalho (*W*) de uma força, 501-503
Translação de um momento de binário, 502
Treliça
    de telhado, 239-240, 296
    simples, 241
    triangular, 241
Treliças, 239-267, 296-297
    análise estrutural, 239-267, 297
    força de compressão (C), 241-242, 254-255
    força de tração (T), 241-242, 254-255
    hipóteses de projeto, 240-241, 263
    longarinas, 240
    membros de força zero, 247-249
    método das seções, 254-259, 264, 296
    método dos nós, 241-246, 264, 296
    nós, 239-240, 241-246
    planas, 239
    procedimento para análise, 243, 256-257, 264
    simples, 239-240
    telhado, 239-240, 296
    terças, 239
    treliças espaciais, 263, 297
    vigas de piso, 240
Treliças espaciais, análise estrutural, 263-264, 297

U
Unidades
    básicas, 10
    derivadas, 5-6

V
Varignon, teorema, 113-114
Vetor
    deslizante, 109, 145
    livre, 134
Vetores, 13-72, 106-110, 126-127, 134, 176, 217, 235
    adição, 14, 39
    adição de forças, 15-21, 26-32
    colineares, 14, 68
    componentes de uma força, 14, 15-16, 69
    componentes retangulares, 26-32, 36-37, 69
    deslizante, 110, 145
    direção, 13-15, 26, 27, 37-39
    divisão por escalares, 14
    equações de equilíbrio, 217, 234-235
    escalares, 13-14, 58, 68
    força orientada ao longo de uma reta, 49-52
    forças, 13-72
    forças concorrentes, 39-41, 70
    intensidade, 13-14, 26-28, 37
    lei dos paralelogramos, 14, 15-16, 69
    linha de ação, 13-14, 49-52, 70
    livres, 134
    método de multiplicação de produto vetorial, 106-107
    momento de uma força em relação a um eixo, 126-127
    momentos de binário, formulação, 134
    momentos de uma força, formulação, 106-110, 175
    multiplicação por escalares, 14
    notação cartesiana, 27
    notação escalar, 26
    operações, 14-15
    posição (**r**), 49-50, 70
    procedimento para análise de, 17
    produto escalar, 58-62, 70
    regra do triângulo, 14, 69
    requisitos de quantidade física, 13-14
    resultante de uma força, 14-16, 68-69
    sistema de coordenadas cartesianas, 36-41, 47-49, 59, 106-110, 176
    sistemas bidimensionais/duas dimensões, 69
    sistemas de forças coplanares, 26-32
    sistemas tridimensionais/três dimensões, 36-41
    subtração, 15
    unitários, 37, 49, 69
Vetores posição (**r**), 47-49, 70
    adição da extremidade para a origem, 47-48
    coordenadas x, y, z, 47, 69
Vigas, 301-332, 346-348
    cargas distribuídas, 324-328, 347
    cargas internas, 315-317, 324-328
    cargas resultantes, 302, 346
    centroide (*C*), 302
    convenção de sinal, 302, 347
    diagramas de força cortante e de momento fletor, 315-319, 346
    diagramas de corpo livre, 301-307, 346-347
    em balanço, 315-316
    equilíbrio de forças, 324-326
    força cortante (**V**), 302, 324-328, 346
    força normal (**N**), 302, 346
    forças internas, 301-332, 346-347
    método das seções, 301-307
    momento de binário (*M*), 326
    momento torsor, 302, 346
    momentos fletores (*M*), 302, 324-328, 346
    momentos, 301-302, 324-328, 346
    procedimentos para análise, 303, 317
    simplesmente apoiada, 315
Vigas de piso, análise de treliças, 240-241
Volume (*V*), 405, 407, 434-435, 452-454
    rotação axial e eixo de simetria, 453
    centroide (*C*), 405, 407-408, 434-435, 452-454
    integração, 405, 452
    Pappus e Guldinus, teoremas, 434-435, 453
    procedimento para análise, 407-408

X
x, y, z coordenadas de posição, 47, 70